EUROPA LEHRMITTEL

EUROPA-FACHBUCHREIHE
für Bauberufe

Peschel · Dickel · Kickler · Mentlein · Trutzenberg

# Tabellenbuch Bautechnik

## Tabellen – Formeln – Regeln – Bestimmungen

Bearbeitet von Lehrern und Ingenieuren an berufsbildenden Schulen und Fachhochschulen

Lektorat: Peter Peschel, Oberstudiendirektor

11. neu bearbeitete Auflage 2012

VERLAG EUROPA-LEHRMITTEL · Nourney, Vollmer GmbH & Co. KG
Düsselberger Straße 23 · 42781 Haan-Gruiten

**Europa-Nr.: 42519**

Mathematik
Naturwissenschaften
Statik, Lastannahmen
Bauzeichnen
Bauphysik / Bautenschutz
Baustoffe
Baukonstruktion
Baubetrieb

Autoren des Tabellenbuches Bautechnik

| | | |
|---|---|---|
| Peschel, Peter | Oberstudiendirektor | Göttingen |
| Dickel, Reinhardt | Dipl.-Ing., Oberstudienrat | Hötzum |
| Kickler, Jens | Dr.-Ing., Professor | Hannover |
| Mentlein, Horst | Dr.-Ing., Professor | Lübeck |
| Trutzenberg, Tobias | Oberstudienrat | Essen |


Lektorat

Peter Peschel

Für die Zusammenarbeit im Kapitel Mathematik danken wir Herrn StR Stefan Rappe.

Bildbearbeitung

Zeichenbüro des Verlags Europa-Lehrmittel, Ostfildern

Das vorliegende Buch wurde auf der **Grundlage der neuen amtlichen Rechtschreibregeln** erstellt.

Diesem Buch wurden die neuesten Ausgaben der DIN-Blätter sowie anderer Bestimmungen und Richtlinien zugrunde gelegt (Redaktionsschluss 31.03.2011). Verbindlich sind jedoch nur die DIN-Blätter und jene Bestimmungen selbst.

Die DIN-Blätter können von der Beuth-Verlag GmbH, Burggrafenstraße 6, 10787 Berlin, bezogen werden.

11. neu bearbeitete Auflage 2012

Druck 5 4 3 2 1

Alle Drucke derselben Auflage sind parallel einsetzbar, da sie bis auf die Behebung von Druckfehlern untereinander unverändert sind.

ISBN 978-3-8085-4269-9



Satz: rkt, 42799 Leichlingen, www.rktypo.com
Druck: B.O.S.S Druck und Medien GmbH, 47574 Goch

# Vorwort

Das „Tabellenbuch Bautechnik" erweitert die bewährte Europa-Fachbuchreihe für Bauberufe. Es kann jedoch seines eigenständigen Charakters wegen sowohl allein als auch in Verbindung mit anderen Lehrbüchern in der Aus- und Weiterbildung sowie in der beruflichen Praxis verwendet werden. Es enthält sowohl Tabellen, Formeln, DIN-Normen, Regeln und Bestimmungen von Behörden und Institutionen als auch viele Stoffwerte und Konstruktionsgrößen.

Die Auswahl der Inhalte dieser Sammlung erfolgte unter weitgehender Berücksichtigung der Bundesrahmenlehrpläne für die Bauberufe und wurde auf der Grundlage der neusten Ausgaben aller einschlägigen deutschen und europäischen Regelwerke bearbeitet. Überall dort, wo die **neue Normengeneration** (Europäisches Regelwerk, Eurocode EC) in Deutschland anwendbar ist, wurde bereits eine in den einzelnen Kapiteln auf die Anwender abgestimmte neue Struktur gewählt.

Das „Tabellenbuch Bautechnik" eignet sich als Nachschlagewerk für Auszubildende sowie Schülerinnen und Schüler der Berufsschule, der Berufsfachschule, der Berufsaufbauschule, der Fachoberschule, der Berufsoberschule und der beruflichen Gymnasien. Es ist darüber hinaus auch als Informationsquelle bei praktischen Ausbildungsmaßnahmen, bei der Fortbildung in Polier- und Meisterschulen/Technikerschulen und in der Berufspraxis geeignet.

Das Tabellenbuch ist eingeteilt in die Abschnitte



Das Inhaltsverzeichnis am Anfang des Tabellenbuches wird durch Teilinhaltsverzeichnisse, Normenverzeichnisse und Literaturangaben vor jedem Hauptkapitel ergänzt.

Ein schneller Zugriff wird durch das bewährte Daumen-Griffregister ermöglicht. Großer Wert wurde auf die Übersichtlichkeit der Darstellung gelegt. Neben dem Inhaltsverzeichnis hilft ein umfangreiches **Sachwortverzeichnis mit über 2200 Begriffen** beim schnellen Finden einzelner Fakten. Verweise sind durch ein Dreieck ▶ mit Seitenzahl gekennzeichnet.

Die 11. Auflage wurde im Bereich der Baustoffprüfungen, der Energieeinsparverordnung, des Rohrleitungsbaues sowie des Gerüstbaues inhaltlich ergänzt.

Allen, die durch ihre Anregungen zur Fortentwicklung des Tabellenbuches beigetragen haben – insbesondere den genannten Baufirmen, Institutionen und Verlagen –, sei an dieser Stelle herzlich gedankt.

Für Anregungen zur Weiterentwicklung, Verbesserungsvorschläge und Fehlerhinweise sind wir weiterhin dankbar. Sie können dafür unsere Adresse **lektorat@europa-lehrmittel.de** nutzen.

Göttingen, im Frühjahr 2012 — Autoren und Verlag

# Inhaltsverzeichnis

# Inhaltsverzeichnis

# Inhaltsverzeichnis



**In den Umschlagseiten**

# 1 MATHEMATIK



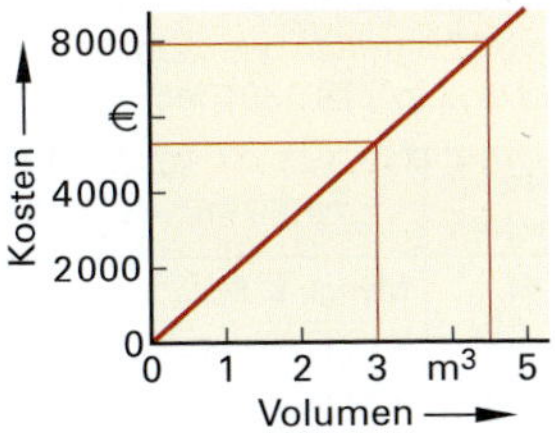


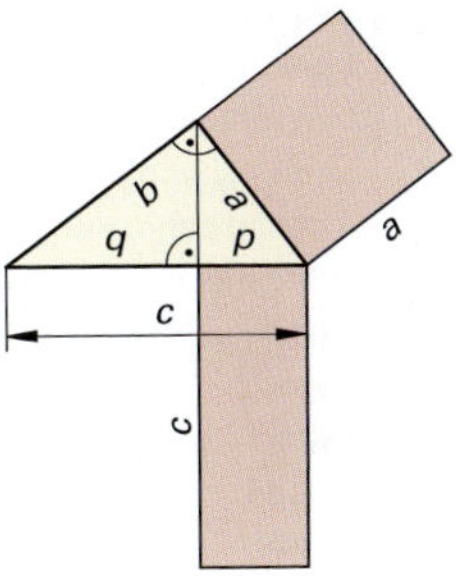


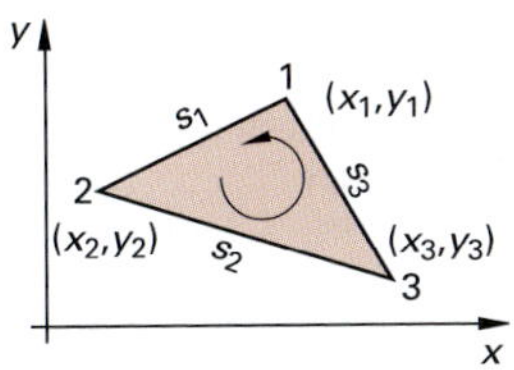


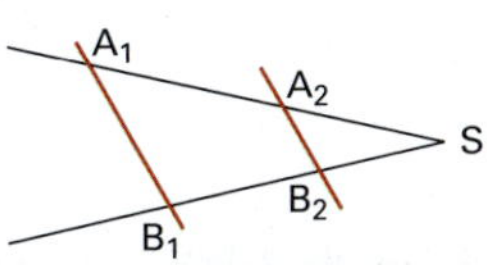


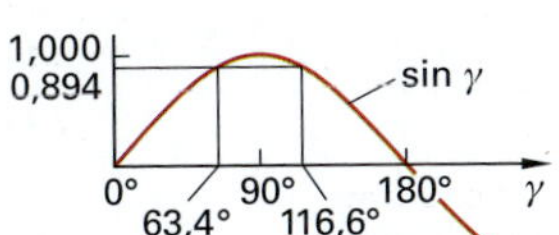


Sinuskurve

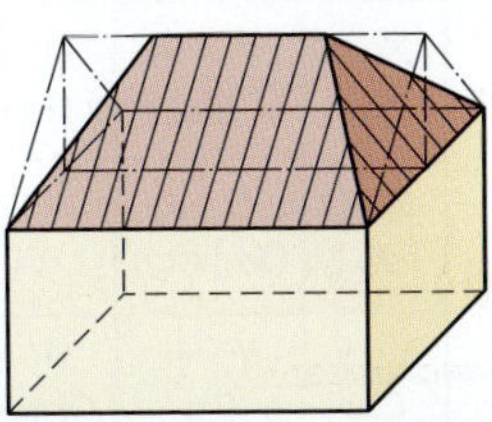

# 1.1 Zeichen, Begriffe und Tafeln

Technische und naturwissenschaftliche Zusammenhänge werden meist in ihrer kürzesten Form durch Formeln beschrieben. Basisgrößen, Basiseinheiten und die Vorsätze vor Einheiten werden in der DIN 1301 benannt, allgemeine Formelzeichen werden *kursiv* geschrieben und in DIN 1304 festgesetzt.

| Mathem. Zeichen | Sprechweise | Mathem. Zeichen | Sprechweise | Mathem. Zeichen | Sprechweise |
|---|---|---|---|---|---|
| = | gleich | Σ | Summe von, Summe aller | ***L***, ***M***, ... | Menge ***L***, ***M***, ... |
| ≠ | ungleich | Π | Produkt von, Prod. aller | $x \in$ ***M*** | *x* ist Element von ***M*** |
| := | definitionsgemäß gleich | $\sqrt{\ }$ | Quadratwurzel aus | $x \notin$ ***M*** | *x* ist nicht Element von ***M*** |
| ≈ | ungefähr gleich | $\sqrt[n]{\ }$ | *n*-te Wurzel aus | ***L*** ⊂ ***M*** | ***L*** ist Teilmenge von ***M*** |
| ... | usw., bis | n! | n-Fakultät | ***L*** ∪ ***M*** | ***L*** vereinigt mit ***M*** |
| ≙ | entspricht | $\binom{n}{k}$ | n über k | ***L*** ∩ ***M*** | ***L*** geschnitten mit ***M*** |
| < | kleiner als | | | ***L*** \ ***M*** | ***L*** vermindert um ***M*** |
| ≤ | kleiner oder gleich | lim | Limes von ... | *A* ⇒ *B* | wenn *A*, dann *B* |
| > | größer als | *f*(*x*) | *f* (Funktion) von *x* | *A* ⇔ *B* | *A* genau dann, wenn *B* |
| ≥ | größer oder gleich | *y*′ | Ypsilon-Strich | ¬, ∧, ∨ | nicht, und, oder |
| ≫ | sehr groß gegen | ∫...dx | Integral über ... dx | $\overline{AB}$ | Strecke |
| ≪ | sehr klein gegen | Δx | Delta-x | $\overset{\frown}{AB}$ | Bogen |
| ≃ | asymptotisch gleich | % | Prozent | $\overrightarrow{AB}$, $\vec{a}$ | Vektor |
| ~ | proportional | ‰ | Promille | g | Gerade |
| ≅ | kongruent zu | π | pi (= 3,14159...) | ∡ | Winkel |
| ⊥ | senkrecht auf | e | e (= 2,71828...) | ⦜, ∟ | rechter Winkel |
| \|\| | parallel zu | ∞ | unendlich | m | Steigung |
| \|x\| | Betrag von x | ℕ*, | Menge der natürlichen, | P, Q | Punkte |
| + | plus | ℤ, ℚ | ganzen, rationalen und | *x*, *y*, *z* | Koordinaten |
| − | minus | ℝ | reellen Zahlen | *l* | Länge |
| ×, · | mal | {...} | Menge der Elemente ... | *A* | Fläche |
| :, / | durch, geteilt durch | ∅, { } | leere Menge | *V* | Volumen |

## Römische Zahlen

| | | | |
|---|---|---|---|
| I | = 1 | XL | = 40 |
| II | = 2 | L | = 50 |
| III | = 3 | LX | = 60 |
| IV | = 4 | LXX | = 70 |
| V | = 5 | LXXX | = 80 |
| VI | = 6 | XC | = 90 |
| VII | = 7 | C | = 100 |
| VIII | = 8 | CCC | = 300 |
| IX | = 9 | CD | = 400 |
| X | = 10 | D | = 500 |
| XI | = 11 | DCCC | = 800 |
| XIV | = 14 | CM | = 900 |
| XIX | = 19 | XM | = 990 |
| XX | = 20 | IM | = 999 |
| XXI | = 21 | M | = 1000 |

## Deutsches Alphabet

| | | | | | | | | |
|---|---|---|---|---|---|---|---|---|
| A a | B b | C c | D d | E e | F f | G g | H h | I i |
| J i | K k | L l | M m | N n | O o | P p | Q q | R r |
| S s | T t | U u | V v | W w | X x | Y y | Z z | |
| Ä ä | Ö ö | Ü ü | (End-)s | ß | ch | sch | ck | |

## Große Zahlen

$10^{6}$ = Million
$10^{9}$ = Milliarde
$10^{12}$ = Billion
$10^{18}$ = Trillion
$10^{24}$ = Quadrillion
$10^{30}$ = Quintillion
$10^{36}$ = Sextillion

## Griechisches Alphabet

| | | | | | | | |
|---|---|---|---|---|---|---|---|
| $A\ \alpha$ Alpha | $B\ \beta$ Beta | $\Gamma\ \gamma$ Gamma | $\Delta\ \delta$ Delta | $E\ \varepsilon$ Epsilon | $Z\ \zeta$ Zeta | $H\ \eta$ Eta | $\Theta\ \vartheta$ Theta |
| $I\ \iota$ Iota | $K\ \varkappa$ Kappa | $\Lambda\ \lambda$ Lambda | $M\ \mu$ My | $N\ \nu$ Ny | $\Xi\ \xi$ Xi | $O\ o$ Omikron | $\Pi\ \pi$ Pi |
| $P\ \varrho$ Rho | $\Sigma\ \sigma$ Sigma | $T\ \tau$ Tau | $Y\ \upsilon$ Ypsilon | $\Phi\ \varphi$ Phi | $X\ \chi$ Chi | $\Psi\ \psi$ Psi | $\Omega\ \omega$ Omega |

## Umwandlungstabellen

**Längeneinheiten** **1 km = 1000 m**

| ⇒ × 10 | × 10 | × 10 | |
|---|---|---|---|
| 1 m | 10 dm | 100 cm | 1 000 mm |
| 0,1 m | 1 dm | 10 cm | 100 mm |
| 0,01 m | 0,1 dm | 1 cm | 10 mm |
| 0,001 m | 0,01 dm | 0,1 cm | 1 mm |
| | **: 10** | **: 10** | **: 10** ⇐ |

**Flächeneinheiten** **1 $km^2$ = 1 000 000 $m^2$**

| ⇒ × 100 | × 100 | × 100 | |
|---|---|---|---|
| 1 $m^2$ | 100 $dm^2$ | 10 000 $cm^2$ | 1 000 000 $mm^2$ |
| 0,01 $m^2$ | 1 $dm^2$ | 100 $cm^2$ | 10 000 $mm^2$ |
| 0,0001 $m^2$ | 0,01 $dm^2$ | 1 $cm^2$ | 100 $mm^2$ |
| 0,000 001 $m^2$ | 0,0 001 $dm^2$ | 0,01 $cm^2$ | 1 $mm^2$ |
| | **: 100** | **: 100** | **: 100** ⇐ |

**Volumeneinheiten** **1 $km^3$ = 1 000 000 000 $m^3$**

| ⇒ × 1000 | × 1000 | × 1000 | |
|---|---|---|---|
| 1 $m^3$ | 1 000 $dm^3$ | 1 000 000 $cm^3$ | 1 000 000 000 $mm^3$ |
| 0,001 $m^3$ | 1 $dm^3$ | 1 000 $cm^3$ | 1 000 000 $mm^3$ |
| 0,000 001 $m^3$ | 0,001 $dm^3$ | 1 $cm^3$ | 1 000 $mm^3$ |
| 0,000 000 001 $m^3$ | 0,000 001 $dm^3$ | 0,001 $cm^3$ | 1 $mm^3$ |
| | **: 1000** | **: 1000** | **: 1000** ⇐ |

**Masseeinheiten**

| ⇒ × 1000 | × 1000 | × 1000 | |
|---|---|---|---|
| 1 t | 1000 kg | 1 000 000 g | 1 000 000 000 mg |
| 0,001 t | 1 kg | 1 000 g | 1 000 000 mg |
| 0,000 001 t | 0,001 kg | 1 g | 1 000 mg |
| 0,000 000 001 t | 0,000 001 kg | 0,001 g | 1 mg |
| | **: 1000** | **: 1000** | **: 1000** ⇐ |

**Krafteinheiten**

| ⇒ × 1000 | × 1000 | |
|---|---|---|
| 1 MN | 1 000 kN | 1 000 000 N |
| 0,001 MN | 1 kN | 1 000 N |
| 0,000 001 MN | 0,001 kN | 1 N |
| | **: 1000** | **: 1000** ⇐ |

**Einheiten der Spannung**

1 Pa = 1 $N/m^2$
1 $MN/m^2$ = 1 $N/mm^2$
1 $kN/cm^2$ = 10 $N/mm^2$
1 $kN/m^2$ = 0,001 $N/mm^2$

**Masse-/Krafteinheiten** **1 kg ≙ 9,81 N** (Im Bauwesen darf 9,81 auf 10 aufgerundet werden.)

| | |
|---|---|
| 0,1 kg | 1 N |
| 1 kg | 10 N |
| 10 kg | 100 N |
| 100 kg | 1 000 N (1 kN) |
| 1000 kg (1 t) | 10 000 N (10 kN) |

alte Einheiten:
1 Pfd. = 0,5 kg (1 Pfund)
1 Ztr. = 50 kg (1 Zentner)
1 dz = 100 kg (1 Doppelzentner)

**Winkeleinheiten** **180° entspricht $200^{gon}$**

| | |
|---|---|
| (Grad) 1° = 60′ | 1 rad = (180/π)° |
| (Minute) 1′ = 60″ | $1^{gon}$ = (9/10)° |
| (Sekunde) 1″ | 1° = $(10/9)^{gon}$ |

**Zeiteinheiten**

| | |
|---|---|
| (Jahr) 1 a = 365 d | (Minute) 1′ = 60″ |
| (Tag) 1 d = 24 h | (Sekunde) 1″ = (1/60)′ |
| (Stunde) 1 h = 60′ | (Monat) 1 m = (1/12) a |

| Besondere Längeneinheiten | Besondere Flächeneinheiten | Besondere Volumeneinheiten |
|---|---|---|
| 1 Zoll (″) = 2,5400 cm | 1 $km^2$ = 100 ha | 1 hl = 100 l |
| 1 inch = 1 Zoll | 1 ha = 100 a | 1 barrel = 1,59 hl |
| 1 mile = 1609 m | 1 a = 100 $m^2$ | 1 gallone = 4,546 l |
| 1 mil = 0,0245 mm | 1 Morgen = 25 a | 1 l = 1 $dm^3$ |
| 1 ft = 0,3048 m (foot) | 1 sq in = 6,452 $cm^2$ | 1 cu in = 16,39 $cm^3$ (cubic inch) |
| 1 yd = 0,9144 m (yard) | 1 sq ft = 0,0929 $m^2$ | |

1

## Interpolation

Tabellen z.B. enthalten immer nur eine Auswahl von einander zugeordneten Zahlen- oder Funktionswerten (der Funktionswert $y_1$ wird dem Argument $x_1$ zugeordnet).

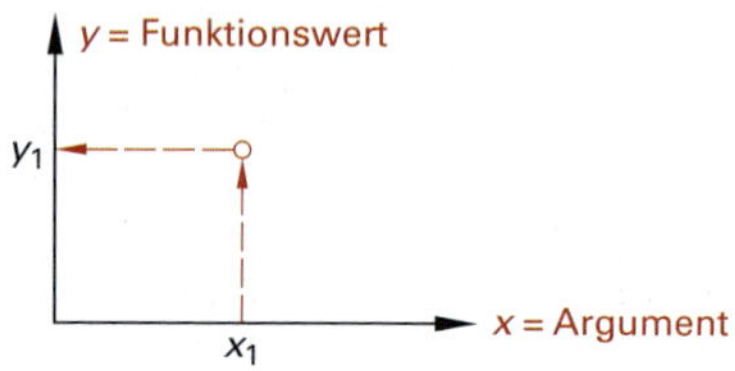


Werte zwischen zwei bekannten Größen lassen sich durch **lineare Interpolation** bestimmen, wenn vorausgesetzt wird, dass der Zuwachs der Funktionswerte $y$ proportional zum Zuwachs der Argumente $x$ erfolgt.

$$\boldsymbol{y = y_0 + \frac{(y_1 - y_0) \cdot (x - x_0)}{x_1 - x_0}}$$

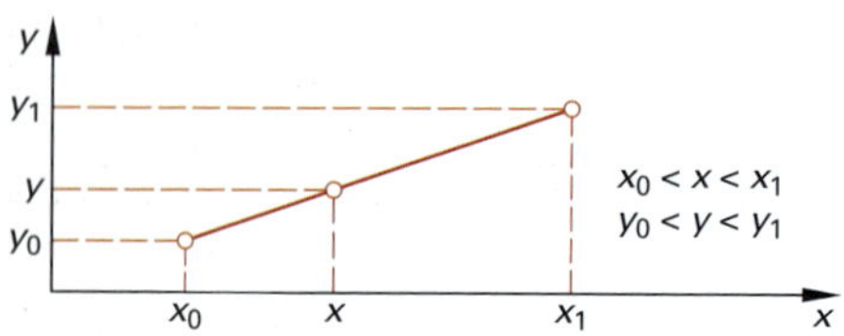


Für Tabellen gegenläufiger Tendenz von Argument und Funktionswert gilt:

$$\boldsymbol{y = y_1 + \frac{(y_0 - y_1) \cdot (x_1 - x)}{x_1 - x_0}}$$

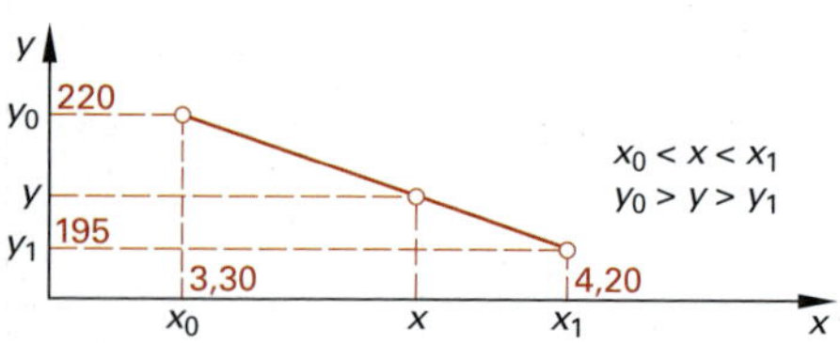


**Beispiel**

Gesucht ist der Wasserbedarf $w$ für die Körnungsziffer $\varkappa = 3{,}95$.

| | Bezugswert $\varkappa$ | Funktionswert $w$ in Liter | |
|---|---|---|---|
| $x_1$ | 4,20 | 195 | $y_1$ |
| $x_0$ | 3,30 | 220 | $y_0$ |

$$y = 195 + \frac{(220 - 195) \cdot (4{,}20 - 3{,}95)}{4{,}20 - 3{,}30} = \mathbf{201{,}9}$$

## Aufrunden und Abrunden

**Aufrunden:** Die letzte Ziffer einer gerundeten Zahl ist um 1 zu erhöhen, wenn die nächste Ziffer der nichtgerundeten Zahl 5 oder größer ist.

**Abrunden:** Die letzte Ziffer einer gerundeten Zahl bleibt unverändert, wenn die nächste Ziffer der nichtgerundeten Zahl kleiner als 5 ist.

**Beispiele**

$\pi$ = 3,14159265 ... wird durch

3,1416 aufgerundet auf Zehntausendstel,
3,142 aufgerundet auf Tausendstel,
3,14 abgerundet auf Hundertstel,
3,1 abgerundet auf Zehntel.

## Signifikante Stellen

Im Bauwesen genügt häufig eine Bestimmung von Zahlenwerten auf drei Stellen genau (Rechenschiebergenauigkeit). Dabei wird nach den vorgenannten Regeln auf- oder abgerundet.

**Beispiele**

Bei drei signifikanten Stellen wird

| | | | |
|---|---|---|---|
| 3,14159... | zu 3,14 | 143,257 | zu 143 |
| 344 600 | zu 345 000 | 4 339 111 | zu 4 340 000 |

## Zehnerpotenzen

| | | | |
|---|---|---|---|
| 0,001 | = $10^{-3}$ | 1000 | = $10^{3}$ |
| 0,01 | = $10^{-2}$ | 100 | = $10^{2}$ |
| 0,1 | = $10^{-1}$ | 10 | = $10^{1}$ |
| 1 | = $10^{0}$ | 1 | = $10^{0}$ |

| | | |
|---|---|---|
| 1 000 000 | = $10^{6}$ | = 1 Million |
| 10 000 000 | = $10^{7}$ | = 10 Millionen |
| 100 000 000 | = $10^{8}$ | = 100 Millionen |
| 1 000 000 000 | = $10^{9}$ | = 1 Milliarde |

## Vorsätze vor Einheiten

| | | | | |
|---|---|---|---|---|
| $10^{-1}$ | Dezi | (d) | 1 Dezimeter | = (1/10) m = 10 cm |
| $10^{-2}$ | Centi | (c) | 1 Zentimeter | = (1/100) m = 1 cm |
| $10^{-3}$ | Milli | (m) | 1 Millimeter | = (1/1000) m = 1 mm |
| $10^{-6}$ | Mikro | (µ) | 1 Mikrometer | = 1-millionstel Meter |
| $10^{-9}$ | Nano | (n) | 1 Nanometer | = $10^{-9}$ m |
| $10^{-12}$ | Pico | (p) | 1 Picometer | = $10^{-12}$ m |

**Beispiel**

**$10^{-4}$ = 0,0001 1 ist die vierte Stelle hinter dem Komma**

## Trigonometrische Funktionen

► S. 28

| $\varphi$ in Grad | 0° … 45°<br>sin $\varphi$ | tan $\varphi$ | |
|---|---|---|---|
| 0 | 0,0000 | 0,0000 | 90 |
| 1 | 0,0175 | 0,0175 | 89 |
| 2 | 0,0349 | 0,0349 | 88 |
| 3 | 0,0523 | 0,0524 | 87 |
| 4 | 0,0698 | 0,0699 | 86 |
| **5** | 0,0872 | 0,0875 | 85 |
| 6 | 0,1045 | 0,1051 | 84 |
| 7 | 0,1219 | 0,1228 | 83 |
| 8 | 0,1392 | 0,1405 | 82 |
| 9 | 0,1564 | 0,1584 | 81 |
| **10** | 0,1736 | 0,1763 | 80 |
| 11 | 0,1908 | 0,1944 | 79 |
| 12 | 0,2079 | 0,2126 | 78 |
| 13 | 0,2250 | 0,2309 | 77 |
| 14 | 0,2419 | 0,2493 | 76 |
| **15** | 0,2588 | 0,2679 | 75 |
| 16 | 0,2756 | 0,2867 | 74 |
| 17 | 0,2924 | 0,3057 | 73 |
| 18 | 0,3090 | 0,3249 | 72 |
| 19 | 0,3256 | 0,3443 | 71 |
| **20** | 0,3420 | 0,3640 | 70 |
| 21 | 0,3584 | 0,3839 | 69 |
| 22 | 0,3746 | 0,4040 | 68 |
| 23 | 0,3907 | 0,4245 | 67 |
| 24 | 0,4067 | 0,4452 | 66 |
| **25** | 0,4226 | 0,4663 | 65 |
| 26 | 0,4384 | 0,4877 | 64 |
| 27 | 0,4540 | 0,5095 | 63 |
| 28 | 0,4695 | 0,5317 | 62 |
| 29 | 0,4848 | 0,5543 | 61 |
| **30** | 0,5000 | 0,5774 | 60 |
| 31 | 0,5150 | 0,6009 | 59 |
| 32 | 0,5299 | 0,6249 | 58 |
| 33 | 0,5446 | 0,6494 | 57 |
| 34 | 0,5592 | 0,6745 | 56 |
| **35** | 0,5736 | 0,7002 | 55 |
| 36 | 0,5878 | 0,7265 | 54 |
| 37 | 0,6018 | 0,7536 | 53 |
| 38 | 0,6157 | 0,7813 | 52 |
| 39 | 0,6293 | 0,8098 | 51 |
| **40** | 0,6428 | 0,8391 | 50 |
| 41 | 0,6561 | 0,8693 | 49 |
| 42 | 0,6691 | 0,9004 | 48 |
| 43 | 0,6820 | 0,9325 | 47 |
| 44 | 0,6947 | 0,9657 | 46 |
| **45** | 0,7071 | 1,0000 | 45 |
| | cos $\varphi$<br>45° … 90° | cot $\varphi$ | $\varphi$ in Grad |

| $\varphi$ in Grad | 0° … 45°<br>sin $\varphi$ | tan $\varphi$ | |
|---|---|---|---|
| 45 | 0,7071 | 1,0000 | 45 |
| 46 | 0,7193 | 1,0355 | 44 |
| 47 | 0,7314 | 1,0724 | 43 |
| 48 | 0,7431 | 1,1106 | 42 |
| 49 | 0,7547 | 1,1504 | 41 |
| **50** | 0,7660 | 1,1918 | 40 |
| 51 | 0,7771 | 1,2349 | 39 |
| 52 | 0,7880 | 1,2799 | 38 |
| 53 | 0,7986 | 1,3270 | 37 |
| 54 | 0,8090 | 1,3764 | 36 |
| **55** | 0,8192 | 1,4281 | 35 |
| 56 | 0,8290 | 1,4826 | 34 |
| 57 | 0,8387 | 1,5399 | 33 |
| 58 | 0,8480 | 1,6003 | 32 |
| 59 | 0,8572 | 1,6643 | 31 |
| **60** | 0,8660 | 1,7321 | 30 |
| 61 | 0,8746 | 1,8041 | 29 |
| 62 | 0,8829 | 1,8807 | 28 |
| 63 | 0,8910 | 1,9626 | 27 |
| 64 | 0,8988 | 2,0503 | 26 |
| **65** | 0,9063 | 2,1445 | 25 |
| 66 | 0,9135 | 2,2460 | 24 |
| 67 | 0,9205 | 2,3559 | 23 |
| 68 | 0,9272 | 2,4751 | 22 |
| 69 | 0,9336 | 2,6051 | 21 |
| **70** | 0,9397 | 2,7475 | 20 |
| 71 | 0,9455 | 2,9042 | 19 |
| 72 | 0,9511 | 3,0777 | 18 |
| 73 | 0,9563 | 3,2709 | 17 |
| 74 | 0,9613 | 3,4874 | 16 |
| **75** | 0,9659 | 3,7321 | 15 |
| 76 | 0,9703 | 4,0108 | 14 |
| 77 | 0,9744 | 4,3315 | 13 |
| 78 | 0,9781 | 4,7046 | 12 |
| 79 | 0,9816 | 5,1446 | 11 |
| **80** | 0,9848 | 5,6713 | 10 |
| 81 | 0,9877 | 6,3138 | 9 |
| 82 | 0,9903 | 7,1154 | 8 |
| 83 | 0,9925 | 8,1444 | 7 |
| 84 | 0,9945 | 9,5144 | 6 |
| **85** | 0,9962 | 11,4301 | 5 |
| 86 | 0,9976 | 14,3007 | 4 |
| 87 | 0,9986 | 19,0811 | 3 |
| 88 | 0,9994 | 28,6363 | 2 |
| 89 | 0,99985 | 57,2900 | 1 |
| **90** | 1,0000 | ∞ | 0 |
| | cos $\varphi$<br>45° … 90° | cot $\varphi$ | $\varphi$ in Grad |

1

1

## Bestimmungsstücke eines Kreisabschnitts

► S. 23

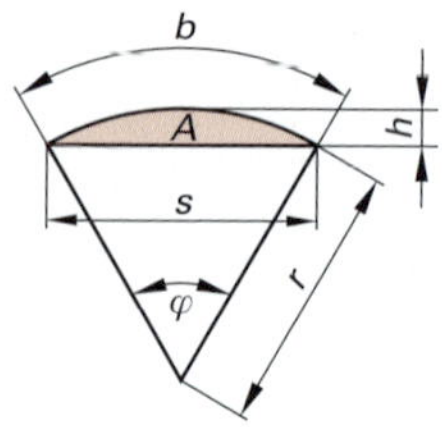


*r* Halbmesser
*b* Bogenlänge
*h* Bogenhöhe
*s* Sehnenlänge
*A* Fläche des Kreisabschnitts
*φ* Bogenmaß
*φ°* Zentriwinkel (in Grad)

► S. 13

$$b = r \cdot \pi \cdot \frac{\varphi°}{180°}$$

$$s = 2\,r \cdot \sin\left(\frac{\varphi}{2}\right)$$

$$h = 2\,r \cdot \sin^2\left(\frac{\varphi}{4}\right)$$

$$A = \frac{r^2}{2} \cdot \left(\pi \cdot \frac{\varphi°}{180°} - \sin\varphi\right)$$

| φ in Grad | $\frac{b}{r}$ | $\frac{h}{r}$ | $\frac{s}{r}$ | $\frac{A}{r^2}$ |
|---|---|---|---|---|
| 1 | 0,0175 | 0,0000 | 0,0175 | 0,00000 |
| 2 | 0,0349 | 0,0002 | 0,0349 | 0,00000 |
| 3 | 0,0524 | 0,0003 | 0,0524 | 0,00001 |
| 4 | 0,0698 | 0,0006 | 0,0698 | 0,00003 |
| 5 | 0,0873 | 0,0010 | 0,0872 | 0,00006 |
| 6 | 0,1047 | 0,0014 | 0,1047 | 0,00010 |
| 7 | 0,1222 | 0,0019 | 0,1221 | 0,00015 |
| 8 | 0,1396 | 0,0024 | 0,1395 | 0,00023 |
| 9 | 0,1571 | 0,0031 | 0,1569 | 0,00032 |
| 10 | 0,1745 | 0,0038 | 0,1743 | 0,00044 |
| 11 | 0,1920 | 0,0046 | 0,1917 | 0,00059 |
| 12 | 0,2094 | 0,0055 | 0,2091 | 0,00076 |
| 13 | 0,2269 | 0,0064 | 0,2264 | 0,00097 |
| 14 | 0,2443 | 0,0075 | 0,2437 | 0,00121 |
| 15 | 0,2618 | 0,0086 | 0,2611 | 0,00149 |
| 16 | 0,2793 | 0,0097 | 0,2783 | 0,00181 |
| 17 | 0,2967 | 0,0110 | 0,2956 | 0,00217 |
| 18 | 0,3142 | 0,0123 | 0,3129 | 0,00257 |
| 19 | 0,3316 | 0,0137 | 0,3301 | 0,00302 |
| 20 | 0,3491 | 0,0152 | 0,3473 | 0,00352 |
| 21 | 0,3665 | 0,0167 | 0,3645 | 0,00408 |
| 22 | 0,3840 | 0,0184 | 0,3816 | 0,00468 |
| 23 | 0,4014 | 0,0201 | 0,3987 | 0,00535 |
| 24 | 0,4189 | 0,0219 | 0,4158 | 0,00607 |
| 25 | 0,4363 | 0,0237 | 0,4329 | 0,00686 |
| 26 | 0,4538 | 0,0256 | 0,4499 | 0,00771 |
| 27 | 0,4712 | 0,0276 | 0,4669 | 0,00862 |
| 28 | 0,4887 | 0,0297 | 0,4838 | 0,00961 |
| 29 | 0,5061 | 0,0319 | 0,5008 | 0,01067 |
| 30 | 0,5236 | 0,0341 | 0,5176 | 0,01180 |
| 31 | 0,5411 | 0,0364 | 0,5345 | 0,01301 |
| 32 | 0,5585 | 0,0387 | 0,5513 | 0,01429 |
| 33 | 0,5760 | 0,0412 | 0,5680 | 0,01566 |
| 34 | 0,5934 | 0,0437 | 0,5847 | 0,01711 |
| 35 | 0,6109 | 0,0463 | 0,6014 | 0,01864 |
| 36 | 0,6283 | 0,0489 | 0,6180 | 0,02027 |
| 37 | 0,6458 | 0,0517 | 0,6346 | 0,02198 |
| 38 | 0,6632 | 0,0545 | 0,6511 | 0,02378 |
| 39 | 0,6807 | 0,0574 | 0,6676 | 0,02568 |
| 40 | 0,6981 | 0,0603 | 0,6840 | 0,02767 |
| 41 | 0,7156 | 0,0633 | 0,7004 | 0,02976 |
| 42 | 0,7330 | 0,0664 | 0,7167 | 0,03195 |
| 43 | 0,7505 | 0,0696 | 0,7330 | 0,03425 |
| 44 | 0,7679 | 0,0728 | 0,7492 | 0,03664 |
| 45 | 0,7854 | 0,0761 | 0,7654 | 0,03915 |
| 46 | 0,8029 | 0,0795 | 0,7815 | 0,04176 |
| 47 | 0,8203 | 0,0829 | 0,7975 | 0,04448 |
| 48 | 0,8378 | 0,0865 | 0,8135 | 0,04731 |
| 49 | 0,8552 | 0,0900 | 0,8294 | 0,05025 |
| 50 | 0,8727 | 0,0937 | 0,8452 | 0,05331 |
| 51 | 0,8901 | 0,0974 | 0,8610 | 0,05649 |
| 52 | 0,9076 | 0,1012 | 0,8767 | 0,05978 |
| 53 | 0,9250 | 0,1051 | 0,8924 | 0,06319 |
| 54 | 0,9425 | 0,1090 | 0,9080 | 0,06673 |
| 55 | 0,9599 | 0,1130 | 0,9235 | 0,07039 |
| 56 | 0,9774 | 0,1171 | 0,9389 | 0,07417 |
| 57 | 0,9948 | 0,1212 | 0,9543 | 0,07808 |
| 58 | 1,0123 | 0,1254 | 0,9696 | 0,08212 |
| 59 | 1,0297 | 0,1296 | 0,9848 | 0,08629 |
| 60 | 1,0472 | 0,1340 | 1,0000 | 0,09059 |
| 61 | 1,0647 | 0,1384 | 1,0151 | 0,09502 |
| 62 | 1,0821 | 0,1428 | 1,0301 | 0,09958 |
| 63 | 1,0996 | 0,1474 | 1,0450 | 0,10428 |
| 64 | 1,1170 | 0,1520 | 1,0598 | 0,10911 |
| 65 | 1,1345 | 0,1566 | 1,0746 | 0,11408 |
| 66 | 1,1519 | 0,1613 | 1,0893 | 0,11919 |
| 67 | 1,1694 | 0,1661 | 1,1039 | 0,12443 |
| 68 | 1,1868 | 0,1710 | 1,1184 | 0,12982 |
| 69 | 1,2043 | 0,1759 | 1,1328 | 0,13535 |
| 70 | 1,2217 | 0,1808 | 1,1472 | 0,14102 |
| 71 | 1,2392 | 0,1859 | 1,1614 | 0,14683 |
| 72 | 1,2566 | 0,1910 | 1,1756 | 0,15279 |
| 73 | 1,2741 | 0,1961 | 1,1896 | 0,15889 |
| 74 | 1,2915 | 0,2014 | 1,2036 | 0,16514 |
| 75 | 1,3090 | 0,2066 | 1,2175 | 0,17154 |
| 76 | 1,3265 | 0,2120 | 1,2313 | 0,17808 |
| 77 | 1,3439 | 0,2174 | 1,2450 | 0,18477 |
| 78 | 1,3614 | 0,2229 | 1,2586 | 0,19160 |
| 79 | 1,3788 | 0,2284 | 1,2722 | 0,19859 |
| 80 | 1,3963 | 0,2340 | 1,2856 | 0,20573 |
| 81 | 1,4137 | 0,2396 | 1,2989 | 0,21301 |
| 82 | 1,4312 | 0,2453 | 1,3121 | 0,22045 |
| 83 | 1,4486 | 0,2510 | 1,3252 | 0,22804 |
| 84 | 1,4661 | 0,2569 | 1,3383 | 0,23578 |
| 85 | 1,4835 | 0,2627 | 1,3512 | 0,24367 |
| 86 | 1,5010 | 0,2686 | 1,3640 | 0,25171 |
| 87 | 1,5184 | 0,2746 | 1,3767 | 0,25990 |
| 88 | 1,5359 | 0,2807 | 1,3893 | 0,26825 |
| 89 | 1,5533 | 0,2867 | 1,4018 | 0,27675 |
| 90 | 1,5708 | 0,2929 | 1,4142 | 0,28540 |

## Zahlentabellen

### Exponential-, Hyperbel-, Logarithmusfunktionen

| x | $e^x$ | sinh (x) | cosh (x) | ln (x) | lg (x) |
|---|---|---|---|---|---|
| 0,0 | 1,000 | 0,000 | 1,000 | – | – |
| 0,1 | 1,105 | 0,100 | 1,005 | – 2,303 | – 1,000 |
| 0,2 | 1,221 | 0,201 | 1,020 | – 1,609 | – 0,699 |
| 0,3 | 1,350 | 0,305 | 1,045 | – 1,204 | – 0,523 |
| 0,4 | 1,492 | 0,411 | 1,081 | – 0,916 | – 0,398 |
| 0,5 | 1,649 | 0,521 | 1,128 | – 0,693 | – 0,301 |
| 0,6 | 1,822 | 0,637 | 1,185 | – 0,511 | – 0,222 |
| 0,7 | 2,014 | 0,759 | 1,255 | – 0,357 | – 0,155 |
| 0,8 | 2,226 | 0,888 | 1,337 | – 0,223 | – 0,097 |
| 0,9 | 2,460 | 1,027 | 1,433 | – 0,105 | – 0,046 |
| 1,0 | 2,718 | 1,175 | 1,543 | 0,000 | 0,000 |
| 1,1 | 3,004 | 1,336 | 1,669 | 0,095 | 0,041 |
| 1,2 | 3,320 | 1,509 | 1,811 | 0,182 | 0,079 |
| 1,3 | 3,669 | 1,698 | 1,971 | 0,262 | 0,114 |
| 1,4 | 4,055 | 1,904 | 2,151 | 0,336 | 0,146 |
| 1,5 | 4,482 | 2,129 | 2,352 | 0,405 | 0,176 |
| 1,6 | 4,953 | 2,376 | 2,577 | 0,470 | 0,204 |
| 1,7 | 5,474 | 2,646 | 2,828 | 0,531 | 0,230 |
| 1,8 | 6,050 | 2,942 | 3,107 | 0,588 | 0,255 |
| 1,9 | 6,686 | 3,268 | 3,418 | 0,642 | 0,279 |
| 2,0 | 7,389 | 3,627 | 3,762 | 0,693 | 0,301 |
| 2,1 | 8,166 | 4,022 | 4,144 | 0,742 | 0,322 |
| 2,2 | 9,025 | 4,457 | 4,568 | 0,788 | 0,342 |
| 2,3 | 9,974 | 4,937 | 5,037 | 0,833 | 0,362 |
| 2,4 | 11,023 | 5,466 | 5,557 | 0,875 | 0,380 |
| 2,5 | 12,182 | 6,050 | 6,132 | 0,916 | 0,398 |
| 2,6 | 13,464 | 6,695 | 6,769 | 0,956 | 0,415 |
| 2,7 | 14,880 | 7,406 | 7,473 | 0,993 | 0,431 |
| 2,8 | 16,445 | 8,192 | 8,253 | 1,030 | 0,447 |
| 2,9 | 18,174 | 9,060 | 9,115 | 1,065 | 0,462 |
| 3,0 | 20,086 | 10,018 | 10,068 | 1,099 | 0,477 |
| 3,1 | 22,198 | 11,076 | 11,122 | 1,131 | 0,491 |
| 3,2 | 24,533 | 12,246 | 12,287 | 1,163 | 0,505 |
| 3,3 | 27,113 | 13,538 | 13,575 | 1,194 | 0,519 |
| 3,4 | 29,964 | 14,965 | 14,999 | 1,224 | 0,531 |
| 3,6 | 33,115 | 16,543 | 16,573 | 1,253 | 0,544 |
| 3,6 | 36,598 | 18,285 | 18,313 | 1,281 | 0,556 |
| 3,7 | 40,447 | 20,211 | 20,236 | 1,308 | 0,568 |
| 3,8 | 44,701 | 22,339 | 22,362 | 1,335 | 0,580 |
| 3,9 | 49,402 | 24,691 | 24,711 | 1,361 | 0,591 |
| 4,0 | 54,598 | 27,290 | 27,308 | 1,386 | 0,602 |
| 4,1 | 60,340 | 30,162 | 30,178 | 1,411 | 0,613 |
| 4,2 | 66,686 | 33,336 | 33,351 | 1,435 | 0,623 |
| 4,3 | 73,700 | 36,843 | 36,857 | 1,459 | 0,633 |
| 4,4 | 81,451 | 40,719 | 40,732 | 1,482 | 0,643 |
| 4,5 | 90,017 | 45,003 | 45,014 | 1,504 | 0,653 |
| 4,6 | 99,484 | 49,737 | 49,747 | 1,526 | 0,663 |
| 4,7 | 109,947 | 54,969 | 54,978 | 1,548 | 0,672 |
| 4,8 | 121,510 | 60,751 | 60,759 | 1,569 | 0,681 |
| 4,9 | 134,290 | 67,141 | 67,149 | 1,589 | 0,690 |
| 5,0 | 148,413 | 74,203 | 74,210 | 1,609 | 0,699 |

### Konstanten (gerundet)

| Größe | Zahlenwert | Größe | Zahlenwert |
|---|---|---|---|
| $\pi$ | 3,141 593 | e | 2,718 282 |
| $2\pi$ | 6,283 185 | $e^2$ | 7,389 056 |
| $3\pi$ | 9,424 778 | $e^3$ | 20,085 537 |
| $\pi : 3$ | 1,047 198 | $\sqrt{e}$ | 1,648 721 |
| $\pi : 4$ | 0,785 398 | $\sqrt[3]{e}$ | 1,395 612 |
| $\pi : 180$ | 0,017 453 | $e^\pi$ | 23,140 693 |
| $\pi^2$ | 9,869 604 | $e^{2\pi}$ | 535,491 656 |
| $\pi^3$ | 31,006 277 | $e^{\pi/2}$ | 4,810 477 |
| $\sqrt{\pi}$ | 1,772 454 | $e^{-\pi}$ | 0,043 214 |
| $\sqrt[3]{\pi}$ | 1,464 592 | 1 : e | 0,367 879 |
| $1 : \pi$ | 0,318 310 | $1 : e^2$ | 0,135 335 |
| $180 : \pi$ | 57,295 780 | $\sqrt{1/e}$ | 0,606 531 |
| $1 : \pi^2$ | 0,101 321 | $e^e$ | 15,154 262 |
| $\sqrt{1/\pi}$ | 0,564 190 | $\pi^e$ | 22,459 158 |
| ln $\pi$ | 1,144 730 | ln 10 | 2,302 585 |
| lg $\pi$ | 0,497 150 | lg e | 0,434 294 |
| $\sqrt{2}$ | 1,414 214 | $\sqrt{3}$ | 1,732 051 |
| $\sqrt{5}$ | 2,236 068 | $\sqrt{6}$ | 2,449 490 |
| $\sqrt{7}$ | 2,645751 | $\sqrt{10}$ | 3,162 278 |

### Umrechnungstabelle Grad – Gon – Rad (Bogenmaß)

| Grad | Rad | Gon | Rad | Rad | Grad | Gon |
|---|---|---|---|---|---|---|
| 1 | 0,0175 | 1 | 0,0157 | 0,1 | 5,73 | 6,37 |
| 2 | 0,0349 | 2 | 0,0314 | 0,2 | 11,46 | 12,73 |
| 3 | 0,0524 | 3 | 0,0471 | 0,3 | 17,19 | 19,10 |
| 4 | 0,0698 | 4 | 0,0628 | 0,4 | 22,92 | 25,46 |
| 5 | 0,0873 | 5 | 0,0785 | 0,5 | 28,65 | 31,83 |
| 6 | 0,1047 | 6 | 0,0942 | 0,6 | 34,38 | 38,20 |
| 7 | 0,1222 | 7 | 0,1100 | 0,7 | 40,11 | 44,56 |
| 8 | 0,1396 | 8 | 0,1257 | 0,8 | 45,84 | 50,93 |
| 9 | 0,1571 | 9 | 0,1414 | 0,9 | 51,57 | 57,30 |
| 10 | 0,1745 | 10 | 0,1571 | 1,0 | 57,30 | 63,66 |
| 20 | 0,3491 | 20 | 0,3142 | 1,2 | 68,75 | 76,39 |
| 30 | 0,5236 | 30 | 0,4712 | 1,4 | 80,21 | 89,13 |
| 40 | 0,6981 | 40 | 0,6283 | 1,6 | 91,67 | 101,9 |
| 50 | 0,8727 | 50 | 0,7854 | 1,8 | 103,1 | 114,6 |
| 60 | 1,0472 | 60 | 0,9425 | 2,0 | 114,6 | 127,3 |
| 70 | 1,2217 | 70 | 1,0996 | 2,2 | 126,1 | 140,1 |
| 80 | 1,3963 | 80 | 1,2566 | 2,4 | 137,5 | 152,8 |
| 90 | 1,5708 | 90 | 1,4137 | 2,6 | 149,0 | 165,5 |
| 100 | 1,7453 | 100 | 1,5708 | 2,8 | 160,4 | 178,3 |
| 120 | 2,0944 | 126 | 1,9635 | 3,0 | 171,9 | 191,0 |
| 140 | 2,4435 | 150 | 2,3562 | 3,2 | 183,3 | 203,7 |
| 160 | 2,7925 | 175 | 2,7489 | 3,4 | 194,8 | 216,5 |
| 180 | 3,1416 | 200 | 3,1416 | 3,6 | 206,3 | 229,2 |

1

## 1.2 Rechenarten

### Grundrechenarten

| Rechenart | a | b | c |
|---|---|---|---|
| Addition | Summand | Summand | Summenwert |
| | **Beispiel** | $a + b = c$ | |
| Subtraktion | Minuend | Subtrahend | Differenzwert |
| | **Beispiel** | $a - b = c$ | |
| Multiplikation | Faktor | Faktor | Produktwert |
| | **Beispiel** | $a \cdot b = c$ | |
| Division | Dividend | Divisor | Quotientenwert |
| | **Beispiel** | $a : b = c$ | |

### Addition und Multiplikation

| | |
|---|---|
| **Kommutativität** | $a + b = b + a$<br>$ab = ba$ |
| **Assoziativität** | $(a + b) + c = a + (b + c)$<br>$(ab)\,c = a\,(bc)$ |
| **Distributivität** | $(a + b)\,c = ac + bc$<br>$a\,(b + c) = ab + ac$ |

### Stufen der Rechenarten

| | |
|---|---|
| Stufe 1 | Addition, Subtraktion |
| Stufe 2 | Multiplikation, Division |
| Stufe 3 | Potenzierung, Radizierung, Logarithmierung |

**Beispiele** **Addition, Subtraktion**

$a + 0 = 0 + a = a$
$a + (b - c) = a + b - c$
$a - (b + c) = a - b - c$
$a - (b - c) = a - b + c$
$a - 0 = a$ aber $0 - a = -a$
$a + (-b) = a - b$
$a - (-b) = a + b$
$-(a + b) = -a - b$
$-(a - b) = -a + b = b - a$

**Beispiele** **Multiplikation**

- Schreibweise: $a \cdot b = ab$, $2 \cdot a = 2\,a$, $ab = ba$
  $abc = acb = bac = bca = cab = cba$
  $a \cdot 0 = 0 \cdot a = 0\,a = 0$
  $a \cdot 1 = 1 \cdot a = 1\,a = a$
- Gleiche Vorzeichen ergeben plus, ungleiche Vorzeichen ergeben minus:
  $(+a)\,(+b) = (-a)\,(-b) = +ab = ab$
  $(+a)\,(-b) = (-a)\,(+b) = -ab$

### Sonstige Rechenarten

| Rechenart | a | b | c |
|---|---|---|---|
| Potenzierung | Basis | Exponent | Potenzwert |
| | **Beispiel** | $a^b = c$ | |
| Radizierung | Radikand | Wurzelexponent | Wurzelwert |
| | **Beispiel** | $\sqrt[b]{a} = c$ | |
| Logarithmierung | Logarithmand | Basis | Logarithmuswert |
| | **Beispiel** | $\log_b a = c$ | |

### Rechenregeln ohne Klammern

Gleichstufige Rechenarten werden von links nach rechts ausgeführt.

**Beispiel** $8 - 2 + 3 = 6 + 3 = 9$

Bei ungleichstufigen Rechenarten wird die Rechenart höherer Stufe zuerst ausgeführt.

**Beispiel**
$8 - 2 \cdot 3 = 8 - 6 = 2$
$20 : 5 + 3 \cdot 7 = 4 + 21 = 25$
$14 + 3 \cdot 2^3 = 14 + 3 \cdot 8 = 38$

### Klammerregeln

Die Rechnung innerhalb einer Klammer wird stets vor der Rechnung außerhalb der Klammer ausgeführt.

**Beispiel** $(2 + 9) \cdot 6 = 11 \cdot 6 = 66$

Bei mehrfacher Klammerung werden von innen nach außen runde, eckige und geschweifte Klammern benutzt. Die Klammern werden von innen nach außen aufgelöst.

**Beispiel**
$2 \cdot \{3 + 4 \cdot [26 - 2 \cdot (3 + 4)] : 3\} =$
$2 \cdot \{3 + 4 \cdot [26 - 2 \cdot 7] : 3\} =$
$2 \cdot \{3 + 4 \cdot 12 : 3\} =$
$2 \cdot 19 = 38$

Auflösen der Klammer mit **PLUS (+)** vor der Klammer ⇒ Klammer kann entfallen

Auflösen der Klammer mit **MINUS (–)** vor der Klammer ⇒ Klammer kann entfallen, wenn alle Vorzeichen in der Klammer umgekehrt werden

**Faktor** vor der Klammer mit Summanden ⇒ Jeder Wert in der Klammer wird mit dem Faktor mutipliziert.

**Beispiele**
$(a - b)\,c = c\,(a - b) = ac - bc$
$(a + b)\,(c + d) = ac + ad + bc + bd$
$(a - b)\,(c + d) = ac + ad - bc - bd$
$(a + b)\,(c - d) = ac - ad + bc - bd$
$(a - b)\,(c - d) = ac - ad - bc + bd$

| Bruchrechnung | | |
|---|---|---|
| **Rechenart, Rechenoperation** | **Formeln und Rechenregeln** | **Beispiele** |
| **Erweitern** | Multiplikation von Zähler und Nenner mit gleicher Zahl. Wert bleibt gleich<br>$\frac{a}{b} = \frac{a}{b} \cdot \frac{n}{n} = \frac{a \cdot n}{b \cdot n}$ | $\frac{2}{3} = \frac{2}{3} \cdot \frac{7}{7} = \frac{2 \cdot 7}{3 \cdot 7} = \frac{14}{21}$ |
| **Kürzen** | Division von Zähler und Nenner durch die gleiche Zahl. Wert bleibt gleich<br>$\frac{a}{b} = \frac{a}{b} : \frac{n}{n} = \frac{a : n}{b : n}$ | $\frac{14}{21} = \frac{14}{21} : \frac{7}{7} = \frac{14 : 7}{21 : 7} = \frac{2}{3}$ |
| **Hauptnenner (HN) bestimmen** | Der Hauptnenner ist das kleinste gemeinsame Vielfache (KgV) der Nenner. Berechnung durch Zerlegung der Nenner in Primfaktoren. | Hauptnenner von $\frac{1}{4}; \frac{2}{5}; \frac{1}{6}; \frac{1}{30}$<br>$4 = 2 \cdot 2$<br>$5 = 5$<br>$6 = 2 \cdot 3$<br>$30 = 2 \cdot 3 \cdot 5$<br>$HN = 2 \cdot 2 \cdot 5 \cdot 3 = 60$ |
| **Addition**<br>gleichnamige Brüche<br>ungleichnamige Brüche | $\frac{a}{b} + \frac{c}{b} = \frac{a + c}{b}$<br>$\frac{a}{b} + \frac{c}{d} = \frac{a \cdot d}{b \cdot d} + \frac{c \cdot b}{d \cdot b} = \frac{(a \cdot d) + (c \cdot b)}{b \cdot d}$<br>oder nach vorheriger Ermittlung des Hauptnenners. | $\frac{5}{8} + \frac{3}{8} = \frac{5 + 3}{8} = \frac{8}{8} = 1$<br>$\frac{2}{3} + \frac{1}{5} = \frac{2 \cdot 5}{3 \cdot 5} + \frac{1 \cdot 3}{5 \cdot 3} = \frac{10}{15} + \frac{3}{15} = \frac{13}{15}$<br>$\frac{1}{4} + \frac{2}{5} + \frac{1}{6} + \frac{1}{30} = \frac{15}{60} + \frac{24}{60} + \frac{10}{60} + \frac{2}{60} = \frac{51}{60}$ |
| **Subtraktion**<br>gleichnamige Brüche<br>ungleichnamige Brüche | $\frac{a}{b} - \frac{c}{b} = \frac{a - c}{b}$<br>$\frac{a}{b} - \frac{c}{d} = \frac{a \cdot d}{b \cdot d} - \frac{c \cdot b}{d \cdot b} = \frac{(a \cdot d) - (c \cdot b)}{b \cdot d}$<br>oder nach vorheriger Ermittlung des Hauptnenners. | $\frac{5}{8} - \frac{3}{8} = \frac{2}{8} = \frac{1}{4}$<br>$\frac{2}{3} - \frac{1}{5} = \frac{2 \cdot 5}{3 \cdot 5} - \frac{1 \cdot 3}{5 \cdot 3} = \frac{10}{15} - \frac{3}{15} = \frac{7}{15}$<br>$\frac{1}{4} - \frac{2}{5} + \frac{1}{6} - \frac{1}{30} = \frac{15}{60} - \frac{24}{60} + \frac{10}{60} - \frac{2}{60} = -\frac{1}{60}$ |
| **Multiplikation**<br>Bruch mit Zahl<br>Bruch mit Bruch | $\frac{a}{b} \cdot n = \frac{a \cdot n}{b}$<br>$\frac{a}{b} \cdot \frac{c}{d} = \frac{a \cdot c}{b \cdot d}$ | $\frac{3}{8} \cdot 5 = \frac{3 \cdot 5}{8} = \frac{15}{8} = 1\frac{7}{8}$<br>$\frac{3}{8} \cdot \frac{2}{5} = \frac{3 \cdot 2}{8 \cdot 5} = \frac{6}{40} = \frac{3}{20}$ |
| **Division**<br>Bruch durch Zahl<br>Bruch durch Bruch | $\frac{a}{b} : n = \frac{a}{b \cdot n}$<br>$\frac{a}{b} : \frac{c}{d} = \frac{a}{b} \cdot \frac{d}{c} = \frac{a \cdot d}{b \cdot c}$ | $\frac{3}{8} : 5 = \frac{3}{8 \cdot 5} = \frac{3}{40}$<br>$\frac{3}{8} : \frac{2}{5} = \frac{3}{8} \cdot \frac{5}{2} = \frac{15}{16}$ |
| **Umwandeln**<br>gemeiner Bruch in Dezimalzahl | übliches Teilen des Zählers durch den Nenner | $\frac{8}{3} = 8 : 3 = 2{,}66\ldots = 2{,}\overline{6}$<br>$8 : 3 = 2{,}66\ldots$<br>$-6$<br>$20$<br>$-18$<br>$20$<br>periodische Wiederholung<br>$\frac{3}{8} = 3 : 8 = 0{,}375$ |
| **Umwandeln**<br>endliche Dezimalbrüche<br>reinperiodische Dezimalbrüche<br>unreinperiodische Dezimalbrüche | Erweitern mit 10, 100, 1000 usw., gegebenenfalls anschließend kürzen<br>} Rechnung gemäß Beispiel für unreinperiodische Dezimalbrüche | $0{,}375 = \frac{0{,}375 \cdot 1000}{1000} = \frac{375}{1000} = \frac{3 \cdot 125}{8 \cdot 125} = \frac{3}{8}$<br>$0{,}\overline{3} = \frac{3}{9}$ $\quad$ $0{,}\overline{42} = \frac{42}{99}$<br>$x = 2{,}3\overline{42}$<br>$x = \frac{2319}{990}$<br>$1000 \cdot x = 2342{,}\overline{42}$<br>$-10 \cdot x = -23{,}\overline{42}$<br>$990 \cdot x = 2319{,}00$ |
| **Vorzeichenregeln beim Dividieren** | $(+a) : (+b) = +a : b = +\frac{a}{b}$ $\quad b \neq 0$<br>$(+a) : (-b) = -a : b = -\frac{a}{b}$ $\quad b \neq 0$<br>$(-a) : (-b) = +a : b = +\frac{a}{b}$ $\quad b \neq 0$ | $(+3) : (+8) = +3 : 8 = +\frac{3}{8}$<br>$(+3) : (-8) = -3 : 8 = -\frac{3}{8}$<br>$(-3) : (-8) = +3 : 8 = +\frac{3}{8}$ |
| **Division durch 0** | Eine Division durch 0 ist unzulässig.<br>$+\infty$ bzw. $-\infty$ sind keine reellen Zahlen. | |

1

## Dreisatzrechnung

| Verhältnisse beim Dreisatz | direkter Dreisatz | indirekter Dreisatz |
|---|---|---|
| 1. Aussagesatz | $x \Rightarrow y$ | $x \Rightarrow y$ |
| 2. Einheitssatz | $1 \Rightarrow \frac{y}{x}$ | $1 \Rightarrow y \cdot x$ |
| 3. Schlusssatz | $x_1 \Rightarrow \frac{y \cdot x_1}{x}$ | $x_1 \Rightarrow \frac{y \cdot x}{x_1}$ |

### Dreisatz mit geradem Verhältnis (direkt oder proportional)

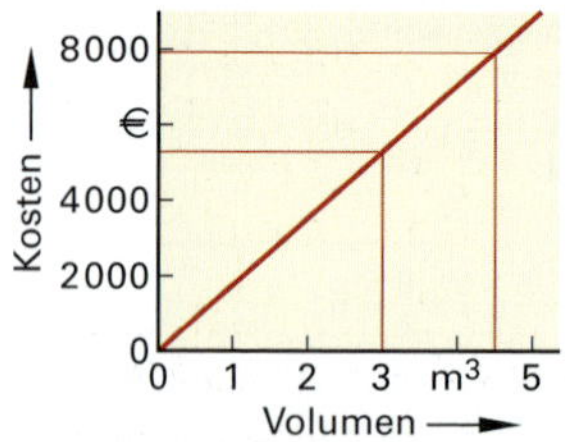


**Beispiel** 4,50 m³ Eichenholz kosten 7875,00 €. Wieviel kosten 3,00 m³ Eichenholz?

1. 4,50 m³ Eichenholz kosten 7875,00 €
2. 1,00 m³ Eichenholz kosten $\frac{7875{,}00\ €}{4{,}50\ m^3}$
3. 3,00 m³ Eichenholz kosten $\frac{7875{,}00\ € \cdot 3{,}00\ m^3}{4{,}50\ m^3}$ **= 5250,00 €**

### Dreisatz mit umgekehrtem Verhältnis (indirekt oder antiproportional)

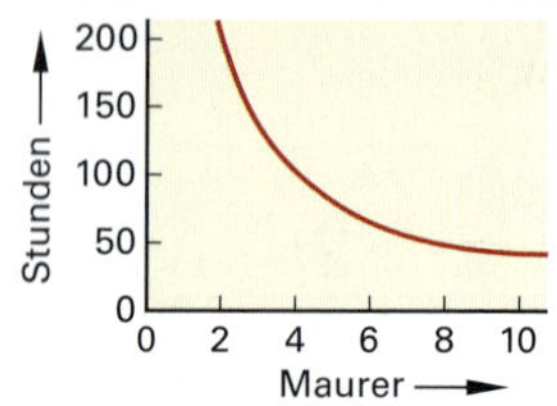


**Beispiel** 5 Maurer benötigen für eine Montagearbeit 80 Stunden. Wie lange dauert die Montage, wenn 8 Maurer zur Verfügung stehen?

1. 5 Maurer benötigen 80 h
2. 1 Maurer benötigt $5 \cdot 80$ h
3. 8 Maurer benötigen $\frac{5 \cdot 80\ h}{8}$ **= 50 h**

### Zusammengesetzter Dreisatz (doppelter Dreisatz)

Es werden 3 Größen gegenübergestellt. Die gesuchte Größe wird stufenweise errechnet. In jeder Stufe wird nur eine Größe verändert.

**Beispiel** 6 Zimmerer verlegen bei 8-stündiger Arbeitszeit pro Tag 210 m² Parkett. Wieviel m² Parkett verlegen 5 Zimmerer bei einer Arbeitszeit von 9 h/Tag?

**1. Dreisatz:** 6 Zimmerer verlegen in 8 h $210\ m^2$

1 Zimmerer verlegt in 8 h $\frac{210\ m^2}{6}$

5 Zimmerer verlegen in 8 h $\frac{210\ m^2 \cdot 5}{6}$

**2. Dreisatz:** 5 Zimmerer verlegen in 1 h $\frac{210\ m^2 \cdot 5}{6 \cdot 8}$

5 Zimmerer verlegen in 9 h $\frac{210\ m^2 \cdot 5 \cdot 9}{6 \cdot 8}$ **= 196,875 m²**

### Verhältnisgleichung, Proportionen

Zwei Verhältnisse mit gleichen Werten können gleichgesetzt und als Gleichung geschrieben werden. Das Verhältnis (eine Proportion) kann auch als Bruchgleichung geschrieben werden.

Außenglieder

$a : b = 3 : 4$ oder $\frac{a}{b} = \frac{3}{4}$

Innenglieder Bruchgleichung

Eine Verhältnisgleichung kann als Produktengleichung geschrieben werden.

$a : b = 3 : 4$ oder $3 \cdot b = 4 \cdot a$

Innenglied × Innenglied = Außenglied × Außenglied

## Potenzen

| | |
|---|---|
| **Definition** (Sprechweise: a hoch n) | $a^n = a \cdot a \cdot a \cdot \ldots \cdot a$ <br> n Faktoren |
| **Spezialfälle** (für $a \neq 0$ und $n \in \mathbb{N}^*$) | $a^1 = a$; $a^0 = 1$ <br> $1^n = 1$; $0^n = 0$ |
| **Potenzen mit negativen Exponenten** | $a^{-1} = \frac{1}{a}$; $a^{-n} = \frac{1}{a^n}$ |
| **Vorzeichen beim Potenzieren** (für $n \in \mathbb{N}^*$) | $(+a)^n = +a^n$ für alle n <br> $(-a)^n = +a^n$ für gerade n <br> $(-a)^n = -a^n$ für unger. n |
| **Summe und Differenz von Potenzen** | $2a^3 + 3a^3 - a^3 = 4a^3$ <br> $3a^4 + 4a^2 - 2a^2 = 3a^4 + 2a^2$ |
| **Produkt von Potenzen** | $a^m a^n = a^{m+n}$ <br> $a^n b^n = (ab)^n$ <br> $(a^m)^n = a^{mn}$ |
| **Quotient von Potenzen** | $a^m : a^n = a^{m-n}$ <br> $a^m : b^m = (a : b)^m$ |

## Fakultät, Binomialkoeffizient

Fakultät: $n! = 1 \cdot 2 \cdot 3 \cdot \ldots \cdot n$. Es gilt $0! = 1$

Binomialkoeffizient:

$$\binom{n}{k} = \frac{n!}{k!\,(n-k)!} \quad \text{mit} \quad 0 \le k \le n$$

## Binomische Formeln

| | |
|---|---|
| **1. binomische Formel** | $(a+b)^2 = a^2 + 2ab + b^2$ |
| **2. binomische Formel** | $(a-b)^2 = a^2 - 2ab + b^2$ |
| **3. binomische Formel** | $(a+b)(a-b) = a^2 - b^2$ |

**Höhere Potenzen**

$$(a+b)^3 = a^3 + 3a^2b + 3ab^2 + b^3$$

$$(a-b)^3 = a^3 - 3a^2b + 3ab^2 - b^3$$

$$(a \pm b)^n = a^n \pm \binom{n}{1} a^{n-1} b + \binom{n}{2} a^{n-2} b^2 \pm \binom{n}{3} a^{n-3} b^3 + \ldots \pm \ldots$$

**Spezialfälle**

$$a^3 + b^3 = (a+b)(a^2 - ab + b^2)$$

$$a^3 - b^3 = (a-b)(a^2 + ab + b^2)$$

$$a^4 - b^4 = (a^2 + b^2)(a^2 - b^2)$$

$$a^n - b^n = (a-b)(a^{n-1} + a^{n-2}b + a^{n-3}b^2 + \ldots + ab^{n-2} + \ldots + b^{n-1})$$

## Wurzeln

| | |
|---|---|
| **Definition** (für $a \ge 0$ und $n \in \mathbb{N}^*$) | $\left(\sqrt[n]{a}\right)^n = a$ <br> $\sqrt{a} = \sqrt[2]{a}$ |
| **Darstellung mit Bruchpotenzen** (für $a \ge 0$) | $\sqrt[n]{a} = a^{\frac{1}{n}}$ <br> $\sqrt[n]{a^m} = a^{\frac{m}{n}} = \left(\sqrt[n]{a}\right)^m$ <br> $\sqrt[n]{\sqrt[m]{a}} = \sqrt[n]{a^{\frac{1}{m}}} = a^{\frac{1}{mn}}$ |
| **Produkte von Wurzeln** (für $a \ge 0$ und $b \ge 0$) | $\sqrt[n]{a}\,\sqrt[n]{b} = \sqrt[n]{ab}$ <br> $\sqrt[n]{a^m}\,\sqrt[n]{a^q} = a^{\frac{m+q}{n}}$ |
| **Eindeutigkeit von Wurzeln** (für $a \ge 0$) | $\sqrt[n]{a^n} = a \ge 0$ <br> $\sqrt{4} = +2$ <br> $\sqrt[3]{27} = +3$ |

- Wurzeln positiver Radianten sind positiv.
- Wurzeln negativer Radikanden sind für den reellen Zahlenbereich nicht definiert.
  $\sqrt{-5}$ nicht definiert
- Wurzel aus Null ist gleich Null
  $\sqrt{0} = 0$

**Beispiel** (Hinweis auf ± Zeichen)

Sei $x^2 = 3$

$x = \pm\sqrt{3} = \pm 1{,}7321\ldots$

(nicht $x = \sqrt{3} = \pm 1{,}7321\ldots$)

## Logarithmen

| | |
|---|---|
| **Definition** | $\log_b a = c$, wenn $b^c = a$ <br> für $b > 0$ und $a > 0$ |
| **Brigg'scher** (dekadischer) **Logarithmus** | $\lg a = \log_{10} a$ |
| **natürlicher Logarithmus** (logarithmus naturalis) | $\ln a = \log_e a$ <br> mit $e = 2{,}71828\ldots$ |
| **Spezialfälle** | $\lg 1 = 0$; $\ln 1 = 0$ <br> $\log_b 1 = 0$; $\log_b b = 1$ <br> $\lg 10 = 1$; $\ln e = 1$ |
| **Logarithmengesetze** (für alle Basen $b > 0$) | $\log(ac) = \log a + \log c$ <br> $\log \frac{a}{c} = \log a - \log c$ <br> $\log(a^n) = n \log a$ <br> $\log \sqrt[n]{a} = \frac{1}{n} \log a$ |
| **Umrechnungen** | $\ln a = \ln 10 \cdot \lg a$ <br> $\lg a = \lg e \cdot \ln a$ <br> $\lg e = M = 0{,}4343\ldots$ <br> $\ln 10 = \frac{1}{M} = 2{,}3026\ldots$ <br> $b^{\log_b a} = a$ <br> $\log_b(b^n) = n$ |

1

## Zahlenmengen, Verknüpfungen

Für einige Zahlenmengen, die in der Mathematik eine besondere Bedeutung haben, hat man eigene Symbole gebildet.

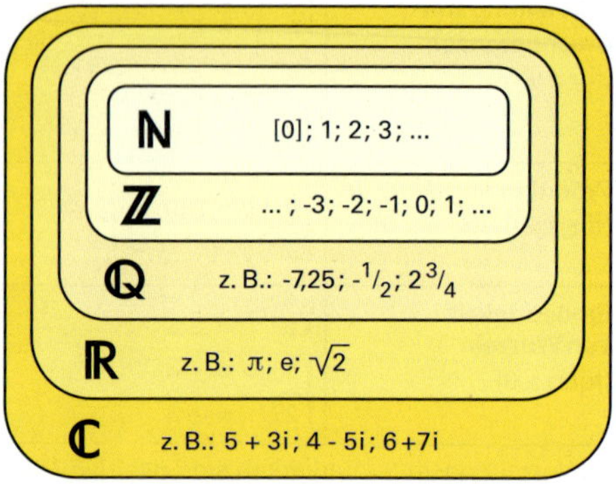


$\mathbb{N} \subset \mathbb{Z} \subset \mathbb{Q} \subset \mathbb{R} \subset \mathbb{C}$

$\mathbb{N}^*$, $\mathbb{Z}^*$, $\mathbb{Q}^*$, $\mathbb{R}^*$ sind Zahlenmengen ohne Null

Die Menge, die keine Elemente enthält, heißt **leere Menge** und wird mit ∅ oder **{ }** bezeichnet.

Die Lösungsmenge wird mit **L** benannt.

| Symbol | Zahlenmenge | Menge aller ... |
|---|---|---|
| ℕ | Natürliche Zahlen | positiven ganzen Zahlen |
| ℤ | Ganze Zahlen | positiven und negativen ganzen Zahlen |
| ℚ | Rationale Zahlen | endlichen und periodischen Dezimalzahlen |
| ℝ | Reelle Zahlen | endlichen und unendlichen Dezimalzahlen |
| ℂ | Komplexe Zahlen | imaginäre Einheit $i^2 = -1$ |

Die nicht in ℚ liegenden Zahlen von ℝ heißen **irrationale Zahlen**, z. B. $\sqrt{2}$, die Kreiszahl π, die Euler'sche Zahl $e = 2{,}71828...$

Zahlenmengen heißen abgeschlossen bezüglich ihrer Rechenoparationen, wenn das Ergebnis wieder in der selben Zahlenmenge liegt.

| Symbol | Abgeschlossenheit | Beispiel |
|---|---|---|
| ℕ | + , · | 2 + 5 = 7 |
| 𝔹 | + , · , : | 1/2 + 1/5 = 7/10 |
| ℤ | + , · , − | 2 − 5 = − 3 |
| ℚ | + , −, · , : | 2 : 5 = 2/5 |
| ℝ | + , −, · , : | $\sqrt{5} \cdot \sqrt{2} = \sqrt{10}$ |

## Priorität der Verknüpfungen

Treten in einem Ausdruck (Aussage, Term) unterschiedliche Verknüpfungen auf, so werden die Verknüpfungen höherer Priorität vor denen geringerer Priorität abgearbeitet. Bei Verknüpfungen gleicher Priorität erfolgt die Abarbeitung von links nach rechts.

Es gelten die Klammerregeln.

| Priorität | Verknüpfung |
|---|---|
| hoch | Potenzierung, Radizierung, Logarithmierung, Funktionen |
| ↓ | ·, : (Punktrechnung) |
| ↓ | +, − (Strichrechnung) |
| ↓ | >, ≥, =, ≤, <, ≠ (relationale Operatoren) |
| ↓ | ¬ (nicht) |
| ↓ | ∧ (und) |
| ↓ | ∨ (oder) |
| niedrig | ⇒, ⇔ |

## Aussagen

***A***, ***B***, ***C***, ... sind Leerstellen für **wahre** (w) oder **falsche** (f) Aussagen.

**Beispiele**

| | | |
|---|---|---|
| ***A*** | = Deutschland liegt in Europa! | (w) |
| ***B*** | = 12 ist eine Primzahl! | (f) |
| ***C*** | = Es regnet! | (w oder f) |
| ***D*** | = Die Erde wird nass! | (w oder f) |
| ***E*** | = Aus ***C*** folgt ***D***! | (w) |
| ***F*** | = b > grün | (keine Aussage) |

**Aussagenverknüpfungen**

| | | | |
|---|---|---|---|
| ¬ | Negation | ¬ ***A*** | nicht ***A*** |
| ∧ | Konjunktion | ***A*** ∧ ***B*** | ***A*** und ***B*** |
| ∨ | Disjunktion | ***A*** ∨ ***B*** | ***A*** oder ***B*** |
| ⇒ | Implikation | ***A*** ⇒ ***B*** | aus ***A*** folgt ***B*** (wenn ***A***, dann ***B***) |
| ⇔ | Äquivalenz | ***A*** ⇔ ***B*** | ***A*** genau dann, wenn ***B*** |

Eine **Tautologie** ist eine aussagenlogische Verknüpfung, die nur den Wahrheitswert w annehmen kann.

**Axiome** (ursprünglich Sätze), die unmittelbar einleuchten, brauchen nicht bewiesen zu werden und dienen als Grundlage der Beweisführung.

**Wahrheitstafel**

| ***A*** | ***B*** | ¬ ***A*** | ***A*** ∧ ***B*** | ***A*** ∨ ***B*** | ***A*** ⇒ ***B*** | ***A*** ⇔ ***B*** |
|---|---|---|---|---|---|---|
| w | w | f | w | w | w | w |
| w | f | f | f | w | f | f |
| f | w | w | f | w | w | f |
| f | f | w | f | f | w | w |

# 1.3 Prozentrechnung und Zinsrechnung

## Prozentrechnung

### Rechnen mit reinem Grundwert

- Prozent % ≙ 1/100
- Grundwert $G$
- Prozentwert $PW$
- Prozentsatz $p$ (%)

$$G = \frac{PW \cdot 100\%}{p}$$

$$PW = \frac{G \cdot p}{100\%}$$

$$p = \frac{PW \cdot 100\%}{G}$$

**Beispiel**

Eiche hat einen tangentialen Schwindverlust von 8,9%. Um wie viel mm schwindet ein Seitenbrett mit einer Breite $b = 320$ mm?

**Lösung**

$$PW = \frac{320\text{ mm} \cdot 8{,}9\ \%}{100\%} = 28{,}48\text{ mm}$$

### Rechnen mit vermindertem Grundwert

- Verminderter Grundwert $G_{min}$

| Verminderter Grundwert | Prozentwert (*PW*) |
|---|---|
| 100 % – *p* % | *p* % |
| 100 % = Grundwert (*G*) | |

$$G_{min} = G - PW$$

$$G = \frac{G_{min} \cdot 100\%}{100\% - p}$$

**Beispiel**

Ein Kunde bezahlt wegen mangelhafter Arbeit 10% des Bruttopreises weniger und überweist 16 500,00 €. Wie hoch war der Bruttopreis?

**Lösung**

$$G = \frac{16\,500{,}00\ € \cdot 100\%}{100\% - 10\%} = 18\,333{,}33\ €$$

### Rechnen mit vermehrtem Grundwert

- Vermehrter Grundwert $G_{mehr}$

| Grundwert (*G*) | Prozentwert (*PW*) |
|---|---|
| 100 % | *p* % |
| 100 % + *p* % = vermehrter Grundwert | |

$$G_{mehr} = G + PW$$

$$G = \frac{G_{mehr} \cdot 100\%}{100\% + p}$$

**Beispiel**

Ein Arbeiter erhält nach der Lohnerhöhung von 3,5% einen Stundenlohn von 13,40 €. Errechnen Sie den vorherigen Lohn?

**Lösung**

$$G = \frac{13{,}40\ € \cdot 100\%}{100\% + 3{,}5\%} = 12{,}95\ €$$

## Zinsrechnung

- Kapital $K$ (€)
- Zinsen $Z$ (€)
- Zinssatz $p$ (%/Jahr)
- Laufzeit $t$ (Jahre)
- 1 Zinsjahr 360 Tage
- 1 Zinsmonat 30 Tage

| Kapital | Z |
|---|---|

Mit dem Zinssatz werden die Zinsen für ein Jahr berechnet.

$$K = \frac{Z \cdot 100\%}{p \cdot t}$$

$$Z = \frac{K \cdot p \cdot t}{100\%}$$

$$p = \frac{Z \cdot 100\%}{K \cdot t}$$

$$t = \frac{Z \cdot 100\%}{K \cdot p}$$

**Beispiel**

Ein Betrieb erhält einen Kredit über 40 000,00 € mit Zinssatz von 8,5%.

a) Berechnen Sie die Zinsen.
b) Wie hoch wäre der Zinssatz, wenn bei gleicher Laufzeit 3 700,00 € Zinsen anfallen würden?

**Lösung**

$$Z = \frac{40\,000{,}00\ € \cdot 8{,}5\%}{100\%} = 3\,400{,}00\ €$$

$$p = \frac{3\,700{,}00\ € \cdot 100\%}{40\,000{,}00\ €} = 9{,}25\ \%$$

## Zinseszinsrechnung

Die Zinsen werden dem Kapital zugerechnet und mitverzinst.

- Anzahl der Jahre $n$

Kapital nach $n$ Jahren:

$$K_n = K\left(1 + \frac{p}{100}\right)^n$$

**Beispiel**

Ein Zimmerer legt 5000,00 € festverzinslich mit 4,5 % an. Wie hoch ist sein Kapital nach 10 Jahren?

**Lösung**

$$K_{10} = 5000{,}00\ € \cdot \left(1 + \frac{4{,}5\%}{100\%}\right)^{10} =$$

$$K_{10} = 7764{,}85\ €$$

1

# 1.4 Längen und Winkel

## Längenteilung

### Teilen der Gesamtlänge in gleiche Abstände

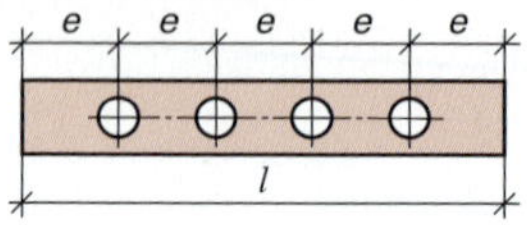


$$e = \frac{l}{n+1}$$

$$z = n + 1$$

| | |
|---|---|
| $l$ | Gesamtlänge, Teilungsstrecke |
| $e$ | Länge der Abstände |
| $n$ | Anzahl der Teilungselemente |
| $z$ | Anzahl der Abstände |

### Teilen der Gesamtlänge in gleiche Abstände mit Randabstand

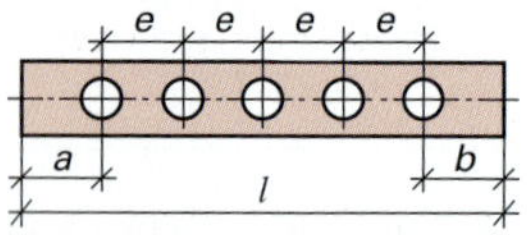


$$e = \frac{l - (a + b)}{n - 1}$$

| | |
|---|---|
| $a$, $b$ | Randabstände |
| $l$ | Gesamtlänge, Teilungsstrecke |
| $e$ | Länge der Abstände |
| $n$ | Anzahl der Teilungselemente |

### Teilen der Gesamtlänge in gleiche Abstände mit Unterbrechungen

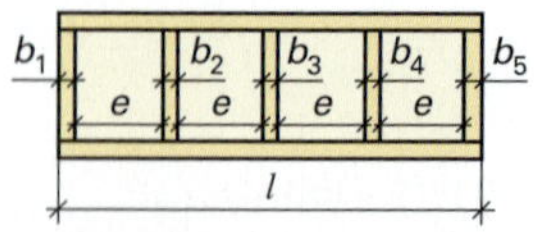


$$e = \frac{l - (b_1 + \ldots + b_n)}{n - 1}$$

| | |
|---|---|
| $b_1$, …, $b_n$ | Unterbrechungen |
| $l$ | Gesamtlänge, Teilungsstrecke |
| $e$ | Länge der Abstände |
| $n$ | Anzahl der Teilungselemente |

## Winkel

### Winkelarten

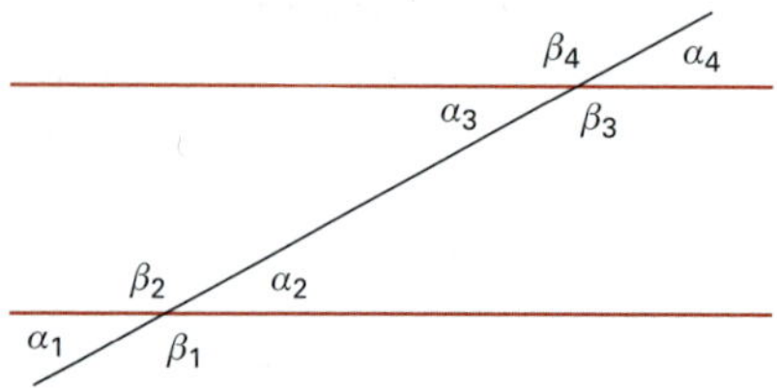


**Scheitelwinkel** sind gleich groß.
Scheitelwinkel liegen am Winkelscheitel einander gegenüber.

$\alpha_1 = \alpha_2$ | $\alpha_3 = \alpha_4$

**Wechselwinkel** sind gleich groß.
Wechselwinkel an geschnittenen Parallelen liegen dem Winkel auf der anderen Seite gegenüber.

$\alpha_1 = \alpha_4$ | $\beta_1 = \beta_4$

**Stufenwinkel** sind gleich groß.
Stufenwinkel liegen auf der anderen Stufe der gleichen Seite der Geraden.

$\alpha_1 = \alpha_3$ | $\beta_1 = \beta_3$

**Nebenwinkel** ergänzen sich zu 180°.
Nebenwinkel sind Nachbarwinkel auf der selben Seite der Parallelen.

$\alpha_1 + \beta_1 = 180°$ | $\alpha_4 + \beta_4 = 180°$

### Winkeleinheiten

Zwei von einem Punkt ausgehende Halbgeraden bilden einen Winkel. Die Benennung erfolgt mit griechischen Buchstaben $\alpha$, $\beta$, $\gamma$.

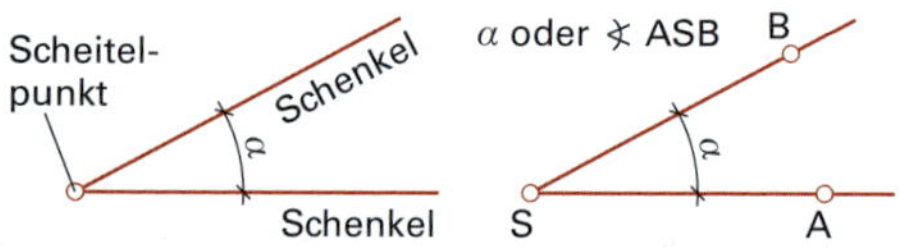


Die Einheiten der Winkel sind Grad (°), Minuten (′) und Sekunden (″). Es gelten die selben Regeln wie bei Zeiteinheiten.

| Umrechnung | 1° = 60′ | 1′ = 60″ |
|---|---|---|

0,56666° = 0,56666° · 60′/je 1° → 34′
21′ = 21′ : 60′/je 1° → 0,35°

### Winkelbenennungen

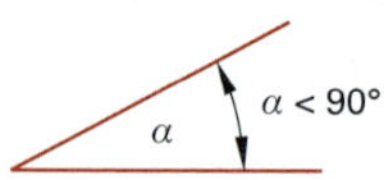


Spitzer Winkel

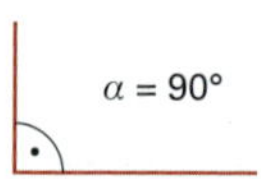


Rechter Winkel (R)

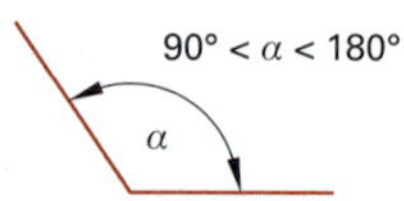


Stumpfer Winkel

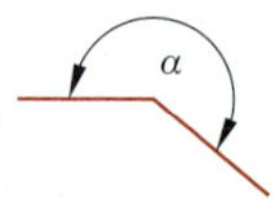


Überstumpfer Winkel

## 1.5 Flächen

| | | |
|---|---|---|
| **Quadrat**<br>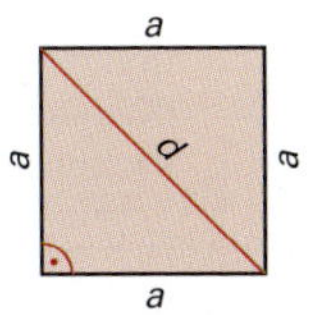 | $A$ Fläche<br>$a$ Seitenlänge<br>$d$ Diagonalenlänge<br>$U$ Umfang | $A = a^2$<br>$U = 4a$<br>$d = \sqrt{2}\,a \approx 1{,}414\,a$ |
| **Rechteck**<br>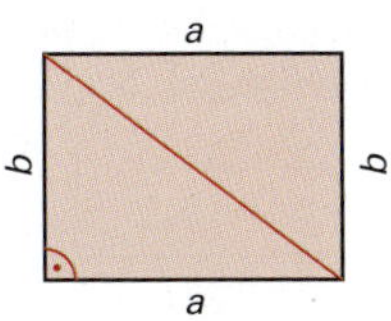 | $A$ Fläche<br>$a$ Länge (Grundlinie)<br>$b$ Breite (Höhe)<br>$d$ Diagonalenlänge<br>$U$ Umfang | $A = a \cdot b$<br>(Fläche = Grundlinie mal Höhe)<br>$U = 2 \cdot (a + b)$<br>$d = \sqrt{a^2 + b^2}$ |
| **Dreieck**<br>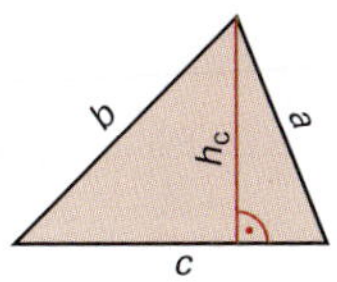 | $A$ Fläche<br>$a, b, c$ Seitenlängen<br>$c$ Grundlinie<br>$h_c$ Höhe<br>$U$ Umfang<br>$s$ halber Umfang<br>► S. 22, 27 … 30 | $A = \frac{1}{2} c \cdot h_c$<br>(Fläche = $\frac{1}{2}$ mal Grundlinie mal Höhe)<br>$s = \frac{1}{2} \cdot (a + b + c)$<br>$U = a + b + c = 2s$<br>**Heron'sche Formel:**<br>$A = \sqrt{s \cdot (s-a) \cdot (s-b) \cdot (s-c)}$ |
| **Rhombus, Raute**<br>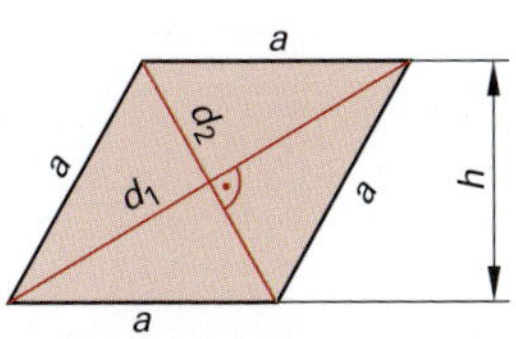 | $A$ Fläche<br>$a$ Seitenlänge (Grundlinie)<br>$h$ Höhe<br>$d_1, d_2$ Diagonalenlängen<br>$U$ Umfang<br>$d_1 \perp d_2$ | $A = a \cdot h$<br>$A = \frac{1}{2} d_1 \cdot d_2$<br>$a = \frac{1}{2} \cdot \sqrt{d_1^2 + d_2^2}$<br>$U = 4a = 2 \cdot \sqrt{d_1^2 + d_2^2}$ |
| **Parallelogramm**<br>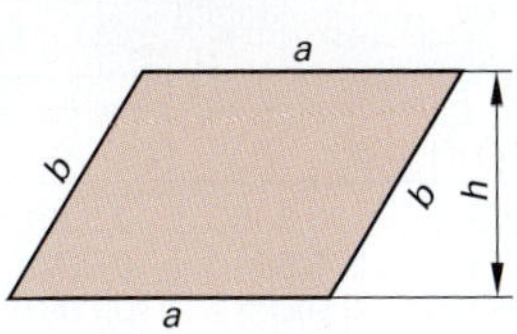 | $A$ Fläche<br>$a, b$ Seitenlängen<br>$a$ Grundlinie<br>$h$ Höhe<br>$U$ Umfang | $A = a \cdot h$<br>(Fläche = Grundlinie mal Höhe)<br>$U = 2 \cdot (a + b)$ |
| **Trapez**<br>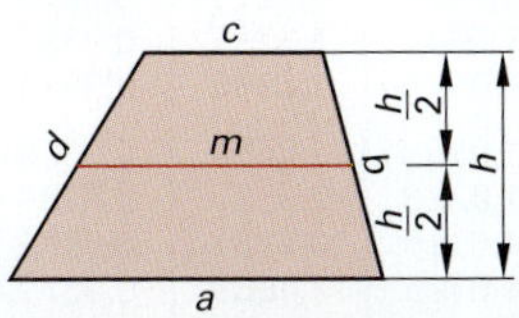 | $A$ Fläche<br>$a, b, c, d$ Seitenlängen<br>$m$ mittlere Länge<br>$h$ Höhe<br>$U$ Umfang<br>Flächenschwerpunkt ► S. 83 | $A = m \cdot h = \frac{a + c}{2} \cdot h$<br>$m = \frac{a + c}{2}$<br>$U = a + b + c + d$ |

1

### Rechtwinkliges Dreieck

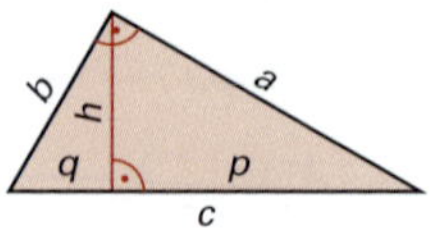


- $A$ Fläche
- $a, b$ Katheten
- $c$ Hypotenuse
- $p, q$ Hypotenusenabschnitte
- $h$ Höhe
- $U$ Umfang

$$A = \frac{1}{2} a \cdot b = \frac{1}{2} c \cdot h$$

**Satz des Pythagoras:** $a^2 + b^2 = c^2$

**Sätze des Euklid:**

$a^2 = p \cdot c$ (Kathetensatz)

$b^2 = q \cdot c$ (Kathetensatz)

$h^2 = p \cdot q$ (Höhensatz)

$U = a + b + c$

### Gleichschenkliges Dreieck

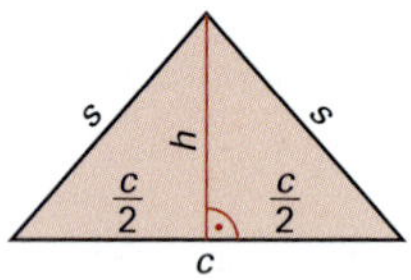


- $A$ Fläche
- $s$ Schenkellänge
- $c$ Grundlinie
- $h$ Höhe
- $U$ Umfang

$$A = \frac{1}{2} c \cdot h$$

$$A = \frac{1}{4} c \cdot \sqrt{4 s^2 - c^2}$$

$$h = \frac{1}{2} \cdot \sqrt{4 s^2 - c^2}$$

$$U = 2 s + c$$

### Gleichseitiges Dreieck

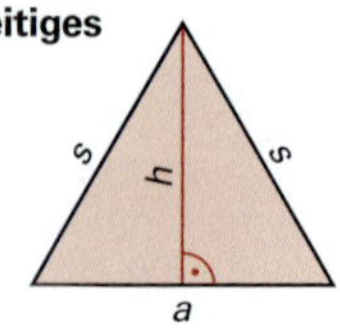


- $A$ Fläche
- $a$ Seitenlänge
- $h$ Höhe
- $U$ Umfang
- Flächen-schwerpunkt

$$A = \frac{1}{2} a \cdot h = \frac{\sqrt{3}}{4} a^2 \approx 0{,}433\, a^2$$

$$h = \frac{\sqrt{3}}{2} a \approx 0{,}866\, a$$

$$U = 3 a$$

### Unregelmäßiges Vieleck

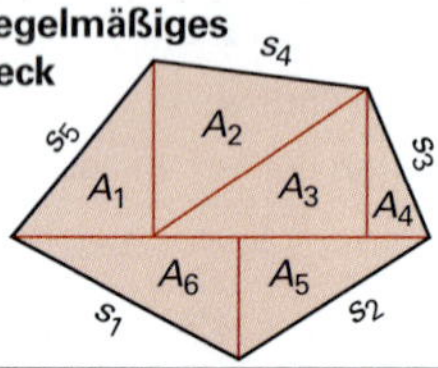


- $A$ Fläche
- $A_i$ Teilflächen ($i = 1, 2, ..., m$)
- $s_i$ Seitenlängen ($i = 1, 2, ..., n$)
- $n$ Anzahl der Ecken
- $m$ Anzahl der Teilflächen
- $U$ Umfang

$$A = A_1 + A_2 + \ldots + A_m$$

$$U = s_1 + s_2 + \ldots + s_n$$

► S. 23

### Regelmäßiges Vieleck

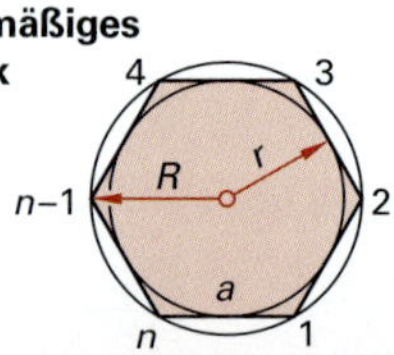


- $A$ Fläche
- $a$ Seitenlänge
- $R$ Umkreisradius
- $r$ Inkreisradius
- $n$ Anzahl der Ecken
- $U$ Umfang

$$A = \frac{1}{2} n \cdot a \cdot r$$

$$R = \frac{1}{2} \sqrt{a^2 + 4 r^2}$$

$$U = n \cdot a$$

## Regelmäßige *n*-Ecke (Vielecke)

Konstruktion ► Kapitel 4.6

| $n$ | $\frac{A}{a^2}$ | $\frac{A}{R^2}$ | $\frac{A}{r^2}$ | $\frac{a}{R}$ | $\frac{a}{r}$ | $\frac{R}{a}$ | $\frac{R}{r}$ | $\frac{r}{a}$ | $\frac{r}{R}$ |
|---|---|---|---|---|---|---|---|---|---|
| 3 | 0,4330 | 1,2990 | 5,1962 | 1,7321 | 3,4641 | 0,5774 | 2,0000 | 0,2887 | 0,5000 |
| 4 | 1,0000 | 2,0000 | 4,0000 | 1,4142 | 2,0000 | 0,7071 | 1,4142 | 0,5000 | 0,7071 |
| 5 | 1,7205 | 2,3776 | 3,6327 | 1,1756 | 1,4531 | 0,8507 | 1,2361 | 0,6882 | 0,8090 |
| 6 | 2,5981 | 2,5981 | 3,4641 | 1,0000 | 1,1547 | 1,0000 | 1,1547 | 0,8660 | 0,8660 |
| 7 | 3,6339 | 2,7364 | 3,3710 | 0,8678 | 0,9631 | 1,1524 | 1,1099 | 1,0383 | 0,9010 |
| 8 | 4,8284 | 2,8284 | 3,3137 | 0,7654 | 0,8284 | 1,3066 | 1,0824 | 1,2071 | 0,9239 |
| 9 | 6,1818 | 2,8925 | 3,2757 | 0,6840 | 0,7279 | 1,4619 | 1,0642 | 1,3737 | 0,9397 |
| 10 | 7,6942 | 2,9389 | 3,2492 | 0,6180 | 0,6498 | 1,6180 | 1,0515 | 1,5388 | 0,9511 |
| 12 | 11,196 | 3,0000 | 3,2154 | 0,5176 | 0,5359 | 1,9319 | 1,0353 | 1,8660 | 0,9659 |
| 15 | 17,642 | 3,0505 | 3,1883 | 0,4158 | 0,4251 | 2,4049 | 1,0223 | 2,3523 | 0,9781 |
| 16 | 20,109 | 3,0615 | 3,1826 | 0,3902 | 0,3978 | 2,5629 | 1,0196 | 2,5137 | 0,9808 |
| 20 | 31,569 | 3,0902 | 3,1677 | 0,3129 | 0,3168 | 3,1962 | 1,0125 | 3,1569 | 0,9877 |

| | | |
|---|---|---|
| **Dreieck mit Koordinaten**<br>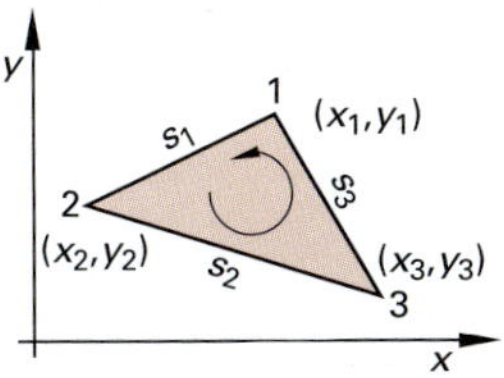 | $A$ Fläche<br>$s_i$ Seitenlängen ($i = 1, 2, 3$)<br>$(x_i, y_i)$ Koordinaten der Eckpunkte ($i = 1, 2, 3$)<br>$U$ Umfang<br>Eckpunktenummerierung im Gegenuhrzeigersinn | $A = \frac{1}{2}[(x_1 \cdot y_2 - x_2 \cdot y_1) + (x_2 \cdot y_3 - x_3 \cdot y_2) + (x_3 \cdot y_1 - x_1 \cdot y_3)]$<br>$s_1 = \sqrt{(x_2 - x_1)^2 + (y_2 - y_1)^2}$<br>$s_2 = \sqrt{(x_3 - x_2)^2 + (y_3 - y_2)^2}$<br>$s_3 = \sqrt{(x_1 - x_3)^2 + (y_1 - y_3)^2}$<br>$U = s_1 + s_2 + s_3$ |
| **n-Eck mit Koordinaten**<br>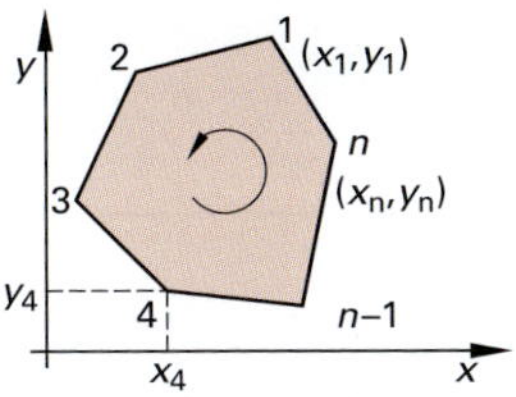 | $A$ Fläche ► S. 126, 406<br>$s_i$ Seitenlängen<br>$(x_i, y_i)$ Koordinaten der Eckpunkte ($i = 1, 2, \ldots, n$)<br>$U$ Umfang<br>Eckpunktenummerierung im Gegenuhrzeigersinn | **Gauß'sche Flächenformeln:**<br>$A = \frac{1}{2}\Sigma y_i \cdot (x_{i-1} - x_{i+1})$<br>$A = \frac{1}{2}\Sigma x_i \cdot (y_{i+1} - y_{i-1})$<br>(für $i = 1$ ist $i - 1 = n$ zu setzen)<br>(für $i = n$ ist $i + 1 = 1$ zu setzen)<br>$s_i = \sqrt{(x_{i+1} - x_i)^2 + (y_{i+1} - y_i)^2}$<br>$U = s_1 + s_2 + \ldots + s_n$ |
| **Kreis**<br>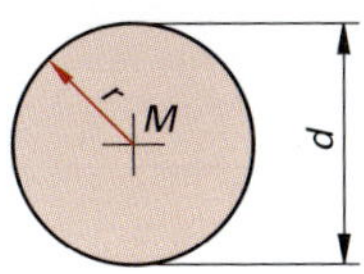 | $A$ Fläche ► S. 83<br>$r$ Radius (Halbmesser)<br>$d$ Durchmesser<br>$U$ Umfang<br>$M$ Kreismittelpunkt | $A = \pi \cdot r^2 = \frac{1}{4}\pi \cdot d^2$<br>$d = 2r$<br>$U = 2\pi \cdot r = \pi \cdot d$ |
| **Kreisring**<br>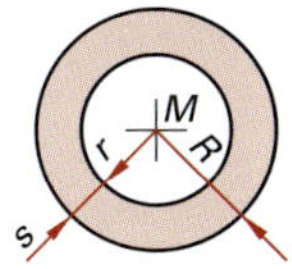 | $R$ Außenradius<br>$r$ Innenradius<br>$s$ Kreisringdicke ► S. 83 | $A = A_{\text{Außenkreis}} - A_{\text{Innenkreis}}$<br>$A = (R^2 - r^2) \cdot \pi$<br>$s = R - r$ |
| **Kreisausschnitt(-abschnitt)**<br>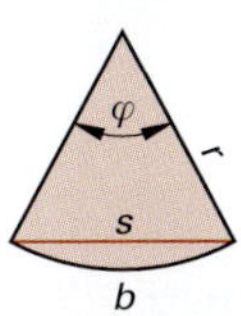 | $A$ Fläche (Kreisausschnitt)<br>$r$ Radius<br>$s$ Sehnenlänge<br>$b$ Bogenlänge<br>$\varphi$ Zentriwinkel im Bogenmaß (Radiant, Einheit: 1 rad)<br>$\varphi°$ Zentriwinkel im Altgradmaß | $A = \frac{1}{2} b \cdot r$<br>$b = \varphi \cdot r = \frac{\varphi°}{180°}\pi r$<br>$s = 2r \cdot \sin\left(\frac{\varphi}{2}\right)$<br>$\varphi° = \frac{b \cdot 180°}{\pi \cdot r}$<br>Tabellen ► S. 12, 413 |
| **Ellipse**<br>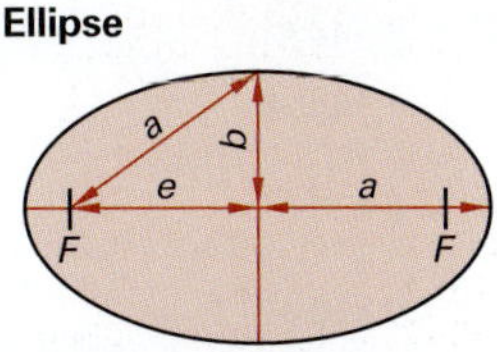 | $A$ Fläche<br>$a$ großer Achshalbmesser<br>$b$ kleiner Achshalbmesser<br>$e$ Brennpunktabstand<br>$U$ Umfang<br>$F$ Brennpunkte | $A = \pi a \cdot b$<br>$e = \sqrt{a^2 - b^2}$<br>$U \approx \pi \cdot (a + b)$<br>$U = \pi \cdot (a + b)\left(1 + \frac{1}{4}\lambda^2 + \frac{1}{64}\lambda^4 + \ldots\right)$<br>mit $\lambda = \frac{a - b}{a + b}$ |
| **Quadratische Parabel**<br>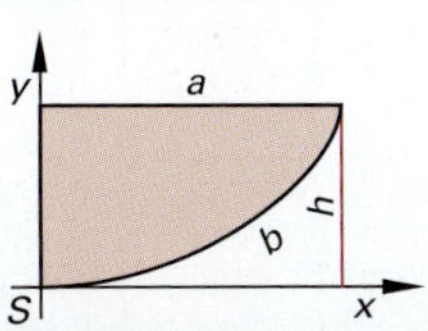 | $A$ Fläche<br>$b$ Bogenlänge<br>$a, h$ Achsabschnitte<br>$S$ Scheitelpunkt | $A = \frac{2}{3} a \cdot h$<br>$b = \frac{1}{2}\left[\sqrt{a^2 + 4h^2} + a \cdot \cdot \ln\left(\lambda + \frac{1}{\lambda} \cdot \sqrt{1 + \lambda^2}\right)\right]$<br>mit $\lambda = \frac{2h}{a}$ |

1

## 1.6 Körper



| Körper | Größen | | Formeln |
|---|---|---|---|
| **Würfel**<br>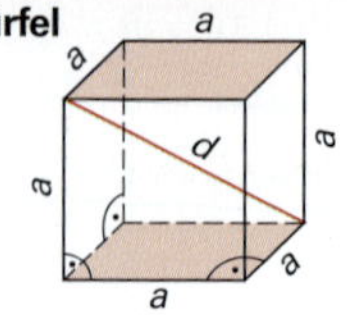 | $A$ Grundfläche<br>$V$ Volumen<br>$O$ Oberfläche<br>$a$ Seitenlänge<br>$d$ Raumdiagonale | $V_{\text{Gerade Körper}}$ = Grundfläche × Höhe | $A = a^2$<br>$V = A \cdot a$<br>$V = a^3$<br>$O = 6\,a^2$<br>$d = \sqrt{3}\,a$<br>$d \approx 1{,}732\,a$ |
| **Quader, Prisma**<br>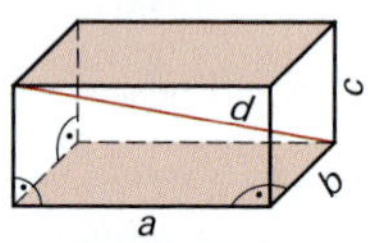 | $A$ Grundfläche<br>$V$ Volumen<br>$O$ Oberfläche<br>$a, b, c$ Seitenlängen<br>$d$ Raumdiagonale | | $A = a \cdot b$<br>$V = A \cdot c$<br>$V = a \cdot b \cdot c$<br>$O = 2 \cdot (a \cdot b + b \cdot c + c \cdot a)$<br>$d = \sqrt{a^2 + b^2 + c^2}$ |
| **Zylinder**<br>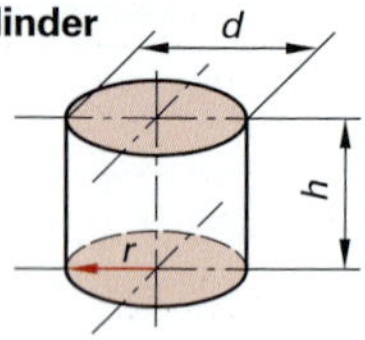 | $A$ Grundfläche<br>$V$ Volumen<br>$M$ Mantelfläche<br>$O$ Oberfläche<br>$r$ Radius<br>$d$ Durchmesser<br>$h$ Höhe | | $A = \pi \cdot r^2$<br>$V = A \cdot h$<br>$V = \pi \cdot r^2 \cdot h$<br>$M = 2\,\pi \cdot r \cdot h$<br>$O = 2\,\pi \cdot r \cdot (r + h)$<br>$d = 2\,r$ |
| **Hohl-zylinder**<br>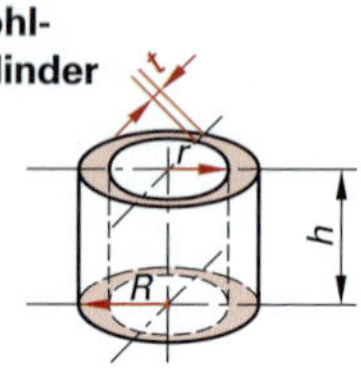 | $A$ Grundfläche<br>$V$ Volumen<br>$O$ Oberfläche<br>$R$ Außenradius<br>$r$ Innenradius<br>$t$ Wanddicke<br>$h$ Höhe | | $A = \pi \cdot (R^2 - r^2)$<br>$V = A \cdot h$<br>$V = \pi \cdot h \cdot (R^2 - r^2)$<br>$V = \pi \cdot h \cdot t \cdot (R + r)$<br>$t = R - r$<br>$O = 2\,\pi \cdot h \cdot (R + r) + 2\,\pi \cdot (R^2 - r^2)$<br>$O = 2\,\pi \cdot (R + r) \cdot (h + t)$ |
| **Pyramide**<br>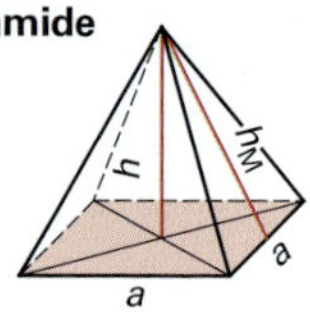 | $V$ Volumen<br>$A$ Grundfläche<br>$U$ Grundumfang<br>$h_M$ Mantelhöhe<br>$O$ Oberfläche<br>$M$ Mantelfläche<br>$h$ Höhe | $V_{\text{Spitzer Körper}} = \frac{1}{3}$ Grundfläche × Höhe | $V = \frac{1}{3} A \cdot h$<br>$M = \frac{1}{2} U \cdot h_M$<br>$A = a^2$<br>$O = M + A$<br>$U = 4\,a$ |
| **Tetraeder**<br>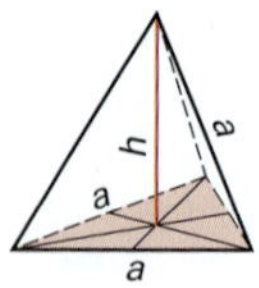 | $V$ Volumen<br>$A$ Grundfläche<br>$a$ Seitenlänge<br>$h$ Höhe<br>$M$ Mantelfläche<br>$O$ Oberfläche | | $V = \frac{\sqrt{2}}{12} a^3 \approx 0{,}118\,a^3$<br>$O = \sqrt{3}\,a^2 \approx 1{,}732\,a^2$<br>$M = \frac{3}{4} O \approx 1{,}299\,a^2$<br>$A = \frac{1}{4} O \approx 0{,}433\,a^2$<br>$h = \frac{\sqrt{6}}{3} a \approx 0{,}816\,a$ |
| **Kegel**<br>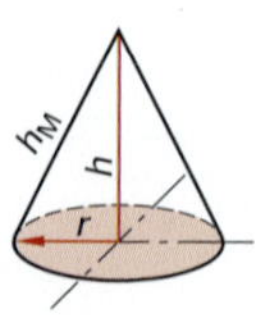 | $V$ Volumen<br>$A$ Grundfläche<br>$r$ Radius<br>$h$ Höhe<br>$h_M$ Mantelhöhe<br>$M$ Mantelfläche<br>$O$ Oberfläche | | $A = \pi \cdot r^2$<br>$V = \frac{1}{3} A \cdot h = \frac{\pi}{3} r^2 \cdot h$<br>$M = \pi \cdot r \cdot h_M$<br>$O = \pi \cdot r \cdot (h_M + r)$<br>$h_M = \sqrt{r^2 + h^2}$<br>$h = \sqrt{{h_M}^2 - r^2}$ |

| | | |
|---|---|---|
| **Prismatoid und Keil** ($d = 0$) **(Obelisk)** 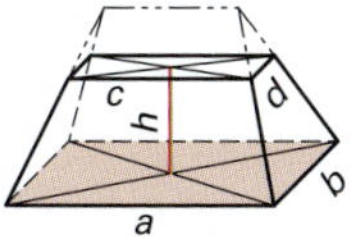  | $V$ Volumen<br>$a$, $b$ Seitenlängen der Grundfläche<br>$c$, $d$ Seitenlängen der Deckfläche<br>$h$ Höhe<br>$A_0$ Grundfläche<br>$A_1$ Deckfläche | $V = \frac{h}{6} \cdot [a \cdot b + c \cdot d + (a + c) \cdot (b + d)]$<br>$A_0 = a \cdot b$<br>$A_1 = c \cdot d$<br>**Sonderfall Keil/Walmdach:** $d = 0$<br>$V = \frac{1}{6} h \cdot b \cdot (2a + c)$ |
| **Rampe** 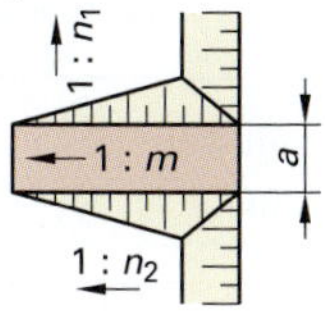  | $1 : m$ Steigung der Rampe<br>$1 : n_1$ Steigung der Böschung 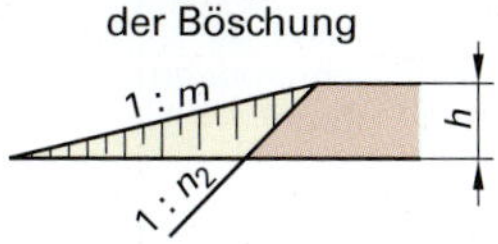  | $V = \frac{h^2}{6} \cdot \left(3a + 2\, n_1 \cdot h \frac{m - n_2}{m}\right) \cdot (m - n_2)$<br>für $n_2 = 0$ (z. B. lotrechte Wand)<br>$V = \frac{h^2}{6} \cdot (3a + 2\, n_1 \cdot h) \cdot m$ |
| **Pyramidenstumpf** 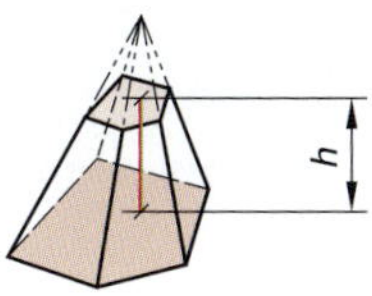  | $V$ Volumen<br>$A_0$ Grundfläche<br>$A_1$ Deckfläche<br>$h$ Höhe<br>$A_m$ ist der zur Grundfläche parallele Querschnitt in halber Höhe | $V = \frac{h}{3} \cdot (A_0 + A_1 + \sqrt{A_0 \cdot A_1})$<br>$V \approx \frac{h}{2} \cdot (A_0 + A_1)$<br>$A_m = \frac{1}{4} \cdot (A_0 + A_1 + 2\sqrt{A_0 \cdot A_1})$<br>$V = \frac{h}{6} \cdot (A_0 + A_1 + 4\, A_m)$ |
| **Kegelstumpf** 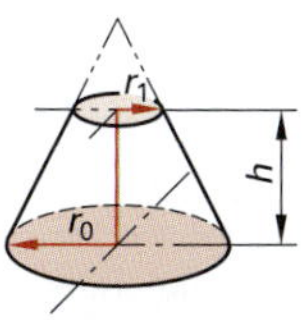  | $V$ Volumen<br>$r_0$ Radius der Grundfläche<br>$r_1$ Radius der Deckfläche<br>$h$ Höhe<br>$h_M$ Mantelhöhe<br>$M$ Mantelfläche<br>$O$ Oberfläche | $V = \frac{1}{3} \pi \cdot h \cdot (r_0^2 + r_0 \cdot r_1 + r_1^2)$<br>$h_M = \sqrt{(r_0 - r_1)^2 + h^2}$<br>$M = \pi \cdot h_M \cdot (r_0 + r_1)$<br>$O = \pi \cdot (r_0^2 + r_1^2 + h_M \cdot r_0 + h_M \cdot r_1)$<br>Mantelfläche = Oberfläche – Deckfläche – Grundfläche |
| **Kugel** 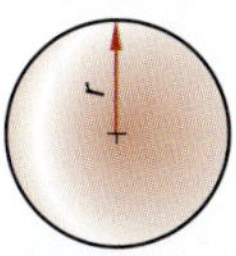  | $V$ Volumen<br>$O$ Oberfläche<br>$r$ Radius<br>$d$ Durchmesser | $V = \frac{4}{3} \pi \cdot r^3$<br>$V \approx 4{,}189\, r^3$<br>$O = 4 \pi \cdot r^2$<br>$d = 2r$ |
| **Kugelabschnitt** 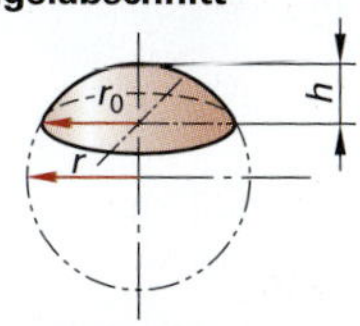  | $V$ Volumen<br>$M$ Mantelfläche (Kugelkappe)<br>$O$ Oberfläche<br>$h$ Höhe<br>$r$ Kugelradius<br>$r_0$ Radius der Grundfläche | $V = \frac{1}{3} \pi \cdot h^2 \cdot (3r - h)$<br>$M = 2 \pi \cdot r \cdot h$<br>$O = \pi \cdot (h^2 + 2\, r_0^2)$<br>$O = \pi \cdot (4r \cdot h - h^2)$<br>$r_0 = \sqrt{h \cdot (2r - h)}$ |
| **Kugelausschnitt** 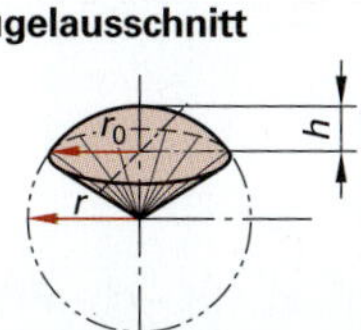  | $V$ Volumen<br>$O$ Oberfläche<br>$h$ Höhe<br>$r$ Kugelradius<br>$r_0$ Ausschnittradius | $V = \frac{2}{3} \pi \cdot r^2 \cdot h$<br>$O = \pi \cdot r \cdot (2h + r_0)$<br>$r_0 = \sqrt{h \cdot (2r - h)}$ |

1

1

## Reguläre Polyeder (platonische Körper)

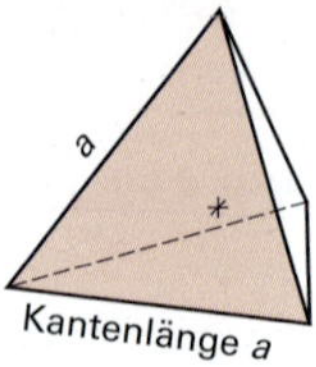


**Tetraeder**

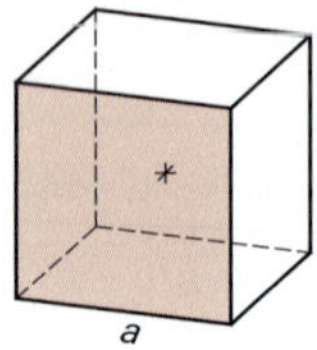


**Hexaeder (Würfel)**

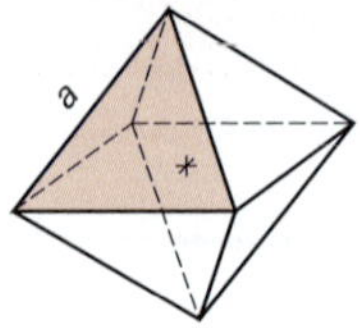


**Oktaeder**

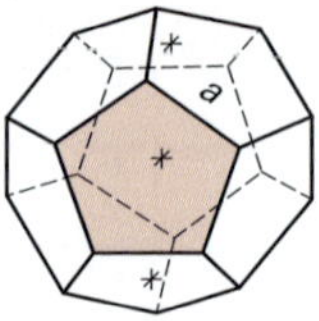


**Dodekaeder**

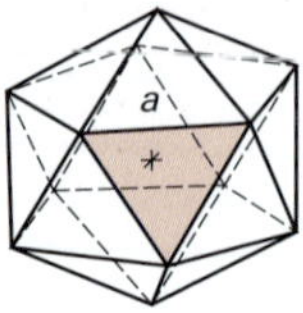


**Ikosaeder**

| Bezeichnung | Volumen | Oberfläche | Radius der umbeschriebenen Kugel | Anzahl der | | |
|---|---|---|---|---|---|---|
| | | | | Flächen $f$ | Kanten $k$ | Ecken $e$ |
| Tetraeder | $0{,}1179\,a^3$ | $1{,}7321\,a^2$ | $0{,}6124\,a$ | 4 | 6 | 4 |
| Hexaeder | $a^3$ | $6\,a^2$ | $0{,}8660\,a$ | 6 | 12 | 8 |
| Oktaeder | $0{,}4714\,a^3$ | $3{,}4641\,a^2$ | $0{,}7071\,a$ | 8 | 12 | 6 |
| Dodekaeder | $7{,}6631\,a^3$ | $20{,}6457\,a^2$ | $1{,}4013\,a$ | 12 | 30 | 20 |
| Ikosaeder | $2{,}1817\,a^3$ | $8{,}6603\,a^2$ | $0{,}9511\,a$ | 20 | 30 | 12 |

* Schwerpunkt

$e + f - k = 2$

## Rotationssymmetrische Körper

**Fass (Tonnenkörper)**

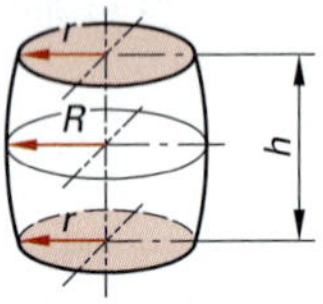


$V$ Volumen
$h$ Höhe
$R$ Radius in der Mitte
$r$ Radius der Grund- und Deckfläche

Kreisbogen als Erzeugende

$$V \approx \frac{1}{6}\pi \cdot h \cdot (r^2 + 4\,R^2 + r^2)$$

**(Kepler'sche Fassregel)**

Parabelbogen als Erzeugende

$$V = \frac{1}{15}\pi \cdot h \cdot (8\,R^2 + 4\,R \cdot r + 3\,r^2)$$

**Torus**

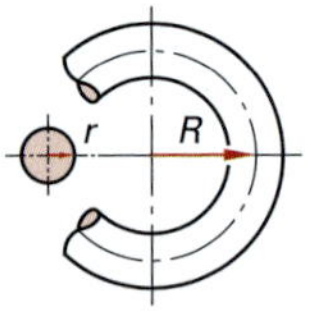


$V$ Volumen
$O$ Oberfläche
$R$ Achsradius
$r$ Querschnittsradius

$$V = 2\,\pi^2 \cdot R \cdot r^2$$

$$O = 4\,\pi^2 \cdot R \cdot r$$

**Rotationsparaboloid**

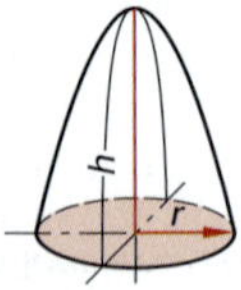


$V$ Volumen
$r$ Radius der Grundfläche
$h$ Höhe

$$V = \frac{1}{2}\pi \cdot r^2 \cdot h$$

**Allgemeiner Rotationskörper**

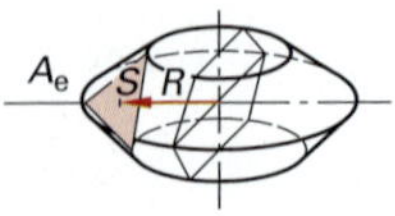


$V$ Volumen
$A_e$ Erzeugendenquerschnitt
$S$ Schwerpunkt des Erzeugendenquerschnitts
$R$ Schwerpunktsabstand von der Rotationsachse

$$V = 2\,\pi \cdot R \cdot A_e$$

**(Guldin'sche Formel)**

**Kugelschicht**

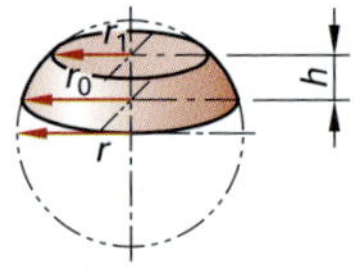


$V$ Volumen
$M$ Mantelfläche
$O$ Oberfläche
$h$ Höhe
$r$ Kugelradius
$r_0$ Radius der Grundfläche
$r_1$ Radius der Deckfläche

$$V = \frac{1}{6}\pi \cdot h \cdot (3\,r_0^2 + 3\,r_1^2 + h^2)$$

$$M = 2\,\pi \cdot r \cdot h$$

$$O = \pi \cdot (2\,r \cdot h + r_0^2 + r_1^2)$$

$$r = \frac{1}{2\,h} \cdot \sqrt{4\,h^2 \cdot r_0^2 + (r_0^2 - r_1^2 - h^2)^2}$$

# 1.7 Geometrie

## 1.7.1 Rechtwinklige Dreiecke

**Bezeichnungen**

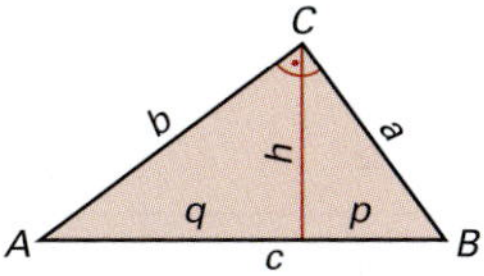


| | |
|---|---|
| $a, b$ | Katheten |
| $c$ | Hypotenuse |
| $A, B, C$ | Eckpunkte |
| $h$ | Höhe |
| $p, q$ | Hypotenusenabschnitte |

Die dem rechten Winkel ($1\ R = 90°$) gegenüberliegende Seite heißt Hypotenuse. Die beiden anderen Seiten heißen Katheten. Bezogen auf die an der Hypotenuse liegenden Winkel heißt die gegenüberliegende Kathete Gegenkathete und die anliegende Kathete Ankathete.

**Satz des Pythagoras**

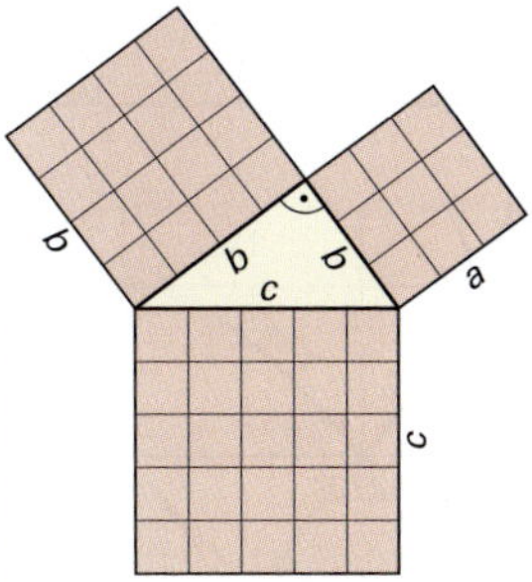


Im rechtwinkligen Dreieck ist die Summe der Flächeninhalte der Quadrate über den Katheten gleich dem Flächeninhalt des Quadrats über der Hypotenuse:

$$a^2 + b^2 = c^2$$

$$a = \sqrt{c^2 - b^2}$$

$$b = \sqrt{c^2 - a^2}$$

$$c = \sqrt{a^2 + b^2}$$

**Pythagoräische Zahlentripel**

| $a$ | $b$ | $c$ |
|---|---|---|
| 3 | 4 | 5 |
| 5 | 12 | 13 |
| 7 | 24 | 25 |
| 8 | 15 | 17 |
| 9 | 40 | 41 |
| 11 | 60 | 61 |
| 12 | 35 | 37 |
| 13 | 84 | 85 |
| 20 | 21 | 29 |

Pythagoräische Zahlentripel sind ganzzahlige Seitenverhältnisse für rechtwinklige Dreiecke.

**Kathetensatz** (Euklid)

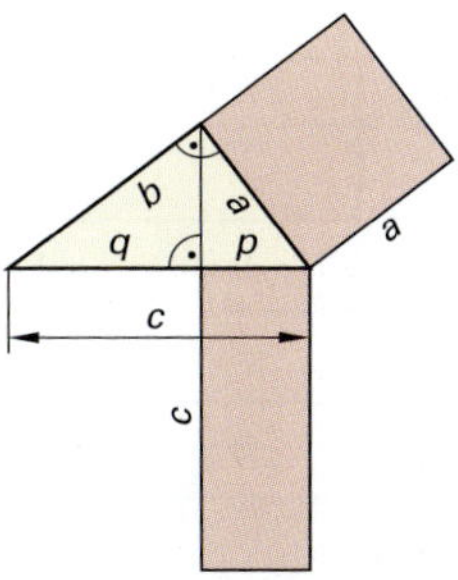


Im rechtwinkligen Dreieck ist der Flächeninhalt des Quadrats über einer Kathete gleich dem Flächeninhalt des Rechtecks aus der Hypotenuse und dem anliegenden Hypotenusenabschnitt:

$$a^2 = c \cdot p$$

$$b^2 = c \cdot q$$

$$a^2 + b^2 = c \cdot (p + q) = c^2$$

**Beispiel**

In einem rechtwinkligen Dreieck mit $a = 15$, $b = 20$ und $c = 25$ sind die Hypotenusenabschnitte gesucht.

$$p = \frac{a^2}{c} = \frac{15^2}{25} = 9$$

$$q = \frac{b^2}{c} = \frac{20^2}{25} = 16$$

$$c = p + q$$

$$c = 9 + 16 = 25$$

**Höhensatz** (Euklid)

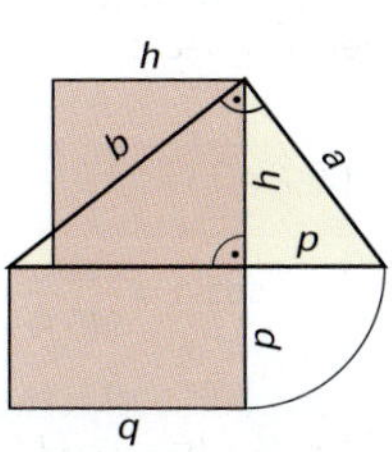


Im rechtwinkligen Dreieck ist der Flächeninhalt des Quadrats über der Höhe gleich dem Flächeninhalt des Rechtecks aus den Hypotenusenabschnitten:

$$h^2 = p \cdot q$$

$$p = \frac{a^2 + c^2 - b^2}{2c}$$

$$q = \frac{b^2 + c^2 - a^2}{2c}$$

**Satz des Thales**

Über dem Durchmesser eines Kreises als Grundlinie ist jedes Dreieck, dessen Spitze auf dem Kreisbogen liegt, ein rechtwinkliges Dreieck.

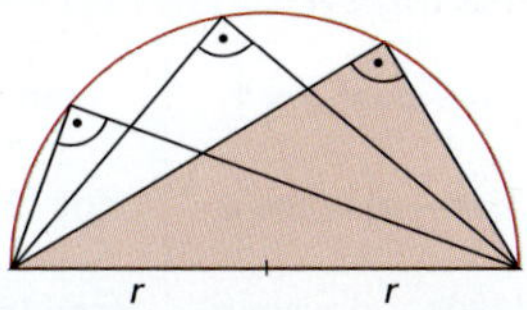

## 1.7.2 Winkelfunktionen

1

### Winkelfunktionen im rechtwinkligen Dreieck

▶ S. 11

**Bezeichnungen**

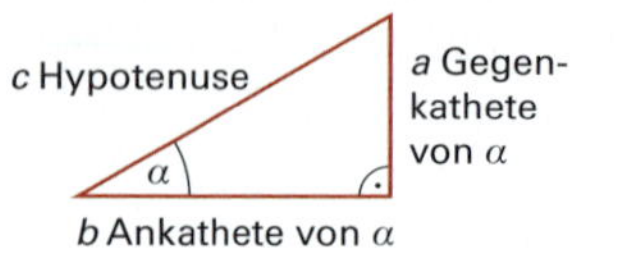


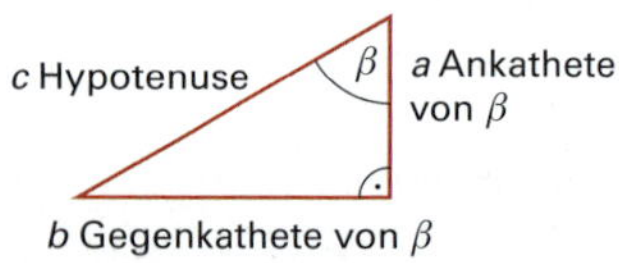


**Trigonometrische Funktionen**

| | | | |
|---|---|---|---|
| Sinus | $= \frac{\text{Gegenkathete}}{\text{Hypotenuse}}$ | $\sin\alpha = \frac{a}{c}$ | $\sin\beta = \frac{b}{c}$ |
| Kosinus | $= \frac{\text{Ankathete}}{\text{Hypotenuse}}$ | $\cos\alpha = \frac{b}{c}$ | $\cos\beta = \frac{a}{c}$ |
| Tangens | $= \frac{\text{Gegenkathete}}{\text{Ankathete}}$ | $\tan\alpha = \frac{a}{b}$ | $\tan\beta = \frac{b}{a}$ |
| Kotangens | $= \frac{\text{Ankathete}}{\text{Gegenkathete}}$ | $\cot\alpha = \frac{b}{a}$ | $\cot\beta = \frac{a}{b}$ |

### Winkelfunktionen am Einheitskreis

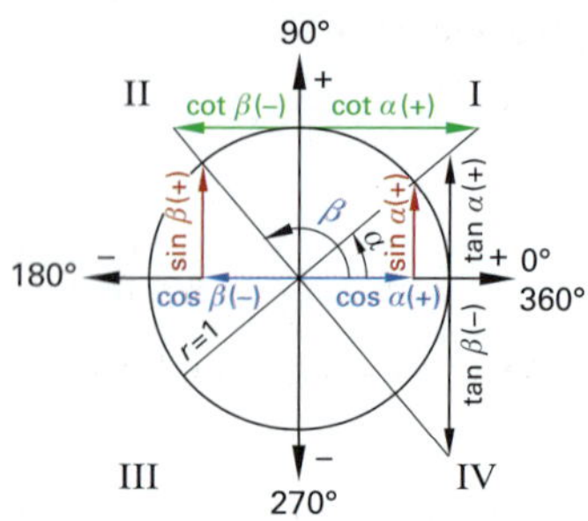


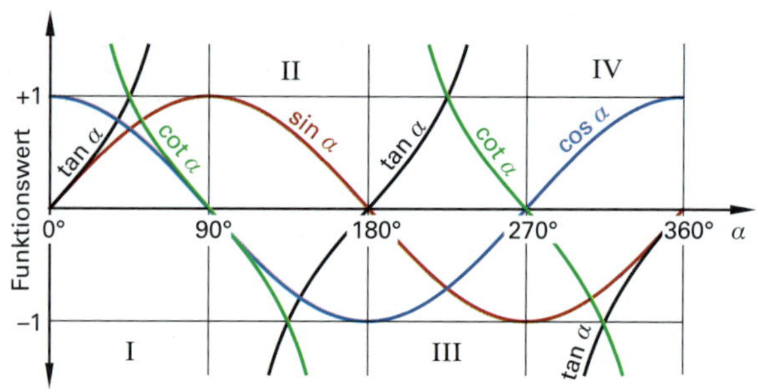


| | 0° | 30° | 45° | 60° | 90° | 180° | 270° | 360° |
|---|---|---|---|---|---|---|---|---|
| **sin** | 0 | 1/2 | 1/2$\sqrt{2}$ | 1/2$\sqrt{3}$ | 1 | 0 | –1 | 0 |
| **cos** | 1 | 1/2$\sqrt{3}$ | 1/2$\sqrt{2}$ | 1/2 | 0 | –1 | 0 | 1 |
| **tan** | 0 | 1/3$\sqrt{3}$ | 1 | $\sqrt{3}$ | ∞ | 0 | ∞ | 0 |
| **cot** | ∞ | $\sqrt{3}$ | 1 | 1/3$\sqrt{3}$ | 0 | ∞ | 0 | ∞ |

**Beispiel**

Ermittlung der Funktionswerte für Winkel über 90° nach folgendem Beispiel:

$\sin 140° = \sin(180° - 140°) = \sin 40°$
$\sin 140° = 0{,}642788$

$\tan 140° = \tan(180° - 140°) = -\tan 40°$
$\tan 140° = -0{,}839100$

**Beispiel**

$\sin 115°\,10' = \sin(180° - 115°\,10')$
$= \sin 64°\,50'$
$= 0{,}9051$

**Schreibweisen**

$\sin^2\alpha = (\sin\alpha)^2$
$\sin 2\alpha = 2 \cdot \sin\alpha \cdot \cos\alpha$

### Beziehung zwischen den Funktionen für gleiche Winkel

| | | | |
|---|---|---|---|
| $\sin^2\alpha + \cos^2\alpha = 1$ | $\tan\alpha \cdot \cot\alpha = 1$ | $\tan\alpha = \frac{\sin\alpha}{\cos\alpha}$ | $\cot\alpha = \frac{\cos\alpha}{\sin\alpha}$ |
| $\sin(90° - \alpha) = \cos\alpha$ | $\cos(90° - \alpha) = \sin\alpha$ | $\tan(90° - \alpha) = \cot\alpha$ | $\cot(90° - \alpha) = \tan\alpha$ |
| $\sin(180° - \alpha) = \sin\alpha$ | $\cos(180° - \alpha) = \cos\alpha$ | $\tan(180° - \alpha) = -\tan\alpha$ | $\cot(180° - \alpha) = -\cot\alpha$ |

## 1.7.3 Schiefwinklige Dreiecke

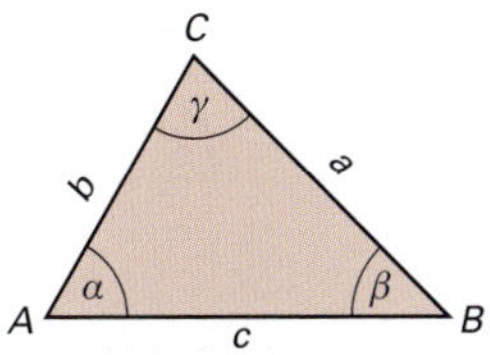


**Winkelsumme**
$\alpha + \beta + \gamma = 180°$

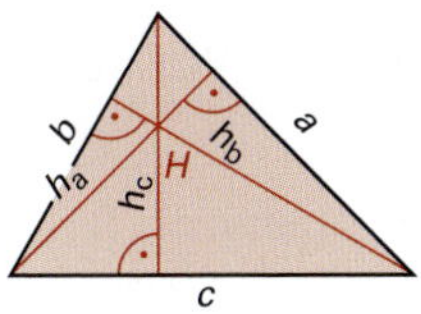


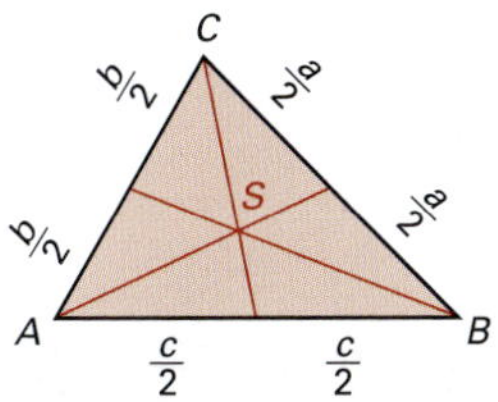


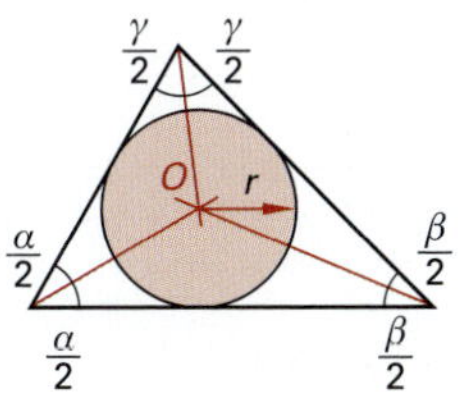


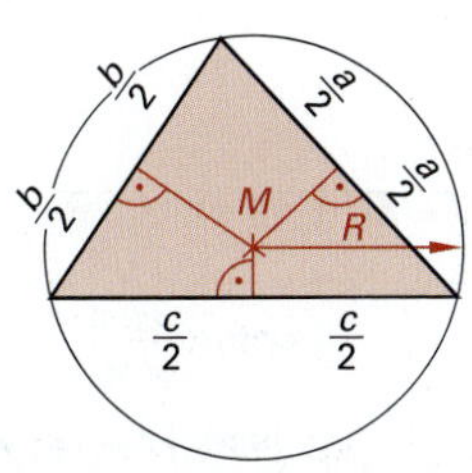


| | |
|---|---|
| $a, b, c$ | Seiten des Dreiecks |
| $\alpha, \beta, \gamma$ | Winkel im Dreieck (den Seiten $a, b, c$ gegenüber) |
| $A$ | Flächeninhalt |
| $h_a, h_b, h_c$ | den Seiten des Dreiecks zugeordnete Höhen |
| $R$ | Radius des umbeschriebenen Kreises (Umkreis) |
| $r$ | Radius des eingeschriebenen Kreises (Inkreis) |

Die **Höhen** eines Dreiecks schneiden sich in einem Punkt (Höhenschnittpunkt $H$).

Die **Seitenhalbierenden** eines Dreiecks schneiden sich in einem Punkt. Es ist der Flächenschwerpunkt $S$ der Dreiecksfläche.

Der Schwerpunkt ist von den Seitenmitten halb so weit entfernt wie von den gegenüberliegenden Ecken. Der Schwerpunkt teilt die Seitenhalbierenden im Verhältnis 2 : 1.

**Schwerpunktkoordinaten**

Mit $A(x_A/y_A)$, $B(x_B,y_B)$ und $C(x_C/y_C)$ folgt für $S(x_S/y_S)$ $\Rightarrow$

$$x_S = \frac{x_A + x_B + x_C}{3}$$

$$y_S = \frac{y_A + y_B + y_C}{3}$$

Die **Winkelhalbierenden** eines Dreiecks schneiden sich in einem Punkt. Es ist der Mittelpunkt $O$ des Inkreises.

Die **Mittelsenkrechten** eines Dreiecks schneiden sich in einem Punkt. Es ist der Mittelpunkt $M$ des Umkreises.

**Euler-Gerade:**
In jedem Dreieck liegen der Höhenschnittpunkt $H$, der Schwerpunkt $S$ und der Schnittpunkt $M$ der Mittelsenkrechten auf einer Geraden, der sogenannten Euler-Geraden.

**Flächenformeln**
**Heron'sche Formel**

$$A = \sqrt{s \cdot (s-a) \cdot (s-b) \cdot (s-c)}$$

$$\text{mit } s = \frac{1}{2}(a+b+c)$$

$$A = \frac{1}{2} a \cdot b \cdot \sin\gamma$$

$$A = \frac{1}{2} \cdot a^2 \cdot \frac{\sin\gamma \cdot \sin\beta}{\sin\alpha}$$

**Sinussatz**

$$\frac{a}{\sin\alpha} = \frac{b}{\sin\beta} = \frac{c}{\sin\gamma}$$

**Kosinussatz**

$$a^2 = b^2 + c^2 - 2\,b \cdot c \cdot \cos\alpha$$
$$b^2 = c^2 + a^2 - 2\,c \cdot a \cdot \cos\beta$$
$$c^2 = a^2 + b^2 - 2\,a \cdot b \cdot \cos\gamma$$

**Radienbestimmung**

$$R = \frac{a}{2\sin\alpha} = \frac{b}{2\sin\beta} = \frac{c}{2\sin\gamma}$$

$$r = \frac{2A}{a+b+c} = \frac{a \cdot b \cdot c}{2R(a+b+c)}$$

**Bestimmung fehlender Stücke**

- Drei Seiten sind gegeben: $a, b, c$

$$\cos\alpha = \frac{b^2 + c^2 - a^2}{2\,b \cdot c} \Rightarrow \alpha$$

$$\cos\beta = \frac{c^2 + a^2 - b^2}{2\,c \cdot a} \Rightarrow \beta$$

$$\cos\gamma = \frac{a^2 + b^2 - c^2}{2\,a \cdot b} \Rightarrow \gamma$$

- Zwei Seiten und der eingeschlossene Winkel sind gegeben: $a, b, \gamma$

$$c = \sqrt{a^2 + b^2 - 2\,a \cdot b \cdot \cos\gamma}$$

$$\sin\alpha = \frac{a}{c} \cdot \sin\gamma$$

$$\sin\beta = \frac{b}{c} \cdot \sin\gamma$$

$$A = \frac{1}{2} a \cdot b \cdot \sin\gamma$$

- Zwei Seiten und ein gegenüberliegender Winkel sind gegeben: $a, b, \alpha$ mit $a > b$

$$\sin\beta = \frac{b}{a} \cdot \sin\alpha$$

$$\gamma = 180° - \alpha - \beta$$

$$c = \sqrt{a^2 + b^2 - 2\,a \cdot b \cdot \sin\gamma}$$

Für den Fall $a < b$ können zwei Lösungen existieren: eine (Doppel-)Lösung oder keine Lösung.

1

## Beispiele Berechnung schiefwinkliger Dreiecke

### 1. Grundaufgabe SSS

alle Seiten bekannt

Gegeben: $a = 3{,}35$ m,
$b = 2{,}50$ m,
$c = 5{,}00$ m

Gesucht: Winkel $\alpha, \beta, \gamma$ und Fläche $A$

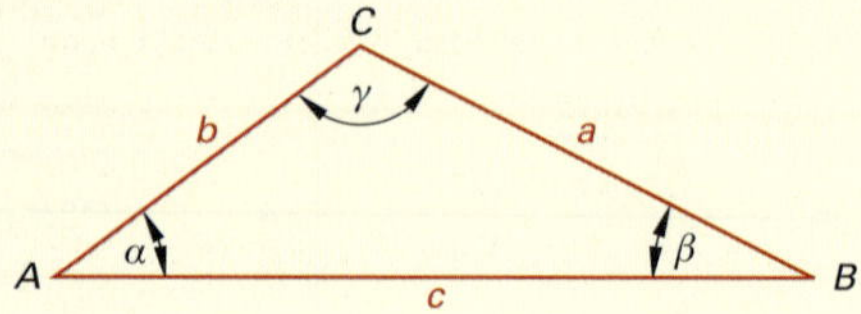


Winkel $\alpha$: $\cos\alpha = \dfrac{b^2 + c^2 - a^2}{2 \cdot b \cdot c} = \dfrac{2{,}50^2 + 5{,}00^2 - 3{,}35^2}{2 \cdot 2{,}50 \cdot 5{,}00} = 0{,}801 \quad \Rightarrow \quad \alpha = 36{,}8°$

Anmerkung: $\alpha$ erhält man mit Hilfe des Taschenrechners, wenn man nach Berechnung des Wertes 0,801 die Tasten INV + COS bzw. SHIFT + COS drückt.

$$\cos\beta = \frac{c^2 + a^2 - b^2}{2 \cdot c \cdot a} = \frac{5{,}00^2 + 3{,}35^2 - 2{,}50^2}{2 \cdot 5{,}00 \cdot 3{,}35} = 0{,}895 \quad \Rightarrow \quad \beta = 26{,}5°$$

$$\cos\gamma = \frac{a^2 + b^2 - c^2}{2 \cdot a \cdot b} = \frac{3{,}35^2 + 2{,}50^2 - 5{,}00^2}{2 \cdot 3{,}35 \cdot 2{,}50} = -0{,}449 \quad \Rightarrow \quad \gamma = 116{,}7°$$

Winkelprobe: $\alpha + \beta + \gamma = 36{,}8° + 26{,}5° + 116{,}7° = 180{,}0°$

Umfang $U$: $U = a + b + c = 3{,}35 + 2{,}50 + 5{,}00 = 10{,}85$ m $\qquad s = \dfrac{U}{2} = \dfrac{10{,}85}{2} = 5{,}425$ m

Fläche $A$: $A = \sqrt{s \cdot (s-a) \cdot (s-b) \cdot (s-c)} = \sqrt{5{,}425 \cdot (5{,}425 - 3{,}35) \cdot (5{,}425 - 2{,}50) \cdot (5{,}425 - 5{,}00)} = 3{,}74\ \text{m}^2$

### 2. Grundaufgabe SWS

zwei Seiten und eingeschlossener Winkel bekannt

Gegeben: $b = 2{,}50$ m,
$\alpha = 36{,}8°$,
$c = 5{,}00$ m

Gesucht: Seite $a$, Winkel $\beta, \gamma$ und Fläche $A$

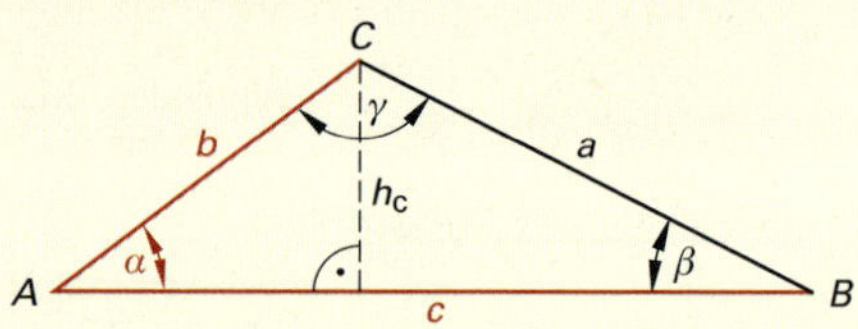


Seite $a$: $a = \sqrt{b^2 + c^2 - 2 \cdot b \cdot c \cdot \cos\alpha} = \sqrt{2{,}50^2 + 5{,}00^2 - 2 \cdot 2{,}50 \cdot 5{,}00 \cdot \cos 36{,}8°} = 3{,}35$ m

Winkel $\beta$: $\sin\beta = \dfrac{b}{a} \cdot \sin\alpha = \dfrac{2{,}50}{3{,}35} \cdot \sin 36{,}8° = 0{,}447 \quad \Rightarrow \quad \beta = 26{,}6°$

Winkel $\gamma$: $\sin\gamma = \dfrac{c}{a} \cdot \sin\alpha = \dfrac{5{,}00}{3{,}35} \cdot \sin 36{,}8° = 0{,}894 \quad \Rightarrow \quad \gamma = 116{,}6°$

Anmerkung: Die üblichen Taschenrechner zeigen, wenn man für 0,894 die „Invers-Sinus-Funktion" aufruft, den Wert $\gamma^* = 63{,}4°$ an.

Die Sinusfunktion hat aber zwei Lösungen.
$\gamma$ beträgt:
$\gamma = 180° - \gamma^* = 180° - 63{,}4° = 116{,}6°$

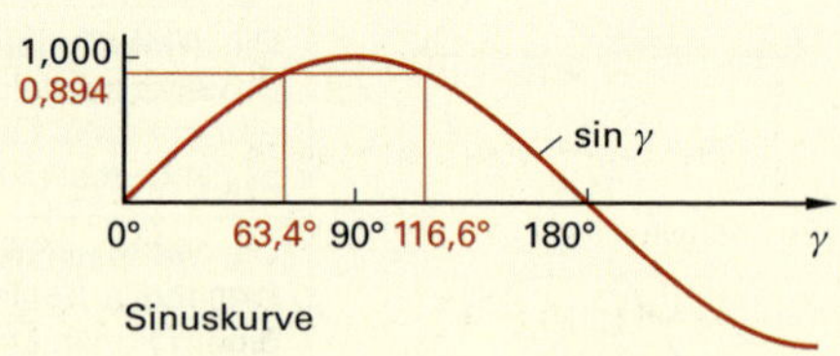


Sinuskurve

Winkelprobe: $\alpha + \beta + \gamma = 36{,}8° + 26{,}5° + 116{,}7° = 180{,}0°$

Höhe $h_c$: $h_c = b \cdot \sin\alpha = 2{,}50 \cdot \sin 36{,}8° = 1{,}50$ m

Fläche $A$: $A = \dfrac{1}{2} \cdot b \cdot c \cdot \sin\alpha = \dfrac{1}{2} \cdot 2{,}50 \cdot 5{,}00 \cdot \sin 36{,}8° = 3{,}74\ \text{m}^2$ oder

$A = \dfrac{1}{2} \cdot c \cdot h_c = \dfrac{1}{2} \cdot 5{,}00 \cdot 1{,}50 = 3{,}75\ \text{m}^2$

Anmerkung: Die Zahlenabweichungen bei der Fläche und zur 1. Grundaufgabe basieren auf Abweichungen infolge des Rundens.

**Beispiele** **Berechnung schiefwinkliger Dreiecke**

### 3. Grundaufgabe WSW

Seite und beide benachbarten Winkel sind bekannt

Gegeben: $c = 5{,}00$ m,
$\alpha = 36{,}8°$,
$\beta = 26{,}6°$

Gesucht: Winkel $\gamma$, Stecken $a$ und $b$, Fläche $A$

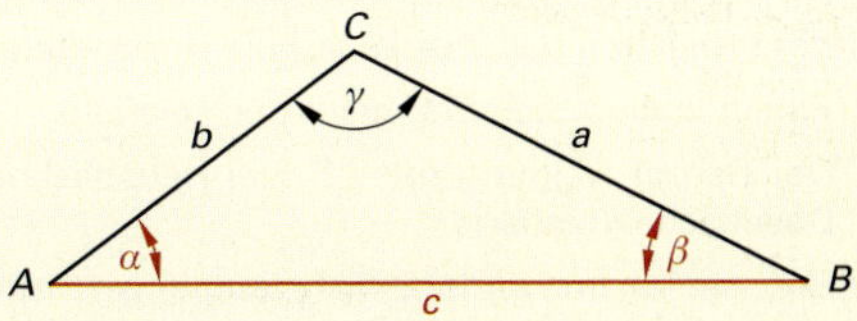


Winkel $\gamma$: $\gamma = 180° - \alpha - \beta = 180° - 36{,}8° - 26{,}6° = 116{,}6°$

Strecke $a$: $a = c \cdot \dfrac{\sin\alpha}{\sin\gamma} = 5{,}00 \cdot \dfrac{\sin 36{,}8°}{\sin 116{,}6°} = 3{,}35$ m

Strecke $b$: $b = c \cdot \dfrac{\sin\beta}{\sin\gamma} = 5{,}00 \cdot \dfrac{\sin 26{,}6°}{\sin 116{,}6°} = 2{,}50$ m

Fläche $A$: $A = \dfrac{1}{2} \cdot c^2 \cdot \dfrac{\sin\alpha \cdot \sin\beta}{\sin\gamma} = \dfrac{1}{2} \cdot 5{,}00^2 \cdot \dfrac{\sin 36{,}8° \cdot \sin 26{,}6°}{\sin 116{,}6°} = 3{,}75\ \text{m}^2$

### 4. Grundaufgabe SSW

zwei Seiten und gegenüber liegender Winkel sind bekannt

Bei dieser Aufgabe gibt es, wenn $a < c$ ist, drei Fälle:

| | |
|---|---|
| Fall I: | Doppel-Lösung (vgl. Zeichnung) |
| Fall II: | Eine Lösung, wenn $b$ genau die Tangente an dem Kreis mit dem Radius $a$ darstellt ⇒ rechtwinkliges Dreieck. |
| Fall III: | Keine Lösung. Wenn $a$ zu kurz oder $\alpha$ zu groß ist, gibt es keinen Schnittpunkt mit $b$. |

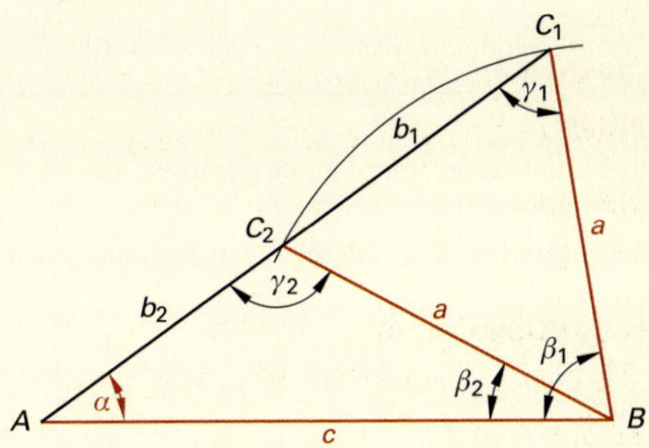


I: Gegeben: $a = 3{,}35$ m, $c = 5{,}00$ m,
$\alpha = 36{,}8°$ ⇒ führt zu Fall I

Gesucht: Seite $b$, Winkel $\beta$ und $\gamma$, Fläche $A$

Winkel $\gamma$: $\sin\gamma = \dfrac{c}{a} \cdot \sin\alpha = \dfrac{5{,}00}{3{,}35} \cdot \sin 36{,}8° = 0{,}894 \Rightarrow \gamma_1 = 63{,}4°,\ \gamma_2 = 116{,}6°$
siehe Abb. Vorseite

Winkel $\beta$: $\beta_1 = 180° - \alpha - \gamma_1 = 180° - 36{,}8° - 63{,}4° = 79{,}8°$

$\beta_2 = 180° - \alpha - \gamma_2 = 180° - 36{,}8° - 116{,}6° = 26{,}6°$

Strecke $b$: $b_1 = a \cdot \dfrac{\sin\beta_1}{\sin\alpha} = 3{,}35 \cdot \dfrac{\sin 79{,}8°}{\sin 36{,}8°} = 5{,}50$ m

$b_2 = a \cdot \dfrac{\sin\beta_2}{\sin\alpha} = 3{,}35 \cdot \dfrac{\sin 26{,}6°}{\sin 36{,}8°} = 2{,}50$ m

Fläche vgl. 2. oder 3. Grundaufgabe

II: Gegeben: $a = 3{,}00$ m, $c = 5{,}00$ m, $\alpha = 36{,}8°$ (abweichend von der Zeichnung)

Winkel $\gamma$: $\sin\gamma = \dfrac{c}{a} \cdot \sin\alpha = \dfrac{5{,}00}{3{,}00} \cdot \sin 36{,}8° = 0{,}998 \approx 1 \Rightarrow \gamma = 90°$

Winkel $\beta$: $\beta = 180° - \alpha - \gamma = 180° - 36{,}8° - 90° \Rightarrow \beta = 53{,}2°$

Strecke $b$: $b = c \cdot \dfrac{\sin\beta}{\sin\gamma} = 5{,}00 \cdot \dfrac{\sin 53{,}2°}{\sin 90°} = 4{,}00$ m

Dieses ist das bekannte rechtwinklige Dreieck mit $a = 3{,}00$ m, $b = 4{,}00$ m, $c = 5{,}00$ m

III: Gegeben: $a = 2{,}50$ m, $c = 5{,}00$ m, $\alpha = 36{,}8°$ (abweichend von der Zeichnung)

$\sin\gamma = \dfrac{c}{a} \cdot \sin\alpha = \dfrac{5{,}00}{2{,}50} \cdot \sin 36{,}8° = 1{,}198 > 1 \Rightarrow$ Widerspruch ⇒ keine Lösung

1

## 1.7.4 Steigung

- Unter der Steigung einer Geraden versteht man den Quotienten aus der Höhe $h$ und der Länge $l$ der Projektion der Strecke auf die Horizontale.
- Eine negative Steigung heißt auch Gefälle.
- Der Begriff Neigung tritt z.B. bei Hausdächern auf und ist dort mit dem Steigungswinkel $\alpha$ der Dachfläche identisch.
- Bei Schiffen und anderen Fahrzeugen wird mit Neigung der Winkel einer Bezugsachse zu seiner ursprünglich vertikalen Richtung bezeichnet (Schlagseite).

| $h = \frac{l}{n}$ | $l = h \cdot n$ | $n = \frac{l}{h}$ | $m = \tan\alpha$ | $\tan\alpha = \frac{h}{l}$ | $\tan\alpha = \frac{1}{n}$ |
|---|---|---|---|---|---|

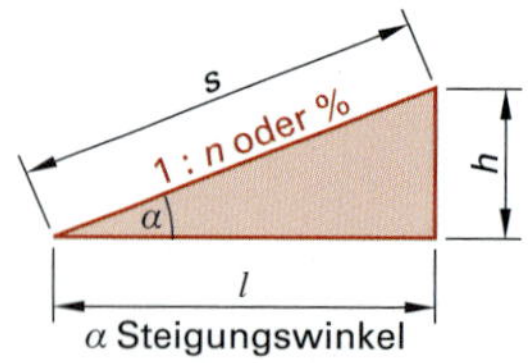


$p = \frac{h}{l}\,100\%$ $\quad m = \frac{h}{l}$

$h = \frac{p \cdot l}{100\%}$ $\quad l = \frac{h}{p}\,100\%$

$s^2 = h^2 + l^2$ $\quad s = \sqrt{h^2 + l^2}$

- $m$ Steigung (Steigungsverhältnis)
- $n$ Verhältniszahl der Steigung
- $p$ Prozentsatz der Steigung
- $h$ Höhe (Höhenunterschied)
- $l$ Länge der Projektion der Strecke auf die Horizontale

**Beispiel**

Ein Baufahrzeug überwindet auf einer konstant geneigten Straße nach zwei Kilometern Fahrt einen Höhenunterschied von 150 m.

$s = 2000\text{ m}$, $\quad h = 150\text{ m}$, $\quad l = \sqrt{s^2 - h^2}$, $\quad l = \sqrt{(2000\text{ m})^2 - (150\text{ m})^2} = 1994\text{ m}$

Steigung $m = \frac{150\text{ m}}{1994\text{ m}} = 1 : 13{,}3$, $\quad$ Verhältniszahl $n = \frac{1994\text{ m}}{150\text{ m}} = 13{,}3$

Prozentsatz der Steigung $p = 7{,}5$ (7,5% Steigung), $\quad$ Steigungswinkel $\tan\alpha = 0{,}075 \Rightarrow \alpha = 4{,}3°$

**Beispiel**

Ein symmetrisches Kehlriegeldach hat eine Stützweite von $l = 12{,}00$ m und eine Höhe von $h = 4{,}50$ m. In Höhe von $h_u = 2{,}70$ m ist der Kehlriegel angeordnet. Alle Maße sind Systemmaße.

Zu berechnen sind die Dachneigung und die fehlenden Systemabmessungen.

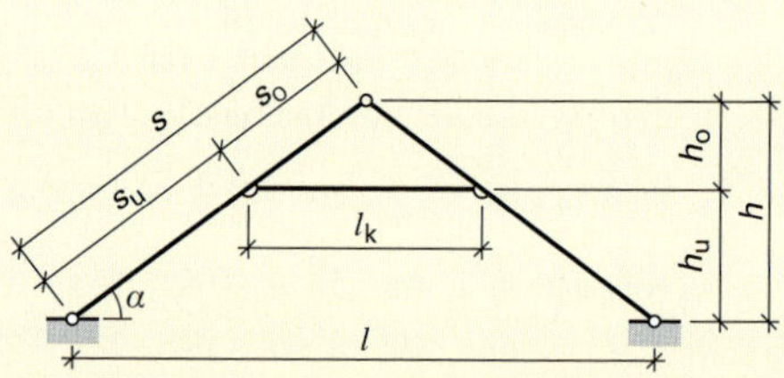


**Steigung** $m = \frac{h}{l/2}$ $\quad m = \frac{4{,}50}{12{,}00/2} = 0{,}75$

$\tan\alpha = 0{,}75 \Rightarrow$ Dachneigung $\alpha = 36{,}9°$ $\quad h_u = 2{,}70\text{ m}$ $\quad h_o = 4{,}50\text{ m} - 2{,}70\text{ m} = 1{,}80\text{ m}$

**Sparrenlänge** $s = \sqrt{h^2 + [l/2]^2}$ $\quad s = \sqrt{4{,}50^2 + 6{,}00^2}$ $\quad \mathbf{s = 7{,}50\text{ m}}$

**Fehlende Abmessungen mit Hilfe der Strahlensätze** ▶ S. 33

1. Strahlensatz: $\frac{s_o}{s} = \frac{h_o}{h} \Rightarrow s_o = \frac{h_o \cdot s}{h} \Rightarrow s_o = \frac{1{,}80\text{ m} \cdot 7{,}50\text{ m}}{4{,}50\text{ m}} = \mathbf{3{,}00\text{ m}}$

$\frac{s_u}{s_o} = \frac{h_u}{h_o} \Rightarrow s_u = \frac{h_u \cdot s_o}{h_o} \Rightarrow s_u = \frac{2{,}70\text{ m} \cdot 3{,}00\text{ m}}{1{,}80\text{ m}} = \mathbf{4{,}50\text{ m}}$

oder $\frac{s_u}{s} = \frac{h_u}{h} \Rightarrow s_u = \frac{h_u \cdot s}{h} \Rightarrow s_u = \frac{2{,}70\text{ m} \cdot 7{,}50\text{ m}}{4{,}50\text{ m}} = \mathbf{4{,}50\text{ m}}$

2. Strahlensatz: $\frac{l_k}{l} = \frac{h_o}{h} \Rightarrow l_k = \frac{h_o \cdot l}{h} \Rightarrow l_k = \frac{1{,}80\text{ m} \cdot 12{,}00\text{ m}}{4{,}50\text{ m}} = \mathbf{4{,}80\text{ m}}$

## 1.7.5 Strahlensätze und Ähnlichkeiten

**1. Strahlensatz:** Werden zwei Strahlen von Parallelen geschnitten, so verhalten sich die Abschnitte auf dem einen Strahl wie die gleich liegenden Abschnitte auf dem anderen Strahl. 

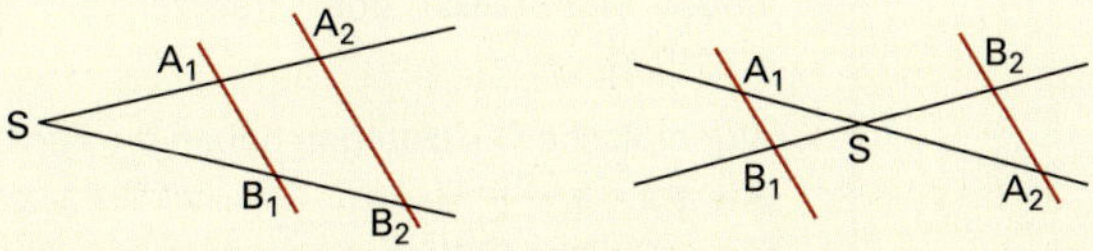


$$\frac{\overline{SA_1}}{\overline{SA_2}} = \frac{\overline{SB_1}}{\overline{SB_2}}$$

$$\frac{\overline{SA_1}}{\overline{A_1A_2}} = \frac{\overline{SB_1}}{\overline{B_1B_2}}$$

**2. Strahlensatz:** Werden zwei Strahlen von Parallelen geschnitten, so verhalten sich die Abschnitte auf den Parallelen zueinander, wie die vom Scheitel S aus gemessenen zugehörigen Strahlenabschnitte.

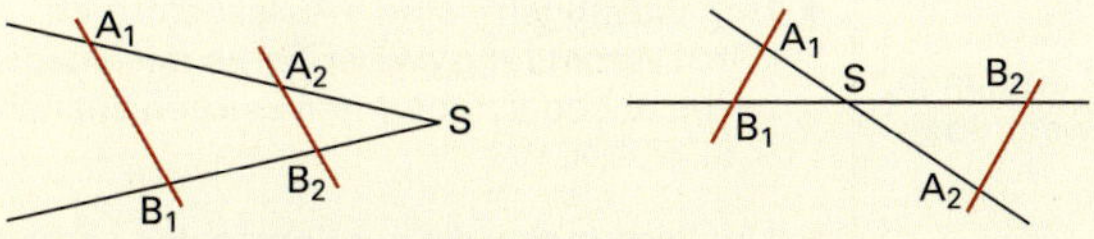


$$\frac{\overline{A_1B_1}}{\overline{A_1B_2}} = \frac{\overline{SA_1}}{\overline{SA_2}}$$

$$\frac{\overline{A_1B_1}}{\overline{A_1B_2}} = \frac{\overline{SB_1}}{\overline{SB_2}}$$

**Hauptähnlichkeitssatz für Dreiecke**

- Dreiecke sind ähnlich, wenn sie in zwei Winkeln übereinstimmen.
- Die Flächeninhalte ähnlicher Flächen verhalten sich zueinander wie die Quadrate der Längen gleich liegender Strecken.

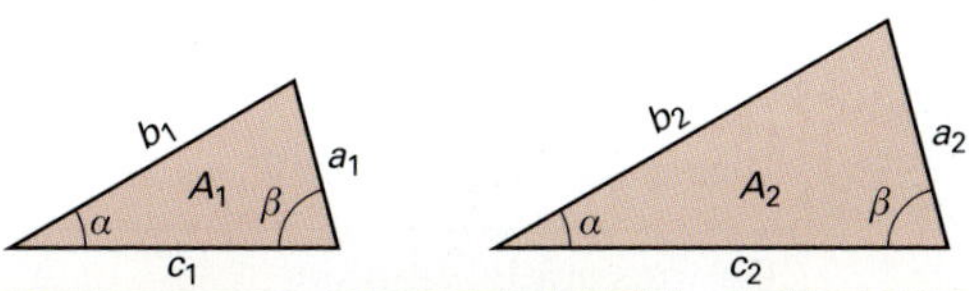


$$\frac{A_1}{A_2} = \left(\frac{a_1}{a_2}\right)^2 \qquad \frac{A_1}{A_2} = \left(\frac{b_1}{b_2}\right)^2 \qquad \frac{A_1}{A_2} = \left(\frac{c_1}{c_2}\right)^2$$

**Goldener Schnitt** ▶ Kapitel 4.6

*M* Major
*m* minor

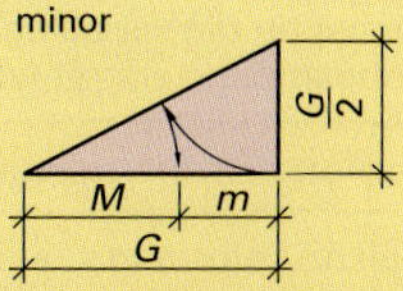


$$M = \frac{G}{2}\left(\sqrt{5}-1\right)$$
$$\approx G \cdot 0{,}618$$
$$m \approx M \cdot 0{,}618$$
$$m \approx G \cdot 0{,}382$$

**Beispiel**

Eine in 60 cm Abstand vom Auge aufrecht gehaltene Daumenspitze verdeckt gerade den Blick auf einen 1200 m entfernten Kirchturm. Wie hoch ist der Kirchturm („über den Daumen gepeilt"), wenn die Daumenspitze ca. 2,5 cm hoch ist?

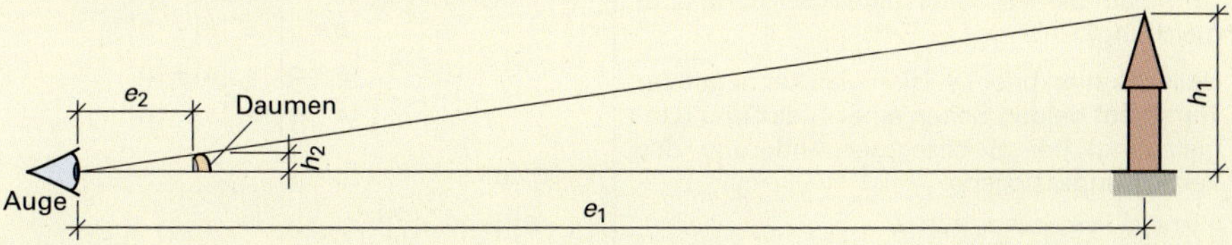


2. Strahlensatz $\frac{h_1}{h_2} = \frac{e_1}{e_2} \Rightarrow h_1 = \frac{0{,}025\text{ m} \cdot 1200\text{ m}}{0{,}60\text{ m}} = \mathbf{50\text{ m}}$

**Der Kirchturm hat eine Höhe von ca. 50 m.**

alternativ:
$h_1 : h_2 = l_1 : l_2$ oder
$h_1 : l_1 = h_2 : l_2$ oder
$h_2 \cdot l_1 = h_1 \cdot l_2$

1

## 1.8 Gleichungen und Ungleichungen

### Definitionen

- Terme $T_1$, $T_2$, ... sind Zahlen (Konstanten), Variablen und Verknüpfungen derselben nach den Rechenregeln.

**Beispiele**
$7,\ x,\ 4-3,\ x+3,\ y-x,$
$4a+3b^2-2ab+5$

- Gleichungen sind Aussageformen, die durch Verbindung zweier Terme mit einem Gleichheitszeichen entstehen: $T_1 = T_2$

**Beispiele**
$6-x=4+x^2,\quad x=4+y,\quad x^2-4x+9=5$

- Gleichungen, die nur Konstanten enthalten, sind Aussagen. Sie sind entweder wahr (Identitäten) oder falsch.

**Beispiele**
$3=7-4$ (wahr),
$5\cdot(7+2)\cdot(8-6)=55$ (falsch)

- Gleichungen mit Variablen sind nur dann wahr, wenn die Variablen durch Elemente der Lösungsmenge ersetzt werden.

### Äquivalenzumformungen

Äquivalenzumformung heißt jede Umformung einer Gleichung (Ungleichung) in eine andere Gleichung (Ungleichung) mit gleicher Lösungsmenge.

Hierfür gelten folgende Regeln:

① Einsetzen äquivalenter Terme (Klammerauflösung, Zusammenfassung usw.):

$4(x+2)=7-5 \Leftrightarrow 4x+8=2$

② Addition oder Subtraktion gleicher Terme auf beiden Seiten einer Gleichung (Ungleichung):

$4x+2y=3y+2 \Leftrightarrow 4x+2y+z=3y+2+z$

③ Multiplikation oder Division gleicher positiver Terme auf beiden Seiten einer Gleichung (Ungleichung).

④ Multiplikation oder Division gleicher negativer Terme auf beiden Seiten einer Gleichung (Ungleichung) bei gleichzeitiger Änderung des Verbindungszeichens:

$>$ in $<$, $\geq$ in $\leq$, $<$ in $>$, $\leq$ in $\geq$,
$=$ bleibt $=$, $\neq$ bleibt $\neq$

⑤ Vertauschung der Terme auf beiden Seiten einer Gleichung (Ungleichung) bei gleichzeitiger Änderung der Verbindungszeichen wie in Regel ④.

### Bestimmungsgleichungen

- Bestimmungsgleichungen sind Zahlengleichungen mit einer Variablen. Sie sind entweder algebraisch oder transzendent (z.B. $x = \sin x$).

- Algebraische Gleichungen haben die Form
$a_0 + a_1x + a_2x^2 + a_3x^3 + \ldots + a_{n-1}x^{n-1} + a_nx^n = 0$
für natürliche Zahlen $n$ ($n \in \mathbb{N}^*$). Sie heißen Gleichungen $n$-ten Grades für $a_n \neq 0$.
$a_0, a_1, \ldots, a_n$ heißen Koeffizienten

### Ungleichungen

- Ungleichungen sind Aussageformen, die durch Verbindung zweier Terme mit einem der nachstehend aufgeführten Zeichen entstehen:
$>, \geq, \neq, \leq, <$

- Ungleichungen, die nur Konstanten enthalten, sind Aussagen.

**Beispiel für eine Aussage**

$$7+3\cdot 6>4$$
$$\Leftrightarrow\quad 25>4 \quad \text{(wahr)}$$

**Beispiel für eine lineare Ungleichung**

$$5x-4 \leq 2x+2 \quad |+4$$
$$5x \leq 2x+6 \quad |-2x$$
$$3x \leq 6 \quad |:3$$

**Lösung** $x \leq 2$
Lösungsmenge $\mathbb{L} = \{x \in \mathbb{R} \mid x \leq 2\}$

### Betragsungleichungen

**Beträge**

**Definition** $|a| = \begin{cases} a & \text{für } a \geq 0, \\ 0 & \text{für } a = 0 \\ -a & \text{für } a < 0. \end{cases}$

Rechenregeln

$|-a| = |a|$
$|a\cdot b| = |a|\cdot|b|$
$|a+b| \leq |a|+|b|$
$|a+b| \geq |a|-|b|$
$|a-b| \leq |a|+|b|$
$|a-b| \geq |a|-|b|$

**Beispiel**

$|x-6| \geq 10$
$x-6 \geq 10 \lor x-6 \leq -10 \quad |+6$
$x \geq 16 \qquad x \leq -4$
$\mathbb{L}_1 = \{x \in \mathbb{R} \mid x \geq 16\}$
$\mathbb{L}_2 = \{x \in \mathbb{R} \mid x \leq -4\}$
$\mathbb{L} = \mathbb{L}_1 \cup \mathbb{L}_2 = \{x \in \mathbb{R} \mid x \geq 16 \lor x \leq -4\}$

## Gleichungen 1. Grades (lineare Gleichungen):

Normalform: $ax + b = 0$
Konstanten: $a, b$ mit $a \neq 0$
Variable: $x$

Lösung: $x = -\frac{b}{a}$

Lösungsmenge: $\mathbb{L} = \left\{-\frac{b}{a}\right\}$

Lineare Gleichungen haben genau eine Lösung.

**Beispiel**

| | |
|---|---|
| $4(x+1) - 1 = 15 + 8x$ | Klammer lösen |
| $4x + 4 - 1 = 15 + 8x$ | $-8x$ |
| $4x + 4 - 1 - 8x = 15$ | $-15$ |
| $4x + 4 - 1 - 8x - 15 = 0$ | Zusammenfassen |
| $-4x - 12 = 0$ | $\cdot(-1)$ |
| $4x + 12 = 0$ | |

**Lösung:** $\mathbf{x = -3}$
**Lösungsmenge:** $\mathbb{L} = \{-3\}$

## Gleichungen 2. Grades (quadratische Gleichungen):

Normierte Form: $x^2 + px + q = 0$
Konstanten: $p, q$
Variable: $x$
Diskriminante: $D = \left(\frac{p}{2}\right)^2 - q$

$D > 0$ zwei reelle Lösungen
$D = 0$ eine reelle Lösung (Doppellösung)
$D < 0$ keine reelle Lösung

**Lösungen (*p-q*-Formel):**

$$x_{1,2} = -\frac{p}{2} \pm \sqrt{\left(\frac{p}{2}\right)^2 - q}$$

- Quadrieren einer Gleichung erhöht die Lösungsmenge:
  $x + 4 = 5 \qquad \mathbb{L} = \{1\}$
  $(x+4)^2 = 25 \qquad \mathbb{L} = \{-9, 1\}.$
- Lösung quadratischer Gleichungen mit $q = 0$:
  $x^2 + px = 0 \Rightarrow x(x+p) = 0 \Rightarrow \mathbb{L} = \{0, -p\}$
- Lösung quadratischer Gleichungen mit $p = 0$ und $q \leq 0$:
  $x^2 + q = 0 \Rightarrow \mathbb{L} = \{+\sqrt{-q}, -\sqrt{-q}\}$
- Lösung quadratischer Gleichungen mit $D = 0$:
  $x^2 + px + \left(\frac{p}{2}\right)^2 = 0 \Rightarrow x_1 = x_2 = -\frac{p}{2}$
  $\mathbb{L} = \left\{-\frac{p}{2}\right\}$

**Beispiel**

| | |
|---|---|
| $(3x-2)(x+2) = 5 - 2x$ | Klammer lösen |
| $3x^2 + 4x - 4 = 5 - 2x$ | $+2x - 5$ |
| $3x^2 + 6x - 9 = 0$ | $:3$ |
| $x^2 + 2x - 3 = 0$ | Normierte Form |

$\mathbf{x_1} = -\frac{2}{2} + \sqrt{4} = \mathbf{1} \qquad \mathbf{x_2} = -\frac{2}{2} - \sqrt{4} = \mathbf{-3}$

## Gleichungen 3. Grades (kubische Gleichungen):

Normalform: $x^3 + ax^2 + bx + c = 0$
reduzierte Form: $y^3 + 3py + 2q = 0$

mit $y = x + \frac{a}{3}$; $\quad 3p = -\frac{a^2}{3} + b$

und $2q = \frac{2a^3}{27} - \frac{ab}{3} + c$

Diskriminante: $D = p^3 + q^2$

$D > 0$ eine reelle Lösung:

$y = \sqrt[3]{-q + \sqrt{D}} + \sqrt[3]{-q - \sqrt{D}}$

(cardanische Formel)

$D \leq 0$ drei reelle Lösungen:

$\left(\text{mit } \varphi \text{ aus } \cos\varphi = \frac{-q}{\sqrt{-p^3}}\right)$

$y_1 = 2\sqrt{-p}\cos\left(\frac{\varphi}{3}\right)$

$y_2 = -2\sqrt{-p}\cos\left(\frac{\varphi}{3} + 60°\right)$ (für $D = 0$ ist $y_2 = y_3$ Doppellösung)

$y_3 = -2\sqrt{-p}\cos\left(\frac{\varphi}{3} - 60°\right)$

Zugehörige Lösung der Normalform:

$x_1 = y_1 - \frac{a}{3}$; $\quad x_2 = y_2 - \frac{a}{3}$; $\quad x_3 = y_3 - \frac{a}{3}$

## Gleichungen 4. Grades oder höheren Grades:

Normalform: $x^n + b_{n-1}x^{n-1} + \ldots + b_1x + b_0 = 0$

Gleichungen 4. oder höheren Grades sind nur in Sonderfällen algebraisch lösbar. Ist eine Lösung $x_1$ bekannt (z.B. durch Probieren), so lässt sich die Gleichung durch Polynomdivision um 1 Grad reduzieren:

$(x^n + b_{n-1}x^{n-1} + \ldots + b_1x + b_0) : (x - x_1) =$
$= x^{n-1} + \ldots + c_1x + c_0$

**Beispiel**

$$(x^4 - x^3 - 7x^2 + 5x - 6) : (x - 3) = x^3 + 2x^2 - x + 2$$
$-(x^4 - 3x^3)$
$2x^3 - 7x^2$
$-(2x^3 - 6x^2)$
$-x^2 + 5x$
$-(-x^2 + 3x)$
$2x - 6$
$-(2x - 6)$
$0$

## Lineare Gleichungssysteme

Ein lineares Gleichungssystem (LGS) ist ein System von zwei oder mehreren linearen Gleichungen mit mindestens zwei Variablen.

Ein solches System zu lösen, heißt, die Variablen so zu bestimmen, dass diese alle Gleichungen des Systems gleichzeitig erfüllen.

Übliche Lösungsverfahren sind das Einsetzverfahren, das Gleichsetzungsverfahren, das Additionsverfahren sowie das auf dem Additionsverfahren basierende Gauß'sche Eliminationsverfahren, das ein Gleichungssystem in eine Dreiecks-, bzw. Diagonalgestalt bringt.

**Beispiel**

System aus zwei Gleichungen mit zwei Variablen. Eine der beiden Gleichungen wird nach einer Variablen aufgelöst und der erhaltene Term wird in die andere Gleichung für diese Variable eingesetzt (Einsetzungsverfahren).

$\mathbf{6x + 3y = 9}$ und $\mathbf{-2x + y = 7}$

$y = 7 + 2x$

→ Term für y einsetzen

$6x + 3 \cdot (7 + 2x) = 9$

→ Gleichung nach x auflösen

$\mathbf{x = -1}$ und $\mathbf{y = 5}$

**Beispiel**

System aus zwei Gleichungen mit zwei Variablen. Beide Gleichungen werden nach der gleichen Variablen aufgelöst und anschließend gleichgesetzt (Gleichsetzungsverfahren).

$\mathbf{x = 4y - 2}$ und $\mathbf{x - 3y = 5}$

$x = 5 + 3y$

→ Terme gleichsetzen

$4y - 2 = 5 + 3y$

→ Gleichung nach y auflösen

$\mathbf{y = 7}$ und $\mathbf{x = 26}$

**Beispiel**

System aus zwei Gleichungen mit zwei Variablen. Durch Addition bzw. Subtraktion der beiden Gleichungen wird eine Variable eliminiert. Falls erforderlich müssen die Gleichungen vorher mit geschickt gewählten Zahlen multipliziert werden (Additionsverfahren).

$\mathbf{3x + y = 5}$ und $\mathbf{2x - 2y = 6}$

$6x + 2y = 10$

→ Addition der beiden Terme

$$\begin{array}{rcl} 6x + 2y &=& 10 \\ 2x - 2y &=& 6 \\ \hline 8x &=& 16 \end{array}$$

$\mathbf{x = 2}$ und $\mathbf{y = -1}$

**Beispiel**

System aus drei Gleichungen mit drei Variablen. Durch wiederholtes Anwenden des Additionsverfahrens wird das gegebene System so umgeformt, dass jede Gleichung eine Variable weniger enthält als die vorhergehende. Ausgehend von der letzten Zeile werden die Werte für die Variablen berechnet und jeweils in die darüberliegende Zeile eingesetzt (Gauß'sche Eliminationsverfahren).

$$\left|\begin{array}{rcl} x + 2y + 6z &=& 9 \\ -\ y + z &=& 5 \\ -2y - 4z &=& -8 \end{array}\right| \begin{array}{l} \\ \cdot(-2) \rightarrow \oplus \\ \leftarrow \end{array}$$

$$\left|\begin{array}{rcl} x + 2y + 6z &=& 9 \\ -y + z &=& 5 \\ -6z &=& -18 \end{array}\right| \leftarrow \text{Wert für z berechnen}$$

$$\left|\begin{array}{rcl} x + 2y + 6z &=& 9 \\ -\ y + z &=& 5 \\ z &=& 3 \end{array}\right| \leftarrow \text{Wert für z einsetzen und Wert für y berechnen}$$

$$\left|\begin{array}{rcl} x + 2y + 6z &=& 9 \\ y &=& -2 \\ z &=& 3 \end{array}\right| \leftarrow \text{Werte für y und z einsetzen und Wert für x berechnen}$$

$$\left|\begin{array}{rcl} x &=& -5 \\ y &=& -2 \\ z &=& 3 \end{array}\right| \text{Ablesen der Lösungsmenge}$$

**Sonderfall**

System aus zwei Gleichungen mit zwei Variablen. Eine Gleichung ist quadratisch, eine ist linear. Das Einsetzungsverfahren führt zum Ziel.

$\mathbf{x^2 + y^2 = 25}$ und $\mathbf{x + y = 7}$

$x = 7 - y$

→ Term für x einsetzen

$(7 - y)^2 + y^2 = 25$

→ Gleichung nach y auflösen

$\mathbf{y = 4}$ oder $\mathbf{y = 3}$

$\mathbf{x = 3}$ oder $\mathbf{x = 4}$

**Sonderfall**

System aus zwei Gleichungen mit zwei Variablen. Beide Gleichungen sind reinquadratisch. Das Additionsverfahren führt zum Ziel.

$\mathbf{9x^2 - 2y^2 = 18}$ und $\mathbf{5x^2 + 3y^2 = 47}$

$27x^2 - 6y^2 = 54$ $\quad$ $10x^2 + 6y^2 = 94$

→ Addition der beiden Terme

$$\begin{array}{rcl} 27x^2 - 6y^2 &=& 54 \\ 10x^2 + 6y^2 &=& 94 \\ \hline 37x^2 &=& 148 \end{array}$$

$\mathbf{x = 2}$ oder $\mathbf{y = -2}$

$\mathbf{x = 3}$ oder $\mathbf{x = -3}$

# 1.9 Taschenrechner und DV-Grundlagen



## Taschenrechner

Mit einem Taschenrechner lassen sich Zahlenterme berechnen. Die Terme dürfen Verknüpfungen nach den Grundrechenarten und – je nach Ausstattung des Taschenrechners – auch nach Rechenarten höherer Stufe sowie Funktionen enthalten.

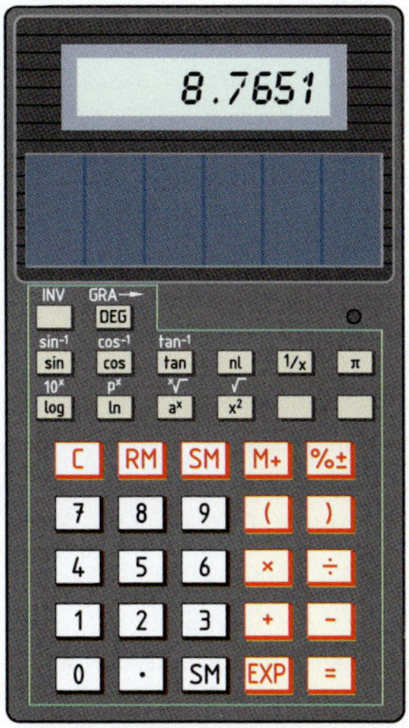


**Beispiel**

**Prozent** 6% von 300 =

| Eingabe | Taste | Anzeige |
|---|---|---|
| 300 | x | 300 |
| 6 | % | 0.06 |
| | = | 18 |

**Allgemeine Potenz** $7{,}62^{-0{,}8}$ =

| Eingabe | Taste | Anzeige |
|---|---|---|
| 7.62 | $y^x$ | 7.62 |
| .8 | +/– | – 0.8 |
| | = | 0.19698 |

**Trigonometrische Funktionen** sin 45° =
tan 60° =

| Eingabe | Taste | Anzeige |
|---|---|---|
| 30 | SIN | 0.5 |
| 60 | TAN | 1.7321 |

Umkehrfunktionen (Arcus-) arc sin 0,7716 =

| Eingabe | Taste | Anzeige |
|---|---|---|
| 0.7716 | $SIN^{-1}$ | 50.49779 |

Umwandlung in Grad/Minuten/Sekunden
50.49779 DMS 50° 29′ 52″

**Hinweis:** Vor der Durchführung von Berechnungen mit Winkeln bzw. zu Winkelfunktionen muss geprüft werden, ob der Altgradmodus am Taschenrechner eingestellt ist.
DEG Winkelangabe in Altgrad (Grad)
GRA Winkelangabe in Neugrad (Gon)
RAD Winkelangabe im Bogenmaß

## DV-Grundlagen

DV bedeutet Einsatz von Hard- und Software zur Lösung von Aufgaben.

PC mit Tastatur, Monitor, Maus und Drucker, erweiterbar mit Flachbettscanner, Lichtgriffel, Digitalisierungsgerät, Lesestift und Lautsprecher

**Bildschirmgrößen** (Farbbildschirm)
15 Zoll-Diagonale 38,10 cm
17 Zoll-Diagonale 43,18 cm
19 Zoll-Diagonale 48,26 cm

## Datenverarbeitungsanlage (DVA)

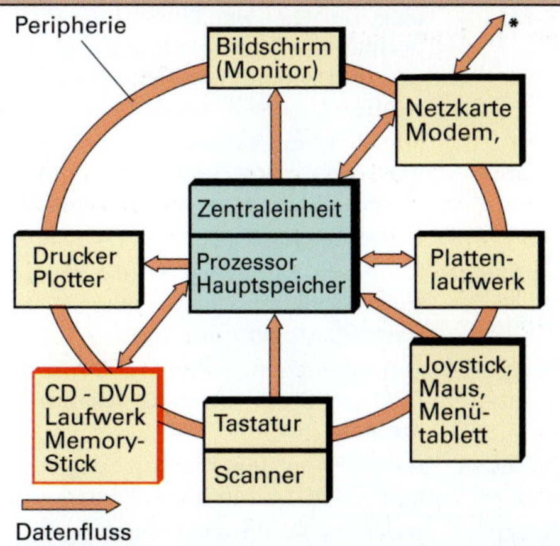


* Verbindung der DVA mit anderen Rechnern (Server, Internet)

1

## DV- und Netzwerkbegriffe

| Betriebssoftware | | Anwendersoftware | |
|---|---|---|---|
| Betriebssysteme:<br>z.B. MS-DOS©<br>UNIX©, LINUX©<br><br>Grafische Betriebs-erweiterungen (Benutzerober-flächen): z.B. WINDOWS-VISTA | Übersetzer-programme:<br>Compiler, Interpreter<br><br>Dienstprogramme:<br>z.B. Editor, Debugger<br><br>Organisations-programme:<br>z.B. Linker, Treiber | Textverarbeitung<br>Tabellenkalkulation<br>Datenverwaltung<br>Kontenverwaltung<br>Finanzbuchhaltung<br>CAD- Programme<br>FEM-Programme | Programmier-sprachen:<br>z.B. Fortran, C, Pascal, Basic, JAVA, HTML, Assembler |

## Glossar

| | |
|---|---|
| Bit | (engl.: binary digit) Dualziffer. Kleinste Informationseinheit in der CPU (0 oder 1) |
| Bluetooth | Drahtlose Datenübertragung per Funknetz |
| Browser | Programm zur Erstellung von Internetseiten |
| Byte | Dualzahl bestehend aus acht bis 64 Bits |
| CD | Compakt-Disk zur Speicherung großer Datenmengen |
| CPU | (engl.: central processing unit) Mikroprozessor mit Rechen- und Leitwerk, RAM und ROM |
| Dateien (Files) | mit Namen versehene abrufbare Einheiten auf Datenträgern, welche sortierte Datenmengen enthalten. (Textdateien, Binärdateien usw.) |
| Domain | Teilnetze im Internet. Z.B. .de als Endung (für Deutschland) |
| Drucker | Ausgabegerät für Texte |
| DSL | Digital Subscriber Line; Hochgeschwindigkeits-Internetverbindung |
| E-Mail | elektronische Post. Einrichtung innerhalb des Internets zum Empfangen und Senden von Texten und Dateien |
| Festplatte | starre Magnetscheibe zur Daten- und Programmspeicherung, welche i.a. fest in ein Laufwerk eingebaut ist. |
| GB | Gigabyte (1024 MB) |
| Hardware | Sammelbezeichnung für alle physikalischen Bestandteile einer Datenverarbeitungsanlage |
| Hauptplatine | Grundbaustein (Karte) im PC mit CPU und Steckplätzen für weitere Karten |
| HTML | (engl.: Hyper Text Markup Language) Format für Internetseiten |
| Internet | weltweite Kommunikationsmöglichkeit über Router, Telefonleitung und Provider mit anderen PC-Anwendern |
| ISDN | (engl.: Integrated Services Digital Network) Internationaler Standard für digitale Datennetze |
| KB | KiloByte (1024 Byte) |
| LAN | (engl.: Local Area Network) Auf ein Gebäude beschränktes lokales Computernetz |
| MB | Megabyte (1024 KB) |
| Notebook (Laptop) | tragbarer PC mit Bildschirm im aufklappbaren Deckel |
| Online | mit dem Internet verbunden |
| Plotter | grafisches Ausgabegerät |
| RAM | (engl.: Random Access Memory) Direktzugriffsspeicher. Schreib- und Lesespeicher. Teil der CPU |
| ROM | (engl.: Read Only Memory) Nur-Lese-Speicher. Teil der CPU |
| Router | Gerät zum Verbinden lokaler Netzwerke an andere Netze (auch an Internet) |
| Scanner | grafisches Eingabegerät |
| Schnittstelle | Anschluss für Peripheriegeräte an den PC (Hardwareschnitttstelle). |
| Slots | freie Steckplätze für den Einbau weiterer Karten (Sound, Grafik) |
| Software | Sammelbezeichnung für alles in einer Datenverarbeitungsanlage speicherbare geistige Gut |
| Spam | unerwünschtes E-Mail |
| USB | (engl.: Universal Serial Bus) serielle Schnittstelle |
| Viren | eingeschleuste Programme zur Schädigung der Software eines Computers |
| WLAN | (engl.: Wireless LAN) Drahtloses Lokales Netzwerk |
| WWW | (engl.: World Wide Web) Weltweites Netz, Internet |

## Grafikfähiger Taschenrechner

Ein grafikfähiger Taschenrechner (GTR) verfügt über die Funktionen eines standardmäßigen Taschenrechners.

Darüber hinaus besitzt er Grafiktasten, Tasten für fortgeschrittene Funktionen sowie besondere Bedienungselemente, die eine grafisch-numerische Funktionsuntersuchung ebenso ermöglichen wie das numerische Berechnen von Ableitungen und Integralen.

Auch das Lösen polynomialer Gleichungen und linearer Gleichungssysteme ist möglich. Ein grafikfähiger Taschenrechner ist außerdem programmierbar.

### Grafiktasten

| | |
|---|---|
| Y = | Editor zum Definieren von Funktionen für Graphen und Tabellen |
| WINDOW | Editor zur Einstellungen des Grafikfensters |
| ZOOM | Editor zum Vergrößern bzw. Verkleinern des Bildausschnitts im Grafikfenster |
| TRACE | Cursor zum Bewegen einer Markierung entlang eines Funktionsgraphen, die Cursorkoordinaten werden im Grafikfenster angezeigt |
| GRAPH | Taste zum Darstellen von Funktionsgraphen im Grafikfenster |

### Tasten für fortgeschrittene Funktionen

| | |
|---|---|
| STAT | Aufruf des Menüs für statistische Berechnungen |
| MATRIX | Aufruf des Matrix-Menüs |
| PRGM | Aufruf des Programmeditors |

### Besondere Bedienungselemente

| | |
|---|---|
| fMin/fMax | Bestimmen lokale Minimal- und Maximalwerte an Funktionsgraphen |
| nDerive | Bestimmt numerisch die Ableitung einer Funktion |
| fnInt | Bestimmt numerisch das Integral einer Funktion bei gewählten Grenzen |
| solver | Gleichungslöser |
| zero | Bestimmt die Nullstellen einer Funktion |
| intersect | Bestimmt die Schnittpunkte zweier Funktionsgraphen |
| value | Bestimmt den Funktionswert an einer gegebenen Funktionsstelle |
| dy/dx | Bestimmt numerisch die Tangentensteigung in einem Punkt |
| LinReg | Bestimmt für Datenpunkte eine Regressionsgerade |

**Beispiel Funktionsgraph zeichnen**

```
Plot1 Plot2 Plot3
\Y1=X^3-2X
\Y2=
\Y3=
```

Wechsel in den Funktionseditor mit [ y= ] und Eingabe des Funktionsterms

```
WINDOW
  Xmin=-3
  Xmax=3
  Xscl=1
  Ymin=-3
  Ymax=3
  Yscl=1
```

Auswahl des Zeichenfensters mit [ Window ] und festlegen des Zeichenbereichs sowie der Achsenskalierung.

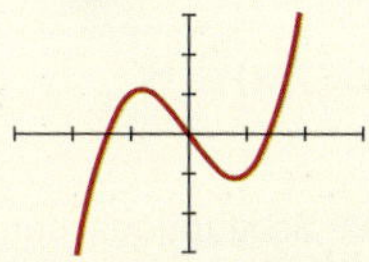

Darstellen des Funktionsgraphen im Grafikfenster mit [ Graph ]

**Beispiel Lösen eines Gleichungssystems**

$$x + 3y + z = 2$$
$$2x + 4y + 2z = 6$$
$$3x + y + z = 8$$

Aufrufen des Matrix-Menüs mit [ Matrix ] und Auswählen des Editors.

```
[A] [[1 3 1 2]
     [2 4 2 6]
     [3 1 1 8]]
```

Aufstellen der erweiterten Koeffizientenmatrix [A] durch Eingeben der Koeffizienten der Gleichungen.

```
rref([A])
   [[1 0 0 2]
    [0 1 0 -1]
    [0 0 1 3]]
```

Umformen der erweiterten Koeffizientenmatrix [A] in eine Diagonalgestalt durch Aufrufen des rref-Be fehls (redu-ced-row-echelon-form) im Matrix-Menü.

Lösungsmenge

$x = 2$

$y = -1$

$z = 3$

**Beispiel Lösen einer quadratischen Gleichung**

$0 = x^2 + x - 2$

Aufrufen des Gleichungslösers

```
EQUITATION SOLVER
eqn:0=X^2+X-2
```

mit [ Solver ] und Eingabe der Gleichung

```
X^2+X-2=0
X=2
```

Eingabe eines Schätzwertes für eine mögliche Lösung. Aktivieren des Gleichungslösers

```
X^2+X-2=0
▪X=.99999999999...
```

Ablesen der ersten Lösung.

```
X^2+X-2=0
X=-1
```

Eingabe eines zweiten Schätzwertes. Aktivieren des Gleichungslösers.

```
X^2+X-2=0
▪X=-2.000000000...
```

Ablesen der zweiten Lösung.

# 1.10 Funktionen

## Mathematische Beschreibung

Funktionen sind eindeutige Zuordnungen, die jedem Element der Menge $D$ (Definitionsmenge, Ausgangsmenge) genau ein Element der Menge $W$ (Zielmenge, Bildmenge, Wertemenge) zuweist.

Schreibweise und Bezeichnung

$\boldsymbol{f: x \mapsto f(x), \quad x \in D, \quad f(x) \in W}$

Variable $x$ : Argument Urbild
$\mapsto$ : Zeichen für Zuordnung
$f(x)$ : Funktionswert an der Stelle $x$, Bild von $x$
$\in$ : Element von; wie $\boldsymbol{f(x) \in W}$

$W = \{f(x) \mid x \in D\}$

Die Gleichung $y = f(x)$ des Schaubildes der Funktion heißt Funktionsgleichung.

## Graph

Die Darstellung der Paarmenge

$$\{(x, y) \mid x \in G \wedge y = f(x)\}$$

in einem rechtwinkligen Koordinatensystem ist der Graph einer Funktion.

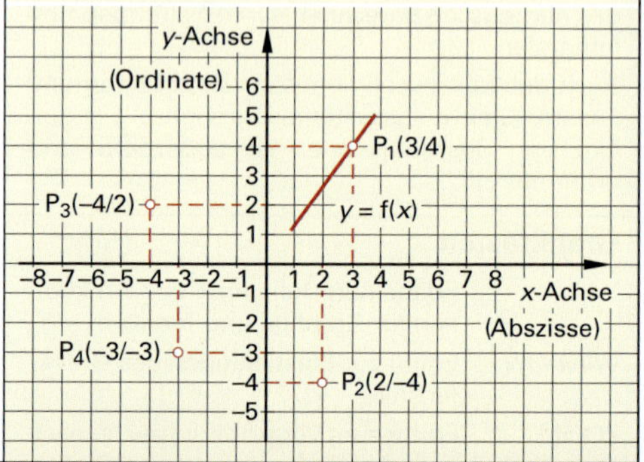


## Lineare Funktion (ganzrationale Funktion 1. Grades)

$\boldsymbol{f: x \mapsto mx \quad | \quad f(x) = mx \quad | \quad y = mx}$
Ursprungsgerade mit Steigung $m$

$\boldsymbol{f: x \mapsto mx + b \quad | \quad f(x) = mx + b}$
Gerade mit Steigung $m$ und $y$-Achsenabschnitt $b$

Normalform der Geradengleichung
$\boldsymbol{y = mx + b}$ mit $P_1(x_1/y_1)$ und $P_2(x_2/y_2)$

mit $m = \dfrac{y_2 - y_1}{x_2 - x_1} = \dfrac{\Delta y}{\Delta x}$

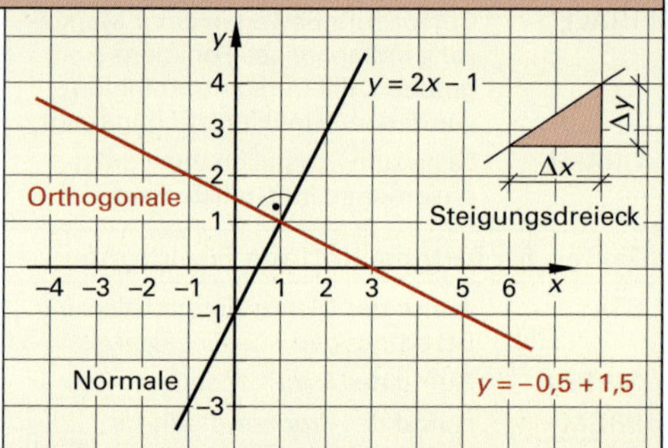


## Quadratische Funktion (ganzrationale Funktion 2. Grades)

$\boldsymbol{f: x \mapsto f(x) \quad | \quad f(x) = ax^2}$ mit $\boldsymbol{D = \mathbb{R}}$

ist gegenüber der Normalparabel

| | |
|---|---|
| **gestreckt**, wenn | $\lvert a \rvert > 1$ |
| **gestaucht**, wenn | $\lvert a \rvert < 1$ |
| **nach unten geöffnet**, wenn | $a < 0$ |

**Scheitelfom** der Parabel
$\boldsymbol{f(x) = a(x - b)^2 + c}$

| | |
|---|---|
| $f: x \mapsto x^2 + c$ | Scheitelpunkt $S(0 \mid c)$ |
| $f: x \mapsto (x - b)^2$ | Scheitelpunkt $S(b \mid 0)$ |
| $f: x \mapsto (x - b)^2 + c$ | Scheitelpunkt $S(b \mid c)$ |

Allgemeine Form der Parabel
$f(x) = ax^2 + bx + c$ oder
$f(x) = a_2x^2 + a_1x + a_0$

Parabelscheitel
$S\left(\dfrac{-a_1}{2a_2} / \dfrac{-a_1^2}{4} + a_0\right)$

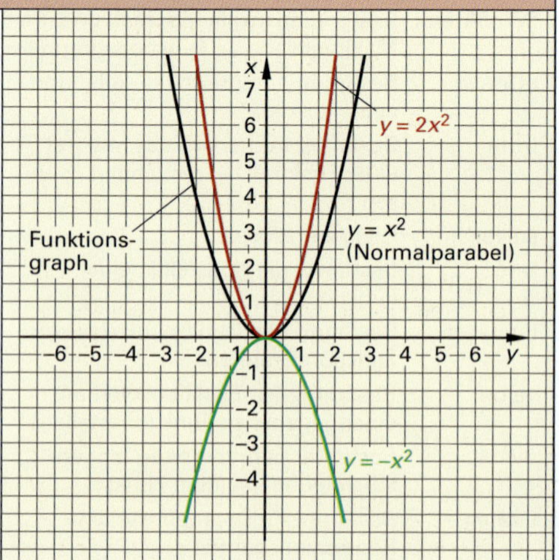

1

## Polynomfunktionen

$f: x \mapsto a_0 + a_1x + a_2x^2 + \ldots + a_nx^n$ mit den Konstanten $a_0, a_1, \ldots, a_n \in \mathbb{R}$ und $a_n \neq 0$ heißt Polynomfunktion $n$-ten Grades. Dabei ist $n$ eine feste natürliche Zahl.

Verlauf des Graphen einer Polynomfunktion für $|x| \to \infty$:

ungeraden Grades — geraden Grades

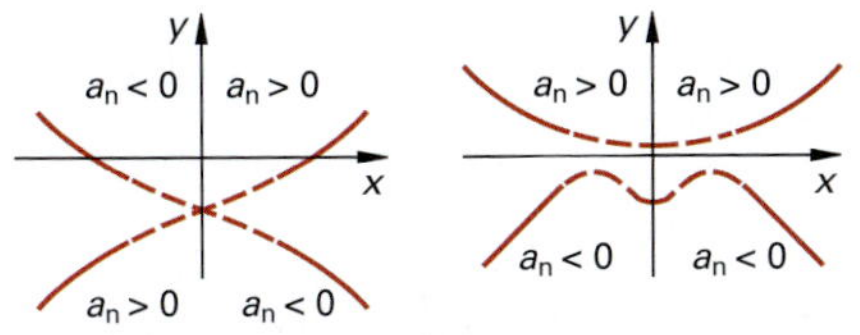


## Rationale Funktionen

$f: x \mapsto \frac{g(x)}{h(x)}$, $\quad y = f(x) = \frac{g(x)}{h(x)}$

$g$ und $h$ sind Polynomfunktionen.
Der Quotient $f$ heißt rationale Funktion.

**Beispiele**

$f(x) = \frac{1}{x}$ $\quad f(x) = \frac{x}{1+x}$ $\quad f(x) = \frac{x^2-1}{x+1}$

Eine rationale Funktion heißt echt gebrochen, wenn der Grad des Nennerpolynoms größer ist als der Grad des Zählerpolynoms, sonst heißt die rationale Funktion unecht gebrochen.
An den Nullstellen des Nennerpolynoms ist die rationale Funktion nicht definiert.

## Exponentialfunktionen

$f: x \mapsto a^x$, $\quad y = a^x$ mit $a > 0$.

Für $a > 1$ steigt die Funktion mit wachsendem $x$ kontinuierlich an (streng wachsend).

Für $a < 1$ fällt die Funktion mit wachsendem $x$ kontinuierlich ab (streng fallend).

Für $a = 1$ ist die Funktion konstant.

Die spezielle Exponentialfunktion

$$f: x \mapsto e^x, \qquad y = \exp x = e^x$$

mit der **Euler'schen Zahl $e$ = 2,718 281 828...** hat in der Mathematik eine besondere Bedeutung.

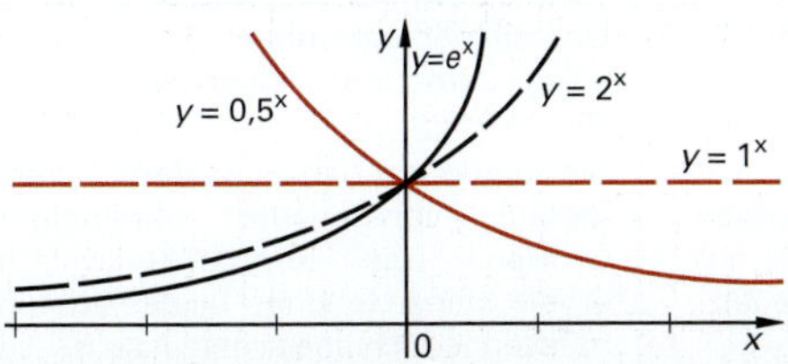


## Elementare Polynomfunktionen

- Konstante Funktion
  $f: x \mapsto a_0 \qquad y = f(x) = a_0$
- Proportionale Funktion
  $f: x \mapsto a_1x \qquad y = f(x) = a_1x$
- Lineare Funktion
  $f: x \mapsto a_1x + a_0 \qquad y = f(x) = a_1x + a_0$
- Potenzfunktion
  $f: x \mapsto a_nx^n \qquad y = f(x) = a_nx^n$

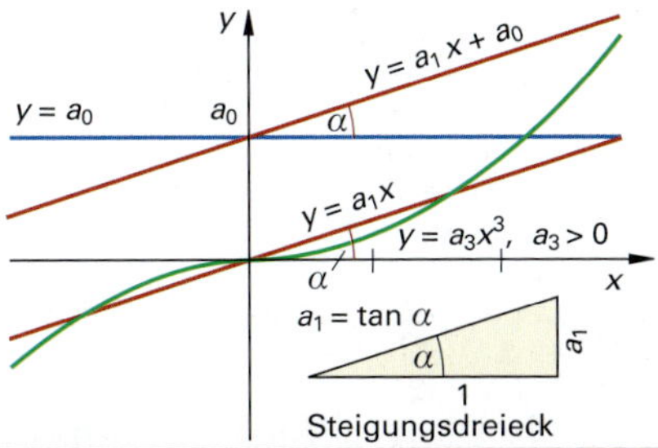


## Wurzelfunktionen

$f: x \mapsto \sqrt[n]{x}$ mit $n \in \mathbb{N}^*$.

Wurzelfunktionen sind Umkehrfunktionen bzw. inverse Funktionen zu den Potenzfunktionen.

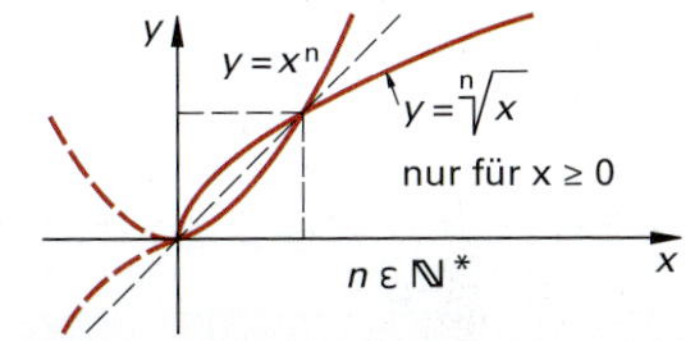


## Logarithmusfunktionen

Logarithmusfunktionen sind Umkehrfunktionen zu den Exponentialfunktionen.

$f: x \mapsto \log_a x$ mit $x > 0, a > 0$ und $a \neq 1$.

Es gilt die Aussage

$$y = \log_a x \Leftrightarrow x = a^y.$$

Die Umkehrfunktion zur speziellen Exponentialfunktion heißt natürlicher Logarithmus:

$$y = \ln x \Leftrightarrow x = e^y.$$

Die Umkehrfunktion zur Exponentialfunktion mit der Basis $a = 10$ heißt Brigg'scher oder dekadischer Logarithmus:

$$y = \lg x \Leftrightarrow x = 10^y.$$

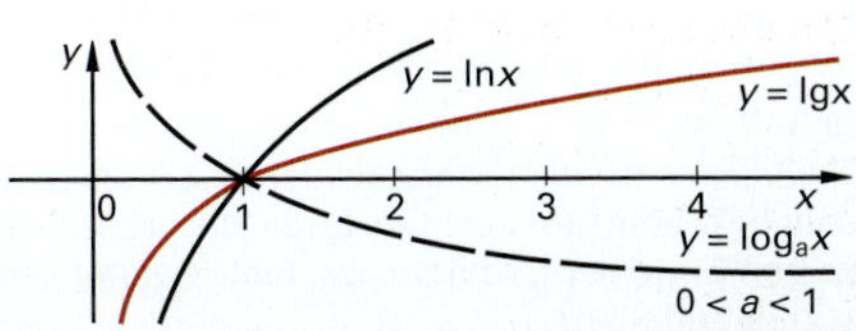

1

## Trigonometrische Funktionen

Trigonometrische Funktionen sind Winkelfunktionen. ▶ S. 28

| | |
|---|---|
| $f : x \mapsto \sin x$ | Sinusfunktion |
| $f : x \mapsto \cos x$ | Kosinusfunktion |
| $f : x \mapsto \tan x$ | Tangensfunktion |
| $f : x \mapsto \cot x$ | Kotangensfunktion |

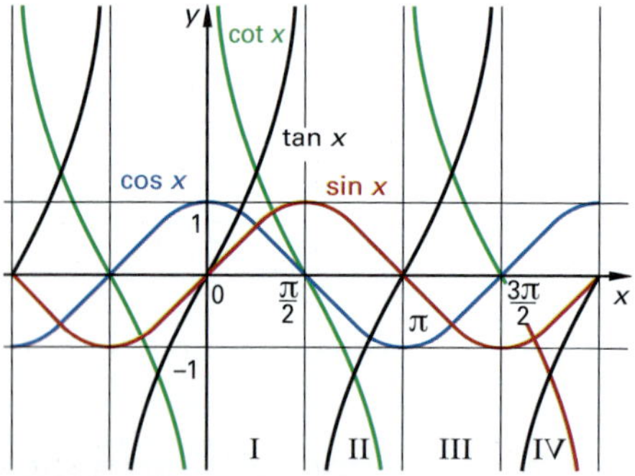


## Hyperbelfunktionen

| | |
|---|---|
| $f : x \mapsto \sinh x$ | Hyperbelsinusfunktion |
| $f : x \mapsto \cosh x$ | Hyperbelkosinusfunktion |
| $f : x \mapsto \tanh x$ | Hyperbeltangensfunktion |
| $f : x \mapsto \coth x$ | Hyperbelkotangensfunktion |

$$\sinh x = \frac{e^{x} - e^{-x}}{2} \qquad \cosh x = \frac{e^{x} + e^{-x}}{2}$$

$$\tanh x = \frac{\sinh x}{\cosh x} \qquad \coth x = \frac{\cosh x}{\sinh x}$$

## Arkusfunktionen

Arkusfunktionen sind Umkehrfunktionen bzw. inverse Funktionen zu den trigonometrischen Funktionen. Sie heißen auch zyklometrische Funktionen. Bei der Umkehrung wird die Bildmenge der trigonometrischen Funktion zur Ausgangsmenge der zugeordneten Arkusfunktion. Zur Erfüllung der Eindeutigkeit ist diese Menge auf ein Intervall zu beschränken.

| Trigonometrische Funktion | Arkusfunktion (Umkehrfunktion) |
|---|---|
| $y = \sin x$, $-\frac{\pi}{2} \le x \le +\frac{\pi}{2}$ | $y = \arcsin x$, $-1 \le x \le 1$ |
| $y = \cos x$, $0 \le x \le \pi$ | $y = \arccos x$, $-1 \le x \le 1$ |
| $y = \tan x$, $-\frac{\pi}{2} \le x \le +\frac{\pi}{2}$ | $y = \arctan x$, $x \in \mathbb{R}$ |
| $y = \cot x$, $0 \le x \le \pi$ | $y = \operatorname{arc\,cot} x$, $x \in \mathbb{R}$ |

Mit der Beschränkung auf die Intervalle gilt

① $y = \arcsin x$ ③ $y = \arctan x$
② $y = \arccos x$ ④ $y = \operatorname{arc\,cot} x$

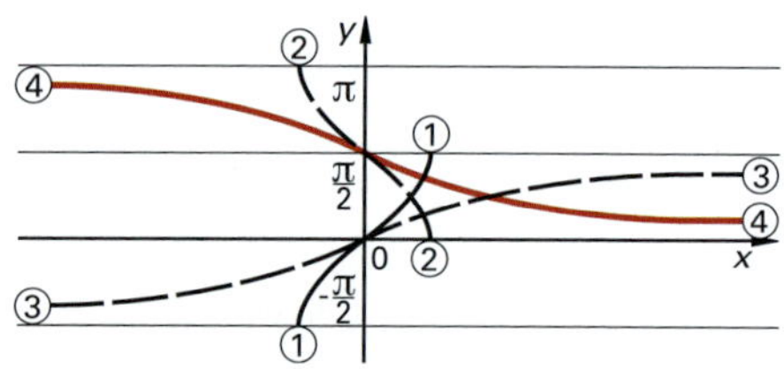


## Diagramme mit quantitativer Darstellung

**Diagramme mit Netzlinien**
Die Achsen erhalten eine bezifferte Teilung (Skala).

**Skalen**
Die Achsen werden durch von unten lesbare Zahlenwerte beziffert. Die negativen Werte werden mit einem Minuszeichen versehen. Die Zahlen bei den Netzlinien werden an den linken und an den unteren Rand außerhalb des Koordinatensystems geschrieben.
Merkmale mit metrischen Skalen heißen quantitative Merkmale. Merkmale mit Nominal- oder Ordinalskalen heißen qualitative Merkmale.

**Größenangaben**
Formelzeichen oder Namen der Größen sitzen am Beginn der Pfeile außerhalb des Diagramms. Diese sollen ohne Drehen des Diagramms gelesen werden können. Namen können an der senkrechten Achse von rechts lesbar sein.

**Einheiten**
Die Zeichen für die Einheiten stehen zwischen den beiden letzten Zahlen am rechten Ende der Abszisse bzw., am oberen Ende der Ordinate. Bei Platzmangel kann die letzte Zahl entfallen.

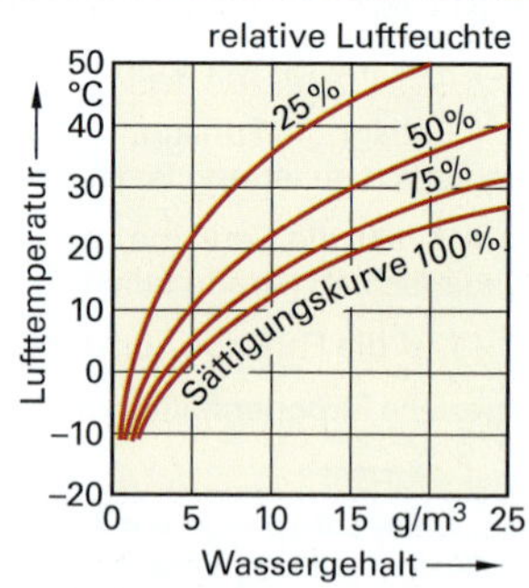


**Übersichtsdiagramme (Diagramme mit qualitatischer Darstellung)**
Sie zeigen nur den charakteristischen Verlauf voneinander abhängiger Größen. Das Koordinatensystem erhält keine Teilung; beide Achsen müssen jedoch linear geteilt sein.

# 1.11 Differenzialrechnung

## Ableitung einer Funktion

Die Differenzialrechnung behandelt die Ableitung von Funktionen.

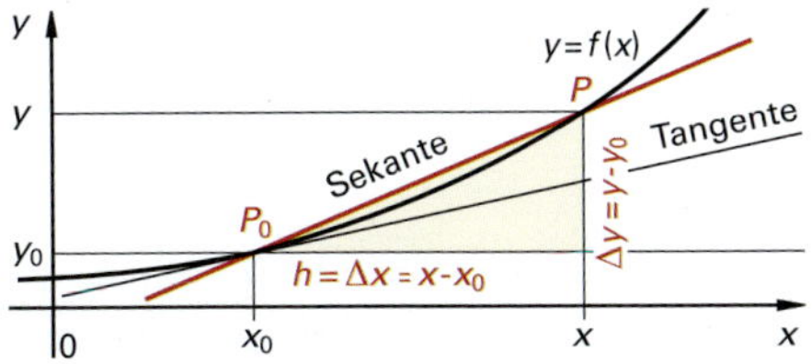


Die Steigung der Sekante, welche durch die Punkte $P_0\ (x_0,\ y_0)$ und $P\ (x,\ y)$ einer Funktion $y = f\ (x)$ geht, heißt **Differenzenquotient:**

$$m = \frac{f\ (x) - f\ (x_0)}{x - x_0} = \frac{y - y_0}{x - x_0} = \frac{\Delta y}{\Delta x}$$

Rückt der Punkt $P\ (x,\ y)$ immer näher an den Punkt $P_0\ (x_0,\ y_0)$ heran, so wird im Grenzübergang ($x \to x_0$ bzw. $\Delta x \to 0$) – sofern sich dieser bilden lässt – aus der Sekante eine Tangente im Punkt $P_0$ mit der **Tangentensteigung:**

$$m = \lim_{h \to 0} \frac{f\ (x_0 + h) - f\ (x_0)}{h} = \frac{dy}{dx}\bigg|_{x_0} = y'\ (x_0).$$

Die Tangentensteigung m entspricht der Ableitung der Funktion $y = f\ (x)$ an der Stelle $x_0$.

Eine Funktion heißt differenzierbar (ableitbar), wenn sie an jeder Stelle bzw. für jedes Element ihrer Ausgangsmenge eine **Ableitung** besitzt.

$$y' = f'(x) = \frac{dy}{dx} = \lim_{h \to 0} \frac{f\ (x + h) - f\ (x)}{h}$$

$y' = f'(x)$ heißt Ableitung der Funktion $f$.

$\frac{dy}{dx}$ wird auch **Differenzialquotient** genannt.

**Beispiel**

Gesucht ist die Ableitung der Funktion $y = f\ (x) = x^2$.

$$y' = \lim_{h \to 0} \frac{(x + h)^2 - x^2}{h} = \lim_{h \to 0} \frac{x^2 + 2\ hx + h^2 - x^2}{h}$$
$$= \lim_{h \to 0} (2x + h) = 2\ x.$$

Die Ableitung der Funktion $y = x^2$ ist $y' = 2\ x$.

Die Funktion $g\ (x)$ mit der Eigenschaft $g\ (x) = f'\ (x)$ heißt Ableitungsfunktion.

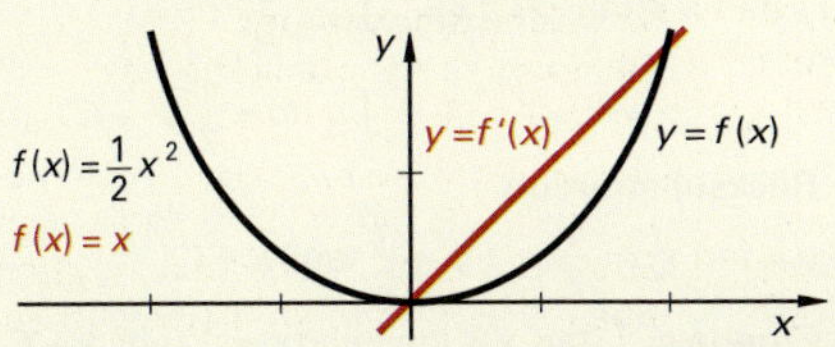


| Funktion $y$ | Ableitung $y'$ | Funktion $y$ | Ableitung $y'$ |
|---|---|---|---|
| $a_0$ | $0$ | $\sin x$ | $\cos x$ |
| $x$ | $1$ | $\cos x$ | $-\sin x$ |
| $x^2$ | $2\ x$ | $\tan x$ | $1 + \tan^2 x$ |
| $x^n$ | $nx^{n-1}$ | $\cot x$ | $-1 - \cot^2 x$ |
| $\frac{1}{x}$ | $-\frac{1}{x^2}$ | $\operatorname{arc\,sin} x$ | $\frac{1}{\sqrt{1 - x^2}}$ |
| $\frac{1}{x^n}$ | $-\frac{n}{x^{n+1}}$ | $\operatorname{arc\,cos} x$ | $-\frac{1}{\sqrt{1 - x^2}}$ |
| $\sqrt{x}$ | $\frac{1}{2\sqrt{x}}$ | $\operatorname{arc\,tan} x$ | $\frac{1}{1 + x^2}$ |
| $\sqrt[n]{x}$ | $\frac{1}{n\sqrt[n]{x^{n-1}}}$ | $\operatorname{arc\,cot} x$ | $-\frac{1}{1 + x^2}$ |
| $a^x$ | $a^x \ln a$ | $\log_a x$ | $\frac{1}{x \ln a}$ |
| $e^x$ | $e^x$ | $\ln x$ | $\frac{1}{x}$ |

## Ableitungsregeln

Für Funktionen $f$, $g$, $h$ und Konstanten $a$, $b$, $c$:

| Begriff | Funktion | Ableitung |
|---|---|---|
| konstanter Faktor | $y = a \cdot f$ | $y' = a \cdot f'$ |
| Summe Differenz | $y = g \pm f$ | $y' = g' \pm f'$ |
| Produktregel | $y = g \cdot h$ | $y' = g' \cdot h + g \cdot h'$ |
| Quotientenregel | $y = \frac{g}{h}$ | $y' = \frac{g' \cdot h - g \cdot h'}{h^2}$ |
| **Kettenregel** | $y = f\ (x) = g\ (u) = g\ (h\ (x))$ mit $u = h\ (x)$ und $f = g \circ h$; $y' = \frac{dy}{dx} = \frac{dy}{du} \cdot \frac{du}{dx}$ | |
| **höhere Ableitung** | $y'' = (y')'$ | |

## Kurvendiskussion

Die Funktion $y = f\ (x)$ sei hinreichend oft differenzierbar und als Graph darstellbar.

**Nullstellen** $x_N$ $\quad f\ (x_N) = 0$
**Maximum** $x_M$ $\quad f'\ (x_M) = 0 \wedge f''\ (x_M) < 0$
**Minimum** $x_M$ $\quad f'\ (x_M) = 0 \wedge f''\ (x_M) > 0$
**Sattelpunkt** $x_S$ $\quad f'\ (x_S) = 0 \wedge f''\ (x_S) = 0$
**Wendepunkt** $x_W$ $\quad f''\ (x_W) = 0 \wedge f'''\ (x_W) \neq 0$

monoton wachsend, wenn für alle $x \in \mathbb{D}$ gilt: $f'\ (x) \geq 0$

monoton fallend, wenn für alle $x \in \mathbb{D}$ gilt: $f'\ (x) \leq 0$

1

# 1.12 Integralrechnung

## Unbestimmte Integrale

Definition durch Umkehrung der Differenziation:
$(F(x)+C)' = f(x) \quad \Leftrightarrow \quad \int f(x)\,dx = F(x)+C.$

$f(x)$ heißt Integrand
$F(x)$ heißt Stammfunktion von $f(x)$
$C$ heißt Integrationskonstante und
$F(x)+C$ heißt unbestimmtes Integral von $f(x)$.

$F(x)+C$ mit beliebiger Konstante $C$ bildet die Menge aller Stammfunktionen, die $f(x)$ als Ableitung besitzen. Ist $F(x)$ eine Lösung des Integrals $\int f(x)\,dx$, so ist $F(x)+C$ ebenfalls Lösung.

## Integrationsregeln

Für Funktionen $f$, $g$, $h$ und Konstanten $c$, $C$

- Konstanter Faktor $\int cf\,dx = c\int f\,dx$
- Summe/Differenz
  $\int (g \pm h)\,dx = \int g\,dx \pm \int h\,dx$
- Partielle Integration
  $\int g\,h'\,dx = g\,h - \int g'\,h\,dx$
- Substitution
  $\int f(x)\,dx = \int f(g(u))\,g'(u)\,du$
  mit $f(x) = f(g(u))$ und $x = g(u)$.
- Logarithmische Integration
  $\int \frac{f'}{f}\,dx = \ln|f(x)| + C$

## Allgemeine Integrale (ohne C)

$$\int (ax+b)^n dx = \frac{(ax+b)^{n+1}}{a(n+1)} \text{ für } n \in \mathbb{Z}, n \neq -1$$

$$\int \frac{1}{ax^2+bx+c} = \begin{cases} \frac{2}{\sqrt{D}} \arctan \frac{2a\cdot x+b}{\sqrt{D}} & \text{für } D>0 \\ \frac{1}{2\sqrt{-D}} \ln\left|\frac{\sqrt{-D}-b-2a\cdot x}{\sqrt{-D}+b+2a\cdot x}\right| & \text{für } D<0 \\ -\frac{1}{ax+b} & \text{für } D=0 \end{cases}$$

mit $D = 4a\cdot c - b^2$

$$\int \sqrt{x^2 \pm a^2}\,dx = \frac{x}{2}\sqrt{x^2 \pm a^2} \pm \frac{a^2}{2}\ln\left|x+\sqrt{x^2 \pm a^2}\right|$$

$$\int \sqrt{a^2 - x^2}\,dx = \frac{x}{2}\sqrt{a^2-x^2} + \frac{a^2}{2}\arcsin\frac{x}{a}$$

$$\int x^n \ln x\,dx = \frac{x^{n+1}}{n+1}\ln x - \frac{x^{n+1}}{(n+1)^2} \quad \text{für } n \neq -1 \text{ und } x>0$$

$$\int \frac{\ln x}{x}\,dx = \frac{1}{2}(\ln x)^2$$

$$\int \sin^2 x\,dx = -\frac{1}{4}\sin 2x + \frac{x}{2}$$

$$\int \sin x \cdot \cos x\,dx = \frac{1}{2}\sin^2 x$$

$$\int \tan^2 x\,dx = \tan x - x$$

## Integrale elementarer Funktionen

| Integrand $f(x)$ | Integral $\int f(x)\,dx$ (ohne C) | Definitionsbereich (ohne Angabe gilt $x \in \mathbb{R}$) |
|---|---|---|
| $c$ | $cx$ | – |
| $x^n$ | $\frac{x^{n+1}}{n+1}$ | $x>0, n \in \mathbb{R} \wedge n \neq -1$ oder $x \in \mathbb{R} \wedge n \in \mathbb{N}$ |
| $\frac{1}{x}$ | $\ln\|x\|$ | $x \neq 0$ |
| $\sqrt{x}$ | $\frac{2}{3}\sqrt{x^3}$ | $x \geq 0$ |
| $a^x$ | $\frac{a^x}{\ln a}$ | $a>0 \wedge a \neq 1$ |
| $e^x$ | $e^x$ | – |
| $\ln x$ | $x\ln x - x$ | $x>0$ |
| $\sin x$ | $-\cos x$ | – |
| $\cos x$ | $\sin x$ | – |
| $\tan x$ | $-\ln\|\cos x\|$ | $-\frac{\pi}{2} < x < +\frac{\pi}{2}$ |
| $\cot x$ | $\ln\|\sin x\|$ | $0 < x < \pi$ |

## Integrale elementarer Funktionen

- **Konstanter Faktor und Summe**
  $\int (x^2 + 4\sin x)\,dx = \frac{1}{3}x^3 - 4\cos x + C$
- **Partielle Integration**
  $\int \underbrace{\sin x}_{g} \cdot \underbrace{\cos x}_{h'}\,dx = \underbrace{\sin^2 x}_{g\,h} - \int \underbrace{\cos x}_{g'} \cdot \underbrace{\sin x}_{h}\,dx$
  Ergebnis: $\int \sin x \cdot \cos x\,dx = \frac{1}{2}\sin^2 x + C$
- **Substitution**
  $\int (\tan x + \tan^3 x)\,dx$
  $x = \arctan u, \quad u = \tan x, \quad dx = \frac{1}{1+u^2}\,du$
  $\int (\tan x + \tan^3 x)\,dx = \int \frac{u+u^3}{1+u^2}\,du = \int u\,du = \frac{1}{2}u^2 + C$
- **Rücksubstitution**
  $u = \tan x, \quad \frac{1}{2}u^2 + C = \frac{1}{2}\tan^2 x + C$
  Ergebnis: $\int (\tan x + \tan^3 x)\,dx = \frac{1}{2}\tan^2 x + C$

## Bestimmte Integrale

**Riemann-Integral**

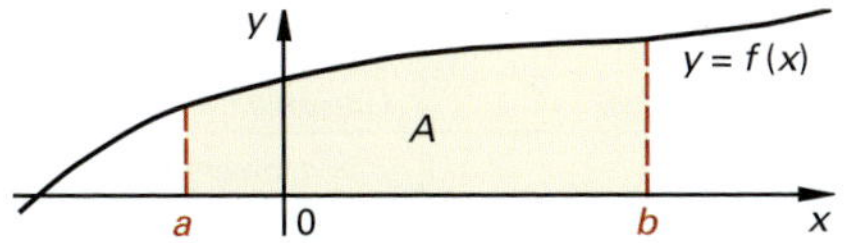


Zur Berechnung der Fläche $A$, die der Graph der Funktion $f$ mit der $x$-Achse zwischen $a$ und $b$ einschließt, wird das bestimmte Integral

$I = \int_a^b f(x)\,dx = F(b) - F(a)$

gelöst. $a$ heißt untere und $b$ obere Integrationsgrenze. Mit

$[a, b] := \{x \mid x \in \mathbb{R} \wedge a \leq x \leq b\}$

wird das abgeschlossene Intervall bezeichnet, über dem das bestimmte Integral zu berechnen ist. Ist $f(x)$ im Intervall $[a, b]$ nicht negativ, so ist mit $A = I$ der Flächeninhalt bestimmt.

Nach Riemann wird das Intervall $[a, b]$ in $n$ gleiche Teilintervalle mit der Länge $\Delta x = (b - a)/n$ zerlegt.

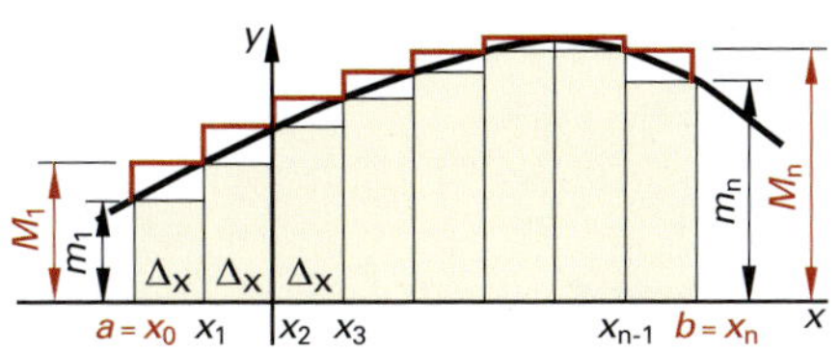


Die durch die obere Treppenlinie begrenzte Fläche heißt Obersumme

$S_n = \sum_{k=1}^{n} M_k \Delta x$

und die durch die untere Treppenlinie begrenzte Fläche heißt Untersumme

$s_n = \sum_{k=1}^{n} m_k \Delta x$. Es gilt $s_n \leqq I \leqq S_n$.

Im Grenzübergang $n \to \infty$ gilt für stetige Funktionen

$S = I = s = \int_a^b f(x)\,dx.$

Im Bereich negativer Funktionswerte $f(x) < 0$ ergeben sich negative Flächeninhalte.

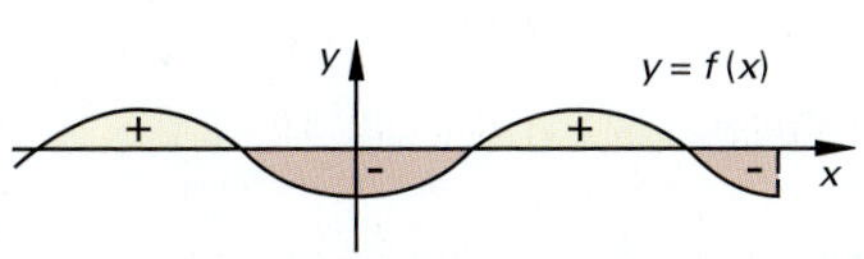


Für bestimmte Integrale verschwindet die Integrationskonstante, ansonsten gelten auch die Integrationsregeln für unbestimmte Integrale.

## Rechenregeln

- Umkehrung des Integrationsweges

  $\int_a^b f(x)\,dx = -\int_b^a f(x)\,dx$

- Zerlegung des Integrationsweges $a < b < c$

  $\int_a^c f(x)\,dx = \int_a^b f(x)\,dx + \int_b^c f(x)\,dx$

**Beispiel**

Es wird die Fläche unter der Halbwelle einer Sinusfunktion berechnet.

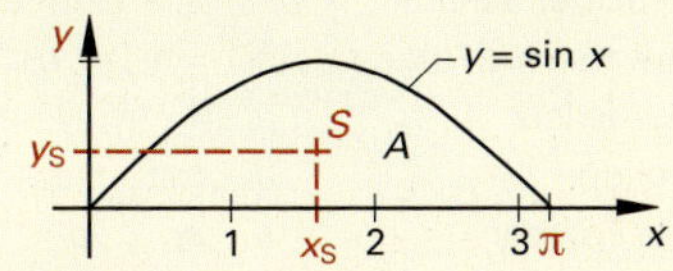


$\mathbf{A} = \int_0^\pi \sin x\,dx = -\cos x\,\Big|_0^\pi$

$= (-\cos\pi) - (-\cos 0) = -(-1) - (-1) = \mathbf{2}$

1

## Anwendungsformeln

- Bogenlänge: $s = \int_a^b \sqrt{1 + y'^2}\,dx$

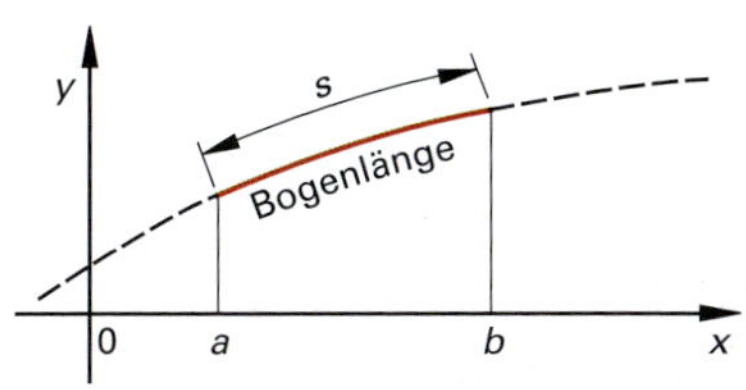


- Fläche: $A = \int_a^b y\,dx$
- Flächenschwerpunkt: $x_s = \frac{1}{A}\int_a^b xy\,dx$

  $y_s = \frac{1}{2A}\int_a^b y^2\,dx$

- Rotationskörper bei Rotation des Graphen einer Funktion $f(x) \geqq 0$ um die $x$-Achse:

  Volumen: $V = \pi \int_a^b y^2\,dx$

  Mantelfläche: $M = 2\pi \int_a^b y\sqrt{1 + y'^2}\,dx$

  Es ist jeweils $y = f(x)$ zu setzen.

- Trägheitsmoment einer Fläche $A$

  **Satz von Steiner:** $I = I_s + a^2 \cdot A$ ► S. 83

  $I_s$ Trägheitsmoment in Bezug auf den Schwerpunkt (Flächenmoment zweiten Grades)

  $a$ Abstand Bezugsachse zur Schwerpunktachse

  $I_x = \int y^2\,dA, \quad I_y = \int x^2\,dA$

1

# 1.13 Folgen und Reihen

## Definition der Folgen

Sei $n$ eine natürliche Zahl und $a_n$ ein Element der Menge $M$, dann ist die Abbildung

$$f: \begin{cases} \mathbb{N}^* \to M \\ n \mapsto a_n \end{cases}$$

eine Folge. Eine Folge ist danach eine Abbildung der Menge der natürlichen Zahlen in eine abzählbare Menge $M$. Hier werden nur Zahlenmengen $M \subset \mathbb{R}$ betrachtet.

Schreibweise für Folgen: $(a_n) = a_1, a_2, a_3, \ldots$

Bildungsgesetz: $a_n = f(n)$

Folgenglied: $a_n$ mit $n \in \mathbb{N}^*$

Endliche Folgen: $a_1, a_2, \ldots, a_n$

Grenzwert einer Folge: $a = \lim\limits_{n \to \infty} a_n$

## Definition der Reihen

Als Reihe zu einer Folge $(a_n)$ wird die zugeordnete Folge der Partialsummen $(s_n)$ bezeichnet. Sie wird auch Summenfolge genannt.

$(s_n) = s_1, s_2, s_3, \ldots$ mit

$s_1 = a_1$

$s_2 = a_1 + a_2$

$s_3 = a_1 + a_2 + a_3$ usw.

Auch $\sum\limits_{i=1}^{\infty} a_i$ wird als Reihe bezeichnet:

Endliche Reihe: $s_n = \sum\limits_{i=1}^{n} a_i = a_1 + a_2 + \ldots + a_n$

Grenzwert einer Reihe: $s = \lim\limits_{n \to \infty} s_n = \lim\limits_{n \to \infty} \sum\limits_{i=1}^{n} a_i$

## Eigenschaften der Folgen und Reihen

Eine Folge (Reihe) heißt konvergent, wenn sie einen Grenzwert $|a| < \infty$ ($|s| < \infty$) besitzt, sonst heißt sie divergent.

Eine reelle Zahlenfolge $(a_n)$ heißt streng monoton fallend (monoton fallend), wenn für alle $n \in \mathbb{N}$ gilt: $a_n > a_{n+1}$ ($a_n \geq a_{n+1}$)

Eine Folge (Reihe) heißt alternierend, wenn $a_n \cdot a_{n+1} < 0$ für alle $n \in \mathbb{N}^*$ gilt.
Eine Folge heißt Nullfolge, wenn $a = 0$ ist.

**Summenformel:**
$1 + 2 + 3 + 4 + \ldots + n = \dfrac{n \cdot (n+1)}{2}$

**Leibnizkriterium:** Eine alternierende Reihe ist konvergent, wenn die zugehörige Folge $(a_n)$ die Bedingung $|a_n| > |a_{n+1}|$ für alle $n$ erfüllt.

## Wichtige Folgen

| Zahlenfolge | Bildungsgesetz $a_n$ Grenzwert $a$ |
|---|---|
| $1, 2, 3, 4, 5, \ldots$ | $a_n = n$, divergent |
| $2, \sqrt{2}, \sqrt[3]{2}, \sqrt[4]{2}, \ldots$ | $a_n = \sqrt[n]{2}$, $a = 1$ |
| $\left(\frac{2}{1}\right)^1, \left(\frac{3}{2}\right)^2, \left(\frac{4}{3}\right)^3, \left(\frac{5}{4}\right)^4, \ldots$ | $a_n = \left(1 + \frac{1}{n}\right)^n$<br>$a = e = 2{,}718\ldots$ |
| $1, \sqrt{2}, \sqrt[3]{3}, \sqrt[4]{4}, \sqrt[5]{5}, \ldots$ | $a_n = \sqrt[n]{n}$, $a = 1$ |
| $1, 1, 2, 3, 5, 8, 13, \ldots$<br>Fibonacci-Folge | $a_n + a_{n+1} = a_{n+2}$<br>(divergent) |
| $x, \frac{x^2}{2!}, \frac{x^3}{3!}, \frac{x^4}{4!}, \ldots$ | $a_n = \frac{x^n}{n!}$, $a = 0$ für $x \in \mathbb{R}$ |
| $x, x^2, x^3, x^4, \ldots$ | $a_n = x^n$, $a = 0$ für $\lvert x \rvert < 1$ |
| $a_n = \frac{5n^3 + 2n^2 - 4}{3n^3 - n + 2}$ | $a = \frac{5}{3}$ |

## Wichtige Reihen

$$\frac{\pi}{4} = 1 - \frac{1}{3} + \frac{1}{5} - \frac{1}{7} + - \ldots$$

$$e = 1 + \frac{1}{1!} + \frac{1}{2!} + \frac{1}{3!} + \ldots$$

$$e^x = 1 + \frac{x}{1!} + \frac{x^2}{2!} + \frac{x^3}{3!} + \ldots$$

$$\ln(1+x) = \frac{x}{1} - \frac{x^2}{2} + \frac{x^3}{3} - \frac{x^4}{4} + \ldots \qquad -1 < x \leqq 1$$

$$\frac{1}{2} \ln \frac{1+x}{1-x} = x + \frac{x^3}{3} + \frac{x^5}{5} + \frac{x^7}{7} + \ldots \qquad -1 < x < 1$$

$$\sin x = x - \frac{x^3}{3!} + \frac{x^5}{5!} - \frac{x^7}{7!} + \ldots$$

$$\cos x = 1 - \frac{x^2}{2!} + \frac{x^4}{4!} - \frac{x^6}{6!} + \ldots$$

$$\tan x = x + \frac{x^3}{3} + \frac{2x^5}{15} + \frac{17x^7}{315} + \ldots \qquad x < \frac{\pi}{2}$$

$$\arcsin x = x + \frac{x^3}{2 \cdot 3} + \frac{3x^5}{2 \cdot 4 \cdot 5} + \frac{3 \cdot 5 x^7}{2 \cdot 4 \cdot 6 \cdot 7} + \ldots \qquad |x| < 1$$

$$\arctan x = x - \frac{x^3}{3} + \frac{x^5}{5} - \frac{x^7}{7} + \ldots \qquad |x| < 1$$

$$\operatorname{arc\,cos} x = \frac{\pi}{2} - \arcsin x$$

$$\operatorname{arc\,cot} x = \frac{\pi}{2} - \arctan x$$

**Beispiele**

$(a_n) = 1, 2, 3, 4, 5, \ldots$ divergente Folge

$(a_n) = 1, \frac{1}{2}, \frac{1}{3}, \frac{1}{4}, \ldots$ konvergente Folge

$(a_n) = 1, -\frac{1}{2}, \frac{1}{3}, -\frac{1}{4}, \ldots$ alternierende Folge

$s = 1 - \frac{1}{2} + \frac{1}{3} - \ldots$ alternierende Reihe

# 2 NATURWISSENSCHAFTEN

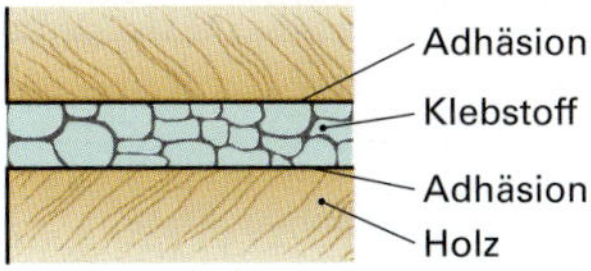


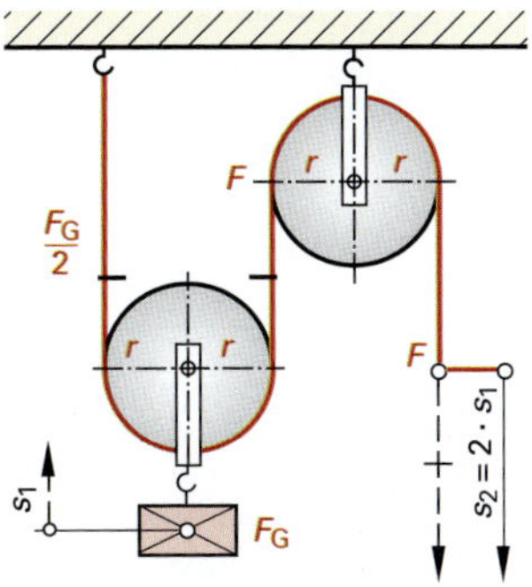


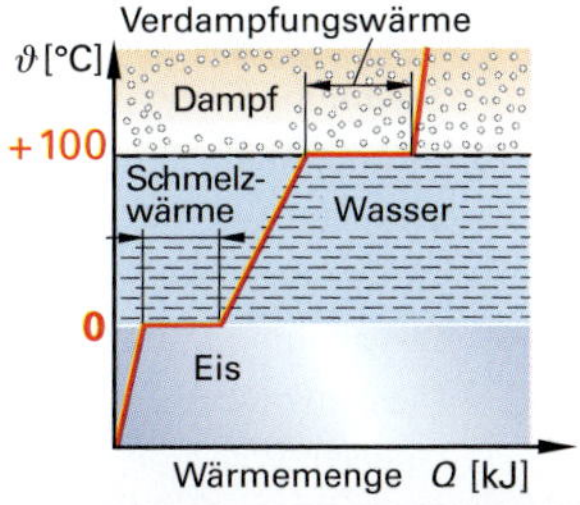




2

## Literatur und Normen


Fachmathematik Bautechnik; Nestle u.a.; Verlag Europa-Lehrmittel, Haan-Gruiten
Arndt; Formellexikon; Verlag Europa-Lehrmittel, Haan-Gruiten
Schülerduden; Verlag Bibliographisches Institut; Mannheim/Wien/Zürich
Physik für technische Berufe; Heywang/Schmiedel/Süss; Handwerk und Technik, Hamburg
Grundstufe Bautechnik; Nestle u.a.; Verlag Europa-Lehrmittel, Haan-Gruiten
Chemie für Schule und Beruf; Ignatowitz; Verlag Europa-Lehrmittel, Haan-Gruiten
Benedix; Bauchemie; Teubner, Stuttgart
Vogler; Haustechnik; Teubner, Stuttgart
Böge; Technologie/Technik; Vieweg, Braunschweig
Tabellen zur Chemie; Hübschmann, Links, Hitzel;Handwerk und Technik, Hamburg

| | |
|---|---|
| DIN 1301 (1/02) | Einheiten, Einheitennamen, -zeichen |
| DIN 1302 | Allgemeine mathematische Zeichen |
| DIN 1304 (1/94) | Allgemeine Formelzeichen |
| DIN 1306 (1984) | Dichte, Begriffe, Angaben |
| DIN 1313 (1998) | Physikalische Größen, Gleichungen |
| DIN 1338 | Formelschreibweise und Formelsatz |
| DIN 18015 | Elektrische Anlagen |
| DIN 40900 | Schaltzeichen, Grafische Symbole für Schaltungsunterlagen |
| DIN VDE 0100-410 | Schutzmaßnahmen |

## 2.1 Physikalische Größen, Einheiten und Formelzeichen

### Physikalische Grundgrößen

| Physikalische Größe ► S. 49 | Formelzeichen | SI-Einheit Name | SI-Einheit Zeichen | Beispiele |
|---|---|---|---|---|
| Länge | $l$, $s$ | Meter | m | Basisgröße Länge |
| Masse | $m$ | Kilogramm | kg | Basiseinheit Meter |
| Zeit | $t$ | Sekunde | s | 1 m = 10 dm |
| Stromstärke | $I$ | Ampere | A | = 100 cm |
| Temperatur | $\vartheta$, $T$ | Kelvin | K | = 1000 mm |
| Stoffmenge | $n$ | Mol | mol | 1 mm = 1000 µm |
| Lichtstärke | $I_v$ | Candela | cd | 1 km = 1000 m |

### Abgeleitete physikalische Grundgrößen

| | | | | |
|---|---|---|---|---|
| Kraft | $F$ | Newton | 1 N = 1 kgm/s² | Masse · Beschleunigung |
| Arbeit, Energie | $W$, $E$ | Joule | 1 J = 1 Nm = 1W | Kraft · Weg |
| Leistung | $P$ | Watt | 1 W= 1 J/s | Arbeit/Zeit |
| Drehmoment | $M$ | – | 1 Nm | Weg x Kraft (Vektor) |
| Impuls | $\Delta p$ | – | 1 Ns = 1 kgm/s | $F \cdot \Delta t = m \cdot \Delta v$ |
| Mech. Spannung | $\sigma$, $p$ | Pascal | 1 Pa = 1 N/m² | Kraft/Fläche |
| Elek. Spannung | $U$ | Volt | 1 V = 1 W/A | Leistung/Stromstärke |
| Elek. Widerstand | $R$ | Ohm | 1 Ω = 1 V/A | Spannung/Stromstärke |
| Elek. Ladung | $Q$ | Coulomb | 1 C = 1 As | Stromstärke · Zeit |
| Geschwindigkeit | $v$ | – | m/s | Weg/Zeit |
| Beschleunigung | $a$ | – | m/s² | Geschwindigkeit/Zeit |
| Ruck | $r$ | – | m/s³ | Beschleunigung/Zeit |
| Dichte | $\varrho$ | – | kg/m³ | Masse/Volumen |
| Wichte | $\gamma$ | - | N/m³ | Gewicht/Volumen |
| Frequenz | $f$ | Hertz | 1 Hz = 1/s | Zyklen/Zeit |
| Lichtstrom | $\Phi_v$ | Lumen | lm | Lichtstärke · Raumwinkel |
| Beleuchtungsstärke | $E$ | Lux | 1 lx = lm/m² | Lichtstrom/Fläche |
| Wärmestrom | $\Phi$ | Watt | 1 W = 1 J/s | Wärmemenge je Zeit |
| Wärmeleitfähigkeit | $\lambda$ | – | W/m · K | Wärmestrom je Länge je Temperaturunterschied |
| Wärmedurchlasswiderstand | $R$ | – | $\frac{m^2 \cdot K}{W}$ | |
| spezifische Wärmekapazität | $c$ | – | $\frac{kJ}{kg \cdot K}$ | Wärmemenge je Masse und je Kelvin |

### SI-Vorsätze zur Bezeichnung von Vielfachen der SI-Einheiten

| Name | Deka | Hekto | Kilo | Mega | Giga | Tera | Peta | Exa | Zetta | Yotta |
|---|---|---|---|---|---|---|---|---|---|---|
| Zeichen | da | h | k | M | G | T | P | E | Z | Y |
| Faktor | $10^{1}$ | $10^{2}$ | $10^{3}$ | $10^{6}$ | $10^{9}$ | $10^{12}$ | $10^{15}$ | $10^{18}$ | $10^{21}$ | $10^{24}$ |

### SI-Vorsätze zur Bezeichnung von Teilen der SI-Einheiten

| Name | Dezi | Zenti | Milli | Mikro | Nano | Piko | Femto | Atto | Zepto | Yocto |
|---|---|---|---|---|---|---|---|---|---|---|
| Zeichen | d | c | m | µ | n | p | f | a | z | y |
| Faktor | $10^{-1}$ | $10^{-2}$ | $10^{-3}$ | $10^{-6}$ | $10^{-9}$ | $10^{-12}$ | $10^{-15}$ | $10^{-18}$ | $10^{-21}$ | $10^{-24}$ |

## Definitionen der SI-Basiseinheiten

| **Einheit** | **ursprüngliche und heutige Definitionen** |
|---|---|
| 1 Meter | ursprünglich: 1/10 000 000 Abstand Pol bis Äquator<br>heute: Strecke, die das Licht im Vakuum innerhalb von 1/299792458 s durchläuft. Der Zahlenwert entspricht der Lichtgeschwindigkeit in m/s. |
| 1 Kilogramm | ursprünglich: Masse von 1 $dm^3$ Wasser bei 4 °C<br>heute: Masse eines 1889 in Frankreich hergestellten Platin-Iridium-Zylinders |
| 1 Sekunde | ursprünglich: Mittlere Tageslänge / (24 · 60 · 60)<br>heute: 9192631770-fache der Periodendauer der Strahlung des Nuklids 133 Cäsium |
| 1 Kelvin | Basis absoluter Nullpunkt, ► S. 58, S. 156 |
| 1 Ampere | erzeugt in parallelen Leitern im Abstand von 1 m eine Kraft von $2 \cdot 10^{-7}$ N/m |
| 1 Mol | Stoffmenge von $6{,}022 \cdot 10^{23}$ Teilchen eines Stoffes |
| 1 Candela | ursprünglich: Lichtstärke einer definierten Kerze<br>heute: Lichtstärke von 1/60 $cm^2$ eines schwarzen Körpers bei 2042 K |

**Beispiele für die Angabe von physikalischen Größen**

Physikalische Größen werden stets durch Zahl und Einheit angegeben.

Physikalische Größe: Länge $l$ = 200 m

Zahlenwert von $l$: $\{l\} = 200$

Einheit von $l$: $[l] = 1$ m

1 km = 1 Kilometer = $10^3$ m = 1000 m

1 kN = 1 Kilonewton= $10^3$ N = 1000 N

1 MPa = 1 Megapascal = $10^6$ Pa =1 000 000 Pa

1 ns = 1 Nanosekunde = $10^{-9}$ s = 0,000 000 001 s

aber: 1 $km^2$ = 1 km · 1 km = $10^3$ m · $10^3$ m = $10^6$ $m^2$

## Schrittweise Umrechnung physikalischer Größen

$$1\ \text{kWh} = 1\ \text{kWh} \cdot \frac{1000\ \text{W}}{1\ \text{kW}} \cdot \frac{3600\ \text{s}}{1\ \text{h}} = 3\,600\,000\ \text{W/s}$$

$$1\ \text{kN/cm}^2 = 1\ \text{kN/cm}^2 \cdot \frac{1000\ \text{N}}{1\ \text{kN}} \cdot \frac{1\ \text{cm}^2}{100\ \text{mm}^2} = 10\ \text{N/mm}^2$$

$$1\ \text{d (Tag)} = 24\ \text{h} \cdot \frac{60\ \text{min}}{1\ \text{h}} \cdot \frac{60\ \text{s}}{1\ \text{min}} = 86\,400\ \text{s}$$

$$1\ \text{m/s} = 1\ \text{m/s} \cdot \frac{1\ \text{km}}{1000\ \text{m}} \cdot \frac{3600\ \text{s}}{1\ \text{h}} = 3{,}6\ \text{km/h}$$

$$1\ \text{MPa} = 10^6\ \frac{\text{N}}{\text{m}^2} = 10^3\ \frac{\text{kN}}{\text{m}^2} \cdot \frac{1\ \text{m}^2}{10^4\ \text{cm}^2} = 1\text{MPa}$$

$$1\ \text{MPa} = 10^{-1}\ \frac{\text{kN}}{\text{cm}^2}$$

$$1{,}3\ \text{h} = 1\ \text{h} + 0{,}3\ \text{h} \cdot \frac{60\ \text{min}}{1\text{h}} = 1\ \text{h}\ 18\ \text{min}$$

## Umrechnungen zwischen alten, gebräuchlichen und SI-Einheiten

**Krafteinheiten** 1 kp (Kilopond) = 9,81 N

Bei den üblichen Sicherheiten im Bauwesen genügt es, die Fallbeschleunigung mit $g = 10$ m/$s^2$ anzusetzen. Daraus folgt:

1 kp ≈ 10 N ⇒ 1 N ≈ 0,1 kp
1 kp/$cm^2$ ⇒ 0,1 N/$mm^2$

1 N/$mm^2$ ⇒ 10 kp/$cm^2$ ⇒ 100 Mp/$m^2$
10 kN/$m^2$ ⇒ 0,1 kp/$cm^2$

**Druckeinheiten**

1 bar = 0,1 MPa = 0,1 N/$mm^2$ = 0,1 MN/$m^2$
1 atm = 1 normal Atmosphäre = $1{,}013 \cdot 10^5$ Pa = 1013 hPa
1 at = 1 technische Atmosphäre = 10 mWS (Wassersäule)
1 mWS = $9{,}81 \cdot 10^3$ N/$m^2$ ≈ $10^4$ N/$m^2$ = $10^4$ Pa

**Leistung**

1PS (Pferdestärke) = 0,736 kW

1 kW = 1,359 PS

**Einheiten für Wärmemenge, Arbeit und Energie**

1 cal (Kalorie) = 4,187 J = 4,187 Nm = 4,187 Ws
1 kcal/h = 1,163 Watt

**Einheiten für Strecken, Flächen und Winkel** ► S. 9

2

# 2.2 Physikalische Grundlagen

2

## Masse

| | |
|---|---|
| $m = V \cdot \varrho$ | Die Masse $m$ eines Körpers beschreibt die Eigenschaft, die sich sowohl in Trägkheitswirkungen als auch in der Anziehung auf andere Körper äußert. Sie ist ortunabhängig.<br>Die Masse kann aus dem Volumen $V$ und der Dichte $\varrho$ berechnet werden.<br>Einheiten: Kilogramm kg, Gramm g, Tonne t, |
| **Beispiel**<br>**Bohle aus Eiche** | $V = 0{,}12\ \text{m}^3$, $\varrho_R = 800\ \text{kg/m}^3$ — $m = V \cdot \varrho_R$<br>$m = 0{,}12\ \text{m}^3 \cdot 800\ \text{kg/m}^3 = 96\ \text{kg}$ |

## Dichte

Werte ► S. 91

| | |
|---|---|
| $\varrho = \dfrac{m}{V}$ | Die Dichte $\varrho$ eines Stoffe ist der Quotient aus Masse $m$ und Volumen $V$. Wegen der Wärmeausdehnung ist die Dichte temperaturabhängig. Bei porigen Stoffen und Haufwerken sind unterschiedliche Volumina zu beachten.<br>Einheiten: $1000\ \text{kg/m}^3 = 1\ \text{kg/dm}^3 = 1\ \text{g/cm}^3$ |
| $\varrho$ Dichte, Reindichte | für feste porenfreie Stoffe, Flüssigkeiten, Gase; z. B. Metalle, Wasser, Luft |
| $\varrho_m$ Rohdichte | für porige Stoffe; Volumen einschließlich von außen zugänglicher Hohlräume |
| $\varrho_R$ Raumdichte | für porige Stoffe; Volumen einschließlich aller Hohlräume |
| $\varrho_S$ Schüttdichte | für lose aufgeschüttete Korngemenge; z. B. lose aufgeschütteter Sand |

## Kraft

► S. 72

| | |
|---|---|
| $F = m \cdot a$<br>**Newton'sches Gesetz** | Die Kraft $F$ (englisch: force) ist eine nicht sichtbare physikalische Größe. Kräfte verursachen Wirkungen, und zwar Beschleunigungen und Formänderungen.<br>Die Beschleunigung $a$ (englisch: acceleration), die ein Körper erfährt, ist der einwirkenden Kraft $F$ proportional und erfolgt in der Kraftrichtung. |
| **Beispiel** | Ein Fahrzeug mit der Masse $m$ von 1500 kg wird durch eine Antriebskraft $F$ von 3000 N angetrieben. Wie groß ist die Beschleunigung? |

$$a = \frac{F}{m} \Rightarrow a = \frac{3000\ \text{N}}{1500\ \text{kg}} = \frac{3000\ \text{kgm/s}^2}{1500\ \text{kg}} = 2{,}0\ \text{m/s}^2$$

## Gewichtskraft

► S. 92

| | |
|---|---|
| $F_G = m \cdot g$ | Durch die Erdanziehung wird auf die Masse eines Körpers eine Gewichtskraft $F_G$ hervorgerufen. Die Gewichtskraft $F_G$ ist das Produkt aus Masse $m$ des Körpers und der Fallbeschleunigung $g = 9{,}81\ \text{m/s}^2$. |

## Reibung

**Coulomb'sches Gesetz**

$$F_R = \mu \cdot F_N$$

$$F_R = \frac{f \cdot F_N}{r} = \mu \cdot F_N$$

Bei einer Bewegung tritt in der Berührungsfäche ein Widerstand, die Reibungskraft $F_R$ auf. Sie ist abhängig von der senkrecht zur Berührungfläche wirkenden Kraft $F_N$ und der materialabhängigen Reibungszahl $\mu$.

Haft- und Gleitreibung

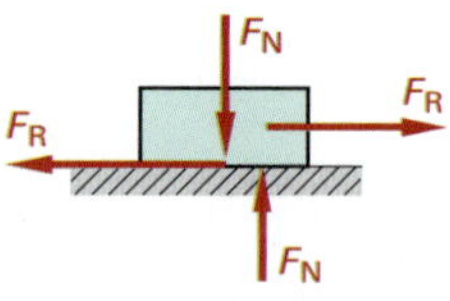


Rollreibung

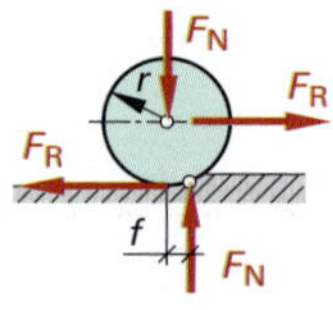


$F_R$ Reibungskraft
$F_N$ senkrecht zur Berührungsfläche wirkende Kraft
$\mu$ Reibungszahl
$\mu_R$ Rollreibungszahl
$r$ Radius

| Werkstoffkombination | Haftreibungszahl $\mu_0$ | Gleitreibungszahl $\mu$ | Rollreibungszahl $\mu_R$ |
|---|---|---|---|
| Stahl auf Stahl | 0,2 … 0,3 | 0,1 … 0,2 | |
| Stahl auf Beton | 0,35 | 0,2 … 0,3 | |
| Holz auf Holz | 0,5 … 0,6 | 0,3 … 0,5 | |
| Reifen auf Asphalt | – | 0,2 … 0,6 | 0,015 … 0,020 |

## Kohäsion (Zusammenhangskraft)

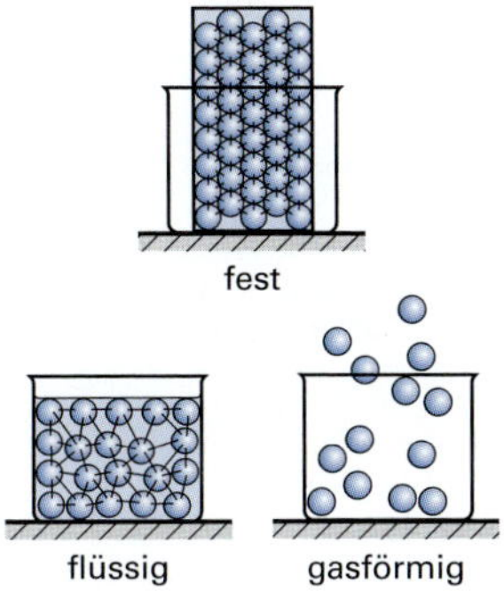


Die Anziehungskräfte zwischen den Molekülen eines Stoffes werden als Kohäsion bezeichnet. Die Größe dieser Molekularkräfte ergibt den Zusammenhang eines Stoffes oder Körpers und damit auch seine Zustandsform (Aggregatzustand). Diese lassen sich durch Energiezufuhr oder Energieentzug ineinander überführen ► S. 58.

| | |
|---|---|
| **Feste Stoffe:** | Große Kohäsion – Moleküle befinden sich in einer bestimmten Anordnung innerhalb eines Stoffes. Durch äußere Krafteinwirkung verformen sich diese Körper oder dehnen sich bei Wärmezufuhr aus. |
| **Flüssige Stoffe:** (Flüssigkeiten) | Geringe Kohäsion – Moleküle können ihren Platz innerhalb eines Körpers ändern. |
| **Gasförmige Stoffe:** (Gase) | Keine Kohäsion Moleküle streben auseinander (Expansion) |

## Adhäsion (Anhangskraft)

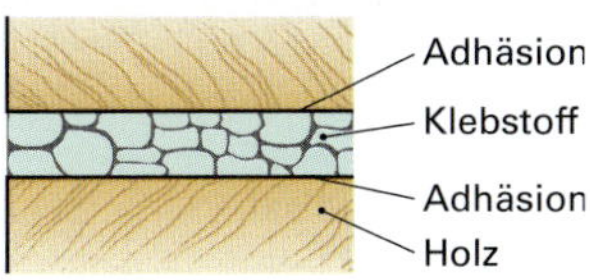


Die Anziehungskräfte der Moleküle verschiedener Stoffe wird als Adhäsion bezeichnet. Dadurch können Körper aus verschiedenen Stoffen aneinander haften.

**Beispiele**
- Klebstoffe auf Fügeteile
- Lacke auf Holzoberflächen
- Putz auf Untergrund

Die Anhangskraft wirkt nicht zwischen allen Stoffen.

## Oberflächenspannung

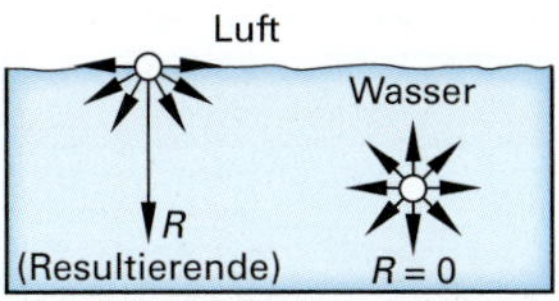


Die Kohäsionskräfte zwischen den Molekülen an der Oberfläche einer Flüssigkeit wirken verstärkt nach innen und verkleinern dadurch die Oberfläche.

Große Kohäsion einer Flüssigkeit bewirkt auch eine große Oberflächenspannung.

Die Oberflächenspannung beeinflusst die Benetzungs- und Fließfähigkeit einer Flüssigkeit, z. B. Klebstoff in Leimfuge.

## Kapillarität (Haarröhrchenwirkung)

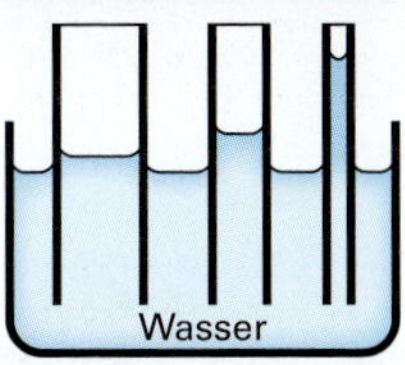


Das Verhalten von Flüssigkeiten in Kapillaren und feinen Poren von Körpern wird als Kapillarität bezeichnet.

Die kapillare Steighöhe hängt von der Wechselwirkung zwischen der Kohäsion der Flüssigkeit, der Adhäsion der verschiedenen Stoffe und den Kapillardurchmessern bzw. den Porengrößen ab.

Die Kapillarität ist die Ursache für das Aufsteigen von Wasser in Baukörpern und in feinkörnigen Böden.

## Viskosität

Die Viskosität (Zähigkeit) ist ein Maß für den inneren Widerstand einer Flüssigkeit. Diese Widerstandskraft entsteht durch Reibung zwischen den bewegten Molekülen als Folge von Kohäsionskräften.

Flüssigkeiten mit hoher Viskosität (Klebstoffe) sind zähflüssig, mit niedriger Viskosität (Wasser) dünnflüssig. Die Viskosität ist temperaturabhängig, mit steigender Temperatur nimmt sie ab ► S. 400.

# 2.3 Gleichförmige und beschleunigte Bewegung

## Gleichförmig geradlinige Bewegung

Die gleichförmig geradlinige Bewegung beschreibt die Bewegung eines Körpers mit konstanter Geschwindigkeit auf einer geraden Strecke.

$$v = \frac{s}{t}$$

$$t = \frac{s}{v}$$

2

$$s = v \cdot t$$

$v$ Geschwindigkeit in m/s
$s$ Wegstrecke in m
$t$ Zeitspanne in s

**Wichtige Umrechnungen**

**1 h = 60 min = 60 · 60 s = 3600 s**

$$\mathbf{1\ km/h = \frac{1000\ m}{3600\ s} = \frac{1}{3{,}6}\ m/s}$$

**1 m/s = 3,6 km/h**

**Beispiel**

Ein Fahrzeug fährt vom Anfang einer Straße mit einer Geschwindigkeit von 54 km/h. Welche Strecke legt es in 4,0 Minuten zurück?

$$v = 54\ \text{km/h} = 54\ \text{km/h} \cdot \frac{1\ \text{m/s}}{3{,}6\ \text{km/h}} = \mathbf{15\ m/s}$$

$$t = 4{,}0\ \text{min} = 4{,}0\ \text{min} \cdot 60\ \text{s/min} = \mathbf{240\ s}$$

$$s = v \cdot t \quad \Rightarrow \quad s = 15\ \text{m/s} \cdot 240\ \text{s} = \mathbf{3600\ m}$$

Die Abhängigkeiten zwischen der zurückgelegten Strecke, der Geschwindigkeit und der Zeit sind in den Diagrammen dargestellt.

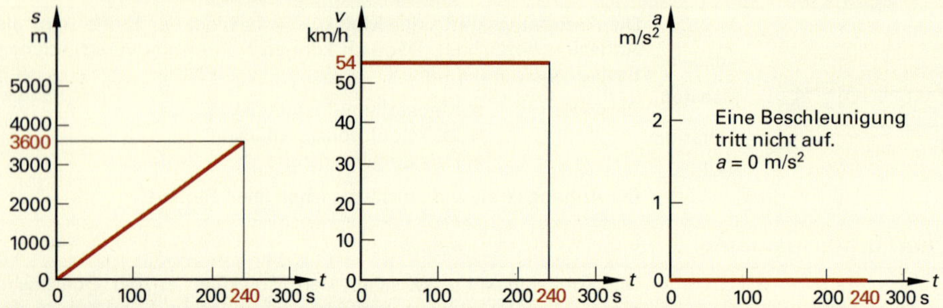


## Gleichförmige Kreis- oder Drehbewegung

Die gleichförmige Kreis- oder Drehbewegung beschreibt die gleichmäßige Drehung von Kreisen um eine Achse (Rad, Kreissägeblatt usw.). Bei der Drehbewegung weisen die von der Achse weiter entfernten Punkte eine größere Umfangsgeschwindigkeit als die näher liegenden Punkte mit einer kleineren Umlaufbahn auf. Alle kreisenden Punkte haben die gleiche Umlaufzeit und die gleiche Drehzahl (Anzahl der Umdrehungen in der Zeiteinheit).

$$F_z = \frac{m \cdot v^2}{r}$$

$$F_z = m \cdot \omega^2 \cdot r$$

$$n = \frac{1}{t_u}$$

$$v = 2 \cdot \pi \cdot r \cdot n$$

$$\varphi = \omega \cdot t$$

$$\omega = 2 \cdot \pi \cdot n$$

$$l_B = \varphi \cdot r$$

$t_u$ Umlaufzeit in s
$n$ Drehzahl in 1/s oder Hertz (Hz)
$v$ Umfangsgeschwindigkeit in m/s
$\omega$ Winkelgeschwindigkeit in 1/s
$\varphi$ Drehwinkel in Bogenmaß
$l_B$ Bogenlänge in m
$r$ Abstand (Drehachse – Punkt) in m
$F_z$ Zentrifugalkraft in N
$m$ Masse in kg

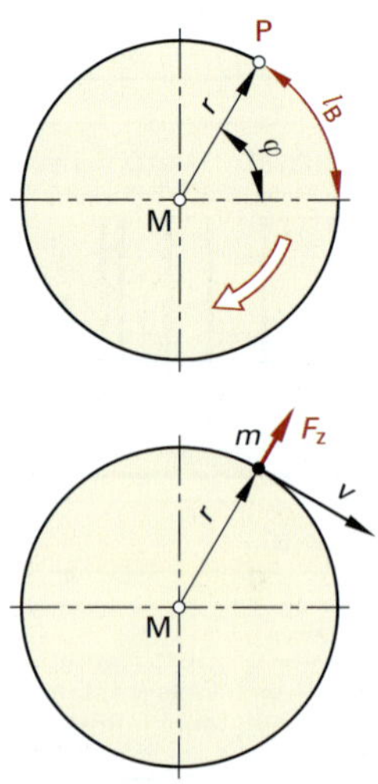


**Drehbewegung**

## Gleichmäßig beschleunigte Bewegung

Die gleichmäßig beschleunigte Bewegung beschreibt die Bewegung eines Körpers mit gleichmäßig zunehmender Geschwindigkeit auf einer geraden Strecke. Die Beschleunigung $a$ ist der Quotient aus der Geschwindigkeitsänderung und der dazu benötigten Zeit. Eine Abnahme der Geschwindigkeit bezeichnet man als Verzögerung, die Beschleunigung bekommt dann einen negativen Wert.

$$a = \frac{v_e - v_o}{t}$$

$a$ Beschleunigung in m/s²
$v_e$ Endgeschwindigkeit in m/s
$v_o$ Anfangsgeschwindigkeit in m/s

$$v_e = v_o + a \cdot t$$

$$v_e = \sqrt{v_o^2 + 2 \cdot a \cdot s}$$

$$s = \frac{v_o + v_e}{2} \cdot t$$

$$s = v_o \cdot t + \frac{a \cdot t^2}{2}$$

2

**Beispiel**

Ein Fahrzeug bewegt sich vom Zeitpunkt $t_o = 0$ s aus dem Stand $v_o = 0$ m/s mit einer Beschleunigung $a = 1{,}8$ m/s². Wie groß ist die zurückgelegte Strecke und die Geschwindigkeit nach 15 s?

$v_e = v_o + a \cdot t \quad \Rightarrow \quad v_e = 0 + 1{,}8\ \text{m/s}^2 \cdot 15\ \text{s} = 27\ \text{m/s} \cong \mathbf{97{,}2\ km/h}$

$s = v_o \cdot t + \frac{a \cdot t^2}{2} \quad \Rightarrow \quad s = 0 + \frac{1{,}8\ \text{m/s}^2 \cdot (15\ \text{s})^2}{2} = \mathbf{202{,}5\ m}$

$s = \frac{v_o + v_e}{2} \cdot t \quad \Rightarrow \quad s = \frac{0\ \text{m/s} + 27\ \text{m/s}}{2} \cdot 15\ \text{s} = \mathbf{202{,}5\ m}$

Die Abhängigkeiten zwischen der zurückgelegten Strecke, der Geschwindigkeit, der Beschleunigung und der Zeit sind in den Diagrammen dargestellt.

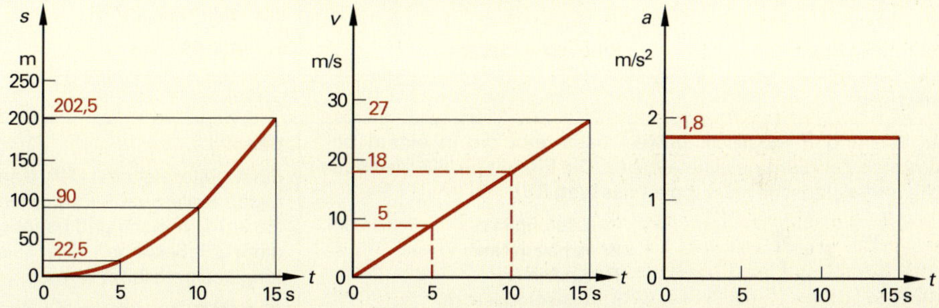


## Freier Fall

Der freie Fall ist die gleichmäßig beschleunigte Bewegung eines Körpers durch die Anziehungskraft der Erde (ohne Luftwiderstand). Die Fallbeschleunigung bezeichnet man mit $g$, die Anfangsgeschwindigkeit beträgt $v_o = 0$. Durch die Anziehungskraft der Erde erhält jede Masse ihre Gewichtskraft. Im Bauwesen wird vereinfacht mit $g = 10$ m/s² gerechnet.

$$v = g \cdot t$$

$$s = \frac{g}{2} \cdot t^2$$

$g$ Fallbeschleunigung 9,81 m/s²
$s$ Strecke in m
$v$ Geschwindigkeit in m/s
$t$ Zeit in s

$$F_G = m \cdot g$$

$F_G$ Gewichtskraft in N
$m$ Masse in kg

$$g = 9{,}81\ \text{m/s}^2 \approx 10\ \text{m/s}^2$$

**Beispiel**

Wie groß ist die Gewichtskraft eines Sackes Zement von 50 kg Masse?

$F_G = m \cdot g \quad \Rightarrow \quad F_G \approx 50\ \text{kg} \cdot 10\ \text{m/s}^2 = 500\ \frac{\text{kgm}}{\text{s}^2} = \mathbf{500\ N}$

## 2.4 Arbeit, Energie, Leistung und Wirkungsgrad

### Arbeit

Die Arbeit *W* (englisch: work) ist das Produkt aus der aufgewendeten Kraft und der Länge der Strecke, um die ein Körper verschoben bzw. angehoben wurde. Die unten angegebene Formel gilt nur, wenn die Kraft konstant ist und in Richtung der Strecke zeigt.

Die Arbeit ist eine Energieform wie z.B. auch die Wärme. Zwischen den Energieformen kann ein Austausch stattfinden. Die Größen Arbeit, Energie und Wärmemenge haben dieselbe Einheit Joule (J).

1 J = 1 Ws = 1 Nm      Ws Wattsekunde; Nm Newtonmeter

$$\boldsymbol{W = F \cdot s}$$

*W* Arbeit in Nm
*F* Kraft in N
*s* Wegstrecke in m

**Beispiel**

Ein Bauarbeiter trägt einen Sack Fertigmörtel (30 kg) in das 1. Obergeschoss ($h = 2{,}75$ m). Die Arbeit *W* ist zu berechnen.

$m = 30\ \text{kg} \rightarrow F_G = 300\ \text{N}$

$W = F_G \cdot s$

$W = 300\ \text{N} \cdot 2{,}75\ \text{m}$

$W = 825\ \text{Nm}$

$W = \mathbf{825\ J}$

2

### Energie

Als Energie *E* bezeichnet man das Vermögen, Arbeit zu verrichten. Mechanische Energie kann als potentielle Energie (= Energie der (Höhen-) Lage sowie Federenergie) und kinetische Energie (= Energie der Bewegung) auftreten. Außerdem gibt es Wärme-, Kern-, Schall-, chemische, magnetische und elektrische Energie. Bei physikalischen Vorgängen geht Energie nicht verloren, sondern wird nur in eine andere Form umgewandelt. Einheiten wie Arbeit.

$$\boldsymbol{E_p = F_G \cdot s}$$

Potentielle Energie

$$\boldsymbol{E_k = \frac{m}{2} \cdot v^2}$$

Kinetische Energie

**Beispiel**

Wie groß ist die kinetische Energie eines Fahrzeugs von 1000 kg Masse mit einer Geschwindigkeit von 108 km/h?

$v = 108\ \text{km/h} = 30\ \text{m/s}$

$E_k = \frac{1000\ \text{kg}}{2} \cdot (30\ \text{m/s})^2$

$E_k = 450\,000\ \text{kgm}^2/\text{s}^2$

$E_k = \mathbf{450\,000\ Nm}$

### Leistung

Die Leistung *P* (englisch: power) beschreibt die in einem bestimmten Zeitraum geleistete Arbeit. Die Einheit für die mechanische und elektrische Leistung ist das Watt (W).

$$\boldsymbol{P = \frac{W}{t}}$$

$$\boldsymbol{P = \frac{F \cdot s}{t}}$$

$$\boldsymbol{P = F \cdot v}$$

*P* Leistung in W
W Arbeit in Nm
*F* Kraft in N
*s* Wegstrecke in m
*t* Zeitspanne in s
*v* Geschwindigkeit in m/s

$1\ \text{W} = 1\ \frac{\text{J}}{\text{s}} = 1\ \frac{\text{Nm}}{\text{s}}$

0,736 kW = 1 PS (alte Einheit)

**Beispiel**

Ein Arbeiter zieht mit Hilfe einer festen Rolle zwei Sack Zement (50 kg) 11 m hoch und benötigt dafür 29 Sekunden. Die Leistung soll berechnet werden.

$m = 50\ \text{kg} \rightarrow F_G = 500\ \text{N}$

$P = \frac{F_G \cdot s}{t} = \frac{500\ \text{N} \cdot 11\ \text{m}}{29\ \text{s}}$

$= 189{,}7\ \frac{\text{Nm}}{\text{s}} = 189{,}7\ \text{W}$

$\approx \mathbf{190\ W}$

### Wirkungsgrad

Der Wirkungsgrad ist ein Maß für das Verhältnis aus der abgegebenen Leistung und der zugeführten Leistung bzw. Energie; die Verhältniszahl $\eta$ ist immer kleiner als 1.
Der Wirkungsgrad kann auch in Prozent angegeben werden, z.B. $\eta = 0{,}25$ oder $\eta = 25\,\%$.

$$\boldsymbol{\eta = \frac{P_{ab}}{P_{zu}}}$$

$\eta$ Wirkungsgrad, ohne Einheit
$P_{ab}$ abgegebene Leistung in W
$P_{zu}$ zugeführte Leistung in W

**Beispiel**

Eine Motorwinde mit einer Leistung von 10 kW zieht eine Palette mit Steinen ($F_G \approx 5000$ N) in 15 s in eine Höhe von 7,50 m. Der Wirkungsgrad ist zu berechnen.

$P_{ab} = \frac{5000\ \text{N} \cdot 7{,}50\ \text{m}}{15\ \text{s}}$

$P_{ab} = 2500\ \frac{\text{Nm}}{\text{s}} = 2{,}5\ \text{kW}$

$\eta = \frac{2{,}5\ \text{kW}}{10\ \text{kW}} = \mathbf{0{,}25}$

# 2.5 Einfache Maschinen

## 2.5.1 Hebel

Der **Hebel** ist ein starrer, drehbar gelagerter Körper. Man unterscheidet je nach Lage des Drehpunktes (Dp) einarmige und zweiarmige Hebel. Den Abstand vom Drehpunkt bis zum Angriffspunkt der Kraft $F$ bzw. Last $F_G$, nennt man Kraft- bzw. Lastarm jeweils senkrecht zur Kraftrichtung gemessen. Das Produkt aus der Größe der Kraft und der Länge des dazugehörigen Hebelarmes bildet das Moment ▸ S. 73. Ist die Drehwirkung der Kraft im Gegenuhrzeigersinn, so ist das Moment positiv, andernfalls negativ. Je nach Kraftrichtung um den Drehpunkt entstehen

**linksdrehende (positive) Momente + $\overset{\frown}{M}$ und rechtsdrehende (negative) Momente – $\overset{\frown}{M}$.**

2

**Kraftschema beim einarmigen Hebel**

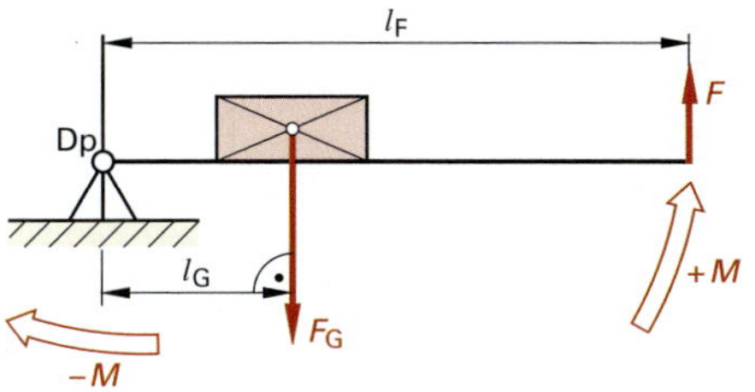


**Kraftschema beim zweiarmigen Hebel**

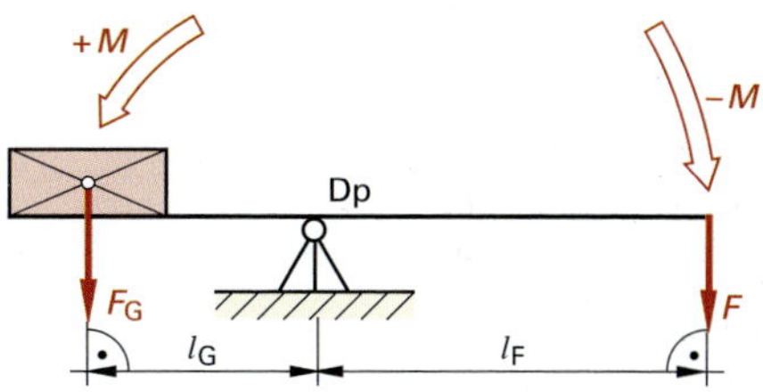


Das **Hebelgesetz** bestimmt den Zustand des Gleichgewichts am Hebel. Am Hebel herrscht Gleichgewicht, wenn die Summe aller linksdrehenden Momente gleich der Summe aller rechtsdrehenden Momente ist, d.h., die Summe aller Momente ist gleich null.

Berechnung der Drehmomente (Hebelgesetz):

$$\boldsymbol{F \cdot l_F = F_G \cdot l_G}$$

$F \cdot l_F = M_1$ $\quad$ $F_G \cdot l_G = M_2$ $\quad$ $M_1 = M_2$

$$\boldsymbol{+\overset{\frown}{M} = -\overset{\frown}{M} \Rightarrow \Sigma M = 0}$$

**Kraftschema beim Winkelhebel**

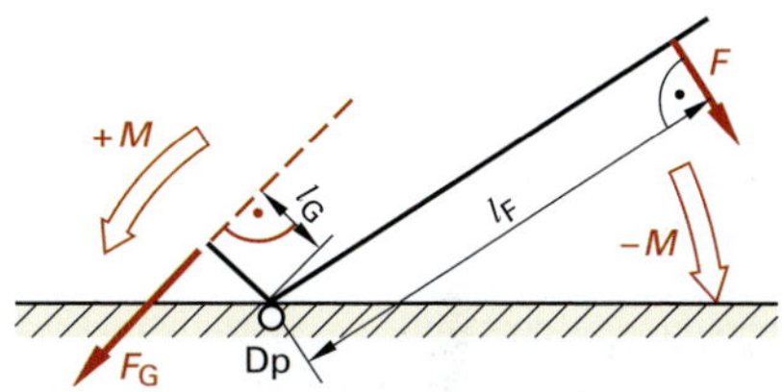


| | | | |
|---|---|---|---|
| $F$ | Kraft in N | $l_G$ | Lastarm in m |
| $l_F$ | Kraftarm in m | $M_1$ | Kraftmoment in Nm |
| $F_G$ | Last in N | $M_2$ | Lastmoment in Nm |

Maschinen mindern die Kraft oder den Weg. Arbeit wird nicht vermindert.

**Beispiel**

Eine Schubkarre wird mit sechs Säcken Zement je 25 kg beladen. Die Kraft, die zum Anheben aufgewendet werden muss, soll in kN berechnet werden.

$m = 6 \cdot 25\ \text{kg} = 150\ \text{kg} \Rightarrow F_G = 1500\ \text{N}$

$l_G = 0{,}45\ \text{m}; \quad l_F = 0{,}45\ \text{m} + 0{,}95\ \text{m} = 1{,}40\ \text{m}$

Gesucht : $F$

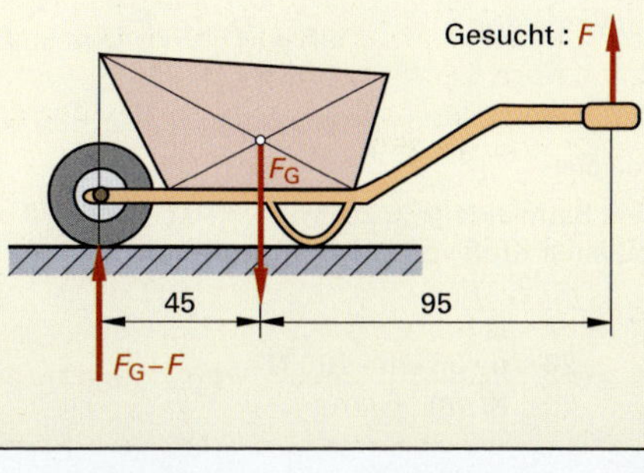


$F \cdot l_F = F_G \cdot l_G$

$$F = \frac{F_G \cdot l_G}{l_F}$$

$$F = \frac{1{,}5\ \text{kN} \cdot 0{,}45\ \text{m}}{1{,}40\ \text{m}}$$

$$\boldsymbol{F = 0{,}482\ \text{kN}}$$

Zum Anheben der Schubkarre muss eine Kraft $F > 0{,}482$ kN aufgewendet werden.

## 2.5.2 Feste und lose Rollen

Die feste und lose Rolle bestehen aus einer um ihre Mittelachse drehbaren Scheibe, die eine umlaufende Führungsnut für das Zugseil besitzt. Bei beiden Maschinen findet das Hebelgesetz seine Anwendung; der Hebelarm entspricht dem Radius der Scheibe. Berechnung des Kraftaufwandes und des Seilweges:

an der festen Rolle

$$\boldsymbol{F \cdot r = F_G \cdot r}$$
$$\boldsymbol{F = F_G}$$
$$\boldsymbol{s_1 = s_2}$$

2

an der losen Rolle

$$\boldsymbol{F \cdot 2\,r = F_G \cdot r}$$
$$\boldsymbol{F = \frac{F_G}{2}}$$
$$\boldsymbol{s_1 = \frac{s_2}{2}}$$

am Flaschenzug (Kombination von festen und losen Rollen)

$$\boldsymbol{F = \frac{F_G}{n}}$$
$$\boldsymbol{s_1 = \frac{s_2}{n}}$$

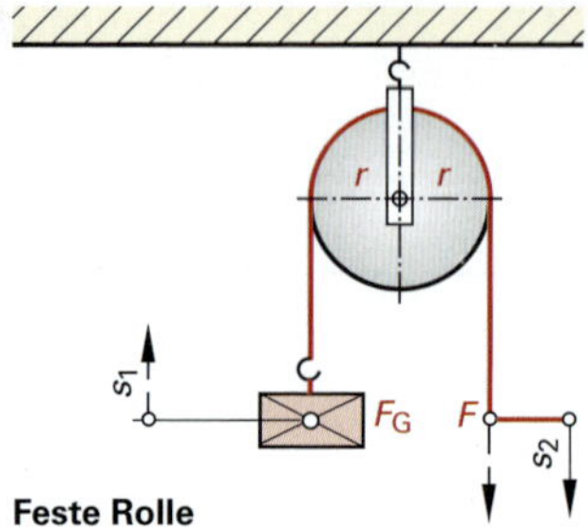

Feste Rolle

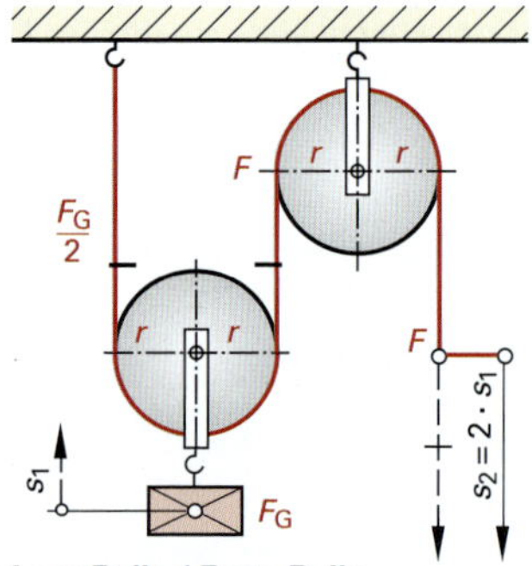

Lose Rolle / Feste Rolle

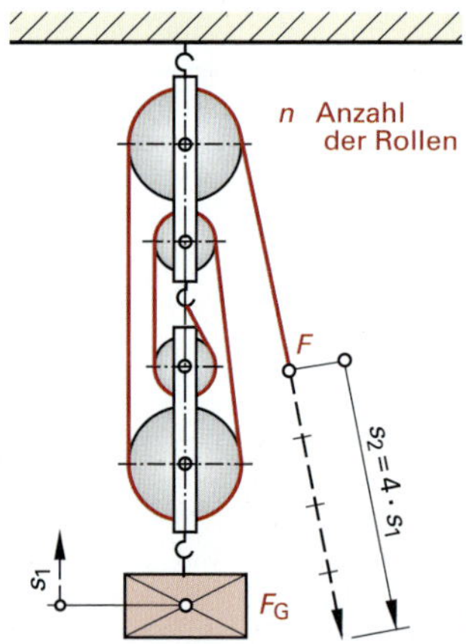

Flaschenzug

**Beispiel**

Der Kraftaufwand einer festen Rolle, einer losen Rolle und eines Flaschenzuges mit 4 Rollen soll miteinander verglichen werden; die Last $F_G$ ist immer 0,15 kN.

Feste Rolle $F = F_G = \mathbf{0{,}15\ kN}$

Lose Rolle $F = \frac{F_G}{2}$

$F = \frac{0{,}15\ \text{kN}}{2}$

$F = \mathbf{0{,}075\ kN}$

Flaschenzug $F = \frac{F_G}{n}$

$F = \frac{0{,}15\ \text{kN}}{4}$

$F = \mathbf{0{,}0375\ kN}$

Die Reibungswiderstände sind nicht berücksichtigt worden.

## 2.5.3 Seilwinde

Die Seilwinde ist eine Rolle bzw. Trommel, die mittels Antrieb über die Mittelachse das Zugseil schraubenförmig aufrollt. Diese Drehbewegung wird bei der Seilwinde mit Vorgelege (Bauwinde) auf eine Rolle bzw. Trommel mit größerem Durchmesser übertragen. Berechnung der Kraft:

an der Seilwinde

$$\boldsymbol{F = \frac{F_G \cdot r_2}{r_1}} \qquad \boldsymbol{F_G = \frac{F \cdot r_1}{r_2}}$$

an der Seilwinde mit Vorgelege

$$\boldsymbol{F = \frac{r_2 \cdot r_4 \cdot F_G}{r_1 \cdot r_3}} \qquad \boldsymbol{F_G = \frac{r_1 \cdot r_3 \cdot F}{r_2 \cdot r_4}}$$

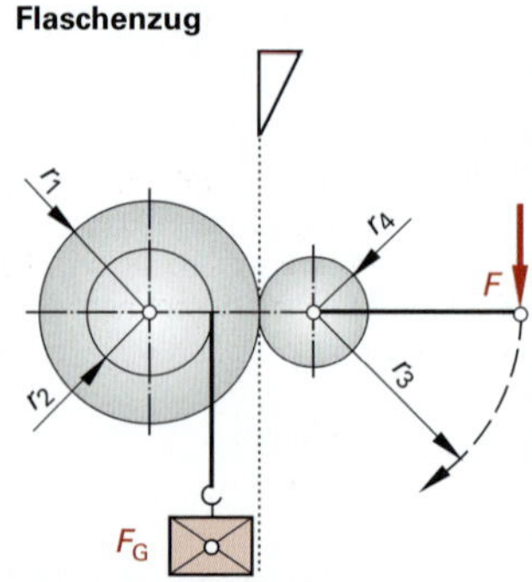

Vorgelege / Seilwinde

**Beispiel**

Eine Bauwinde ($r_1$ = 20 cm, $r_2$ = 10 cm, $r_3$ = 36 cm, $r_4$ = 6 cm) wird mit einer Kraft von 200 N angetrieben. Die Last ist zu berechnen.

$F_G = \frac{r_1 \cdot r_3 \cdot F}{r_2 \cdot r_4}$

$F_G = \frac{20\ \text{cm} \cdot 36\ \text{cm} \cdot 200\ \text{N}}{10\ \text{cm} \cdot 6\ \text{cm}}$ $F_G = 2400\ \text{N} = \mathbf{2{,}4\ kN}$

## 2.5.4 Schiefe Ebene, Keil und Schraube

Die **schiefe Ebene** dient zum Transport eines Körpers in eine bestimmte Höhe. Der Kraftaufwand ist wesentlich geringer als beim Hochheben; dafür ist ein längerer Weg notwendig. Mithilfe des Kräfteparallelogramms ▶ S. 72 zerlegt man die Gewichtskraft in die entsprechenden Teilkräfte.

**Beispiel**

Über einen 4,00 m langen Steg, der eine Höhe von 0,80 m überbrückt, soll eine Schubkarre ($F_G$ = 650 N) geschoben werden. Die Kraft ist zu berechnen.

$F_G = 650\ \text{N}, \quad h = 0{,}80\ \text{m}, \quad s = 4{,}00\ \text{m}$

$$F = \frac{650\ \text{N} \cdot 0{,}80\ \text{m}}{4{,}00\ \text{m}} \quad \Rightarrow \quad F = \mathbf{130\ N}$$

Berechnung der Kraft parallel zur Fahrbahn

$$F = \frac{F_G \cdot h}{s}$$

$F$ Kraft in N
$s$ Kraftweg in m
$h$ Hubhöhe in m
$F_G$ Gewichtskraft in N

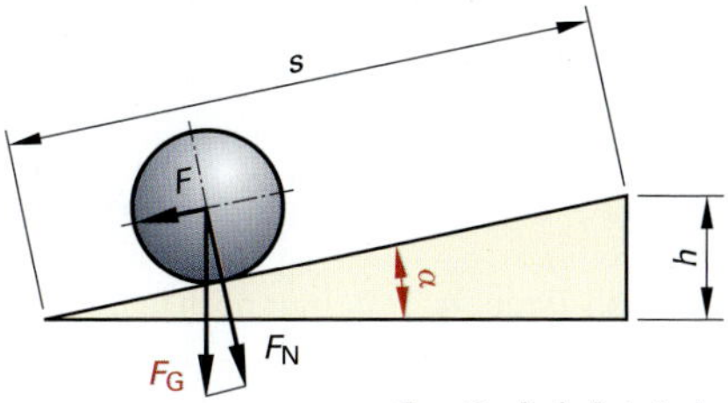


**Kraftübersetzung bei der schiefen Ebene**

Die **Schraube** ist eine um einen Zylinder gewickelte schiefe Ebene. Die umlaufend steigende bzw. fallende Linie, die Schraubenlinie, entspricht dem Gewinde. Die in der Achse wirkende Kraft lässt sich mithilfe des Hebelgesetzes berechnen.

**Beispiel**

Eine Schraube mit 1,5 mm Ganghöhe soll mit einem Schraubenschlüssel von 125 mm Länge durch eine Handkraft von 50 N angezogen werden. Die Vortriebskraft ist zu berechnen.

$F_1 = 50\ \text{N}, \quad h = 1{,}5\ \text{mm},$

$d = 2 \cdot 125\ \text{mm} = 250\ \text{mm}$

$$F_2 = \frac{F_1 \cdot d \cdot \pi}{h}$$

$$F_2 = \frac{50\ \text{N} \cdot 250\ \text{mm} \cdot \pi}{1{,}5\ \text{mm}} \quad \Rightarrow \quad F_2 = \mathbf{26{,}2\ kN}$$

Berechnung der Vortriebskraft

$$F_2 = \frac{F_1 \cdot U}{h}$$

$$F_2 = \frac{F_1 \cdot d \cdot \pi}{h}$$

$F_1$ Drehkraft in N
$F_2$ Vortriebskraft in N
$U$ Umfang in mm
$h$ Ganghöhe in mm
$d$ Durchmesser in mm

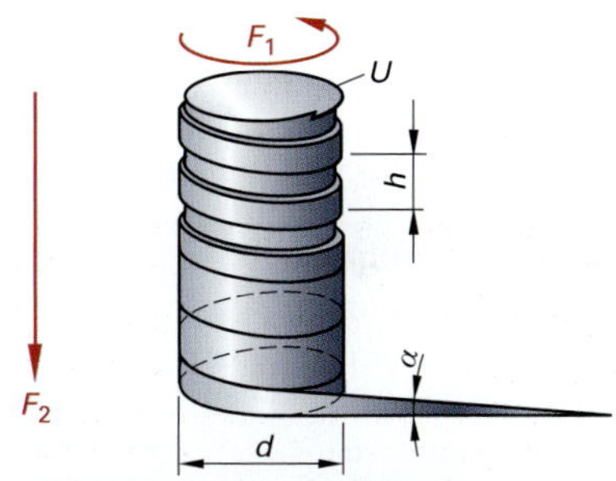


**Kraftübersetzung bei der Schraube**

Der **Keil** ist die älteste Maschine überhaupt; seine trennende Wirkung ist abhängig vom Keilwinkel und von den Reibungskräften an den Keilseitenflächen.

**Beispiel**

Mit einem Stecheisen soll ein Stück Holz (Kohäsionskraft = 60 N) abgetrennt werden. Das Eisen ist 1,8 mm dick und die Fase ist 15 mm lang. Die Schlagkraft ist zu berechnen.

$F_N = 60\ \text{N}, \quad h = 1{,}8\ \text{mm}, \quad s = 15\ \text{mm}$

$$F = \frac{60\ \text{N} \cdot 1{,}8\ \text{mm}}{15\ \text{mm}} \quad \Rightarrow \quad F = \mathbf{7{,}2\ N}$$

Berechnung der spaltenden Kraft

$$F = \frac{F_N \cdot h}{s}$$

$F$ Spaltkraft in N
$h$ Keilhöhe in mm
$s$ Keilseitenlänge in mm

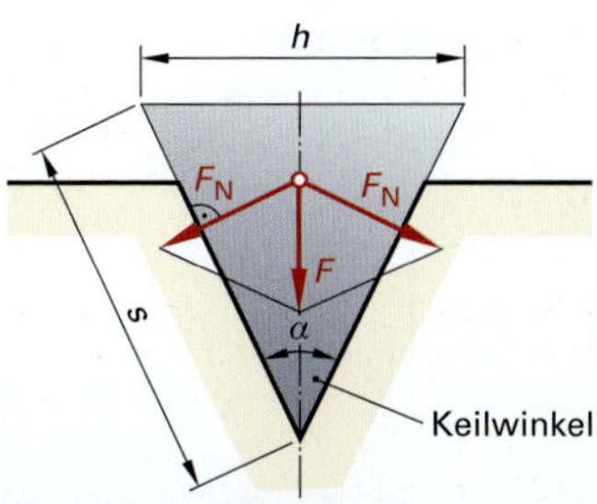


**Kraftübersetzung beim Keil**

2

## 2.6 Wärmelehre

▶ Wärmedurchgang S. 156

### Temperaturen

Die Temperaturen werden in Kelvin (K) oder Grad Celsius (°C) gemessen. Die Kelvinskala geht von der tiefstmöglichen Temperatur, dem absoluten Nullpunkt, die Celsiusskala vom Schmelzpunkt des Eises aus.

Temperaturunterschiede werden in Kelvin angegeben, z.B. $\Delta\vartheta = \vartheta_1 - \vartheta_2 = 45\ °C - 20\ °C = 25\ K$

2

$$T\,[K] = \vartheta\,[°C] + 273$$

Fahrenheit-Temperatur $\vartheta_F$ (nur noch in England und USA üblich)

$$\vartheta_F = 32 + \vartheta_C \cdot \frac{9}{5}\ [°F] \qquad \vartheta_C = (\vartheta_F - 32) \cdot \frac{5}{9}\ [°C]$$

Die Tempertureinheiten K und °C sind international gültige SI-Einheiten.

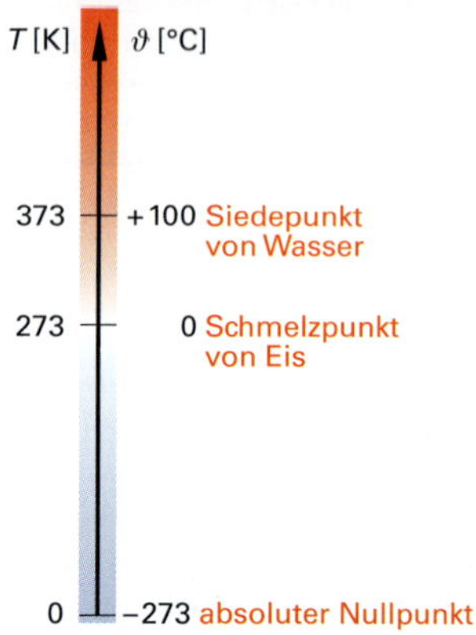


### Aggregatzustände, Schmelz- und Siedepunkte

Die Übergangstemperatur vom festen Zustand zum flüssigen Zustand ist der Schmelzpunkt. Die Übergangstemperatur vom flüssigen Zustand zum gasförmigen Zustand ist der Siedepunkt. Insbesondere der Siedepunkt hängt stark vom Luftdruck ab, der deshalb beim normalen Luftdruck angegeben wird. Der Schmelzpunkt ist nur bei chemisch reinen Stoffen genau definiert. Gemenge erweichen allmählich, wie beispielsweise Bitumen, Kunststoffe, Gesteine.

**fest** — schmelzen → / ← erstarren — **flüssig** — verdampfen → / ← kondensieren — **gasförmig**

**Wärmemenge *Q*** ist eine besondere Form der Energie. Einheit: Joule (1 J = 1 Ws = 0,239 cal).

**Wärmestrom *Φ*** bezeichnet die Wärmemenge, die in einer Sekunde durch einen Baustoff strömt. Einheit: Watt (1 W = 1 J/s = 1 Nm/s).

### Längenänderungen

Die meisten Stoffe dehnen sich bei Erwärmung aus und ziehen sich bei Abkühlung zusammen.

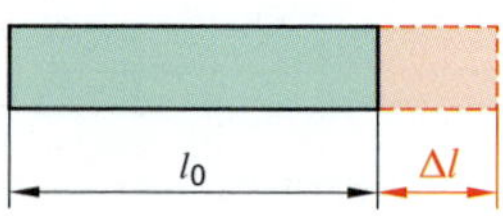


$$\Delta l = \alpha_\vartheta \cdot l_0 \cdot \Delta\vartheta$$

$\Delta l$ Längenänderung

$\alpha_\vartheta$ Längenausdehnungskoeffizient in $\frac{1}{K}$ oder $\frac{1}{°C}$ ▶ S. 59

$l_o$ ursprüngliche Länge

$\Delta\vartheta$ Temperaturänderung (+ Erwärmung, – Abkühlung)

**Beispiel**

Wie groß ist insgesamt die Längenänderung einer Stahlbrücke mit $l_o$ = 1400 m, bei einer Erwärmung von 10 °C auf 40 °C?

$\Delta\vartheta = 40\ °C - 10\ °C = 30\ K$

$\Delta l = \alpha_\vartheta \cdot l_o \cdot \Delta\vartheta =$

$= 0{,}000012\ \frac{1}{K} \cdot 1400\ m \cdot 30\ K$

$= 0{,}50\ m$

### Volumenänderungen

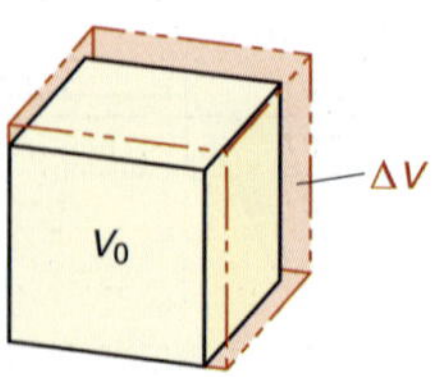


$$\Delta V = \gamma_\vartheta \cdot V_0 \cdot \Delta\vartheta$$

$\Delta V$ Volumenänderung

$\gamma_\vartheta$ Volumenausdehnungskoeffizient in $\frac{1}{K}$ oder $\frac{1}{°C}$

$V_o$ Ausgangsvolumen

$\Delta\vartheta$ Temperaturänderung (+ Erwärmung, – Abkühlung)

**Beispiel**

Wie groß ist die Ausdehnung von Benzin in einem 8000-l-Tank bei einer Erwärmung von 10 °C auf 30 °C?

$\Delta\vartheta = 30\ °C - 10\ °C = 20\ K$

$\Delta V = \gamma_\vartheta \cdot V_o \cdot \Delta\vartheta =$

$= 0{,}0011\ \frac{1}{K} \cdot 8000\ l \cdot 20\ K$

$= 176\ l$

## Wärmemenge für Temperaturänderungen, spezifische Wärmekapazität *c*

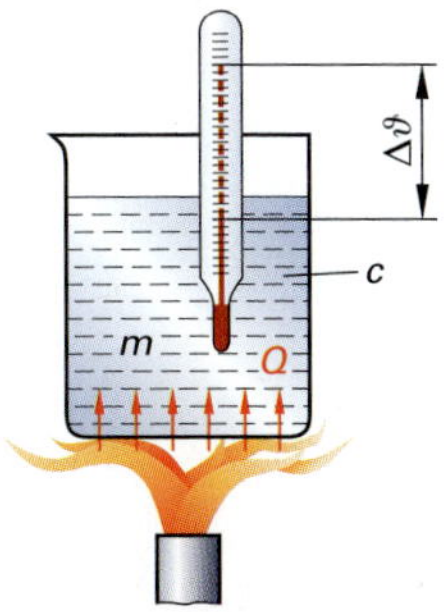


Die spezifische Wärmekapazität *c* gibt die Wärmemenge an, die notwendig ist, um 1 kg eines Stoffes um 1 K (≙ 1 °C) zu erwärmen.

$$Q = c \cdot m \cdot \Delta\vartheta$$

- $Q$ Wärmemenge in kJ
- $c$ spezifische Wärmekapazität in kJ/kg · K
- $m$ Masse in kg
- $\Delta\vartheta$ Temperaturänderung in K

**Beispiel**

Welche Wärmemenge braucht ein Dachdecker um 25 kg Bitumen von 20 °C auf 130 °C zu erwärmen?

$\Delta\vartheta$ = 130 °C – 20 °C = 110 °C = 110 K

$Q = c \cdot m \cdot \Delta\vartheta$ =
= 2,09 · 25 · 110 = 5700 kJ

2

## Wärmemenge beim Schmelzen und Verdampfen

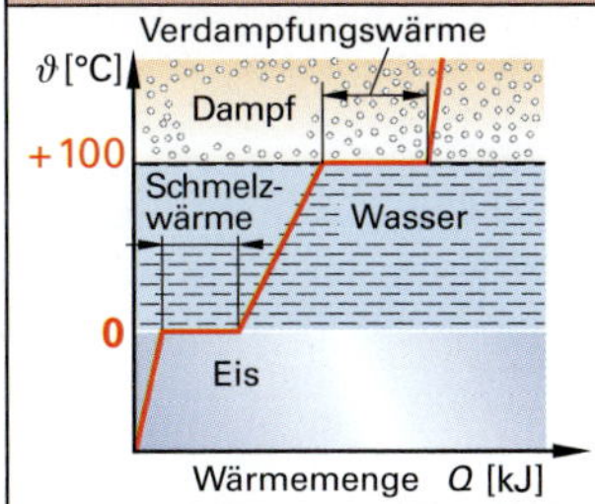


Das Schmelzen und Verdampfen erfordert eine Wärmezufuhr, ohne dass dabei die Temperatur steigt.

$$Q = q \cdot m \qquad Q = r \cdot m$$

- $Q$ Wärmemenge in kJ
- $q$ spezifische Schmelzwärme
- $r$ spezifische Verdampfungswärme in kJ/kg

Die spezifische Schmelz- und Verdampfungswärme von Wasser ist im Vergleich zu anderen Stoffen sehr groß.

$q_{Wasser}$ = 334 kJ/kg

$r_{Wasser}$ = 2256 kJ/kg

## Wärmeentstehung durch Verbrennen

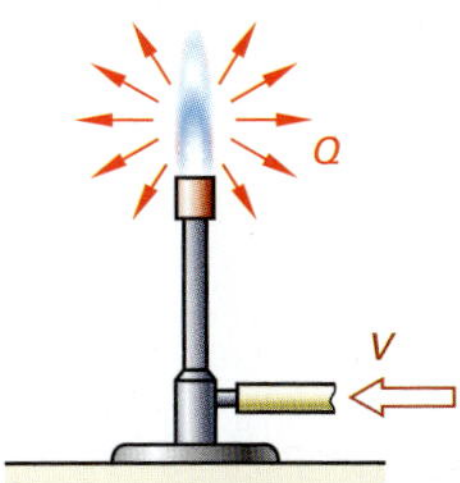


Der spezifische Heizwert eines Stoffes ist die Wärmemenge, die bei vollständiger Verbrennung von 1 kg eines Stoffes entsteht.

$$Q = H \cdot m$$

- $Q$ Wärmemenge in kJ
- $H$ spezifischer Heizwert kJ/kg
- $m$ Masse in kg

**Beispiel**

Welche Wärmemenge entsteht bei der Verbrennung von 3,0 kg Heizöl?

$Q = H \cdot m$
≙ 42000 · 3,0 = 126 000 kJ

## Wärmetechnische Stoffwerte

| Stoff | Schmelztemperatur °C | Siedetemperatur °C | Zündtemperatur °C | Längenausdehnungskoeffizient $\alpha_\vartheta \left[\frac{1}{K} \text{ oder } \frac{1}{°C}\right]$ | Volumenausdehnungskoeffizient $\gamma_\vartheta \left[\frac{1}{K} \text{ oder } \frac{1}{°C}\right]$ | spezifische Wärmekapazität $c$ [kJ/kg · K] | spezifischer Heizwert $H$ [kJ/kg] |
|---|---|---|---|---|---|---|---|
| Wasser $H_2O$ | 0 | 100 | – | – | 0,00018 | 4,18 | – |
| Sauerstoff $O_2$ | – 219 | – 183 | – | – | 0,00367 | 0,91 (p = const) | – |
| Kohlendioxid $CO_2$ | – 57 | – 78 | – | – | 0,00373 | 0,82 (p = const) | – |
| Benzin | – 30 … – 50 | 25 … 150 | 200 | – | 0,0011 | 2,02 | 42000 |
| Heizöl | ≈ – 10 | > 175 | 220 | – | 0,00096 | 2,07 | 41000…43000 |
| Eisen Fe | 1536 | 3070 | – | 0,000012 | – | 0,47 | – |
| Ziegel | – | – | – | 0,000006 | – | ≈ 0,9 | – |
| Beton | – | – | – | 0,000011 | – | 1,0 | – |
| Porenbeton | – | – | – | – | – | 1,0 | – |
| Bitumen | – | – | > 250 | – | 0,00061 | 2,09 | – |
| Asphalt | – | – | (> 250) | – | – | ≈ 0,9 | – |

2

# 2.7 Elektrotechnik

## Ohm'sches Gesetz

Elektrizität ist eine Energieart, die aufgrund der Bewegungen von elektrisch geladenen Teilchen (Elektronen) zwischen den Metallatomen entsteht. Die elektrische Energie lässt sich in Wärme- und Lichtenergie, magnetische oder chemische Energie umwandeln. Das Ohm'sche Gesetz beschreibt die Abhängigkeiten zwischen den elektrischen Grundgrößen.

- **Stromstärke $I$ in Ampere** – Sie beschreibt die Größe des Elektronenflusses in einer bestimmten Zeit.
  Beispiel: $U = 220\,\text{V}$; $R = 44\,\Omega \Rightarrow I = 220\,\text{V}/44\,\Omega = 5\,\text{A}$ — $$I = \frac{U}{R}$$
- **Spannung $U$ in Volt** – Sie beschreibt den Ladungszustand von Elektroden. Nach Verbindung durch einen elektrischen Leiter fließt Strom.
  Beispiel: $I = 5\,\text{A}$; $R = 44\,\Omega \Rightarrow U = 5\,\text{A} \cdot 44\,\Omega = 220\,\text{V}$ — $$U = I \cdot R$$
- **Elektrischer Widerstand $R$ in Ohm** – Er gibt Auskunft über die Reibungsverluste beim Transport der Elektronen durch die verschiedenen Materialien.
  Beispiel: $U = 220\,\text{V}$; $I = 5\,\text{A} \Rightarrow R = 220\,\text{V}/5\,\text{A} = 44\,\Omega$ — $$R = \frac{U}{I}$$

Der **spezifische Widerstand** $\varrho$ (Materialkonstante) ist der Widerstand eines bestimmten Leiters von 1 m Länge und 1 mm² Querschnittsfläche. Der Kehrwert des spezifischen Widerstands ist die elektrische Leitfähigkeit; sie wird bestimmt durch das Material und die Temperatur.

Berechnung des Widerstandes:

$$R = \frac{l \cdot \varrho}{A}$$

$R$ Widerstand in Ω (Ohm)
$A$ Querschnittsfläche des Leiters in mm²
$l$ Länge des Leiters in m
$\varrho$ spezifischer Widerstand in $\frac{\Omega \cdot \text{mm}^2}{\text{m}}$

| elektrischer Strom | elektrische Leistung | elektrische Arbeit |
|---|---|---|
| $I = \frac{U}{R}$ | $P = U \cdot I$ | $W = P \cdot t$ |
| A (Ampere) | W (Watt) | Ws (Wattsekunde) |

## Schaltzeichen für die Elektroinstallationen

| Zeichen | Bedeutung | Zeichen | Bedeutung |
|---|---|---|---|
| | Leiter oberirdisch | | Leiterverbindung |
| | Leiter im Erdreich | | Abzweigdose |
| | Leiter auf Putz | | Hausanschlusskasten |
| | Leiter im Putz | | Verteiler |
| | Leiter unter Putz | | Sicherung, allgemein |
| 3 | Leitung mit 3 Leitern | | Schukosteckdose |
| | Schalter, allgemein | | Zähler |
| | Serienschalter | × | Leuchte, allgemein |
| | Wechselschalter | | Notleuchte |
| | Kreuzschalter | 40 W | Leuchtenband |
| | Taster | E | Elektrogerät, allgem. |

Die **Schaltzeichen** (nach **DIN 40900**) werden vom Fachingenieur in die Grundrisse eingetragen.

**Warnhinweis:** Ströme über 0,09 Ampere und Spannungen über 50 Volt sind lebensgefährlich.

## Installationszonen

(Auszug nach DIN 18015)

**Wohnräume (Maße in cm)**

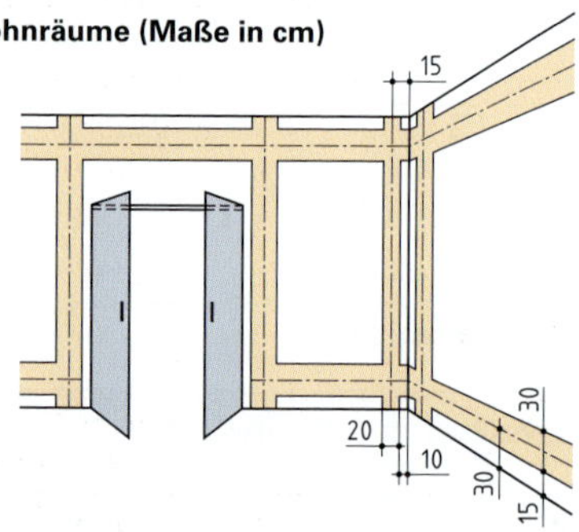


**Küchen, Hausarbeitsräume (Maße in cm)**

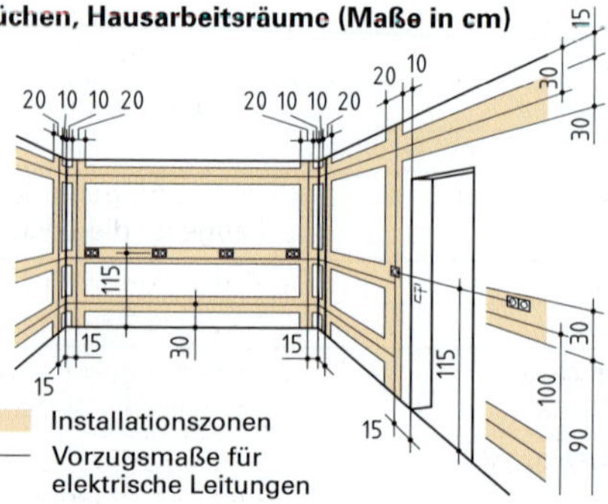


Installationszonen
Vorzugsmaße für elektrische Leitungen

## 2.8 Chemie

Die Chemie ist die Wissenschaft, die sich mit dem Aufbau (Synthese) bzw. mit der Zerlegung (Analyse) von Stoffen und deren veränderbaren Eigenschaften befasst. Die genaue Kenntnis über die Materialbeschaffenheit, die Beständigkeit und die Verträglichkeit ist für die Herstellung und Verwendung der Baumaterialien besonders wichtig.

### Chemische Grundbegriffe

| | |
|---|---|
| **Atom**<br>▶ S. 62 | Kleinstes, chemisch nicht weiter zerlegbares Teilchen eines Elements |
| **Wertigkeit** | • Zahl der Elektronen, die ein Atom beim Verbinden mit anderen Atomen aufnehmen oder abgeben kann.<br>• Zahl der Wasserstoffatome, die ein Atom binden oder ersetzen kann. |
| **Element**<br>(Grundstoff)<br>▶ S. 62 | Stoff, der sich chemisch nicht mehr zerlegen lässt.<br>Es gibt 92 natürliche und 13 durch Atomumwandlung künstlich hergestellte Elemente. |
| **Chemie** | Die Chemie befasst sich mit der Synthese oder mit der Analyse von Stoffen und deren veränderbaren Eigenschaften. |
| **Chemische Verbindung**<br>▶ S. 64 | Aus verschiedenen Elementen aufgebauter Stoff, der andere Eigenschaften als seine Elemente hat. |
| **Molekül** | Aus mehreren Atomen aufgebaute kleinste Einheit einer chemischen Verbindung oder Atomgruppe. |
| **Makromolekül** | Sehr große Moleküle, die aus vielen Monomeren aufgebaut sind. |
| **Synthese** | Herstellung (Aufbau) einer chemischen Verbindung |
| **Analyse** | Zerlegung einer chemischen Verbindung (auch Feststellen ihrer Zusammensetzung) |
| **Oxidation** | • Verbinden eines Stoffes mit Sauerstoff<br>• Elektronenabgabe eines Atoms oder Ions |
| **Reduktion** | • Sauerstoffentzug<br>• Elektronenaufnahme eines Atoms oder Ions |
| **Gemenge, Gemische**<br>▶ S. 68 | Mischung verschiedener Stoffe in beliebigen Mengenverhältnissen |
| **Dispersion** | Gemenge, bei denen die Stoffe im Lösungsmittel nicht gelöst, sondern nur verteilt sind. |
| **Lösung**<br>▶ S. 68 | Eine Flüssigkeit, in der ein oder mehrere Stoffe in feinster Verteilung als Einzelmoleküle vorhanden sind. |
| **Legierung**<br>▶ S. 68 | Erstarrte Lösungen von Metallen, die im geschmolzenen Zustand ineinander gelöst werden. |
| **Säure**<br>▶ S. 66 | Verbindungen, die positive Wasserstoffionen abspeichern können. |
| **Base (Lauge)**<br>▶ S. 66 | Verbindungen, die in Lösung Hydroxidionen bilden können.<br>Lauge ist die Lösung einer Base in Wasser. |
| **Salz**<br>▶ S. 66 | Verbindungen, die positive Metallionen oder $NH_4$-Ionen und negative Säurerest-Ionen enthalten. |
| **pH-Wert**<br>▶ S. 70 | Der Wert gibt an, wie stark eine Lösung sauer oder basisch ist.<br>Destilliertes Wasser hat einen pH-Wert = 7 (neutral). |
| **Reine Stoffe** | Reine Stoffe bestehen ausschließlich aus Atomen oder Molekülen ein und desselben Stoffes, wie z.B. Eisen Fe oder Wasser $H_2O$. |

## 2.8.1 Elemente

**Elemente** (Grundstoffe) sind ursprünglicher Natur. Elemente lassen sich nicht mehr in andere Stoffe zerlegen. Ihr kleinstes Bauteil ist das **Atom.** Verbinden sich mindestens zwei Elemente miteinander, so entsteht eine **chemische Verbindung;** ihr kleinstes Bestandteil nennt man **Molekül.**

## Atomaufbau chemischer Elemente



| | |
|---|---|
| **Proton** | Kernbaustein mit der Masse von 1,6725 · $10^{-24}$ g und positiver elementarer Ladung |
| **Neutron** | Kernbaustein mit der Masse von 1,6748 · $10^{-24}$ g und ohne elektrische Ladung |
| **Elektron** | Teilchen der Atomhülle mit der Ruhemasse von 9,1089 · $10^{-28}$ g und negativer Elementarladung |

Rutherford-Bohrsches Atommodell

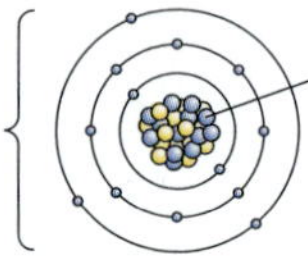


Symbol:
Protonenzahl — 13
Atommassenzahl — 27
**Al** — chemisches Zeichen

## Wichtige Elemente im Bauwesen (vgl. PSE ► S. 63)

| Element | Internationale/s Symbol | Internationale/s Bezeichnung | Erscheinungsform, Vorkommen, Eigenschaften | Ordnungszahl |
|---|---|---|---|---|
| Wasserstoff | H | Hydrogenium | farbloses, geruchloses, brennbares Gas, leichtestes Element; a) künftig: Wasserstoff als Energiespeicher, b) in Wasser $H_2O$ | 1 |
| Kohlenstoff | C | Carboneum | fester Stoff, in drei Formen: Diamant, Grafit, Ruß; als Reduktionsmittel; in Kalkstein ($CaCO_3$) | 6 |
| Stickstoff | N | Nitrogenium | farb- und geruchloses Gas, nicht brennbar; frei in der atmosphärischen Luft (ca. 78 Vol.-%); Abwässer; Salpeter | 7 |
| Sauerstoff | O | Oxygenium | farb- und geruchloses Gas; frei in der atmosphärischen Luft (ca. 21% Vol.); in Gesteinen und Wasser, Ozon ($O_3$) | 8 |
| Natrium | Na | Natrium | sehr weiches, leicht brennbares Metall; reaktionsstark; in Steinsalz (NaCl = Natriumchlorid) | 11 |
| Magnesium | Mg | Magnesium | leichtes, brennbares Metall, sehr witterungsbeständig; in Mineralien, z.B. Dolomit; in Leichtmetalllegierungen | 12 |
| Aluminium | Al | Aluminium | leichtes, zähfestes Metall; hochwitterungsbeständig; in Mineralien; Baumetall; nicht mörtelbeständig | 13 |
| Silizium | Si | Silicium | fester, schwer brennbarer Stoff; säurefest; in Verbindung mit Sauerstoff in Gesteinen, z.B. Quarz | 14 |
| Phosphor | P | Phosphorum | fester, leicht brennbarer, giftiger Stoff; selbst entzündbar; gebunden in Salzen, z.B. Phosphate, Abwässer | 15 |
| Schwefel | S | Sulfur | fester, gelber Stoff; wasserunlöslich; gebunden in Sulfiden, z.B. Eisenkies, und in Sulfaten, z.B. Gips | 16 |
| Chlor | Cl | Chlorum | grünliches, stechend riechendes Gas; wasserlöslich; gebunden in Steinsalz (NaCl); Salzsäure (HCl) | 17 |
| Kalium | K | Kalium | sehr weiches, leicht brennbares Metall; reaktionsstärker als Natrium; nur in gebundener Form in Kalisalz | 19 |
| Calzium | Ca | Calcium | Metall; in Calziumhydroxid ($Ca(OH)_2$); in Mineralien, z.B. Kalkstein ($CaCO_3$) | 20 |
| Eisen | Fe | Ferrum | weiches, sprödes Schwermetall; magnetisch; gebunden in Eisenerzen, z.B. Roteisenstein ($Fe_2O_3$); Gusseisen; Stahl | 26 |
| Nickel | Ni | Nicolum | Schwermetall, magnetisch; nur gebunden in Nickelerzen, z.B. Gelbnickelkies (NiS); Legierungen; Vernickeln | 28 |
| Kupfer | Cu | Cuprum | hellrotes, halbedles Metall; gebunden in Erzen, z.B. Kupferglanz ($Cu_2S$); guter Stromleiter | 29 |
| Zink | Zn | Zincum | sprödes Schwermetall; gebunden in Erzen, z.B. Zinkblende (ZnS); Baumetalle; Legierungen, z.B. Messing | 30 |
| Zinn | Sn | Stannum | weiches Schwermetall; gebunden in Zinnerz, z.B. Zinnstein ($SnO_2$); Verzinnen; Legierungen, z.B. Bronze | 50 |
| Blei | Pb | Plumbum | weiches, verformbares Schwermetall; giftig; gebunden in Erzen, z.B. Bleiglanz (PbS); Baumetall, Legierungen | 82 |

## DAS PERIODENSYSTEM DER CHEMISCHEN ELEMENTE (PSE)

Das Periodensystem gibt Auskunft über die Wertigkeit, über die relative Atommasse und über den Aufbau der Atome.

**Erklärung:**

| 26 Eisen II, III **Fe** 55, 847 | |
|---|---|
| 26 | **Ordnungszahl** = Protonenanzahl und Elektronenanzahl |
| Eisen | **Bezeichnung** des Elementes |
| II, III | **Wertigkeit** |
| Fe | **Symbol des Elementes** |
| 55, 847 | **Relative Atommasse** |
| 103 Lawren-cium Lr | Hohlschrift = künstlich hergestelltes Element |

Periodenzahl = Anzahl der Elektronenschalen
Gruppennummer = Elektronenanzahl auf der Außenschale
Hohlschrift = künstlich hergestelltes Element

| Perioden | I (Hauptgruppen) | II | III a (Nebengruppen) | IV a | V a | VI a | VII a | VIII a | VIII a | VIII a | I a | II a | III (Hauptgruppen) | IV | V | VI | VII | VIII |
|---|---|---|---|---|---|---|---|---|---|---|---|---|---|---|---|---|---|---|
| 1. | 1 Wasserstoff I **H** 1,00797 | | | | | | | | | | | | | | | | | 2 Helium 0 **He** 4,0026 |
| 2. | 3 Lithium I **Li** 6,941 | 4 Beryllium II **Be** 9,0122 | | | | | | | | | | | 5 Bor III **B** 10,81 | 6 Kohlenstoff ± IV, II **C** 12,01115 | 7 Stickstoff ± III, V, IV, II **N** 14,0067 | 8 Sauerstoff –II **O** 15,9994 | 9 Fluor –I **F** 18,9984 | 10 Neon 0 **Ne** 20,183 |
| 3. | 11 Natrium I **Na** 22,9898 | 12 Magnesium II **Mg** 24,312 | | | | | | | | | | | 13 Aluminium III **Al** 26,9815 | 14 Silicium IV **Si** 28,086 | 15 Phosphor ± III, V, IV **P** 30,9738 | 16 Schwefel ± II, IV, VI **S** 32,064 | 17 Chlor ± I, III, V, VII **Cl** 35,453 | 18 Argon 0 **Ar** 39,948 |
| 4. | 19 Kalium I **K** 39,10 | 20 Calcium II **Ca** 40,08 | 21 Scandium III **Sc** 44,96 | 22 Titan IV, III **Ti** 47,90 | 23 Vanadium V, IV, II **V** 50,942 | 24 Chrom VI, III, II **Cr** 51,996 | 25 Mangan II, III, IV, VI, VII **Mn** 54,938 | 26 Eisen II, III **Fe** 55,847 | 27 Cobalt II, III **Co** 58,933 | 28 Nickel II, III **Ni** 58,71 | 29 Kupfer II, I **Cu** 63,54 | 30 Zink II **Zn** 65,37 | 31 Gallium III **Ga** 69,72 | 32 Germanium IV **Ge** 72,59 | 33 Arsen III, V **As** 74,922 | 34 Selen IV, II, VI **Se** 78,96 | 35 Brom I, V **Br** 79,909 | 36 Krypton 0, II **Kr** 83,80 |
| 5. | 37 Rubidium I **Rb** 85,47 | 38 Strontium II **Sr** 87,62 | 39 Yttrium III **Y** 88,905 | 40 Zirkonium IV **Zr** 91,22 | 41 Niob V, III **Nb** 92,906 | 42 Molybdän VI, V, IV, III, II **Mo** 95,94 | 43 Technetium VII Tc (98) | 44 Ruthenium III, IV **Ru** 101,07 | 45 Rhodium II, III **Rh** 102,905 | 46 Palladium II, IV **Pd** 106,4 | 47 Silber I **Ag** 107,87 | 48 Cadmium II **Cd** 112,40 | 49 Indium III **In** 114,82 | 50 Zinn IV, II **Sn** 118,69 | 51 Antimon ± III, V **Sb** 121,75 | 52 Tellur –II, IV, VI **Te** 127,6 | 53 Iod ± I, V, VII **I** 126,9 | 54 Xenon 0, III **Xe** 131,3 |
| 6. | 55 Cäsium I **Cs** 132,905 | 56 Barium II **Ba** 137,34 | 57 Lanthan III **La** 138,91 | 72 Hafnium IV **Hf** 178,49 | 73 Tantal V **Ta** 180,948 | 74 Wolfram VI, V, IV, III, II **W** 183,85 | 75 Rhenium VII, VI, IV, II, –I **Re** 186,2 | 76 Osmium IV, II, III, VI, VIII **Os** 190,2 | 77 Iridium IV, II, III, VI **Ir** 192,2 | 78 Platin IV, II **Pt** 195,09 | 79 Gold III, I **Au** 196,967 | 80 Quecksilber II, I **Hg** 200,59 | 81 Thallium I, III **Tl** 204,37 | 82 Blei **Pb** 207,19 | 83 Bismut III, V **Bi** 208,98 | 84 Polonium II, IV **Po** (210) | 85 Astat ± I, III, V **At** (210) | 86 Radon 0 **Rn** (222) |
| 7. | 87 Francium I **Fr** (223) | 88 Radium II **Ra** (226) | 89 Actinium III **Ac** (227) | 104 Kurtscha-tovium IV Ku (261) | 105 Hahnium V Ha (262) | | | | | | | | | | | | | |

| | | | | | | | | | | | | | | |
|---|---|---|---|---|---|---|---|---|---|---|---|---|---|---|
| Lanthaniden-Elemente | 58 Cer III, IV **Ce** 140,12 | 59 Praseodym III, IV **Pr** 140,907 | 60 Neodym III **Nd** 144,24 | 61 Promethium III Pm (147) | 62 Samarium III, II **Sm** 150,35 | 63 Europium III, II **Eu** 151,96 | 64 Gadolinium III **Gd** 157,25 | 65 Terbium III, IV **Tb** 158,924 | 66 Dysprosium III **Dy** 162,50 | 67 Holmium III **Ho** 164,93 | 68 Erbium III **Er** 167,26 | 69 Thulium III, II **Tm** 168,93 | 70 Ytterbium III, II **Yb** 173,04 | 70 Lutetium III **Lu** 174,970 |
| Actiniden-Elemente | 90 Thorium IV **Th** 232,04 | 91 Protactinium V, IV **Pa** (231) | 92 Uran VI, V, IV, III **U** 238,03 | 93 Neptunium VI, V, IV, III Np (237) | 94 Plutonium IV, VI, V, III Pu (242) | 95 Americium III, IV, V, VI Am (243) | 96 Curium III Cm (247) | 97 Berkelium III, IV Bk (247) | 98 Californium III Cf (249) | 99 Einsteinium Es (254) | 100 Fermium Fm (257) | 101 Mendelevium Md (258) | 102 Nobelium No (259) | 103 Lawrencium Lr (260) |

2

## 2.8.2 Chemische Verbindungen

Eine chemische Verbindung besteht mindestens aus zwei Elementen, die sich durch eine chemische Reaktion, bei der Energie zugeführt oder freigesetzt wird, zu einem neuen Stoff mit anderen Eigenschaften verbindet, z.B. Branntkalk + Wasser ⟶ Kalkhydrat + Wärme. Dieser Vorgang lässt sich auch mit einer **chemischen Gleichung** darstellen: **$CaO + H_2O \longrightarrow Ca(OH)_2$ + Energie.** Die Gleichung enthält die chemischen Formeln der Elemente und Verbindungen, die an der chemischen Reaktion beteiligt sind.

### Elektronenpaarbindungen

Nichtmetall + Nichtmetall

$CH_4$

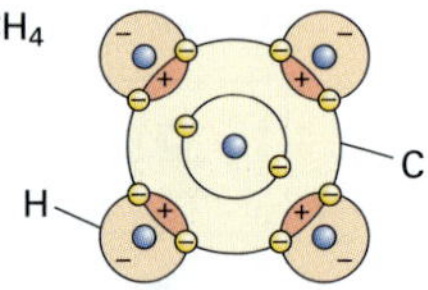


Die Bindungspartner sind auf ihrer Außenschale nicht voll mit Elektronen besetzt. Durch Überlagerung von gemeinsamen Elektronen findet ein Ausgleich und damit eine Bindung statt.

### Ionenbindung

Metall + Nichtmetall

NaCl

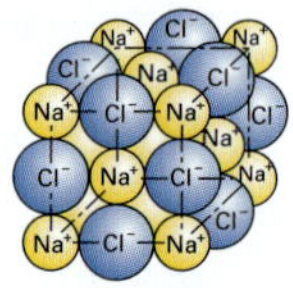


Durch Abgabe bzw. Aufnahme von Elektronen entstehen Ionen. Durch die entgegengesetzten Ladungen zwischen den Ionen bilden sich Anziehungskräfte in allen Richtungen und damit Kristalle.

### Metallbindung

Metall + Metall

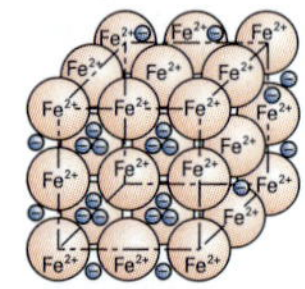


Metalle haben im festen Zustand frei bewegliche Elektronen (Elektronengas). Die Metallbindung beruht auf der Anziehung zwischen den positiven Atomrümpfen und dem Elektronengas. Es bilden sich Kristalle.

| Gewerbliche Benennung | Chemischer Name/Chemische Formel der chemischen Verbindung | | Kurzbeschreibung der Eigenschaften bzw. der Verwendung |
|---|---|---|---|
| Acetylen | Ethin | $C_2H_2$ | Angenehm riechendes, brennbares Gas; Brenngas zum Schweißen und Brennschneiden. |
| Ethylen | Ethen | $C_2H_4$ | Farbloses, brennbares Gas; Nebenprodukt bei der Erdöldestillation; Kohlenwasserstoff; an der Synthese einiger Kunststoffe beteiligt, Polyethylen, PVC. |
| Bitumen | Gemisch aus mehreren Kohlenwasserstoffen | | Weicher bis zähfester Stoff; Gewinnung bei der Destillation von Erdöl; **Klebemasse und Abdichtungsstoff, mit Trägerstoffen als Dachpappe.** |
| Formaldehyd | Methanal | HCHO | Farbloses, stechend riechendes Gas, gesundheitsschädlich; Methanoloxid; Ausgangsstoff für Kunststoffe, Klebstoffe; wässrige Lösung = Formalin. |
| Gips | Calciumsulfat – Doppelhydrat | $CaSO_4 \cdot 2\,H_2O$ | Ablagerungsgestein, nicht wetterbeständig; Rohstoff zur Herstellung von dem Bindemittel Stuckgips durch Erhitzen; mit Trägerstoff als Gipskartonplatten. |
| Kalkstein<br>Branntkalk<br>Kalkhydrat | Calciumcarbonat<br>Calciumoxid[1)]<br>Caiciumhydroxid | $CaCO_3$<br>$CaO$<br>$Ca(OH)_2$ | Rohstoff für hydraulische Bindemittel; durch Brennen entsteht CaO, das durch Löschen mit Wasser zu dem Bindemittel Kalkhydrat wird; Mörtel, Steine. |
| Kohlendioxid<br>Kohlensäure<br>Kohlenmonoxid | Kohlenstoffdioxid[1)]<br>Kohlensäure<br>Kohlenstoffmonoxid[1)] | $CO_2$<br>$H_2CO_3$<br>$CO$ | Geruchloses Gas, Bestandteil der Luft, 0,03% Vol.-%.<br>Wässrige Lösung des $CO_2$, schwache Säure.<br>Geruchloses, farbloses, sehr giftiges Gas. |
| Rost | Eisenoxid[1)] | $Fe_2O_3$ | Poröser Stoff; wird durch Feuchtigkeit stark gefördert; Kalklauge schützt Eisen bzw. Stahl vor **Rostbildung;** Schutz durch Anstriche, Verzinken. |
| Salzsäure | wässrige Lösung des Chlorwasserstoffes | $HCl + H_2O$ | Stechend riechende, klare bis gelbe Säure, stark ätzende Dämpfe; Entfernen von Ausblühungen mit verdünnter Salzsäure; Ätzen und Beizen von Metallen. |
| Schweflige Säure | Schweflige Säure<br>Schwefelsäure | $H_2SO_3$<br>$H_2SO_4$ | Schwach ätzende Säure; u.a. als Rückstand in Rauchgasen, verbindet sich mit der Luftfeuchtigkeit; Bauschäden: **Ausblühungen, Versottung von Schornsteinen.** |
| Natronlauge | wässrige Lösung von Natriumhydroxid | $NaOH + H_2O$ | Stark ätzende Lauge; wird zum Reinigen, Ätzen und Beizen verwendet. |

[1)] Ein **Oxid** ist eine Sauerstoffverbindung; der chemische Vorgang heißt Oxidation.

## 2.8.3 Chemie des Wassers

Wasser ($H_2O$) ist die verbreitetste chemische Verbindung in der Natur. Wasser bedeckt in verschiedenen Arten und Erscheinungsformen ungefähr $^3/_4$ der Erdoberfläche. Chemisch reines Wasser ist eine farblose, geruch- und geschmacklose Flüssigkeit mit einer Dichte von **$\varrho$ = 1 g/cm³ (bei + 4 °C).** Im Bauwesen benötigt man Wasser als Hilfs- oder Werkstoff. Wasser kann zu Bauschäden führen.

⊕ Transportmittel für Wärme; Verdünnungsmittel für Säuren, Farben, Dispersionen und Bindemitteln; chemisches Reaktionsmittel für Bindemittel; Reinigungsmittel.

⊖ Schadensverursacher durch Kapillarität; Kondenswasserbildung, Frostwirkung; Lösungsmittel für Gase ($CO_2$, $SO_2$); Transportmittel für Salze; Korrosionsbeschleuniger.

Im natürlichen Wasser sind verschiedene Salze gelöst; man unterscheidet bestimmte Härtebereiche:

- **Hartes Wasser** enthält größere Mengen an Calcium- und Magnesiumsalzen.
- **Weiches Wasser** ist ein an Erdalkalisalzen armes Wasser. ► S. 364

2

| Härte | Gesamthärte in mmol/l | in °dH |
|---|---|---|
| weich | bis 1,5 | bis 7,3 |
| mittel | 1,5 ... 2,5 | 7,3 ... 14 |
| hart | 2,5 ... 3,8 | 14 ... 21,3 |
| sehr hart | > 3,8 | 21,3 |

Die früher gültige Härteeinheit Deutscher Härtegrad (°dH) ist nicht mehr zulässig.

1 °dH = 0,179 mmol/l

Die **Wasserhärte** in den Wasserwerken wird durch besondere Testlösungen und Testpapiere (Indikatoren) bestimmt.

Die Härtebereiche laut Wasch- und Reinigungsmittelgesetz (WRMG) von 2007 sind etwas abweichend von der links stehenden Tabelle geregelt.

Die Einheit der Wasserhärte wird in Millimol (mmol) Calciumkationen pro l Wasser angegeben.

**Ion** ist ein elektrisch geladenes Atom oder Molekül, das eine verschieden große Anzahl positiver (Protonen) und negativer (Elektronen) Ladungsträger besitzt.

**Kationen** sind positiv geladene, **Anionen** negativ geladene Ionen.

### pH-Wert ► S. 70

Der **pH-Wert** (lat.: potentia hydrogenii = Kraft des Wasserstoffes) ist eine Maßzahl für den Gehalt einer Flüssigkeit (Wasser, Lauge, Säure, wässrige Salzlösung) an Wasserstoffionen. Mit dem pH-Wert lässt sich der Grad einer Säurewirkung (sauer) oder einer Laugenwirkung (basisch) darstellen. Reines Wasser ist neutral. Der pH-Wert wird nur für verdünnte Säuren und Laugen bis zu einer Konzentration von 1 mol/l verwendet. Anmachwasser für Mörtel und Beton sollte einen pH-Wert zwischen 6 und 8 aufweisen, da sonst mit schadensauslösenden chemischen Reaktionen zu rechnen ist.

Vergleicht man die Verfärbung des Indikators mit einer Farbskala, so lässt sich der pH-Wert ablesen. Zum Beispiel färbt neutrales Lackmuspapier sich durch Säure rot und durch Lauge blau.

Weitere Indikatoren: Phenolphthalein, Methylorange.

### Aquivalentgewicht val oder eq

Die Wasserhärte wird im Wesentlichen durch die Ionen der Alkalielemente **Natrium (Na)** und **Kalium (K)** sowie die der Erdalkalielemente **Magnesium (Mg)** und **Calcium (Ca)** bestimmt. Chemisch gesehen sind Na und K einwertig, Mg und Ca zweiwertig. Um diese Tatsache quantitativ zu berücksichtigen, wird das **Äquivalentgewicht,** ausgedrückt in **val** oder (neuerdings) in **eq** berechnet. Das Äquivalentgewicht eines Stoffes wird als **Molgewicht geteilt durch Wertigkeit** definiert ► S. 363.

| pH-Wert | Wirkung | | Flüssigkeit |
|---|---|---|---|
| 0, 1, 2, 3 | stark | sauer | Salzsäure, Schwefelsäure, Schweflige Säure |
| 4, 5, 6 | schwach | sauer | Essigsäure Kohlensäure |
| 7 | | neutal | Wasser |
| 8, 9, 10 | schwach | basisch | Salmiaklauge |
| 11, 12, 13, 14 | stark | basisch | Kalklauge Natronlauge |

### Zustandsformen des Wassers

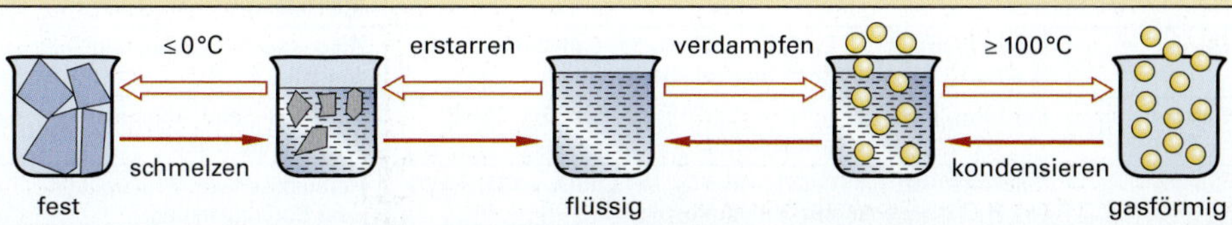

2

## 2.8.4 Säuren, Laugen und Salze

### Säuren

Säuren entstehen, wenn sich ein Nichtmetalloxid in Wasser (sauerstoffhaltige Säure) oder sich ein Halogenwasserstoff in Wasser (sauerstofffreie Säure) löst. **Halogene** sind die Elemente F, Cl, Br und I. Die Stärke einer Säure ist durch den Gehalt einer Lösung an Wasserstoff-Ionen bestimmt.

| Säuren im Bauwesen | Entstehung, Herstellung | Eigenschaften, Verwendung |
|---|---|---|
| **Schweflige Säure $H_2SO_3$** | Bei der Verbrennung schwefelhaltiger, fossiler Brennstoffe wie Steinkohle, Braunkohle und Erdöl wird Schwefeldioxid ($SO_2$) freigesetzt, das sich mit der Feuchtigkeit ($H_2O$) aus der Luft chemisch verbindet; es entsteht eine schweflige Säure. | Giftig, ätzend, greift Metalle wie Eisen, Zink, Aluminium an; bilden unter Umständen mit den Bindemitteln wasserlösliche Salze, die zu Bauschäden oder Ausblühungen führen können. Schweflige Salze zersetzen Kalkstein. |
| **Schwefelsäure $H_2SO_4$** | Durch Oxidation des $SO_2$ entsteht Schwefeltrioxid ($SO_3$), das in Wasser gelöst die Schwefelsäure bildet. Ungenügende Dämmung eines Rauchrohres kann zu Kondenswasserbildung im Schornstein führen, die dadurch entstehende Säurenbildung , zerstört die Innenflächen des Zuges **(Versottung).** | |
| **Kohlensäure $H_2CO_3$** | Rauchgase, die Kohlendioxid ($CO_2$) enthalten, verbinden sich mit der Luftfeuchte. | Kohlensäurehaltiges Wasser zersetzt kalkhaltige Bindemittel. |
| **Salzsäure HCl** | Industrielle Herstellung. | Verdünnte Form (1:20) zum Reinigen (Absäuern) von Klinkern und zum **Entfernen von Ausblühungen** – danach gut mit Wasser abspülen. |

### Laugen

Laugen entstehen, wenn Metalloxide mit Wasser reagieren. Durch Eindampfen der Laugen erhält man die Metallhydroxide, das sind Feststoffe, sogenannte Basen; in Wasser gelöst entstehen wieder Laugen. Alkalimetalle bilden direkt mit Wasser eine Lauge. Laugen reagieren basisch oder alkalisch. Die Stärke einer Lauge ist durch den Gehalt einer Lösung an Hydroxid-Ionen bestimmt.

| Laugen im Bauwesen | Entstehung, Herstellung | Eigenschaften, Verwendung |
|---|---|---|
| **Kalklauge $Ca(OH)_2$** | Branntkalk (CaO) wird mit Wasser gelöscht, es entsteht die wässrige Lösung des Calciumhydroxides.<br>Weiterverwendung als Bindemittel im Mörtel. | Ätzende, schwache Lauge, die Zink und Aluminium angreift. Stahl wird durch die alkalische Wirkung des Zementes vor Oxidation (Rosten) geschützt. |

### Salze

Salze entstehen
- wenn sich ein Metall mit einem Säurerest verbindet oder
- durch Neutralisation von einer Säure und einer Lauge oder
- durch Einwirken einer Säure auf ein Metall bzw. Metalloxid.

In Wasser gelöste Salze bilden bei der Verdunstung Kristalle, die bei Feuchtigkeitsaufnahme ihr Volumen vergrößern. Diese Volumenvergrößerung führt in Bauteilen bzw. Baustoffen zur Rissbildung oder sogar zu Absprengungen. **Ausblühung** ▶ S. 67

| Salze im Bauwesen | Entstehung, chemische Gleichung | Eigenschaften, Vorkommen |
|---|---|---|
| **Chloride** | Calciumchlorid $CaCO_3 + 2\,HCl \rightarrow CaCl_2 + H_2O + CO_2$ | Im Mörtel mit Frostschutzmittel, Sprengwirkung |
| **Karbonate** | Calciumcarbonat $Ca(OH)_2 + CO_2 + H_2O \rightarrow CaCO_3 + 2\,H_2O$ | Kalkstein, Marmor, Ausblühungen (Kalkfahnen) |
| **Nitrate** | Calciumnitrat $Ca(OH)_2 + 2\,HNO_3 \rightarrow Ca(NO_3)_2 + 2\,H_2O$ (+ 4 $H_2O$ = sogenanntes Mauersalpeter) | Starke Ausblühungen und Zersetzungen |
| **Silikate** | Calciumsilikat $H_2SiO_3 + Ca(OH)_2 \rightarrow CaSiO_3 + 2\,H_2O$ (vereinfacht) | Wasserbindend, Abbinden von Zement und Kalk |
| **Sulfate** | Calciumsulfat $CaCO_3 + H_2SO_4 \rightarrow CaSO_4 + CO_2 + H_2O$ (+ 2 $H_2O$ = sogenanntes Sulfattreiben) | Herauslösen von Bindemitteln oder Sprengwirkung |

## 2.8.5 Ausblühungen

**Ausblühungen** sind Salze ▶ S. 66, die sich sichtbar auf den Oberflächen von Beton, Mauerwerk und Putz ablagern. Die schädlichen Salze entstehen meist durch Verbindung der im Regenwasser gelösten Säuren ▶ S. 66 mit im Boden oder Bauteil enthaltenen Stoffen. Häufig gelangen aber auch wasserlösliche Salze durch aufsteigende Bodenfeuchtigkeit in die Bauteile oder es werden die in Baustoffen enthaltenen Salze durch die Feuchtigkeit gelöst. Im Bauteil gelangt die salzhaltige Feuchtigkeit durch Kapillarität ▶ S. 51 an die Außenfläche, die Feuchtigkeit verdunstet, das Salz kristallisiert aus und schlägt sich als weißer bis grauer Überzug nieder. Die Salzkristallbildung kann mit einer Volumenvergrößerung verbunden sein; diese kann zur Zerstörung des Bauteils führen. Man unterscheidet Carbonat-, Sulfat- und Nitratausblühungen.
Bauschäden durch Ausblühungen können durch sorgfältiges Sperren und Abdichten des Bauwerkes gegen Feuchtigkeit vermieden werden ▶ S. 176 ff. 2

**Arten von Ausblühungen**

| **Carbonatausblühung** (Salze der Kohlensäure) | **Sulfatausblühung** (schwefelsaure Salze) | **Nitratausblühung** (Salze der Salpetersäure) |
|---|---|---|
| Eindringende kohlensäurehaltige Feuchtigkeit reagiert chemisch mit dem wasserunlöslichen Calciumcarbonat im Baustoff. Es entsteht das wasserlösliche Calciumhydrogencarbonat, das an die Außenflächen des Bauteils gelangt. Das Wasser verdunstet und Kalkausblühungen entstehen. Die Dichte des Baustoffes und damit seine Festigkeit nehmen ab. | Eindringende schwefelsaure Feuchtigkeit reagiert chemisch mit dem wasserunlöslichen Calciumcarbonat im Baustoff. Es entsteht das wasserlösliche Calciumsulfat (Gips), das an die Außenflächen des Bauteiles gelangt, unter Anlagerung von Hydratwasser auskristallisiert und durch eine achtfache Volumenvergrößerung zu Absprengungen am Bauteil bzw. am Baustoff führt. | Eindringende stickstoffhaltige Feuchtigkeit (Dünger, Jauche) bildet mit Sauerstoff die Salpetersäure, die chemisch mit dem Calciumcarbonat im Baustoff reagiert. Es entsteht Calciumnitrat, das unter Anlagerung von Hydratwasser auskristallisiert und durch Volumenvergrößerung zu Absprengungen und allmählich zur Zerstörung des Baustoffes bzw. des Bauteiles führt. |
| Absäuern, Feuchtigkeitszufuhr z.B. durch einen Silikonanstrich unterbinden. | Oberflächliche Ausblühungen abbürsten und weiteres Eindringen von Feuchtigkeit verhindern. | Gegen eindringende Feuchtigkeit abdichten und Bauteile gegebenenfalls sanieren. |

## 2.8.6 Elektrolyse

Unter **Elektrolyse** versteht man die chemische Umsetzung in einer elektrisch leitenden Flüssigkeit (Elektrolyt) durch die Wirkung des elektrischen Stromes. Fließt Strom durch einen Elektrolyt, so werden am Pluspol (Anode) negativ geladene und am Minuspol (Kathode) positiv geladene Teilchen (Ionen) angezogen. **Elektrolyte** sind die wässrigen Lösungen der Säuren, Laugen und Salze. Die elektrische Leitfähigkeit von wässrigen Lösungen beruht auf der Bewegung und Entladung ihrer Ionen an den Elektroden. Die Stromleitung erfolgt durch Ionenwanderung.

**Technische Anwendung:**
Wichtige chemische Grundstoffe, z.B. Wasserstoff, elementare Halogene und unedle Metalle, wie Kalium, Natrium oder Aluminium, werden durch die Elektrolyse gewonnen. Die elektrolytische Abscheidung von Metallen aus ihren wässrigen Lösungen wird in der Technik zum Verkupfern, Vernickeln (Galvanisieren) eingesetzt. Weiterhin dient dieses Verfahren zum Aufbringen einer korrosionsbeständigen und verschleißfesten Aluminiumoxid-Schicht auf Werkstücke desselben Werkstoffes (Eloxieren). Der Name **Eloxal**-Verfahren ist eine Abkürzung von **el**ektrisch **ox**idiertem **Al**uminium.

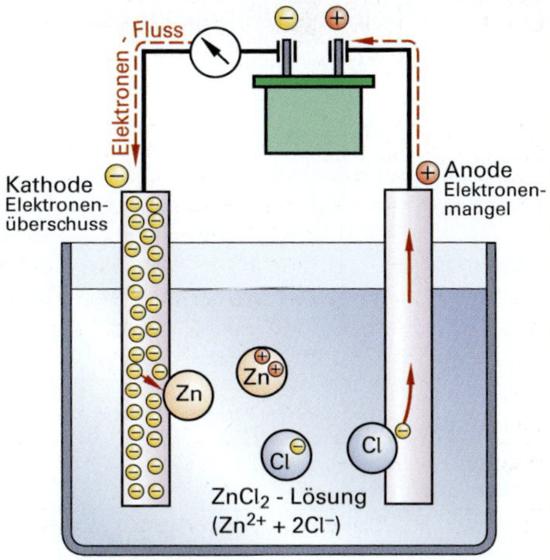


**Elektrolyse (schematisch)**

Elektrolyse (griech. lyein = auflösen) ist eine unter Ionenentladung ablaufende Zerlegung einer chemischen Verbindung durch den elektrischen Strom (Gleichstrom).

## 2.8.7 Gemische, Gemenge

Gemische sind Mischungen verschiedener Stoffe in beliebigen Mengenverhältnissen. Die Eigenschaften von Gemengen unterschiedlicher Stoffe hängen von deren Aggregatzustand sowie von der Größe der einzelnen Teilchen ab. Für manche dieser Gemenge gibt es spezielle Fachworte.

2

| Kombination Aggregatzustände | Zerteilung | Molekular homogen $10^{-10}$ m bis $10^{-9}$ m | kolloidfein $10^{-8}$ m bis $10^{-5}$ m | grob $10^{-5}$ m bis $10^{-3}$ m |
|---|---|---|---|---|
| fest | mit fest | Legierungen z.B. Messing, Bronze | z.B. farbige Gläser | Gesteine wie Granit |
| | mit flüssig | Mischkristalle z.B. Gipsstein $CaSO_4 \cdot H_2O$ | Gel z.B. Zementgel | wassergesättigte Steine |
| | mit gasförmig | Gasmoleküle in Metallen z.B. CO im Stahl | nicht relevant | Porenbeton |
| flüssig | mit fest | (echte) Lösungen z.B. Salzlösung | Suspension, Gel z.B. Schlamm | wassergesättigter Boden |
| | mit flüssig | (echte) Lösungen z.B. Essig | Emulsion, z.B. Milch, Bitumenemulsion | gebrochene Bitumenemulsion |
| | mit gasförmig | (echte) Lösungen z.B. Mineralwasser, $CO_2$ in $H_2O$ | Schaum | Sprudel = $CO_2$-Blasen im Wasser |
| gasförmig | mit fest | nicht möglich | Aerosol z.B. Rauch | Kornhaufwerke z.B. Sand, trocken |
| | mit flüssig | nicht möglich | Aerosol z.B. Nebel | z.B. Regen |
| | mit gasförmig | Luft $N_2 + O_2 + Ar + CO_2$ | nicht möglich | nicht möglich |

## Größenverhältnisse, Abmessungen

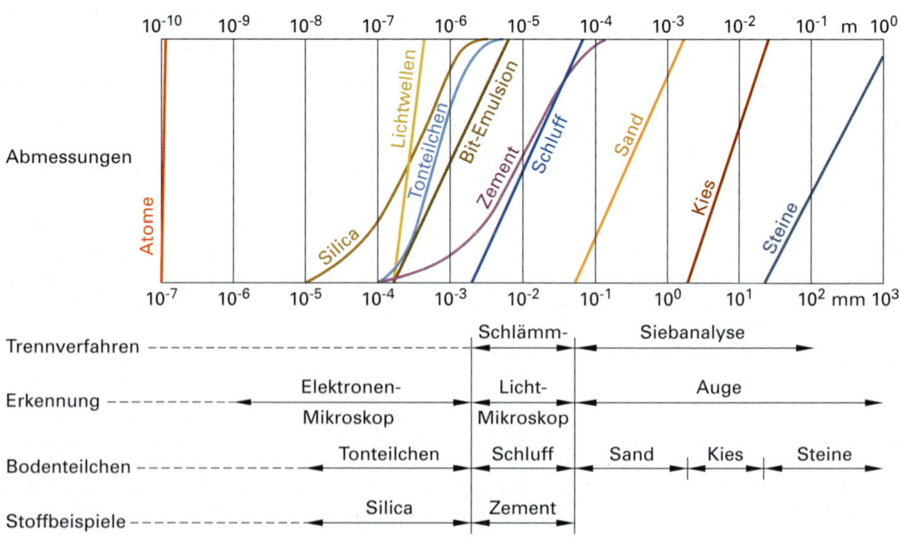

## 2.8.8 Wichtige chemische Reaktionen

### Herstellen und Abbinden von Kalk

Brennen: $CaCO_3$ + Energie → $CaO + CO_2$

Löschen: $CaO + H_2O$ → $Ca(OH)_2$ + Energie

Abbinden: $Ca(OH)_2 + CO_2$ → $CaCO_3 + H_2O$ + Energie

### Zusammensetzung des Zementes

| Klinkermineral | chemische Formel | Kurzzeichen | Anteil am Portland-zementklinker |
|---|---|---|---|
| Tricalciumsilicat | $3\ CaO \cdot SiO_2$ | $C_3S$ | ca. 63% |
| Dicalciumsilicat | $2\ CaO \cdot SiO_2$ | $C_2S$ | ca. 16% |
| Tricalciumaluminat | $3\ CaO \cdot Al_2O_3$ | $C_3A$ | ca. 11% |
| Calciumaluminatferrit oder | $4\ CaO \cdot Al_2O_3 \cdot Fe_2O_3$<br>$2\ CaO \cdot (Al_2O_3, Fe_2O_3)$ | $C_4AF$<br>$C_2AF$ | ca. 8% |

2

### Zement-Reaktionen mit Wasser, Hydratation

Nach der Zugabe von Wasser bildet sich zunächst ein Zementgel aus Calzium-Silicat-Hydraten (abgekürzt CSH), das im Laufe der Zeit in einen festen Zementstein übergeht.

$2\ (3\ CaO \cdot SiO_2) + 6\ H_2O \rightarrow 3\ CaO \cdot 2\ SiO_2 \cdot 3\ H_2O + 3\ Ca(OH)_2$

$2\ (2\ CaO \cdot SiO_2) + 4\ H_2O \rightarrow 3\ CaO \cdot 2\ SiO_2 \cdot 3\ H_2O + Ca(OH)_2$

$3\ CaO \cdot Al_2O_3 + 6 \cdot H_2O \rightarrow 3\ CaO \cdot Al_2O_3 \cdot 6\ H_2O$

$4\ CaO \cdot Al_2O_3 \cdot Fe_2O_3 + 2\ (CaO \cdot H_2O) + 10\ H_2O \rightarrow 3\ CaO \cdot Al_2O_3 \cdot 6\ H_2O + 3\ CaO_3 \cdot Fe_2O_3 \cdot 6\ H_2O$

### Rostschutz, Karbonatisierung des Betons

Während der Zementreaktion entsteht Calziumhydroxid $Ca(OH)_2$ und erzeugt im Zementstein einen pH-Wert von etwa 12,4. Diese basische Reaktion bewirkt einen sicheren Rostschutz des Stahls. Im Laufe der Zeit reagiert das Calziumhydroxid mit dem Kohlendioxid der Luft $Ca(OH)_2 + CO_2 \rightarrow CaCO_3 + H_2O$. Diese Reaktion = Karbonatisierung führt zur Abnahme des pH-Wertes. Unter einem pH-Wert von etwa 9,5 geht der Rostschutz verloren.

| Indikator | sauer pH < 7 | neutral pH = 7 | basisch pH > 7 |
|---|---|---|---|
| Lackmus | rot (ab pH < 6) | violett | blau |
| Phenolphthalein | farblos | farblos | rot (ab pH 8,5) |
| Methylorange | rot (ab pH < 4,4) | orangegelb/gelb | gelb |

### Alkali-Kieselsäure-Reaktion

Bei der Alkali-Kieselsäure-Reaktion reagieren Alkalien (z.B. NaOH, KOH), die von außen eingetragen werden oder auch im Zement enthalten sein können, mit Feuchtigkeit und amorpher Kieselsäure ($SiO_2$) aus den Gesteinskömungen. Diese amorphe Kieselsäure kommt vor allem in Opalsandsteinen, Flinten und Grauwacken vor. Die Reaktion ist infolge der Wassereinlagerung mit einer Volumenzunahme verbunden.

$2\ NaOH + SiO_2 + n \cdot H_2O \rightarrow Na_2SiO_3 \cdot (n+1)\ H_2O$

### Sulfat-Reaktion

Zur Regelung der Erstarrungsgeschwindigkeit wird dem Zement etwa 3 Masse-% Gipsstein ($CaSO_4 \cdot 2\ H_2O$) oder Anhydrit ($CaSO_4 \cdot {}^1/_2\ H_2O$) zugegeben. Wird der Sulfat-Gehalt vergrößert, dann kann sich Ettringit bilden. Die Reaktion zu Ettringit wird als Sulfattreiben bezeichnet und ist mit einer Volumenzunahme verbunden, die zu einer Zerstörung des Zementsteines führen kann.

$3\ CaO \cdot Al_2O_3 + 3\ CaSO_4 + 32\ H_2O \rightarrow 3\ CaO \cdot Al_2O_3 \cdot 3\ CaSO_4 \cdot 32\ H_2O$ Ettringit

2

## 2.8.9 Chemische Berechnungen

Für chemische Reaktionen gilt das Gesetz der Massenkonstanz. Die Massenverhältnisse entsprechen den Atommassen. Da es unzweckmäßig ist mit den sehr kleinen Atommassen zu rechnen, rechnet man mit der Stoffmenge von $6{,}022 \cdot 10^{23}$ Teilchen, der **Avogadro'schen Zahl** $N_A$. Die Stoffmenge, die $N_A$ Teilchen enthält, nennt man 1 Mol. Bei chemischen Berechnungen verwendet man die Atommassen des Periodensystems der Elemente in g (PSE ▶ S. 63). Die Volumen der Reaktionsprodukte müssen jedoch nicht mit den Volumen der Ausgangsstoffe übereinstimmen.

**Beispiel Molare Masse von Wasser $H_2O$**

2 x Atommasse Wasserstoff + 1 x Atommasse Sauerstoff = Molekülmasse Wasser

2 x 1,00797 + 1 x 15,9994 = 18,01534 Molare Masse von Wasser: 18,01534 g/mol

**Beispiel Chemische Berechnung mit gerundeten Werten**

$CaCO_3 \rightarrow CaO + CO_2$

$40 + 12 + (3 \cdot 16) \rightarrow 40 + 16 + 12 + (2 \cdot 16)$ (Die genauen Atommassen enthält

$= 100 \rightarrow = 56 + 44$ das Periodensystem ▶ S. 63)

Beim Brennen von Kalk enthält man aus
100 g (kg, t) Kalkstein 56 g (kg, t) Branntkalk und 44 g (kg, t) Kohlendioxid.

### Lösungskonzentrationsangaben

Lösungskonzentrationen (Gehaltsgrößen nach DIN 1310) werden in % oder in molaren Konzentrationen angegeben. Eine Lösung ist n-prozentig, wenn sie in 100 g Lösung n Gramm der gelösten Komponente enthält.

20%-ige Kochsalzlösung meint 20 g NaCl in 100 g Lösung.

1 molare Lösung meint 1 Mol Salz in 1 l Lösung.

**Beispiel Herstellung einer 1 molaren Kochsalzlösung**

1 Mol Kochsalz NaCl = 22,9898 g Na + 35,453 g Cl ≅ 57,443 g Kochsalz

1 Mol NaCl in 1 l Lösung ≅ 57,443 g NaCl in 1 l Lösung

Herstellung: 57,443 g NaCl in etwa ½ l Wasser auflösen. Anschließend Lösung auf 1 l auffüllen.

**Beispiel**

Wieviel g NaOH werden benötigt, um 250 g einer 15%igen Natronlauge herzustellen?

$$m\,(\text{NaOH}) = \frac{w\,(\text{NaOH})}{100\,\%} \cdot m\,(\text{Lös}) = \frac{15\,\%}{100\,\%} \cdot 250 = 37{,}5 \text{ g}$$

Es werden 37,5 g NaOH und 212,5 g Wasser benötigt.

### pH-Wert ▶ S. 65

Reines neutrales Wasser hat eine Ionen-Konzentration von $10^{-7}$ $OH^-$-Ionen und $10^{-7}$ $H^+$-Ionen, d.h. auf 10 Millionen Moleküle Wasser ist 1 Molekül in $H^+$ und $OH^-$ -Ionen zerfallen. Das Ionenprodukt von $10^{-7} \cdot 10^{-7} = 10^{-14}$ gilt für alle wässrigen Lösungen.

Als pH-Wert gilt der *negative Exponent* der $H^+$-Ionen-Konzentration; also für reines Wasser +7.

Bei Säuren wird die $H^+$-Ionen-Konzentration größer mit pH-Werten < 7.

Bei Laugen wird die $OH^-$-Ionen-Konzentration größer, die $H^+$-Ionen-Konzentration geringer und der pH-Wert steigt auf Werte zwischen 7 und 14.

**Beispiel Berechnung des pH-Wertes einer Lösung von 1 g $Ca(OH)_2$ in 1 l Wasser**

1 Mol $Ca(OH)_2$ = 40,08 g + 2 · (15,9994g + 1,00797 g) = 74,09 g (Atommassen siehe PSE ▶ S. 63)

$$1 \text{ g } Ca(OH)_2/\text{l} = \frac{1 \text{ g } Ca(OH)_2/\text{l}}{74{,}09 \text{ g/mol}} = 0{,}013 \text{ mol } Ca(OH)_2/\text{l}$$

Da $Ca(OH)_2$ in $Ca^{2+}$ und $2 \cdot OH^-$ zerfällt, enthält die Lösung $2 \cdot 0{,}013$ $OH^-$-Ionen je l.

$_{10}\log 0{,}026 = -1{,}6$.

Die Lösung hat demnach einen $pOH^-$-Wert von – 1,6 und somit einen $pH^+$-Wert von 14 – 1,6 = 12,4 → starke Alkalität.

# 3 STATIK UND LASTANNAHMEN

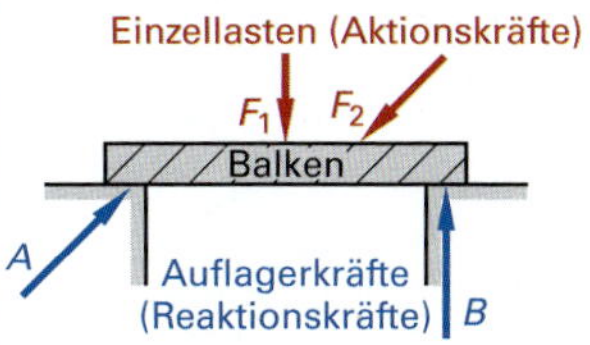


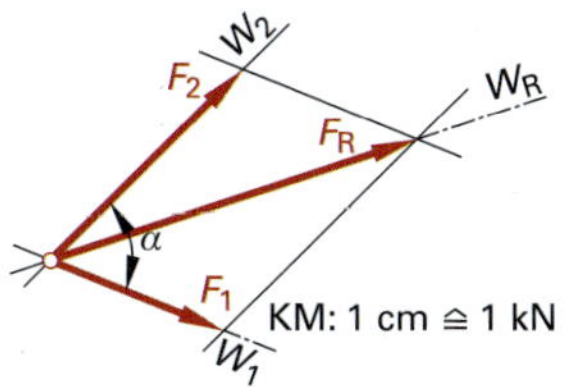


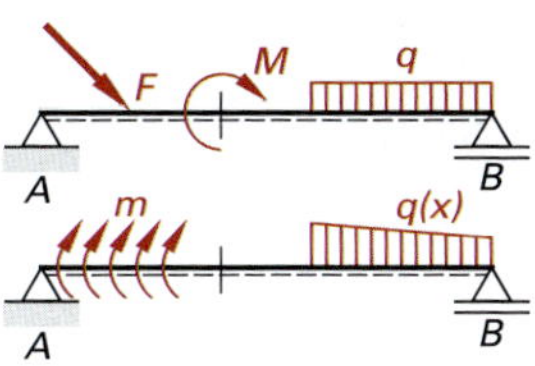


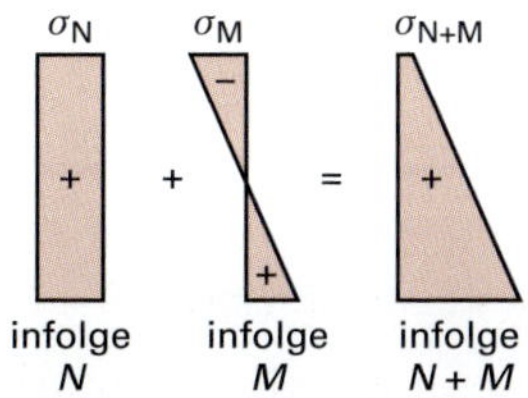




3

## Sicherheitskonzept nach Eurocode 1 (EC 1), DIN EN 1991 (ehemals DIN 1055)

**Beanspruchung**

charakteristischer Wert einer Einwirkung
$q_{G,k}$ $q_{Q,k}$ $F_{G,k}$ $F_{Q,k}$

Teilsicherheitsbeiwerte
$\gamma_G$ $\gamma_Q$ $\gamma_A$

Kombinationsbeiwerte
$\Psi_0$ $\Psi_1$ $\Psi_2$

Bemessungswert einer Einwirkung
$q_{G,d}$ $q_{Q,d}$ $F_{G,d}$ $F_{Q,d}$

Bemessungswert einer Beanspruchung

$$E_d = E\left\{\sum_{j\geq1}\gamma_{Gj}\cdot G_{k,j} \oplus \gamma_{Q,1}\cdot Q_{k,1} \oplus \sum_{i\geq1}\gamma_{Q,i}\cdot\Psi_{Q,i}\cdot Q_{k,i}\right\}$$

oder $E_d = E\left\{\sum_{j\geq1}\gamma_{Gj}\cdot G_{k,j} \oplus 1{,}35\cdot\sum_{i\geq1} Q_{k,i}\right\}$

**Widerstand**

charakteristischer Wert der Baustoffeigenschaft oder des Verbindungsmittels
$f_{m,k}$ $f_{c,0,k}$ $f_{v,k}$ $f_{t,k}$ $R_k$

Modifikationsfaktor
$k_{mod} = f(E_d)$

Teilsicherheitsbeiwert
$\gamma_M$

Bemessungswert der Baustoffeigenschaft oder des Verbindungsmittels
$f_{m,d}$ $f_{c,0,d}$ $f_{v,d}$ $f_{t,d}$ $R_d$

$$f_d = \frac{k_{mod}\cdot f_k}{\gamma_M} \qquad R_d = \frac{k_{mod}\cdot R_k}{\gamma_M}$$

$E_d \leq R_d$

## 3.1 Kräfte und Momente

### Bestimmungsstücke einer Kraft

Eine **Kraft** ist ein **Vektor,** das heißt eine gerichtete Größe. Sie ist bestimmt durch

- **Betrag**
- **Richtung**
- **Angriffspunkt**

Der **Betrag** besteht aus **Zahlenwert** und **Einheit.** Die **Richtung** ist durch **Wirkungslinie** und **Richtungssinn** bestimmt. Die Wirkungslinie ist eine Gerade, auf der der Angriffspunkt liegt. Der **Angriffspunkt** einer Kraft darf auf ihrer **Wirkungslinie** beliebig verschoben werden (Axiom der Linienflüchtigkeit).

Kräfte können nur anhand ihrer Wirkungen erkannt und gemessen werden. Sie sind die Ursache einer Bewegungsänderung oder Formänderung eines Körpers.

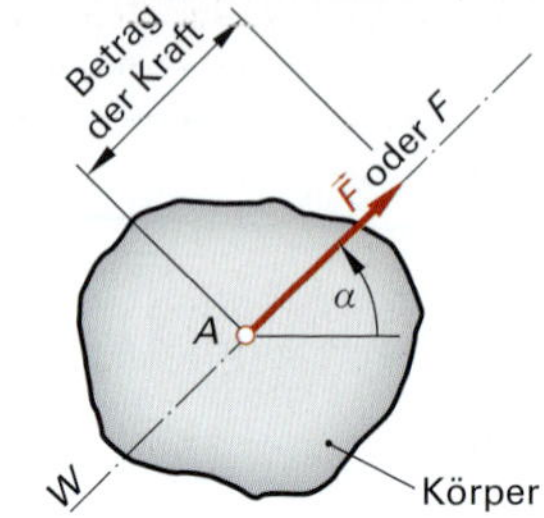


| | |
|---|---|
| $\vec{F}$ | Kraft |
| $F$ | Betrag der Kraft |
| $A$ | Angriffspunkt |
| $W$ | Wirkungslinie |
| $\alpha$ | Richtungswinkel |

### Darstellung einer Kraft

3 Eine Kraft wird durch eine Strecke mit Pfeilspitze dargestellt. Die Pfeilspitze zeigt die Richtung der Kraft an. Der Betrag der Kraft entspricht der Länge der Strecke multipliziert mit dem Kräftemaßstab. Die **Einheit** der Kraft ist **1 Newton (1 N).**

Der **Kräftemaßstab** hat die **Einheit 1 N/m.** Die Darstellung **1 cm ≙ 100 kN** bzw. **$M_K$ = 100 kN/cm** bedeutet: Ein Zentimeter der Darstellung einer Kraft entspricht hundert Kilonewton seines Betrages.

**KM: 1 cm ≙ 100 kN**

oder 100 kN (Maßstabsbalken)

oder $M_k$=100 kN/cm

### Bezeichnung einer Kaft

Eine **Kraft** wird mit ***F*** und mehrere Kräfte mit $F_1$, $F_2$, … bezeichnet. Eine resultierende Kraft – auch Resultierende genannt – erhält die Bezeichnung $F_R$ oder als Teilresultierende z.B. der Kräfte $F_1$ und $F_2$ die Bezeichnung $F_{1,2}$ (siehe Kräfteparallelogramm).

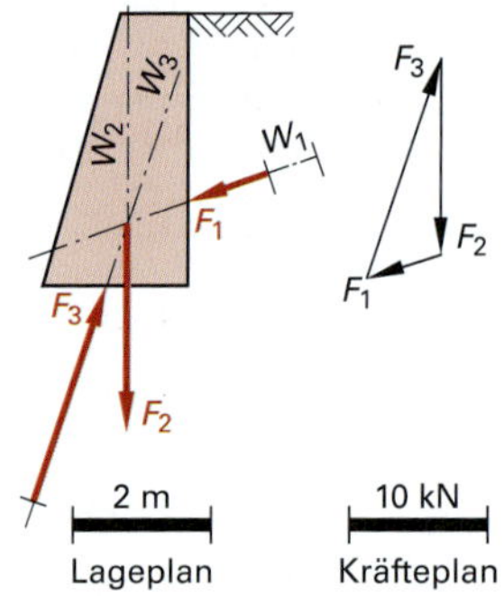


Schwergewichtsstützwand

### Lageplan und Kräfteplan (Krafteck)

Im **Lageplan** sind der Körper und die ihn angreifenden Kräfte mit Angriffspunkten und Wirkungslinien maßstäblich einzutragen.

Im **Kräfteplan** – auch **Krafteck** genannt – werden die Kräfte durch Parallelverschieben aus dem Lageplan maßstäblich aneinander gefügt. Dabei ist der Durchlaufsinn (Verlauf der Pfeilspitzen), nicht jedoch die Reihenfolge der Kräfte zu beachten.

Der Kräfteplan dient der Ermittlung des **Kräftegleichgewichts** und ist mit einem **Kräftemaßstab** zu versehen.

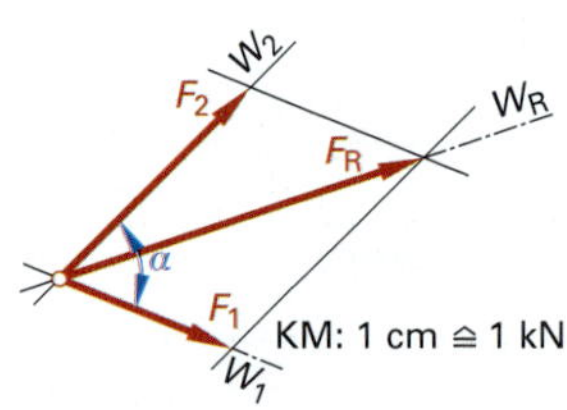


Kräfteparallelogramm

### Axiom vom Kräfteparallelogramm

Greifen zwei Kräfte in einem Punkt an, so lassen sie sich in ihrer Wirkung durch eine statisch äquivalente Kraft ersetzen. Die Ersatzkraft heißt Resultierende und wird durch das nebenstehend dargestellte **Kräfteparallelogramm** zeichnerisch ermittelt. Die rechnerische Ermittlung erfolgt mit folgender Formel:

$$F_R = \sqrt{F_1^2 + F_2^2 + 2\,F_1 \cdot F_2 \cdot \cos\alpha}$$

$$F_H = F \cdot \cos\alpha \qquad F_V = F \cdot \sin\alpha$$

$$F_R = \sqrt{(F_H)^2 + (F_V)^2} \qquad \tan\alpha = F_V/F_H$$

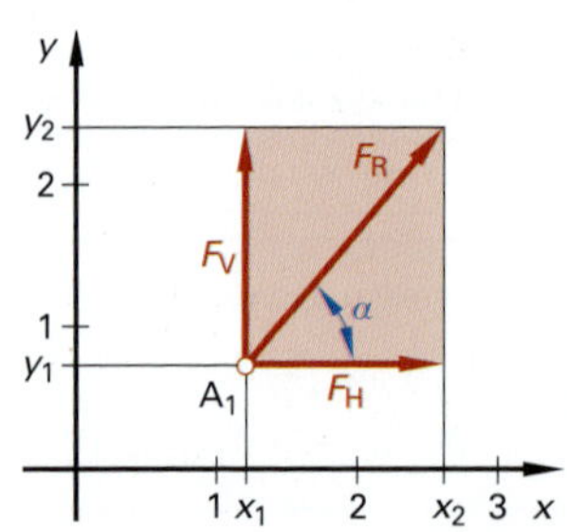


Analytische Darstellung der Kraft

## Addition und Subtraktion von Kräften

Bei der grafischen **Addition von Kräften** wird ein Kräfteplan erstellt. Die aneinander zu fügenden Kräfte heißen **Teilkräfte.**

Der Vektor (die Kraft), welcher durch geradlinige Verbindung des Anfangspunktes mit dem Endpunkt der Vektorkette (Kraftkette) und einer Pfeilspitze im Endpunkt entsteht, entspricht der Vektorsumme und heißt **Resultierende.**
Eine Kraft wird subtrahiert, indem eine entgegengesetzt gerichtete Kraft gleichen Betrages addiert wird.

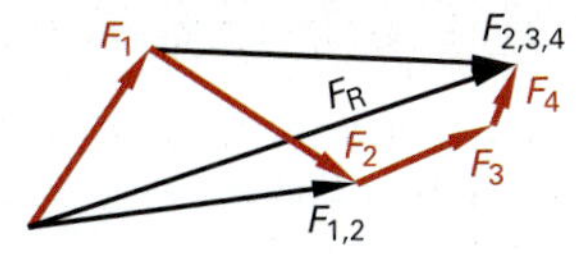

Addition von Kräften

## Zerlegung einer Kraft

Eine Kraft lässt sich in der Ebene eindeutig in zwei voneinander verschiedene Richtungen zerlegen. Die Wirkungslinien der gesuchten Teilkräfte werden dabei im Kräfteplan parallel an den Anfangs- und Endpunkt der gegebenen Kraft verschoben. Die Schnittpunkte der verschobenen Wirkungslinien sind – wie beim Kräfteparallelogramm – Anfangspunkt bzw. Endpunkt der Teilkräfte. Im Lageplan müssen sich die Wirkungslinien der Kraft und ihrer Teilkräfte in einem Punkt schneiden.

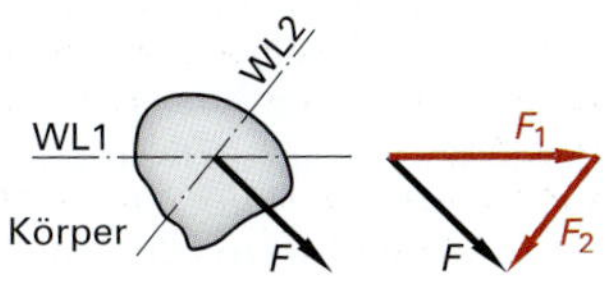

Zerlegen einer Kraft

Moment = Hebelarm × Kraft

$$M = \pm a \times F$$

## Moment einer Kraft (ebenes Kräftesystem)

Das **Moment** einer Kraft in Bezug auf einen **Punkt (Drehpunkt)** ist gleich dem Produkt aus **Hebelarm** und Betrag der Kraft. Der Hebelarm ist der (kürzeste) Abstand der Wirkungslinie vom Drehpunkt. In einem ebenen Kräftesystem ▶ S. 74 lassen sich die Momente mehrerer Kräfte um einen gemeinsamen Drehpunkt addieren (Momentensatz).

Ist die Drehwirkung der Kraft im Gegenuhrzeigersinn, so ist das Moment positiv, andernfalls negativ.

**Mit *M* wird das Moment einer Kraft *F* um den Drehpunkt *D* bezeichnet. Die Einheit des Moments ist ein Newtonmeter (1 Nm).**

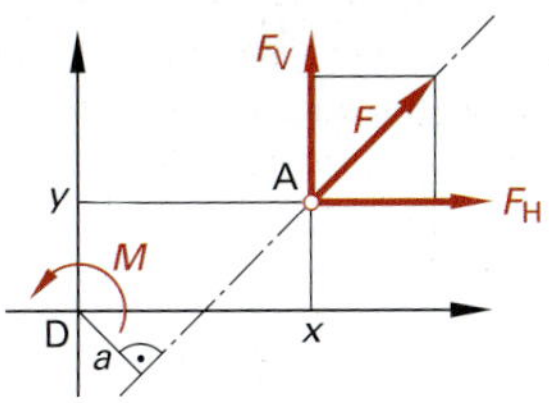


| | |
|---|---|
| D (0, 0) | Drehpunkt |
| A (x, y) | Angriffspunkt |
| $M_D$ | Moment von $F$ um $D$ |
| $F$, $F_V$, $F_H$ | Kraft |
| $a$ | Hebelarm |

## Moment eines Kräftepaares

Ein **Kräftepaar** besteht aus zwei gleich großen, aber entgegengesetzten Kräften auf **parallelen Wirkungslinien.** Das mit **Drehkraft** bezeichnete Moment ist gleich dem Produkt aus dem Abstand der Wirkungslinien und dem Betrag einer der Kräfte. Es gilt die gleiche Vorzeichenregelung wie für das Moment einer Kraft. Kräftepaare mit gleichem Moment sind statisch äquivalent. Die Summe der Momente der Einzelkräfte ist für jeden Drehpunkt gleich und entspricht dem Moment des Kräftepaares.

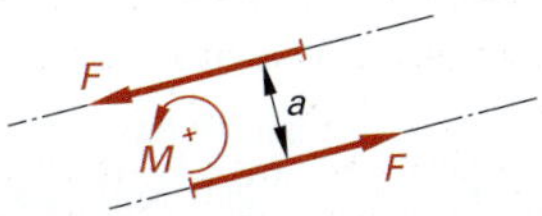

Kräftepaar mit $M = a \cdot F$

## Seileck-Verfahren

Das Seileckverfahren dient zur Ermittlung der Resultierenden mehrerer in einer Ebene verlaufenden Einzelkräfte. Arbeitsgänge:

- Grafische Addition der Kräfte und Resultierende ermitteln.
- Vom beliebigen Punkt Q Polstrahlen zu Kräften legen.
- Polstrahlen ausgehend von Punkt *S* (beliebiger Punkt auf Wirkungslinie von Kraft $F_1$) abtragen.
- Wirkungslinie der Resiltierenden geht durch Punkt P.

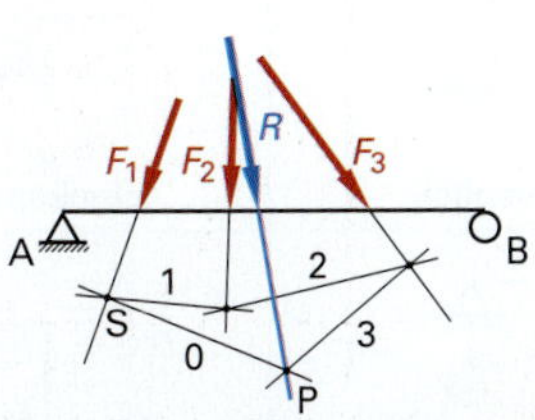


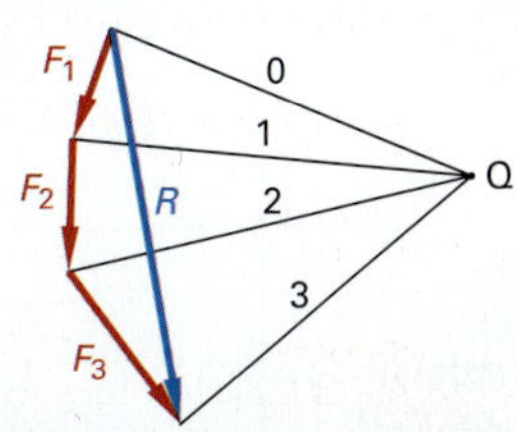

## 3.2 Gleichgewichtsbedingungen

### Notwendigkeit des Gleichgewichts

Körper ohne **Gleichgewicht** erfahren eine Beschleunigung. Für die Standfestigkeit ruhtender Körper (Statik) ist die Erfüllung des Gleichgewichts eine notwendige Bedingung.

### Arten des Gleichgewichts

Für die Standfestigkeit ruhender Körper (Statik) ist das Gleichgewicht eine notwendige Bedingung.

Das **Kräftegleichgewicht** ist erfüllt, wenn die Resultierende aller an einem Körper angreifenden Kräfte gleich NULL ist. Das Krafteck im Kräfteplan schließt sich dann.

Ist zusätzlich das resultierende Moment bezüglich eines frei wählbaren Drehpunktes gleich NULL, so ist auch das **Momentengleichgewicht** erfüllt.

Zur rechnerischen Ermittlung des Kräftegleichgewichts in der Ebene werden alle an einem Körper angreifenden Kräfte in **Vertikalkomponenten** (Teilkräfte in y-Richtung) und **Horizontalkomponenten** (Teilkräfte in x-Richtung) zerlegt ▶ S. 45.



**Gleichgewichtsbedingungen**

**$\Sigma V = 0$ oder $\Sigma F_V = 0$**

**$\Sigma H = 0$ oder $\Sigma F_H = 0$**
**(Kräftegleichgewicht)**

**$\Sigma M = 0$ oder $\Sigma M_D = 0$**
**(Momentengleichgewicht)**

$V$, $F_V$ Sammelbezeichnung für Vertikalkräfte
$H$, $F_H$ Sammelbezeichnung für Horizontalkräfte
$M$, $M_D$ Sammelbezeichnung für Momente um einen Drehpunkt D

### Zentrales Kräftssystem

In einem zentralen **Kräftesystem** schneiden sich die Wirkungslinien aller Kräfte in einem Punkt. Für diesen Punkt verschwindet das resultierende Moment, sodass nur noch das Kräftegleichgewicht zu überprüfen ist.

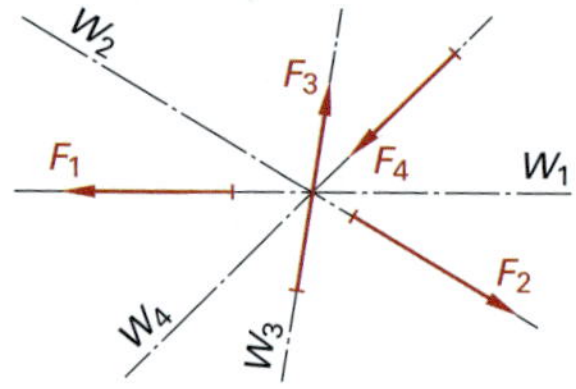

Zentrales Kräftesystem

### Aktionskräfte und Reaktionskräfte

Alle von außen auf einen Körper einwirkenden Kräfte heißen **Aktionskräfte**, z. B. **Gewichtskräfte, Lasten** (nach europäischen Normen **Einwirkungen).**

**Reaktionskräfte** sind Zwangskräfte und heißen **Auflagerkräfte** oder **Auflagerreaktionen.** Sie führen zur Einschränkung der Bewegungsmöglichkeit eines Körpers.

Reaktionskräfte ($F_1$, $F_2$) stellen sich so ein, dass sie mit den Aktionskräften die Gleichgewichtsbedingungen ($A$, $B$) erfüllen.

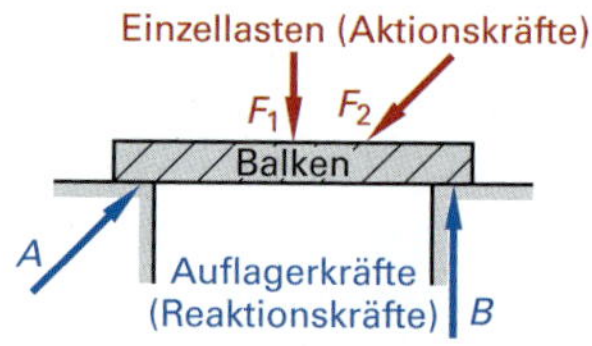

Aktions- und Reaktionskräfte

### Freimachen eines Körpers / Schnittprinzip

Alle Körper, die den freizumachenden Körper berühren, werden gedanklich weggenommen und durch Kräfte gleicher Wirkung ersetzt. Die dabei auftretenden und zunächst unbekannten Kräfte heißen Reaktionskräfte und müssen mit den verbleiben den Aktionskräften die Gleichgewichtsbedingungen erfüllen. Auch Teile eines Körpers können freigemacht (gedanklich freigeschnitten) werden. Die an der Schnittstelle auftretenden Reaktionen heißen Schnittgrößen ▶ S. 76.

### Lagerungsarten und Lagerungssymbole

In der Statik ebener Stabwerke (Holzbalken, Stahlträger usw.) werden Auflager durch Symbole dargestellt. Es gibt feste, bewegliche und eingespannte Lager.

| | | | |
|---|---|---|---|
| Lagerungsart und Bewegungsmöglichkeit (Auflager) | 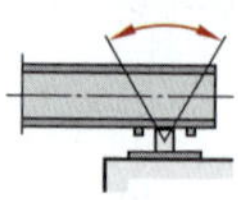 **fest** | 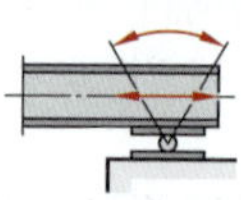 **beweglich** | 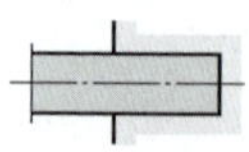 **eingespannt** |
| Symbol und Auflagerreaktionen | 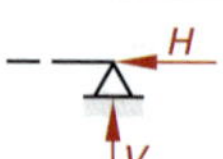  |   |   |

## 3.3 Statische Systeme

Zur Berechnung der Standfestigkeit eines Bauwerks werden **statische Systeme** verwendet. Sie stellen eine Idealisierung der tragenden Konstruktion des Bauwerks dar. Für statische Systeme können unter der Einwirkung von Kräften und unter Verwendung von Rechenverfahren der Statik **Auflagerreaktionen, Schnittgrößen** und **Formänderungen** bestimmt werden. Diese Größen dienen dazu, mit den Verfahren der Festigkeitslehre die Beanspruchbarkeit und die Gebrauchstauglichkeit der tragenden Teile eines Bauwerks zu bestimmen.

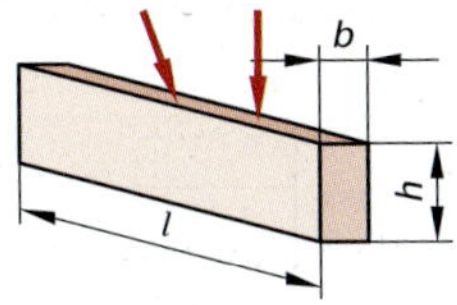


Balken als Stab $b \ll l$
$h \ll l$

### Stäbe

**Stäbe** sind linienförmige Elemente. Ihre Abmessungen in zwei Richtungen (Querschnitt) sind klein gegenüber der dritten Richtung (Länge). Zu den Stäben gehören **Balken, Träger** und **Stützen.**

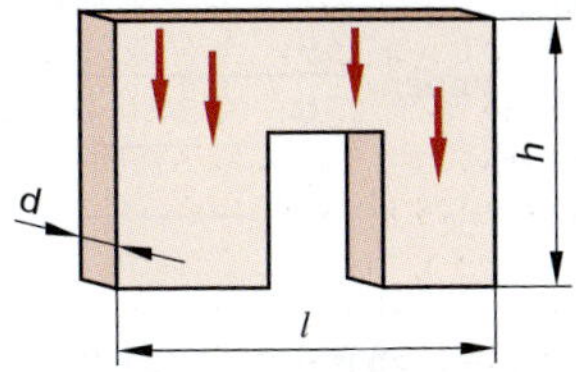


Wand als Scheibe $d \ll l$
$d \ll h$

3

### Scheiben, Platten und Schalen

**Scheiben, Platten** und **Schalen** sind flächenförmige Elemente. Ihre Abmessung in einer Richtung (Dicke $d$) ist klein gegenüber den anderen beiden Richtungen. **Scheiben** und **Platten** sind ebene Elemente. Bei den Scheiben (z. B. freitragende Wände) wirken alle angreifenden Kräfte nur in der Ebene der Scheibe. Bei den Platten wirken alle angreifenden Kräfte senkrecht zur Plattenebene. **Schalen** sind gekrümmte Flächenelemente.

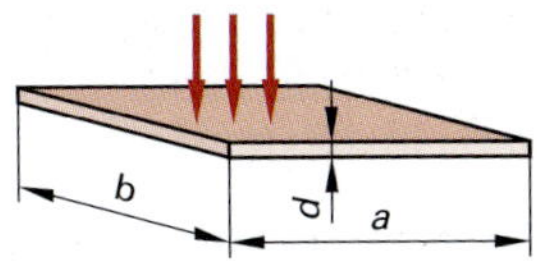


Geschossdecke als Platte $d \ll a$
$d \ll b$

### Stabwerke

**Stabwerke** sind aus Stäben zusammengesetzte statische Systeme. Die Stäbe können durch Biegung, Normalkräfte (Druck, Zug) und Querkräfte beansprucht werden. Bei ebenen Stabwerken liegen alle Stäbe in einer Ebene und werden auch nur – wie bei Scheiben – in dieser Ebene durch Kräfte beansprucht.

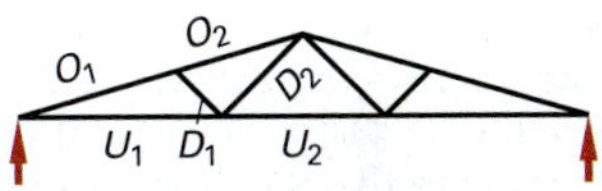


Dreiecksbinder (Satteldach)

### Fachwerke

**Fachwerke** sind ebene Stabwerke, bei denen die Stäbe aufgrund ihrer besonderen Anordnung und geraden Form nur durch **Normalkräfte** beansprucht werden. Die Punkte im statischen System, an denen zwei oder mehrere Stäbe zusammenlaufen, heißen **Knoten.** Statt der tatsächlich vorhandenen biegesteifen Verbindung der Stäbe in den Knoten wird idealisierend ein **Vollgelenk** angenommen. Ein Fachwerk mit dieser Idealisierung heißt auch **Gelenkfachwerk.**

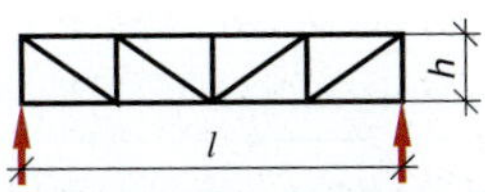


Balkenbinder (Parallelbinder)
z.B. $l$ = 7,5 m und $h > l/12$

Die Fachwerkbinder werden meistens als **Einfeldträger** verwendet. Vor Beginn der Berechnungen muss das Bindersystem festgelegt werden. Mit **System** wird das Netz der Achsen (Schwerpunktlinien) der einzelnen Stäbe benannt.

Die oberen Stäbe bilden den Obergurt. Die unteren Stäbe bilden den Untergurt. Zwischen Obergurt und Untergurt sind als Dreieckssystem die Füllstäbe eingebaut, die entweder als Vertikalstäbe oder Diagonalstäbe angeordnet sind.

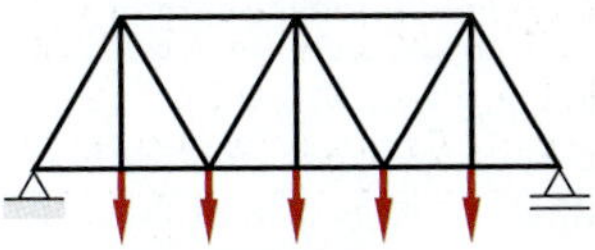

Brücke als Fachwerk

### Gelenkrahmen

Als Rahmen bezeichnet man eine idealisierte Konstruktion, deren Stäbe neben Zug und Druck auch Biegung übertragen können. Senkrechte Rahmenstäbe heißen **Stiele**, waagerechte Stäbe **Riegel.** Für Vollwandbinder aus Holz gelten folgende Faustformeln:

Kantholzrahmen mit $l$ = 15 m bis $l$ = 30 m und $h \leq l/12$
Brettschichtholz mit $l$ = 25 m bis $l$ = 60 m und $h \leq l/12$

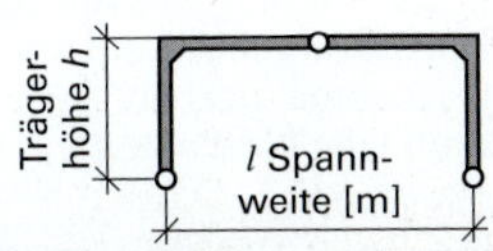


Dreigelenkrahmen

## Bezeichnung am ebenen Stabwerk

| Art | Beispiel | Bedeutung |
|---|---|---|
| Zahlen | 1, 2, 3, ... | Stäbe |
| Groß-Buchstaben | A, B, C, ... | Auflager, Eckpunkte, Knotenpunkte |
| | *A, C* | Vertikale Kräfte |
| | $H_A$, $H_B$ | Horizontalkräfte |
| | *F* | Einzellast |
| | *M*, $M_A$, ... | Momente |
| Klein-Buchstaben | *g* | Eigenlast |
| | *q* | Nutzlast, Verkehrslast |
| | *w* | Windlast |
| | *s* | Schneelast |
| | *m* | Gleichstreckenmoment |

Zur Festlegung der Vorzeichen für die Biegebeanspruchung wird eine frei wählbare Seite an jedem Stab durch Strichelung als gestrichelte Zone (Kennfaser) gekennzeichnet (siehe Bild).

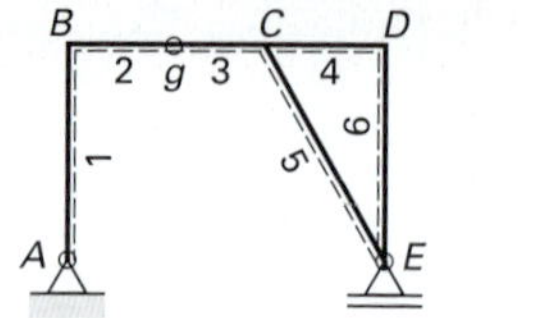


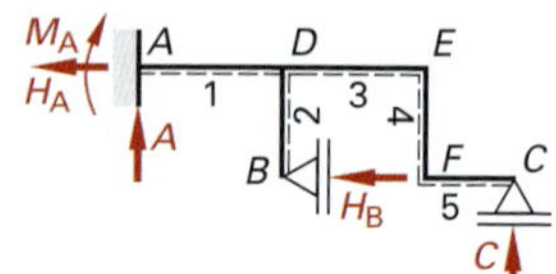


Auflagerreaktionen

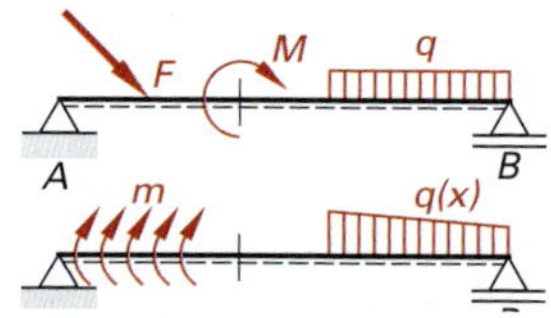


Belastung (Einwirkungen)

3

## Schnittgrößen

Um die Belastungen in Bauteilen entlang ihres Verlaufs zu bestimmen, werden Schnittgrößen **(Normalkraft *N*, Querkraft *V*** und **Biegemoment *M*)** berechnet. Zur Erfassung der Kräfte im Innern des Stabes wird an der zu untersuchenden Stelle ein gedachter Schnitt quer zur Stabachse geführt.

Einfeldträger mit Schnitt *s*

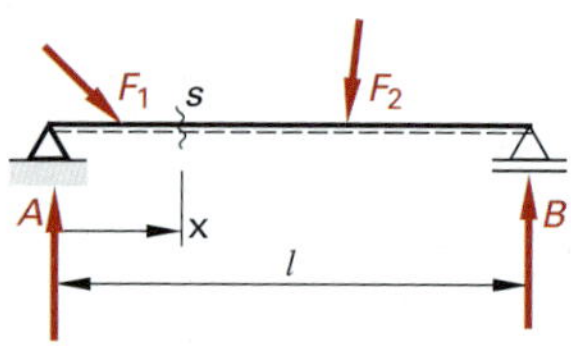


Schnittflächen (Schnittufer)

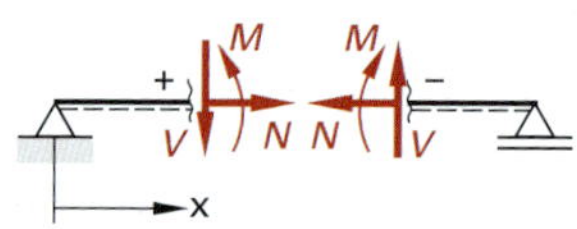


Schnittufer mit positiven Schnittgrößen *M*, *N* und *V* (vormals *Q*)

Koordinaten und Vorzeichen (DIN 1080)

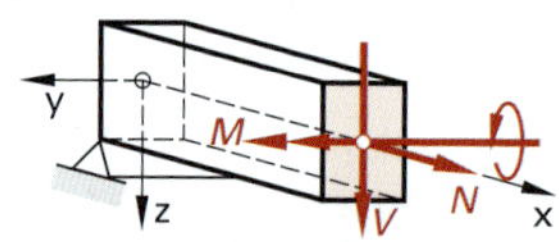


Stabkoordinaten und Schnittgrößen am positiven Schnittufer

## Zustandslinien

**Schnittgrößen** sind von der Lage des Schnittes und damit von der Stabkoordinate *x* abhängig.

Werden die Schnittgrößen getrennt nach **Querkraft *V*, Normalkraft *N*** und **Biegemoment *M*** in das statische System eingetragen, so ergeben sich die **Zustandslinien.**

Positive Schnittgrößen werden auf der Seite der gestrichelten Zone angetragen und bei mehrfarbiger Darstellung durch eine grüne Linie gekennzeichnet.

Negative Schnittgrößen werden gegenüberliegend angetragen und durch eine rote Linie gekennzeichnet.

Zur Bestimmung der **Auflagerreaktionen** (*A*, *B*) über **Gleichgewichtsbedingungen** am statisch bestimmten ebenen Stabwerk gilt (Summe der Horizontalkräfte, Summe der Vertikalkräfte, Summe der Momente):

$$\Sigma H = 0 \qquad \Sigma V = 0 \qquad \Sigma M_D = 0 \qquad (D \text{ beliebiger Drehpunkt})$$

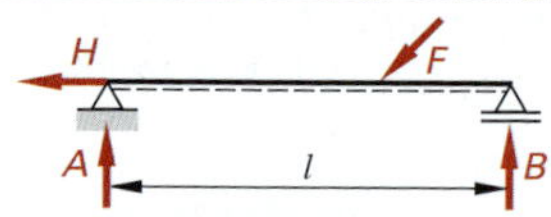


System und Belastung

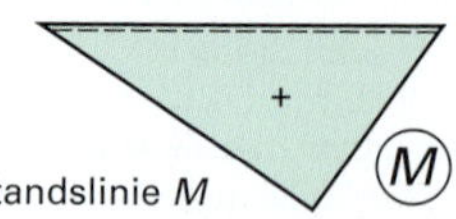


Zustandslinie *M*

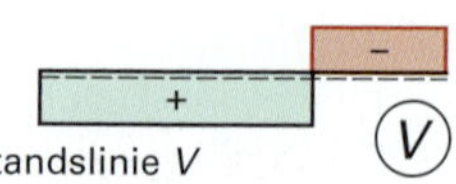


Zustandslinie *V*

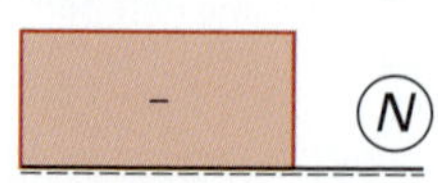


Zustandslinie *N*

## Cremona-Plan

Der Cremona-Plan dient zur grafischen Ermittlung der Stabschnittkräfte in ebenen, statisch bestimmten Fachwerken. Um ein geschlossenes Kräftepolygon zu erzeugen, muss an jedem Knoten des Fachwerks Gleichgewicht herrschen.

① Auflagerkräfte bestimmen (z. B. Seileck ► S. 73).

② An einem Knoten (z. B. Auflager) zwei unbekannte Stabkräfte ermitteln.
Der Betrag der Stabkraft ergibt sich aus der Länge der Linien (Kräftemaßstab).
Aus dem Umlaufsinn des Kräftepolygons ergibt sich die Richtung der Kräfte am betrachteten Knoten.

③ In gleicher Weise werden die Kräfte der weiteren Knoten grafisch ermittelt.
Kräfte müssen immer in der Reihenfolge eines bestimmten Umfahrungssinns für alle Knoten gleich gezeichnet werden.

④ Alle Kräftepolygone werden überlagert, so dass jede Stabkraft nur einmal aufgezeichnet wird.

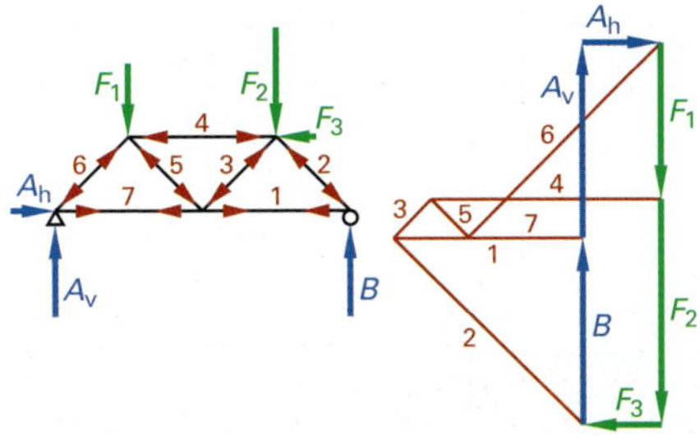


3

**Beispiel**

Der nebenstehend dargestellte Einfeldträger mit Kragarm ist durch zwei Einzelkräfte belastet. Es sind die Auflagerreaktionen zu berechnen und die Zustandslinien zu zeichnen.
$l$ = 6 m, $l_k$ = 2 m, $F_1$ = 3 kN, $F_2$ = 4 kN.

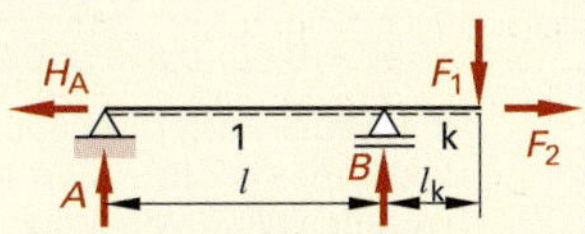

System und Belastung

Mit den Gleichgewichtsbedingungen $\Sigma M_A = 0$, $\Sigma M_B = 0$ und $\Sigma H = 0$ lassen sich die Auflagerreaktionen bestimmen.

$\Sigma H = 0 = -H_A + F_2$ $\quad H_A = F_2$ $\quad$ $\mathbf{H_A = 4\ kN}$

$\Sigma M_A = 0 = l \cdot B - (l + l_k) \cdot F_1$ $\quad B = \dfrac{6\text{ m} + 2\text{ m}}{6\text{ m}} \cdot 3\text{ kN}$ $\quad$ $\mathbf{B = 4\ kN}$

$\Sigma M_B = 0 = -l \cdot A - l_k \cdot F_1$ $\quad A = \dfrac{-2\text{ m}}{6\text{ m}} \cdot 3\text{ kN}$ $\quad$ $\mathbf{A = -1\ kN}$

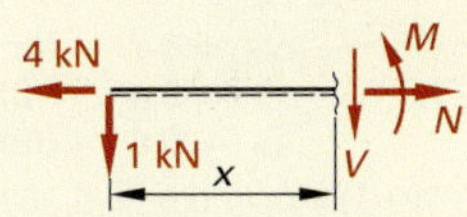

Schnittgrößen im Feld

Durch Schneiden und Freimachen lassen sich an dem Teilkörper mit den Gleichgewichtsbedingungen $\Sigma H = 0$, $\Sigma V = 0$ und $\Sigma M_x = 0$ die Schnittgrößen bestimmen.

- Für das **Feld 1** ergibt sich:

$\Sigma H = 0 = -H_A + N$ $\quad N = H_A$ $\quad$ $\mathbf{N = 4\ kN}$

$\Sigma V = 0 = -A + V$ $\quad V = A$ $\quad$ $\mathbf{V = -1\ kN}$

$\Sigma M_x = 0 = -x \cdot A + M$ $\quad M = xA$ $\quad$ $\mathbf{M = x \cdot (-1\ kN)}$

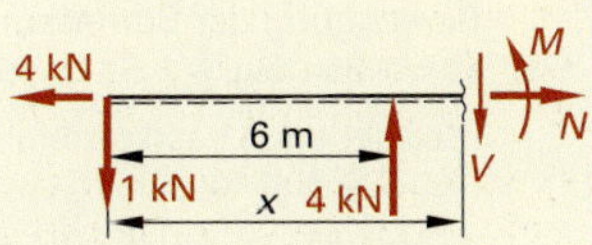

Schnittgrößen im Kragarm

- Für den **Kragarm k** ergibt sich:

$\Sigma H = 0 = -H_A + N$ $\quad N = H_A$ $\quad$ $\mathbf{N = 4\ kN}$

$\Sigma V = 0 = -A - B + V$ $\quad V = A + B$ $\quad$ $\mathbf{V = 3\ kN}$

$\Sigma M_x = 0 = -x \cdot A - (x - l) \cdot B + M$

$M = -l \cdot B + x \cdot (A + B)$ $\quad$ $\mathbf{M = -24\ kN + x \cdot (3\ kN)}$

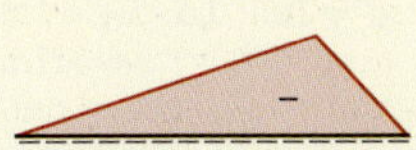

Zustandslinie $M$

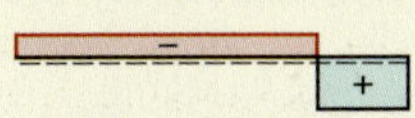

Zustandslinie $V$

Zustandslinie $N$

Der Verlauf der Querkraft und der Normalkraft ist im Feld 1 und im Kragarm jeweils konstant. Das Biegemoment ist jeweils linear veränderlich und hat am Auflager A ($x$ = 0) und am Kragarmende ($x$ = 8 m) den Wert 0 kNm. Über dem Auflager B ($x$ = 6 m) hat $M_B$ den Wert:

$M_B$ = (6 m) · (– 1 kN) = – 24 kNm + (6 m) · (3 kN) $\quad$ $\mathbf{M_B = -6\ kNm}$

**Beispiel**

Für die Sparren eines Pfettendaches ► S. 339 sind die Lastannahmen durchzuführen. Die daraus resultierenden Auflagerreaktionen A, B und $H_A$ sowie die Zustandslinien der Schnittgrößen N, V und M sind dargestellt (Standort des Wohngebäudes in der Region Hannover).

**System:**

Stützweite $l$ = 4,0 m — Sparrenabstand $e$ = 0,8 m

Dachhöhe $h$ = 3,0 m

$l_s = l^2 + h^2$ — $l_s = \sqrt{(4{,}0\ \text{m})^2 + (3{,}0\ \text{m})^2} = 5{,}0$ m

Sparrenlänge $l_s$ = 5,0 m

$\tan \alpha = h/l = 0{,}75$ — Dachneigung $\alpha$ = 36,9°

$\sin \alpha = h/l_s = 0{,}60$ — $\cos \alpha = l/l_s = 0{,}80$

**Belastung / charakteristische Einwirkungen:** ► S. 90 ... S. 100

(D Dachfläche, G Grundrissprojektion)

| | |
|---|---|
| Eigenlast nach DIN 1055 (06.86) | |
| Betondachsteine incl. Lattung | 0,50 kN/m² D |
| Sparrengewicht (geschätzt) | 0,07 kN/m² D |
| Unterspannbahn (geschätzt) | 0,01 kN/m² D |
| Unterschalung (geschätzt) | 0,12 kN/m² D |
| ständige Last | **$g_k$ = 0,70 kN/m² D** |

Schneelast nach DIN 1055 (2005-06) ► S. 99

(Zone 2, Höhe ≤ 285 m über NN)

$s_k$ = 0,85

$\mu_1$ = 0,8 (60 – 36,9)/30 = 0,616

$\Rightarrow$ **$s_1$** = 0,85 · 0,616 ≅ **0,52 kN/m²**

Winddruck nach DIN 1055 (2005-03) ► S. 96

Windzone (WZ II) $q$ = 0,5 kN/m²)

Luvseite (Wind von links)

mittlerer Bereich (G und H)

$W = c_{pe} \cdot q$

$G \Rightarrow c_{pe,1} = 0{,}7$ für $\alpha = 36{,}9°$

$H \Rightarrow c_{pe,1} = 0{,}4$ (für 30°); $= 0{,}6$ (für 45°) } 0,49 (für 36,9°)

$W(G) = 0{,}7 \cdot 0{,}5 = 0{,}35$ kN/m²

$W(H) = 0{,}49 \cdot 0{,}5 = 0{,}25$ kN/m²

Berechnung der Bemessungslasten

$E_d = 1{,}35 \cdot G_{k,j} \oplus 1{,}5 \cdot Q_{k,1} \oplus 1{,}5 \cdot \Psi_{Q,2} \cdot Q_{k,2}$

maßgebende Lastkombination der Einwirkungen

LK: $G \oplus S \oplus W$

$g_d = 1{,}35 \cdot g_k = 1{,}35 \cdot 0{,}7 = 0{,}95$ kN/m²

$s_d = 1{,}5 \cdot s_k$ (hier $s_1$) $= 1{,}35 \cdot 0{,}52 = 0{,}78$ kN/m²

$w_d = 1{,}5 \cdot 0{,}6 \cdot w_k = 1{,}5 \cdot 0{,}6 \cdot 0{,}35 > 0{,}32$ kN/m²

$= 1{,}5 \cdot 0{,}6 \cdot 0{,}25 = 0{,}23$ kN/m²

**Hinweis:**

- Zur Vereinfachung werden die Auflagerreaktionen ($A_V$ = 4,14 kN, $A_H$ = 0,69 kN, $B_V$ = 4,65 kN) und die Schnittkräfte (siehe Grafik) auf einen Sparrenabstand von $a$ = 1,0 m bezogen ( z. B. $g_d$ = 0,95 kN/m)
- Für die Windlast wird der höhere Wert konstant über die gesamte Sparrenlänge angesetzt.

Der Verlauf der **Zustandslinien** für Quer- und Normalkräfte ist bei dem Beispiel linear, der Verlauf der Zustandslinie für die Momente parabelförmig mit dem Maximum in Feldmitte.

System

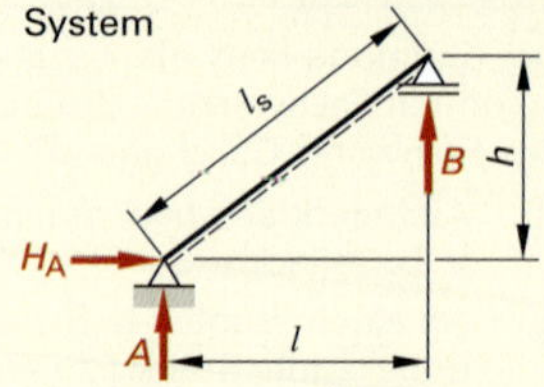


ständige Last

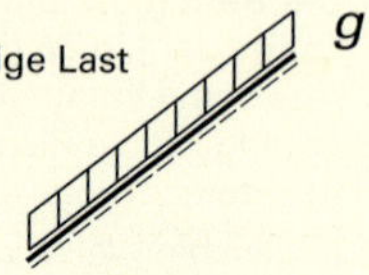


Schneelast

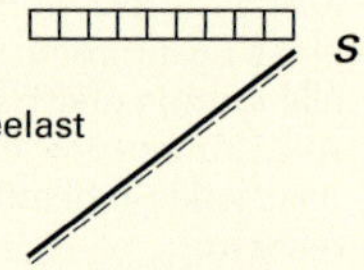


Windlast

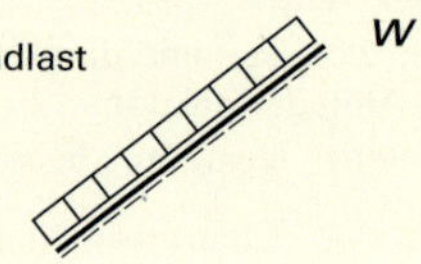


Windlast

**Hinweis:**

$w_H$ = 0,34 kN/m² auf einer Dachhöhe $h$ = 3,00 m

$w_V$ = 0,34 kN/m² auf einer Stützweite $l$ = 4,00 m

Zustandslinie $N$

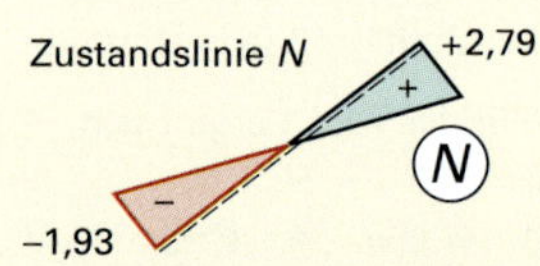


Zustandslinie $V$

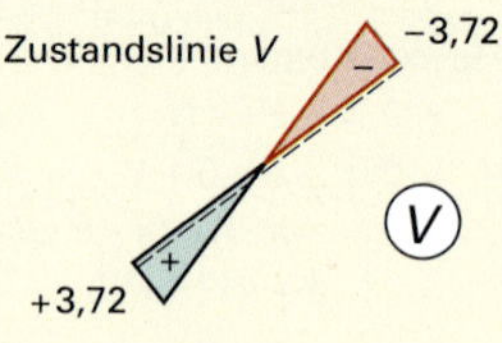


Zustandslinie $M$

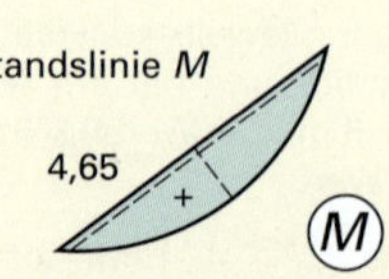

**Beispiel**

Für einen Einfeldträger mit Kragarm sind unter Berücksichtigung feldweise veränderlicher Gleichstreckenlasten die Extremalwerte der Auflagerreaktionen und der Biegemomente zu bestimmten.

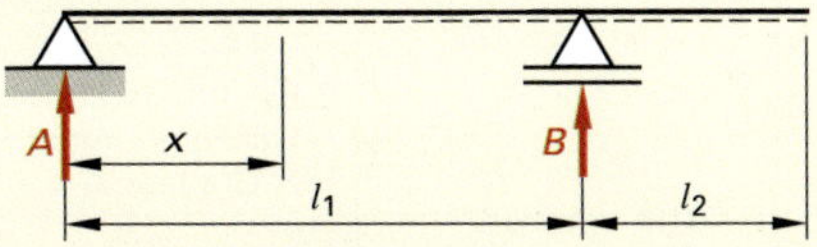


System: Feldlänge $l_1$ = 4 m (4,00 m)
Kragarmlänge $l_2$ = 1 m (1,00 m)

Belastung: ständige Last $g_d$ = 2 kN/m
Verkehrslast $q_d$ = 3 kN/m

Bemessungseinwirkung $r_d = g_d + q_d$ = 5 kN/m

**Lastkombinationen:**

**Kombination 1:** Volllast für max $B$ und min $M_B$

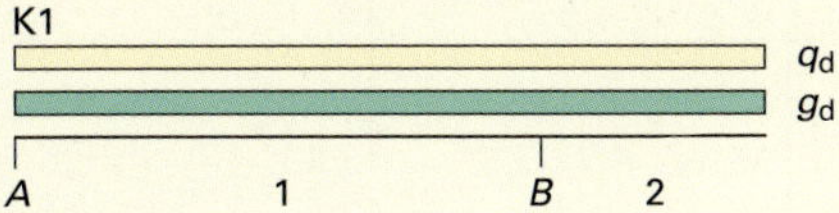


$\Sigma M_A$: $r_d \cdot (l_1 + l_2)^2/2 - \max B \cdot l_1 = 0$
$\max B = r_d \cdot (l_1 + l_2)^2/(2 \cdot l_1)$
$\max B = 5 \cdot (4 + 1)^2/(2 \cdot 4)$ = **15,63 kN**

$\Sigma M_{Br}$: $r_d \cdot (l_2^2/2) + \min M_B = 0$
$\min M_B = - r_d \cdot l_2^2/2$
$\min M_B = -5 \cdot 1^2/2$ = **−2,50 kNm**

**Kombination 2:** Verkehrslast nur in Feld 1 für max $M_B$, max $A$ und max $M_1$

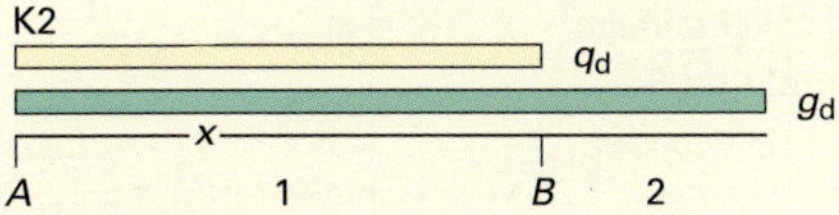


$x = \max A/r_d \quad x = 9{,}75/5 = 1{,}95$ m

$\Sigma M_{Br}$: $r_d \cdot (l_2^2/2) + \max M_B = 0$
$\max M_B = - g_d \cdot l_2^2/2$
$\max M_B = -2 \cdot 1^2/2$ = **−1,00 kNm**

$\Sigma M_{B1}$: $- r_d \cdot l_1^2/2 - M_B + \max A \cdot l_1 = 0$
$\max A = r_d \cdot l_1/2 + \max M_B/l_1$
$\max A = 5 \cdot 4/2 + (-1{,}0)/4$ = **9,75 kN**

$\Sigma M_{x1}$: $\max A \cdot x - r_d \cdot x^2/2 - \max M_1 = 0$
$\max M_1 = \max A \cdot x - r_d \cdot x^2/2$
$\max M_1 = 9{,}75 \cdot 1{,}95 - 5 \cdot 1{,}95 \cdot 1{,}95/2$
$\max M_1$ = **9,51 kNm**

**Kombination 3:** Verkehrslast nur auf dem Kragarm für min $A$ und min $M_1$

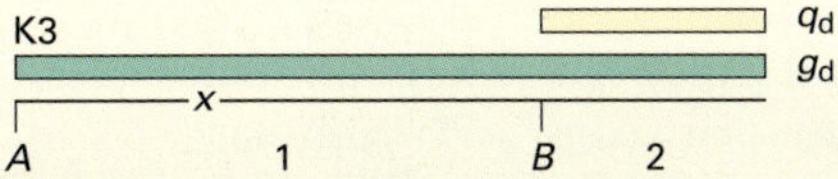


$x = \min A/g_d \quad x = 3{,}37/2 = 1{,}685$ m

$\Sigma M_{B1}$: $- r_d \cdot l_1^2/2 - M_B + (\min A) \cdot l_1 = 0$
$\min A = g_d \cdot l_1/2 + \min M_B/l_1$
$\min A = 2 \cdot 4/2 + (-2{,}5)/4$ = **3,37 kN**

$\Sigma M_{x1}$: $\min A \cdot x - g_d \cdot x^2/2 - \min M_1 = 0$
$\min M_1 = \min A \cdot x - g_d \cdot x^2/2$
$\min M_1 = 3{,}37 \cdot 1{,}685 - 2 \cdot 1{,}685^2/2$
$\min M_1$ = **2,84 kNm**

$\Sigma M_A$: $g_d \cdot (l_1 + l_2)^2/2 - \min B \cdot l_1 = 0$
$\min B = g_d \cdot (l_1 + l_2)^2/(2 \cdot l_1)$
$\min B = 2 \cdot (4 + 1)^2/(2 \cdot 4)$ = **6,25 kN**

**Kombination 4:** nur ständige Last für min $B$

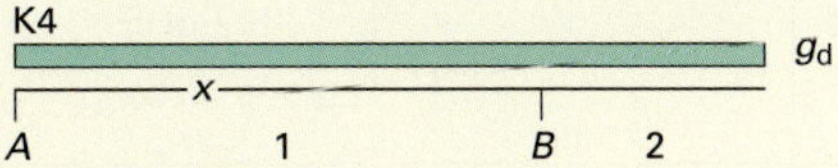


wie K1 nur statt $r_d \rightarrow g_d$ einsetzen

**Hinweis:** Alle Schnittgrößen und Lagerreaktionen ohne Fußzeiger sind Bemessungsgrößen.

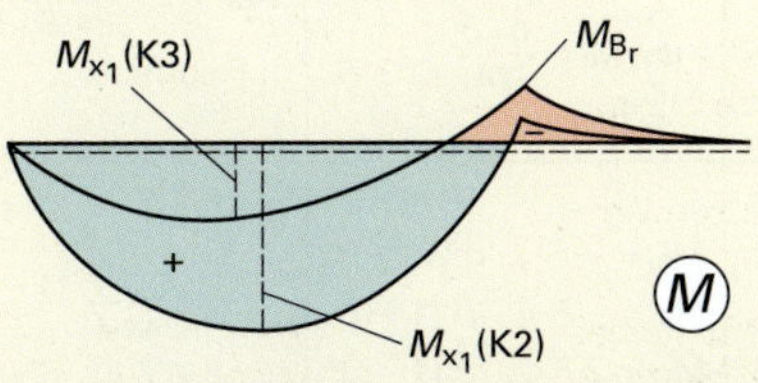


**Zustandslinien *M*** für Kombinationen 2 und 3

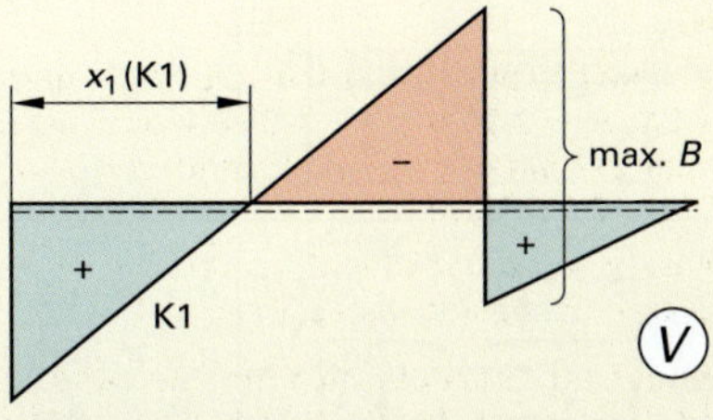


**Zustandslinie *V*** für Kombination 1

3

3

| Nr. | System und Belastung | Auflagerkräfte | Biegemomente | Durchbiegung |
|---|---|---|---|---|
| **Statisch bestimmte Träger** (Kragarm und Einfeldträger) | | | | Zweifeldträger ▶ S. 81 |
| 1 | 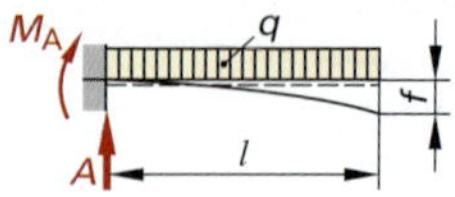 | $A = q \cdot l$ | $M_A = -\frac{q \cdot l^2}{2}$ | $f = \frac{q \cdot l^4}{8\,E \cdot I}$<br>$E$ Elastizitätsmodul<br>$I$ Flächenmoment 2. Grades |
| 2 | 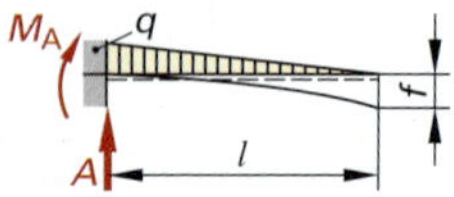 | $A = \frac{q \cdot l}{2}$ | $M_A = -\frac{q \cdot l^2}{6}$ | $f = \frac{q \cdot l^4}{30\,E \cdot I}$ |
| 3 | 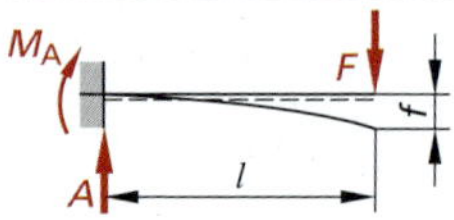 | $A = F$ | $M_A = -F \cdot l$ | $f = \frac{F \cdot l^3}{3\,E \cdot I}$ |
| 4 | 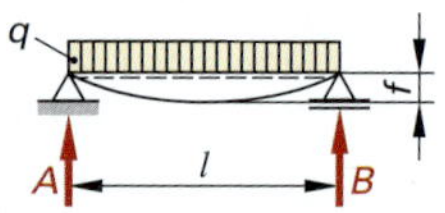 | $A = B = \frac{q \cdot l}{2}$ | $\max M = \frac{q \cdot l^2}{8}$<br>in Feldmitte | $\max f = \frac{5\,q \cdot l^4}{384\,E \cdot I}$<br>$\max f = \frac{M \cdot l^2}{9{,}6\,E \cdot I}$ |
| 5 | 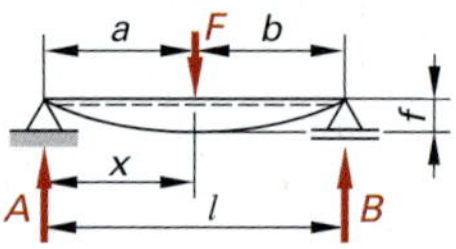 | $A = \frac{F}{2}$<br>$B = \frac{F}{2}$<br>mit $a = b$ | $\max M = \frac{F \cdot l}{4}$<br>in Feldmitte | $\max f = \frac{1}{48} \cdot \frac{F \cdot l^3}{E \cdot I}$<br>$\max f = \frac{1}{12} \cdot \frac{M \cdot l^2}{E \cdot I}$ |
| 6 | 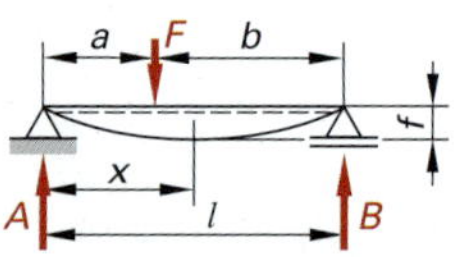 | $A = F\,(1 - \alpha)$<br>$B = F \cdot \alpha$<br>mit $\alpha = \frac{a}{l}$ | $\max M = F \cdot l \cdot \alpha\,(1 - \alpha)$<br>bei $x = a$ | $\max f = \frac{F \cdot l^3}{27\,E \cdot I} \cdot$<br>$\cdot\,\alpha \sqrt{3\,(1 - \alpha^2)^3}$<br>für $\alpha \leqq 0{,}5$<br>bei $x = \frac{1}{3}\,l \sqrt{3\,(1 - \alpha^2)}$ |
| **Statisch unbestimmte Träger** (Einfeldträger mit ein- und beidseitiger Einspanung) | | | | |
| 7 | 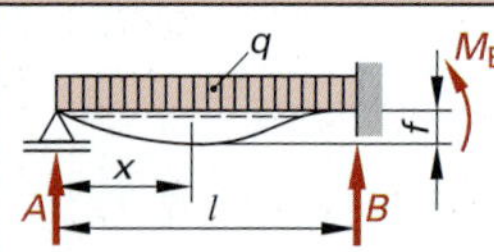 | $A = \frac{3\,q \cdot l}{8}$<br>$B = \frac{5\,q \cdot l}{8}$ | $M_B = -\frac{q \cdot l^2}{8}$<br>$\max M = \frac{9\,q \cdot l^2}{128}$<br>bei $x = 0{,}375\,l$ | $\max f = \frac{2\,q \cdot l^4}{369\,E \cdot I}$<br>bei $x = 0{,}4215\,l$ |
| 8 | 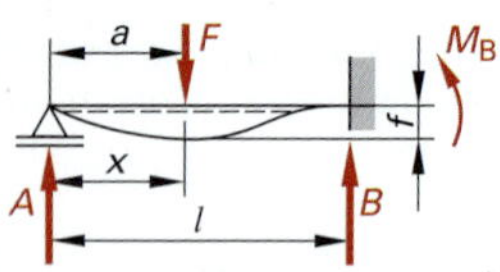 | $A = \frac{F}{2}(1 - \alpha)^2\,(2 + \alpha)$<br>$B = \frac{F}{2}(3 - \alpha^2)\,\alpha$<br>mit $\alpha = \frac{a}{l}$ | $M_B = -\frac{F \cdot l}{2}(1 - \alpha) \cdot \alpha \cdot$<br>$\cdot\,(2 - \alpha)$<br>$M_1 = \frac{F \cdot l}{2}\,\alpha \cdot (1 - \alpha^2) \cdot$<br>$\cdot\,(2 + \alpha)$ | $f = \frac{F \cdot l^3}{12\,E \cdot I}(1 - \alpha)^3 \cdot$<br>$\cdot\,(3 + \alpha)\,\alpha^2$<br>bei $x = a$ |
| 9 | 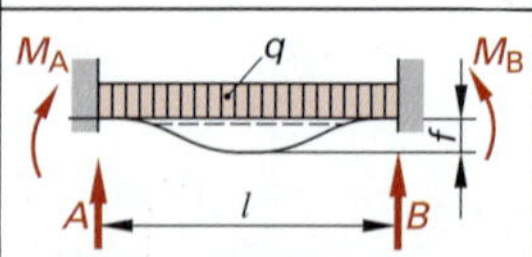 | $A = B = \frac{q \cdot l}{2}$ | $M_A = M_B = -\frac{q \cdot l^2}{12}$<br>$\max M = \frac{q \cdot l^2}{24}$<br>in Feldmitte | $\max f = \frac{q \cdot l^4}{384\,E \cdot I}$<br>in Feldmitte |
| 10 | 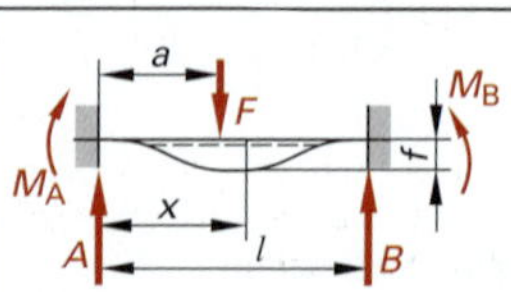 | $A = F\,(1 - \alpha)^2\,(1 + 2\,\alpha)$<br>$B = F \cdot \alpha^2\,(3 - 2\,\alpha)$<br>mit $\alpha = \frac{a}{l}$ | $M_A = -F \cdot l \cdot \alpha\,(1 - \alpha)^2$<br>$M_B = -F \cdot l \cdot \alpha^2\,(1 - \alpha)$<br>$M_1 = 2\,F \cdot l \cdot \alpha^2\,(1 - \alpha)^2$ | $\max f = \frac{2\,F \cdot l^3}{3\,E \cdot I} \cdot$<br>$\cdot\,\frac{\alpha^2\,(1 - \alpha)^3}{(3 - 2\,\alpha)^2}$<br>für $\alpha \leqq 0{,}5$<br>bei $x = 1/(3 - 2\,\alpha)$ |

## Zweifeldträger (mit Gleichstreckenlast, *EI* ist konstant)

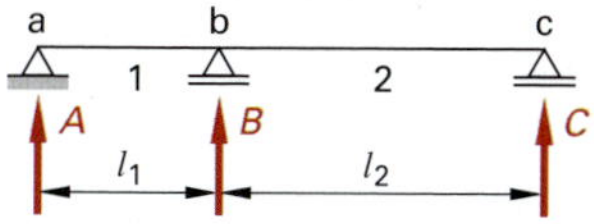


**Momente = Tafelwert · $q \cdot l_1^2$**

**Kräfte = Tafelwert · $q \cdot l_1$**

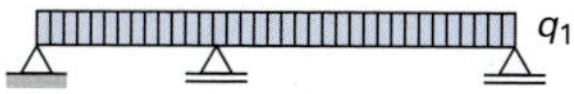


| $l_1 : l_2$ | $M_b$ | $M_1$ | $M_2$ | $A$ | $V_{bl}$ | $V_{br}$ | $C$ |
|---|---|---|---|---|---|---|---|
| 1 : 1,0 | – 0,125 | 0,070 | 0,070 | 0,375 | – 0,625 | 0,625 | 0,375 |
| 1 : 1,1 | – 0,139 | 0,065 | 0,090 | 0,361 | – 0,639 | 0,676 | 0,424 |
| 1 : 1,2 | – 0,155 | 0,060 | 0,111 | 0,345 | – 0,655 | 0,729 | 0,471 |
| 1 : 1,3 | – 0,174 | 0,053 | 0,133 | 0,326 | – 0,674 | 0,784 | 0,516 |
| 1 : 1,4 | – 0,195 | 0,047 | 0,157 | 0,305 | – 0,695 | 0,839 | 0,561 |
| 1 : 1,5 | – 0,219 | 0,040 | 0,183 | 0,281 | – 0,719 | 0,896 | 0,604 |
| 1 : 1,6 | – 0,245 | 0,033 | 0,209 | 0,255 | – 0,745 | 0,953 | 0,646 |
| 1 : 1,7 | – 0,274 | 0,026 | 0,237 | 0,226 | – 0,774 | 1,011 | 0,689 |
| 1 : 1,8 | – 0,305 | 0,019 | 0,267 | 0,195 | – 0,805 | 1,069 | 0,731 |
| 1 : 1,9 | – 0,339 | 0,013 | 0,298 | 0,161 | – 0,839 | 1,128 | 0,772 |
| 1 : 2,0 | – 0,375 | 0,008 | 0,330 | 0,125 | – 0,875 | 1,188 | 0,813 |

- $l_1$ ist immer die kleinere Stützweite
- $M_1$ und $M_2$ sind die größten Feldmomente in dem jeweiligen Feld
- $B = V_{br} - V_{bl}$

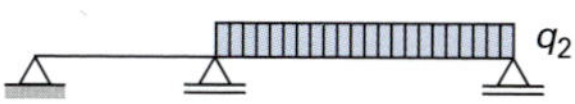


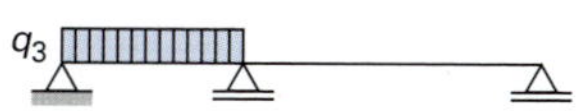


| $l_1 : l_2$ | $M_b$ | $M_2$ | $V_{bl} = A$ | $V_{br}$ | $C$ | $M_b$ | $M_1$ | $A$ | $V_{bl}$ | $V_{br} = C$ |
|---|---|---|---|---|---|---|---|---|---|---|
| 1 : 1,0 | – 0,063 | 0,096 | – 0,063 | 0,563 | 0,438 | – 0,063 | 0,096 | 0,438 | – 0,563 | 0,063 |
| 1 : 1,1 | – 0,079 | 0,114 | 0,079 | 0,622 | 0,478 | – 0,060 | 0,097 | 0,441 | – 0,560 | 0,054 |
| 1 : 1,2 | – 0,098 | 0,134 | 0,098 | 0,682 | 0,518 | – 0,057 | 0,098 | 0,443 | – 0,557 | 0,047 |
| 1 : 1,3 | – 0,119 | 0,156 | – 0,119 | 0,742 | 0,558 | – 0,054 | 0,099 | 0,446 | – 0,554 | 0,042 |
| 1 : 1,4 | – 0,143 | 0,179 | – 0,143 | 0,802 | 0,598 | – 0,052 | 0,100 | 0,448 | – 0,552 | 0,039 |
| 1 : 1,5 | – 0,169 | 0,203 | – 0,169 | 0,863 | 0,638 | – 0,050 | 0,101 | 0,450 | – 0,550 | 0,033 |
| 1 : 1,6 | – 0,197 | 0,229 | – 0,197 | 0,923 | 0,677 | – 0,048 | 0,102 | 0,452 | – 0,548 | 0,030 |
| 1 : 1,7 | – 0,228 | 0,257 | – 0,228 | 0,984 | 0,716 | – 0,046 | 0,103 | 0,454 | – 0,546 | 0,027 |
| 1 : 1,8 | – 0,260 | 0,285 | – 0,260 | 1,045 | 0,755 | – 0,045 | 0,104 | 0,455 | – 0,545 | 0,025 |
| 1 : 1,9 | – 0,296 | 0,316 | – 0,296 | 1,106 | 0,794 | – 0,043 | 0,104 | 0,457 | – 0,543 | 0,023 |
| 1 : 2,0 | – 0,333 | 0,347 | – 0,333 | 1,167 | 0,833 | – 0,042 | 0,105 | 0,458 | – 0,542 | 0,021 |

**Qualitative Momentenverläufe für die Lastkombination (LK)**

Lk1 = $q_1 + q_3$;   Lk2 = $q_1 + q_2$;   Lk3 = $q_1 + q_2 + q_3$

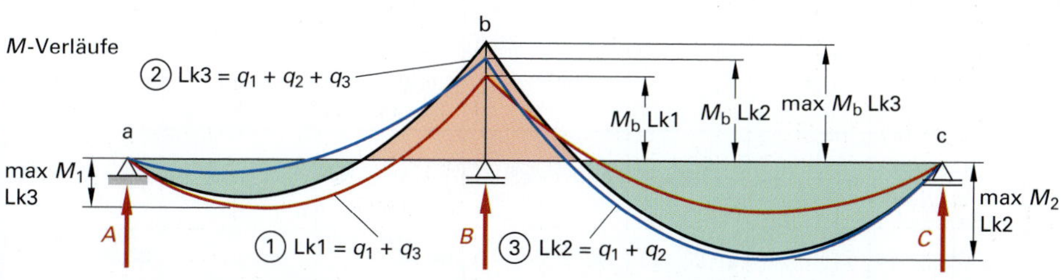


**Hinweis:** Durchlaufende Träger finden am häufigsten im Stahlbetonbau Anwendung ► S. 322. Im Stahlbau haben entsprechende Stoßverbindungen und das Schweißen zu vermehrten Anwendungen geführt. Im Holzbau kommen Zweifeldträger eher selten vor.

3

3

## 3.4 Flächen, Schwerpunkte und Flächenmomente

### Einzelquerschnitte

$S$ Schwerpunkt, $A$ Fläche, $I_y$, $I_z$, $I_{yz}$ Flächenmomente zweiten Grades (früher: Trägheitsmomente), $W_y$ Widerstandsmoment

| Nr. | Querschnitt | $e$ | $A$ | $I_y$ | $I_z$ | $I_{yz}$ | $W_y$ |
|---|---|---|---|---|---|---|---|
| 1 | 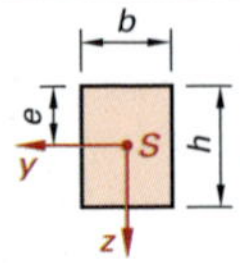 | $\frac{h}{2}$ | $b \cdot h$ | $\frac{b \cdot h^3}{12}$ | $\frac{h \cdot b^3}{12}$ | 0 | $\frac{b \cdot h^2}{6}$ |
| 2 | 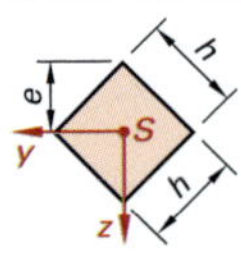 | $\frac{\sqrt{2} \cdot h}{2}$ | $h^2$ | $\frac{h^4}{12}$ | $\frac{h^4}{12}$ | 0 | $\frac{\sqrt{2} \cdot h^3}{12}$ |
| 3 | 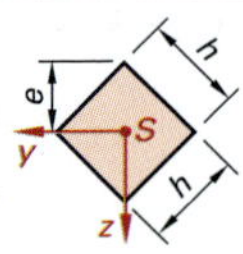 | $\frac{2 \cdot h}{3}$ | $\frac{b \cdot h}{2}$ | $\frac{b \cdot h^3}{36}$ | $\frac{h \cdot b^3}{48}$ | 0 | $W_{yo} = \frac{b \cdot h^2}{24}$ |
| 4 | 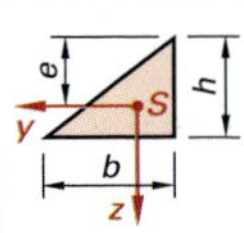 | $\frac{2 \cdot h}{3}$ | $\frac{b \cdot h}{2}$ | $\frac{b \cdot h^3}{36}$ | $\frac{h \cdot b^3}{36}$ | $-\frac{h^2 \cdot b^2}{72}$ | $W_{yu} = \frac{b \cdot h^2}{12}$ |
| 5 | 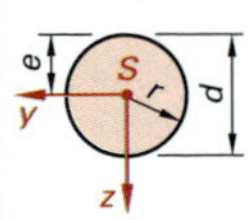 | $r$<br>$\frac{d}{2}$ | $\pi \cdot r^2$<br>$\frac{\pi \cdot d^2}{4}$ | $\frac{\pi \cdot r^4}{4}$<br>$\frac{\pi \cdot d^4}{64}$ | $\frac{\pi \cdot r^4}{4}$<br>$\frac{\pi \cdot d^4}{64}$ | 0 | $\frac{\pi \cdot r^3}{4}$<br>$\frac{\pi \cdot d^3}{32}$ |
| 6 | 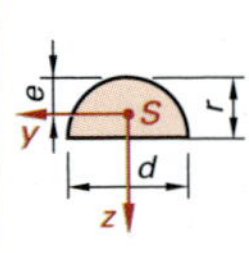 | $\left(1 - \frac{4}{3\pi}\right) \cdot r$<br>$0{,}5756\, r$ | $\frac{\pi \cdot r^2}{2}$<br>$\frac{\pi \cdot d^2}{8}$ | $\left(\frac{\pi}{8} - \frac{8}{9\pi}\right) \cdot r^4$<br>$0{,}1098\, r^4$ | $\frac{\pi \cdot r^4}{8}$<br>$\frac{\pi \cdot d^4}{128}$ | 0 | $W_{yo} = 0{,}1907\, r^3$<br>$W_{yu} = 0{,}2586\, r^3$ |
| 7 | 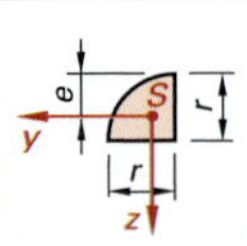 | $\left(1 - \frac{4}{3\pi}\right) \cdot r$<br>$0{,}5756\, r$ | $\frac{\pi \cdot r^2}{4}$<br>$\frac{\pi \cdot d^2}{16}$ | $\left(\frac{\pi}{16} - \frac{4}{9\pi}\right) \cdot r^4$<br>$0{,}0549\, r^4$ | $\left(\frac{\pi}{16} - \frac{4}{9\pi}\right) \cdot r^4$<br>$0{,}0549\, r^4$ | $-\left(\frac{4}{9\pi} - \frac{1}{8}\right) \cdot r^4$<br>$-0{,}0165\, r^4$ | $W_{yo} = 0{,}0953\, r^3$<br>$W_{yu} = 0{,}1293\, r^3$ |
| 8 | 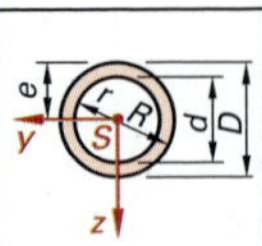 | $R$<br>$\frac{D}{2}$ | $\pi \cdot (R^2 - r^2)$<br>$\frac{\pi}{4} \cdot (D^2 - d^2)$ | $\frac{\pi}{4} \cdot (R^4 - r^4)$<br>$\frac{\pi}{64} \cdot (D^4 - d^4)$ | $\frac{\pi}{4} \cdot (R^4 - r^4)$<br>$\frac{\pi}{64} \cdot (D^4 - d^4)$ | 0 | $\frac{\pi}{4R} \cdot (R^4 - r^4)$<br>$\frac{\pi}{32D} \cdot (D^4 - d^4)$ |

Achtung: Spiegelungen der Querschnitte Nr. 4 und Nr. 7 um die z-Achse und der Querschnitte Nr. 4 und Nr. 7 um die y-Achse führen für $I_{yz}$ zum Vorzeichenwechsel. Durch eine Spiegelung um die y-Achse werden $W_{yo}$ und $W_{yu}$ vertauscht.

## Schwerpunktabstände Trapez

Der Abstand $x_s$ und $y_s$ des Gesamtschwerpunktes $S$ wird rechnerisch mit Hilfe des Momentensatzes ▶ S. 73 ermittelt.

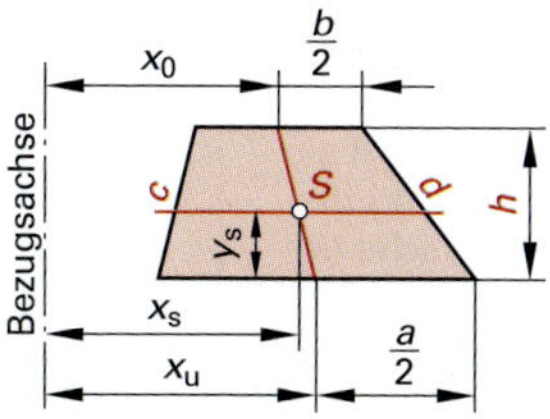


**Schwerpunktabstände**

$$y_s = \frac{h}{3} \cdot \frac{a + 2\,b}{a + b}$$

$$x_s = x_u - \frac{x_u - x_o}{3} \cdot \frac{a + 2\,b}{a + b}$$

Zeichnerisch lässt sich der Schwerpunkt des Trapezes mittels „verschränkter“ Diagonalen bestimmen.

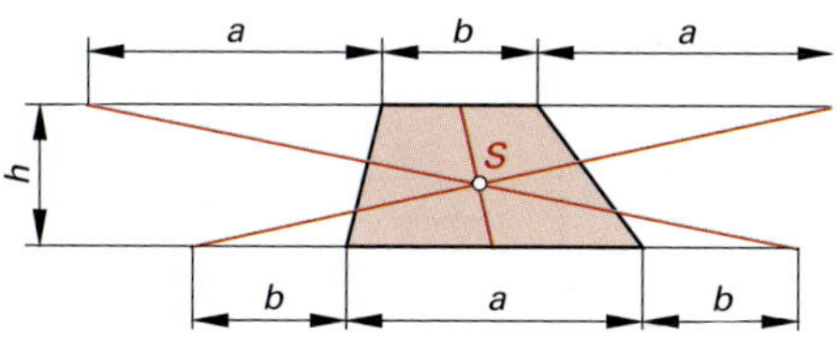


## Zusammengesetzte Querschnitte

Fläche (Summe aller Teilflächen) $\quad A = \sum_{i=1}^{n} A_i$

Flächenmoment ersten Grades $\quad S_{\bar{y}} = \sum_{i=1}^{n} A_i\,\bar{z}_{S_i}$

$S_{\bar{z}} = \sum_{i=1}^{n} A_i\,\bar{y}_{S_i}$

**Schwerpunktkoordinaten** $\quad \bar{y}_S = \dfrac{S_{\bar{z}}}{A} \qquad \bar{z}_S = \dfrac{S_{\bar{y}}}{A}$

Trägheitsradius $\quad i_y = \sqrt{\dfrac{I_y}{A}} \qquad i_z = \sqrt{\dfrac{I_z}{A}}$

Flächenmomente zweiten Grades (Satz von Steiner) $\quad I_y = \sum_{i=1}^{n} (I_{y_i} + A_i \cdot z_{S_i}^2)$

$I_z = \sum_{i=1}^{n} (I_{z_i} + A_i \cdot y_{S_i}^2)$

(Deviationsmoment) $\quad I_{yz} = \sum_{i=1}^{n} (I_{yz_i} - A_i \cdot y_{S_i} \cdot z_{S_i})$

Mit dem Fußzeiger i werden die Einzelquerschnitte benannt. Es sind $\bar{y}_{S_i}$ und $\bar{z}_{S_i}$ die Schwerpunktkoordinaten der Einzelquerschnitte. Es gilt

$$y_{S_i} = \bar{y}_{S_i} - \bar{y}_S \quad \text{und} \quad z_{S_i} = \bar{z}_{S_i} - \bar{z}_S.$$



### Beispiel

Für den dargestellten zusammengesetzten Querschnitt sind die Querschnittswerte zu bestimmen.
Abmessungen der Einzelquerschnitte i

i = 1 → $b$ = 1,0 cm, $h$ = 2,0 cm
i = 2 → $b$ = 3,0 cm, $h$ = 4,0 cm (ohne Loch)
i = 3 → $r$ = 0,5 cm (Loch als negative Fläche)

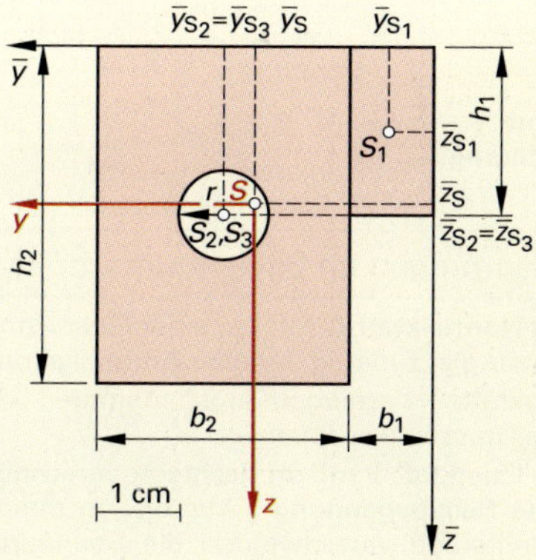


Querschnittswerte der Einzelquerschnitte i

$I_{y1} = \dfrac{1{,}0\text{ cm} \cdot (2{,}0\text{ cm})^3}{12} \qquad I_{y1} = 0{,}67\text{ cm}^4$

$I_{z1} = \dfrac{2{,}0\text{ cm} \cdot (1{,}0\text{ cm})^3}{12} \qquad I_{z1} = 0{,}17\text{ cm}^4$

$I_{y2} = \dfrac{3{,}0\text{ cm} \cdot (4{,}0\text{ cm})^3}{12} \qquad I_{y2} = 16{,}00\text{ cm}^4$

$I_{z2} = \dfrac{4{,}0\text{ cm} \cdot (3{,}0\text{ cm})^3}{12} \qquad I_{z2} = 9{,}00\text{ cm}^4$

$I_{y3} = -\dfrac{\pi\,(0{,}5\text{ cm})^4}{4} \qquad I_{y3} = -0{,}05\text{ cm}^4$

$I_{z3} = I_{y3} = -0{,}05\text{ cm}^4$

| i | $A_i$ | $\bar{y}_{S_i}$ | $A_i\,\bar{y}_{S_i}$ | $\bar{z}_{S_i}$ | $A_i\,\bar{z}_{S_i}$ | $y_{S_i}$ | $z_{S_i}$ | $A_i\,y_{S_i}^2$ | $I_{z_i}$ | $A_i\,z_{S_i}^2$ | $I_{y_i}$ | $A_i y_{S_i} z_{S_i}$ | $I_{yz_i}$ |
|---|---|---|---|---|---|---|---|---|---|---|---|---|---|
| – | **cm²** | cm | **cm³** | cm | **cm³** | cm | cm | **cm⁴** | **cm⁴** | **cm⁴** | **cm⁴** | **cm⁴** | cm⁴ |
| 1 | 2,00 | 0,50 | 1,00 | 1,00 | 2,00 | – 1,70 | – 0,85 | 5,78 | 0,17 | 1,45 | 0,67 | 2,89 | 0 |
| 2 | 12,00 | 2,50 | 30,00 | 2,00 | 24,00 | 0,30 | 0,15 | 1,08 | 9,00 | 0,27 | 16,00 | 0,54 | 0 |
| 3 | – 0,79 | 2,50 | – 1,96 | 2,00 | – 1,57 | 0,30 | 0,15 | – 0,07 | – 0,05 | – 0,02 | – 0,05 | – 0,04 | 0 |
| – | **13,21** | – | **29,04** | – | **24,43** | – | – | **6,79** | **9,12** | **1,70** | **16,62** | **3,39** | 0 |

$\bar{y}_S = \dfrac{29{,}04\text{ cm}^3}{13{,}21\text{ cm}^2} = \mathbf{2{,}20\text{ cm}}, \qquad \bar{z}_S = \dfrac{24{,}43\text{ cm}^3}{13{,}21\text{ cm}^2} = \mathbf{1{,}85\text{ cm}}$

$I_y = 16{,}62\text{ cm}^4 + 1{,}70\text{ cm}^4 = \mathbf{18{,}32\text{ cm}^4}$, $I_z = 9{,}12\text{ cm}^4 + 6{,}79\text{ cm}^4 = \mathbf{15{,}91\text{ cm}^4}$, $I_{yz} = 0 - 3{,}39\text{ cm}^4 = \mathbf{-3{,}39\text{ cm}^4}$

# 3.5 Spannungen, Spannungsarten und statische Festigkeit

## 3.5.1 Spannungen

Die **Spannung** ist eine abgeleitete Größe. Wirkt eine Kraft auf eine Fläche, so wird der Quotient aus Kraft $F$ pro Flächeneinheit $A$ als Spannung bezeichnet. Ihre Komponente senkrecht zur Angriffsfläche heißt Normalspannung $\sigma$, die in der Ebene der Fläche liegende Komponente Schubspannung $\tau$.

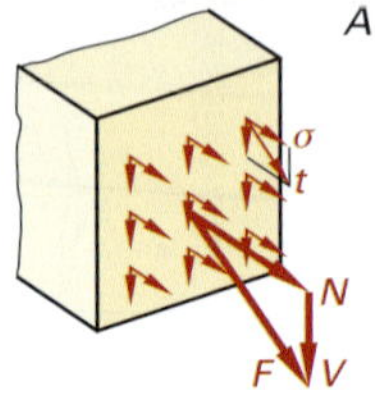


$A$ Querschnittsfläche

| Spannung gleich Kraft durch Fläche | $\sigma = \frac{F}{A}$ |
|---|---|

**Einheit der Spannung**

$1\,\text{Pa} = 1\,\frac{\text{N}}{\text{m}^2}$ $\quad 1\,\frac{\text{MN}}{\text{m}^2} = 1\,\frac{\text{N}}{\text{mm}^2} = 1\,\text{MPa}$ $\quad 1\,\frac{\text{kN}}{\text{cm}^2} = 10\,\text{MPa}$

$N$ Normalkraft $\quad V$ Querkraft
$\sigma$ Normalspannung
$\tau$ Schubspannung

## Beanspruchungsarten

3

| | Zug / Druck | Biegung | Schub |
|---|---|---|---|
| **Art** | 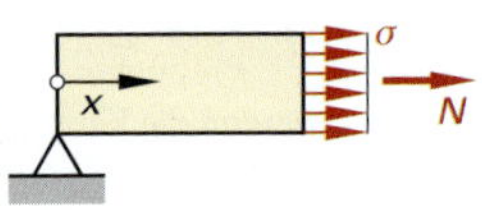  Normalspannungsverteilung $\sigma$ infolge $N$ | 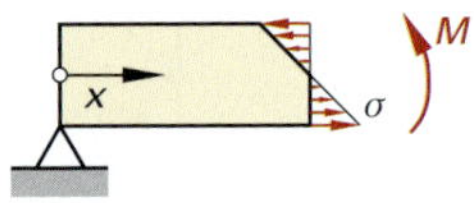  Normalspannungen $\sigma$ infolge $M$ | 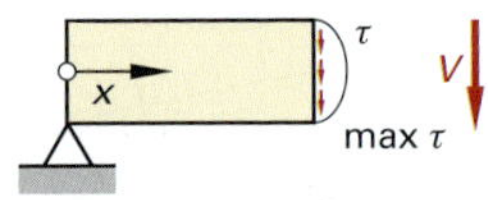  Schubspannungsverteilung infolge $V$ |
| **Spannung** | Zug-/Druckspannung<br>$\sigma_{z/d} = N/A$<br>Druckspannungen sind negativ. | Biegespannung<br>$\sigma_b = M_b/W$<br>$M_b$ Biegemoment<br>$W$ Widerstandsmoment | Schubspannung<br>$\tau = \frac{V \cdot S_y}{I_y \cdot b}$<br>(allgemeine Formel) |
| **Formänderung** | Dehnung $\varepsilon = \Delta l / l$<br>$\sigma = E \cdot \varepsilon$<br>(Hooke'sches Gesetz)<br>$E$ Elastizitätsmodul | Krümmung $\varkappa = 1/R$<br>Biegesteifigkeit $E \cdot I$<br>$M = E \cdot I \cdot \varkappa$ | $\max \tau = 1{,}5\,\frac{V}{A}$<br>im Rechteckquerschnitt |

## Spannungen im Balkenquerschnitt (vereinfachte Annahme)

Die **Normalkraft *N*** ruft bei jeder Querschnittsform eine im Querschnitt gleichmäßig verteilte **Normalspannung** $\boldsymbol{\sigma_N}$ hervor.

Zugkräfte (+) erzeugen Zugspannungen (+). Druckkräfte (–) erzeugen Druckspannungen (–).

Die **Querkraft *V*** ruft im Rechteckquerschnitt eine parabolisch verteilte **Schubspannung** $\boldsymbol{\tau}$ hervor. Am oberen und unteren Querschnittsrand verschwinden die Spannungen. Im Schwerpunkt des Querschnitts sind die Schubspannungen maximal.

Ist der Querschnitt nicht rechteckig, so sind die Schubspannungen infolge Querkraft nach allgemeiner Formel zu berechnen.

Das **Biegemoment *M*** ruft im Querschnitt eine über die Höhe linear verteilte **Normalspannung** $\boldsymbol{\sigma_M}$ hervor. Die Normalspannung verschwindet in der Schwerpunktsfaser und ist in den Randfasern betragsmäßig am größten. Die Randfasern werden durch die Koordinaten $z_u$ (> 0) und $z_o$ (< 0) beschrieben.

Zur Berechnung der Normalspannung infolge Biegung in den Randfasern werden **Widerstandsmomente** $\boldsymbol{W_u}$ und $\boldsymbol{W_o}$ nach nebenstehender Formel berechnet.

Für doppeltsymmetrische Querschnitte gilt $\boldsymbol{W_o = W_u = W}$ und für die Randfaserspannung $\boldsymbol{\sigma_o = -\sigma_u}$.

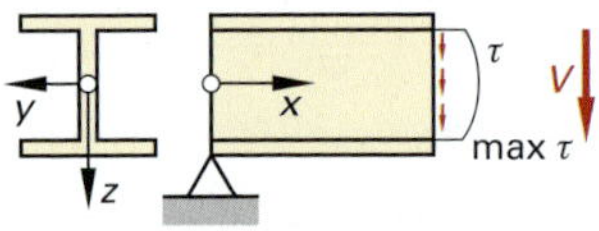


Schubspannung infolge $V$

$$\sigma = \frac{M}{I_y} \cdot z \qquad \text{allgemeine Formel}$$

$$W_o = -\frac{I_y}{z_o} \qquad W_u = \frac{I_y}{z_u}$$

$$\sigma_o = -\frac{M}{W_o} \qquad \sigma_u = \frac{M}{W_u}$$

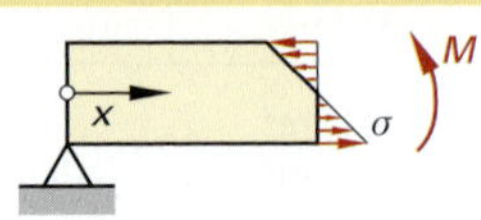


Normalspannungen $\sigma$ infolge $M$

**Beispiel**

Für den dargestellten Querschnitt unter Normalkraft- und Querkraftbeanspruchung sind die Normalspannung $\sigma_N$ und die maximale Schubspannung $\tau$ zu ermitteln.

$N = 300$ kN, $V = 100$ kN Querschnittswerte $A_i = b_i \cdot h_i$, $A = \sum_{i=1}^{3} A_i$, $I_{y_i} = \frac{b_i \cdot h_i^3}{12}$, $S_{y_i} = A_i \cdot z_{S_i}$

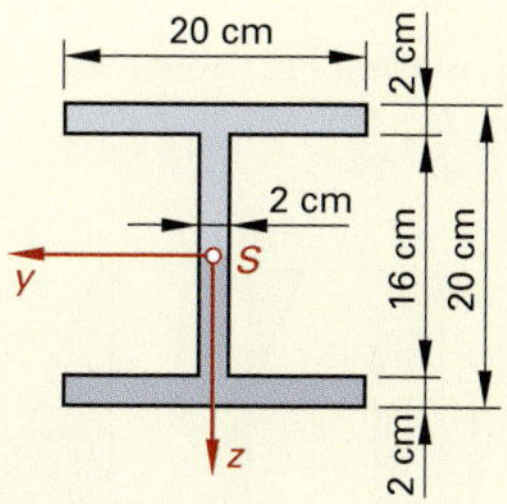


$$I_y = \sum_{i=1}^{3} I_{yi} + \sum_{i=1}^{3} (A_i \cdot z_{Si}^2), \quad S_y = \sum_{i=1}^{3} S_{y_i}$$

| i | $A_i$ | $z_{S_i}$ | $A_i\, z_{Si}^2$ | $I_{y_i}$ |
|---|---|---|---|---|
| – | **cm²** | cm | **cm⁴** | **cm⁴** |
| 1 | 40 | – 9,0 | 3240 | 13 |
| 2 | 32 | 0 | 0 | 683 |
| 3 | 40 | 9,0 | 3240 | 13 |
| – | **112** | – | **6480** | **709** |

| i | $A_i$ | $z_{S_i}$ | $A_i\, z_{S_i}$ |
|---|---|---|---|
| – | **cm²** | cm | **cm³** |
| 2 *u* | 16 | 4 | 64 |
| 3 | 40 | 9 | 360 |
| – | – | – | **424** |

$A = 112$ cm³, $I_y = 709$ cm⁴ + 6480 cm⁴ = 7189 cm⁴, $S_y = 424$ cm³

Normalspannung $\sigma_N = \frac{N}{A}$ $\qquad \sigma_N = \frac{300\text{ kN}}{112\text{ cm}^2} = 2{,}68$ kN/cm² (konstant im Querschnitt) 3

Schubspannung $\tau = \frac{V_z \cdot S_y}{I_y \cdot b}$ $\qquad \tau = \frac{100\text{ kN} \cdot 424\text{ cm}^3}{7189\text{ cm}^4 \cdot 2\text{ cm}} = 2{,}95$ kN/cm² (Maximum in Schwerpunkthöhe)

**Beispiel**

Ein Einfeldträger (Balken auf zwei Stützen) unter Gleichstreckenlast soll sich nicht mehr als ***l*/300** seiner Stützweite durchbiegen. Das mindestens erforderliche Flächenmoment zweiten Grades ist zu ermitteln. $l = 6{,}00$ m, $q = 1{,}0$ kN/m, $E = 210000$ N/mm² (Stahl).

Nach der Durchbiegungsformel ▶ S. 80 ist $f = \frac{5\, q \cdot l^4}{384\, E \cdot I}$.

Danach folgt durch Umrechnung

$I = \frac{5\, q \cdot l^4}{384\, E \cdot f}$ und mit $f \leq \frac{l}{300}$ schließlich $I \geq \frac{1500\, q \cdot l^3}{384\, E}$

erf $I = \frac{1500 \cdot 0{,}01\text{ kN/cm} \cdot (600\text{ cm})^3}{384 \cdot 21000\text{ kN/cm}^2}$ $\qquad$ **erf $I$ = 402 cm⁴**

Alternativrechnung:
Mit $M = 1{,}0$ kN/m · (6,00 m)²/8 = 4,50 kNm gilt ▶ S. 88
erf $I = 14{,}9 \cdot M \cdot l = 402$ cm⁴

Ein Träger mit einem Flächenmoment zweiten Grades von mindestens **402 cm⁴** ist erforderlich.

**Beispiel**

Ein Einfeldträger (Balken auf zwei Stützen mit mittiger Einzellast) soll sich nicht mehr als ***l*/300** seiner Stützweite durchbiegen. Das mindestens erforderliche Flächenmoment zweiten Grades ist zu ermitteln. Für den dargestellten Querschnitt (Beispiel oben mit $I = 7189$ cm⁴) sind die Querschnittswerte und die Durchbiegung in Feld Mitte zu ermitteln.

Schnittkräfte, Querschnittswerte, Spannungen
$A = B = F_V/2 = 100$ kN = max $V_d$

max $M_d = \frac{F_{v,d} \cdot l}{4} = \frac{200\text{ kN} \cdot 3{,}00\text{ m}}{4} = 150$ kNm

$N_d = -F_{H,d} = -300$ kN

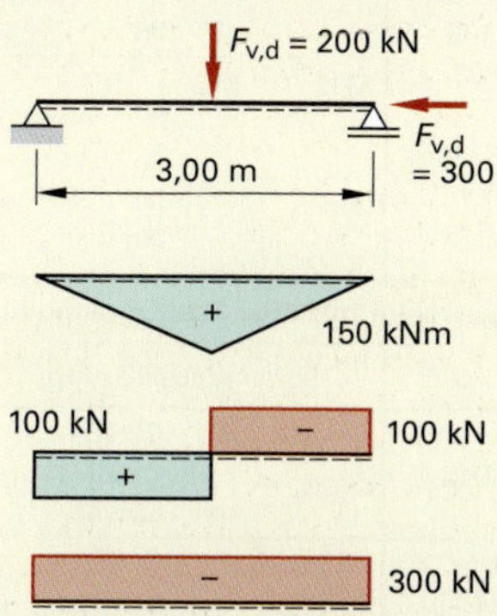


Durchbiegung

max $f = \frac{1}{48} \cdot \frac{F \cdot l^3}{E \cdot I} = \frac{1}{48} \cdot \frac{200\text{ kN} \cdot 300\text{ cm}^3}{21\,000\text{ kN/cm}^2 \cdot 7189\text{ cm}^4} = \mathbf{0{,}75\ cm}$

$f \leq \frac{l}{300} = \frac{300\text{ cm}}{300} = \mathbf{1{,}00\ cm} \quad \Rightarrow \quad \mathbf{0{,}75\ cm \leq 1{,}00\ cm}$

erf $I_y = 11{,}9 \cdot 150$ kNm · 3,00 m = 5355 cm⁴ ▶ S. 88, Formel 49
vorh $I_y = 7189$ cm⁴ ≥ **5355 cm⁴** = erf $I_y$

## Statische Festigkeit

Für den Nachweis der **Tragfähigkeit** und **Gebrauchstauglichkeit** eines Bauwerks ist die tragende Konstruktion auf

- **statische Festigkeit** (zulässige Spannungen, Materialversagen),
- **Stabilität** (Knickung, Kippung, Beulung) und
- **Durchbiegung** (allg. Verschiebung, Gebrauchstauglichkeit)

zu untersuchen. Der Nachweis der statischen Festigkeit ist geführt, wenn keine der in den Tragwerksteilen auftretenden Spannungen die zulässigen Spannungen überschreitet. Zulässige Spannungen bzw. Grenzzustände sind durch Normen festgelegt.

Die sich aus den Schnittgrößen und den Querschnittswerten ergebenden Spannungen (vorh $\sigma$, vorh $\tau$) werden den vom Baustoff und vom Sicherheitskonzept abhängenden zulässigen Spannungen (zul $\sigma$, zul $\tau$) gegenübergestellt. Die Bedingungen lauten:

| | | |
|---|---|---|
| **vorh $\sigma \leq$ zul $\sigma$**<br>$\sigma_d \leq f_d$ | **vorh $\tau \leq$ zul $\tau$**<br>$\tau_d \leq f_d$ | $S_d/R_d \leq 1$ |

3

**Beispiel**

Spannungen aus Biegung und Normalkraft sind zu überlagern.

$$\sigma = \frac{N}{A} + \frac{M}{I_y} \cdot z \qquad |\sigma| \leq \text{zul}\ \sigma$$

für die Faser mit Koordinate z

$$\sigma = \frac{N}{A} \pm \frac{M}{W} \qquad |\sigma| \leq \text{zul}\ \sigma$$

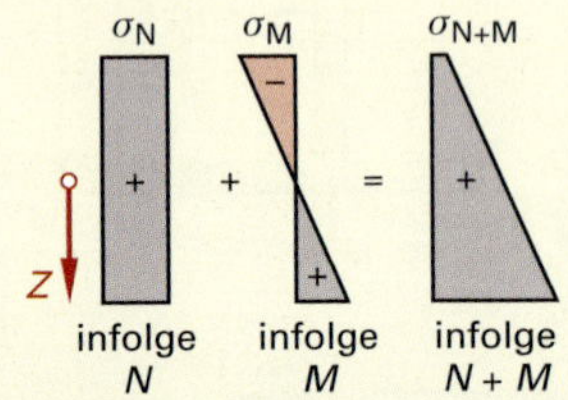


**Ausgewählte zulässige Normalspannungen** verschiedener Baustoffe (1 MN/m² = 1000 kN/m² = 1 N/mm²)

| Baustoff | Sorte/ Klasse/Gruppe | $f_d$ | Bemerkungen (s. auch Schubspannungen) |
|---|---|---|---|
| Beton<br>DIN 1045-1<br>► S. 300 | C16/20<br>C20/25<br>C25/30<br>C30/37<br>C35/45<br>C40/50<br>C45/55 | 7,6 MN/m²<br>9,4 MN/m²<br>11,8 MN/m²<br>14,2 MN/m²<br>16,5 MN/m²<br>18,9 MN/m²<br>21,3 MN/m² | Bemessungsdruckspannungen für unbewehrten Beton ohne Knicken.<br>$f_{c,d} = \frac{\alpha \cdot f_{c,k}}{\gamma_c}$<br>$\alpha$ Langzeitfaktor<br>$\alpha$ = 0,85<br>$\gamma_c$ = 1,8 |
| Stahl<br>DIN 18800<br>► S. 356 | S235 JR St 37<br>S355 JO St 52 | 218 N/mm²<br>327 N/mm² | Bemessungsstreckgrenze $\sigma_{R,d}$<br>$\sigma_{R,d} = f_{y,k}/\gamma_M$ mit $\gamma_M$ = 1,1 |
| Betonstahl<br>DIN 488<br>► S. 246 | BSt 500 S (IV·S)<br>BSt 500 M (IV·M) | 435 N/mm²<br>435 N/mm² | $\gamma_S$ Sicherheitsbeiwert für Betonstahl<br>$\gamma_S$ = 1,15 nach DIN 1045 |
| Holz<br>DIN 1052<br>► S. 331 | VH (NH) C24<br>C30<br>VH (LH) D30 | 12,9 N/mm²<br>14,2 N/mm²<br>14,2 N/mm² | Druckspannungen parallel zur Faserrichtung ohne Knicken. $k_{mod}$ = 0,8, $\gamma_M$ = 1,3<br>VH Vollholz NH Nadelholz |
| | BSH (ENH) GL24 h<br>GL h | 14,8 N/mm²<br>16,3 N/mm² | BSH Brettschichtholz<br>ENH europäisches Nadelholz |
| Mauerwerk<br>DIN<br>1053-100<br>► S. 283 | M6 MG I<br>II<br>IIa | 0,5 MN/m²<br>0,9 MN/m²<br>1,0 MN/m² | Druckspannungen für Mauerwerk aus künstlichen Steinen ohne Knicken (Grundwerte $\sigma$).<br>ausgenommen kurze Wände mit > 35 % Lochanteil oder Schlitzen |
| | M12 MG I<br>II<br>IIa<br>III<br>IIIa | 0,8 MN/m²<br>1,2 MN/m²<br>1,6 MN/m²<br>1,8 MN/m²<br>1,9 MN/m² | M6, M12 Festigkeitsklassen der Mauersteine<br>MG I bis MG III a Mörtelgruppen<br>MG IIIa erreicht höhere Festigkeit durch verbesserte Kornzusammensetzung |

**Ausgewählte zulässige Schubspannungen** verschiedener Baustoffe

| Baustoff | Sorte/ Klasse/Gruppe | zul $\tau$ | Bemerkungen (s. auch Normalspannungen) |
|---|---|---|---|
| Beton<br>DIN 1045-1 | C25/30<br>C30/37<br>C35/45 | 10,7 MN/m²<br>12,8 MN/m²<br>14,9 MN/m² | Schubspannungen für Bauteile mit lotrechter Schubbewehrung: $\tau = \alpha_c \cdot f_{c,d}$<br>bewehrter Beton |
| Stahl<br>DIN 18800 | S235 JR St 37<br>S355 JO St 52 | 126 N/mm²<br>189 N/mm² | Bemessungsschubspannung $\tau_{R,d}$ |
| Holz | VH (NH) | 1,66 N/mm² | Schubspannungen für alle Sortierklassen |

# 3.6 Formänderungen, Steifigkeiten und Stabilität

## Dehnung eines Stabes

Wird ein Stab gezogen, so vergrößert sich seine Länge. Der Quotient aus der Längenänderung $\Delta l$ und der Ausgangslänge $l$ heißt **Dehnung** $\varepsilon$. Bei linearelastischem Baustoffverhalten ist die Dehnung proportional zur Zugspannung.
Der Proportionalitätsfaktor heißt **Elastizitätsmodul** $E$. Das Produkt $E \cdot A$ heißt **Dehnsteifigkeit.**

$$\varepsilon = \frac{\Delta l}{l} \qquad \sigma = \frac{F}{A}$$

$$\sigma = E \cdot \varepsilon$$ **Hooke'sches Gesetz**

$$\Delta l = \frac{F \cdot l}{E \cdot A}$$ **Längenänderung**

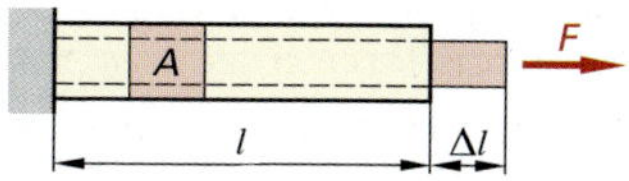


## Biegung eines Balkens

Wird ein Balken durch ein Biegemoment beansprucht, so krümmt er sich. Mit **Krümmung** $\varkappa$ wird der Kehrwert des auf die Balkenachse bezogenen **Krümmungsradius** $R$ bezeichnet. Das **Produkt** $E \cdot I$ heißt Biegesteifigkeit.

$$\varkappa = \frac{1}{R} \qquad M = E \cdot I \cdot \varkappa$$

## Knicken von Stäben

Druckstäbe können sich von einer bestimmten Last an durch seitliches Ausweichen einer Laststeigerung entziehen. Bei elastischen Stäben heißt diese Last **Euler'sche Knicklast** $F_{Ki}$. Sie berechnet sich aus der Biegesteifigkeit und der **Knicklänge** $l_{ef}$ des Stabes mit der **Euler'schen Knickformel**. Die **Gebrauchslast** $F_d$ – das ist die zulässige aufzubringende Last – ergibt sich durch Division der Knicklast durch einen **Sicherheitsfaktor** $\gamma$. Die **Knicklänge** $l_{ef}$ hängt von der Stablänge und den Lagerungsbedingungen ab und wird aus den Eulerfällen ermittelt. Der Gültigkeitsbereich der Euler'schen Knickformel wird durch die **Proportionalitätsgrenze** $f_p$ des Baustoffes begrenzt.

| Baustoff | $E$ | $f_p$ | $\gamma$ |
|---|---|---|---|
| – | kN/cm² | kN/cm² | – |
| Stahl S 235 KSL c | 21 000 | 10,7 | $1{,}02 + {}^{75}/_{\lambda}$ |
| Nadelholz C24 ‖ | 1 100 | 0,89 | 2,69 |

**Euler-Fälle**

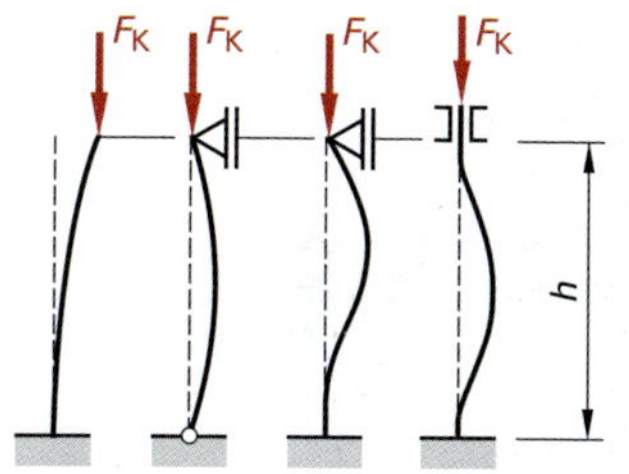


| Fall 1 | Fall 2 | Fall 3 | Fall 4 |
|---|---|---|---|
| $l_{ef} = 2\,h$ | $l_{ef} = h$ | $l_{ef} = \frac{h}{\sqrt{2}}$ | $l_{ef} = \frac{h}{2}$ |

**Fall 1:**
unten eingespannt; oben frei
**Fall 2:**
**Normalfall:**
unten und oben gehalten
**Fall 3:**
unten eingespannt; oben gehalten
**Fall 4:**
unten und oben eingespannt

**Normalfall** (Fall 2)

**Euler'sche Knicklast** $$F_{ki} = \frac{\pi^2 E \cdot I}{l_{ef}^2}$$

**Knickspannung** $$\sigma_{ki} = \frac{F_{ki}}{A} \leqq \sigma_p$$

**Bemessungslast** $$F_d = F_{ki}/\gamma$$

**Beispiel**

Eine Pendelstütze aus Nadelholz C24 mit einer Höhe $h$ = 4,00 m hat die Abmessungen $b$ = 10 cm und $h$ = 10 cm. Die als mittige Druckkraft aufnehmbare Gebrauchslast ist zu bestimmen.

**Euler'sche Knicklast**

$l_{ef} = h$ (Fall 2) $\quad h = 4{,}00\ \text{m} \quad F_{ki} = \frac{\pi^2 E \cdot I}{l_{ef}^2} \quad F_G = \frac{F_{ki}}{\gamma}$

$E = 1100\ \text{kN/cm}^2 \quad F_{ki} = \frac{\pi^2 \cdot 1100\ \text{kN/cm}^2 \cdot 833\ \text{cm}^4}{(400\ \text{cm})^2}$

$I = 833\ \text{cm}^4 \quad F_{ki} = 56{,}5\ \text{kN}$

$A = 100\ \text{cm}^2 \quad F_G = F_d = \frac{56{,}5\ \text{kN}}{2{,}69} = 21{,}0\ \text{kN}$

$\sigma_{ki} = \frac{56{,}5\ \text{kN}}{100\ \text{cm}^2} = 0{,}565\ \text{kN/cm}^2 < \mathbf{0{,}89\ kN/cm^2}$

**Beispiel**

Ein Holzbalken aus Nadelholz C24 mit $b/h$ = 6 cm/12 cm wird als Einfeldträger bei einer Stützweite von $l$ = 4,00 m mit einer Gleichstreckenlast von $r$ = 2 kN/m belastet. Wie groß ist der Krümmungsradius der Balkenachse in Feldmitte?

$M = r \cdot l^2/8$

$M = 2\ \text{kN/m} \cdot (4\ \text{m})^2/8 \quad E = 1100\ \text{kN/cm}^2$

$M = 4\ \text{kNm} \quad I = b \cdot h^3/12$

$\varkappa = \frac{M}{E \cdot I} \quad \varkappa = \frac{400\ \text{kN cm}}{(1100\ \text{kN/cm}^2) \cdot (864\ \text{cm}^4)}$

$\varkappa = 0{,}000421\ \text{cm}^{-1}$

$R = 1/\varkappa \quad R = 1/0{,}000421\ \text{cm}^{-1} = 2376\ \text{cm}$

Der Krümmungsradius beträgt $R$ = 2376 cm

3

3

## Durchbiegung

| Nr. | System und Belastung | Stahl ($E = 210\,000$ N/mm²) | | | | Holz ($E = 10\,000$ N/mm²)[1)] | | | |
|---|---|---|---|---|---|---|---|---|---|
| Die Nummerierung entspricht den statischen Systemen auf den Seiten 49 und 50. | | erf $I$ (cm⁴) | | | $f$ | erf $I$ (cm⁴) | | | $f$ |
| | | $l$/200 | $l$/300 | $l$/500 | | $l$/150 | $l$/300 | $l$/500 | |
| 49<br>1 | 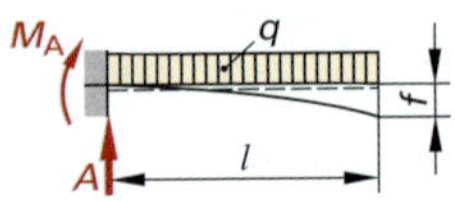  | 23,8 | 35,7 | 59,5 | 42 | 375 | 750 | 1250 | 2,0 |
| 49<br>2 | 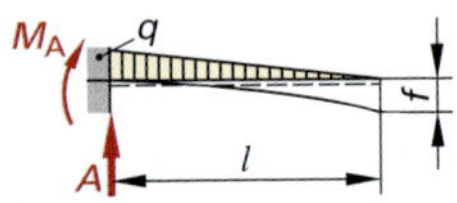  | 19,1 | 28,6 | 47,7 | 52,2 | 300 | 600 | 1000 | 2,5 |
| 49<br>3 | 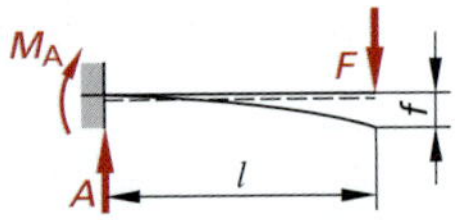  | 31,8 | 47,6 | 79,5 | 31,5 | 500 | 1000 | 1668 | 1,5 |
| 49<br>4 | 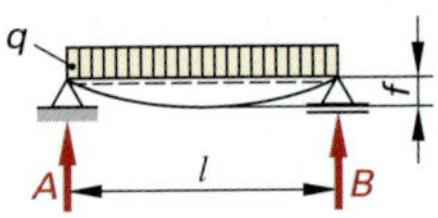  | 9,91 | 14,9 | 24,8 | 101 | 156 | 313 | 520 | 4,8 |
| 49<br>5 | 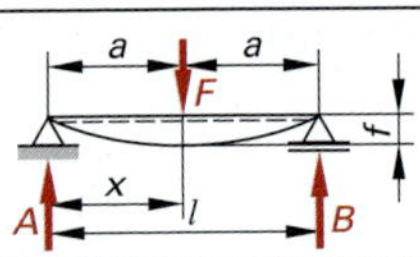  | 7,95 | 11,9 | 19,9 | 126 | 125 | 250 | 418 | 6,0 |
| 50<br>1 | 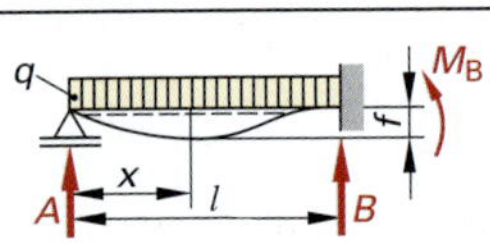  | 4,12 | 6,19 | 10,3 | 243 | 65 | 130 | 216 | 11,6 |
| 50<br>2 | 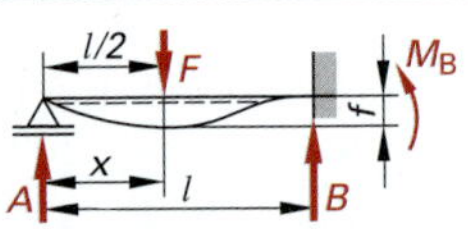  | 4,73 | 7,10 | 11,8 | 211 | 74,5 | 149 | 250 | 10,1 |
| 50<br>3 | 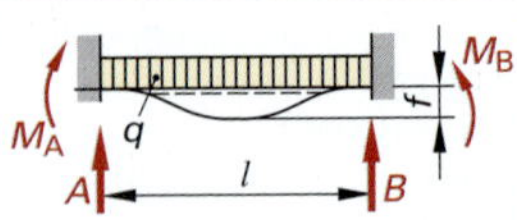  | 2,98 | 4,47 | 7,45 | 336 | 46,9 | 93,8 | 156 | 16,0 |
| 4 | 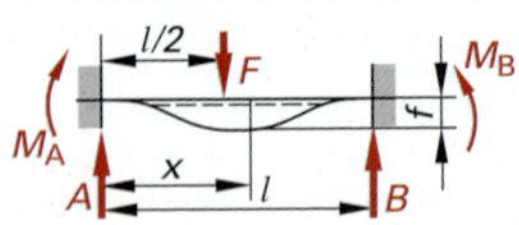  | 3,97 | 5,95 | 9,92 | 252 | 62,5 | 125 | 208 | 12,0 |
| Formelansatz ▶▶▶ | | ■ $\cdot M \cdot l$ | ■ $\cdot M \cdot l$ | ■ $\cdot M \cdot l$ | $\frac{l^2 \cdot \max \sigma}{h \cdot ■}$ | ■ $\cdot M \cdot l$ | ■ $\cdot M \cdot l$ | ■ $\cdot M \cdot l$ | $\frac{l^2 \cdot \max \sigma}{h \cdot ■}$ |

$I$ in cm⁴; $f$ in cm; $M$ = max $\lvert M \rvert$ in kNm; max $\sigma$ in N/mm²; $l$ in m; $h$ in cm; ■ Tabellenwert

1) Die Werte für Holz sind mit dem Faktor 10 000 N/mm² / $E_{o,mean}$ abzumindern.

# 3.7 Lastannahmen

**Kräfte,** die von außen auf ein Bauteil einwirken, werden **Lasten** – nach Eurocode 1 (EC 1) „Einwirkungen“ genannt. Man unterscheidet:

- Eigenlasten des Bauwerks
- Vorspannung
- Erddruck, Flüssigkeitsdruck

} **ständige Lasten**, **ständige Einwirkungen *G***

- Ausbaulasten mit unbestimmten Einbauorten
- Lasten aus Schnee, Wind
- Lasten aus Personen, Fahrzeugen, Möbeln

} **nicht ständige Lasten**, **Verkehrslasten / Nutzlasten**, **veränderliche Einwirkungen *Q***

**Gesamtlast = ständige Lasten + Verkehrslasten**

| | | | | | |
|---|---|---|---|---|---|
| **alt:** | $q = g + p$ | **neu:** | $r = g + q$ | **(Last je Länge oder Fläche)** | **in kN/m oder kN/m²** |
| | $Q = G + P$ | | $R = G + Q$ | **(Einzellasten; auch *N* oder *F*)** | **in N, kN oder MN** |

## 3.7.1 Wichte von Baustoffen und Bauteilen

Die Tabelle beinhaltet zur Ermittlung der Eigenlasten die Werte von charakteristischen Wichten und Flächenlasten (EC 1, DIN EN 1991-1-1 / ehemals DIN 1055-1).

3

| Nr. | Lagerstoffe, Baustoffe, Bauteile | Reibungswinkel ° | Wichte $\gamma_k$ kN/m³ |
|---|---|---|---|
| **Stapelgüter, Metalle, Lagerstoffe** | | | |
| 1.1 | Aktengerüst, Schrank m. Inh. | – | 6 |
| 1.2 | Bücher, Akten geschichtet | | 8,5 |
| 1.3 | Aluminium | – | 27 |
| 1.4 | Blei | – | 114 |
| 1.5 | Kupfer-Zink-Legierung | – | 85 |
| 1.6 | Gusseisen | – | 72,5 |
| 1.7 | Kupfer | – | 89 |
| 1.8 | Messing | – | 85 |
| 1.9 | Nickel | – | 89 |
| 1.10 | Stahl | | 78,5 |
| 1.11 | Zink | – | 72 |
| 1.13 | Zinn | – | 74 |
| 1.15 | Blähton, Blähschiefer | 30 | 15 |
| 1.16 | Flugasche als Füllstoff | 25 | 10 |
| 1.17 | Gips, gemahlen | 25 | 15 |
| 1.18 | Glas in Tafeln | – | 25 |
| 1.19 | Glas als Acrylglas | – | 12 |
| 1.20 | Hochofenschlacke | 40 | 17 |
| 1.21 | Hochofenschlacke, granuliert | 30 | 13 |
| 1.22 | Hüttenbims | 35 | 9 |
| 1.23 | Kalk | 25 | 13 |
| 1.24 | Kalk als Luftkalk | 25 | 6 |
| 1.25 | Kies und Sand, trocken | 35 | i.M. 18 |
| 1.26 | Kies und Sand, nass | 35 | i.M.20 |
| 1.27 | Ziegelschotter, - sand, -splitt | 35 | 15 |
| **Mauerwerk aus natürlichen Steinen** | | | |
| 2.1 | Basalt, Diorit, Gabbro, Melaphyr | | 29 |
| 2.2 | Diabas, Schiefer | | 29 |
| 2.3 | Granit, Porphyr, Syenit | | 28 |
| 2.4 | Grauwacke, Sandstein | | 27 |
| 2.5 | Kalkstein, Dolomit, Marmor | | 28 |
| 2.6 | Kalkkonglomerat, Travertin | | 26 |
| 2.7 | Gneis, Granulit, Amphibolit | | 30 |

| Nr. | Lagerstoffe, Baustoffe, Bauteile | Wichte $\gamma_k$ kN/m³ |
|---|---|---|
| **Holz und Holzwerkstoffe** | | |
| 3.1 | Nadelholz, allgemein | 5 |
| 3.2 | Laubholz (Buche, Eiche) D30/D40<br>D60<br>D70 | 7<br>9<br>11 |
| 3.4 | Spanplatten (DIN 68 761, 68 763) | 6 |
| 3.5 | Baufurniersperrholz (DIN 68 705)<br>(DIN 68 705-5) | 6<br>8 |
| 3.6 | Holzfaserplatten, mittelharte MB (DIN EN 316) | 7 |
| 3.7 | Holzfaserplatte, harte HB (DIN EN 316) $\varrho \geq 900$ kg/m³ | 10 |

**Beispiel**

Für die dargestellte Plattenbalkendecke ist die Lastannahme zu treffen.

① 0,005 m · 3 kN/m³ = 0,015 kN/m²
② 0,03 m · 22 kN/m³ = 0,660 kN/m²
③ 0,04 m · 0,4 kN/m³ = 0,016 kN/m²
④ 0,09 m · 25 kN/m³ = 2,250 kN/m²
⑤ 0,034 m · 25 kN/m³ = 0,850 kN/m²
Σ 3,791 kN/m²

Rechenansatz für den Stahlbetonbalken:

$$\frac{(0{,}12\text{ m} + 0{,}22\text{ m}) \cdot 0{,}5 \cdot 0{,}15\text{ m}}{0{,}75\text{ m}} \cdot 25\text{ kN/m}^3$$

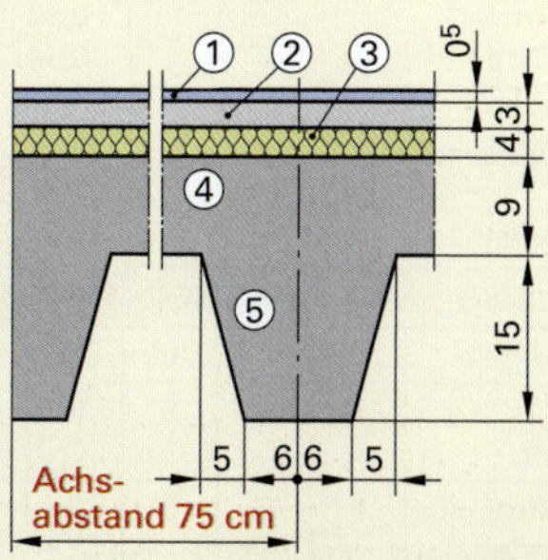


Für die Lastannahme sind als gleichmäßig verteilte Flächenlast aus Eigenlast $g$ = **3,8 kN/m²** anzunehmen.

| Nr. | Lagerstoffe, Baustoffe, Bauteile | Rohdichte kg/m³ | Wichte $\gamma_k$ kN/m³ |
|---|---|---|---|
| **Beton, Mörtel und Putz** | | | |
| 4.1 | Normalbeton (DIN 1045)<br>Stahlbeton<br>Schwerbeton | | 24<br>25<br>> 28 |
| 4.2 | Leichtbeton (DIN 1045)<br>Stahlleichtbeton | | 5 … 20<br>9 … 21 |
| 4.3 | Porenbeton, gehärtet (DIN 4223)<br>getrennt nach<br>Rohdichteklassen | 400<br>500<br>600<br>700 | 5,2<br>6,2<br>7,2<br>8,4 |
| 4.4 | Leichtbeton mit haufwerksporigem Gefüge (DIN 4232) und porigen Zuschlägen (DIN 4226)<br>getrennt nach<br>Rohdichteklassen | 1000<br>1400<br>1600<br>1800 | 10<br>14<br>16<br>18 |
| 4.5 | Leichtbeton (DIN 4219)<br>mit Zuschlägen aus<br>porigem Gefüge<br>Stahlleichtbeton (DIN 1045)<br>getrennt nach<br>Rohdichteklassen | 1000<br>1100<br>1200<br>1400 | 10<br>11<br>12<br>14 |
| 4.6 | Anhydritmörtel<br>Anhydritestrich | | 18<br>22 |
| 4.7 | Drahtputz (Rapitz) m. Gipsmörtel | | 17 |
| 4.8 | Gipsmörtel ohne Sand, Gipsputz | | 12 |
| 4.9 | Kalkmörtel (Mauer- u. Putzmörtel) | | 18 |
| 4.10 | Kalkgipsmörtel, Gipssandmörtel | | 18 |
| 4.11 | Kalkzement- u. Kalktrassmörtel | | 20 |
| 4.12 | Luftporenputz, Leichtputz | | 15 |
| 4.13 | Zementestrich | | 22 |
| 4.14 | Zementmörtel, Zementputz | | 21 |
| **Wandbauplatten** | | | **kN/m²** |
| 4.21 | Drahtputz<br>mit Kalkgipsmörtel, ca. 30 mm | | 0,60 |
| 4.22 | Rohrdeckenputz (Gips)<br>insgesamt 20 mm | | 0,30 |
| 4.23 | Gipskalkputz auf<br>Holzwolle-Leichtbauplatte<br>insgesamt 35 mm<br>insgesamt 45 mm | | 0,35<br>0,45 |
| 4.24 | Wärmedämmputzsystem (WDPS)<br>insgesamt 20 mm<br>insgesamt 60 mm<br>insgesamt 100 mm | | 0,24<br>0,32<br>0,40 |
| 4.25 | Gipskalkputz<br>auf Putzträger (Ziegeldrahtgewebe, Streckmetall)<br>insgesamt 20 mm | | 0,30 |

3

| Nr. | Lagerstoffe, Baustoffe, Bauteile | Rohdichte kg/m³ | Wichte $\gamma_k$ kN/m³ |
|---|---|---|---|
| **Mauerwerk aus künstlichen Steinen** | | | |
| 5.4 | Vollklinker (DIN 105)<br>getrennt nach<br>Ziegelrohdichte | ≥ 1900<br>≥ 1900<br>≥ 1900 | 18<br>20<br>22 |
| 5.5 | Hochlochklinker (DIN 105) | ≥ 1800 | 18 |
| 5.6 | Vollziegel,<br>Lochziegel (DIN 105)<br>Ziegelrohdichte | 1200<br>1400<br>1800<br>2000 | 14<br>15<br>18<br>20 |
| 5.7 | Leichtlochziegel Typ A und Typ B (DIN 105)<br>getrennt nach<br>Ziegelrohdichte | 700<br>800<br>900<br>1000 | 9<br>10<br>11<br>12 |
| 5.8 | Kalksandsteine (DIN 106)<br>getrennt nach<br>Steinrohdichte | 1000<br>1200<br>1400<br>1600<br>1800<br>2000<br>2200 | 12<br>14<br>15<br>17<br>18<br>20<br>22 |
| 5.9 | Hüttensteine (DIN 398)<br>getrennt nach<br>Steinrohdichte | 1000<br>1200<br>1400<br>1600<br>1800 | 12<br>14<br>15<br>17<br>18 |
| 5.10 | Porenbeton-Plansteine PP (DIN 4165)<br>getrennt nach<br>Rohdichte<br>mit Dünnbett-<br>mörtel oder Leichtmörtel | 350<br>400<br>450<br>500<br>550<br>600<br>700<br>800 | 4<br>4,5<br>5<br>5,5<br>6<br>6,5<br>8<br>8,5 |
| 5.11 | Porenbeton-Blocksteine (DIN 4165)<br>getrennt nach Rohdichte | 500<br>600<br>700<br>800 | 7<br>8<br>9<br>10 |
| 5.12 | Lochsteine aus Leichtbeton (DIN 18149)<br>getrennt nach Rohdichte | 600<br>700<br>800<br>1000 | 8<br>9<br>10<br>12 |
| 5.13 | Hohlblocksteine aus Leichtbeton (DIN 18151)<br>2K/3K/4K<br>getrennt nach Rohdichte | 500<br>600<br>700<br>800<br>900<br>1000 | 7<br>8<br>9<br>10<br>11<br>12 |
| 5.14 | Vollsteine und Vollblöcke aus Leichtbeton<br>(DIN 18152)<br>getrennt nach Rohdichte<br>Vollsteine/Vollblöcke | 600<br>700<br>800<br>900<br>1000<br>1200 | 8<br>9<br>10<br>11<br>12<br>14 |

| **Mauerwerk aus künstlichen Steinen** (einschließl. Mörtelfugen) | | | | | | | | | | | | | | | |
|---|---|---|---|---|---|---|---|---|---|---|---|---|---|---|---|
| 5.1 | Steinrohdichte kg/m³ | 500 | 600 | 700 | 800 | 900 | 1000 | 1200 | 1400 | 1600 | 1800 | 2000 | 2100 | 2200 | 2400 |
| 5.2 | Rechenwert kN/m³<br>normaler Mörtel | 7 | 8 | 9 | 10 | 11 | 12 | 14 | 16 | 16 | 18 | 20 | 21 | 22 | 24 |
| 5.3 | Rechenwert kN/m³<br>Leichtmauermörtel | 6 | 7 | 8 | 9 | 10 | 11 | 13 | 15 | 16 | 18 | 20 | 21 | 22 | 24 |

| Nr. | Lagerstoffe, Baustoffe, Bauteile | Rohdichte kg/m³ | Wichte $\gamma_k$ kN/m³ |
|---|---|---|---|
| **Wandbauplatten** | | | |
| 6.1 | Faserzementplatten (DIN EN 494) | 2000 | 20 |
| 6.2 | Leichtbauplatten aus Leichtbeton (DIN 18162) und Hohlwandplatten aus Leichtbeton (DIN 18148) getrennt nach Rohdichte | 600<br>800<br>900<br>1000<br>1200 | 8<br>9<br>10<br>11<br>13 |
| 6.3 | Leichtbauplatten aus Gips (DIN 18163) mit Hohlräumen und Füllstoffen getrennt nach Rohdichte | 600<br>750<br>900<br>1200 | 6<br>7,5<br>9<br>12 |
| 6.4 | Porenbeton-Bauplatten (Ppl) (DIN 4166) getrennt nach Rohdichte | 500<br>600<br>700 | 6<br>7<br>8 |
| 6.5 | Gipskartonplatten; GKB, GFK, GKBi (DIN 18180, DIN EN 520) | 700<br>900 | 7<br>9 |
| 6.6 | Glasbaustein-Wände (DIN 4242, 18175) | | 12,5 |
| 6.7 | Porengips-Wandbauplatten | | 7 |
| 6.8 | Ständertrennwände aus Gipskartonplatten mit Mineralwollausfachung<br>einfache Beplankung<br>doppelte Beplankung | <br><br>–<br>– | kN/m²<br><br>0,35<br>0,50 |
| 6.9 | Wärmedämmverbundsystem WDVS aus 15 mm Oberputz und Schaumkunststoff | – | kN/m²<br>0,24 |
| **Fußbödenbeläge und Wandbeläge** | | | **kN/m³** |
| 7.1 | Asphaltbeton, Asphaltestrich | | 24 |
| 7.2 | Betonwerksteinplatten, Terrazzo | | 24 |
| 7.3 | Estriche, Anhydritestrich | | 22 |
| 7.4 | Kunstharzestrich | | 22 |
| 7.5 | Magnesiaestrich | | 22 |
| 7.6 | Bodenfliesen im Mörtelbett | | 22 |
| 7.7 | Wandfliesen im Mörtelbett | | 19 |
| 7.8 | Kunststoffböden | | 15 |
| 7.9 | Linoleum | | 13 |
| 7.10 | Teppichböden | | 3 |
| 7.11 | Sporthallen-Elastikboden | | 12 |
| 7.12 | Sporthallen-Schwingboden | | 30 |
| 7.13 | Glasfliesen, Glasmosaik, Glasplatten | | 25 |
| 7.14 | Asphaltbeläge als<br>Asphaltmastix<br>Gussasphalt<br>Stampfasphaltplatten | | <br>18<br>23<br>22 |
| 7.15 | Gummibeläge | | 15 |
| 7.16 | Korkplatten (n.g.) | | 2 |
| 7.17 | Fertigparkett (n.g.) | | 6 |

| Nr. | Baustoffe, Bauteile | Wichte $\gamma_k$ kN/m³ |
|---|---|---|
| **Decken und horizontale Dachdecken** (n.g.) | | |
| 8.1 | Gewölbte Decken bis 2 m Stützweite | 24 |
| 8.2 | Schaum- und Porenbetonplatten | 6,2 |
| 8.3 | Stahlbetonplatten (DIN 1045) | 25 |
| 8.4 | Stahlbetonrippendecken mit Hohlkörper aus **Leichtbeton** (DIN 4158) mit einer 5 cm dicken Betondruckplatte | **kN/m²** |

| 8.4 | Rippenabstand | 0,50 m | | 0,625 m | |
|---|---|---|---|---|---|
| | Betonrohdichte g/cm³ | 1,4 | 2,3 | 1,4 | 2,3 |
| Deckendicke | 17 cm | 2,95 | 3,58 | 2,77 | 3,36 |
| | 19 cm | 3,14 | 3,75 | 2,99 | 3,63 |
| | 21 cm | 3,71 | 4,38 | 3,42 | 4,13 |
| | 23 cm | 3,79 | 4,48 | 3,50 | 4,16 |
| | 25 cm | 3,87 | 4,55 | 3,57 | 4,24 |

8.5 Stahlbetonrippendecken mit statisch mitwirkenden Zwischenbauteilen aus **Ziegeln** (DIN 4159) o. Betondruckplatte **kN/m²**

| | Rippenabstand | 0,50 m | | | 0,625 m | | |
|---|---|---|---|---|---|---|---|
| | Ziegelrohdichte g/cm³ | 0,6 | 0,8 | 1,0 | 0,6 | 0,8 | 1,0 |
| Deckendicke | 14 cm | 1,43 | 1,68 | 1,92 | 1,35 | 1,60 | 1,85 |
| | 19 cm | 1,92 | 2,25 | 2,58 | 1,81 | 2,15 | 2,50 |
| | 24 cm | 2,50 | 2,91 | 3,32 | 2,35 | 2,77 | 3,20 |
| | 29 cm | 3,07 | 3,56 | 4 05 | 2,88 | 3,39 | 3,91 |
| | 34 cm | 3,58 | 4,16 | 4,74 | 3,37 | 3,96 | 4,67 |

8.6 Stahlbetonrippendecken mit statisch mitwirkenden Zwischenbauteilen aus **Deckenziegeln** (DIN 4160) und einer 5 cm dicken Betondruckplatte **kN/m²**

| | Rippenabstand | 0,50 m | |
|---|---|---|---|
| | Ziegel-Rohdichte g/cm³ | 0,6 | 0,9 |
| Deckendicke | 19 cm | 2,55 | 2,95 |
| | 21,5 cm | 2,80 | 3,25 |
| | 24,0 cm | 3,05 | 3,55 |
| | 26,5 cm | 3,40 | 4,00 |
| | 29,0 cm | 3,65 | 4,30 |

8.7 Stahlsteindecken mit Deckenziegeln (DIN 4159) **kN/m²**

| | Ziegelrohdichte g/cm³ | teilvermörtelt | | | vollvermörtelt | | |
|---|---|---|---|---|---|---|---|
| | | 0,6 | 0,8 | 1,0 | 0,6 | 0,8 | 1,0 |
| Deckendicke | 11,5 cm | 1,26 | 1,45 | 1,65 | 1,45 | 1,60 | 1,85 |
| | 14 cm | 1,50 | 1,75 | 2,00 | 1,80 | 1,95 | 2,20 |
| | 16,5 cm | 1,90 | 2,15 | 2,40 | 2,20 | 2,40 | 2,65 |
| | 19 cm | 2,15 | 2,45 | 2,80 | 2,55 | 2,80 | 3,05 |
| | 24 cm | 2,75 | 3,10 | 3,50 | 3,20 | 3,55 | 3,90 |
| | 29 cm | 3,35 | 3,80 | 4,25 | 4,05 | 4,45 | 4,85 |

(n.g.) nicht genormt

## 3.7.2 Eigenlasten für Dächer

Die Tabelle beinhaltet die zur Ermittlung der charakteristischen Eigenlasten notwendigen Wichten (Auszug aus DIN 1055-1) für 1 m² geneigte Dachfläche ohne Sparren, ohne Pfetten und ohne Mörtel. Bei Vermörtelung sind 0,1 kN/m² Zuschlag zu wählen.

| Nr. | Dachdeckung | Last $\gamma_k$ kN/m² |
|---|---|---|
| **10** | **Dachziegel, Betondachsteine, Glasdachsteine** (DIN 456) | |
| 10.1 | Betondachsteine, Glasdachsteine mit mehrfacher Fußverrippung und<br>hochliegendem Längsfalz ≤ 10 St/m²<br>tiefliegendem Längsfalz > 10 St/m² | <br>0,50<br>0,55 |
| 10.2 | Biberschwanzziegel, Biberschwanzbetondachsteine, Glasdachsteine als<br>Spließdach einschl. Schindeln<br>Doppeldach, Kronendach | <br>0,60<br>0,75 |
| 10.3 | Falzziegel, Falzpfanne, Flachdachpfanne | 0,55 |
| 10.4 | Großformatige Pfannen | 0,50 |
| 10.5 | Kleinformatiger Biberschwanzziegel | 0,95 |
| 10.6 | Hohlpfanne mit Pappdocken | 0,55 |
| 10.7 | Krempziegel, Hohlpfanne | 0,45 |
| 10.8 | Mönch und Nonne mit Vermörtelung | 0,90 |
| 10.9 | Strangziegel | 0,60 |
| **11** | **Schieferdeckung einschließlich Pappunterlagen** | |
| 11.1 | Altdeutsche Deckung auf 22 mm Schalung<br>einfache Deckung<br>doppelte Deckung | <br>0,50<br>0,60 |
| 11.2 | Engl. Schieferdeckung mit Schalung | 0,55 |
| **12** | **Sonstige Deckungen** | |
| 12.1 | Schindeldach einschl. Lattung | 0,25 |
| 12.2 | Sprossenlose einschalige Verglasung | 0,27 |
| 12.3 | Kunststoffwellplatten | 0,04 |
| 12.4 | Schablonendeckung auf Lattung | 0,45 |

| Nr. | Dachdeckung | Last $\gamma_k$ kN/m² |
|---|---|---|
| **13** | **Metalldeckung einschließlich Pappunterlagen** | |
| 13.1 | Aluminium 0,7 mm, 24 mm Schalung | 0,25 |
| 13.2 | Verzinktes Falzblech, 24 mm Schalung | 0,30 |
| 13.3 | Kupferdach 0,7 mm mit 24 mm Schalung | 0,35 |
| 13.4 | Zinkdach und Leisten, 24 mm Schalung | 0,30 |
| 13.5 | Wellblechdach mit Befestigung | 0,25 |
| **14** | **Faserzementdachplatten einschließlich Lattung** (DIN EN 494) | |
| 14.1 | Deutsche Deckung, 24 mm Schalung | 0,40 |
| 14.2 | Doppeldeckung<br>Doppeldeckung mit Schalung | 0,38<br>0,48 |
| 14.3 | Waagerechte Deckung<br>Waagerechte Deckung mit Schalung | 0,25<br>0,35 |
| 14.4 | Faserzement-Wellplatten | 0,20 |
| 14.5 | Faserzement-Kurzwellplatten | 0,24 |
| **15** | **Dachabdichtungen einschließlich Klebemasse** (verlegt) | |
| 15.1 | Ausgleichsschicht, lose verlegt | 0,03 |
| 15.2 | Bitumen-Dachabdichtung, einlagig | 0,04 |
| 15.3 | Dachabdichtung, zweilagig, $d \leq 5$ mm | 0,13 |
| 15.4 | Dachabdichtung, dreilagig, $d = 5$ mm | 0,17 |
| 15.5 | Glasvlies-Bitumen-Dachbahn | 0,05 |
| 15.6 | Dampfsperre | 0,07 |
| 15.7 | Kunststoffbahnen, lose Dampfsperre | 0,02 |
| 15.8 | Oberflächenschutz 5 cm dicke Kiesschüttung | 1,00 |
| 15.9 | Kiespressung je cm Dicke | 0,20 |
| 15.10 | Schutzbahnen | 0,08 |
| 15.11 | Polyestergewebe | 0,01 |

### Näherungswerte für Eigenlasten $g_k$ von Dachbindern

| **9** | **Konstruktion einschließlich Pfetten und Verbände** | | **Last** |
|---|---|---|---|
| 9.1 | Holzbinder | Stehender oder liegender Dachstuhl, max. 10 m Spannweite | 0,25 kN/m² DF |
| 9.2 | Holzbinder | Einfaches Hänge- oder Sprengewerk, max. 18 m Spannweite | 0,30k N/m² DF |
| 9.3 | Holzbinder | Zusammengesetzte Dachkonstruktion | 0,40k N/m² DF |
| 9.4 | Stahlbinder | Einfache Pultdächer bis 10 m Spannweite | 0,25 kN/m² DF |
| 9.5 | Stahlbinder | Dachkonstruktion über 10 m Spannweite | 0,35 kN/m² DF |
| 9.6 | Stahlbinder | Dachkonstruktion einschl. Stahltrapezblech | 0,50 kN/m² DF |

| **Pfetten aus Holz** bis 8 m Spannweite als Kantholz | |
|---|---|
| $l$ (in m) | $h/l$ |
| < 5 | 1/25 |
| $5 \leq l \leq 7{,}5$ | 1/30 |
| **Pfetten aus Brettschichtholz** über 8 m Spannweite | |
| $5 \leq l \leq 12$ | 1/18 … 1/20 |
| $4 \leq l \leq 15$ | 1/30 … 1/20 |

## 3.7.3 Nutzlasten

### Lotrechte gleichmäßig verteilte Nutzlasten (Auszug aus EC 1, DIN EN 1991-1-1)

| Kategorie | | Nutzung | Beispiele | $q_k$ kN/m² | $Q_k$ kN |
|---|---|---|---|---|---|
| A | A1 | Spitzböden | Für Wohnzwecke nicht geeigneter, aber zugänglicher Dachraum bis 1,80 m lichter Höhe. | 1,0 | 1,0 |
| | A2 | Wohn- und Aufenthaltsräume | Räume mit ausreichender Querverteilung der Lasten, Räume und Flure in Wohngebäuden, Bettenräume in Krankenhäusern, Hotelzimmer einschl. zugehöriger Küchen und Bäder. | 1,5 | – |
| | A3 | (z.B. Holzbalkendecke) | wie A2, aber ohne ausreichende Querverteilung der Lasten. | 2,0 | 1,0 |
| B | B1 | Büroflächen, Arbeitsflächen, Flure | Flure in Bürogebäuden, Büroflächen, Arztpraxen, Stationsräume, Aufenthaltsräume einschl. der Flure, Kleinviehställe. | 2,0 | 2,0 |
| | B2 | | Flure in Krankenhäusern, Hotels, Altenheimen, Internaten usw.; Küchen u. Behandlungsräume einschl. Operationsräume ohne schweres Gerät. | 3,0 | 3,0 |
| | B3 | | wie B2, jedoch mit schwerem Gerät. | 5,0 | 4,0 |
| C | C1 | Räume, Versammlungsräume und Flächen, die der Ansammlung von Personen dienen können (mit Ausnahme von unter A, B, D und E festgelegten Kategorien. | Flächen mit Tischen; z.B. Schulräume, Cafés, Restaurants, Speisesäle, Lesesäle, Empfangsräume. | 3,0 | 3,0 |
| | C2 | | Flächen mit fester Bestuhlung; z.B. Flächen in Kirchen, Theatern oder Kinos, Kongresssäle, Hörsäle, Versammlungsräume, Wartesäle. | 4,0 | 4,0 |
| | C3 | | Frei begehbare Flächen; z.B. Museumsflächen, Ausstellungsflächen usw. und Eingangsbereiche in öffentlichen Gebäuden und Hotels, nicht befahrbare Hofkellerdecken. | 5,0 | 4,0 |
| | C4 | | Sport und Spielflächen; z.B. Tanzsäle, Sporthallen, Gymnastik- und Kraftsporträume, Bühnen. | 5,0 | 7,0 |
| | C5 | | Flächen für große Menschenansammlungen; z.B. in Gebäuden wie Konzertsälen, Terrassen und Eingangsbereiche sowie Tribünen mit fester Bestuhlung. | 5,0 | 4,0 |
| D | D1 | Verkaufsräume | Flächen von Verkaufsrämen bis 50 m² Grundfläche in Wohn-, Büro- und vergleichbaren Gebäuden. | 2,0 | 2,0 |
| | D2 | | Flächen in Einzelhandelsgeschäften und Warenhäusern. | 5,0 | 4,0 |
| | D3 | | Flächen wie D2, jedoch mit erhöhten Einzellasten infolge hoher Lagerregale. | 5,0 | 7,0 |
| E | E1 | Fabriken und Werkstätten, Ställe, Lagerräume und Zugänge, Flächen mit erheblichen Menschenansammlungen | Flächen in Fabriken und Werkstätten mit leichtem Betrieb und Flächen in Großviehställen. | 5,0 | 4,0 |
| | E2 | | Lagerflächen, einschließlich Bibliotheken. | 6,0 | 7,0 |
| | E3 | | Flächen in Fabriken und Werkstätten mit mittlerem oder schwerem Betrieb, Flächen mit regelmäßiger Nutzung durch erhebliche Menschenansammlungen, Tribünen ohne feste Bestuhlung. | 7,5 | 10,0 |
| T | T1 | Treppen und Treppenpodeste | Treppen und Treppenpodeste der Kategorie A und B1 ohne nennenswerten Publikumsverkehr. | 3,0 | 2,0 |
| | T2 | | Treppen und Treppenpodeste der Kategorie B1 mit erheblichem Publikumsverkehr, B2 bis E sowie alle Treppen, die als Fluchtweg dienen. | 5,0 | 2,0 |
| | T3 | | Zugänge und Treppen von Tribünen ohne feste Sitzplätze, die als Fluchtweg dienen. | 7,5 | 3,0 |
| Z | | Zugänge, Balkone, Podeste u.ä. | Dachterrassen, Laubengänge, Loggien usw, Balkone Ausstiegspodeste | 4,0 | 2,0 |

Nutzlasten sind die veränderlicen und beweglichen Einwirkungen auf das Bauteil (z. B. Personen, Einrichtungsgegenstände, unbelastete leichte Trennwände, Lagerstoffe, Maschinen und Fahrzeuge).

### Waagerechte Nutzlasten, Horizontallasten (Auszug aus EC 1, DIN EN 1991-1-1)

| Belastete Flächen nach Kategorie | | Horizontale Nutzlast $q_k$ in kN/m |
|---|---|---|
| **A, B, F, H, T1, Z** | Gleichmäßig verteilte Nutzlasten in Höhe des Handlaufes, max. 1,20 hoch; keine Überlagerung mit der Windlast notwendig. | 0,5 |
| **C1** bis **C4, D, E1** und **E2, G, K, T2, Z** | | 1,0 |
| **C5, E3, T3** | | 2,0 |

3

## Lotrechte gleichmäßig verteilte Nutz- und Einzellast für Dächer

Die charakteristischen Werte gleichmäßig verteilter Nutzlasten für Dächer beziehen sich auf die Grundrissprojektion des Daches.

| Kategorie | Nutzung | Dachneigung | $q_K$ in kN/m² | $Q_k$ in kN |
|---|---|---|---|---|
| **H** | Nicht begehbare Dächer außer für Erhaltungs- und Reparaturmaßnahmen | $\alpha < 20°$<br>$\alpha > 40°$ | 0,75<br>0 | 1,0<br>1,0 |

Zwischenwerte sind linear zu interpolieren.

Bei Dächern ist in der Mitte der Sparren, Pfetten oder Obergurte von Fachwerken unter Außerachtlassung der Schnee- und Windlasten eine Einzellast von 1 kN anzunehmen.

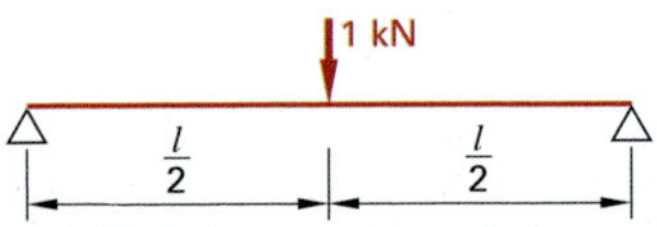


Bei Dachlatten sind zwei Einzellasten von je 0,5 kN in den äußeren Viertelpunkten der Stützweite anzunehmen. Bei Sparrenabständen $l \leq 1{,}00$ m (0,80 m; 0,70 m) und Dachlatten 40 mm/60 mm (30 mm/50 mm; 24 mm/48 mm) ist kein Nachweis erforderlich.

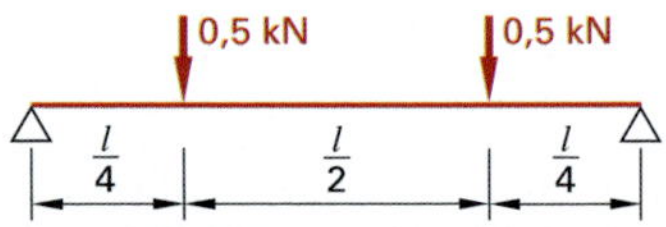


3

## Lastenverteilung für Eigenlasten $g_k$, Windlasten $w_k$ und Schneelasten $s_k$ bei geneigten Dächern, charakteristische Werte

### Eigenlast $g_k$

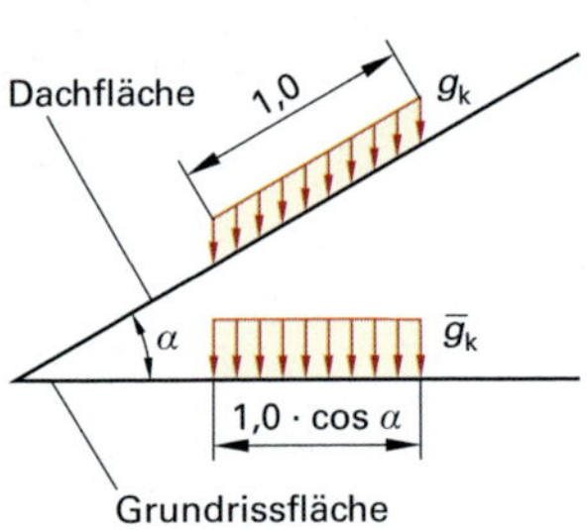


bezogen auf 1 m² (Dach-)Fläche:

$g_{\perp,k} = g_k \cdot \cos\alpha$ in kN/m² Dfl.

$g_{||,k} = g_k \cdot \cos\alpha$ in kN/m² Dfl.

bezogen auf 1 m² Grundrissfläche:

$\bar{g}_k = g_k / \cos\alpha$ in kN/m² Gfl.

### Winddruck $w_k$

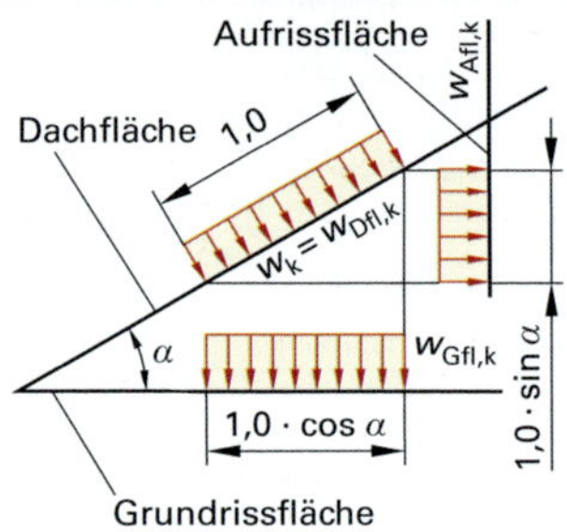


bezogen auf 1 m² (Dach-)Fläche:

$w_{Dfl,k} = w_k$ in kN/m² Dfl.

bezogen auf 1 m² Grundrissfläche:

$w_{Gfl,k} = w_k$ in kN/m² Gfl.

bezogen auf 1 m² Aufrissfläche:

$w_{Afl,k} = w_k$ in kN/m² Afl.

### Schneelast $s_k$

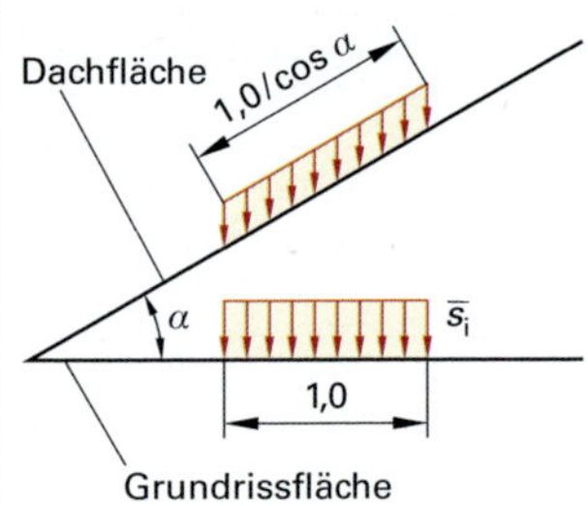


bezogen auf 1 m² (Dach-)Fläche:

$s_{\perp,k} = \bar{s}_i \cdot \cos^2\alpha$ in kN/m² Dfl.

$s_{||,k} = \bar{s}_i \cdot \sin\alpha \cdot \cos\alpha$ in kN/m² Dfl.

bezogen auf 1 m² waagerechter Projektion der Dachfläche (oder Grundrissfläche):

$\bar{s}_i = \mu_i \cdot s_k$

---

Die Lasten werden üblicherweise in kN/m² angegeben.
Lasten mit Querstrich ($\bar{g}_k$, $\bar{s}_i$) sind auf die Grundfläche bezogen.
Bei Schneelasten entspricht die Grundrissfläche der waagerechten Projektion der Dachfläche.

Dfl. Dachfläche
Gfl. Grundfläche
Afl. Aufrissfläche

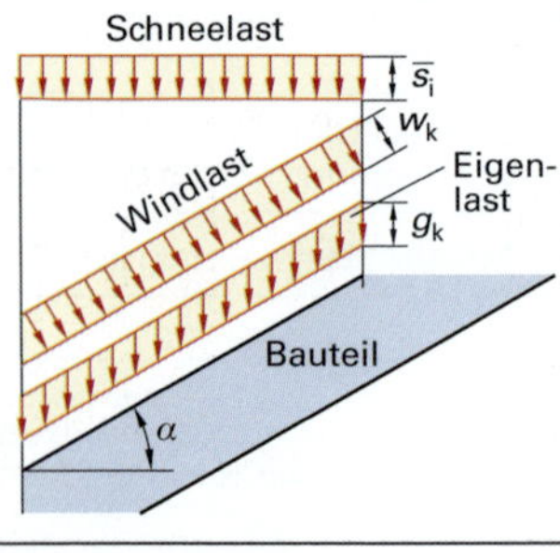


$$w_{Afl} = \frac{w \cdot \sin\alpha}{1{,}0 \cdot \sin\alpha} = w$$

$$w_{Gfl} = \frac{w \cdot \cos\alpha}{1{,}0 \cdot \cos\alpha} = w$$

$$w_e = c_{pe} \cdot q$$

## 3.7.4 Eigen- und Nutzlast, Trennwandzuschlag

Die charakteristischen Werte der Eigenlasten eines Bauwerks sind aus den Wichten, Rechenwerten und Flächenlasten der Baustoffe zu ermitteln.
**Eigenlast** ist die Summe der ständig vorhandenen unveränderlichen Einwirkungen.

Unbelastete leichte Trennwände bis zu einer Höchstlast von 5 kN/m dürfen durch einen Trennwandzuschlag bei der Nutzlast berücksichtigt werden.

| | | |
|---|---|---|
| Trennwände bis zu einer Last von 3 kN/m | 0,8 kN/m² | Bei Nutzlasten von 5 kN/m² und mehr ist kein Trennwandzuschlag erforderlich. |
| Trennwände bis zu einer Last von 5 kN/m | 1,2 kN/m² | |

**Nutzlast** ist die veränderliche und bewegliche Einwirkung auf das Bauteil. Lasten von beweglichen Trennwänden sind als Nutzlasten anzunehmen. Windlasten sowie Schneelasten werden als Nutzlast gesondert berechnet. Die Lasten aus losen Kiesschüttungen auf Decken und/oder Dächern sowie Bodenanschüttungen gegen Außenwände im Kellergeschoss sind veränderliche Einwirkungen.

## 3.7.5 Windlasten (nach EC 1, DIN EN 1991-1-4)

Bauwerke sind auf Windlast in Richtung ihrer Hauptachsen zu untersuchen. Die folgenden Ausführungen beziehen sich auf nicht schwingungsanfällige Bauwerke bis 10,00 m Höhe. Mit der Referenzgeschwindigkeit $v_{0,ref}$ können im ebenen Gelände die Geschwindigkeitsdrücke $q$ in Abhängigkeit von der Gebäudehöhe berechnet werden. $q$ in kN/m² $v$ in m/s

Grundlagend für die Berechnung der Windbelastung sind die zur Windgeschwindigkeit $v$ gehörenden Windgeschwindigkeitsdrücke $q$.

$$q = 0{,}5 \cdot 1{,}25\ \text{kg/m}^3 \cdot v^2$$

**Windgeschwindigkeitsdrücke bis 10,00 m über Grund** Windzonenkarte ► S. 97

| Windzone | WZ I | WZ II | WZ III | WZ IV |
|---|---|---|---|---|
| Windgeschwindigkeit $v_{0,ref}$ in m/s | 22,5 | 25,0 | 27,5 | 30,0 |
| Geschwindigkeitsdruck $q$ in kN/m² | 0,32 | 0,39 | 0,47 | 0,56 |

Die Windlastzone IV umfasst das Gebiet der Deutschen Bucht; in der Windlastzone II sind oberhalb 800 m besondere Überlegungen erforderlich; in der Windlastzone I ist oberhalb 800 m ein Erhöhungsfaktor (0,2 + Höhe/1000) zu berücksichtigen. Die Kombinationsregeln zum Nachweis der Tragfähigkeit und zum Nachweis der Gebrauchstauglichkeit (z.B. der Durchbiegung) sind einzeln aufzustellen.

**Aussteifung:** Windverbände leiten die Windlasten in die Fundamente. In Längsrichtung muss die Steifigkeit durch besondere Maßnahmen gewährleistet werden:

- Windrispen (diagonaler Einbau)
- diagonale Dachschalung (hälftig angeordnet, gegenläufig)
- Windrispenbänder (verzinkt 2 x 40 mm, ∅ 5 mm)
- Dachschalung aus plattenförmigen Holzwerkstoffen (grundsätzlich verschiedene Größen einbauen, stoßversetzt)

## Einteilung der Dachflächen für Pult-, Sattel- und Walmdächer

Beim Pultdach wird die Windströmrichtung auf die niedrige Traufe bezogen.

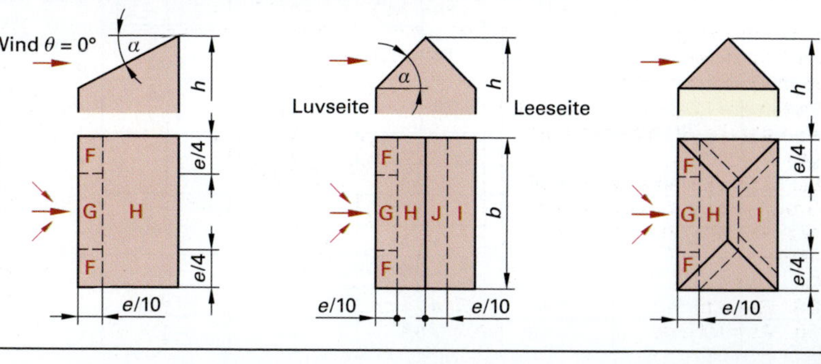

## Winddruck $w$ und Druckbeiwerte $c_{pe}$

Die resultierende Gesamtwindkraft $F_w$ auf einen Baukörper ergibt sich als

$F_w = c_r \cdot q_{(ze)} \cdot A_{ref}$

mit $c_r$ aerodynamischer Kraftbeiwert
$q_{(ze)}$ Geschwindigkeitsdruck in Höhe $z_e$
$A_{ref}$ in m² der Windangriffsfläche.

Der Winddruck $w$ auf verschiedene Teile des Baukörpers ergibt sich aus

$w = c_{pe} \cdot q$ und $W = w \cdot A$

mit $q$ in kN/m² je Windzone ► S. 97 und
$c_{pe}$ als Beiwert für den Außendruck
$A$ in m² für die ausgewiesene Fläche.

## Wände von Baukörpern mit rechteckigem Grundriss

Für vertikale Wände von Baukörpern mit rechteckigem Grundriss wird der Außendruck in Abhängigkeit vom Verhältnis der Baukörperhöhe $h$ zur Baukörperbreite $b$ angesetzt.

Benennung der Wände
$d$ ist die Tiefe des Baukörpers in Windrichtung
$e = b$ oder $2h$ der kleinere Wert ist maßgebend

3

### Außendruckbeiwert $c_{pe}$

| Bereiche | A | | B | |
|---|---|---|---|---|
| $h/d$ | $c_{pe,10}$ | $c_{pe,1}$ | $c_{pe,10}$ | $c_{pe,1}$ |
| 1 (z.B. EFH) | – 1,2 | – 1,4 | – 0,8 | – 1,1 |
| ≥ 5 | – 1,4 | – 1,7 | – 0,8 | – 1,1 |
| ≤ 0,25 | – 1,2 | – 1,4 | – 0,8 | – 1,1 |
| Bereiche | D | E = C | | |
| $h/d$ | $c_{pe,10}$ | $c_{pe,1}$ | $c_{pe,10}$ | $c_{pe,1}$ |
| 1(z.B. EFH) | + 0,8 | + 1,0 | – 0,5 | – 0,5 |
| ≥ 5 | + 0,8 | + 1,0 | – 0,5 | – 0,7 |
| ≤ 0,25 | +0,8 | + 1,0 | – 0,3 | – 0,5 |

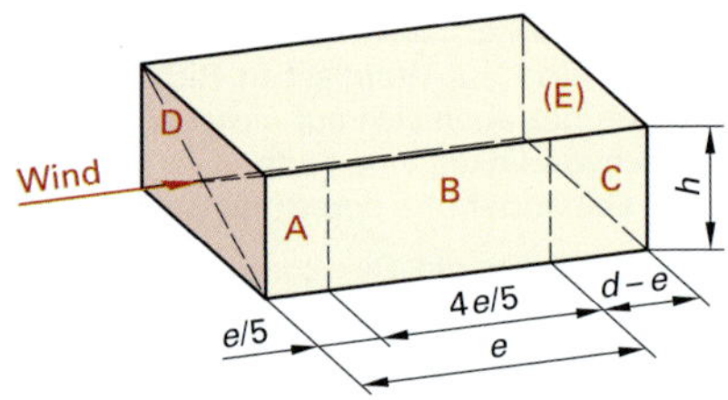


Zwischenwerte dürfen interpoliert werden
$h/d > 5$ hier nicht definiert, da weitere Beiwerte nach DIN 1055-3 benötigt werden.

## Pultdächer, Satteldächer, Walmdächer

Die Dächer sind in Bereiche einzuteilen. Die Windströmrichtung wird traufseitig $\Theta$ = 0° und giebelseitig $\Theta$ = 90° ausgewiesen. Die Beiwerte $c_{pe,1}$ gelten (vereinfacht) bis 10 m² Bezugsfläche, die Beiwerte $c_{pe,10}$ für größere Flächen.

### Außendruckbeiwert $c_{pe}$ für Pultdächer, Satteldächer und Walmdächer

| Neigungswinkel $\alpha$ | Anströmrichtung $\Theta$ = 0° | | | | | | | | | |
|---|---|---|---|---|---|---|---|---|---|---|
| | Bereiche F, G, H, I und J vergleiche ► S. 95 | | | | | | | | | |
| | F | | G | | H | | I | | J | |
| | $c_{pe,10}$ | $c_{pe,1}$ | $c_{pe,10}$ | $c_{pe,1}$ | $c_{pe,10}$ | $c_{pe,1}$ | $c_{pe,10}$ | $c_{pe,1}$ | $c_{pe,10}$ | $c_{pe,1}$ |
| – 45° | – 0,6 | | – 0,6 | | – 0,8 | | – 0,7 | | – 1,0 | – 1,5 |
| – 30° | – 1,1 | – 2,0 | – 0,8 | – 1,5 | – 0,8 | | – 0,6 | | – 0,8 | – 1,4 |
| – 15° | – 2,5 | – 2,8 | – 1,3 | – 2,0 | – 0,9 | – 1,2 | – 0,5 | | – 0,7 | – 1,2 |
| – 5° | – 2,3 | – 2,5 | – 1,2 | – 2,0 | – 0,8 | – 1,2 | – 0,6<br>+ 0,2 | | – 0,6<br>+ 0,2 | |
| 5° | – 1,7 | – 2,5 | – 1,2 | – 2,0 | – 0,6 | – 1,2 | – 0,6<br>+ 0,2 | | – 0,6<br>+ 0,2 | |
| 15° | – 0,9 | – 2,0 | – 0,8 | – 1,5 | – 0,3 | | – 0,4 | | – 1,0 | – 1,5 |
| | + 0,2 | | + 0,2 | | + 0,2 | | | | | |
| 30° | – 0,5 | – 1,5 | – 0,5 | – 1,5 | – 0,2 | | – 0,4 | | – 0,5 | |
| | + 0,7 | | + 0,7 | | + 0,4 | | | | | |
| 45° | + 0,7 | | + 0,7 | | + 0,6 | | – 0,2 | | – 0,5 | |
| 60° | + 0,7 | | + 0,7 | | + 0,7 | | – 0,2 | | – 0,5 | |
| 75° | + 0,8 | | + 0,8 | | + 0,8 | | – 0,2 | | – 0,5 | |

**Hinweise zur Tabelle**

- Für die giebelseitige Anströmrichtung gilt max. $c_{pe}$ = – 2,5.
- Bei einem Neigungswinkel zwischen + 15° und + 30° ändert sich der Druck schnell zwischen positiven und negativen Werten.
- Für **Pultdächer** gelten nur die Werte ab 5° für die Bereiche F, G, H.
- Für **Walmdächer** gelten nur die Werte ab 5° für die Bereiche F, G, H.
- Zwischenwerte dürfen interpoliert werden, sofern das Vorzeichen nicht wechselt.
- Die Anströmrichtung zur Giebelseite ergibt bei Pult- und Satteldächern negative Beiwerte.
- Bei Walmdächern ergeben sich die Bereiche G und F ebenso bei der Stirnseite.

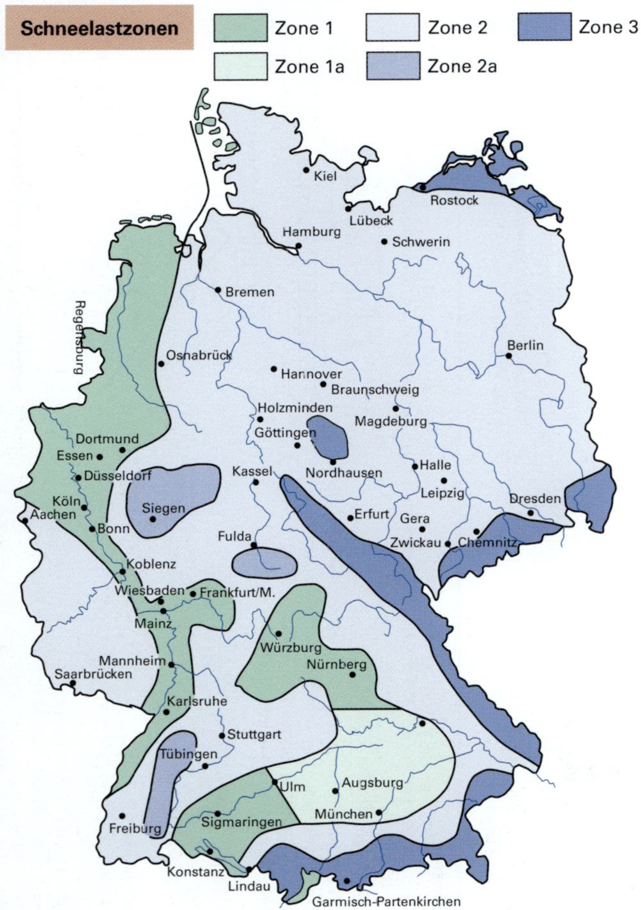


| *h* | *q* |
|---|---|
| I | |
| a | 0,50 |
| b | 0,65 |
| c | 0,75 |
| II | |
| a | 0,65 |
| b | 0,80 |
| c | 0,90 |
| III | |
| a | 0,80 |
| b | 0,95 |
| c | 1,10 |
| VI | |
| a | 0,95 |
| b | 1,15 |
| c | 1,30 |

*h* Gebäudehöhe in m
*q* Geschwindigkeitsdruck in kN/m²

$h \le 10$ m a
$h \le 18$ m b
$h \le 25$ m c

3

## 3.7.6 Schneelasten (nach EC 1, DIN EN 1991-1-5)

Der charakteristische Wert der Schneelast $s_k$ auf dem Boden ist in Abhängigkeit von der Schneelastzone ▶ S. 97 und der Geländehöhe üNN zu berechnen. Besonderheiten in den Schneelastzonen, z.B. im Oberharz, in Reit im Winkel und im Fichtelgebirge sind bei den örtlichen Behörden zu erfragen. Die festgelegten Rechenwerte sind dann als außergewöhnliche Einwirkungen nach DIN 1055-100 zusätzlich zu berücksichtigen.

**Charakteristischer Wert der Schneelast bei einer Geländehöhe *h* in m**

| Schneelastzone | Sockelbetrag $s_k$ | | Formelansatz für $s_k$ in kN/m² |
|---|---|---|---|
| Zone 1 | $\geq 0{,}65$ kN/m² | $h \geq 400$ m üNN | $0{,}19 + 0{,}91 \cdot ((h + 140)/760)^2$ |
| Zone 2 | $\geq 0{,}85$ kN/m² | $h \geq 285$ m üNN | $0{,}25 + 1{,}91 \cdot ((h + 140)/760)^2$ |
| Zone 3 | $\geq 1{,}10$ kN/m² | $h \geq 255$ m üNN | $0{,}31 + 2{,}91 \cdot ((h + 140)/760)^2$ |

## Schneelast auf Dächern

Die Schneelast $s_i$ auf Dächern ist abhängig von der Dachneigung $\alpha$ und der charaktistischen Schneelast und bezieht sich auf einen Quadratmeter der Grundrissprojektion der Dachfläche. Die Last ist lotrecht wirkend anzunehmen.

$$s_i = \mu \cdot s_k$$

$\mu$ Formbeiwert der Schneelast
$s_i$ in kN/m² lotrechter Grundrissprojektion
$s_k$ charakteristische Schneelast

**Formbeiwerte für flache und geneigte Dächer**

| $\alpha$ | $0° < \alpha < 30°$ | $30° < \alpha < 60°$ | $\geq 60°$ |
|---|---|---|---|
| $\mu_1$ | 0,8 | $0{,}8\ (60° - \alpha)/30°$ | 0 |
| $\mu_2$ | $0{,}8 + 0{,}8\ \alpha/30°$ | 1,6 | 1,6 |

Bei Tonnendächern, Höhensprüngen im Dachbereich, Schneeüberhang an der Traufe, Schneefanggitter und Schneeanhäufungen sind besondere Nachweise und Maßnahmen notwendig.

$\mu_2$ maßgebend bei gereihten Satteldächern

Es gelten folgende Lastbilder. Bei Lastfällen für symmetrische und unsymmetrische Satteldächer ist der ungünstigste für die Bemessung maßgebend.

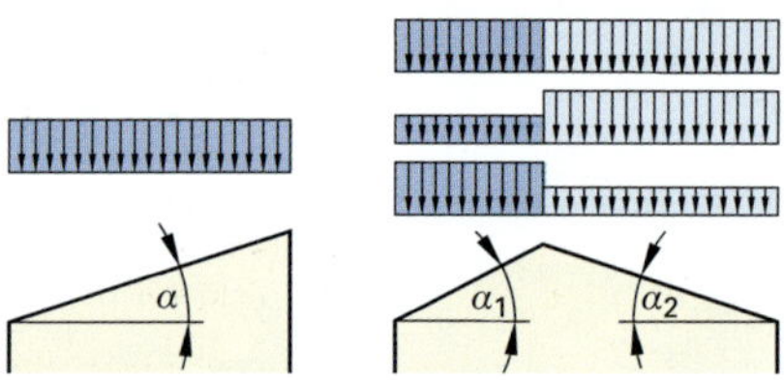

Pultdächer Satteldächer

a) beidseitig volle Schneelast $s_i = \mu_1 \cdot s_k$
ohne Windlast,
ohne Windeinfluss

b) links halbe Schneelast $s_i = 0{,}5 \cdot \mu_1 \cdot s_{k(\alpha 1)}$
rechts volle Schneelast $s_i = \mu_1 \cdot s_{k(\alpha 2)}$
plus Windlast

c) links volle Schneelast $s_i = \mu_1 \cdot s_{k(\alpha 1)}$
rechts halbe Schneelast $s_i = 0{,}5 \cdot \mu_1 \cdot s_{k(\alpha 2)}$
plus Windlast

**Beispiel**

Standort des Gebäudes: 355 m üNN, Schneelastzone 2a, Dachneigung des Gebäudes $\alpha = 40°$

Berechnung für den Lastfall (a)

Die Lastfälle (b) und (c) sind auszuführen für Tragwerke, wie Sparren- und Kehlbalkendächer, wenn diese gegenüber ungleicher Lastverteilung besonders nachgewiesen werden müssen.

$$s_k = 1{,}25 \cdot \left[0{,}25 + 1{,}91 \cdot \left(\frac{350 + 140}{760}\right)^2\right]$$
$$= 1{,}30 \text{ kN/m}^2 > 1{,}06 \text{ kN/m}^2$$

Formbeiwert $\mu_1$:
$\mu_1 = 0{,}8 \cdot (60° - \alpha) / 30° = 0{,}8 \cdot (60° - 40°) / 30° = 0{,}533$

Schneelast auf dem Dach:
$s_1 = \mu_1 \cdot s_k = 0{,}533 \cdot 1{,}30 \text{ kN/m}^2 = 0{,}70 \text{ kN/m}^2$

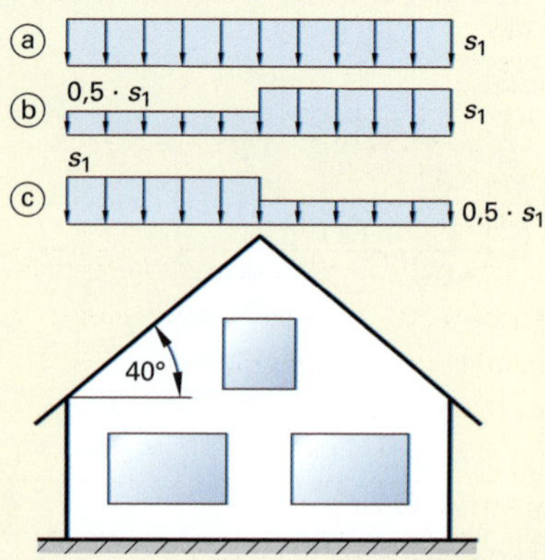

# 3.8 Sicherheitskonzept

## Grenzzustand der Gebrauchstauglichkeit

Zustände, bei deren Überschreitung die festgelegten Nutzungsanforderungen nicht mehr erfüllt sind. Mit dem Nachweis der Gebrauchstauglichkeit (z. B. der Durchbiegung) ist rechnerisch zu zeigen, dass Verformungen das Erscheinungsbild oder die beabsichtigte Nutzung des Bauwerkes (z. B. der Geschossdecke) nicht beeinträchtigt.

$$E_d \leq C_d$$

mit $C_d$ wird der Nennwert des Gebrauchstauglichkeitskriteriums benannt. Die entsprechenden Werte werden in den baustoffspezifischen Normen festgesetzt.

**Einwirkungskombinationen für die Gebrauchstauglichkeit**

Häufige Kombinationen

$$E = \Sigma\, G_{k,i} \oplus P_k \oplus \Psi_{1,i} \cdot Q_{k,j} \oplus \Sigma\, (\Psi_{2,i} \cdot Q_{k,i})$$

Quasi-ständige Kombinationen

$$E = \Sigma\, G_{k,i} \oplus P_k \oplus \Sigma\, (\Psi_{2,i} \cdot Q_{k,i})$$

## Grenzzustand der Tragfähigkeit

Zustände, die mit dem Einsturz oder mit ähnlichen Arten des Tragwerksversagen verbunden sind. Mit dem Nachweis der Tragfähigkeit ist rechnerisch zu zeigen, dass der Verlust des statischen Gleichgewichts, eine übermäßige Verformung und der Bruch des Tragwerks während der definierten Lebensdauer des Bauwerks nicht eintritt. 3

Es ist nachzuweisen (der Tragwiderstand wird nach baustoffspezifischen Normen festgesetzt).

$$E_d \leq R_d$$

mit $E_d$ als Bemessungswert der Beanspruchung
mit $R_d$ als Bemessungswert des Tragwiderstandes bzw. der Beanspruchbarkeit

**Einwirkungskombinationen für die Tragfähigkeit**

Ständige und vorübergehende Bemessungssituation (Grundkombination)

$$E_d = \Sigma\, (\gamma_{G,i} \cdot G_{k,i}) \oplus \gamma_P \cdot P_k \oplus \gamma_{Q,j} \cdot Q_{k,j} \oplus \Sigma\, (\gamma_{Q,i} \cdot \Psi_{0,i} \cdot Q_{k,i})$$

mit $G_k$ wird die Größe der ständigen Einwirkung
mit $P_k$ wird die Größe der Einwirkung der Vorspannung
mit $Q_k$ wird die Größe der veränderlichen Einwirkung benannt

Nicht häufige Bemessungssituation

$$E_d = \Sigma\, (\gamma_{G,i} \cdot G_{k,i}) \oplus \gamma_P \cdot P_k \oplus \Psi_{1,j} \cdot Q_{k,j} \oplus \Sigma\, (\Psi_{2,i} \cdot Q_{k,i}) \oplus \Sigma\, (\gamma_A \cdot Q_{k,i})$$

$\gamma$ Teilsicherheitsbeiwerte
$\Psi$ Kombinationsbeiwerte
$\oplus$ ... in Kombination mit ...
dst instabil
stb stabil
A Auflagerkraft

**Teilsicherheitsbeiwerte**
Teilsicherheitsbeiwerte der EC 1

| Nachweissituation | ständige Einwirkung $\gamma_G$ | veränderliche Einwirkung $\gamma_Q$ | Vorspannung $\gamma_P$ | Stahlbetonfertigteile $\gamma$ | Verlust der Lagesicherheit $\gamma_G$ |
|---|---|---|---|---|---|
| **günstig** | 1,0 | 0 | 1,0 | 1,15 | 0,9 (0,95) |
| **ungünstig** | 1,35 | 1,5 | 1,0 | 1,15 | 1,1 (1,0) |

**Kombinationsbeiwerte $\Psi_0$, $\Psi_1$ und $\Psi_2$**
Auszug aus EC 1

| Einwirkungen | | | $\Psi_0$ | $\Psi_1$ | $\Psi_2$ |
|---|---|---|---|---|---|
| Kategorie A, B: | Wohnräume, Aufenthaltsräume, Büroräume | Nutzlast $Q_{k,1}$ auf Decken | 0,7 | 0,5 | 0,3 |
| Kategorie C, D: | Versammlungsräume, Verkaufsräume | | 0,7 | 0,7 | 0,6 |
| Kategorie E: | Lagerräume | | 1,0 | 0,9 | 0,8 |
| Schneelasten $Q_{k,2}$ | Orte bis 1000 m ü. NN | | 0,5 | 0,2 | 0 |
| | Orte über 1000 m ü. NN | | 0,7 | 0,5 | 0,2 |
| Windlasten $Q_{k,3}$ | | | 0,6 | 0,5 | 0 |
| Temperatureinwirkungen $Q_{k,4}$ | | | 0,6 | 0,5 | 0 |

## Einwirkungen und Grundkombinationen

- **Einwirkungen** sind Lasten, Temperatureinflüsse und Zwangsverformungen (z. B. Stützensenkungen). Die Lastannahmen nach DIN 1055 werden im Sinne der DIN und des Eurocodes als charakteristische Größen der Einwirkungen (Fußzeiger k) bezeichnet.
- Statt der Einzellastfälle wird unterteilt in die Lastgruppe aller **ständigen Einwirkungen** $G$, die Lastgruppen der **veränderlichen Einwirkungen** $Q$ (z. B. Verkehrslast, Wind- und Schneelast) sowie die **außergewöhnlichen Einwirkungen** $F_A$ (z. B. Anprall-Lasten).
- $G_k$ bezeichnet die charakteristische Größe aller ständigen Einwirkungen. Besteht die ständige Einwirkung nur aus einer Gleichstreckenlast, so kann auch $g_k$ in kN/m oder kN/m² verwendet werden.
- $Q_{i,k}$ (i = 1, 2, ...) bezeichnet die charakteristische Größe der veränderlichen Einwirkungen i. Für Verkehrslast, Schneelast und Windlast können bei Gleichstreckenlasten die Bezeichnungen $q_k$, $s_k$ und $w_k$ verwendet werden.
- Die charakteristischen Größen der Einwirkungen (bisher Einzellastfälle) werden mit **Teilsicherheitsbeiwerte** $\gamma$ multipliziert und ergeben in der Überlagerung in den Grundkombinationen Bemessungseinwirkungen, die zur Ermittlung von Bemessungsschnittgrößen herangezogen werden.
- Werden mehrere veränderliche Einwirkungen kombiniert, so dürfen diese mit einem **Kombinationsbeiwert** $\Psi$ abgemindert werden.



## Zeichen und Begriffe

| Große lateinische Buchstaben | | Kleine lateinische Buchstaben | | Indizes | |
|---|---|---|---|---|---|
| $E$ | Elastizitätsmodul | $a$ | Abstand, Auflagerbreite | b | Verbund |
| $F$ | Kraft | $b$ | Breite | c | Beton, Druck, Kriechen |
| $M$ | Moment | $c$ | Betondeckung | d | Bemessungswert |
| $N$ | Längskraft | $d$ | Statische Nutzhöhe; Durchmesser | k | charakteristisch |
| $V$ | Querkraft | $f$ | Festigkeit | vorh | vorhanden |
| $A_c$ | Betonquerschnitt | $h$ | Höhe, Bauteildicke | ind | indirekt |
| $A_s$ | Betonstahl | $s$ | Abstand, Stababstand | erf | erforderlich |
| $G$ | ständige Einwirkung | $l$ | Länge, Stützweite | max | maximaler Wert |
| $I$ | Flächenmoment 2. Grades | $x$ | Höhe der Druckzone | min | minimaler Wert |
| $Q$ | Verkehrslast | $z$ | Hebelarm der inneren Kräfte | t | Zug, quer |
| $A_N$ | Querschnittsfläche netto | | | y | Fließ-, Streckgrenze |

**Zusammengesetzte Formelzeichen** (Auswahl)

| | | | |
|---|---|---|---|
| $M_{Rd}$ | Bemessungswert des aufnehmbaren Moments | $f_{ctm}$ | Mittelwert der zentrischen Zugfestigkeit des Betons |
| $M_{Ed}$ | Bemessungswert des einwirkenden Biegemoments | $f_{ck,cube}$ | charakteristische Würfeldruckfetigkeit des Betons |
| $N_{Rd}$ | Bemessungswert der aufnehmbaren Normalkraft | $f_{cm}$ | Mittelwert der Zylinderdruckfestigkeit des Betons |
| $N_{Ed}$ | Bemessungswert der einwirkenden Normalkraft | $d_s$ | Stabdurchmesser der Betonstahlbewehrung |
| $R_d$ | Bemessungswert des Tragwiderstands | $c_V$ | Verlegemaß der Bewehrung |
| $V_{Ed}$ | einwirkende Bemessungsquerkraft | $f_{tk}$ | charakteristischer Wert der Zugfestigkeit des Betonstahls |
| $V_{Rd}$ | Querkrafttragwiderstand | $f_{tk,cal}$ | charakteristischer Wert der Zugfestigkeit des Betonstahls für die Bemessung |
| $\gamma_c$ | Teilsicherheitsbeiwert für Beton | $f_{yd}$ | Bemessungswert der Streckgrenze des Betonstahls |
| $\gamma_s$ | Teilsicherheitsbeiwert für Betonstahl | $f_{yk}$ | charakteristischer Wert der Streckgrenze des Betonstahls |
| $\varepsilon_c$ | Dehnung des Betons | | |
| $\varepsilon_{cu}$ | rechnerische Bruchdehnung des Betons | | |

**Beispiel Lagesicherheit $A_{d,dst} < A_{d,stb}$ am Auflager A**

Für den skizzierten Einfeldträger mit Kragarm ist die Lagesicherheit am Auflager A nachzuweisen.

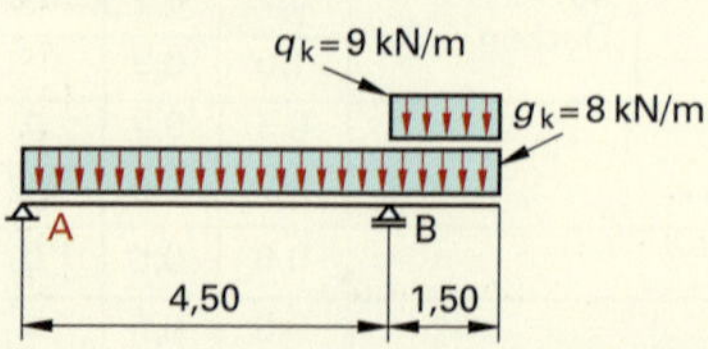


Hinweis: Es handelt sich um einen Sonderfall für $E_{d,dst} < E_{d,stb}$ für die Auflagerkraft $A$.

$E_{d,dst}$ destabilisierende Einwirkung
$E_{d,stb}$ stabilisierende Einwirkung

$A_{d,dst} = (1{,}1 \cdot 8{,}0 \cdot 1{,}50^2/(2 \cdot 4{,}50)) + (1{,}5 \cdot 9{,}0 \cdot 1{,}50^2/(2 \cdot 4{,}50))$

$A_{d,dst} = 5{,}6$ kN müsste kleiner oder gleich $A_{d,stb}$ sein.

$A_{d,stb} = 0{,}9 \cdot 8{,}0 \cdot 4{,}50 / 2 = 16{,}2$ kN Nachweis erfüllt.

# 4 TECHNISCHES ZEICHNEN / BAUZEICHNEN

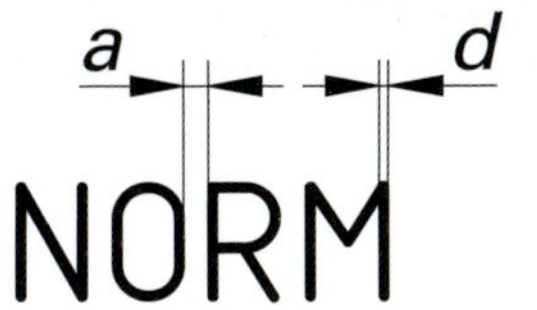


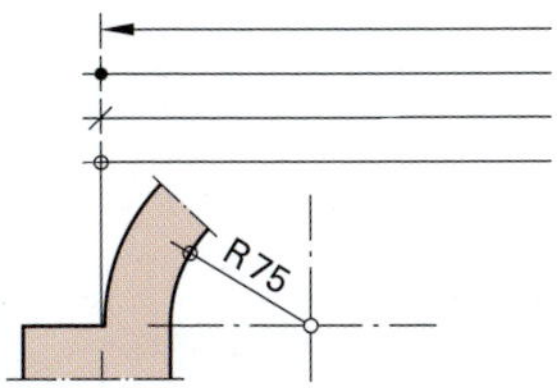


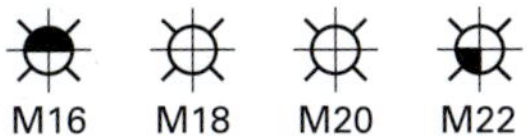


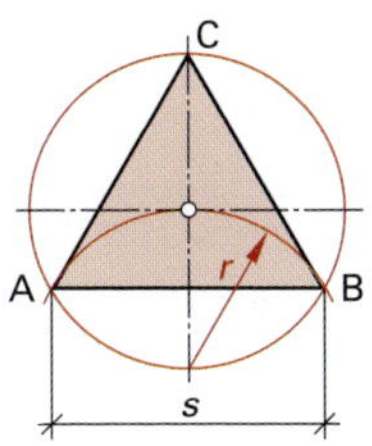


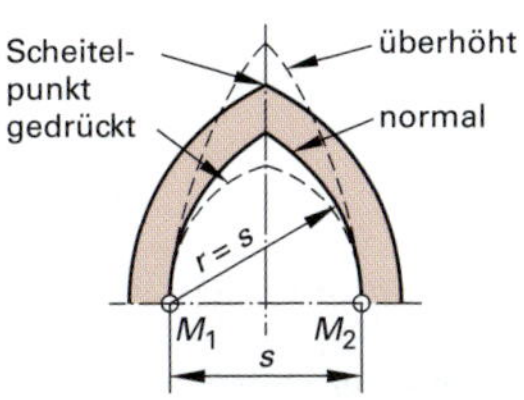


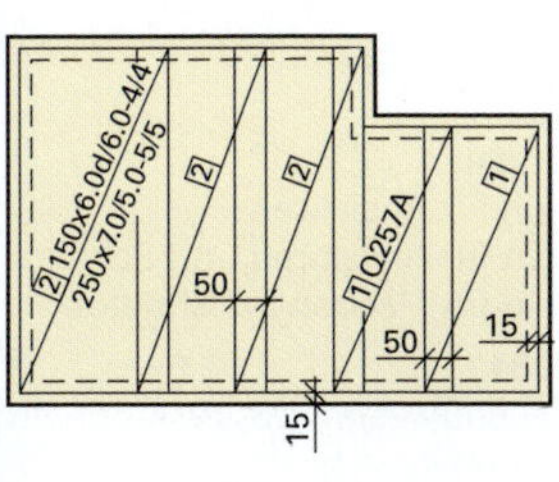


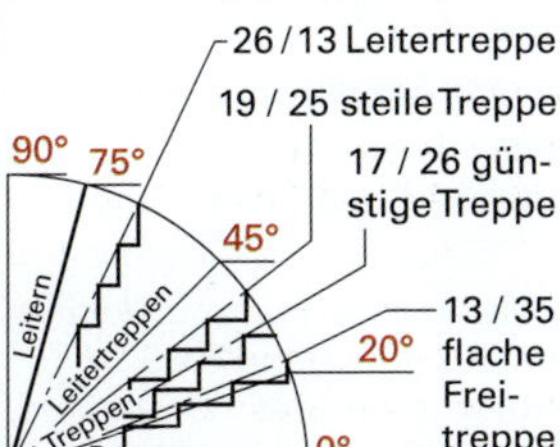

## Zeichnungsnormen und Normebenen

**Grund-, Fachgrund-** und **Fachnormen**
Für das Zeichnungswesen gilt z.B. **DIN 406** „Maßeintragungen in Zeichnungen" als Zeichnungsgrundnorm, **DIN 919** „Technische Zeichnungen für Holzverarbeitung, Grundlagen" und **DIN 1356** „Bauzeichnungen" als Zeichenfachgrundnorm. Falls in einer Grundnorm Alternativen aufgeführt werden, regelt die Fachgrundnorm die Anwendung für das jeweilige Gewerk.

| Internationale Normungsebene |
|---|
| ISO – International Organisation for Standardization |

| Europäische Normungsebene | | |
|---|---|---|
| Europäische Ausgabe einer unveränderen Norm | **CEN** Comité Européen de Normalisation | Eigenständige EN-Norm Eurocode 0 bis 9 (zur Bemessung konstruktiver Bauteile) |
| **EN ISO** | | **EN, EC 0 bis EC 9** |

| Nationale Normungsebene | | | |
|---|---|---|---|
| Nationale deutsche Ausgabe einer unveränderten EN-ISO-Norm | **DIN** Deutsches Institut für Normung e.V. | Nationale deutsche Ausgabe einer unveränd dert übernommenen EN-Norm | Nationale deutsche Ausgabe einer unveränd dert von ISO übernommenen Norm |
| **DIN EN ISO** | | **DIN EN** | **DIN ISO** |

**Europäische Normen (DIN-EN-Norm)**
Europa-Normen werden vom Europäischen Komitee für Normung **(CEN/CENELEC)** herausgegeben. Deutschland ist über das DIN beteiligt. Europäische Normen sind jeweils mit nationaler Ausprägung in das nationale Normenwerk zu übernehmen, nationale Normen zum gleichen Thema sind zurückzuziehen.

**Internationale Normen (ISO-Norm)**
ISO-Normen werden durch die Internationale Normenorganisation (ISO) entwickelt, um durch die Beseitigung technischer und normativer Handelshemmnisse den internationalen Waren-, Güter- und Dienstleistungsverkehr zu erleichtern. Eine Norm der ISO kann ohne Überarbeitung in das nationale Normenwerk übernommen werden. **IEC** steht für elektronische Normung.

**Restnorm (RN)**
Restnormen enthalten zusätzliche Festlegungen und ergänzen die europäischen Normen.

**Anwendungsnorm (AN)**
Anwendungsnormen geben an, unter welchen Bedingungen Produkte angewendet/verwendet werden können.

**Merkblätter**
Merkblätter werden von Fachverbänden und Berufsgenossenschaften herausgegeben und dienen der Beratung. Teilweise werden Ausführungsregeln gegeben, um die Arbeit zu erleichtern.

**DIN 30, 04/2002**
Technische Zeichnungen – Zeichnungsverfahren

**DIN 199-1, 03/2002**
Technische Produktdokumentation
– CAD-Modelle, Zeichnungen und Stücklisten
– Teil 1: Begriffe

**DIN 406-10, 12/1992**
Technische Zeichnungen; Maßeintragung; Begriffe, allgemeine Grundlagen

**DIN 406-11, 12/1992**
Technische Zeichnungen; Maßeintragung

**DIN 406-12, 12/1992**
Eintragung von Toleranzen für Längen und Winkelmaße; ISO 406:1987, modifiziert

**DIN 919-1, 04/1991**
Technische Zeichnungen; Holzverarbeitung

**DIN 919-1 Beiblatt 1, 06/1991**
Technische Zeichnungen; Anwendungsbeispiele

**DIN 1356-1, 02/1995**
Bauzeichnungen – Teil 1: Arten, Inhalte und Grundregeln der Darstellung

**DIN EN ISO 128-20, 12/2002**
Technische Zeichnungen
– Allgemeine Grundlagen der Darstellung
– Teil 20: Linien, Grundregeln

**DIN ISO 128-24, 12/1999**
Technische Zeichnungen
– Teil 24: Linien in Zeichnungen

**DIN ISO 128, 05/2002**
Technische Zeichnungen
– Teil 30: Grundregeln für Ansichten
– Teil 40: Grundregeln für Ansichten und Schnitte
– Teil 50: Grundregeln für Flächen in Schnitten

**DIN ISO 4069, 08/1984**
Zeichnungen für das Bauwesen, Darstellung von Flächen in Schnitten und Ansichten

**DIN ISO 5455, 12/1979**
Technische Zeichnungen; Maßstäbe

**DIN ISO 5456, 04/1998**
Technische Zeichnungen – Projektionsmethoden

**Literatur**
Peschel, Peter; u.a.; Technische Kommunikation; Verlag Europa-Lehrmittel, 4. Auflage 2009
Krämer, Franz; Grundwissen des Zimmerers, Bruderverlag, 9. Auflage 2006

## 4.1 Normschrift

Die Schriftzeichen können vertikal und kursiv, im Winkel von 15° rechtsseitig geneigt, angeordnet werden. Folgende Nennhöhen (Höhe der Großbuchstaben) sind festgelegt: **2,5 – 3,5 – 5,0 – 7,0 – 10,0 – 14,0 und 20,0 mm.** Die Höhe ***c*** der Kleinbuchstaben ist aus der unten abgebildeten Tabelle zu entnehmen. Groß- und Kleinbuchstaben sind in gleich bleibender Linienbreite ***d*** zu schreiben. Die Linienbreite ist im Verhältnis zur Nennhöhe zu wählen.

- Linienbreite $d = h/14$ Schriftform A
- Linienbreite $d = h/10$ Schriftform B

Die wichtigsten Anforderungen an die Beschriftung von Bauzeichnungen sind:

- Lesbarkeit
- Eindeutigkeit
- Eignung für verschiedene Reproduktionsverfahren

Die Normschrift lässt sich mit der Schablone, mit dem Schreibautomaten oder auch frei Hand gut darstellen. Aufgrund der Anforderung der Norm heißt es:

**Die Normschrift wird gezeichnet!**

**Normschrift**

- Grundregeln nach DIN EN ISO 3098-0
- Schriftform B – vertikal nach DIN EN ISO 3098-2
- Griechische Schriftzeichen nach DIN EN ISO 3098-3

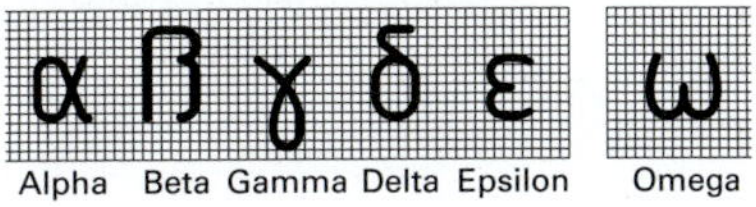


**Hinweis:** Erfolgt die Zeichenarbeit mit der CAD-Technik sind die Möglichkeiten der Beschriftung äußerst vielfältig. Texte und Maßzahlen können in beliebiger Schriftform, Schrifthöhe und Buchstabenbreite linksbündig, zentriert oder rechtsbündig eingefügt werden.

Um das Auge für die vorgeschriebenen Größenverhältnisse der Buchstaben zu schulen, empfiehlt es sich zur Einübung, die Schriftzeichen auf DIN-A4-Blätter mit vorgezeichneten Hilfslinien und mit Hilfsnetzen zu zeichnen.

4

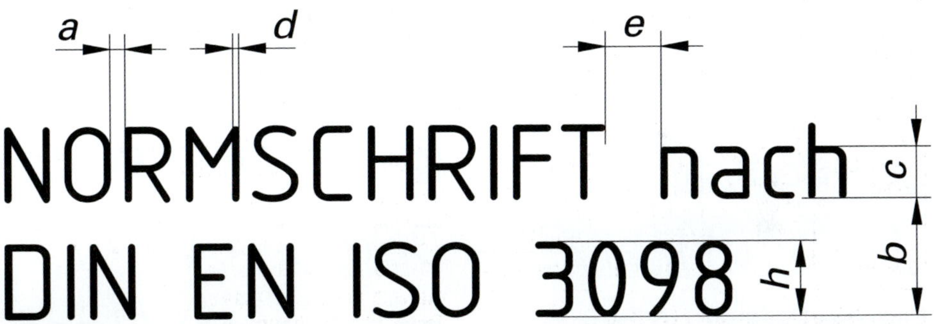


**Schriftabmessungen (B) im Verhältnis zu *h***

| Schriftmerkmale | | Verhältnis | Maße in mm | | | | |
|---|---|---|---|---|---|---|---|
| Schrifthöhe | $h$ | $^{10}/_{10}\,h$ | 2,5 | 3,5 | 5 | 7 | 10 |
| Höhe der Kleinbuchstaben | $c_1$ | $^{7}/_{10}\,h$ | 1,8 | 2,5 | 3,5 | 5 | 7 |
| Ober- und Unterlänge | $c_2$ | $^{3}/_{10}\,h$ | 0,75 | 1,05 | 1,5 | 2,1 | 3 |
| Linienbreite | $d$ | $^{1}/_{10}\,h$ | 0,25 | 0,35 | 0,5 | 0,7 | 1 |
| Abstände zwischen Schriftzeichen | $a$ | $^{2}/_{10}\,h$ | 0,5 | 0,7 | 1 | 1,4 | 2 |
| zwischen Grundlinien | $b_2$ | $^{15}/_{10}\,h$ | 3,75 | 5,25 | 7,5 | 10,5 | 15 |
| bei Großbuchstaben | $b_3$ | $^{13}/_{10}\,h$ | 3,25 | 4,55 | 6,5 | 9,1 | 13 |
| zwischen Wörtern | $e$ | $^{6}/_{10}\,h$ | 1,5 | 2,1 | 3 | 4,2 | 6 |

**Schriftgrößen** (DIN EN ISO 3098) in mm: 2,5; 3,5; 5; 7; 10; 14 und 20

**Schriftgrößen** in technischen Zeichnungen bei Verwendung von Klein- und Großbuchstaben mind. 3,5 mm

**Exponenten, Toleranzangaben, Indizes** einen Schriftsprung kleiner, z.B.: bei 3,5 mm Schriftgröße ⇒ 2,5 mm

**Schnittangaben** einen Schriftsprung größer, z.B.: bei 3,5 mm Schrifthöhe ⇒ 5 mm

**Positionsnummern** doppelte Schrifthöhe, z.B.: bei 3,5 mm Schrifthöhe ⇒ 7 mm

Die Tabelle zeigt die Schriftabmessungen für die Schriftform B.

## Schriftmuster

**Schriftform A**
**vertikal**
mit $d = h/14$

ABCDEFGHIJKLMNOP
QRSTUVWXYZ
aabcdefghijklmnopq
rstuvwxyz
[(!?:;"-=+x·:√%&)]ø
1234567890IVX
ÄÖÜäaöüß±□

4

**Schriftform B**
**vertikal**
mit $d = h/10$

ABCDEFGHIJKLMNO
PQRSTUVWXYZ
aabcdefghijklmnop
qrstuvwxyz
[(!?:;"-=+x·:√%&)]ø
1234567890IVX
ÄÖÜäaöüß±□

**kursiv**

*ABCDEFGHIJKLMNO*
*PQRSTUVWXYZ*
*aabcdefghijklmnop*
*qrstuvwxyz*
*[(!?:;"-=+x·:√%&)]ø*
*1234567890IVX*
*ÄÖÜäaöüß±*

**kursiv**

*ABCDEFGHIJKLMN*
*OPQRSTUVWXYZ*
*aabcdefghijklmno*
*pqrstuvwxyz*
*[(!?:;"-=+x·:√%&)]ø*
*1234567890IVX*
*ÄÖÜäaöüß±*

Für Beschriftungen von Hand nimmt man üblicherweise für Großbuchstaben 7 mm, für Kleinbuchstaben 5 mm und für deren Unter- bzw. Oberlängen 2 mm an.

## 4.2 Zeichengeräte und Materialien

| Zeichenarbeit oder Zeichnungsträger | 6H | 5H | 4H | 3H | 2H | H | F | HB | B | 2B | 3B | 4B | 5B | 6B |
|---|---|---|---|---|---|---|---|---|---|---|---|---|---|---|
| Vorzeichnen auf Transparentpapier | □ | □ | ■ | ■ | □ | | | | | | | | | |
| Maßlinien ausziehen auf Transparentpapier | | | ■ | ■ | | | | | | | | | | |
| Zeichnung ausziehen auf Transparentpapier | | | | ■ | ■ | | | | | | | | | |
| Beschriftung auf Transparentpapier | | | | ■ | ■ | □ | | | | | | | | |
| Vorzeichnen auf Zeichenkarton | | | | □ | ■ | ■ | □ | | | | | | | |
| Maßlinien auf Zeichenkarton | | | | | ■ | ■ | | | | | | | | |
| Zeichnung ausziehen auf Zeichenkarton | | | | | □ | ■ | ■ | □ | | | | | | |
| Beschriftung auf Zeichenkarton | | | | | | ■ | ■ | ■ | □ | | | | | |
| Freihandzeichnen | | | | | | | | | □ | □ | ■ | ■ | ■ | ■ |

Empfohlene Härtegrade bei Zeichenminen in Bezug auf die Zeichenaufgabe und den Zeichnungsträger.

### **Papierformate** nach DIN EN ISO 216

| Format Reihe A DIN | unbeschnittenes Blatt Kleinstmaß mm | beschnittenes Blatt Fertigmaß mm | Rand vom Fertigmaß mm |
|---|---|---|---|
| 2A0 | 1230 × 1720 | 1189 × 1682 | 10 |
| A0 | 880 × 1230 | 841 × 1189 | 10 |
| A1 | 625 × 880 | 594 × 841 | 10 |
| A2 | 450 × 625 | 420 × 594 | 10 |
| A3 | 330 × 450 | 297 × 420 | 5 |
| A4 | 240 × 330 | 210 × 297 | 5 |

Für die Qualität einer Zeichnung sind Beschaffenheit des Zeichnungsträgers, der Zeichengeräte und Zeichenhilfen mitentscheidend.

**Weißes Zeichenpapier** ist als Einzelblatt in den DIN-Formaten A4 bis A0 erhältlich. Darüber hinaus sind unbeschnittene Blätter im Handel, d.h., sie werden erst nach Fertigstellung der Zeichnung auf ein DIN-Format geschnitten. Weißes Zeichenpapier findet für Bleistift- und Tuschezeichnungen gleichermaßen Verwendung.

**Transparentpapier** hat aufgrund seiner besonderen Eigenschaften hohe Reiß- und Bruchfestigkeit, Radierfestigkeit sowie einwandfreie Lichtpausfähigkeit und ist für Tuschezeichnungen besonders geeignet.

**Lineal und Zeichenwinkel**

Für geringe Ansprüche reichen Geräte aus Buchenholz. Gehobene Ausführungen bestehen aus Birnbaumholz, dessen Oberfläche geglättet und poliert sein kann. Wegen ihrer relativ hohen Maßbeständigkeit sind auch Zeichengeräte aus Kunststoff zu empfehlen. In klarer oder getönter Ausführung sind sie mit und ohne Millimetereinteilung erhältlich. Es werden stets zwei Zeichenwinkel benötigt, um durch deren Kombination häufige Winkelgrößen aufzutragen.

**Filzstifte**

Filzstifte bieten vielfältige Ausdrucksmöglichkeiten. Sie sind in vielen Farbtonabstufungen und mit Spitzen unterschiedlichster Breite erhältlich.

| Gruppe | Art und Bezeichnung | Ausführung und Verwendung |
|---|---|---|
| **Zeichnungsträger** | Zeichenkarton | nicht transparent, 150 g/m² bis 300 g/m², rauh (Bleistiftzeichnung), glatt (Tuschezeichnung) |
| | Transparentpapier | transparent, lichtpausfähig, 80/85 g/m² und 90/95 g/m², matt, (Bleistiftzeichnung), glatt (Tuschezeichnung) |
| | Folien | hochtransparent, nur für Spezialtusche |
| | Triplexpapier | mit Kunststofffolie verstärktes Transparentpapier, einreißfest, Dokumentzeichnungen |
| **Minenzeichengeräte** | Feinminenstifte<br><br>Fallminenstifte | Druckbleistifte für bestimmte Linienbreiten in mm 0,3/0,5/0,7/0,9, Minenhärtegrad 2H bis 2B<br>Minenhalter für lose Minen, Härtegrade 6H bis 6B |
| **Minenspitzer** | Minenspitzdose | für Fallminenstifte |
| **Radiermittel** | Bleiradierer<br>Tuscheradierer<br>Zeichenbesen | Kunststoff<br>Zeichengummi für Transparentpapier<br>zum Entfernen der Radierreste |
| **Tuschezeichner** | Tuschefüller<br><br>Zeichentusche | für Linienbreiten in mm 0,13/0,18/0,25/0,35/0,5/0,7/1,0/1,4 und 2,0 nachfüllbar oder Patronen,<br>für Transparentpapier, für Folie |
| **Zirkel** | Schnellverstellzirkel<br>Stechzirkel<br>Nullenzirkel | mit Bleieinsatz<br>mit Tuscheeinsatz<br>mit Verlängerung<br>Abtragen von Teilungen<br>für kleine Kreise |
| **Zeichenunterlage** | Zeichenbrett<br>Zeichenplatte | für Aufnahme des Zeichnungsträgers |
| **Zeichenschiene** | Reißschiene | mit oder ohne Maßteilung |
| **Zeichendreieck** | Zeichendreieck (mit Griff) | 45°/45°/90°, 30°/90°/60°<br>Techniker-Dreieck |
| **Schablonen** | Schriftschablonen<br>Kreisschablonen<br>Ellipsenschablone<br>Kurvenschablone | für verschiedene Schriftarten und Schriftgrößen<br>für Tusche und Bleistift<br><br>Burmestersatz |
| **Maßstäbe** | Präzisionsmaßstab | Flachlineal, Flach- und Dreikantreduktionsmaßstab |

4

## Faltung der Zeichnungen auf DIN-A4-Format

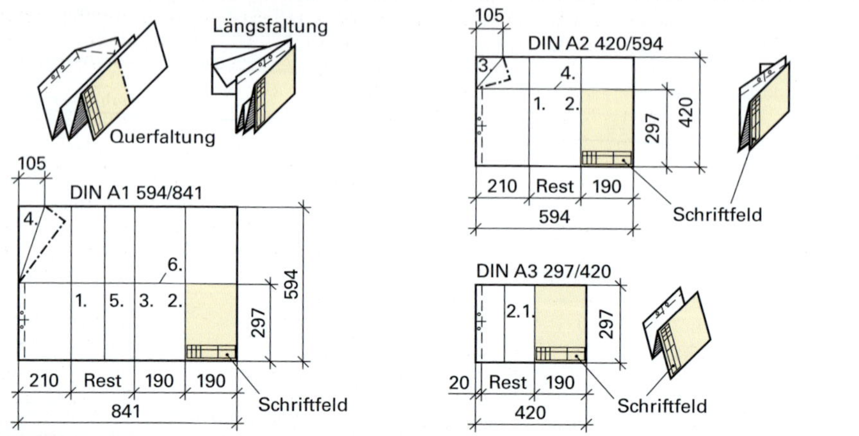


## Schriftfeld



Technische Zeichnungen und Textdokumente erhalten in der unteren rechten Ecke ein Schriftfeld. Dadurch gibt das Schriftfeld die Leselage des Dokuments an. Schriftfelder sind in DIN EN ISO 7200 genormt. Sie sind hier auf ein Mindestmaß begrenzt. Andere Datenfelder wie Maßstäbe und Toleranzen werden, wenn nötig, außerhalb des Schriftfeldes angegeben. Es werden Schriftfelder in Kompaktform und Schriftfelder mit zusätzlicher Zeile mit Personennamen unterschieden. Sie enthalten folgende Eintagungen:

**Feld 1:** Feld für Name oder Zeichen der Firma, der die Zeichnung gehört.
**Feld 2:** Kurzzeichen der Abteilung, die für den technischen Inhalt verantwortlich ist (max. 10 Zeichen).
**Feld 3:** Name oder Kurzzeichen der verantwortlichen Kontaktperson (max. 20 Zeichen).
**Feld 4:** Name oder Kurzzeichen des technischen Zeichners (max. 20 Zeichen).
**Feld 5:** Name oder Kurzzeichen der genehmigenden Person (max. 20 Zeichen).
**Feld 6:** Zeichnungsart (max. 25 (30) Zeichen)
**Feld 7:** Benennung des dargestellten Werkstücks, Bauteils o.ä. (max. 2 x 25 Zeichen).
**Feld 8:** Dokumentstatus, wie: freigegeben, noch Entwurf, usw. (max. 20 Zeichen).
**Feld 9:** Zeichnungsnummer, Sachnummer (max. 16 Zeichen).
**Feld 10:** Spalte für Änderungsvermerke
**Feld 11:** Ausgabedatum sowie Gültigkeitsdatum der Norm (max. 10 Zeichen).
**Feld 12:** Sprache (en – Englisch; de – Deutsch)
**Feld 13:** Blattnummer, bei mehreren Blättern ist die Anzahl darunter einzutragen (Beispiel 1/5, Blatt 1 von 5 Blättern, max. 4 Zeichen).
**Feld 14:** Feld für zusätzliche Klassifikationen oder Schlüsselwörter
**Blau:** Feldbezeichnung erforderlich

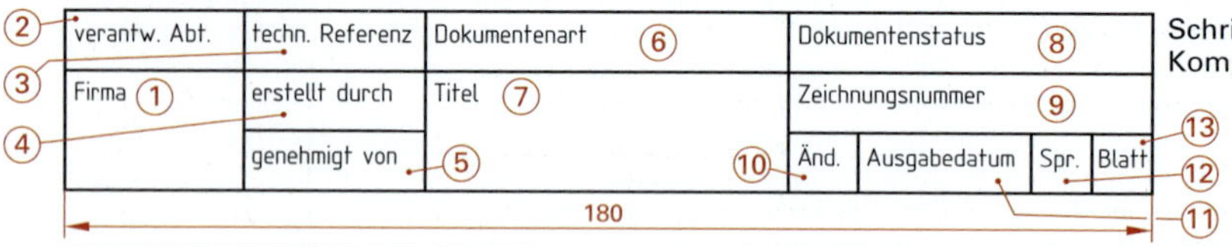


Schriftfeld in Kompaktform

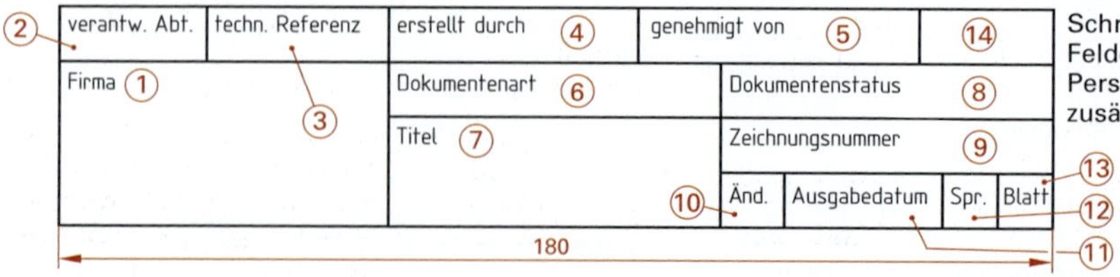


Schriftfeld mit Feldern für Personennamen in zusätzlicher Zeile

## 4.3 Bemaßung

Die tatsächlichen Abmessungen eines Bauteils müssen ohne zeitintensive Berechnung aus der Zeichnung zu entnehmen sein. Ausführungsfehler am Bauteil werden vermieden, wenn die zur Herstellung erforderlichen Maße eindeutig und übersichtlich angeordnet sind. Die Bemaßungsregeln für Bauzeichnungen sind in der **DIN 1356** zusammengefasst. Darüber hinaus gehende Regelungen ergeben sich nach **DIN 406.** Im Allgemeinen sind im Mauerwerksbau Rohbaumaße anzugeben.

### Rohbaumaße in m nach DIN 4172

| Achtelmeter am (Kopfzahl) | Pfeilermaß | Anbaumaß | Öffnungsmaß |
|---|---|---|---|
| 0,5 | 0,0525 | 0,0625 | 0,0725 |
| 1 | 0,115 | 0,125 | 0,135 |
| 1,5 | 0,1775 | 0,1875 | 0,1975 |
| 2 | 0,24 | 0,25 | 0,26 |
| 2,5 | 0,3025 | 0,3125 | 0,3225 |
| 3 | 0,365 | 0,375 | 0,385 |
| 3,5 | 0,4275 | 0,4375 | 0,4475 |
| 4 | 0,49 | 0,50 | 0,51 |
| 4,5 | 0,5525 | 0,5625 | 0,5725 |
| 5 | 0,615 | 0,625 | 0,635 |
| 5,5 | 0,6775 | 0,6875 | 0,6975 |
| 6 | 0,74 | 0,75 | 0,76 |
| 6,5 | 0,8025 | 0,8125 | 0,8225 |
| 7 | 0,865 | 0,875 | 0,885 |
| 7,5 | 0,9275 | 0,9375 | 0,9475 |
| 8 | 0,99 | 1,00 | 1,01 |

### Kurzzeichen und Symbole

Zur Verbesserung der Lesbarkeit von technischen Zeichnungen, zur Übersichtlichkeit und zur Vereinfachung der Bemaßung sind fachübergreifende Kurzzeichen und Symbole zu bevorzugen.

| Symbol | Bedeutung | Symbol | Bedeutung |
|---|---|---|---|
| ø 52 | Durchmesser 52 mm | $\overset{\frown}{26}$ | Bogenmaß 26 mm |
| □52 | Quadrat Seitenlänge 52 mm | (26) | Hilfsmaß |
| [14/8] | Rechteck, Breite/Höhe 14 cm/8 cm | <u>27</u> | nicht maßstäblich |
| R 26 | Radius 26 mm | *d* = 27 | (Material-) Dicke 27 cm |
| ⌀— | ringsum | √ | vgl. ▶ S. 119 Oberflächenbeschaffenheit |
| ◺14% | Neigung 14% | | |

4

### Bemaßungsbestandteile

Die Bemaßung ist grundsätzlich unter dem Bauteil und neben der rechten Bauwerkskante anzuordnen. Bei komplexen Bauwerken ist die Einhaltung dieser Regel nicht möglich, sodass eine andere übersichtliche Anordnung der Maße zu wählen ist. Maßlinien innerhalb des Bauteils sind so anzuordnen, dass die Fläche im mittleren Bereich der Räume für weitere Angaben frei bleibt.

In der Regel sind mehrere parallel verlaufende Maßlinien notwendig. Auf der dem Bauteil nächstliegenden Maßlinie sind die kleinsten Teilmaße anzugeben. Die äußerste Maßlinie kennzeichnet die Außenmaße des Bauteils bzw. des Bauwerks.

**Grundform** für die Maßeintragung in Zeichnungen ist **DIN 406**. Im Bauwesen gilt aber grundsätzlich die **Zeichenfachnorm DIN 1356** (2/1995).

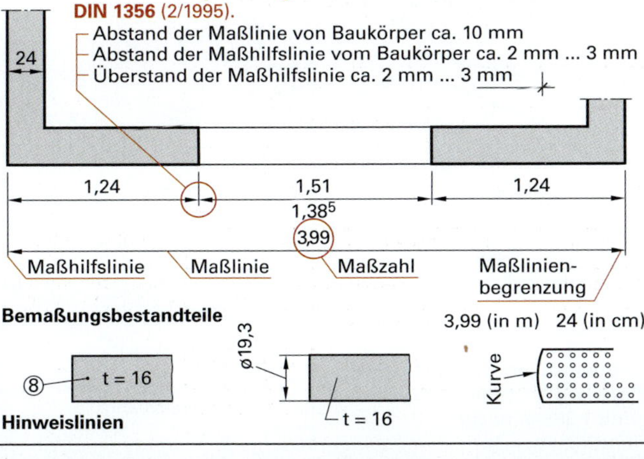


**Bemaßungsbestandteile**

**Hinweislinien**

**Beispiel**

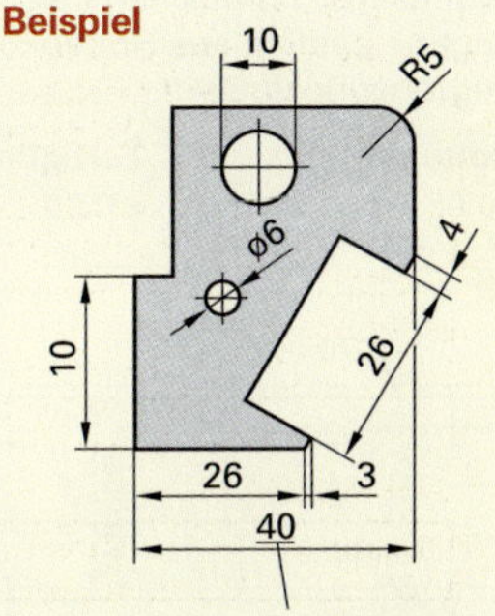


unmaßstäbliche Maße

In Ausnahmefällen dürfen unmaßstäblich dargestellte Objekte durch Unterstreichen der Maßzahl (<u>40</u>) gekennzeichnet werden.

## Bemaßungsbestandteile

**Maßhilfslinien und Maßlinien** sind als schmale Volllinien zu zeichnen. Maßlinien verlaufen stets parallel und in einem Abstand von 10 mm zur Außenkante des Baukörpers. Der Abstand der Maßlinien untereinander beträgt 7 mm.

**Maßbegrenzungen** liegen im Schnittpunkt von Maßlinie und Maßhilfslinie; sie können

- als Kreis
- als kurzer Strich unter 45° von links unten nach rechts oben
- als Maßpfeil } nach DIN 406, 12/1994 möglich
- als Punkt } nach DIN 1356, 2/1995 Ausnahme

gezeichnet werden. Die Verwendung von Maßpfeilen ist weniger gebräuchlich, da sehr arbeitsintensiv. Für die Maßbegrenzung bei Kreisbögen sind Maßkreise in jedem Fall zu verwenden.

**Maßzahlen** sind über und parallel zur Maßlinie anzuordnen. Darüber hinaus sind Maßzahlen

- von unten oder von rechts lesbar (oder in Leselage des Schriftfeldes nach DIN 406 Vereinfachung)
- nicht durch Maßlinien zu kreuzen oder zu berühren
- für Maße ≥ 1 m als Meterangabe (z. B. 1,25); für Maße unter einem Meter als Zentimeterangabe (z. B. 99) einzutragen.
- ohne Maßeinheit einzutragen
- bei Platzmangel unmittelbar rechts neben der Maßhilfslinie anzuordnen
- bei zwei dicht aneinander liegenden Maßen einmal links unten und einmal rechts oben einzutragen
- Anstelle des Punktes darf auch ein Komma gesetzt werden

4

### Maßbegrenzungen

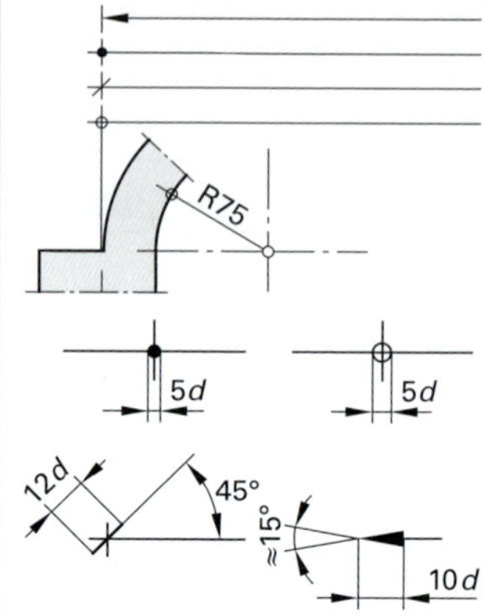


*d*: Linienbreite der schmalen Volllinie

### Schreibrichtung von Maßen

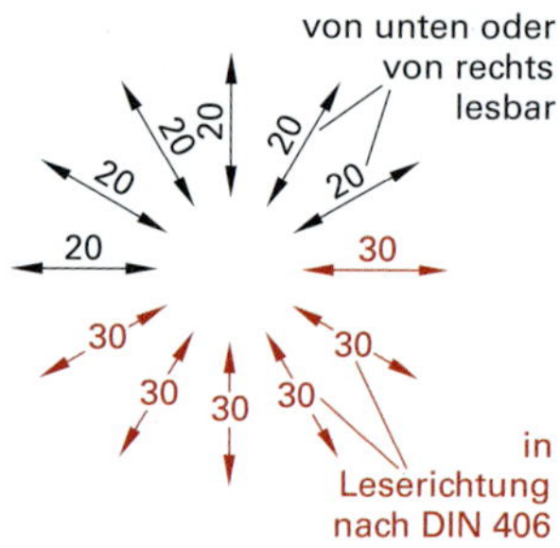


## Umfang und Anordnung von Maßangaben

Art, Umfang und Anordnung von Maßangaben sind abhängig vom Zweck bzw. der Art der Bauzeichnung. In Ausführungszeichnungen sind wesentlich umfangreichere Maßangaben zugeordnet als zum Beispiel in Entwurfszeichnungen.

**Höhenmaße**

Geschosshöhen, Brüstungshöhen und Durchgangshöhen sind grundsätzlich zwischen den Kanten zu kennzeichnen. Die Höhenangabe besteht aus Höhenkote, entsprechendem Pfeil und Maßbegrenzungslinie.

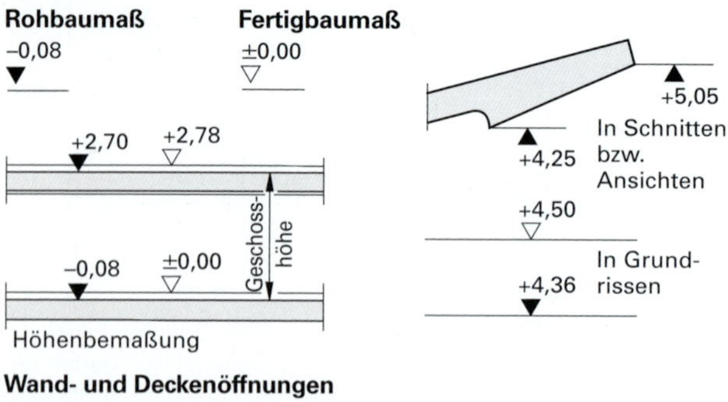


Höhenbemaßung

**Wand- und Deckenöffnungen**

Die Breite von Türen, Fenstern und sonstigen Öffnungen wird über, die Höhe unter die Maßlinie bzw. die Achslinie geschrieben (z. B. 1,51/1,38$^{5}$; also 1,51 m breit und 1,385 m hoch).

### Anordnung der Maßzahlen

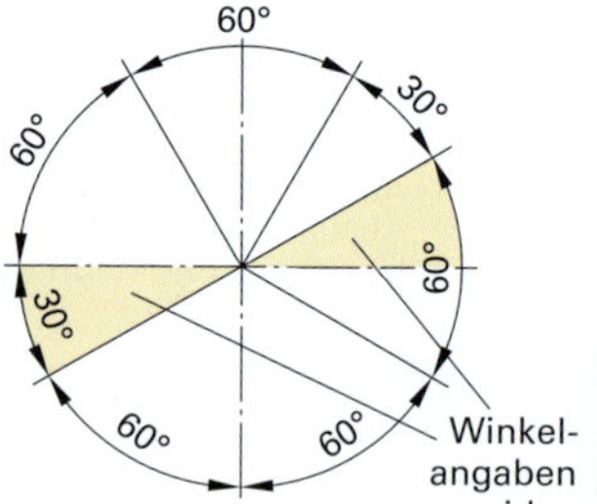


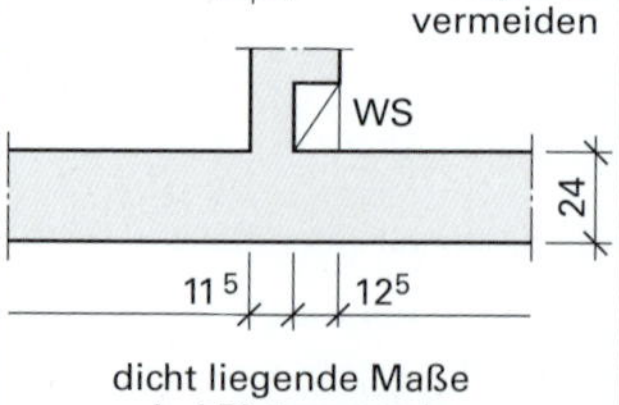


dicht liegende Maße bei Platzmangel

## System der Bemaßung

### Maßkette

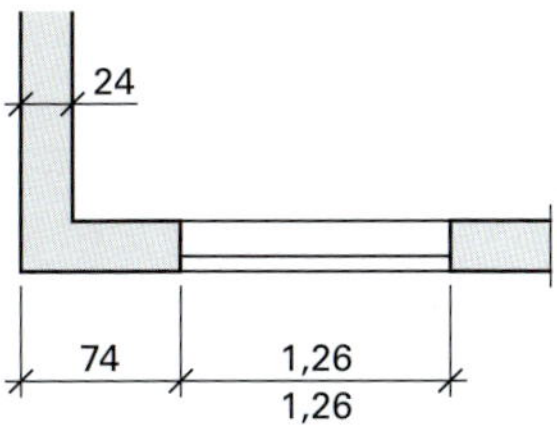


### Achsbemaßung

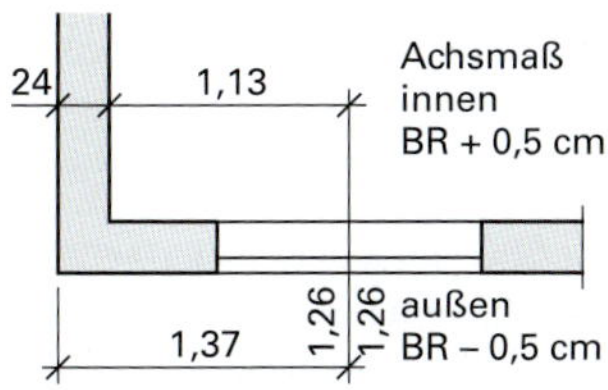


### Koordinatenbemaßung

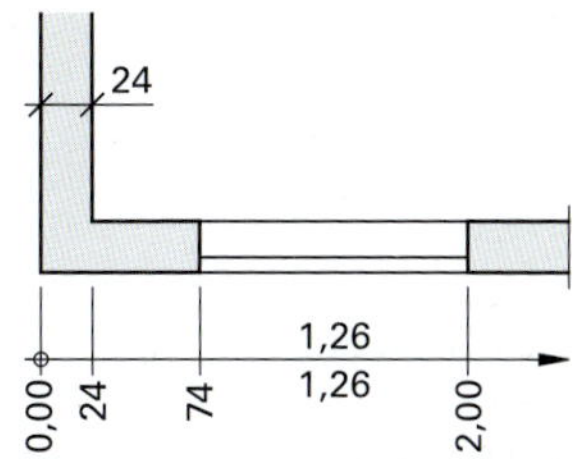


### Gebogenes Bauteil

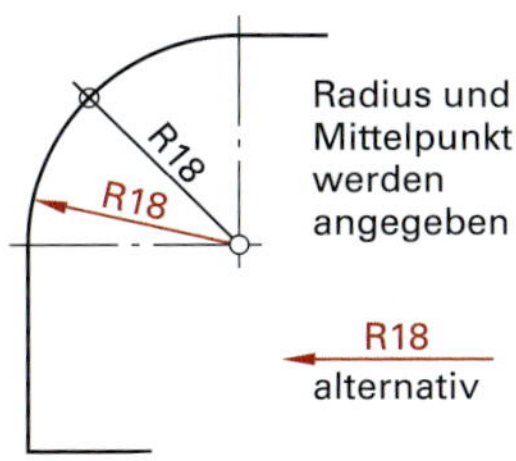


### Quadratisches Bauteil

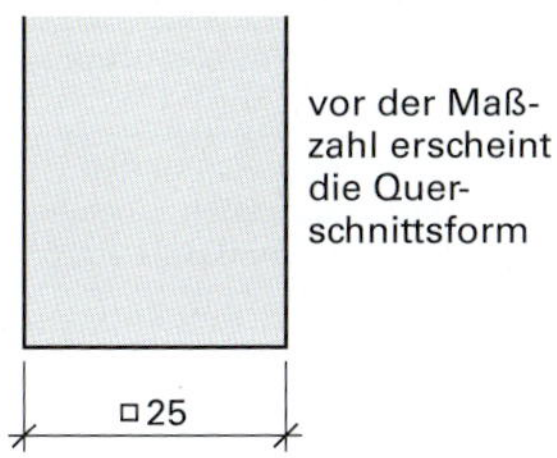


### Rundes Bauteil

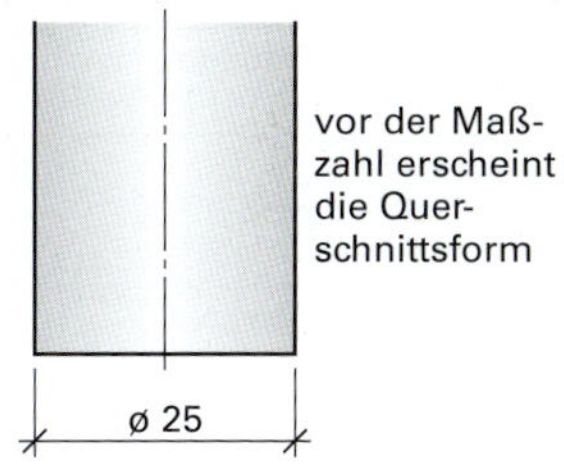


Das System der Maßeintragung nach DIN 1356 in Bauzeichnungen unterscheidet sich gegenüber der Zeichnungsgrundnorm DIN 406/DIN ISO 128-22 und Zeichenfachnorm im Holzbau DIN 916.

## Darstellungsbeispiel

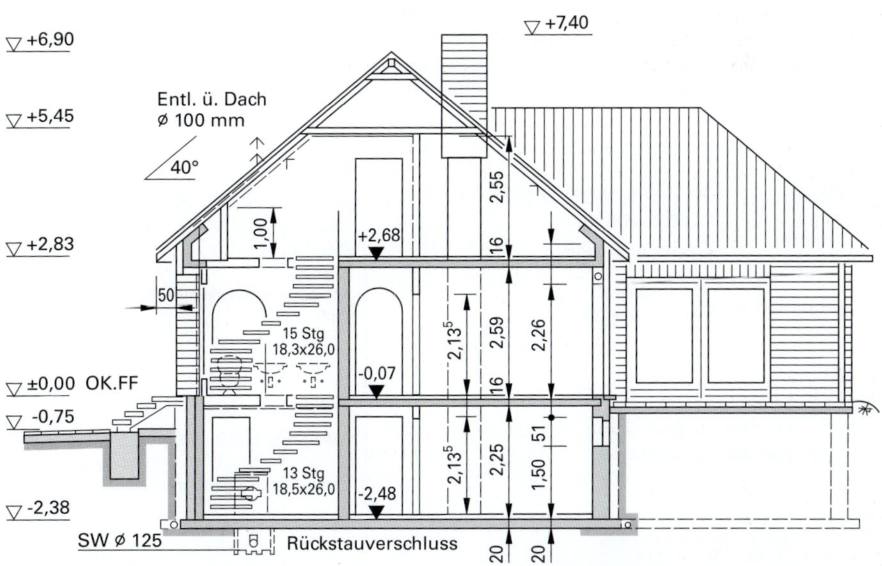


SCHNITT A-A

Bemaßung einer Ausführungszeichnung durch Maßketten und Höhenkoten

4

# 4.4 Bauzeichnungen

## Arten und Inhalt der Bauzeichnungen

| Bauzeichnungen für Entwurf und Bauvorlage nach DIN 1356 | | Üblicher Maßstab |
|---|---|---|
| **Lagepläne** | Darstellung des Baukörpers in den örtlichen Gegebenheiten | 1 : 1000<br>1 : 500 |
| **Vorentwurfszeichnungen** | Raumaufteilung, Bauglieder sowie Eingliederung des Baukörpers in die Örtlichkeit in vorläufiger Anordnung und Abmessung | 1 : 500<br>1 : 200 |
| **Entwurfszeichnung** | Darstellung der Bauaufgabe in genauen Abmessungen | 1 : 100 |
| **Zeichnungen für die Bauvorlage (Bauantragszeichnungen)** | Lageplan sowie Entwurfszeichnungen, ergänzt durch Zeichnungen gemäß Vorschriften der zuständigen Baugenehmigungsbehörde | Maßstab je nach Erfordernis und Bauvorlagenverordnung |
| **Bauzeichnungen für die Bauausführung noch DIN 1356** | | **Üblicher Maßstab** |
| **Ausführungszeichnungen** | Enthalten alle für die Bauausführung erforderlichen Maße und Angaben | 1 : 50 |
| **Teilzeichnungen (Detailzeichnungen)** | Darstellung von Teilbereichen des Baukörpers/Bauteils in allen Einzelheiten der Konstruktion (Sondermaßstab 1 : 25) | 1 : 20   1 : 5<br>1 : 10   1 : 1 |
| **Sonderzeichnungen** | Darstellung besonderer Konstruktionselemente (z. B. Lüftungsschächte, Klima-, Heizungs- und Sanitäranlage) | Maßstab je nach Erfordernis |
| **Abrechnungszeichnungen** | Enthalten die für die Abrechnung notwendigen Angaben (in der Regel dienen auch die oben genannten Bauzeichnungen diesem Zweck) | Maßstab je nach Erfordernis |
| **Bestandszeichnungen** | Darstellung eines vorhandenen Baukörpers/Bauteils | Maßstab je nach Erfordernis |

4

## Maßstäbe

Der Maßstab 1 : *n* gibt an, in welchem Verhältnis die Abmessungen des Originals **(Originalmaße)** in der Zeichnung **(Zeichnungsmaße)** wiedergegeben werden sollen. Die Verhältniszahl *n* verdeutlicht, welches Vielfache bzw. welcher Teil des Zeichnungsmaßes dem Originalmaß entspricht.

Verhältniszahl, Originalabmessungen (Originalmaß) und die Abmessungen der Abbildung (Zeichnungsmaß) stehen in folgender Beziehung zueinander:

$$\textbf{Originalmaß} = \textbf{Zeichnungsmaß} \times \textbf{Verhältniszahl}$$

$$\textbf{Verhältniszahl} = \frac{\textbf{Originalmaß}}{\textbf{Zeichnungsmaß}}$$

$$\textbf{Zeichnungsmaß} = \frac{\textbf{Originalmaß}}{\textbf{Verhältniszahl}}$$

Je geringer die Verhältniszahl, desto größer die Aussagekraft der Zeichnung.

Maßstäbe nach DIN ISO 5455 und DIN 1356.

**Beispiel**

**1 : 2** — Verhältniszahl 2
Die Originalmaße sind zweimal so groß wie die Zeichnungsmaße.

**1 : 1** Originalmaß — Verhältniszahl 1
Die Originalmaße sind genauso groß wie die Zeichnungsmaße.

**1 : 0,5** — Verhältniszahl 0,5
Die Originalmaße sind 0,5-mal so groß wie die Zeichnungsmaße.

**Beispiel**

Wirkliche Länge 1,24 m

Maßstab 1 : 20 – m, cm

Länge in der Zeichnung

$$\frac{1240 \text{ mm}}{20} = 62 \text{ mm}$$

1 cm in der Bauzeichnung sind 20 cm in der Wirklichkeit bzw. 1 mm entsprechen 20 mm.

## Linienarten und Linienbreiten

Linien werden in der Zeichnungsgrundnorm **DIN EN ISO 128-20** (früher DIN 15), DIN EN ISO 10628 und in der Fachnorm DIN 1356 Bauzeichnungen festgelegt. Nachfolgende Ausführungen beziehen sich auf die DIN 1356.

In Bauzeichnungen sind die Linienarten nach folgender Tabelle zu verwenden. Die Linienbreiten **breit, mittelbreit und schmal** stufen sich nach dem Verhältnis **2 : 1 : 0,7** und entsprechen den Anforderungen der Mikroverfilmung (vgl. Liniengruppe III).

Werden die Linien nicht in Tusche, sondern in Bleistift gezogen, so sollen die Breiten annähernd eingehalten werden. Es ist im Sinne der Anschaulichkeit zweckmäßig, die angegebenen Linienbreiten zu verwenden. Für Blattgrößen DIN A4 und DIN A3 sind folgende Linien empfohlen:

**Breite Linien 0,5 mm** – in Ausnahmefällen 0,7 mm

**Schmale Linien 0,25 mm** – in Ausnahmefällen 0,35 mm.

Überdecken sich in einer Zeichnung zwei oder mehrere Linien verschiedener Art, ist folgende Reihenfolge einzuhalten:

① Sichtbare Kanten oder Umrisse
② Verdeckte Kanten oder Umrisse
③ Schnittebenen
④ Mittellinien
⑤ Schwerelinien
⑥ Maßhilfslinien

Linienbreiten für graphische Darstellungen können etwa im Verhältnis

**Netz : Achsen : Kurven = 1 : 2 : 3**

gezeichnet werden. ► S. 42

**Normhinweis:**
Ausführungen von Linien mit CAD-System nach DIN EN ISO 128-21.

| Linienarten nach DIN 1356 | Anwendungsbereich | Linienbreiten in mm | | | |
|---|---|---|---|---|---|
| | Maßstab | ≤ 1 : 100 | | ≥ 1 : 50 | |
| | Liniengruppe | I | II | III[1)] | IV[2)] |
| Volllinie (breit) | Begrenzung von Schnittflächen | 0,5 | **0,5** | **1,0** | 1,0 |
| Volllinie (mittelbreit) | Sichtbare Kanten und sichtbare Umrisse von Bauteilen, Begrenzung von Schnittflächen von schmalen oder kleinen Bauteilen | 0,25 | **0,35** | **0,5** | 0,7 |
| Volllinie (schmal) | Maßlinien, Maßhilfslinien, Hinweislinien, Lauflinien, Begrenzung von Ausschnittdarstellungen, vereinfachte Darstellungen | 0,18 | **0,25** | **0,35** | 0,5 |
| Strichlinie | Verdeckte Kanten und verdeckte Umrisse von Bauteilen | 0,25 | **0,35** | **0,5** | 0,7 |
| Strichpunktlinie (breit) | Kennzeichnung der Lage der Schnittebenen | 0,5 | **0,5** | **1,0** | 1,0 |
| Strichpunktlinie (schmal) | Achsen | 0,18 | **0,25** | **0,35** | 0,5 |
| Punktlinie | Bauteile vor bzw. über der Schnittebene | 0,25 | **0,35** | **0,5** | 0,7 |
| Maßzahlen 1... | Schriftgröße | 2,5 | **3,5** | **5,0** | 7,0 |

1) Die Liniengruppe I ist nur dann anzuwenden, wenn eine Zeichnung mit der Liniengruppe III angefertigt, im Verhältnis 2 : 1 verkleinert wurde und die Verkleinerung weiterbearbeitet werden soll. In der Zeichnung mit der Liniengruppe III ist dann die Schriftgröße 5,0 mm zu wählen.

2) Die Liniengruppe IV ist für Ausführungszeichnungen anzuwenden, wenn eine Verkleinerung z. B. vom Maßstab 1 : 50 in den Maßstab 1 : 100 vorgesehen ist und die Verkleinerung den Anforderungen der Mikroverfilmung zu entsprechen hat. Die Verkleinerung kann dann gegebenenfalls mit den Breiten der Liniengruppe II weiterbearbeitet werden.

4

## Schraffuren für Baustoffe und Bauteile

Für die Kennzeichnung der verschiedenen Baustoffe bzw. Bauteile wurden die in der folgenden Tabelle zusammengestellten Schraffuren und farblichen Darstellungen festgelegt. Die Kennzeichnung erfolgt wahlweise als Schraffur (Schwarzweißdarstellung) oder durch farbiges Anlegen der Schnittflächen.

| **Baustoffe bzw. Bauteile** (Schraffuren nach DIN ISO 128-50 ▶ S. 113) | | **Darstellungsart DIN 1356 (2/95)** schwarzweiß | farbig |
|---|---|---|---|
| **Beton** | unbewehrt |  | olivgrün |
| | bewehrt, ohne Darstellung der Bewehrung |  | blaugrün |
| **Betonfertigteile** | ohne Darstellung der Bewehrung | 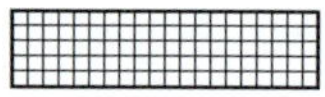 | violett |
| **Mauerwerk** | künstlicher Stein |  | braunrot |
| | natürlicher Stein |  | blaugrau |
| **Mörtel und Putz** | | 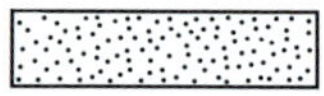 | **weiß** |
| **Erdreich** | aufgefüllt | 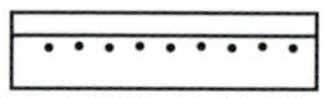 | – |
| | gewachsen | 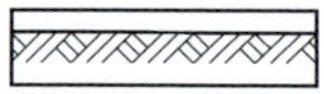 | – |
| **Holz** | Hirnholz quer zur Faser | 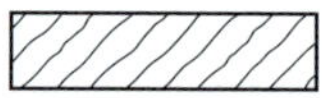 | braun |
| | Längsholz längs zur Faser | 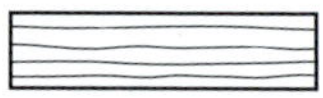 | braun |
| **Stahl** | |  | **schwarz** |
| **Sperrstoffe** | gegen Feuchtigkeit |  | schwarzweiß |
| **Dämmstoffe** | zur Wärme- und Schalldämmung |  | grau |
| **Alte Bauteile** | im Schnitt |  | blaugrau |
| **Neue Bauteile** | im Schnitt |  | nach Baustoff |
| | in der Ansicht | – | gelb lasiert |
| **Abzubrechende Bauteile** | im Schnitt |  | gelb |
| | in der Ansicht |  | gelb umrandet |
| **Abzutragender Boden** | |  | gelb umrandet |

**Hinweise:**

Nach DIN 1356 (02/1995) sind nur die Kennzeichnungen der Schnittflächen für Boden (Erdreich), Kies, Sand, Beton (unbewehrt), Beton (bewehrt, Stahlbeton), Mauerwerk, Holz (quer zur Faser), Holz (längs zur Faser), Metall (Stahl), Mörtel und Putz, Dämmstoffe, Abdichtungen (Sperrstoffe), Dichtstoffe als Schraffur in Abstimmung mit DIN 201 (alt) festgelegt. Die neue DIN ISO 128-50 (2002-05) findet in der Baupraxis kaum Anwendung. Die links aufgeführten Darstellungsarten und Farben ergeben sich aus der alten DIN 1356 (1974-07) und der Praxis. Weitere Darstellungsarten zur Kennzeichnung von Baustoffen und Bauteilen sind auf den Seiten ▶ S. 113 und 118 aufgeführt, vermessungstechnische Zeichen und Symbole auf den ▶ S. 114. Die Darstellung von Bauteilen in Zeichnungen für Holzbearbeitung erfolgt nach DIN 919.

### Schraffuren

Vollholz und Plattenwerkstoffe nach DIN 919

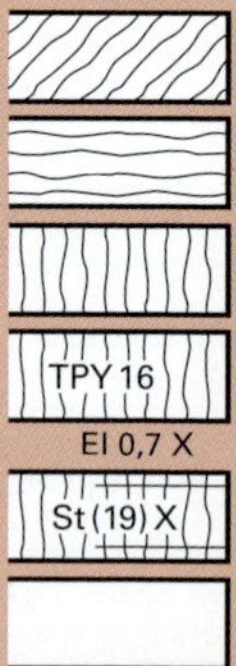


Vollholz Hirnholz

Vollholz Längsholz

Trägerplatten allgemein

Kurzzeichen Nenndicke in mm

Furnierte oder beschichtete Platten

x Hirnholz
→ Längsholz

Art der Furnierung (Holzart) bzw. Beschichtung (Dekor) ist durch Kurzzeichen der Holzart oder Beschichtung anzugeben.

## Tiefbau- und Straßenbauzeichnungen (Schraffuren)

| Ausgewählte Symbole für Erd- und Tiefbauzeichnungen[1] | | | | Bodenarten[2] | |
|---|---|---|---|---|---|
|  | Asphalt-Deckschicht | 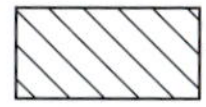 | Hydraulisch gebundene Tragschicht | 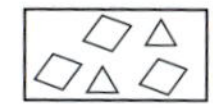 | Steine, Blöcke |
| 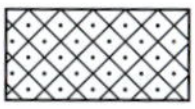 | Asphalt-Tragdeckschicht | 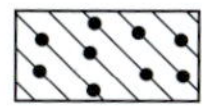 | EPS-Beton | 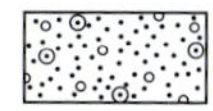 | Kies[3] |
|  | Asphalt-Binderschicht | 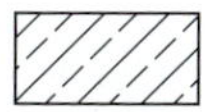 | Fahrbahndecke aus Beton | 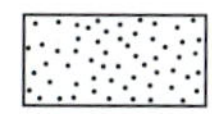 | Sand[3] |
|  | Asphalt-tragschicht | 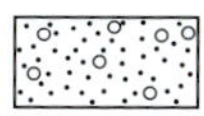 | Frostschutzschicht (Frost unempfind-liches Material) | 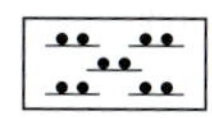 | Schluff |
| 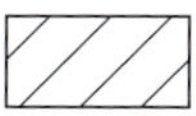 | Verfestigung | 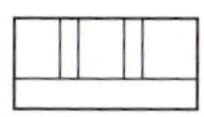 | Pflaster mit Pflasterbett | 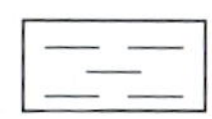 | Ton |
| 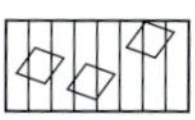 | Schotter-tragschicht | 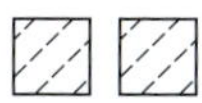 | Beton-Steinpflaster | 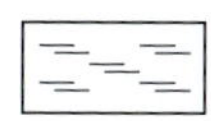 | Torf |
| 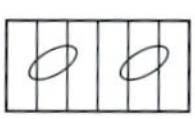 | Kiestragschicht | 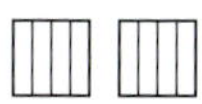 | Natur-Steinpflaster | 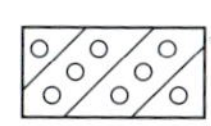 | Lehm |

[1] nach RStO [2] nach DIN 4023 [3] auch nach DIN 1356

## Schraffuren für Werkstoffe

In einer technischen Zeichnung unterscheidet man Ansichtsflächen und Schnittflächen. Die Schnittdarstellung erfolgt nach **DIN 6.** Führt ein gedachter Schnitt durch ein Werkstück bzw. Bauteil, sind diese Flächen zu schraffieren (oder farblich anzulegen), hohle Räume bleiben frei. Eine Schraffur kann aus Linien, Rastern, Punkten oder geometrischen Figuren bestehen. Treffen Schnittflächen mehrerer Teile zusammen, so sind die Schraffurlinien entgegengesetzt (unter 45° bzw. 135°) anzuordnen und außerdem die Abstände der Schraffur in den verschiedenen Schnittflächen zu variieren. Die Grundschraffur nach DIN 6 und DIN ISO 128-50 (früher DIN 201) für Schnittflächen ist werkstoffunabhängig als schmale Volllinie unter 45° zum Bauteil anzuordnen, schmale Schnittflächen sind zu schwärzen.

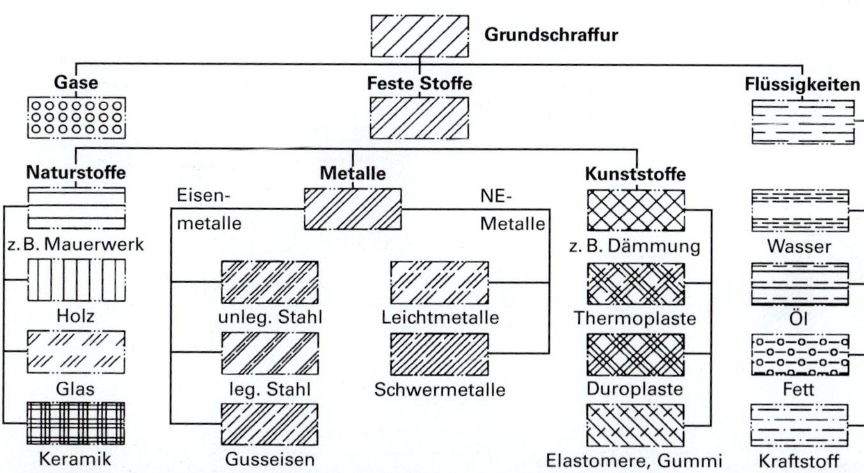


**Kennzeichnung von Schnittflächen** nach DIN ISO 128-50

# 4.5 Symbole in verschiedenen Bauzeichnungen

## Lageplan

Der Lageplan gibt Auskunft über die Lage des Bauwerks in seiner Umgebung, über die Beschaffenheit des Geländes und über Besonderheiten der Nachbargrundstücke. Als Ergänzung zu den abgebildeten Symbolen wird der Lageplan durch schriftliche Angaben vervollständigt:

- Maßstab
- Lage des Grundstücks zur Himmelsrichtung
- Straßenbezeichnung, Hausnummer, Eigentümer sowie Grundstücksbezeichnung (Gemarkung, Parzelle)
- Flächenmaß und katastermäßige Grenzen
- Äußere Abmessungen der neuen und vorhandenen Bauwerke
- Abstände der neuen und vorhandenen Bauwerke zu den Nachbargrundstücken sowie zu öffentlichen Verkehrs- und Grünflächen, Wäldern und Gewässern
- Bestimmungen des Bebauungsplans über die zulässige Nutzung des Grundstücks
- Nutzungsangabe der nicht überbauten Flächen, insbesondere Hof- und Garageneinfahrten, Kfz-Stellplätze, Gartenland usw.
- Flächen, deren Nutzung durch Baulasten vorbestimmt wurde
- Lage von Versorgungsleitungen (Gas, Wasser, Elektrizität)
- Unter Naturschutz stehende Baum- oder Gebäudebestände

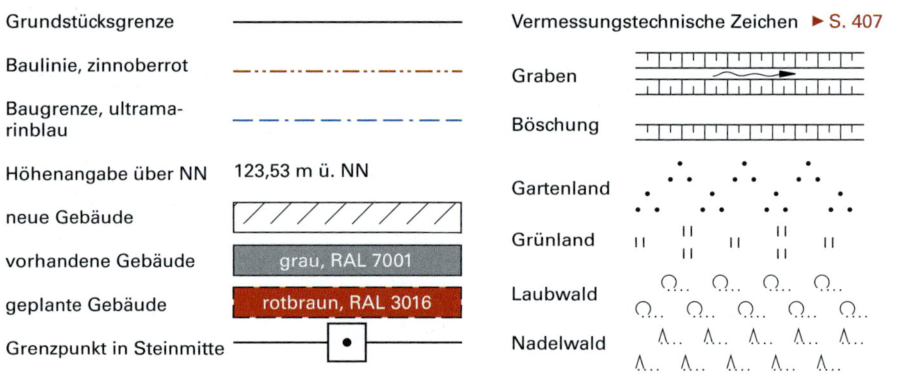


4

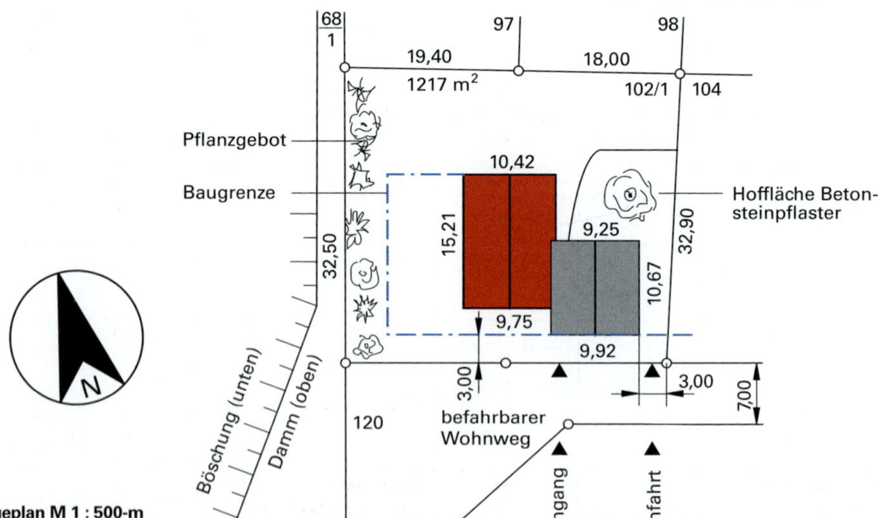


**Lageplan M 1 : 500-m**
(Abbildung verkleinert)

## Entwässerungszeichnungen

Im Gegensatz zur Darstellung von Versorgungsleitungen für Frischwasser und Elektrizität ist für die Erteilung der Baugenehmigung die Kennzeichnung der Entsorgungsleitungen erforderlich. Entwässerungszeichnungen sind als Sonderzeichnungen einzustufen ▶ S. 116, 117 und 369. Grundriss, Schnitt und Ansicht werden durch die Darstellung der Leitungsführung ergänzt. Regen- und Schmutzwasserleitungen sind unter Verwendung der entsprechenden Symbole einzutragen. Mindestmaßstab für den Entwässerungsplan 1 : 500, zusätzliche Erläuterungen in der Baubeschreibung und in Bauzeichnungen im Maßstab 1 : 100 möglich. Durch diese Darstellungsform erfolgt der Nachweis gegenüber der Bauaufsichtsbehörde, dass die geplante Entsorgung des Gebäudes den städtischen Tief- und Kanalbaugegebenheiten angemessen zur Ausführung kommt.

**Ausgewählte Symbole in Entwässerungszeichnungen nach DIN 1986-100 (05.2008)**

| **Bauteil des Entwässerungs-Systems** | **Darstellung im** | | **Bauteil des Entwässerungs-Systems** | **Darstellung im** | |
|---|---|---|---|---|---|
| | **Grundriss** | **Schnitt** | | **Grundriss** | **Schnitt** |
| **Regenwasserleitung** DR: Druckleitung | DR | DR | **Reinigungsschacht mit geschlossenem Durchfluss** | | |
| **Schmutzwasserleitung** DS: Druckleitung | DS | DS | | | |
| **Mischwasserleitung** | | | **Reinigungsschacht mit offenem Durchfluss** | | |
| **Werkstoff-Wechsel leitung** | | | **Ablauf mit Rückstauverschluss** | | |
| **Rohrendverschluss** | | | **Kellerablauf mit Rückstauverschluss** | | |
| **Reinigungsrohr** | | | | **Fallleitung** | **Geruchsverschluss** |
| **Querschnittsänderung der Rohrleitung** | 100 125 | 100 125 | **Bidet** | | |
| **Bodenablauf** | ohne mit Geruchverschluss | ohne mit Geruchverschluss | **Urinalbecken** | | |
| **Schlammfang** | S | S | **Doppelspüle** | | |
| **Fettabscheider** | F | F | **Waschbecken** | | |
| **Benzinabscheider** | B | B | **Klosettbecken** | | |
| **Heizölabscheider** | H | H | **Dusche** | | |
| **Heizölsperre ohne Rückstauverschluss** | H Sp | H Sp | **Badewanne** | | |
| **Lüftungsleitung mit und ohne Dunsthaube** | | | **Waschtisch, Handwaschbecken** | | |

## Entwässerungszeichnungen

Dargestellt ist die Entwässerung eines Einfamilienhauses. Vollständig werden die Unterlagen für das Baugenehmigungsverfahren erst durch eine Ergänzung der Darstellung in Schnitt und Grundriss. Die Einmessung der einzelnen Bauteile des Entwässerungssystems erfolgt in vertikaler und horizontaler Richtung durch Summierung der Abstände. Als Ausgangspunkt wird der tiefste Punkt des Systems gewählt; getrennt für vertikale und horizontale Einmessung.

**Rohr-Nennweiten (DN-Angaben)** ► Kapitel 7.7 sind stets in mm anzugeben und dürfen ohne Durchmesser-Zeichen und Einheitsangabe verwendet werden.

### Entwässerungsgrundriss

**Normhinweise**

- DIN EN 752-1 Entwässerungssysteme außerhalb von Gebäuden - Teil 1: Allgemeines und Definitionen; Deutsche Fassung
- DIN EN 752-4 Entwässerungssysteme außerhalb von Gebäuden - Teil 4: Hydraulische Berechnung und Umweltschutzaspekte
- DIN 1986-1 Entwässerungsanlagen für Gebäude und Grundstücke
- DIN 4095 Dränung (Drainage) ► Kapitel 5.4

4

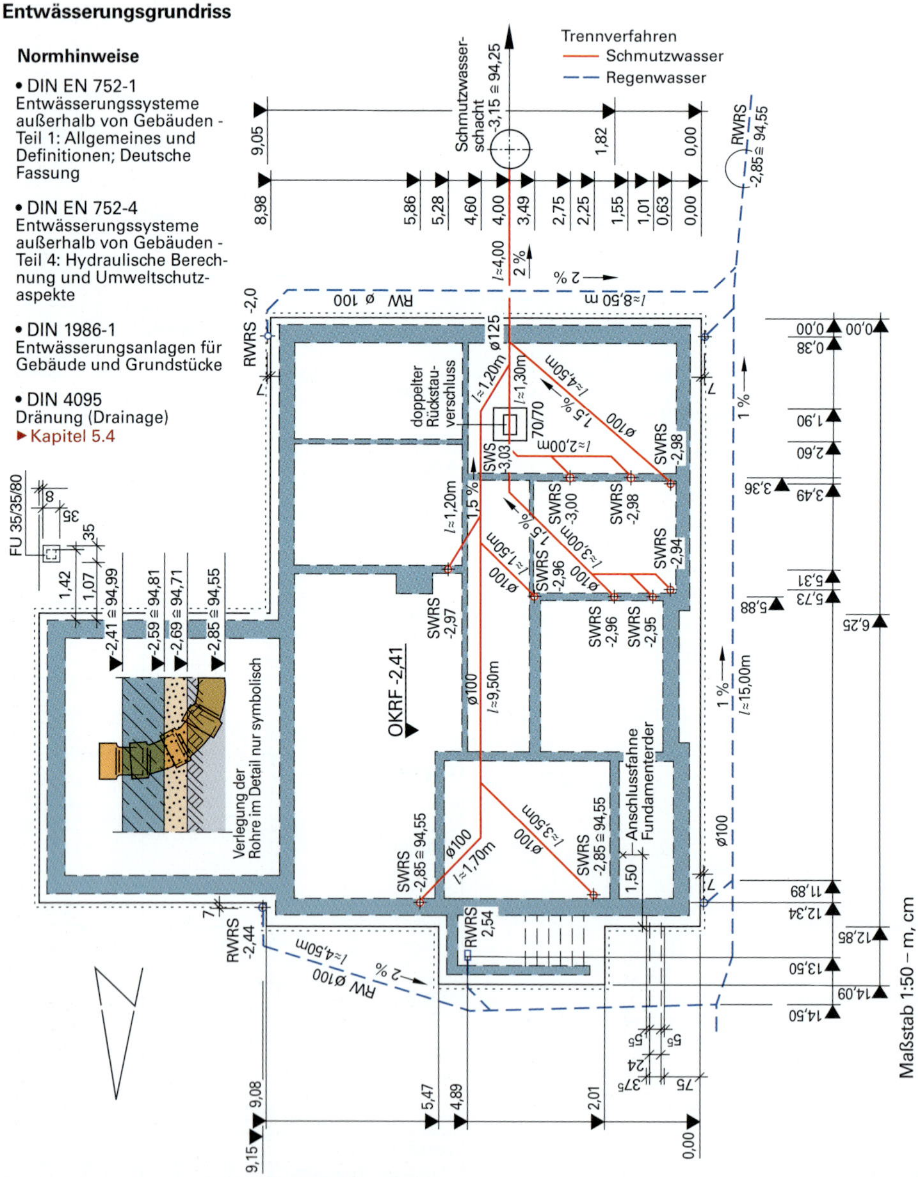


**Darstellung eines Entwässerungs-Grundleitungssystems** (Abbildung verkleinert)

## Entwässerungszeichnungen

Das abgebildete Schnittschema enthält die nach DIN 1986 geforderten Sinnbilder und Zeichen für Entwässerungsgegenstände und Rohrleitungen ▶ Kapitel 7.7. Dargestellt ist der Verlauf der Entwässerungs- und Fallleitungen getrennt nach Schmutz- und Regenwasser sowie die Kontrolleinrichtungen und Schächte. Farbliche Kennzeichnung: BLAU

**Entwässerungsschnitt**

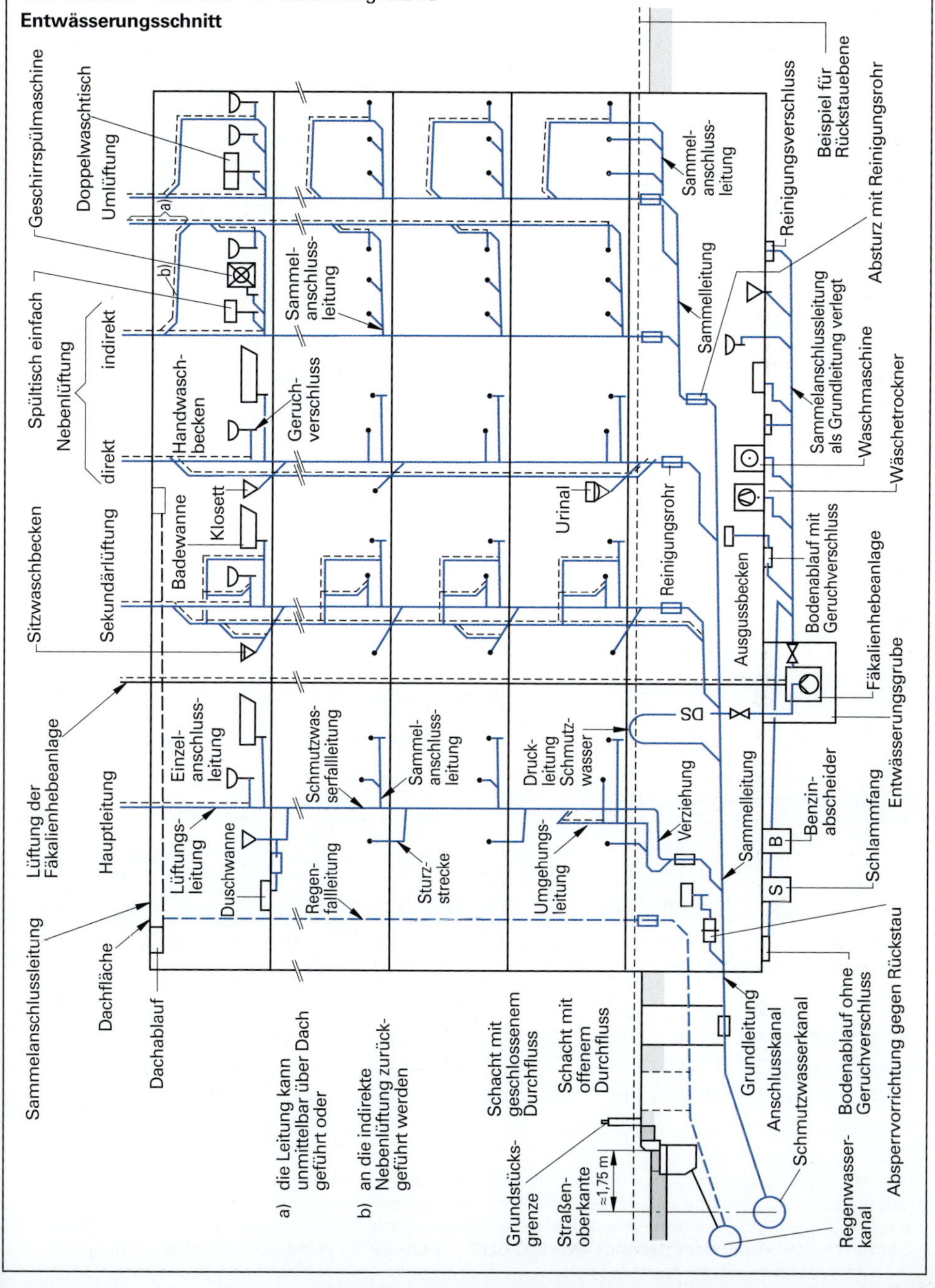


4

## Ausführungszeichnungen (Hochbau)

### Abkürzungen

Um Bauzeichnungen übersichtlich zu gestalten, können häufig vorkommende Begriffe abgekürzt werden.

| | |
|---|---|
| RFB | Rohfußboden |
| FFB | Fertigfußboden |
| OK | Oberkante |
| UK | Unterkante |
| OKFF | Oberkante Fertigfußboden |
| EG | Erdgeschoss |
| KG | Kellergeschoss |
| UG | Untergeschoss |
| OG | Obergeschoss |
| Stg | Steigung |
| FHT | Feuer hemmende Tür |
| RD | Rauchdicht |
| WD | Wanddurchbruch |
| WS | Wandschlitz |
| DD | Deckendurchbruch |
| DA | Deckenaussparung |
| HKN | Heizkörpernische |
| BA | Bodenablauf |
| KS | Kontrollschacht |
| BRH | Brüstungshöhe |
| mNN | m über Normalnull |
| mHN | m über Höhennormal |
| Roll | Rollladen |

## Symbole für Abdichtung und Dämmung ► Kapitel 5.1 und 6.14.4

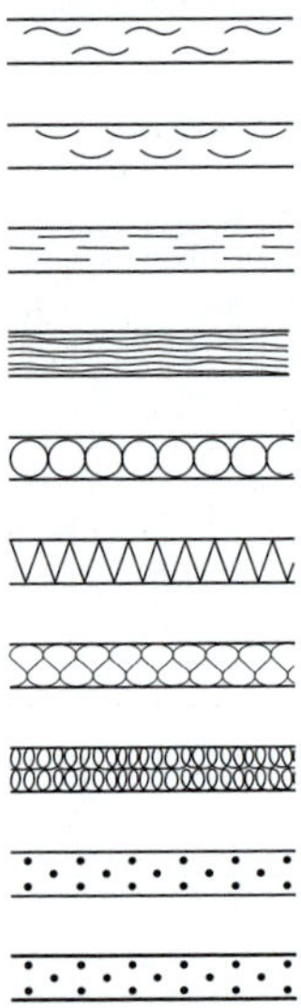

Dämmstoff aus Steinfaser
Dämmstoff aus Glasfaser
Dämmstoff aus Holzfaser
Dämmstoff aus Torffaser
Schaumkunststoff
Kork
magnesitgebundene Holzwollplatten
zementgebundene Holzwolleplatten
Gipsbauplatten
Gipskartonplatten

Abdichtung, allgemein
Voranstrich
Klebemassen und Deckaufstrich
Spachtelmasse
nackte Pappe
Dichtungsbahn mit Einlage aus Rohfilzpappe
Dichtungsbahn mit Einlage aus Gewebe
Dichtungsbahn mit Einlage aus Metallfolie
Dichtungsbahn mit Einlage aus Kunststoff-Folie
Metallband ohne Deckschichten
thermoplastische Kunststoff-Folie

## Symbole für Verbindungsmittel ► S. 344

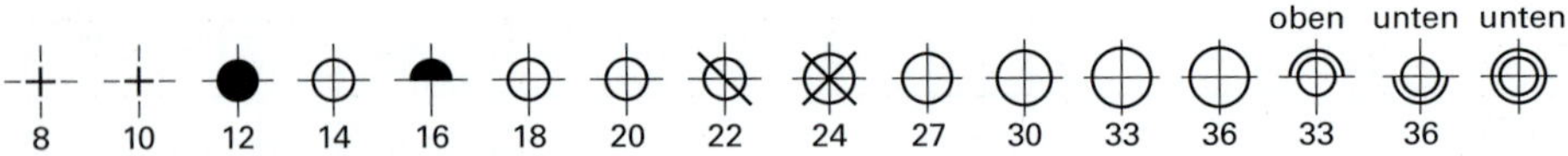


Rohnietdurchmesser (Stahl) nach DIN 407

Schrauben nach DIN 407

Dübel nach DIN 1052 ø <80 mm
Dübel ø 80 mm bis 100 mm
Dübel ø >100 mm
Dübel und Bolzen nach DIN 919 (mit Angabe des ø)
Stabdübel, Nägel

Hinweis: Die Rechtsvorschriften der Bundesländer enthalten konkrete – nicht einheitliche – Forderungen für Zeichen, Symbole und Farben. Die Kennzeichnungen, Zeichen, Symbole und Schraffuren ersetzen keinesfalls die genaue Werkstoffangabe. Insbesondere infolge vermehrter CAD-Darstellungen werden die Verbindungsmittel gem. **DIN ISO 5261** als Kreis (○ ◌) und/oder Punkt ● dargestellt.

## Oberflächenzeichen

Mit Oberflächenzeichen kann in technischen Zeichnungen der Endzustand der bearbeiteten Oberfläche angegeben werden. In DIN EN ISO 1302 sind das **Grundsymbol (1)** und die Symbole für **materialabtragende Bearbeitung (2)** und **materialauftragende Bearbeitung (3)** zu unterscheiden. Wortangaben für Fertigungsverfahren (auf der Hinweisline) und besondere Zeichen können die Oberflächenzeichen ergänzen.

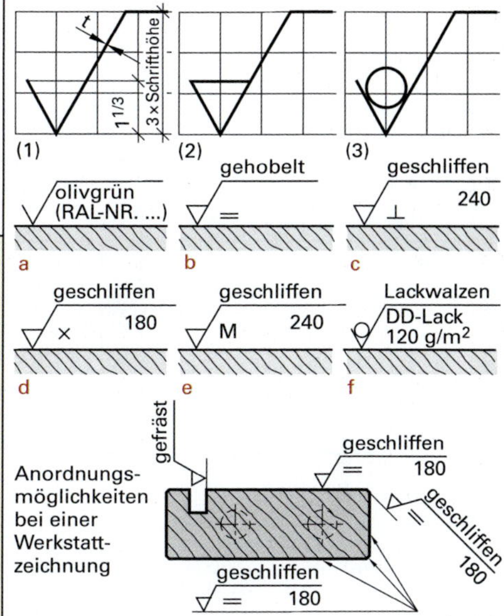


**Beispiele**

- a Grundsymbol mit Wortangabe
- b Symbol für materialabtragende Bearbeitung, parallel zur Faser mit Angabe des Fertigungsverfahrens
- c Symbol für abtragende Bearbeitung, durch Schleifen rechtwinklig zur Faser (240er Schleifpapier)
- d Symbol für abtragende Bearbeitung, durch Kreuzschliff (180er Schleifpapier)
- e Symbol für abtragende Bearbeitung, durch Schleifen in mehrfacher Richtung (240er Schleifpapier)
- f Symbol für auftragende Bearbeitung

## Vereinfachte Darstellung (nach DIN 1356) (Auswahl)

**Aussparungen,** deren Tiefe kleiner als die Bauteiltiefe ist

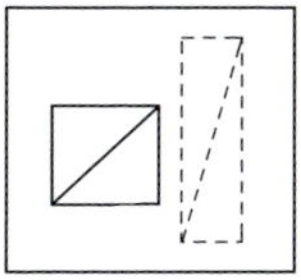

ANSICHT

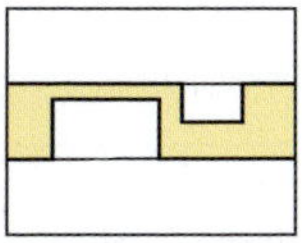

GRUNDRISS

**Aussparung,** deren Tiefe gleich der Bauteiltiefe ist

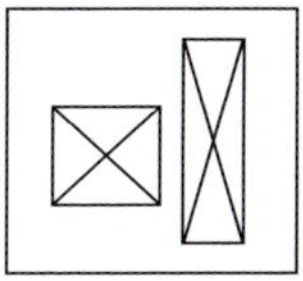

ANSICHT

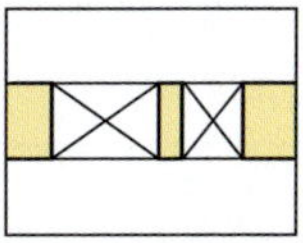

GRUNDRISS

## Türen im Grundriss

| | |
|---|---|
| Drehflügel, einflügelig | 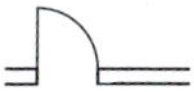 |
| Drehflügel, zweiflügelig |  |
| Drehflügel, zweiflügelig gegeneinander schlagend | 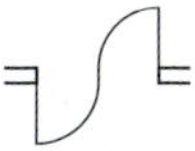 |
| Pendelflügel, einflügelig | 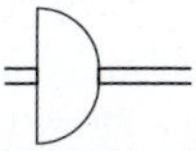 |
| Hebe-Dreh-Flügel | 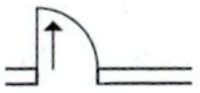 |
| Drehtür | 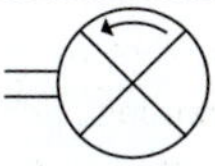 |
| Schiebeflügel | 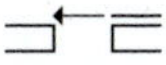 |
| Hebe-Schiebe-Flügel | 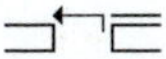 |

## Türen und Fenster in der Ansicht

| | | | |
|---|---|---|---|
| Drehflügel |  | Hebe-Dreh-Flügel | 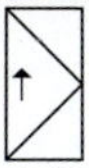 |
| Kippflügel | 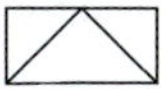 | Schwingflügel | 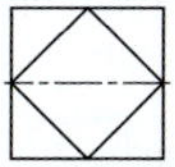 |
| Klappflügel |  | Wendeflügel | 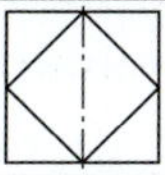 |
| Dreh-Kipp-Flügel |  | Schiebeflügel, vertikal | 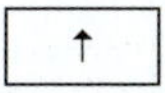 |

## Treppen – Vereinfachte Darstellung (nach DIN 1356)

► S. 143

| | | | |
|---|---|---|---|
| **einläufige Treppen** | Treppenlauf gerade einläufige Treppe Draufsicht 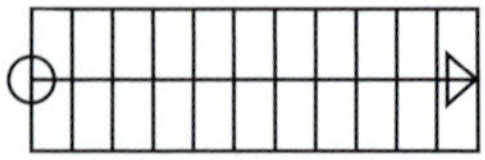 | **oberstes Geschoss** | 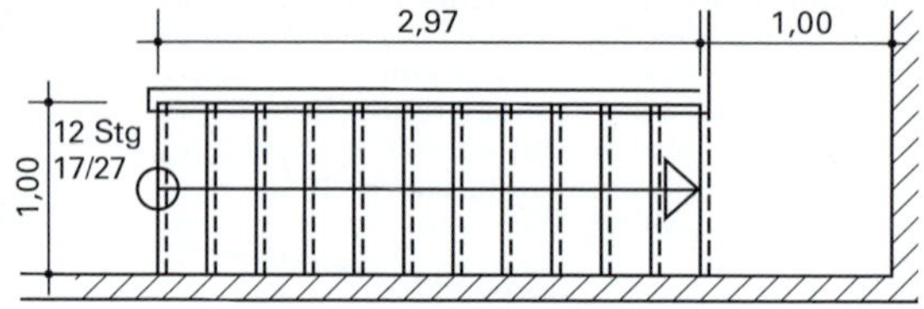  |
| **einläufige Treppen** | Treppenlauf horizontal geschnitten mit darunter liegendem Lauf 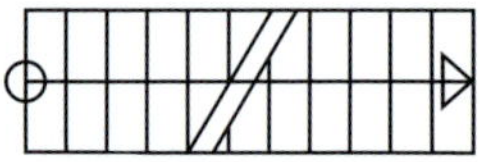 | **Normalgeschoss** | 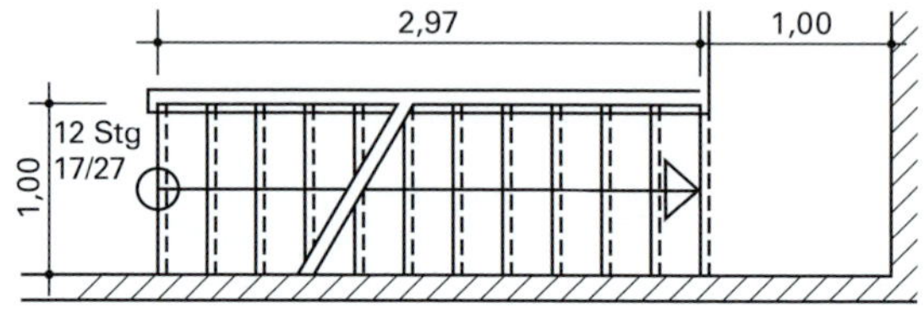  |
| **einläufige Treppen** | Treppenlauf horizontal geschnitten mit Darstellung oberhalb der Schnittebene 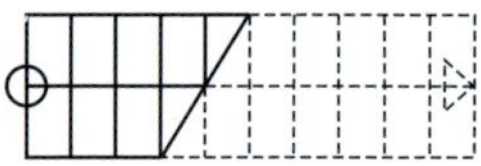 | **unterstes Geschoss** | 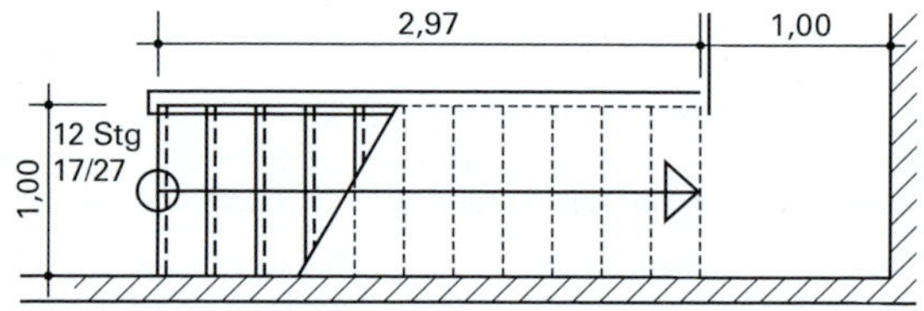  |
| **zweiläufige Treppen** | Treppenlauf zweiläufig gegenläufige Treppe 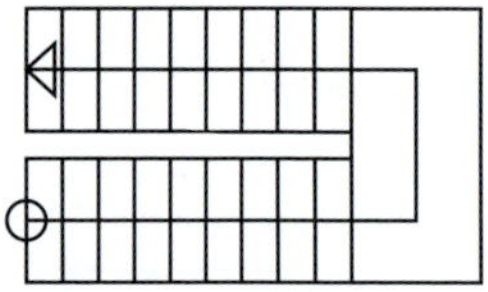 | **dreiläufige Treppe** | 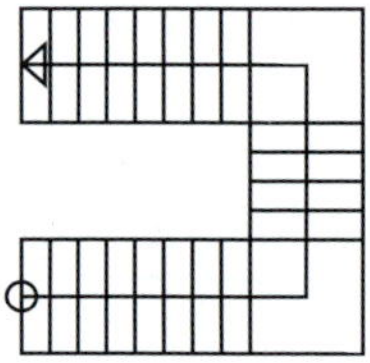 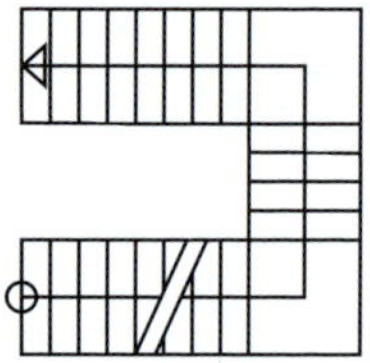 |
| **zweiläufige Treppen** | Treppenlauf horizontal geschnitten mit darunter liegendem Lauf 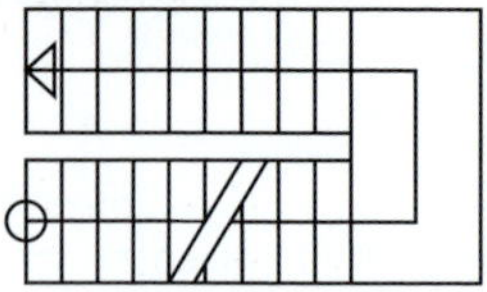 | **gewendelte Treppe** | 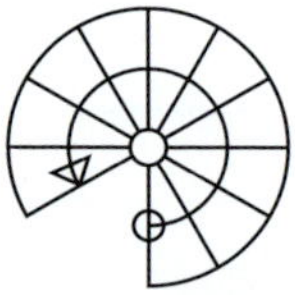 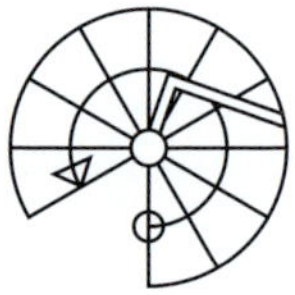 z. B. Wendeltreppe, Spindeltreppe, Bogentreppe aus gleichen keilförmigen Stufen |
| **zweiläufige Treppen** | Treppenlauf horizontal geschnitten mit Darstellung oberhalb der Schnittebene 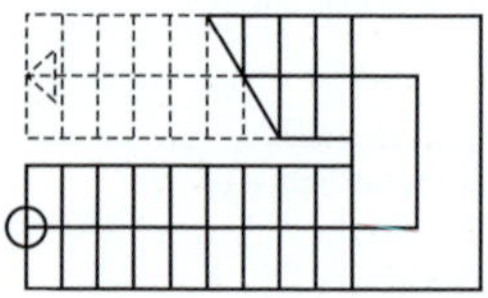 | **Rampe** | 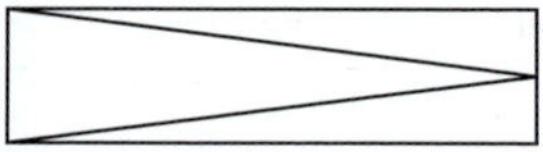 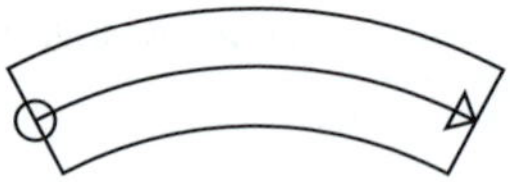 z. B. barrierefreie Erschließung bei flacher Neigung bis max. 6 % Steigung, ohne Quergefälle, bei mehr als 6 m Rampenlänge ist ein Zwischenpodest mit $l \geq 1{,}50$ m notwendig |

4

## Bewehrungszeichnungen

Die Stahleinlagen im Beton nennt man Bewehrung. Damit der Bauausführende und der Prüfstatiker die Lage der Bewehrung genau erkennen können, wird sie üblicherweise in die Längs- und Querschnitte der stabförmigen Bauteile (Balken, Stützen) und in die Ansichten und Draufsichten der flächigen Bauteile (Wände, Decken) eingezeichnet und vermaßt. Zusätzlich werden Stahllisten oder Mattenlisten angefertigt. Einzel- und Teillängen sowie notwendige Einbaumaße sind auf der Zeichnung anzugeben. Weiterhin sind bei komplexen Bauteilen zusätzlich die Biegeformen der Bewehrungsstäbe eindeutig auf die Positionsangaben zu beziehen. Dabei darf die zeichnerische Darstellung unmaßstäblich erfolgen.

Grundlage der Darstellung von Bewehrungselementen bildet die **DIN EN ISO 3766**. Die in den Tabellen auf Seite 278 und 279 abgebildeten Symbole zeigen einen Auszug; in der Praxis werden oft selbst gewählte Symbole verwendet. Auf nationaler Ebene ist der NATG-F.6 »Dokumentation im Bauwesen« zuständig.

- **Tragrichtung von Platten**

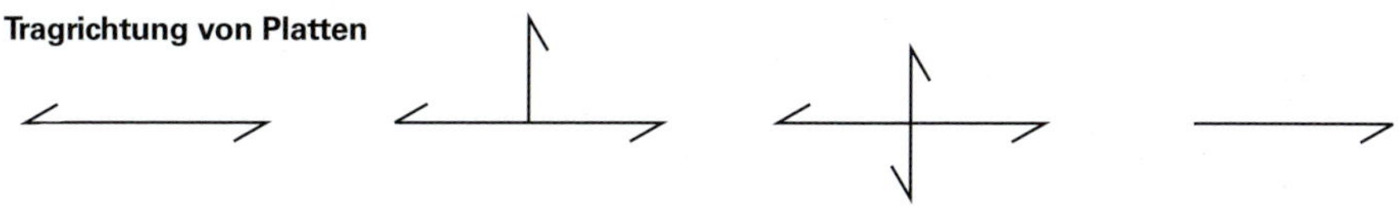

zweiseitig — dreiseitig — vierseitig — auskragend

- **Bewehrungsstäbe** sind bei flächigen Bauteilen (z. B. Wände, Decken) unmittelbar durch die Positionsangabe zu kennzeichnen. Bei Abweichungen von dieser Regelung ist in jedem Falle eine innerhalb der jeweiligen Zeichnung einheitliche Anordnung anzustreben. Angaben zur Bewehrung stabförmiger Bauteile (z. B. Balken, Stützen) sind entlang einer Bezugslinie anzuordnen, die den Zusammenhang mit der Bewehrung herstellt. ▶ Kapitel 7.2
  **Jeder Stabvariante ist eine neue Positionsangabe zuzuordnen.**

- **Geschweißten Betonstahlmatten** wird die Mattenbezeichnung bzw. die den Mattenaufbau kennzeichnenden Daten entlang einer Diagonale zugeordnet. Bei achsenbezogener Darstellung ist die Mattenkurzbezeichnung in Mattenlängsrichtung anzuordnen, die den Mattenaufbau in Längs- und Querrichtung kennzeichnenden Daten entlang der Bewehrungsrichtung.
  **Jeder Mattenvariante ist eine neue Positionsangabe zuzuordnen.**

| **Positionsangaben ständig erforderlicher Angabenbestandteil** | **Positionsangaben gegebenenfalls erforderlicher Angabenbestandteil** |
|---|---|
| **Bewehrungsstäbe** (10) 9 ∅ 14 B500 B<br>(10) – Positionsnummer<br>9 – Anzahl der Stäbe<br>∅ 14 – Stabdurchmesser<br>B500 B – Stahlsorte/Duktilität | BSt IV S -15- V -95-<br>-95- – Einzellänge<br>V – Lage des Stabes<br>-15- – Abstand zwischen den Stäben<br>S – Stabstahl<br>BSt IV – Betonstahlsorte |
| **Geschweißte Betonstahlmatten** (Lagermatten)<br>2 [101] Q 257A<br>2 – Anzahl (n > 1)<br>[101] – Positionsnummer<br>Q 257A – Mattenbezeichnung | BSt 500 M<br>M – Mattenstahl<br>BSt 500 – Betonstahlsorte Streckgrenze in N/mm² |
| **Geschweißte Betonstahlmatten** (Listenmatten)<br>[2] 150 · 6,5 d / 5,0 – 4/4 – Angaben zur Längsrichtung<br>250 · 5,5 – Angaben zur Querrichtung<br>d – Doppelstab<br>5,0 – Stabdurchmesser, Randbereich<br>4/4 – Anzahl der Einzelstäbe am linken/rechten Rand<br>5,5 – Stabdurchmesser, Innenbereich<br>250 – Stababstand in mm<br>[2] – Positionsnummer | |

## Symbole für Bewehrungszeichnungen

| Bewehrungsstäbe | Ansicht | Schnitt |
|---|---|---|
| allgemein | ——— | • |
| die bereits auf anderer Zeichnung dargestellt und positioniert wurden | - - - - - | ○ |
| mit Endhaken<br>als Winkelhaken<br>als Rundhaken | 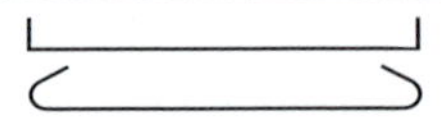 | |
| mit zusätzlicher Markierung der Stabenden durch Positionsnummern (ohne Kreis) | 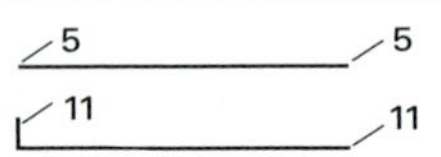 | |
| mit gleicher Positionsangabe | 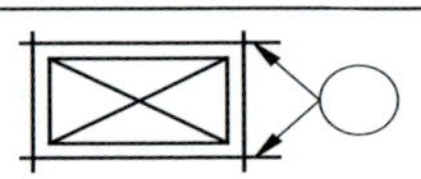 | |
| die rechtwinklig aus der Zeichenebene abgebogen sind | 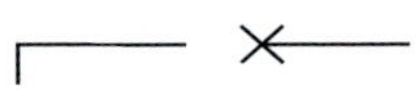 | |
| die rechtwinklig aus der Zeichenebene aufgebogen sind |  | |
| mit Aufbiegung < 90°<br>die Knickkanten werden im Schnitt durch Querstriche markiert; der unten liegende Stabteil wird in mittelbreiter Volllinie gezeichnet | 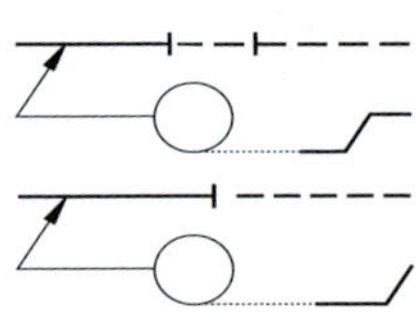 | |

### Gruppen gleicher Bewehrungsstäbe

Bewehrungsstäbe gleicher Positionsangabe bilden Gruppen und können bei Darstellung mindestens - eines Bewehrungsstabes und einer dünnen, sich über den Verlegebereich der Stabgruppe erstreckenden Gruppenlinie gekennzeichnet werden.

Um einen dem Verlegebereich zugehörigen Bewehrungsstab zu kennzeichnen, ist der Schnittpunkt von Bewehrungsstab und Gruppenlinie durch einen Kreis zu markieren.

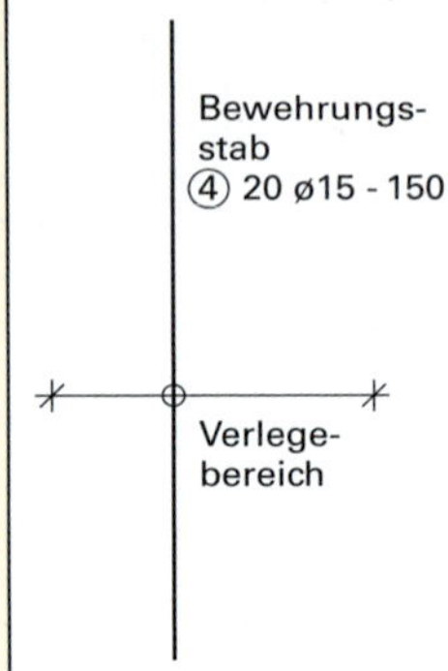


Gruppen gleicher Bewehrungsstäbe, jedoch unterschiedlicher Stababstände und Stückzahl sind innerhalb des Verlegebereiches entlang der Gruppenlinie als solche zu markieren.

(6) Stückzahl

100 Stababstand in mm

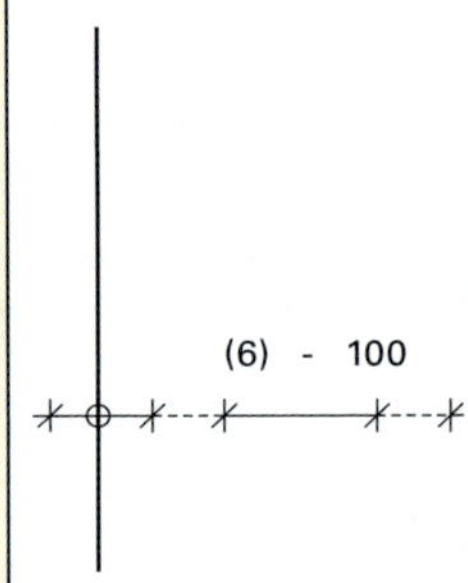


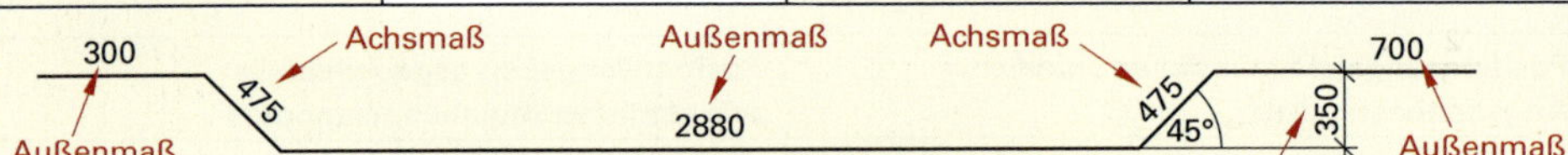


⑩ 9 ø14 B500 B, $l$ = 4,87 m, $s$ = 20 cm (200 mm)

### Betonstahlmatten

| | allgemein | vereinfacht | achsenbezogen |
|---|---|---|---|
| **Einzelmatten**<br>Draufsicht →<br>Schnitt → | 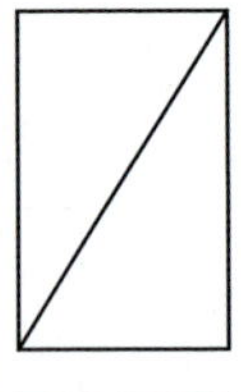 | 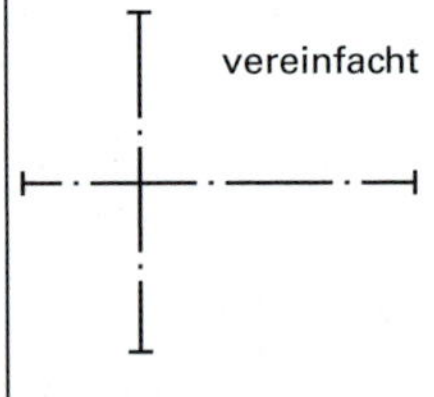 | 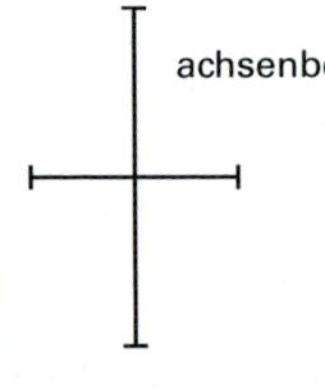 |
| **Gruppen gleicher Bewehrungsmatten**<br>Draufsicht →<br>$l_s$ Länge der Übergreifungsstöße in Verlegerichtung<br>Schnitt → | 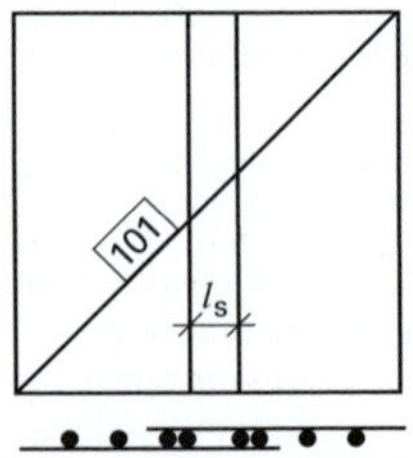 | 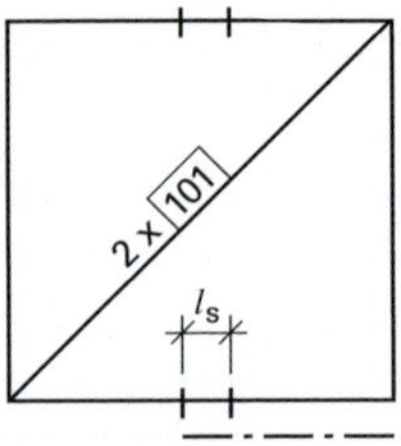 | 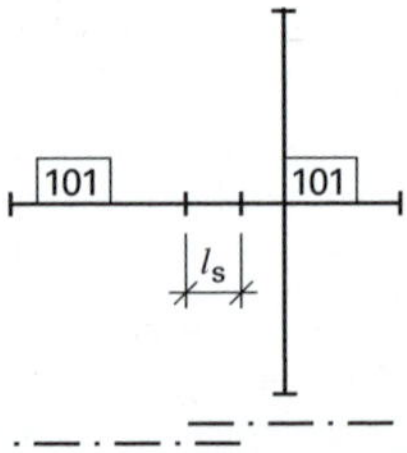 |

## Darstellungsstufen bei Bewehrungszeichnungen stabförmiger Bauteile

Unter Einhaltung der genannten Mindestanforderung ist die **Vereinfachung der Bewehrungsdarstellung** für stabförmige und flächige Bauteile in der Praxis in zwei Stufen möglich.

**Darstellungsstufe 1**

Maßstäbliche Darstellung der Bewehrung in maßstäblichen Schnitten des Bauteils und mit maßstäblichem Stahlauszug mit vollständiger Bemaßung. Zum Biegen der Bewehrung ist der Stahlauszug erforderlich.

Eine Liste über die erforderliche Stahlmenge sowie die verschiedenen Biegeformen können auch gesondert erstellt werden. Darstellung in üblichen Maßstäben des Hochbaus.

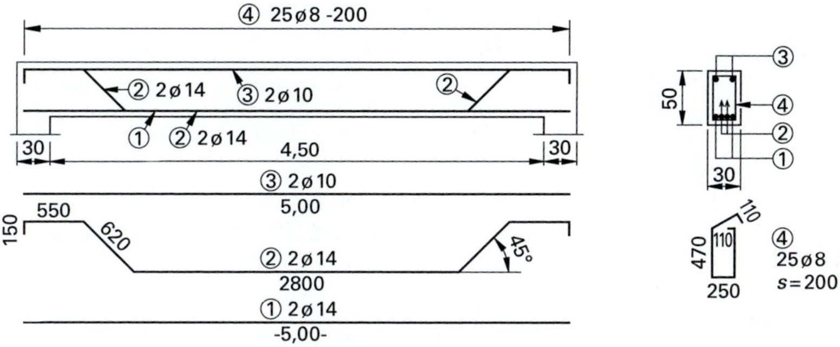


Bauteillängen in m, cm

Baustahl Teillängen in mm

Baustahl Gesamtlänge in m

**Darstellungsstufe 2**

Maßstäbliche Darstellung der Bewehrung in maßstäblichen Schnitten **ohne** maßstäblichen Stahlauszug. Der Stahlauszug wird ersetzt durch eine bemaßte Darstellung der Biegeform als Ergänzung zur Positionsangabe.

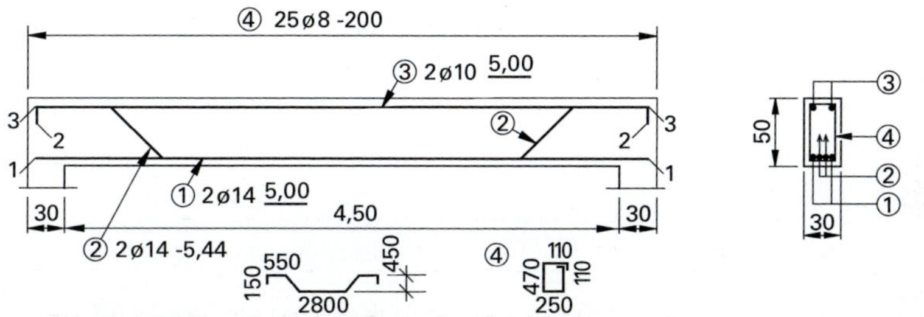


Durchmesser und Radien sind Innenmaße, alle anderen Maßangaben sind Außenmaße.

## Darstellungsstufen bei Bewehrungszeichnungen flächiger Bauteile

| Einzelmatten | Mattengruppen | Achsen von Mattengruppen |
|---|---|---|
| 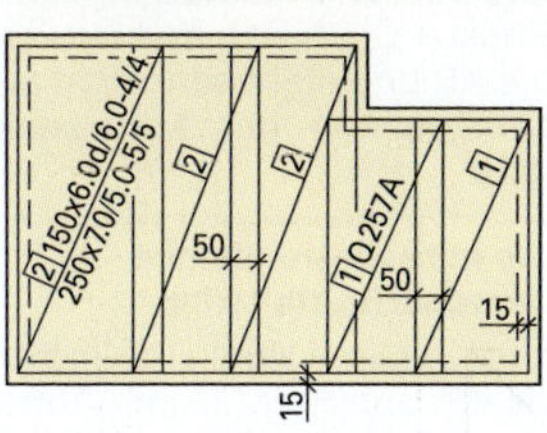 | 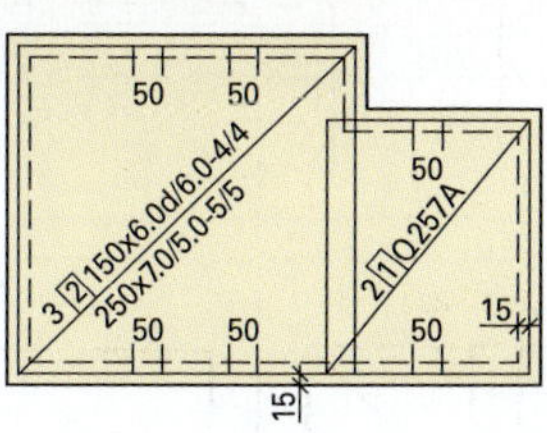 | 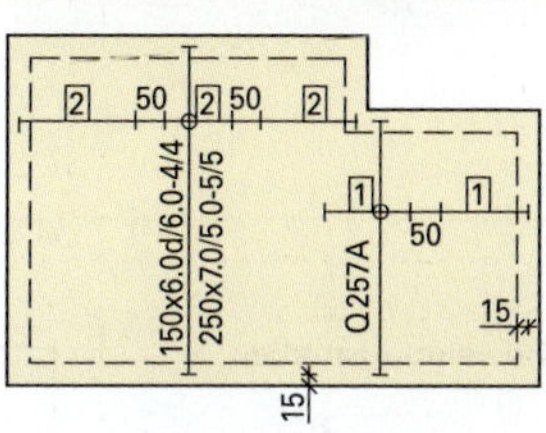 |
| Bei der herkömmlichen Darstellung werden die Umgrenzungslinien der einzelnen Matten gezeichnet und mit einer von links unten nach rechts oben verlaufenden Diagonalen versehen. | Eine Vereinfachung tritt ein, indem nur die Umgrenzungslinien des Bereiches gezogen werden, in dem Matten gleicher Position verlegt sind. Der Gesamtbereich wird mit einer Diagonalen gekennzeichnet. | Die rationellste Darstellung beschränkt sich auf die Kennzeichnung der Achsen (Länge und Breite) von Mattengruppen. |

# 4.6 Grundkonstruktionen

## Geometrische Grundkonstruktionen

Mit den Grundgebilden Punkt (z. B. A, B, C, M), Gerade (z.B. *g*, *a*, *b*, *c*) und Ebene (z.B. Π, Ε, Σ) sowie Winkel (z. B. $\alpha$, $\beta$, $\chi$) und Strecke (z.B. *s*, *r*, *d*) lassen sich geometrische Grundkonstruktionen durchführen.

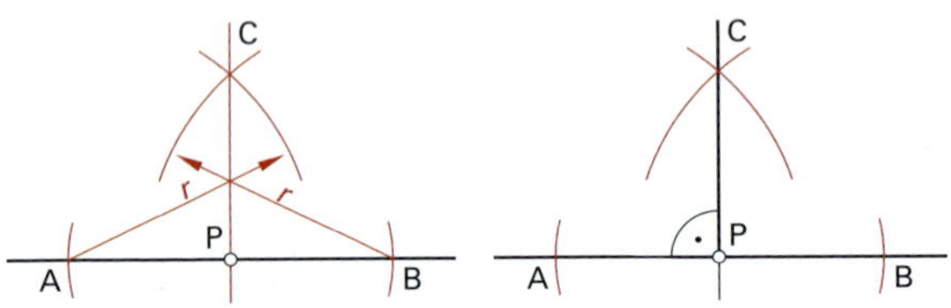


**Errichten eines Lotes in Punkt P**

Von Punkt P aus mit Kreisbogen die Punkte A und B auf der Geraden festlegen. Mit Radius *r* von Punkt A und Punkt B aus Kreisbögen geschlagen, ergibt Punkt C. Die Senkrechte kann von Punkt P aus durch den Punkt C errichtet werden.

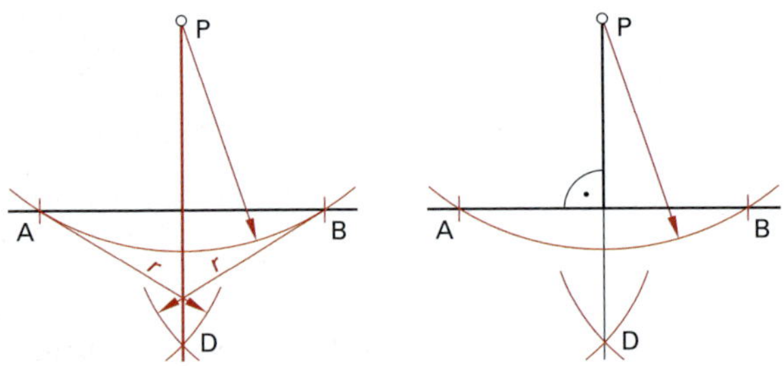


**Fällen eines Lotes von Punkt P auf eine Gerade**

Ein Kreisbogen, von Punkt P aus geschlagen, schneidet die Gerade an zwei Stellen. Kreisbögen mit *r* um Punkt A und Punkt B geschlagen ergeben Punkt D. Die Strecke $\overline{PD}$ steht senkrecht auf der Geraden.

4

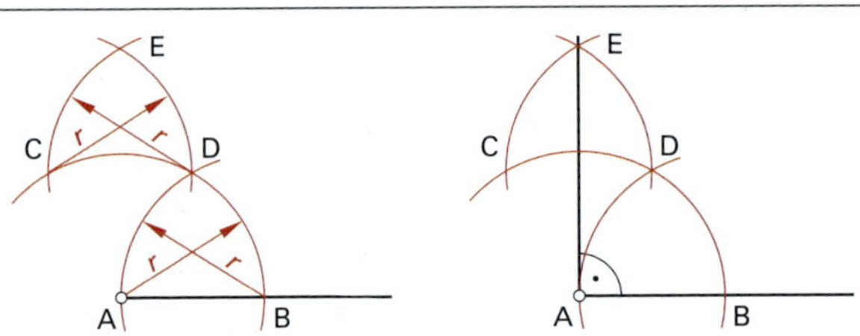


**Senkrechte im Endpunkt einer Strecke errichten**

Mit beliebigem Radius Kreisbogen um A schlagen. Zirkelöffnung nicht verändern und mit Kreisbögen die Punkte B, C, D und E markieren. Durch Verbinden der Punkte A und E erhält man die Senkrechte im Endpunkt A.

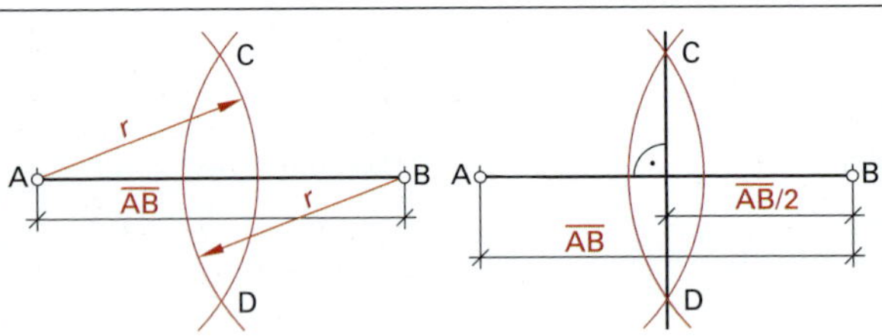


**Halbieren der Strecke $\overline{AB}$**

Um Punkt A und Punkt B Kreisbogen mit der Zirkelöffnung *r* so schlagen, dass sich diese in C und D schneiden. Die Verbindungslinie der Punkte C und D halbiert die Strecke $\overline{AB}$ und steht senkrecht auf dieser (Errichten der Mittelsenkrechten).

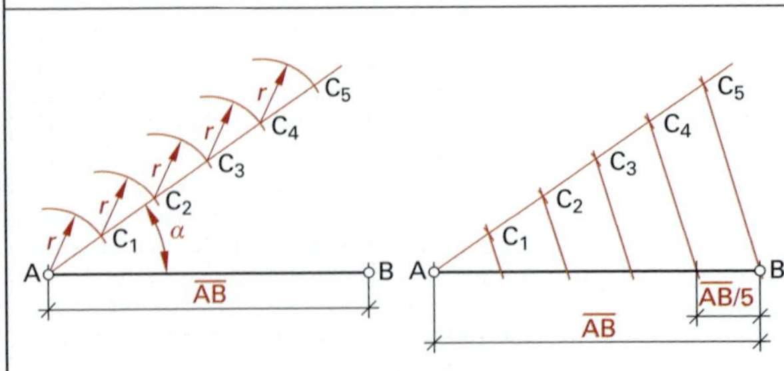


**Strecke in mehrere gleiche Streckenabschnitte teilen**

An Punkt A einen Winkel zwischen 30° bis 45° antragen. Durch Abtragen der Teilstücke *r* (hier fünf) mit dem Zirkel auf dem rechten Schenkel des Winkels $\alpha$ erhält man die Punkte $C_1$ bis $C_5$. Punkt $C_5$ mit Punkt B verbinden. Die Parallelen zu der Strecke $\overline{BC_5}$ durch die Punkte $C_4$, $C_3$, $C_2$, $C_1$ teilen die Strecke $\overline{AB}$ in die geforderten fünf gleichen Teile.

## Geometrische Grundkonstruktionen

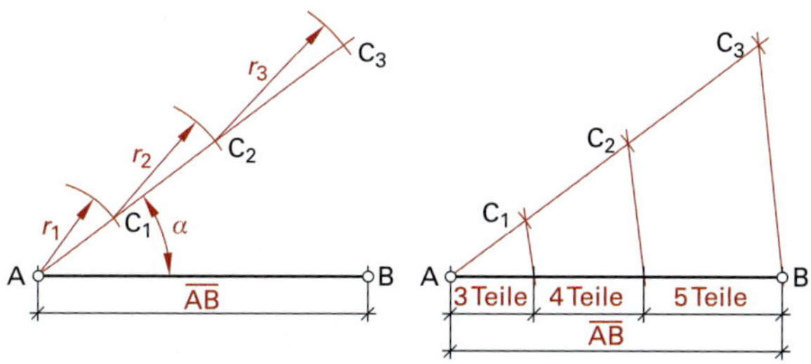


### Strecke im Verhältnis 3 : 4 : 5 teilen

An Punkt A einen Winkel zwischen 30° und 45° antragen. Durch Abtragen der Teilstrecken $r_1$ = 3 Teile, $r_2$ = 4 Teile, $r_3$ = 5 Teile erhält man die Punkte $C_1$, $C_2$, $C_3$. Punkt $C_3$ mit Punkt B verbinden. Die Parallelen durch die Punkte $C_1$ und $C_2$ zu der Strecke $\overline{BC_3}$ teilen die Strecke $\overline{AB}$ in dem vorgegebenen Verhältnis.

minor : major = major : (minor + major) ► S. 33

In Zahlen: 5 : 8 ≅ 8 : 13 ≅ 0,62

$\Phi = \frac{\sqrt{5}-1}{2} = 0{,}61803...$

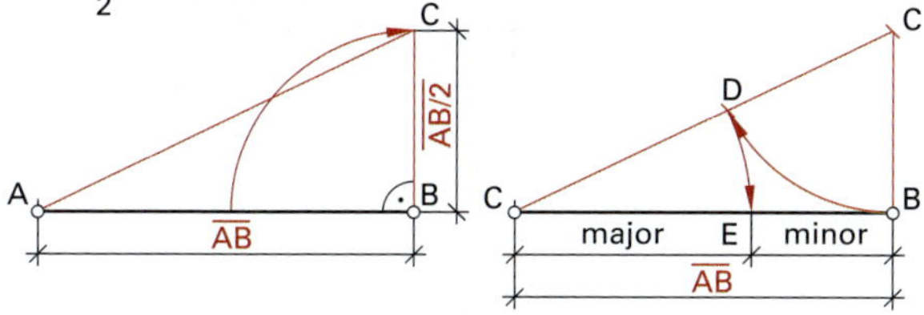


### Strecke im Verhältnis des Goldenen Schnittes teilen

Strecke $\overline{AB}$ halbieren. Im Punkt B lotrecht die Strecke $\overline{AB}/2$ errichten, ergibt Punkt C. Um Punkt C mit der Strecke $\overline{BC}$ Kreisbogen geschlagen, ergibt Punkt D. Um Punkt A mit der Strecke $\overline{AD}$ Kreisbogen geschlagen, ergibt Punkt E. Die Streckenabschnitte $\overline{AE}$ und $\overline{EB}$ verhalten sich im Goldenen Schnitt.

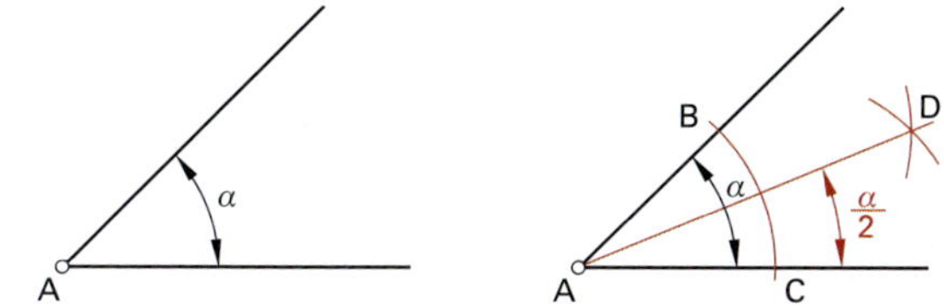


### Winkel halbieren

Durch beliebig großen Kreisbogen um Scheitelpunkt A die Punkte B und C auf den Schenkeln markieren. Der Schnittpunkt der gleichgroßen Kreisbögen um B und C ergibt D. Die Verbindung $\overline{AD}$ halbiert den Winkel.

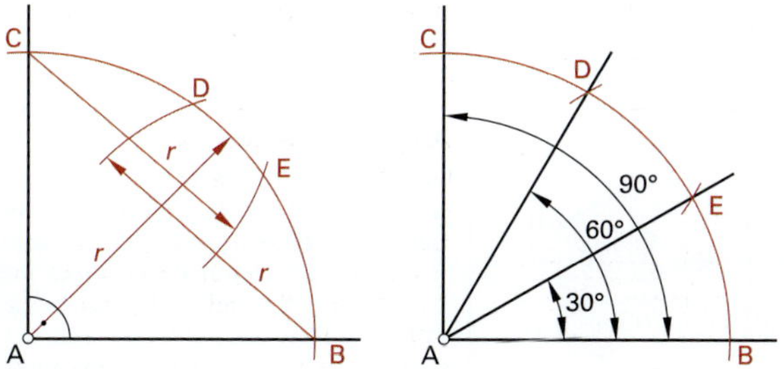


### Rechten Winkel dritteln

Kreisbogen um den Scheitelpunkt A mit beliebig großen Radius geschlagen legt die Punkte B und C fest. Mit unveränderter Zirkelöffnung jeweils von Punkt B und C aus die Schnittpunkte D und E auf dem Kreisbogen markieren. Die Verbindung von A nach D und A nach E teilt den rechten Winkel in drei gleichgroße Teile.

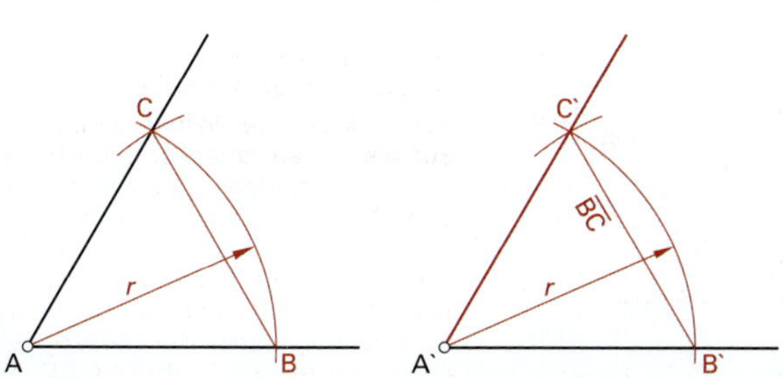


### Winkel übertragen

Ein um Scheitelpunkt A des gegebenen Winkels geschlagener Kreisbogen mit beliebigem Radius schneidet die Schenkel in B und C. Mit unveränderter Zirkelöffnung um Punkt A′ den Kreisbogen des neu abzutragenden Winkels markieren. Dadurch entsteht Schnittpunkt B. Strecke $\overline{BC}$ in den Zirkel nehmen und von B′ so antragen, dass C′ entsteht. Den Schenkel $\overline{A'C'}$ zeichnen.

4

## Regelmäßige Vielecke

► S. 22, 23

Bei regelmäßigen Vielecken sind alle Seiten gleich lang und alle Peripheriewinkel gleich groß. Sie lassen sich in so viel gleichschenklige Dreiecke einteilen, wie das Vieleck Seiten hat. Alle Dreiecke sind kongurent (deckungsgleich). Regelmäßige Vielecke lassen sich durch einen Kreis umschreiben.

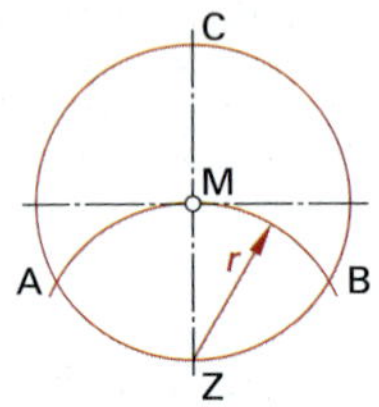


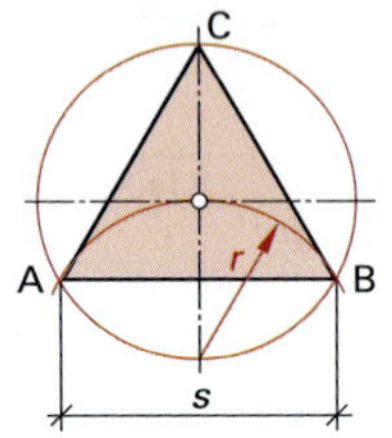


$s = \sqrt{3} \cdot d/2$

### Gleichseitiges Dreieck

Um den Mittelpunkt M mit dem Halbmesser *r* einen Kreis geschlagen, ergibt durch Schneiden der Mittelachse die Punkte Z und C. Von Z mit gleichem Halbmesser *r* Kreisbogen geschlagen, ergeben die Punkte A und B. Die Verbindung der Punkte A, B und C ergibt das gleichseitige Dreieck.

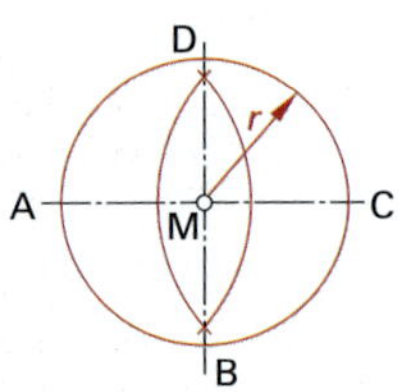


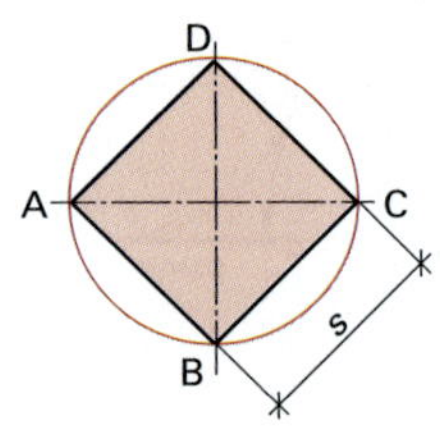


$s = \sqrt{2} \cdot d/2$

### Regelmäßiges Viereck (Quadrat)

Achsenkreuz zeichnen. Um M mit Radius *r* den Umkreis geschlagen ergibt die Punkte A und C sowie B und D. Die Punkte miteinander verbunden, bilden ein Quadrat.

4

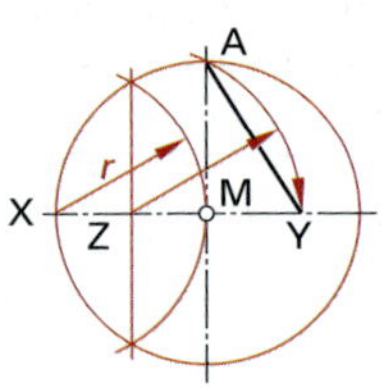


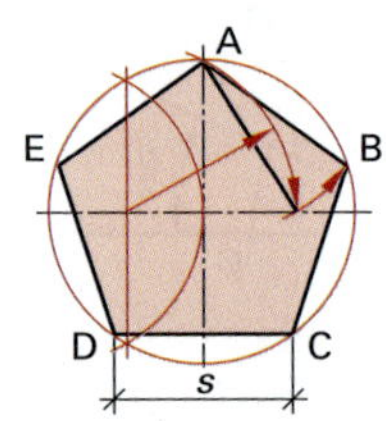


$s = \overline{AY} \approx 0{,}588 \cdot d$

### Regelmäßiges Fünfeck

Halbmesser $r = \overline{MX}$ halbiert, ergibt den Punkt Z. Um Punkt Z von Punkt A aus einen Kreisbogen geschlagen, ergibt Punkt Y. Die Strecke AY ist die Länge der Fünfeckseite, die auf dem Umkreis mit dem Zirkel abzutragen ist.

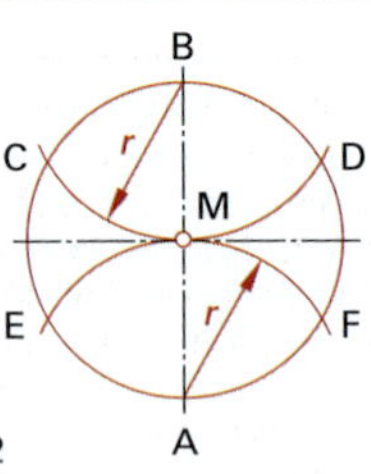


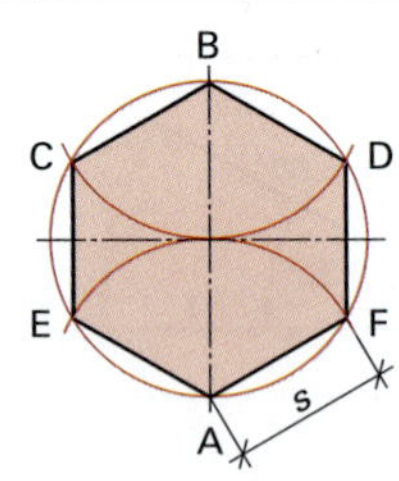


$s = d/2$

### Regelmäßiges Sechseck

Kreisbögen mit dem Halbmesser *r* um A und B ergeben weitere Schnittpunkte C und D sowie E und F. Durch Verbinden der Punkte erhält man ein regelmäßiges Sechseck.

Sechseckseite *s* = Radius des Kreises *r*

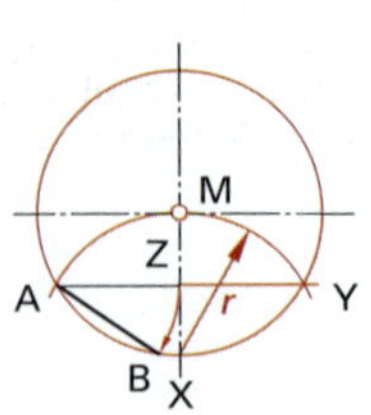


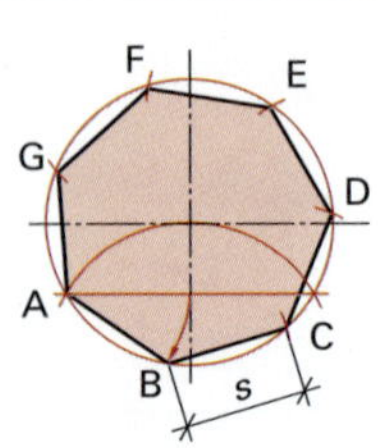


$s \approx \sqrt{3} \cdot d/4$

### Regelmäßiges Siebeneck

Die Siebeneckseite $\overline{AZ}$ entspricht ungefähr der halben Dreieckseite des gleichseitigen Dreiecks (siehe oben).

## Regelmäßige Vielecke

► S. 22, 23

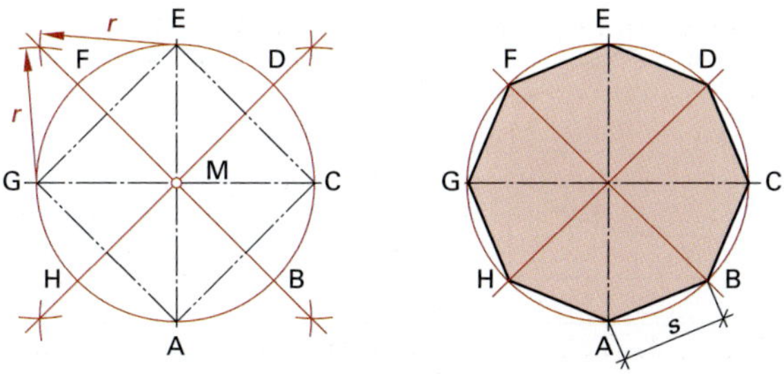


### Regelmäßiges Achteck

Die Schnittpunkte der Mittelachsen mit dem Umkreis A, C, E und G sind die Eckpunkte eines Quadrats. Durch Errichten der Mittelsenkrechten auf den Quadratseiten erhält man auf dem Umkreis die zusätzlichen Eckpunkte des gleichmäßigen Achtecks B, D, F und H.

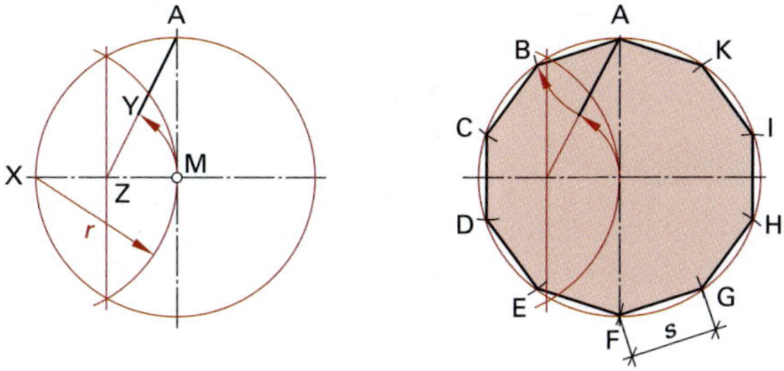


### Regelmäßiges Zehneck

Halbmesser $r = \overline{MX}$ halbiert, ergibt Punkt Z. Punkt Z mit Punkt A verbinden. Um Punkt Z von Punkt M aus einen Kreisbogen geschlagen, teilt $\overline{AZ}$ so, dass sich von Punkt A aus die Zehneckseite ergibt. Diese ist auf dem Umkreis abzutragen.

Das regelmäßige Zehneck lässt sich auch aus dem regelmäßigen Fünfeck entwickeln, indem man auf den Fünfeckseiten die Mittelsenkrechten errichtet.

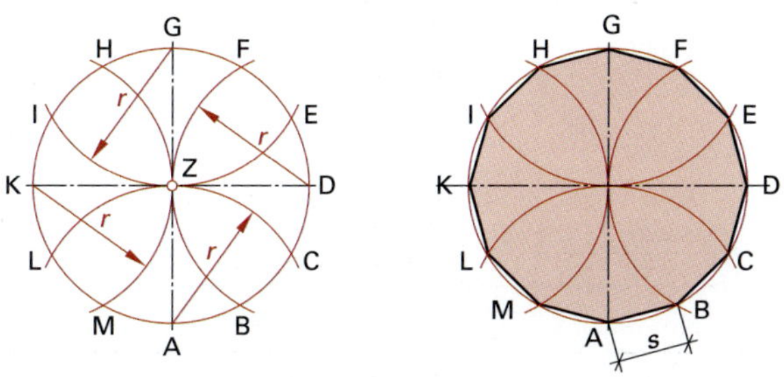


### Regelmäßiges Zwölfeck

Um den Schnittpunkt der Mittelachsen mit dem Umkreis A, D, G und K Kreisbögen mit dem Halbmesser *r* geschlagen, ergeben sämtliche Eckpunkte des regelmäßigen Zwölfecks A, B … M.

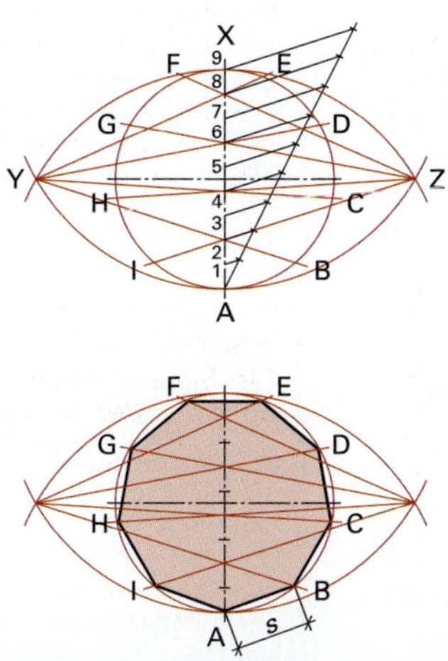


### Allgemeine Vieleckkonstruktion

Durchmesser $d = \overline{AX}$ in so viele Teile teilen, wie das Vieleck Ecken haben soll (hier neun Teile). Um A und X Kreisbögen mit dem Durchmesser geschlagen, ergibt die Punkte Y und Z. Die von diesen Punkten über jeden zweiten Teilungspunkt hinausgezogenen Geraden schneiden den Umkreis und ergeben somit die Eckpunkte des gewünschten regelmäßigen Vielecks (hier Neuneck).

► S. 22

## Eirund, Oval, Ellipse

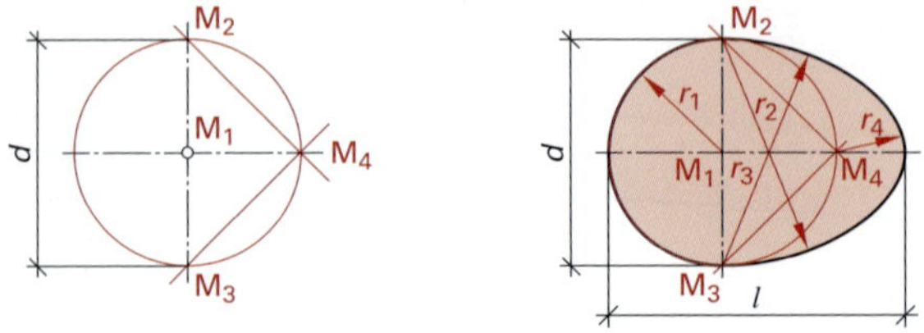


### Eirund

Die Schnittpunkte der Mittelachsen mit dem Kreis ergeben die Einsatzpunkte $M_2$, $M_3$ und $M_4$ zum Zeichnen der Bogenstücke des Eirunds. Die Verbindungsgeraden der Punkte $M_2$ und $M_4$ bzw. $M_3$ und $M_4$ ergeben die Wechselpunkte der Bogenstücke.

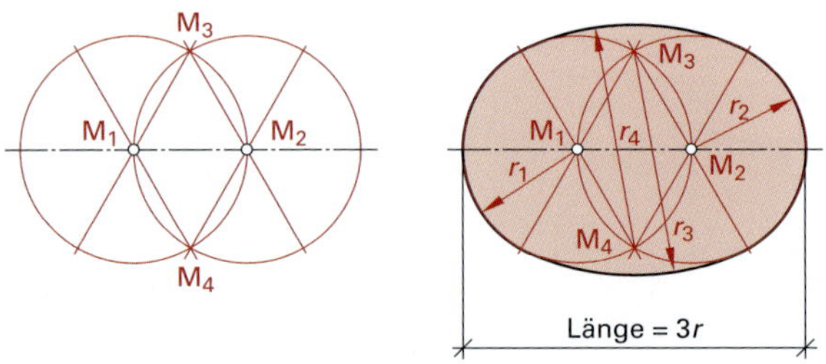


### Oval mit zwei Kreisen

Zwei Kreise so zeichnen, dass sich jeweils Umfang des einen Kreises und Mittelpunkt des anderen Kreises schneiden. Die Schnittpunkte der Kreislinien sind die Mittelpunkte $M_3$ und $M_4$ der flachgebogenen Bogenstücke. Die Geraden durch die Mittelpunkte geben den Wechsel zwischen den Bogenstücken an. Die Länge des Ovals beträgt 3*r*, die Breite des Ovals ergibt sich.



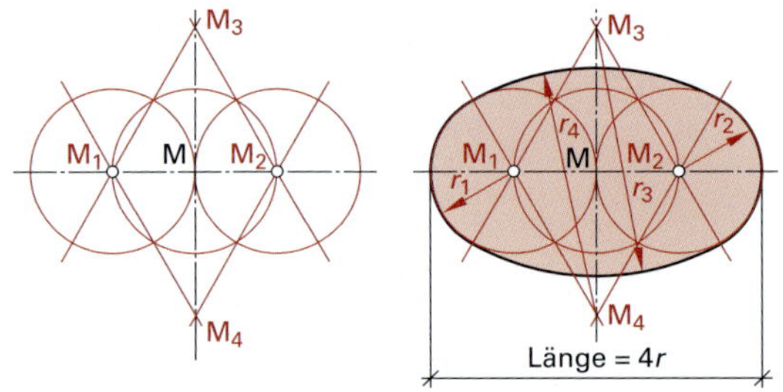


### Oval mit drei Kreisen

Drei Kreise so zeichnen, dass sich jeweils Mittelpunkte und Kreislinien schneiden. Die Verbindungsgeraden der Schnittpunkte der Kreise mit den Mittelpunkten $M_1$ bzw. $M_2$ ergeben die Mittelpunkte $M_3$ und $M_4$ für die flachgebogenen Bogenstücke und die Wechselpunkte der Ovalbögen. Die Länge des Ovals beträgt 4 *r*, die Breite des Ovals ergibt sich.

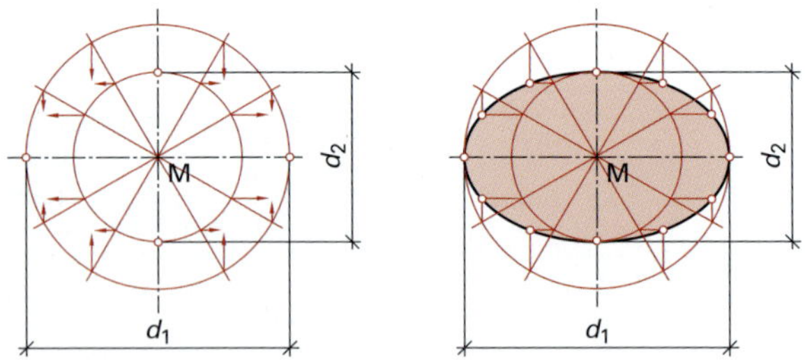


### Ellipsenkonstruktion

Zwei Kreise mit den Durchmessern der kleinen und großen Achse zeichnen. Beliebig viele Durchmesser durch M ziehen. Durch die Schnittpunkte der Durchmesser mit dem großen Kreis senkrechte, durch die Schnittpunkte mit dem kleinen Kreis waagerechte Linien ziehen. Durch die Schnittpunkte der waagerechten und der senkrechten Linien geht der Umfang der Ellipse.

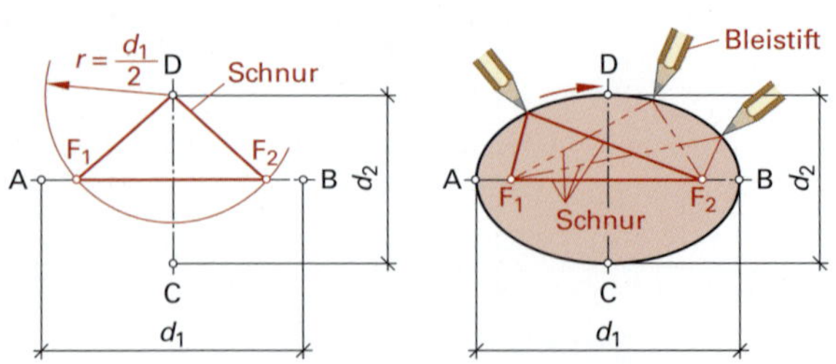


### Ellipsenkonstruktion mit Schnur

Das Achsenkreuz mit $d_1$ und $d_2$ zeichnen, ergibt die Punkte A, B, C und D. Von C oder D einen Kreisbogen mit $d_1/2$ zur großen Achse geschlagen, markiert die Brennpunkte $F_1$ und $F_2$. Eine nicht dehnbare dünne Schnur über die Punkte $F_1$, D und $F_2$ spannen. Durch Führen eines Bleistifts an der Innenseite der Schnur entlang kann die Ellipse gezeichnet werden.

## Bogenanschlüsse

► S. 413

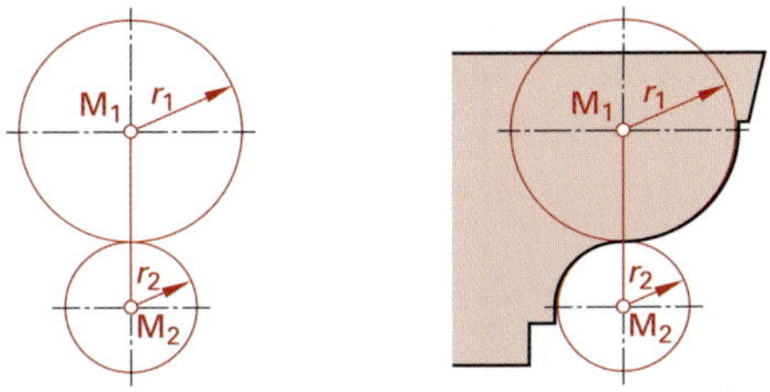


### Karnies, liegend

Zwei Kreisbögen mit unterschiedlichen Radien werden so miteinander verbunden, dass sie eine Karnieslinie ergeben. Der Abstand der Mittelpunkte ist die Summe der Radien $r_1$ und $r_2$, die beim sogenannten Karnies eine gemeinsame Mittelachse haben.

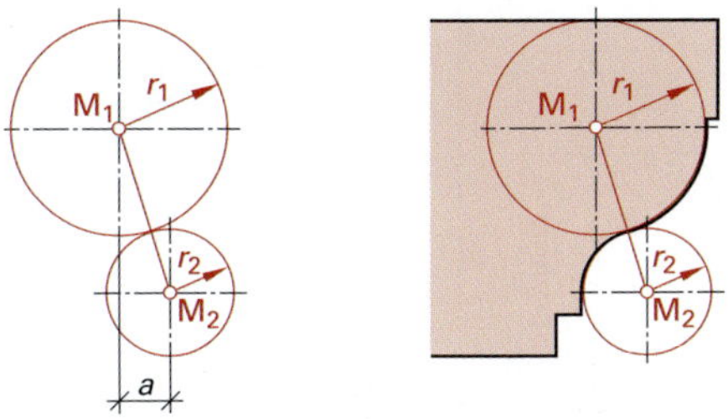


### Karnies, stehend

Der Anschluss zweier Kreisbögen mit unterschiedlichen Radien bei versetzten Mittelpunkten ergibt einen stehenden Karnies. Die Länge der Verbindungslinie der beiden Mittelpunkte $M_1$ und $M_2$ ist die Summe der Radien $r_1$ und $r_2$. Auf der Verbindungsgeraden der beiden Mittelpunkte liegt der Wechsel der Bogenanschlüsse.

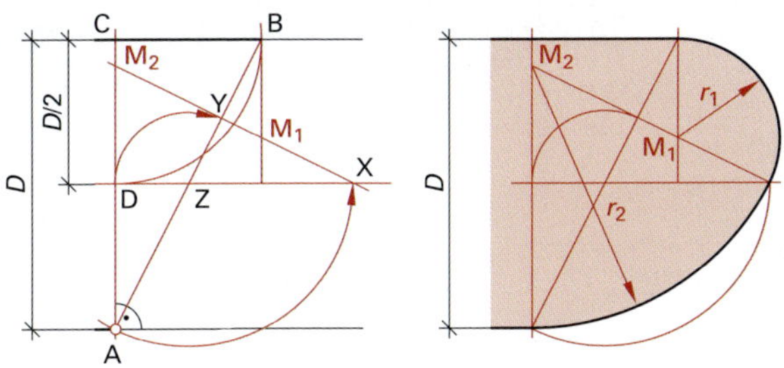


### Einhüftiger Bogen

In Punkt A ein Lot errichtet, ergibt den Punkt C. Das Lot halbieren, ergibt Punkt D. Um Punkt C die Strecke D/2 auf die obere Kante abgetragen, ergibt den Punkt B. Die Strecke $\overline{AB}$ schneidet die Halbierungslinie in Punkt Z. Um Punkt Z Kreisbögen geschlagen mit $\overline{DZ}$ ergibt Punkt Y, mit $\overline{AZ}$ den Punkt X. Auf der Verbindungsgeraden $\overline{XY}$ liegen die Mittelpunkte $M_1$ und $M_2$.

### Ecken abrunden

Parallelen zu den Schenkeln des Winkels im Abstand von *r* ergeben den Schnittpunkt M, den Mittelpunkt für die Abrundung der Ecke mit dem Radius *r*.

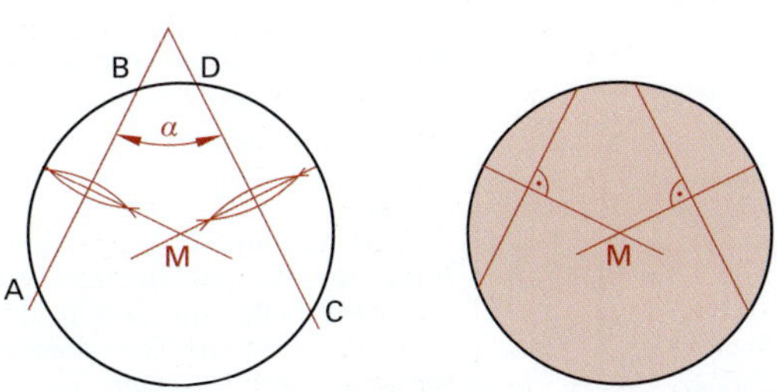


45°< α ≤90°

### Bestimmung des Kreismittelpunktes

In einer vorhandenen kreisrunden Platte soll der Kreismittelpunkt bestimmt werden. In die Fläche zwei Sehnen einzeichnen, die zueinander einen Winkel α zwischen 45° und 90° bilden. Die Sehnen $\overline{AB}$ und $\overline{BC}$ halbieren und die Mittelsenkrechten errichten. Der Schnittpunkt der Mittelsenkrechten ist der Mittelpunkt der Kreisfläche.

## Bogenkonstruktionen

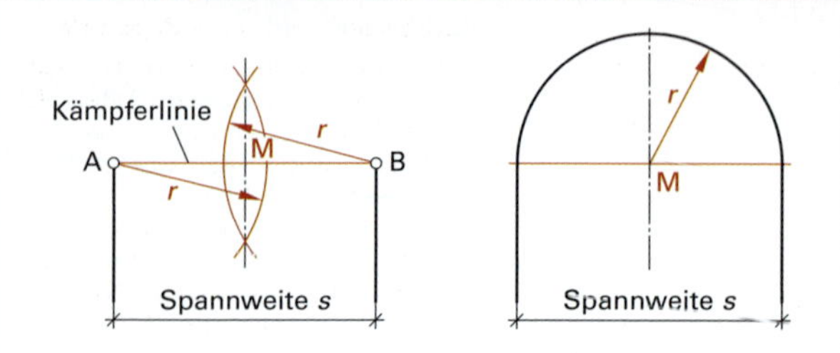


### Rundbogen

Die Kämpferlinie $\overline{AB}$ halbiert, ergibt Punkt M, den Einsatzpunkt für das Zeichnen des Rundbogens mit $r$ = Strecke $\overline{AM}$ und $\overline{BM}$.

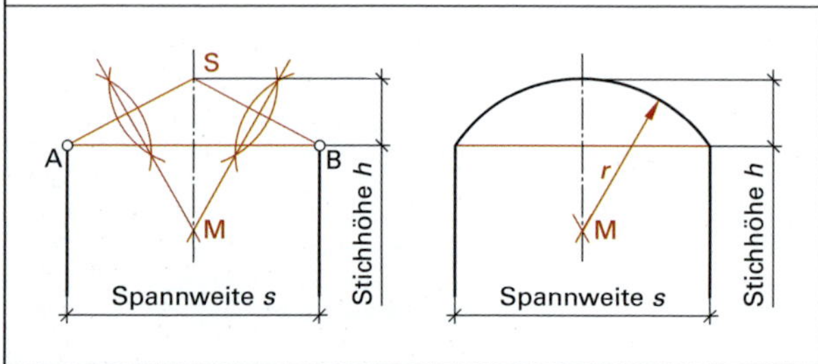


### Stichbogen

Auf der Kämpferlinie $\overline{AB}$ die Mittelsenkrechte errichten. Hierauf die Stichhöhe abgetragen, ergibt den Scheitelpunkt S. Die Punkte A und B mit S verbinden. Die Mittelsenkrechten auf den Strecken $\overline{AS}$ und $\overline{BS}$ schneiden sich im Punkt M, dem Einsatzpunkt zum Zeichnen des Stichbogens mit $r = \overline{MS}$.

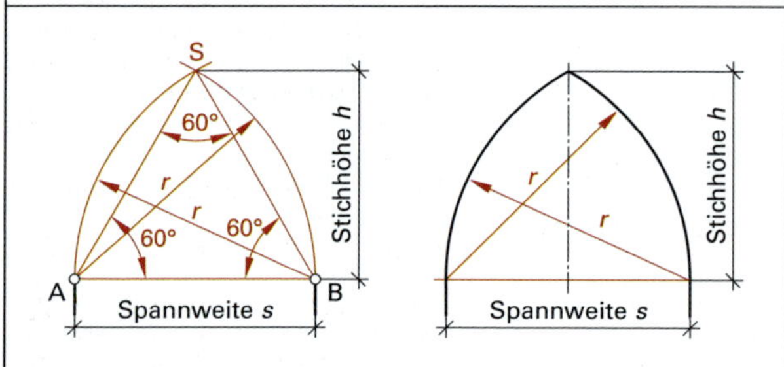


### Gotischer Bogen

Mit der Spannweite um Punkt A und um Punkt B einen Kreisbogen mit $r = \overline{AB}$ geschlagen, ergibt den Scheitelpunkt S. Die Verbindung der Punkte A, B, S ergeben ein gleichseitiges Dreieck.

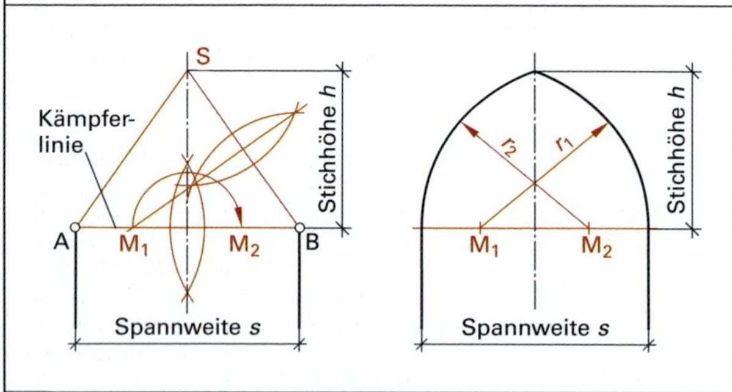


### Gotischer Bogen, gedrückt

Auf der Kämpferlinie $\overline{AB}$ ein Mittellot errichten. Hierauf die Stichhöhe abgetragen, ergibt den Scheitelpunkt S. Die Stichhöhe muss kleiner als die Spannweite, aber größer als die halbe Spannweite sein. Die Mittelsenkrechte auf der Strecke $\overline{BS}$ schneidet die Kämpferlinie und ergibt den Einsatzpunkt $M_1$ zum Zeichnen des Bogens mit $r_1$.

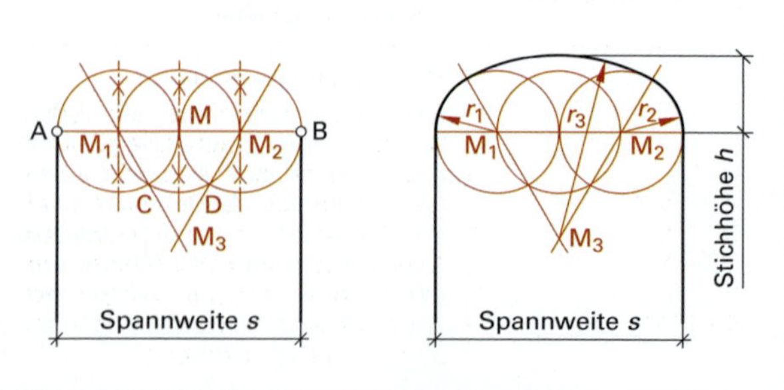


### Korbbogen mit drei Grundkreisen

Kämpferlinie in vier Teile geteilt, ergibt die Mittelpunkte $M_1$, M und $M_2$ für die drei gleich großen Grundkreise. Die Gerade durch die Punkte $M_1$ und C, dem Schnittpunkt der Kreislinien, bzw. durch die Punkte $M_2$ und D ergibt den Punkt $M_3$ und die Wechselpunkte der Korbbogenlinie. Die Stichhöhe ergibt sich aus der Konstruktion.

## Bogenkonstruktionen

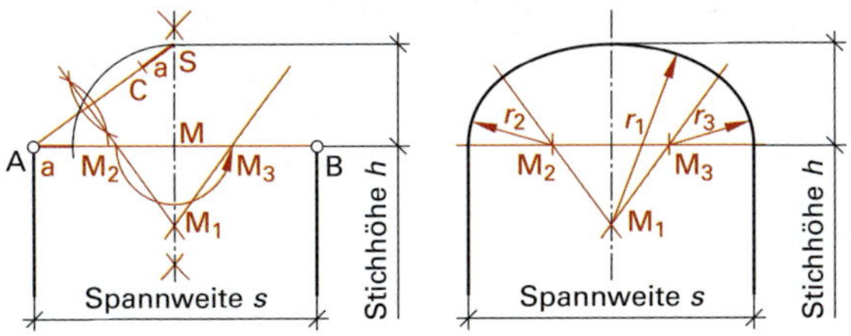


### Korbbogen mit 3 Einsatzpunkten

Die Achsendifferenz *a* durch Kreisbogen um M mit der Höhe $\overline{MS}$ ermitteln und von S aus auf der Verbindungsgeraden $\overline{AS}$ abtragen, ergibt Punkt C. Auf $\overline{AC}$ die Mittelsenkrechte errichtet, ergibt die Punkte $M_2$ und $M_1$ sowie den Wechselpunkt der Bogenanschlüsse. $M_2$ um M nach rechts übertragen, ergibt $M_3$.

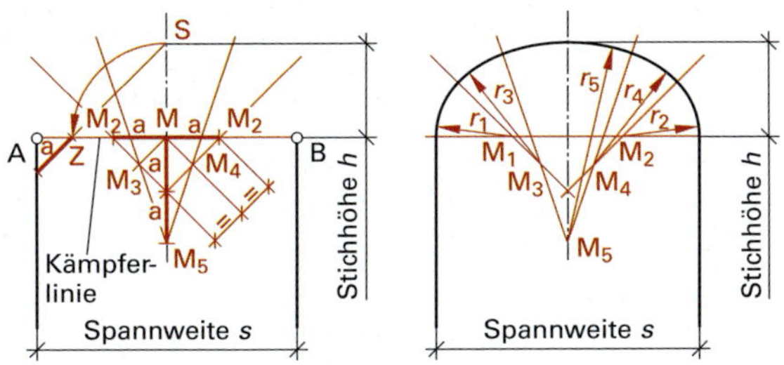


### Korbbogen mit 5 Einsatzpunkten

Auf der Kämpferlinie $\overline{MS}$ abgetragen, ergibt Punkt Z. Durch Zeichnen der Verbindungsgeraden über den Punkt Z hinaus, erhält man die Strecke a. Strecke a von Punkt M aus auf der Kämpferlinie und zweimal auf dem Mittellot unter der Kämpferlinie abgetragen, ergibt die Einsatzpunkte $M_1$, $M_2$ und $M_5$. Die Einsatzpunkte $M_3$ und $M_4$ liegen in den Halbierungspunkten der Grundlinie des rechtwinkligen Dreiecks mit den Katheten a.

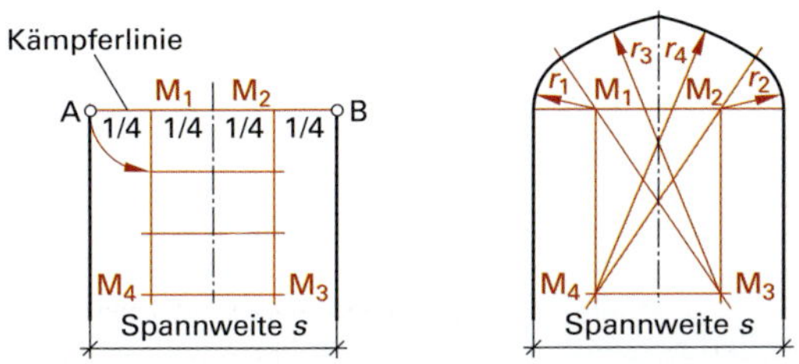


### Kielbogen

Durch die Vierteilung der Spannweite erhält man die Einsatzpunkte $M_1$ und $M_2$, durch dreimaliges Abtragen der Viertelteilung unter die Kämpferlinie die Einsatzpunkte $M_3$ und $M_4$. Die Kreisbögen wechseln an den Verbindungsgeraden $M_1$ mit $M_3$ und $M_2$ mit $M_4$ sowie an der Symmetrieachse des Bogens.

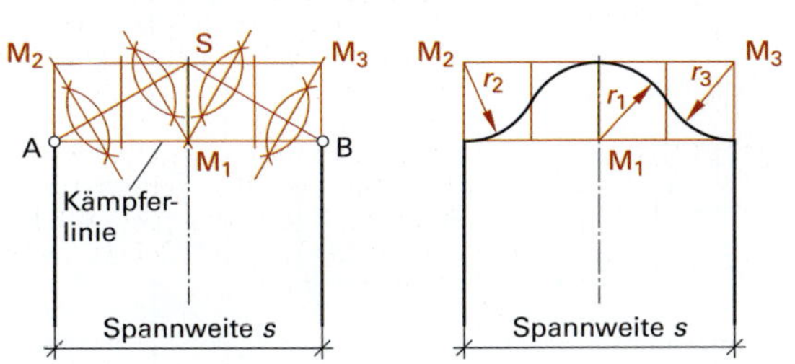


### Karniesbogen

Scheitelpunkt S mit Widerlagerpunkt A und B verbinden. Durch Vierteilung der Kämpferlinie und Scheitellinie werden durch die Verbindungslinien auch die Strecken $\overline{AS}$ und $\overline{BS}$ geteilt. Durch Errichten der Mittellote auf den Teilstrecken $\overline{AS}$ und $\overline{BS}$ erhält man die Einsatzpunkte $M_1$, $M_2$ und $M_3$ zum Zeichnen des Karniesbogens.

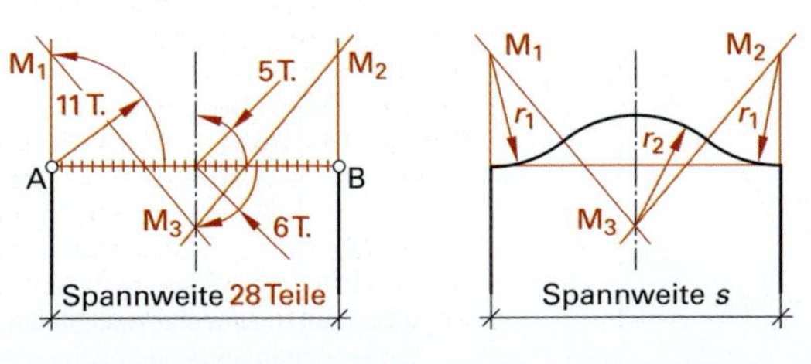


### Flacher Karniesbogen

Die Kämpferlinie in 28 Teile teilen. Davon 11 Teile über Auflagerpunkt A bzw. B hinaus senkrecht abtragen, ergibt die Einsatzpunkte $M_1$ und $M_2$. Auf der Symmetrieachse 6 Teile nach unten abgetragen, ergibt den Einsatzpunkt $M_3$, nach oben abgetragen, den Scheitelpunkt des Karniesbogens.

# 4.7 Darstellende Geometrie

## Rechtwinklige Parallelprojektion

Den Ausführungszeichnungen im Bauwesen liegt eine Darstellungsweise (rechtwinklige Parallelprojektion) zugrunde, die das gesamte Bauwerk bzw. Bauwerksteile (Körper) in seinen wesentlichen Ansichten zeigt (nach **DIN ISO 5456-1 ... 4** früher nach **DIN ISO 128-30** bzw. **DIN 5 und DIN 6**).

Ausgangspunkt dieser Darstellungsweise ist die Stellung des Körpers in einer gedachten Raumecke. Als Annahme gilt, dass der Körper von allen Projektionsebenen den gleichen Abstand einnimmt.

Die Ansichten des Körpers ergeben sich, indem der Betrachter durch Verlängerung des Sehstrahls (Projektionslinie) die Eckpunkte auf der jeweiligen Projektionsebene markiert und dem Original entsprechend verbindet. Der Projektionsstrahl trifft die Eckpunkte des Körpers sowie die Oberfläche der Projektionsebene stets senkrecht.

Durch Klappung der Projektionsebenen aus der dreidimensionalen Darstellung in eine zweidimensionale Zeichenebene erfolgt gleichzeitig eine Überlagerung der Projektionsstrahlen; die Projektionsstrahlen erscheinen als Konstruktionslinien. Die so jedem Eckpunkt zugeordneten Projektionsstrahlen werden auf den Projektionsebenen für Vorderansicht und Seitenansicht sowie Draufsicht zum Schnitt gebracht und markieren dort die Lage des jeweiligen Eckpunktes. Das endgültige Bild entsteht durch – dem Original entsprechende – Verbindung der markierten Punkte; die Nummerierung der verdeckt liegenden Eckpunkte wird eingeklammert.

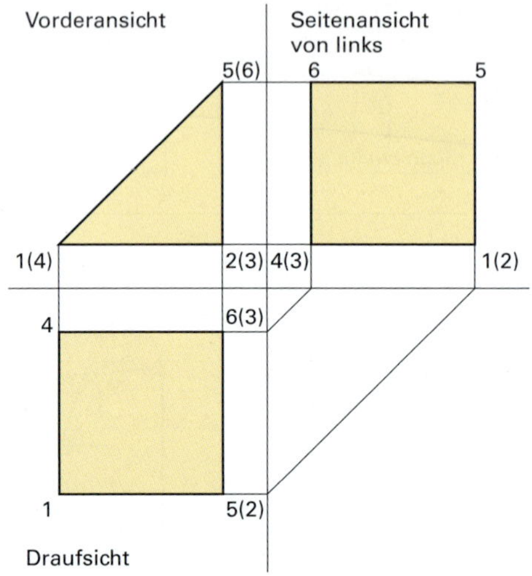


**Konstruktion fehlender Ansichten**

## Dreitafelprojektion

Bezogen auf die Vorderansicht sind die anderen Ansichten folgendermaßen angeordnet:

- **die Draufsicht liegt unterhalb**
- **die Seitenansicht von links liegt rechts**
- **die Untersicht liegt oberhalb**
- **die Rückansicht darf links oder rechts liegen**
- **die Seitenansicht von rechts liegt links.**

4

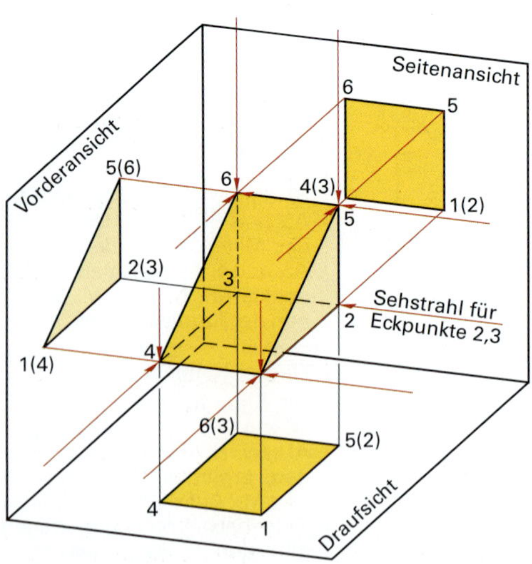


**Dreidimensionale Raumecke**

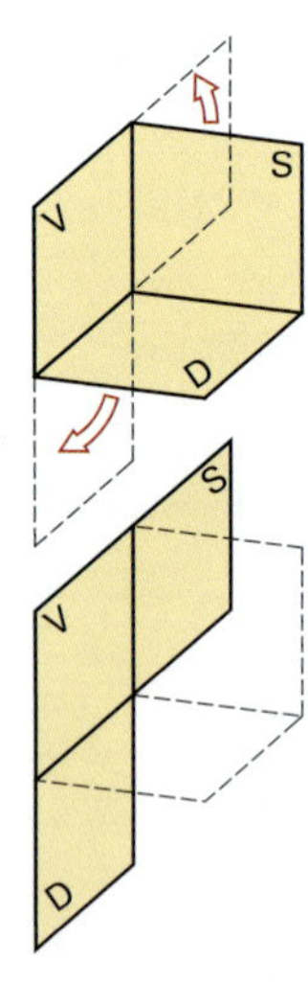


**Klappung der Projektionsebenen zur eindimensionalen Zeichenebene**

## Isometrie, Dimetrie, Kavalierprojektion

Die zeichnerische Darstellung von Baukörpern in einer Ebene, der Projektionsebene, wird als Projektion bezeichnet. Die Darstellungsverfahren der isometrischen Projektion, dimetrischen Projektion und rechtwinkligen Parallelprojektion werden unter dem Oberbegriff **Schrägbild** (nach **DIN ISO 5456-3** früher DIN 5) zusammengefasst. Bei allen Verfahren entsteht ein räumliches Gebilde. Das Bild verdeutlicht die Dreidimensionalität des Bauteils. Dem Betrachter wird die Vorstellung gerade bei komplexen Bauteilen wesentlich erleichtert.

Die im Original parallel verlaufenden Körperkanten bilden auch in der zeichnerischen Darstellung parallele Linien.

Bei isometrischer und dimetrischer Darstellungsweise wird der Standort so gewählt, dass der Blick des Betrachters auf eine senkrechte Körperkante gerichtet ist. Deren untere Ecke bildet den Ansatzpunkt für das Schrägbild.

Soll ein Körper in rechtwinkliger Parallelprojektion dargestellt werden, so blickt der Betrachter zunächst auf eine Körperfläche des Bauteils, deren untere waagerechte Kante den Ansatzpunkt für die zeichnerische Darstellung bildet.

| **Isometrische Projektion (Isometrie)** | **Dimetrische Projektion (Dimetrie)** | **Kavalierprojektion (Kavalierperspektive)** |
|---|---|---|
| Rechtwinklige axonometrische Projektion | | Schiefwinklige axonometrische Projektion |

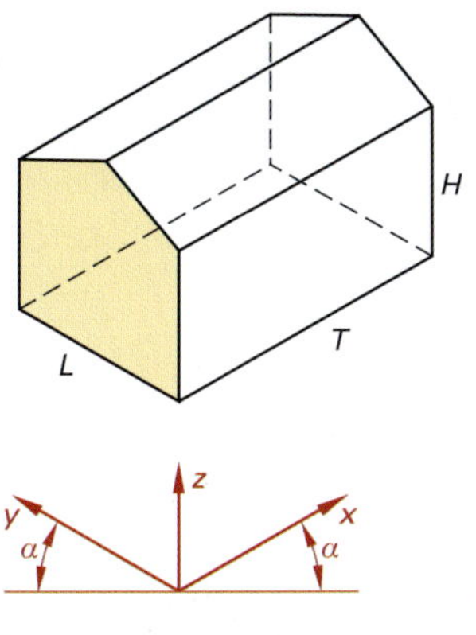


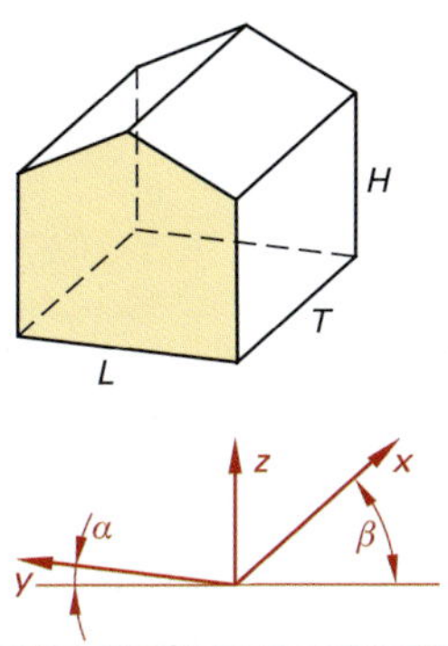


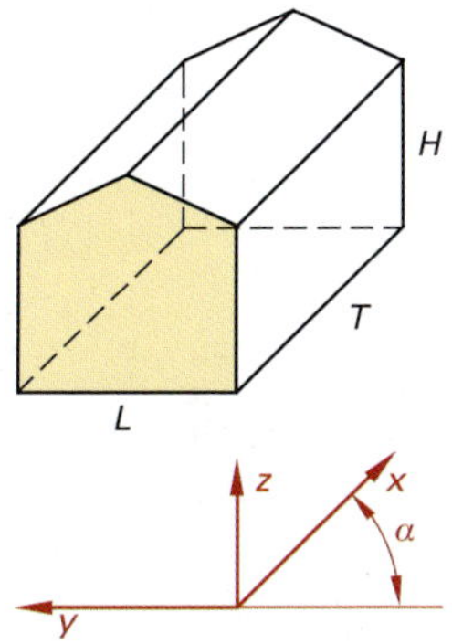


| Isometrische Projektion | | Dimetrische Projektion | | Kavalierprojektion | |
|---|---|---|---|---|---|
| Winkel zur Waagerechten: $\alpha = 30°$ | | Winkel zur Waagerechten: $\alpha = 7°$, $\beta = 42°$ | | Winkel zur Waagerechten: $\alpha = 45°$ | |
| **Hauptansichtsfläche:** wird verändert | | **Hauptansichtsfläche:** wird verändert | | **Hauptansichtsfläche:** bleibt unverändert | |
| **Körperhöhe *H*:** nicht verkürzt | 1 | **Körperhöhe *H*:** nicht verkürzt | 1 | **Körperhöhe *H*:** nicht verkürzt | 1 |
| **Körperlänge *L*:** nicht verkürzt | 1 | **Körperlänge *L*:** nicht verkürzt | 1 | **Körperlänge *L*:** nicht verkürzt | 1 |
| **Körpertiefe *T*** (Dicke): nicht verkürzt | 1 | **Körpertiefe *T*** (Dicke): verkürzt um $^1/_2$ | 1/2 | **Körpertiefe *T*** (Dicke): verkürzt um $^1/_3$ (alternativ um $^1/_2$) | 2/3 |
| | | **Verkürzung der Körpertiefe *T*** auf $^1/_2$ des ursprünglichen Maßes | | **Übliche Verkürzung der Körpertiefe *T*** auf $^2/_3$ des ursprünglichen Maßes | |

## Pyramiden- und Kegelschnitte

Beim Zeichnen von Pyramiden- und Kegelschnitten ist grundsätzlich von der gesamten Figur (Pyramide, Kegel) auszugehen. So ist zunächst die Draufsicht ohne die Schnittlinie und erst dann darüber die Vorderansicht mit der geplanten Schnittlinie darzustellen. Die Seitenansicht wird in der Regel aus Draufsicht und Vorderansicht konstruiert.

## Sechseck-Pyramide schräg zur Längsachse geschnitten

Durch den schrägen Schnitt erscheint keine der seitlichen Kanten in der Vorderansicht als wahre Länge. In der Seitenansicht zeigen die beiden äußeren Kanten jedoch ihr Originalmaß, weil sie parallel zur Zeichenebene verlaufen.

Die Ziffern 1, 2, 4 und 5 markieren in der Vorderansicht auf den äußeren Bauteilkanten die seitlichen Eckpunkte der Schnittfläche mit den Körperkanten; direkte Projektion auf die entsprechenden Körperkanten in Draufsicht und Seitenansicht ist möglich.

Auf den mittleren Bauteilkanten befinden sich die Eckpunkte 3 und 6. Ihre Fixierung in der Seitenansicht wird durch direkte Projektion auf die entsprechende Körperkante möglich. Durch Fortführung dieser Projektionslinien in die Draufsicht und denen aus der Vorderansicht lassen sich in deren Schnittpunkten die Endpunkte 3 und 6 des Baukörpers mit der Schnittfläche in der Draufsicht bilden. Die Seitenansicht bietet die Möglichkeit, die wahren Längen der Körperkanten direkt mit dem Zirkel abzugreifen und so die Mantelfläche zu erstellen.

Durch die Fortführung der Schnittebene auf die Grundlinie ergibt sich ein Drehpunkt, um den die Punkte 1 bis 6 in die Draufsicht projiziert werden. Nach entsprechender Verbindung ergibt sich die **wahre Größe** der Schnittfläche.

4

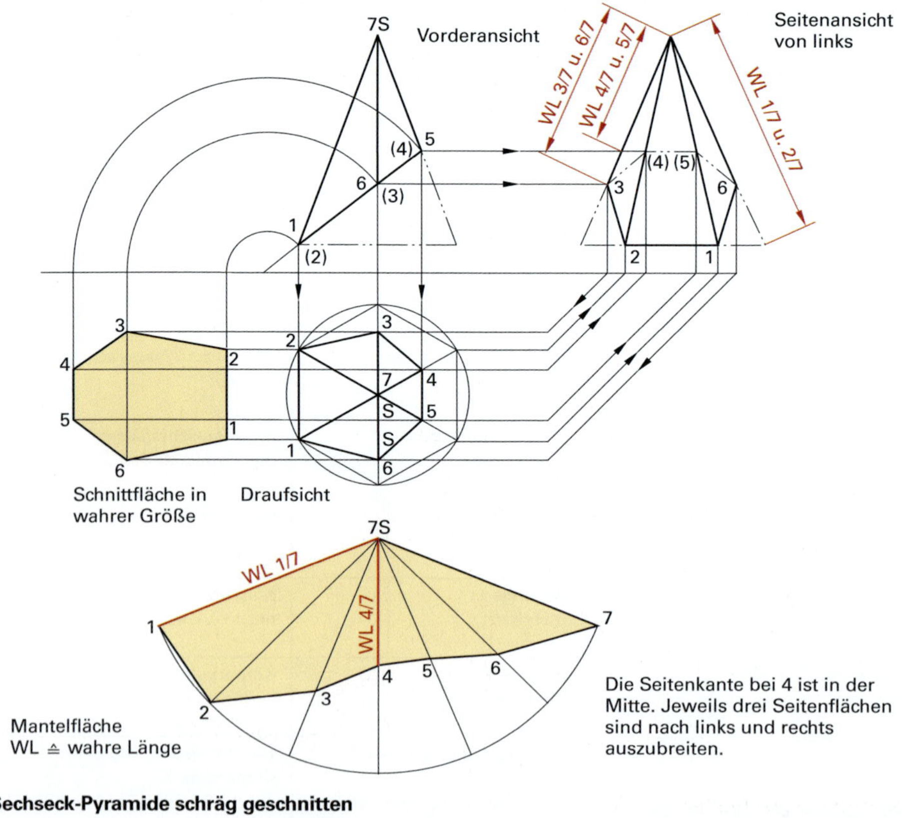


**Sechseck-Pyramide schräg geschnitten**

## Kegel schräg zur Drehachse geschnitten

Alle zur Zeichenebene parallel verlaufenden Bauteilkanten erscheinen in wahrer Länge. Der erste Arbeitsschritt ist die Teilung des Kreisumfangs (Draufsicht) in 12 gleiche Segmente. Ausgehend von den auf dem Außenkreis entstehenden Teilpunkten sind Hilfsschnitte durch den Mittelpunkt S und Mantellinien in Vorderansicht und Seitenansicht zu zeichnen.

Aus der Vorderansicht werden die Schnittpunkte, welche Schnittebene und Mantellinie bilden (1 bis 12), auf die entsprechenden Hilfsschnittlinien in die Draufsicht projiziert. Das Bild der Seitenansicht entsteht durch direkte Projektion der Teilpunkte 1 bis 12 auf die dazugehörigen Mantellinien.

Die Mantelfläche entsteht, indem mit der Mantelhöhe als Radius zunächst ein Kreisbogen gezeichnet und vom Mittelpunkt aus senkrecht bis zum Kreisbogen eine Mantellinie geführt wird. Sechs gleiche Abstände, die der Entfernung der Teilpunkte des äußeren Kreises entsprechen, werden auf dem Kreisbogen jeweils nach links und rechts abgetragen. Die Verbindungslinien dieser markierten Punkte mit dem Mittelpunkt S ergeben die Mantellinien, auf denen dann die dazugehörigen wahren Längen aufzutragen sind. Die wahre Länge der Mantellinie kann in der Vorderansicht abgegriffen werden.

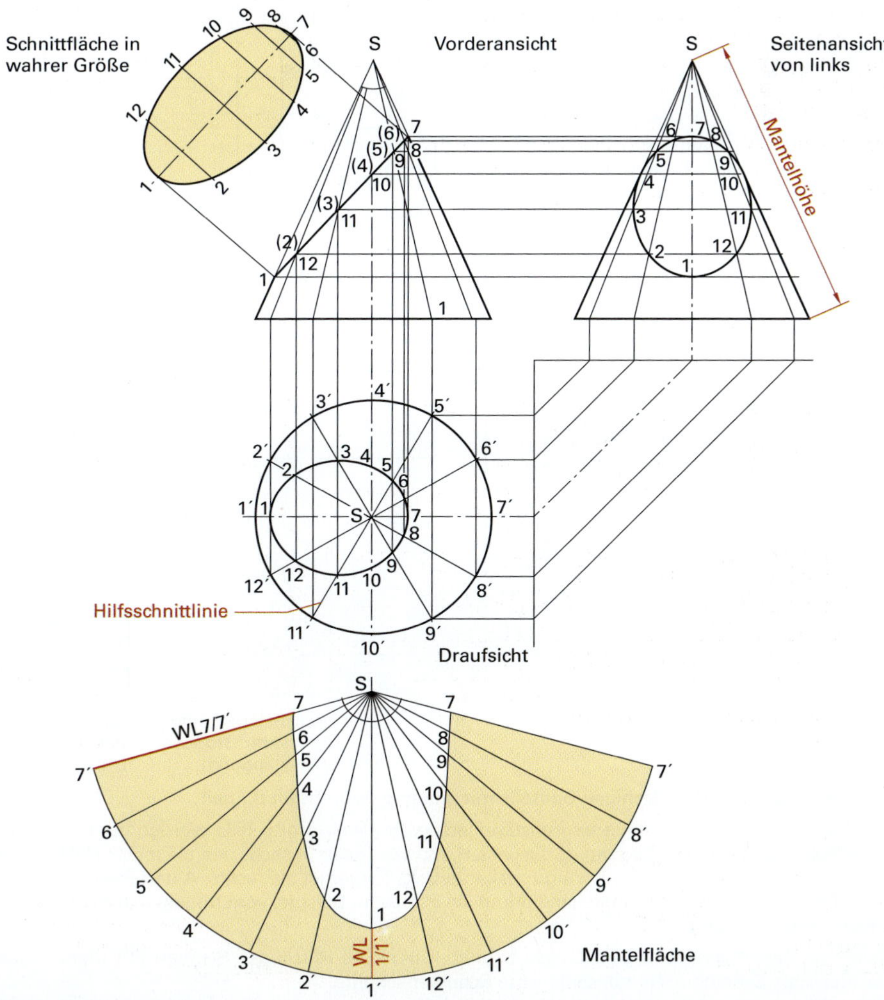


**Kegel schräg geschnitten**

4

## Durchdringungen

Prinzipiell sind zu unterscheiden

- **Durchdringungen ebenflächiger, eckiger Körper (Prisma, Pyramide) und**
- **Durchdringungen ebenflächiger Körper mit krummlinigen Körpern (Zylinder, Kegel)**

Die Nahtlinie zwischen sich durchdringenden Körpern heißt Durchdringungslinie.

Durchdringen sich **ebenflächige, eckige Körper,** so ergeben sich geradlinige Durchdringungslinien. Die Endpunkte der Körperkanten, die sich auf der ebenen Oberfläche des zu durchdringenden Körpers als Eckpunkte der Durchdringungslinie markieren, können zeichnerisch ohne Hilfsschnitte ermittelt werden.

Bei Durchdringungen **ebenflächiger mit krummlinigen Körpern** ergeben sich krummlinige Durchdringungslinien (Durchdringungskurve). Zur Ermittlung ihres Verlaufs sind mehrere Hilfsschnitte, d.h. senkrecht durch das Gebilde gedacht verlaufende Schnittlinien erforderlich. Die Hilfsschnitte ermöglichen die Ermittlung mehrerer Durchdringungspunkte, die nach Verbinden die Form der Durchdringungskurve ergeben.

4

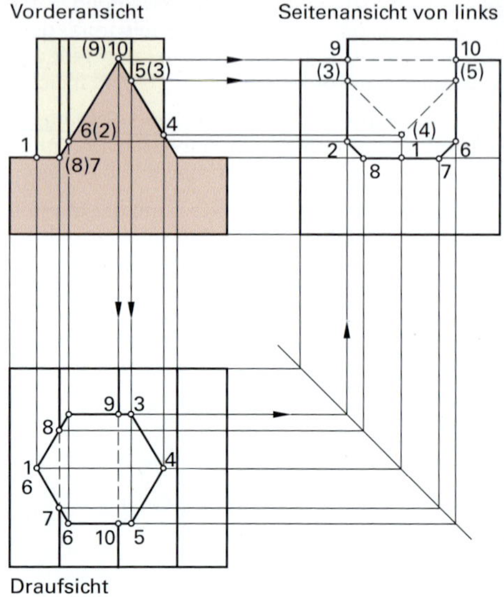


**Durchdringung ebenflächiger Bauteile**

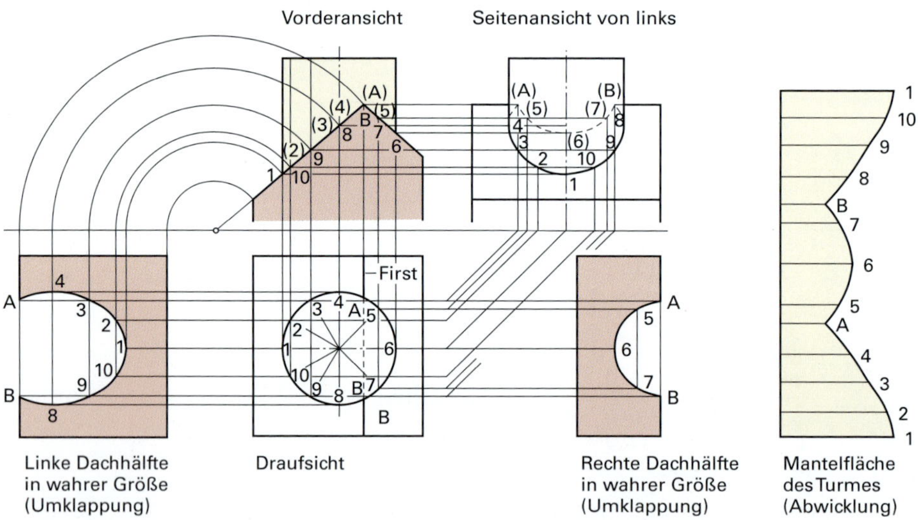


**Durchdringung eines ebenflächigen Bauteils mit einem gekrümmten Bauteil**

Durch Einteilung der krummlinig begrenzten Flächen in gleich große Teile werden die Hilfsschnittebenen festgelegt. In der Abbildung ist die linke Hälfte des Turms in sechs und die rechte Hälfte in vier Segmente eingeteilt, da die Durchdringungskurve links länger ist als rechts. A und B werden durch die Firstlinie bestimmt. Hilfsschnitte sind demnach in diesem Beispiel vom Mittelpunkt M zu den Teilpunkten 1 bis 10 geführt.

- Folgende Schnittverfahren sind üblich: Schnitte über eine Hilfskugel, Schnitte mit Mantellinien, waagerechte Scheibenschnitte, senkrechte Scheibenschnitte.
- Durchdringungspunkte werden oft als ° (kleiner Kreis) dargestellt. Bei Verschmelzungen entfällt dieser kleine Kreis.

# 4.8 Dachausmittlung

## Dachformen

Die jeweilige Dachform eines Hauses wird durch die Anzahl, Form und Lage der Dachflächen zueinander bestimmt. Das heutige Angebot an Deckungs- und Dichtungsstoffen ▶ S. 152, 207 und 274, lässt viele Varianten der ursprünglichen Dachformen zu.

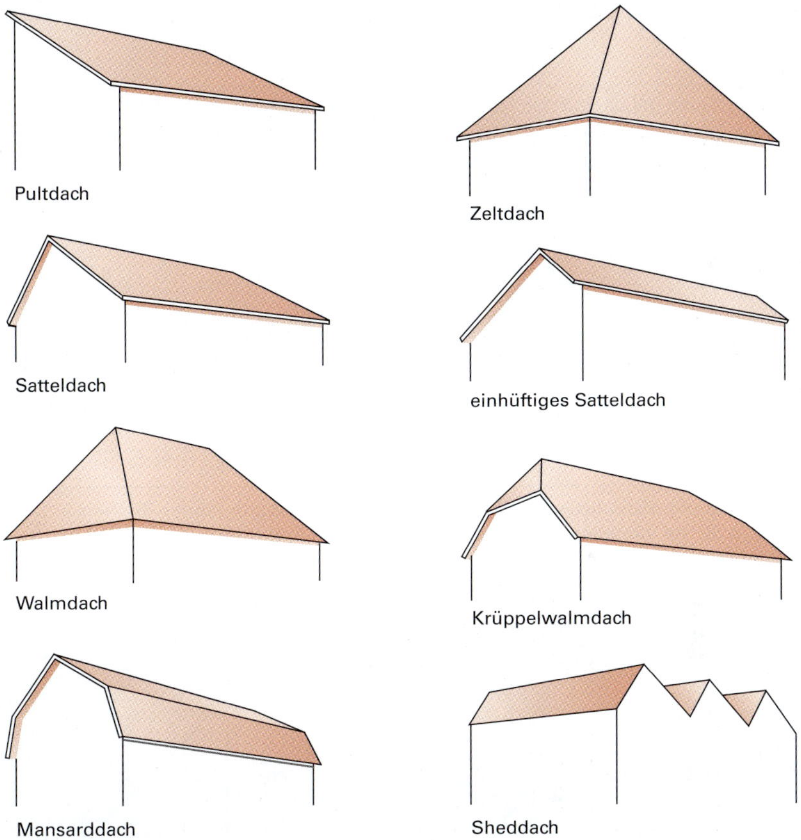


**Dachformen**

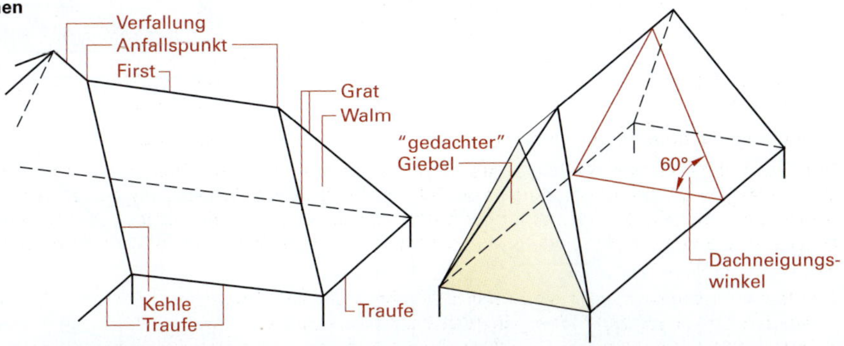


**Dachteile, Dachlinien, Dachpunkte**

## Dachausmittlung gleich/ungleich geneigter Dächer

**Gleich geneigtes Walmdach ggWD ($\alpha$ = 30°)**

Profil

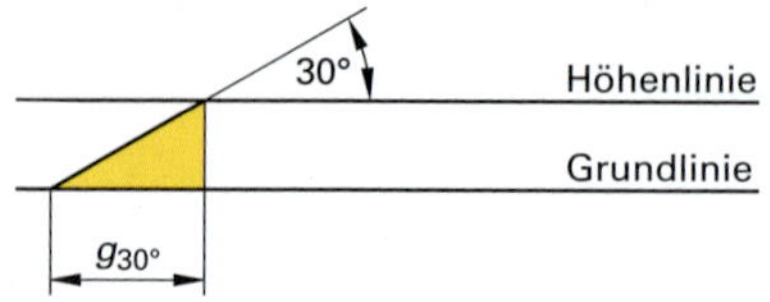


**Ungleich geneigtes Walmdach uggWD ($\alpha_{HD}$ = 30°, $\alpha_{WD}$ = 60°)**

Profil

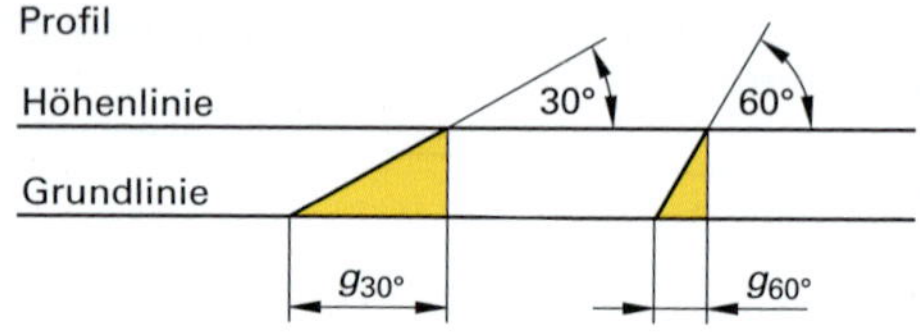


Die **Richtungslinien** gehen von den Traufeckpunkten A, B, C, D, E aus: Die Traufparallelen werden im Abstand $g_{30°}$ für das ggWD und $g_{30°}$ und $g_{60°}$ für das uggWD gezeichnet und zum Schnitt gebracht.

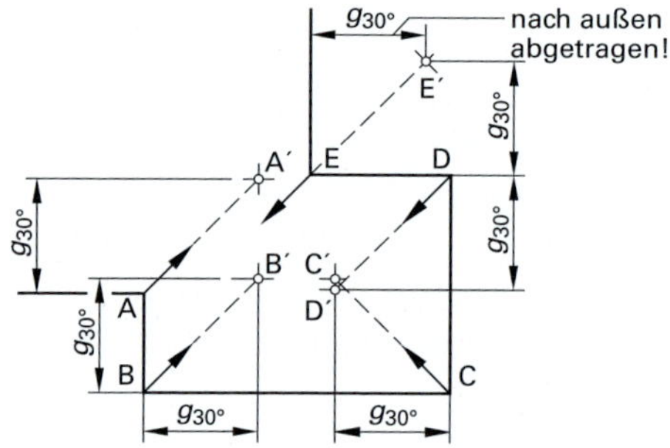


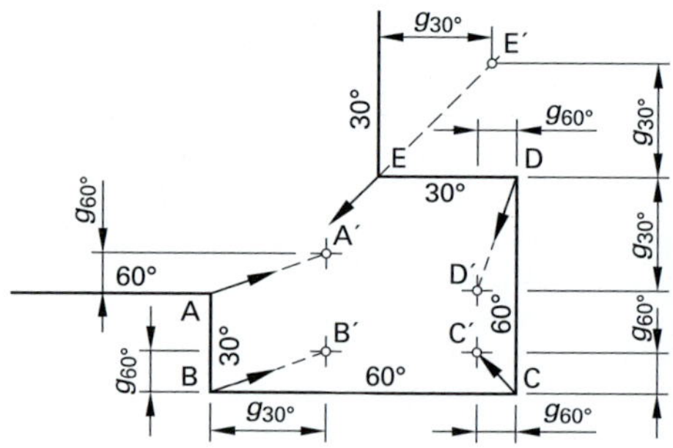


**Zusammenführung:** Walmflächen schließen ($AP_1$) und die angrenzenden Traufen (○) zum Schnitt bringen. Von diesen virtuellen Traufschnittpunkten (vTS) die Richtungslinien wie oben konstruieren und zum erstmöglichen Schnitt bringen. (Anmerkung: Bei parallelen Traufen liegt der Schnittpunkt (vTS) im Unendlichen, die Dachlinie (First) verläuft dann parallel zu den Traufen ($AP_1$, $AP_2$).

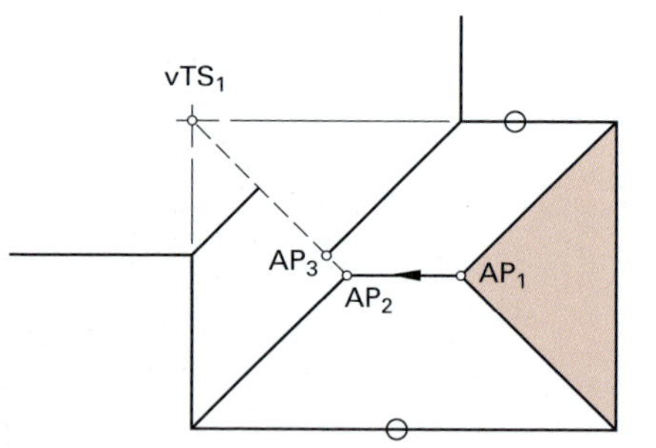


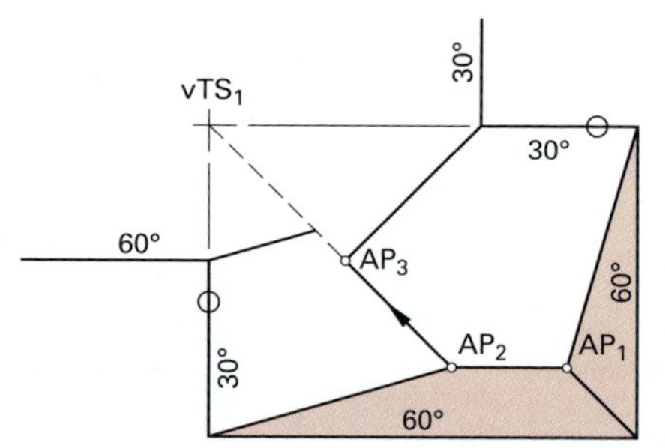


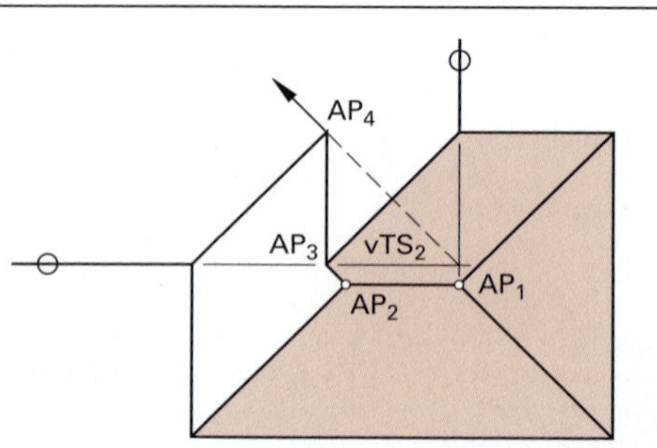


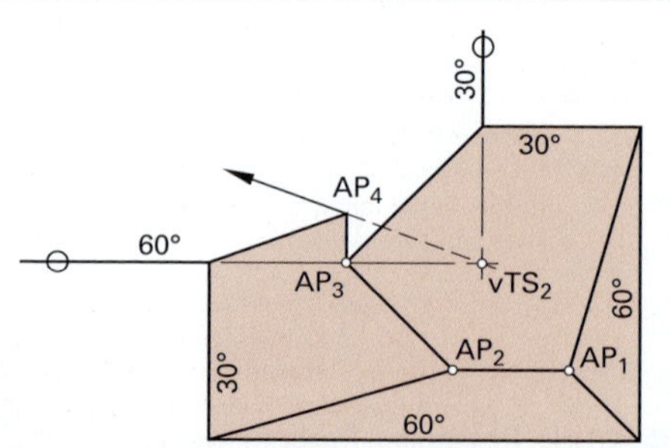

## Dachausmittlung bei ungleich hohen Traufen

Gleich geneigtes Walmdach ggWD ($\alpha$ = 60°) mit ungleich hohen Traufen: ± 0,000 m, + 1,000 m

Hilfsprofil (im Maßstab)

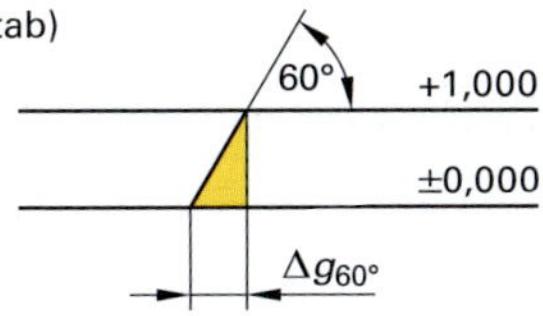


M 1:100

Gleich geneigtes Walmdach ggWD ($\alpha$ = 40°) mit ungleich hohen Traufen: ± 0,000 m, – 1,000 m

Hilfsprofil (im Maßstab)

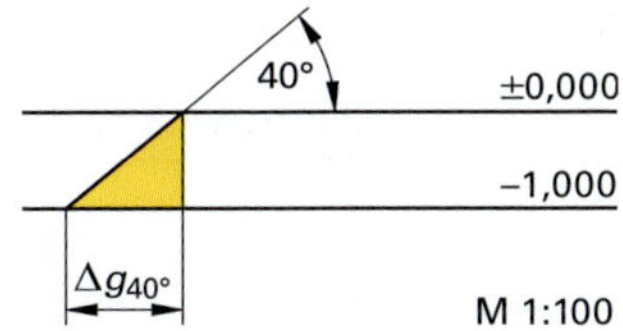


M 1:100

Nur am Übergang ungleich hoher Traufen „verschiebt“ sich der Traufeckpunkt (TE) um das Maß $\Delta g$ aus dem Hilfsprofil ⇒ (Trauf-)Linien **gleicher Höhe** werden zum Schnitt gebracht.

Die Traufen ± 0,000 m werden virtuell um $\Delta g$ auf die Höhe + 1,000 m verschoben und die Traufen bzw. Höhenlinien zum Schnitt TE A′ und TE E′ gebracht. Die höher liegende Traufe wird verlängert.

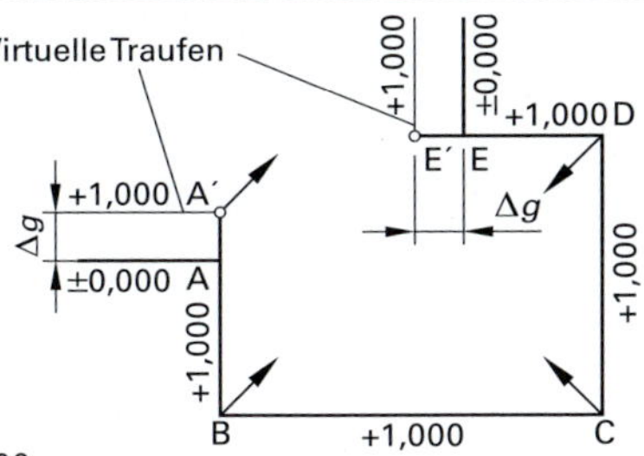


M 1:100

Die Traufen – 1,000 m werden virtuell um $\Delta g$ auf die Höhe ± 0,000 m verschoben und die Traufen bzw. Höhenlinien zum Schnitt TE A′ und TE E′ gebracht. Die höher liegende Traufe wird verlängert.

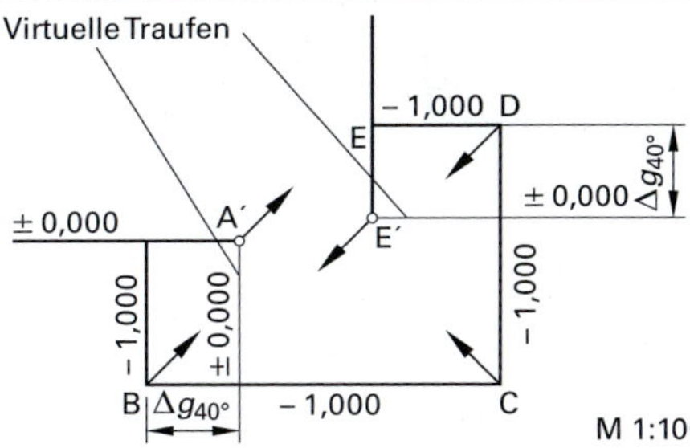


M 1:100

Die Ausmittlung erfolgt dann wie auf S. 298 beschrieben. (Trauf-)Linien gleicher Höhe zum Schnitt bringen.

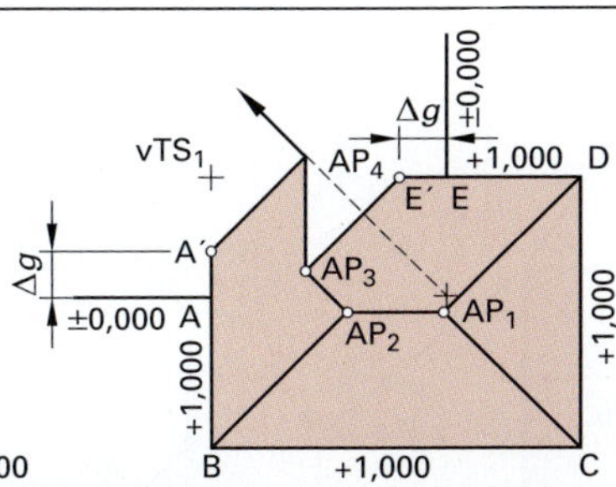


M 1:100

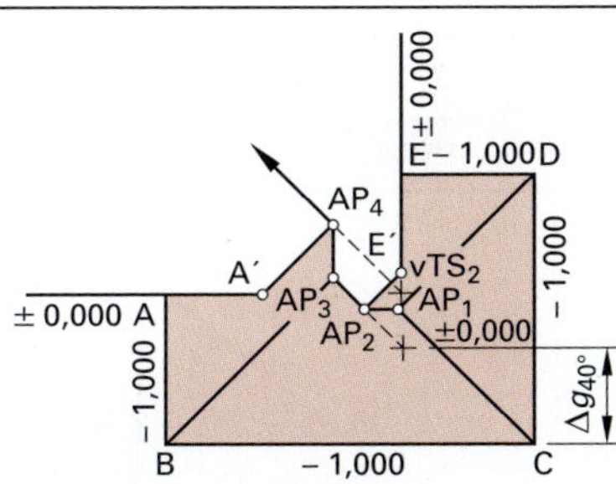


M 1:100

**Regeln zur Ausmittlung**

① Das **Profil** dient der Ermittlung der Grundmaße $g$ bzw. $\Delta g$

② **Grate** sind Verschneidungslinien zweier Dachflächen, deren Traufen sich in einer ausspringenden Ecke (TE) schneiden

③ **Kehlen** sind Verschneidungslinien zweier Dachflächen, deren Traufen sich in einer einspringenden Ecke (TE) schneiden

④ Beim **ggWD** verlaufen die Grate und Kehlen in Richtung der Winkelhalbierenden (Gleiches Grundmaß $g$ an beiden Traufen)

⑤ Beim **uggWD** verlaufen die Grate und Kehlen (bei rechtwinkligen Grundrissen) im Grundwinkel $\overline{\alpha}$ (tan $\overline{\alpha}$ = tan $\alpha_{HD}$/tan $\alpha_{WD}$) ⇒ ungleiche Grundmaße an beiden Traufen.

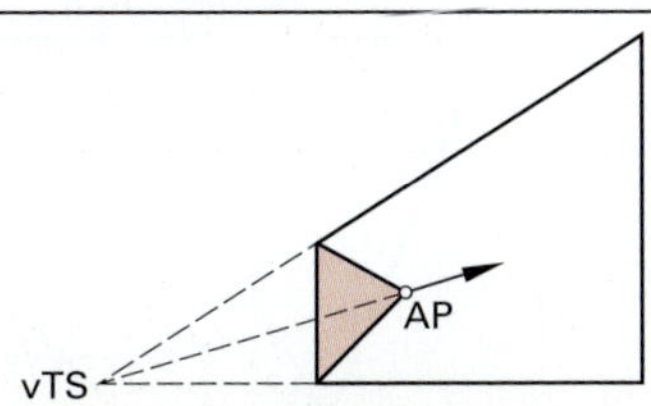


$$\overline{\alpha} = \text{arc}\ \frac{\tan \alpha_{HD}}{\tan \alpha_{WD}}$$

⑥ **Firstlinien** sind Verschneidungslinien gegenüberliegender Hauptdachflächen ⇒ bei parallelen Traufen (waagerechte First) verlaufen sie ebenfalls parallel zu den Traufen
⇒ bei nicht parallelen Traufen (steigende/fallende First) verlaufen sie durch den Schnittpunkt der (verlängerten) virtuellen Traufen (vTS) und dem zugehörigen Anfallspunkt AP.

⑦ **Verfallungen** sind steigende oder fallende Firste

4

## Wahre Längen und Flächen

Die Idee besteht darin, dass ein Dreieck aufgespannt wird mit der Kathete **Höhe *h*** (vertikaler Abstand zwischen Firstpunkt FP und Traufpunkt TP), der Kathete **Gratgrundline $g_g$** (Projektion des Grates auf den Grund) und der Hypotenuse **Gratlinie $g_s$** (Länge des Gratsparrens). Das so konstruierte Dreieck ist das / entspricht dem **Gratprofil.**

### Konstruktion der Gratlinie im Profil (Normalprofil)

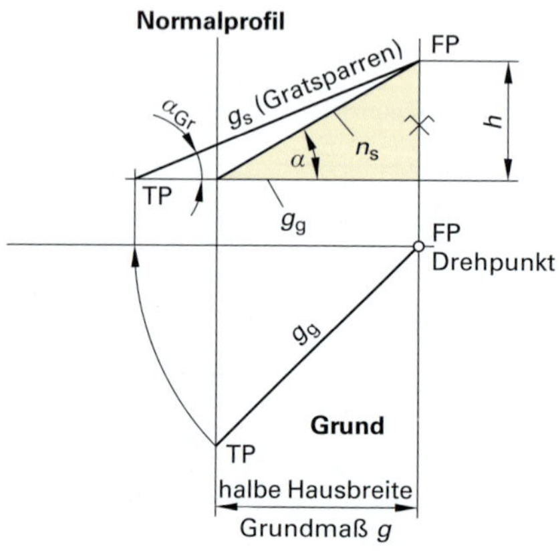


### Konstruktion der Gratlinie über dem Grund

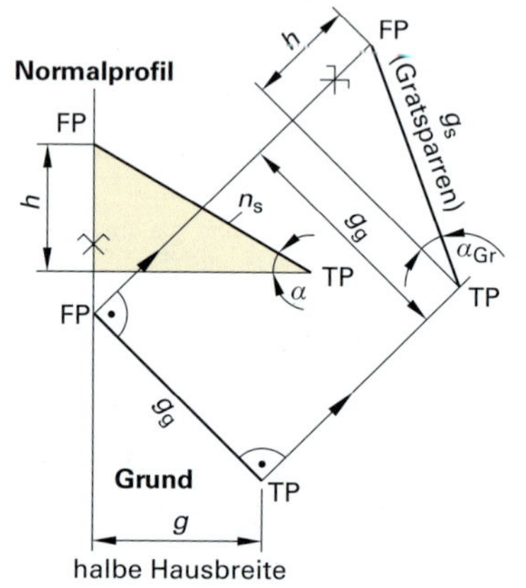




### Dachgrundriss mit der Konstruktion der wahren Flächen – Seitenansicht

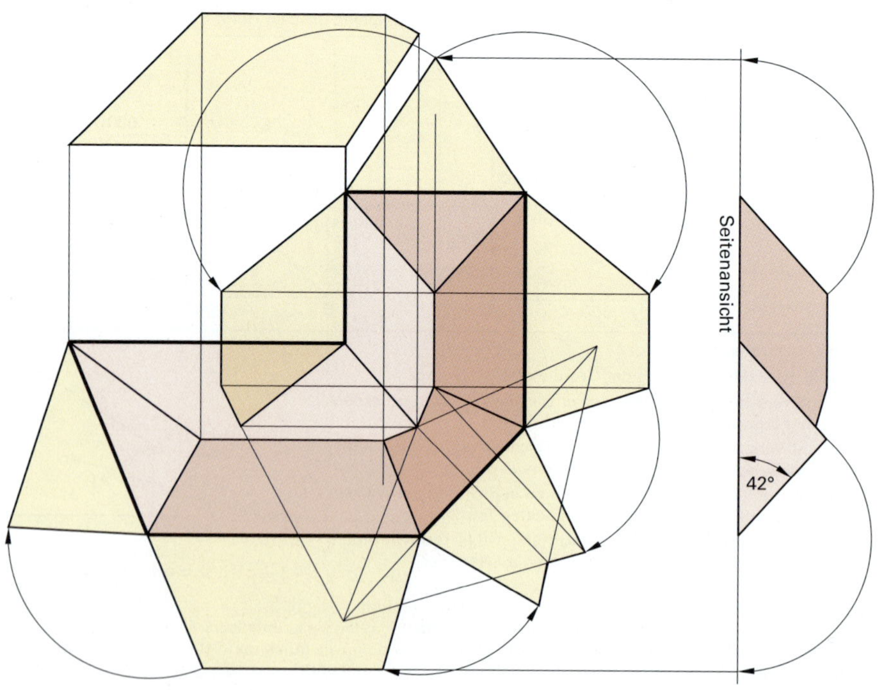

## Zusammenfassung

**Gleiche Dachneigung und gleiche Traufhöhe**

- gleiche Traufhöhe, rechtwinklige Grundrisse
- gleiche Traufhöhe, schräge Grundrisse

Grundsatz: Die zugehörige Verscheidungslinie liegt in der Winkelhalbierenden. Parallele Traufen haben parallel dazu in der Mitte eine Verschneidungslinie (First).

Verfahren: Die Traufen der entsprechenden Dachflächen verschneiden und die Winkelhalbierende bilden.

**Unterschiedliche Dachneigungen**

Treffen Dachflächen mit unterschiedlicher Dachneigung aufeinander, so ist die Verschneidungslinie nicht mehr in der Winkelhalbierenden. Die Richtung der Verschneidungslinien ist über die Höhenlinien zu ermitteln. Dazu ist das Profil aufzuzeichnen.

**Unterschiedliche Traufhöhen**

Für die einzelnen Dachflächen ist zuerst eine gemeinsame Ausgangshöhe zu bilden. Je nach Dachgeometrie sind die niedrigen Traufhöhen nach oben bzw. die höher gelegenen Traufhöhen nach unten zu verschieben. Die Grundmaße sind aus dem Profil zu ermitteln.

Das **Profil** dient der Ermittlung der Grundmaße. **Grate** sind Verschneidungslinien in einer ausspringenden Ecke. **Kehlen** sind Verschneidungslinien in einer einspringenden Ecke. **Firstlinien** sind Verschneidungslinien gegenüberliegender Dachflächen. **Verfallungen** sind steigende oder fallende Firste.

## Dachausmittlung – Ermittlung der Dachlinien in der Draufsicht

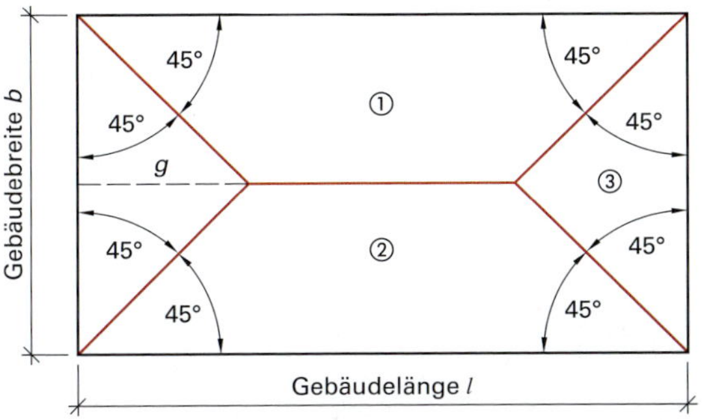


gleiche Neigung aller Dachflächen z. B. $\alpha = 42°$

Dachfläche

$$A_{Dach} = \frac{A_{Grund}}{\cos \alpha}$$

Normalsparrenlänge

$$n_s = \sqrt{h_{Dach}^2 + g^2}$$

$$n_s = \frac{g}{\cos \alpha}$$

## Dachausmittlung – räumliche Darstellung der Konstruktion

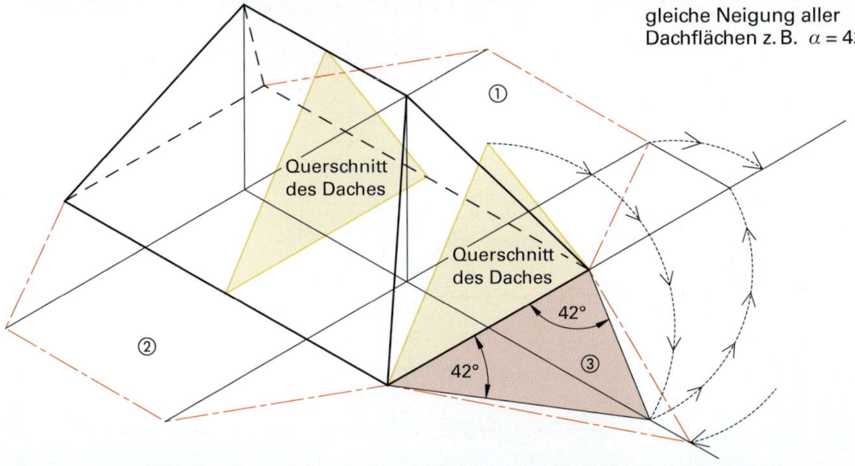


gleiche Neigung aller Dachflächen z. B. $\alpha = 42°$

**Beispiel** **Ausgemittelte Dachfläche mit ungleich hohen Traufen**

Die Traufeckpunkte ($TE_1$ und $TE_2$ im Grund) ergeben sich als Schnittpunkte

- der Konstruktion, die von den Schnittpunkten $S_1$ und $S_2$ (in der Ansicht) in die Dachmitte verlaufen, mit
- den verlängerten (höherliegenden) Traufen $a_1$ und $a_2$.

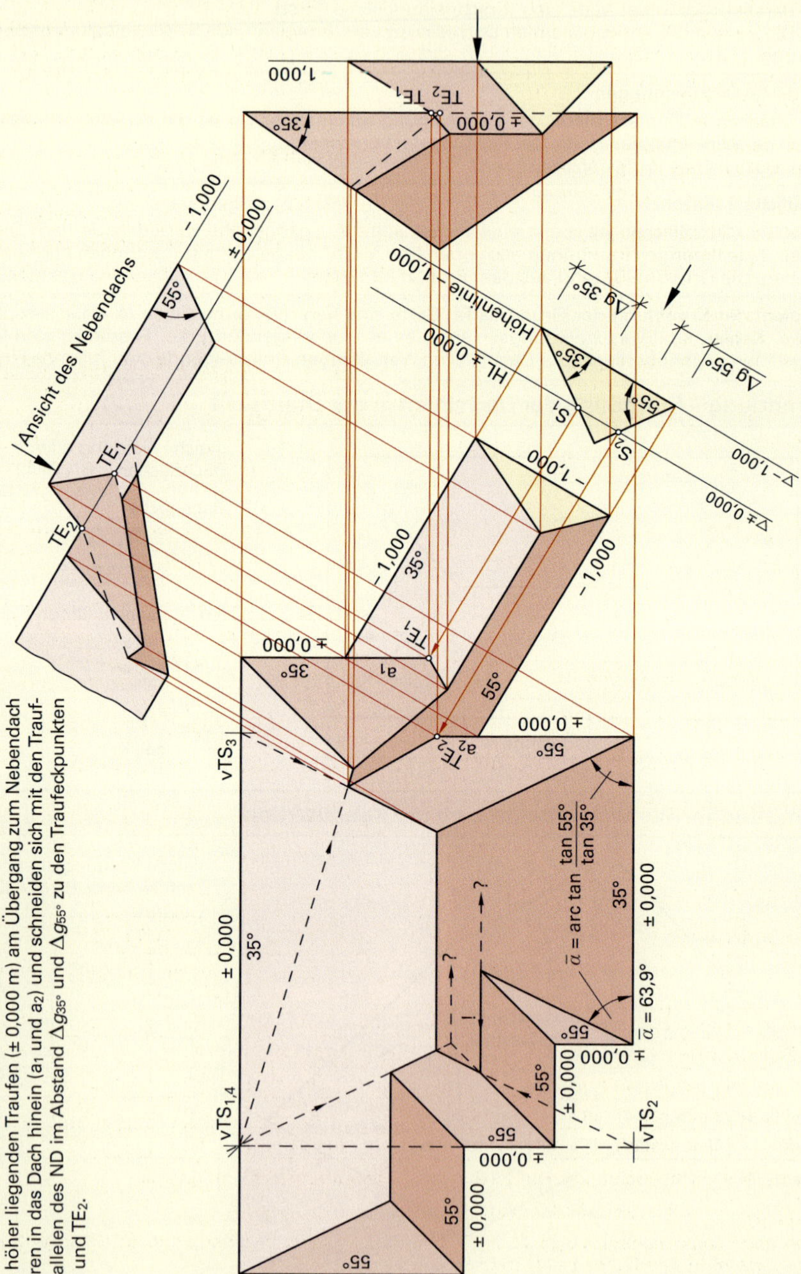


**Beispiel** **Ausgemittelte Dachfläche mit ungleich hohen Traufen**

Die höher liegenden Traufen (± 0,000 m) am Übergang zum Nebendach führen in das Dach hinein ($a_1$ und $a_2$) und schneiden sich mit den Traufparallelen des ND im Abstand $\Delta g_{35°}$ und $\Delta g_{55°}$ zu den Traufeckpunkten $TE_1$ und $TE_2$.

Darstellung unmaßstäblich

4

# 4.9 Treppen

► S. 120,284

## Grundlagen

Bequemlichkeit und Sicherheit beim Begehen einer Treppe sind vom Steigungsverhältnis (dem Verhältnis von Auftrittsbreite *a* zur Steigungshöhe *s*) und der Treppenneigung abhängig. Dem Steigungsverhältnis ist eine durchschnittliche Schrittlänge von 63 cm zugrunde gelegt. Anzahl der Steigungen *n* und Steigungshöhe *s* richten sich nach dem zu überwindenden Höhenunterschied. Als Orientierung für die Planungsmaße sollten die gewählten Abmessungen in allen Fällen der Schrittmaßformel und der Gehsicherheitsformel entsprechen.

**Schrittmaßformel** (nach DIN 18065)

2 Steigungen + 1 Auftritt = 59 cm bis 65 cm

2 s + a = 63 cm (üblich)

**Gehsicherheitsformel** (Empfehlung)

Auftrittsbreite + Steigung = 46 cm (± 1 cm)

a + s = 46 cm (üblich)

**Bequemlichkeitsregel** (Empfehlung)

Auftrittsbreite – Steigung = 12 cm

a – s = 12 cm

**Steigungsverhältnis** = $\frac{\text{Steigungshöhe}}{\text{Auftrittsbreite}}$

**Anzahl der Steigungen *n*** = $\frac{\text{Geschosshöhe}}{\text{Steigungshöhe}}$

**Anzahl der Auftritte** = Anzahl der Steigungen – 1

**Lauflänge** = Anzahl der Auftritte × Auftrittsbreite

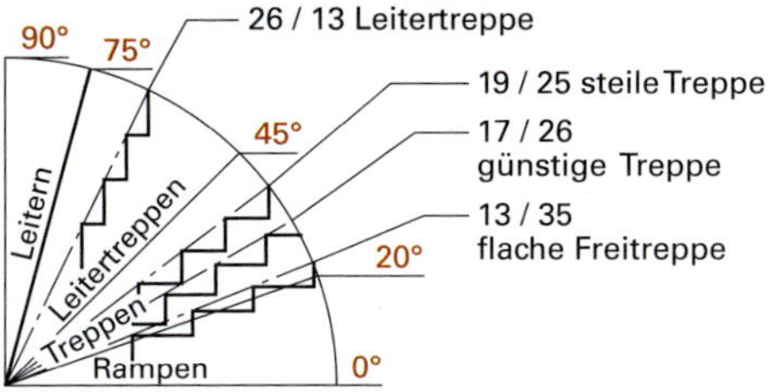


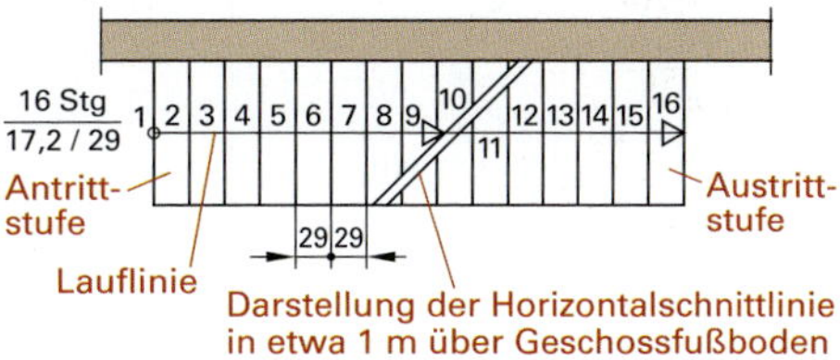


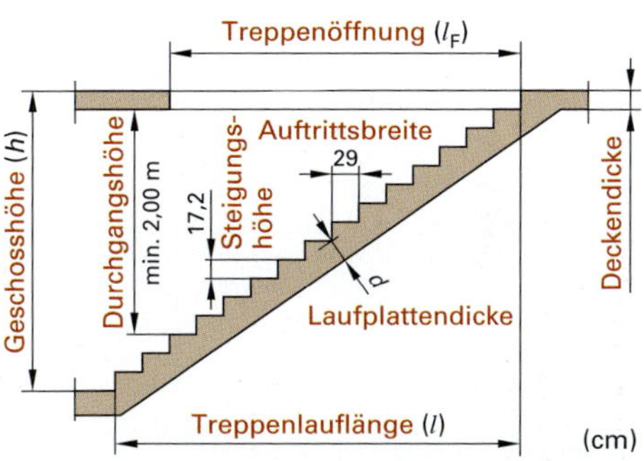


### Richtwerte für Wohnhaustreppen

| Geschosshöhe (*h*) | Steigungs- anzahl (*n*) | Steigungs- höhe (*s*) cm | Auftritts- anzahl (*n* – 1) | Auftritts- breite (*a*) cm | Lauflänge (*l*) m |
|---|---|---|---|---|---|
| 2,24 m Kellertreppen | 12 | 18,7 | 11 | 25 | 2,75 |
| | 13 | 17,3 | 12 | 26 | 3,12 |
| 2,74 m | 14 | 19,6 | 13 | 23,9 | 3,11 |
| | 15 | 18,3 | 14 | 26,5 | 3,71 |
| | 16 | 17,1 | 15 | 28,8 | 4,32 |

### Maßliche Anforderungen (DIN 18 065)

Maße in cm

| Gebäudeart | Treppenart | Treppenlaufbreite | Steigung $s^{2)}$ | Auftritt $a^{3)}$ |
|---|---|---|---|---|
| Wohngebäude mit mehr als zwei Wohnungen[1] | Treppen, die zu Aufenthaltsräumen führen | 80 | ≤ 20 | ≥ 23[4]) |
| | Kellertreppen, die nicht zu Aufenthaltsräumen führen | 80 | ≤ 21 | ≥ 21[5]) |
| | Bodentreppen, die nicht zu Aufenthaltsräumen führen | 50 | ≤ 21 | ≥ 21[5]) |
| Sonstige Gebäude | Baurechtlich notwendige Treppen | 100 | ≤ 19 | ≥ 26 |
| Alle Gebäude | Baurechtlich nicht notwendige (zusätzliche) Treppen | 50 | ≤ 21 | ≥ 21 |

[1] schließt auch Maisonette-Wohnungen in Gebäuden mit mehr als zwei Wohnungen ein.

[2] aber nicht < 14 cm } Festlegung des Steigungsverhältnisses *s/a*

[3] aber nicht > 37 cm }

[4] Bei Stufen, deren Treppenauftritt *a* unter 26 cm liegt, muss die Unterschneidung *u* mindestens so groß sein, dass insgesamt 26 cm Trittfläche (*a* + *u*) erreicht werden

[5] Bei Stufen, deren Treppenauftritt *a* unter 24 cm liegt, muss die Unterschneidung *u* mindestens so groß sein, dass insgesamt 24 cm Trittfläche (*a* + *u*) erreicht werden.

4

## Berechnung gerader Treppen

**Geschosshöhe =**
Lichte Geschosshöhe
+ Dicke der Decke
+ Fußbodenaufbau EG
– Fußbodenaufbau UG

Die Zahl der Auftritte ist um 1 kleiner als die Zahl der Steigungen. Das optimale **Steigungsverhältnis** ergibt bei einer Steigung von 17 cm und einem Auftritt von 29 cm einen Steigungswinkel von 30°.

**Bezeichnung an Stufen**

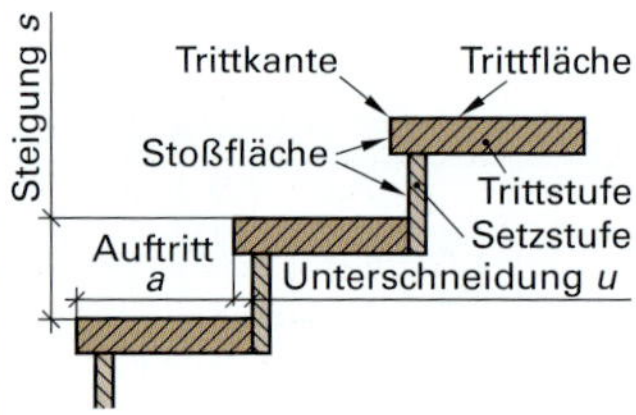


4

**Toleranzen in cm**

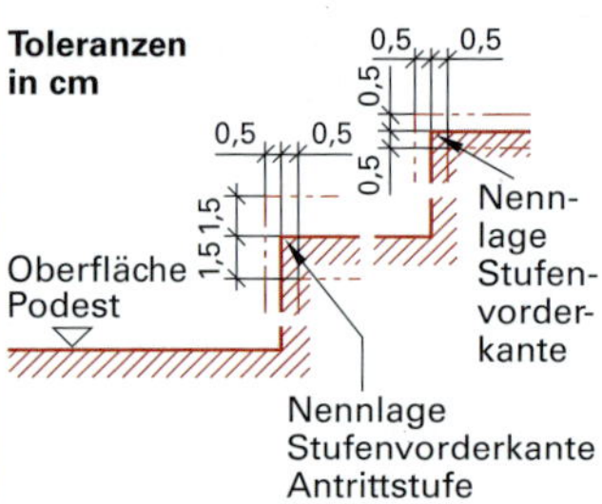


**Podestflächen** sind am An- bzw. Austritt von Treppenläufen sowie bei längeren Treppenläufen nach mehr als 18 Steigungen erforderlich.

**Podestlänge = $(a + 2\,s) + a$**

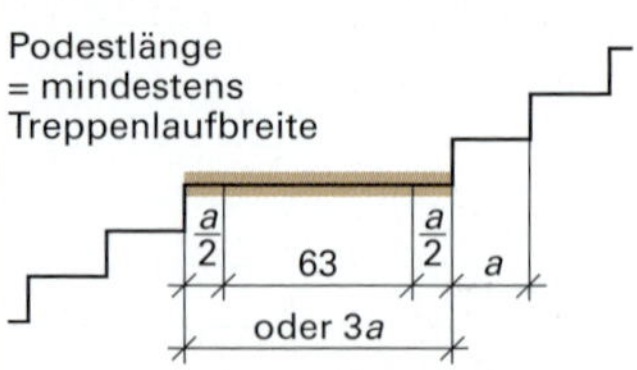


Die lichte **Treppendurchgangshöhe** muss mindestens **200 cm** betragen ▶ S. 143 und ▶ Kapitel 8.3.2

**Schrittmaßformel $2\,s + a = 63$ mm**

| Geschosshöhe in cm | Anzahl der Steigungen | Steigung *s* cm | Anzahl der Auftritte | Auftrittsbreite *a* cm | Grundmaß cm | Grundmaßbereich cm |
|---|---|---|---|---|---|---|
| 272 | 14 | 19.43 | 13 | 24.14 | 314 | 288 ... 342 |
| | 15 | 18.13 | 14 | 26.73 | 374 | 343 ... 403 |
| | 16 | 17.00 | 15 | 29.00 | 435 | 404 ... 465 |
| 273 | 14 | 19.50 | 13 | 24.00 | 312 | 286 ... 341 |
| | 15 | 18.20 | 14 | 26.60 | 372 | 342 ... 401 |
| | 16 | 17.06 | 15 | 28.88 | 433 | 402 ... 463 |
| 275 | 14 | 19.64 | 13 | 23.72 | 308 | 284 ... 339 |
| | 15 | 18.33 | 14 | 26.34 | 369 | 340 ... 399 |
| | 16 | 17.19 | 15 | 28.62 | 429 | 400 ... 461 |
| 279 | 15 | 18.60 | 14 | 25.80 | 361 | 333 ... 390 |
| | 16 | 17.44 | 15 | 28.13 | 422 | 391 ... 451 |
| | 17 | 16.41 | 16 | 30.18 | 483 | 452 ... 515 |
| 280 | 15 | 18.67 | 14 | 25.67 | 359 | 331 ... 388 |
| | 16 | 17.50 | 15 | 28.00 | 420 | 389 ... 449 |
| | 17 | 16.47 | 16 | 30.06 | 481 | 450 ... 513 |
| 281 | 15 | 18.73 | 14 | 25.53 | 357 | 329 ... 386 |
| | 16 | 17.56 | 15 | 27.88 | 418 | 387 ... 447 |
| | 17 | 16.53 | 16 | 29.94 | 479 | 448 ... 511 |
| 290 | 15 | 19.33 | 14 | 24.33 | 341 | 313 ... 369 |
| | 16 | 18.13 | 15 | 26.75 | 401 | 370 ... 430 |
| | 17 | 17.06 | 16 | 28.88 | 462 | 431 ... 494 |
| 291 | 15 | 19.40 | 14 | 24.20 | 339 | 311 ... 368 |
| | 16 | 18.19 | 15 | 26.63 | 399 | 369 ... 428 |
| | 17 | 17.12 | 16 | 28.76 | 460 | 429 ... 492 |
| 292 | 15 | 19.47 | 14 | 24.07 | 337 | 309 ... 366 |
| | 16 | 18.25 | 15 | 26.50 | 398 | 367 ... 426 |
| | 17 | 17.18 | 16 | 28.65 | 458 | 427 ... 490 |
| 293 | 15 | 19.53 | 14 | 23.93 | 335 | 307 ... 364 |
| | 16 | 18.31 | 15 | 26.38 | 396 | 365 ... 425 |
| | 17 | 17.24 | 16 | 28.53 | 456 | 426 ... 488 |
| 300 | 16 | 18.75 | 15 | 25.50 | 338 | 353 ... 411 |
| | 17 | 17.65 | 16 | 27.71 | 443 | 412 ... 472 |
| | 18 | 16.67 | 17 | 29.67 | 504 | 473 ... 538 |
| 301 | 16 | 18.81 | 15 | 25.38 | 381 | 351 ... 410 |
| | 17 | 17.71 | 16 | 27.59 | 441 | 411 ... 471 |
| | 18 | 16.72 | 17 | 29.56 | 502 | 472 ... 536 |
| 302 | 16 | 18.88 | 15 | 25.25 | 379 | 349 ... 408 |
| | 17 | 17.76 | 16 | 27.47 | 440 | 409 ... 469 |
| | 18 | 16.78 | 17 | 29.44 | 501 | 470 ... 535 |
| 305 | 16 | 19.06 | 15 | 24.88 | 373 | 343 ... 402 |
| | 17 | 17.94 | 16 | 27.12 | 434 | 403 ... 463 |
| | 18 | 16.94 | 17 | 29.11 | 495 | 464 ... 529 |
| 306 | 16 | 19.13 | 15 | 24.75 | 371 | 341 ... 400 |
| | 17 | 18.00 | 16 | 27.00 | 432 | 401 ... 461 |
| | 18 | 17.00 | 17 | 29.00 | 493 | 462 ... 527 |
| 307 | 16 | 19.19 | 15 | 24.63 | 396 | 339 ... 398 |
| | 17 | 18.06 | 16 | 26.88 | 430 | 399 ... 459 |
| | 18 | 17.06 | 17 | 28.89 | 491 | 460 ... 525 |

## Verziehen von Treppen

Funktionalität und Bauweise eines Gebäudes fordern oft eine Abweichung von geradlinig verlaufenden Treppen. Auf alle von der Grundform (einläufig gerade Treppe) abweichenden Planungen sind ebenfalls die genannten Richtwerte und Planungsgrößen anzuwenden.

Wird es erforderlich, eine Treppe durch Verziehen der Stufen zu wendeln, ergibt sich eine kreisbogenförmige Krümmung der Lauflinie. Die Auftrittsbreite erfährt weder im geraden Teilbereich der Lauflinie noch im gekrümmten eine Reduzierung.

Im geraden Teilbereich verläuft die Auftrittsbreite konstant über die gesamte Stufenbreite. Keilförmige Auftritte ergeben sich im gewendelten Treppenbereich durch unterschiedliche Abmessungen an Innen- und Außenwange.

DIN 18 065 legt die **Toleranzen** für ***s*** und ***a*** mit maximal ± 0,5 cm fest. Bei gewendelten Treppen darf davon abgewichen werden.

Die Stufen sind so zu verziehen, dass ein gleichförmiger Übergang entsteht. Um symmetrische Anordnung zu erzielen, sollte die Anzahl der zu verziehenden Stufen ungerade sein. Bei **viertelgewendelten Treppen** sind in der Regel sieben Stufen, bei **halbgewendelten Treppen** dreizehn Stufen zu verziehen. Je größer die Anzahl der verzogenen Stufen, desto weniger Sprünge beinhaltet der Treppenverlauf und desto sicherer wird die Benutzung der Treppe. Die nutzbare Auftrittsbreite kann von der Innenwange aus bei **15 cm Abstand** bis auf 10 cm reduziert werden. Kleinere Auftrittsbreiten sind unzulässig.

**Arbeitsschritte (zeichnerisches Verziehen)**

- Umrisse der Treppe, Lauflinie, Treppenachse und Eckstufe einzeichnen
- Von der Eckstufe aus nach links und rechts die Auftrittsbreiten auf der Lauflinie antragen und nummerieren
- Vorder- und Hinterkante der Eckstufe verlängern, ergibt den Punkt A auf der Treppenachse
- Bei der Festlegung der Anzahl der zu verziehenden Stufen ist möglichst eine ungerade Zahl zu wählen.
- Erste und letzte gerade Steigungslinie (2 und 11) festlegen und verlängern, ergibt Punkt F
- Strecke $\overline{AF}$ im Verhältnis 1 : 2 : 3 : 4 ... teilen ▶ S. 124 beim Verziehen von 9 Stufen mit 10 dazugehörigen Steigungslinien; **Anzahl der Teile** entspricht der Anzahl verzogener Steigungslinien, plus erste und letzte gerade Steigungslinie der Draufsicht

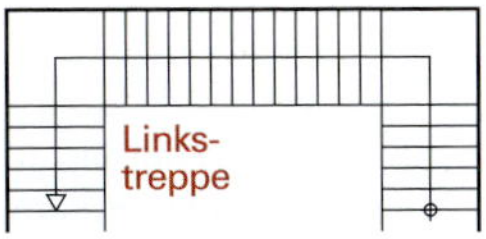


dreiläufige abgewinkelte Treppe mit Zwischenpodesten

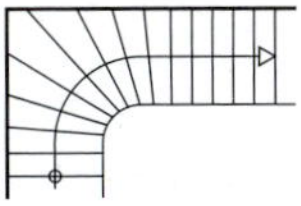

einläufige viertelgewendelte Treppe

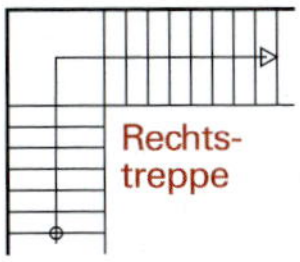


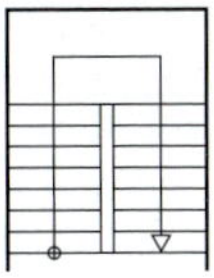

zweiläufige gewinkelte bzw. gegenläufige Treppe mit Zwischenpodest

einläufige halbgewendelte Treppe

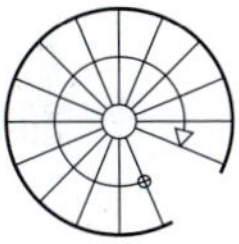

Wendeltreppe (volle Wendelung)

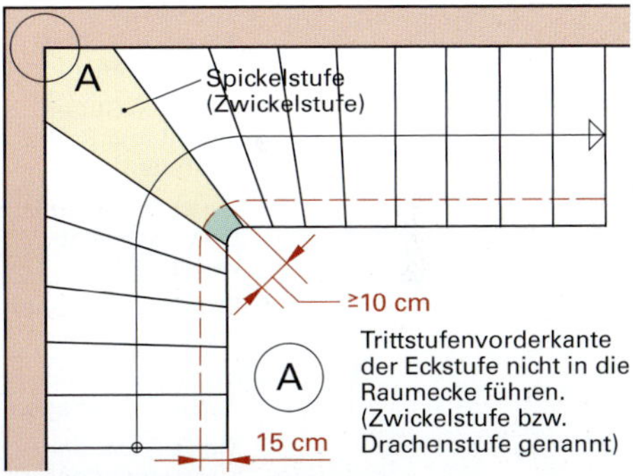


Einläufige viertelgewendelte Treppe mit 15 Steigungen und 14 Auftritten

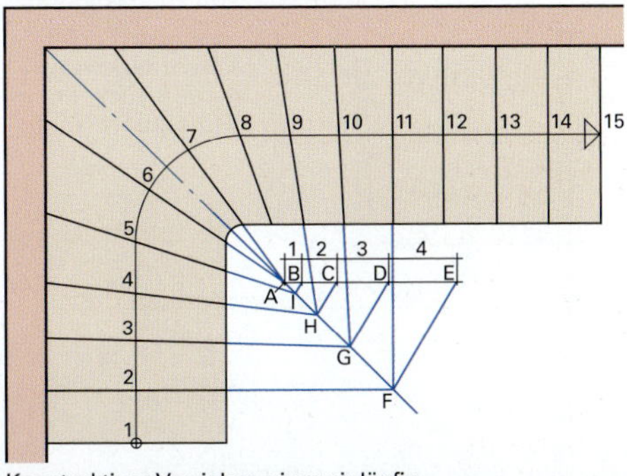


Konstruktives Verziehen einer einläufig viertelgewendelten Treppe nach der Verhältnismethode

4

4

## Verziehen von Treppen

### Trittstufenverziehen nach der Winkelmethode

1. Lauflinie einzeichnen und Stufenbreite einzeichnen
2. Länge $l_1$ und $l_2$ ermitteln
3. Anzahl der zu verziehenden Stufen ermitteln

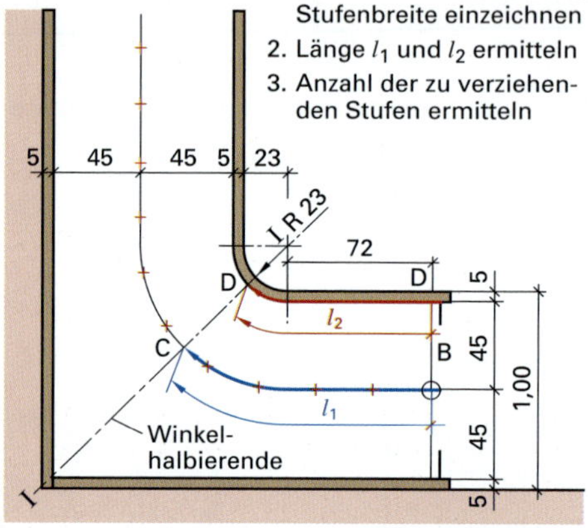


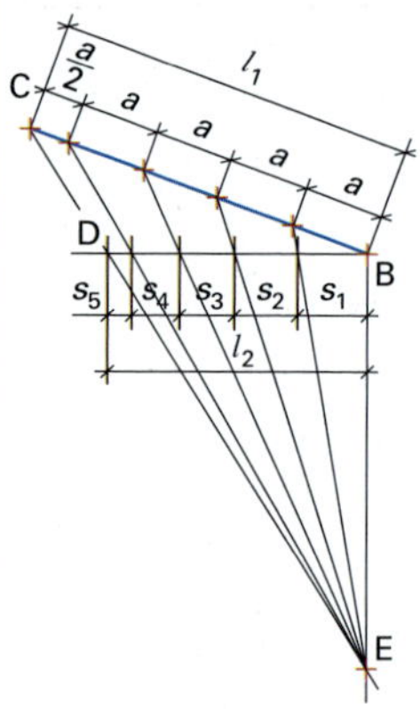


4. Aufriss für das Verziehen erstellen
5. $l_2$ auftragen (horizontale Achse), im Punkt $B$ im ∢ ≈ 20° die Linie $l_1$ auftragen,
6. auf $A$ die Stufenanzahl und Breite auftragen
7. Punkt $C$ mit Punkt $E$ (durch Punkt $D$) verbinden
8. Stufenvorderkante auf $l_2$ auftragen
9. Maße $l_2$ auf den Aufriss übertragen
10. Maße $l_2$ mit den Punkten auf der Lauflinie (Maße von $l_1$) verbinden
11. es ergibt die Stufenvorderkante, 4 cm zurück die Stufenhinterkante

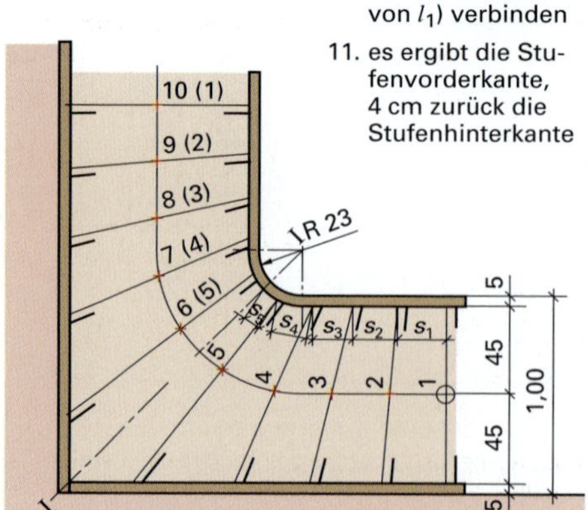


### Trittstufenverziehen nach der Kreismethode

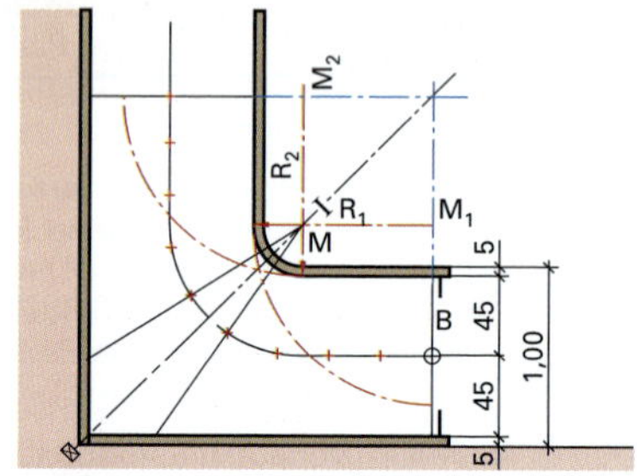


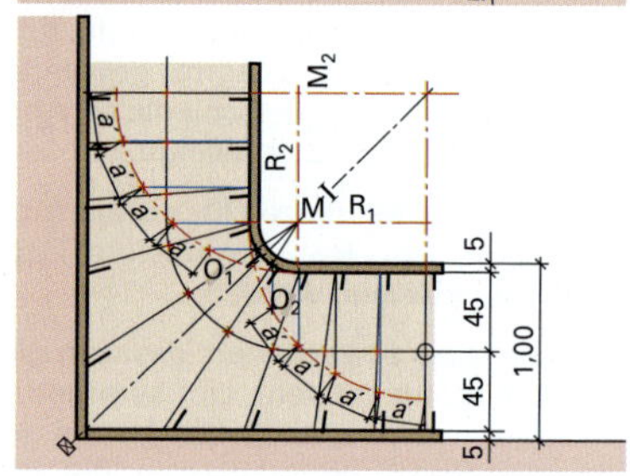


1. wie bei der Winkelmethode 1 ... 4 ▶ vgl. links
5. die Schnittpunkte $M_1$ und $M_2$ markieren (Verlängerung der ersten und letzen geraden Stufe)
6. von den Punkten $M_1$ und $M_2$ je einen Viertelkreis schlagen
7. die Sprickelschnittpunkte am Krümmling werden auf die Bögen gelotet (Ende des Viertelkreises)
8. Bogenteillänge durch die Anzahl der Stufen teilen und einzeichnen
9. die Punkte winklig zur Wangeninnenseite loten
10. diese Punkte mit den Punkten auf der Lauflinie verbinden und nach außen verlängern
11. es ergibt die Stufenvorderkante, 4 cm die Stufenhinterkante

### Rechnerische Verziehung

| | | |
|---|---|---|
| $y$ | Faktor, der die Art der Wendelung angibt: | |
| | bei viertelgewendelten Treppen | 1 |
| | bei halbgewendeiten Treppen | 2 |
| | bei dreiviertelgewendelten Treppen | 3 |
| | bei voll gewendelten Treppen | 4 |
| $b$ | Abstand der Lauflinie von der Innenkante der Freiwange oder der 15-cm-Hilfslinie | |
| $a$ | Auftrittsbreite einer nicht verzogenen Stufe | |
| $a'$ | schmalste Auftrittsbreite in cm | |
| $n$ | Anzahl der zu verziehenden Stufen | |

**Schmalste Auftrittsbreite *a***

$$a' = a - \frac{y \cdot b \cdot \pi}{n + 1} \qquad \text{(Maße in cm)}$$

**Beispiel für die Berechnung gewendelter Treppen**

Eine viertelgewendelte Treppe mit 14 Steigungen wird als Winkeltreppe ausgeführt. Es sind die Stufen 2 bis 8 zu verziehen. Die auszugleichende Differenz zwischen der Lauflinienlänge und der Innenwangenlänge entspricht der Differenz der Viertelkreise von Lauflinie und Innenwange.

$$\Delta l = \frac{\pi \cdot 2 \cdot r_g}{4} - \frac{\pi \cdot 2 \cdot r_i}{4} = \frac{\pi}{2}\,(r_g - r_i)$$

$$\Delta l = \frac{\pi}{2}\left(\frac{100\ \text{cm}}{2} - 15\ \text{cm}\right) \qquad \Delta l = 55\ \text{cm}$$

| Stufe | Verjüngung um einzeln | Verjüngung um zusammen |
|---|---|---|
| 5 | 4 Teile | 4 Teile |
| 4 und 6 | je 3 Teile | 6 Teile |
| 3 und 7 | je 2 Teile | 4 Teile |
| 2 und 8 | je 1 Teil | 2 Teile |
| 7 Stufen verzogen | | **16 Teile** |

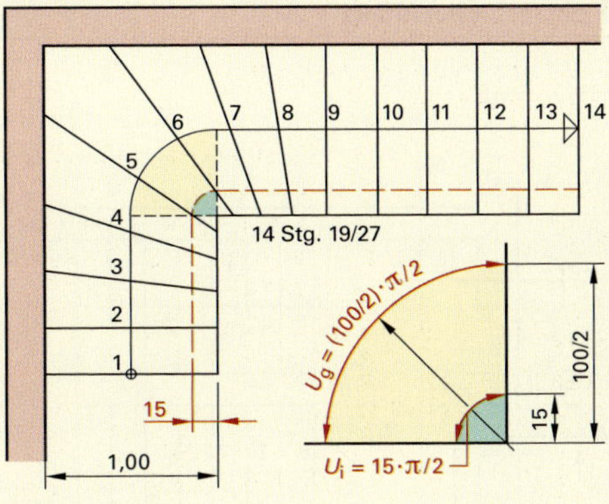


$$\frac{\Delta l}{16} = 3{,}44\ \text{cm}$$

Die **Stufe 5** wird um 4 · 3,44 cm von 27 cm auf **13,2 cm** Randbreite verkürzt; die anderen Stufen entsprechend weniger verzogen.

## Treppen-Lichtraumprofil, Maße und Benennung (DIN 18065)

### Gehbereiche, Lauflinie

Die lichte Treppendurchgangshöhe richtet sich nach der Landesbauordnung bzw. der DIN.

Bei nutzbaren Laufbreiten bis 100 cm hat der Gehbereich eine Breite von 2/10 der Laufbreite und liegt im Mittelbereich der Treppen, Krümmungsradien der Begrenzungslinien des Gehbereiches müssen mindestens 30 cm betragen.

Bei Laufbreiten über 100 cm (außer Spindeltreppen) beträgt die Breite des Gehbereiches 20 cm. Der Abstand des Gehbereiches von der inneren Begrenzung der Laufbreite beträgt 40 cm. Der Auftritt ist in der Lauflinie zu messen. Im Krümmungsbereich der Lauflinie ist der Auftritt gleich der Sehne, die sich durch die Schnittpunkte der gekrümmten Lauflinie mit den Stufenvorderkanten ergibt.

Die Lauflinie kann vom Planer bei Treppen mit gewendelten Läufen frei innerhalb des Gehbereiches gewählt werden. Sie ist stetig und hat keine Knickpunkte. Ihre Richtung entspricht der Laufrichtung der Treppe. Krümmungsradien der Lauflinie müssen mindestens 30 cm betragen. Nach höchstens 18 Stufen soll ein Zwischenpodest angeplant werden.

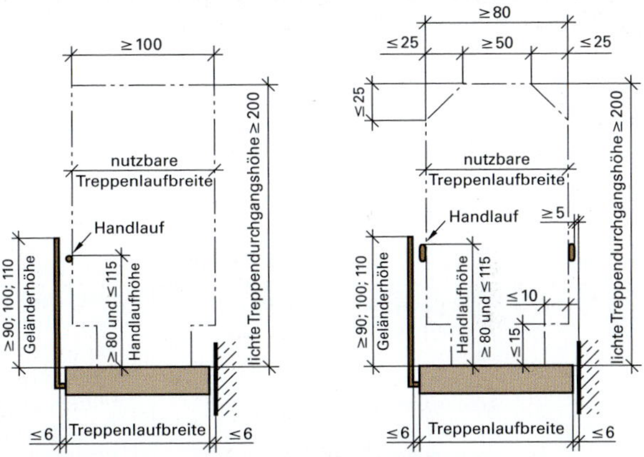


**Treppen-Lichtraumprofil**

Nutzbare Treppenlaufbreite

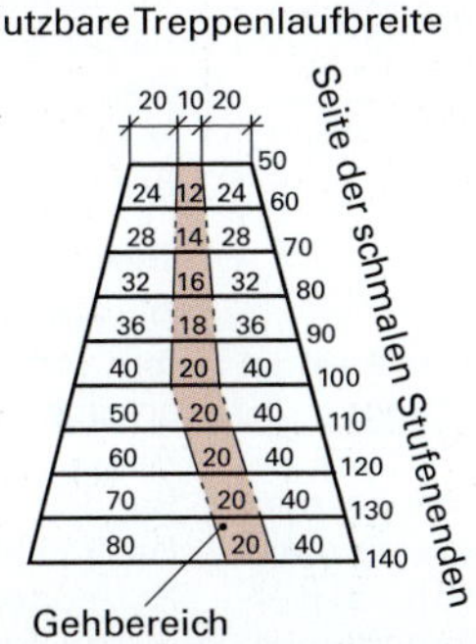


Diagramm des Gehbereichs für gewendelte Treppen einschließlich der geraden Treppenteile

Nutzbare Treppenlaufbreite

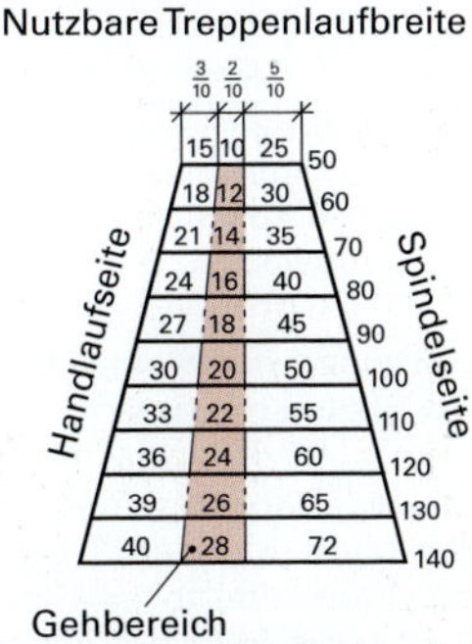


Diagramm des Gehbereichs für Spindeltreppen

4

**Beispiel Treppenhaus**

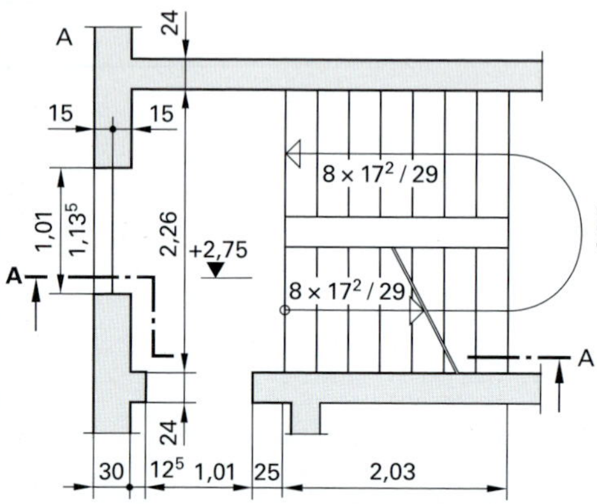


**Grundriss** (Ausschnitt) M 1:50 - m, cm

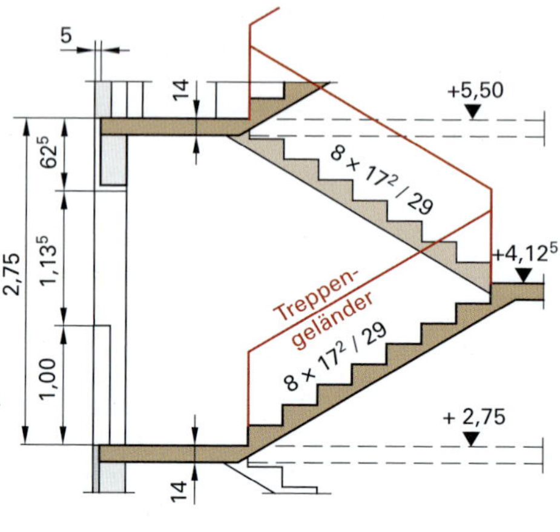


**Schnitt A – A** M 1:50 - m, cm

## Treppengeländer und Treppenhandläufe

4

**Treppengeländer** sind als Abschluss freier Treppen vorgeschrieben und bestehen aus **Handlauf** und **Geländerfüllung.** Die lotrechte Höhe des Handlaufes muss mindestens 90 cm betragen, gemessen von der vorderen Kante der Trittstufe. Senkrechte Geländerfüllungen dürfen einen lichten Abstand von 12 cm nicht überschreiten. In Treppenneigung verlaufende Geländerfüllungen dürfen untereinander einen maximalen Abstand von 12 cm nicht überschreiten.

| Absturzhöhen | Gebäudearten | Treppengeländerhöhe |
|---|---|---|
| bis 12 m[1] | Wohngebäude und andere Gebäude, die nicht der Arbeitsstättenverordnung unterliegen | ≥ 90 cm[2] |
| bis 12 m[1] | Arbeitsstätten | ≥ 100 cm[3] |
| über 12 m | für alle Gebäudearten | ≥ 110 cm |

[1] außerdem bei größeren Absturzhöhen, wenn das Treppenauge bis 20 cm breit ist.
[2] nach Bauordnungsrecht
[3] nach Arbeitsschutzrecht

Alle Treppen mit mehr als 3 Stufen müssen an freien Stellen mit Geländer versehen sein.

Liegt das Treppengländer seitlich neben dem Treppenlauf oder dem Treppenpodest, so muss seine Unterkante so weit herunter gezogen werden, dass sie mit einer gedachten Verbindungslinie von *a*/2 jeder Stufe zusammen fällt. Der zul. Abstand darf 6 cm nicht überschreiten.

Treppenhandläufe sind in der Höhe so anzubringen, dass sie bequem genutzt werden können. Sie sollen dabei nicht tiefer als 80 cm und nicht höher als 115 cm angebracht sein, gemessen lotrecht über Stufenvorderkante bis Oberkante Handlauf. Es ist üblich die Oberkante des Treppengeländers als Treppenhandlauf auszubilden. Dabei müssen jedoch die vorgenannten Bedingungen eingehalten werden. Ein Treppengeländer höher als 115 cm benötigt daher einen gesonderten tiefer liegenden Handlauf.

Der Seitenabstand des Handlaufes von benachbarten Bauteilen (z.B. der Wand) muss mindestens 5 cm betragen. Handläufe sollen sich nach Material und Form gut umfassen lassen. Eine Breite von 40 mm bis 50 mm ist anzustreben.

### Gestaltung von Schutzkonstruktionen

Die einzelnen Stäbe werden direkt mit den Stufen verbunden oder es werden Rahmenkonstruktionen mit dem Treppenlauf verbunden. Als Gestaltungselemente bieten sich Füllstäbe, Bänder, Seile, Drähte oder Gitter, Lochbleche, Gasfüllungen an. Geländerfelder können aus Holz- oder Metallstäben, geschlossenen, gegliederten oder transparenten Tafeln aus Sperrholz, Metallblechen, Verbundsicherheitsglas, Gitterrosten oder Acrylglas bestehen.

# 5 BAUPHYSIK / BAUTENSCHUTZ

**Polyurethan (PUR/PIR)-Hartschaum**
Flachdachdämmplatte Typ DAA dh
(DIN 4108-10)
mit Mineralvlieskaschierung

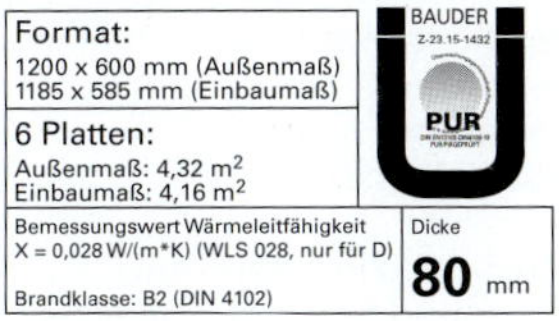


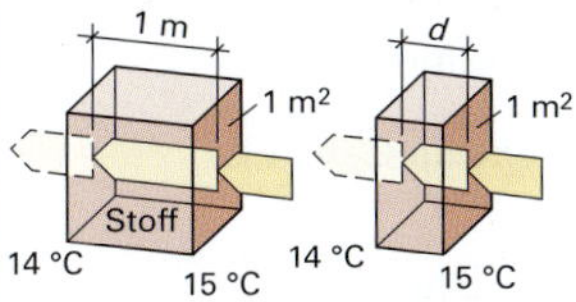


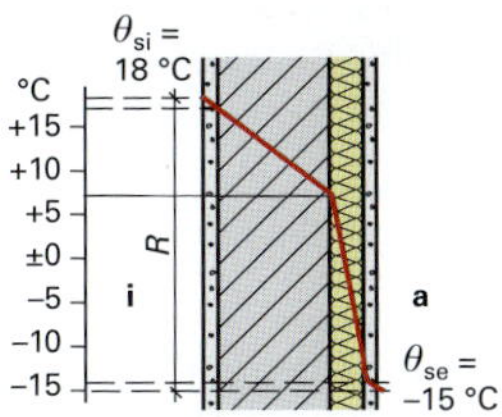


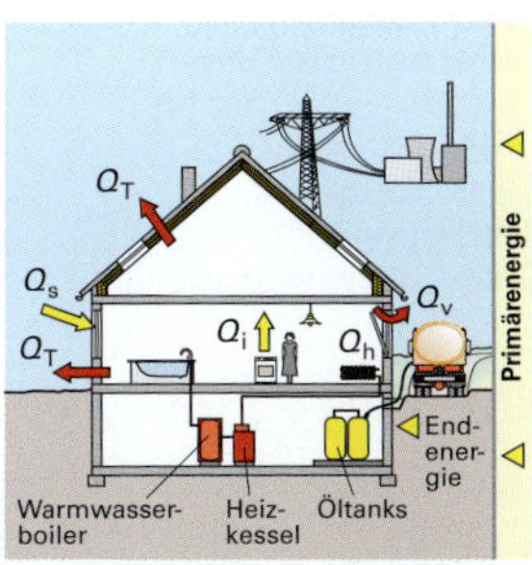


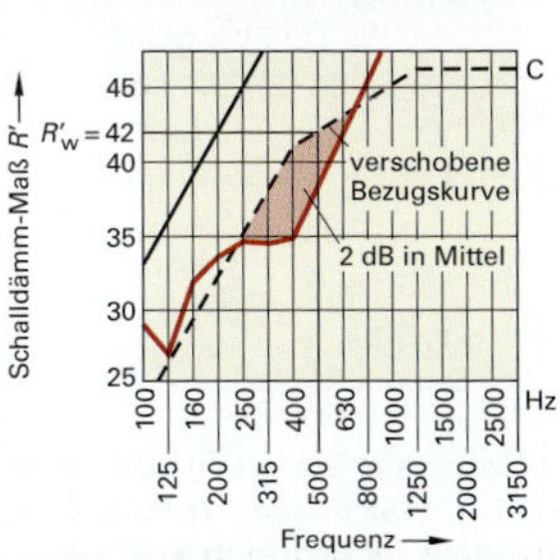


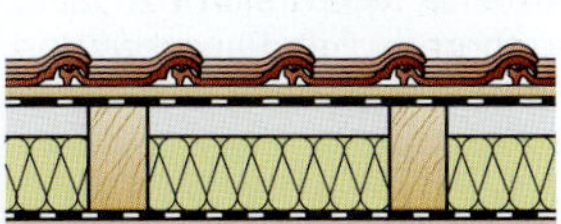

Dachkonstruktion mit unterer Beplankung aus Gipsplatten

| | | |
|---|---|---|
| **Wärmeschutz**<br>dämmen | DIN 4108-2 (07.03) | Wärmeschutz (Energie-Einsparungen) in Gebäuden |
| | DIN 4108-Bbl. (07.01) | Wärmeschutz, Wärmebrücken |
| | DIN EN ISO 10211 (06.01) | Wärmebrücken |
| | DIN EN ISO 12567 (02.01) | Wärmetechnisches Verhalten von Fenstern und Türen |
| | DIN EN ISO 13788 (11.01) | Wärme- und feuchtetechnisches Verhalten, Berechnungsverfahren |
| Wärmedämmstoffe<br>EnEV | DIN EN ISO 6946 (06.05) | Berechnungsverfahren, Wärmedurchlasswiderstand |
| **Feuchtigkeitsschutz** | DIN V 4108-4 (07.04) | Wärme- und feuchtetechnische Werte |
| | DIN EN 12524 (07.00) | Baustoffe, wärme- und feuchtetechnische Bemessungswerte |
| sperren, abdichten<br>Abdichtungsmittel<br>Abdichtungsstoffe | DIN EN 13162 (10.01) | Wärmedämmstoffe für Gebäude, Mineralwolle |
| | DIN EN 13163 (10.01) | Wärmedämmstoffe für Gebäude, expandiertem Polystyrol (EPS) |
| **Schallschutz**<br>**Akkustik** | DIN 4109 (11.89) | Schallschutz im Hochbau |
| | DIN ISO 9613-1 (10.99) | Akustik, Dämpfung des Schalls |
| | DIN 18005-1 (07.02): | Schallschutz im Städtebau |
| | Bundesimmissionsschutzgesetz, 16. BImSchV | |
| dämmen,<br>absorbieren<br>Schallschluckung<br>Schalldämmung | DIN EN ISO 140-1,4,6 (94) | Akustik |
| | DIN 4109-Bbl. (02.06) | Ausführungsbeispiele |
| | DIN 18041 (05.04) | Hörsamkeit in kleinen und mittleren Räumen |
| **Brandschutz**<br>Landesbau-ordnungen | Bauregelliste A und B (12.02) | Deutsches Institut für Bautechnik |
| | Sonderheft 31 (06.05) | Deutsches Institut für Bautechnik |
| | DIN 4102-1 (05.98) | Brandverhalten von Baustoffen und Bauteilen, Begriffe, Anforderungen |
| | DIN EN 13501-2 (12.03) | Klassifizierung von Brandverhalten |
| | Musterbauordnung | Ergänzende Anforderungen |
| Ausführungs-beispiele | MBO (11.02) | Durchführungsanforderungen<br>spezifische Anforderungen<br>veröffentlicht unter: www.is-argebau.de |

5

## Wirkung der bauphysikalischen Einflüsse auf den Menschen

| | | |
|---|---|---|
| Schallschutz | Brandschutz | Wärmeschutz im Sommer |
| Wärmeschutz im Winter | Mensch | Feuchteschutz |
| Unfallverhütungsvorschriften | Bauchemie | Gefahrstoffe im Bauwesen |

## Raumklimakomponenten

| | | |
|---|---|---|
| Temperatur der Umschließungsflächen | Luftbewegung | Kleidung, Tätigkeitsgrad |
| Luftfeuchtigkeit | Behaglichkeit | Licht, Beleuchtung |
| Heizungsflächen | Luftqualität $CO_2$-Gehalt | Lärm. Schallschutz Akustik |

Die **Behaglichkeit** ist eine wesentliche Größe bei der Optimierung des Raumklimas an Arbeitsplätzen in Büros, Praxen, öffentlichen Gebäuden und Produktionswerkstätten. Dabei sind gesetzliche Vorschriften einzuhalten, u.a. um eine möglichst hohe Zufriedenheit bei den Mitarbeitern zu erreichen. Die Behaglichkeit in Wohnungen ist nicht geregelt. Es gibt keinen thermischen Raumzustand, mit dem zeitgleich alle anwesenden Personen zufrieden sind, da die Empfindungsmechanismen für Wärme und Kälte verschieden sind.
Behaglichkeit kann mithilfe folgender Begriffe thematisiert werden:
Raumtemperatur, Luftfeuchte, Oberflächentemperatur, Fußwärme, ungleichseitige Wärmebelastung, Speicherfähigkeit des Gebäudes/der raumumschließenden Bauteile, Zugluft, Wasseraufnahmefähigkeit des Gebäudes/der raumumschließenden Bauteile.

## 5.1 Dämmstoffe, Dichtungsstoffe und Sperrstoffe

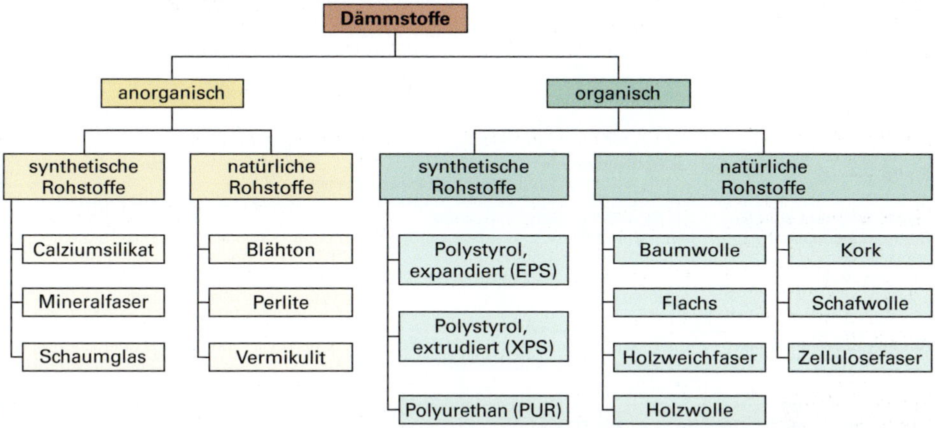


In der Bautechnik und in der Holztechnik dürfen nur genormte oder bauaufsichtlich zugelassene Dämm-, Dichtungs- und Sperrstoffe verwendet werden. Die Baustoffe sind auszuzeichnen:

- Herstellungsnorm
- Baustoffklasse hinsichtlich Brandverhalten
- Güteüberwachung

| Baustoff | Verwendung | Eigenschaften<br>Brandverhalten | Bestandteile<br>Herstellungsnorm |
|---|---|---|---|
| **Anorganische Dämmstoffe** | **$A_1$, $A_2$ nicht brennbar** | **B brennbar** | |
| **Blähperlit**<br>Diffusionswiderstand<br>$\mu = 3 \dots 5$ | Leichtzuschlag für feuerdämmende Ummantelung | hitze-, alterungs-, säurebeständig, **porig,** A1 | Abfallglimmer |
| **Schaumglas**<br>dampfdicht | Wärmedämmung,<br>Feuchtigkeitsschutz,<br>Dachdämmung | unbrennbar, korrosionsbeständig, **porig**<br>A1 (ohne Kaschierung) | aufgeschäumtes Glas<br>DIN 18174 |
| **Mineralische und pflanzliche Faserdämmstoffe**<br>(Mineralfaser)<br>$\mu = 1 \dots 2$ | als loser Füllstoff zum Ausstopfen von Hohlräumen zur Wärmedämmung, als trittfeste Platten zur Wärme- und Trittschalldämmung unter schwimmendem Estrich, Wanddämmung | schallschluckend, wärmedämmend, nicht brennbar, fäulnisfest, **faserig**<br>A1 oder A2 oder B1<br>Dickenabweichung bis 15 mm beachten | dünne Fasern aus geschmolzenem Glas, Mergel, Hochofenschlacke<br>DIN 18165<br>DIN 18165-2 neu |
| **Organische Dämmstoffe** | | | |
| **Polystyrol-Hartschaum (PS)**<br>(einschl. Extruder- und Partikelschaum)<br>(Schaumkunststoffe) | Wärmedämmung,<br>Trittschalldämmung,<br>Dachdämmung | maßhaltig, verrottungsfest, entflammbar oder schwer entflammbar, Wasser abweisend, **porig**<br>B1 | aus Rohöl und Treibmitteln zu Platten geformt<br>DIN 18164<br>DIN 18164-2 neu |
| **Polyurethan-Hartschaum (PUR)** | Flachdachwärmedämmung | elastisch bei Temperaturschwankungen, alterungsbeständig, **porig**<br>B1 oder B2 | mit oder ohne beidseitig gasdiffusionsdichte Deckschichten<br>DIN 18164 |
| **Korkdämmstoffe**<br>$\mu = 5 \dots 10$ | Dachdämmung,<br>Körperschalldämmung,<br>Wanddämmung | fäulnisfest, elastisch, oft imprägniert, **faserig**<br>B2 | zu Granulat gemahlene Korkrinde, mit Harzen gebunden und zu Platten geschnitten<br>DIN 18161 |
| **Holzwolle-Leichtbauplatten**<br>(Holzfaser) | Wärmedämmung,<br>verlorene Schalung,<br>Putzträger | saugend, schwer entflammbar, schallschluckend, nicht wetterfest, biegefest<br>B1 (ab 25 mm Dicke) | Nadelholzwolle und mineralisches Bindemittel<br>DIN 1101 |
| **Mehrschichtige Leichtbauplatten**<br>(Verbundbauplatten) | Vorsatzschale, leichte Trennwände, Putzträger | saugend, schwer entflammbar, nicht wetterbeständig<br>B1 | Kern aus Schaumkunststoff mit ein oder zwei Holzwolle-Leichtbauplatten<br>DIN 1104, DIN 18184 |

| Baustoff | Verwendung und Eigenschaften | Bestandteile Herstellungsnorm |
|---|---|---|
| **Bitumenhaltige Abdichtungsstoffe** | | |
| **reines Bitumen**<br>Bitumen mit Kunststoff<br>Bitumen mit Füllstoff<br>Der Ausdruck „bituminöse Stoffe“ soll zukünftig nicht mehr verwendet werden. Neuer Begriff: bitumige Stoffe. | senkrechte Abdichtungen nach DIN 18 195 und bei Decken und Dächern | durch Destillation von Erdöl |
| | als **Lösung oder Emulsion**<br>entweder als Voranstrich einmal kalt und zweimal heißflüssiger Deckanstrich oder als Voranstrich einmal kalt und dreimal kaltflüssiger Deckanstrich<br>als **Spachtelmasse**<br>einmal Voranstrich und zweimal Spachtelmasse | |
| **nackte Bitumenbahnen**<br>**Bitumendachbahnen**<br>(einschließlich Dichtungsbahnen) | als **fabrikfertige Bitumenbahnen**<br>einmal Voranstrich und eine Lage Bahn mit heißer Klebemasse aufbringen,<br>bei nackten Bitumenbahnen ein zusätzlicher Bitumenanstrich | Rohfilzpappe bezeichnet nach dem Quadratmetergewicht 333 g/m² oder 500 g/m²<br>DIN 52 128, DIN 52 129, DIN 52 130 und DIN 18 190 |
| **Bitumenschweißbahnen** | mit Kaschierung wasserdicht, können im Schweißverfahren aufgebracht werden | Jutegewebe oder Glasgewebe mit Bitumen getränkt<br>DIN 52 131 |
| **Abdichtungen mit Kunststoffdichtungsbahnen** | | |
| **Ethylencopolymerisat-Bitumen (ECB)** | senkrechte Abdichtungen nach DIN 18 195 und bei Dächern | DIN 16 729 |
| **PVC-Weichbahnen** | bitumenverklebte oder mechanisch eingebrachte Bahnen | DIN 16 735 |
| **Polyisobutylen-Bahnen (PIB)** | Wandflächen (auch Dachflächen) heiß vorstreichen und mit heiß zu verarbeitender Klebemasse im Flämmverfahren aufzubringen, Warm- oder Quellschweißen, geschlossene Außenhaut | DIN 16 934 und DIN 16 735 |
| **Abdichtungsmaterialien** | | |
| bauaufsichtlich zugelassene mineralische **Dichtungsschlämme** | senkrechte Abdichtung nach DIN 18 195 | bauaufsichtliche Zulassung lieferfirmenabhängig |
| | streich- oder spachtelfähige Masse wird auf geeignete Grundierung oder Voranstrich aufgetragen | |
| **Sperrmörtel** | als Sperrputz Wasser abweisend und dicht | DIN 18 550 |
| **Sperrbeton** | wasserundurchlässig, nur bei Sonderkonstruktionen | DIN 1045, DIN 1047 |
| **Mauerwerk** | als Ersatz für eine o.g. Abdichtung im Bereich der sichtbaren Außenwand (Sockel) | DIN 1053, DIN 105<br>Klinkermauerziegel in Mörtelgruppe III |
| **Bitumendachbahnen**<br>**Dichtungsbahnen** für Bauwerksabdichtungen | waagerechte Abdichtungen nach DIN 18 195 | Trägerbahn aus Rohfilzpappe, Jutegewebe oder Kunststofffaser, auch Aluminium- oder Kupferfolien |
| | die Auflageflächen sind mit Mörtel der Mörtelgruppe II oder III abzugleichen | |
| **Dampfsperren** | | |
| **Vaporex**<br>normal, bituminiert, besandet, $\mu = 31\,200$ | bei innenseitiger Wärmedämmschicht in Feuchträumen aufzukleben mit Kunstharzkleber | Fertigung in Bahnen oder Planen. Durch Schmelzprozesse von Glas, Kunststoff, Bitumen oder Metall entstandene dichte Stoffe. Dampfsperren sind Schichten mit $s_d \geq 100$ m. PE-Folien mit $d = 1{,}2$ mm und $\mu \geq 100\,000$. Al-Folien mit $d = 1{,}0$ mm sind praktisch dampfdicht. |
| **Vaporex**<br>super | Sperrschicht aus Aluminiumfolie und zwei Kunststofffolien, bituminiert und besandet, bei Räumen, die hohe Raumluftfeuchte erwarten lassen und für die gleichzeitig Dampfdichtheit zu fordern ist | |
| **Nepa-Dampfbremse**<br>**PVC-Folie**<br>**Polyäthylen-Folie** | im Fertighausbau und bei Leichtbaukonstruktionen, kleben, einspannen oder nageln | **Hilfsstoffe** aus Ölpapier, Rohglasvlies, Vliese aus Chemiefasern, PE-Folie und Lochglasvlies-Bitumenbahnen werden für Trennschichten und Trennlagen verwandt. |
| **Aluminiumfolie** | bei Dächern und Außenwänden, praktisch dampfdicht, einlagig aufkleben, oft als Kaschierung auf Wärmedämmmatten | |

5

## Wärmeschutztechnische Rechenwerte

Angegeben sind Rechenwerte der Wärmeleitfähigkeit von Baustoffen, Bauteilen und Luftschichten nach DIN V 4108-4. Darüber hinaus sind Bemessungswerte den technischen Produktspezifikationen, den Landesbauordnungen oder der Bauregelliste A Teil 1 zu entnehmen. Es ist jeweils der für die Baukonstruktion ungünstigste Wert einzusetzten. Bezüglich der $\mu$-Werte ist ► Kapitel 5.4.2 zu beachten.

| Nr. | Baustoff, Bauteil | Rohdichte $\varrho$ kg/m³ | Wärmeleitfähigkeit $\lambda$ W/(mK) | $\mu$ |
|---|---|---|---|---|
| **1** | **Stapelgüter, Metalle, Lagerstoffe** | | | |
| 1.1 | Aluminium | 2800 | 160 | pdd[1] |
| 1.2 | Blei | 11300 | 35 | pdd[1] |
| 1.3 | Kupfer | 8900 | 380 | pdd[1] |
| 1.4 | Messing | 8400 | 120 | pdd[1] |
| 1.5 | Nickel | 8900 | 59 | pdd[1] |
| 1.6 | Stahl | 7800 | 50 | pdd[1] |
| 1.7 | Zink | 7200 | 110 | pdd[1] |
| 1.8 | Zinn | 7400 | 66 | pdd[1] |
| 1.9 | Boden, feucht | ≤1800 | 1,50 | 50 |
| 1.10 | Lehmbaustoff | 500<br>600<br>700<br>1000<br>1600 | 0,14<br>0,17<br>0,21<br>0,35<br>0,73 | 5/10 |
| 1.11 | Naturglas, Floatglas | 2500 | 2,00 | pdd[1] |
| 1.12 | Naturbims | 400 | 0,12 | 6/8 |
| 1.13 | Kunststein | 1750 | 1,30 | 40/50 |
| 1.14 | Blähperlite | ≤100 | 0,06 | 9 |
| 1.15 | Blähglimmer | ≤100 | 0,07 | 3 |
| 1.16 | Blähton, Blähschiefer | ≤400 | 0,16 | 3 |
| 1.17 | Hüttenbims | ≤600 | 0,13 | 3 |
| 1.18 | Schaumlava | ≤ 1200 | 0,22 | 3 |
| **2** | **Mauermörtel und Estrich** | | | |
| 2.1 | Zementmörtel | 2000 | 1,60 | 15/35 |
| 2.2 | Mauer-Normalmörtel NM | 1800 | 1,20 | 15/35 |
| 2.3 | Dünnbettmauermörtel DM | 1600 | 1,00 | 15/35 |
| 2.4 | Leichtmörtel LM 36 | ≤ 1000 | 0,36 | 15/35 |
| 2.5 | Leichtmörtel LM 21 | ≤ 700 | 0,21 | 15/35 |
| 2.6 | Leichtmauermörtel | 400<br>700<br>1000 | 0,14<br>0,25<br>0,38 | 5/20 |
| 2.7 | Zementestrich | 2000 | 1,40 | 15/35 |
| 2.8 | Asphalt | 2100 | 0,70 | 50000 |
| 2.9 | Magnesia-Estrich | 1400<br>2300 | 0,47<br>0,70 | 15/35 |
| 2.10 | Anhydrit-Estrich | 2100 | 1,2 | 15/35 |
| **3** | **Fußbodenbeläge** | | | |
| 3.1 | Korkfußboden | > 400 | 0,065 | 20/40 |
| 3.2 | Kunststofffußboden | 1700 | 0,25 | 10000 |
| 3.3 | Filzunterlage | 120 | 0,05 | 10000 |
| 3.4 | Teppichboden | 200 | 0,06 | 5 |
| 3.5 | Linoleum | 1200 | 0,17 | 800/1000 |

**Zusätzliche Werte – aber nicht nach DIN 4108 festgelegt**

**Spanplatten als**

Flachpressplatte DIN 68763
Strangpressplatte DIN 68764
Plattentypen V 20, V 100, V 100 G
$\lambda_R$ = 0,13 W/mK $\mu$ = 50 oder 100
$\lambda_{R II}$ = 0,29 W/mK (in Plattenebene)

**Bau-Furniersperrholz**

nach DIN 68705
Plattentypen BFU 20, 100, 100 G
$\lambda_R$ = 0,15 W/mK $\mu$ = 50 oder 400

**Holzfaserplatten**

harte Platten $\lambda_R$ = 0,17 W/mK
$\varrho$ = 900 kg/m³ ... 1100 kg/m³
poröse Platten nach DIN 4108
$\lambda_R$ = 0,06 W/mK $\varrho$ = 300 kg/m³
$\lambda_R$ = 0,07 W/mK $\varrho$ = 400 kg/m³
nach DIN 68755
$\lambda_R$ in WLG 040 bis 070

**Formelzeichen**

| | |
|---|---|
| Wasserdampfdiffusionswiderstand | $\mu$ |
| Rohdichte | $\varrho$ |
| Wärmeleitfähigkeit | $\lambda_R$ |
| Temperaturdehnzahl | $\alpha$ |
| Elastizitätsmodul | $E$ |

**Erläuterungen**

**Temperaturdehnzahl mm/mK**
- wird auch Längenausdehnungskoeffizient genannt,
- hier in mm pro Meter Länge und einer Temperaturdifferenz von 1 K ≙ 1 °C angegeben,

**Elastizitätsmodul N/mm²**
- nur in den DIN-Vorschriften der jeweiligen Baustoffe angegeben,
- bei Holz (DIN 1052, EC 5) ist parallel II und quer ⊥ zur Faser zu unterscheiden,
- bei Mauerwerk ist die Steinart, Steinfestigkeit und die Mörtelgruppe zu berücksichtigen,

**Rohdichte kg/m³**
- dient zur Ermittlung der flächenbezogenen Masse,

**Wärmeleitfähigkeitsgruppe**
- WLG 025, entspricht 0,025 W/mK

[1] pdd praktisch dampfdicht

5

| Nr. | Baustoff, Bauteil | Rohdichte $\varrho$ kg/m³ | Wärmeleitfähigkeit $\lambda$ W/(mK) | $\mu$ |
|---|---|---|---|---|
| **4** | **Beton, Betonbauteile** | | | |
| 4.1 | Beton | 1800<br>2000<br>2400 | 1,50<br>1,35<br>2,00 | 60/100<br>60/100<br>80/130 |
| 4.2 | Stahlbeton | 2400 | 2,00 | 80/130 |
| 4.3 | Leichtbeton mit geschl. Gefüge (Zwischenwerte können interpoliert werden) | 800<br>1000<br>1200<br>1400<br>1600<br>2000 | 0,39<br>0,49<br>0,62<br>0,79<br>1,00<br>1,60 | 70/150 |
| 4.4 | Porenbeton, dampfgehärtet | 400<br>500<br>600<br>700<br>1000 | 0,13<br>0,16<br>0,19<br>0,22<br>0,31 | 5/10 |
| **5** | **Leichtbeton** mit haufwerksporigem Gefüge | | | |
| 5.1 | Leichtbeton, nicht porige Zuschläge | 1600<br>1800<br>2000 | 0,81<br>1,10<br>1,40 | 3/10<br>3/10<br>5/10 |
| 5.2 | Leichtbeton, porige Zuschläge ohne Quarzsand | 600<br>800<br>1000<br>1200<br>1400<br>1600 | 0,22<br>0,28<br>0,36<br>0,46<br>0,57<br>0,75 | 5/15 |
| 5.3 | Leichtbeton aus Blähton | 500<br>700<br>900<br>1000<br>1400<br>1600 | 0,16<br>0,23<br>0,30<br>0,35<br>0,55<br>0,68 | 5/15 |
| **6** | **Mauerwerk** einschließlich Mörtelfugen | | | |
| 6.1 | Vollklinker, Hochlochklinker | 1800<br>2000<br>2200 | 0,81<br>0,96<br>1,20 | 50/100 |
| 6.2 | Vollziegel, Hochlochziegel, Füllziegel | 1200<br>1400<br>1600<br>1800 | 0,50<br>0,58<br>0,68<br>0,81 | 5/10 |
| 6.3 | Hochlochziegel mit Lochung A, B $\lambda$ bei Leichtbaumörtel verringern um 0,05 W/mK | 550<br>600<br>650<br>700<br>800<br>900<br>1000 | 0,32<br>0,33<br>0,35<br>0,36<br>0,39<br>0,42<br>0,45 | 5/10 |
| 6.4 | Wärmedämmziegel WDz oder LD-Ziegel | 550<br>650<br>750<br>850 | 0,19<br>0,20<br>0,22<br>0,23 | |
| 6.5 | Kalksandsteine | 1000<br>1200<br>1400<br>1600 | 0,50<br>0,56<br>0,70<br>0,79 | 5/10 |
| | | 1800<br>2000<br>2200 | 0,99<br>1,10<br>1,30 | 15/25 |

5

| Nr. | Baustoff, Bauteil | | Rohdichte $\varrho$ kg/m³ | Wärmeleitfähigkeit $\lambda$ W/(mK) | $\mu$ ►S. 153 |
|---|---|---|---|---|---|
| **6** | **Mauerwerk** (Fortsetzung) | | | | |
| 6.6 | Hüttensteine | | 1000<br>1200<br>1400<br>1600 | 0,47<br>0,52<br>0,58<br>0,64 | 70/100 |
| 6.7 | Porenbeton, Plansteine | | 350<br>450<br>550<br>650 | 0,11<br>0,15<br>0,18<br>0,21 | 5/10 |
| 6.6 | Betonsteine, Hohlblöcke $\lambda$ bei Leichtbaumörtel LM 36 verringern um 0,03 W/mK | | 450<br>500<br>550<br>650<br>1400<br>1600 | 0,28<br>0,30<br>0,31<br>0,34<br>0,72<br>0,76 | 5/10 |
| 6.7 | Betonsteine, Vollblöcke $\lambda$ bei Leichtbaumörtel LM 36 verringern um 0,03 W/mK | | 450<br>500<br>600<br>700<br>800<br>1000 | 0,18<br>0,20<br>0,25<br>0,25<br>0,27<br>0,32 | 5/10 |
| **7** | **Dichtungsbahnen, Abdichtungsstoffe** ►S. 274 | | | | |
| 7.1 | Bitumendachbahn | Dachbahnen | 1200 | 0,17 | 10000 |
| 7.2 | Nackte Bitumenbahn | Dachbahnen | 1200 | 0,17 | 2000/<br>20000 |
| 7.3 | Kunststoffdachbahn | Dachbahnen | – | | 50000 |
| 7.4 | Glasvlies-Bitumendachbahn | Dachbahnen | – | 0,17 | 20000/<br>60000 |
| 7.5 | Kunststoff-Dachbahn ECB | Dachbahnen | – | | 70000/<br>90000 |
| 7.6 | Kunststoff-Dachbahn PVC-P | Dachbahnen | – | | 10000/<br>30000 |
| 7.7 | PTFE-Folie<br>$d \geq 0{,}05$ mm | Folien | – | | 10000 |
| 7.8 | PE-Folie<br>$d \geq 0{,}05$ mm | Folien | – | | 50000 |
| 7.9 | PP-Folie<br>$d \geq 0{,}05$ mm | Folien | – | | 1000 |
| **8** | **Holz und Holzwerkstoffe** | | | | |
| 8.1 | Konstruktionsholz | | 500<br>700 | 0,13<br>0,18 | 20/50<br>50/200 |
| 8.2 | Sperrholz | | 300<br>500<br>700 | 0,09<br>0,13<br>0,17 | 50/150<br>70/200<br>90/220 |
| 8.3 | Zementgebundene Spanplatte | | 1200 | 0,23 | 30/50 |
| 8.4 | Spanplatte | | 300<br>600<br>900 | 0,10<br>0,14<br>0,18 | 10/50<br>15/50<br>20/50 |
| 8.5 | OSB-Platte | | 650 | 0,13 | 30/50 |
| 8.6 | Holzfaserplatten einschl. MDF | | 250<br>400<br>600 | 0,07<br>0,10<br>0,14 | 2/5<br>5/10<br>12/50 |

## Wärme- und feuchteschutztechnische Bemessungswerte (Wärmedämmstoffe)

Die Wärmedämmstoffe sind nach DIN EN 13162 bis DIN EN 13171 aufgelistet. Der $\lambda$-Nennwert wird in Stufen von 0,001 W/mK angegeben und mit einem Sicherheitswert von 1,2 multiplziert (Nennwert $\lambda$ × Sicherheitswert 1,2 = Bemessungswert $\lambda_D$). Für die noch vorhandenen (wenigen) deutschen Produktnormen gilt weiterhin WLG = Bemessungswert.

Wasserdampfdiffusionswiderstand $\mu$ ► S. 153

| Nr. | Dämmstoff | Nennwert $\lambda$ W/mK | Bemessungswert $\lambda_D$ | $\mu$ |
|---|---|---|---|---|
| D1 | Mineralwolle **(MW)** nach DIN EN 13162 | 0,030<br>0,031<br>...<br>0,050 | 0,036<br>0,037<br>...<br>0,060 | 1 |
| D2 | Expandierter Polystyrolschaum **(EPS)** nach DIN EN 13163 | 0,030<br>0,031<br>...<br>0,050 | 0,036<br>0,037<br>...<br>0,060 | 20/100 |
| D3 | Extrudierter Polystyrolschaum **(XPS)** nach DIN EN 13164 | 0,026<br>0,027<br>...<br>0,040 | 0,031<br>0,032<br>...<br>0,048 | 80/250 |
| D4 | Polyurethan-Hartschaum **(PU)** nach DIN EN 13165 | 0,020<br>0,021<br>...<br>0,040 | 0,024<br>0,025<br>...<br>0,048 | 40/200 |
| D5 | Phenolharz-Hartschaum **(PF)** nach DIN EN 13166 | 0,020<br>0,021<br>...<br>0,035 | 0,024<br>0,025<br>...<br>0,042 | 10/60 |
| D6 | Schaumglas **(CG)** nach DIN EN 13167 | 0,038<br>0,039<br>...<br>0,055 | 0,046<br>0,047<br>...<br>0,066 | dampfdicht |
| D7 | Holzwolle-Platten **(WW)** nach DIN EN 13168 | 0,060<br>0,061<br>...<br>0,100 | 0,072<br>0,073<br>...<br>0,120 | 2/5 |
| D8 | Holzwolle-Mehrschichtplatten mit expandiertem Polystyrolschaum **(EPS)** nach DIN EN 13163 | 0,030<br>0,031<br>0,032<br>0,033<br>0,034<br>...<br>0,050 | 0,036<br>0,037<br>0,038<br>0,040<br>0,041<br>...<br>0,060 | 20/50 |
| D9 | Holzwolle-Mehrschichtplatten mit Mineralwolle **(MW)** nach DIN EN 13162 | 0,030<br>0,031<br>0,032<br>...<br>0,050 | 0,036<br>0,037<br>0,038<br>...<br>0,060 | 1 |
| D10 | Blähperlit **(EPB)** nach DIN EN 13169 | 0,045<br>0,046<br>...<br>0,065 | 0,054<br>0,055<br>...<br>0,078 | 5 |
| D11 | Expandierter Kork **(ICB)** nach DIN EN 13170 | 0,040<br>0,041<br>...<br>0,055 | 0,049<br>0,050<br>...<br>0,067 | 5/10 |
| D12 | Holzfaserdämmstoff **(WF)** nach DIN EN 13171 | 0,032<br>0,033<br>...<br>0,060 | 0,043<br>0,044<br>...<br>0,072 | 5 |

**Produkteigenschaften**

| Produkteigenschaft | Kurzzeichen | Beschreibung |
|---|---|---|
| Druckbelastbarkeit | **dk**<br>**dg**<br>**dm**<br>**dh**<br>**ds**<br>**dx** | keine Belastbarkeit<br>geringe Belastbarkeit<br>mittlere Belastbarkeit<br>hohe Belastbarkeit<br>sehr hohe Belastbarkeit<br>extrem hohe Belastbarkeit |
| Wasseraufnahme | **wk**<br>**wf**<br>**wd** | keine Anforderung<br>durch flüssiges Wasser<br>durch flüssiges Wasser und/oder Diffusion |
| Zugfestigkeit | **zk**<br>**zg**<br>**zh** | keine Anforderung<br>geringe Anforderung<br>hohe Anforderung |
| schalltechnische Eigenschaften | **sk**<br><br><br>**sh**<br>**sm**<br>**sg** | keine Anforderung<br>Trittschalldämmung:<br>Zusammendrückbarkeit<br>erhöht<br>mittel<br>gering |
| Verformung | **tk**<br><br>**tf**<br>**tl** | keine Anforderung<br>Stabilität unter<br>Feuchte und Temperatur<br>Last und Temperatur |

**Anwendungsgebiete**

| | | |
|---|---|---|
| Decke und Wand | **DAD** | Außendämmung von Dach oder Decke, vor Bewitterung geschützt, Dämmung unter Deckung |
| | **DAA** | Außendämmung unter Abdichtungen |
| | **DUK** | Außendämmung, der Bewitterung ausgesetzt (Umkehrdach) |
| | **DZ** | Zwischensparrendämmung, zweischaliges Dach, nicht begehbare, oberste Geschossdecken |
| | **DI** | Innendämmung der Decke (unterseitig) oder des Daches, Dämmung unter den Sparren/Tragkonstruktion, abgehängte Decke usw. |
| | **DEO** | Innendämmung der Decke oder Bodenplatte (oberseitig) unter Estrich ohne Schallschutzanforderungen |
| | **DES** | Innendämmung mit Schallschutzanforderungen |
| Wand | **WAB** | Außendämmung der Wand hinter Bekleidung |
| | **WAA** | Außendämmung der Wand hinter Abdichtung |
| | **WAP** | Außendämmung der Wand unter Putz |
| | **WZ** | Dämmung von zweischaligen Wänden |
| | **WH** | Dämmung von Holzrahmen- und Holztafelbauweise |
| | **WI** | Innendämmung der Wand |
| | **WTH** | Dämmung zwischen Haustrennwänden mit Schallschutzanforderungen |
| | **WTR** | Dämmung von Raumtrennwänden |

## 5.2 Wärmeschutz

Der **Wärmeschutz im Hochbau** soll unter Berücksichtigung wechselnder klimatischer Einflüsse

- für das Wohlbefinden der Menschen in den Wohngebäuden sorgen
- die Bewirtschaftungskosten (Heizkosten) der Bauten mindern und
- Feuchtigkeitsschäden (z.B. Schimmel) infolge von Tauwasser (Kondenswasser-Niederschlag) an den Innenseiten der Außenwände verhindern.

Für unsere Gesundheit ist das physische Wohlbefinden (Behaglichkeit) eine wichtige Voraussetzung. Primäre Faktoren sind dabei die Lufttemperatur, relative Feuchte, Luftbewegung und Oberflächentemperatur der anschließenden Raumteile. Die Behaglichkeitsfaktoren eines Menschen sind abhängig vom individuellen Wärmehaushalt und von der Art der Tätigkeit. Wohl fühlt sich der Mensch bei einer

- **Raumtemperatur von 20 °C bis 22 °C**
- **Oberflächentemperatur der Raumbegrenzung von 16 °C bis 20 °C**
- **geringen Luftbewegung von 0 cm/s bis 20 cm/s**
- **relativen Luftfeuchtigkeit von 30% bis 70%**

### 5.2.1 Physikalische Grundlagen (DIN 4108/DIN EN ISO 7345/DIN ISO 6946)

**Temperatur $\vartheta$**

Temperaturen werden in Kelvin (K) oder Grad Celsius (°C) gemessen.

$\vartheta_i$ Temperatur der Rauminnenteile in °C

$\vartheta_a$ Temperatur der Raumaußenteile in °C

$\Delta\vartheta$ Temperaturdifferenz 1 K ≙ 1 °C

| | | | |
|---|---|---|---|
| 0 | +273 | +373 | Kelvin |
| –273° | 0° | 100° | Celsius |

**Wärmemenge $Q$**

**Wärme entsteht mechanisch, chemisch, elektrisch oder durch Atomspaltung. Die Einheit für die Wärmemenge ist Joule (J), wobei im Bauwesen Wattsekunde (Ws) und Kilowattstunde (kWs) verwendet werden.**

$Q = c \cdot m$ — $c$ spezifische Wärmekapazität

1 J ≙ 1 Ws — $m$ Masse des Bauteils

**Der Wärmestrom fließt stets von der höheren zur niedrigeren Temperatur. Wärme will immer zur kalten Seite.**

**Wärmeleitfähigkeit $\lambda$ in $\frac{W}{m\,K}$**

**Dies ist die Wärmemenge $Q$, die in einer Sekunde durch einen Quadratmeter einer einen Meter dicken Stoffschicht beim Dauerzustand der Beheizung hindurchgeht, wenn die Temperaturdifferenz der beiden Oberflächen 1 °C beträgt.**

**Die Wärmeleitfähigkeit $\lambda$ (Lambda) ist entscheidend von der Stoffdichte abhängig. Die Rechenwerte $\lambda_R$ sind in den Stoffwerttabellen angegeben.**

**Je kleiner die Wärmeleitfähigkeit (Wärmeleitzahl), desto besser der Wärmeschutz.**

**Wärmedurchlasskoeffizient $\Lambda$ in $\frac{W}{m^2K}$**

Unter Berücksichtigung der Stoffdicke $d$ gilt $\Lambda = \frac{\lambda_R}{d}$

**Hinweis: Der Wärmedurchlasskoeffizient ist in der DIN 4108 nicht mehr definiert.**

**Wärmedurchlasswiderstand $R$ in $\frac{m^2\,K}{W}$**

**Eine Baukonstruktion wird in der Regel beurteilt nach dem Wärmedurchlasswiderstand. Dabei ist die Wärmedämmung eines Bauteils bestimmt durch die Baustoffdicke $d$ und den Wert $\lambda_R$.**

$R = \frac{d}{\lambda_R}$ wobei $d$ in m einzusetzen ist

$$R = \frac{d_1}{\lambda_1} + \frac{d_2}{\lambda_2} + \ldots + \frac{d_n}{\lambda_n} \quad \text{oder} \quad R = \Sigma \frac{d_i}{\lambda_i}$$

für mehrere Baustoffschichten mit $i = 1, 2, 3, \ldots, n$

**Wärmeübergangswiderstände $R_{si}$, $R_{se}$ in $\frac{m^2\,K}{W}$**

**Unter Berücksichtigung der Luftbewegung am Bauteil werden die Wärmeübergangswiderstände auf der inneren Bauteiloberfläche und der äußeren Bauteiloberfläche beschrieben. Die Rechenwerte sind nach DIN 4108 vorgegeben.**

**Wärmedurchgangswiderstand $R_T$ in $\frac{m^2\,K}{W}$**

$$R_T = R_{si} + R + R_{se}$$

**Wärmedurchgangskoeffizient $U$ in $\frac{W}{m^2\,K}$**

**Der $U$-Wert ergibt sich aus dem Wärmedurchlasswiderstand und den Wärmeübergangswiderständen.**

$$U = \frac{1}{R_{si} + R + R_{se}} = \frac{1}{R_T}$$

**Der mittlere Wärmedurchgangskoeffizient $U_m$ für ein Bauteil ergibt sich entsprechend den nebeneinander liegenden Bauteilbereichen zu**

$$U_m = \frac{U_1 \cdot A_1 + U_2 \cdot A_2 + \ldots U_n \cdot A_n}{\Sigma A}$$

$$U_{m,W+F} = \frac{U_W \cdot A_W + U_F \cdot A_F}{A_W + A_F}$$

$\Sigma A$ ist die Summe aller Teilflächen

$U_W$ Außenwandbereich — $U_F$ Fensterbereich

**Je kleiner der $U$-Wert, desto besser die Wärmedämmung.**

5

## 5.2.2 Wärmetechnische Mindestanforderungen

Bei Temperaturunterschieden zwischen dem beheizten Gebäudeinneren und dem unbeheizten Gebäudeinneren bzw. dem winterlichen Außen kommt es zur Wärmeübertragung durch die Umfassungsbauteile. Diese Wärmeübertragung ist durch ausreichend große Widerstände bzw. kleine Wärmeleitfähigkeiten zu begrenzen. Die inneren Bauteiloberflächen sollen behaglich warm sein und frei von gesundheitsschädlichem Tauwasser. Für den winterlichen Wärmeschutz werden an die Außenbauteile eines Bauwerks Mindestanforderungen definiert. Danach dürfen die Anforderungen der Tabelle für den **Wärmedurchlasswiderstand *R*** nicht unterschritten werden.

**Alle nationalen Regelwerke benutzen die internationalen Symbole.**

Der Heizenergieverbrauch eines Gebäudes wird durch eine Vielzahl von Einflüssen bei der baulichen Gestaltung und der Gebäudenutzung bestimmt. Der bauliche Wärmeschutz ist die sicherste und nachhaltigste Maßnahme des energiesparenden Bauens.

Bei Erfüllung der Tabellenwerte ist zu erwarten, dass sich im Gebäude ein hygienisches Raumklima einstellt und Tauwasserfreiheit sichergestellt sowie das Risiko der Schimmelbildung verringert ist.

**Mindestwerte der Wärmedurchlasswiderstände *R* für wärmeübertragende Bauteile** (mit einer flächenbezogenen Gesamtmasse vom ≥ 100 kg/m²) nach DIN 4108-2

| Bauteile | Wärmedurchlasswiderstand *R* | $m^2 \cdot K/W$ |
|---|---|---|
| Außenwände einschl. Nischen und Brüstungen unter Fenstern, Fensterstürzen und Wärmebrücken | | 1,20 |
| Wände von Aufenthaltsräumen gegen Bodenräume, Durchfahrten, offene Hausflure, Garagen | | 1,20 |
| Wohnungstrennwände, Wände zu fremdgenutzten Räumen | | 0,07 |
| Treppenraumwände zum Treppenraum | mit Innentemperaturen $\vartheta \leq 10$ °C, aber Treppenraum frostfrei | 0,25 |
| | mit Innentemperaturen $\vartheta \geq 10$ °C, z.B. in Verwaltungsgebäuden, Geschäftshäusern, Unterrichtsgebäuden, Hotels, Gaststätten und Wohngebäuden | 0,07 |
| Wände von Aufenthaltsräumen, die an das Erdreich grenzen | | 1,20 |
| Wohnungstrenndecken, Decken zwischen fremden Arbeitsräumen, Decken unter ausgebauten Dachräumen mit gedämmten Dachschrägen und Abseitenwänden | allgemein | 0,35 |
| | in zentralbeheizten Bürogebäuden | 0,17 |
| Decken unter nicht ausgebauten Dachräumen, Decken unter belüfteten Räumen zwischen Dachschrägen und Abseitenwänden bei ausgebauten Dachräumen, wärmegedämmten Dachschrägen | | 0,90 |
| Decken und Dächer, die Aufenthaltsräume nach oben gegen die Außenluft abgrenzen, Decken und Dächer unter Terrassen, Umkehrdächer | | 1,20 |
| Kellerdecken, Decken gegen abgeschlossene, unbeheizte Hausflure | | 0,90 |
| Decken, die Aufenthaltsräume nach unten gegen die Außenluft abgrenzen, z.B. über Garagen, Durchfahrten und belüfteten Kriechkellern | | 1,75 |
| Unterer Abschluss nicht unterkellerter Aufenthaltsräume, wenn unmittelbar an das Erdreich grenzend (bis zu einer Raumtiefe von 5 m) oder über einem nicht belüfteten Hohlraum an das Erdreich grenzend | | 0,90 |

**Mindestwerte der Wärmedurchlasswiderstände *R* für leichte Bauteile** (mit einer flächenbezogenen Gesamtmasse vom < 100 kg/m², sowie für Rahmen und Skelettbauarten) nach DIN 4108-2

| Bauteile | Wärmedurchlasswiderstand *R* | $m^2 \cdot K/W$ |
|---|---|---|
| Außenwände, Decken unter nicht ausgebauten Dachräumen und Dächer (< 100 kg/m²) | | 1,75 |
| Rahmen und Skelettbauarten | im Gefachbereich | 1,75 |
| | für das gesamte Bauteil im Mittel ($R_m$) | 1,00 |
| Rollladenkästen | | 1,00 |
| Deckel von Rollladenkästen | | 0,55 |
| Nichttransparenter Teil der Ausfachung von Fensterwänden und Fenstertüren | bei > 50 % der Gesamtausfachungsfläche | 1,20 |
| | bei < 50 % der Gesamtausfachungsfläche | 1,00 |

**Grundsatz:** Der Mindestwärmeschutz muss an jeder Stelle des Bauteils vorhanden sein. Dies gilt insbesonders für Nischen, Brüstungen, Fensterstürze und Rohrkanäle. Werden die Anforderungen der Tabellen bereits von einer oder mehreren Schichten erfüllt, erübrigt sich ein weiterer Nachweis.

## Wärmeübertragende Bauteile

| **Wärmeübergangswiderstände** DIN 4108-4/DIN EN ISO 6946 in $\frac{m^2 K}{W}$ | | innen $R_{si}$ | außen $R_{se}$ |
|---|---|---|---|
| Außenwand (ausgenommen nach Zeile 2) | 1 | 0,125 | 0,043 |
| Außenwand (hinterlüftetet) Abseitenwand zum nicht wärmegedämmten Dachraum | 2 | | 0,083 |
| Wohnungstrennwand, Trennraumwand, Wand zwischen fremden Arbeitsräumen, Trennwand zu dauernd unbeheiztem Raum, Abseitenwand zum wärmegedämmten Dachraum | 3 | | 0,125 |
| An das Erdreich grenzende Wand | 4 | | 0 |
| Decke oder Dachschräge, die Aufenthaltsraum nach oben gegen die Außenluft abgrenzt (nicht belüftet) | 5 | | 0,043 |
| Decke unter nicht ausgebautem Dachraum, unter Spitzboden oder unter belüftetem Raum | 6 | | 0,083 |
| Wohnungstrenndecke und Decke zwischen fremden Arbeitsräumen, Wärmestrom von unten nach oben | 7 | 0,10 | 0,10 |
| Wärmestrom von oben nach unten | | 0,167 | 0,167 |
| Kellerdecke | 8 | | 0,167 |
| Decke, die einen Aufenthaltsraum nach unten gegen die Außenluft abgrenzt | 9 | | 0,043 |
| Unterer Abschluss eines nicht unterkellerten Aufenthaltsraumes (an das Erdreich grenzend) | 10 | | 0 |

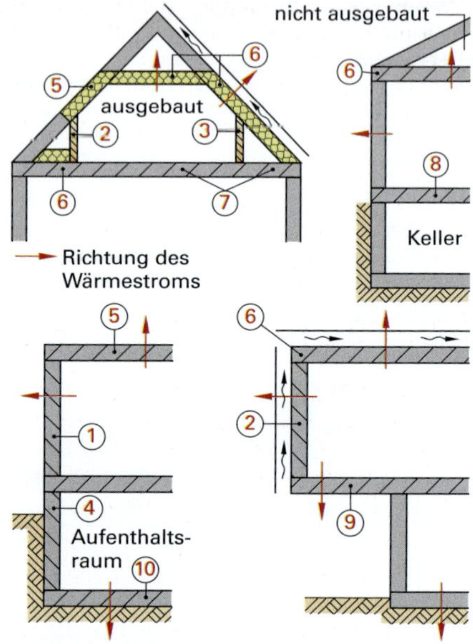


- Lage und Ausbildung der Bauteile (Die Positionen ① bis ⑩ entsprechen der Nummerierung in der Tabelle)
- Bei innen liegenden Bauteilen ist zu beiden Seiten mit dem selben Wärmeübergangswiderstand zu rechnen.
- Nach DIN EN ISO 6946 darf vereinfacht mit $R_{si} = 0{,}13$ m²K/W und $R_{se} = 0{,}04$ m²K/W außer bei Position ④ und ⑩ gerechnet werden.

## Luftschichten

**Wärmedurchlasswiderstand $R_g$ in m²K/W ruhender Luftschichten** (nach DIN EN ISO 6946)

| Dicke der Luft schicht in mm | Richtung des Wärmestromes Aufwärts | Horizontal | Abwärts |
|---|---|---|---|
| 0 | 0,00 | 0,00 | 0,00 |
| 5 | 0,11 | 0,11 | 0,11 |
| 7 | 0,13 | 0,13 | 0,13 |
| 10 | 0,15 | 0,15 | 0,15 |
| 15 | 0,16 | 0,17 | 0,17 |
| 25 | 0,16 | 0,18 | 0,19 |
| 50 | 0,16 | 0,18 | 0,21 |
| 100 | 0,16 | 0,18 | 0,22 |
| 300 | 0,16 | 0,18 | 0,23 |

Zwischenwerte können interpoliert werden.
Geneigte Flächen bis ± 30° gelten als horizontal.

## Luftschichten

- Bei Außenbauteilen mit stark belüftetem Gefachebereich erbringen die Bauteile zwischen der Luftschicht und der Außenluft keinen wesentlichen Anteil zum Wärmeschutz. Sie werden beim rechnerischen Ansatz nicht berücksichtigt. Hier darf $R_{se} = R_{si}$ gesetzt werden.
- Schwach belüftet ist eine Luftschicht wenn die Verbindungsöffnungen 1500 mm²/m² nicht übersteigt. Für solche Luftschichten darf für den Wärmedurchgangswiderstand $R_g$ die Hälfte des entsprechenden Tabellenwertes angesetzt werden, allerdings nur bis zum maximal regulären Tabellenwert 0,15 m²K/W.
- Ruhende Luftschichten bezeichnen Luftschichten, die nicht mit der das Bauteil umgebenden Luft in Verbindung stehen.
- Bei Außenmauern nach DIN 1053 dürfen Luftschicht und Vorsatzschale in die Berechnung mit einbezogen werden. Die Luftschicht wird als ruhend eingestuft, wenn die Verbindungsöffnung 500 mm²/m nicht überschreitet.

## Einzelbauteile

- Bei Fußbodenheizungen gehen nur die Schichten unterhalb der Estrichplatte in die Berechnung ein.
- Bei ausgebauten Dachräumen ist die Wärmedämmung in den Abseiten bis zum Dachfußpunkt zu führen.
- Genügt beim ausgebauten Dachgeschoss die obere Geschossdecke den Mindestanforderungen mit $R = 0{,}90\ m^2K/W$ bzw. $R = 1{,}75\ m^2K/W$, ist ein weiterer Wärmeschutznachweis des Daches nicht gefordert.

## Temperaturverlauf

Durch ein Bauteil mit der Fläche $A = 1{,}00\ m^2$ fließt bei einer beidseitig angrenzenden Luftschicht mit $\vartheta_{Le}$ (Temperatur der Luftschicht außen) bzw. $\vartheta_{Li}$ (Temperatur der Luftschicht innen) ein Wärmestrom der Dichte $q$ (in $W/m^2$).

$$q = U \cdot (\vartheta_{Li} - \vartheta_{Le})$$

$$\Delta\vartheta = q \cdot d/\lambda$$

Daraus ergeben sich die Oberflächentemperaturen auf der Innenseite $\vartheta_{oi}$, auf der ersten, zweiten bis $n$-ten Schicht $\vartheta_1$, $\vartheta_2$ ... $\vartheta_n$ und auf der Außenseite $\vartheta_{oe}$.

$\vartheta_{oi} = \vartheta_{Li} - R_{si} \cdot q$ $\quad$ $\vartheta_1 = \vartheta_{oi} - (d/\lambda_1) \cdot q$

$\vartheta_2 = \vartheta_1 - (d/\lambda_2) \cdot q$ $\quad$ $\vartheta_3 = \vartheta_2 - (d/\lambda_3) \cdot q$

$\vartheta_{oe} = \vartheta_n - R_{se} \cdot q$

**Hinweis:** Als Formelzeichen für die Celsius-Außentemperatur wird auch $\Theta$ verwandt.

**Indizes:** L Luftchicht $\quad$ i innen (interior)
e außen (exterior) $\quad$ s Oberfläche (surface)

## Rippen und Gefache

- Die Rippenhöhe ist in Abhängigkeit von der Anordnung der Dämmschicht (Dämmhöhe) zu berücksichtigen. D.h. der Sparren darf nur in der Dicke der Dämmschicht wärmetechnisch berücksichtigt werden ▶ S. 161.

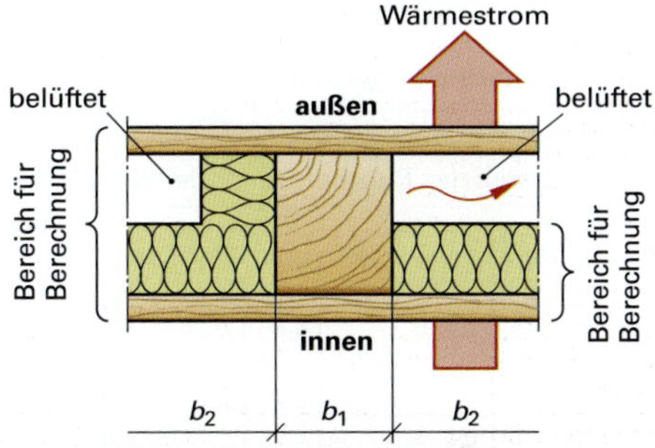


## Abdichtungen

- Bei der Berechnung des Wärmedurchlasswiderstandes werden nur die Schichten von innen nach außen bis zur Bauwerksabdichtung berücksichtigt (z.B. beim Flachdach). Davon ausgenommen sind Dämmschichten, die beim Umkehrdach auf der Dachhaut liegen, sowie Perimeterdämmungen.
- Dämmplatten dürfen nicht im Grundwasser liegen. Die maximale Wasseraufnahme darf 3 % nicht überschreiten.
  Schaumglas muss dicht gestoßen, im Verbund gelegt und mit Bitumenkleber angeklebt werden.
- Holzwolleschichten mit $d < 15$ mm dürfen zur Berechnung von $R$ nicht berücksichtigt werden.

5

**Beispiel** **Einschalige Massivwand**

Der Wärmedurchgang durch eine einschalige massive Außenwand ist zu berechnen. Der vorhandene Wärmedurchlasswiderstand ist mit dem geforderten Mindestwert zu vergleichen, der vorhandene Wärmedurchgangskoeffizient mit dem zulässigen Maximalwert. Die Außentemperatur beträgt –12 °C, die Innentemperatur +23 °C. Der Temperaturverlauf ist grafisch darzustellen. Die Wanddicke beträgt 24 cm, als Baustoff wurden Leichtlochziegel mit einer Rohdichte von 1000 kg/m³ ausgewählt.

Masse des Bauteils $\quad m = 0{,}24\ m \cdot \dfrac{1000\ kg}{m^3} \Rightarrow \mathbf{m = 240\ kg/m^2 > 100\ kg/m^2}$

Wärmedurchlasswiderstand (Wärmedämmwert) $\quad R = \dfrac{0{,}24\ m}{0{,}45\ \dfrac{W}{m\ K}} \Rightarrow$ **vorh.** $\mathbf{R = 0{,}53\ \dfrac{m^2\,K}{W} < 1{,}20\ \dfrac{m^2\,K}{W}}$

**der erforderliche Mindestwert ist unterschritten; Konstruktion nicht zulässig!**

Berechnung des Wärmedurchgangskoeffizienten $U$

$R_{si} = 0{,}13\ \dfrac{m^2\,K}{W}$ und $R_{se} = 0{,}04\ \dfrac{m^2\,K}{W}$ (gerundete Werte)

vorh $R_T = 0{,}13\ \dfrac{m^2\,K}{W} + 0{,}53\ \dfrac{m^2\,K}{W} + 0{,}04\ \dfrac{m^2\,K}{W}$

vorh $R_T = 0{,}70\ \dfrac{m^2\,K}{W} \Rightarrow \mathbf{U = 1{,}43\ \dfrac{W}{m^2\,K} > 0{,}45\ \dfrac{W}{m^2\,K}}$ **nach EnEV**

**der zulässige Maximalwert ist überschritten, Konstruktion nicht zulässig!**

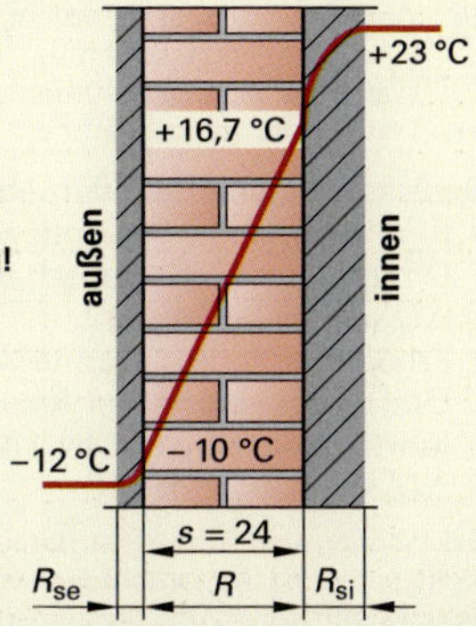

## Fenster

Fenster bzw. Fenstertüren bestehen aus Rahmen und Verglasung. Für Fenster- und Türrahmen werden Holz, Aluminium und Kunststoff verwendet. Die Verglasung besteht meist aus einer Doppelverglasung, auch Isolierverglasung oder Warmglas genannt. Einfachverglasungen dürfen nicht mehr eingebaut werden. Bei der Anwendung der DIN EN 10077 ist zu beachten, dass sie den Bemessungswärmedurchgangskoeffizienten von Verglasung, Fenster, Fenstertüren DIN V 4108-4 entsprechen müssen. Bei der Änderung von Bauteilen oder Erneuerung von Fenstern und Fenstertüren darf der $U_{max}$ = 1,7 W/(m² · K) nicht überschritten werden. Beim Ersatz der Verglasung darf deren *U*-Wert 1,5 W/m²K nicht überschreiten.

**Wärmedurchgangskoeffizient $U_w$ für Fenster** (DIN V 4108-4)

**Flächenanteil des Rahmens in % der Gesamtfensterfläche (Auswahl)**

| Art der Verglasung | $U_g$ W/(m² · K) ↓ / $U_f$ → | 20 % der Gesamtfläche $U_w$ in W/(m² · K) | | | | | | | | | 30 % der Gesamtfläche $U_w$ in W/(m² · K) | | | | | | | | |
|---|---|---|---|---|---|---|---|---|---|---|---|---|---|---|---|---|---|---|---|
| | | 1,0 | 1,4 | 1,8 | 2,2 | 2,6 | 3,0 | 3,4 | 5,0 | 7,0 | 1,0 | 1,4 | 1,8 | 2,2 | 2,6 | 3,0 | 3,4 | 5,0 | 7,0 |
| Einscheiben Verglasung | 5,7 | 4,8 | 4,8 | 4,9 | 5,0 | 5,1 | 5,2 | 5,2 | 5,3 | 6,0 | 4,3 | 4,4 | 4,5 | 4,6 | 4,8 | 4,9 | 5,0 | 5,1 | 6,1 |
| Zweischeiben-Isolierverglasung | 2,9 | 2,7 | 2,8 | 2,8 | 3,0 | 3,1 | 3,1 | 3,2 | 3,3 | 3,8 | 2,5 | 2,6 | 2,7 | 2,9 | 3,0 | 3,1 | 3,2 | 3,4 | 4,2 |
| | 2,7 | 2,5 | 2,6 | 2,7 | 2,8 | 2,9 | 3,0 | 3,1 | 3,1 | 3,6 | 2,3 | 2,5 | 2,6 | 2,7 | 2,9 | 3,0 | 3,1 | 3,2 | 4,0 |
| | 2,5 | 2,4 | 2,4 | 2,5 | 2,7 | 2,5 | 2,8 | 2,9 | 3,0 | 3,5 | 2,2 | 2,3 | 2,4 | 2,6 | 2,5 | 2,8 | 3,0 | 3,1 | 3,9 |
| | 2,3 | 2,2 | 2,3 | 2,4 | 2,5 | 2,4 | 2,7 | 2,7 | 2,8 | 3,3 | 2,1 | 2,2 | 2,3 | 2,5 | 2,4 | 2,7 | 2,8 | 3,0 | 3,8 |
| | 2,1 | 2,0 | 2,1 | 2,2 | 2,3 | 2,2 | 2,5 | 2,6 | 2,7 | 3,1 | 1,9 | 2,0 | 2,2 | 2,3 | 2,3 | 2,6 | 2,7 | 2,8 | 3,6 |
| | 1,9 | 1,9 | 2,0 | 2,1 | 2,3 | 2,3 | 2,4 | 2,5 | 2,6 | 3,1 | 1,8 | 1,9 | 2,1 | 2,3 | 2,4 | 2,5 | 2,5 | 2,7 | 3,6 |
| | 1,7 | 1,8 | 1,9 | 1,9 | 2,1 | 2,2 | 2,3 | 2,3 | 2,4 | 2,9 | 1,7 | 1,8 | 1,9 | 2,1 | 2,2 | 2,4 | 2,5 | 2,6 | 3,4 |
| | 1,5 | 1,6 | 1,7 | 1,8 | 1,9 | 2,0 | 2,1 | 2,2 | 2,3 | 2,7 | 1,5 | 1,7 | 1,8 | 2,0 | 2,1 | 2,2 | 2,3 | 2,5 | 3,3 |
| | 1,3 | 1,5 | 1,5 | 1,6 | 1,8 | 1,9 | 1,9 | 2,0 | 2,1 | 2,6 | 1,4 | 1,5 | 1,6 | 1,8 | 2,0 | 2,1 | 2,2 | 2,3 | 3,1 |
| | 1,1 | 1,3 | 1,4 | 1,5 | 1,6 | 1,7 | 1,8 | 1,9 | 1,9 | 2,4 | 1,3 | 1,4 | 1,5 | 1,7 | 1,8 | 1,9 | 2,1 | 2,2 | 3,0 |
| Dreischeiben-Isolierverglasung | 1,2 | 1,3 | 1,4 | 1,5 | 1,7 | 1,8 | 1,9 | 2,1 | | | | | | | | | | | |
| | 1,1 | 1,2 | 1,3 | 1,5 | 1,6 | 1,7 | 1,9 | 2,0 | | | | | | | | | | | |
| | 1,0 | 1,1 | 1,3 | 1,4 | 1,5 | 1,7 | 1,8 | 1,9 | | | | | | | | | | | |
| | 0,9 | 1,1 | 1,2 | 1,3 | 1,4 | 1,6 | 1,7 | 1,8 | | | | | | | | | | | |
| | 0,8 | 1,0 | 1,1 | 1,3 | 1,4 | 1,5 | 1,7 | 1,8 | | | | | | | | | | | |
| | 0,7 | 0,9 | 1,1 | 1,2 | 1,3 | 1,5 | 1,6 | 1,7 | | | | | | | | | | | |
| | 0,6 | 0,9 | 1,0 | 1,1 | 1,2 | 1,4 | 1,5 | 1,6 | | | | | | | | | | | |
| | 0,5 | 0,8 | 0,9 | 1,0 | 1,2 | 1,3 | 1,4 | 1,6 | | | | | | | | | | | |

Index f engl. frame, früher R
Indes g engl. glazing, früher V
Index W engl. window, früher F

Material des Abstandhalters $\psi_G$ in W/mK

Aluminium $\psi_G = 0{,}08$
Edelstahl $\psi_G = 0{,}053$
Kunststoff $\psi_G = 0{,}045$

5

**Berechnung Fenster**

$$U_W = \frac{A_f \cdot U_f + A_g \cdot U_g + l_G \cdot \psi_G}{A_f + A_g}$$

$A_f$ Fläche Fensterrahmen
$U_f$ Wärmedurchgangskoeffizient Fensterrahmen
$A_g$ Fläche Glas
$U_g$ Wärmedurchgangskoeffizient Glas
$l_G$ Länge Verglasungsdichtung
$\psi_G$ Wärmedurchgangskoeffizient Abstandshalter (MIG)
$\psi_{BW}$ Wärmedurchgangskoeffizient Einbaudämmung

**Berücksichtigung der Wärmebrücken $\psi_{BW}$**

- Erhöhung für die gesamte wärmeübertragende Umfassungsfläche pauschal: ► S. 169
  $\Delta U_{BW}$ = 0,10 W/(m² · K)
- Erhöhung für die gesamte wärmeübertragende Umfassungsfläche bei Anwendung der aufgeführten Details nach DIN 4108 Bbl 2:
  $\Delta U_{BW}$ = 0,05 W/(m² · K)

Bei Planung und Einbau ist darauf zu achten, dass die 13 °C Isotherme in den Bauteilen verläuft, um so die Kondenswasserbildung und Schimmelbildung zu vermeiden.

Wärmebrücken an einem Fenster

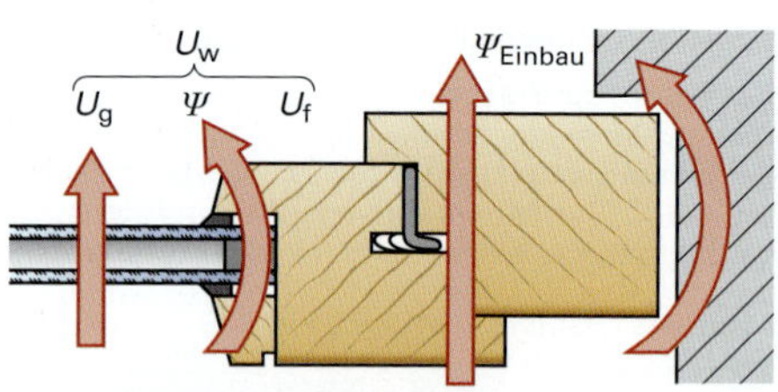


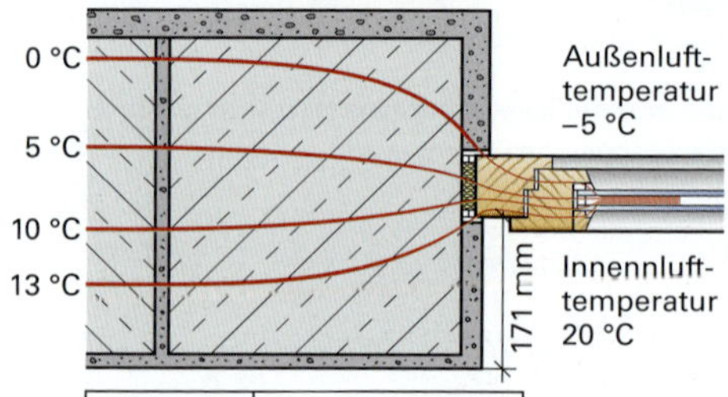


| $f_{0,25}$ = 0,75 | $\Psi_e$ = 0,04 W/(m·K) |
|---|---|

**Beispiel** **Dachaufbau**

Der Wärmedurchlasswiderstand für das in der unten stehenden Skizze dargestellte Dachgeschoss ist an der ungünstigsten Stelle und im Mittel zu berechnen und mit den Mindestanforderungen zu vergleichen.

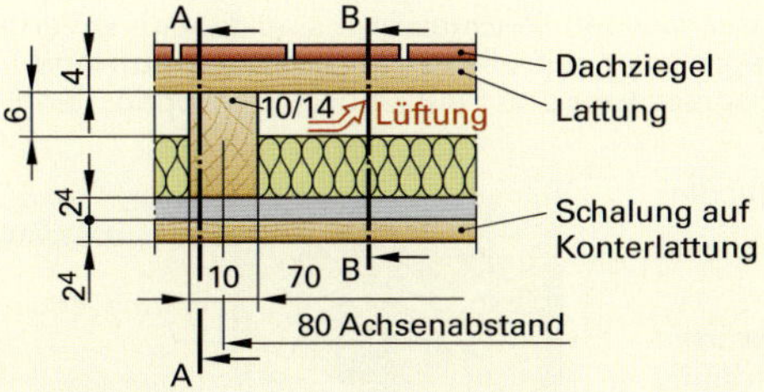


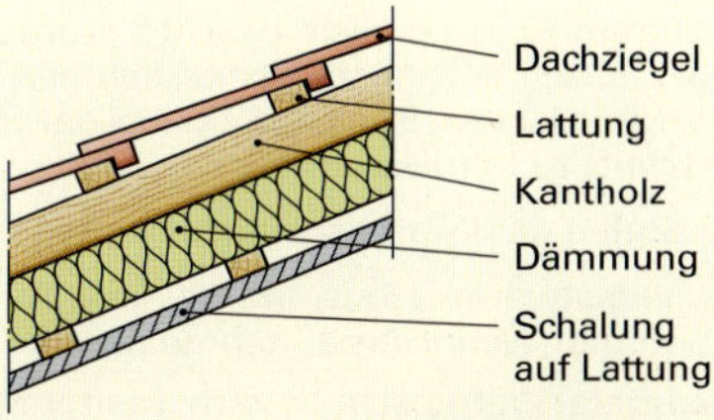


**Rippenbereich A – A** vorh $R = 0{,}80\ \frac{m^2\,K}{W} <$ erf $R = 1{,}20\ \frac{m^2\,K}{W}$

**Gefachebereich B – B** vorh $R = 2{,}47\ \frac{m^2\,K}{W} >$ min $R = 1{,}75\ \frac{m^2\,K}{W}$

Der Mittelwert ist eingehalten. Der Rippenanteil beträgt 12,5 %, der Gefacheanteil 87,5 %.

**Mittelwert** über $R_T$ und dann $U_{m,\,D}$ = UA · 12, % + UB · 8,75 % → $U_{mD} = 0{,}4388\ W/m^2\,K$

→ $\boldsymbol{R_m = 2{,}282\ m^2\,K/W}$

| **Bauteil** | **Dicke** m | **Rohdichte** $\frac{kg}{m^3}$ | **Masse** $\frac{kg}{m^2}$ | **Wärmeleitzahl** $\frac{W}{m\,K}$ | **Wärmedurchlasswiderstand** $R\ \left[\frac{m^2\,K}{W}\right]$ | |
|---|---|---|---|---|---|---|
| Dachziegel, Lattung und Konterlattung sowie Dampfsperren | werden nicht in Ansatz gebracht, belüftet | | | | A | B |
| Mineralfaserdämmstoffe 035 | 0,08 | 100 | 8 | 0,035 | – | 2,29 |
| Kantholz (nur wärmetechn. Höhe) | 0,08 | 600 | 48 | 0,13 | 0,62 | – |
| Schalung | 0,024 | 600 | 14,4 | 0,13 | 0,18 | 0,18 |
| Nach DIN EN ISO 6946 ist hier $R_{se} = R_{si} = 0{,}13\ m^2k/W$. | | | | Σ | 0,80 | 2,47 |

**Beispiel** **Einfamilienhaus mit Flachdach**

| Bauteil und Gebäudegeometrie | Konstruktionshinweise | Berechnungen |
|---|---|---|
| **Außenwände**<br>West 40,6 m²<br>Nord 29,4 m²<br>Ost 40,0 m²<br>Süd 35,0 m² | 1,5 cm Kalkputz<br>24,0 cm KSV ($\varrho$ = 1,4 t/m³)<br>6,0 cm Faserplatten 035<br>4,0 cm Luftschicht<br>ruhende Luftschicht<br>11,5 cm Vollklinker | vorh $R_T = 0{,}13 + \frac{0{,}015}{0{,}87} + \frac{0{,}24}{0{,}70} + \frac{0{,}06}{0{,}035} + 0{,}18 +$<br>$+ \frac{0{,}115}{0{,}96} + 0{,}04 = 2{,}534\ m^2\,K/W$<br>$\boldsymbol{U_W = 0{,}395\ W/m^2K < 0{,}45\ W/m^2\,K}$ |
| **Kellergeschossdecke** 200,0 m² | 4,5 cm Zementestrich<br>3,0 cm Dämmplatte 045<br>16,0 cm Stahlbeton C30/37<br>6,0 cm Dämmplatte 030 | vorh $R_T = 0{,}17 + \frac{0{,}045}{1{,}4} + \frac{0{,}03}{0{,}045} + \frac{0{,}16}{2{,}10} +$<br>$+ \frac{0{,}06}{0{,}030} + 0{,}17 = 3{,}115\ m^2\,K/W$<br>$\boldsymbol{U_G = 0{,}321\ W/m^2\,K < 0{,}50\ W/m^2\,K}$ |
| **Dachgeschossdecke** 200,0 m² | 1,5 cm Gipsputz<br>16,0 cm Stahlbeton C30/37<br>– Dampfsperre<br>12,0 cm Dämmplatte 035<br>– Dichtungsbahn | vorh $R_T = 0{,}13 + \frac{0{,}015}{0{,}70} + \frac{0{,}16}{2{,}10} + \frac{0{,}12}{0{,}035} + 0{,}04$<br>$= 3{,}696\ m^2\,K/W$<br>$\boldsymbol{U_D = 0{,}271\ W/m^2\,K < 0{,}30\ W/m^2\,K}$ |
| **Volumen** 590,0 m³ | – Kiesschüttung | Nachbesserung empfohlen:<br>z. B. 15,0 cm statt 12,0 cm Dämmplatte 035. |
| **Hauseingangstür und Fenster**<br>Nord 12,0 m² + 4,0 m²<br>Süd 16,0 m² | | Vollholztür mit $U = 1{,}8\ W/m^2K$ lt. Ausschreibung<br>Fenster mit $U = 1{,}44\ W/m^2K$ lt. Ausschreibung |

5

## 5.2.3 Wärmebrücken

Fehlender oder falsch ausgeführter Wärmeschutz kann zu Bauschäden führen. Die sichtbaren Bauschäden oder auch die indirekten Schäden können dann besonders groß sein, wenn der Feuchteschutz am Bauwerk nicht beachtet wurde. Wärmeschutz und Feuchteschutz sind daher eng verbunden. Da sich Wärmeschutzmaßnahmen nachträglich nur mit wirtschaftlich hohem Aufwand verwirklichen lassen, ist es wichtig, bei der Grundrissgestaltung und Bauplanung einen optimalen Wärmeschutz zu berücksichtigen.

Als **Stufen des Wärmeschutzes** werden unterschieden:

- Mindestwärmeschutz im Winter, Wärmeschutz im Sommer, Mindestmaßnahme nach DIN 4108
- erhöhter Wärmeschutz, verbesserter Mindestwärmeschutz entsprechend der Energieeinsparverordnung
- optimaler Wärmeschutz, Wärmeschutzstufe mit einem hohen Maß an Behaglichkeit, der auch unter wirtschaftllichen Aspekten rentabel ist
- Höchstwärmeschutz, Maßnahmen, die voll einer Energieverknappung vorbeugen und den Anforderungen eines sinnvollen Umweltschutzes entsprechen

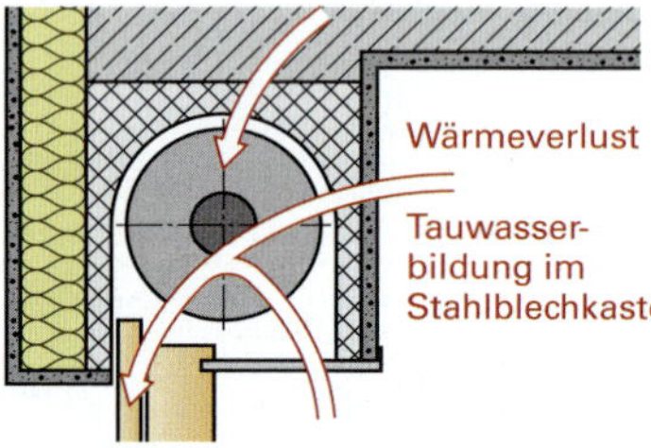


**Rolladenkasten mit Wärmebrücke**

Konstruktions- bzw. materialbedingte Wärmebdrücke (WB) (weitere Beispiele: Fensterbank, Stürze, Mischmauerwerk, Anker als Vorsatzschalen, u.a.m.)

**Wärmebrücken**

- werden oft fälschlicherweise Kältebrücken genannt
- sind einzelne, lokal begrenzte Schwachstellen in den Außenwänden (z.B. Drahtanker)
- haben eine wesentlich geringere Wärmedämmung als die benachbarten Flächenteile
- sind häufig Ursache von Bauschäden, da die Wärmeverluste die Möglichkeiten zur Tauwasserbildung vergrößern
- sind zu vermeiden, wenn das gesamte Bauwerk umhüllend gedämmt wird
- 5 werden in der EnEV im vereinfachten Verfahren mit $\Delta U_{WB} = 0{,}10\ W/m^2K$ berücksichtigt.

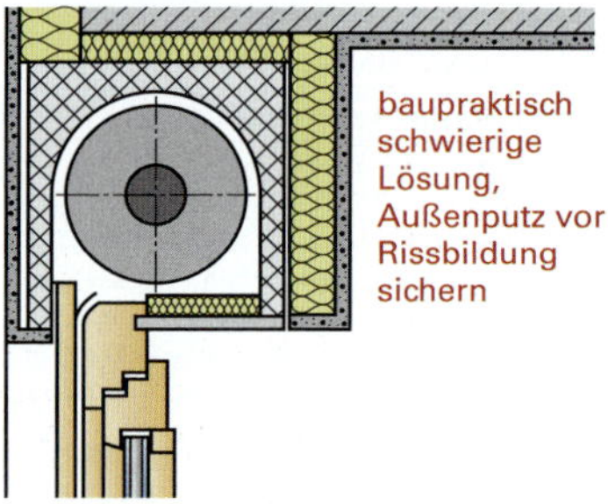


**Rolladenkasten ohne Wärmebrücke**

**Definition:** Eine Wärmebrücke ist ein Teil einer Gebäudehülle, an der der ansonsten normal zum Bauteil auftretende Wärmestrom deutlich verändert wird. Unter den Bedingungen der DIN 4108-2 muss zur Vermeidung von Schimmelbildung an Wärmebrücken stets eine Temperatur an der Bauteilinnenoberfläche von mindestens $\vartheta_i$ = **12,6 °C** eingehalten werden.

$$f_{Rsi} \geq 0{,}7 \text{ (dimensionslos)}$$
$$f_{Rsi} = (\vartheta_{si} - \vartheta_e)/(\vartheta_i - \vartheta_e)$$

DIN 4108, Beiblatt 2 zeigt Lösungsbeispiele die dieses Kriterium erfüllen. Der Nachteil von Wärmebrücken besteht darin, dass einerseits über relativ kleine Flächen viel Wärmemenge zur kalten Außenluft geführt wird und andererseits, dass sich bereits an der Bauteiloberfläche Tauwasser bildet.

**Diese Tauwasserbildung führt zu Bauschäden, wie Zersetzung, Ausblühung, Abspaltung, Abplatzungen und zu gesundheitlichen Schäden infolge Schimmelpilze.**

| Geometrische Wärmebrücke | Konstruktionsbedingte Wärmebrücke | Materialbedingte Wärmebrücke |
|---|---|---|
| ■ an den Außenecken (Übergang kalte Fläche/warme Fläche)<br>■ an den Fensteranschlüssen (Fensteranschlüsse sind nicht geeignet, Tauwasser entlang der Profile und Glasfalze sicher zu verhindern) | ■ bei Heizkörpernischen<br>■ Fensterlaibung<br>■ an Rolladenkästen<br>■ Balkonplatten<br>■ an Kellerdecken | ■ im Holztafelbau im Rippenbereich (Konstruktionsholz)<br>■ bei vorgehängten Fassadenplatten im Verankerungsbereich (Schrauben)<br>■ bei einbindenden Betondecken ohne Stirndämmung |
| | **Umgebungsbedingte Wärmebrücke** | **Stoffbedingte Wärmebrücke** |

## 5.2.4 Anforderungen an den Wärmeschutz im Sommer

DIN 4108-2 und die EnEV 2007 fordern gleicherweise bei Gebäuden den Nachweis für die Begrenzung des Sonneneintragskennwertes $S$. Dieser Wert $S$ ist abhängig vom Gesamtenergiedurchlassgrad $g$ aller Fenster $A_{wj}$ des Raumes und von den Abminderungsfaktoren $F_c$ für Sonnenschutzvorrichtungen und der Raumgröße $A_G$. Der Höchstwert $S_{zul}$ darf nicht überschritten werden.

**Die Klimazonen, sommerkühl (Region A, max $\vartheta_i = 25$ °), gemäßigt (B, 26°) und sommerheiß (C, 27°) sind der DIN 4108-2, Bild 3 zu entnehmen.**

$S \leq S_{zul}$ mit $S = \Sigma(A_{Wj} \cdot g_{totalj})/A_g$

mit $S_{zul} = \Sigma S_x$

mit $g_{total} = g \cdot F_c$

| Gesamtenergiedurchlassgrad | $g$ |
|---|---|
| Doppelverglasung ohne Beschichtung | 0,85 |
| mit einer Infrarot reflektierenden Schicht | 0,62 |
| mit zwei Infrarot reflektierenden Schichten | 0,62 |
| Dreifachverglasung ohne Beschichtung | 0,62 |
| mit zwei Infrarot reflektierenden Schichten | 0,52 |

**Sonnenschutzvorrichtung**

| Nr. | fest installierte Vorrichtung | Abminderungsfaktor $F_c$ |
|---|---|---|
| 1 | **ohne** Sonnenschutzvorrichtung | **1,0** |
| 2 | **innenliegende** und zwischen den Scheiben | |
| | weiße Oberfläche | **0,75** |
| | helle Oberfläche | **0,80** |
| | dunkle Oberfläche | **0,90** |
| 3 | **außenliegende** | |
| | Jalousien und Stoffe | **0,25** |
| | Stoffe mit hoher Transparenz[1] | **0,40** |
| | Markisen, Vordächer | **0,50**[2] |
| | Rollläden, Fensterläden | **0,30** |

[1] Eine Transparenz der Sonnenschutzvorrichtung unter 10 % gilt als gering, über 30 % als erhöht.

[2] Dabei muss sichergestellt sein, dass keine direkte Besonnung des Fensters erfolgt.

**Einflussgrößen**

| Nr. | Gebäudelage Fensterneigung Orientierung | Sonneneintragskennwert $S_x$ |
|---|---|---|
| I | **Sommer-Klimaregion** | |
| | Gebäude in Region A | **0,04** |
| | Gebäude in Region B | **0,03** |
| | Gebäude in Region C | **0,015** |
| II | **Wärmespeicherfähigkeit** | |
| | leichte Bauart o.Nachweis | **$0{,}06 \cdot f_{gew}$** |
| | mittlere Bauart | **$0{,}10 \cdot f_{gew}$** |
| | schwere Bauart | **$0{,}115 \cdot f_{gew}$** |
| III | **Erhöhte Nachtlüftung** | |
| | bei mittlerer und leichter Bauart | **+0,02** |
| | bei schwerer Bauart | **+0,03** |
| | alternative Sonnenschutzverglasung $g \leq 0{,}4$ | **+0,03** |
| IV | **Fensterorientierung** | |
| | 0° ≤ Neigung ≤ 60° gegenüber der Horizontalen, | **$-0{,}115 \cdot f_{neig}$** |
| | Nord-, Nordost- und Nordwest orientierte Fenster, Neigung > 60° | **$+0{,}10 \cdot f_{nord}$** |

**Beispiel Sommerlicher Wärmeschutznachweis**

Gebäude: **Klimazone B,** Arbeitszimmer nach Westen $A_{W1}$ **= 10,00 m²** und Süden $A_{W2}$ **= 3,80 m²** auf der Außenwandfläche von $A_{AW}$ **= 40,00 m²**. Schwere Bauart, erhöhte Nachtlüftung möglich, senkrecht stehende Fenster, Rahmenanteil der Fenster etwa 30 % mit Verglasung **$g = 0{,}6$.**

$S_{zul} = 0{,}03 + 0{,}115 \cdot f_{gew} + 0{,}03$ — $S_{zul} = 0{,}03 + 0{,}086 + 0{,}03 = 0{,}146$

$f_{gew} = (A_W + 0{,}3 \cdot A_{AW} + 0{,}1\ A_D)/A_G$ — $f_{gew} = (13{,}80 + 0{,}3 \cdot 40{,}00 + 0{,}1 \cdot 40{,}00)/40{,}00 = 0{,}745$

$S = \Sigma\ (A_{Wj} \cdot g_{totalj})/A_G$ — $S = 13{,}80 \cdot 0{,}6/40{,}00 = 0{,}207$ **Forderung nicht erfüllt**
Fenster benötigen zusätzliche Schutzvorrichtungen

**Grundsätzlich ist der sommerliche Wärmeeingang abhängig von folgenden Faktoren:**

- Stand des Gebäudes
- Bauart der Innenbauteile
- Orientierung des Gebäudes und der Fenster nach der Himmelsrichtung
- Gesamtenergiedurchlass der Fenster
- Lüftung in den Räumen
- Neigung der Dachschrägen und der Dachflächenfenster
- Wärmeleiteigenschaften der Wände
- Wärmespeichfähigkeit der umschließenden Bauteile

Auf einen Nachweis kann verzichtet werden, wenn der Fensteranteil folgende Werte nicht überschreitet: Nordwest über Süd bis Nordost 10 %; alle anderen Nordorientierungen 15 %; für alle horizontalen und bis 60° geneigten Fenster 7 %.

# 5.3 Energieeinsparverordnung

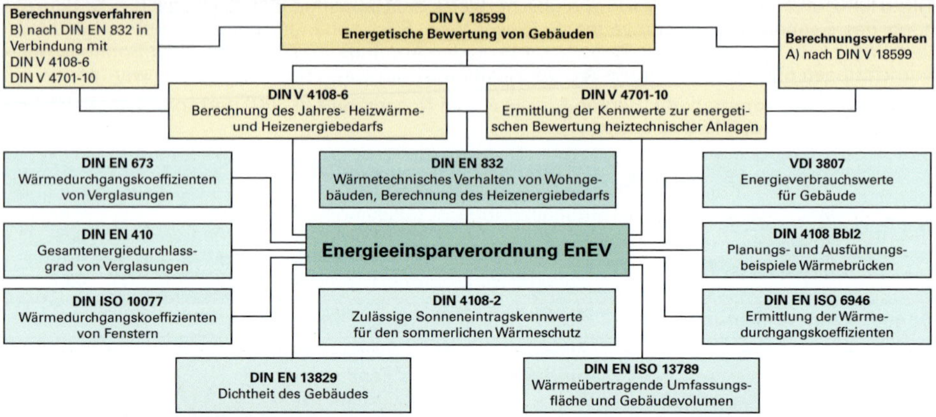


## Höchstwerte nach EnEV 2007

Zu errichtende Wohngebäude sind so auszuführen, dass der Jahres-Primärenergiebedarf für Heizung, Lüftung und Wasseraufbereitung sowie die spezifische auf die Wärme übertragende Umfassungsfläche bezogenen Transmissionswärmeverluste die **Höchstwerte** nach der Tabelle auf ► Seite 166 nicht überschreitet. Das Berechnungsverfahren nach dem vereinfachten Jahresbilanzverfahren ist auf den ► Seiten 167 bis169 dargestellt.

## Höchstwerte nach EnEV 2009

Der Höchstwert des Jahres-Primärenergiebedarfs eines zu errichtenden Wohngebäudes ist der auf die Gebäudenutzfläche bezogene Jahres-Primärenergiebedarf eines Referenzgebäudes.

Vier Aspekte bestimmen die Qualität der Energieeffizient-Häuser

5

- die Gebäudeform
- die Wärmedämmwerte der einzelnen eingesetzten Baustoffe
- die Wärmebrücken mindernde Architektur
- die Luftdichtheit

Planungshinweise zur Gebäudeform

- Kompakter Baukörper
- Vermeidung von Vor- und Rücksprüngen von mehr als 0,50 m
- Einfache Dachformen, Verzicht auf Erker und Gauben
- Süd-/Westorientierung der Fensterflächen

**Referenzgebäude**

**• Gleiche Ausrichtung • Gleiche Nutzfläche • Gleiche Geometrie • Gleiche Nutzung**

Der zulässige Transmissionswärmeverlust $H'_T$ ist grundsätzlich von den Referenzgebäuden nach untenstehender Tabelle abhängig.

Das Berechnungsverfahren kann wie auf den ► Seiten167 bis 169 dargestellt durchgeführt werden. Die Vorgaben für das Referenzgebäude sind auf ► Seite 165 tabellarisch zusammen gefasst.

| RMH/Baulücke Erweiterungen | Gebäude, freistehend $A_N > 350\ m^2$ | DHH/REH einseitig angebaut | Gebäude, freistehend $A_N \leq 350\ m^2$ |
|---|---|---|---|
| 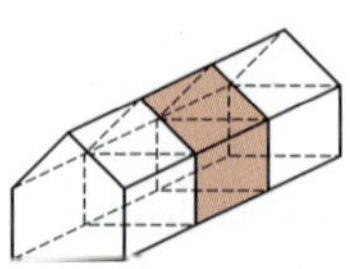 | 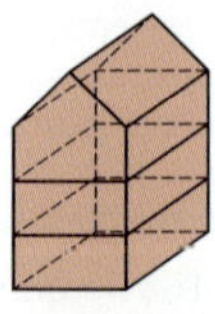 | 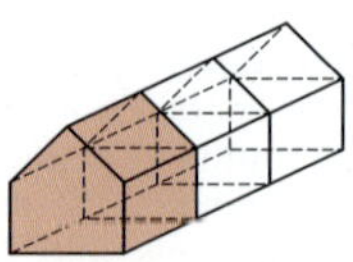 | 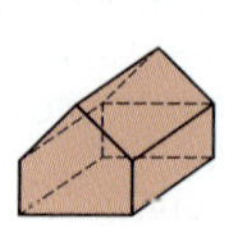 |
| $H'_T = 0{,}65\ W/(m^2 \cdot K)$ | $H'_T = 0{,}50\ W/(m^2 \cdot K)$ | $H'_T = 0{,}45\ W/(m^2 \cdot K)$ | $H'_T = 0{,}40\ W/(m^2 \cdot K)$ |

| Ausführung des Referenzgebäudes | | |
|---|---|---|
| **Bauteil/System** | **Referenzausführung/Wert (Maßeinheit)** | |
| | Eigenschaft | |
| Außenwand, Geschossdecke gegen Außenluft | Wärmedurchgangskoeffizient | $U = 0{,}28\ \mathrm{W/(m^2 \cdot K)}$ |
| Außenwand gegen Erdreich, Bodenplatte, Wände und Decken zu unbeheizten Räumen | Wärmedurchgangskoeffizient | $U = 0{,}35\ \mathrm{W/(m^2 \cdot K)}$ |
| Dach, oberste Geschossdecke, Wände zu Abseiten | Wärmedurchgangskoeffizient | $U = 0{,}20\ \mathrm{W/(m^2 \cdot K)}$ |
| Fenster, Fenstertüren | Wärmedurchgangskoeffizient | $U = 1{,}30\ \mathrm{W/(m^2 \cdot K)}$ |
| | Gesamtenergiedurchlass der Verglasung | $g_{\perp} = 0{,}60$ |
| Dachflächenfenster | Wärmedurchgangskoeffizient | $U = 1{,}40\ \mathrm{W/(m^2 \cdot K)}$ |
| | Gesamtenergiedurchlass der Verglasung | $g_{\perp} = 0{,}60$ |
| Lichtkuppeln | Wärmedurchgangskoeffizient | $U = 2{,}70\ \mathrm{W/(m^2 \cdot K)}$ |
| | Gesamtenergiedurchlass der Verglasung | $g_{\perp} = 0{,}64$ |
| Außentüren | Wärmedurchgangskoeffizient | $U = 1{,}80\ \mathrm{W/(m^2 \cdot K)}$ |
| Wärmebrückenzuschlag | | $\Delta U_{WB} = 0{,}05\ \mathrm{W/(m^2 \cdot K)}$ |
| Luftdichtheit der Gebäudehülle | Bemessungswert $n_{50}$ | Bei Berechnung nach<br>• DIN V 4108-6:2003-06: mit Dichtheitsprüfung<br>• DIN V 18599-2:2007-02: nach Kategoerie I |
| Sonnenschutzvorrichtung | Soweit hier Sonnenschutzverglasung zum Einsatz kommt, ist bei Fenstern, Türen und Dachflächenfenstern $g_{\perp} = 0{,}35$ anzusetzen. | |

| **Heizungsanlage** | **Referenzausführung/Wert (Maßeinheit)** |
|---|---|

- Wärmeerzeugung durch Brennwertkessel (verbessert), Heizöl EL. Aufstellung:
  - für Gebäude bis zu 2 Wohneinheiten innerhalb der thermischen Hülle
  - für Gebäude mit mehr als 2 Wohneinheiten außerhalb der thermischen Hülle
- Auslegungstemperatur 55 °C/45 °C, zentrales Verteilsystem innerhalb der Wärme übertragenden Umfassungsfläche, innen liegende Stränge und Anbindeleitungen, Pumpe auf Bedarf ausgelegt (geregelt, $\Delta p$ konstant), Rohrnetz hydraulisch abgeglichen, Wärmedämmung der Rohrleitungen
- Wärmeübergabe mit freien statischen Heizflächen, Anordnung an normaler Außenwand, Thermostatventile mit Proportionalbereich 1 °C

| **Warmwasserbereitung** | **Referenzausführung/Wert (Maßeinheit)** |
|---|---|

- zentrale Warmwasserbereitung mit Heizungsanlage
- Solaranlage (Kombisystem mit Flachkollektor) entsprechend den Vorgaben nach DIN V 4701-10: 2003-08 oder DIN V 18599-5:2007-02
- Speicher, indirekt beheizt (stehende), gleiche Aufstellung wie Wärmeerzeuger, Auslegung nach DIN V 4701-10:2003-08 oder DIN V 18599-5:2007-02 als
  - kleine Solaranlage bei $A_N < 500\ \mathrm{m^2}$ (bivalenter Solarspeicher)
  - große Solaranlage bei $A_N \geq 500\ \mathrm{m^2}$
- Verteilsystem innerhalb der Wärme übertragenden Umfassungsfläche, innen liegende Stränge, gemeinsame Installationswand, Wärmedämmung der Rohrleitungen, mit Zirkulation, Pumpe auf Bedarf ausgelegt (geregelt, $\Delta p$ konstant)

## Anforderungen an zu errichtende Wohngebäude nach EnEV 2007

Im Sinne der Energieeinsparverordnung sind

- **Gebäude mit normalen Innentemperaturen** solche Gebäude, die auf eine Innentemperatur von mindestens 19 °C und jährlich mehr als 4 Monate beheizt werden,
- Wohngebäude solche Gebäude, die ganz oder überwiegend zum Wohnen genutzt werden,
- Wohngebäude solche Gebäude, deren Fensterflächenanteil 30 % der Umfassungsfläche nicht überschreiten,
- **Gebäude mit niedrigen Innentemperaturen** solche Gebäude, die auf eine Innentemperatur von mindestens 12 °C und weniger als 19 °C und jährlich mehr als 4 Monate beheizt werden.

Zu errichtende Wohngebäude mit normalen Innentemperaturen sind so auszuführen, dass

- der auf die Gebäudenutzung bezogene Jahres-Primärenergiebedarf und
- der spezifische, auf die Wärme übertragene Umfassungsfläche bezogene Transmissionswärmeverlust die Höchstwerte nicht überschreitet.

**Beispiel Lage der Systemgrenzen**

Die beheizte Umfassungsfläche wird nach DIN EN ISO 13789 ermittelt und umschließt alle Räume, die beheizt werden.

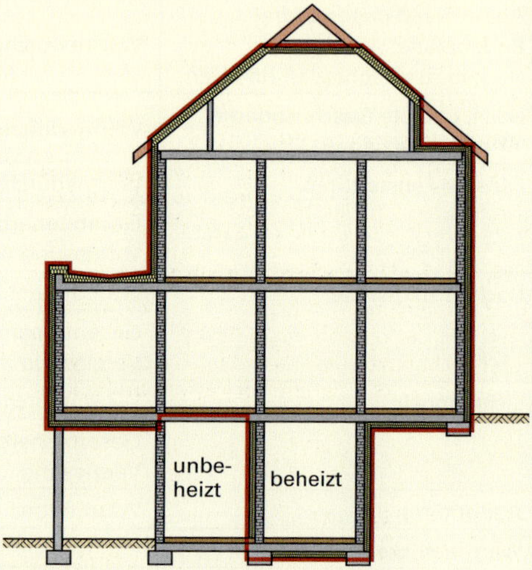


### Höchstwerte des Jahres-Primärenergiebedarfs und des Transmissionswärmeverlustes

| Verhältnis $A/V_e$ | $Q_p''$ in kWh/(m² · a) bezogen auf die Gebäudenutzfläche: Wohngebäude mit fossiler Warmwasserbereitung[1] | $Q_p''$: Wohngebäude mit Warmwasserbereitung aus elektrischem Strom | Transmissionswärmeverlust $H_T'$ in W/(m² · K): Nichtwohngebäude mit einem Fensterflächenanteil ≤ 30 % und Wohngebäude |
|---|---|---|---|
| ≤ 0,2 | 66,00 + 2600/(100 + $A_N$) | 83,00[2] | 1,05[3] |
| 0,3 | 73,53 + 2600/(100 + $A_N$) | 91,33 | 0,80 |
| 0,4 | 81,06 + 2600/(100 + $A_N$) | 98,86 | 0,68 |
| 0,5 | 88,58 + 2600/(100 + $A_N$) | 106,39 | 0,60 |
| 0,6 | 96,11 + 2600/(100 + $A_N$) | 113,91 | 0,55 |
| 0,7 | 103,64 + 2600/(100 + $A_N$) | 121,44 | 0,51 |
| 0,8 | 111,17 + 2600/(100 + $A_N$) | 128,97 | 0,49 |
| 0,9 | 118,70 + 2600/(100 + $A_N$) | 136,50 | 0,47 |
| 1 | 126,23 + 2600/(100 + $A_N$) | 144,03 | 0,45 |
| ≥ 1,05 | 130,00 + 2600/(100 + $A_N$) | 147,79 | 0,44 |

**Zwischenwerte**

1) $Q_p'' = 50{,}94 + 75{,}29 \cdot A/V_e + 2600/(100 + A_N)$ in kWh/(m² · a)

2) $Q_p'' = 68{,}74 + 75{,}29 \cdot A/V_e$ in kWh/(m² · a)

3) $H_T' = 0{,}3 + 0{,}15 / (A/V_e)$ in W/(m² · K)

und bei einem Fensteranteil > 30 %
$H_T' = 0{,}35 + 0{,}24 / (A/V_e)$ in W/(m² · K)

### Definition der Bezugsgrößen $A$, $A_N$ und $V_e$

Die Wärme übertragende **Umfassungsfläche $A$** des Gebäudes ist mit den Abmessungen der äußeren Begrenzungsflächen des beheizten Gebäudeteils zu berechnen.

Das **Gebäudevolumen $V_e$** wird mit den Außenmaßen der fertigen, Wärme übertragenden Umfassungsfläche ermittelt. Darin sind alle Räume inbegriffen, die entweder direkt oder indirekt durch Raumverbund (z.B. Flure, Dielen) beheizt werden.

Die **Gebäudenutzfläche $A_N$** wird wie folgt ermittelt:

$$A_N = 0{,}32\ V_e$$

Fensterflächenanteil

$$f = A_W/(A_W + A_{AW})$$

mit $A_W$ Fensterfläche;
$A_{AW}$ Fläche der Außenwände

Bei beheizten Dachgeschossen sind die Dachflächenfenster in $A_W$, die beheizte Dachschräge in $A_{AW}$ einzurechnen.

5

## Berechnungsgrößen und Formeln

### Jahres-Primärenergiebedarf $Q_p$

Der Jahres-Primärenergiebedarf ist vereinfacht wie folgt zu ermitteln:

$$Q_P = (Q_H + Q_W) \cdot e_p$$

$Q_H$ Jahres-Heizwertbedarf in kWh/a
$Q_W$ Zuschlag für Warmwasser in kWh/a
$e_p$ Anlagenaufwandzahl ▶ S. 168

### Warmwasserbereitung $Q_W$

Als Nutz-Wärmebedarf für die Warmwasserbereitung $Q_W$ sind vereinfacht 12,5 kWh/(m² a) mit $A_N$ in m² in Ansatz zu bringen.

### Transmissionswärmeverlust $H_T$

Die Berechnung des Transmissionswärmeverlustes erfolgt gemäß DIN 4108 aus den Wärmedurchlasskoeffizienten $U_i$, der Bezugsfläche $A_i$ und dem Temperaturkorrekturfaktor $F_{xi}$.

$$H_T = \Sigma (F_{xi} \cdot U_i \cdot A_i) + 0{,}05\ A$$

### Beheiztes Volumen

Bei Gebäuden bis 3 Vollgeschossen gilt:

$$V = 0{,}76\ V_e$$

In allen übrigen Fällen:

$$V = 0{,}80\ V_e$$

### Wärmebrücken

Die Wärmebrücken sind besonders zu berücksichtigen und nachzuweisen. Im vereinfachten Fall gilt für die gesamte Wärme übertragende Umfassungsfläche:

$$\Delta U_{WB} = 0{,}05\ W/m^2\ K$$

### Lüftungswärmeverlust $H_V$

Der Lüftungswärmeverlust ermittelt sich nach folgender Formel:

mit Dichtheitsprüfung $H_V = 0{,}163\ V_e$

ohne Dichtheitsprüfung $H_V = 0{,}19\ V_e$

### Solare Wärmegewinne $Q_S$

Die solaren Wärmegewinne werden nach der Orientierung der Fensterflächen, der solaren Einstrahlung und dem Gesamtenergiedurchlassgrad berechnet.

$$Q_S = \Sigma (I_j \cdot 0{,}567 \cdot A_{F,i} \cdot g_i)$$

Dachflächen mit einer Neigung ≥ 30° sind hinsichtlich der Orientierung wie senkrechte Fenster zu berechnen.

| Temperaturkorrekturfaktoren $F_{xi}$ | | |
|---|---|---|
| Wärmestrom nach außen über Bauteil | Temperatur-Korrekturfaktor $F_{xi}$ | |
| Außenwand | $A_W$ | 1,0 |
| Dach (als Systemgrenze) | $A_D$ | 1,0 |
| Oberste Geschossdecke (Dachraum nicht ausgebaut) | $A_{DG}$ | 0,8 |
| Abseitenwand (Drempelwand) | $A_{AW}$ | 0,8 |
| Wände und Decken zu unbeheizten Räumen | $A_{WB}$ | 0,5 |
| Unterer Gebäudeabschluss Kellerdecke/-wände zu unbeheiztem Keller; Fußboden auf Erdreich; Keller gegen Erdreich | $A_G$ | 0,6 |
| Fenster | $A_F$ | 1,0 |

| Solare Einstrahlung $I_j$ nach Orientierung | |
|---|---|
| Südost bis Südwest | 270 kWh/(m² · a) |
| Nordwest bis Nordost | 100 kWh/(m² · a) |
| übrige Richtungen | 155 kWh/(m² · a) |
| Dachflächenfenster mit Neigung < 30 °3) | 225 kWh/(m² · a) |

Die Fläche der Fenster $A_i$ mit der Orientierung $j$ (Süd, West, Ost, Nord und horizontel) ist nach den lichten Fassadenöffnungmaßen zu ermitteln.

### Interne Wärmegewinne $Q_i$

Die internen Wärmegewinne in kWh/a werden pauschal an gerechnet mit:

$$Q_i = 22\ A_N$$

### Jahres-Heizwärmebedarf $Q_h$

Unter Berücksichtigung der Heizgradtage gilt der Faktor $f_{Gt}$ = 66 für die Berechnung des Heizwärmebedarfes in kWh/a (▶ S. 169).

$$Q_H = 66\ (H_T + H_V) - 0{,}95\ (Q_S + Q_i)$$

### Gesamtenergiedurchlassgrad $g$

Die Energiedurchlässigkeit von Verglasungen wird duch den Energiedurchlassgrad $g$ ausgedrückt; z.B. 0,58 bedeutet, dass 58 % der auf die Verglasung auftretenden Wärmeenergie hindurchgeht. Niedrige Energiedurchlassgrade sind anzustreben und i.d.R. den Produkt-Spezifikationen oder der Bauregelliste zu entnehmen. Fenster mit einer Neigung ≥ 30 ° sind wie senkrechte Fenster zu behandeln.

| $g$-Werte üblicher Fenstergläser (Richtwerte) | |
|---|---|
| Einfachverglasung | $g = 0{,}87$ |
| Doppelverglasung | $g = 0{,}80$ |
| Wärmeschutzverglasung | $g = 0{,}58$ |
| Dreifachverglasung | $g = 0{,}55$ |
| Sonnenschutzverglasung | $g = 0{,}55$ |

5

## Anlagenaufwandszahl $e_p$

In der DIN 4701-10 (Energetische Bewertung heiztechnischer Anlagen) werden Heizanlagen grafisch im Diagrammverfahren, Tabellenverfahren und im detaillierten Verfahren erfasst. Abhängig von der beheizten Nutzfläche $A_N$ und dem Jahres-Heizwärmebedarf ist die Anlagenaufwandszahl zu ermitteln. Wichtig ist daher eine Verwendung produktspezifischer Kennwerte. Die Grafik zeigt Vergleichswerte von Anlagen bei 150 m² bis 500 m² Gebäudenutzfläche bei einem mittleren Jahresheizwärmebedarf von $q$ = 60 kWh/(m² · $a$).

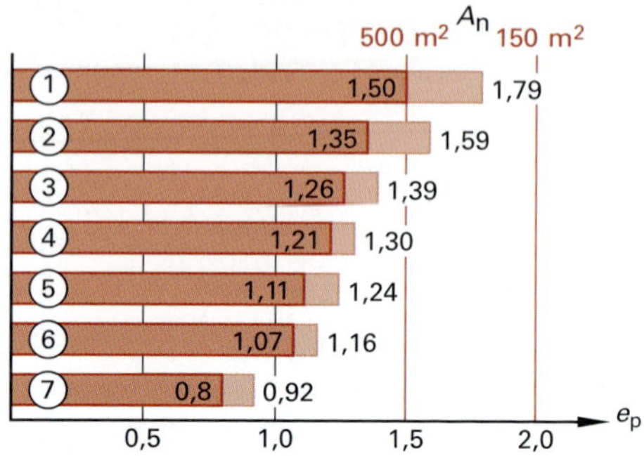


Indize: L Lüftungsanlage, H Heizungsanlage,
NT Niedrigtemperatur (-kessel)
TW Trinkwasser (-erwärmung)
BW Brennwert (-kessel)

① NT-Kessel + TW-Speicher, HK 70/55 °C außerhalb thermischer Hülle, Zirkulation
② wie 1) jedoch BW statt NT-Kessel
③ wie 2) innerhalb thermischer Hülle
④ wie 3 ohne Zirkulation
⑤ wie 3) mit Lüftungsanlage
⑥ wie 2) mit solarer Wasseraufbereitung
⑦ Wärmepumpe + TW-Speicher Fußbodenheizung 35/28 °C

### Anhaltswerte für die Anlagenaufwandszahl

| | |
|---|---|
| Niedertemperatur-Kessel 70/55 °C mit Horizontal-Verteilung und Kesselaufstellung im Keller | 1,4 … 2,0 |
| Niedertemperatur-Kessel 70/55 °C komplett im beheizten Bereich aufgestellt (NT-Kessel) | 1,3 … 1,8 |
| Brennwert-Kessel 55/45 °C komplett im beheizten Bereich aufgestellt | 1,2 … 1,6 |
| Brennwert-Kessel 55/45 °C komplett im beheizten Bereich aufgestellt und solare Trinkwassererwärmung | 1,1 … 1,15 |
| Brennwert-Kessel 55/45 °C komplett im beheizten Bereich aufgestellt und Lüftungsanlage mit Wärmerückgewinnung (BW-Kessel) | 1,15 … 1,5 |

### Tabellenverfahren für die zwei häufigsten Anlagentypen nach DIN 4701-10

5

**Niedrigtemperaturkessel 70 °C / 55 °C**
Verteilung innerhalb thermischer Hülle
mit Zirkulation, zentral; keine Lüftungsanlage

| $A_N$ in m² | $q$ in kWh/(m² · a) 40 | 50 | 60 | 70 | 80 | 90 |
|---|---|---|---|---|---|---|
| | Anlagenaufwandszahl $e_p$ | | | | | |
| 100 | 1,64 | 1,57 | 1,52 | 1,48 | 1,45 | 1,42 |
| 120 | 1,60 | 1,54 | 1,49 | 1,45 | 1,42 | 1,40 |
| 150 | 1,55 | 1,49 | 1,45 | 1,42 | 1,39 | 1,37 |
| 170 | 1,53 | 1,47 | 1,43 | 1,40 | 1,38 | 1,36 |
| 200 | 1,50 | 1,45 | 1,41 | 1,38 | 1,36 | 1,35 |
| 250 | 1,47 | 1,42 | 1,39 | 1,37 | 1,35 | 1,33 |
| 300 | 1,44 | 1,40 | 1,37 | 1,35 | 1,33 | 1,32 |
| 350 | 1,43 | 1,39 | 1,36 | 1,34 | 1,33 | 1,31 |
| 400 | 1,42 | 1,38 | 1,36 | 1,34 | 1,32 | 1,31 |

**Brennwert-Kessel 55 °C / 45 °C**
Verteilung innerhalb thermischer Hülle
mit Zirkulation, zentral; keine Lüftungsanlage

| $A_N$ in m² | $q$ in kWh/(m² · a) 40 | 50 | 60 | 70 | 80 | 90 |
|---|---|---|---|---|---|---|
| | Anlagenaufwandszahl $e_p$ | | | | | |
| 100 | 1,56 | 1,49 | 1,43 | 1,40 | 1,36 | 1,34 |
| 120 | 1,52 | 1,45 | 1,41 | 1,37 | 1,34 | 1,32 |
| 150 | 1,46 | 1,41 | 1,36 | 1,33 | 1,31 | 1,29 |
| 170 | 1,44 | 1,39 | 1,35 | 1,32 | 1,30 | 1,28 |
| 200 | 1,41 | 1,36 | 1,33 | 1,30 | 1,28 | 1,26 |
| 250 | 1,39 | 1,34 | 1,31 | 1,29 | 1,27 | 1,25 |
| 300 | 1,36 | 1,32 | 1,29 | 1,27 | 1,25 | 1,24 |
| 350 | 1,35 | 1,31 | 1,28 | 1,26 | 1,25 | 1,23 |
| 400 | 1,34 | 1,30 | 1,28 | 1,26 | 1,24 | 1,23 |

### Energiekennwerte – Brennwert – Heizwert

| Brennstoff | Heizwert $H_i$ | Brennwert $H_s$ | $H_s/H_i$ | Taupunkt | Tauwasser |
|---|---|---|---|---|---|
| Heizöl EL | 10,08 kWh/l | 10,68 kWh/l | ~ 1,06 | bei ~ 47 °C | ~ 0,9 l/l |
| Erdgas LL | 8,83 kWh/l | 9,78 kWh/l | ~ 1,11 | bei ~ 57 °C | ~ 1,5 l/m³ |
| Erdgas E | 10,35 kWh/l | 11,46 kWh/l | ~ 1,11 | bei ~ 57 °C | ~ 1,6 l/m³ |

Sinkt die Temperatur der Verbrennungsgase unter die Taupunkttemperatur, bildet sich Kondenswasser.

## Zusammenstellung der Berechnungsgrößen

| **1. Transmissionswärmeverlust** | Wärmedurchgangskoeffizient bei Wärmebrücken: |
|---|---|
| $H_T = \Sigma(U_i \cdot A_i \cdot F_{xi}) + \Delta U_{WB} \cdot A$ | Bei Ausführung der Details gemäß DIN 4108 Bbl. 2 gilt $\Delta U_{WB} = 0{,}05\ W/(m^2K)$, ansonsten der erhöhte Wert von $0{,}10\ W/(m^2K)$.<br>Bei aneinander gereihten Gebäuden (z.B. Reihenhäuser) werden die Trennwände zwischen Gebäuden bei normalen Innentemperaturen bei der Ermittlung von $A$ und $A/V_e$ nicht berücksichtigt. |
| **2. Wärmegewinne** | |

**Solare Wärmegewinne $Q_S$ [kWh/a]**

| Orientierung | Solare Einstrahlung $I_j$ [kWh/(m² · a)] | Fenster-Teilfläche $A_{w,i}$ [m²] | Gesamtenergie-durchlassgrad $g_i$ [–] | $I_j \cdot 0{,}567 \cdot A_{w,i} \cdot g_i$ [kWh/a] |
|---|---|---|---|---|
| Südost bis Südwest | 270 | | | |
| Nordwest bis Nordost | 100 | | | |
| übrige Richtungen | 155 | | | |
| Dachflächenfenster mit Neigung < 30° | 255 | | | |
| Solare Wärmegewinne | | | $Q_S$ = | |

**Interne Wärmegewinne $Q_i$ [kWh/a]**

| | | | | |
|---|---|---|---|---|
| Interne Wärmegewinne | $Q_i = 22 \cdot A_N$ | | $Q_i$ = | |

**3. Jahres-Heizwärmebedarf**

| | | |
|---|---|---|
| Jahres-Heizwärmebedarf [kWh/a]<br>66 Heizgradtagszahlfaktor (2900 Kd · 0,95 / 24 h/d / 1000 W/kW)<br>0,95 Nutzungsgrad der Wärmegewinnung | $Q_H = 66 \cdot (H_T + H_V) - 0{,}95 \cdot (Q_S + Q_i)$<br>$Q_H$ = | |
| Flächenbezogener Jahres-Heizwärmebedarf [kWh/(m² a)] | $Q''_H = Q_h/A_N$<br>$Q''_H$ = | |

5

**Spezifischer flächenbezogener Transmissionswärmeverlust [W/(m² K)]**

| | | |
|---|---|---|
| **vorhandener** flächenbezogener Transmissionswärmeverlust | $H'_{T,vorh} = H_T/A$<br>$H'_{T,vorh}$ = | |
| **zulässiger** spezifischer flächenbezogener Transmissionswärmeverlust<br>$H'_{T,max} = 1{,}05$<br>$H'_{T,max} = 0{,}3 + 0{,}15/(A/V_e)$<br>$H'_{T,max} = 0{,}44$ | <br>bei $A/V_e \leq 0{,}2$<br>bei $0{,}2 < A/V_e < 1{,}05$<br>bei $A/V_e \geq 1{,}05$ $H'_{T,max}$ = | |

**4. Jahres-Primärenergiebedarf**

| | | |
|---|---|---|
| **vorhandener** Jahres-Primärenergiebedarf [kWh/(m² a)] | $Q''_{P,vorh} = e_p \cdot (Q''_H + Q''_W)$<br>$Q''_W = 12{,}5\ kWh/(m^2a)$ $Q''_{P,vorh}$ = | |

**zulässiger Jahres-Primärenergiebedarf**

| | | |
|---|---|---|
| Wohngebäude<br>$Q''_{P,max} = 66 + 2600/(100 + A_N)$<br>$Q''_{P,max} = 50{,}94 + 75{,}29 \cdot A/V_e + 2600/(100 + A_N)$<br>$Q''_{P,max} = 130 + 2600/(100 + A_N)$ | <br>bei $A/V_e \leq 0{,}2$<br>bei $0{,}2 < A/V_e < 1{,}05$<br>bei $A/V_e \geq 1{,}05$ $Q''_{P,max}$ = | |
| Wohngebäude mit überwiegender Warmwasserbereitung aus elektrischem Strom<br>$Q''_{P,max} = 83$<br>$Q''_{P,max} = 68{,}74 + 75{,}29 \cdot A/V_e$<br>$Q''_{P,max} = 147{,}79$ | <br>bei $A/V_e \leq 0{,}2$<br>bei $0{,}2 < A/V_e < 1{,}05$<br>bei $A/V_e \geq 1{,}05$ $Q''_{P,max}$ = | |

**Ausstellung von Energieausweisen**
Die Berechtigung zur Ausstellung von Energieausweisen für neue Gebäude ist im Landesrecht, für bestehende Gebäude in § 21 EnEV geregelt. Benötigt wird i.d.R. eine einschlägige Ausbildung oder einschlägige Zusatzqualifikationen.

**Einschlägige Ausbildung**
Diplom, Bachlor, Master in den Fachrichtungen: Architektur, Bauingenieurwesen, Technische Gebäudeausrüstung, Physik, Bauphysik, Verfahrenstechnik, Maschinenbau, Gebäudemanagement

**Einschlägige Zusatzqualifikation**
Energie sparendes Bauen
Energieberater (mit Fortbildungszertifikat)
öffentlich bestellter Sachverständiger
(Schornsteinfegermeister, Zimmerermeister)

# ENERGIEAUSWEIS für Wohngebäude

gemäß den §§ 16 ff. Energieeinsparverordnung (EnEV)

Gültig bis:

1

## Gebäude

| | | |
|---|---|---|
| Gebäudetyp | | Gebäudefoto (freiwillig) |
| Adresse | | |
| Gebäudeteil | | |
| Baujahr Gebäude | | |
| Baujahr Anlagentechnik | | |
| Anzahl Wohnungen | | |
| Gebäudenutzfläche ($A_N$) | | |
| Anlass der Ausstellung des Energieausweises | □ Neubau<br>□ Vermietung / Verkauf<br>□ Modernisierung (Änderung / Erweiterung) | □ Sonstiges (freiwillig) |

5

## Hinweise zu den Angaben über die energetische Qualität des Gebäudes

Die energetische Qualität eines Gebäudes kann durch die Berechnung des **Energiebedarfs** unter standardisierten Randbedingungen oder durch die Auswertung des **Energieverbrauchs** ermittelt werden. Als Bezugsfläche dient die energetische Gebäudenutzfläche nach der EnEV, die sich in der Regel von den allgemeinen Wohnflächenangaben unterscheidet. Die angegebenen Vergleichswerte sollen überschlägige Vergleiche ermöglichen (**Erläuterungen – siehe Seite 4**).

□ Der Energieausweis wurde auf der Grundlage von Berechnungen des **Energiebedarfs** erstellt. Die Ergebnisse sind auf **Seite 2** dargestellt. Zusätzliche Informationen zum Verbrauch sind freiwillig.

□ Der Energieausweis wurde auf der Grundlage von Auswertungen des **Energieverbrauchs** erstellt. Die Ergebnisse sind auf **Seite 3** dargestellt.

Datenerhebung Bedarf/Verbrauch durch □ Eigentümer □ Aussteller

□ Dem Energieausweis sind zusätzliche Informationen zur energetischen Qualität beigefügt (freiwillige Angabe).

## Hinweise zur Verwendung des Energieausweises

Der Energieausweis dient lediglich der Information. Die Angaben im Energieausweis beziehen sich auf das gesamte Wohngebäude oder den oben bezeichneten Gebäudeteil. Der Energieausweis ist lediglich dafür gedacht, einen überschlägigen Vergleich von Gebäuden zu ermöglichen.

Aussteller

................ ....................................
Datum Unterschrift des Ausstellers

# ENERGIEAUSWEIS für Wohngebäude

gemäß den §§ 16 ff. Energieeinsparverordnung (EnEV)

## Berechneter Energiebedarf des Gebäudes (2)

### Energiebedarf

$CO_2$-Emissionen 1) ____ kg/(m²·a)

Endenergiebedarf ____ kWh/(m²·a)

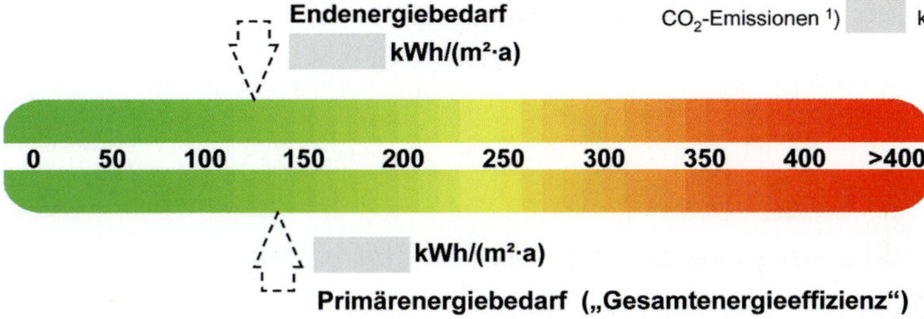


____ kWh/(m²·a)

Primärenergiebedarf („Gesamtenergieeffizienz")

### Nachweis der Einhaltung des § 3 oder § 9 Abs. 1 EnEV 2)

**Primärenergiebedarf**

| | | |
|---|---|---|
| Gebäude Ist-Wert | | kWh/(m²·a) |
| EnEV-Anforderungswert | | kWh/(m²·a) |

**Energetische Qualität der Gebäudehülle**

| | | |
|---|---|---|
| Gebäude Ist-Wert $H_T'$ | | W/(m²·K) |
| EnEV-Anforderungswert $H_T'$ | | W/(m²·K) |

### Endenergiebedarf

| Energieträger | Jährlicher Endenergiebedarf in kWh/(m²·a) für | | | Gesamt in kWh/(m²·a) |
|---|---|---|---|---|
| | Heizung | Warmwasser | Hilfsgeräte 3) | |
| | | | | |
| | | | | |
| | | | | |

### Sonstige Angaben

**Einsetzbarkeit alternativer Energieversorgungssysteme**

- ☐ nach § 5 EnEV vor Baubeginn geprüft

**Alternative Energieversorgungssysteme werden genutzt für:**

- ☐ Heizung
- ☐ Warmwasser
- ☐ Lüftung
- ☐ Kühlung

**Lüftungskonzept**

Die Lüftung erfolgt durch:

- ☐ Fensterlüftung
- ☐ Schachtlüftung
- ☐ Lüftungsanlage ohne Wärmerückgewinnung
- ☐ Lüftungsanlage mit Wärmerückgewinnung

### Vergleichswerte Endenergiebedarf

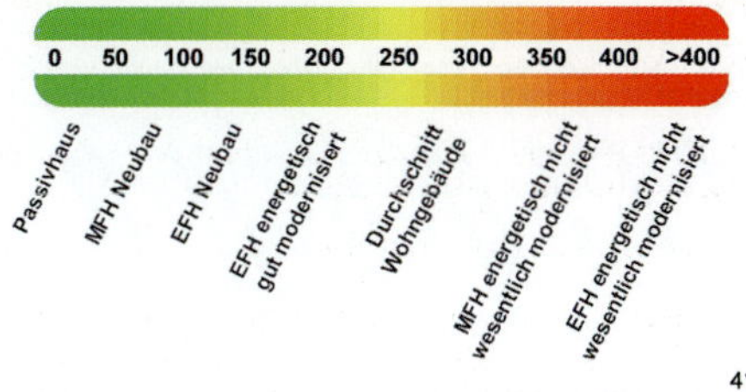


4)

### Erläuterungen zum Berechnungsverfahren

Das verwendete Berechnungsverfahren ist durch die Energieeinsparverordnung vorgegeben. Insbesondere wegen standardisierter Randbedingungen erlauben die angegebenen Werte keine Rückschlüsse auf den tatsächlichen Energieverbrauch. Die ausgewiesenen Bedarfswerte sind spezifische Werte nach der EnEV pro Quadratmeter Gebäudenutzfläche ($A_N$).

1) freiwillige Angabe
2) nur in den Fällen des Neubaus und der Modernisierung auszufüllen
3) ggf. einschließlich Kühlung
4) EFH – Einfamilienhäuser, MFH – Mehrfamilienhäuser

5

# ENERGIEAUSWEIS für Wohngebäude

gemäß den §§ 16 ff. Energieeinsparverordnung (EnEV)

## Erfasster Energieverbrauch des Gebäudes

3

### Energieverbrauchskennwert

Dieses Gebäude:

kWh/(m²·a)

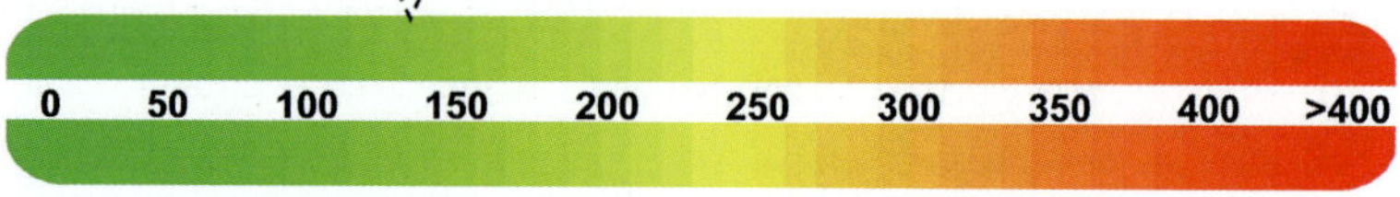


Energieverbrauch für Warmwasser: ☐ enthalten ☐ nicht enthalten

☐ Das Gebäude wird auch gekühlt; der typische Energieverbrauch für Kühlung beträgt bei zeitgemäßen Geräten etwa 6 kWh je m² Gebäudenutzfläche und Jahr und ist im Energieverbrauchskennwert nicht enthalten.

### Verbrauchserfassung – Heizung und Warmwasser

| Energieträger | Zeitraum | | Energie-verbrauch [kWh] | Anteil Warm-wasser [kWh] | Klima-faktor | Energieverbrauchskennwert in kWh/(m²·a) (zeitlich bereinigt, klimabereinigt) | | |
|---|---|---|---|---|---|---|---|---|
| | von | bis | | | | Heizung | Warmwasser | Kennwert |
| | | | | | | | | |
| | | | | | | | | |
| | | | | | | | | |
| | | | | | | | | |
| | | | | | | | Durchschnitt | |

5

### Vergleichswerte Endenergiebedarf

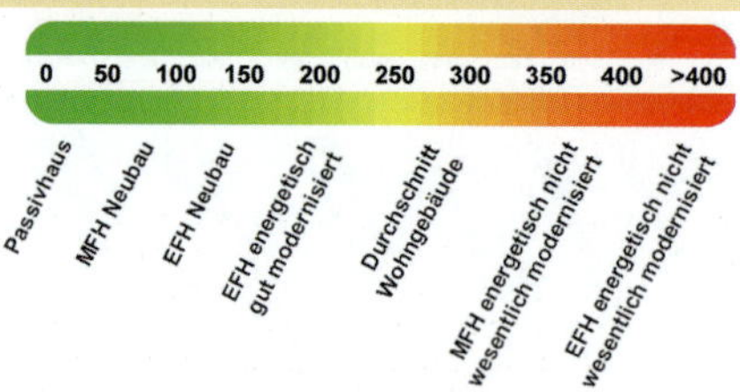


Die modellhaft ermittelten Vergleichswerte beziehen sich auf Gebäude, in denen die Wärme für Heizung und Warmwasser durch Heizkessel im Gebäude bereitgestellt wird.
Soll ein Energieverbrauchskennwert verglichen werden, der keinen Warmwasseranteil enthält, ist zu beachten, dass auf die Warmwasserbereitung je nach Gebäudegröße 20 – 40 kWh/(m²·a) entfallen können.
Soll ein Energieverbrauchskennwert eines mit Fern- oder Nahwärme beheizten Gebäudes verglichen werden, ist zu beachten, dass hier normalerweise ein um 15 – 30 % geringerer Energieverbrauch als bei vergleichbaren Gebäuden mit Kesselheizung zu erwarten ist.

### Erläuterungen zum Verfahren

Das Verfahren zur Ermittlung von Energieverbrauchskennwerten ist durch die Energieeinsparverordnung vorgegeben. Die Werte sind spezifische Werte pro Quadratmeter Gebäudenutzfläche ($A_N$) nach Energieeinsparverordnung. Der tatsächliche Verbrauch einer Wohnung oder eines Gebäudes weicht insbesondere wegen des Witterungseinflusses und sich ändernden Nutzerverhaltens vom angegebenen Energieverbrauchskennwert ab.

1) EFH – Einfamilienhäuser, MFH – Mehrfamilienhäuser

**Einhaltung der EnEV**
Entweder die EnEV wird konsequent beachtet und eingehalten oder der Bauherr beantragt eine Befreiung bei der zuständigen Bauaufsichtsbehörde. Für die Einhaltung der EnEV-Vorschriften ist zunächst der Bauherr verantwortlich. Daneben stehen die beteiligten Planer und Ausführenden in ihrem Zuständigkeitsbereich mit in der Verantwortung.

# ENERGIEAUSWEIS für Wohngebäude

gemäß den §§ 16 ff. Energieeinsparverordnung (EnEV)

## Erläuterungen

4

**Energiebedarf – Seite 2**
Der Energiebedarf wird in diesem Energieausweis durch den Jahres-Primärenergiebedarf und den Endenergiebedarf dargestellt. Diese Angaben werden rechnerisch ermittelt. Die angegebenen Werte werden auf der Grundlage der Bauunterlagen bzw. gebäudebezogener Daten und unter Annahme von standardisierten Randbedingungen (z. B. standardisierte Klimadaten, definiertes Nutzerverhalten, standardisierte Innentemperatur und innere Wärmegewinne usw.) berechnet. So lässt sich die energetische Qualität des Gebäudes unabhängig vom Nutzerverhalten und der Wetterlage beurteilen. Insbesondere wegen standardisierter Randbedingungen erlauben die angegebenen Werte keine Rückschlüsse auf den tatsächlichen Energieverbrauch.

**Primärenergiebedarf – Seite 2**
Der Primärenergiebedarf bildet die Gesamtenergieeffizienz eines Gebäudes ab. Er berücksichtigt neben der Endenergie auch die so genannte „Vorkette" (Erkundung, Gewinnung, Verteilung, Umwandlung) der jeweils eingesetzten Energieträger (z. B. Heizöl, Gas, Strom, erneuerbare Energien etc.). Kleine Werte signalisieren einen geringen Bedarf und damit eine hohe Energieeffizienz und eine die Ressourcen und die Umwelt schonende Energienutzung. Zusätzlich können die mit dem Energiebedarf verbundenen $CO_2$-Emissionen des Gebäudes freiwillig angegeben werden.

**Endenergiebedarf – Seite 2**
Der Endenergiebedarf gibt die nach technischen Regeln berechnete, jährlich benötigte Energiemenge für Heizung, Lüftung und Warmwasserbereitung an. Er wird unter Standardklima- und Standardnutzungsbedingungen errechnet und ist ein Maß für die Energieeffizienz eines Gebäudes und seiner Anlagentechnik. Der Endenergiebedarf ist die Energiemenge, die dem Gebäude bei standardisierten Bedingungen unter Berücksichtigung der Energieverluste zugeführt werden muss, damit die standardisierte Innentemperatur, der Warmwasserbedarf und die notwendige Lüftung sichergestellt werden können. Kleine Werte signalisieren einen geringen Bedarf und damit eine hohe Energieeffizienz.
Die Vergleichswerte für den Energiebedarf sind modellhaft ermittelte Werte und sollen Anhaltspunkte für grobe Vergleiche der Werte dieses Gebäudes mit den Vergleichswerten ermöglichen. Es sind ungefähre Bereiche angegeben, in denen die Werte für die einzelnen Vergleichskategorien liegen. Im Einzelfall können diese Werte auch außerhalb der angegebenen Bereiche liegen. 5

**Energetische Qualität der Gebäudehülle – Seite 2**
Angegeben ist der spezifische, auf die wärmeübertragende Umfassungsfläche bezogene Transmissionswärmeverlust (Formelzeichen in der EnEV: $H_T'$). Er ist ein Maß für die durchschnittliche energetische Qualität aller wärmeübertragenden Umfassungsflächen (Außenwände, Decken, Fenster etc.) eines Gebäudes. Kleine Werte signalisieren einen guten baulichen Wärmeschutz.

**Energieverbrauchskennwert – Seite 3**
Der ausgewiesene Energieverbrauchskennwert wird für das Gebäude auf der Basis der Abrechnung von Heiz- und ggf. Warmwasserkosten nach der Heizkostenverordnung und/oder auf Grund anderer geeigneter Verbrauchsdaten ermittelt. Dabei werden die Energieverbrauchsdaten des gesamten Gebäudes und nicht der einzelnen Wohn- oder Nutzeinheiten zugrunde gelegt. Über Klimafaktoren wird der erfasste Energieverbrauch für die Heizung hinsichtlich der konkreten örtlichen Wetterdaten auf einen deutschlandweiten Mittelwert umgerechnet. So führen beispielsweise hohe Verbräuche in einem einzelnen harten Winter nicht zu einer schlechteren Beurteilung des Gebäudes. Der Energieverbrauchskennwert gibt Hinweise auf die energetische Qualität des Gebäudes und seiner Heizungsanlage. Kleine Werte signalisieren einen geringen Verbrauch. Ein Rückschluss auf den künftig zu erwartenden Verbrauch ist jedoch nicht möglich; insbesondere können die Verbrauchsdaten einzelner Wohneinheiten stark differieren, weil sie von deren Lage im Gebäude, von der jeweiligen Nutzung und vom individuellen Verhalten abhängen.

**Gemischt genutzte Gebäude**
Für Energieausweise bei gemischt genutzten Gebäuden enthält die Energieeinsparverordnung besondere Vorgaben. Danach sind - je nach Fallgestaltung - entweder ein gemeinsamer Energieausweis für alle Nutzungen oder zwei getrennte Energieausweise für Wohnungen und die übrigen Nutzungen auszustellen; dies ist auf Seite 1 der Ausweise erkennbar (ggf. Angabe „Gebäudeteil").

# 5.4 Feuchteschutz und Tauwasserschutz

## 5.4.1 Bauliche Schutzmaßnahmen

Jedes Bauwerk muss durch bauliche Maßnahmen vor dem Eindringen von Wasser und Feuchtigkeit geschützt werden. Ständig feuchte Baustoffe verlieren ihre Festigkeit und Wärmedämmfähigkeit . Wasser ► S. 65, 370 und Feuchtigkeit sammeln sich im Erdreich und fallen im Bauwerksinneren an. Man unterscheidet Außenwasser und Innenwasser.

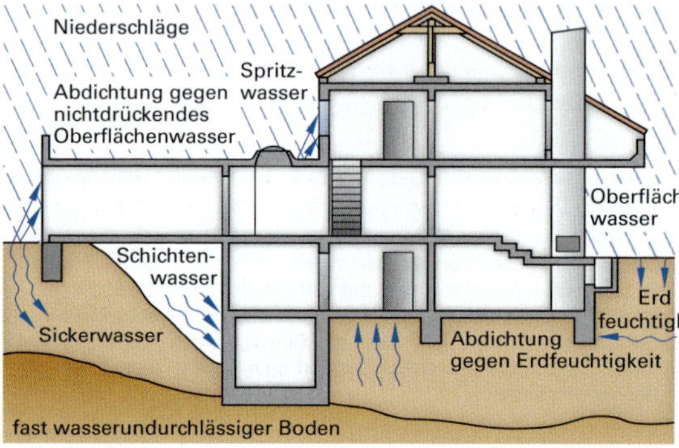


**Außenwasser**

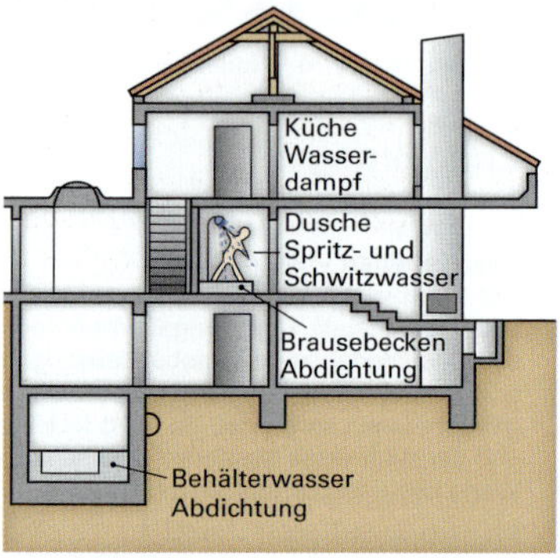


**Innenwasser**

**Nicht drückendes Wasser** bezeichnet das Niederschlagswasser, das im Erdreich versickert, und die aufsteigende Feuchtigkeit aus dem Grundwasser. Gegen aufsteigende Feuchtigkeit sind waagerechte und gegen seitlich einwirkende Feuchtigkeit sind senkrechte Sperrschichten anzuordnen. Vgl. auch Baumaterialien, Dichtungsbahnen ► S. 152, 175 und 274.

**Drückendes Wasser** beinhaltet alles Schichtenwasser, das sich zwischen bindigen oder sonst wasserundurchlässigen Bodenschichten sammelt und auf Bauteile einen Druck ausübt. Bauteile, die durch drückendes Wasser gefährdet sind, müssen eine wasserdruckhaltende Abdichtung oder eine aus wasserundurchlässigem Beton hergestellte Wanne erhalten.

5

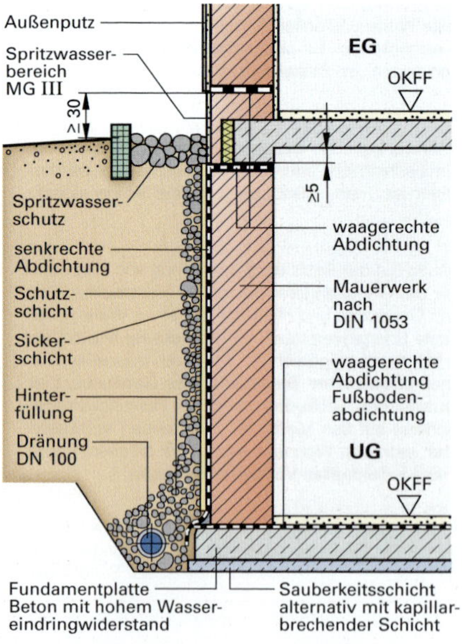


**Abdichtung gegen nicht drückendes Wasser**

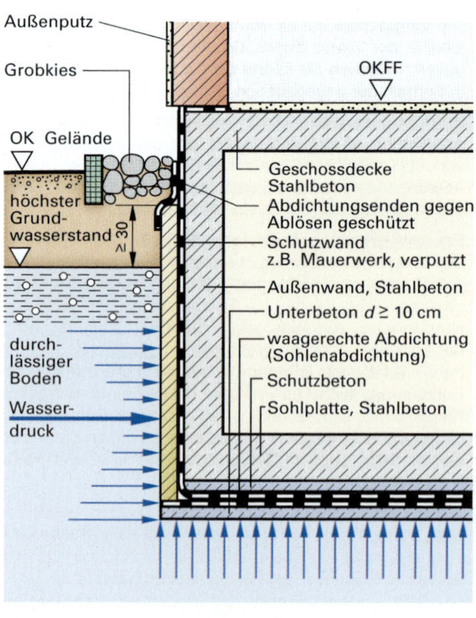


**Abdichtung gegen drückendes Wasser**

## Bauwerksabdichtungen

Bauwerksabdichtungen werden benötigt bei nicht wasserdichten Bauwerken oder Bauteilen, die auf Bodenfeuchte, nichtdrückendes Wasser, von außen drückendes Wasser und von innen drückendes Wasser beansprucht werden. Die **DIN 18195 „Bauwerksabdichtungen"** regelt in 10 Teilen u.a.: (1) Grundsätze, Zuordnungen der Abdichtungsarten, (2) Stoffe – auch DIN 1045, DIN 1053, DIN 185550, (3) Untergrund und Verarbeitung, (4) Abdichtungen gegen Bodenfeuchte, (5) Abdichtung gegen nicht drückendes Wasser auf Deckenflächen, (6) Abdichtung gegen von außen drückendes Wasser, (7) Abdichtung gegen von innen drückendes Wasser.

Die **DIN 4108, Teil 3,** beschreibt u.a. die Belastung der Bauteile durch Schlagregen in mm/m$^2$ pro Jahr. Die Beanspruchungsgruppen I, II und III sind unter Berücksichtigung der regionalen klimatischen Bedingungen festgelegt. **I gering** < 600 mm; **II mittel** 600 mm … 800 mm; **III stark** > 800 mm

**Anforderungen an den Untergrund**
Abdichtungen dürfen nur auf Bauwerksflächen aufgebracht werden, die frostfrei, fest, eben, frei von Nestern und Rissen, Graten und Verunreinigungen sind. Nicht verschlossene Vertiefungen größer als 5 mm sind mit Mörtel zu verschließen.

**Schutzschichten**
Die Abdichtungen sind durch Schutzschichten gegen mechanische Beschädigungen zu schützen. Senkrechte Abdichtungen werden durch Noppenbahnen, Wellbahnen, Wärmedämmplatten oder Dränplatten geschützt. Waagerechte oder leicht geneigte Abdichtungen erhalten mindestens 5 cm dicken Schutzestrich oder werden durch Gummigranulatmatten (ca. 6 mm), zweilagige synthetische Vliesbahnen (ca. 300 kg/m$^2$) oder Kunststoffdichtungsbahnen geschützt.

| Abdichtungsstoff | Anwendungsbereich | Verarbeitungshinweise für Abdichtungen gegen Bodenfeuchtigkeit |
|---|---|---|
| Bitumen-Voranstrichmittel | Abdichtung von Außenwänden | 1 × kaltflüssiger Voranstrich bei Deckaufstrichmittel oder bei Bitumenbahnen |
| Bitumen- und Polymerbitumenbahnen | Abdichtung von Außenwänden<br>Horizontale Abdichtung der Bodenplatte mit Schutzschicht | 1 × Voranstrich<br>mindestens eine Lage mit Klebemasse aufkleben |
| Kunststoff- und Elastomer-Dichtungsbahnen | Abdichtung von Außenwänden<br>Horizontale Abdichtung der Bodenplatte mit Schutzschicht | 1 × Voranstrich mindestens eine Lage PIB-Bahnen mit Aufstrich aus Bitumenklebemasse,<br>im Flammverfahren aufkleben |
| Elastomer-Dichtungsbahnen mit Selbstklebeschicht | Abdichtung von Außenwänden<br>Horizontale Abdichtung der Bodenplatte mit Schutzschicht | 1 × Voranstrich<br>Dichtungsbahn aufkleben,<br>Überlappung verschweißen |
| Klebemassen und Deckaufstrichmittel | Abdichtung von Außenwänden | 1 × Voranstrich und<br>2 × heißflüssiger Deckanstrich |
| Asphaltmastix und Gussasphalt | Horizontale Abdichtung der Bodenplatte mit Schutzschicht | Feuchtigkeitsbrücken im Bereich der Putzflächen vermeiden |
| Bitumenverträgliche Kunststoff-Dichtungsbahnen aus Ethylen-Vinyl-Acetat-Terpolymer (EVA) | Abdichtung von Außenwänden | wie Kunststoffdichtungsbahnen, sowohl mit Bitumenklebemasse als auch im Flämmverfahren aufzukleben |
| Kunststoffmodifizierte Bitumendickbeschichtung (KBM) | Abdichtung von Außenwänden<br>Horizontale Abdichtung der Bodenplatte mit Schutzschicht | 2 Arbeitsgänge frisch in frisch,<br>Gesamtdicke mind. 3 mm<br>Trockenschicht |
| Kaltselbstklebende Bitumen-Dichtungsbahnen (KSK) | Abdichtung von Außenwänden<br>Horizontale Abdichtung der Bodenplatte mit Schutzschicht | 1 × Voranstrich mindestens eine Lage |

| Feuchtigkeitsbeanspruchungsklassen für den Innenbereich | |
|---|---|
| A01 | **Wandflächen,** die nur zeitweise mit Spritzwasser beansprucht werden. |
| A02 | **Waagerechte Flächen,** die nur zeitweise mit Spritzwasser beansprucht sind. |
| B0 | **Außenbauteile,** mit nichtdrückender Wasserbeanspruchung. |
| 0 | Wand- und Bodenflächen, die nur zeitweise und geringfügig durch Spritzwasser beansprucht werden. |
| Abdichtungsstoffe: Polymerdispersionen, Reaktionsharzbeschichtungen, Kunststoff-Mörtel-Kombinationen. | |

## **Drainage (Dränung)** nach DIN 4095

Durch Dränung sollen die Bodenschichten entwässert werden, damit erdberührte Bauteile nicht durch zeitweise drückendes Wasser beansprucht werden. Dauerhaft drückendes Wasser kann durch Dränung nicht abgeleitet werden.

**Ringdrainage** vor Wänden entlang der Fundamente unterhalb der Fundamentüberstände.

**Flächendrainage** unterhalb der gesamten Bodenplatte, z.B. aus Betonkies mit der Sieblinie B 32 mindestens 30 cm dick oder Kies der Körnung 4/32 auf Filtervlies.

**Dränleitungen** bestehen aus geschlitzten flexiblen Kunststoff-Rippenrohren DN 100 oder aus gelochten bzw. geschlitzten Betonrohren, Faserzementrohren, Tonrohren oder Kunststoffrohren mit Filtervliesummantelung. Gefälle 0,5 % bis 1,0 %.

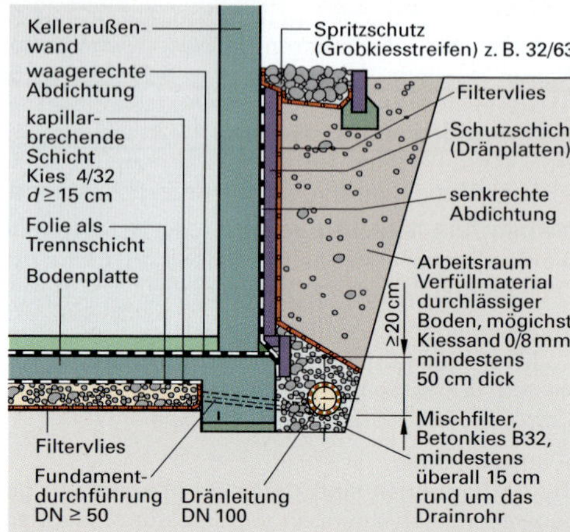


## **5.4.2 Klimabedingter Feuchtigkeitsschutz**

Aufgrund klimatischer Bedingungen finden Umwandlungen zwischen Wasserdampf und Wasser statt. Aus Wasserdampf entsteht Tauwasser und kapillar aufgenommenenes (Regen-)Wasser trocknet unter Dampfbildung ab. Tauwasserbildung kann nur verhindert werden, wenn die Raumtemperatur/Oberflächentemperatur eines Bauteils größer als die Taupunkttemperatur ist. Die Taupunkttemperatur wird von der relativen Luftfeuchtigkeit durch das Wohnverhalten, die Raumtemperatur bzw. Bauteiltemperatur und durch den Wärmeschutz beeinflusst. Die Lufttemperatur im Raum sollte mit 1,25-facher Sicherheit angesetzt werden. Feuchte/Tauwasser kann auf unterschiedliche Weise ins Bauwerk gelangen:

- Durchfeuchtung von außen aufgrund von Niederschlag (Schlagregen)
- aufsteigende Erdfeuchte
- Feuchte von Baumaterialien
- Diffusion von Wasserdampf in der Luft ins Innere von Bauteilen
- Kondenswasserbildung auf den Oberflächen von Bauteilen im Innenbereich

**Tauwasserbildung**

- ist nur dann unschädlich, wenn die Standsicherheit des Bauwerks und der Wärmeschutz nicht beeinträchtigt wird
- ist besonders in Raumecken und hinter Schränken ungünstig, da dort die Durchströmung mit Raumluft gestört ist
- ist besonders in Räumen mit niedrigen Temperaturen kritisch, da die warme Luft anderer Räume sich hier niederschlägt
- wird durch gezielte Lüftung, bei der verbrauchte Raumluft durch frische trockene Luft ausgetauscht wird, teilweise verhindert.

**Feuchteschutztechnische Größen**

| Größe | Kurzzeichen | Zusammenhang | Einheit |
|---|---|---|---|
| Sättigungsdruck | $p_s$ | | |
| Teildruck im Raum | $p_i$ | $p = \frac{F}{A}$ | 1 N/m² = 1 Pa |
| Teildruck im Freien | $p_e$ | | |
| Feuchte: Luft, absolut Luft, relativ | $\varphi$ | $\varphi = \frac{W}{W_s} = \frac{p}{p_s}$ | 1% |
| Wasserdampf-Diffusionsstromdichte | $g_i$ | $g_i = \frac{p_i - p_e}{Z}$ | kg/(m² · h) |
| Wasserdampf-Diffusionswiderstandszahl | $\mu$ | Stoffkennwert | 1 |
| diffusionsäquivalante Luftschichtdicke | $s_d$ | $s_d = \mu \cdot d$ | m |
| flächenbezogene Wassermasse | $m$ | | kg/m² |
| Tauwassermasse | $m_{W,T}$ | $m_{W,t} = t_T \cdot (g_i - g_e)$ | |
| verdunstende Wassermasse | $m_{W,V}$ | $m_{W,t} = t_V \cdot (g_i + g_e)$ | |
| Dauer der Tauperiode | $t_T$ | 1440 Std. | h |
| Dauer der Verdunstungsperiode | $t_V$ | 2160 Std. | h |
| Wasserdampf-Diffusionsdurchlasswiderstand | $Z$ $Z_i$ $Z_e$ | gebunden in m² hPa/kg | |

## 5.4.3 Feuchteschutztechnische Rechenwerte

**Luftfeuchtigkeit**
Luft enthält Wasser in gasförmigem Zustand in Form von Wasserdampf. Je höher die Temperatur ist, um so mehr können von der Luft Feuchtigkeitsmengen aufgenommen werden.

**Absolute Luftfeuchte $\varphi$**
Die Höchstmasse an Wasserdampf (Sättigungsmenge) wird ausgedrückt in g Wasserdampf je kg trockener Luft oder g Wasserdampf je m³ feuchter Luft. Die tatsächlich vorhandene Wasserdampfmasse in der Luft wird als absolute Luftfeuchte (g/m³) bezeichnet.

| Lufttemperatur $\vartheta_L$ in °C | – 20 | – 10 | 0 | + 10 | + 20 | + 30 |
|---|---|---|---|---|---|---|
| Sättigungsdichte $c_s$ in g/m³ | 0,88 | 2,14 | 4,84 | 9,39 | 17,29 | 30,36 |

**Relative Luftfeuchte $\varphi$**
Die relative Luftfeuchte $\varphi$ ist das Verhältnis von tatsächlich vorhandener Dampfmasse $W$ zu der bei der Lufttemperatur maximal möglichen Dampfsättigungsmasse $W_s$.

$$\varphi = \frac{W_{vorh.}}{W_s} \cdot 100\% = \frac{p_{vorh.}}{p_s} \cdot 100\%$$

**Wasserdampf**
Wasserdampf ist Wasser in gasförmigem Zustand und hat das Bestreben sich gleichmäßig zu verteilen und durch Bauteile zu diffundieren.

**Wasserdampfdiffusion**
Durch Wasserdampfdruckgefälle bedingte Wanderung von Wasserdampf durch Bauteile.

**Diffusionswiderstand**
Rechenwert aus der Dicke der Sperrschicht (Dampfsperre, Dampfbremse) mal Diffusionswiderstand $\mu$ in Meter.

Wasserdampfdiffusionsäquivalente Luftschichtdicke
$s_d$ in m, $d$ in m, $\mu$ ohne Einheit

$$s_d = \mu \cdot d$$

**Tauwasser $W_T$ ($m_{W,T}$)**
Feuchtigkeit, die sich an oder in Bauteilen niederschlägt, wenn sich die Luft unter ihren Taupunkt abkühlt.

**Taupunkttemperatur**
Temperatur, bei der die Luftfeuchte durch Abkühlung ihren Sättigungsgehalt erreicht (100%). Wird diese Taupunkttemperatur noch unterschritten, dann scheidet sich aus der Luft Feuchtigkeit aus (Tauwasser, Kondenswasser).

### Wasserdampf-Diffusionswiderstandszahlen $\mu$ nach DIN 4108-4 und DIN EN 12524

| **Putz, Estrich, Mörtel** | |
|---|---|
| Kalkmörtel, Kalkzementmörtel, Zementmörtel, Leichtmörtel/-Estrich | 15/35 |
| Kalkgipsmörtel, Gipsmörtel, Anhydritmörtel/-Estrich | 10 |
| Wärmedämmputzsysteme | 5/20 |
| **Großformatige Bauplatten** | |
| Stahlbeton | 80/130 |
| Normalbeton | 60/100 |
| Leichtbeton | 70/150 |
| Mauerwerk (VZ, HLZ, KSV, PP) | 5/10 |
| Vollklinker, Hochlochklinker | 50/100 |
| Mauerwerk mit KSV (ab 1600 kg/m³) | 15/25 |
| Leichtbeton (haufwerksporiges Gefüge) | 3/10 |
| **Holz** | |
| Fichte, Kiefer, Tanne, Buche, Eiche | 50 |
| Sperrholz, Flachpressplatten | 50/100 |
| Holzfaserplatten, MDF | 12/50 |

| **Bauplatten** | |
|---|---|
| Porenbeton-Bauplatten, Wandbauplatten aus Leichtbeton/aus Gips | 5/10 |
| Sperrholz 300 | 50/150 |
| Sperrholz 700 | 90/220 |
| OSB-Platte | 30/50 |
| **Wärmedämmstoffe** | |
| Holzwolle-Leichtbauplatten | 2/5 |
| Korkdämmstoffe | 5/10 |
| Mineralische und pflanzliche Faserdämmstoffe | 1 |
| Schaumkunststoffe PUR | 40 ... 200 |
| Schaumglas CG | dampfdicht |
| **Abdichtungsbahnen** | |
| Bitumendachbahnen | 10 000/80 000 |
| PVC-Folien d ≥ 0,1 mm | 20 000/50 000 |
| PE-C $d \geq 0{,}1$ mm | 100 000 |
| Alu-Folie $d \geq 0{,}05$ mm | dampfdicht |

**Beispiel** **Wasserdampfdiffusionsäquivalente Luftschicht**

Welches der Materialien Vollholz Kiefer $d$ = 24 mm, Bitumendachbahn $d$ = 1,2 mm, Außenwand aus Stahlbeton $d$ = 18 cm, Gipskartonplatte $d$ = 25 mm hat den größten Wasserdampf-Diffusionswiderstand?

| | | | |
|---|---|---|---|
| Kiefer | $s_d = 50 \cdot 0{,}024$ m | ⇒ | $s_d$ = **1,20 m** |
| Stahlbeton | $s_d = 80 \cdot 0{,}180$ m | ⇒ | $s_d$ = **1,44 m** |
| Gipsplatte | $s_d = 4 \cdot 0{,}025$ m | ⇒ | $s_d$ = **0,10 m** |
| Bitumendachbahn | $s_d = 10000 \cdot 0{,}0012$ m | ⇒ | $s_d$ = **12,00 m** |

Die Bitumendachbahn erzielt den größten Wert und setzt dem diffundierenden Wasserdampf den größten Widerstand entgegen.

5

**Sättigungsmenge $c_s$ der Luft in Abhängigkeit von der Temperatur $\vartheta_L$**

| $\vartheta_L$ in °C | $c_s$ g/m³ | $\vartheta_L$ in °C | $c_s$ g/m³ | $\vartheta_L$ in °C | $c_s$ g/m³ | $\vartheta_L$ in °C | $c_s$ g/m³ | $\vartheta_L$ in °C | $c_s$ g/m³ |
|---|---|---|---|---|---|---|---|---|---|
| – 20 | 0,88 | – 10 | 2,14 | 0 | 4,84 | 10 | 9,4 | 20 | 17,3 |
| – 19 | 0,96 | – 9 | 2,33 | 1 | 5,2 | 11 | 10,0 | 21 | 18,3 |
| – 18 | 1,05 | – 8 | 2,54 | 2 | 5,6 | 12 | 10,7 | 22 | 19,4 |
| – 17 | 1,15 | – 7 | 2,76 | 3 | 6,0 | 13 | 11,4 | 23 | 20,8 |
| – 16 | 1,27 | – 6 | 2,99 | 4 | 6,4 | 14 | 12,1 | 24 | 21,8 |
| – 15 | 1,38 | – 5 | 3,24 | 5 | 6,8 | 15 | 12,8 | 25 | 23,0 |
| – 14 | 1,51 | – 4 | 3,51 | 6 | 7,3 | 16 | 13,6 | 26 | 24,4 |
| – 13 | 1,65 | – 3 | 3,81 | 7 | 7,8 | 17 | 14,5 | 27 | 26,8 |
| – 12 | 1,80 | – 2 | 4,13 | 8 | 8,3 | 18 | 15,4 | 28 | 27,2 |
| – 11 | 1,98 | – 1 | 4,47 | 9 | 8,8 | 19 | 16,3 | 29 | 28,7 |
| – 10 | 2,14 | 0 | 4,84 | 10 | 9,4 | 20 | 17,3 | 30 | 30,0 |

**Taupunkttemperatur $\vartheta_s$ der Luft in Abhängigkeit von der Lufttemperatur $\vartheta_L$ in °C und der relativen Luftfeuchte $\varphi$**

| Lufttemperatur $\vartheta_L$ | Taupunkttemperatur $\vartheta_s$ in °C bei einer relativen Luftfeuchte von | | | | | | | | | | | | | |
|---|---|---|---|---|---|---|---|---|---|---|---|---|---|---|
| | 30% | 35% | 40% | 45% | 50% | 55% | 60% | 65% | 70% | 75% | 80% | 85% | 90% | 95% |
| 30 °C | 10,5 | 12,9 | 14,9 | 16,8 | 18,4 | 20,0 | 21,4 | 22,7 | 23,9 | 25,1 | 26,2 | 27,2 | 28,2 | 29,1 |
| 29 °C | 9,7 | 12,0 | 14,0 | 15,9 | 17,5 | 19,0 | 20,4 | 21,7 | 23,0 | 24,1 | 25,2 | 26,2 | 27,2 | 28,1 |
| 28 °C | 8,8 | 11,1 | 13,1 | 15,0 | 16,6 | 18,1 | 19,5 | 20,8 | 22,0 | 23,2 | 24,2 | 25,2 | 26,2 | 27,1 |
| 27 °C | 8,0 | 10,2 | 12,2 | 14,1 | 15,7 | 17,2 | 18,6 | 19,9 | 21,1 | 22,2 | 23,3 | 24,3 | 25,2 | 26,1 |
| 26 °C | 7,1 | 9,4 | 11,4 | 13,2 | 14,8 | 16,3 | 17,6 | 18,9 | 20,1 | 21,2 | 22,3 | 23,3 | 24,2 | 25,1 |
| 25 °C | 6,2 | 8,5 | 10,5 | 12,2 | 13,9 | 15,3 | 16,7 | 18,0 | 19,1 | 20,3 | 21,2 | 22,3 | 23,2 | 24,1 |
| 24 °C | 5,4 | 7,6 | 9,6 | 11,3 | 12,9 | 14,4 | 15,8 | 17,0 | 18,2 | 19,3 | 20,3 | 21,3 | 22,3 | 23,1 |
| 23 °C | 4,5 | 6,7 | 8,7 | 10,4 | 12,0 | 13,5 | 14,8 | 16,1 | 17,2 | 18,3 | 19,4 | 20,3 | 21,3 | 22,2 |
| 22 °C | 3,6 | 5,9 | 7,8 | 9,5 | 11,1 | 12,5 | 13,9 | 15,1 | 16,3 | 17,4 | 18,4 | 19,4 | 20,3 | 21,2 |
| 21 °C | 2,8 | 5,0 | 6,9 | 8,6 | 10,2 | 11,6 | 12,9 | 14,2 | 15,3 | 16,4 | 17,4 | 18,4 | 19,3 | 20,2 |
| 20 °C | 1,9 | 4,1 | 6,0 | 7,7 | 9,3 | 10,7 | 12,0 | 13,2 | 14,4 | 15,4 | 16,4 | 17,4 | 18,3 | 19,2 |
| 19 °C | 1,0 | 3,2 | 5,1 | 6,8 | 8,3 | 9,8 | 11,1 | 12,3 | 13,4 | 14,5 | 15,5 | 16,4 | 17,3 | 18,2 |
| 18 °C | 0,2 | 2,3 | 4,2 | 5,9 | 7,4 | 8,8 | 10,1 | 11,3 | 12,5 | 13,5 | 14,5 | 15,4 | 16,3 | 17,2 |
| 17 °C | – 0,6 | 1,4 | 3,3 | 5,0 | 6,5 | 7,9 | 9,2 | 10,4 | 11,5 | 12,5 | 13,5 | 14,5 | 15,3 | 16,2 |
| 16 °C | – 1,4 | 0,5 | 2,4 | 4,1 | 5,6 | 7,0 | 8,2 | 9,4 | 10,5 | 11,6 | 12,6 | 13,5 | 14,4 | 15,2 |
| 15 °C | – 2,2 | – 0,3 | 1,5 | 3,2 | 4,7 | 6,1 | 7,3 | 8,5 | 9,6 | 10,6 | 11,6 | 12,5 | 13,4 | 14,2 |
| 14 °C | – 2,9 | – 1,0 | 0,6 | 2,3 | 3,7 | 5,1 | 6,4 | 7,5 | 8,6 | 9,6 | 10,6 | 11,5 | 12,4 | 13,2 |
| 13 °C | – 3,7 | – 1,9 | – 0,1 | 1,3 | 2,8 | 4,2 | 5,5 | 6,6 | 7,7 | 8,7 | 9,6 | 10,5 | 11,4 | 12,2 |
| 12 °C | – 4,5 | – 2,6 | – 1,0 | 0,4 | 1,9 | 3,2 | 4,5 | 5,7 | 6,7 | 7,7 | 8,7 | 9,6 | 10,4 | 11,2 |
| 11 °C | – 5,2 | – 3,4 | – 1,8 | – 0,4 | 1,0 | 2,3 | 3,5 | 4,7 | 5,8 | 6,7 | 7,7 | 8,6 | 9,4 | 10,2 |
| 10 °C | – 6,0 | – 4,2 | – 2,6 | – 1,2 | 0,1 | 1,4 | 2,6 | 3,7 | 4,8 | 5,8 | 6,7 | 7,6 | 8,4 | 9,2 |



**Zusätzliche Forderungen**

An den Berührflächen nicht wasseraufnahmefähiger Schichten dürfen höchstens 0,5 kg Tauwasser je m² auftreten, z. B. zwischen Luftschicht und Klinkervorsatzschale.

Die während der Wintermonate (Tauperiode) anfallende Kondensatmenge darf nur ein bestimmtes Maß erreichen:

- für Wände und Dächer maximal 1 kg/m²
- für Holz, maximale Zunahme um 5 Masse-% nach DIN 68800
- für Holzwerkstoffe (Stabsperrholz-, Furniersperrholz-, Spanplatten) maximale Zunahme um 3 Masse-%.
- Holzwolle-Leichtbauplatten und Mehrschicht-Leichtbauplatte nach DIN 1101 sind von der %-Regelung ausgenommen. Die anrechenbare Wärmeleitfähigkeit wird i.d.R. mit $\lambda = 0{,}15$ W/mK angesetzt, wenn die Gesamtdicke zwischen 10 mm und 25 mm beträgt.
- bezüglich der Schimmelbildung ist bei $\varphi \geq 80\%$ Vorsicht geboten; auch ohne Tauwasserbildung.

## 5.4.4 Schutzmaßnahmen gegen Tauwasserbildung

Bei unzureichender Ausführung der Wärmedämmung kann es an den Innenseiten der Außenwände oder in der Wandkonstruktion zu Tau- oder Schwitzwasserbildung (Kondenswasser) kommen.

**Tauwasserbildung auf Bauteiloberflächen** hängt von dem Wasserdampfgehalt der Luft und von der Temperatur der angrenzenden Flächen ab. Je höher die Lufttemperatur, desto mehr Feuchtigkeit kann die Luft aufnehmen. Die Luft kann jedoch bei einer bestimmten Temperatur $\vartheta_L$ nur eine bestimmte Wasserdampfmenge $f$ aufnehmen: **100% Wasserdampf ≙ der Sättigungsmenge** $c_S$. Die **relative Luftfeuchte** $\varphi$ errechnet sich aus dem Verhältnis der tatsächlich vorhandenen **(absoluten) Luftfeuchte** zur Sättigungsmenge.

$$\text{Relative Luftfeuchte in \%} = \frac{\text{absol. Luftfeuchte}}{\text{Sättigungsmenge}} \cdot 100\%$$

Kühlt sich die Luft nun so weit ab, dass die relative Luftfeuchte 100% beträgt, dann wird bei weiterer Abkühlung Wasserdampf kondensiert. Er schlägt sich an den kalten Umgebungsflächen als Tauwasser nieder. Die Temperatur, bei der dies geschieht, heißt Taupunkttemperatur $\vartheta_s$, kurz **Taupunkt.**

Entsprechende Wärmedämmung der Außenbauteile verhindert, dass die Oberflächentemperatur der Bauteilinnenseiten unter der Taupunkttemperatur der angrenzenden Luft liegt.

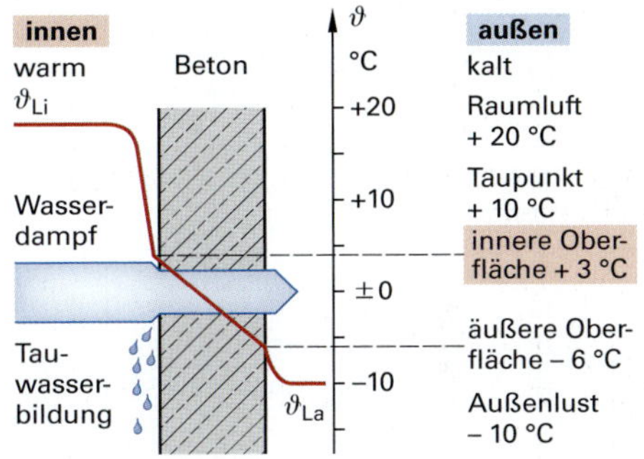


**Tauwasserbildung bei 53% relativer Luftfeuchte**

## Feuchteschutztechnische Berechnungen

Die DIN 4108 unterscheidet zwischen den Normalfällen und den Sonderfällen. Bei den in der Tabelle aufgeführten Normalfällen ist kein Nachweis der Tauwasserbildung erforderlich, da bei üblicher Nutzung der Räume und Einhaltung der Wärmeschutzvorgaben Schäden vermieden werden können.

**Bauteile,** für die kein Nachweis des Tauwasserausfalles erforderlich ist

### Außenbauteile, Außenwände

**Mauerwerk**
- einschalig, beidseitig verputzt oder verblendet
- zweischalig nach DIN 1053 mit oder ohne Wärmedämmung
- einschalig mit raumseitiger Wärmedämmung $s_d \geq 0{,}50$ m
- einschalig mit außenseitiger Wärmedämmung und Außenputz $s_d \geq 4{,}0$ m
- einschalig mit außenseitiger Wärmedämmung und hinterlüfteter Bekleidung

**Großformatige Platten**
- Porenbeton, Kunstharzputz außen $s_d \geq 4{,}0$ m
- Normalbeton, gefügedichter Leichtbeton
- Beton oder Leichtbeton mit außenseitiger Wärmedämmschicht mit Außenputz oder hinterlüfteter Bekleidung

**Holztafelbauart**
- mit Innendämmung (über Fachwerk und Gefache aus Holzwolleleichtbauplatten nach DIN 1101)
- mit Außendämmung (über Fachwerk und Gefache) mit $s_d > 2$ m oder hinterlüfteter Außenwandverkleidung

### Dächer (Auszug)

**Nichtbelüftete Dächer**
- einschalige Dächer aus Porenbeton ohne Dampfsperre
- Dächer mit Dampfsperre $s_d \geq 100$ m unter oder in der Wärmedämmschicht
- Umkehrdächer mit dampfdurchlässiger Auflast, z.B. aus Kies

**Belüftete Dächer**
- mit einer Dachneigung < 5° und unterhalb der Dämmung eine diffusionshemmende Schicht mit $s_d \geq 100$ m
- mit einer Dachneigung ≥ 5°
  a) Höhe des freien Zwischenraums über der Wärmedämmung mindestens 2 cm
  b) Lüftungsquerschnitt bezogen auf die Dachfläche
  Traufe 2 ‰ mindestens 200 cm²/m
  First 0,5 ‰ mindestens 50 cm²/m
  c) Bauteilschichten unterhalb der Belüftungsschicht mit $s_d \geq 2$ m

- **Hinweis**

| | | |
|---|---|---|
| Bauteilschicht | $s_d \leq 0{,}5$ m | diffusionsoffen |
| | $0{,}5 \text{ m} < s_d$ | diffusionshemmend |
| | $s_d \geq 150$ m | diffusionsdicht |

## Feuchteschutztechnische Berechnungen

### Wasserdampfsättigungsdruck $p_s$ in Abhängigkeit von der Temperatur $\vartheta$

**Wasserdampfsättigungsdruck $p_s$ in Pa**

| Temperatur in °C | ,0 | ,5 | ,9 |
|---|---|---|---|
| 25 | 3169 | 3266 | 3343 |
| 24 | 2985 | 3077 | 3151 |
| 23 | 2810 | 2897 | 2968 |
| 22 | 2645 | 2727 | 2794 |
| 21 | 2487 | 2566 | 2629 |
| 20 | 2340 | 2413 | 2473 |
| 19 | 2197 | 2268 | 2324 |
| 18 | 2065 | 2132 | 2185 |
| 17 | 1937 | 2001 | 2052 |
| 16 | 1818 | 1878 | 1926 |
| 15 | 1706 | 1762 | 1806 |
| 14 | 1599 | 1653 | 1695 |
| 13 | 1498 | 1548 | 1588 |
| 12 | 1403 | 1451 | 1458 |
| 11 | 1312 | 1358 | 1394 |
| 10 | 1228 | 1270 | 1304 |
| 9 | 1148 | 1187 | 1218 |
| 8 | 1073 | 1110 | 1140 |
| 7 | 1002 | 1038 | 1066 |
| 6 | 935 | 968 | 995 |
| 5 | 872 | 902 | 925 |
| 4 | 813 | 843 | 866 |
| 3 | 759 | 787 | 808 |
| 2 | 705 | 732 | 753 |
| 1 | 657 | 682 | 700 |
| 0 | 611 | 635 | 653 |
| – 0 | 611 | 587 | 567 |
| – 1 | 562 | 538 | 522 |
| – 2 | 517 | 496 | 480 |
| – 3 | 476 | 456 | 440 |
| – 4 | 437 | 419 | 405 |
| – 5 | 401 | 385 | 372 |
| – 6 | 368 | 353 | 340 |
| – 7 | 337 | 324 | 312 |
| – 8 | 310 | 296 | 286 |
| – 9 | 284 | 272 | 262 |
| – 10 | 260 | 249 | 239 |
| – 11 | 237 | 228 | 219 |
| – 12 | 217 | 208 | 200 |
| – 13 | 198 | 190 | 182 |
| – 14 | 181 | 173 | 167 |
| – 15 | 165 | 158 | 152 |
| – 16 | 150 | 144 | 138 |
| – 17 | 137 | 131 | 126 |
| – 18 | 125 | 120 | 115 |
| – 19 | 114 | 109 | 104 |
| – 20 | 103 | 98 | 94 |

5

### Berechnung des Tauwasserausfalls (Glaser-Diagramm, Diffusionsdiagramm)

**4 Fälle sind zu unterscheiden** (vgl. ► S. 181, 182)

Wasserdampf kann wegen der Leitfähigkeit der Baustoffe bei einem Wasserdampfdruckgefälle durch Bauteilschichten durchdringen.

- Wasserdampfdiffusion ohne Tauwasserausfall
- Tauwasserausfall in einer Ebene (vgl. Beispiel)
- Tauwasserausfall in zwei Ebenen
- Tauwasserausfall in einem Bereich

**Klimabedingungen nach DIN 4108**

- Tauperiode $t_T$ = 1440 Stunden (h)
  $\vartheta_{Li}$ = 20 °C $\varphi_i$ = 50 % $p_{si}$ = 2340 Pa $p_i$ = 1170 Pa
  $\vartheta_{La}$ = – 10 °C $\varphi_i$ = 80 % $p_{se}$ = 260 Pa $p_e$ = 208 Pa
- Verdunstungsperiode $t_V$ = 2160 Stunden (h)
  $\vartheta_{Li}$ = 12 °C $\varphi_i$ = 70 % $p_{si}$ = 1403 Pa $p_i$ = 982 Pa
  $\vartheta_{La}$ = 12 °C $\varphi_i$ = 70 % $p_{se}$ = 1403 Pa $p_e$ = 982 Pa

**Berechnungsgang**

- Temperaturverlauf für das Bauwerk bestimmen
- dazu gehörende Wasserdampfsättigungsdrücke $p_s$ in Pa gemäß Tabelle ermitteln
- Diffusionswiderstände (► S. 177) berechnen
- äquivalente Luftschichten $s_d$ maßstabsgerecht darstellen (vgl. Beispiel ► S. 182) berechnen
- Wasserdampfsättigungsdrücke $p_s$ pro Schicht und die außen und innen vorhandenen Wasserdampfteildrücke $p_a$ und $p_i$ antragen

**Hauptforderung nach DIN 4108**

$$m_{W,V} > m_{W,T}$$

Die zusätzlichen Forderungen (vgl. ► S. 178) sind ebenfalls einzuhalten.

**Formeln**

$$m_{W,T} = t_T\,(g_i - g_e)$$

$$m_{W,V} = t_V\,(g_i + g_e)$$

$$g_i = \frac{p_i - p_{sw}}{Z_i}$$

$$g_e = \frac{p_{sw} - p_e}{Z_e}$$

Für die obenstehenden Formeln $g_i$ und $g_e$ ist bei der Verdunstungsperiode die gegenläufige Diffusionsstromrichtung zu beachten (also zum Raum $p_{sw} - p_i$ bzw. $p_{sw} - p_e$).

$$Z = 1{,}5 \cdot 10^6\,(\mu_1 \cdot d_1 + \mu_2 \cdot d_2 + \ldots + \mu_n \cdot d_n)$$

bei mehrteiligen Bauteilen aus der Dicke der Bauteile und der Wasserdampfdiffusionswiderstandszahl

## Diffusionsberechnung nach DIN 4108-3 (Glaser-Verfahren)

Das dargestellte Berechnungsverfahren und die grafische Auswertung gilt als rechnerische Modellierung der Tauwasserbildung trotz grundsätzlicher Mängel. Einerseits kann bei hinreichendem Nachweis Tauwasser und Schimmelbildung entstehen, andererseits muss bei misslungenem Nachweis nicht automatisch Schaden durch Tauwasser entstehen. Die für das Berechnungsverfahren angenommenen Klimabedingungen gelten bundesweit.

| | Tauperiode | Verdunstungsperiode |
|---|---|---|

**Bauteil ohne Tauwasser**

(die Sättigungslinie $p_s$ wird nicht berührt)

Tauperiode:

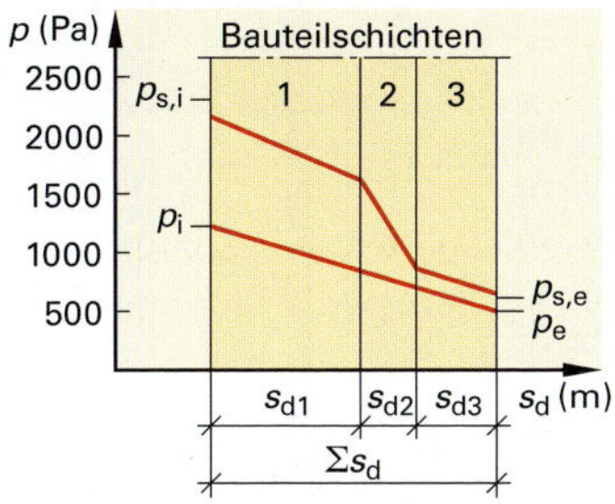


Verdunstungsperiode:

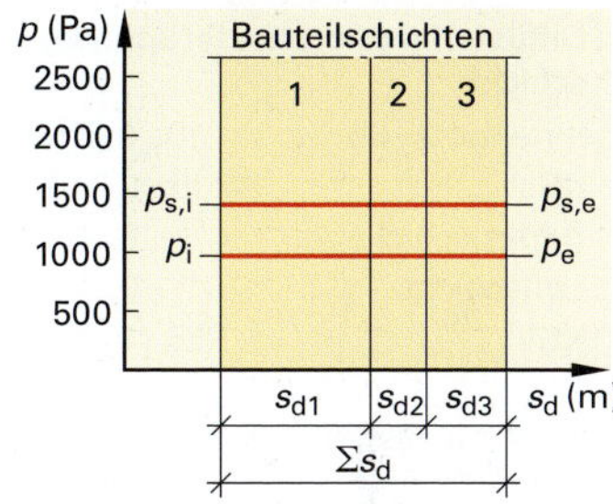


**Bauteil mit Tauwasser**

Die $p$-Linie berührt die Sättigungslinie $p_s$ in einem Punkt. Tauwasser fällt in der Ebene an, die durch den Berührungspunkt gekennzeichnet ist. (▶ Beispiel S. 182)

**Bauteil mit Tauwasser in zwei Ebenen**

(die $p$-Linie berührt die Sättigungslinie in der Ebene 1 + 2 und der Ebene 3 + 4

Tauperiode:

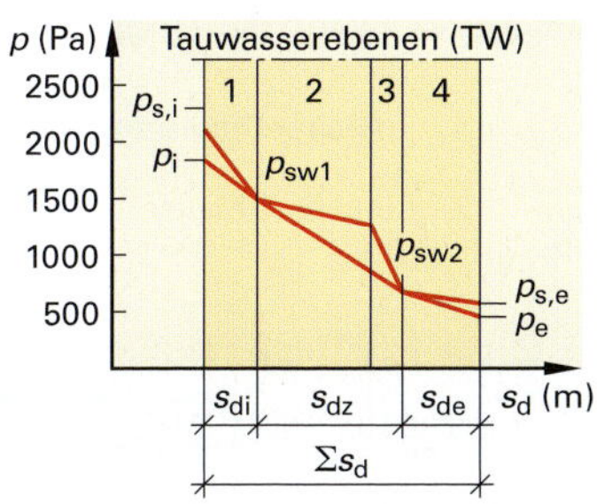


Verdunstungsperiode:

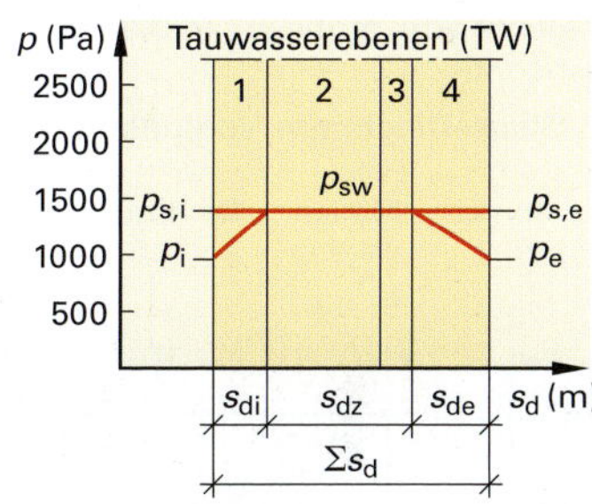


Für den Tauwasseranfall in zwei Ebenen gelten die Formeln:

$$g_Z = \frac{p_{sw1} - p_{sw2}}{Z_Z} \quad \text{und} \quad m_{W,T1} = t_T \cdot (g_i - g_z), \quad m_{W,T2} = t_T \cdot (g_z - g_e)$$

**Bauteil mit Tauwasser in einem Bereich**

(die $p$-Linie berührt die Sättigungslinie in der Ebene 1 + 2 und der Ebene 3 + 4 und ist zwischen diesen Punkten mit der $p_s$-Linie identisch)

Tauperiode:

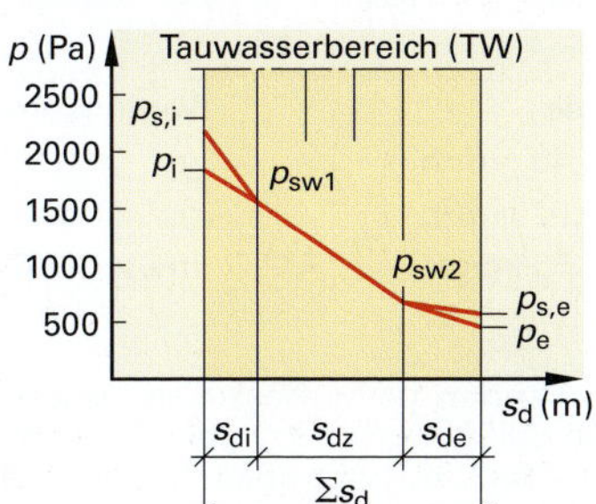


Verdunstungsperiode:

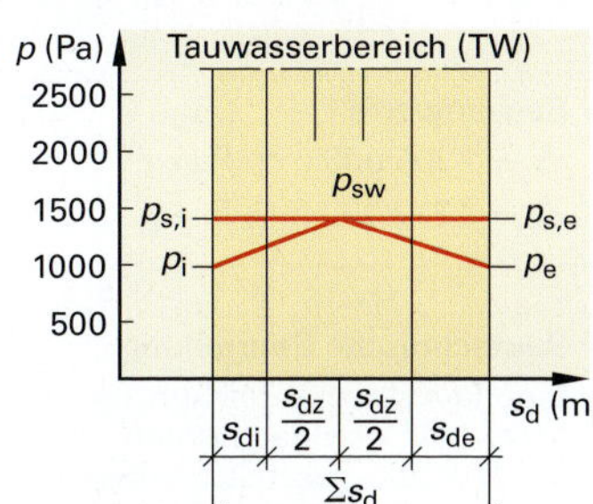


Für den Tauwasserbereich in einem Bereich gelten die Formeln:

$$g_i = \frac{p_i - p_{sw1}}{Z_i} \quad \text{und} \quad g_e = \frac{p_{sw2} - p_e}{Z_e}$$

5

**Beispiel** **Feuchteschutztechnische Berechnung für ein zweischaliges Mauerwerk aus Kalksandsteinen mit Dämmung und hinterlüfteter Vorsatzschale**

- **Wandaufbau und Temperaturverlauf**

vgl. Zeichnung; $U \approx 0{,}35\,\mathrm{W/m^2\,K}$

Nach DIN 4108 darf bei zweischaligen Außenwänden nach DIN 1053-1 die Luftschicht (noch ruhende Luftschicht) und die Vorsatzschale wärmetechnisch berücksichtigt werden.

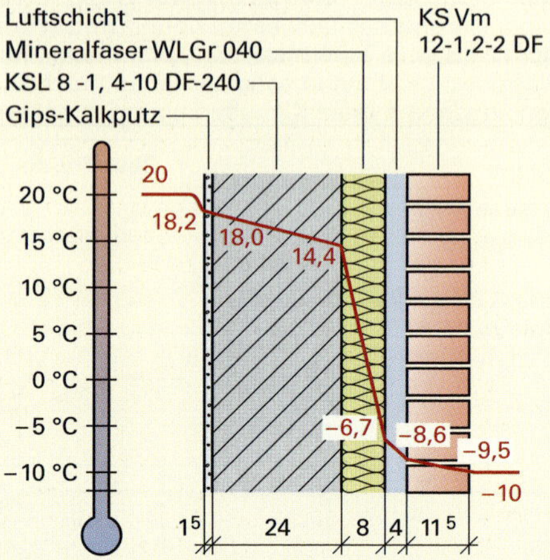


- **Diffusionswiderstände/äquivalente Luftschicht**

| | | | | |
|---|---|---|---|---|
| Innenputz | 10 · 0,015 m | = | 0,15 | m |
| KSL | 5 · 0,240 m | = | 1,20 | m |
| Dämmschicht | 1 · 0,080 m | = | 0,08 | m |
| Luftschicht | 1 · 0,040 m | = | 0,04 | m |
| KSV | 25 · 0,115 m | = | 2,885 | m |

Von der Innenfläche bis zur Tauwasserebene ist der kleinere $\mu$-Wert einzusetzen, da der trockene Baustoff dem einströmenden Wasserdampf einen geringeren Widerstand entgegensetzt.

- **Diffusionsberechnung nach DIN 4108-3 (Glaser-Verfahren)**

Im Glaser-Diagramm für die Tauperiode ist eine direkte Verbindung von $p_i$ = 1170 Pa mit $p_e$ = 208 Pa ohne Durchkreuzen der Dampfsättigungskurve nicht möglich. Es wird daher eine Tangente von $p_i$ und $p_e$ an die Dampfsättigungskurve gelegt. Der Tangentenpunkt wird mit $p_{sw}$ benannt.

**Glaser-Diagramm: Verdunstungsperiode**

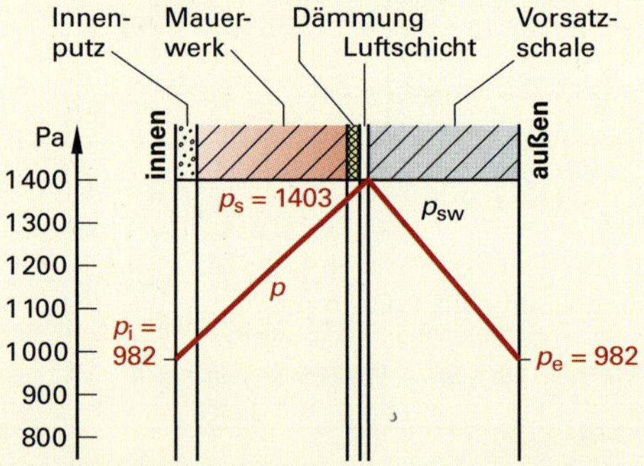


**Glaser-Diagramm: Tauperiode**

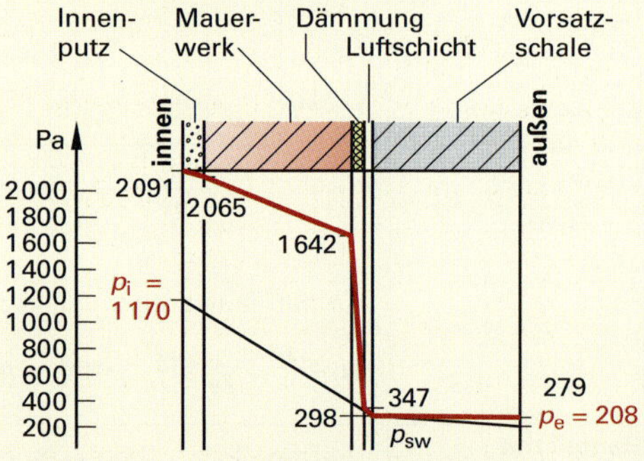


- **Rechenwerte**

| | Tauperiode | | Verdunstungsperiode | |
|---|---|---|---|---|
| $Z_i$ = 2 205 000 m²h Pa/kg | $g_i$ = 0,40 g/m²h | } ⊕ | $g_i$ = 0,19 g/m²h | } ⊖ |
| $Z_e$ = 4 312 000 m²h Pa/kg | $g_e$ = 0,02 g/m²h | | $g_e$ = 0,08 g/m²h | |
| | $m_{W,T}$ = 0,55 kg/m² | < | $m_{W,V}$ = 0,62 kg/m² | |

- **Bautechnische Beurteilung**

Eine Tauwasseranreicherung ist nicht zu erwarten, da Tauwasser an der Innenseite der kalten Vorsatzschale und nach unten und durch die Belüftungsschlitze ablaufen bzw. in Dampfform durch die Entlüftungsschlitze entweichen kann. Damit das Abtropfen begrenzt bleibt, darf (eigentlich) der Tauwasserwert je m² nicht größer 0,5 kg sein, wenn das Tauwasser an nicht wasseraufnahmefähigen Schichten auftritt. Die Konstruktion ist nach DIN 4108 als Normalform feuchteschutztechnisch ohne Nachweis $m_{W,T} < m_{W,V}$ zulässig.

**Hauptforderung nach DIN 4108**
**Tauwassermenge < austrocknende Wassermenge** $m_{W,T} < m_{W,V}$

# 5.5 Schallschutz

Unter Schallschutz versteht man nach **DIN 4109** Maßnahmen gegen die Schallentstehung (Primärmaßnahmen) und gegen die Schallübertragung (Sekundärmaßnahmen). Bei den Sekundärmaßnahmen wird in Schalldämmung und Schallschluckung unterschieden.

## Schalltechnische Grundbegriffe

### Schall

Unter Schall versteht man mechanische Schwingungen und Wellen, die sich in festen Körpern, Flüssigkeiten oder Gasen ausbreiten.

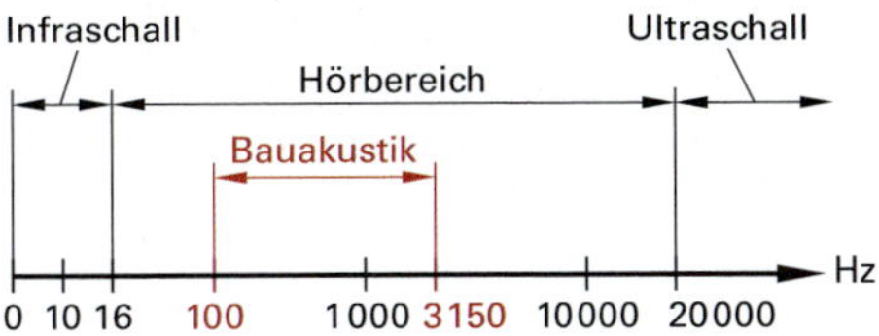


Es werden Längswellen (Longitudinalwellen), Dehnwellen (treten nur in festen Körpern auf, z.B. Platten, Stäben) und Querwellen (Transversalwellen) unterschieden.

### Frequenz

Anzahl der Schwingungen in einer Sekunde in Hz (Hertz)

**1 Hz = 1 Schwingung/s**

### Schallausbreitung

Zur Ausbreitung von Schwingungen ist Materie erforderlich.

| Aggregatzustände | Materie | Geschwindigkeit |
|---|---|---|
| gasförmig | z.B. Luft | 340 m/s |
| flüssig | z.B. Wasser | 1400 m/s |
| fest | z.B. Eisen<br>z.B. Holz<br>z.B. Beton | 4800 m/s<br>4100 m/s<br>3800 m/s |

### Luftschalldämmung

Schwere Wände, große flächenbezogene Massen (biegesteife Schalen) dämmen den Luftschall am besten (Bergersches Massengesetz).

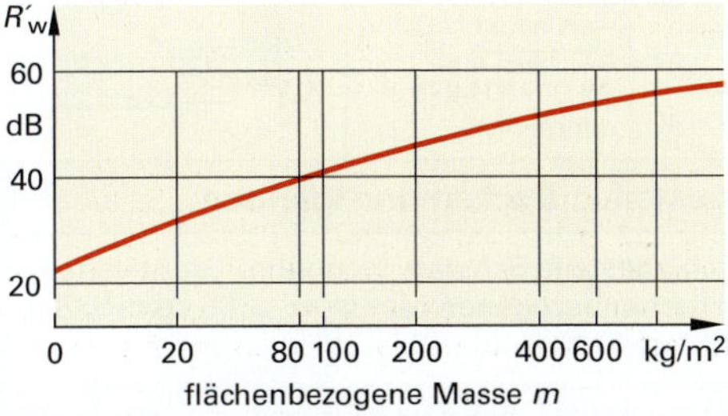


Das bewertete Schalldämm-Maß $R'_w$ kennzeichnet die Luftschalldämmung von Bauteilen.

### Schallpegel

Der Schallpegel ist ein logarithmisches Maß des gemessenen Schalldrucks $p$ in **Dezibel dB,** bezogen auf einen Ton mit der Frequenz von 1000 Hz.

### Schallabsorption

oder Schallschluckung tritt beim Reflexionsvorgang einer Schallwelle an einer Wand- oder Deckenoberfläche auf. Dabei wird je nach Oberflächenbeschaffenheit ein Teil der Schallenergie in Wärme umgewandelt. Der Schall wird teilweise in den Raum zurückgeworfen.

### Schalldämmung

Beim Auftreffen von Schallwellen auf ein Bauteil, wird das Bauteil in Schwingungen versetzt. Der Schall gelangt gedämmt in den Nebenraum.

## Schallarten

### Luftschall

ist der in Luft sich ausbreitende Schall. Schallbezeichnungen: Ton, Klang, Geräusch, Knall.

**Luftschall**

### Körperschall

ist der in festen/flüssigen Stoffen sich ausbreitende Schall.

### Trittschall

ist der Schall, der beim Begehen oder ähnlicher Anregung als Körperschall entsteht und teilweise als Luftschall abgestrahlt wird.

**Körperschall/Trittschall**

5

## Schalldämmung bei Fenstern, Fenstertüren und Verglasungen

- Außenfenster haben die wichtige Aufgabe sowohl die Übertragung des Außenlärms wie Verkehrslärm, Fluglärm oder Gewerbelärm von der Straße in die Wohnung zu verhindern, als auch den in Gewerbebetrieben auftretenden Lärm nicht nach außen dringen zu lassen.
- Alle schallschutztechnisch wirksamen Konstruktionen sind möglichst dicht auszuführen, da selbst bei geringfügigen Undichtigkeiten sich das Schalldämm-Maß eines Bauteils merklich verringert. Bei schalldämmenden Fenstern sind deshalb sämtliche Fälze mit Gummi- oder Kunststoffprofilen abzudichten und in den Gehrungen zu verkleben oder zu verschweißen.
- Starre Verbindungen zwischen verschiedenen Bauteilen oder zwischen Schalen mehrschichtiger Konstruktionen bewirken eine erhöhte Körperschallübertragung.
- Wandanschlüsse zwischen Blendrahmen und Mauerwerk ermöglichen einen direkten Schalldurchgang und setzen so den Schalldämmwert des Fensters herab. Deshalb sind diese hohlräume mit Mineralwolle gut auszustopfen und zusätzlich mit elastischer Versiegelungsmasse zu schließen. Bei Kastenfenstern kann eine Schalldämmung verbessert werden, wenn das Futter zwischen den Fenstern schallschluckend ausgebildet wird.

### Schalldämm-Maße von Einfachscheiben in dB

| Glasdicke in mm | 3,0 | 4,0 | 6,0 | > 8,0 | 10,0 | 12,0 | 15,0 |
|---|---|---|---|---|---|---|---|
| Schalldämm-Maß $R_w$ | 28 | 27 | 33 | ≥ 32 | 35 | 36 | 37 |

Die Schallübertragung wird durch ein hohes Scheibengewicht reduziert. Ungleich dicke Einzelscheiben, ein großer Scheibenzwischenraum und/oder eine Füllung mit Schwergas wirken schalldämmend.

### Schalldämm-Maße $R_w$ für Doppelscheibenverglasungen

$R'_w$ ► S. 186

| Konstruktionsart | Scheibendicke in mm $d_1$ | $d_2$ | Scheiben-abstand in mm | Schalldämm-Maß $R_w$ in dB Luftfüllung | Gasfüllung | Konstruktionsart mit umlaufender Dichtung |
|---|---|---|---|---|---|---|
| Doppelscheiben-Isolierglas (luftdicht abgeschlossener Hohlraum) | 4 | 4 | ≥ 12 | 30 | 35 | 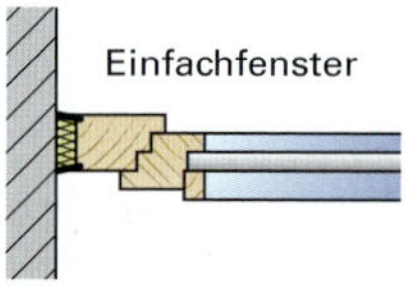 |
| | 8 | 4 | ≥ 16 | 36 | 38 | |
| | 10 | 4 | ≥ 20 | 39 | 39 | |
| | 6 | 4 | ≥ 16 | 35 | 39 | |
| | 8 | 4 | ≥ 16 | 36 | 40 | |
| Verbundfenster (mit Falzdichtung) | 4 | 4 | ≥ 30 | 32 | – | 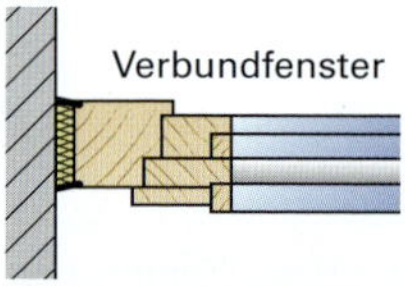 |
| | 4 | 6 | ≥ 40 | 37 | – | |
| | 4 | 8 | ≥ 50 | 40 | – | |
| | 6 | 4 (12) 4 | ≥ 40 | 35 | – | |
| Kastenfenster mit Falzdichtung und Randdämpfung | 4 | 4 | ≥ 100 | 37 | – | 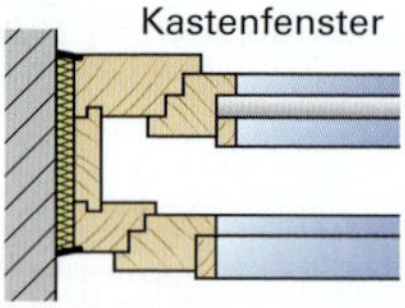 |
| | 4 | 6 | ≥ 100 | 42 | – | |
| | 6 | 10 | ≥ 100 | 45 | Über 48 dB Nachweis nach EN DIN ISO 140-1 und EN DIN 20 140-3 erforderlich. | |
| | 4 (12) 4 | 4 | ≥ 100 | 37 | | |
| | 6 (12) 6 | 6 | ≥ 100 | 40 | | |

## Bewertetes Schalldämm-Maß $R'_{w,R}$ von biegesteifen Decken und Wänden

Einschalige Wände und Decken sind schalltechnisch **biegesteife Schalen,** wenn ihre Grenzfrequenz $f_g \leq 2000$ Hz beträgt (das entspricht ungefähr einer flächenbezogenen Masse $m' \geq 85$ kg/m²), Bauteile mit $f_g > 2000$ Hz sind **biegeweiche Schalen** ($m' < 85$ kg/m²).

| $m'$ in kg/m² | 85 | 150 | 175 | 210 | 250 | 295 | 350 | 410 | 490 | 580 | 680 |
|---|---|---|---|---|---|---|---|---|---|---|---|
| $R'_{w,R}$ in dB | 34 | 41 | 43 | 45 | 47 | 49 | 51 | 53 | 55 | 57 | 59 |

## Schalldämmung bei einschaligen und zweischaligen Bauteilen

Vergleich einschalige/zweischalige Wand

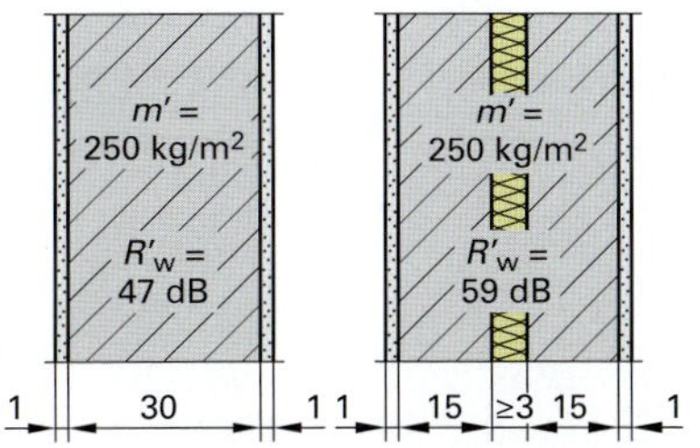


Vergleich Trennwand mit/ohne Hohlraumdämpfung

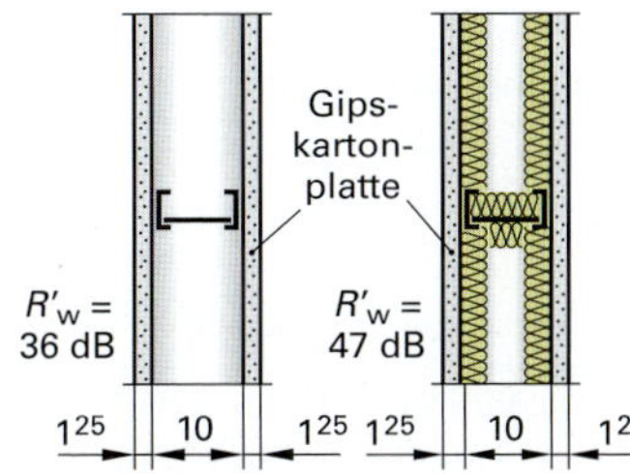


Haustrennwand mit gemeinsamer Bodenplatte

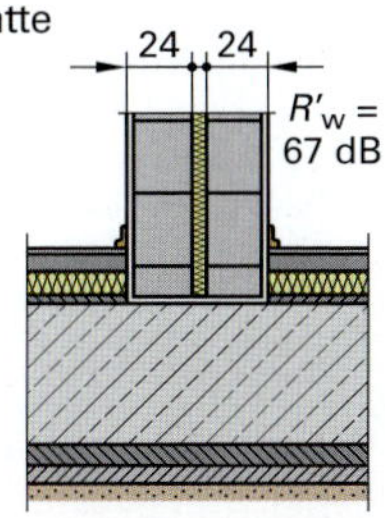


## Schalldämm-Maße $R'_w$ für Haustrennwände

$R'_w$ ▶ S. 186

| Wandaufbau | RDK | Masse kg/m² | Inkl. $\Delta R_{w,TR}$ = + 12 dB ab zweitem Geschoss | | Inkl. $\Delta R_{w,TR}$ = + 9 dB unterstes Geschoss mit getrennten Fundamenten | |
|---|---|---|---|---|---|---|
| 2 x 11,5 cm | 1,8 | ≥ 410 | 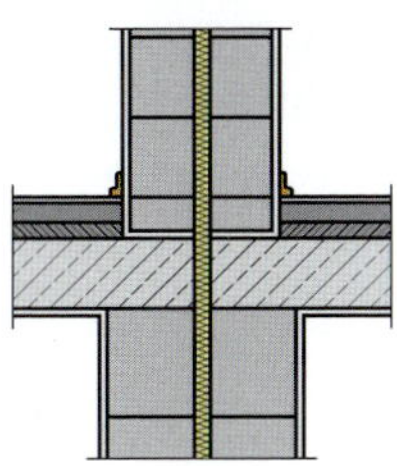 | 65 | 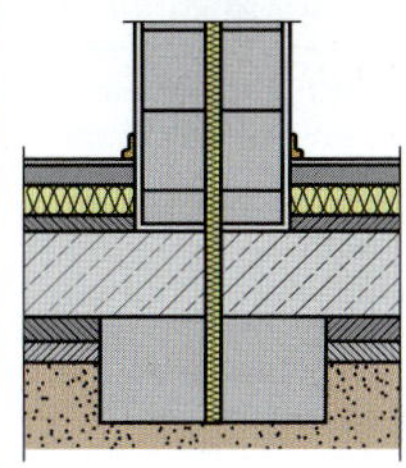 | 62 |
| 2 x 11,5 cm | 2,0 | ≥ 450 | | 66 | | 63 |
| 2 x 15 cm | 1,8 | ≥ 490 | | 67 | | 64 |
| 2 x 15 cm | 2,0 | ≥ 530 | | 68 | | 65 |
| 2 x 17,5 cm | 1,8 | ≥ 580 | | 69 | | 66 |
| 2 x 17,5 cm | 2,0 | ≥ 630 | | 70 | | 67 |
| 2 x 20 cm | 1,8 | ≥ 680 | | 71 | | 68 |
| 2 x 20 cm | 2,0 | ≥ 740 | | 72 | | 69 |
| 2 x 24 cm | 1,8 | ≥ 810 | | 73 | | 70 |

RDK Rohdichteklasse, Putz 2 x 10 mm, Trennfuge > 30 mm

## Vergleich verschiedener Deckenaufbauten (nach Gösele)

ⓐ einschalige Trenndecken

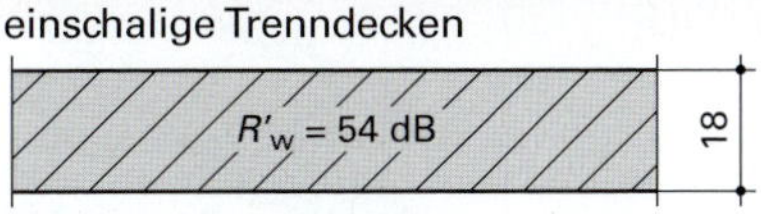


$m'_D$ = 0,18 m · 2500kg/m³ ≅ 450 kg/m²

ⓑ Trenndecken mit schwimmendem Estrich

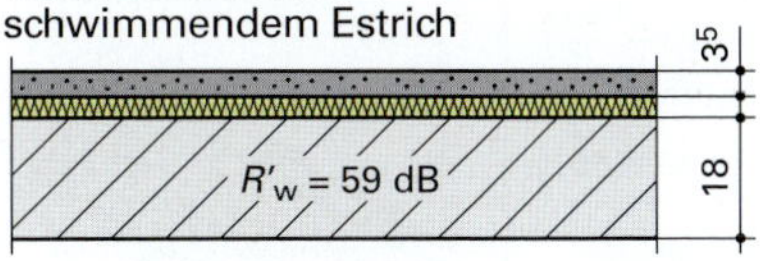


$m'_D$ = 0,18 m · 2500kg/m³ ≅ 450 kg/m²
$m'_E$ = 0,035 m · 2200kg/m³ ≅ 75 kg/m²
525 kg/m²

ⓒ Trenndecke mit schwimmendem Estrich und biegeweicher Vorsatzschale

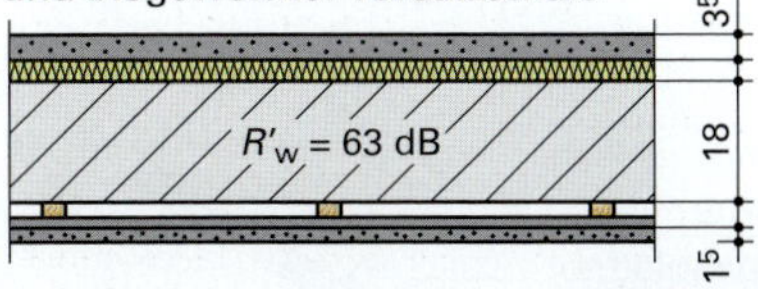


540 kg/m²

Bewertetes Schalldämm-Maß $R'_w$ in Abhängigkeit von der flächenbezogenen Masse $m'$

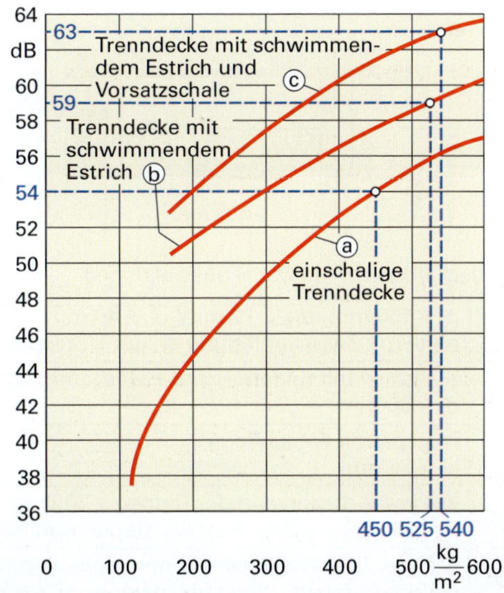


5

## Kennzeichnende Größen für die Luft- und Trittschalldämmung

| | Wände | Decken | Treppen | Türen | Fenster |
|---|---|---|---|---|---|
| Berücksichtigte Schallübertragung | über die trennenden und die flankierenden Bauteile sowie gegf. über Nebenwege | | | nur über die Türen bzw. über die Fenster | |
| Luftschalldämmung | erf. $R'_w$ | erf. $R'_w$ | – | erf. $R'_w$ | erf. $R'_w$ |
| Trittschalldämmung | – <br> – | erf. $L'_{n,w}$ <br> (erf. TSM) | erf. $L'_{n,w}$ <br> (erf. TSM) | – <br> – | – <br> – |

$R'_w$ Dämm-Maß **mit** flankierenden Bauteilen

$R_w$ Dämm-Maß **ohne** flankierende Bauteile

$L'_{n,w}$ Norm-Trittschall-Pegel

TSM Trittschallschutzmaß

**TSM = 63 dB –** $L'_{n,w}$

**Grenzwerte** für die Luftschalldämmung $R'_w$ und die Trittschalldämmung $L'_{n,w}$ zum Schutz, gegen Schallübertragung aus einem **fremden** Wohn- oder Arbeitsbereich (nach DIN 4109)

| Wohn- und Arbeitsbereich | Decken | | Treppen | | Wände | | Türen | |
|---|---|---|---|---|---|---|---|---|
| Mindestanforderung in dB | $R'_w$ | $L'_{n,w}$ | $R'_w$ | $L'_{n,w}$ | $R'_w$ | $L'_{n,w}$ | $R'_w$ | $L'_{n,w}$ |
| Geschosshäuser mit Wohnungen und Arbeitsräumen (mehrere Spezifikationen) | 52 … 55 | 46 … 53 | – | 58 | 52 … 55 | – | 27 … 37 | – |
| Einfamilien-Doppelhäuser Einfamilien-Reihenhäuser | – | 48 … 53 | – | 53 | 57 | – | – | – |
| Beherbergungsstätten | 54 … 55 | 46 … 53 | – | 58 | 47 | – | 32 | – |
| Krankenanstalten, Sanatorien | 54 … 55 | 46 … 53 | – | 58 | 37 … 47 | – | 32 … 37 | – |
| Schulen und vergleichbare Bereiche | 55 | 46 … 53 | – | – | 47 … 55 | – | 32 | – |

## Bewertetes Schalldämm-Maß $R'_{w,R}$

### von flachen Dächern

← Angabe in dB

$R'_w$ bzw. $R'_{w,R}$ ist das bewertete Schalldämm-Maß für die Luftschalldämmung. Je höher der Wert, um so besser die Luftschalldämmung.

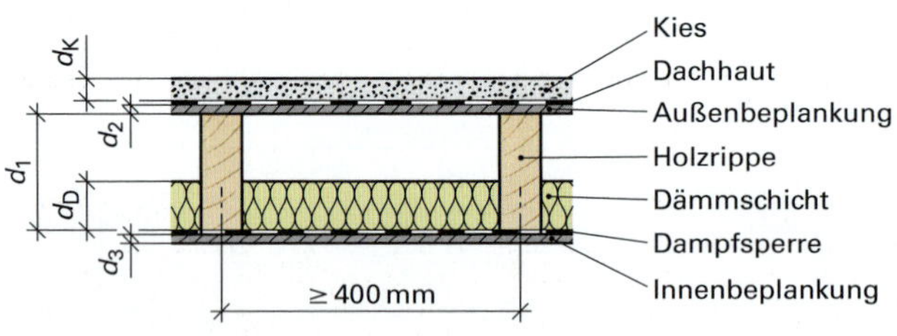


Luftschallschutz von Dachkonstruktionen

| | |
|---|---|
| 30 | $d_1 > 160$ mm, $d_{2,3} \geq 12$ mm; $d_D \geq 40$ mm ohne/mit Zwischenlattung an der Unterseite |
| 35 | zusätzlich mit mineralischer Faserdämm-Matte oder -Platte; $d_D \geq 60$ mm |
| 40 | wie vor, mit Kiesauflage $d_K \geq 30$ mm |
| 45 | wie vor, Achsabstand der Rippen ≥ 600 mm und mechanische Verbindungsmittel zwischen Rippen und Beplankung |
| 50 | wie vor, zusätzlich zweite Innenbeplankung aus Spanplatten, Gipskartonplatten, Bretterschalung, $m' \geq 8$ kg/m² |

### von geneigten Dächern

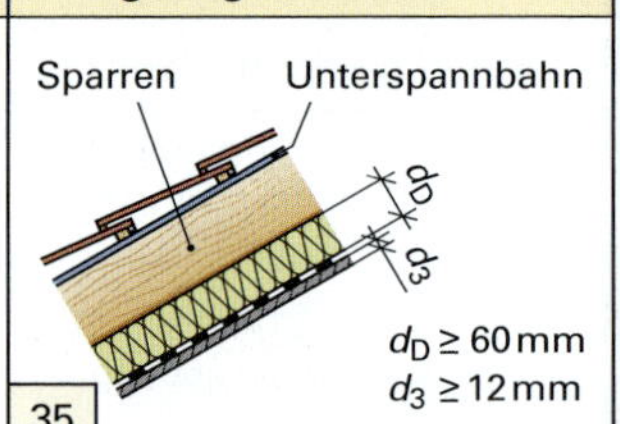


35

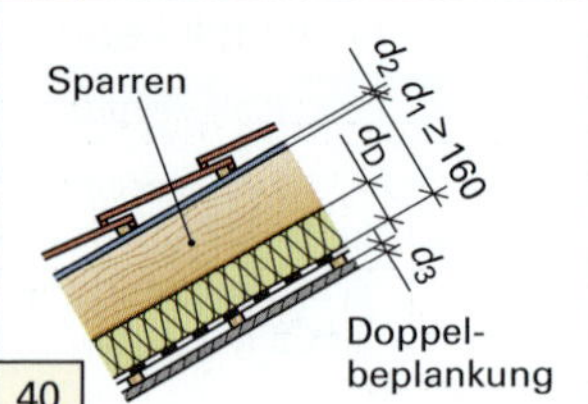


40

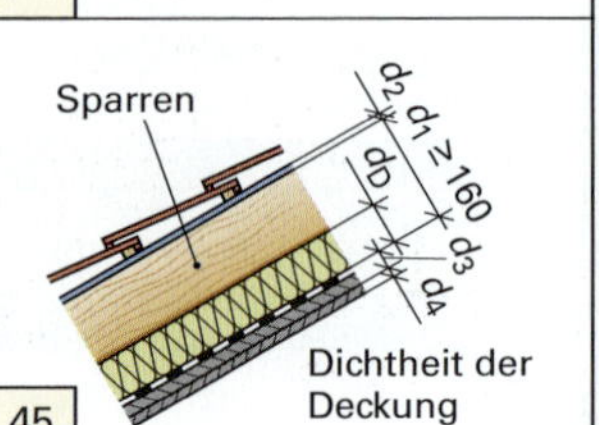


45

5

## Vergleich verschiedener Wandaufbauten (nach DIN 4109)

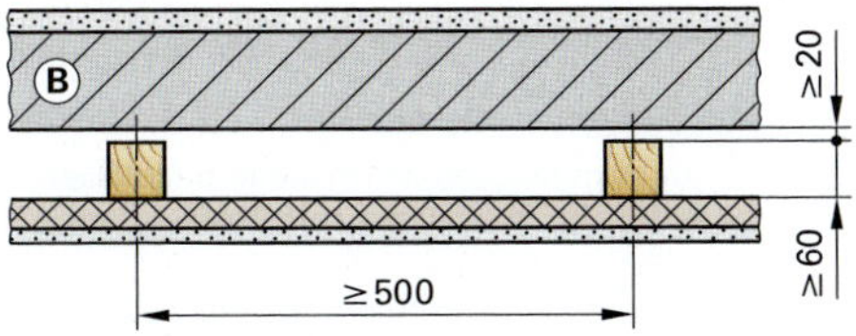


Vorsatzschale aus Holzwolle-Leichtbauplatten, Dicke ≥ 25 mm, verputzt, Holzstiele mit Abstand ≥ 20 mm vor schwerer Schale freistehend

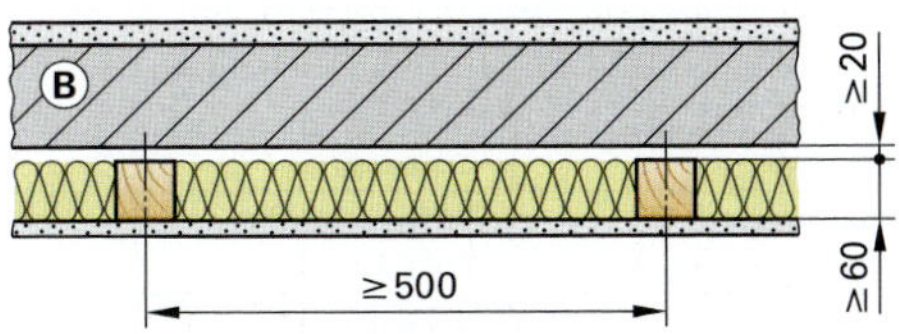


Vorsatzschale aus Gips(karton)platten, Dicke 12,5 mm oder 15 mm, oder aus Spanplatten, Dicke 10 mm bis 16 mm, Holzstiele mit Abstand ≥ 20 mm vor schwerer Schale freistehend mit Hohlraumfüllung zwischen den Holzstielen

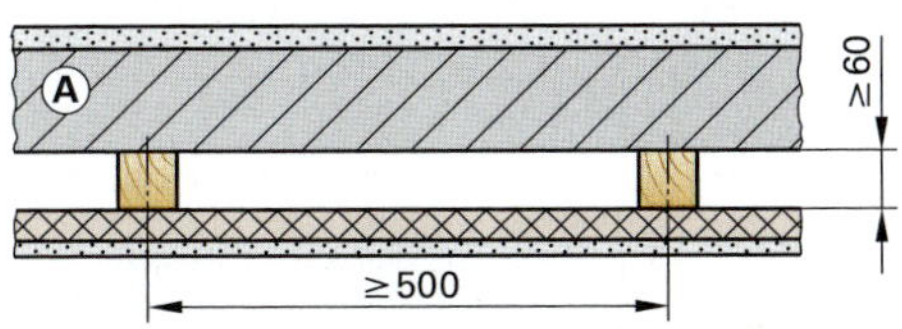


Vorsatzschale aus Holzwolle-Leichtbauplatten, Dicke ≥ 25 mm, verputzt, Holzstiele an schwerer Schale befestigt

**Bewertetes Schalldämm-Maß $R'_{w,R}$ von einschaligen, biegesteifen Wänden mit einer biegeweichen Vorsatzschale**

| | Flächenbezogene Masse der Massivwand in kg/m² | $R'_{w,R}$ in dB |
|---|---|---|
| Tabelle gilt für flankierende Bauteile mit einer Masse von etwa 300 kg/m². Der Korrekturwert ΔK beträgt ± 1dB je 50 kg Masse des flankierenden Bauteils. () ohne flankierendes Bauteil/ ohne Vorsatzschale | 100 | (36) 49 |
| | 150 | (41) 49 |
| | 200 | (44) 50 |
| | 250 | (47) 52 |
| | 275 | (48) 53 |
| | 300 | (49) 54 |
| | 350 | (51) 55 |
| | 400 | (52) 56 |
| | 450 | (54) 57 |
| | 500 | (55) 58 |

Für die Wandaufbauten nach Bild Ⓑ gilt die Tabelle bezogen auf die flächenbezogene Masse der Massivwand.

Für die Wandaufbauten nach Bild Ⓐ (bei fester Verbindung) sind die Werte um 1 dB abzumindern.

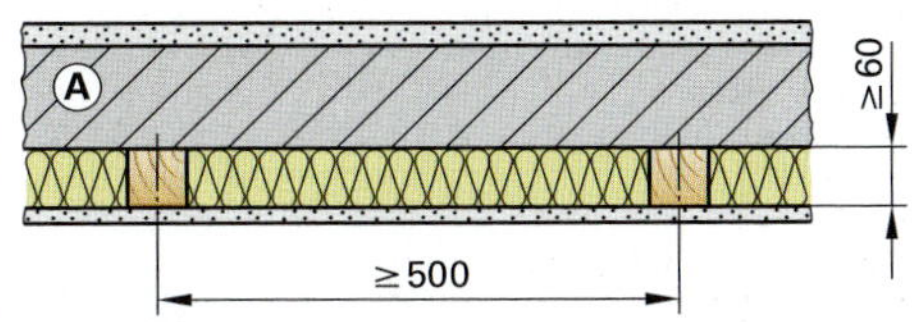


Vorsatzschale aus Gips(karton)platten, Dicke 12,5 mm oder 15 mm, oder aus Spanplatten, Dicke 10 mm bis 16 mm, mit Hohlraumausfüllung, Holzstiele an schwerer Schale befestigt

**Bewertetes Schalldämm-Maß $R'_{w,R}$ von zweischaligen Wänden aus zwei biegeweichen Schalen aus Gips(karton)platten oder Spanplatten** (Maße in mm)

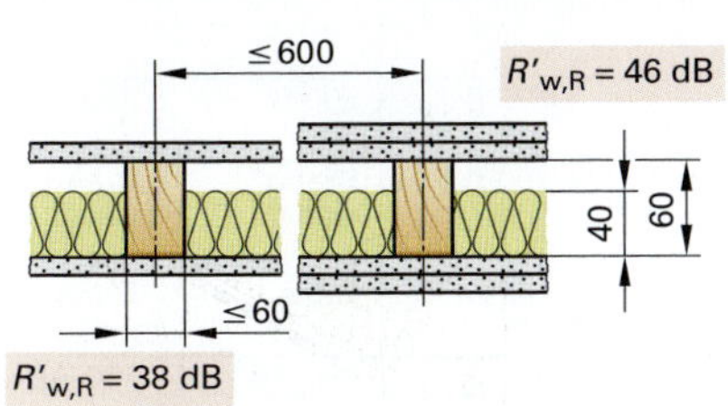


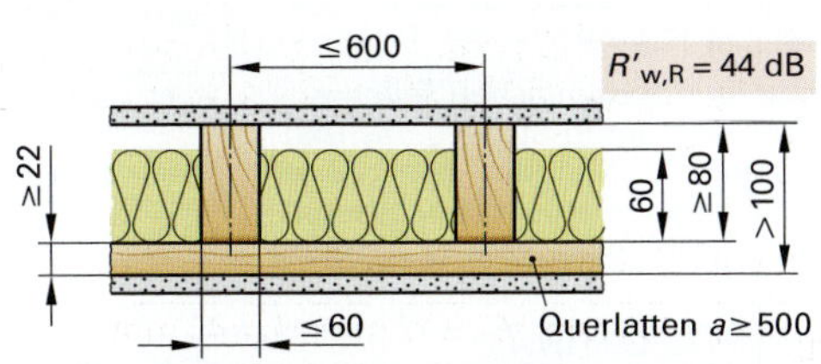


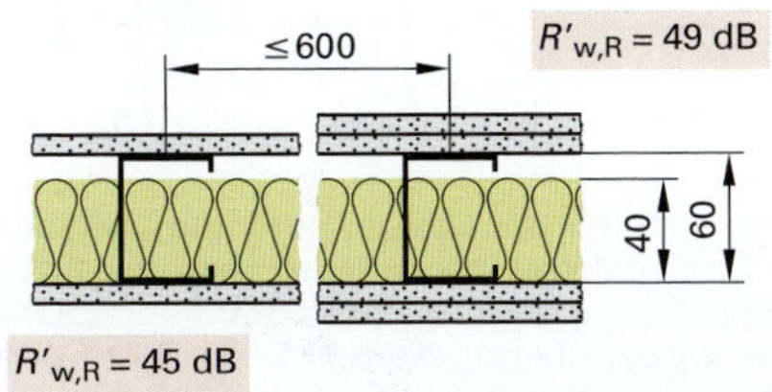


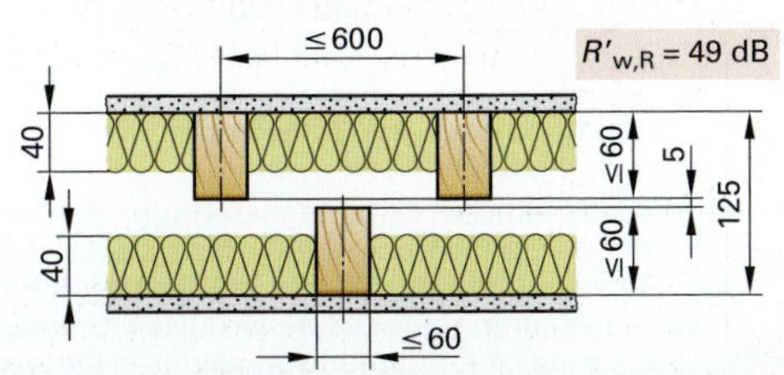


5

# 5.6 Brandschutz

- Die Hauptnorm für den Brandschutz ist die DIN 4102 über Brandverhalten von Baustoffen und Bauteilen, Begriffe, Anordnungen und Prüfungen.
- Baustoffe werden nach ihrem Brandverhalten in Baustoffklassen eingeteilt.
- Baustoffe, die nicht in der DIN 4102 aufgeführt sind, sind nur zugelassen, wenn sie je nach Brennbarkeit und Einstufung durch ein Prüfungszeugnis oder einen Prüfbescheid mit Prüfzeichen als geeignet ausgewiesen sind.
- Feuerwiderstandsklassen enthalten die Zeitdauer in Minuten, die ein Bauteil beim Brandversuch dem Feuer Widerstand bietet.
- Nach DIN EN 13501 gibt es Hauptklassen und Unterklassen. Die DIN EN 13501 bezieht sich auf die Brennbarkeit eines Baustoffes und klassifiziert die Rauchentwicklung.

**Baustoffklassen und Benennungen**

| Klasse | bauaufsichtliche Benennung |
|---|---|
| A<br>A1<br>A2 | nichtbrennbare Baustoffe |
| B | brennbare Baustoffe |
| B1 | schwerentflammbar |
| B2 | normalentflammbar |
| B3 | leichtentflammbar |

**Nachweisverfahren**

| Klasse | Zusatzkriterium | Nachweis durch |
|---|---|---|
| A1 | genormt | DIN 4102 |
| | nicht genormt | Prüfzeugnis |
| A2 | mit brennbaren Bestandteilen < 1% | Prüfbescheid mit Prüfzeichen |
| B1 | genormt | DIN 4102 |
| B2 | nicht genormt | Prüfbescheid mit Prüfzeichen |
| | normal entflammbar | Prüfzeugnis |
| B3 | leicht entflammbar | (nicht zugelassen) |

**Feuerwiderstandsklassen**

| Klasse | Zusatz | Bauteil |
|---|---|---|
| Feuerwiderstandsdauer in min<br>30<br>60<br>90<br>120<br>180 | F | Wände, Decken, Stützen, Balken, Treppen |
| | W | nichttragende Außenwände, Brüstungen, Schürzen |
| | T | Türen, Tore |
| | G | Verglasungen |
| | L | Lüftungsleitungen |
| | K | Klappen für Lüftungsleitungen |
| | R | Rohrleitungen |
| | I | Installationsschächte und -kanäle |

**Beispiel** F30-AB

Bauteil in wesentlichen Teilen aus nichtbrennbaren Stoffen, das mindestens 30 Minuten dem Feuer Widerstand bieten kann. Wesentliche Teile sind alle tragenden Teile.

F180, W30, G90 usw.

**Mindestanforderungen des baulichen Brandschutzes**[1]

| Bauteil / Bauwerk | Frei stehende Wohngebäude mit nicht mehr als einer Wohnung | Wohngebäude geringer Höhe mit nicht mehr als zwei Wohnungen | Gebäude geringerer Höhe (kein Fußboden eines Aufenthaltsraumes über 7 m) | Sonstige Gebäude außer Hochhäuser (alle Fußböden unter 22 m) |
|---|---|---|---|---|
| Tragende und aussteifende Wände, Pfeiler, Stützen | keine | F30-B | F30-AB | F90-AB |
| wie vor, jedoch in Kellergeschossen | keine | F30-AB | F90-AB | F90-AB |
| Nichttragende Außenwände | keine | keine | keine | F30 oder A |
| Dämmstoffe und Verkleidungen in und an Außenwänden | B2 | B2 | B2 | B1 |
| Wohnungstrennwände | – | F30-B | F30-B | F90-AB |
| Gebäudetrenn- und -abschlusswände | – | F90-AB | Brandwand | Brand wand |
| Decken über Dachräumen | keine | keine | keine | keine |
| Decken über Kellergeschossen | keine | F30-B | F90-AB | F90-AB |
| sonstige Decken | keine | F30-B | F30-AB | F90-AB |

[1] Auszug aus der BauO NW ohne Ergänzungen und Hinweise

- **Brandwände** müssen mindestens der Klasse F90-A angehören. Ihre Standsicherheit muss bei einem Brand gewährleistet sein.
- **Brandwände** sind bei Gebäuden geringer Höhe durchgehend bis unmittelbar unter die Dachhaut zu führen. Bei sonstigen Gebäuden sind sie entweder durchgehend 0,30 m über die Dachhaut zu führen oder in Höhe der Dachhaut mit einer beidseitig je 0,50 m auskragenden Stahlbetonplatte zu versehen. Brennbare Bauteile dürfen Brandwände weder überbrücken noch durchdringen. Durchgehende Leitungen dürfen weder Feuer noch Rauch übertragen können.

## Hauptklassen A bis F und Unterklassen (Auszug DIN EN 13501)

| EURO-Klassen für Baustoffe nach DIN EN 13501-1 | | | | Baustoffklassen nach DIN 4102 | | | |
|---|---|---|---|---|---|---|---|
| EURO-Hauptklassen | EURO-Unterklassen[1)] | | | | Baustoffklasse | Bauaufsichtliche Benennung | Beispiele |
| A1 | A1 | | | A = Nicht brennbare Bautoffe | A1 | ohne brennbare Bestandteile | Gips, Kalk, Zement, Steine Beton, Glas, Faserbetonplatten |
| A2 | A2 – s1, d0 | | | | A1 | mit brennbaren Bestandteilen (< 1 %) | bestimmte Mineralfaser-Feuerschutzplatten, Fiber-Silikat-Platten |
| A2 | A2 – s2, d0<br>A2 – s3, d0 | A2 – s1, d1<br>A2 – s2, d1<br>A2 – s3, d1 | A2 – s1, d2<br>A2 – s2, d2<br>A2 – s3, d2 | | A2 | mit brennbaren Bestandteilen | Gipsplatten, Mineralfasererzeugnisse |
| B | B – s1, d0<br>B – s2, d0<br>B – s3, d0 | B – s1, d1<br>B – s2, d1<br>B – s3, d1 | B – s1, d2<br>B – s2, d2<br>B – s3, d2 | B = Brennbare Bautoffe | B1 | schwer entflammbare Baustoffe | Gipsplatten mit gelochter Oberfläche, Holzwolle-Leichtbauplatten, schwer entflammbare Spanplatten, bestimmte Kunststoff-Hartschaumplatten, bestimmte PVC-Erzeugnisse, Eichenparkett, Gussasphaltestriche |
| C | C – s1, d0<br>C – s2, d0<br>C – s3, d0 | C – s1, d1<br>C – s2, d1<br>C – s3, d1 | C – s1, d2<br>C – s2, d2<br>C – s3, d2 | | B1 | | |
| D | D – s1, d0<br>D – s2, d0<br>D – s3, d0 | D – s1, d1<br>D – s2, d1<br>D – s3, d1 | D – s1, d2<br>D – s2, d2<br>D – s3, d2 | | B2 | normal entflammbare Baustoffe | Holz und Holzwerkstoffe, $\varrho$ > 400 kg/m³ und über 2 mm Dicke, genormte Dachpappen und PVC-Bodenbeläge |
| E | E – d2 | | | | B3 | leicht entflammbare Baustoffe | Papier, Holzwolle, Holz bis 2 mm Dicke |
| F | (F), keine Leistung festgestellt | | | | | | |

1) **Unterklassen** für die Rauchentwicklung s1 (gering), s2 (mittel) und s3 (hoch) sowie für das brennende Abtropfen oder Abfallen d0 (nicht zutreffend), d1 (gering) und d2 (stark)

s (smoke) d (droplets) fl (floorings)

| Feuerwiderstandsklassen von Bauteile nach DIN 4102 (Auszug) | | | | Bauteile nach DIN EN 13501-2 |
|---|---|---|---|---|
| Feuerwiderstandsklassen für Wände, Decken, Stützen, Unterzüge, Treppen | Nicht tragende Außenwände, Brüstungen | Feuerschutzabschlüsse, Türen, Tore, Klappen | Bauaufsichtliche Benennungen nach der Landesbauordnung | Feuerwiderstandsdauer in Minuten: ≥ 15; ≥ 20; ≥ 30, ≥ 45, ≥ 60, ≥ 90, ≥ 120, ≥ 240, ≥ 360 |
| F 30 | W 30 | T 30 | feuerhemmend | |
| F 60 | W 60 | T 60 | hochfeuerhemmend | Kriterien für Euro-Feuerwiderstandsklassen: R, I, S, M, E, W, K und C[2)] |
| F 90 | W 90 | T 90 | feuerbeständig | |
| F 120 | W 120 | T 120 | – | |
| F 180 | W 180 | T 180 | – | |

2) R Erhalt der Tragfähigkeit, I Oberflächen-Grenztemperatur, S Rauchdurchtritt, M Erhöhte mechanische Festigkeit, E Raumabschluss, W Wärmestrahlungsdurchtritt, C Selbstschließend, K Brandschutzfunktion

Die deutsche Brandschutznorm DIN 4102 mit dem bisherigen deutschen Klassifizierungssystem ist dem europäischen Klassifizierungssystem DIN EN 13 501-1 (Brandverhalten) bzw. DIN EN 13501-2 (Feuerwiderstand) noch anzupassen. Die Anpassung erfolgt mit einer entsprechenden Ergänzung in der nächsten Bauregelliste. In der Übergangszeit kann wahlweise mit der deutschen Norm oder der europäischen Norm gearbeitet werden.

In den Anlage 0.1 und 0.2 zur Bauregelliste A Teil 1 ist die Zuordnung der bauaufsichtlichen Benennungen zu den jeweiligen Klassen und Leistungsstufen aufgeführt. Die Zuordnung ist so gewählt, dass bei Anwendung des europäischen Klassifizierungssystems die deutschen Sicherheitsniveaus mindestens erfüllt werden.

5

## Brandverhalten klassifizierter Betonbauteile (Auszug DIN 4102-4)

| Konstruktionsmerkmale | Feuerwiderstandsklasse-Benennung[3] | | | | |
|---|---|---|---|---|---|
| | F 30-A | F 60-A | F 90-A | F 120-A | F 180-A |
| Mindestdicke *d* in mm unbekleideter Platten unabhängig von der Anordnung eines Estrichs bei<br>statisch bestimmter Lagerung<br>statisch unbestimmter Lagerung 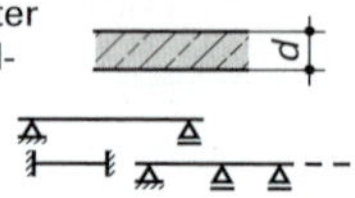 | 60[1,2]<br>80[1,2] | 80[2]<br>80[1,2] | 100<br>100 | 120<br>120 | 150<br>150 |
| Mindestdicke *d* in mm punktförmig gestützter Platten unabhängig von der Anordnung eines Estrichs bei<br>Decken mit Stützenkopfverstärkung<br>Decken ohne Stützenkopfverstärkung 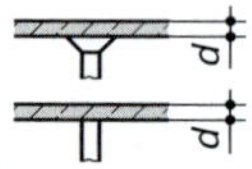 | 150<br>150 | 150<br>200 | 150<br>200 | 150<br>200 | 150<br>200 |
| Mindestdicke *d* in mm unbekleideter Platten mit nichtbrennbarem Estrich oder Asphaltestrich  | 50 | 50 | 50 | 60 | 75 |
| Mindestdicke *D* in mm = *d* + *Estrichdicke* bei<br>statisch bestimmter Lagerung<br>statisch unbestimmter Lagerung 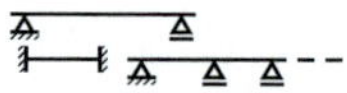 | 60[1,2]<br>80[1,2] | 80[2]<br>80[1,2] | 100<br>100 | 120<br>120 | 150<br>150 |
| Mindestdicke *d* in mm unbekleideter Platten mit schwimmendem Estrich bei einer Dämmschicht bei<br>statisch bestimmter Lagerung<br>statisch unbestimmter Lagerung 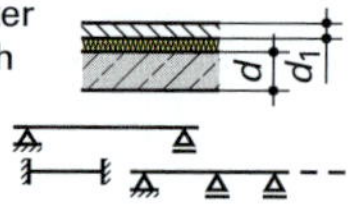 | 60[1,2]<br>80[1,2] | 60[1,2]<br>80[1,2] | 60[1,2]<br>80[1,2] | 60[1,2]<br>80[1,2] | 80[2]<br>80[1,2] |
| Mindestestrichdicke $d_1$ in mm bei Estrichen aus nichtbrennbaren Baustoffen oder Aspahlt[3] | 25 | 25 | 25 | 30 | 40 |
| Holzwolle-Leichtbauplatten auch ohne Putz bei<br>einer Dicke der Holzwolle-Leichtbauplatten ≥ 25 mm<br>einer Dicke der Holzwolle-Leichtbauplatten ≥ 50 mm | 50<br>50 | 50<br>50 | –<br>50 | –<br>50 | –<br>50 |
| Mindestdicke in mm bei Unterdecken | $d \geq 50$ | | | | |

5

1) Bei Betonfeuchtigkeitsgehalten > 4 Gew.-% sowie bei sehr dichter Bewehrungsanordnung (Stababstände < 100 mm) sind die Mindestdicken *d* sowie die Mindestdicken *D* um 20 mm zu vergrößern.

2) Bei Platten mit mehrseitiger Brandbeanspruchung – z.B. bei auskragenden Platten – müssen die Mindestdicken *d* sowie die Mindestdicken *D* jeweils ≥ 100 mm sein.

3) Bei Anordnung von Asphaltestrich, bei Verwendung von schwimmendem Estrich mit einer Dämmschicht der Baustoffklasse B und bei Verwendung von Holzwolle-Leichtbauplatten muss bei Beanspruchung jeweils F 30-AB, F 60-AB, F 90-AB, F 120-AB und F 180-AB lauten.

## Brandverhalten klassifizierter Wände aus Mauerwerk (Auszug DIN 4102-4)

Die ( )-Werte gelten für gemauerte Wände mit beidseitigem Putz, der bei Verwendung der Mörtelgruppe P IV eine Dicke $d_1$ ≥15 mm besitzen muss.

| Konstruktionsmerkmale 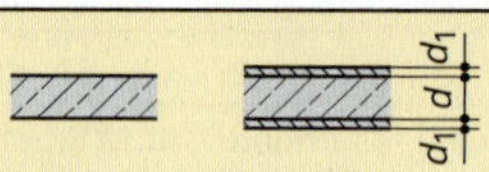 | Feuerwiderstandsklasse-Benennung[3] | | | | |
|---|---|---|---|---|---|
| | F 30-A | F 60-A | F 90-A | F 120-A | F 180-A |
| Mindestdicke *d* in mm **tragender Wände** aus Kalksandsteinen nach DIN 106<br>Ausnutzungsgrad $\alpha_2$ = 0,2 | 115<br>(115) | 115<br>(115) | 115<br>(115) | 115<br>(115) | 175<br>(140) |
| Ausnutzungsgrad $\alpha_2$ = 0,6 | 115<br>(115) | 115<br>(115) | 140<br>(115) | 175<br>(140) | 200<br>(175) |
| Ausnutzungsgrad $\alpha_2$ = 1,0 | 115<br>(115) | 115<br>(115) | 140<br>(115) | 190<br>(175) | 240<br>(190) |

Ähnliche Werte gelten für Porenbeton-Steine, Hohlblöcke aus Leichtbeton, Mauerziegel und Leichthochlochziegel (vgl. DIN 4102-4). Klammerwerte gelten für Wände mit beidseitigem Putz PII oder PIVc ≥ 15 mm bzw. PIVa oder PIVb ≥ 10 mm (ohne Fortschreibung auf die neue Putz-Norm).

## Brandverhalten klassifizierter Stahlbauteile
(Auszug DIN 4102-4)

| Konstruktionsmerkmale / Abmessungen in mm | Profilverhältnis $U/A$ in $m^{-1}$ | F 30-A | F 60-A | F 90-A | F 30-A | F 60-A | F 90-A |
|---|---|---|---|---|---|---|---|
| | | Mörtelgruppe P II oder P IVc | | | Mörtelgruppe P IVa oder P IVb | | |
| | | Stahlträger | | | Stahlstützen | | |
| **Putzdicke *d*** über Putzträger aus Rippenstreckmetall, Streckmetall oder Drahtgewebe bei Stahlträgern. | < 90 | 5 | 15 | – | 5 | 5 | 15 |
| | 90 bis 119 | 5 | 15 | – | 5 | 5 | 15 |
| | 120 bis 179 | 5 | 15 | – | 5 | 15 | 15 |
| | 180 bis 300 | 5 | 15 | – | 5 | 15 | 25 |
| | | Stahlträger | | | Stahlstützen | | |
| **Putzdicke *d*** über Putzträgern aus Rippenstreckmetall, Streckmetall oder Drahtgewebe bei Stahlstützen. | < 90 | 15 | 25 | 45 | 10 | 20 | 35 |
| | 90 bis 119 | 15 | 25 | 45 | 10 | 20 | 35 |
| | 120 bis 179 | 15 | 25 | 45 | 10 | 20 | 45 |
| | 180 bis 300 | 15 | 25 | 55 | 10 | 20 | 45 |
| **Wandbauplatten** Dicke *d* aus Gips nach DIN 18 163 | – | 60 | 60 | 60 | evtl. mit Spezial-Brandschutzputz oder Vermiculite-Spritzputze mit Rohdichten bis 850 kg/m³ | | |
| | | Stahlträger | | | | | |
| **Gipskarton-Bauplatten** (GKF) Dicke *d* als Bekleidung von Stahlträgern | ≤ 300 | 12,5 | 12,5 + 9,5 | 2 x 15,0 | für F 30-A einschalig | | |
| | | Stahlstützen | | | | | |
| **Gipskarton-Bauplatten** (GKF) als Bekleidung von Stahlstützen | ≤ 300 | 12,5 | 12,5 + 9,5 | 3 x 15,0 | für F 60-A und F 90-A mehrschalig | | |

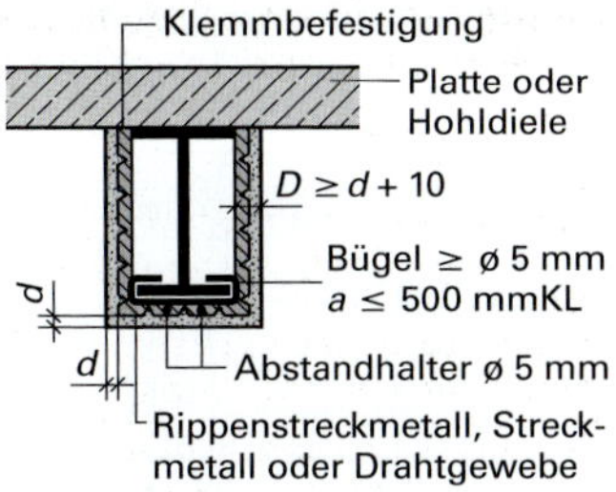


**verputzter Stahlträger**

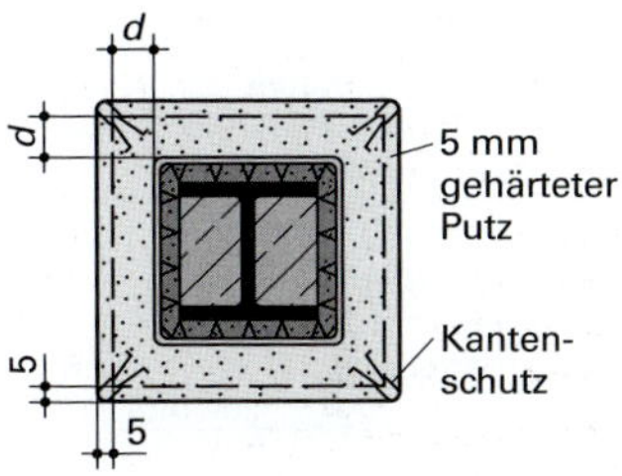


**verputzte Stahlstütze**

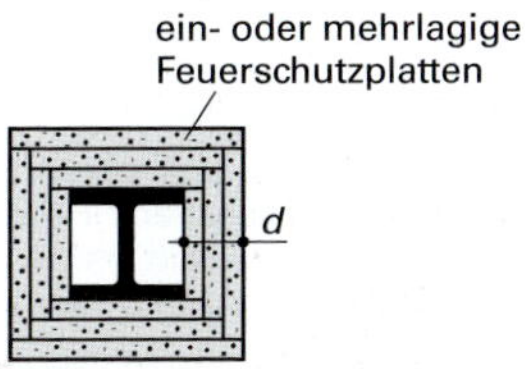


**bekleidete Stahlstütze**
Feuerschutzummantelung mit Stoßüberlappung

## Brandverhalten von unbekleideten Holzbalken und Holzstützen für F 30-B (Auszug DIN 4102-4)

Mindestbreite *b* in mm bei einem Seitenverhältnis *h*/*b* 1,0 bzw. 2,0 und einem **Abstützungsabstand** *s* bzw. einer **Knicklänge** $s_k$ in m

| | Biegung $\frac{\sigma_B}{zu\ \sigma^*_B}$ Druck $\frac{\sigma_{D\|\|}}{zul\ \sigma_k}$ | h/b 1,0: 2,0 | 3,0 | 4,0 | 5,0 | 6,0 | h/b 2,0: 2,0 | 3,0 | 4,0 | 5,0 | 6,0 |
|---|---|---|---|---|---|---|---|---|---|---|---|
| Vollholzbalken | | | | | | | | | | | |
| 3seitig | 0,2 | 80 | 80 | 80 | 80 | 80 | 80 | 80 | 80 | 80 | 83 |
| | 1,0 | 114 | 114 | 114 | 114 | 114 | 96 | 103 | 109 | 114 | 120 |
| 4seitig | 0,2 | 86 | 86 | 86 | 86 | 87 | 80 | 80 | 80 | 82 | 84 |
| | 1,0 | 160 | 160 | 160 | 160 | 160 | 113 | 113 | 118 | 123 | 128 |
| Brettschichtholzbalken | | | | | | | | | | | |
| 3seitig | 0,2 | 80 | 80 | 80 | 80 | 83 | 80 | 80 | 80 | 80 | 83 |
| | 1,0 | 100 | 100 | 100 | 100 | 100 | 84 | 90 | 95 | 100 | 105 |
| 4seitig | 0,2 | 80 | 80 | 80 | 80 | 83 | 80 | 80 | 80 | 80 | 83 |
| | 1,0 | 140 | 140 | 140 | 140 | 140 | 99 | 99 | 103 | 108 | 112 |
| Vollholzstützen | | | | | | | | | | | |
| 4seitig | 1,0 | 187 | 204 | 219 | 229 | 237 | 161 | 179 | 193 | 202 | 204 |
| | 0,2 | 102 | 105 | 105 | 105 | 105 | 91 | 92 | 92 | 92 | 92 |
| Brettschichtholzstützen | | | | | | | | | | | |
| 4seitig | 1,0 | 169 | 188 | 202 | 202 | 202 | 147 | 167 | 168 | 168 | 168 |
| | 0,2 | 90 | 90 | 90 | 90 | 90 | 80 | 80 | 80 | 80 | 83 |

1) zul $\sigma^*_B = 1{,}1 \cdot k_B \cdot$ zul $\sigma_B$ mit $1{,}1 \cdot k_B \leq 1{,}0$; zul $\sigma_k = \sigma_{D||}/\omega$

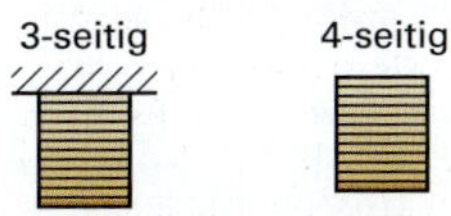


**Holzbalken unter Brandbeanspruchung**

**Stütze aus BSH (Brettschichtholz)**

**Hinweis:** Anforderungen an die Bauausführung ergeben sich ausschließlich aus den LBauO. Die Ausführungsbeispiele nach DIN 4102, Teil 4, dürfen ohne zusätzlichen Nachweis verwendet werden. Ansonsten ist ein Prüfzeugnis erforderlich.

5

## Mindestabmessungen für Decken mit Dämmschicht für F 30-B (Auszug DIN 4102-4)

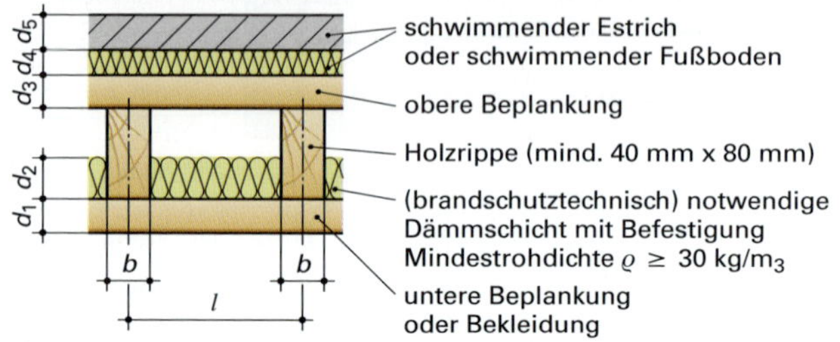


**Bemessung** ► S. 334

Für Bauteile nach DIN 1052 kann der Nachweis im Brandfall nach dem vereinfachten Verfahren, mit dem ideellen Restquerschnitt bei dem die Abbrandrate berücksichtigt wird, erfolgen.

Abbrandrate Vollholz
ca. 0,8 mm/min (Nadelholz),
ca. 0,7 mm/min (Laubholz)

| **Holzrippen** | **untere Beplankung oder Bekleidung** | | **notwendige Dämmschicht** | **obere Beplankung** | **Schwimmender Estrich oder schwimmender Fußboden** | | | |
|---|---|---|---|---|---|---|---|---|
| Mindestbreite in mm | Spanplatten mit $\varrho \geq$ 600 kg/m³ Mindestdicke in mm | max. zul. Spannweite in mm | aus Mineralfaser-Platten oder -Matten Mindestdicke in mm | aus Holzwerkstoffplatten mit $\varrho \geq$ 600 kg/m³ Mindestdicke in mm | Dämmschicht mit $\varrho \geq$ 30 kg/m³ in mm | Mörtel, Gips oder Asphalt Mindestdicke in mm | Holzwerkstoffplatten, Brettern oder Parkett Mindestdicke in mm | Gipskartonplatten Mindestdicke in mm |
| $b$ | $d_1$ | $l$ | $d_2$ | $d_3$ | $d_4$ | $d_5$ | $d_5$ | $d_5$ |
| 40 | 16 | 625 | 60 | 13 | 15 | 20 | | |
| | 16 | 625 | 60 | 13 | 15 | | 16 | |
| | 16 | 625 | 60 | 13 | 15 | | | 9,5 |

Die Tabelle gilt für Decken mit notwendiger Dämmschicht. Die Dämmschichten müssen aus mineralischen Fasern nach DIN 18165 bestehen, der Baustoffklasse A nach DIN 4102 angehören und einen Schmelzpunkt von $T \geq 1000$ °C besitzen.

Entfällt die Dämmung oder genügt sie nur der Baustoffklasse B2 ohne weitere Bedingungen, so müsste gelten:
Spanplatten $d_1 \geq 19$ mm und obere Beplankung $d_3 \geq 16$ mm

5

## Mindestabmessungen Holzbalkendecken mit vollständig freiliegenden Holzbalken für F 30-B (Auszug DIN 4102-4)

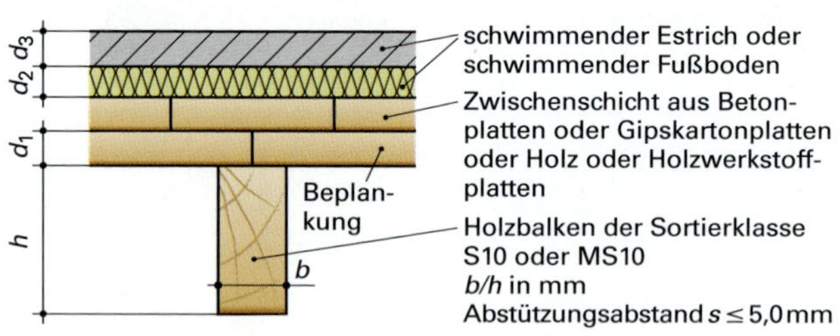


**Brandschutzmaßnahmen**

Verwendung von rissefreiem Holz.

Kanten und Ecken sollten gefasst sein.

Verkleidung aus schwer entflammbaren oder nichtbrennbaren Baustoffen.

| **Holzbalken** | | | **Beplankung** | | **Schwimmender Estrich** | |
|---|---|---|---|---|---|---|
| Biegespannung | bei Verwendung von Vollholz | bei Verwendung von Brettschichtholz | Spanplatten mit $\varrho \geq$ 600 kg/m³ | Brettern oder Bohlen | Dämmschicht mit $\varrho \geq$ 30 kg/m³ | Spanplatten mit $\varrho \geq$ 600 kg/m³ |
| N/mm² | $b/h$ in mm | $b/h$ in mm | $d_1 \geq 25$ mm | $d_1 \geq 28$ mm | $d_2 \geq 15$ mm | $d_3 \geq 16$ mm |
| ≥ 14 | – | 140/260 | Es wird zwischen Decken mit ● verdeckten ● teilweise freiliegenden ● vollständig freiliegenden Holzbalken unterschieden. | | Bei den ausgewiesenen Decken ist die Anordnung an der Deckenunterseite ohne weitere Nachweise erlaubt (Ausnahme: Stahlblech). | |
| ≥ 14 | – | 130/240 | | | | |
| 11 | 130/200 | 110/200 | | | | |
| 10 | 120/100 | 85/190 | | | | |
| 7 | 100/160 | 80/150 | | | | |

## Mindestdicken nichttragender zweischaliger Wände aus Holzwolle-Leichtbauplatten

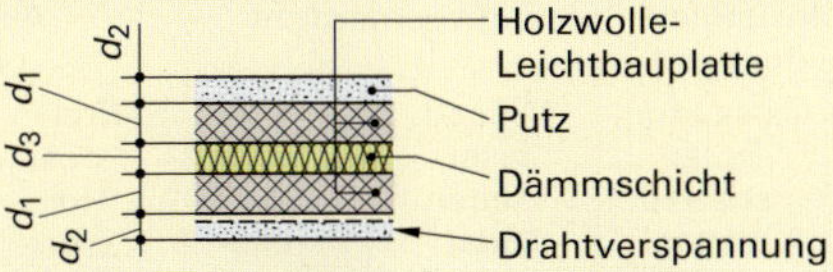


| Konstruktionsmerkmale | Feuerwiderstandsklasse F 30-B bis F 120-B | Feuerwiderstandsklasse F 180-B |
|---|---|---|
| Mindestdicke $d_1$ in mm der Holzwolle-Leichtbauplatten nach DIN 1101 | 50 mm | 50 mm |
| Mindestdicke $d_2$ in mm des Putzes, gemessen ab Oberkante Holzwolle-Leichtbauplatten | 15 mm | 20 mm |
| Mindestdicke $d_3$ in mm der Dämmschicht (Rohdichte > 30 kg/m³) | 40 mm | 40 mm |

## Mindestdicken ein- oder zweischaliger nichttragender Wände aus Gips-Bauplatten F mit Ständern und/oder Riegeln aus Stahlblechprofilen oder Gipsstreifenbündeln und/oder Riegeln aus Holz sowie Mindestrohdichte der Dämmschicht

| | | | | | | | | |
|---|---|---|---|---|---|---|---|---|
| Mindestbekleidungsdicke $d_2$ in mm | 12,5[1)] | 2 × 12,5[2)] | 15 + 12,5 | | 2 × 18[3)] | | – | |
| Mindestdämmschichtdicke $d_3$ in mm | 40 | 40 | 40 | | 40 | | – | |
| Mindestrohdichte $\varrho$ in kg/m³ der Dämmschicht | 40 | 40 | 40 | | 40 | | – | |
| | Holzriegel möglich | | | | | | | |
| Mindestbekleidungsdicke $d_2$ in mm | | | 2 × 12,5[2)] | | 2 × 15 | | 3 × 12,5[4)] | |
| Mindestdämmschichtdicke $d_3$ in mm | | | 80 | 60 | 80 | 60 | 80 | 60 |
| Mindestrohdichte $\varrho$ in kg/m³ der Dämmschicht | | | 30 | 50 | 50 | 100 | 50 | 100 |
| [1)] Alternativ auch 18 mm GKB oder ≥ 2 × 9,5 mm GKB<br>[2)] Alternativ auch 25 mm<br>[3)] Alternativ auch 3 × 12,5 mm oder 25 mm + 12,5 mm<br>[4)] Alternativ auch 25 mm + 12,5 mm | F 30-A | F 60-A | F 90-A | | F 120-A | | F 180-A | |

## Mindestdicken tragender, nicht raumabschließender Wände aus Holztafeln

| Konstruktionsmerkmale | Holzrippen: Mindestabmessungen in mm $b_1 \times d_1$ | Holzrippen: zulässige Spannung in N/mm² $\sigma_D$ | Beplankung(en) und Bekleidung(en): Holzwerkstoffplatten (Mindestrohdichte $\varrho$ = 600 kg/m³) $d_2$ in mm | Beplankung(en) und Bekleidung(en): Gipskarton-Bauplatten F (GKF) $d_2$ in mm | $d_3$ | Feuerwiderstandsklasse |
|---|---|---|---|---|---|---|
| 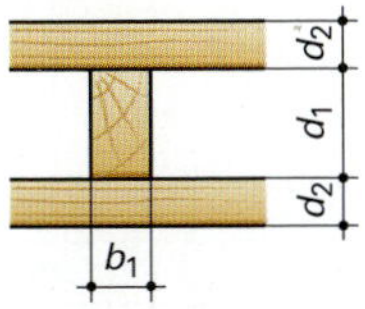 | 50 × 80 | 2,5 | 25 oder 2 × 16 | | | |
| | 100 × 100 | 1,25 | 16 | | | |
| | 40 × 80 | 2,5 | | 18 | | |
| | 50 × 80 | 2,5 | | 15 | | F 30-B |
| | 100 × 100 | 2,5 | | 12,5 | | |
| 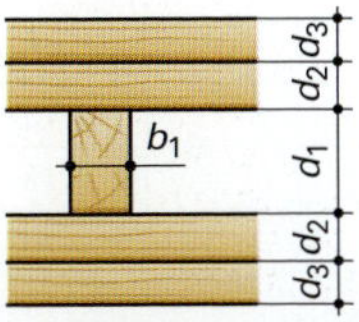 | 40 × 80 | 2,5 | 8 | | 12,5 | |
| | 40 × 80 | 2,5 | 13 | | 9,5 | |
| | 40 × 80 | 2,5 | | 12,5 | 9,5 | |
| | 40 × 80 | 2,5 | 22 | | 15 | F 60-B |
| | 50 × 80 | 2,5 | | 15 | 12,5 | |

5

## Außenwände in Holztafelbauart F 30-B und F 60-B

| Konstruktionsmerkmale (MF Mineralfaserplatten) (HWL Holzwolleleichtbauplatten) | Innen-Beplankung(en) oder Bekleidung(en): Holzwerkstoffplatten (Mindestrohdichte $\varrho$ = 600 kg/m³) | Innen-Beplankung(en) oder Bekleidung(en): Gipskarton-Feuerschutzplatten (GKF) | | Dämmschicht: Mineralfaser-Platten oder -Matten | | Dämmschicht: Holzwolle-Leichtbauplatten | Außen-Beplankung oder -Bekleidung: Bretter oder Holzwerkstoffplatten | Außen-Beplankung oder -Bekleidung: Faserzementplatten | Außen-Beplankung oder -Bekleidung: Putz auf Holzwolle-Leichtbauplatten $d \geq 25$ mm |
|---|---|---|---|---|---|---|---|---|---|
| | Mindestdicke | | | dicke | Mindestrohdichte | dicke | Mindestdicke | | |
| | $d_2$ mm | $d_2$ mm | $d_3$ mm | $D$ mm | $\varrho$ kg/m³ | $D$ mm | $d_4$ mm | $d_4$ mm | $d_4$ mm |
| **F 30-B** | 13 | | | 80 | 30 | | 13 | | |
| | 13 | | | 40 | 50 | | 13 | | |
| **innen** | 13 | | | | | 25 | 13 | | |
| 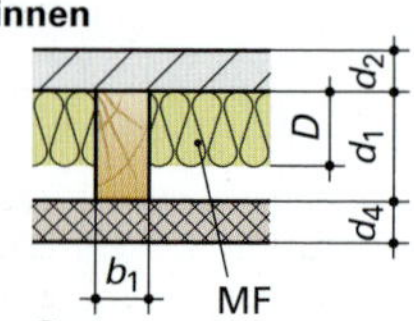  | | 12,5 | | 80 | 30 | | 13 | | |
| | | 12,5 | | 40 | 50 | | 13 | | |
| | | 12,5 | | | | 25 | 13 | | |
| | 16 | | | 80 | 100 | | | 6 | |
| **außen** | 16 | | | | | 50 | | 6 | |
| | | 15 | | 80 | 100 | | | 6 | |
| **innen** | | 15 | | | | 50 | | 6 | |
| 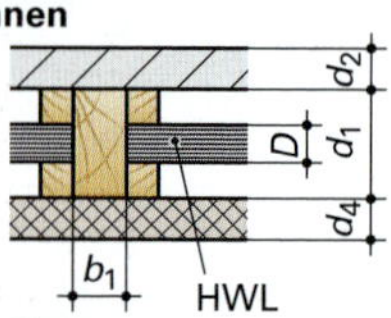  | 13 | | | 80 | 30 | | | | 15 |
| | 13 | | | 40 | 50 | | | | 15 |
| | 13 | | | | | 25 | | | 15 |
| | | 12,5 | | 80 | 30 | | | | 15 |
| **außen** | | 12,5 | | 40 | 50 | | | | 15 |
| | | 12,5 | | | | 25 | | | 15 |
| **F 60-B** | 22 | | 12,5 | 80 | 100 | | 13 | | |
| **innen** | 22 | | 12,5 | | | 50 | 13 | | |
| 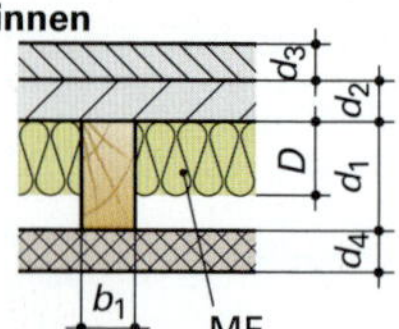  | | 12,5 | 12,5 | 80 | 100 | | 13 | | |
| | | 12,5 | 12,5 | | | 50 | 13 | | |
| | 22 | | 12,5 | 80 | 100 | | | 6 | |
| | 22 | | 12,5 | | | 50 | | 6 | |
| **außen** | | 12,5 | 12,5 | 80 | 100 | | | 6 | |
| **innen** | | 12,5 | 12,5 | | | 50 | | 6 | |
| 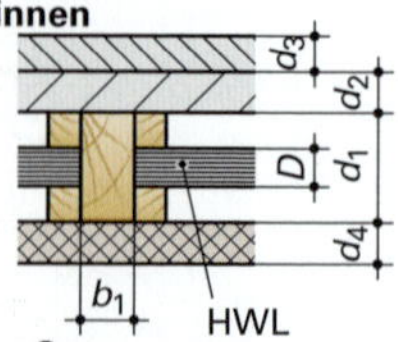  | 22 | | 12,5 | 80 | 30 | | | | 15 |
| | 22 | | 12,5 | 40 | 50 | | | | 15 |
| | 22 | | 12,5 | | | 25 | | | 15 |
| | | 12,5 | 12,5 | 80 | 30 | | | | 15 |
| | | 12,5 | 12,5 | 40 | 50 | | | | 15 |
| **außen** | | 12,5 | 12,5 | | | 25 | | | 15 |
| | 19 | | 12,5 | 80 | 100 | | | | 15 |
| **Holzrippen $b_1 \times d_1 \geq$ 40 mm × 80 mm** | 19 | | 12,5 | | | 50 | | | 15 |
| | | 15 | 9,5 | 80 | 100 | | | | 15 |
| | | 15 | 9,5 | | | 50 | | | 15 |

# 6 TECHNOLOGIE DER BAUSTOFFE

## Literatur und Normen

Jubelt/Schreiter, Gesteinsbestimmungsbuch; VEB, Deutscher Verlag für Grundstoffindustrie, Leipzig

Dietrich/Skinner, Die Gesteine und ihre Mineralien; Ott-Verlag

Baustoffkunde, Schättler, Vogel; Buchverlag, Würzburg

Scholz, Baustoffkenntnis; Werner-Verlag, Köln

Pilz u.a., Technologie der Baustoffe; Technik Verlagsgesellschaft

Technologie, Fliesen-, Platten- und Mosaikleger, Enssle; Handwerk & Technik, Hamburg

Zement-Taschenbuch; Bauverlag, Wiesbaden

Zementchemie für Bauingenieure, Czernin; Bauverlag, Wiesbaden

Betonkalender, Teil I u. II; Bundesverband der Deutschen Zementindustrie

Baustoff Glas; Nathan International, München

Lohmann, H.; Holz Handbuch, DRW-Verlag, Düsseldorf

| DIN | Teile | Titel |
|---|---|---|
| | | **BAUSTEINE** |
| EN 771 | 1 | Mauerziegel |
| | 2 | Kalksandsteine |
| | 3 | Leicht-, Normalbetonsteine |
| | 4 | Porenbetonsteine |
| V 20000 | 401 … 404 | Anwendungsnorm Baustoffe |
| V 105 | 100 | Mauerziegel |
| V 106 | 100 | Kalksandsteine |
| V 4165 | 100 | Porenbetonsteine |
| V 18151 | 100 | Leichtbetonsteine (Hohlblöcke) |
| V 18153 | 100 | Normalbetonsteine |
| 398 | | Hüttensteine, Vollsteine, Lochsteine, Hohlblocksteine |
| EN 1304 | A1 | Dachziegel |
| EN 490 | | Dach- und Formsteine aus Beton |
| 4160 | | Deckenziegel, nicht mitwirkend |
| 18148 | | Hohlwandplatten aus Leichtbeton |
| 18150 | 1 + 2 | Baustoffe und Bauteile für Hausschornsteine |
| 18151 | 100 | Hohlblöcke aus Leichtbeton |
| 18152 | 100 | Vollsteine und Vollblöcke aus Leichtbeton |
| 18153 | 100 | Mauersteine aus Beton |
| 18162 | | Wandbauplatten aus Leichtbeton |
| 18163 | | Wandbauplatten aus Gips |
| 18175 | | Glasbausteine |
| 18180 | | Gipskartonplatten |
| 18181 | | Gipskartonplatten im Hochbau |
| 18184 | | Gipskarton-Verbundplatten; mit Polystyrol- oder Polyurethan-Hartschaum |
| 18500 | 1 … 4 | Betonwerkstein |
| 18515 | | Fassadenbekleidungen aus Naturwerkstein, Betonwerkstein und keramischen Baustoffen |
| | | **BINDEMITTEL** |
| 1060 | 1 … 3 | Baukalk |
| EN 459 | 1 | Baukalke |
| 1164 | 1, 2, 8 | Portland-, Eisenportland-, Hochofen- und Trasszement |
| | 31 | –; Bestimmung des Hüttensandanteils von Eisenportland- und Hochofenzement und des Trassanteils |
| | 100 | –; Portlandölschieferzement |
| EN 196 | 1 … 7 + 21 | Prüfverfahren für Zement; Bestimmung der Festigkeit |
| 1168 | 1 + 2 | Baugipse |
| 4208 | | Anhydritbinder |
| EN 413 | 1 | Putz- und Mauerbinder |
| 51043 | | Trass; Anforderungen, Prüfung |
| | | **BETON UND MÖRTEL** |
| 488 | 1 … 6 | Betonstahl |
| EN 206 | 1 | Beton: Festlegungen, Eigenschaften |
| EN 1916 | | Rohre und Formstücke aus Beton, Stahlfaserbeton und Stahlbeton (für Abwasserleitungen und Kanäle) |
| V 1201 | | Rohre und Formstücke aus Beton |
| 4219 | 1 + 2 | Leichtbeton und Stahlleichtbeton mit geschlossenem Gefüge |
| 4227 | 1 + 5 | Spannbeton |
| 1048 | 1 … 5 | Prüfverfahren für Beton |
| 4164 | | Poren- und Schaumbeton |
| 4226 | | Gesteinskörnungen für Beton |
| 18540 | | Abdichten von Außenwandfugen im Hochbau mit Fugendichtstoffen |
| 18550 | 1 … 4 | Putz; Begriffe und Anforderungen |
| | | **GLAS** |
| 1259 | 1, 2 | Glas, Glasarten, Glaserzeugnisse |
| EN 572 | 1 … 4 | Glas im Bauwesen |
| | | **HOLZ** |
| 4070 | 1 + 2 | Nadelholz |
| 4071 | | Ungehobelte Bretter und Bohlen aus Nadelholz; Maße |
| 4072 | | Gespundete Bretter aus Nadelholz; |
| 4073 | | Gehobelte Bretter aus Nadelholz; Maße, nordische Hölzer |
| 4074 | 1 + 2 | Sortierung von Nadelholz |
| | 5 | –; Sortierung von Laubholz |
| EN 335 | 1, 2 | Dauerhaftigkeit von Holz und Holzprodukten |
| 68705 | 1 … 4 | Sperrholz |
| 68750 | | Holzfaserplatten; poröse und harte Holzfaserplatten; Gütebedingungen |
| 68754 | 1 | Harte und mittelharte Holzfaserplatten |
| 68763 | | Spanplatten; Flachpressplatten |
| 68764 | | Spanplatten; Strangpressplatten |
| 1101 | | Holzwolle-Leichtbauplatten und Mehrschichtbauplatten als Dämmstoffe |
| 1104 | 2 | Mehrschicht-Leichtbauplatten aus Schaumkunststoffen und Holzwolle |
| 52175 | | Holzschutz; Begriff, Grundlagen |
| 68800 | T 1/2 | Holzschutz im Hochbau |
| | | **KUNSTSTOFFE, BITUMIGE STOFFE** |
| EN 12591 | | Straßenbaubitumen; Anforderungen |
| 52123 | | Prüfung von Bitumen- und Polymerbitumenbahnen |
| 52128 | | Bitumendachbahnen, Rohfilzeinlage |
| 52129 | | Nackte Bitumenbahnen |

# 6.1 Natürliche Gesteine

## Einteilung der natürlichen Gesteine

**Erstarrungsgesteine** oder **magmatische Gesteine** sind aus glutflüssiger Magma in der Tiefe (Tiefengesteine), in Spalten oder Gängen (Ganggesteine) oder an der Erdoberfläche (Ergussgesteine) entstanden. Zu den Erstarrungsgesteinen zählt man auch das aus den Vulkanen herausgeworfene Material (Vulkanauswürfe, Pyroklastite), das sich in der Umgebung der Vulkane abgelagert und eventuell danach verfestigt hat.

**Ablagerungs**- oder **Sedimentgesteine** sind aus Trümmern anderer Gesteine und nachfolgender Verfestigung (Trümmersedimente) entstanden, aus Lösungen ausgeschieden (chemische Sedimente) oder aus organischen Stoffen, wie Pflanzen- oder Tierresten, aufgebaut (organische Sedimente).

**Umwandlungsgesteine** oder **metamorphe Gesteine** sind durch Umwandlung infolge von Druck oder Hitze während geologischer Zeiträume aus anderen Gesteinen entstanden.

| Gesteinsgruppe | Unterteilung | | Gesteinsnamen |
|---|---|---|---|
| **Erstarrungs-gesteine** | Tiefengesteine | | Granit, Syenit, Diorit, Gabbro |
| | Ganggesteine | | Porphyr |
| | Ergussgesteine | | Basalt, Diabas, Rhyolith, Obsidian, Bimsstein |
| | Vulkanauswürfe | | Tuff (Trass), Pyroklastite |
| **Ablagerungs-gesteine** | Trümmersedimente | | Sandstein, Breckzie, Konglomerat, Grauwacke, Tonstein |
| | chemische Sedimente | | Kalkstein, Dolomit, Gipsstein, Steinsalz, Flint (Feuerstein) |
| | organische Sedimente | | Muschelkalk, Korallenkalk, Kreide, Kohle, Torf |
| **Umwandlungs-gesteine** | Ursprungs-gestein | Tiefengesteine (Granit) | Gneis |
| | | Sandstein | Quarzit |
| | | Kalkstein, Dolomit | Marmor |
| | | Tonstein | Schiefer (Glimmerschiefer, Tonschiefer) |

## Minerale

Die natürlichen Gesteine sind aus unterschiedlichen Mineralen aufgebaut. Minerale sind stofflich einheitliche Bestandteile der Gesteine.

### Wichtige gesteinsbildene Minerale und deren Eigenschaften

| Mineral | Chemische Formel | Farbe | Dichte g/cm³ | Härte nach Mohs |
|---|---|---|---|---|
| **Quarz** | $SiO_2$ | weiß, grau | 2,65 | 7 |
| **Orthoklas** = roter Feldspat | $K\,Al\,Si_3\,O_8$ | rötlich, rot | 2,56 | 6 |
| **Plagioklas** = heller Feldspat | $Ca\,Al_2\,Si_2\,O_8$; $Na\,Al\,Si_2\,O_8$ | grau | 2,6 ... 2,7 | 6 |
| **Muskovit** = heller Glimmer | $K\,Al_2\,(Al\,Si_3\,O_{10})\,(OH)_2$ | silberweiß | 2,8 ... 2,9 | 2,5 ... 3 |
| **Biotit** = dunkler Glimmer | $K\,(Mg, Fe)_3\,Al\,Si_3\,O_{10}\,(OH)_2$ | schwarz | 2,8 ... 3,2 | 2 ... 3 |
| **Augit** | $Mg\,Si\,O_3$ | schwarz, braun | 3,3 ... 3,5 | 6 |
| **Hornblende** | $(Ca, Na)_2\,(Mg, Fe, Al)_5\,(Si, Al)_8\,O_{22}\,(OH)_2$ | schwarz | 3,0 ... 3,5 | 5 ... 6 |
| **Olivin** | $(Mg, Fe)_2\,Si\,O_4$ | dunkelgrün | 3,3 ... 3,4 | 6,5 ... 7 |
| **Calzit** (Calziumkarbonat) | $Ca\,CO_3$ | weiß, grau | 2,7 | 3 |
| **Gips** | $Ca\,SO_4 \cdot 2\,H_2O$ | weiß, grau | 2,3 | 2 |

| Talk | Gips | Calzit | Flussspat | Apatit | Feldspat | Quarz | Topas | Korund | Diamant |
|---|---|---|---|---|---|---|---|---|---|
| 1 | 2 | 3 | 4 | 5 | 6 | 7 | 8 | 9 | 10 |

**Mohs'sche Härteskala**

| Bautechnische Eigenschaften und Verwendung der Gesteine | | | | |
|---|---|---|---|---|
| **Gestein** | **Bestandteile** | **Gefüge** | **Farbe** | **Rohdichte**[1] **g/cm³** |
| **Granit** | Feldspat, Quarz und Glimmer | dicht, körnig, Minerale einzeln erkennbar | weißlich grau – rötlich – schwarz gesprenkelt | 2,6 ... 2,8 |
| **Diorit** | heller Feldspat, Hornblende, Quarz | dicht, körnig | grau – schwarz gesprenkelt | 2,6 ... 2,9 |
| **Syenit** | roter Feldspat, Hornblende, Quarz, dunkler Glimmer | dicht, körnig | dunkelgrau – rötlich – gelblich gesprenkelt | 2,6 ... 2,8 |
| **Gabbro** | verschiedene dunkle Minerale, Olivin, heller Feldspat | dicht, körnig | dunkelgrau, schwarz, grünlich | 2,8 ... 3,1 |
| **Porphyr** | Feldspat, Quarz, Glimmer | dicht, große Kristalle in feinkristalliner Grundmasse | grau, rot, gelbbraun | 2,6 ... 2,8 |
| **Basalt** | verschiedene dunkle Minerale, Plagioklas, Hornblende und Olivin | dicht, feinkörnig | blaugrau, schwarz | 2,8 ... 3,0 |
| **Diabas** | wie Basalt, Diabas ist geologisch älter | dicht, fein bis mittelkörnig | dunkelgrau, grünlich | 2,8 ... 3,0 |
| **Bimsstein** | unterschiedliche Zusammensetzung | porös, schaumig | grau, braun, schwarz, auch rot | 0,2 ... 1,3 |
| **Tuff (Trass)** | unterschiedliche Zusammensetzung | porös | grau, grauschwarz, auch gelblich – weiß | 1,3 ... 2,0 |
| **Sandstein** | Quarzkörner mit kalkigem oder tonigem Bindemittel | sandkörnig, geschichtet | hellgrau, braun, rot, gelbbraun | 2,0 ... 2,6 |
| **Grauwacke** | Quarz, Feldspat Muskovit und andere Minerale | dicht, körnig | grau, dunkelgrau, (grünlich, rötlich) | 2,6 ... 2,7 |
| **Kalkstein** | Calzit $CaCO_3$ und verschiedene Beimengungen | dicht, geschichtet, leicht polierbar | weiß, weißgrau, rötlich, bräunlich | 2,4 ... 2,8 |
| **Travertin** | Calzit $CaCO_3$ mit Beimengungen | porös, löchrig | weiß, gelblich, grau, Verfärbungen | 2,4 ... 2,6 |
| **Gipsstein** | Gips ($CaSO_4 \cdot 2\,H_2O$) mit Beimengungen | dicht, feinkörnig | grau bis weiß | 2,0 ... 2,2 |
| **Gneis** | wie Granit, Syenit oder Diorit | dicht, körnig, gebändert, fleckig | weißlichgrau rötlich – schwarz | 2,6 ... 2,9 |
| **Marmor** | Calzit $CaCO_3$ | körnig – kristallin, leicht polierbar | weiß, grau mit streifigen Verfärbungen | 2,7 ... 2,9 |
| **Schiefer** (Glimmerschiefer) | Quarz, Muskovit, Biotit und weitere Minerale | schiefrig, glimmerglänzend leicht spaltbar | hellgrau, dunkelgrau, bläulich | 2,5 ... 2,7 |

[1] Die Rohdichte ist der Quotient aus der Masse und dem Volumen einschließlich der vom Gestein umschlossenen Poren $\quad \varrho_R = \frac{m}{V_R}$

[2] Die Reindichte ist der Quotient aus der Masse und dem Feststoffvolumen (≙ der Dichte) $\quad \varrho = \frac{m}{V}$

6

**Bautechnische Eigenschaften und Verwendung der Gesteine**

| Reindichte[2] g/cm³ | Druckfestigkeit N/mm² | Verwendung | Fundorte in Mitteleuropa | Gestein |
|---|---|---|---|---|
| 2,6 … 2,8 | 160 … 240 | Pflaster-, Bordsteine, Natursteinmauern, Schotter, Betonzuschlag, Werksteine[3] | Harz, Fichtelgebirge, Bayerischer Wald, Spessart, Odenwald, Schwarzwald | **Granit** |
| 2,7 … 2,9 | 170 … 300 | wie Granit | Odenwald, Hunsrück, Bayerischer Wald | **Diorit** |
| 2,6 … 2,8 | 150 … 240 | wie Granit | Sachsen | **Syenit** |
| 2,8 … 3,1 | 200 … 350 | wie Granit | Schwarzwald, Harz, Odenwald | **Gabbro** |
| 2,6 … 2,8 | 150 … 240 | wie Granit | Erzgebirge, Harz, Sachsen, Thüringer Wald | **Porphyr** |
| 2,8 … 3,0 | 250 … 440 | Straßen-, Böschungs- und Buhnenpflaster, Schotter | Rhön, Vogelsberg, Eifel, Erzgebirge, Westerwald | **Basalt** |
| 2,8 … 3,0 | 180 … 250 | wie Basalt | Harz, Thüringen, Sachsen, Westerwald, Fichtelgebirge | **Diabas** |
| 2,6 … 2,7 | 5 … 30 | Leicht-Mauerwerk, Schleifmittel | Eifel | **Bimsstein** |
| 2,6 … 2,7 | 20. … 50 | Auskleidungen, Zementherstellung (Trass) | Eifel, Sachsen | **Tuff (Trass)** |
| 2,6 … 2,7 | 30 … 180 | Fassadensteine, Verblendsteine, Werksteine | Elbsandsteingebirge, Weserbergland, Thüringen, Baden-Württemberg, Pfalz | **Sandstein** |
| 2,6 … 2,7 | 150 … 250 | Straßenbaustoff, Betonzuschlag | Harz, Weserbergland, Lausitz, Sauerland | **Grauwacke** |
| 2,7 … 2,9 | 80 … 150 | Rohstoff für Baukalk und Zement, Fassadensteine, Wand- und Bodenplatten | Alpen, Weserbergland, Fränkische u. Schwäbische Alp, Schweizer Jura | **Kalkstein** |
| 2,7 … 2,9 | 30 … 80 | Werkstein, Verblendungen | Baden-Württemberg, Thüringen | **Travertin** |
| ≈ 2,3 | | Rohstoff für Baugips | Südharz, Nordbayern, Thüringen | **Gipsstein** |
| 2,6 … 2,9 | 100 … 260 | Natursteinmauern, Schotter, Betonzuschlag, Werksteine | Erzgebirge, Böhmerwald, Bayerischer Wald, Odenwald, Vogesen, Zentralalpen | **Gneis** |
| 2,7 … 2,9 | 140 … 180 | Platten, Verblendsteine, Bildhauergestein | Italien, Erzgebirge | **Marmor** |
| 2,6 … 2,7 | sehr gering | Dachdeckungen, Fassadenbekleidung, Natursteinmauern | Rheinisches Schiefergebirge,, Alpen, Thüringen, Riesengebirge, Harz | **Schiefer** (Glimmerschiefer) |

[2] Die Reindichte ist der Quotient aus der Masse und dem Feststoffvolumen (≙ der Dichte) $\varrho = \frac{m}{V}$

[3] Werkstein = bearbeiteter Naturstein

6

# 6.2 Künstliche Steine/Mauersteine

## 6.2.1 Ziegel und Klinker

Mauerwerksbau ▶ S. 283

### Herstellung und Begriffe

**Ziegel** werden aus einem Gemisch von Lehm, Ton und Sand unter Wasserzugabe geformt, bei ≈ 100 °C getrocknet und bei 900 °C ... 1200 °C gebrannt.

**Klinker** werden bei Temperaturen bis 1500 °C gebrannt. Dabei schmelzen die Bestandteile zu einer glasartigen Masse (Sinterung).

**Wärmedämmziegel** mit geringer Scherbenrohdichte bestehen aus einem Rohstoff, dem brennbare Bestandteile (z.B. Sägemehl) zugegeben werden. Nach dem Brennen entstehen Luftporen für eine hohe Wärmedämmung.

**HD-Ziegel** (englisch: High Density) sind Mauerziegel zur Verwendung in

- ungeschütztem Mauerwerk oder
- mit einer Brutto-Trockenrohdichte > 1000 kg/m³ für geschütztes Mauerwerk.

**Geschütztes Mauerwerk** ist gegen das Eindringen von Wasser z.B. durch Putzschicht, Verkleidung u.ä. geschützt.

**Brutto-(Netto-)Trockenrohdichte**

$$\varrho_{\text{Brutto(Netto)}} = \frac{\text{Masse, trocken}}{\text{Brutto-(Netto-)volumen}}$$

**Brutto-(Netto-)Volumen**
Volumen errechnet aus Länge, Breite und Höhe abzüglich des Volumens der Lochungen, Löcher, Aussparungen, die mit (nicht mit) Mörtel zu verfüllen sind.

**Vollziegel** (Mz) haben einen Gesamtlochanteil von ≤ 15 % in der Lagerfläche. Mit Ausnahme von Grifflöchern ist der Einzelqerschnitt der Löcher ≤ 6 cm².

6

**Hochlochziegel** haben Löcher senkrecht zur Lagerfläche mit einem Gesamtlochquerschnitt bei HD-Ziegeln von 15 % bis 50 %.

**Lochungsart** A, B, C für HD-Ziegel und A, B, Cd, W, WDz ist eine Einteilung hinsichtlich der Einzel-Querschnittsflächen und Abmessungen der Löcher.

**Langlochziegel** haben Löcher parallel zur Lagerfläche.

**Mulde:** Vertiefung in der Lagerfläche, die 20 % des Gesamtvolumens des Mauerziegels ($l \times b \times h$) nicht überschreiten darf.

**Griffloch:** geformtes Loch zur Handhabung des Mauerziegels.

**Füllziegel:** Mauerziegel mit Lochung zur Verfüllung mit Beton oder Mörtel.

**Kammer:** Aussparung, die den Mauerstein nicht durchdringt.

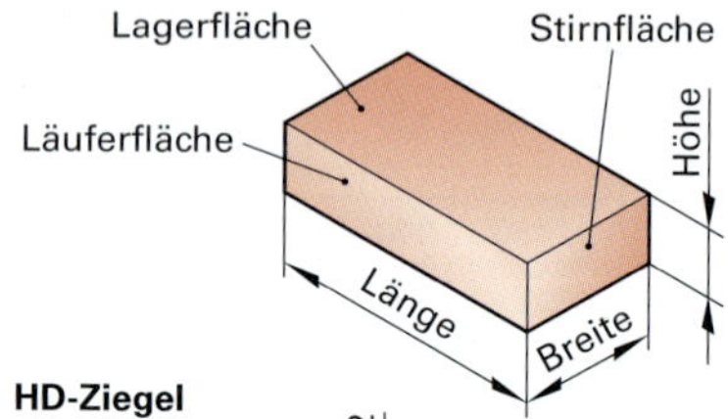


**HD-Ziegel**

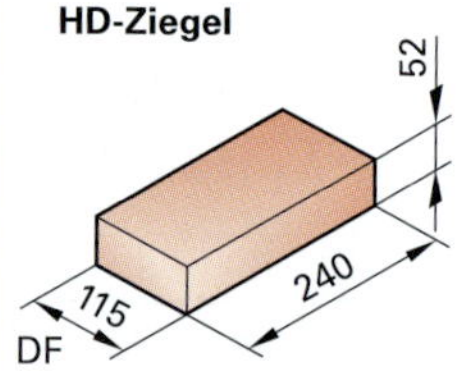


**Vollziegel (Mz)**

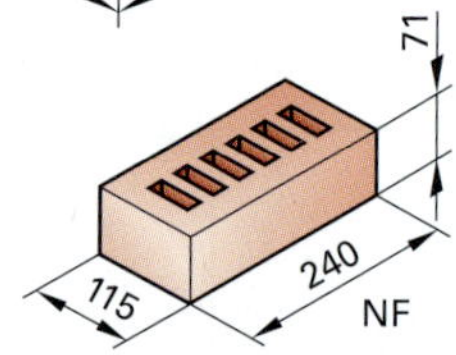


**Vollziegel mit Löchern**

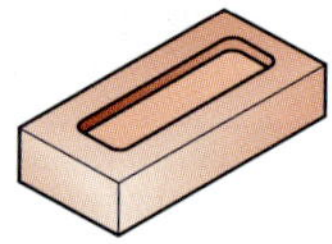

**Mauerziegel mit Mulde**

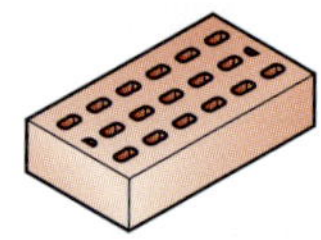

**Hochlochziegel**

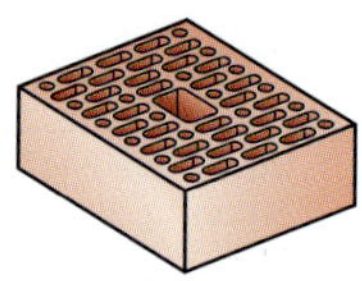

**Hochlochziegel**

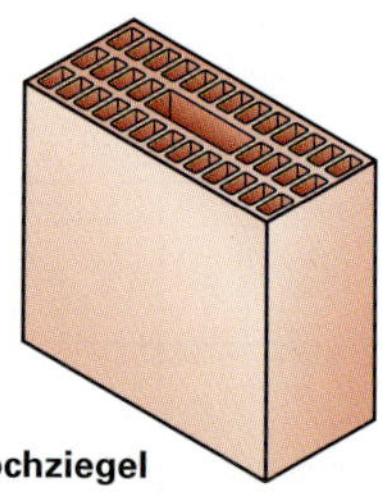

**Hochlochziegel**

### Ziegelarten, Kurzzeichen

| Ziegelart | Kurz-zeichen | Brutto-Trocken-rohdichte kg/dm³ |
|---|---|---|
| Vollziegel | Mz | 1,6 ... 2,0 |
| Vormauer-Vollziegel | VMz | 1,6 ... 2,0 |
| Hochlochziegel | HLz* | 1,0 ... 1,6 |
| Vormauer-Hochlochz. | VHLz* | 1,0 ... 1,6 |
| Vollklinker | KMz | 1,8 ... 2,2 |
| Hochlochklinker | KHLz* | 1,0 ... 1,8 |
| Keramikvollklinker | KK | 1,8 ... 2,4 |
| Keramik-Hochlochklinker | KHK | 1,6 ... 2,2 |
| Wärmedämmziegel | WDz | 0,5 ... 0,8 |
| Langlochziegel | LLz | 0,5 ... 1,0 |

* Hochlochziegel erhalten gegebenenfalls zusätzlich entsprechend der Lochungsart die Buchstaben A, B oder C.

## Steinformate

| Format-Kurzzeichen | Maße in mm | | | Maße in am[3] | Wanddicke |
|---|---|---|---|---|---|
| | *l* | *b* | *h* | | mm |
| DF[1] | 240 | 115 | 52 | $2 \cdot 1 \cdot \frac{1}{2}$ | 115/240 |
| NF[2] | 240 | 115 | 71 | $2 \cdot 1 \cdot \frac{2}{3}$ | 115/240 |
| 2DF | 240 | 115 | 113 | $2 \cdot 1 \cdot 1$ | 115/240 |
| 3DF | 240 | 175 | 113 | $2 \cdot 1\frac{1}{2} \cdot 1$ | 175/240 |
| 4DF | 240 | 240 | 113 | $2 \cdot 2 \cdot 1$ | 240 |
| 5DF | 240 | 300 | 113 | $2 \cdot 2\frac{1}{2} \cdot 1$ | 240/300 |
| 6DF | 240 | 365 | 113 | $2 \cdot 3 \cdot 1$ | 240/365 |
| 8DF | 240 | 240 | 238 | $2 \cdot 2 \cdot 2$ | 240 |
| 10DF | 240 | 300 | 238 | $2 \cdot 2\frac{1}{2} \cdot 2$ | 240/300 |
| 12DF | 240 | 365 | 238 | $2 \cdot 3 \cdot 2$ | 240/365 |
| 14DF | 425 | 240 | 238 | $3\frac{1}{2} \cdot 2 \cdot 2$ | 240 |
| 15DF | 365 | 300 | 238 | $3 \cdot 2\frac{1}{2} \cdot 2$ | 300/365 |
| 16DF | 490 | 240 | 238 | $4 \cdot 2 \cdot 2$ | 240 |
| 18DF | 365 | 365 | 238 | $3 \cdot 3 \cdot 2$ | 365 |
| 20DF | 490 | 300 | 238 | $4 \cdot 2\frac{1}{2} \cdot 2$ | 300 |
| 21DF | 425 | 365 | 238 | $3\frac{1}{2} \cdot 3 \cdot 2$ | 365 |
| 24DF | 490 | 365 | 238 | $4 \cdot 3 \cdot 2$ | 365 |

[1] DF Dünnformat  [3] am Achtelmeter
[2] NF Normalformat

Maßtoleranzen für HD-Ziegel bezogen auf Mittelwert:
Klasse T1: $\pm 0{,}40 \cdot \sqrt{\text{Sollmaß}}$ oder ± 3 mm
Klasse T2: $\pm 0{,}25 \cdot \sqrt{\text{Sollmaß}}$ oder ± 2 mm

gesamte Maßspanne:
Klasse R1: $0{,}6 \cdot \sqrt{\text{Sollmaß}}$
Klasse R2: $0{,}3 \cdot \sqrt{\text{Sollmaß}}$

## Druckfestigkeit, Kennzeichnung

| Druckfestigkeitsklasse | Kleinster Einzelwert N/mm² | Kennzeichnung der Steine[2] |
|---|---|---|
| 2 | 2,0 | grün |
| 4 | 4,0 | blau |
| 6 | 6,0 | rot |
| 8 | 8,0 | ohne, [1] |
| 10 | 10,0 | ohne, [1] |
| 12 | 12,0 | ohne |
| 16 | 16,0 | ohne, [1] |
| 20 | 20,0 | gelb |
| 28 | 28,0 | braun |
| 36 | 36,0 | ein violetter Streifen |
| 48 | 48,0 | zwei schwarze Streifen |
| 60 | 60,0 | drei schwarze Streifen |

[1] Farbaufdruck der Festigkeitsklasse.
[2] Jeder 200. Stein, ab 10 DF jeder 50. Stein oder auf der Verpackung oder auf Beipackzettel.

### LD-Ziegel

Mauerziegel mit niedriger Brutto-Trockenrohdichte für die Verwendung in geschütztem Mauerwerk.

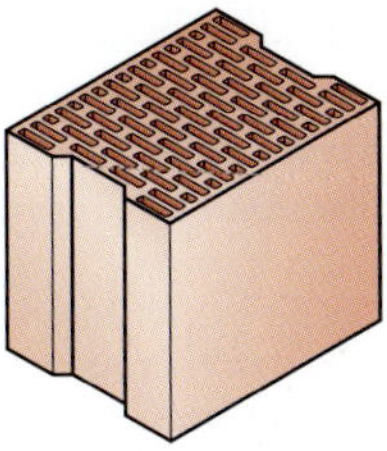

Hochlochziegel mit Mörteltasche

Hochlochziegel mit Grifföffnung

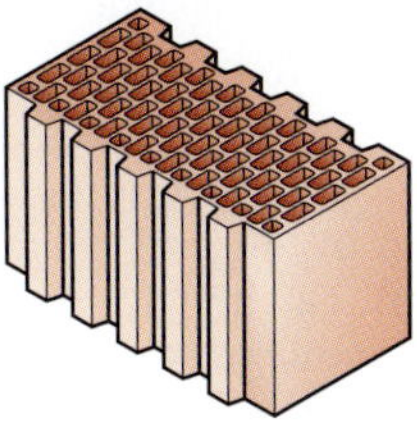

Hochlochziegel mit Nut- und Federsystem

Füllziegel

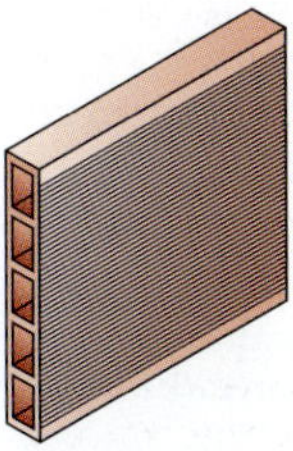

Langlochziegel

Langlochziegel mit Putzrillen

Langlochziegel mit Mörteltaschen

Mauertafelziegel

6

**CE-Kennzeichnung**

Nach der europäischen Norm (DIN EN 771-1) hat der Hersteller ein System der werkseigenen Produktionskontrolle einzurichten. Bei Einhalten der Bedingungen darf das Produkt das CE-Zeichen tragen. Das CE-Zeichen soll folgende Angaben enthalten:

- Name, Anschrift, eventuell Bildzeichen des Herstellers,
- Nummer der europäischen Norm, für Ziegel EN 771-1
- Art des Produkts, z.B. HD-Mauerziegel der Kategorie I
- Jahreszahl, z.B. 06 für 2006
- Soll-Abmessungen
- Mittlere Druckfestigkeit
- Grenzabmaße oder Maßtoleranzen, z.B. Klasse R1, R2, T1 oder T2
- Qualitätsniveau:
  Kategorie I : Wahrscheinlichkeit des Nichterreichens der Druckfestigkeit ≤ 5 %
  Kategorie II: Mauerziegel, die das Vertrauensniveau der Kategorie I nicht erreichen
- Weitere Angaben, z.B. Feuchtedehnung mm/m, Gehalt an löslichen Salzen, Wasserdampfdiffusions-Koeffizient, Brutto-Trockenrohdichte, Wärmeleitfähigkeit, Frostwiderstand.

**Bezeichnung der Ziegel**

Nach der DIN 105 werden die Ziegel mittels Kurzzeichen, Druckfestigkeitsklasse, Rohdichte und Format bezeichnet. Die Restnorm DIN V 105-100 ergänzt die europäische Norm so, dass die bisherige Nutzung der Mauerwerksbaustoffe uneingeschränkt möglich ist.

**Beispiel**

Ziegel DIN 105 – Mz 12 – 1,8 – DF
Vollziegel (Mz) der Druckfestigkeitsklasse 12, der Rohdichteklasse 1,8 der Länge 240 mm, der Breite 115 mm und der Höhe 52 mm ≙ DF

Klinker DIN 105 – KHLz A 20 – 1,4 – 8DF
Hochlochklinker (KHLz) der Lochungsart A mit der Druckfestigkeitsklasse 20, der Rohdichteklasse 1,4 mit der Länge 240 mm, der Breite 240 mm und der Höhe 238 mm ≙ 8DF

**Mauertafelziegel**

Mauertafelziegel haben Lochkanäle (Länge 50 mm bis 90 mm; Breite 30 mm bis 60 mm, Querschnitt max. 50 $cm^2$) oder Aussparungen. Übliche Steinlängen: 24,7 cm; 30,7 cm; 37,2 cm und 49,7 cm. Die Steine sind so zu vermauern, dass sich senkrechte Lochkanäle ergeben, die als Vergusskanäle dienen. Abbildung ▶ S. 201.

**Ziegelflachstürze**

Flachstürze sind auf Biegung beanspruchte Bauteile.

Ziegelflachstürze bestehen aus einem vorgefertigten, bewehrten Zuggurt und erlangen im Zusammenwirken mit einer Druckzone aus Mauerwerk ihre Tragfähigkeit. Die Schalenbreite ist 11,5 cm bzw. 17,5 cm; die Schalenhöhe 7,1 cm (= Schichthöhe) und die Längen ≤ 3,00 m.

Damit der Sturz die statischen Aufgaben erfüllen kann, sind die Fertigteilenden mindestens 11,5 cm im Auflagerbereich satt im Mörtelbett einzubauen.

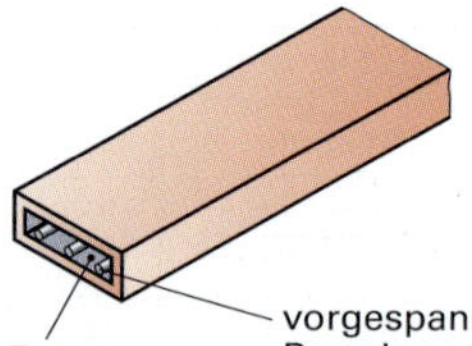

Ziegelflachsturz

6

**Ziegel U-Schalen**

Sie werden schlaff bewehrt und mit Beton C20/25 gefüllt. Ziegel U-Schalen dienen als verlorene Schalung für einen Stahlbetonbalken oder für einen Ringbalken.

Übliche Breiten: 11,5 cm; 17,5 cm; 24,0 cm; 30,0 cm; 36,5 cm

Übliche Höhe: 23,8 cm    Übliche Länge: 25,0 cm

Ziegel U-Schalen sind aus dem gleichen Material hergestellt wie die Normalsteine. Sie sind mit und ohne Wärmedämmung lieferbar.

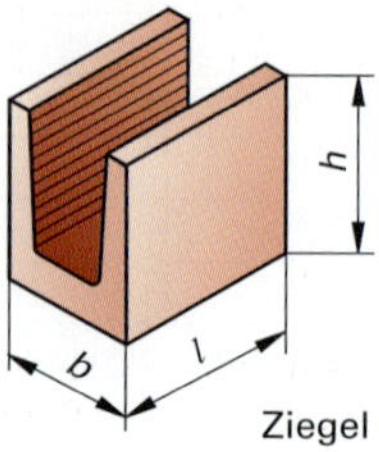

Ziegel U-Schale

## 6.2.2 Kalksandsteine

### Herstellung und Begriffe

Für die Herstellung von Kalksandsteinen werden Sand und Branntkalk (CaO) im Massenverhältnis 12 : 1 mit Wasser gemischt, zu Rohlingen gepresst und im Härtekessel unter Dampfdruck von 16 bar bei einer Temperatur von 200 °C innerhalb von 5 bis 8 Stunden gehärtet.

Kalksandsteine sind nach DIN EN 771-2 unterteilt. Die Restnorm DIN V 106 ergänzt die europäische Norm so, dass die bisherige Nutzung der Mauerwerksbaustoffe uneingeschränkt möglich ist.

- Die Formate der üblichen Kalksandsteine entsprechen denen der Ziegel ► S. 201

**Kalksand-Vollsteine (KS)** haben keine Löcher oder einen Lochanteil < 15 % senkrecht zur Lagerfläche.
Außer von Grifföffnungen sind die Steine 5-seitig geschlossen. Steinhöhe ≤ 113 mm.

**Kalksand-Lochsteine (KSL)** haben einen Lochanteil zwischen 15 % und 50 %. Die obere Lagerfläche ist mit Ausnahme von Grifföffnungen geschlossen. Steinhöhe ≤ 113 mm.

**Kalksand-Blocksteine (KS)** haben die gleichen Eigenschaften wie Vollsteine. Die Steinhöhe ist jedoch > 113 mm.

**Kalksand-Hohlblocksteine (KSL)** haben die gleichen Eigenschaften wie Lochsteine. Die Steinhöhe ist jedoch > 113 mm.

**Kalksand-Vormauersteine (KS-Vm)** haben mindestens die Druckfestigkeitsklasse 10 und den Nachweis des Frostwiderstandes erbracht.

**Kalksand-Verblender (KS-Vb)** haben mindestens die Druckfestigkeitsklasse 16 und haben höhere Anforderungen hinsichtlich der Grenzabmaße und des Frostwiderstandes als Vormauersteine.

**Plansteine (KS-R-Plansteine)** haben erhöhte Anforderungen an die Grenzabmaße der Höhe sowie der Planparallelität und eignen sich für Dünnbettmörtel.

**Planelemente (KS XL-PE oder KS XL-RE)** sind großformatige Vollsteine mit einer Höhe von > 249 mm und einer Länge von ≥ 498 mm, dessen Querschnitt durch Lochung bis 15 % der Lagerfläche gemindert sein kann. Sie müssen hinsichtlich der Maßhaltigkeit für Dünnbettmörtel geeignet sein.

**Bauplatten (KS-BP)** für nichttragende innere Wände haben ein umlaufendes Nut-Feder-System.
Übliche Abmessungen: $l$ = 498 mm
$b$ = 50 mm oder 70 mm
$h$ = 249 mm

Kalksand-Vollstein
KS NF

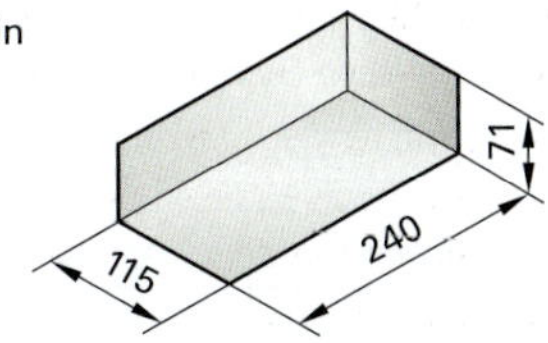


Kalksand-Lochstein
KSL 2DF ($1\frac{1}{2}$ NF)
auch als KS Vb

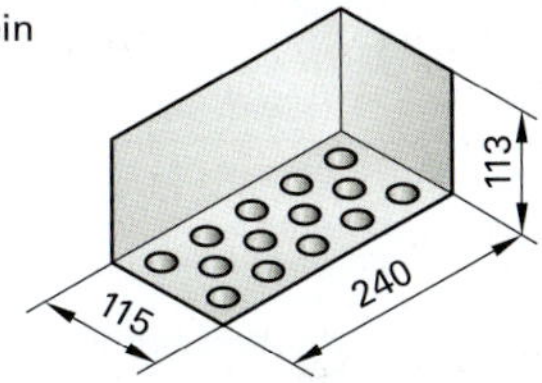


Kalksand-Lochstein
mit Griffloch
KSL 3DF ($2\frac{1}{4}$ NF)

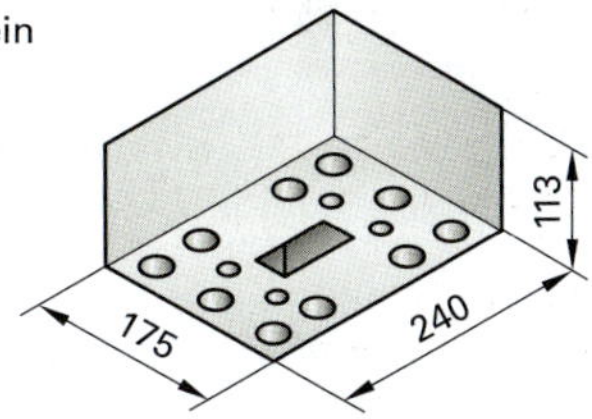


Kalksand-Hohlblockstein
KSL

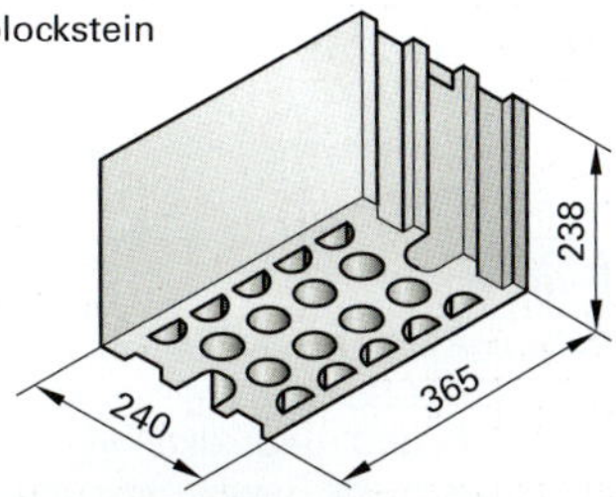


### Druckfestigkeit, Kennzeichnung

| Druckfestigkeitsklasse | Kennzeichnung außenliegender Steine oder auf Verpackung oder Begleitzettel |
|---|---|
| 4 | Stempelaufdruck oder blau |
| 6 | Stempelaufdruck oder rot |
| 8 | Stempelaufdruck oder rot |
| 10 | Stempelaufdruck oder grün |
| 12 | keine Kennzeichnung erforderlich |
| 16 | Stempelaufdruck oder 2 grüne Streifen |
| 20 | Stempelaufdruck oder gelb |
| 28 | Stempelaufdruck oder braun |
| 36 | Stempelaufdruck oder violett |
| 48 | Stempelaufdruck oder 2 schwarze Streifen |
| 60 | Stempelaufdruck oder 3 schwarze Streifen |

## Formate von Planelementen (KS XL-PE) und Rasterelementen (KS XL-RE)

KS-XL sind großformatige Kalksandsteine, die mit Schichthöhen von 50 cm bzw. 62,5 cm geliefert werden. Die Länge der Regelelemente beträgt je nach System 50 cm (KS- XL-RE) oder 100 cm (KS XL-PE).

| | |
|---|---|
| **Länge (mm)** | (248), (373), 498, 623, 898, 998 |
| **Breite (mm)** | 100*, 115, 120, 150, 175, 200, 240, 300, 365 |
| **Höhe (mm)** | 498, 598, 623 |

* nur für nichttragende Wände

## Grenzabmaße, Maßtoleranzen in mm

| Maß | | Steine für Normal- und Leichtmörtel | | Steine für Dünnbettmörtel | |
|---|---|---|---|---|---|
| Höhe: | Mittelwert der Probe | Sollhöhe | ± 2 mm | Sollhöhe | ± 1 mm |
| Länge: | Mittelwert der Probe | Solllänge | ± 2 mm | Solllänge | ± 2 mm |
| Breite: | Mittelwert der Probe | Sollbreite | ± 2 mm | Sollbreite | ± 2 mm |
| Höhe: | Einzelwert der Probe | Mittelwert | ± 2 mm | Sollhöhe | ± 1 mm |
| Länge: | Einzelwert der Probe | Mittelwert | ± 2 mm | Solllänge | ± 3 mm |
| Breite: | Einzelwert der Probe | Mittelwert | ± 2 mm | Sollbreite | ± 3 mm |

## Bezeichnung der Kalksandsteine

| Steinart | Kurzzeichen |
|---|---|
| Vollsteine, Blocksteine | KS |
| Lochsteine, Hohlblocksteine | KS L |
| Vormauersteine | KS Vm |
| Verblender | KS Vb |
| Plansteine | KS P |
| Planelemente | |
| ohne Längsnut, ohne Lochung | KS XL |
| mit Längsnut, ohne Lochung | KS XL-N |
| ohne Längsnut, mit Lochung | KS XL-E |
| Fasensteine | KS F |
| Bauplatten | KS BP |
| Nut- und Federsystem an der Stirnseite | -R |

**Beispiel für Bezeichnungen**

Kalksandstein DIN 106 – KS L 12 – 1,2 – 2 DF

Kalksandstein mit > 15 % Lochflächenanteil, mit der Druckfestigkeitsklasse 12, mit der Rohdichteklasse 1,2, mit der Länge 240 mm, der Breite 115 mm, der Höhe 113 mm ≙ 2 DF

Kalksandstein DIN 106 – KS L-RP 12 – 1,2 – 248 x 240 x 248

Kalksandstein mit > 15 % Lochflächenanteil, mit Nut- und Federsystem an den Stirnseiten (R) als Planstein (P), mit der Druckfestigkeitsklasse 12, mit der Rohdichteklasse 1,2, mit der Länge 248 mm, der Breite 240 mm und der Höhe 248 mm

## Formsteine

**Kalksand U-Schalen-Steine**
Kalksand U-Schalen werden als Schalungssteine für Stürze und Ringbalken verwendet. Sie erhalten eine schlaffe Bewehrung und werden mit Beton gefüllt.

Abmessungen (*l*/*b*/*h*)

| | | |
|---|---|---|
| 115/115/240 | 240/115/240 | 240/150/240 |
| 115/175/175 | 240/200/240 | 240/240/240 |
| 115/240/240 | 240/300/240 | 240/365/240 |

**Kalksand-Flachstürze**
KS-Flachstürze sind Fertigteile für die Herstellung von Öffnungen im Verblendmauerwerk. Eine außen offene Fuge ermöglicht eine einheitliche Verfugung.

| Sturzbreite mm | Sturzhöhe mm | Länge mm |
|---|---|---|
| 115<br>175 | 71 | 1000 bis 3000 in 250 mm Schritten |
| 115<br>150<br>175<br>240 | 113 | |

Formsteine haben eine nicht nur durch Rechtecke begrenzte Form. Sie dienen als Verblender mit schrägen oder runden Ecken.

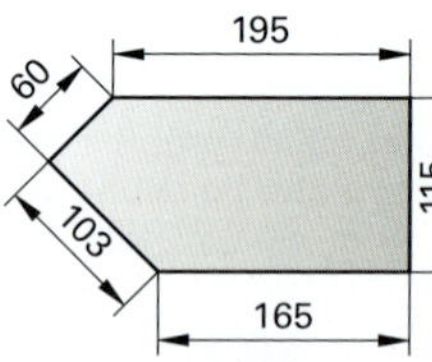

KS-Winkelstein

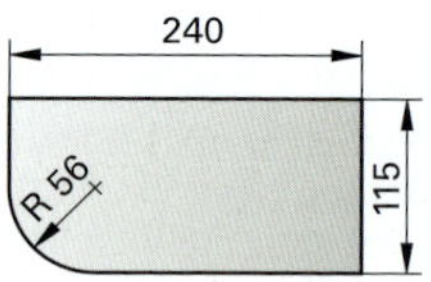

KS Vb-rund

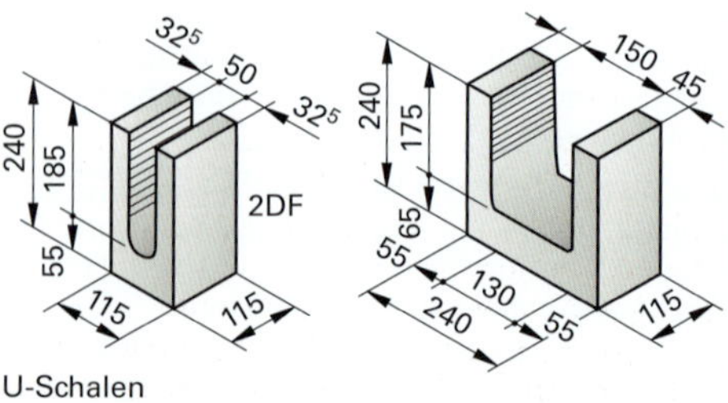

U-Schalen

## 6.2.3 Mauersteine aus Beton / Betonsteine

Mauersteine aus Beton bestehen aus dicken oder porigen Gesteinskörnungen und Zement als Bindemittel (DIN EN 771-3. Sie werden unterteilt in

- Hohlblöcke aus Leichtbeton (DIN V 18 151-100)
- Hohlblöcke aus Normalbeton (DIN V 18 153-100)
- Leichtbeton Vollsteine und Vollblöcke (DIN V 18 152-100)

| Begriffe | Kurzzeichen | Begriffsfestlegung |
|---|---|---|
| Vollstein | V | Mauerstein für Dickbettmörtel, Sollhöhe 52 mm bis 240 mm |
| Vollblock | Vbl | sechsseitig geschlossener Mauerstein aus Leichtbeton, Sollhöhe 238 mm |
| Vollblock | Vbl S | vier- oder fünfseitig geschlossener Mauerstein mit Schlitzen |
| Vollblock | Vbl SW | 5-seitig geschl. Mauerstein mit Schlitzen u. besonderen Wärmedämmeigenschaften |
| Plan-Vollbl. | Vbl SW-P | wie oben, jedoch für Vermauerung mit Dünnbettmörtel, Fugenhöhe 1 mm ... 3 mm |
| Hohlblock | Hbl | fünfseitig geschlossener Mauerstein mit Kammern senkrecht zur Lagerfläche |
| Plan-Hohlbl. | Hbl-P | wie vor, jedoch zur Vermauerung mit Dünnbettmörtel. |

**Außenmaße der Hohlblöcke in mm**

| Form | Formatkurzzeichen | Systemlänge | Breite ±3 mm | Höhe Hbl ±4 mm | Höhe Hbl-P ±1 mm |
|---|---|---|---|---|---|
| 1 K Hbl | 10 DF | 500 | 150 | | |
| 1 K Hbl | 9 DF | 375 | 175 | | |
| 2 K Hbl | 12 DF | 500 | 175 | | |
| 2 K Hbl | 14 DF | 500 | 200 | | |
| 2 K Hbl | 8 DF | 250 | | | |
| 3 K Hbl | 12 DF | 375 | 240 | | |
| 4 K Hbl | 16 DF | 500 | | | |
| 2 K Hbl | 10 DF | 250 | | | |
| 3 K Hbl | 15 DF | 375 | 300 | 238 | 238 oder 248 |
| 4 K Hbl | 20 DF | 500 | | | |
| 5 K Hbl | | | | | |
| 3 K Hbl | 12 DF | 250 | | | |
| 4 K Hbl | 18 DF | 375 | 365 | | |
| 5 K Hbl | 24 DF | 500 | | | |
| 6 K Hbl | | | | | |
| 5 K Hbl | 14 DF | 250 | 425 | | |
| 6 K Hbl | 16 DF | 250 | 490 | | |

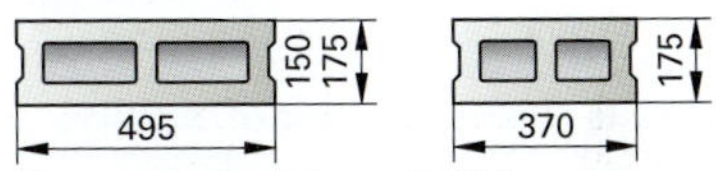

Einkammer-Hohlblock, 1K Hbl

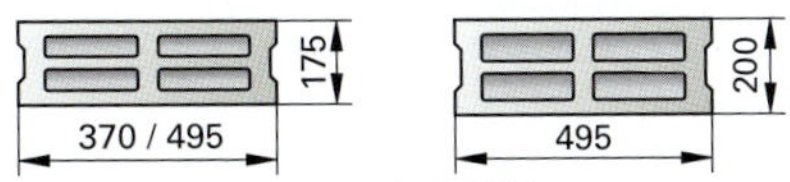

Zweikammer-Hohlblock, 2K Hbl

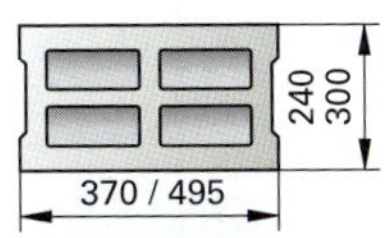

Zweikammer-Hbl

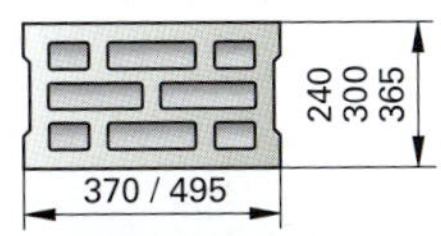

Dreikammer-Hohlblock

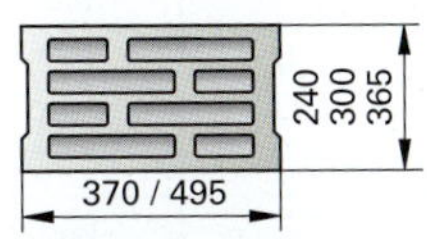

Vierkammer-Hbl

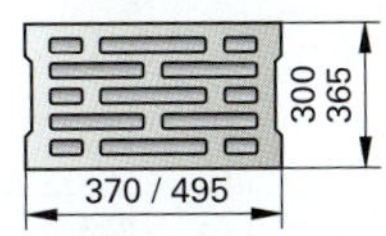

Fünfkammer-Hohlblock

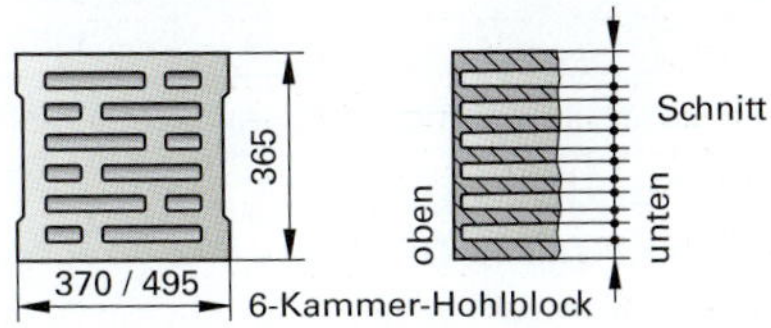

6-Kammer-Hohlblock

**Druckfestigkeitsklasse, Kennzeichnung**

| Druckfestigkeitsklasse | Druckfestigkeit Mittelwert N/mm² | Druckfestigkeit Mindestwert N/mm² | Kennzeichnung[1)] Anzahl der Nuten | Kennzeichnung[1)] Farbkennzeichnung |
|---|---|---|---|---|
| 2 | 2,5 | 2,0 | – | grün |
| 4 | 5,0 | 4,0 | 1 | blau |
| 6 | 7,5 | 6,0 | 2 | rot |
| 8 | 10,0 | 8,0 | – | „8" in schwarz |
| 12 | 15,0 | 12,0 | 3 | schwarz |

1) Jede Lieferung, jeder 50. Stein entweder Nuten oder Farbkennzeichung.

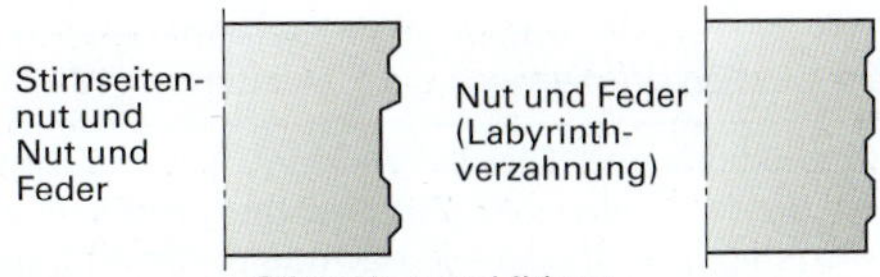

Stirnseitenausbildung

**Beispiel für Bezeichnungen:** Hohlblock DIN 18 151 – 3 K Hbl – P 2 – 0,50 – 10 DF – 247/300/248 – N + F

3-Kammer-Hohlblock nach DIN 18 151 zur Vermauerung mit Dünnbettmörtel (P = Planstein), mit der Festigkeitsklasse 2, mit der Rohdichteklasse 0,50, des Formates 10 DF mit der Länge 247 mm, der Breite 300 mm und der Höhe 248 mm mit Nut und Feder (N + F).

6

## 6.2.4 Porenbetonsteine

### Herstellung und Begriffe

Porenbetonsteine werden aus feingemahlenen oder feinkörnigen kieselsandhaltigen Stoffen (z.B. Sand) mit Zement oder Kalk als Bindemittel, Wasser und porenbildenden Zusatzmitteln (z.B. auf Aluminiumbasis) hergestellt und unter Dampfdruck gehärtet. Infolge dieser Poren beträgt die Rohdichte nur 0,3 kg/dm³ … 1,0 kg/dm³ und die Wärmeleitfähigkeit $\lambda$ = 0,2 W/mK. Porenbetonsteine werden nach DIN EN 771-4 unterschieden. Die Restnorm DIN V 4165-100 ergänzt die europäische Norm so, dass die bisherige Nutzung der Mauerwerksbaustoffe uneingeschränkt möglich ist.

| | |
|---|---|
| **Planstein PP** | Quaderförmiger Vollstein, eventuell mit Griffhilfen oder Hantierlöchern, für Dünnbettmörtel; Steinhöhe ≤ 249 mm |
| **Planelement PPE** | Quaderförmiger Vollstein, eventuell mit Griffhilfen oder Hantierlöchern, für Dünnbettmörtel; Steinhöhe > 249 mm, Länge ≥ 499 mm |
| **Blockstein** | Großformatiger Vollstein, der in Normal- oder Leichtmauermörtel zu versetzen ist. (Die Anwendung dieser Steine geht zurück.) |
| **Bauplatte** | Porenbetonstein für nichttragende innere Trennwände mit erhöhten Anforderungen hinsichtlich der Grenzabmaße. |

### Druckfestigkeits-, Rohdichteklassen, Kennzeichnung

| Druckfestigkeitsklasse-Farbkennzeichnung | Druckfestigkeit N/mm² Mittelwert minimal | Druckfestigkeit N/mm² kleinster Einzelwert | Rohdichteklasse | Mittlere Rohdichte kg/dm³ |
|---|---|---|---|---|
| 2 grün | 2,5 | 2,0 | 0,35<br>0,40<br>0,45<br>0,50 | > 0,30 bis 0,35<br>> 0,35 bis 0,40<br>> 0,40 bis 0,45<br>> 0,45 bis 0,50 |
| 4 blau | 5,0 | 4,0 | 0,55<br>0,60<br>0,65<br>0,70<br>0,80 | > 0,50 bis 0,55<br>> 0,55 bis 0,60<br>> 0,60 bis 0,65<br>> 0,65 bis 0,70<br>> 0,70 bis 0,80 |
| 6 rot | 7,5 | 6,0 | 0,65<br>0,70<br>0,80 | > 0,60 bis 0,65<br>> 0,65 bis 0,70<br>> 0,70 bis 0,80 |
| 8 keine[1] | 10,0 | 8,0 | 0,80<br>0,90<br>1,00 | > 0,70 bis 0,80<br>> 0,80 bis 0,90<br>> 0,90 bis 1,00 |

### Formate/Maße

| | Länge mm | Breite mm | Höhe mm |
|---|---|---|---|
| Porenbeton-Plansteine | 249<br>624 | 115<br>120<br>125<br>150<br>175<br>200<br>240 | 124<br>249 |
| Porenbeton-Planelemente | 499<br>1499 | 250<br>300<br>365<br>375<br>400<br>500 | 374<br>624 |

[1] Keine Farbkennzeichnung – dafür Aufstempelung von Festigkeits- und Rohdichteklassen.

**Beispiel Bezeichnung**

Porenbeton – Planstein DIN 4165 – PP2 – 0,45 – 499 x 249 x 249

Porenbeton-Planstein zur Vermauerung mit Dünnbettmörtel, Festigkeitsklasse 2, Rohdichteklasse 0,45, Steinlänge 499 mm, Steinbreite 240 mm, Steinhöhe 249 mm

## 6.2.5 Hüttensteine

Hüttensteine nach DIN 398 werden aus schnell gekühlter, granulierter Hochofenschlacke (Hüttensand) und Bindemitteln (Kalk, Zement) hergestellt. Die Rohstoffe werden unter Wasserzugabe gemischt, in Formen gepresst und – je nach dem verwendeten Bindemittel – an der Luft, unter Dampf oder kohlendioxidhaltigem Gas gehärtet. Die Formate und Druckfestigkeiten entsprechen denen von Kalksandsteinen. Das Kurzzeichen von Hüttensteinen ist HS.

**Eigenschaften von Hüttensteinen**

| Rohdichte | Druckfestigkeit | Wärmeleitzahl |
|---|---|---|
| 1,0 kg/dm³ … 2,0 kg/dm³ | 7,5 N/mm² … 35 N/mm² | 0,58 W/mK … 0,76 W/mK |

## 6.2.6 Dachsteine und Dachziegel

Für die Dachdeckung gibt es Pfannen in verschiedenen Formen. Die Formen, die Ausbildung und die Anordnung von Falzen sowie die Art der Oberlappung erfordern eine auf die jeweilige Pfanne abgestimmte Verlegeart. Hinsichtlich der Materialien unterscheidet man Dachziegel, Dachsteine aus Beton sowie Faserzementplatten. Alle Materialien müssen frostbeständig sein ▶ S. 96.

| Dachziegel/Dachsteine/Dachpfannen | | Baustoffbedarf Stück/m² | Deckbreite mm | Dachlast mit Latten kN/m² | Regeldachneigung |
|---|---|---|---|---|---|
| **Frankfurter Pfanne**<br>**Dachstein mit symmetrischer Mittelwulst**<br>1) mit Unterdach<br>2) ohne Vermörtelung | 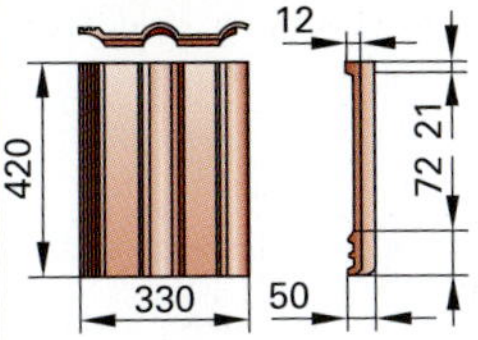 | 10 | 300 | 0,50 …<br>0,55[2)] | ≥ 22°<br>(> 10°)[1)] |
| **Doppel-S-Pfanne** (Hohlpfanne)<br>**Dachstein mit unsymmetrischer Mittelwulst**<br>1) mit Unterdach<br>2) ohne Vermörtelung | 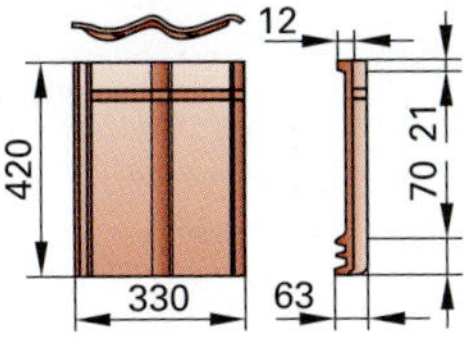 | 10 | 300 | 0,50 …<br>0,55[2)] | ≥ 22°<br>(> 10°)[1)] |
| **Doppelfalzziegel** (Reformfalzziegel)<br>Größe<br>25 cm × 42 cm<br>1) mit Unterdach<br>2) ohne Vermörtelung | Draufsicht<br>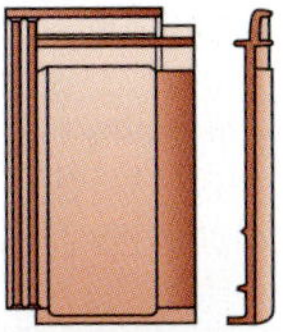 | 15 | | 0,55[2)] | ≥30°<br>(> 10°)[1)] |
| **Mönch und Nonne** (Ziegel)<br>Größe<br>11 cm × 40 cm<br>21 cm × 40 cm<br>1) mit Unterdach<br>3) einschließlich Vermörtelung | 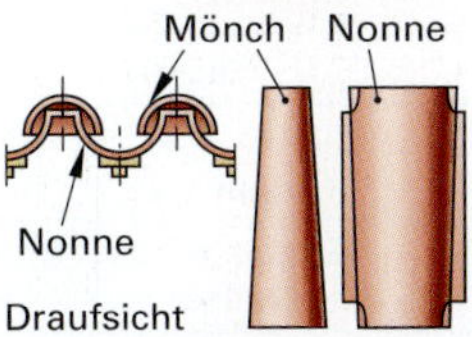<br>Draufsicht | | | 0,90[3)] | ≥ 40°<br>(> 10°)[1)] |
| **Hohlpfanne** (Ziegel)<br>Größe<br>23 cm × 40 cm<br>1) mit Unterdach<br>2) ohne Vermörtelung | Draufsicht<br>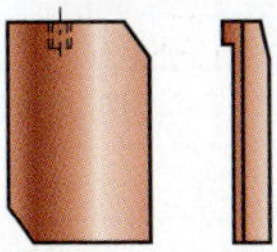<br>Verlegung<br> | 15 … 16 | | 0,45 | ≥ 35°<br>(> 10°)[1)] |
| **Biberschwanzziegel** (auch als Dachstein)<br>Format<br>17 cm × 42 cm<br>18 cm × 38 cm<br>15,5 cm × 36,5 cm<br>2) ohne Vermörtelung | Draufsicht<br>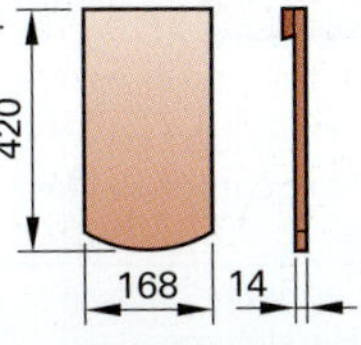 | 30 … 35 | | 0,60[2)] | ≥ 30° |
| **Berechnung der maximalen Lattweite** | max. Lattweite = Ziegel-/Dachsteinlänge – Mindestüberdeckung | 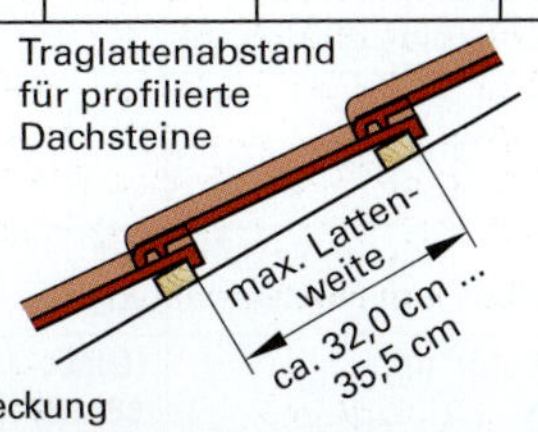 | | | |

# 6.3 Fliesen, Platten und Pflastersteine

## 6.3.1 Keramische Fliesen und Platten

Als Platten werden alle mineralischen Baustoffe bezeichnet, die als Belag für Wände und Böden dienen. Der Begriff Fliese bedeutet ursprünglich kleine Steinplatte (von vliese mittelniederdeutsch). Die Benennung der Plattenformate richtet sich nach ihren Abmessungen:

- **Fliesen** sind rechteckige Platten mit genormten Abmessungen (alt: Ansichtsfläche ≥ 90 $cm^2$).
- **Mosaiken** sind kleinformatige, vieleckige oder runde Platten mit einer Ansichtsfläche < 90 $cm^2$.
- **Riemchen** sind Rechteckplatten mit einem Kantenverhältnis von mindestens 1 : 3 und einer Ansichtsfläche größer als 90 $cm^2$.
- **Formplatten** sind speziell profilierte Platten für Sockel, Rinnen usw.

Quadrat, z.B. 15 x 15 / 0,55

Rechteck, z.B. 30 x 15 / 1,2

**Rechteckformate**

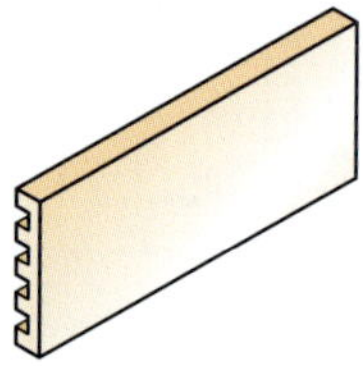

**Riemchenformat**

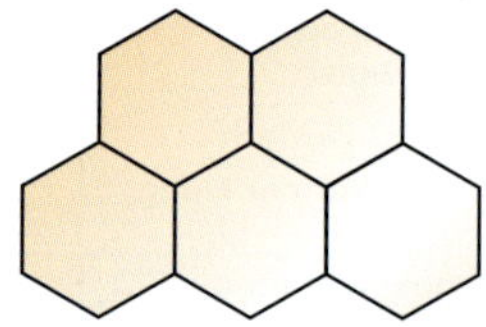

Sechseckformat

**Mosaikformate** ($A$ < 90 $cm^2$)

Für keramische Fliesen und Platten gelten einheitliche europäische Normen. Die Norm **DIN EN 87** unterscheidet stranggepresste Platten (Gruppe A), trockengepresste Fliesen und Platten (Gruppe B) und gegossene Fliesen und Platten (Gruppe C), gegliedert nach Wasseraufnahmefähigkeit I, II a, II b und III.

**Stranggepresste Platten (A)** werden hergestellt als Spaltplatten oder als gezogene Einzelplatten. Sie sind witterungs- und korrosionsbeständig und von hoher Festigkeit.

**Feinkeramische Produkte (B)** können glasiert, teilglasiert oder unglasiert sein. Sie sind frostbeständig und von hoher Festigkeit.

**Klassifizierung und Normung**

| Art der Formgebung | | Wasseraufnahme $E$ | | | |
|---|---|---|---|---|---|
| | | < 3% Gruppe I | 3% ... 6% Gruppe II a | 6% ... 10% Gruppe II b | > 10% Gruppe III |
| A | Stranggepresste Platten | Gruppe A I EN 121 | Gruppe A II a EN 186 | Gruppe A II b EN 187 | Gruppe A III EN 188 |
| B | Trockengepresste Fliesen und Platten | Gruppe B I EN 176 | Gruppe B II a EN 177 | Gruppe B II b EN 178 | Gruppe B III EN 159 |
| C | Gegossene Fliesen und Platten | Gruppe C I | Gruppe C II a | Gruppe C II b | Gruppe C III |

**Einteilung, Verwendung und Herstellung**

| Bezeichnung | Gruppe | Verwendung | Herstellung |
|---|---|---|---|
| Steingutfliesen (STG) weißer Scherben, glasiert<br>Irdengutfliesen (IG) farbiger Scherben, glasiert | B III<br>B III | Wand- und Bodenbeläge im Innenbereich<br>nicht frostbeständig | Brennen unterhalb der Sintergrenze ($\vartheta$ < 1150°C)<br>Porenvolumen > 20% |
| Steinzeugfliesen, Steinzeugplatten (STZ) } unglasiert, glasiert | B I | Innen- und Außenbereich Beanspruchungsgruppen I leicht bis IV stärker (z. B. Schulen) | Brenntemperatur $\vartheta$ > 1100°C Glasfluss durch hohen Feldspatanteil, porenarm |
| Keramische Spaltplatten } unglasiert, glasiert | A I<br>A II a | Innen- und Außenbereich paarweise Herstellung | Strangpressen |
| Bodenklinkerplatten unglasiert | (DIN 18188) | Bodenbeläge innen und außen | wie Klinker ► S. 200 |

**Abmessungen der Fliesen**

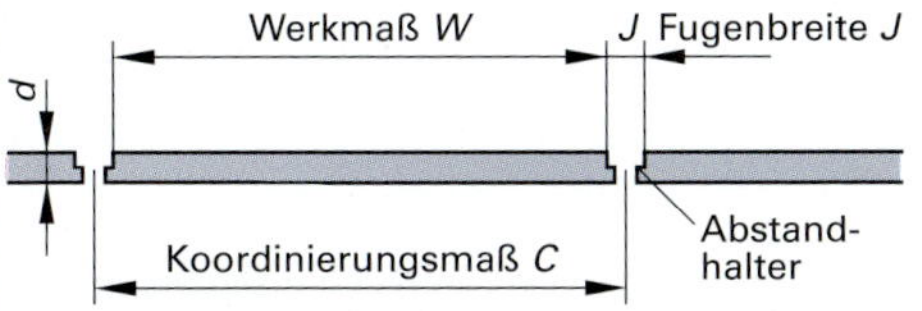


**Nennmaß** $C = W + J$

für modulare Fliesen, d.h. Fliesen mit Breiten von 100 mm sowie Teilen oder Vielfachen dieses Modulmaßes.

**Plattendicke** ***d*** üblicherweise 5 mm bis 18 mm

**Modulare Vorzugsmaße**
(+ Vorzugsmaß, – kein Vorzugsmaß)

| Koordinierungsmaß *C* cm × cm | Spaltplatten A I | Spaltplatten A II a | Fliesen und Platten B I | Fliesen und Platten B II a/b | Fliesen und Platten B III |
|---|---|---|---|---|---|
| M 30 × 30 | + | + | + | + | + |
| M 30 × 15 | + | + | – | – | + |
| M 25 × 25 | + | + | – | – | + |
| M 25 × 12,5 | + | + | – | – | – |
| M 25 × 6,25 | + | + | – | – | – |
| M 20 × 20 | – | + | + | + | + |
| M 20 × 15 | – | – | + | + | + |
| M 20 × 10 | + | + | + | + | + |
| M 20 × 5 | + | + | – | – | – |
| M 15 × 15 | – | + | + | – | + |
| M 15 × 7,5 | – | – | – | – | + |
| M 15 × 5 | + | – | – | + | – |
| M 10 × 10 | + | + | + | + | + |

**Vorzugsmaße der Bodenklinkerplatten nach DIN 18158**

| Koordinierungsmaße *C* in mm | Werkmaße *W* in mm Breite *b* | Länge *a* | Dicke *d* |
|---|---|---|---|
| 300 × 300 | 290 | 290 | 10, 15, 20, 25, 30, 35 oder 40 |
| 250 × 250 | 240 | 240 | |
| 125 × 250 | 115 | 240 | |
| 200 × 200 | 194 | 194 | |
| 100 × 200 | 94 | 194 | |

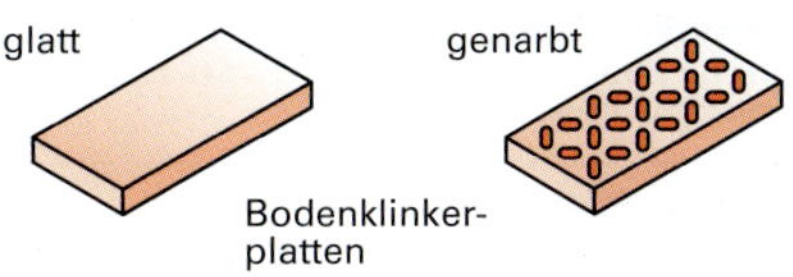


## 6.3.2 Natursteinplatten

Von den natürlich gewachsenen Gesteinen ► S. 197 werden hauptsächlich Granit, Sandstein, Kalkstein (Travertin) und Marmor verwendet. Die bearbeiteten Natursteinplatten nennt man **Naturwerkstein**. Die Plattenoberflächen werden glatt poliert bis rau behauen angeboten (nach DIN EN 1341).

**Formate:** 15 cm/15 cm bis 70 cm/70 cm oder als Bahnenbeläge bis 20 cm/60 cm oder als polygone Formen. Dicken von 1 cm bis 8 cm.

## 6.3.3 Betonwerksteinplatten

**Betonwerkstein** nach **DIN 18500** ist ein Kunststein aus Beton, der besondere Zuschläge und/oder Farbstoffe enthalten kann. Die Platten werden unter hohem Druck gepresst oder in Schalungen betoniert oder aus Blockbeton gesägt. Die Platten werden ein- oder zweischichtig, bewehrt oder unbewehrt hergestellt. Die Plattenoberfläche kann werksteinmäßig behandelt oder ausgewaschen (Waschbetonplatten) sein. Zweischichtige Platten, die gleichkörnigen, farbigen Natursteinsplitt enthalten, nennt man **Terrazzo**. 6

**Abmessungen für Betonwerksteinplatten**

| **Material** | **Nennmaße**, Länge/Breite/Dicke in cm | | | | | | |
|---|---|---|---|---|---|---|---|
| **Betonwerkstein** | 15/15/2 | 20/20/2 | 25/25/2 | 30/30/3 | 40/40/5 | 50/50/5 und größer | DIN 18500 |
| **Gehwegplatten** | 30/30/4 | 35/35/5 | 40/40/5 | 50/50/6 und 75/50/6 | | | DIN EN 1339 |

## 6.3.4 Asphaltplatten

Asphalt ist ein Gemisch aus Bitumen und Gesteinen ► S. 272. Man unterscheidet Naturasphalt, z.B. Trinidad-Asphalt, und künstlich hergestellten Asphalt. Die aufbereiteten Rohstoffe werden unter hohem Druck und Hitze zu ein- oder zweischichtigen Platten gepresst, die je nach Ausführung widerstandsfähig sind gegen Benzin, mineralische Öle oder Säuren. Bestimmte Asphaltplatten dürfen nicht mit lösungsmittelhaltigen Putzmitteln gereinigt werden (Herstellerhinweise beachten)!

**Arten:** Hochdruck- und Terrazzo-Asphaltplatten

**Formate:** 20 cm × 10 cm; 25 cm × 12,5 cm; 25 cm × 25 cm; Dicken: von 2,0 cm bis 5,0 cm.

## 6.3.5 Pflastersteine

### Betonpflastersteine

Pflastersteine aus Beton haben eine Höhe von 60 mm, 80 mm, 100 mm, 120 mm oder 140 mm bei einer maximalen Länge von 280 mm. Die Qualitätsmerkmale und die Prüfverfahren enthält **DIN EN 1338.** Sie bestehen aus Beton mit einer ausreichenden Widerstandsfähigkeit gegen starke Frosteinwirkung und Frosttausalzeinwirkung. Als Betonziersteine werden sie in verschiedenen Farben mit runden oder gebrochenen Kanten hergestellt. Die Oberfläche kann strukturiert, chemisch behandelt oder steinmetzmäßig bearbeitet sein.

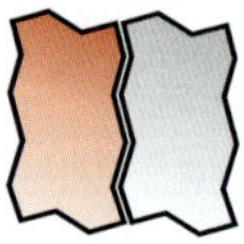
All-Verbundstein
*d* = 6 cm, 8 cm, 10 cm

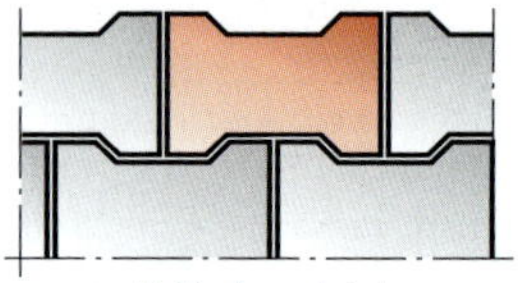
H-Verbundstein

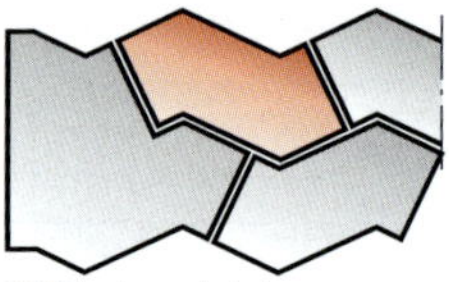
SF-Verbundstein
Normal- und Randstein

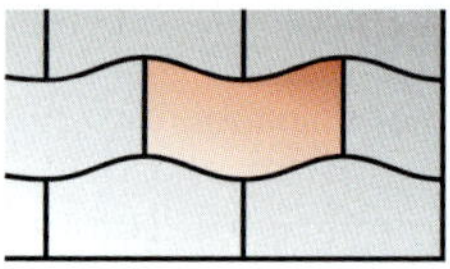
V-Verbundstein
Normal- und Anfangsstein

**Formen von Beton-Verbundpflastersteinen**

### Gehwegplatten

Gehwegplatten aus Beton haben Abmessungen von 300 mm × 300 mm × 40 mm, 400 mm × 400 mm × 50 mm und 500 mm × 500 mm × 60 mm. Die Qualitätsmerkmale enthalten die **TL Pflaster** und die **DIN EN 1339.**

### Naturstein-Pflastersteine

Pflastersteine aus Natursteinen bestehen gemäß **DIN EN 1342** aus witterungsbeständigen Gesteinen wie Granit, Diorit, Basalt, Grauwacke u.a. ▶ S. 198.

### Zulässige Abweichungen von den Nennmaßen

| Art der Flächen | Abweichungen von den / der Nenn-Flächenmaßen | Nenndicke Klasse 1 | Nenndicke Klasse 2 |
|---|---|---|---|
| Zwischen zwei gespaltenen Flächen | ± 15 mm | ± 30 mm | ± 15 mm |
| Zwischen bearbeiteter und gespaltener Fläche | ± 10 mm | ± 30 mm | ± 10 mm |
| Zwischen zwei bearbeiteten Flächen | ± 5 mm | ± 30 mm | ± 5 mm |

### Pflasterklinker, Pflasterziegel

Pflasterziegel nach **DIN EN 1344** werden für die Verwendung in Deutschland aus Lehm oder Ton bis zur Sinterung gebrannt (Pflasterklinker). Die rechteckigen oder quadratischen Grundflächen haben Formate für ein Fugenraster zwischen 100 mm und 300 mm. Man unterscheidet Pflasterklinker für engfugige Verlegung (Kennzeichnung durch Buchstabe E) und für Verlegung mit einer Fuge von ≈ 10 mm (Kennzeichnung Buchstabe F).



### **Bordsteine** (nach DIN 483)

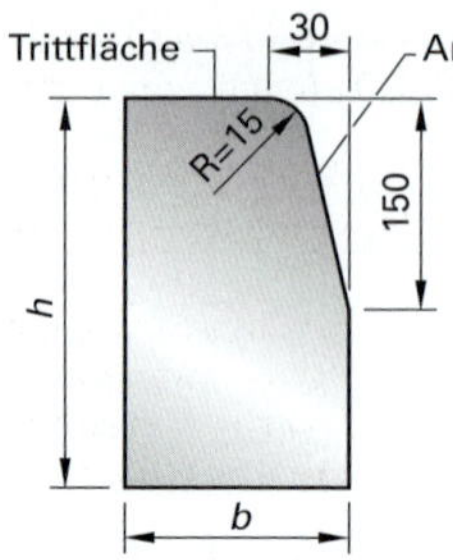

**Hochbordstein Form HB**

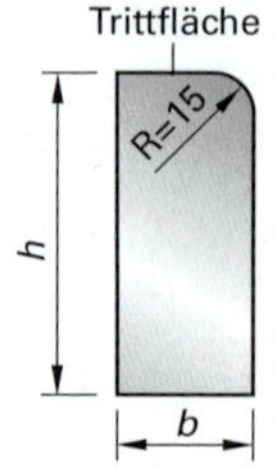

**Tiefbordstein Form TB**

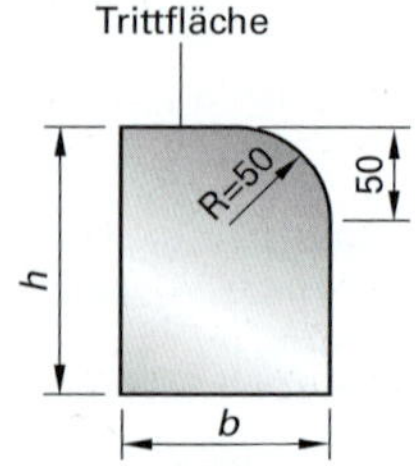

**Rundbordstein Form RB**

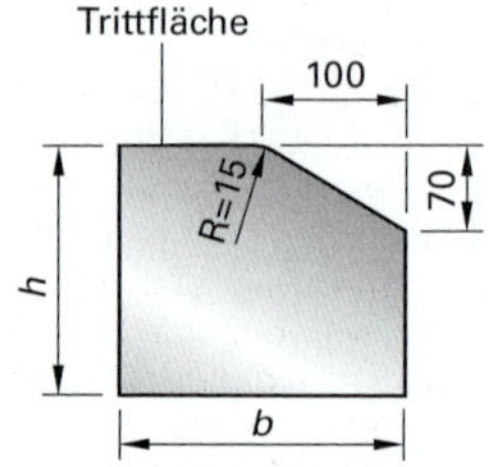

**Flachbordstein Form FB**

## 6.4 Bindemittel

Als Bindemittel bezeichnet man die aufbereiteten (... gebrannten) Stoffe, die natürliche oder künstliche Zuschläge nach Zugabe von Wasser druck- und zum Teil wasserfest miteinander verbinden. Bindemittel erhärten an der Luft (Aufnahme von Kohlendioxid [$CO_2$] = **Karbonaterhärtung**) oder/und durch die chemische Bindung des Wassers (**hydraulische Erhärtung**).

### 6.4.1 Zemente

Beton ► S. 232

Zement nach **DIN 1164** und **DIN EN 197-1** ist ein hydraulisches Bindemittel für Beton, Mauer- und Putzmörtel, das in Verbindung mit Wasser sowohl an der Luft als auch unter Wasser erhärtet und wasserfest bleibt.

- **Rohstoffe:** Kalkstein ($CaCO_3$) sowie Ton als Träger der **Hydraulefaktoren** Siliciumoxid ($SiO_2$), Aluminiumoxid ($Al_2O_3$) und Eisenoxid ($Fe_2O_3$) im Verhältnis 3 : 1.
- **Technologische Merkmale**: Hohe Druckfestigkeit; Raumbeständigkeit.

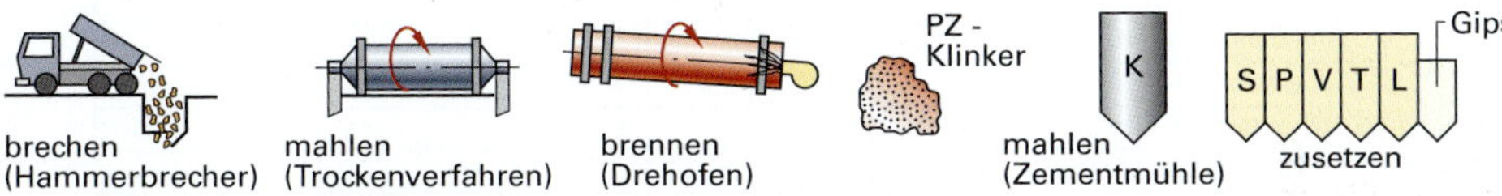


- **Betontechnische Eigenschaften der Zementbestandteile**

Zement = Kalkstein + Hydraulefaktoren + Hüttensand/Puzzolane/Flugasche/gebrannter Ölschiefer/Kalkstein + Gips

↓ PZ-Klinker + latent-selbstständig- hydraulische Stoffe + Verzögerer

- **Klinkerphasen**: Als Klinkerphasen werden Tricalciumsilikat, Dicalciumsilikat, Tricalciumaluminat und Calciumaluminatferrit bezeichnet.
- **Zementbestandteile**

**Portlandzementklinker (K)** ist ein selbstständig hydraulischer Stoff. Ausgangsmaterialien sind Kalkstein und Ton im Verhältnis 3 : 1, die bei ca. 1450 °C bis zur Sinterung im Drehrohrofen gebrannt werden. Fein gemahlen und mit Wasser angemacht erhärtet der PZ-Klinker i.W. zu Calciumsilicaten.

**Hüttensand (S)** ist schnell gekühlte, granulierte Hochofenschlacke, feinkörnig und glasig. Er benötigt zum Abbinden einen Anreger (z.B. Kalk im Zementklinker), entwickeit eine niedrige Hydratationswärme und ist sehr widerstandsfähig gegenüber chemischen Angriffen.

**Natürliche Puzzolane (P)** (Trass, Lava, Phonolith) sind vulkanische Stoffe, die einen hohen Anteil an Kieselsäure und Tonerde aufweisen. In Verbindung mit Wasser und Kalkhydrat entwickeln sie hydraulische Eigenschaften und bilden dann wasserunlösliche Verbindungen. Natürlich getemperte Puzzolane werden mit **Q** gekennzeichnet.

**Flugasche (V)** ist ein künstliches Puzzolan, das als Verbrennungsrückstand in industriellen Großfiltern bei der Abgasreinigung von Kohlekraftwerken anfällt. Es ist wie das natürliche P erst dann hydraulisch, wenn die reaktionsfähige Kieselsäure mit Wasser und Kalkhydrat in Verbindung kommt. Kalkreiche Flugasche wird mit **W** gekennzeichnet.

**Gebrannter Ölschiefer (T)** ist ein fein gemahlener bitumenhaltiger, kalkhaltiger Schiefer, der durch Brennen bei ca. 800 °C zum **selbstständig hydraulischen Zusatzstoff** wird.

**Kalkstein (L ≤ 0,5 M.-%; LL ≤ 0,2 M.-% an organischem Kohlenstoff TOC)** ist ein Sedimentgestein mit einem definierten Tongehalt (Methylenblau-Adsorption) und einem $CaCO_3$-Anteil von mind. 75 Masse-%.

**Silicastaub (D),** auch Mikrosilica genannt, ist glasartig erstarrtes Siliciumdioxid ($SiO_2$), das entsteht, wenn Filterstaub aus der Herstellung von Siliciummetall abkühlt. Dabei bilden sich Kugeln mit einem Durchmesser von 0,1 µm.

**Gips**, z.B. als Calciumsulfat-Halbhydrat ($CaSO_4 \cdot {}^1/_2\, H_2O$), wird in geringen Mengen zugegeben, um den Erstarrungsbeginn hinauszuzögern. Zu viel Gips fördert das Ettringittreiben (Zementbazillus).

**Hydratation** ist die chemisch-physikalische Reaktion des Wassers mit dem Zementkorn (Wasserbindung). Die dabei entstehende Wärme nennt man **Hydratationswärme** (LH). Das chemische Endprodukt ist ein Silicat.

Die **Mahlfeinheit** bestimmt im Wesentlichen die Frühfestigkeit der Zemente. Je feiner der Zement, desto schneller hydratisiert das wasserbenetzte Zementkorn.

## Zementarten und Zusammensetzung nach DIN EN 197-1 + A1

| Hauptzementart | Benennung Normalzementarten | Kurzzeichen | Hauptbestandteile (Masse-%) Portlandzementklinker K | Hüttensand S | Silicastaub D | Puzzolan[1] P | Puzzolan[1] Q | Flugasche[2] V | Flugasche[2] W | Gebrannter Schiefer T | Kalkstein[3] L | Kalkstein[3] LL | Dichten[*] $\varrho$ kg/dm³ |
|---|---|---|---|---|---|---|---|---|---|---|---|---|---|
| **CEM I** | Portlandzement | CEM I | 95 … 100 | – | – | – | – | – | – | – | – | – | 3,10 |
| **CEM II** | Portlandhüttenzement | CEM II/A-S | 80 … 94 | 6 … 20 | – | – | – | – | – | – | – | – | 3,05 |
| | | CEM II/B-S | 65 … 79 | 21 … 35 | – | – | – | – | – | – | – | – | |
| | Portlandsilicastaubzement | CEM II/A-D | 90 … 94 | – | 6 … 10 | – | – | – | – | – | – | – | ~ 3,20 |
| | Portlandpuzzolanzement | CEM II/A-P | 80 … 94 | – | – | 6 … 20 | – | – | – | – | – | – | 2,90 |
| | | CEM II/B-P | 65 … 79 | – | – | 21 … 35 | – | – | – | – | – | – | |
| | | CEM II/A-Q | 80 … 94 | – | – | – | 6 … 20 | | – | – | — | – | |
| | | CEM II/B-Q | 65 … 79 | – | – | – | 21 … 35 | | – | – | — | – | |
| | Portlandflugaschezement | CEM II/A-V | 80 … 94 | – | – | – | – | 6 … 20 | – | – | – | – | 2,98 |
| | | CEM II/B-V | 65 … 79 | – | – | – | – | 21 … 35 | – | – | – | – | |
| | | CEM II/A-W | 80 … 94 | – | – | – | – | – | 6 … 20 | – | – | – | |
| | | CEM II/B-W | 65 … 79 | – | – | – | – | – | 21 … 35 | – | — | – | |
| | Portlandschieferzement | CEM II/A-T | 80 … 94 | – | – | – | – | – | – | 6 … 20 | – | – | 3,05 |
| | | CEM II/B-T | 65 … 79 | – | – | – | – | – | – | 21 … 35 | – | – | |
| | Portlandkalksteinzement | CEM II/A-L | 80 … 94 | – | – | – | – | – | – | – | 6 … 20 | – | 3,05 |
| | | CEM II/B-L | 65 … 79 | – | – | – | – | – | – | – | 21 … 35 | – | |
| | | CEM II/A-LL | 80 … 94 | – | – | – | – | – | – | – | – | 6 … 20 | |
| | | CEM II/B-LL | 65 … 79 | – | – | – | – | – | – | – | – | 21 … 35 | |
| | Portlandkompositzement | CEM II/A-M | 80 … 94 | | | | | ← 6 … 20 → | | | | | 2,95 |
| | | CEM II/B-M | 65 … 79 | | | | | ← 21 … 35 → | | | | | |
| **CEM III** | Hochofenzement | CEM III/A | 35 … 64 | 36 … 65 | – | – | – | – | – | – | – | – | 3,00 |
| | | CEM III/B | 20 … 34 | 66 … 80 | – | – | – | – | – | – | – | – | |
| | | CEM III/C | 5 … 19 | 81 … 95 | – | – | – | – | – | – | – | – | |
| **CEM IV** | Puzzolanzement | CEM IV/A | 65 … 89 | – | | | ← 11 … 35 → | | | – | – | – | ~ 2,90 |
| | | CEM IV/B | 45 … 64 | – | | | ← 36 … 55 → | | | – | – | – | |
| **CEM V** | Kompositzement | CEM V/A | 40 … 64 | 18 … 30 | – | | ← 18 … 30 → | | – | – | – | – | |
| | | CEM V/B | 20 … 58 | 31 … 50 | – | | ← 31 … 50 → | | – | – | – | – | |

[1] **P** natürliches Puzzolan, **Q** getempertes (temperaturbehandeltes) Puzzolan

[2] **V** kieselsäurereiche Flugasche, **W** kalkreiche Flugasche.

[3] **L** hoher organischer Kohlenstoffgehalt, **LL** niedriger organischer Kohlenstoffgehalt.

[*] Schüttdichten: lose eingelaufen 0,9 … 1,2 kg/dm³, eingerüttelt 1,6 … 1,9 kg/dm³

6

## Festigkeitsklassen und Kennfarben

| Festigkeitsklasse | Norm | Druckfestigkeit in N/mm² bzw. MPa – Anfangsfestigkeit 2 Tage | Anfangsfestigkeit 7 Tage | Normfestigkeit 28 Tage | | Kennfarbe | Erstarrungsbeginn | Raumbeständigkeit |
|---|---|---|---|---|---|---|---|---|
| 22,5 | DIN EN 14216 | – | – | ≥ 22,5 | ≤ 42,5 | – | ≥ 75 min | ≤ 10 mm |
| 32,5 L | DIN EN 197-4 | – | ≥ 12 | ≥ 32,5 | ≤ 52,5 | hellbraun | ≥ 75 min | ≤ 10 mm |
| 32,5 N | DIN EN 197-1 | – | ≥ 16 | | | | | |
| 32,5 R | DIN EN 197-1 | ≥ 10 | – | | | | | |
| 42,5 L | DIN EN 197-4 | – | ≥ 16 | ≥ 42,5 | ≤ 62,5 | grün | ≥ 60 min | ≤ 10 mm |
| 42,5 N | DIN EN 197-1 | ≥ 10 | – | | | | | |
| 42,5 R | DIN EN 197-1 | ≥ 20 | – | | | | | |
| 52,5 L | DIN EN 197-4 | ≥ 10 | – | ≥ 52,5 | – | rot | ≥ 45 min | ≤ 10 mm |
| 52,5 N | DIN EN 197-1 | ≥ 20 | – | | | | | |
| 52,5 R | DIN EN 197-1 | ≥ 30 | – | | | | | |

**R** Rapid (schnellhärtende Zemente); **N** Normalhärtende Zemente; **L** langsamhärtende Zemente.

| **Besondere Eigenschaften der Normzemente** | | |
|---|---|---|
| **LH**<br>Niedrige Hydratationswärme | Wärmemenge nach 7 Tagen ≤ 270 J/g Zement. Kalkarmer Zement reagiert langsamer mit Wasser als kalkreicher. | DIN 197-1 + A1 |
| **VLH**<br>Sehr niedrige Hydrationswärme | Wärmemenge nach 7 Tagen<br>≥ 220 J/g Zement<br>Hochofenzement VLH III/B, VLH III/C<br>Puzzolanzement VLH IV/A, VLH IV/B<br>Kompositzement VLH V/A, VLH V/B | DIN 14216 |
| **HS**<br>**H**oher **S**ulfatwiderstand | Bei CEM I Begrenzung des $C_3A$ auf 3%, des $Al_2O_3$ auf 5%<br>CEM III/B Hüttensandanteil ≥ 66 M.-% | DIN 1164-10 |
| **NA**<br>**N**iedrig wirksamer **A**lkaligehalt | Bei CEM I Begrenzung des Natriumoxids ($Na_2O$)<br>CEM II mit ≥ 50 M.-% Hüttensand | DIN 1164-10 |

**Bezeichnung der Zemente:** Zemente (CEM) sind mindestens nach der Zementart und dem Zahlenwert für die Normfestigkeit zu kennzeichnen, z. B.

| | |
|---|---|
| Zement DIN 1164<br>CEM III/B - 32,5 N - HS<br><br>Zement DIN EN 197-1<br>CEM III/B – 32,5 N – LH | **III**: Hochofenzement<br>**B**: mit hohem Anteil an Zumahlstoff (Hüttensand)<br>**32,5**: der Festigkeitsklasse 32,5 (N/mm²)<br>**N**: normal erhärtender Zement<br>**LH**: Niedrige Hydratationswärme<br>**HS**: Hoher Sulfatwiderstand |

**Zement**

Reizt die Augen und die Haut. Sensibilisierung durch Hautkontakt möglich. Berührung mit den Augen und der Haut vermeiden. Geeignete Schutzhandschuhe tragen.

Nach der Gefahrstoffverordnung ist Zement als **reizend (Xi)** und mit dem Gefahrensymbol zu kennzeichnen.

Xi

Reizend

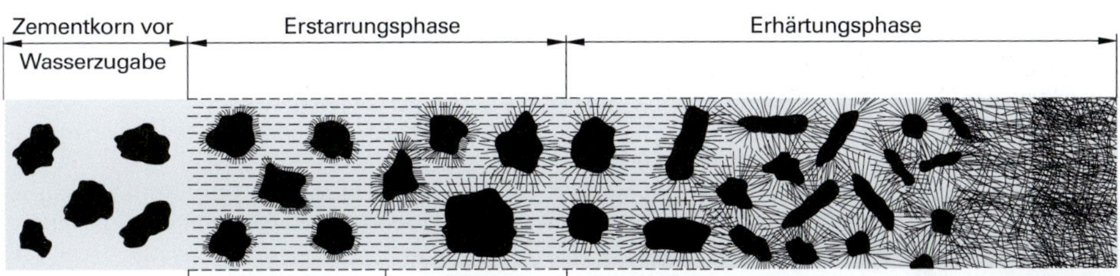


## Prüfung der Normzemente nach DIN EN 196 (Versuchsaufbau ► S. 214)

**Prüfung der Mahlfeinheit mit dem Luftduchlässigkeitsprüfer (nach Blaine)**

Grobe Bestandteile durch Siebung (**0,2-mm-Prüfsieb**). Siebrückstand ≤ 3 Masse-%

Spezifische Oberfläche (Blaine-Wert) mit dem **Luftpyknometer**. Es wird unter festgelegten Bedingungen ein Unterdruck erzeugt. Beim Druckausgleich durchströmt die Luft in einer bestimmten Zeit das Zementbett. Berechnung der spezifischen Oberfläche als Funktion der Durchströmzeit, Reindichte, Porosität: $O_{sp} \geq 2200$ cm²/g.

**Prüfung der Erstarrungszeit mit dem Nadelgerät (Vicatgerät)**

Der Zementleim wird in einen Hartgummiring gefüllt. Mit dem Tauchstab wird die Normsteife, mit der Nadel Erstarrungsbeginn (≥ 1 h) und Erstarrungsende (≤ 12 h) gemessen (Eindringtiefe).

**Prüfung der Raumbeständigkeit mit dem Le-Chatelier-Versuch**

Ziel ist es, die mögliche Gefahr eines späteren Ausdehnens abzuschätzen. Zwei vorbereitete Zementleime sind in den Le-Chatelier-Ring einzubringen. Die Abstände der Zeiger dürfen in den Phasen nach dem Lagern (a), nach dem Kochen (b) bzw. nach dem Abkühlen (c) ein bestimmtes Maß (c-a) nicht überschreiten.

**Prüfung der Festigkeit mit Form und Presse**

Herstellung und Lagerung der **Probekörper** (40 mm × 40 mm × 160 mm) nach Norm.

**Biegefestigkeit** $R_f = (2{,}34/1000) \cdot F$ in N/mm². Prüfung mit einem Gerät für kleine Belastungen zwischen 600 N und 6000 N (keine Normfestigkeit gefordert).

**Druckfestigkeit** $R_c = F/1600$ in N/mm². Die Druckpresse muss einen Bereich von 20 kN … 200 kN abdecken (geforderte Mindestdruckfestigkeit s. Tabelle Festigkeitsklassen).

6

## Versuchsaufbauten

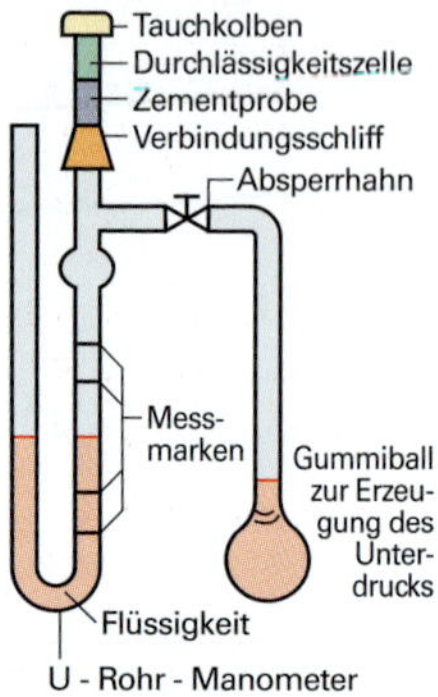


**Luftpyknometer**

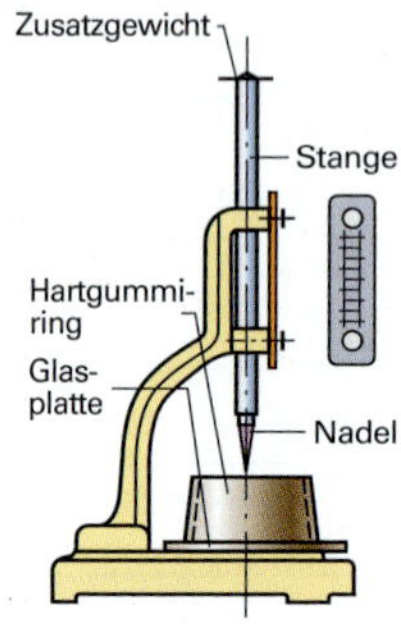


**Nadelgerät**

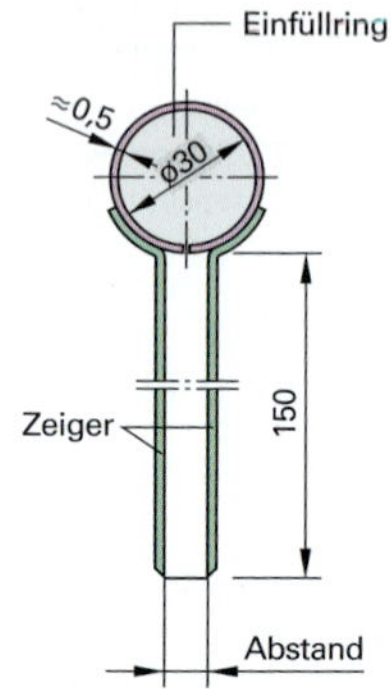


**Le-Chatelier-Ring**

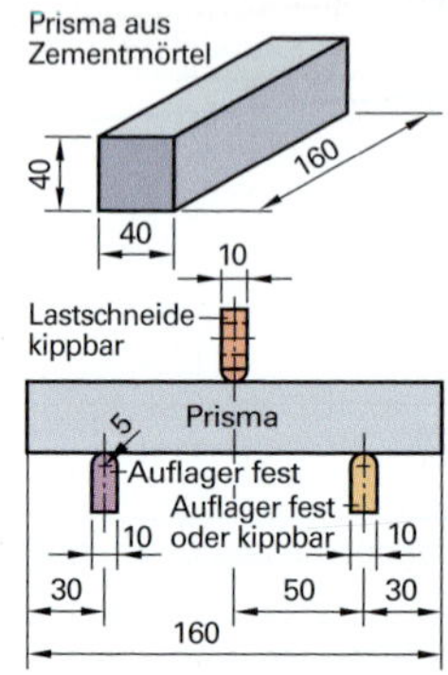


**Form und Presse**

## 6.4.2 Baukalke

Baukalke nach **DIN EN 459** sind Bindemittel für Mauer- und Putzmörtel, die je nach Zusammensetzung

① langsam an der Luft erhärten (Aufnahme von $CO_2$ ⇒ Korbonaterhärtung) ⇒ **Luftkalke** und

② unter Wasser erstarren und erhärten (chemische Bindung des Wassers = hydraulische Erhärtung). Atmosphärisches Kohlendioxid trägt zum Erhärtungsprozess bei ⇒ **hydraulische Kalke.**

- **Rohstoffe**: Kalkstein ($CaCO_3$), Dolomitstein ($CaCO_3$, $MgCO_3$), Kalkmergel (Kalkstein + Hydraulefaktoren) ► S. 211.
- **Technologische Merkmale:** gut verarbeitbar; ergiebig; hohes Wasserrückhaltevermögen; geschmeidig; geringere Festigkeit als Zement.
- **Klassifizierung:** Die Ziffer hinter den Luftkalken gibt den Mindestanteil an Calcium und Magnesium in % an (CaO + MgO-Anteil), die Ziffer hinter den hydraulischen Kalken gibt die Druckfestigkeit in N/mm² nach 28 Tagen an ► S. 215.



**Kalkarten, Eigenschaften und Anwendungsgebiete**

<table>
<tr><th rowspan="2">Baukalke</th><th>Luftkalke</th><th colspan="6">Hydraulische Kalke (HL) und natürliche hydraulische Kalke (NHL)</th></tr>
<tr><th>Weißkalke (CL)<br>Dolomitkalke (DL)</th><th colspan="2">HL 2 und NHL 2</th><th colspan="2">HL 3,5 und NHL 3,5</th><th colspan="2">HL 5 und NHL 5</th></tr>
<tr><td>Erhärtung</td><td>Karbonaterhärtung ($CO_2$ aus der Luft)</td><td colspan="6">Diese Kalke erstarren und erhärten unter Wasser (hydraulische Erhärtung). $CO_2$ trägt zum Erstarrungsprozess bei.</td></tr>
<tr><td>Zusammen-setzung</td><td>Kalkstein/<br>Dolomitstein ≥ 70%<br>(CaO + MgO)-Anteil</td><td colspan="6">HL: Kalkmergel, eine Verbindung aus Calciumhydroxiden, Calciumsilikaten und Calciumaluminaten. Wie Zement, jedoch mit ≥ 3 M.-% freiem CaO (Karbonathärtung)<br>NHL: Mehr oder weniger ton- oder kieselsäurehaltiger Kalkstein.</td></tr>
<tr><td>Eigenschaften</td><td>nicht feuchtigkeitsbeständig, geringe Festigkeit, kräftiges Löschen</td><td colspan="2">vollständiges, aber träges Löschen, Festigkeit ~ 1 N/mm²; 1,8-fache Ergiebigkeit</td><td colspan="2">unvollständiges Löschverhalten, mittlere Festigkeit</td><td colspan="2">druckfest und wasserfest</td></tr>
<tr><td>Anwendungs-bereiche</td><td>nicht tragendes MW, Innenputz, Zusatz zum Zementmörtel, nicht für dichte Steine</td><td colspan="2">Kellermauerwerk, Innen- und Außenputz, auch für schwach saugende Mauersteine</td><td colspan="2">Kellermauerwerk, stärker belastetes MW, Putz, schwach und nicht saugende Mauersteine</td><td colspan="2">Kellermauerwerk, stark belastetes MW, Putz, Mauerwerk mit hoher Feuchtigkeitsbelastung</td></tr>
<tr><td>Schüttdichte $\varrho$ in kg/dm³</td><td>CL 0,3 … 0,6<br>DL 0,4 … 0,6</td><td colspan="2">HL 2 0,4 … 0,8<br>NHL 2 0,4 … 0,8</td><td colspan="2">HL 3,5 0,5 … 0,9<br>NHL 3,5 0,5 … 0,9</td><td colspan="2">HL 5 0,6 … 1,0<br>NHL 5 0,6 … 1,0</td></tr>
<tr><td rowspan="2">Druckfestigkeit $f_c$ in N/mm² bzw. MPa</td><td rowspan="2">„…weisen eine Druckfestigkeit auf …"</td><td>7 Tage</td><td>28 Tage</td><td>7 Tage</td><td>28 Tage</td><td>7 Tage</td><td>28 Tage</td></tr>
<tr><td>–</td><td>2 … 7</td><td>≥ 1,5</td><td>3,5 … 10</td><td>≥ 2</td><td>5 … 15</td></tr>
</table>

| Baukalkarten | |
|---|---|
| **Benennung** | **Kurzzeichen** |
| Weißkalk 90[1] | CL 90 |
| Weißkalk 80 | CL 80 |
| Weißkalk 70 | CL 70 |
| Dolomitkalk 85 | DL 85 |
| Dolomitkalk 80 | DL 80 |
| Hydraulischer Kalk 2[2] | HL 2 |
| Hydraulischer Kalk 3,5 | HL 3,5 |
| Hydraulischer Kalk 5 | HL 5 |
| Natürlicher hydraulischer Kalk 2 | NHL 2 |
| Natürlicher hydraulischer Kalk 3,5 | NHL 3,5 |
| Natürlicher hydraulischer Kalk 5 | NHL 5 |

**Bezeichnung der Baukalke**

Baukalke sind mit der Benennung, der DIN-Nummer und dem Kurzzeichen zu bezeichnen

**Bezeichnung für Weißkalk 90 (CL 90):**

**Weißkalk DIN EN 459 - CL 90 Q[3]**

**Bezeichnung für hydraulischen Kalk 5 (HL 5)**

**Hydraulischer Kalk DIN EN 459 - HL 5**

**Bezeichnung für natürlichen hydraulischen Kalk 3,5 (NHL 3,5)**

**Natürlicher hydraulischer Kalk DIN EN 459 - NHL 3,5-Z[4]**

[1] Die Ziffer hinter den Luftkalken gibt den (CaO + MgO)-Anteil in % an.
[2] Die Ziffer hinter den hydraulischen Kalken gibt die Druckfestigkeit in N/mm² an.
[3] Ungelöschter Kalk.
[4] Hydraulischer / puzzolanischer Zusatz.

**Prüfung der Baukalke**

Prüfung der Kornfeinheit durch Handsiebung — DIN EN 459-2

Siebrückstand auf dem 0,09 mm-Sieb: ≤ 7 M.-% (CL, DL); ≤ 15 M.-% (HL, NHL)
Siebrückstand auf dem 0,2 mm-Sieb: ≤ 2 M.-% (CL, DL); ≤ 5 M.-% (HL, NHL)

Prüfung der Schüttdichte mit dem Einlaufgerät nach Böhme — DIN EN 459-2

Vor dem Versuch den Kalk trocknen und mahlen, Prüfgerät füllen, bis sich über dem Rand der Schüttkegel ausbildet. Verschlussklappe lösen, Prüfgut fällt in ein zylindrisches Litergefäß, Masse nach 2 min wägen.

Prüfung der Verarbeitbarkeit / Erstarrungszeit — DIN EN 459-2

Gemessen wird das Eindringen eines 90 g schweren Fallkörpers in einen Kalkmörtel aus einer Fallhöhe von 100 mm. Eindringmaß liegt zwischen 12 mm und 60 mm.

Prüfung der Druckfestigkeit — DIN EN 459-2

Nur bei hydraulischen Kalken; Herstellung und Lagerung nach Norm; 6 Prismenhälften werden abgedrückt, die Ergebnisse gemittelt

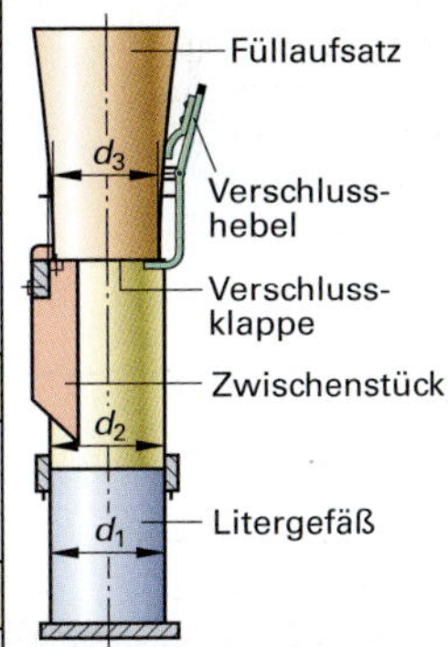


**Einlaufgerät nach Böhme**

## 6.4.3 Baugipse und gipshaltige Wandbauplatten

Gipsbinder nach **DIN EN 13279** ist ein nichthydraulisches Bindemittel für Putz- und Mauermörtel. Er erhärtet an der Luft, indem er das „herausgebrannte" Kristallwasser (z.B. **Halbhydrat**) über das Anmachwasser wieder aufnimmt.

- **Rohstoff**: Gipsstein ($CaSO_4 \cdot 2\,H_2O$)
- **Technologische Merkmale**: atmungsaktiv; gut haftend; feuerhemmend; wärmedämmend; schallabsorbierend; nicht raumbeständig; fördert Rostbildung; fault in dauerfeuchten Räumen.

6

**Arten von Gipsbindern und Gips-Trockenmörteln** (KZ = Kurzzeichen)

| Gipsbinder (A) | Gips-Trockenmörtel (B) | KZ | Gips-Trockenmörtel für besondere Zwecke (C) | KZ |
|---|---|---|---|---|
| Gipsbinder zur Direktverwendung oder Weiterverarbeitung (Trockenpulver-Produkte) | Gips-Putztrockenmörtel | B 1 | Gips-Trockenmörtel für faserverstärkte Gipselemente | C 1 |
| | gipshaltiger Putztrockenmörtel | B 2 | Gips-Mauermörtel | C 2 |
| Gipsbinder zur Direktverwendung auf der Baustelle | Gipskalk-Putztrockenmörtel | B 3 | Akustikputz-Gips-Trockenmörtel | C 3 |
| | Gipsleicht-Putztrockenmörtel | B 4 | | |
| Gipsbinder zur Weiterverarbeitung (z.B. Gips-Wandbauplatten, Gipsplatten, Gipselemete für Unterdecken) | gipshaltiger Leicht-Putztrockenmörtel | B 5 | Wärmedämmputz-Gips-Trockenmörtel | C 4 |
| | Gipskalkleicht-Putztrockenmörtel | B 6 | Brandschutz-Gips-Trockenmörtel | C 5 |
| | Gips-Trockenmörtel für Putz mit erhöhter Oberflächenhärte | B 7 | Dünnlagenputz-Gips-Trockenmörtel | C 6 |

| **Anforderungen für Gipsbinder und Gips-Trockenmörtel** | | | | | | | |
|---|---|---|---|---|---|---|---|
| Gipsbinder **(A)** | Der Gehalt an Calciumsulfat muss mind. 50 % betragen. Die Kennwerte sind nach EN 13279-2 zu bestimmen. | | | | | | |
| Gips-Trockenmörtel **(B)** | | $CaSO_4$-Binder | Versteifungsbeginn Gipshandputz | Versteifungsbeginn Gipsmaschinenputz | Biegezugfestigkeit | Druckfestigkeit | Oberflächenhärte |
| | B 1 | > 50 % | | | | | |
| | B 2 | < 50 % | | | | | |
| | B 3 | a | | | | | |
| | B 4 | > 50 % | > 20 Min. | > 50 Min. | ≥ 1,0 N/mm² | ≥ 2,0 N/mm² | – |
| | B 5 | < 50 % | | | | | |
| | B 6 | a | | | | | |
| | B 7 | > 50 % | | | ≥ 2,0 N/mm² | ≥ 6,0 N/mm² | ≥ 2,5 N/mm² |
| a Nach DIN 13279-1, Kap. 3.3, 3.4, 3.5 und 3.6 | | | | | | | |
| Gips-Trockenmörtel für besondere Zwecke **(C)** nach DIN EN 13279-1 (2005), Tabelle 4, S. 12 | | | | | | | |

**Gipsbinder (A)** nach der DIN EN 13279 ist der (bekannte) Stuckgips. Die alten Bezeichnungen der Gipsputze: Hand- und Maschinenputzgips, Fertigputz- und Haftputzgips sind ersetzt durch die Gips-Trockenmörtel (B, C).

„Gipskleber" ⇒ Ansetzbinder ist in der DIN EN 14496 bzw. DIN EN 12860 festgelegt

„Fugenspachtelmaterial" ⇒ Fugen- und Spachtelbinder in der DIN EN 13963.

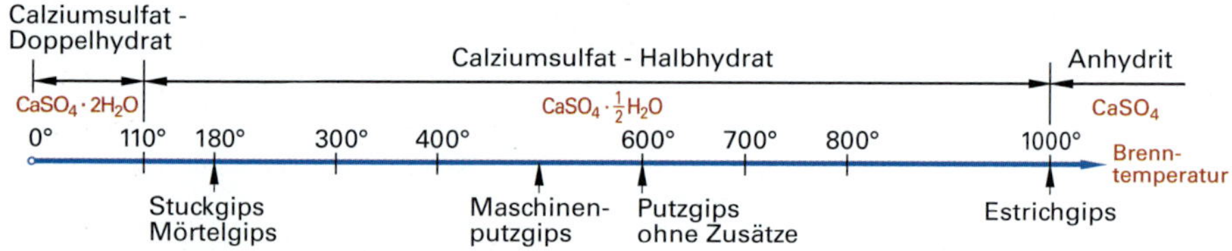


| **Prüfung der Baugipse** nach DIN EN 13279-2 | |
|---|---|
| Prüfung des Versteifungsbeginns | |
| Mit dem Messer | Zeitpunkt, bei dem die Ränder eines durch den Gipskuchen geführten Messerschnitts nicht mehr zusammenfließen. |
| Mit dem Tauchkonus | Dauer, nach der ein Tauchkonus (Vicatgerät) beim Eindringen in eine Gipsprobe bei einer bestimmten Höhe stecken bleibt. Die Dauer wird von Beginn des Einstreuens des Baugipses an gerechnet. |
| Prüfung der Biegezugfestigkeit, Druckfestigkeit und Härte | |
| Biegezugfestigkeit | Wie bei der Zementprüfung ▶ S. 213. Mittelwert aus 3 Versuchen bilden. Geforderte Biegezugfestigkeit siehe Tabelle oben. |
| Druckfestigkeit | Wie bei der Zementprüfung ▶ S. 213. 6 Prismenhälften werden abgedrückt, die Ergebnisse gemittelt. Geforderte Mindestwerte siehe Tabelle oben. |
| Härte | Die Härte wird über die Eindringtiefe einer definiert belasteten Kugel bestimmt (Brinellhärtebestimmung ∅ 10 mm, Prüfkraft 200 N). |

**Wandbauplatten aus Gips** nach DIN EN 12859

Wände aus großformatigen Wandbauplatten sind äußerst brandsicher. 10 cm dicke Platten sind hoch feuerbeständig (F 180) und ausreichend schalldicht ($R'_w$ = 42 dB bei einschaligen Wänden; $R'_w$ = 56 dB bei mehrschaligen Wänden).

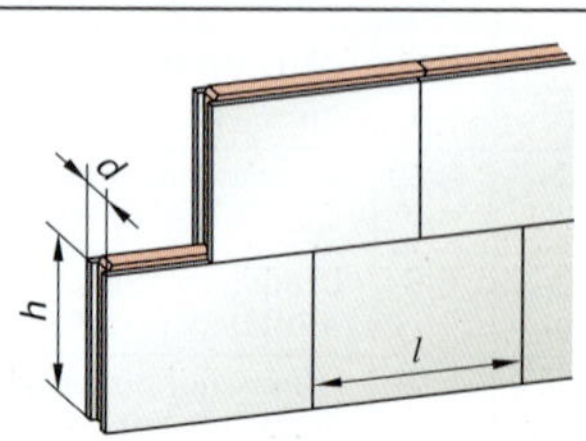


$l$ = 66,6 cm
$h$ = 50 cm
$d$ = 8 cm

| Plattenmaße in cm $l$ | $h$ | $d$ | Plattenrohdichten in kg/dm³ 0,7 – Wandgewicht in kg/m² | 0,9 | 1,2 |
|---|---|---|---|---|---|
| 66,6 | 50 | 6 | 42 | 54 | 72 |
| 66,6 | 50 | 8 | 56 | 72 | 96 |
| 66,6 | 50 | 10 | 70 | 90 | – |

| **Gipskartonplatten** nach DIN 18 180 / DIN EN 520 (rot) | | |
|---|---|---|
| **Plattenart** | Zeichen | Verwendung |
| Gipskarton-Bauplatte B | **GKB**<br>**(A)** | Blauer Aufdruck auf der Rückseite<br>Wand-Trockenputz, Wand- und Deckenbekleidungen ($d \geq 12{,}5$ mm) auf Unterkonstruktionen, Montagewände ($d \geq 12{,}5$ mm) |
| Gipskarton-Bauplatte F | **GKF**<br>**(DF)** | Roter Aufdruck auf der Rückseite; Feuerschutzplatte (Zusätze von mineralischen Fasern, z. B. Glasfasern); Verwendbar wie GKB mit Anforderungen an den Brandschutz; Beplankung aussteifender Wände. |
| Gipskarton-Bauplatte B imprägniert | **GKBI**<br>**(H2)** | Blauer Aufdruck auf der Rückseite, verzögerte Wasseraufnahme. Verwendung wie GKB ($d \geq$ 12,5 mm). |
| Gipskarton-Bauplatte F imprägniert | **GKFI**<br>**(DFH2)** | Roter Aufdruck auf der Rückseite, verzögerte Wasseraufnahme. Verwendung wie GKF ($d \geq$ 12,5 mm). |
| Gipskarton-Putzträgerplatten | **GKP**<br>**(D)** | Blauer Aufdruck auf der Rückseite.<br>Putzträger auf Unterkonstruktion. |
| Gipskartonplatten-Vorsatzschalen | – | Nach DIN 18183 zur Verbesserung des Schall- und Wärmeschutzes, meist in Verbindung mit Dämmstoffen,<br>Befestigung auf Unterkonstruktion. |
| Gipskarton-verbundplatten | – | Gipskarton-Bauplatten mit Schaumkunststoffplatten für erhöhten Wärmeschutz, nach DIN EN 13 950 |

Gipskartonplatten sind werkmäßig hergestellte dünne Verbundelemente.

| **Abmessungen** (DIN 18 180) | | |
|---|---|---|
| Dicke (mm) | Breite (mm) | Länge (mm) |
| **9,5**<br>**12,5** | 1250 | 2000; 2250; ...<br>2500; 2750; ...<br>3000; 3500; 3750;<br>4000 |
| **15** | 1250 | 2000; 2250; 2500;<br>2750; ... 3000 |
| **18** | 1250 | 2000; 2250; 2500 |
| **25** | 600 | 2500; 2750; 3000;<br>3250; ... 3500 |
| **9,5** | 400 | 1150; 2000 |

**Kantenausbildung**

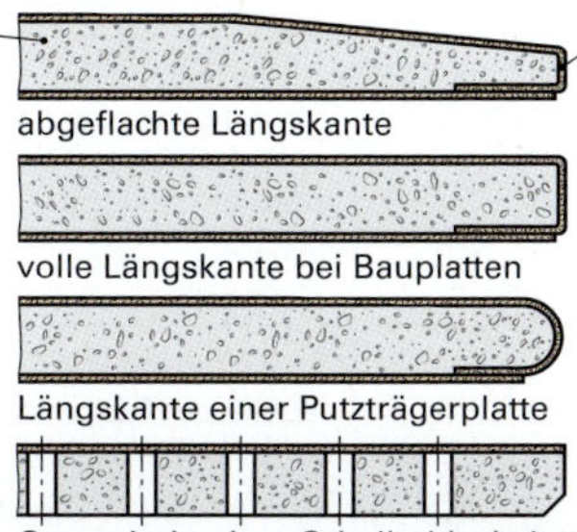

abgeflachte Längskante
volle Längskante bei Bauplatten
Längskante einer Putzträgerplatte
Querschnitt einer Schallschluckplatte

| **Platten aus Gips und Zellulosefasern** | **Besondere Eigenschaften, Verwendung** |
|---|---|
| Ausbau-Platte; Estrich-Platte<br>Verbund-Platte<br>(10 mm + 15 mm ... 50 mm Schaumkunststoff) | Baustoffklasse A2, F30 ... F90, hohe Luft- und Trittschalldämmung, wärme- und schalldämmend, mit und ohne Dampfsperre (Al-Folie) |
| **Formate** | **Verarbeitung** |
| 150 cm × 100 cm; 200 cm × 124,5 cm<br>250 cm × 124,5 cm; 254 cm × 124,5 cm<br>275 cm × 124,5 cm; 300 cm × 124,5 cm<br>Dicke in mm: 10; 12,5; 15; 18 | bis 10 mm Plattenrand schraub- und nagelbar<br>leicht bearbeitbar<br>Bei Verarbeitung DIN 18181 und DIN 18183 berücksichtigen! |

## 6.4.4 Anhydritbinder (AB)

Anhydritbinder nach **DIN 4208** ist ein nichthydraulisches Bindemittel für Putze und Estriche, bestehend aus Anhydrit und Anreger (Baukalk, Sulfat). Anhydritbinder erhärtet an der Luft.

- Rohstoffe: natürlicher Anhydrit (NAT), synthetischer Anhydrit (SYN)
- Technologische Merkmale: atmungsaktiv; relativ hohe Festigkeit (AB 5, AB 20); wärmedämmend; fault in dauerfeuchten Räumen.

| **Mindestfestigkeiten in N/mm²** | | **AB 5** | **AB 20** |
|---|---|---|---|
| Nach 3 Tagen | Biegezugfestigkeit<br>Druckfestigkeit | 0,5<br>2,0 | 1,6<br>8,0 |
| Nach 28 Tagen | Biegezugfestigkeit<br>Druckfestigkeit | 1,5<br>5,0 | 5,0<br>20,0 |

**Anhydritbinder**
AB 5 DIN 4208
50 kg
●●●●●●●●

**Anhydritbinder**
AB 20 DIN 4208
50 kg
●●●●●●●●
●●●●●●●●
●●●●●●●●

6

## 6.5 Gesteinskörnungen

| | |
|---|---|
| **Gesteinskörnung** | Körniges Material für die Verwendung im Bauwesen. Gesteinskörnungen können natürlich, industriell hergestellt oder recycelt sein. |
| **Natürliche Gesteinskörnung** | Gesteinskörnung aus mineralischen Vorkommen, die ausschließlich einer mechanischen Aufbereitung unterzogen worden ist. |
| **Industriell hergestellte Gesteinskörnung** | Gesteinskörnung mineralischen Ursprungs, die in einem industriellen Prozess unter Einfluss einer thermischen oder sonstigen Veränderung entstanden ist. |
| **Recycling-Gesteinskörnung** | Gesteinskörnung aus aufbereitetem anorganischem Material, das zuvor als Baustoff eingesetzt war. |
| **feine Gesteinskörnung** | Bezeichnung für kleinere Korngruppen mit $D \leq$ 4mm |
| **grobe Gesteinskörnung** | Bezeichnung für Korngrößen mit $D \geq$ 4 mm und $d \geq$ 2 mm (DIN 4226-1) |
| **Natürlich zusammen-zusammengesetzte Gesteinskörnung 0/8** | Bezeichnung für natürliche Gesteinskörnung glazialen (während der Eiszeit entstandenes Gestein) und/oder fluvialen (von einem Fließgewässer mitgeführtes zerkleinertes Gestein) Ursprungs mit $D \leq$ 8 mm |
| **Korngemisch** | Gesteinskörnung, die aus einer Mischung grober Gesteinskörnung und feiner Gesteinskörnung besteht (▶ Kap. 6.5.1) |
| **Größt- und Kleinstkorn** | Die obere bzw. untere Korngröße einer Korngruppe bzw. Lieferkörnung. |
| **Kornzusammensetzung** | Korngrößenverteilung, ausgedrückt durch die Siebdurchgänge als Massenanteil (bzw. Volumenanteil ▶ 6.5.4 Sieblinien, ▶ S. 222) in Prozent durch eine festgelegte Anzahl von Sieben. |
| **Korngruppe Lieferkörnung** | Bezeichnung einer Gesteinskörnung mittels unterer ($d$) und oberer ($D$) Siebgröße, ausgedrückt $d/D$. |
| **Kornklasse** | Bereich zwischen zwei benachbarten Prüfkorngrößen, z.B. 4 mm bis 8 mm (4/8) |
| **Unter- und Überkorn** | Unterkorn ist der Anteil, der bei der Prüfsiebung durch das untere Prüfsieb $d$ der jeweiligen Korngruppe hindurchfällt (max. 20 M.-%); Überkorn der Anteil, der auf einem entsprechenden oberen Sieb $D$ liegen bleibt (max. 20 M.-%). |
| **Füllkorn** | Körner mit einer Korngröße, die gerade in die Zwickel zwischen den nächstgrößeren passt. |
| **Einkorn** | Körner aus nahezu gleicher Korngröße (ca. 33 % Haufwerksporen) |
| **Haufwerk** | Aus Einzelkörnern ohne Verkittung bestehendes Kornvolumen (lose geschüttet oder verdichtet). |
| **Füller (Gesteinsmehl)** | Gesteinskörnung, deren überwiegender Teil durch das 0,063-mm-Sieb hindurch geht und den Baustoffen zur Erreichung bestimmter Eigenschaften zugegeben werden kann. |
| **Kategorie** | Niveau für die Eigenschaft einer Gesteinskörnung, ausgedrückt als eine Bandbreite von Werten oder als Grenzwert, z.B. wird die Eigenschaft der Kornzusammensetzung beschrieben mit $\mathbf{G_C}$ **85/20**:<br>**G** = Grading (Kornzusammensetzung – **c** = coarse (grobkörnig) –<br>**85** = mind. 85 M.-% Siebdurchgang auf dem oberen Sieb $D$<br>(Überkorn max. 15 M.-%) –<br>**20** = max. 20 M.-% Unterkorn (Siebdurchgang unteres Sieb $d$ max. 20 M.-%). |
| **Kernfeuchte** | Wassermenge, die in den Gesteinsporen enthalten ist, auch Porenfeuchte genannt. |
| **Oberflächenfeuchte** | Wassermenge, die an der Kornoberfläche haftet – ist beim Zugabewasser des Betons zu berücksichtigen (Zugabewasser + Oberflächenfeuchte = Wasseranspruch des Frischbetons) ▶ Kap. 6.5.5. |
| **Eigenfeuchte** | Summe aus Kernfeuchte und Oberflächenfeuchte. |
| **Siebsatz** | Der Prüfsiebsatz für Gesteinskörnungen besteht i.d.R. aus Einzelsieben mit quadratischen Öffnungen.<br>Der **Grundsiebsatz** umfasst die Siebgrößen:<br>**0; 0,25; 0,5; 1; 2; 4; 8; 16; 31,5 (32); 63 mm**<br>Der **Ergänzungssiebsatz 1** enthält zusätzlich die Siebgrößen **5,6 (5); 11,2 (11); 22,4 (22) und 45 mm.** Die Zahlen in Klammern können zur vereinfachten Benennung von Lieferkörnungen verwendet werden.<br>Der **Ergänzungssiebsatz 2** enthält zusätzlich zum Grundsieb die Siebgrößen **6,3 (6); 10; 12,5 (12); 14; 20 und 40 mm.** |
| **Mehlkorn** | Feinstanteile der Körnung ($\leq$ 0,125 mm), Zement, mineralische Zusatzstoffe |
| **Siebdurchgang/ Siebrückstand** | Gesteinskörnung, die durch das Sieb fällt /<br>Gesteinskörnung, die auf dem Sieb liegen bleibt |

## 6.5.1 Arten und Anforderungen

Durch die Vorgabe der Bauproduktenrichtlinie der Europäischen Gemeinschaft gibt es verschiedene Anforderungsklassen für Gesteinskörnungen, die in 5 europäischen Normen enthalten sind. Die Umsetzung dieser Anforderungen in das deutsche Regelwerk ist in den **nationalen Anwendungsdokumenten (NAD)** enthalten: **DIN (V) 20 000** für den allgemeinen Hochbau, **TL Gestein StB** für den Straßen- und Ingenieurbau.

| **Europäische Anforderungsnormen DIN EN / (Nationales Anwendungsdokument NAD)** | |
|---|---|
| **DIN EN 12 620** | Gesteinskörnungen für Beton / (DIN V 20 000-103, TL Gestein-StB) |
| **DIN EN 13 043** | Gesteinskörnung für Asphalt und Oberflächenbehandlungen für Straßen ... / (TL Gestein-StB) |
| **DIN EN 13 055-1** | Leichte Gesteinskörnungen für Beton, Mörtel und Einpressmörtel / (DIN V 20 000-104) |
| **DIN EN 13 139** | Gesteinskörnungen für Mörtel / (DIN V 20 000-103) |
| **DIN EN 13 242** | Gesteinskörnungen für ungebundene und hydraulisch gebundene Gemische ... / (TL Gestein-StB) |

| **Art der Gesteinskörnung** | **Norm** | **nicht gebrochen** | **Rohdichte (kg/dm³)** | **gebrochen** | **Rohdichte (kg/dm³)** |
|---|---|---|---|---|---|
| **Leichte Gesteinskörnung** $\varrho \leq 2 \frac{kg}{dm^3}$ | DIN 4226-2 | Naturbims<br>Lava<br>Tuff | 0,2 ... 1,3<br><br>1,3 ... 2,0 | Hüttenbims<br>Blähbeton<br>Blähschiefer | 0,5 ... 1,5<br>0,7 ... 1,7 |
| **Normale Gesteinskörnung** $2 \frac{kg}{dm^3} < \varrho \leq 3 \frac{kg}{dm^3}$ | DIN 4226-1 | Quarzit<br>Kalkstein<br>Granit<br>Basalt | 2,6 ... 2,7<br>2,4 ... 2,8<br>2,6 ... 2,8<br>2,8 ... 3,0 | Hochofenschlacke<br>Schmelzgranulat<br>Hüttensand | 2,5 ... 2,6<br>2,6 ... 2,7<br>2,5 |
| **Schwere Gesteinskörnung** $\varrho > 3 \frac{kg}{dm^3}$ | DIN 4226-1 | Schwerspat<br>Baryt<br>Magnetit<br>Hämatit | 4,0 ... 4,3<br><br>4,6 ... 4,8<br>4,9 ... 5,3 | Schwermetallschlacke<br>Sintererz<br>Stahlsand | ~ 3,5<br>4,4 ... 5,3<br>7,5 |
| **Rezyklierte Gesteinskörnung** | DIN 4226 -100 | – | – | Betonsplitt, Betonbrechsand, Mauerwerksbruch | ≥ 2,0 |

**Allgemeine Anforderungen an die Kornzusammensetzung** nach DIN EN 12 620

| **Gesteinskörnungen** | **Korngröße** | **Durchgang in Massenanteil in Prozent**[1] | | | | | **Kategorie** G[2] | **Korngruppe** *d*/*D* z.B. |
|---|---|---|---|---|---|---|---|---|
| | | 2 *D* | 1,4 *D* | *D* | *d* | *d*/2 | | |
| Grob (Kies) (Kies-Sand) | *D*/*d* ≤ 2 oder *D* ≤ 11,2 mm | 100<br>100 | 98 ... 100<br>98 ... 100 | 85 ... 99<br>80 ... 99 | 0 ... 20<br>0 ... 20 | 0 ... 5<br>0 ... 5 | $G_C$ 85/20<br>$G_C$ 80/20 | 4/8<br>2/4 |
| | *D*/*d* > 2 oder *D* > 11,2 mm | 100 | 98 ... 100 | 90 ... 99 | 0 ... 15 | 0 ... 5 | $G_C$ 90/15 | 4/16<br>4/32 |
| Fein (Sand) | *D* ≤ 4 mm und *d* = 0 | 100 | 95 ... 100 | 85 ... 99 | – | – | $G_F$ 85 | 0/4<br>0/2 |
| natürlich zusammengesetzte Gesteinskörnung | *D* = 8 mm und *d* = 0 | 100 | 98 ... 100 | 90 ... 99 | – | – | $G_{NG}$ 90 | 0/8 |
| Korngemisch | *D* ≤ 45 mm und *d* = 0 | 100<br>100 | 98 ... 100<br>98 ... 100 | 90 ... 99<br>85 ... 99 | – | – | $G_A$ 90<br>$G_A$ 85 | 0/16<br>0/32 |

*D* Siebweite des oberen Begrenzungssiebes *d* Siebweite des unteren Begrenzungssiebes

[1] Erklärung: Bei einer **groben Gesteinskörnung** z.B. Korngruppe 4/8 dürfen max. 15 M.-% / müssen min. 1 M.-% auf dem oberen Sieb als Überkorn liegen bleiben (Siebdurchgang 8 mm: 85 M.-% bis 99 M.-%) und max. 20 M.-% als Unterkorn durch das untere Sieb (D/d = 2) hindurchfallen (Siebrückstand 4 mm: 0 M.-% bis 20 M.-%)

[2] G = Grading ⇒ Kornzusammensetzung / Korngrößenverteilung; C = Coarse ⇒ grobkörnig; F = Fine ⇒ feinkörnig; NG = Natural Grading ⇒ natürlich zusammengesetzte Gesteinskörnung; A = All-in ⇒ (Korn-)Gemisch

## 6.5.2 Eigenschaften und Anforderungen nach DIN EN 12620

Die Eigenschaften von Gesteinskörnungen werden durch Regelanforderungen in den Nationalen Anwendungsdokumenten (DIN V 20000 – 103 und TL Gestein-StB) festgelegt bzw. kategorisiert; die europäischen Normen geben eine „Bandbreite von Werten“ an.

| **Eigenschaft** | **Einsatz-bereich** | **Beschreibung** *Prüfung nach Norm …* | **Kategorie / Anforderung** |
|---|---|---|---|
| **Geometrische Anforderungen (HB Hochbau; SIB Straßen- und Ingenieurbau)** | | | |
| Korngruppe | HB/SIB | Kategorie für die Korngrößenverteilung | **$D/d \geq 1{,}4$** |
| Kornzusammensetzung (G: **G**rading) | HB/SIB | Zulässige Anteile an Unter- und Überkorn bei nicht gebrochener Gesteinskörnung (▶ s.S. 218: Allgemeine Anforderungen …“) *DIN EN 933-1* | **$G_C$ 85/20** … **$G_A$ 85** |
| Kornform (SI: **S**hape **I**ndex) | HB/SIB | aus dem Anteil ungünstig geformter Körper (Länge : Dicke > 3 : 1) ergibt sich die **Kornformkennzahl** Anteil ≤ 15 M.-%, ≤ 20 M.-%, ≤ 40 M.-%, ≤ 55 (M.-%) *DIN EN 933-3* 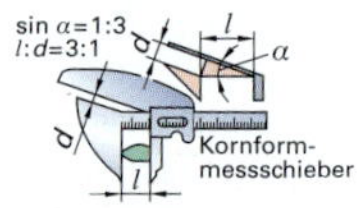  | **$SI_{15}$** **$SI_{20}$** **$SI_{40}$** **$SI_{55}$** |
| Plattigkeit (FI: **F**lakiness **I**ndex) | HB/SIB | 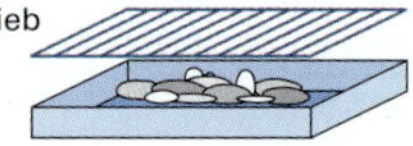  bei Stabsiebung ≤ 15 M.-% ($FI_{15}$), ≤ 20 M.,% ($FI_{20}$) ≤ 35 M.-% ($FI_{35}$), ≤ 50 M.,% ($FI_{50}$) *DIN EN 1367-2, DIN EN 933-3* | **$FI_{15}$** **$FI_{20}$** **$FI_{35}$** **$FI_{50}$** |
| Feinanteile (f: **f**ine) | HB/SIB | Gesteinskörnungen, die durch das 0,063-mm-Sieb hindurchgehen: **a) grobe Körnung** (Kies-Sand-Gemisch); **b) feine Körnung** (Sand), **c) natürlich zusammengesetzte Körnung; d) Korngemisch** *DIN EN 933-1* | **a) $f_{1,5}$ … $f_4$** **b) $f_3$ … $f_{22}$** **c) $f_3$ … $f_{16}$** **d) $f_3$ … $f_{11}$** |
| **Physikalische Anforderungen** | | | |
| Widerstand gegen Zertrümmerung | SIB | Festigkeit von groben Gesteinskörnungen wird überprüft mit Hilfe – des **L**os-**A**ngeles-Koeffizienten oder – des **S**chlag**z**ertrümmerungswertes *DIN EN 1097-2* | **$LA_{15}$ … $LA_{20}$** **$SZ_{18}$ … $SZ_{32}$** |
| Verschleiß | SIB | Gemessen wird der **M**icro-**De**val-Koeffizient *DIN EN 1097-1* | **$M_{DE}$10 … $M_{DE}$35** |
| Abrieb | SIB | Widerstand gegen Polieren / gegen Oberflächenabrieb *DIN EN 1097-8* | **$PSV_{68}$ … $PSV_{44}$** **$AAV_{10}$ … $AAV_{20}$** |
| Spikes | SIB | Abrieb durch Spike-Reifen (**N**ordic **A**brasion Value) | **$A_N$7 … $A_N$30** |
| Rohdichte / Wasseraufnahme | HB/SIB | Soweit gefordert, müssen Werte und Prüfverfahren angegeben werden *DIN EN 1097-1* | **$kg/dm^3$ / M.-%** |
| **Chemische Anforderungen** | | | |
| Chloride | HB/SIB | Anteil wasserlöslicher **C**hlorid-**I**onen (Cl) muss auf Anfrage angegeben werden. *DIN EN 1744-1* | **z.B. $Cl_{0,02}$** |
| Erstarrungs- und erhärtungs-störende Stoffe | HB/SIB | Stoffe organischen Ursprungs (Humine) wie Zucker oder Kohle stören den Erhärtungsverlauf und führen zu Schäden in der Betonoberfläche (Absprengungen) *DIN EN 1744-1* | **≤ 0,5 M.-%** |
| Säurelösliches Sulfat | HB/SIB | Begrenzung der schwefelhaltigen Bestandteile in Gesteinkörnungen/Hochofenschlacken in M.-% *DIN EN 1744-1* | **$AS_{0,2}$ $AS_{0,8}$ / $AS_{1,0}$** |
| Organische Verun-reinigungen | HB/SIB | 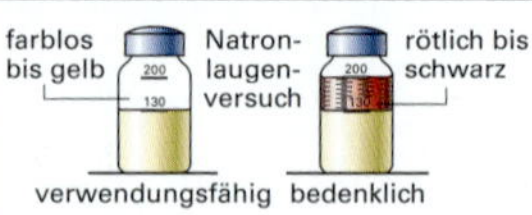  Sogenannte „leichtgewichtige organische Verunreinigungen“ (Eisensulfide) *DIN EN 1744-1* | **Farbe der überstehenden Flüssigkeit** |
| Carbonatgehalt | SIB | Soweit gefordert, müssen die Carbonatgehalte für Deckschichten aus Beton angegeben werden *DIN EN 196-21* | – |
| **Dauerhaftigkeit** | | | |
| Frost- und Tauwiderstand | HB/SIB | Masseverlust nach 10 Frost-Tau-Wechsel (FTW) im Wasser: ≤ 1 M.-%, 2 M.-%, ≤ 4 M.-% *DIN EN 1367-1* | **F 1, F 2, F 4** |
| Magnesium-Sulfat-Widerst. | HB/SIB | Masseverlust nach 5-maligem Eintauchen in gesättigte Magnesiumsulfatlösung ≤ 18 M.-%, 25 M.-%, ≤ 35 M.-% *DIN EN 1367-2* | **$MS_{18}$, $MS_{25}$ $MS_{35}$** |
| Raum-beständigkeit | HB/SIB | Trockungsschwinden von Gesteinskörnungen *DIN EN 1367-4* | **≤ 0,075 M.-%** |

6

## 6.5.3 Alkali-Empfindlichkeit von Gesteinskörnungen

Nach DIN 1045-2 ist die Alkali-Richtlinie anzuwenden für die Beurteilung und Verwendung von Gesteinskörnungen, die schädliche Mengen alkalilöslicher Kieselsäure enthalten (z.B. Opal, s. Karte unten). Werden solche reaktionsfähigen Gesteinskörnungen mit alkalireichem Zement verarbeitet, kann die Kieselsäure mit der alkalischen Porenlösung des Betons reagieren. Diese Reaktion ist mit einer Volumenzunahme verbunden und kann zu Treibschäden (Abplatzungen, Risse) im Beton führen. Die Alkaliempfindlichkeitsklasse ist der Kurzbezeichnung einer Gesteinskörnung nach DIN EN 12620 hinzuzufügen und muss aus dem Sortenverzeichnis und dem Lieferschein hervorgehen.

**Alkali-Empfindlichkeitsklassen** DIN-Bezeichnung: Kies DIN EN 12620-8/16 – E II-O – E III-OF

| Klasse | Gesteinskörnungen G | Einstufung |
|---|---|---|
| E I | – Die G. stammt nicht aus den Gewinnungsgebieten nach der Alkali-Richtlinie (s.u.)<br>– Die G. enthält keine der in der Richtlinie genannten alkaliempfindlichen Gesteinskörnungen | unbedenklich |
| E I – O | – Opalsandstein einschließlich Kieselkreide (über 1 mm) < 0,5 Gew.-% | unbedenklich |
| E II – O | – Opalsandstein einschließlich Kieselkreide ≤ 2,0 Gew.-% | bedingt brauchbar |
| E III – O | – Opalsandstein einschließlich Kieselkreide > 2,0 Gew.-% | bedenklich |
| E I – OF | – Opalsandstein einschließlich Kieselkreide < 0,5 Gew.-%<br>– Opalsandstein einschließlich Kieselkreide und Flint < 2,0 Gew.-%<br>– 5 x Opalsandstein einschließlich Kieselkreide + reaktionsfähiger Flint < 4,0 Gew.-% | unbedenklich |
| E II – OF | – Opalsandstein einschließlich Kieselkreide und Flint < 2,0 Gew.-%<br>– reaktionsfähiger Flint < 10,0 Gew.-%<br>– 5 x Opalsandstein einschließlich Kieselkreide + reaktionsfähiger Flint < 15,0 Gew.-% | bedingt brauchbar |
| E III – OF | – Opalsandstein einschließlich Kieselkreide und Flint > 2,0 Gew.-%<br>– reaktionsfähiger Flint > 10,0Gew.-%<br>– 5 x Opalsandstein einschließlich Kieselkreide + reaktionsfähiger Flint > 15,0 Gew.-% | bedenklich |
| E I – S | – gebrochene Grauwacke<br>– gebrochener Quarzporphyr (Rhyolith)<br>– gebrochener Oberrheinkies<br>– rezyklierte Körnungen | unbedenklich |
| E III – S | – Kies mit > 10 Gew.-% der vorgenannten Körnungen<br>– andere gebrochene, nicht als unbedenklich eingestufte Gesteinskömungen<br>– andere gebrochene Gesteinskörnungen ohne baupraktische Erfahrungen | bedenklich |

E = Empfindlichkeit, Klassen I, II, III; O = Opalsandstein; F = Flint; S = Splitt

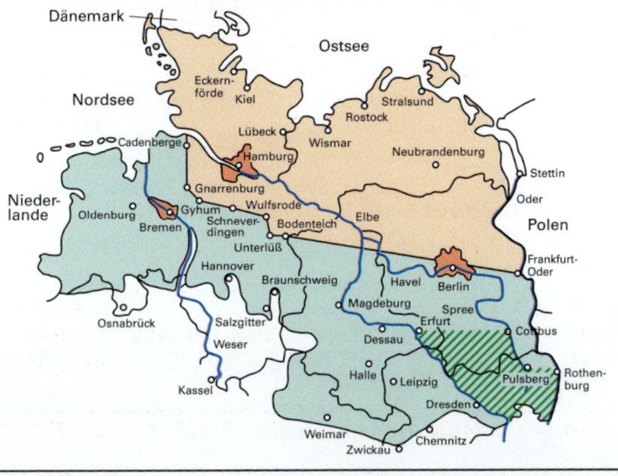


**Alkali-Richtlinie, Teil 2:**

Anwendungsbereich für Opalsandstein und Flint nach Alkali-Richtlinie, Teil 2

„Angrenzender Bereich", in dem mit besonderer Sorgfalt darauf zu achten ist, ob alkaliempfindliche Gesteinskörnungen enthalten sind

Gewinnungsgebiet präkambrischer Grauwacke

6

## 6.5.4 Kornzusammensetzung für Betone

**Betontechnologische Forderungen**

- Die Gesteinskörnung soll ein dichtes, hohlraumarmes Kornhaufwerk bilden
- Die Oberfläche des Korngemisches soll klein sein
- Die Gesteinskörnung soll einen gut verarbeitbaren und gut verdichtbaren Beton ermöglichen

**Konstruktive Forderung**

- Der Größtkorndurchmesser soll $\leq \frac{1}{3}$ des kleinsten Bauteilmaßes sein
- Die Gesteinskörnung soll kleiner sein als der Abstand der Bewehrungsstäbe untereinander und von der Schalung

### Sieblinien[1] nach DIN 1045

für Beton und Stahlbeton mit einem Größtkorn von 8 mm, 16 mm, 32 mm, 63 mm

[1] Bei Sand und Kies mit annähernd gleichen Rohdichten ist die Angabe in Massenprozenten üblich und ausreichend.

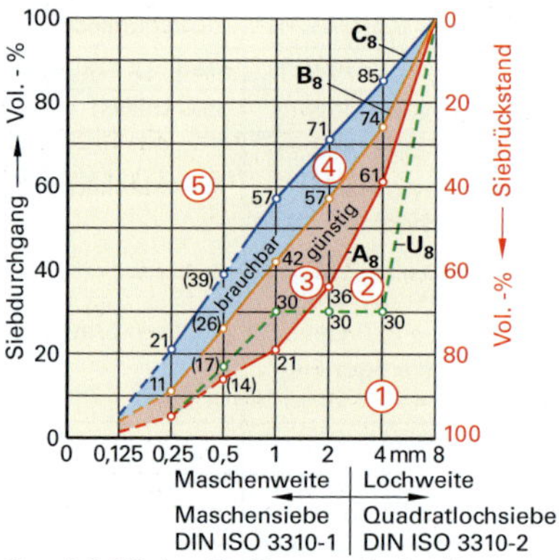


**Regelsieblinien für Korngemisch 0/8**

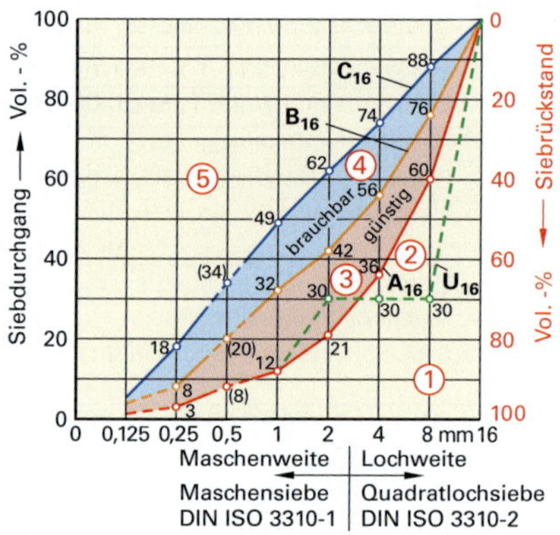


**Regelsieblinien für Korngemisch 0/16**

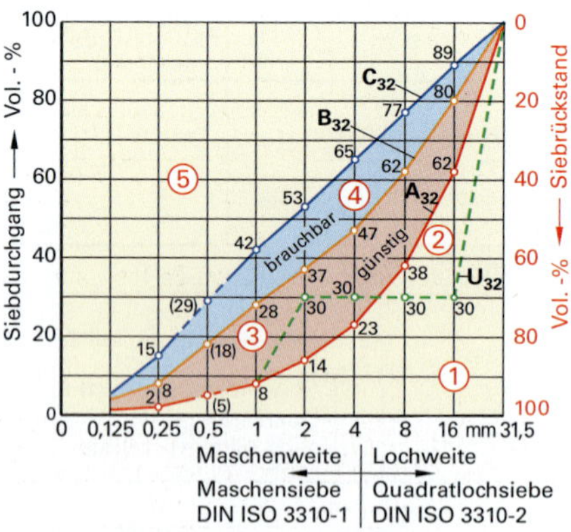


**Regelsieblinien für Korngemisch 0/32**

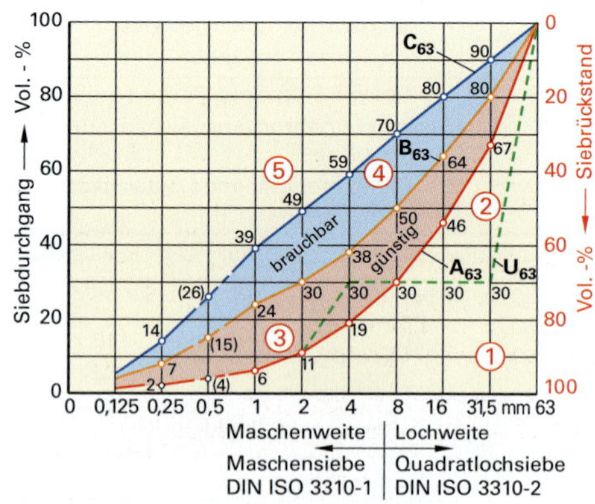


**Regelsieblinien für Korngemisch 0/63**

① grobkörnig ② Ausfallkörnung ③ grob- bis mittelkörnig ④ mittel- bis feinkörnig ⑤ feinkörnig

**Stetige Sieblinien**: Eine Sieblinie ist stetig, wenn jede Korngruppe vorhanden ist. Stetige Sieblinien für Beton sollen zwischen den Sieblinien A und C verlaufen.

**Unstetige Sieblinie**: Eine Sieblinie ist unstetig, wenn einzelne Korngruppen fehlen **(Ausfallkörnung, Sieblinie U)**. Unstetige Sieblinien sollen zwischen der unteren Grenzsieblinie U und der Sieblinie C verlaufen.

## Beurteilung der Sieblinienbereiche

- Sieblinien oberhalb der Grenzsieblinie **C** sind sehr sandreich und benötigen deshalb (große Oberfläche des Korngemisches) zu viel Wasser und Zement. Damit wird der Beton unwirtschaftlich (hoher Zementgehalt) und betontechnologisch **ungünstig** ⑤ (starkes Schwinden; u. U. auch Festigkeitseinbußen durch zu hohen Feinkornanteil).
- Der Bereich zwischen den Sieblinien **C** und **B** liefert einen **mittel- bis feinkörnigen** ④ Zuschlag. Der Beton ist gut verarbeitbar, jedoch bei gleichem Zementgehalt nicht so druckfest (höherer Wassergehalt) wie ein Beton, dessen
- Gesteinskörnung im **grob- bis mittelkörnigen** ③ Bereich liegt, begrenzt durch die Sieblinien **A** und **B**. Hinsichtlich der Betoneigenschaften handelt es sich um eine ideale Kornzusammensetzung.
- Unterhalb der Sieblinie **A** besteht das Korngemisch aus zu viel Grobkorn (**ungünstiger** ① Bereich). Das hat zur Folge, dass der Beton schwer zu verarbeiten und zu verdichten ist; außerdem entmischt er sich leicht.

## Fuller-Parabel

Die Korngrößenverteilung und die Kornform haben einen entscheidenden Einfluss auf die Festigkeit des Betons. Fuller hat als erster 1907 durch theoretische Überlegungen und praktische Untersuchungen eine Formel (s.u.) für eine stetig verlaufende Korngrößenverteilung gefunden, die bis heute Grundlage für die Kornverteilung des Normalbetons darstellt: Bei einem Exponenten von $n = 0{,}5$ ergibt sich eine Packungsdichte von ca. 90 % bei einem Hohlraumgehalt von ca. 10 %.

Am Beispiel der **0/32**er-Körnung wird der Verlauf der Fullerparabel gezeigt:

$$F_d = \left(\frac{d}{D}\right)^{0,5} \cdot 100\ [\%]$$

*F* Siebdurchgang bzw. Anteil der Korngruppe 0/d [%]
*d* beliebiger Korn-/Siebdurchmesser [mm]
*D* Größtkornduchmesser [mm]

$$F_{16} = \left(\frac{16}{32}\right)^{0,5} \cdot 100\ [\%] = 70{,}7\ \%$$

**Lineare Teilung**

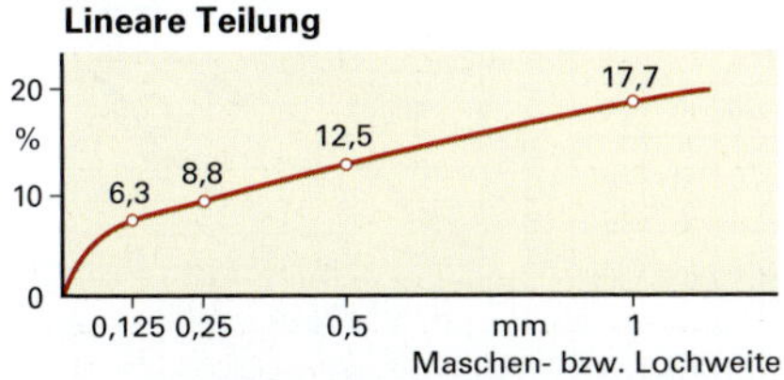


**Logarithmische Teilung zur Basis 2**

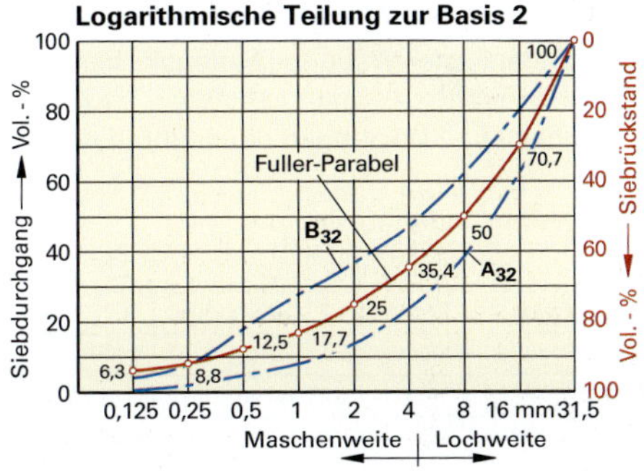


| | | |
|---|---|---|
| $F_{32}$ = 100 % | $F_8$ = 50 % | $F_4$ = 35,4 % |
| $F_2$ = 25 % | $F_1$ = 17,7 % | $F_{0,5}$ = 12,5 % |
| $F_{0,25}$ = 8,8 % | $F_{0,125}$ = 6,3 % | $F_0$ = 0 % |

Die Regelsieblinien, die oberhalb der Fuller-Parabel liegen, haben einen kleineren Exponenten als $n = 0{,}5$, die unterhalb liegen einen größeren.

Für die $C_{32}$ errechnet sich der Exponent beim 16-mm-Sieb zu: $0{,}89 = \left(\frac{16}{32}\right)^n \Rightarrow n = \frac{\log 0{,}89}{\log 16/32} = 0{,}17$ ($\log a^n = n \cdot \log a$ ► S. 17)

## Lieferkörnung nach DIN EN 12620

| Gesteinskörnung | Korngruppe *d* / *D* in mm | | | | |
|---|---|---|---|---|---|
| Feine Gesteinskörnung (Sand)<br>*d* = 0 mm und *D* ≤ 4 mm | 0 / 1 | 0 / 2 | 0 / 4 | | |
| Grobe Gesteinskörnungen enggestuft<br>*D* ≤ 11,2 mm und *D* / *d* ≤ 4 oder<br>*D* > 11,2 mm und *D* / *d* ≤ 2 | 2 / 4 | 2 / 8 | 4 / 8 | 8 / 16 | 16 / 32 |
| Grobe Gesteinskörnung weitgestuft<br>*D* ≤ 11,2 mm und *D*/*d* > 4<br>*D* > 11,2 mm und *D* / *d* > 2 | 2 / 11<br>2 / 16 | 4 / 16 | 4 / 32 | 8 / 32 | |
| *D* Siebweite des oberen Begrenzungssiebes; *d* Siebweite des unteren Begrenzungssiebes | | | | | |

6

## Siebversuch

| Größtkorn mm | PM = Probemenge, MP = Messprobe | |
|---|---|---|
| | $2{,}00\ kg/dm^3 \leq \varrho \leq 3{,}00\ kg/dm^3$ | |
| | PM (kg) | MP (kg) |
| bis 4 | 0,5 | 0,2 |
| 8 | 2,5 | 0,6 |
| 16 | 10,5 | 2,6 |
| 32 | 35,5 | 10 |
| 63 | 85,5 | 40 |

Die minimale Masse der Messprobe von Gesteinskörnungen mit anderen Größen kann von nebenstehenden Massen interpoliert werden.

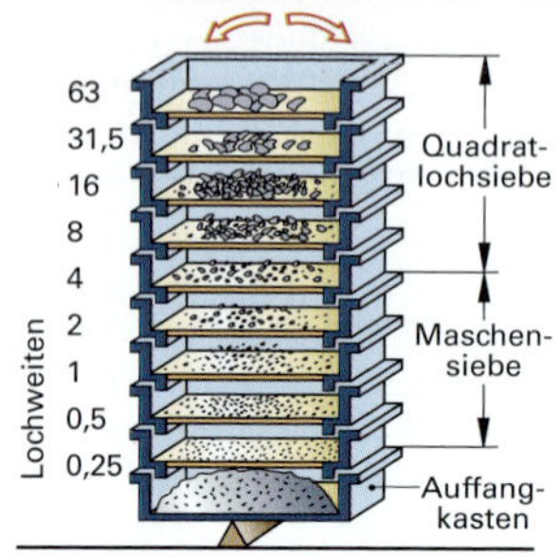

**Prüfsiebsatz**

**Anmerkung:** Die Prüfung der Kornzusammensetzung besteht aus Waschen (zur Bestimmung der Feinpartikel mit dem 0,063-mm-Sieb) und dem bekannten Siebversuch, der hier beschrieben wird.

**Arbeitsschritte** In der Praxis wird die Zusammensetzung häufig mit der Sieblinien-Prozentwaage ermittelt.

- Messprobe bei 110 °C ± 5 °C trocknen.
- MP auf das oberste Sieb schütten und gründlich sieben (auf heller Unterlage (Kunststoffplane) nachsieben).
- Rückstand des obersten Siebes wägen und das Ergebnis ins Prüfformular eintragen (letzte Spalte/Größtkorn).
- Die weiteren Korngruppen der Reihe nach dazuwägen.
- Nach der letzten Wägung (Auffangkasten) muss der Gewichtsunterschied zur Ausgangsmenge ≤ 1% sein.
- Mindestens 2 Wägungen durchführen und Mittelwert bilden.

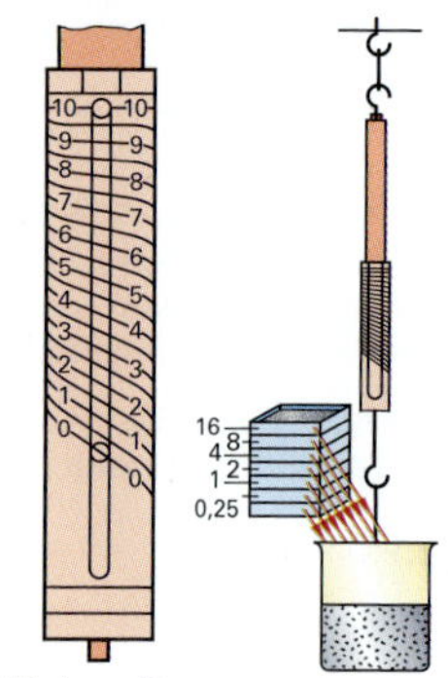

**Sieblinien - Prozentwaage**

**Berechnung**

| | | 0 | 0,25 | 0,50 | 1,0 | 2,0 | 4,0 | 8,0 | 16 | 31,5 | 63 |
|---|---|---|---|---|---|---|---|---|---|---|---|
| Rückstände in Gramm | Probe 1 | 10000 | 8900 | 7020 | 6050 | 5500 | 4460 | 3000 | 1540 | 0 | 0 |
| | Probe 2 | 10000 | 8900 | 7600 | 6250 | 5400 | 5000 | 2980 | 1580 | 0 | 0 |
| | Probe 3 | nur, wenn die Proben 1 + 2 stark abweichen | | | | | | | | | |
| | SUMME | 20000 | 17800 | 14620 | 12300 | 10900 | 9460 | 5980 | 3120 | 0 | 0 |
| Rückstand R in % | | | 89,0 | 73,1 | 61,5 | 54,5 | 47,3 | 29,9 | 15,6 | 0 | 0 |
| Durchgang D in % | | | 11,0 | 26,9 | 38,5 | 45,5 | 52,7 | 70,1 | 84,4 | 100 | 100 |

**Körnungsziffer $\varkappa$:** (Formelzeichen $k$) Sie ist die Summe aller prozentualen Sieb-Rückstände (ab Sieb 0,25 mm) dividiert durch 100 und gibt einen Anhaltswert für den Wasserbedarf

$$\varkappa = \frac{\Sigma \text{ Sieb-Rückstände}}{100}$$

**Durchgangssumme $D$:** Sie ist die Summe aller prozentualen Sieb-Durchgänge (bis Sieb 63 mm).
$D = \Sigma$ Sieb-Durchgänge
$D =$ (Anzahl aller Siebe $- \varkappa$) · 100

**Feinheitsziffer $F$:** Sie lässt sich mit guter Genauigkeit aus der Körnungsziffer errechnen
$F = 30 \cdot \varkappa + 25$

**Je sandärmer der Zuschlag, desto größer sind die Körnungsziffer und der F-Wert und umso geringer ist der Wasserbedarf!**

**Beispiel**

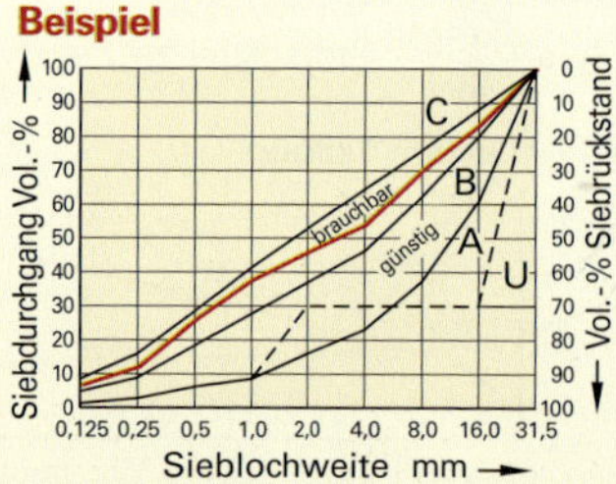


**Gewichtsverlust** bis 1% zulässig (Rückstand pro Sieb). Die Prozente für die Rückstände und Durchgänge beziehen sich auf die Ausgangsmenge.

**Körnungsziffer $\varkappa$**

$$\varkappa = \frac{89{,}0 + 73{,}1 + \ldots + 15{,}6}{100}$$

$\varkappa = 3{,}71$

***D*-Summe**

$D = 11{,}0 + 26{,}9 + 38{,}5 + 45{,}5 + 52{,}7 + 70{,}1 + 84{,}4 + 100 + 100 = \mathbf{529}$

***F*-Wert**

$F = 30\,\varkappa + 25$
$= 30 \cdot 3{,}71 + 25 = \mathbf{136}$

Wasseranspruch F1-Beton ▶ S. 225
$w$ = **155** l (153,6 l)

6

## 6.5.5 Wasseranspruch

| Regelsieblinie | Körnungsziffer ϰ | Wasseranspruch **w** (l) für 1 m³ Frischbeton F1 | F2 | F3 |
|---|---|---|---|---|
| A8 | 3,64 | 155 | 190 | 210 |
| B8 | 2,89 | 175 | 205 | 225 |
| C8 | 2,27 | 200 | 230 | 250 |
| U8 | 3,87 | | | |
| A16 | 4,61 | 140 | 170 | 190 |
| B16 | 3,66 | 150 | 185 | 205 |
| C16 | 2,75 | 185 | 215 | 235 |
| U16 | 4,88 | | | |
| A32 | 5,48 | 130 | 155 | 175 |
| B32 | 4,20 | 140 | 175 | 195 |
| C32 | 3,30 | 165 | 200 | 220 |
| U32 | 5,65 | | | |
| A63 | 6,15 | 120 | 145 | 160 |
| B63 | 4,91 | 135 | 160 | 180 |
| C63 | 3,72 | 145 | 180 | 200 |
| U63 | 6,57 | | | |

**Richtwerte** für hohen Wasseranspruch
Quelle: Bauberatung Zement

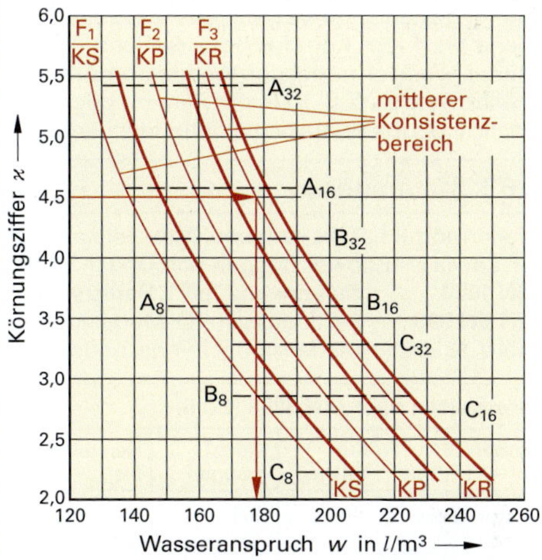


**Richtwerte** für niedrigen Wasseranspruch
Quelle: Transportbeton Unternehmen

### Beispiel

Die Körnungsziffer betrage bei einer 0/32-er Körnung $\varkappa = 4{,}50$. Der Wasseranspruch **w** für 1 m³ Frischbeton ist zu bestimmen, wenn die Konsistenz **F3** angestrebt wird.

**Lösung** nach Kap. 1.2; Interpolation ▶ S. 10 und nach den Richtwerten für hohen Wasseranspruch

$$y = y_1 + \frac{(y_0 - y_1)\,(x_1 - x)}{x_1 - x_0}$$

$y_0 = 195\ \text{l/m}^3$; $y_1 = 175\ \text{l/m}^3$; $x_1 = 5{,}48$; $x = 4{,}50$; $x_0 = 4{,}20$

$$y = 175 + \frac{(195 - 175)\,(5{,}48 - 4{,}50)}{5{,}48 - 4{,}20} = 190{,}3\ \text{l/m}^3$$

Der Wasseranspruch **w** beträgt **190,3 l/m³**

$$w = \frac{1100}{\varkappa + 3} + a$$

**Richtwerte** für durchschnittlichen Wasserbedarf nach TIETZE;
Quelle: Backe, Hiese; Baustoffkunde

| | | |
|---|---|---|
| $a = 0$ | bei Konsistenz ***steif*** | **F1** |
| $a = 20$ | bei Konsistenz ***plastisch*** | **F2** |
| $a = 40$ | bei Konsistenz ***weich*** | **F3** |
| $\varkappa$ | Körnungsziffer der Gesteinkörnung | |

### Beispiel

(Aufgabenstellung wie nebenstehendes Beispiel)

$$w = \frac{1100}{4{,}50 + 3} + 40 = 186{,}7\ \text{l/m}^3$$

## 6.5.6 Mehlkorngehalt

Mehlkorn fördert die Verarbeitbarkeit des Frischbetons und bewirkt ein dichtes Gefüge des Festbetons: gut und wichtig bei **Pumpbeton, Sichtbeton, wu-Beton** und für **dünnwandige, eng bewehrte Bauteile.**

**Mehlkorngehalt** (Kornanteil ≤ 0,125 mm) aus Gesteinskörnung, Zement und (ggf.) Zusatzstoffen

| **Zementgehalt**[1] (kg/m³) | **Höchstzulässiger Mehlkorngehalt** (kg/m³) Expositionsklassen ▶ Kapitel 6.7.2: XF, XM 8 mm | XF, XM 16…63 mm | XO, XC, XD, XS, XA 8 … 63 mm | alle 8…63 mm | **Betonfestigkeitsklasse** (N/mm²) |
|---|---|---|---|---|---|
| ≤ 300 | 450[2] | 400[2] | 550 | – | ≤ C50/60 ≤ LC50/55 |
| ≥ 350 | 500[2] | 450[2] | 550 | – | |
| ≤ 400 | – | – | – | 500[3] | ≤ C55/67 ≤ LC55/60 |
| 450 | – | – | – | 550[3] | |
| ≥ 500 | – | – | – | 600[3] | |

1) Zwischenwerte sind geradlinig zu interpolieren.

2) Die Werte dürfen insgesamt um max. 50 kg/m³ erhöht werden, wenn
- der Zementgehalt 350 kg/m³ übersteigt, um den über 350 kg/m³ hinausgehenden Zementgehalt
- ein puzzolanischer Zusatzstoff Typ II (z. B. Flugasche, Silica) verwendet wird, dann um dessen Gehalt

3) Bei 8 mm Größtkorn darf der Mehlkorngehalt um zusätzlich 50 kg/m³ erhöht werden.

# 6.6 Mörtel

Mörtel besteht überwiegend aus mineralischen Bindemitteln, mineralischer feiner Gesteinskörnung (Sand bis 4 mm Korndurchmesser) und Wasser. Er wird auf der Baustelle gemischt oder als Werkmörtel, Werkvormörtel und Werkfrischmörtel angeliefert. Einige Bindemittel können mit anderen gemischt werden, z.B. Kalk mit Zement oder Luftkalk mit Gips. Zement und Gips jedoch sind unverträglich. Baugipse und Anhydritbinder verlangen kein **Magerungsmittel** (Sand).

## 6.6.1 Mauermörtel

Mauermörtel hat die Aufgabe, Mauersteine miteinander zu verbinden und in ihrer Lage fest zu halten sowie Maßabweichungen und Ungenauigkeiten auszugleichen.

**DIN 1053** : Mauerwerk, Teil 1; Berechnung und Ausführung, Anhang A: Mauermörtel
**DIN EN 998** : Festlegungen für Mörtel im Mauerwerk, Teil 2: Mauermörtel
**DIN V 18580** : Mauermörtel mit besonderen Eigenschaften, („Nationale Restnorm")

### Mörtelarten nach DIN 1053 (EC 6)

| Mörtel-art | Kurz-zeichen | Mörtel-gruppen | Herstellung als | Beschreibung |
|---|---|---|---|---|
| Normalmauer-mörtel | NM | MG I<br>MG II, IIa<br>MG III, IIIa | Baustellenmörtel (BM)<br>Werk-Frischmörtel (WF)<br>Werk-Trockenmörtel (WT)<br>Werk-Vormörtel (WV) | **BM** ⇒ wird nach DIN 1053 Teil 1 auf der Baustelle hergestellt. Hier ist keine Überwachung erforderlich. Dieser Mörtel wird auch Rezeptmörtel genannt.<br>**WF** ⇒ wird gebrauchsfertig in verarbeitbarer Konsitenz auf die Baustelle geliefert.<br>**WT** ⇒ ist ein fertiges Gemisch der Ausgangsstoffe.<br>**WV** ⇒ ist ein Gemisch aus Sand und Kalk, ev. weiteren Zusätzen. Zugabe Zement und Wasser auf der Baustelle. |
| Leichtmauer-mörtel | LM | LM 21<br>LM 36 | Werk-Trockenmörtel (WT)<br>Werk-Frischmörtel (WF) | |
| Dünnbett-mörtel | DM | MG III | Werk-Trockenmörtel (WT) | |

**Leichtmörtel** ist nicht zulässig für Gewölbe und der Witterung ausgesetztes Mauerwerk.
**Dünnbettmörtel** haben ein Größtkorn von 1 mm. Sie werden der MG II zugeordnet und dürfen nur für Plansteine verwendet werden.

### Mörtelgruppen und Mörtelklassen

| Mörtel-art | Kurz-zeichen | Mörtel-gruppen DIN 1053 | CE | **Mörtelklassen** nach DIN EN 998-2 und DIN V 18580 **CE-** und **Ü-**Kennzeichnung |
|---|---|---|---|---|
| Normalmauer-mörtel | NM | MG I<br>MG II<br>MG IIa<br>MG III<br>MG IIIa | M1<br>M 2,5<br>M 5<br>M 10<br>M 20 | Der verwendete Mauermörtel entspricht (auch) den Anforderungen der DIN 1053.<br>CE-Kennzeichnung: Angabe von Mörteleigenschaften nach der Euronorm; überwacht und zertifiziert.<br>Ü-Zeichen: Übereinstimmung des Mörtels mit der DIN V 18580, nur in Zusammenhang mit dem CE-Zeichen, überwacht und zertifiziert.<br>⇒ **Dieser Mörtel sollte bevorzugt ausgeschrieben und eingesetzt werden!** |
| Leichtmauer-mörtel | LM | LM 21<br>LM 36 | M 5<br>M 5 | |
| Dünnbett-mörtel | DM | MG III | M 10 | |

### Mörtel- und Fugendruckfestigkeit nach 28 Tagen (zusätzlich in der DIN V 18580 gefordert)

| Mörtel-art | Kurz-zeichen | Mörtel-gruppen DIN 1053 | Mörtel-klassen nach DIN EN 998-2 | Fugendruckfestigkeit (N/mm²) Verfahren I | Verfahren II | Verfahren III |
|---|---|---|---|---|---|---|
| Normalmauer-mörtel | NM | MG I | M1 | – | – | – |
| | | MG II | M 2,5 | 1,25 | 2,5 | 1,75 |
| | | MG IIa | M 5 | 2,5 | 5,0 | 3,5 |
| | | MG III | M 10 | 5,0 | 10,0 | 7,0 |
| | | MG IIIa | M 20 | 10,0 | 20,0 | 14,0 |
| Leichtmauer-mörtel | LM | LM 21 | M 5 | 2,5 | 5,0 | 3,5 |
| | | LM 36 | M 5 | 2,5 | 5,0 | 3,5 |

## Anforderungen an die Mörteleigenschaften

| Mörtelgruppen | Trockenrohdichte | Wärmeleitfähigkeit | Verbundfestigkeit[3)] | | Chloridgehalt | Verarbeitungszeit | Korrigierbarkeitszeit | Brandverhaltensklasse |
|---|---|---|---|---|---|---|---|---|
| | | | Anfangswert | Mittelwert | | | | |
| | kg/m³ | W/(m K) | N/mm² | | M.-% | h | Min. | |
| **Normalmauermörtel (NM)** | | | | | | | | |
| I | ≥ 1500 | – | – | – | ≤ 0,1 | – | – | A1 |
| II | | – | ≥ 0,04 | ≥ 0,10 | | – | – | A1 |
| IIa | | – | ≥ 0,08 | ≥ 0,20 | | – | – | A1 |
| III | | – | ≥ 0,10 | ≥ 0,25 | | – | – | A1 |
| IIIa | | – | ≥ 0,12 | ≥ 0,30 | | – | – | A1 |
| **Leichtmauermörtel (LM)** | | | | | | | | |
| LM 21 | ≤ 700 | ≤ 0,21[1)]<br>≤ 0,18[2)] | ≥ 0,08 | ≥ 0,20 | ≤ 0,1 | – | – | A1 |
| LM 36 | > 700<br>≤ 1000 | ≤ 0,36[1)]<br>≤ 0,27[2)] | ≥ 0,8 | ≥ 0,20 | | – | – | A1 |
| **Dünnbettmörtel (DM)** | | | | | | | | |
| DM | ≥ 1500 | – | ≥ 0,20 | ≥ 0,50 | ≤ 0,1 | ≥ 4 | ≥ 7 | A1 |

1) $\lambda_R$ Rechenwert, 2) $\lambda_{10,tr}$ Messwert bei einer Durchschnittstemperatur von 10 °C in trockenem Zustand
3) Prüfung nach DIN EN 1052-3 für die charakteristische Anfangsscherfestigkeit, nach DIN 18555-5 für Mittelwert.

## Mischungsverhältnis für Baustellenmörtel (Rezeptmörtel, MV in RT)

| Mörtelgruppe MG | Luftkalk | | Hydraulischer Kalk (HL2) | Hydraulischer Kalk (HL5), Putz- und Mauerbinder (MC5) | Zement | Sand aus natürlichem Gestein |
|---|---|---|---|---|---|---|
| | Kalkteig | Kalkhydrat | | | | lagerfeuchter Zustand |
| I | 1 | – | – | – | – | 4 |
| | – | 1 | – | – | – | 3 |
| | – | – | 1 | – | – | 3 |
| | – | – | – | 1 | – | 4,5 |
| II | 1,5 | – | – | – | 1 | 8 |
| | – | 2 | – | – | 1 | 8 |
| | – | – | 2 | – | 1 | 8 |
| | – | – | – | 1 | – | 3 |
| IIa | – | 1 | – | – | 1 | 6 |
| | – | – | – | 2 | 1 | 8 |
| III / IIIa[1)] | – | – | – | – | 1 | 4 |

1) Höhere Festigkeit durch Auswahl geeigneter Sande.

## Mörtelfaktor und Mörtelausbeute

3 Eimer Sand und 1 Eimer Bindemittel ergeben statt 4 Eimer nur 2 ½ Eimer Mörtel

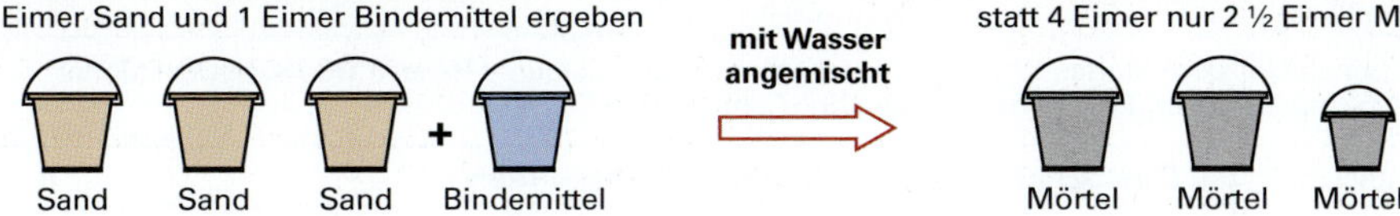


Durch die Zugabe von Wasser „verdichtet" sich der Mörtel und es tritt ein Volumenverlust ein. Dieses „Phänomen" nennt man **Mörtelausbeute (%)** oder **Mörtelfaktor** (ohne Einheit). Der Mörtel wird nach **Raumteilen (RT)** zusammengesetzt.

$$\downarrow \mathbf{MA} = \frac{\text{Volumen des angemachten Mörtels}}{\text{Volumen des Trockenmörtes}} \cdot 100\,\%$$

| Mörtelausbeute | Feuchtigkeit des Zuschlags | Mörtel faktor |
|---|---|---|
| 71 % | trockener Sand | 1,4 |
| 63 % | lagerfeuchter Sand | 1,6 |
| 71 % | nasser Sand | 1,4 |

$$\frac{\text{Volumen des Trockenmörtels}}{\text{Volumen des angemachten Mörtels}} = \mathbf{MF}\uparrow$$

**Beispiel**

Bestimme das Volumen an Zementmörtel, das sich aus 26 l lagerfeuchtem Sand bei einem Mischungsverhältnis MV in Raumteilen RT von 1 : 4 bei 63 % Mörtelausbeute (MA) herstellen lässt!

**Zementmenge:** $z = 26\,l \cdot \frac{1}{4} = 6{,}5\,l$

**Trockenmörtel:** $V = 26\,l + 6{,}5\,l = 32{,}5\,l$

**Mörtelmenge:**
MA = 63% $32{,}5\,l \cdot 0{,}63 = \mathbf{20{,}5\,l}$

6

## 6.6.2 Putzmörtel

Putz soll Gebäude von außen vor Witterungseinflüssen schützen, innen Unebenheiten im Mauerwerk ausgleichen und einen glatten Untergrund für Tapeten und Farbanstriche abgeben.

### Einteilung nach DIN V 18550

| | Gruppe | Innen/Außen | Feuchte-beständigkeit | Eigen-schaften | Atmungs-aktiv |
|---|---|---|---|---|---|
| **Mineralische Putze** | | | | | |
| Luftkalkmörtel | P I | Innen | – | Elastisch | Stark |
| Wasserkalkmörtel | P I | Innen | – | Elastisch | Stark |
| Mörtel mit hydraulischem Kalk | P I | Innen | – | Elastisch | Stark |
| Kalk-Zement-Mörtel | P II | Innen/Außen | + | Stoßfest | Normal |
| Mörtel mit hochhydraulischem Kalk | P II | Innen/Außen | + | Stoßfest | Normal |
| Putz- und Mauerbinder | P II | Innen/Außen | + | Stoßfest | Normal |
| Zementmörtel mit und ohne Zusatz von Kalkhydrat | P III | Innen/Außen | Für hohe Feuchtbeanspruchung | Fest/Dicht | Schwach |
| Gipsmörtel (Baugips) | P IV | Innen | – | Brandfest | Sehr Stark |
| Gipshaltige Mörtel | P IV | Innen | – | Brandfest | Sehr Stark |
| **Kunstharzputze** (Putze mit organischen Bindemitteln nach DIN 18558) | | | | | |
| Polymerisatharzdispersionen | P Org 1 | Innen/Außen | Feuchträume | Zäh und chem. widerstandsfähig | Normal |
| Polymerisatharzlösungen | P Org 2 | Innen | – | | Normal |

P Org 1 und P Org 2 werden nur als Oberputze verwendet und unterliegen keiner Druckfestigkeitsklasse. Wenn kein Unterputz vorhanden ist (s. nächste Seite), dann darf P Org 1 „nur bei Beton mit geschlossenem Gefüge als Putzgrund" aufgebracht werden.

### Unterscheidung nach DIN EN 998-1

| Verwendungszweck | Druckfestigkeit | Herstellungskonzept, Herstellungsort, Herstellungsart |
|---|---|---|
| Normalputzmörtel **GW** | CS I ... CS IV | Mörtel nach Eignungsprüfung |
| Leichtputzmörtel **LW** | CS I ... CS III | Mörtel nach Rezept |
| Edelputzmörtel **CR** | CS I ... CS IV | Werkmörtel |
| Einlagenputzmörtel außen **OC** | CS I ... CS IV | Werkmäßig hergestellter Mörtel |
| Sanierputzmörtel **R** | CS II | Baustellenmörtel |
| Wärmedämmputzmörtel **T** | CS I ... CS II | |

**GP** = General Purpose Mortar, **LW** = Light Weight Mortar, **CR** = Coloured Render, **OC** = One Coat Mortar, **R** = Renovation Mortar, **T** = Thermal Mortar, **CS** = Compression

### Klassifizierung der Eigenschaften von Festmörtel

| Eigenschaften | Kategorien | Werte |
|---|---|---|
| Druckfestigkeit nach 28 Tagen | CS I | 0,4 ... 2,5 N/mm² |
| | CS II | 1,5 ... 5,0 N/mm² |
| | CS III | 3,5 ... 7,5 N/mm² |
| | CS IV | ≥ 6 N/mm² |
| Kapillare Wasseraufnahme | W 0 | Nicht festgelegt |
| | W 1 | $c \leq 0{,}40$ kg/(m² $\sqrt{\text{min}}$) |
| | W 2 | $c \leq 0{,}20$ kg/(m² $\sqrt{\text{min}}$) |
| Wärmeleitfähigkeit | T 1 | ≤ 0,1 W/(m · K) |
| | T 2 | ≤ 0,2 W/(m · K) |

| Putzdicken | *d* |
|---|---|
| **Außenputze,** die den allgemeinen Anforderungen genügen | 20 mm |
| **Außenputze** aus einlagigem wasserabweisendem Werkmörtel | 15 mm |
| **Innenputze,** die den allgemeinen Anforderungen genügen | 15 mm |
| **Innenputze** aus einlagigem Werk-Trockenmörtel | 10 mm |
| **Wärmedämmputz** als Unterputz | ≤ 100 mm |
| **Sanierputz** ein- oder zweilagig | 20 mm |
| **Dünnlagenputz** | 3 mm |

## Putzsysteme

**DIN V 18550:** Die Lagen eines Putzes, die in ihrer Gesamtheit und in Wechselwirkung mit dem Putzgrund die Anforderungen an den Putz erfüllen, werden als **Putzsystem** bezeichnet. In bestimmten Fällen kann auch ein einlagiger Putz als Putzsystem bezeichnet werden.

**Putzsysteme** bestehen in der Regel aus einem wärmedämmenden Unterputz und einem wasserabweisenden Oberputz, der die Wärmeleitfähigkeitskategorien T1 und T2 (► S. 228) einhält.

### Putzsysteme für Innenputze nach DIN V 18550 (Ausschnitt)

| | Mörtelgruppe bzw. Beschichtungsstoff-Typ für Unterputz | Druckfestigkeitskategorie des Unterputzes | Mörtelgruppe bzw. Beschichtungsstoff-Typ für Oberputz | Druckfestigkeitskategorie des Oberputzes |
|---|---|---|---|---|
| **Anforderungen bzw. Putzanwendungen übliche Beanspruchung** | – | – | P I | CS I |
| | P I | CS II | P I | CS I |
| | – | – | P II | CS II |
| | P II | CS II | P I | CS I |
| | P II | CS II | P II | CS II |
| | P II | CS II | P IV | [b] |
| | P II | CS II | P Org 1 | – |
| | P II | CS II | P Org 2 | – |
| | – | – | P III | CS IV |
| | P III | CS II | P I | CS I |
| | P III | CS III | P II | CS II |
| | P III | CS IV | P II | CS III |
| | P III | CS IV | P III | CS IV |
| | P III | CS III | P Org 1 | – |
| | P III | C III | P Org 2 | – |
| | – | – | P IV | [b] |
| | P IV | [b] | P I[d] | CS I |
| | P IV | [b] | P II[d] | CS II |
| | P IV | [b] | P IV | [b] |
| | P IV | [b] | P Org 1 | – |
| | P IV | [b] | P Org 2 | – |
| | – | – | P Org 1[c] | – |
| | – | – | P Org 2[c] | – |

### Putzsysteme für Außenputze nach DIN V 18550 (Ausschnitt)

| | Mörtelgruppe für Unterputz | Druckfestigkeitskategorie des Unterputzes | Mörtelgruppe bzw. Beschichtungsstoff-Typ für Oberputz | Druckfestigkeitskategorie des Oberputzes |
|---|---|---|---|---|
| **Anforderungen bzw. Putzanwendungen ohne besondere Anforderung** | – | – | P I | CS I |
| | P I | CS I | P I | CS I |
| | – | – | P II | CS II |
| | – | – | P II | CS III |
| | P II | CS II | P I | CS I |
| | P II | CS III | P I | CS I |
| | P II | CS II | P II | CS II |
| | P II | CS III | P II | CS II |
| | P II | CS III | P II | CS III |
| | P II | CS III | P Org 1 | – |
| | – | – | P Org 1[a] | – |
| | – | – | P III | CS IV |

**Die Festigkeit des Oberputzes soll nicht größer sein, als die Festigkeit des Unterputzes**

$$CS_{Oberputz} \leq CS_{Unterputz}$$

„Stabiler" Putzgrund

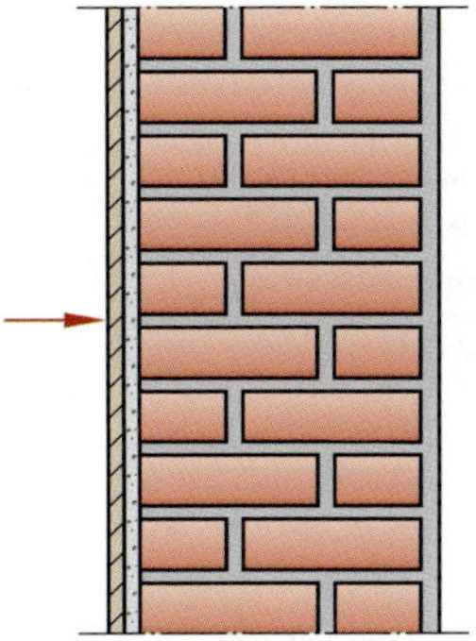

Oberputz weicher als Unterputz (Festigkeitsgefälle nach außen)

**Die Festigkeit des Oberputzes soll bei Leichtmauerwerk gleich oder größer sein, als die Festigkeit des Unterputzes**

$$CS_{Oberputz} \geq CS_{Unterputz}$$

„Beweglicher" Putzgrund

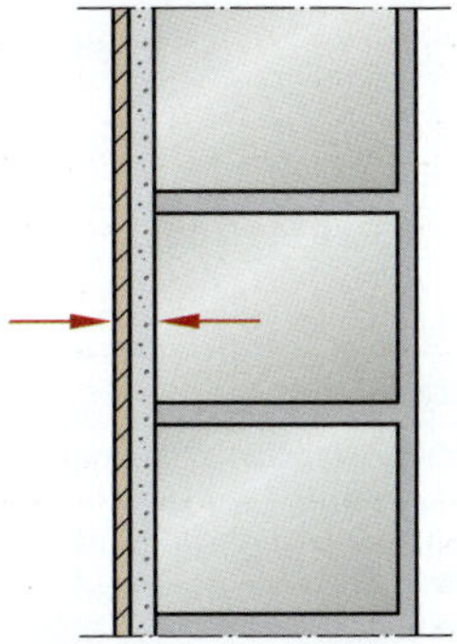

Entkoppeln von Oberputz und Putzgrund durch schubweiche Zwischenschicht.

## 6.6.3 Estrichmörtel

Estrich nach **DIN 18560** und **DIN EN 13813** ist eine Mörtelschicht, die auf tragendem Untergrund (z.B. Rohdecke/Bodenplatte) entweder

- direkt als **Verbundestrich** (V) aufgebracht, oder
- durch eine z.B. PE-Folie mit *d* > 0,1 mm getrennt als **Estrich auf Trennschicht (T)** oder
- durch eine elastische Dämmschicht getrennt als **Schwimmender Estrich (S)** verlegt wird.

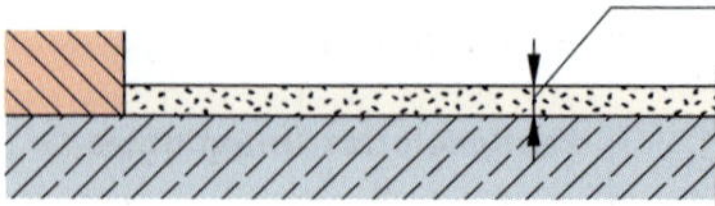

Verbundestrich

Dicke *d*

| | | |
|---|---|---|
| ≤50 | CA | ≥30 |
| ≤50 | MA | ≥30 |
| ≤50 | CT | ≥35 |
| ≤50 | SR | ≥15 |
| ≤40 | AS | ≥25 |
| mm | | mm |

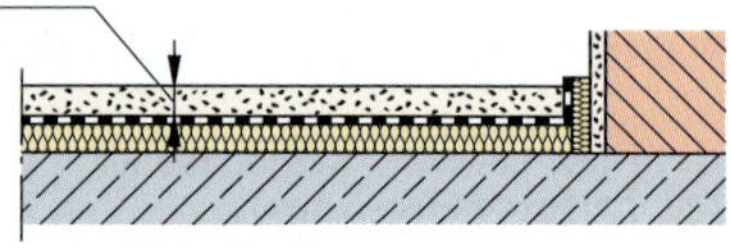

schwimmender Estrich

| **Estrichart / Kurzzeichen** | Eigenschaften und Verwendung |
|---|---|
| **Calciumsulfatestrich CA (Calciumsulfatscreed)** | Im Wohnungsbau als Verbund- und schwimmender Estrich. Mindestens 450 kg/m³ Anhydritbinder. Schichtdicke *d* (z. B. 35 mm) |
| **Magnesiaestrich MA (Magnesiascreed)** | Im Wohnungs- und Industriebau: angenehme Begehbarkeit, sehr gute Wärmedämmung. Nur von Spezialfirmen auszuführen. |
| **Zementestrich CT (Cementscreed)** | Für Böden mit Fußgängerverkehr, Fahrverkehr mit weicher und harter Bereifung, Gütertransporte. Industrieböden mit hohem Verschleißwiderstand. |
| **Gussasphaltestrich AS (Asphaltscreed)** | Verbund- und schwimmender Estrich. Feuchtigkeitsfreie Belagunterlage. Estrichdicke 20 mm ... 30 mm. Schichtdicke *d* (z. B. 20 mm) |
| **Kunstharzestrich SR (Synthetic resin screed)** | Bindemittel: Epoxidharz, Polyesterharz, Polymethacrylharz, Polyurethanharz. Für schwerste mechanische Beanspruchungen, wärmeempfindlich. |

**Druckfestigkeitsklassen** (C ⇒ **C**ompression, engl. = Druck)

| **Klasse** | **C5** | **C7** | **C12** | **C16** | **C20** | **C25** | **C30** | **C35** | **C40** | **C50** | **C60** | **C70** | **C80** |
|---|---|---|---|---|---|---|---|---|---|---|---|---|---|
| Druckfestigkeit in N/mm² | 5 | 7 | 12 | 16 | 20 | 25 | 30 | 35 | 40 | 50 | 60 | 70 | 80 |

**Biegezugfestigkeitsklassen** (F ⇒ **F**lexural, engl. = Biege-)

| **Klasse** | **F1** | **F2** | **F3** | **F4** | **F5** | **F6** | **F7** | **F10** | **F15** | **F20** | **F30** | **F40** | **F50** |
|---|---|---|---|---|---|---|---|---|---|---|---|---|---|
| Biegezugfestigkeit in N/mm² | 1 | 2 | 3 | 4 | 5 | 6 | 7 | 10 | 15 | 20 | 30 | 40 | 50 |

**Härteklassen und Biegezugfestigkeitsklassen** in N/mm²

6

| **Verbundestriche** | | **Estrichmörtelart** | **Schwimmende Estriche/Heizestriche** | |
|---|---|---|---|---|
| mit Belag | ohne Belag | | Härteklasse | Estrichnenndicke (mm) |
| ≥ C20/F3 | ≥ C25/F4 | Calciumsulfatestrich CA | F4 / F5 / F6 | ≥ 45 / ≥ 40 / ≥ 35 |
| | | Magnesiaestrich MA | F4 / F5 / F7 | ≥ 45 / ≥ 40 / ≥ 35 |
| | | Zementestrich CT | F4 / F5 | ≥ 45 / ≥ 40 |
| | | Kunstharzestrich SR | F 7 / F 10 | ≥ 35 / ≥ 30 |
| IC 15 oder IC 40 für nicht bezeizte Räume und im Freien | | Gussasphaltestrich AS IC = Eindringtiefe in Würfel (Härte an Würfeln) | IC 10 | ≥ 25 |

**Bezeichnung**

**Verbundestriche** sind angegeben mit der Bezeichnung „Estrich", der DIN-Hauptnummer, dem Kurzzeichen, den Festigkeits-/Härteklassen, dem Verschleißwiderstand nach Böhme **(A)**, dem Buchstaben **V** (Verbund), der Nenndicke in mm

**Estrich DIN 18560 – CT – C 30 – F 5 – A 15 – V 25**

**Estrich DIN 18560 – SR – C 40 – F 10 – AR 2 – IR 20 – B 1,5 – V3**

**Schwimmende Estriche** sind angegeben mit der Bezeichnung „Estrich", der DIN-Hauptnummer, dem Kurzzeichen, den Festigkeits- / Härteklassen, dem Buchstaben „S" (schwimmend), der Nenndicke in mm / H für Heizestrich mit Überdeckung

**Estrich DIN 18560 – CA – F 4 – S 40**

**Estrich DIN 18560 – CT – F 4 - S 70 – H 45**

## 6.6.4 Spezialmörtel

| | |
|---|---|
| **Einpressmörtel für Spannkanäle** | Mörteldruckfestigkeit nach 28 Tagen ≥ 30 N/mm²; Verwendung von CEM 32,5 R, evtl. Feinsandzusatz; w/z-Wert ≤ 0,44; Zugabe von Einpresshilfen. |
| **Zementeinpressung** (Injektionen) | Verfestigung von Lockergesteinen, Abdichtung gegen Wasser im Tunnelbau. Die Zementsuspension ist ein Zement-Wasser-Gemisch, meist mit Zusätzen, bei größeren Spalten auch mit Sandzusatz. |
| **Fugenmörtel für Betonfertigteile** | Zementfestigkeitsklasse ≥ CEM 32,5 R; Zementgehalt ≥ 400 kg/m³; gemischtkörniger Sand 0/4 mm. |
| **Fugenmörtel für Mauerwerk** | Die Wasserundurchlässigkeit der Fugen setzt eine gemischtkörnige Zusammensetzung des Sandes 0/2 voraus, dem zur Dichtung und verbesserten Geschmeidigkeit **Trass** ▶ S. 198 zugemischt wird. |
| **Kunststoffmörtel** | Setzt sich aus hydraulischen Bindemitteln, abgestuften Sanden und geeigneten **alkaliwiderstandsfähigen Glasfasern** zusammen. |

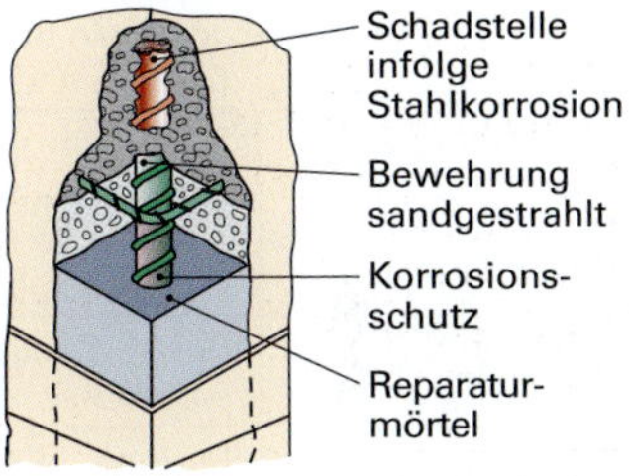


Kunststoff- und faservergütete Mörtel sind geeignet:

- für wasserundurchlässige, hochbelastbare und schwindrissfreie Putze (Putzdicke ≥ 10 mm)
- im Tunnel-/Stollenbau
- bei der Betoninstandsetzung und -sanierung

**Kunstharzmörtel**

Gegenüber Zementmörteln haben kunstharzgebundene Mörtel (Putze, Betone) i.W. folgende Vorteile:
Schnelle Erhärtung – hohe Festigkeit – Chemikalienbeständigkeit – Abriebfestigkeit – Haftvermögen

| | Druckfestigkeit N/mm² | Biegezugfestigkeit N/mm² | Zugfestigkeit N/mm² | E-Modul kN/mm² |
|---|---|---|---|---|
| Zement | 5 … 50 | 3 … 6 | 2 … 4 | 25 … 40 |
| Polyesterharz | 80 … 140 | 15 … 35 | 10 … 20 | 20 … 40 |
| Epoxydharz | 80 … 130 | 30 … 50 | 15 … 30 | 20 … 35 |
| Methacrylatharz | 100 … 140 | 25 … 45 | 10 … 20 | 18 … 38 |

**Bitumengebundene Vergussmörtel**

Mörtel aus einem Brechsand-Edelsplitt-Gemisch (0/2, 0/3 oder 0/5 mm), Zement und einer Polymerbitumenemulsion. Die Verarbeitung erfolgt im kalten Zustand.

- Verarbeitungszeit: 5 ... 15 Minuten
- kein Verdichten erforderlich
- Einbaudicke: 0,5 cm … 2 cm
- belastbar nach 20 … 30 Minuten

Foto: www.hv-kanaltechnik.de

**Spezialmörtel und ihre Beanspruchungen** nach DIN 15873

| Mörtelart | Norm DIN EN | Beanspruchung durch: Abwasser | Grundwasser | Boden | Frost | BSK |
|---|---|---|---|---|---|---|
| Mauermörtel | 998-2 | x | x | x | x | x |
| Beschichtungsmörtel | 1504-3 | x | x | x | x | x |
| Dichtungsschlämme | 18195-2 | x | x | | x | |
| Reparaturmörtel | 1504-3 | x | x | | x | x |
| Schachtkopfmörtel | 998-2 | | | x | x | |
| Verlegemörtel | 12004 | x | x | | | |
| Injektionsmörtel | 1504-5 | | x | x | | |

## 6.7 Beton

| | |
|---|---|
| **Beton nach Eigenschaften** | Grundangaben (für die Leistungsbeschreibung)<br>a) Bezug auf die Norm DIN 1045-2, b) Druckfestigkeitsklasse, c) Expositionsklasse(n), d) Festigkeitsentwicklung, g) Konsistenzklasse, h) Rohdichteklasse (nur für Leicht- und Schwerbeton). |
| **Beton nach Zusammensetzung** | Beton, bei dem die Zusammensetzung des Betons und die verwendeten Ausgangsstoffe dem Hersteller gegenüber festgelegt sind und bei welchem der Hersteller für die Bereitstellung eines Betons mit der festgelegten Zusammensetzung verantwortlich ist. |
| **Erstprüfung** | Prüfung, die bei Produktionsbeginn einer neuen Betonsorte oder einer Produktionseinrichtung als erste Prüfung unter Produktionsbedingungen durchgeführt wird, um zu ermitteln, wie ein neuer Beton oder eine neue Betonfamilie zusammengesetzt sein und hergestellt werden müssen, um alle festgelegten Anforderungen im frischen und erhärteten Zustand zu erfüllen. |
| **Expositionsklasse** | Klassifizierung der chemischen und physikalischen Umgebungsbedingungen, denen der Beton ausgesetzt werden kann und die auf den Beton, die Bewehrung oder metallische Einbauteile einwirken können und die nicht als Lastannahmen in die Tragwerksplanung eingehen. |
| **Festbeton** | Beton, der sich in einem festen Zustand befindet und eine betimmte Festigkeit entwickelt hat. |
| **Fremdüberwachungsprüfung** | Prüfung, die unter der Verantwortung einer Zertifizierungsstelle durchgeführt wird, um das Vertrauen in die Prüfungsergebnisse der Produktionslenkung sicherzustellen. |
| **Frischbeton** | Beton, der fertig gemischt ist, sich noch in einem verarbeitbaren Zustand befindet und durch das gewählte Verfahren verdichtet werden kann. |
| **hochfester Beton** | Beton mit einer Festigkeitsklasse ab C55/67 im Fall von Normalbeton oder Schwerbeton und einer Festigkeitsklasse ab LC55/60 im Fall von Leichtbeton.<br>Gesteinskörnung: Schwerspat, Eisenerz, Stahlschrott |
| **Kubikmeter Beton** | verdichteter Frischbeton mit einem Volumen von 1 $m^3$. |
| **Leichtbeton LC** | Beton mit einer Trockenrohdichte von nicht weniger als 800 kg/$m^3$ und nicht mehr als 2000 kg/$m^3$. Er wird ganz oder teilweise unter Verwendung von Leichtzuschlag hergestellt. Gesteinskörnung: Blähschiefer, Blähton, Bims |
| **Normalbeton C** | Beton mit einer Trockenrohdichte über 2000 kg/$m^3$, höchstens aber 2600 kg/$m^3$.<br>Gesteinkörnung; Quarz, Grauwacke, Basalt, Granit, Kalkstein |
| **Normalzuschlag** | Zuschlag mit einer Kornrohdichte $\varrho > 2000$ kg/$m^3$ und $\varrho < 3000$ kg/$m^3$, bestimmt nach DIN 4226-3. |
| **Ortbeton** | Beton, der als Frischbeton in Bauteile in ihrer endgültigen Lage eingebracht wird und dort erhärtet. |
| **Schwerbeton HC** | Beton mit einer Trockenrohdichte über 2600 kg/$m^3$. |
| **Standardbeton** | Beton niedriger Festigkeit für eingeschränkte Anwendungsfälle, für den in dieser Norm ein auf der sicheren Seite liegender Mindestzementgehalt vorgeschrieben ist. |
| **Transportbeton** | Beton, der im frischen Zustand dem Verwender von einer Person oder Stelle, die nicht der Verwender ist, geliefert wird. Transportbeton im Sinne dieser Norm ist auch: – Beton, der vom Verwender außerhalb der Baustelle hergestellt wird.<br>– Beton, der auf der Baustelle hergestellt wird, jedoch nicht vom Verwender. |
| **Wasserzementwert *w*/*z*** | Masseverhältnis des wirksamen Wassergehalts zum Zementgehalt im Frischbeton. |
| **äquivalenter *w*/*z*-Wert** | Massenverhältnis des wirksamen Wassergehalts zum Zementgehalt und zu den anderen anrechenbaren Zusatzstoffen f, z. B. $w/z\,(\mathrm{eq}) = w/(z + 0{,}4 \cdot f)$ |
| **wu-Beton** | Wasserundurchlässiger Beton übernimmt neben der tragenden auch eine abdichtende Funktion; XC4 für Bauteildicke $d \leq 40$ cm. |
| **Zertifizierungsstelle** | anerkannte unparteiliche Stelle, die die Übereinstimmung des Betons mit dieser Norm feststellt, die Ergebnisse bewertet und ein Zertifikat erteilt. |

6

## 6.7.1 Einteilung des Betons in Klassen

| Umweltbedingungen | Frischbeton | Festbeton | Betonkategorien | |
|---|---|---|---|---|
| 7 Expositonsklassen:<br>X0,<br>XC1, XC2, XC3, XC4<br>XD1, XD2, XD3<br>XS1, XS2, XS3<br>XF1, XF2, XF3, XF4<br>XA1, XA2, XA3<br>XM1, XM2, XM3 | **Konsistenzklassen** mit 4 Messverfahren<br>• Setzmaß<br>• Setzzeit<br>• Verdichtungsmaß<br>• Ausbreitmaß | **Druckfestigkeitsklassen:**<br>• je 16 Klassen für C, HC<br>• 14 Klassen für LC | Kategorie 1<br>*(BI)*<br><br>X0, XC1,2 | ≤ C 16/20<br>• Normalbeton<br>• Standardbeton mit Auflagen |
| | **4 Klassen** bezogen auf das Größtkorn des Zuschlags (8, 16, 32, 63 mm) | **3 Rohdichteklassen**<br>• Normalbeton C<br>• Leichtbeton LC<br>• Schwerbeton HC | Kategorie 2<br>*(BII)* | alle Festigkeitsklassen<br>alle Betone<br>alle X |

**X** = Umgebungsbedingungen, **C,D,S** = Bewehrungskorrosionen, **F** = Frostangriff,
**A** = chemischer Angriff a.d. Beton, **M** = Verschleiß; **0 ... 4** = kein ... extremer Angriff

**Beton: Definition** nach DIN 1045-2

Baustoff, erzeugt durch Mischen von Zement, groben und feinen Gesteinskörnungen und Wasser, mit oder ohne Zugabe von Zusatzstoffen oder Zusatzmitteln. Er erhält seine Eigenschaften durch das Erhärten des Zementleims.

**Technologische Merkmale**

Beton ist sehr druckfest (max. Nennfestigkeit $f_{ck,\,cube}$ = 115 $N/mm^2$), wasserundurchlässig (wu-Beton), widerstandsfähig gegen chemische/physikalische Angriffe (siehe Expositonsklassen), formbar und gut verarbeitbar.

## 6.7.2 Beton nach Expositionsklassen

Der Beton muss so zusammengesetzt und hergestellt werden, dass unter Berücksichtigung des gewählten Ausführungsverfahrens für die Betonarbeiten die festgelegten Anforderungen für Frischbeton und Festbeton, einschließlich Konsistenz, Rohdichte, Festigkeit, Dauerhaftigkeit und Schutz des eingebetteten Stahls gegen Korrosion, erfüllt werden.

| Klasse | Umgebung | Beispiele | max $w/z$ – | min $f_{ck}$ $N/mm^2$ | min $z$ [1)] $kg/m^3$ | min $z$ [2)] $kg/m^3$ | min $p$ % |
|---|---|---|---|---|---|---|---|
| kein Korrosions- oder Angriffsrisiko: Bauteile ohne Bewehrung oder eingebettetes Metall in nicht Beton angreifender Umgebung | | | | | | | |
| **X0** | alle Klassen außer XF, XA, XM | Fundamente ohne Bewehrung und ohne Frost; Innenbauteile ohne Bewehrung | | C12/15<br>C8/10 | – | – | – |
| Bewehrungskorrosion durch Karbonatisierung: Beton, der Bewehrung oder anderes eingebettetes Metall enthält und Luft sowie Feuchtigkeit ausgesetzt ist | | | | | | | |
| **XC1** | trocken oder ständig nass | Bauteile in Innenräumen mit üblicher Luftfeuchte;<br>Beton, der ständig unter Wasser ist | 0,75 | C16/20 | 240 | 240 | – |
| **XC2** | nass, selten trocken | Teile von Wasserbehältern, Gründungsbauteile | | | | | |
| **XC3** | mäßige Feuchte | Bauteile, zu denen die Außenluft häufig oder ständig Zugang hat;<br>Innenräume mit hoher Luftfeuchtigkeit | 0,65 | C20/25 | 260 | 240 | – |
| **XC4** | wechselnd nass und trocken | Außenbauteile mit direkter Beregnung;<br>Bauteile in Wasserwechselzonen (Tide) | 0,60 | C25/30 | 280 | 270 | – |

1) Bei 63 mm Größtkorn darf der Zementgehalt (min $z$) um 30 $kg/m^3$ verringert werden.

2) Bei Anrechnung von Zusatzstoffen.

**X** = Umgebungsbedingungen, **0 ... 4** = kein ... extremer Angriff

**C, D, S** = Bewehrungskorrosion durch **C**arbonatisierung, **D**eicing-Salt (Streusalz), **S**eawater (Meersalz/salzhaltige Seeluft),

**F, A, M** = Betonangriff durch **F**reezing (Frost), Chemical **A**ttack (chemischen Angriff), **M**echanical Abrasion (Verschleiß)

6

**Beton nach Expositionsklassen**

| Klasse | Umgebung | Beispiele | max $w/z$ – | min $f_{ck}$ N/mm² | min $z^{1)}$ kg/m³ | min $z^{2)}$ kg/m³ | min $p$ % |
|---|---|---|---|---|---|---|---|
| Bewehrungskorrosion, verursacht durch Chloride außer Meerwasser: Beton, der Bewehrung oder anderes eingebettetes Metall enthält und chloridhaltigem Wasser einschließlich Taumittel ausgesetzt ist | | | | | | | |
| **XD1** | mäßige Feuchte | Bauteile im Sprühnebelbereich von Verkehrsflächen | 0,55 | C*) 30/37 | 300 | 270 | – |
| **XD2** | nass, selten trocken | Solebäder; Bauteile, die chloridhaltigen Industrieabwässern ausgesetzt sind | 0,50 | C*) 35/45 | 320 | 270 | – |
| **XD3** | wechselnd nass und trocken | Teile von Brücken mit häufiger Spritzwasserbeanspruchung: Fahrbahndecken; Parkdecks | 0,45 | C*) 35/45 | 320 | 270 | – |
| Bewehrungkorrosion durch Chloride aus Meerwasser: Beton, der Bewehrung oder anderes eingebettetes Metall enthält, Chloriden aus Meerwasser oder salzhaltiger Seeluft ausgesetzt ist | | | | | | | |
| **XS1** | salzhaltige Luft, kein Meerwasserkontakt | Außenbauteile in Küstennähe | 0,55 | C*) 30/37 | 300 | 270 | – |
| **XS2** | unter Wasser | Bauteile in Häfen, die ständig unter Wasser liegen | 0,50 | C*) 35/45 | 320 | 270 | – |
| **XS3** | Tidebereiche, Spritzwasser- und Sprühnebelbereiche | Kaimauern in Hafenanlagen | 0,45 | C*) 35/45 | 320 | 270 | – |
| Betonangriff durch Frost ohne und mit Taumittel: durchfeuchteter Beton, der in erheblichem Umfang Frost-Tau-Wechseln ausgesetzt ist. | | | | | | | |
| **XF1** | mäßige Wassersättigung, ohne Taumittel | Außenbauteile | 0,60 | C 25/30 | 280 | 270 | – |
| **XF2** | mäßige Wassersättigung mit Taumitteln | Bauteile im Sprühnebelbereich von taumittelbehandelten Verkehrsflächen | 0,55 | C 25/30 | 300 | – | mit LP3) |
| | | Bauteile im Sprühnebelbereich von Meerwasser | 0,50 | C 35/45 | 320 | – | – |
| **XF3** | hohe Wassersättigung ohne Taumittel | offene Wasserbehälter | 0,55 | C 25/30 | 300 | 270 | mit LP3) |
| | | Bauteile in der Wechselzone von Süßwasser | 0,50 | C 35/45 | 320 | 270 | – |
| **XF4** | hohe Wassersättigung mit Taumittel | Verkehrsflächen; Bauteile im Spritzwasserbereich; Räumerlaufbahnen von Kläranlagen; ... | 0,50 | C 30/37 | 320 | – | mit LP3) |
| Betonangriff durch aggressive chemische Umgebung: Beton, der chemischem Angriff durch Böden, Grundwasser und Meerwasser ausgesetzt ist. | | | | | | | |
| **XA1** | chemisch schwach angreifende Umgebung | Behälter von Kläranlagen; Güllebehälter 6,5 ≥ pH-Wert ≥ 5,5 | 0,60 | C 25/30 | 280 | 270 | – |
| **XA2** | chemisch mäßig angreifende Umgebung | Bauteile, die mit Meerwasser in Berührung kommen; Bauteile in stark Beton angreifenden Böden 5,5 > pH-Wert ≥ 4,5 | 0,50 | C *) 35/45 | 320 | 270 | – |
| **XA3** | chemisch stark angreifende Umgebung | Industrieabwasseranlagen mit sehr stark chemisch angreifenden Abwässern 4,5 > pH-Wert ≥ 4,0 | 0,45 | C *) 35/45 | 320 | 270 | – |
| Betonangriff durch Verschleißbeanspruchung: Beton, der einer erheblichen mechanischen Beanspruchung ausgesetzt ist | | | | | | | |
| **XM1** | mäßige Verschleißbeanspruchung | tragende oder aussteifende Industrieböden mit Beanspruchung durch luftbereifte Fahrzeuge | 0,55 | C *) 30/37 | 300 | 270 | – |
| **XM2** | starke Verschleißbeanspruchung | tragende oder aussteifende Industrieböden mit Beanspruchung durch luftbereifte und vollgummibereifte Gabelstapler | 0,55 | C *) 30/37 | 300 | 270 | – |
| | | Flächen mit schwerem Gabelstapler | 0,45 | C*) 35/45 | 320 | 270 | – |
| **XM3** | sehr starke Verschleißbeanspruchung | tragende oder aussteifende Industrieböden mit Beanspruchung durch elastomer- oder stahlrollenbereifte Gabelstapler; Oberflächen, die häufig mit Kettenfahrzeugen befahren werden | 0,45 | C *) 35/45 | 320 | 270 | – |

1) Bei 63 mm Größtkorn darf der Zementgehalt (min $z$) um 30 kg/m³ verringert werden. 2) Bei Anrechnung von Zusatzstoffen. 3) Besondere Hinweise in der DIN 1045 / DIN EN 206-1. *) bei LP wegen XF eine Festigkeitsklasse niedriger

6

## 6.7.3 Konsistenzklassen des Frischbetons

Die Konsistenz des Betons kann nach mehreren Verfahren geprüft werden. Die Bezeichnung der Konsistenzklasse des Betons ist an das jeweilige Prüfverfahren gebunden.
**Das bevorzugte Prüfverfahren ist die Prüfung des Ausbreitmaßes *d*.**

**Hochfester Beton muss eine Konsistenzklasse F3 oder weicher haben.**

| **Setzmaß-Klassen** (slump) | | | **Setzzeit-Klassen** (Vébé) | | |
|---|---|---|---|---|---|
| Klasse | Setzmaß (mm) | Konsistenzbereich | Klasse | Setzzeit (s) | Konsistenzbereich |
| S1 | 10 ... 40 | plastisch | V0 | ≥ 31 | sehr steif |
| S2 | 50 ... 90 | weich | V1 | 30 ... 21 | steif |
| S3 | 100 ... 150 | (sehr) weich | V2 | 20 ... 11 | plastisch |
| S4 | 160 ... 210 | sehr weich | V3 | 10 ... 6 | weich |
| S5 | ≥ 220 | fließfähig | V4 | 5 ... 3 | fließfähig |
| **Verdichtungsmaß-Klassen** | | | **Ausbreitmaß-Klassen** | | |
| Klasse | Verdichtungsmaß *c* | Konsistenzbereich | Klasse | Ausbreitmaß *d* (mm) | Konsistenzbereich |
| C0 | ≥ 1,46 | sehr steif | – | | |
| C1 | 1,45 ... 1,26 | steif | F1 (*KS*) | ≤ 340 | steif |
| C2 | 1,25 ... 1,11 | plastisch | F2 (*KP*) | 350 ... 410 | plastisch |
| C3 | 1,10 ... 1,04 | weich | F3 (*KR*) | 420 ... 480 | weich |
| – | | | F4 (*KF*) | 490 ... 550 | sehr weich |
| – | | | F5 (*KF*) | 560 ... 620 | fließfähig |
| – | | | F6 | ≥ 630 | sehr fließfähig |

## 6.7.4 Druckfestigkeitsklassen des Festbetons

**Festigkeitsklassen** für Normalbeton [C], Schwerbeton [HC] und Leichtbeton [LC]
$f_{ck,\,cyl}$ charakteristische Zylinderfestigkeit; $f_{ck,\,cube}$ charakteristische Würfelfestigkeit;
$f_{c,\,cube}$ Entwurfsfestigkeit;

| Festigkeitsklassen für C und HC | $f_{ck,\,cyl}$ in N/mm² | $f_{ck,cube}$ in N/mm² | $f_{c,cube}$ in N/mm² | Festigkeitsklasse für LC | $f_{ck,\,cyl}$ in N/mm² | $f_{ck,\,cube}$ in N/mm² |
|---|---|---|---|---|---|---|
| C8/10 | 8 | 10 | ≥ 18 | LC8/9 | 8 | 9 |
| **C12/15** | 12 | 15 | ≥ 23 | LC12/13 | 12 | 13 |
| C16/20 | 16 | 20 | ≥ 28 | LC16/18 | 16 | 18 |
| **C20/25** | 20 | 25 | ≥ 33 | LC20/22 | 20 | 22 |
| C25/30 | 25 | 30 | ≥ 38 | LC25/28 | 25 | 28 |
| **C30/37** | 30 | 37 | ≥ 45 | LC30/33 | 30 | 33 |
| C35/45 | 35 | 45 | ≥ 53 | LC35/38 | 35 | 38 |
| **C40/50** | 40 | 50 | ≥ 58 | LC40/44 | 40 | 44 |
| C45/55 | 45 | 55 | ≥ 63 | LC45/50 | 45 | 50 |
| **C50/60** | 50 | 60 | ≥ 68 | LC50/55 | 50 | 55 |
| C55/67 | 55 | 67 | ≥ 75 | LC55/60 | 55 | 60 |
| C60/75 | 60 | 75 | ≥ 83 | LC60/66 | 60 | 66 |
| C70/85 | 70 | 85 | ≥ 93 | LC70/77 | 70 | 77 |
| C80/95 | 80 | 95 | ≥ 103 | LC80/88 | 80 | 88 |
| C90/105 | 90 | 105 | ≥ 113 | | | |
| C100/115 | 100 | 115 | ≥ 123 | | | |

$f_{ck,\,cyl}$ = die am Zylinder ($d/h$ = 150 mm/300 mm) bestimmte Festigkeit; sie ist mit der im EC 2 verwendeten charakteristischen Festigkeit (*Normfestigkeit*) identisch, 28 Tage Wasserlagerung.
$f_{ck,\,cube}$ = die am 150 mm-Würfel bestimmte Festigkeit

6

## 6.7.5 Feuchtigkeitsklassen und Rohdichteklassen ▶ S. 232

| Feuchtigkeitsklassen | Abkürzung | Beispiele |
|---|---|---|
| **trocken**<br>Beton, der nach normaler Nachbehandlung nicht längere Zeit feucht und während der Nutzung trocken bleibt. | WO | ■ Innenbauteile eines Hochbaus<br>■ Bauteile, auf die Außerluft, aber kein Niederschlag, Oberflächenwasser, Bodenfeuchte einwirken und/oder die nicht ständig einer rel. Luft-feuchte > 80 % ausgesetzt sind |
| **feucht**<br>Beton, der während der Nutzung häufig oder längere Zeit feucht ist. | WF | ■ Ungeschützte Außenbauteile<br>■ Innenbauteile des Hochbaus für Feuchträume, in denen die rel. Luftfeuchte überwiegend > 80 % ist<br>■ Bauteile mit häufiger Taupunktunterschreitung<br>■ massige Bauteile, deren kleinstes Maß > 0,50 m ist |
| **feucht + Alkalizufuhr von außen**<br>Beton wie **WF**, der jedoch häufiger oder langzeitiger Alkalizufuhr von außen ausgesetzt ist. | WA | ■ Bauteile mit Meerwassereinwirkung<br>■ Bauteile mit Tausalzeinwirkung ohne zusätzliche hohe dynamische Beanspruchung<br>■ Bauteile von Industriebauten und landwirtschaftlichen Bauwerken mit Alkalisalzeinwirkung |
| **feucht + Alkalizufuhr von außen + starke dynamische Beanspruchung** | WS | ■ Bauteile unter Tausalzeinwirkung mit zusätzlicher hoher dynamischer Beanspruchung (z.B. Betonfahrbahnen) |

**Rohdichteklassen** (Dichten in kg/m³)

| Beton | | Trockenrohdichte | | Gesteinskörnung | |
|---|---|---|---|---|---|
| **Leichtbeton (LC)** | | 800 kg/m³ ≤ $\varrho$ ≤ 2000 kg/m³ | | Blähschiefer, Blähton, Bims | |
| D 1,0 | D 1,2 | D 1,4 | D 1,6 | D 1,8 | D 2,0 |
| 800 < $\varrho$ ≤ 1000 | 1000 < $\varrho$ ≤ 1200 | 1200 < $\varrho$ ≤ 1400 | 1400 < $\varrho$ ≤ 1600 | 1600 < $\varrho$ ≤ 1800 | 1800 < $\varrho$ ≤ 2000 |
| **Normalbeton (C)** (Beton) | | 2000 kg/m³ < $\varrho$ ≤ 2600 kg/m³ | | Quarz, Grauwacke, Basalt, Granit, Kalkstein | |
| **Schwerbeton (HC)** | | $\varrho$ > 2600 kg/m³ | | Schwerspat, Eisenerz, Stahlschrott | |

## 6.7.6 Wasserzementwert

**Walz-Diagramm:** Zusammenhang zwischen Betondruckfestigkeit, Normfestigkeit des Zementes und Wasserzementwert. Das Diagramm dient im Wesentlichen zum Verständnis der Zusammenhänge, um eine Abschätzung der zu erwartenden Festigkeit vorzunehmen.

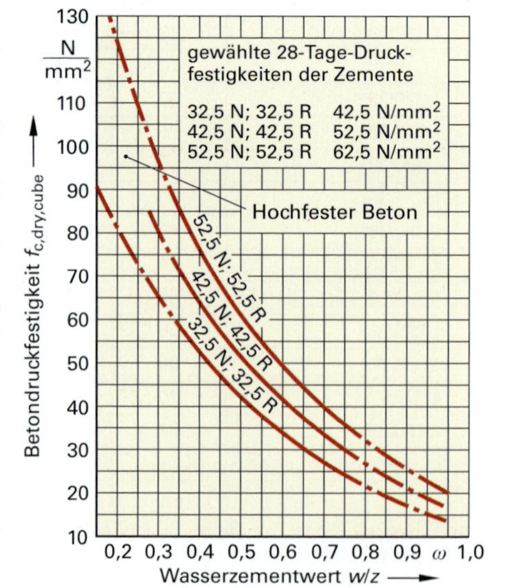


**Beispiel**

Bestimmen Sie die Zementmenge $z$ (Cem 32,5 R) für ein Bauvorhaben (140 m³ Beton der Ausbreitmaß-Klasse F2, Exposisitonsklasse XS1), wenn die Betondruckfestigkeitsklasse C30/37 angestrebt wird. Körnungsziffer $\varkappa$ = 4,20; Sieblinie B 0/32

**Erforderliche Druckfestigkeit:**
$f_{ck,\,cube}$ + Vorhaltemaß $f_{c,\,cube}$ = 45 N/mm²

**Wasserzementwert $\omega$**
nach Diagramm $w/z$ = 0,47

**Wasserbedarf $w$**
nach Tabelle ▶ S. 225 $w$ = 175 l/m³

**Zementmenge $z$**
$z = w/\omega$ = 175 / 0,47 $z$ = 372,3 kg/m³
für 140 m³ $z$ ≅ 52 150 kg

**Vergleich mit den Grenzwerten der XS1** ▶ S. 234
$\omega$ ≤ 0,55 N/mm² $f_{ck}$ ≥ C30/37
$z$ ≥ 300 kg/m³ erfüllt!

$f_{c,\,dry,\,cube}$: mittlere 28-Tage-Betondruckfestigkeit von 150-mm-Probewürfeln; Lagerung nach DIN EN 12 390-2, Nationaler Anhang (1 Tag in Form, 6 Tage in Wasser, 21 Tage an der Luft)

## 6.7.7 Leistungsbeschreibung und Lieferformen

### Standardbeton

Die Leistungsbeschreibung muss enthalten:

**Grundangaben**
- **Druckfestigkeitsklasse**
- **Expositionsklasse**
- **Größtkorn der Gesteinskörnung**
- **Konsistenz**
- **Festigkeitsentwicklung,** falls erforderlich

Normalbeton ohne Betonzusatzmittel und Betonzusatzstoffe gilt als **Standardbeton,** wenn der Zementgehalt mindestens den Bedingungen der Tabelle auf dieser Seite unten und den folgenden Anforderungen entspricht. Er darf nur verwendet werden für die Expositionsklassen **X0**, **XC1** und **XC2.**

### Beton nach Eigenschaften

Die Leistungsbeschreibung muss enthalten:

Der „Planer" fordert bestimmte Betoneigenschaften. Das Betonwerk muss die richtigen Ausgangsstoffe auswählen und den Beton herstellen.

**Grundangaben**
- **Bezug auf die DIN 1045-2**
- **Druckfestigkeitsklasse**
- **Expositionsklasse**
- **Größtkorn der Gesteinskörnung**
- **Art der Verwendung** (unbewehrter Beton, Stahlbeton, Spannbeton)
- **Konsistenz**

**Ggf. zusätzliche Angaben**
- **Zement**
- **Besondere Anforderungen an die Gesteinskörnung**
- **Luftporen**
- **Festigkeitsentwicklung**
- **Wärmeentwicklung**
- **Verzögertes Ansteifen**

### Beton nach Zusammensetzung

Die Leistungsbeschreibung muss enthalten:

Der „Planer" gibt die Ausgangsstoffe, die Zusammensetzung und die Eigenschaften des Betons vor. Das Betonwerk stellt nach diesen Vorgaben den Beton her.

**Grundangaben**
- **Bezug auf die DIN 1045-2**
- **Zement**: Art, Festigkeitsklasse, Gehalt
- **Wasserzementwert oder Konsistenz**
- **Größtkorn der Gesteinskörnung**
- **Gesteinskörnung:** Art, Größtkorn, Sieblinie
- **Zusätze:** Art, Menge, Herkunft

**Ggf. zusätzliche Angaben**
- **Herkunft aller Ausgangsstoffe**
- **Zusätzliche Anforderungen an die Gesteinskörnung**
- **Frischbetontemperatur**
- **Besondere technische Anforderungen**

## 6.7.8 Standardbeton-Betonrezepte

Normalbeton ohne Betonzusatzmittel und Betonzusatzstoffe gilt als **Standardbeton**, wenn der Zementgehalt mindestens den Bedingungen der Tabelle entspricht.

**Mindestzementgehalt für Standardbeton**
**mit einem Größtkorn von 32 mm und Zement der Festigkeitsklasse 32,5** nach DIN 1164-1

| Festigkeitsklasse des Betons | Mindestzementgehalt in kg je m³ verdichteten Betons für Konsistenzbereich | | |
|---|---|---|---|
| | steif | plastisch | weich |
| C8/10 | 210 | 230 | 260 |
| C12/15 | 270 | 300 | 330 |
| C16/20 | 290 | 320 | 360 |

Der Zementgehalt **muss vergrößert** werden
- um 10 % bei einem Größtkorn der Gesteinskörnung von 16 mm
- um 20 % bei einem Größtkorn der Gesteinskörnung von 8 mm

Der Zementgehalt **darf verringert** werden
- um 10% bei Zement der Festigkeitsklasse 42,5
- um 10% bei einem Größtkorn der Gesteinskörnung von 63 mm

6

## Standardbeton-Betonrezepte

Folgende Annahmen wurden bei der Berechnung der **Betonrezepte** zu Grunde gelegt. **Oberflächenfeuchte** der Gesteinskörnung **4,5 Gew.-%, Kornrohdichte $\varrho_g$ = 2,60 kg/dm³, Dichte des Zementes $\varrho_z$ = 3,00 kg/dm³, Luftporengehalt $p$ = 2 Vol.-%.**

### Betonrezepte für 1 m³ unbewehrten Frischbeton der Festigkeitsklasse C8/10

| Festigkeitsklasse des Zementes CEM | Größtkorn der Gesteinskörnung (mm) | Konsistenz | Zement $z$ (kg) | Zugabewasser $w_Z$ (l) | Gesteinskörnung feucht $g$ (kg) |
|---|---|---|---|---|---|
| 32,5 | 16 | steif | 231 | 107 | 1937 |
| | | plastisch | 253 | 130 | 1864 |
| | | weich | 286 | 153 | 1780 |
| | 32 | steif | 210 | 83 | 2011 |
| | | plastisch | 230 | 107 | 1937 |
| | | weich | 260 | 130 | 1856 |
| 42,5 | 16 | steif | 210 | 106 | 1956 |
| | | plastisch | 230 | 129 | 1883 |
| | | weich | 260 | 152 | 1802 |
| | 32 | steif | 189 | 83 | 2029 |
| | | plastisch | 207 | 106 | 1959 |
| | | weich | 234 | 129 | 1880 |

**Beispiel**

Gegeben: CEM 42,5; Größtkorn 16 mm; Konsistenz: steif

Gesucht: $z$; $w_Z$; $g$; $V_g$

Lösung:

$z$ = 210 kg

$w_Z$ = 106 l

$g$ = 1956 kg

$$V_g = \frac{m_g}{\varrho_g} = \frac{1956}{2,60}\left[\frac{\text{kg}\cdot\text{dm}^3}{\text{kg}}\right]$$

$$\mathbf{V_g = 752\ dm^3 = 0,752\ m^3}$$

### Betonrezepte für 1 m³ unbewehrten Frischbeton der Festigkeitsklasse C12/15

| Festigkeitsklasse des Zementes CEM | Größtkorn der Gesteinskörnung (mm) | Konsistenz | Zement $z$ (kg) | Zugabewasser $w_Z$ (l) | Gesteinskörnung feucht $g$ (kg) |
|---|---|---|---|---|---|
| 32,5 | 16 | steif | 297 | 109 | 1878 |
| | | plastisch | 330 | 133 | 1793 |
| | | weich | 363 | 156 | 1709 |
| | 32 | steif | 270 | 86 | 1956 |
| | | plastisch | 300 | 109 | 1875 |
| | | weich | 330 | 133 | 1793 |
| 42,5 | 16 | steif | 270 | 108 | 1902 |
| | | plastisch | 300 | 132 | 1820 |
| | | weich | 330 | 155 | 1739 |
| | 32 | steif | 243 | 85 | 1980 |
| | | plastisch | 270 | 108 | 1902 |
| | | weich | 297 | 131 | 1824 |

**Beispiel**

Wie groß ist die trockene Masse der Gesteinskörnung für CEM 32,5; Größtkorn 32 mm; Konsistenz: weich?

Lösung:

$g_{feucht}$ = 1793 kg

104,5 % ≙ 1793 kg

100 % ≙ $g_{tr}$

$$\mathbf{g_{tr}} = \frac{1793 \cdot 100}{104,5} = \mathbf{1716\ kg}$$

Die Feuchtigkeitsangabe (4,5 Gew.-%) bezieht sich immer auf die trockene Gesteinskörnung.

6

### Betonrezepte für 1 m³ unbewehrten Frischbeton der Festigkeitsklasse C16/20

| Festigkeitsklasse des Zementes CEM | Größtkorn der Gesteinskörnung (mm) | Konsistenz | Zement $z$ (kg) | Zugabewasser $w_Z$ (l) | Gesteinskörnung feucht $g$ (kg) |
|---|---|---|---|---|---|
| 32,5 | 16 | steif | 319 | 110 | 1878 |
| | | plastisch | 352 | 134 | 1774 |
| | | weich | 396 | 158 | 1679 |
| | 32 | steif | 290 | 87 | 1937 |
| | | plastisch | 320 | 110 | 1856 |
| | | weich | 360 | 134 | 1766 |
| 42,5 | 16 | steif | 290 | 109 | 1883 |
| | | plastisch | 320 | 132 | 1802 |
| | | weich | 360 | 156 | 1712 |
| | 32 | steif | 361 | 85 | 1965 |
| | | plastisch | 288 | 109 | 1885 |
| | | weich | 324 | 133 | 1798 |

**Beispiel**

Wie groß ist der Wasser-Zementwert w/z bei der Mischung (CEM 32,5; 32 mm; plastisch)?

Lösung:

$$w_o = \frac{1856 \cdot 4,5}{104,5} = 79,9\ \text{kg}$$

$$w = w_o + w_z = 79,9 + 110 = 189,9\ \text{l}$$

$$\mathbf{\frac{w}{z}} = \frac{189,9}{320} = \mathbf{0,59}$$

Der Wassergehalt $w$ setzt sich aus der Oberflächenfeuchte $w_o$ und dem Zugabewasser $w_z$ zusammen.

## 6.7.9 Betonzusätze

- **Betonzusatzmittel:** Zusatzmittel (in der Regel flüssige Stoffe) werden dem Beton in geringer Menge zugegeben (≤ 50 g bzw. $cm^3$ je kg Zement), sie haben daher keinen Einfluss auf den **Stoffraum** ► S. 240 des Betons. Die Ausführungen sind nach neuer wie alter DIN 1045 gültig.

| Zusatzmittel und Wirkung | Farbzeichen |
|---|---|
| **Betonverflüssiger (BV)** vermindern die Oberflächenspannung des Wassers. Bei gleichem Wassergehalt verbessern sie die Verarbeitbarkeit des Frischbetons. Bei gleich guter Verarbeitbarkeit setzen sie den Wasseranspruch herab und erhöhen damit Festigkeit und Dichtigkeit des Festbetons. | Gelb |
| **Fließmittel (FM)** vermindern den Wasseranspruch und/oder verbessern die Verarbeitbarkeit zur Herstellung von Beton mit fließfähiger Konsistenz (Fließbeton). Die hohe Verflüssigungswirkung klingt schnell ab (30 – 60 min). | Grau |
| **Luftporenbildner (LP)** erzeugen gleichmäßig verteilte Luftporen (∅ = 0,3 mm), die den Frost- und Frosttauwiderstand erhöhen. 1 Vol.-% Poren ersetzt ungefähr 15 kg/$m^3$ Mehlkorn. ► S. 225 | Blau |
| **Dichtungsmittel (DM)** vermindern die Wasseraufnahme des Festbetons. | Braun |
| **Verzögerer (VZ)** verlängern die Verarbeitungszeit, verzögern den Erstarrungsvorgang und verlangsamen die Wärmeentwicklung. | Rot |
| **Beschleuniger (BE)** werden auch als Frostschutzmittel angewendet. | Grün |
| **Einpresshilfen (EH)**: hohe Fließfähigkeit, geringerer Wasseranspruch. | Weiß |
| **Stabilisierer (ST)**: Zusammenhaltevermögen, Verarbeitbarkeit, Bluten | Violett |
| **Chromatreduzierer (CR):** Reduzierung des wasserlöslichen Chromanteils in zementhaltigen Produkten; dadurch werden allergische Hautreaktionen unterbunden. | Rosa |
| **Recyclinghilfen (RH):** Sollen eine Wiederverwendung von Waschwasser, das beim Reinigen von Mischfahrzeugen anfällt, ermöglichen. | Schwarz |
| **Schaumbildner (SB)** dienen der Herstellung von Schaumbeton bzw. Betons mit porosiertem Zementleim durch hohen Luftporengehalt. | Orange |

**Diagramm zum Fließmittel**

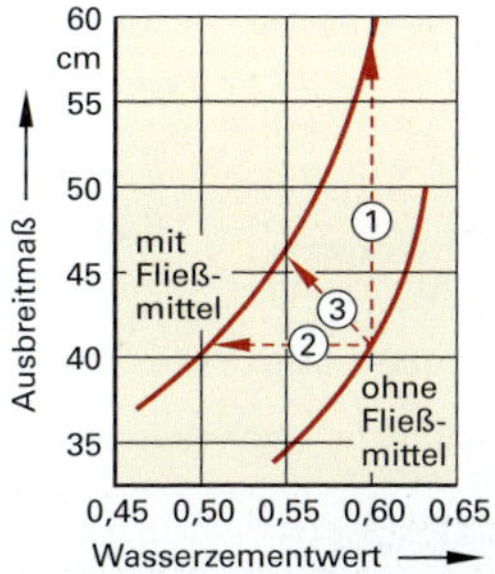


**Anwendungsmöglichkeiten von FM**

❶ Verflüssigung bis zum Fließbeton bei
- ⇒ filigranen Bauteilen (leichter Betoneinbau mit kürzeren Betonierzeiten)

❷ niedriger Wasserzementwert bei gleicher Konsistenz
- ⇒ Verbesserung der Betonqualität (Dauerhaftigkeit, Festigkeit, Verformungseigenschaften),
- ⇒ Erhöhung der Frühfestigkeit (z.B. in Betonfertigteilen)
- ⇒ Verringerung des Schwindmaßes

❸ Wassereinsparung und gleichzeitig Verflüssigung
- ⇒ einfacher Betoneinbau und gleichzeitige Verbesserung der Betonqualität
- ⇒ breites Anwendungsfeld im konstruktiven Ingenierbau

6

- **Betonzusatzstoffe:** Zusatzstoffe (in der Regel pulverförmige Stoffe) werden im Gegensatz zu den Zusatzmitteln in größeren Mengen zugegeben und bei der Stoffraumrechnung ► S. 240 berücksichtigt. Die Ausführungen sind nach neuer wie alter DIN 1045 gültig.

| Zusatzstoffart | Typ | Spezifische Oberfläche $cm^2/g$ | Dichte $kg/dm^3$ | Schüttdichte $kg/dm^3$ | Anmerkungen |
|---|---|---|---|---|---|
| **Quarzmehl** | I[1] | ≥ 1000 | ~ 2,65 | 1,3 … 1,5 | verbessern die Siebline und die Verarbeitbarkeit des Betons |
| **Kalksteinmehl** | | ≥ 3500 | 2,6 … 2,7 | 1,0 … 1,3 | |
| **Pigmente** | | 50 000 … 200 000 | 4,0 … 5,0 | – | mineralische Farbstoffe |
| **Flugasche** | II[2] | 2000 … 8000 | 2,2 … 2,4 | 0,9 … 1,1 | künstliches Puzzolan |
| **Trass** | | ≥ 5000 | 2,4 … 2,6 | 0,7 … 1,0 | natürliches Puzzolan, vulkanisches Gesteinsmehl |
| **Silicastaub (SF)** | | 180 000 … 220 000 | ~ 2,2 | 0,3 … 0,6 | künstliches Puzzolan, extrem feinkörniger, mineralischer Zusatz |
| **Silicasuspension** | | – | ~ 1,4 | – | wie Silicastaub, nur wässrig |

[1] inaktive Zusatzstoffe; [2] aktive Zusatzstoffe (selbstständig oder latent hydraulische Stoffe)

## 6.7.10 Betonzusammensetzung – Mischungsentwurf

Der rechnerischen Abschätzung der Betonzusammensetzung liegt die sog. Stoffraumgleichung zugrunde. Sie besagt, dass das Volumen von 1 m³ verdichtetem Frischbeton sich aus der Summe der Volumenanteile an **Zement (*z*), Wasser (*w*), Gesteinskörnung (*g*), Betonzusatzstoffen (*f*) und Luftporen (*p*)** ergibt. (***z*** Zement in kg/m³; ***g*** Gesteinkörnung in kg/m³; ***w*** Wasser in kg/m³)

**Stoffraumgleichung für 1 m³ Frischbeton**

$$1000 = \frac{z}{\varrho_z} + \frac{g}{\varrho_g} + \frac{w}{\varrho_w} + \frac{f}{\varrho_f} + p$$

**Menge der Gesteinskörnung**

$$g = \varrho_g \cdot \left(1000 - \frac{z}{\varrho_z} - \frac{w}{\varrho_w} - \frac{f}{\varrho_f} - p\right)$$

- **Rohdichten der Zemente** ▶ Kap. 6.4.1
- **Rohdichte von Flugasche i. M.** $\varrho_f$ = 2,45 kg/dm³
- **Rohdichte der Gesteinskörnung i.M.** $\varrho_g$ = 2,60 kg/dm³
- **Der Luftporengehalt für 1 Kubikmeter Beton beträgt i. M.** $p$ = 1,5 ... 2,0 % in dm³/m³

**Flugasche *f*** und/oder **Silicastaub *s*** dürfen dem **Zement *z*** anteilig zugemischt werden:
Äquivalenter Wasserzementwert $(\omega)_{eq}$

| Flugasche *f* | Silicastaub *s* | Flugasche *f* + Silicastaub *s* |
|---|---|---|
| $(\omega)_{eq} = w/(z + 0{,}4\,f)$ | $(\omega)_{eq} = w/(z + 1{,}0\,s)$ | $(\omega)_{eq} = w/(z + 0{,}4\,f + 1{,}0\,s)$ |
| mit $f \leq 0{,}33\,z$ | mit $s \leq 0{,}11\,z$ | mit $f \leq 0{,}33\,z$ und $s \leq 0{,}11\,z$ |
| $\boldsymbol{z = w/\omega\,(1 + 0{,}4 \cdot 0{,}33)}$ | $\boldsymbol{z = w/\omega\,(1 + 1{,}0 \cdot 0{,}11)}$ | $\boldsymbol{z = w/\omega\,(1 + 0{,}4 \cdot 0{,}33 + 1{,}0 \cdot 0{,}11)}$ |

### Beispiel

Eine Kläranlage aus wasserundurchlässigem Beton soll aus einem C30/37 hergestellt werden. Verfügbar sind: CEM 32,5, Gesteinskörnung 0/32 im günstigen Bereich mit der Körnungsziffer $\varkappa$ = 5,00 und einer Rohdichte von $\varrho_g$ = 2,60 kg/dm³, Konsistenz F2.

**Entwurfsfestigkeit $f_{c,\,cube}$** $f_c$ = 45 N/mm²

charakteristische Festigkeit und Vorhaltemaß
37 N/mm² + 8 N/mm² = 45 N/mm²

**Wasserzementwert $\omega$**

nach Diagramm ▶ S. 236 $\omega$ = 0,47
Der ermittelte Wert ist kleiner als der Grenzwert für Expositionsklasse XA1 ($\omega \leqq$ 0,60)

**Erforderlicher Wassergehalt *w***

nach Tabelle ▶ S. 225
Tabellenwerte
$A_{32}$: $\varkappa$ = 5,48 → $w$ = 155 l
$B_{32}$: $\varkappa$ = 4,20 → $w$ = 175 l

Nach Interpolation $w$ = 162,5 l

**Zementmenge *z***

$$z = \frac{w}{\omega} = \frac{162{,}5\ \text{kg}}{0{,}47} \qquad z = 346\ \text{kg}$$

**Dichte $\varrho_z$** vom CEM I $\varrho_z$ = 3,1 kg/dm³

**Luftporengehalt *p*** gewählt 1,5 %

Wenn kein LP zugegeben wird, kann der Luftporengehalt *p* zwischen 1...3 Vol.-% angenommen werden.
1,5 % von 1000 dm³ $p$ = 15 dm³

**Gesteinskörnung *g***

$$g = 2{,}6\ \text{kg/dm}^3\left(1000\ \text{dm}^3 - \frac{346\ \text{kg}}{3{,}1\ \text{kg/dm}^3} - 162{,}5\ \text{dm}^3 - 15\ \text{dm}^3\right) \qquad g = \mathbf{1848\ kg}$$

### Beispiel

Bei Betonen nach Eigenschaften können zusätzliche Anforderungen nach DIN 1045-2 an die Gesteinskörnung gestellt werden, z.B. Verwendung von 3 abgestuften Korngruppen.

| Zuschlag | Anteile | Rohdichte | Feuchte |
|---|---|---|---|
| 0/2 | 20 Vol.-% | 2,62 kg/dm³ | 4,5 % |
| 2/8 | 25 Vol.-% | 2,75 kg/dm³ | 3,0 % |
| 8/32 | 55 Vol.-% | 2,90 kg/dm³ | 1,0 % |

Aus Lösung des linken Beispiels:
- $w$ = 162,5 kg
- $z$ = 346 kg
- $p$ = 1,5 %

Zu berechnen sind:
- Rohdichte der Gesteinskörnung
- Stoffraum der Gesteinskörnung
- Stoffraum der einzelnen Korngruppen
- Masse der trockenen und feuchten Gesteinskörnung
- Masse der trockenen und feuchten Korngruppen
- Menge des Zugabewassers

**Rohdichte der Gesteinskörnung**

$$\varrho_g = 0{,}20 \cdot 2{,}62\ \frac{\text{kg}}{\text{dm}^3} + 0{,}25 \cdot 2{,}75\ \frac{\text{kg}}{\text{dm}^3} + 0{,}55 \cdot 2{,}90\ \frac{\text{kg}}{\text{dm}^3} = 2{,}81\ \frac{\text{kg}}{\text{dm}^3}$$

**Tabellarische Auswertung**

| | Korngruppe 0/2 | Korngruppe 2/8 | Korngruppe 8/32 |
|---|---|---|---|
| Stoffraum | 142 dm³ | 178 dm³ | 391 dm³ |
| Stoffraum ges. | | 711 dm³ | |
| Masse trocken | 372 kg | 490 kg | 1134 kg |
| Masse feucht | 389 kg | 504 kg | 1145 kg |
| Masse trocken | | 1996 kg | |
| Masse feucht | | 2038 kg | |
| Wasseranteil | 17 kg | 14 kg | 11 kg |
| Zugabewasser | | 120,5 kg | |

6

## 6.7.11 Transportbeton

Transportbeton ist Beton, der „außerhalb der Baustelle" oder Beton, der „auf der Baustelle, aber nicht vom Verwender" hergestellt wird. Er wird im Transportbetonwerk zusammengesetzt, in geeigneten Fahrzeugen zur Baustelle befördert und dort einbaufertig übergeben.

### Transport von Beton zur Baustelle und Übergabe

- Frischbeton steifer Konsistenz (F1) darf mit Fahrzeugen ohne Mischer transportiert werden.
- Fahrzeuge ohne Mischer sollen 45 Minuten nach der ersten Wasserzugabe vollständig entladen sein!
- Fahrzeuge mit Mischer sollen 90 Minuten nach der ersten Wasserzugabe vollständig entladen sein!
- Bei kühler Witterung und bei Frost muss der Transportbeton eine „gewisse Mindesttemperatur" aufweisen .
- Im Allgemeinen ist jede Zugabe von Zusatzmitteln und Wasser bei und nach Lieferung verboten.
- Derjenige, der eine „nicht zulässige Zugabe" veranlasst (Wasser, Verflüssiger, ...) ist auf dem Lieferschein zu vermerken!

### Auszug aus einem Betonsortenverzeichnis

| Betonsorten Nr. | Festigkeitsklasse | Konsistenz | Verwendungszweck | Festigkeitsentwicklung | Zement | Gehalt kg/m³ | | $w/z$ bzw. | Gesteinskörnung | | Zusatzstoff | | Zusatzmittel | |
|---|---|---|---|---|---|---|---|---|---|---|---|---|---|---|
| | | | | | | $z$ | $w$ | $\frac{w}{z+0{,}3f}$ | Bereich | Gehalt kg/m³ | Art | Gehalt kg/m³ | Art | % CEM |
| 31230.F | C 12/15 | F3 | b c | | CEM I 32,5 R | 240 | 180 | 0,71 | A/B 32 | 1872 | FA | 40 | BV 1 | 0,30 |
| 41930 | C 20/25 | F3 | b d e | m | CEM I 32,5 R | 350 | 190 | 0,54 | A/B 32 | 1798 | | | | |
| 62433 | C 30/37 | F3 | b d h | l | CEMIII/B 32,5 NW/HS | 385 | 182 | 0,47 | A/B 16 | 1780 | | | BV 1 | 0,40 |

**Betonsorten-Nr.:** **1.** Ziffer: Betonfestigkeit, **2.** Ziffer: Körnung, **3.** Ziffer: Eignung, **4.** Ziffer: Konsistenz, **5.** Ziffer: Zement/Festigkeitsklasse
**Verwendungszweck:** **a** unbewehrter Beton, **b** bewehrter Beton, **c** Innenbauteile, **d** Außenbauteile, **e** wu-Beton, **h** starker chem. Angriff
**Festigkeitsentwicklung:** **l** langsam, **m** mittel, **s** schnell
**Wasserzementwert** $w/(z + 0{,}3\,f)$ Die Flugasche FA wird mit 30 % ihres Gewichtes bei der Berechnung des $w/z$-Wertes berücksichtigt.

## 6.7.12 Nachbehandlung von Beton

Die Nachbehandlung garantiert in erster Linie die Oberflächenhärte und Dichtigkeit des Betons. Die DIN 1045-3 fordert die Nachbehandlung während der ersten Tage der Hydratation, um das Frühschwinden gering zu halten und eine ausreichende Festigkeit und Dauerhaftigkeit des Betons sicherzustellen.

### Zweck der Nachbehandlung

Der junge Beton ist zu schützen gegen ...

- vorzeitiges Austrockenen
- extreme Temperaturen
- mechanische Beanspruchungen
- chemische Angriffe
- schädliche Erschütterungen

### Arten der Nachbehandlung

Schutzmaßnahmen gegen vorzeitiges Austrocknen

- Belassen in der Schalung
- Abdecken mit Kunststofffolien
- Aufbringen wasserspeichernder Abdeckungen (Jutegewebe, Strohmatte, Sandschichten)
- Aufbringen flüssiger Nachbehandlungsmittel (Curingmittel)
- kontinuierliches Besprühen mit Wasser

### Mindestdauer der Nachbehandlung

Für alle Expositionsklassen außer X0, XC1, XM

| Oberflächen-/Lufttemperatur $\vartheta$ in °C | Mindestdauer der Nachbehandlung in Tagen | | | |
|---|---|---|---|---|
| | Festigkeitsentwicklung des Betons $r = f_{cm2}/f_{cm28}$ | | | |
| | $r \geq 0{,}50$ | $r \geq 0{,}30$ | $r \geq 0{,}15$ | $r < 0{,}15$ |
| $\vartheta \geq 25$ | 1 | 2 | 2 | 3 |
| $25 > \vartheta \geq 15$ | 1 | 2 | 4 | 5 |
| $15 > \vartheta \geq 10$ | 2 | 4 | 7 | 10 |
| $10 > \vartheta \geq 5$ | 3 | 6 | 10 | 15 |

### Festigkeitsentwicklung von Beton bei 20 °C

(2 Tage- / 28 Tage-Festigkeit)

| Festigkeitsentwicklung | Schätzwert des Festigkeitsverhältnisses $f_{cm2}/f_{cm28}$ |
|---|---|
| Schnell | $\geq 0{,}5$ |
| Mittel | $\geq 0{,}3$ bis $< 0{,}5$ |
| Langsam | $\geq 0{,}15$ bis $< 0{,}3$ |
| Sehr langsam | $< 0{,}15$ |

## 6.7.13 Betonprüfungen

### Prüfung der Konsistenz

**Verdichtungsversuch**

In einem Blechbehälter mit quadratischer Grundfläche 20 cm × 20 cm und einer Höhe $h = 40$ cm wird lose über eine Längsseite einer trapezförmigen Kelle Beton eingefüllt. Mit einem Stahllineal soll vorsichtig das Prüfmaterial bündig von der Oberkante abgezogen werden. Der Beton wird nun so lange verdichtet, bis keine Setzungen mehr zu beobachten sind.

Das Abstichmaß $s_i$ wird an allen 4 Ecken festgestellt, um das Mittel $s_m$ zu bilden.

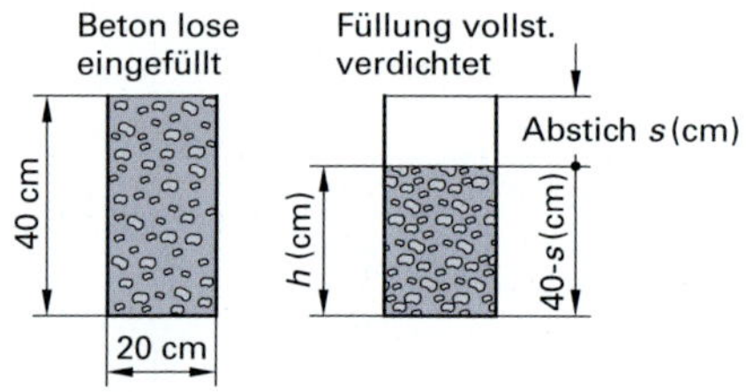


$s_1 = 10{,}5$ cm; $s_2 = 9$ cm; $s_3 = 10$ cm;
$s_4 = 11{,}3$ cm ⇒ $s_m = 10{,}2$ cm
$v = 1{,}34$ ⇒ C1 (steifer Beton) ► S. 235

**Ausbreitungsversuch**

In einem Blechbehälter von der Form eines Kegelstumpfes, aufgesetzt auf den „Ausbreittisch", wird der Beton in 2 Schichten eingefüllt und mit einem Stampfer verdichtet. 30 Sekunden nach dem bündigen Abziehen mit einem Stahllineal hebt der Prüfer die Form langsam ab und die Tischplatte 4 cm bis zum Anschlag hoch und lässt sie dann fallen (15-mal innerhalb von 30 sec … 75 sec.). Das Ausbreitmaß ist durch Mittelung der Durchmesser $a_1$ und $a_2$ anzugeben.

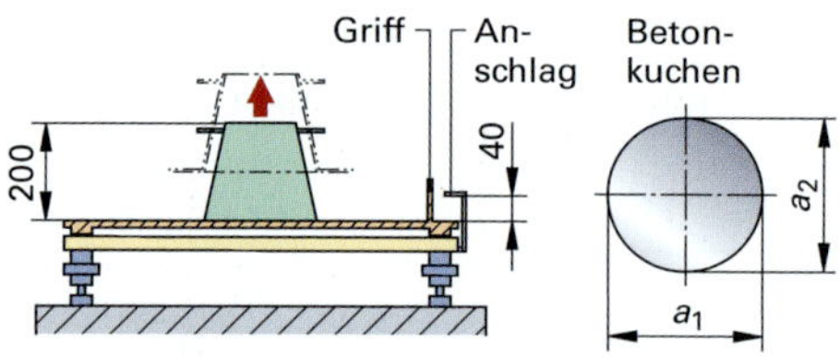


$a_1 = 440$ mm; $a_2 = 460$ mm ⇒ $a_m = 450$ mm
Konsistenz F3 (weicher Beton)
$a_m = 420$ mm … 480 mm ► S. 235

### Prüfung auf Druckfestigkeit

**Umrechnung der Würfeldruckfestigkeit**

**Würfelgröße:**

$f_{c,\,dry\,(150\,mm)} = 0{,}97 \cdot f_{c,\,dry\,(100\,mm)}$

**Lagerungsbedingungen:**

Normalbeton ≤ C50/60
$f_{c,\,cube} = 0{,}92 \cdot f_{c,\,dry}$

6 hochfester Normalbeton ≥ C55/67
$f_{c,\,cube} = 0{,}95 \cdot f_{c,\,dry}$

**Würfelgröße und Lagerungsbedingungen:**

10er Würfel, C30/37, Luftlagerung
$f_{c,\,cube\,(150\,mm)} = 0{,}97 \cdot 0{,}92 \cdot f_{c,\,dry\,(100\,mm)}$

$f_{c,\,dry}$ ⇒ **7 Tage Wasser-, 21 Tage Luftlagerung**
$f_{c,\,cube}$ ⇒ **28 Tage Wasserlagerung**

Prüfwürfelform
15 cm / 15 cm / 15 cm

Prüfzylinderform
$d = 15$ cm, $h = 30$ cm

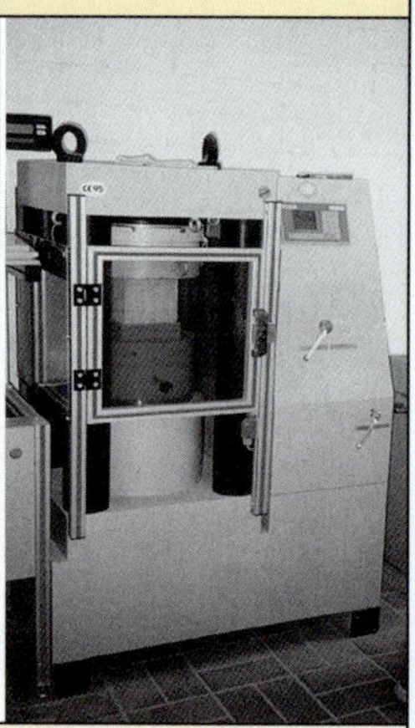

**Beispiel Qualitätsprüfung auf der Baustelle**

Die Betonfestigkeitsklasse (C20/25) wird an 3 (oder 4) 10er Würfeln (10 cm/10 cm/10 cm) überprüft:
$f_{c1,\,dry} = 26{,}3$ N/mm², $f_{c2,\,dry} = 29{,}7$ N/mm², $f_{c3,\,dry} = 34{,}5$ N/mm²;
Mittlere Druckfestigkeit $f_{cm,\,dry} = 30{,}2$ N/mm²

Referenzwerte $f_{cm,\,cube}$ und $f_{c1,\,cube}$ zur Berücksichtigung der Würfelgröße und „Trockenlagerung":

$f_{cm,\,cube} = 0{,}97 \cdot 0{,}92 \cdot 30{,}2 = \mathbf{27{,}0\ N/mm^2}$ $f_{cm,\,cube} \geq \mathbf{f_{ck} + 1} \geq 25 + 1 = \mathbf{26\ N/mm^2}$ zulässig!

$f_{c1,\,cube} = 0{,}97 \cdot 0{,}92 \cdot 26{,}3 = \mathbf{23{,}5\ N/mm^2}$ $f_{c1,\,cube} \geq \mathbf{f_{ck} - 4} \geq 25 - 4 = \mathbf{21\ N/mm^2}$ zulässig!

Beide Kriterien müssen erfüllt sein! ► S. 243

## 6.7.14 Betonüberwachung

**Probewürfel und Lagerungsbedingungen**

$f_{c,\,cube\,(150\,mm)}$: Druckfestigkeit von würfelförmigen Probekörpern bei Lagerung nach EN 12390-2
Druckfestigkeit von würfelförmigen Probekörpern nach DIN 1048-5

| Probewürfel $f_c \geq f_{ck}$ + Vorhaltemaß Vorhaltemaß zwischen 6 N/mm² und 12 N/mm² | Lagerungsbedingungen nach DIN 1048-5 $f_{c,\,dry}$ | Umrechnung auf das europäische Referenzverfahren EN 12390-2 $f_{c,\,cube}$ |
|---|---|---|
| 150 mm Kantenlänge | bis zum 7. Tag unter Wasser, dann bis zum 28 Tag trocken (15 °C ... 22 °C) | ≤ C 50/60:<br>$f_{c,\,cube} = 0{,}92 \times f_{c,\,dry,\,cube}$<br>≥ C 55/67<br>$f_{c,\,cube} = 0{,}95 \times f_{c,\,dry,\,cube}$ |
| 100 mm Kantenlänge | bis zum 7. Tag unter Wasser, dann bis zum 28 Tag trocken (15 °C ... 22 °C) | ≤ C 50/60<br>$f_{c,\,cube} = 0{,}92 \times 0{,}97 \times f_{c,\,dry,\,cube}$<br>≥ C 55/67<br>$f_{c,\,cube} = 0{,}95 \times 0{,}97 \times f_{c,\,dry,\,cube}$ |

**Betonprüfung (Qualitätssicherung)**

| Prüfungsart | Zeitpunkt | Aufgabe | Anforderungen |
|---|---|---|---|
| Erstprüfung | Vor der Verwendung des Betons | Prüfungen vor Herstellungsbeginn, um die geforderten Frisch- und Festbetoneigenschaften eines Betons/ einer Betonfamilie sicher zu stellen | $f_c \geq f_{ck}$ + Vorhaltemaß (Vorhaltemaß 6 N/mm² ... 12 N/mm²) |
| Konformitätskontrolle | Während der Produktion des Betons | Statistische Produktionskontrolle | **Erstherstellung:**<br>Mittelwert: $f_{cm} \geq f_{ck} + 4$ N/mm²<br>Einzelwert: $f_{ci} \geq f_{ck} - 4$ N/mm²<br>**stetige Herstellung:**<br>Mittelwert: $f_{cm} \geq f_{ck} + 1{,}48 \cdot \sigma$, $\sigma \geq 3$ N/mm²<br>Einzelwert: $f_{ci} \geq f_{ck} - 4$ N/mm² |
| Überwachungsprüfung der Baustelle | Während der Bauausführung | Beurteilung der Identität des gelieferten Betons mit der Grundgesamtheit für die eine Übereinstimmungsbescheinigung (ÜH) erstellt wurde | **3 ... 4 Probewürfel**<br>Mittelwert: $f_{cm} \geq f_{ck} + 1$ N/mm²<br>Einzelwert: $f_{ci} \geq f_{ck} - 4$ N/mm²<br>**5 ... 6 Probewürfel**<br>Mittelwert: $f_{cm} \geq f_{ck} + 2$ N/mm²<br>Einzelwert: $f_{ci} \geq f_{ck} - 4$ N/mm² |

Zur Überprüfung der maßgebenden Frisch- und Festbetoneigenschaften wird der Beton in 3 Überwachungsklassen eingeteilt. Bei mehreren zutreffenden Überwachungsklassen ist die höchste maßgebend.

6

**Betonüberwachung (Qualitätssicherung)**

| Gegenstand | Überwachungsklasse | | |
|---|---|---|---|
| | 1 Bauunternehmen | 2 Bauunternehmen[1)] | 3 Fremdüberwachung |
| Festigkeitsklasse für Normal- und Schwerbeton | ≤ C25/30 | ≥ C30/37 und ≤ C50/60 | ≥ C55/67 |
| Festigkeitsklasse für Leichtbeton der Rohdichteklassen D1,0 ... D1,4 | nicht anwendbar | ≤ LC25/28 | ≥ LC30/33 |
| D1,6 ... D2,0 | ≤ LC25/28 | LC30/33 und LC35/38 | ≥ LC40/44 |
| Expositionsklassen | X0, XC, XF1 | XS, XD, XA, XM, XF2, XF3, XF4 | |
| Besondere Betoneigenschaften | | • Unterwasserbeton<br>• wu-Beton (weiße Wanne)<br>• Beton für hohe Gebrauchstemperaturen ≤ 250 °C<br>• Strahlenschutzbeton (außer Kernkraftwerke) | |

1) ständige Betonprüfstelle

## 6.7.15 Betondeckung *c* der Bewehrung

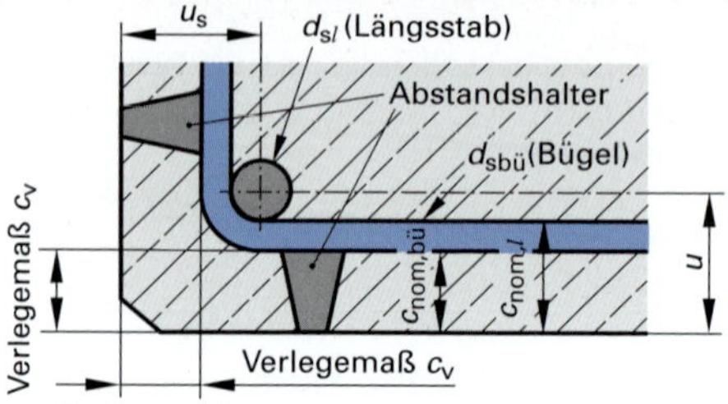


Verlegemaß $c_V \geq c_{nom,bü}$ und $\geq c_{nom,l} - d_{sbü}$ (DIN 1045-1)

$\geq u - \frac{d_{sl}}{2} - d_{sbü}$ und $\geq u_s - \frac{d_{sl}}{2} - d_{sbü}$ (DIN 1045-1)

Das Verlegemaß $c_V$ ergibt sich als größtes Maß aus den Nennmaßen der Betondeckung für die Längsstäbe und die Querbewehrungen (Bügel) bzw. aus den erforderlichen Betondeckungen für den Brandschutz.

| Expositionsklasse | Stabdurchmesser $d_s$ [mm] | Mindestmaße $c_{min}$ [cm] | Nennmaße Verlegemaß $c_{nom}$ [cm] |
|---|---|---|---|
| XC1 | bis 10<br>12, 14<br>16, 20<br>25<br>28 | 1,0<br>1,5<br>2,0<br>2,5<br>3,0 | 2,0<br>2,5<br>3,0<br>3,5<br>4,0 |
| XC2, XC3 | bis 20<br>25<br>28 | 2,0<br>2,5<br>3,0 | 3,5<br>4,0<br>4,5 |
| XC4 | bis 25<br>28 | 2,5<br>3,0 | 4,0<br>4,5 |
| XD1, XD2, XD3 | bis 28 | 4,0 | 5,5 |
| XS1, XS2, XS3 | bis 28 | 4,0 | 5,5 |

1) Bei mehreren zutreffenden Expositionsklassen für ein Bauteil ist jeweils die Expositionsklasse mit der höchsten Anforderung maßgebend.

- **Betondeckung:** Abstand zwischen Betonoberfläche und Außenkante Stahl
- **Aufgabe:** Sicherung des Verbundes zwischen Stahl und Beton
  Schutz der Bewehrung gegen Rosten
  Schutz der Bewehrung gegen Brandeinwirkung

- **Abmessungen: Nennmaß = Mindestmaß + Vorhaltemaß** $\quad c_{nom} = c_{min} + \Delta c$

$c_{min}$ Mindestmaß der Betondeckung
Kontrollmaß für das erhärtete Betonbauteil

$c_{nom}$ Nennmaß der Betondeckung
maßgebend für die statische Berechnung zur Berechnung der Nutzhöhe *d* (statische Höhe)

$\Delta c$ Vorhaltemaß zur Sicherstellung von $c_{nom}$
für Expositionsklasse XC1
mindestens 1,0 cm
für Expositionsklassen XC2, XC3, XC4, XD, XS mindestens 1,5 cm

- **Verlegemaß $c_V$:** Ist mindestens gleich $c_{nom}$ und ist in der Bewehrungszeichnung anzugeben.

6

**Vergrößerung der Betondeckung zusätzlich zur Tabelle**

- Bauteile aus Leichtbeton: $c_{min}$ muss mindestens um 0,5 cm größer sein als der Durchmesser der größten, porigen leichten Gesteinskörnung – außer bei XC1
- Betonieren gegen unebene Flächen (z.B. bei architektonischer Gestaltung, Waschbeton und strukturierten Flächen): mindestens um 2,0 cm

**Verminderung der Betondeckung gegenüber der Tabelle**

- Bauteile mit hoher Druckfestigkeit: Wenn $f_{ck}$ um zwei Festigkeitsklassen höher liegt als gefordert: um höchstens 0,5 cm – außer XC1
- Bauteile mit kraftschlüssiger Verbindung von Fertigteil/Ortbeton: Verminderung möglich auf $c_{min}$ mindestens 0,5 cm im Fertigteil bzw. $c_{min}$ mindestens 1,0 cm im Ortbeton

**Beispiel**

Gesucht ist das Verlegemaß $c_V$ bei einem Stahlbetonbalken aus C 20/25 und einer Expositionsklasse XC1. Längsstab: $d_{sl}$ = 25 mm, Bügel: $d_{sbü}$ = 8 mm

**Betondeckung $c_{nom}$**

- **für den Bügel:** 2 cm
- **für den Längsstab:** 3,5 cm

$c_V$ = 3,5 cm – 0,8 cm = 2,7 cm > 2 cm (Bügel) ⇒ **3 cm gerundet**

# 6.8 Stahl, Betonstahl und Baumetalle

## 6.8.1 Eisenwerkstoffe

Ausgangsstoff aller Eisenwerkstoffe ist das Roheisen aus dem Hochofen. Durch verschiedenartige Verarbeitungsverfahren entstehen **Gusseisen** und **Stahl.**

| **Gusseisen,** Kohlenstoffgehalt > 2 % | | | **Stahl,** Kohlenstoffgehalt ≤ 2 % (nach Euro-Norm 20) | | |
|---|---|---|---|---|---|
| Sorte | Kurzzeichen mit Mindest-zugfestigkeit in N/mm² | Verwendung | unlegiert nur Kohlen-stoffanteil | niedrig legiert < 5 % Legie-rungsanteile | hoch legiert > 5 % Legie-rungsanteile |
| Gusseisen mit Lamellen-grafit (**G**rau**g**uss) | GG-100<br>GG-250 | Bodeneinläufe, Sinkkästen, Schacht-abdeckungen | Baustahl, Betonstahl, Spannstahl, Werkzeugstahl | Baustahl, Spannstahl, Werkzeugstahl | Nichtrostender Stahl, Hochleistungs-werkzeugstahl |
| Gusseisen mit Kugel-grafit | GGG-450<br>GGG-700 | Druckrohre, Ventile, Pumpenteile | Für eine Wärmebehand-lung ungeeignet | Für eine Wärmebehandlung geeignet | |
| Temperguss<br>weiß<br>schwarz | <br>GTW-400<br>GTS-450 | Beschläge, Kupplungen, Fittings | Benennung nach der Zugfestigkeit z. B. St 42 | **Legierungselemente:** Chrom, Silicium, Nickel, Mangan, Vanadium, Wolfram, Kupfer | |

**Unlegierte Baustähle für warmgewalzte Flach- und Langerzeugnisse**
Auszug aus DIN EN 10025 (3.94)

| Kurzname nach DIN EN 10027 | Stahlsorte Frühere nationale Bezeichnung DIN 17100[1)] Kurzname | Werkstoff-nummer | Desoxida-tionsart [2)] | Stahlart [3)] | Streckgrenze $R_{eH}$ in ≧ N/mm² | Zugfestig-keit $R_m$ in N/mm² |
|---|---|---|---|---|---|---|
| S235JR | St 37-2 | 1.0037 | – | GS | 235 | – |
| S235JRG1 | USt 37-2 | 1.0036 | FU | GS | 225 bis 235 | 340 bis 470 |
| S235JRG2 | RSt 37-2 | 1.0038 | FN | GS | 215 bis 235 | |
| S235J0<br>S235J2G3 | St 37-3 U<br>St 37-3 N | 1.0114<br>1.0116 | FN<br>FF | QS<br>QS | | |
| S355J0<br>S355J2G3 | St 52-3 U<br>St 52-3 N | 1.0553<br>1.0570 | FN<br>FF | QS<br>QS | 315 bis 355 | 490 bis 630 |

1) zurückgezogen
2) FU Unberuhigter Stahl; FN Unberuhigter Stahl nicht zulässig; FF Vollberuhigter Stahl
3) GS Grundstahl; QS Qualitätsstahl

**Handelsformen (Profile, Auswahl)**

| Flachstähle | Formstähle $h \geq 80$ mm | Stabstähle $h < 80$ mm | Hohlprofile |
|---|---|---|---|
| **Bleche**<br>Feinbleche $d \leq 2{,}75$ mm<br>Mittelbleche 3,00 mm ≤ d ≤ 4,75 mm<br>Grobbleche d > 4,75 mm | schmale I-Träger<br>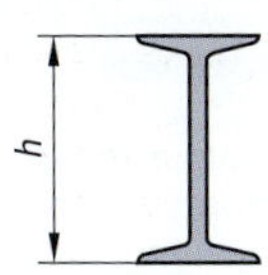<br>I 80 … I 600 | rundkantiger ⊏Stahl<br>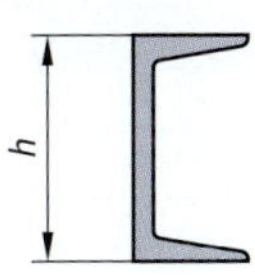<br>U 30 … U 65 | geschweißte nahtlose Stahlrohre<br>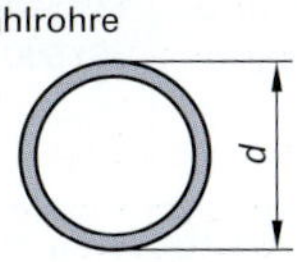<br>51 mm < $d$ < 1016 mm |
| **Blanker Flachstahl**<br>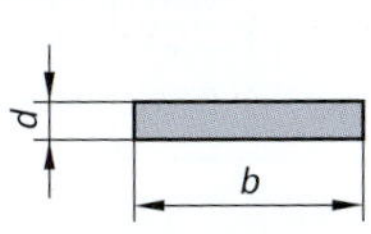<br>1,6 mm ≤ $d$ ≤ 50 mm<br>5 mm ≤ $b$ ≤ 100 mm | breite I-Träger<br>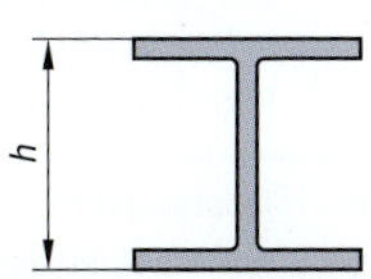<br>HE-100 B … HE-1000 B | 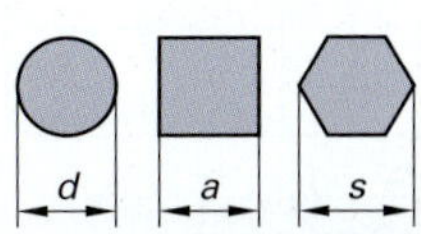<br>2 mm ≤ $d$, $a$, $s$ ≤ 100 mm | rechteckige Hohlprofile<br>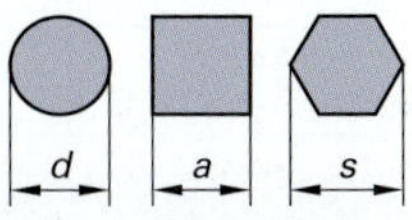<br>50 mm ≤ $a$ ≤ 260 mm<br>30 mm ≤ $b$ ≤ 180 mm |

6

## 6.8.2 Betonstähle

Betonstahl BSt nach **DIN 488** ist ein Stahl mit annähernd kreisförmigem Querschnitt zur Bewehrung von Beton. Man unterscheidet nach

| **Lieferform** | Betonstabstahl (S), Bewehrungsdraht, Betonstahlmatten (M), Spannstahl |
|---|---|
| **Festigkeit** | Gruppe III: BSt 420 – wird z. Zt. nicht angeboten; Gruppe IV: BSt 500 A oder BSt 500 B<br>Der Kennwert für die Festigkeit ist die Streckgrenze $R_e$ in N/mm² |
| **Oberfläche** | gerippte Stähle (Schräg- und Längsrippen)<br>profilierte Betonstähle } Bewehrungsdraht<br>glatte Betonstähle }<br>Zur Kennzeichnung des Herstellerwerkes werden einzelne Schrägrippen dicker ausgebildet. |
| **Herstellung** | Betonstabstahl: warmgewalzt, ohne Nachbehandlung (naturhart) oder warmgewalzt und aus der Walzhitze wärmebehandelt oder kaltverformt (durch Verwinden oder Recken der warmgewalzten Ausgangserzeugnisse).<br>Betonstahlmatten: Kaltverformung (durch Ziehen und/oder Kaltwalzen der warmgewalzten Ausgangserzeugnisse) |
| **Duktilität**<br>Dehnfähigkeit | Gruppe **A**: normale Duktilität mit $\varepsilon_{uk} \geq 25‰$<br>Gruppe **B**: Hohe Duktilität mit $\varepsilon_{uk} \geq 50‰$<br>} in Anlehnung an DIN 1045-neu |

### Einteilung der Betonstähle nach DIN 488 und bauaufsichtlicher Zulassung

| Lieferform | Bezeichnung | Darstellung<br>Alle Stähle sind schweißgeeignet | Bemessungswert $f_{yd}$ N/mm² | Streckgrenze $f_{yk}$ N/mm² | Schweißprozesse nach DIN EN ISO 463; Kennzahl-Verfahren |
|---|---|---|---|---|---|
| BSt<br>Stab | IV S<br>**BSt 500 S (A)**<br>**BSt 500 S (B)**<br>∅ mm<br>6, 8, 10, 12<br>14, 16, 20<br>25, 28, 32, 40 | 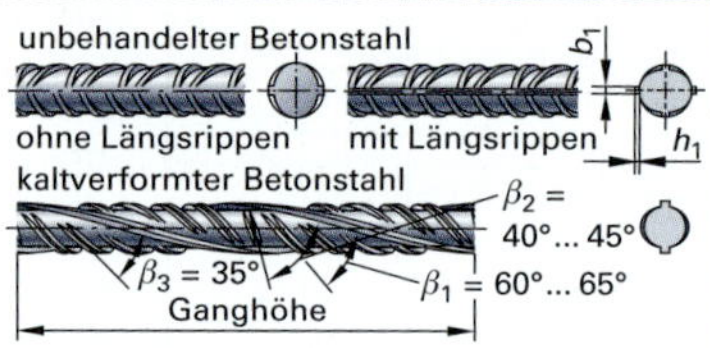 | 435 | 500 | 21 Widerstandspunktschweißen (RP)<br>24 Abbrennstumpfschweißen (RA)<br>42 Reibschweißen (FR)<br>111 Lichtbogenschweißen (E)<br>114 Metall-Lichtbogenschweißen (MF)<br>135 Metall-Aktivgasschweißen (MAG)<br>136 Metall-Aktivgasschweißen mit Fülldrahtelektrode (MAG) |
| BSt<br>Matte<br>▶ S. 316 | IV M<br>**BSt 500 M (A)**<br>**BSt 500 M (B)**<br>∅ mm<br>4 … 12 | 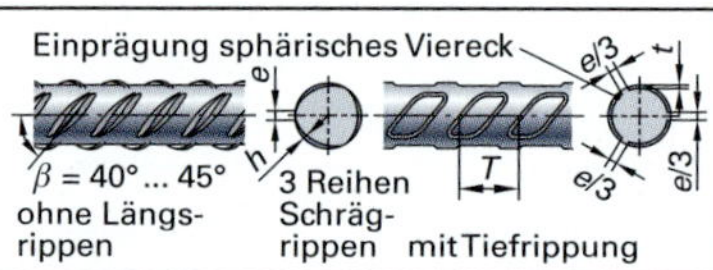 | 435 | 500 | |
| Bewehrungsdraht | **BSt 500 P (A)**<br>**BSt 500 G (A)**<br>∅ mm<br>4 … 12 | 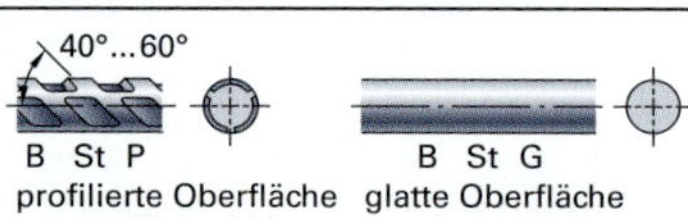 | 435 | 500 | |
| BSt<br>in Ringen | **BSt 500 KR (A)**<br>**BSt 500 WR (B)**<br>∅ mm<br>6, 8, 10, 12, 14 |  | 435 | 500 | |

6

### Kennwerte von gerippten Betonstahl

| Durchmesser $d_s$ mm | 6 | 8 | 10 | 12 | 14 | 16 | 20 | 25 | 28 | 32 | 40 |
|---|---|---|---|---|---|---|---|---|---|---|---|
| Querschnitt $A_s$ cm² | 0,283 | 0,503 | 0,785 | 1,13 | 1,54 | 2,01 | 3,14 | 4,91 | 6,16 | 8,04 | 12,57 |
| Gewicht $m$ kg/m | 0,22 | 0,395 | 0,617 | 0,888 | 1,21 | 1,58 | 2,47 | 3,85 | 4,83 | 6,31 | 9,86 |

Land 1: Deutschland

Werk 8: Baustahlgewebe, Produktionsgesellschaft mbH Aalen

**Idealisierte Spannungs-Dehnungs-Linie** (für Betonstahl BSt 500 nach DIN 1045)

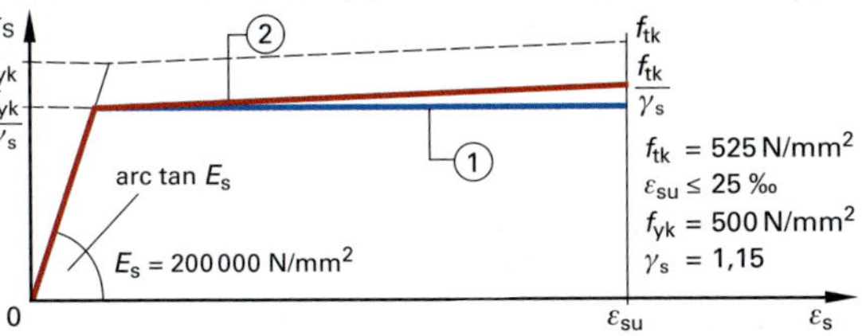


Linie 1: Die Stahlspannung wird auf $f_{yk}$ bzw. $f_{yk}/\gamma$ begrenzt.

Linie 2: Der Anstieg der Stahlspannung von der Streckgrenze $f_{yk}$ zur Zugfestigkeit $f_{tk}$ wird berücksichtigt.

*E*-Stahl nach EC2

**Spannungs-Dehnungs-Diagramm (σ-ε-Diagramm)** nach DIN EN 10002-1

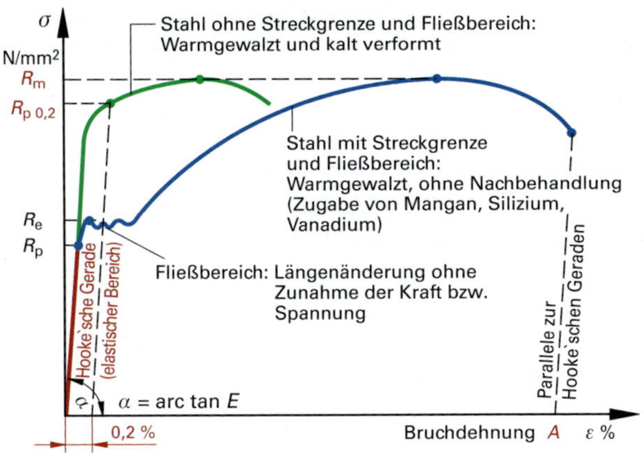


| | |
|---|---|
| $F$ | Zugkraft |
| $F_m$ | Höchstzugkraft |
| $L$ | Messlänge |
| $L_o$ | Anfangslänge |
| $S_o$ | Anfangsquerschnitt |
| $\varepsilon$ | Dehnung |
| $A$ | Bruchdehnung |
| $\sigma_z$ | Zugspannung |
| $R_m$ | Zugfestigkeit (resistance) nach DIN 1045 $f_{tk}$ |
| $R_e$ | Streckgrenze nach DIN 1045 $f_{yk}$ |
| $R_{p\,0,2}$ | Dehngrenze bei 0,2 % Dehnung |
| $E$ | Elastizitätsmodul |
| $R_p$ | Proportionalitätsgrenze |

**Spannung**

$$\sigma_z = \frac{F}{S_o}$$

**Dehnung**

$$\varepsilon = \frac{L - L_o}{L_o} \cdot 100\,\%$$

**Hooke'sches Gesetz**

$$E = \frac{\sigma_z}{\varepsilon} \cdot 100\,\%$$

**Beispiel Zugstab, ges.:** $R_m$, $\varepsilon$

$L_o$ = 125 mm, $d_o$ = 25 mm

$F_m$ = 340 kN, $L$ = 143 mm

$$S_o = \frac{\pi \cdot d^2}{4} = \frac{\pi \cdot (25\text{ mm})^2}{4} = 490{,}9\text{ mm}^2$$

$$R_m = \frac{F_m}{S_o} = \frac{340\,000\text{ N}}{490{,}9\text{ mm}^2} = 692{,}6\text{ N/mm}^2$$

$$\varepsilon = \frac{L - L_o}{L_o} \cdot 100\,\% = \frac{143\text{ mm} - 125\text{ mm}}{125\text{ mm}} \cdot 100\,\%$$

$\varepsilon$ = **14,4 %** (Bruchdehnung ***A***)

| | |
|---|---|
| **Dehnung $\varepsilon$** | Auf die Anfangslänge $L_o$ bezogene Längenänderung $\mathbf{\Delta L}$ (= $L - L_o$) in %. Sonderfall: Bruchdehnung ***A*** |
| **Zugfestigkeit $R_m$** | Ist eine Spannung (N/mm²), Höchstzugkraft $F_m$ geteilt durch den Anfangsquerschnitt $S_o$ |
| **Streckgrenze $R_e$** | Ist eine Spannung (N/mm²); bei zunehmender Verlängerung bleibt die Zugkraft gleich oder fällt ab |
| **Proportionalitätsgrenze $R_p$** | Bis zu dieser Grenzspannung verhält sich der Stahl ideal elastisch bzw. ist die Spannung der Dehnung proportional: Hooke'sches Gesetz |
| **Dehngrenze $R_{p0,2}$** | Festgelegte Dehnung, die der Betonstahl nicht überschreiten darf. Ist wichtig für Baustoffe, bei denen die Streckgrenze nicht ausgeprägt ist (z. B. kalt verformte Stähle) |
| **Elastizitätsmodul *E*** | Ist die Spannung, die in einem Zugstab herrschen würde, wenn sich seine Länge unter dem Einfluss einer Zugkraft verdoppeln würde. |

**Werkstoffkennwerte von Stahl**

| | | |
|---|---|---|
| Elastizitätsmodul | $E$ = | 210 000 N/mm² |
| Schubmodul | $G$ = | 8 100 N/mm² |
| Querdehnzahl | $v$ = | 0,30 |
| Dichte | $\varrho$ = | 7850 kg/m³ |
| Temperaturdehnzahl | $\alpha_T$ = | 0,000 012 K⁻¹ |

6

## 6.8.3 Betonstahlmatten

Die DIN 1045-1 definiert erhöhte und damit neue Anforderungen an die Duktilität von Betonstählen. Diese liegen über den Anforderungen der DIN 488. Dieser Forderung nach höherer Qualität kommen die Hersteller mit der tiefgerippten Betonstahlmatte nach (► S. 246): Tiefgerippter Betonstahl BSt 500 M (A) nach allgemeiner bauaufsichtlicher Zulassung **Z – 1.3 – 152** erteilt durch das Deutsche Institut für Bautechnik (DIBT) an das Institut für Stahlbetonbewehrung e.V. (ISB). Optisch gut erkennbar, trägt die Tiefrippung auch zur Unterscheidung zwischen alten und neuen Lagermatten bei. Das neue Lieferprogramm für Lagermatten gilt ab 01.01.2008. Die Matten haben keine Doppelstäbe mehr, sind grundsätzlich 6,00 m lang und 2,30 m (2,35 m) breit. ► S. 316

| Betonstahlmatten | | |
|---|---|---|
| | **Lagermatten** | Lagermatten sind standardisierte normalduktile Betonstahlmatten mit festgelegten Abmessungen und festgelegtem Aufbau. Sie können direkt ab Lager geliefert werden. |
| | **Vorratsmatten** | Vorratsmatten sind standardisierte hochduktile Betonstahlmatten, die die Vorteile der Lagermatten und der Designmatten miteinander verknüpfen. Sie werden in der Regel direkt vom Werk zur Verwendungsstelle geliefert. |
| | **Designmatten** (Listenmatten) | Designmatten sind hochduktile Betonstahlmatten, die vom Anwender nach dessen individuellen Anforderungen konstruiert werden. Länge, Breite, Stabdurchmesser und Stababstand können nach statischen und konstruktiven Gesichtspunkten frei gewählt werden.<br>Im Gegensatz zu den herkömmlichen Listenmatten ist die Anordnung der Mattenstäbe rasterfrei, wodurch sich beliebige Stababstände realisieren lassen und somit jeder Stahlquerschnitt genau umgesetzt werden kann. |
| | **Normbezeichnung** | Betonstahlmatte DIN 488 – BSt 500 M |

### **Mattenaufbau bei Baustahlgewebe-Lagermatten** (am Beispiel der R 424 A)

| 150 × | 9,0 / | 8,0 – | 2 / 2 | Überstand | 250 × | 8,0 | Überstand |
|---|---|---|---|---|---|---|---|
| Stababstand | ∅ innen | ∅ Rand | links / rechts | oben / unten | Stababstand | ∅ | links / rechts |
| in **Längsrichtung** mm | mm | mm | Anzahl Randstäbe | 125 / 125 mm | in **Querrichtung** mm | mm | 25 / 25 mm |

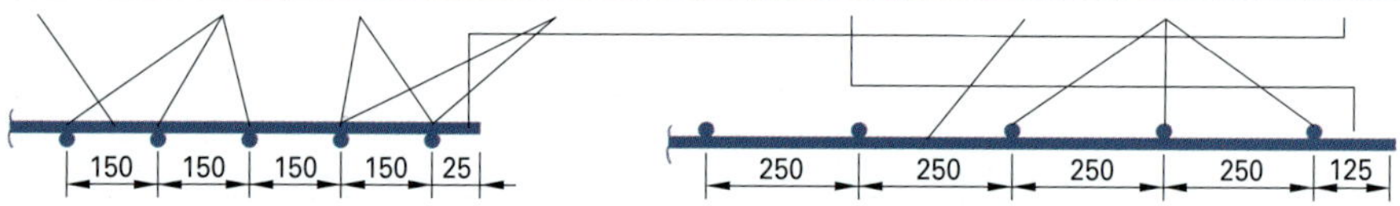


**Bestellung:** 48 Stück Betonstahlmatten DIN 488 – BSt 500 M (Lagermatten)
– 150 × 9,0 / 8,0 – 2 / 2 – 125 / 125: Längsrichtung $L$ = 6,00 m; $ü_L$ = 125 mm
– 250 × 8,0 – 25 / 25: Querrichtung $B$ = 2,30 m; $ü_Q$ = 25 mm

Wichtig für Kalkulation und Abrechnung

Bezeichnung nach 100fachem Querschnitt

Stahlquerschnitt cm² pro Meter in Längsrichtung $a_{sl}$

Stahlquerschnitt cm² pro Meter in Querrichtung $a_{sq}$

Maschenabstand in
- Längsrichtung 15 cm
- Querrichtung 25 cm

| Mattentyp | Querschnitte längs / quer | Länge / Breite | Gewicht je Matte | Mattenaufbau in Längs- und Querrichtung: Stababstände | Stabdurchmesser: Innenbereich | Stabdurchmesser: Randbereich | Anzahl der Längsrandstäbe (Randeinsparung): links | rechts | Überstände Anfang/Ende links/rechts |
|---|---|---|---|---|---|---|---|---|---|
| | cm²/m | m | kg | mm | mm | mm | | | mm |
| Q 188 A | 1,88<br>1,88 | | 41,7 | 150 ·<br>150 · | 6,0<br>6,0 | | | | 75<br>25 |
| Q 257 A | 2,57<br>2,57 | | 56,8 | 150 ·<br>150 · | 7,0<br>7,0 | | | | 75<br>25 |
| Q 335 A | 3,35<br>3,35 | 6,00<br>2,30 | 74,3 | 150 ·<br>150 · | 8,0<br>8,0 | | | | 75<br>25 |
| Q 424 A | 4,24<br>4,24 | | 84,4 | 150 ·<br>100 · | 9,0<br>7,0 | / 7,0 – | 4 / | 4 | 75<br>25 |
| Q 524 A | 5,24<br>5,24 | | 100,9 | 150 ·<br>100 · | 10,0<br>10,0 | / 7,0 – | 4 / | 4 | 75<br>25 |
| Q 636 A | 6,36<br>6,28 | 6,00<br>2,35 | 132,0 | 100 ·<br>125 · | 9,0<br>10,0 | / 7,0 – | 4 / | 4 | 62,5<br>25 |
| R 188 A | 1,88<br>1,13 | | 33,6 | 150 ·<br>250 · | 6,0<br>6,0 | | | | 125<br>25 |
| R 257 A | 2,57<br>1,13 | | 41,2 | 150 ·<br>250 · | 7,0<br>6,0 | | | | 125<br>25 |
| R 335 A | 3,35<br>1,13 | 6,00<br>2,30 | 50,2 | 150 ·<br>250 · | 8,0<br>6,0 | | | | 125<br>25 |
| R 424 A | 4,24<br>2,01 | | 67,2 | 150 ·<br>250 · | 9,0<br>8,0 | / 8,0 – | 2 / | 2 | 125<br>25 |
| R 524 A | 5,24<br>2,01 | | 75,7 | 150 ·<br>250 · | 10,0<br>8,0 | / 8,0 – | 2 / | 2 | 125<br>25 |

Überstände in
- Längsrichtung
- Querrichtung

Randeinsparung s. u. Randausbildung

ø Längsstab innen

ø Längsstab außen

ø Querstab

Längsbewehrung $a_{sl}$

Querbewehrung $a_{sq}$ (Verteilerstäbe)

ø der Randstäbe

Q 424 A, Q 524 A, Q 636 A

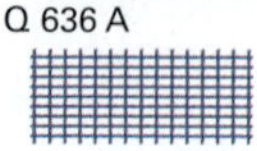

**Q-Matten:** Betonstahlmatten des Typs Q mit annähernd gleichem Querschnitt in Längs- und Querrichtung für **zweiachsig** gespannte Platten.
**R-Matten:** Betonstahlmatten des Typs R mit unterschiedl. Querschnitten in Längs- und Querrichtung (≥1/5$a_{sl}$) für **einachsig** gespannte Platten.

R 424 A, R 524 A

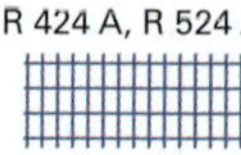

6

## 6.8.4 Nichteisenmetalle

**Nichteisenmetalle (NE-Metalle)** werden nach ihrer Dichte in Schwermetalle ($\varrho \geq 5{,}0$ kg/dm³) und in Leichtmetalle ($\varrho < 5{,}0$ kg/dm³) eingeteilt. Die wichtigsten NE-Metalle sind Zink, Zinn, Kupfer und Blei. Von den Leichtmetallen wird im Bauwesen am häufigsten Aluminium verwendet.

Außer Kupfer werden alle NE-Schwermetalle von frischem Mörtel und Beton angegriffen. Sie müssen deshalb durch Anstriche oder durch Abkleben mit Papier oder Folie so lange geschützt werden, bis der Mörtel oder der Beton erhärtet ist.

| Name | Dichte | Schmelzpunkt | Eigenschaften | Legierung | Verwendung im Bauwesen |
|---|---|---|---|---|---|
| **Aluminium Al DIN 1725** | 2,7 kg/dm³ | 660 °C | Silberglänzendes Metall, an der Luft mit mattweißer Oxidschicht überzogen: witterungsbeständig, weich, leicht zu biegen, geringe Festigkeit. Kalk- und Zementmörtel greifen Al an. | Höhere Härte und Festigkeit durch Zusatz v. Magnesium und Silicium | Dacheindeckungen, Bauprofile, Wandverkleidungen, Abdichtungsfolien, Rohre |
| **Zink Zn DIN 1706** | 7,2 kg/dm³ | 420 °C | Bläulichweißes, glänzendes Metall mit grobkörnigem Bruch: witterungsbeständig, hart und spröde, geringe Festigkeit. Starke Wärmeausdehnung. Gips-, Kalk- und Zementmörtel greifen Zn an. | Höhere Festigkeit und geringere Wärmeausdehnung durch Titan | Verzinkung von Stahlteilen gegen Korrosion, Mauer- und Gesimsabdeckungen |
| **Zinn Sn DIN 1704** | 7,3 kg/dm³ | 232 °C | Silberweiß, nach längerer Luftlagerung glänzend. Beim Biegen Knirschgeräusche. | Mit Bleizusatz Lötzinn | Leitungsrohre, Folien zu Isolierzwecken |
| **Kupfer Cu DIN 1708** | 8,9 kg/dm³ | 1083 °C | Rot glänzendes Metall; an der Luft bildet sich erst eine bräunliche Oxidschicht, dann die grüne Patina. Sehr witterungsbeständig und weich, geringe Festigkeit. Kalk- und Zementmörtel greifen Cu nicht an. | Höhere Festigkeit durch Zusatz von Zink, Zinn, Nickel oder Blei | Rohrleitungen, Dach- und Fassadeneinkleidungen, Folien zur Feuchtigkeitsabdichtung |
| **Blei Pb DIN 1719** | 11,3 kg/dm³ | 327 °C | Bläulich-hellgraue Farbe; silberglänzender feinkörniger Bruch: korrosionsbeständig, geringe Härte und Elastizität; gut bearbeitbar. Pb ist schwer und dicht, absorbiert radioaktive Strahlen. Blei und Bleiverbindungen sind giftig. Kalk- und Zementmörtel greifen Pb an. | Metallzusätze, z. B. 0,03 % Cu, erhöhen die Festigkeit | Bitumenkaschierte Bleifolien für Abdichtungen; Gipsplatten mit Bleikaschierung für Strahlenschutz, Anschlussblech zw. Dach u. Schornstein |

**Profile aus Aluminium und Al-Legierungen**

| L-Profile (mm) | U-Profile (mm) | T-Profile (mm) |
|---|---|---|
| 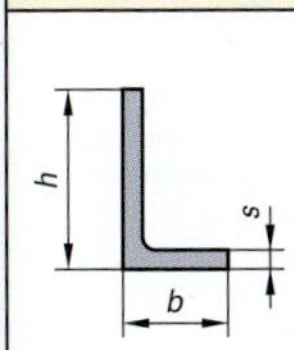 | 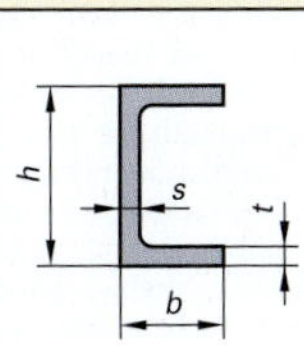 | 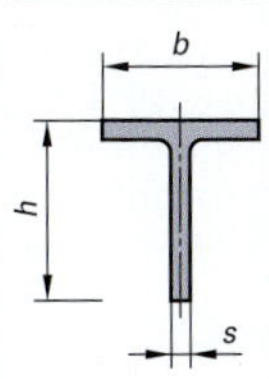 |
| $h \times b \times s$ | $h \times b \times s \times t$ | $h \times b \times s$ |
| 10 × 10 × 1,5 | 40 × 20 × 2 × 2 | 20 × 30 × 2 |
| 20 × 10 × 2 | 40 × 20 × 3 × 3 | 25 × 40 × 3 |
| 20 × 20 × 2,5 | 40 × 30 × 3 × 3 | 30 × 30 × 3 |
| 30 × 20 × 3 | 40 × 40 × 4 × 4 | 30 × 45 × 4 |
| 40 × 20 × 4 | 40 × 40 × 5 × 5 | 30 × 60 × 5 |
| 40 × 40 × 5 | 50 × 30 × 3 × 3 | 40 × 40 × 4 |
| 50 × 25 × 4 | 50 × 30 × 4 × 4 | 40 × 60 × 5 |
| 50 × 30 × 5 | 50 × 40 × 5 × 5 | 40 × 80 × 7 |
| 60 × 30 × 4 | 60 × 30 × 4 × 4 | 50 × 50 × 4 |
| 60 × 60 × 5 | 60 × 40 × 5 × 5 | 50 × 70 × 6 |
| 80 × 40 × 6 | 80 × 45 × 6 × 8 | 80 × 80 × 9 |
| 80 × 80 × 8 | | |

**Feuerverzinkter Betonstahl** ist dort einzusetzen, wo unverzinkte Bewehrungen zu Schwierigkeiten führen können, z. B.:

- bei Gefahr vorzeitiger Karbonatisierung des Betons (bzw. Neutralisation durch andere saure Substanzen) infolge zu geringer Überdeckungen, Einwirkungen von saurer Industrieatmosphäre oder geringer Betongüten,
- bei Einsatz in Meeresluft und Meerwasser (Kühlkanäle, Leuchtturmfundamente, Bohrinseln),
- bei Gefahr der Einwirkung von Halogeniden, insbesondere von Chloriden infolge Streusalzbelastung (Schrammborde, Garagen, deren Zufahrten und Fahrbahnbeläge),
- bei Gefahr von PVC-Bränden,
- bei Sichtbeton zur Verhinderung der Ablauffahnen von Korrosionsprodukten, die den optimalen Eindruck beeinträchtigen,
- bei der Möglichkeit von Korrosionsschäden an erdverlegten Stahlrohren und Behältern, Bandstahlerdern u. Ä. durch Kontakt mit der (edleren unverzinkten) Bewehrung, um das Potenzial der Bewehrung zu negativeren Werten herabzuziehen (um ∅ 0,3 V ... 0,4 V)
- um zusätzliche Sicherheit zu gewinnen.

6

# 6.9 Holz

Holz ist ein leichter Baustoff, gut zu bearbeiten, hat eine relativ hohe Festigkeit, ist wärmedämmend, im Vergleich preiswert und findet vielfältige Verwendung im Bauwesen. Holzbau ▶ S. 331

## 6.9.1 Aufbau des Holzes und Bauholzarten

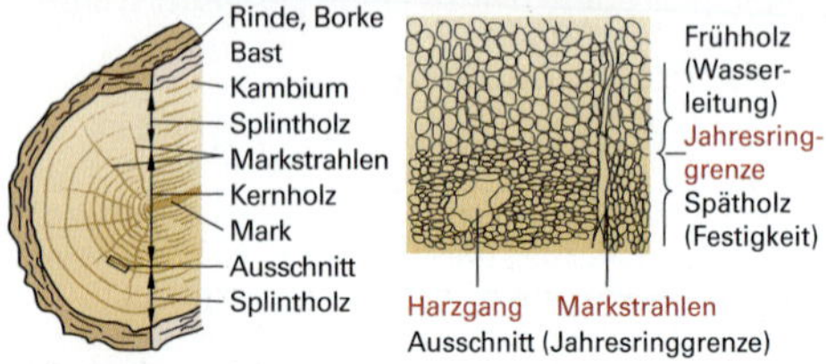


**Aufbau des Holzes**

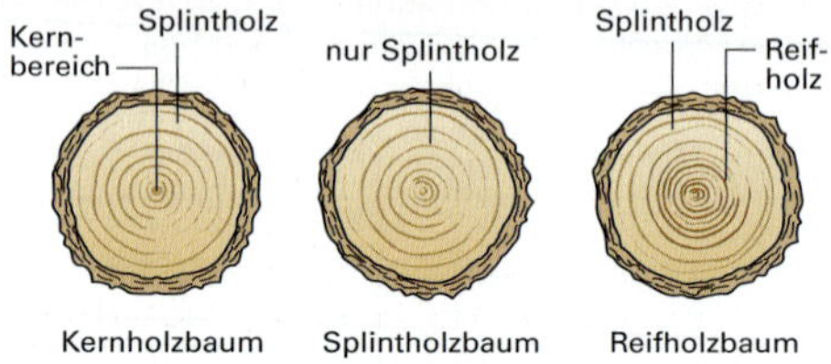


**Baumarten nach dem Querschnittsaufbau**

| Chemische Zusammensetzung | | Anteile |
|---|---|---|
| Kohlenstoff | C | 50 % |
| Sauerstoff | O | 44 % |
| Wasserstoff | H | 5 % |
| Stickstoffe, Phosphate, Nitrate | | 1 % |

| Holzsubstanzen | Kohlen-, Wasserstoff-Verbindungen | Anteile |
|---|---|---|
| Cellulose (Zellstoff) | | ~ 50 % |
| Lignin („Holzstoff") | | ~ 25 % |
| Zucker | | ~ 20 % |
| Fette, Harze, u.a. | | ~ 5 % |

**NADELHÖLZER (NH)** langfaserig — Kurzzeichen nach DIN 4086 in rot, nach DIN EN 13556 in blau

- besonders geeignet für Biegebeanspruchung
- wachsen schnell und sehr gleichmäßig
- leichter Werkstoff und preiswert

| Holzart | Eigenschaften | Verwendung |
|---|---|---|
| **Fichte** $\varrho = 0{,}47$ kg/dm³ $\sigma_B = 68$ N/mm² $\sigma_D = 40$ N/mm² (FI) (PCAB) | weich; gute Festigkeits- u. Elastizitätswerte bei geringem Gewicht; schwindet mäßig; nicht witterungsfest; leicht zu bearbeiten; problemlos zu verleimen; Harztaschen | Rundholz, Schnittholz; Brettschichtholz; Brettschichtträger; für sämtliche Zimmererarbeiten |
| **Kiefer** $\varrho = 0{,}52$ kg/dm³ $\sigma_B = 80$ N/mm² $\sigma_D = 45$ N/mm² (KI) (PNSY) | mittelschwer und mäßig hart; bessere Festigkeits- und Elastizitätswerte als FI; zäh; schwindet mäßig; gute Warnfähigkeit; Kernholz sehr dauerhaft; leicht zu bearbeiten | Rundholz; Schnittholz; Furniere; Bau- und Konstruktionsholz; Wasserbau; Holzwerkstoffe |
| **Lärche** $\varrho = 0{,}59$ kg/dm³ $\sigma_B = 93$ N/mm² $\sigma_D = 48$ N/mm² (LA) (LADC) | härtestes und schwerstes NH; beste Festigkeits- und Elastizitätswerte; zäh; schwindet mäßig; neigt zum Drehwuchs; Kernholz sehr witterungsbeständig und wasserfest; harzig; langsam trocknend; gut leimbar | Rundholz; Schnittholz; Bau- und Konstruktionsholz für den Außen- und Innenbereich; Erd-, Brücken-, Wasserbau |
| **Tanne** $\varrho = 0{,}45$ kg/dm³ $\sigma_B = 68$ N/mm² $\sigma_D = 40$ N/mm² (TA) (ABAL) | wie Fichte; aber spröder und filziger; nicht so harzig; astiger als Fichte und besser geeignet bei wechselnder Feuchtigkeit; schlechter bearbeitbar | wie Fichte; Bau- und Konstruktionsholz; Erd- und Wasserbau; Holzwerkstoffe |

**LAUBHÖLZER (LH)** kurzfaserig — Kurzzeichen nach DIN 4086 in rot, nach DIN EN 13556 in blau

- besonders geeignet für Druckbeanspruchung
- wachsen langsam und nicht immer gleichmäßig
- höheres Eigengewicht und teurer als NH

| Holzart | Eigenschaften | Verwendung |
|---|---|---|
| **Rotbuche** $\varrho = 0{,}72$ kg/dm³ $\sigma_B = 120$ N/mm² $\sigma_D = 60$ N/mm² Laubholz Gruppe A (BU) (FASY) | homogen und schwer; hart, zäh, wenig elastisch; sehr gute Festigkeitswerte; hohe Abriebfestigkeit; schwindet und arbeitet stark; pilzanfällig; nicht witterungsbeständig; leicht zu bearbeiten; gut leimbar | Innenausbau, vorzugsweise Treppen; Schicht-Sperrhölzer, Span- und Faserplatten |
| **Eiche** $\varrho = 0{,}69$ kg/dm³ $\sigma_B = 105$ N/mm² $\sigma_D = 60$ N/mm² Laubholz Gruppe A (EI) (QCXE) | hart und schwer; ausgezeichnete Festigkeits- und Elastizitätswerte; schwindet nur wenig; Kernholz sehr dauerhaft, unter Wasser unbegrenzt haltbar; Splintholz extrem schnell vergänglich; leicht zu bearbeiten; gut leimbar | Rundholz; Schnittholz; bestes Konstruktionsholz; Wasserbau |
| **Rüster (Ulme)** $\varrho = 0{,}68$ kg/dm³ $\sigma_B = 80$ N/mm² $\sigma_D = 50$ N/mm² (RÜ) (ULCR) | elastisch, zäh und langfaserig; ziemlich hart und schwer | gutes Bauholz; geringe Mengen |
| **Robinie** $\varrho = 0{,}76$ kg/dm³ $\sigma_B = 130$ N/mm² $\sigma_D = 65$ N/mm² (ROB) (ROPS) | wertvollste einheimische Holzart; sehr hart, sehr zäh und sehr elastisch; sehr biegsam; überdurchschnittlicher Abnutzungswiderstand; neigt zum Werfen und Verziehen; schwindet und quillt wenig | Konstruktionsholz für starke Beanspruchungen im Erd- und Wasserbau; Brückenbau; Holzschrauben |

6

## 6.9.2 Eigenschaften

### Holzfeuchtigkeit

Der Feuchtigkeitsgehalt $u$ wird auf das Darrgewicht bezogen, das durch Darren im Trockenschrank bei 103 °C bestimmt wird.

**DIN 1052, Holz und Holzwerkstoffe**

Zur Vermeidung von Schwindrissen und Maßänderungen sind folgende Einbaufeuchten $u$ einzuhalten:

$u = 20\,\%$ in den Nutzungsklassen 1 und 2

$u = 25\,\%$ in der Nutzungsklasse 3 ► S. 257, 331

**Beispiel**

| | |
|---|---|
| Holzgewicht vor dem Trocknen | 213 g |
| Holzgewicht nach dem Trocknen | 197 g |

Feuchtigkeitsgehalt $$u = \frac{213 - 197}{197} \cdot 100 = \mathbf{8{,}1}\,\%$$

### Schwinden und Quellen (Volumen- und Formänderung durch Abgabe/Aufnahme von Wasser)

Beim Schwinden und Quellen unterhalb des Fasersättigungspunktes (≤ 30 %) krümmen sich Bretter und Bohlen vom Kern weg, sodass stets die rechte Seite rund und linke Seite hohl wird.

Schwind- und Quellrichtungen an typischen Querschnitten

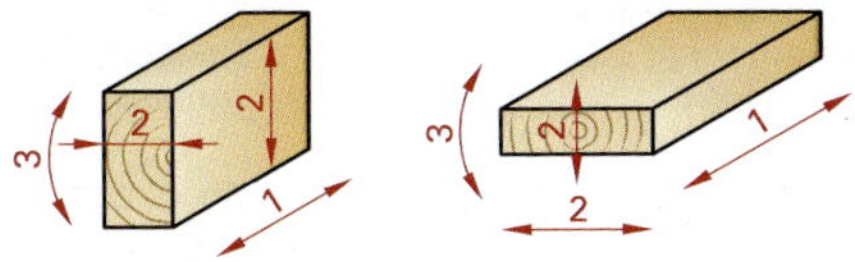


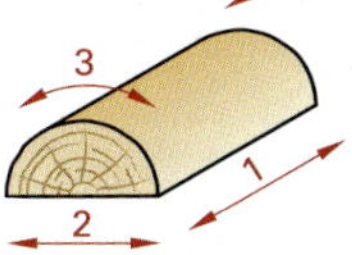


① Faserrichtung
② Richtung der Markstrahlen
③ Richtung der Jahresringe

| Schwindmaße | Holz-Handbuch[1] | nach DIN 1052[2] |
|---|---|---|
| ① längs | ≈ 0,3 % | 0,01 %/% |
| ② radial | ≈ 3,7 % | (0,16%/%) **0,24 %/% i. M.** |
| ③ tangential | ≈ 7,5 % | (0,32 %/%) |

[1] Gesamtschwund
[2] Schwund je 1 % Holzfeuchteabnahme (≤ 30 %)

Verformung von Holzquerschnitten durch Schwinden

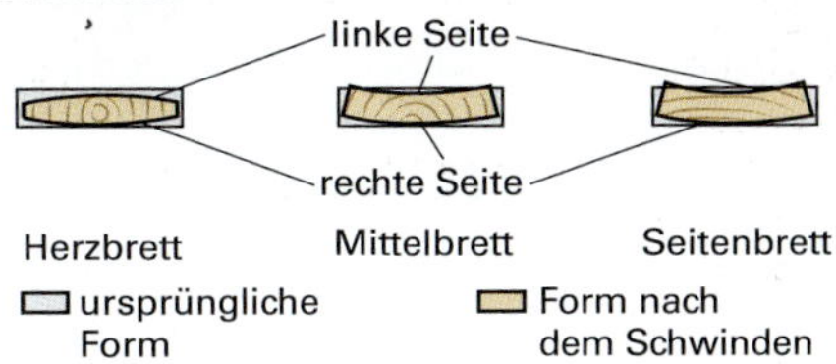


**Werfen von Brettern**

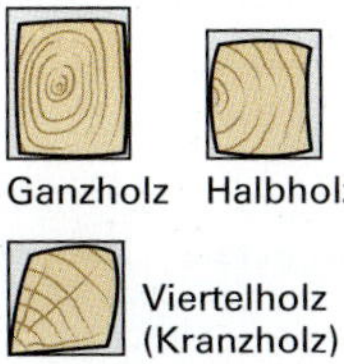


**Verformung von Kanthölzern**

1 Kernriss
2 Seitenriss

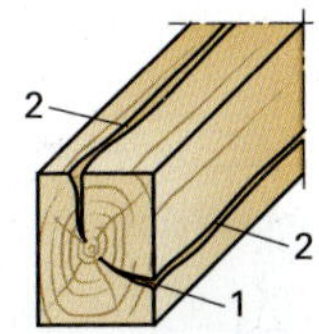


**Rissbildung in einem Ganzholzquerschnitt**

### Mittlere Festigkeitswerte von NH (Bruchfestigkeit)

Die Festigkeit wird stark von der Holzfeuchtigkeit beeinflusst. Die Prüffeuchte $u$ beträgt 12 %.
Halb trockenes Holz (≈ 25 %) hat nur noch 1/3 der Druckfestigkeit des darrgetrockneten Holzes (0 %).

Die Druckfestigkeit parallel zur Faser ($\sigma_{D\parallel}$) ist größer als die Druckfestigkeit quer zur Faser ($\sigma_{D\perp}$)

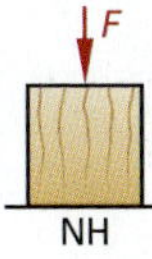


$\sigma_{D\parallel} \approx 45\,N/mm^2$

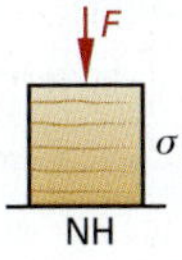


$\sigma_{D\perp} \approx 6{,}5\,N/mm^2$

Die Zugfestigkeit in Faserrichtung ($\sigma_{Z\parallel}$) ist größer als die Druckfestigkeit, aber auch anfälliger gegen Holzfehler, daher die zulässige Spannung geringer.

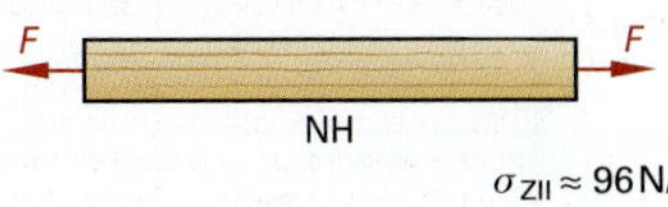


$\sigma_{Z\parallel} \approx 96\,N/mm^2$

Die Biegefestigkeit ($\sigma_B$) wird an einem geradfaserigen Stab (Last$_\perp$ zur Faser) mit quadratischem Querschnitt bestimmt.

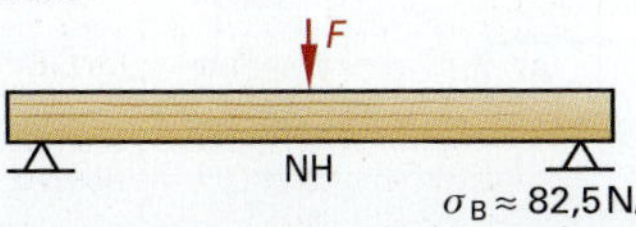


$\sigma_B \approx 82{,}5\,N/mm^2$

Die Scherfestigkeit ($\tau_a$) wird in Faserrichtung tangential und radial geprüft.

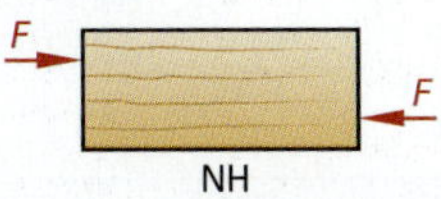


$\tau_a \approx 8\,N/mm^2$

6

## 6.9.3 Bauschnittholz und Konstruktionsvollholz

Entsprechend der Holzart, der Dimension und dem Verwendungszweck werden 3 Einschnittarten bzw. Einschnittrichtungen unterschieden: 1. der **Hirnschnitt** oder Querschnitt, 2. der **Spiegelschnitt** oder Radialschnitt, auch als Riftschnitt oder Quartier bezeichnet (Längsschnitt) und 3. der **Fladerschnitt,** Tangential-, Brett- oder Sehnenschnitt genannt (Längsschnitt).

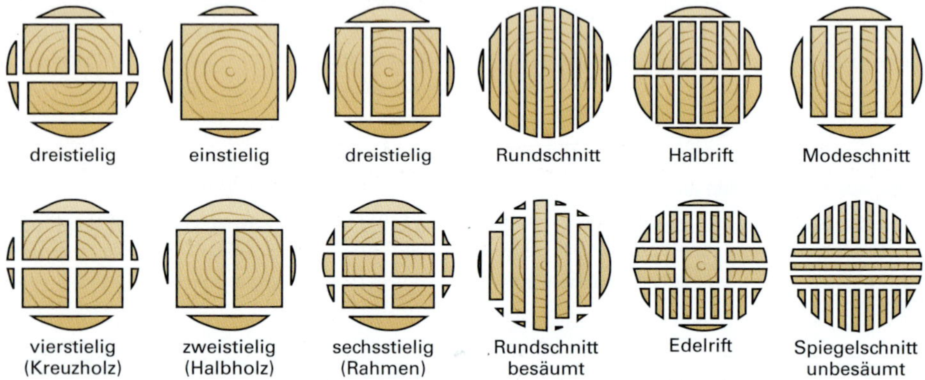


Die im Hirnholz sichtbaren Jahresringe sollten kurz und von gleichmäßiger Länge sein ⇒ vierstieliges herzfreies Kreuzholz mit Kernbohle; einstielige Hölzer neigen zu starker Rissbildung.
Schnittholz ist **herzfrei,** wenn es keine Markröhre enthält; **herzgetrennt** ist das Schnittholz, wenn der Sägeschnitt durch die Markröhre geht und diese ganz oder teilweise sichtbar ist.

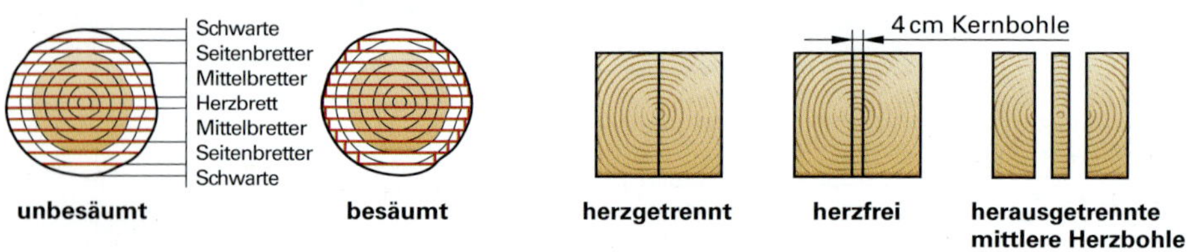


### Schnittholzgrößen

| Schnittholzart | Schnittholzeinteilung | | | | | |
|---|---|---|---|---|---|---|
| | DIN 4074 | | TG | | DIN 68 252 | |
| | Dicke / Höhe | Breite | Dicke / Höhe | Breite | Dicke / Höhe | Breite |
| Balken | – | – | – | – | Querschnittsfläche > 200 cm² | |
| Kreuzholz (siehe oben) | – | – | Querschnittsfläche > 32 cm² | | Querschnittsfläche > 32 cm² 4 Stück kerngetrennt | |
| Kantholz | $b \leq h \leq 3\,b$ | $b > 40$ mm | – | – | $d \geq 60$ mm | $b \leq 3\,d$ |
| Bohle | $d > 40$ mm | $b > 3\,d$ | Querschnittsfläche ≥ 32 cm² | $b > 80$ mm | $d \geq 40$ mm | $b > 2\,d$ |
| Brett | $d \leq 40$ mm | $b \geq 80$ mm | Querschnittsfläche > 32 cm² | $b \geq 80$ mm | 8 mm ≤ $d$ $d \leq 40$ mm | $b > 80$ mm |
| Latte | $d \leq 40$ mm | $b < 80$ mm | Querschnittsfläche < 32 cm² | $b < 80$ mm | Querschnittsfläche > 32 cm² | $b < 80$ mm |

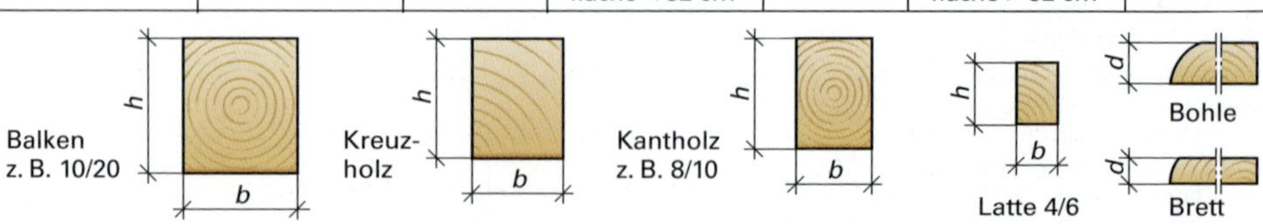


TG: Tegernseer Gebräuche; *b* Breite; *d* Dicke; *h* Höhe

## Sortierklassen DIN 4074-1 (Kanthölzer und vorwiegend hochkant (K) biegebeanspruchte Bohlen und Bretter) — Nadelholz

| Sortiermerkmale (visuelle Sortierung) | Sortierklassen (Nadelschnittholz) | | |
|---|---|---|---|
| | S 7, S 7 K | S 10, S 10 K | S 13, S 13 K |
| Äste | ≤ 3/5 Ästigkeit | ≤ 2/5 Ästigkeit | ≤ 1/5 Ästigkeit |
| Faserneigung | ≤ 16 % | ≤ 12 % | ≤ 7 % |
| Markröhre | zulässig | zulässig | nicht zulässig |
| Jahrringbreite<br>– allgemein<br>– Douglasie | <br>≤ 6 mm<br>≤ 8 mm | <br>≤ 6 mm<br>≤ 8 mm | <br>≤ 4 mm<br>≤ 6 mm |
| Risse<br>– Schwindrisse<br>– Blitzrisse / Ringschäle | <br>≤ 3/5 der kurzen Kante<br>nicht zulässig | <br>≤ 1/2 der kurzen Kante<br>nicht zulässig | <br>≤ 2/5 der kurzen Kante<br>nicht zulässig |
| Baumkante K | ≤ 1/3 der Querschnittsseite | ≤ 1/3 der Querschnittsseite | ≤ 1/4 der Querschnittsseite |
| Krümmung<br>– Längskrümmung<br>– Verdrehung | <br>≤ 12 mm bei 2 m Länge<br>≤ 2 mm je 25 mm Breite / 2 m | <br>≤ 8 mm bei 2 m Länge<br>≤ 1 mm je 25 mm Breite / 2 m | <br>≤ 8 mm bei 2 m Länge<br>≤ 1 mm je 25 mm Breite / 2 m |
| Verfärbung<br>– Bläue<br>– nagelfeste braune und rote Streifen<br>– Rotfäule / Weißfäule | <br>zulässig<br>≤ 3/5 Umfang<br>nicht zulässig | <br>zulässig<br>≤ 2/5 Umfang<br>nicht zulässig | <br>zulässig<br>≤ 1/5 Umfang<br>nicht zulässig |
| Druckholz | ≤ 3/5 Umfang | ≤ 2/5 Umfang | ≤ 1/5 Umfang |
| Insektenfraß | Fraßgänge bis 2 mm von Frischholzinsekten zulässig | | |
| Sonstige Merkmale | sind in Anlehnung an die übrigen Sortiermerkmale sinngemäß zu berücksichtigen | | |

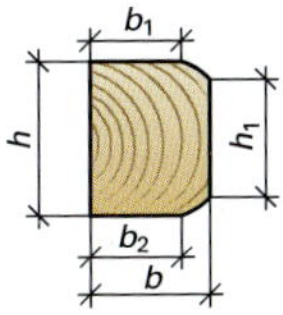


$$K = \frac{h - h_1}{h} \leq \ldots \qquad K = \frac{b - b_1}{b} \leq \ldots \qquad K = \frac{b - b_2}{b} \leq \ldots$$

**Beispiel**

$$K = \frac{h - h_1}{h} = \frac{20 - 16}{20} = \frac{1}{5} \leq \frac{1}{3} \text{ bzw. } \frac{1}{4} \Rightarrow \text{zulässig}$$

## Sortierklassen DIN 4074-1 (Bohlen, Bretter)

| Sortiermerkmale (visuelle Sortierung) | Sortierklassen (Nadelschnittholz) | | |
|---|---|---|---|
| | S 7 | S 10 | S13 |
| Äste<br>– Einzelast<br>– Astansammlung<br>– Schmalseitenast | <br>≤ 1/2 der Breite<br>≤ 2/3 der Breite<br>– | <br>≤ 1/3 der Breite<br>≤ 1/2 der Breite<br>≤ 2/3 der Breite | <br>≤ 1/5 der Breite<br>≤ 1/3 der Breite<br>≤ 1/3 der Breite |
| Faserneigung | ≤ 16 % | ≤ 12 % | ≤ 7 % |
| Markröhre | zulässig | zulässig | nicht zulässig[1)] |
| Jahrringbreite<br>– allgemein<br>– Douglasie | <br>≤ 6 mm<br>≤ 8 mm | <br>≤ 6 mm<br>≤ 8 mm | <br>≤ 4 mm<br>≤ 6 mm |
| Risse<br>– Schwindrisse<br>– Blitzrisse / Ringschäle | <br>zulässig<br>nicht zulässig | <br>zulässig<br>nicht zulässig | <br>zulässig<br>nicht zulässig |
| Baumkante K | ≤ 1/3 der Querschnittsseite | ≤ 1/3 der Querschnittsseite | ≤ 1/4 der Querschnittsseite |
| Krümmung<br>– Längskrümmung<br>– Verdrehung<br>– Querkrümmung | <br>≤ 12 mm bei 2 m Länge<br>≤ 2 mm je 25 mm Breite / 2 m<br>≤ 1/20 der Breite | <br>≤ 8 mm bei 2 m Länge<br>≤ 1 mm je 25 mm Breite / 2 m<br>≤ 1/30 der Breite | <br>≤ 8 mm bei 2 m Länge<br>≤ 1 mm je 25 mm Breite / 2 m<br>≤ 1/50 der Breite |
| Alle übrigen Sortiermerkmale wie oben. | | | |

### Bezeichnung der Hölzer

In der Reihenfolge: Schnittholzart – DIN 4074 – Sortierklasse – trockensortiert (soweit zutreffend) – Holzart (DIN 4076-5)

Bezeichnung eines visuell sortierten Kantholzes Sortierklasse S 10, trockensortiert (TS), aus Fichte (FI): Kantholz DIN 4074 – S 10 TS – FI

Bezeichnung einer visuell sortierten Bohle, als Kantholz sortiert (K) Sortierklasse S 13, aus Kiefer (KI): Bohle DIN 4074 – S 13 K – KI

Bezeichnung eines machinell (M) sortierten Brettes der Festigkeitsklasse C40, aus Lärche (LA): Brett DIN 4074 – C 40 M – LA

6

## Sortierklassen DIN 4074-5 (Kanthölzer und vorwiegend hochkant (K) biegebeanspruchte Bohlen und Bretter) — Laubholz

| Sortiermerkmale (visuelle Sortierung) | Sortierklassen (Laubschnittholz) | | |
|---|---|---|---|
| | **LS 7, LS 7 K** | **LS 10, LS 10 K** | **LS 13, LS 13 K** |
| Äste<br>– allgemein<br>– Eiche | <br>≤ 3/5 Ästigkeit<br>≤ 3/5 Ästigkeit | <br>≤ 2/5 Ästigkeit<br>≤ 2/5 Ästigkeit | <br>≤ 1/5 Ästigkeit<br>≤ 1/6 Ästigkeit |
| Faserneigung | ≤ 16 % | ≤ 12 % | ≤ 7 % |
| Markröhre | nicht zulässig | nicht zulässig | nicht zulässig |
| Jahrringbreite | – | – | – |
| Risse<br>– Schwindrisse<br>– Blitzrisse / Frostrisse / Ringschäle | <br>≤ 3/5 der kurzen Kante<br>nicht zulässig | <br>≤ 1/2 der kurzen Kante<br>nicht zulässig | <br>≤ 2/5 der kurzen Kante<br>nicht zulässig |
| Baumkante K | ≤ 1/3 der Querschnittsseite | ≤ 1/3 der Querschnittsseite | ≤ 1/4 der Querschnittsseite |
| Krümmung<br>– Längskrümmung<br>– Verdrehung | <br>≤ 12 mm bei 2 m Länge<br>≤ 2 mm je 25 mm Breite / 2 m | <br>bis 8 mm bei 2 m<br>≤ 1 mm je 25 mm Breite / 2 m | <br>bis 8 mm bei 2 m<br>≤ 1 mm je 25 mm Breite / 2 m |
| Verfärbung, Fäule<br>– nagelfeste braune und rote Streifen<br>– Fäule | <br>≤ 3/5 Umfang<br>nicht zulässig | <br>≤ 2/5 Umfang<br>nicht zulässig | <br>≤ 1/5 Umfang<br>nicht zulässig |
| Insektenfraß | nicht zulässig | | |
| Sonstige Merkmale | sind in Anlehnung an die übrigen Sortiermerkmale sinngemäß zu berücksichtigen | | |

Riss *R*

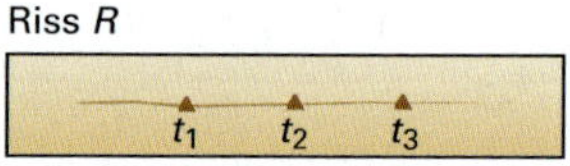


$$r = \frac{t_1 + t_2 + t_3}{3}$$

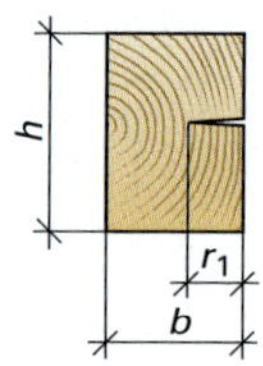


$$R = \frac{r_1}{b} \leq \ldots \qquad R = \frac{r_4 + r_2}{b} \leq \ldots$$

**Beispiel** $R = \frac{1+3}{12} = \frac{1}{3} \leq \frac{3}{5}$ bzw. $\frac{1}{2}$ bzw. $\frac{2}{5}$

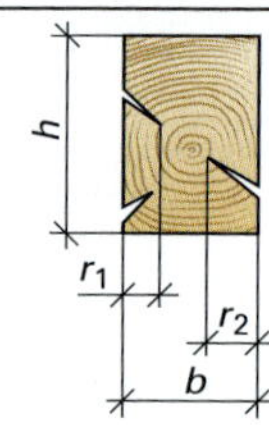


[1] Ringschäle ist ein Riss, der dem Verlauf der Jahresringe folgt.

## Sortierklassen DIN 4074-5 (Bohlen, Bretter)

| Sortiermerkmale (visuelle Sortierung) | Sortierklassen (Laubschnittholz) | | |
|---|---|---|---|
| | **LS 7** | **LS 10** | **LS 13** |
| Äste<br>– Einzelast<br>– Astansammlung<br>– Schmalseitenast | <br>≤ 1/2 der Breite<br>≤ 2/3 der Breite<br>– | <br>≤ 1/3 der Breite<br>≤ 1/2 der Breite<br>≤ 2/3 der Breite | <br>≤ 1/5 der Breite<br>≤ 1/3 der Breite<br>≤ 1/3 der Breite |
| Faserneigung | ≤ 16 % | ≤ 12 % | ≤ 7 % |
| Markröhre | nicht zulässig | nicht zulässig | nicht zulässig |
| Jahrringbreite | – | – | – |
| Risse<br>– Schwindrisse<br>– Blitzrisse / Frostrisse / Ringschäle[1] | <br>zulässig<br>nicht zulässig | <br>zulässig<br>nicht zulässig | <br>zulässig<br>nicht zulässig |
| Baumkante K | ≤ 1/3 der Querschnittsseite | ≤ 1/4 der Querschnittsseite | ≤ 1/8 der Querschnittsseite |
| Krümmung<br>– Längskrümmung<br>– Verdrehung<br>– Querkrümmung | <br>≤ 12 mm bei 2 m Länge<br>≤ 2 mm je 25 mm Breite / 2 m<br>≤ 1/20 der Breite | <br>≤ 8 mm bei 2 m Länge<br>≤ 1 mm je 25 mm Breite / 2 m<br>≤ 1/30 der Breite | <br>≤ 8 mm bei 2 m Länge<br>≤ 1 mm je 25 mm Breite / 2 m<br>≤ 1/50 der Breite |
| Alle übrigen Sortiermerkmale wie oben. | | | |

6

### Bezeichnung der Hölzer

In der Reihenfolge: Schnittholzart – DIN 4074 – Sortierklasse – trockensortiert (soweit zutreffend) – Holzart (DIN 4076-5)

Bezeichnung eines visuell sortierten Kantholzes
Sortierklasse LS 13, trockensortiert (TS), aus Buche (BU): Kantholz DIN 4074 – LS 13 TS – BU

Bezeichnung einer Bohle,
als Kantholz sortiert (K) Sortierklasse S 10, aus Eiche (EI): Bohle DIN 4074 – LS 10 K – EI

# Konstruktionsvollholz KVH®/ Massivholz MH®[1)]

aus Fichte, Tanne, Kiefer, Lärche, Douglasie

**KVH®/MH®**

Bund Deutscher Zimmerer

| Sortiermerkmal | Anforderungen an KVH® und MH®: Sichtbarer Bereich (KVH - Si / MH-Plus - Si) | Anforderungen an KVH® und MH®: NichtSichtbarer Bereich (KVH - NSi / MH-Fix - NSi) | KVH®/MH® |
|---|---|---|---|
| Sortierklasse | DIN 4074-1 Sortierklasse mind. S 10 TS | DIN 4074-1 Sortierklasse mind. S 10 TS | Die für die Tragfähigkeit maßgebenden Materialeigenschaften ergeben sich aus der DIN 1052. |
| Holzeinbaufeuchte | $u = 15\ \% \pm 3\ \%$ | $u = 15\ \% \pm 3\ \%$ | $u \geq 20\ \%$ bei Bauschnittholz |
| Einschnittart / Markröhre auf Wunsch herzfrei | herzgetrennt (auf Wunsch herzfrei) 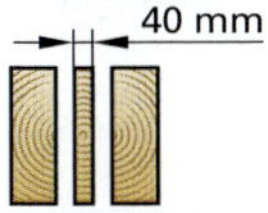  | herzgetrennt 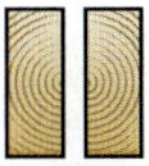 | **herzgetrennt:** Bei einem ideal gewachsenen Stamm würde die Markröhre bei zweistieligem Einschnitt durchschnitten **herzfrei:** Herzbohle mit $d \geq 40$ mm |
| Baumkante | nicht zulässig | schräg gemessen ≤ 10 % der kleineren Querschnittseite | 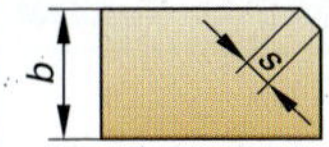  $\frac{s}{b} \leq \frac{1}{10}$ |
| Maßhaltigkeit des Querschnitts | DIN EN 336, Maßhaltigkeitsklasse 2 $b \leq 10$ cm = ± 1 mm $b > 10$ cm = ± 1,5 mm | | Die Maßhaltigkeit für die Längenabmessungen ist zu vereinbaren. |
| Äste 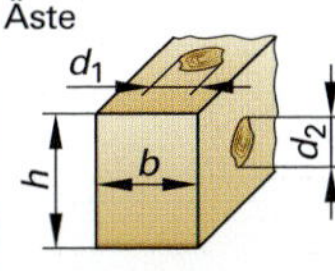  $A = \frac{d_1}{b}$ bzw. $A = \frac{d_2}{h}$ | S 10: $A \leq \frac{2}{5}$ S 13: $A \leq \frac{1}{5}$ nicht über 70 mm | S 10: $A \leq \frac{2}{5}$ S 13: $A \leq \frac{1}{5}$ nicht über 70 mm | Astigkeit wird nach DIN 4074-1 ermittelt. Bei maschineller Sortierung gilt für **KVH/MH - NSi** bleiben die Astgrößen unberücksichtigt für **KVH/MH - Si** gilt $A \leq 2/5$ |
| Rindeneinschluss | nicht zulässig | DIN 4074-1 | 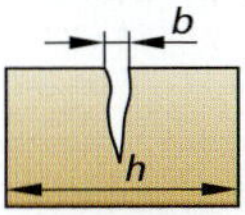  $\frac{b}{h} \leq 0{,}03$ $b \leq 6$ mm |
| Risse radiale Schwindrisse (Trockenrisse) | Rissbreite $b \leq 3\ \%$ der jeweiligen Querschnittseite, nicht mehr als 6 mm | DIN 4074-1 | |
| Harzgallen | Breite $b \leq 5$ mm | DIN 4074-1 | |
| Verfärbungen | nicht zulässig | DIN 4074-1 |  Borkenkäfer |
| Insektenbefall | nicht zulässig | DIN 4074-1 | |
| Verdrehung | Das zulässige Maß der Verdrehung wird nicht näher definiert, da bei Einhaltung aller anderen Kriterien keine untolerierbaren Verdrehungen zu erwarten sind. | | |
| Längskrümmung | bei herzgetrenntem Einschnitt ≤ 8 mm / 2,000 m bei herzfreiem Einschnitt ≤ 4 mm / 2,000 m | bei herzgetrenntem Einschnitt ≤ 8 mm / 2,000 m | 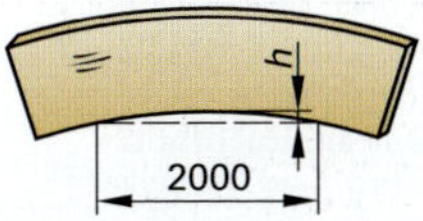  |
| Oberflächenbeschaffenheit | gehobelt und gefast | egalisiert und gefast | egalisieren = Holzoberfläche gleichmäßig machen |
| Ausschreibungstext von KVH | … $m^3$ Konstruktionsvollholz NSi (Nicht Sichtbar), Festigkeitsklasse C 24 nach DIN 1052, $u = 15 + 3\ \%$, Einschnittart herzgetrennt, Oberfläche egalisiert und gefast, Maßhaltigkeitsklasse 2 nach DIN EN 336. | | |

1) Entsprechend den BDZ-Vereinbarungen mit der Überwachungsgemeinschaft Konstruktionsvollholz e.V. (**KVH®**) und der Herstellergemeinschaft MH Massivholz e.V. (**MH®**) vom 11.2003.

6

## Eurocode 5 (EC 5) und DIN 1052

Nach Eurocode 5 werden Festigkeitsklassen für Bauschnittholz nach DIN EN 338, Balkenschichtholz nach BDZ-Vereinbarungen und Brettschichtholz nach DIN EN 1194 eingeführt. Eurocode 5 gestattet, dass das Bauholz auch weiterhin nach nationalen Vorschriften sortiert werden kann. Es ist dann aber nach einheitlichen Regeln in eine der unten aufgeführten Festigkeitsklassen einzustufen.

- 12 Festigkeitsklassen (C 14 – C 50) für **NH**
- 6 Festigkeitsklassen (D 30 – D 70) für **LH**
- 2 Festigkeitsklassen (C 24 - C 30) für **KVH**
- 4 Festigkeitsklassen (GL 24 – Gl 36) für **BSH**

- 3 visuelle Sortierklassen (S 7 – S 13) für **NH**
- 3 maschinelle Sortierklassen (MS 7 – MS 13) für **NH***
- 3 visuelle Sortierklassen (LS 7 – LS 13) für **LH**
- 3 maschinelle Sortierklassen (MSL 7 – MSL 13 für **LH***

*** Diese Sortierklassen werden durch die Angaben der Festigkeitsklassen mit dem Zusatz M gekennzeichnt (s.u.).**

### **Festigkeitsklassen und Sortierklassen** nach DIN 1052 und DIN 4074-1/5

| **Sortierklassen** DIN 4071-1/5 visuell sortiertes Nadel-/ Laubschnittholz | **Festigkeitsklassen** DIN 1052 (Festigkeitswert der Biegespannung) | **Festigkeitsklassen** DIN 4074-1 maschinell sortiertes Nadelschnittholz | **Festigkeitsklassen** DIN 4074-5 maschinell sortiertes Laubschnittholz |
|---|---|---|---|
| **S 7 / LS 7** | **C 16** | **C 16M** | **D 16M** |
| **S 10 / LS 10** | **C 24** | **C 24M** | **D 24M** |
| **S 13 / LS 13** | **C 30** | **C 30M** | **D 30M** |
| – | **C 35** | **C 35M** | **D 35M** |
| – | **C 40** | **C 40M** | **D 40M** |

### Zuordnung von Nadelholzarten und Sortierklassen zu den Festigkeitsklassen

| **Holzart** | **Sortierklassen** nach DIN 4074-1/5 | **Güteklassen** nach DIN 4074-2 | **Festigkeitsklassen** nach DIN 1052 |
|---|---|---|---|
| **Fichte**<br>**Tanne** | S 7 TS / C 16 M | III | C 16 |
| **Kiefer**<br>**Lärche** | S 10 TS / C 24 M | II | C 24 |
| **Douglasie**<br>**Southern Pinie** | S 13 TS / C 30 M | I | C 30 |
| **Western Hemlock** | C 35M | – | C 35 |
| **Yellow Cedar** | C 40M | – | C 40 |

### Zuordnung von Laubholzarten und Sortierklassen zu den Festigkeitsklassen

| | | | |
|---|---|---|---|
| **Eiche**<br>**Teak**<br>**Keruing** | LS 10 | I | D 30 |
| **Buche** | LS 10 | I | D 35 |
| **Buche** | LS 13 | I | D 40 |
| **Afzelia**<br>**Merbau**<br>**Angelique** (Basralocus) | LS 10 | – | D 40 |
| **Azobe'** (Bongossi) | LS 10 | – | D 60 |
| **Ipe** | LS 10 | – | D 60 ($\varrho \geq 1000$ kg/m$^3$) |

### Zuordnung von konstruktiven Vollholzprodukten und Sortierklassen zu den Festigkeitsklassen

| | | | |
|---|---|---|---|
| **KVH®, MH®**<br>**Balkenschichtholz** | S 10 TS[1] | – | C 24 |
| **KVH®, MH®**<br>**Balkenschichtholz**<br>**(Duo- und Triobalken)**[2] | S 13 TS | – | C 30 |
| **Brettschichtholz**<br>**BSH**[3] | S 10 / MS 10 - BS 11<br>S 13 - BS 14<br>MS 13 - BS 16<br>BS 18 | –<br>–<br>–<br>– | GL 24[4]<br>GL 28<br>GL 32<br>GL 36 |

[1] TS für trockensortiert. [2] Nadelholz aus zwei (duo) bzw. drei (trio) miteinander verklebten Bohlen oder Kanthölzern gleicher Querschnittsmaße, sonstige Eingenschaften wie KVH.

[3] Brettschichtholz (abgekürzt auch BS-Holz) ist ein industriell gefertigtes Produkt für tragende Konstruktionen. BS-Holz besteht aus mindestens drei faserparallel miteinander verklebten und getrockneten Brettern oder Brettlamellen aus Nadelholz.

[4] GL (für Glulam = Glued laminateted timber = Brettschichtholz) und dem Zahlenwert der charakteristischen Biegefestigkeit.

6

## 6.9.4 Holzwerkstoffe

**Holzwerkstoffe sind Platten,** die aus Furnieren zu Sperrholz verleimt oder aus Spänen, Fasern oder Holzwolle gepresst und verklebt werden. Holzwerkstoffklassen (HWK 20, 100, 100G) gibt es nicht mehr. An ihre Stelle sind die **Nutzungsklassen NKL** getreten, mit denen sich auch die Bezeichnungen geändert haben. Die nachfolgende Tabelle gibt einen Überblick der wichtigsten Holzwerkstoffe mit ihren neuen Bezeichnungen und Einsatzbereichen.

| **Nutzungsklassen** | | **Einsatzbereich** | | |
|---|---|---|---|---|
| | | **nichttragend** | **tragend** | **hochbelastbar** |
| NKL 1 trocken | Spanplatten DIN EN 312 | P1 + P2 | P4 | P6 |
| | Bausperrhölzer DIN EN 636-1/-2/-3 | DIN EN 636-1/G | DIN EN 636-1/S | |
| | OSB DIN EN 300 | OSB/1 | OSB/2 | |
| | Furnierschichtholzplatten (LVL) EN 14279 | | LVL/1 | |
| | MDF DIN EN 622-5 | MDF | MDF. LA | |
| | poröse Faserplatten (SB) DIN EN 622-4 | SB | SB.LS | |
| | mittelharte Faserplatten (MB) DIN EN 622-3 | MBL + MBH | MBH.LA1 | MBH.LA2 |
| | harte Faserplatten (HB) DIN EN 622-2 | HB | HB-LA | |
| NKL 2 feucht | Spanplatten DIN EN312 | P3 | P5 | P7 |
| | Bausperrhölzer DIN EN 636-1 /-2/-3 | DIN EN 636-2/G | DIN EN 636-2/S | |
| | OSB DIN EN 300 | | OSB/3 | OSB/4 |
| | Furnierschichtholzplatten (LVL) EN 14279 | | LVL/2 | |
| | MDF DIN EN 622-5 | MDF.H | MDF.HLS | |
| | poröse Faserplatten (SB) DIN EN 622-4 | SB.H | SB.HLS | |
| | mittelharte Faserplatten (MB) DIN EN 622-3 | MBL.H + MBH.H | MBH.HLS1 | MBH.HLS2 |
| | harte Faserplatten (HB) DIN EN 622-2 | HB.H | HB-HLA1 | HB-HLA2 |
| NKL 3 außen | Bausperrhölzer DIN EN 636-1/-2/-3 | DIN EN 636-3/G | DIN EN 636-3/S | P1 … P7 = Spanplatten für allgem. Zwecke im Trockenbereich … tragende Zwecke im Feuchtbereich, G = allgem. Verwendung, S = tragend |
| | Furnierschichtholzplatten (LVL) EN 14279 | | LVL/3 | |
| | poröse Faserplatten (SB) DIN EN 622-4 | SB.E | | |
| | mittelharte Faserplatten (MB) DIN EN 622-3 | MBL.E + MBH.E | | |
| | harte Faserplatten (HB) DIN EN 622-2 | HB.E | | |
| | zementgebundene Spanplatten DIN EN 634-2 | | Klasse 1 + 2 | |

## Bausperrholz

**Sperrholzterminologie** (DIN EN 313-2)

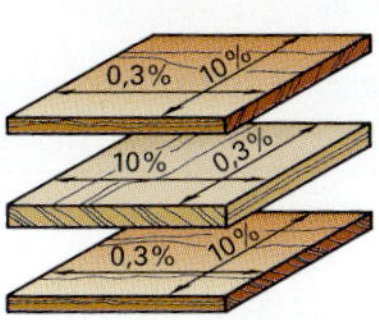


Furniersperrholz **FU**

besteht aus parallel zur Plattenebene liegenden Furnieren (kreuzweise verleimte Schälfurniere)

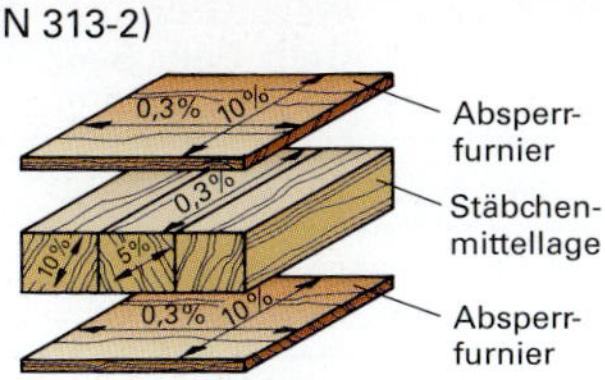


Stabsperrholz **ST**

Mittellage besteht aus verklebten oder nicht verklebten 7 mm bis 30 mm breiten Vollholzstäben

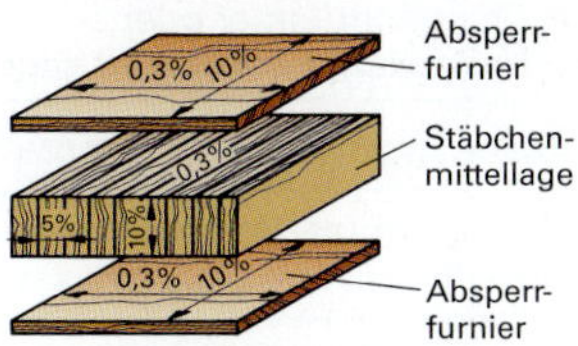


Stäbchensperrholz **STAF**

Mittellage besteht aus maximal 7 mm breiten, hochkant angeordneten, verklebten Schälfurnieren

**Vorzugsmaße für Sperrholz** (für Hersteller nicht bindend)

| Maße in mm | Furniersperrholz | Stab- und Stäbchensperrholz |
|---|---|---|
| Dicke | 4, 5, 6, 8, 10, 12, 15, 18, 20, 22, 25, 30, 35, 40, 50 | 13, 16, 19, 22, 25, 28, 30, 38 |
| Länge und Breite | 1220, 1250, 1500, 1530, 1700, 1830, 2050, 2200, 2440, 2500, 3050 | 1220, 1530, 1830, 2050, 2500, 4100<br>2440, 2500, 3500, 5100, 5200, 5400 |

6

## Holzspanwerkstoffe

Holzspanwerkstoffe sind plattenförmige Holzwerkstoffe, die durch Verpressen von kleinen Teilen aus Holz und/oder anderen lignozellulosehaltigen Teilchen mit Klebstoff hergestellt werden.

**Einteilung der Spanplatten** nach DIN EN 312 – (2003) (Auszug)
Diese Norm legt Anforderungen an kunstharzgebundenen, unbeschichteten Spanplatten fest.

| Plattentypen | P1 | P2 | P3 | P4 | P5 | P6 | P7 |
|---|---|---|---|---|---|---|---|
| Verwendung | Allgemeine Zwecke | Inneneinrichtungen (Möbel) | Nicht tragende Zwecke | Tragende Zwecke | | Hochbelastbar Tragende Zwecke | |
| | Trockenbereich | | Feuchtbereich[1] | Trockenbereich | Feuchtbereich[1] | Trockenbereich | Feuchtbereich[1] |

[1] Der Feuchtbereich ist durch die Nutzungsklasse 2 nach ENV 1995-1-1 definiert (Temperatur 20 °C und relative Luftfeuchtigkeit der umgebenden Luft, die nur einige Wochen pro Jahr einen Wert von 85 % übersteigt.

## Allgemeine Anforderungen an alle Plattentypen bei Auslieferung (Auszug)

- Grenzabmaße
  - Dicke (geschliffene Platte) ± 0,3 mm
  - Länge und Breite ± 5 mm
- Plattenfeuchte 5 % bis 13 %

- Formaldehydabgabe nach DIN EN 13986
  - Klasse **E1** Perforatorwert: Gehalt ≤ 8 mg / 100 g absolut trockene Platte
  - Klasse **E2** Perforatorwert: Gehalt > 8 mg / 100 g ≤ 30 mg/100g absolut trockene Platte

**Anforderungen an die mechanischen Eigenschaften und an die Quellung**
(DIN EN 312) – Ausgesuchte Werte für 2 Plattentypen (P2 und P5)

| Plattentyp | Eigenschaft | Einheiten | Dickenbereich (mm, Nennmaß) > 3 bis 4 | > 4 bis 6 | > 6 bis 13 | > 13 bis 20 | > 20 bis 25 | > 25 bis 32 | > 32 bis 40 | > 40 |
|---|---|---|---|---|---|---|---|---|---|---|
| **P2** | Biegefestigkeit | N/mm² | 13 | 14 | 13 | 13 | 11,5 | 10 | 8,5 | 7 |
| **P5** | Biegefestigkeit | N/mm² | 20 | 19 | 18 | 16 | 14 | 12 | 10 | 9 |
| **P2** | Querzugfestigkeit | N/mm² | 0,45 | 0,45 | 0,40 | 0,35 | 0,30 | 0,25 | 0,20 | 0,20 |
| **P5** | Querzugfestigkeit | N/mm² | 0,50 | 0,50 | 0,45 | 0,45 | 0,40 | 0,35 | 0,30 | 0,25 |
| **P2** | Dickenquellung | % | – | – | – | – | – | – | – | – |
| **P5** | Dickenquellung | % | 13 | 12 | 11 | 10 | 10 | 10 | 9 | 9 |

**Kennzeichnung**

- Hersteller, Handelsmarke oder Zeichen
- Nummer EN 312
- Plattentyp
- Nenndicke
- Formaldehyd-Klasse
- Chargennummer oder Herstellungswoche und -jahr

**Farb-Kennzeichnung der Spanplatten**
(freiwillig):

| | | | |
|---|---|---|---|
| Weiß, Weiß, Blau | P1 | Gelb, Gelb, Grün | P5 |
| Weiß, Blau | P2 | Gelb, Blau | P6 |
| Weiß, Grün | P3 | Gelb, Blau | P7 |
| Gelb, Gelb, Blau | P4 | | |

6

## Zementgebundene Spanplatten (DIN EN 633)

Plattenförmiger Werkstoff, hergestellt durch Verpressen von kleinen Teilen aus Holz oder anderen Teilchen pflanzlichen Ursprungs mit einem hydraulischen Zement und möglichen Zusätzen.

**Klassifizierung** (üblich)

- **Bindemittel**
  Portlandzement
  Magnesiazement
- **Färbung**
  eingefärbt
  eigenfarbig
- **Oberflächenbeschaffenheit**
  roh – eben oder strukturiert
  geschliffen
  beschichtet
  beplankt (z. B. dekoratives Laminat, harzgetränktes Dekorpapier usw.)
- **Form**
  plane Oberfläche
  profilierte Oberfläche
  profilierte Schmalflächen

**Abmessungen**

**Standardformat**
2600 mm × 1250 mm
3100 mm × 1250 mm

**Dicken**
8 mm, 10 mm, 12 mm, 16 mm, 18 mm, 20 mm, 24 mm, 28 mm, 32 mm, 40 mm

## Holzfaserwerkstoffe

Faserplatten, mit der Dicke von 1,5 mm und größer, hergestellt aus Lignozellulosefasern unter Anwendung von Druck und/oder Hitze. Der Holzwerkstoff kann auch als kunststoffbeschichtete Holzfaserplatte im Innenausbau (z.B. als MDF oder Leicht MDF) verwendet werden.

### Begriffe (DIN EN 316)

| Kurzzeichen | Benennung | Rohdichte in kg/m³ | Erklärung |
|---|---|---|---|
| **SB** | Poröse Faserplatte | < 400 | Isolier- oder Dämmplatte |
| **SB.I** | Poröse Faserplatte mit zusätzlichen Eigenschaften | | mit Bitumenzusatz |
| **MB.L** | Mittelharte Faserplatte geringer Dichte | 400 … 560 | nach dem Nassverfahren hergestellt (ebenfalls die porösen und harten Faserplatten) |
| **MB.H** | Mittelharte Faserplatte hoher Dichte | 560 … 900 | |
| **MB.I** | Mittelharte Faserplatte; hohe Dichte , zusätzliche Eigenschaften | | z.B. Feuerschutz, Feuchteresistenz |
| **HB** | Harte Faserplatte | ≥ 900 | Hartplatte |
| **HB.I** | Harte Faserplatte mit zusätzlichen Eigenschaften | | z.B. Feuerschutz, Feuchteresistenz, Resistenz gegen biologische Angriffe, besondere Bearbeitbarkeit |
| **MDF** | Mitteldichte Faserplatte | ≥ 600 | nach dem Trockenverfahren hergestellt |
| **MDF.I** | Mitteldichte Faserplatte mit zusätzlichen Eigenschaften | | z.B. Feuerschutz, Feuchteresistenz, Resistenz gegen biologische Angriffe |

### Harte und mittelharte Holzfaserplatten für das Bauwesen (DIN 68 754 und DIN EN 622-3)

| Plattentyp | Zulässige Maßabweichungen | | | | Dickenquellung und Festigkeit | | | |
|---|---|---|---|---|---|---|---|---|
| | Dicke in mm | Abweichung in mm von der Dicke | Breite | Länge | Plattendicke (mm) | Dickenquellung % | Biegefestigkeit (N/mm²) | Querzugfestigkeit (N/mm²) |
| **HB** | ≤ 6 | ± 0,4 | ± 3 | ± 5 | ≤ 4 | 20 | 40 | 0,7 |
| | > 6 | ± 0,6 | bei einer Schenkellänge > 1000 mm | | > 4 | 18 | 35 | 0,6 |
| **MB** | 5 … 16 | ±0,7 | | | 5 … 16 | 15 | 12 | 0,1 |

### Poröse und harte Holzfaserplatten (DIN 68 750 und DIN EN 622-4)

| Normtyp | Dicke | Herstellungstoleranz Dicke | Breite | Länge | Dickenquellung | Dicke (mm) | Biegefestigkeit (N/mm²) |
|---|---|---|---|---|---|---|---|
| **SB** | < 8 mm | ± 6% | ± 3 mm | ± 5 mm | 8% | < 10<br>10 … 15<br>>15 | 2,0<br>1,8<br>1,5 |
| | > 8 mm | ± 5% | | | | | |
| **HB** | < 4 mm | ± 8% | ± 3 mm | ± 5 mm | 18% | – | 40 |
| | > 4 mm | ± 7% | | | | | |

Platten müssen rechtwinklig, parallel und vollkantig sein. Abweichung vom rechten Winkel maximal 2 mm, bezogen auf 1000 mm Schenkellänge.

### Anforderungen an Platten Typ MDF (DIN EN 622-5)

| Eigenschaft | Einheit | Nenndickenbereich in mm | | | | | | | | |
|---|---|---|---|---|---|---|---|---|---|---|
| | | 1,8 bis 2,5 | > 2,5 bis 4,0 | > 4 bis 6 | > 6 bis 9 | > 9 bis 12 | > 12 bis 19 | > 19 bis 30 | > 30 bis 45 | > 45 |
| Dickenquellung | % | 45 | 35 | 30 | 17 | 15 | 12 | 10 | 8 | 6 |
| Querzugfestigkeit | N/mm² | 0,65 | 0,65 | 0,65 | 0,65 | 0,60 | 0,55 | 0,55 | 0,50 | 0,50 |
| Biegefestigkeit | N/mm² | 23 | 23 | 23 | 23 | 22 | 20 | 18 | 17 | 15 |
| Elastizitätsmodul | N/mm² | – | – | 2700 | 2700 | 2500 | 2200 | 2100 | 1900 | 1700 |

## 6.9.5 Holzschutz

### Holzschädlinge

Pilze befallen nur feuchtes Holz ($u \geq 20\,\%$), Insekten dagegen vorwiegend lufttrockenes Holz ($u \geq 12\,\%$). Gegen Säuren und Salzlösungen ist Holz relativ widerstandsfähig, Laugen greifen Hölzer mit extremen pH-Werten ($3 < pH < 10$) an.

| Pilze und Insekten | Holzschädlinge | Holzfeuchten |
|---|---|---|
| **Holz verfärbende Pilze** | **Bläuepilze:** wachsen auf Splintholz der Nadel- und Laubhölzer, ebenso die Schimmelpilze ⇒ keine Festigkeitsminderung | mind. 20 % |
| **Holz zerstörende Pilze**<br>Braunfäule:<br>würfelförmig zerstörtes, braun verfärbtes Holz | **Hausschwamm:** gefährlicher Schädling, breitet sich schnell aus, zerstört Laub- und Nadelholz vollständig (außer Eiche)<br>**Weißer Porenschwamm:** greift vorwiegend Nadelhölzer an, kann durch Trockenlegung vernichtet werden ⇒ feuchte Keller, Alt- und Neubauten | 20 % ... 28 %<br><br>40 % ... 50 % |
| **Holz zerstörende Insekten**<br>Hölzer imprägnieren oder mit Heißluft behandeln,<br>Kernholz verwenden. | **Hausbock:** bevorzugt Dachböden, Nadelsplintholz. Larve entwickelt sich 4 bis 5 Jahre, ernährt sich von Zellulose und Eiweiß.<br>↓<br><br>**Pochkäfer** (kleiner Holzwurm): verbautes Holz, besonders Treppen. Dicht liegende Fraßgänge.<br>**Splintholzkäfer:** Nur an Laubhölzern. | mind. 9 %<br><br>mind. 11 %<br><br>mind. 7 % |

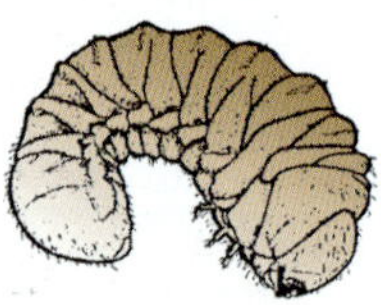

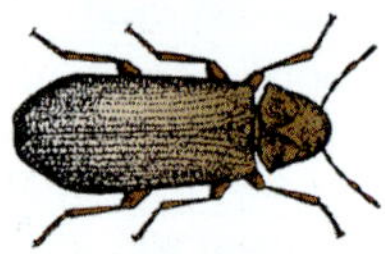

Poch- oder Nagekäfer

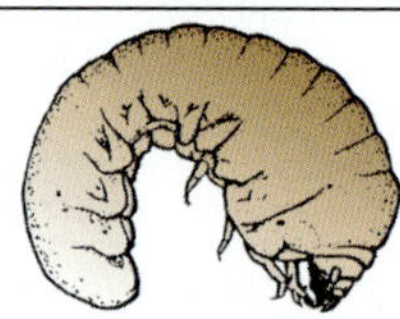

Splintholzkäfer

### Holzschutzmittel

**Ölige** oder **salzhaltige Holzschutzmittel** sind prüfzeichenpflichtig (Institut für Bautechnik, Berlin), ebenso Feuerschutzmittel. Je nach Wirksamkeit unterscheidet man:

- **P** ≙ wirksam gegen **P**ilze (Fäulnisschutz)
- **Iv** ≙ gegen **I**nsekten **v**orbeugend wirksam
- **Ib** ≙ gegen **I**nsekten **b**ekämpfend wirksam
- **S** ≙ zum **S**pritzen und **S**treichen geeignet[1)]

[1)] Seit 1990 nicht mehr in der DIN-Vorschrift

- **W** ≙ für Holz, das der **W**itterung ausgesetzt ist
- **E** ≙ für Holz, das **e**xtremer Beanspruchung ausgesetzt ist (Erdkontakt, Wasser)
- **M** ≙ Mittel zur Bekämpfung von Schwamm im Mauerwerk

6

| Ölige Holzschutzmittel<br>Holzfeuchte $u \leq 30\,\%$ | Wirksamkeit | Salzhaltige Holzschutzmittel<br>Holzfeuchte $u \leq 30\,\%$ | Wirksamkeit |
|---|---|---|---|
| **Teerölpräparate**<br>(seit 1989 verboten)<br>Außenbau, auch bei Erdfeuchtigkeit und ständigem Kontakt mit Wasser. Heißanstrich bis Kesseldrucktränkung. Starker, penetranter Geruch. | P, Iv, W, E | **B-Salz:** Anorganische Borverbindungen; nicht für Holz, das der Witterung und der Erdfeuchtigkeit ausgesetzt ist.<br>**CF-Salz:** Alkalifluoride und Bichromat; für Holz mit geringer Auswaschbeanspruchung, kein dauernder Erdkontakt. | P, Iv, S[1)]<br>zum Teil auch M<br><br>P, Iv, S, W |
| **Bindemittelfreie Präparate:**<br>Organische Fungizide und Insektizide in organischen Lösemitteln.<br>Innen- und Außenbau.<br><br>Es werden im Bauwesen nur DIBt-Holzschutzmittel oder RAL-Holzschutzmittel eingesetzt. | P, Iv, W<br>teilweise Ib | **CK-Salz:** Kupfersalz, Bichromat, Arsen-, Bor- oder Fluorverbindungen; nach Anwendung nicht auswaschbar, auch für Hölzer, die in fließendem Wasser oder ständigem Erdkontakt stehen. | P, Iv, W, E, S[1)], teilweise auch L (Leimverträglichkeit) |

### Brandschutz für Holzbauteile

Brandschutz kann auf zweierlei Art erfolgen, durch Feuerschutzmittel oder durch Beplankung. Die Ausführung und Einstufung wird in der DIN 68 800 „Holzschutz im Hochbau" und in der DIN 4102 „Brandverhalten von Baustoffen und Bauteilen" (vergleiche ▶ Kapitel 5) beschrieben.

# 6.10 Kunststoffe

## Einteilung und Arten der Kunststoffe

| Gruppe | Thermoplaste (Thermomere) | Duroplaste (Duromere) | Elastoplaste (Elastomere) |
|---|---|---|---|
| Molekülaufbau |  fadenförmig | 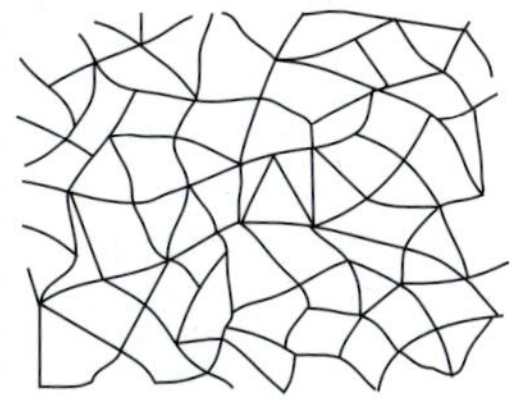 engmaschig vernetzt | 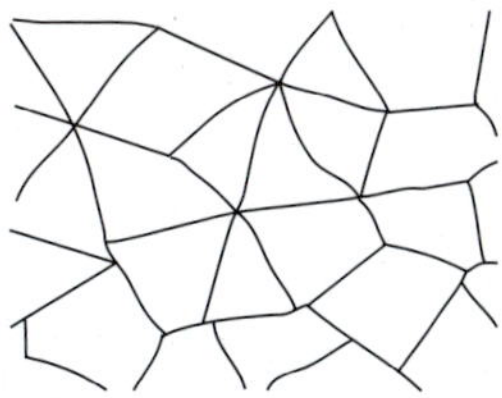 weitmaschig vernetzt |
| Eigenschaften | je nach Temperatur hart, verformbar-weich bis zähflüssig | hart; durch Verbindung von flüssigen Vorprodukten mit Härtern | gummi-elastisch; in großem Temperaturbereich; Bruchdehnung 100 % ... 1000 % |
| Bearbeitung Bearbeitungseigenschaften | kalt: Sägen, Hobeln, Bohren<br>warm: Biegen, Ziehen; Strangpressen = Extrudieren<br>heiß: Spritzen, Gießen, | Sägen, Feilen, Hobeln<br><br>klebbar,<br>nicht schweißbar<br>Schweißen | nicht schmelzbar,<br>nicht schweißbar<br>sie werden bei der Herstellung den spezifischen Anforderungen angepasst |

| **Beispiele** für die obere Einteilung | Bezeichnung | Kurzzeichen | Bezeichnung | Kurzzeichen | Bezeichnung | Kurzzeichen |
|---|---|---|---|---|---|---|
| | Polyethylen (Polyethen) | PE | Polyester, ungesättigt | UP | Polyurethan-Kautschuk | PUR |
| | Polystyrol (Polyphenylethen) | PS | Polyester, glasfaserverstärkt | GF-UP | Styrol-Butadien-Kautschuk | SBR |
| | Polyvinylchlorid (Polychlorethen) | PVC | Epoxidharz | EP | Nitril-Kautschuk | NBR |
| | Polyisobutylen) (Polyisobuthen) | PIB | Polyurethan | PU | Butyl-Kautschuk | BR |
| | Polycarbonat | PC | Phenol-Formaldehydharz | PF | Polysulfid-Kautschuk | SR |
| | Polyamid | PA | Harnstoff-Formaldehydharz | UF | Silikon-Kautschuk | SI |
| | Polypropylen | PP | Melamin-Formaldehydharz | MF | Chloropren-Kautschuk | CR |

## Silikone

Silikonöle, Silikonkautschuke, Silikonharze; Wasser abstoßend, temperaturbeständig von – 90 °C bis 280 °C; verwendet zum wasserdichten Verschließen von Fugen und zum Abdichten von Glasfälzen im Fensterbau.

6

## Vergleich Kunststoffe – Metalle

| Merkmale | Metalle | Kunststoffe | Auswirkungen, auf Eigenschaften der Kunststoffe |
|---|---|---|---|
| Kleinste Teilchen | Atome der Metalle | Makromoleküle unterschiedlicher Größe aus Nichtmetallen | niedrige Dichte |
| Bindungskraft der Teilchen | große gegenseitige Anziehung zwischen Metallionen und freien Elektronen | schwache Bindung zwischen Molekülen, keine freien Elektronen | große Wärmedehnung, geringe Festigkeit, elektrische Nichtleiter |
| Bindungsart der Teilchen | kristallin (Metallgitter) | amorph (richtungslose Anordnung der Moleküle, wattebauschartig verfilzt) oder teilkristallin<br><br>räumliche Vernetzung | **Thermoplaste:** bei höherer Temperatur plastisch verformbar, zäh, elastisch, durch Recken höhere Zugfestigkeit, keine definierten Schmelz- und Siedepunkte<br>**Duroplaste:** hart, spröde |

## Eigenschaften und Anwendungsbereiche von Kunststoffen

| Kurzzeichen DIN 7728 | Chemische Bezeichnung | Handelsname ® | Dichte g/cm³ | Zugfestigkeit bzw. Streckspannung N/mm² | Anwendungs-Grenztemperaturen °C | Chemische Beständigkeit bei 20 °C | | | | Anwendungsbeispiele |
|---|---|---|---|---|---|---|---|---|---|---|
| | | | | | | Mineralöle | Benzin | verd. Säuren | verd. Laugen | |
| PE | Polyethylen | Hostalen, Lupolen | 0,92 ... 0,96 | 9 ... 28 | 100 ... 120 | ◐ | ◐ | ● | ● | Rohre, Behälter, Kabelisolierungen, textile Fasern, Folien |
| PP | Polypropylen | Hostalen PP, Novolen | 0,91 | 33 | 140 | ◐ | ◐ | ● | ● | Rohre, Behälter, textile Fasern, Seile |
| PS | Polystrol | Hostyren | 1,05 | 56 | 85 | ◐ | ○ | ▲ | ● | Beschläge |
| | Polystrol Hartschaum | Styropor Styrodur | 0,01 ... 0,03 | | | ◐ | ○ | ◐ | ▲ | Wärmedämmung, Trittschalldämmung |
| PVC hart | Polyvinylchlorid, hart | Hostalit, Vinoflex | 1,38 | 55 | 70 | ● | ▲ | ● | ● | Wasserleitungen, Behälter, Dränrohre |
| PVC schlagzäh | Polyvinylchlorid schlagzäh | Hostalit Z Vinnol K | 1,35 | 50 | 70 | ● | ▲ | ▲ | ● | Fensterrahmen, Dachrinnen |
| PVC weich | Weich-Polyvinylchlorid | Dynadur Trodal | 1,2 ... 1,3 | 10 ... 30 | 40 ... 60 | ▲ | ▲ | ▲ | ▲ | Schläuche, Folien, Fußbodenbeläge, Unterspannbahnen, Fugenbänder |
| PTFE | Polytetrafluorethylen | Hostaflon TF Teflon | 2,1 ... 2,2 | 20 ... 40 | 260 | ● | ● | ● | ● | Gleitbahnenlager, Brückenlager, Beschichtungen |
| PMMA | Polymethylmethacrylester | Plexiglas, Resorit, Degalan | 1,18 | 70 | 70 ... 90 | ● | ● | ◐ | ◐ | Acrylglas, Leuchten, Badewannen |
| PC | Polycarbonat | Makrolon | 1,20 | 50 | 90 ... 130 | ● | ● | ▲ | ▲ | Schusssichere Verglasungen, Duschkabinenwände |
| PA | Polyamid | Ulramid | 1,01 ... 1,14 | 50 ... 70 | 60 ... 140 | ● | ● | ◐ | ● | Schutzhelme, Schläuche |
| UP | Polyesterharz | Leguval Palatal | 1,2 ... 1,3 | 30 | 120 | ● | ● | ● | ● | Bindemittel für Kunstharzmörtel |
| EP | Epoxidharz | Compacta, Epoxin Epobit | 1,2 | 40 ... 60 | 120 | | | | | Zweikomponentenkleber, Metallkleber, Rostschutzbeschichtung, glasfaserverstärkte Kunststoffe |
| PU | Polyurethan<br><br>Ceresit | Baydur Desmodur, | 1,26 | | 100 ... 130 | ▲ | ▲ | ▲ | ▲ | Zweikomponentenkleber, Dichtungsmassen, Risseüberbrückende Beschichtung. |
| | Polyurethanschaum | Herathan | 0,04 | | 80 ... 100 | ▲ | ▲ | ▲ | ▲ | Wärmedämmmaterial |
| UR | Harnstoff-Formaldehydharz-Ortschaum | | 0,008 ... 0,015 | | 80 ... 100 | ▲ | ▲ | ▲ | ▲ | Wärmedämmortschaum |
| SI | Silikon-Kautschuk | Baysilon Bostik | 1,25 | 110 | ... 150 | ◐ | ◐ | ◐ | ◐ | Dauerelastische Dichtungsmassen |

● beständig ▲ weitgehend beständig ◐ bedingt beständig △ wenig beständig ○ nicht beständig

# 6.11 Befestigungssysteme

## 6.11.1 Befestigungstechnik

### Baustoff (Ankergrund)

Die Art und Beschaffenheit des Baustoffs, in dem verankert werden soll, bestimmt ganz entscheidend die Auswahl des Dübelsystems.

**Beton**
Zu Beton gehören die beiden Untergruppen Leichtbeton und Normalbeton.

**Mauerwerksbaustoffe**
Mauerwerk ist ein Verbundwerkstoff aus Steinen und Mörtel. Dabei ist die Druckfestigkeit der Steine bei Altbaumauerwerk oft höher als die des Mörtels. Eine Verankerung sollte deshalb im Mauerwerksstein erfolgen.

**Vollbausteine mit dichtem Gefüge**
Diese Baustoffe sind sehr gut zur Verankerung von Dübeln geeignet, da sie überwiegend keine Hohlräume haben und sehr druckfest sind.

**Lochbausteine mit dichtem Gefüge (Loch- und Hohlkammersteine)**
Sie sind meist aus den gleichen druckfesten Materialien wie die Vollsteine hergestellt, jedoch mit Hohlräumen versehen. Werden höhere Lasten an diesen Baustoffen befestigt, sollten spezielle Dübel verwendet werden, die Hohlräume überbrücken oder ausfüllen können.

**Vollbaustoffe aus porigem Gefüge**
Diese Baustoffe haben meist eine geringe Druckfestigkeit und sehr viele Poren. Geeignet sind Dübel mit langer Spreizzone oder stoffschlüssige Dübel.

Vollstein aus Leichtbeton (i.A. als Schwemmstein bezeichnet, Vollstein aus Blähton, z.B. „Liapor", Leca")

Porenbeton („Ytong", „Hebel", „Siporex", „Durox", „Greisel")

**Lochbaustoffe mit porigem Gefüge (Leicht-Lochsteine)**
Sie haben meist eine geringe Druckfestigkeit, Hohlräume und Poren. Geeignet sind Dübel mit langer Spreizzone oder formschlüssig wirkende Injektionsanker.

Leichthochlochziegel (z.B. „Unipor", „Poroton")

Leichtbetonhohlblockstein, (z.B. aus Bims oder Blähton)

**Platten und Tafeln (Plattenbauelemente)**
Zu dieser Gruppe gehören dünnwandige Baustoffe, die häufig eine geringe Festigkeit aufweisen. Geeignet sind Dübel mit langer Spreizzone oder stoffschlüssige Dübel (Hohlraumdübel).

### Bohrverfahren

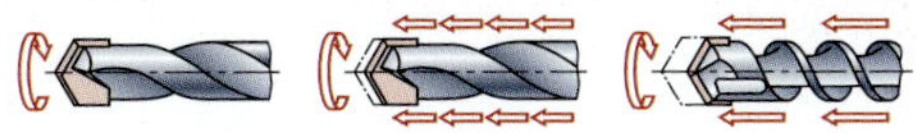

Drehbohren Schlagbohren Hammerbohren

Der Baustoff bestimmt das Bohrverfahren. Grundsätzlich gilt: Vollbaustoffe mit dichtem Gefüge → Schlag- und Hammerbohren.
Lochbausteine, Baustoffe mit geringer Festigkeit und Porenbeton nur im Drehgang bohren, damit das Bohrloch nicht zu groß wird und in Lochsteinen die Stege nicht ausbrechen.

### Montage

**Rand- und Achsabstand, Bauteildicke**
Um ein Abplatzen des Baustoffs oder Rissebildung zu vermeiden und um die erforderliche Last mit Dübeln übertragen zu können, müssen Rand- und Achsabstände sowie die erforderliche Bauteilbreite und -dicke nach Vorschrift eingehalten werden. Bei Kunststoffdübeln kann üblicherweise von einem Randabstand $c_3 \geq 2 \cdot h_{ef}$ ($h_{ef}$ Verankerungstiefe) und einem Achsabstand $s \geq 4 \cdot h_{ef}$ ausgegangen werden.

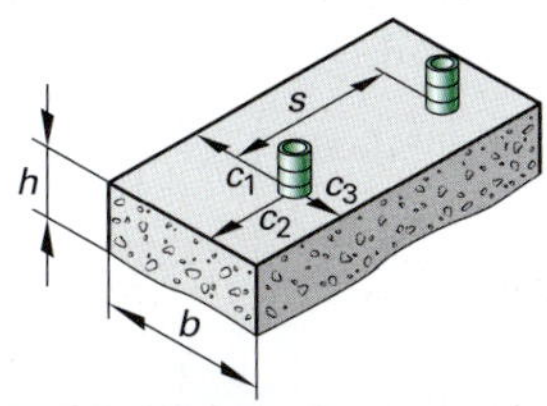


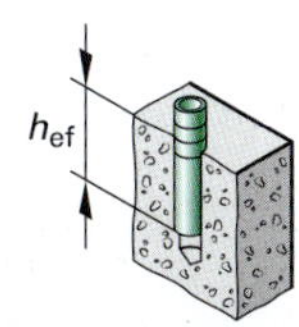


**Bohrlochtiefe**
Die Bohrlochtiefe muss größer sein als die Verankerungstiefe. Nach dem Bohren muss das Bohrmehl entfernt werden. Ein ungesäubertes Bohrloch reduziert die Haltewerte!

**Nutzlänge**
Die Nutzlänge $d_a$ (auch üblich: $t_{fix}$ Klemmdicke) entspricht meist der Dicke des befestigten Montagegegenstandes. Ist der Ankergrund mit Putz oder Isoliermaterial verkleidet, müssen Schrauben oder Dübel gewählt werden, deren Nutzlänge mindestens der Putzstärke und der Dicke des Montagegegenstandes entspricht.

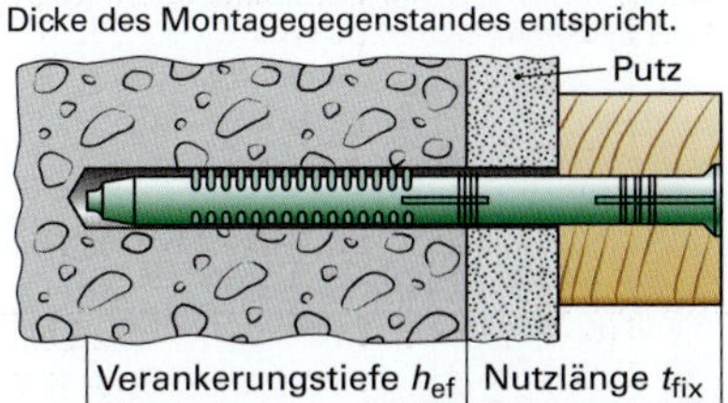


**Verankerungstiefe**
Die Verankerungstiefe $h_{ef}$ entspricht bei Kunststoff und Stahldübeln der Distanz zwischen Oberkante des tragenden Bauteiles bis zur Unterkante des Spreizteiles.

# Befestigungstechnik

## Belastung

### Größe und Art der Belastung

Ebenso wichtig wie die Abmessungen und die Art des Ankergrundes sind für die Dübelauswahl die Lasten bzw. Kräfte, die bei der Befestigung eines Gegenstandes auftreten.
Zur Ermittlung der maximalen Gebrauchslast wird die Bruchkraft durch einen Sicherheitsbeiwert dividiert.

$$\text{max. Gebrauchslast} = \frac{\text{Bruchkraft } (F)}{\text{Sicherheitsfaktor } (\gamma)}$$

Als Sicherheitsfaktor gelten:
gegenüber Bruchkraftmittelwert: Stahldübel $\gamma \geq 4$
Kunststoffdübel $\gamma \geq 7$

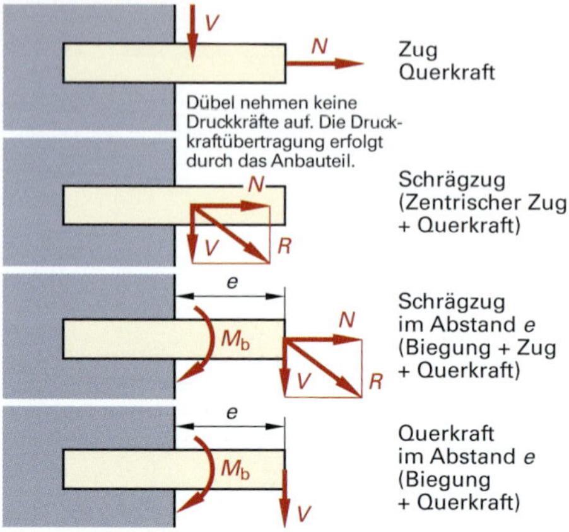


## Ankereinteilung und Wirkungsweise

### Reibschluss

Das Spreizteil des Dübels wird an die Bohrlochwandung gepresst und trägt durch Reibung die äußeren Zuglasten.

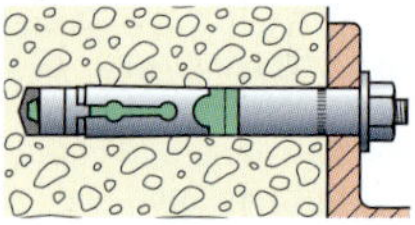

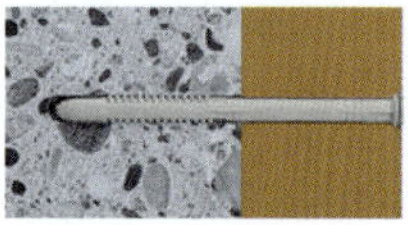

### Formschluss

Die Dübelgeometrie passt sich der Form des Untergrundes bzw. des Bohrlochs an.

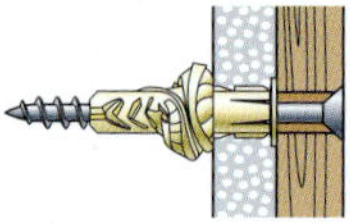

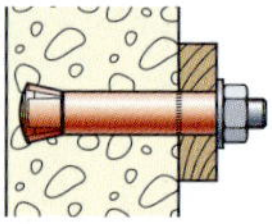

### Stoffschluss

Ein Mörtel verbindet sich mit dem Dübel- und Ankergrund.

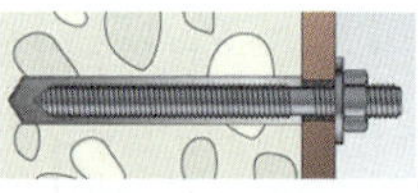

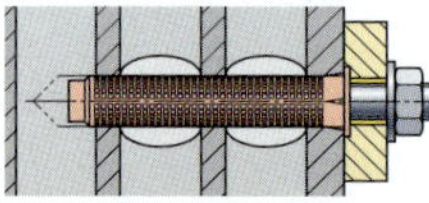

## Versagensarten

Überbeanspruchung, falsche Montage und nicht ausreichend tragfähiger Untergrund können zum Versagen von Dübelsystemen führen.

- Bruch des Ankergrundes
  - zu hohe Last „*N*"
  - zu geringe Festigkeit des Ankergrundes
  - zu geringe Setztiefe
- Spalten des Bauteils
  - zu geringe Bauteilabmessungen
  - Rand- und Achsabstände nicht eingehalten
  - Spreizdruck zu hoch
- Herausziehen des Dübels
  - Reib- oder Stoffschluss versagt durch zu hohe Last oder fehlerhafte Montage
- Stahlbruch
  - Dübel- oder Schraubenfestigkeit zu gering für angehängte Last

## fischer Dübel S

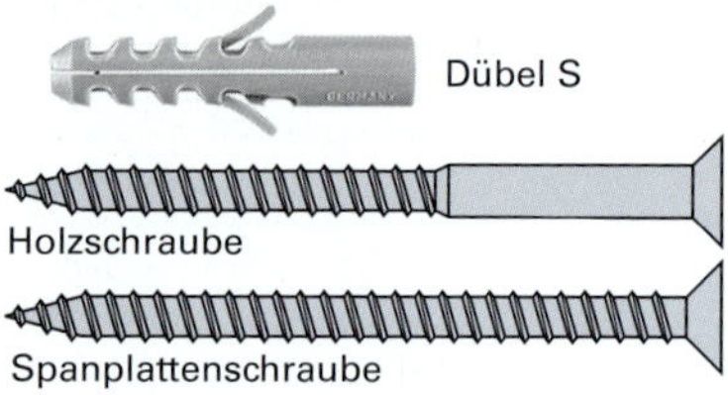


### Charakteristische Versagenslasten in kN

- Bei Verwendung von Hammerbohrern und größtem Holzschrauben-∅ (Stahlschraube).
- Bei der Verwendung von Spanplattenschrauben sind die Werte um 30 % zu reduzieren.
- Auf diese Versagenslasten ist ein Sicherheitsbeiwert zu berücksichtigen.

| Dübeltyp | S4 | S5 | S6 | S8 | S10 | S12 | S14 | S16 | S20 |
|---|---|---|---|---|---|---|---|---|---|
| Schrauben-∅ in mm | 3 | 4 | 5 | 6 | 8 | 10 | 12 | 12 | 16 |
| Beton ≥ C12/15 | 0,8 | 1,4 | 2,0 | 3,3 | 6,1 | 9,0 | 11,9 | 11,3 | 19,4 |
| Vollziegel ≥ Mz 12 | 0,7 | 1,2 | 1,9 | 3,3 | –[1] | –[1] | –[1] | –[1] | –[1] |
| Kalksandvollstein ≥ KS 12 | 0,7 | 1,2 | 1,9 | 3,3 | –[1] | –[1] | –[1] | –[1] | –[1] |
| Porenbeton ≥ PP2 | – | – | 0,25 | 0,35 | 0,8 | 1,4 | 2,0 | –[1] | –[1] |

[1] Das Versagen des Untergrundes ist so unterschiedlich, dass keine Werte angegeben werden können.

### Schraubenlänge

Die Schraubenlänge richtet sich nach
- der Dübellänge A
- der Dicke des zu befestigenden Bauteils B
- der Unterkonstruktion und
- dem Schraubendurchmesser C.

Z.B. A + B + C = 50 mm + 20 mm+ 6 mm = 76 mm
Standardlänge 80 mm ▶ S. 337

6

## 6.11.2 Befestigungs-Systemplan

▲ = DIBt-Zulassung ■ = ETA-Zulassung ● gut geeignet

DIBt Deutsches Institut für Bautechnik
ETA European Technical Approval (europäische technische Zulassung)

| Befestigung | Kurzzeichen | Bild | Zugelassen für: gerissener Beton | Zugelassen für: ungerissener Beton | Zugelassen für: Fassadenbefestigungen | Zugelassen für: abgehängte Decken | Zugelassen für: Mauerwerk | Werkstoff: Stahl galvanisch verzinkt | Werkstoff: Edelstahl A4 | Werkstoff: Hochkorrosionsbeständiger Stahl 1.4529 | Verankerungsgrund: Beton | Spannbeton-Hohldeckenplatten | Naturstein dichtes Gefüge | Vollziegel | Kalksand-Vollstein | Vollstein aus Leichtbeton | Porenbeton | Vollgips-Platten | Hochlochziegel | Kalksand-Lochstein | Hohlblockstein aus Leichtbeton | Hohldecken aus Ziegel, Beton o.ä. | Gipskarton- und Gipsfaserplatten | Spanplatten |
|---|---|---|---|---|---|---|---|---|---|---|---|---|---|---|---|---|---|---|---|---|---|---|---|---|
| **Allgemeine Befestigungen** | | | | | | | | | | | | | | | | | | | | | | | | |
| Dübel SX | SX |  | | | | | | | | | ● | ● | ● | ● | ● | ● | ● | ● | ● | ● | ● | ● | | |
| Dübel S | S |  | | | | | | | | | ● | ● | ● | ● | ● | ● | ● | ● | ● | ● | ● | ● | | |
| Universaldübel | UX |  | | | | | | | | | ● | ● | ● | ● | ● | ● | ● | ● | ● | ● | ● | ● | ● | ● |
| Gasbetondübel | GB |  | | | | ▲ | ▲ | | | | | | | | | | ● | | | | | | | |
| Dämmstoff-dübel | FID |  | | | | | | | | | | | | | | | | | | | | | | |
| Turbo Porenbetonanker | FTP/FTPK |  | | | | | | | | | | | | | | | ● | | | | | | | |
| Metallspreiz-dübel | FMD |  | | | | | | | | | ● | ● | ● | ● | ● | ● | ● | ● | ● | ● | ● | ● | | |
| Flüssigdübel fill & fix | |  | | | | | | | | | ● | ● | ● | ● | ● | ● | ● | ● | ● | ● | ● | ● | ● | |
| Balkon-befestigung mit Abdeckklappe | BBF |  | | | | | | | | | | | | | | | | | | | | | | |
| Treppen-befestigung | TB/TBB |  | | | | | | | | | ● | | ● | ● | ● | ● | | | | | | | | |
| **Hohlraum-Befestigungen** | | | | | | | | | | | | | | | | | | | | | | | | |
| Hohlraum-Metalldübel | HM | 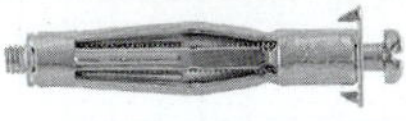 | | | | | | ● | | | | | | | | | | | | | | | ● | ● |
| Kippdübel | KD | 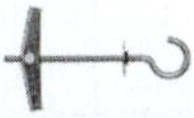 | | | | | | ● | | | | ● | | | | | | | | | | | ● | ● |
| Plattendübel | PD | 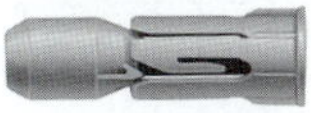 | | | | | | | | | | | | | | | | | | | | | ● | ● |
| Gipskarton-dübel | GK |  | | | | | | | | | | | | | | | | | | | | | ● | |
| Gipskarton-dübel | GKM |  | | | | | | | | | | | | | | | | | | | | | ● | |

▲ = DIBt-Zulassung ■ = ETA-Zulassung • gut geeignet

| Befestigungs-Systemplan | | Zugelassen für | | | | | Werkstoff | | | Verankerungsgrund | | | | | | | | | | | | | |
|---|---|---|---|---|---|---|---|---|---|---|---|---|---|---|---|---|---|---|---|---|---|---|---|
| | | gerissener Beton | ungerissener Beton | Fassadenbefestigungen | abgehängte Decken | Mauerwerk | Stahl galvanisch verzinkt | Edelstahl A4 | Hochkorrosionsbeständiger Stahl 1.4529 | Beton | Spannbeton-Hohldeckenplatten | Naturstein dichtes Gefüge | Vollziegel | Kalksand-Vollstein | Vollstein aus Leichtbeton | Porenbeton | Vollgips-Platten | Hochlochziegel | Kalksand-Lochstein | Hohlblockstein aus Leichtbeton | Hohldecken aus Ziegel, Beton o.ä. | Gipskarton- und Gipsfaserplatten | Spanplatten |
| **Schwerlast-Befestigungen – Stahl** | | | | | | | | | | | | | | | | | | | | | | | |
| Ankerbolzen | FAZ II  | ■ | ■ | | | | • | • | • | • | | • | | | | | | | | | | | |
| Bolzen | FBN II 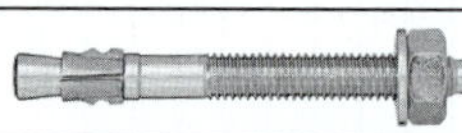 | | ■ | | | | • | • | | • | | • | | | | | | | | | | | |
| Schwerlast-dübel | TAM  | | ■ | | | | • | | | • | | • | | | | | | | | | | | |
| Einschlag-anker | EA II 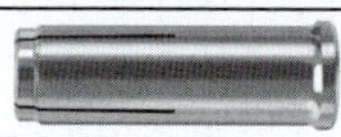 | | ■ | | ■ | | • | • | | • | | • | | | | | | | | | | | |
| Nagelanker | FNA II 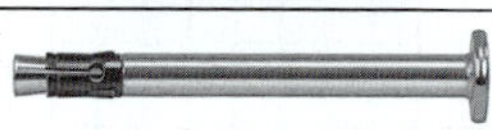 | | | | ■ | | • | • | • | • | • | • | • | • | | | | | | | | | |
| Deckennagel | FDN  | | | | ■ | | • | | | • | • | • | • | • | | | | | | | | | |
| Beton-schraube | FBS 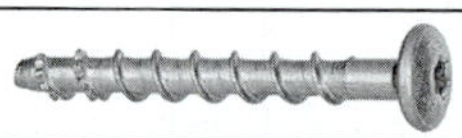 | ■ | ■ | | ▲ | | • | | | • | • | • | • | • | | | | | | | | | |
| Hohldecken-anker | FHY 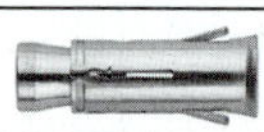 | | | | | | • | | | • | • | • | | | | | | | | | | | |
| **Schwerlast-Befestigungen – Chemie** | | | | | | | | | | | | | | | | | | | | | | | |
| Highbond-Anker | FHB II<br>FHB II-P<br>FIS HB 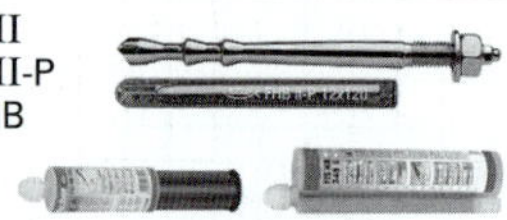 | ■ | ■ | | | | • | • | • | • | | | | | | | | | | | | | |
| Reaktions-anker R (Eurobond) | RM<br>RG M 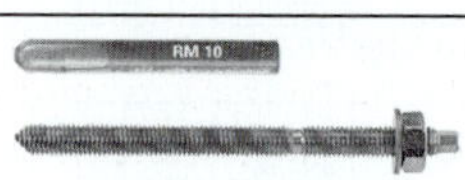 | | ■ | | | | • | • | • | • | | • | | | | | | | | | | | |
| Injektions-System für Beton | FIS A<br>FIS V 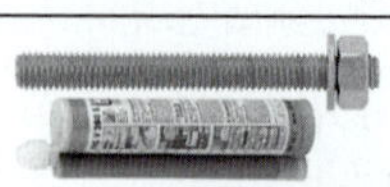 | | ■ | | | | • | • | • | • | | | | | | | | | | | | | |
| Injektions-System für Mauerwerk | FIS V<br>FIS E<br>FIS G<br>FIS H M 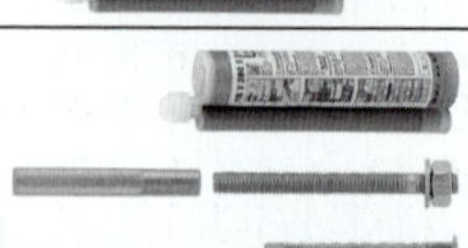 | | | | | ▲ | • | • | • | | • | • | • | • | • | • | | • | • | • | • | | |
| Injektions-System für Porenbeton | PBB<br>FIS G 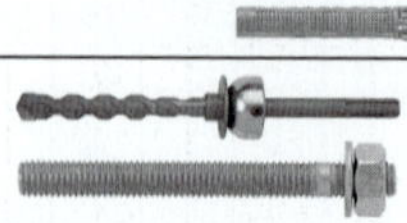 | | | | | ▲ | • | • | | | | | | | | • | | | | | | | |

## Befestigungs-Systemplan

▲ = DIBt-Zulassung ■ = ETA-Zulassung ● gut geeignet

Zugelassen für / Werkstoff:

| Befestigungs-Systemplan | | gerissener Beton | ungerissener Beton | Fassadenbefestigungen | abgehängte Decken | Mauerwerk | Stahl galvanisch verzinkt | Edelstahl A4 | Hochkorrosionsbeständiger Stahl 1.4529 |
|---|---|---|---|---|---|---|---|---|---|
| **Langschaftdübel** | | | | | | | | | |
| Langschaftdübel SXS |  | ▲ | | ▲ | | | ● | ● | |
| Universal-Rahmendübel FUR |  | | | ▲ | | | ● | ● | |
| Rahmendübel S-H-R |  | | | ■ | | | ● | ● | |
| Nageldübel N/NU |  | | | | | | ● | ● | |
| Nagelhülse FNH |  | | | | | | | | |
| Fensterschraube FS 45 und ASL |  | | | | | | ● | | |
| Fensterrahmendübel F-S |  | | | | | | ● | | |
| Metall-Rahmendübel F-M |  | | | | | | ● | | |
| Fensterrahmen-Schraube FFS/FFSZ |  | | | | | | ● | | |
| Justierdübel S 10 J |  | | | | | | ● | | |

Verankerungsgrund:

| Befestigungs-Systemplan | Beton | Spannbeton-Hohldeckenplatten | Naturstein dichtes Gefüge | Vollziegel | Kalksand-Vollstein | Vollstein aus Leichtbeton | Porenbeton | Vollgips-Platten | Hochlochziegel | Kalksand-Lochstein | Hohlblockstein aus Leichtbeton | Hohldecken aus Ziegel, Beton o.ä. | Gipskarton- und Gipsfaserplatten | Spanplatten |
|---|---|---|---|---|---|---|---|---|---|---|---|---|---|---|
| **Langschaftdübel** | | | | | | | | | | | | | | |
| Langschaftdübel SXS | ● | | ● | ● | ● | ● | | ● | | | ● | | | |
| Universal-Rahmendübel FUR | ● | | ● | ● | ● | ● | | ● | ● | ● | ● | | | |
| Rahmendübel S-H-R | ● | | ● | ● | ● | ● | ● | ● | ● | ● | ● | | | |
| Nageldübel N/NU | ● | | ● | ● | ● | ● | ● | ● | ● | ● | ● | | | |
| Nagelhülse FNH | ● | | ● | ● | ● | | | | | | | | | |
| Fensterschraube FS 45 und ASL | | | | | | | | | | | | | | |
| Fensterrahmendübel F-S | ● | | ● | ● | ● | ● | ● | ● | ● | ● | ● | | | |
| Metall-Rahmendübel F-M | ● | | ● | ● | ● | ● | ● | ● | ● | ● | ● | | | |
| Fensterrahmen-Schraube FFS/FFSZ | ● | | ● | ● | ● | ● | ● | ● | ● | ● | ● | | | |
| Justierdübel S 10 J | ● | | ● | ● | ● | ● | ● | ● | | | | | | |

### Befestigungslösungen für den Betonfertigteilbau

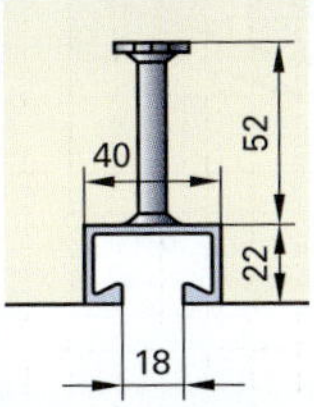


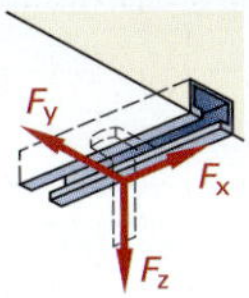


*F* = Zug in alle Lastrichtungen

**Montageschienen zum Einbetonieren**

Durch Einbauteile für Befestigungen können tragfähige, dauerhafte oder demontable Verbindungen hergestellt werden.

Die Einbauteile (Ankerschienen) bestehen aus U-förmigen Stahlprofilen mit angeschweißten Verankerungselementen. Sie werden vor dem Betoniervorgang auf der Schalung befestigt und ausgeschäumt. Für die anzuhängenden Bauteile werden entsprechende Hammer- oder Hakenkopfschrauben befestigt.

Schienen und Schrauben müssen bauaufsichtlich und für die Brandschutzklasse F90 bzw. F60 zugelassen sein.

Einzellasten bis ca. 25 kN Gesamtlast möglich.

### Montageschienen zum Andübeln / Anschrauben

| | | | | | | | | |
|---|---|---|---|---|---|---|---|---|
| Breite | mm | 27 | 28 | 30 | 38 | 40 | 40 | Materialstärke 1,25 mm bis 3,00 mm |
| Höhe | mm | 18 | 30 | 15 | 40 | 60 | 120 | |
| Länge | m | 2,00 bis 6,00 | | | | 4,00 | 6,00 | |

## 6.12 Bauglas, Glas

Fenster ▶ S. 160

Glas besteht aus etwa 60 % Quarzsand ($SiO_2$), 20 % Soda ($Na_2CO_3$) oder Pottasche ($K_2CO_3$), 10 % Kalkstein ($CaCO_3$) und 10 % Dolomit ($CaCO_3 \cdot MgCO_3$). Diese Rohstoffe werden fein gemahlen, gemischt und bei ≈ 1500 °C geschmolzen. Nach Abkühlung auf ≈ 1000 °C entsteht eine dickflüssige, formbare Glasschmelze. Durch Zugabe von Metalloxiden kann Glas gefärbt oder getrübt werden. Die Abkühlung auf Normaltemperatur erfolgt ohne Kristallisation.

| **Herstellungsverfahren** | |
|---|---|
| Ziehverfahren | Endloses Glasband wird aus der Schmelzwanne gezogen und nach Abkühlung in Tafeln geschnitten. |
| Walzverfahren | Die Glasschmelze fließt auf Walzen und wird von diesen auf die gewünschte Dicke gewalzt. |
| Pressverfahren | Eine abgewogene Menge der Glasschmelze wird zwischen einer Metallform und einer Gegenform gepresst. Verfahren zur Herstellung von Glasbausteinen, Glasdachziegeln, Flaschen usw. |
| Glasfaserherstellung | Die Glasschmelze wird durch feine Düsen gepresst, gezogen, abgekühlt und auf drehenden Trommeln zu dünnen Fäden aufgewickelt. |

| **Begriffe zu Glasarten und Glaserzeugnissen** (DIN 1259) | | |
|---|---|---|
| **Flachglas** | Oberbegriff für alle ebenen und gebogenen Scheiben | |
| **Sicherheitsglas** ist ein Flachglas, das nach Aufbau und Sicherheitswirkung unterschieden wird in: | **Drahtglas** | Durch die Drahtnetzeinlage bleibt im Bruchfall das Scheibengefüge erhalten. |
| | **Einscheiben-Sicherheitsglas ESG** | Durch die Vorspannung verfügt es über eine stark erhöhte Schlag- und Biegefestigkeit sowie Temperaturwechselbeständigkeit. Beim Bruch zerfällt es in eine Vielzahl kleiner Krümel. |
| | **Verbund-Sicherheitsglas VSG** | Die Glasscheiben werden durch organische Zwischenfolien, meistens aus Polyvinylbutyral, fest verbunden. Beim Bruch haften die Glasstücke fest an der Folie. |
| | **Angriffhemmende Verglasung** | Alte Bezeichnung Panzerglas, der ein- oder mehrschichtige Aufbau richtet sich nach den Widerstandsklassen der DIN EN 356, DIN EN 1063 und DIN EN 13541: durchwurfhemmende-, durchbruchhemmende-, durchschusshemmende- oder sprengwirkungshemmende Verglasung |
| **Schallschutzglas** | In der Regel ein Mehrscheiben-Isolierglas mit abgestimmten Glasdicken und Zwischenräumen, als Verbundglas mit organischer Zwischenschicht. Die Anforderungen aller Schalldämmklassen sind in der DIN 4109 bzw. VDI-Richtlinie 2719 festgelegt. Bei Mehrscheiben-Isolierglas ist die DIN EN 1279 anzuwenden. | |

| **Eigenschaften von Baugläsern** | |
|---|---|
| Rohdichte $\varrho$ | 2,4 kg/dm³ … 2,9 kg/dm³ |
| Ritzhärte nach Mohs | 6 … 7 |
| Wärmeleitfähigkeit $\lambda$ | 0,81 W/m K |
| Erweichungstemperatur | 600 °C |
| Festigkeit Druck | 900 N/mm² |
| Festigkeit Zug | 45 N/mm² |
| Elastizitätsmodul $E$ | 75 000 N/mm² |
| Querdehnzahl | 0,20 … 0,25 |

6

**Bestimmung der Scheibendicke**

Staudruck 0,8 kN/m² ≙ Gebäudehöhe 8 m ... 20 m
4-seitige Lagerung

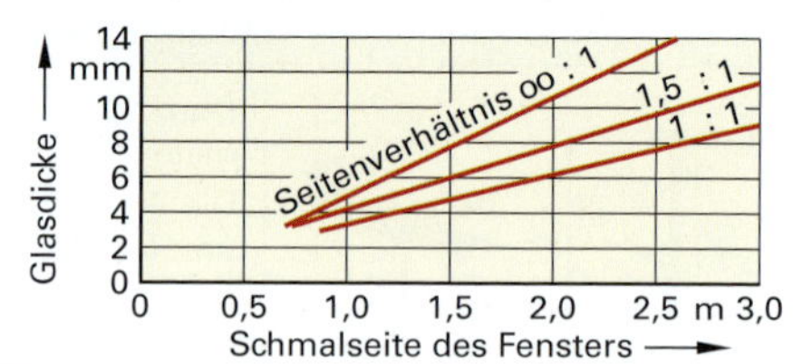


**Kennwerte von Flachglas** (ohne Beschichtung)

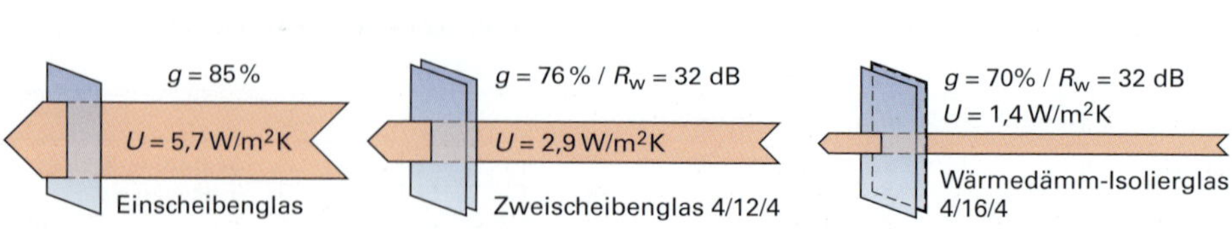

# 6.13 Ungebundene Schichten im Verkehrswegebau

Ungebundene Schichten bilden den volumenmäßig größten Anteil des Oberbaus von Straßen, Wegen und Eisenbahnlinien, aber auch von Terrassen oder Zufahrten. Sie bestehen aus geeigneten Gesteinskörnungen (▶ S. 218 ... 225) gemäß den Technischen Lieferbedingungen für Gesteinskörnungen im Straßenbau (TL Gestein-StB).

Die Anforderungen der zu liefernden Baustoffgemische enthalten die Technischen Lieferbedingungen für Baustoffgemische und Böden zur Herstellung von Schichten ohne Bindemittel im Straßenbau (TL SoB-StB), die Anforderungen der fertigen Schicht die Zusätzlichen Technischen Vertragsbedingungen und Richtlinien für den Bau von Schichten ohne Bindemittel im Straßenbau (ZTV SoB-StB).

## Grenzsieblinien nach den ZTV SoB für Schichten ohne Bindemittel

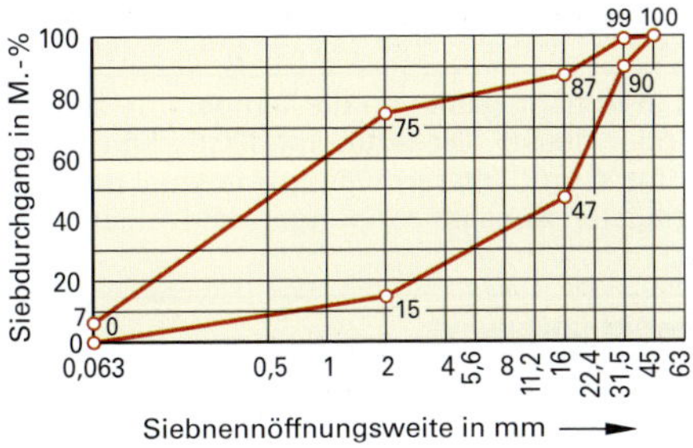


**Frostschutzschicht 0/32**

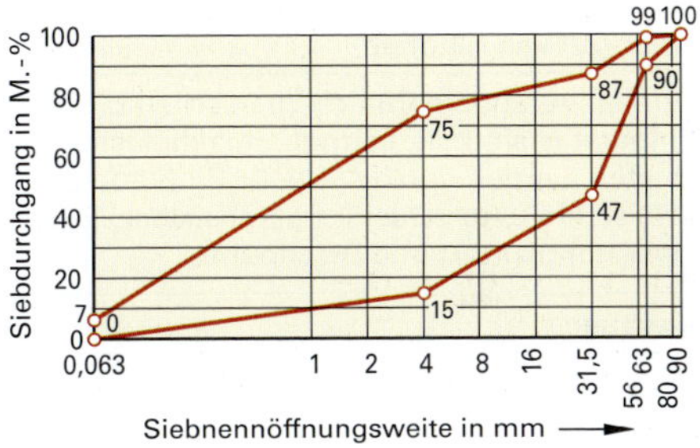


**Frostschutzschicht 0/63**

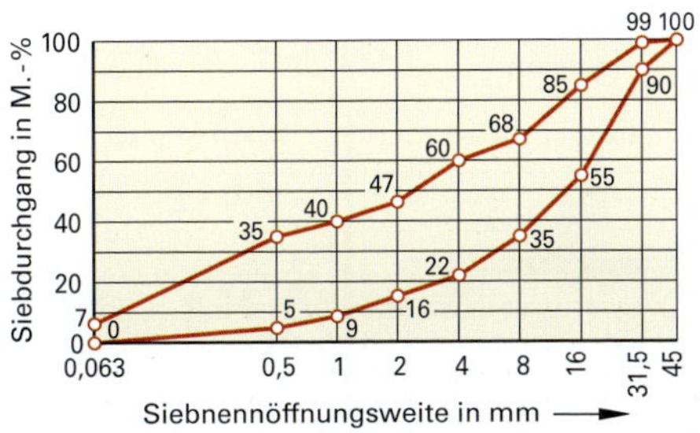


**Kies- und Schottertragschicht 0/32**

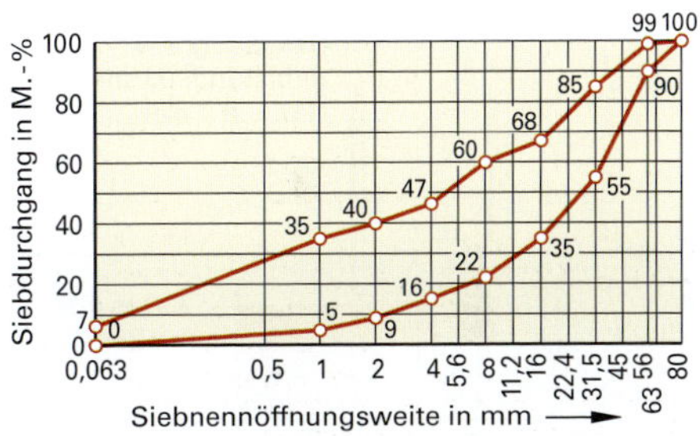


**Kies- und Schottertragschicht 0/56**

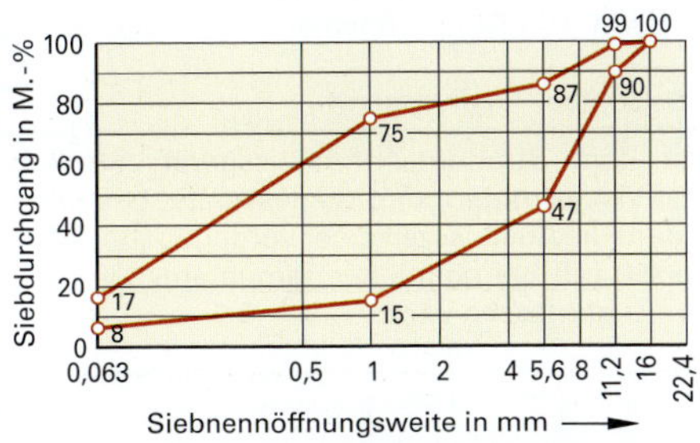


**Deckschicht ohne Bindemittel 0/11**

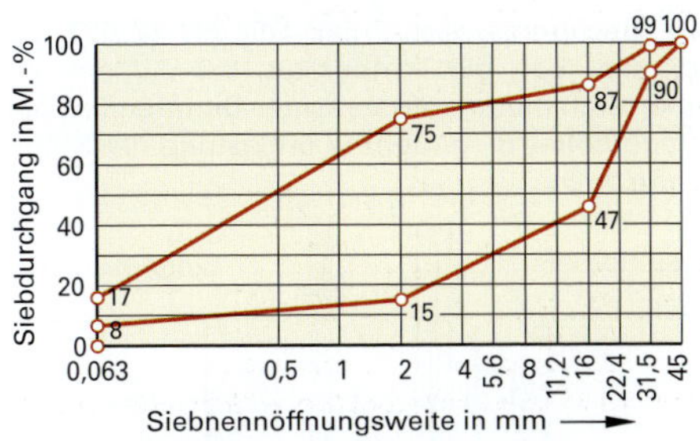


**Deckschicht ohne Bindemittel 0/32**

## Einbaudicken von Tragschichten ohne Bindemittel

| Größtkorn | 11 mm | 16 mm | 32 mm | 45 mm | 56 mm | 63 mm |
|---|---|---|---|---|---|---|
| Mindestschichtdicke der verdichteten Schicht | 3 cm | 5 cm | 12 cm | 15 cm | 18 cm | 20 cm |

6

# 6.14 Bitumige Stoffe

Bitumen, Teer und Pech sind Baustoffe organischen Ursprungs, die schwarz aussehen und deren Eigenschaften stark von der Temperatur abhängen. Alle Stoffe, die Bitumen, Teer oder Pech enthalten, also auch deren Mischung mit Gesteinen und deren Weiterverarbeitung in der Form von Dachbahnen, werden zusammengefasst als bitumige Stoffe bezeichnet. Bitumen und Teer sind organische Stoffe und chemisch gesehen Kohlenwasserstoffe.

## 6.14.1 Bitumen

Bitumen ist der Rückstand bei der Destillation von Erdöl. Durch die Destillation (= Verdampfung und anschließende Verflüssigung) wird das Erdöl in seine Bestandteile zerlegt. Je höher die Temperatur, je niedriger der Druck und je länger die Destillation gewählt wird, desto mehr flüssige Bestandteile entweichen und desto härter ist das verbleibende Bitumen.

### Prüfungen von Bitumen

Bitumen verändern ihre mechanischen Eigenschaften in Abhängigkeit von der Temperatur. Je nach Temperatur sind sie springhart, zähplastisch, weich oder flüssig. Diese thermoplastischen Eigenschaften werden durch spezielle Prüfverfahren bestimmt. Grundunterscheidungsmerkmal der Bitumen ist ihre unterschiedliche Konsistenz. Die drei wichtigsten Konsitenzprüfungen sind Penetration, Erweichungspunkt und Brechpunkt.

### Penetration

Als Penetration nach **DIN EN 1426** bezeichnet man die Eindringtiefe einer Nadel von 100 g Gewicht in 25 °C warmes Bitumen während einer Zeitspanne von 5 s.

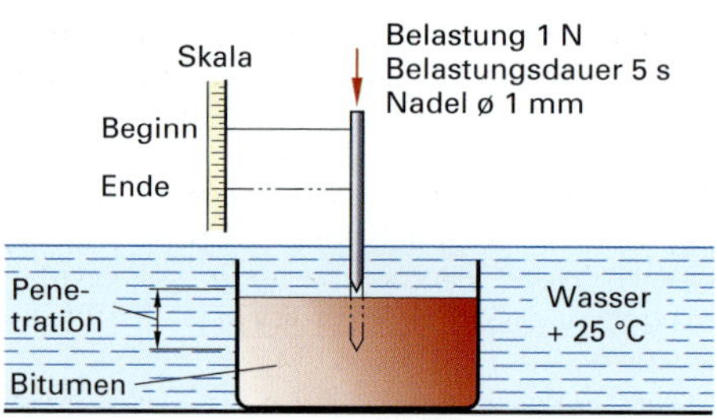


### Brechpunkt

Als Brechpunkt nach Fraaß **DIN EN 12 593** bezeichnet man die Temperatur, bei der ein auf einer Stahlplatte aufgebrachter Bitumenfilm bei wiederholter Biegung und Entlastung der Stahlplatte bricht.

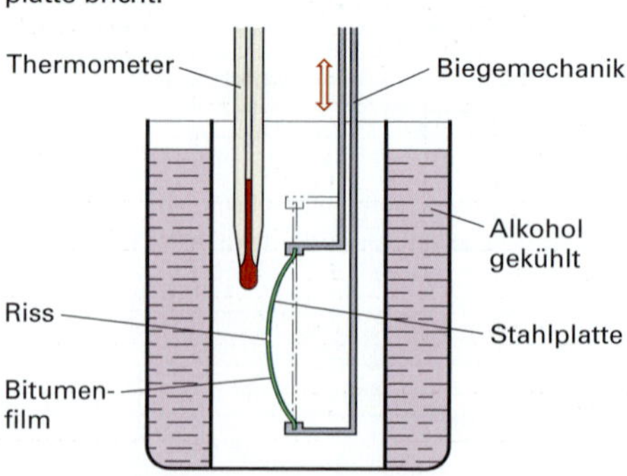


### Erweichungspunkt

Als Erweichungspunkt nach **DIN EN 1427** bezeichnet man die Temperatur, bei der ein durch eine Stahlkugel belasteter Bitumenfilm unter definierten Prüfbedingungen 25 mm durchhängt.

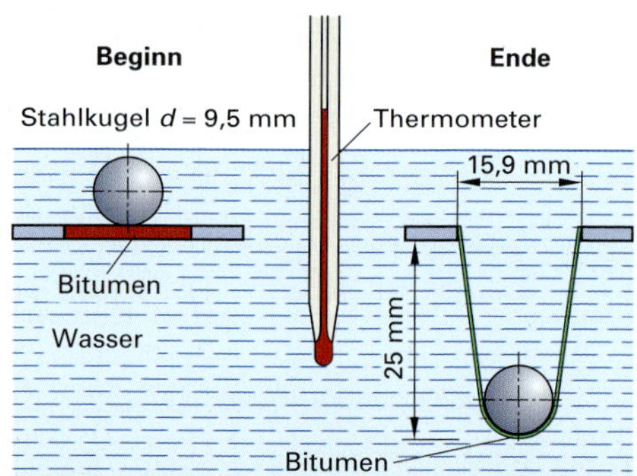


### Straßenteer-Ausflussgerät

Mit dem Straßenteer-Ausflussgerät (Straßenteer-Viskosimeter) wird die Viskosität bestimmt, indem die Ausflusszeit einer vorgegebenen Menge (50 ml) bei definierter Temperatur (30 °C ... 50 °C) gemessen wird.

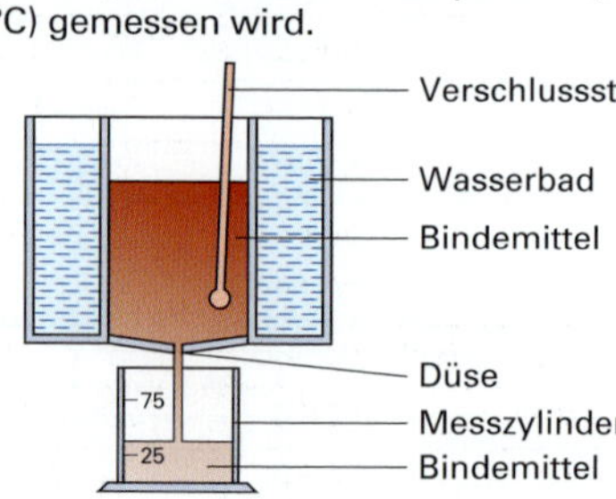

# 6.14 Bitumige Stoffe

| Arten von Bitumen und von Bitumenprodukten | Herstellung und Verarbeitungseigenschaften |
|---|---|
| **Destillations- oder Straßenbaubitumen** | Rückstand nach Vakuumdestillation bei hoher Temperatur und geringem Druck (≈ 300 °C, ≈ 65 hPa).<br>Destillationsbitumen werden zur Verarbeitung auf 160 °C ... 240 °C erhitzt und flüssig verarbeitet. |
| **Hartbitumen (Hochvakuumbitumen)** | Rückstand nach Vakuumdestillation bei hoher Temperatur und geringem Druck (≈ 400 °C, ≈ 25 hPa).<br>Verarbeitung flüssig bei ca. 250 °C. |
| **Oxidationsbitumen (geblasene Bitumen)** | Oxidationsbitumen entstehen nach Einblasen von Luft in flüssiges, ≈ 300 °C heißes Bitumen. Verarbeitung bei ca. 230 °C. |
| **Polymermodifizierte Bitumen (PmB)** | Bitumen mit Zusätzen von 3 % ... 30 % Polymere zur Verbesserung der Eigenschaften (Haftung, Erhöhung des Erweichungspunktes). |
| **Fluxbitumen, Weichbitumen** | Durch Verschnitt von Bitumen mit dünnflüssigen Ölen erhält man weiches Fluxbitumen. Fluxbitumen braucht zur Verarbeitung nur auf ≈ 140 °C erhitzt werden. |
| **Kaltbitumen, Bitumenlösungen** | Kaltbitumen sind Lösungen von Bitumen in Lösungsmitteln wie Benzin. Kaltbitumen werden kalt verarbeitet. Die Erhärtung erfolgt durch Verdunsten des Lösungsmittels, wobei gesundheitsschädliche Dämpfe entstehen können. |
| **Bitumenemulsionen** | Bitumenemulsionen sind Mischungen von 60 % ... 70 % Bitumen, Wasser und ca. 1 % Emulgatoren. Der Emulgator verhindert, dass die Bitumentröpfchen von 1 µm ... 5 µm ∅ zusammenfließen und sich von Wasser trennen.<br>Bitumenemulsionen binden ab, indem durch Kontakt mit Gestein die Emulgatorwirkung aufgehoben wird und anschließend das Wasser verdunstet. Nach der Zeit und bis zum Zerfall der Bitumenemulsion (Brechen) unterscheidet man 5 Brechklassen.<br>Für die unterschiedlichen Anwendungen, und zwar den Schichtenverbund, für das Anspritzen mit nachfolgendem Absplitten, für die Oberflächenbehandlung, für das Mischgut sowie für die Nachbehandlung hydraulisch gebundener Schichten, gibt es unterschiedliche Bitumenemulsionen.<br>Bitumenemulsionen können bei jeder Temperatur > 0 °C verarbeitet werden. |
| **Bituminöse Dickbeschichtung** | Ein- oder zweikomponentige Masse aus polymermodifizierter Bitumenemulsion, Füller, Feinsand und Faserstoffen zum Auftrag auf Mauerwerk zum Schutz gegen nichtdrückende Feuchtigkeit. |

**Anforderungen an Bitumen nach DIN EN 12 591 und nach Herstellerangaben**

| Bitumensorte | | Penetration $\frac{1}{10}$ mm | Erweichungspunkt Ring und Kugel °C Europa | Deutschland | Brechpunkt nach Fraaß °C |
|---|---|---|---|---|---|
| Straßenbaubitumen | 160/220 | 160 ... 220 | 35 ... 43 | 37 ... 43 | < – 15 |
| | 70/100 | 70 ... 100 | 43 ... 51 | 43 ... 49 | < – 10 |
| | 50/70 | 50 ... 70 | 46 ... 54 | 48 ... 54 | < – 8 |
| | 30/45 | 30 ... 45 | 52 ... 60 | 53 ... 59 | < – 5 |
| | 20/30 | 20 ... 30 | 55 ... 63 | 57 ... 63 | – |
| Hartbitumen | HVB 90/100 | 3 ... 8 | 90 ... 100 | – | |
| Oxidationsbitumen | 85/25 | 20 ... 30 | 80 ... 90 | < – 10 | |
| Fluxbitumen | FB 500 | ≈ 500 | – | – | |

## 6.14.2 Teer und Pech

Während der thermischen Zersetzung von Steinkohle bei etwa 1000 °C unter Luftabschluss entstehen neben Koks auch Gase. Während der Abkühlung der Gase scheidet sich Teer als Destillat ab. Die Trennung des Destillates ergibt flüssige Teeröle, zähflüssige Teerharze und Peche (Teerpeche). Die Begriffe Teer und Pech werden oft nicht genau unterschieden. Teer und Pech enthalten giftige Substanzen, werden seit 1989 nicht mehr hergestellt und sind deshalb als Sondermüll zu entsorgen.

## 6.14.3 Asphalt

Asphalt ist die Mischung von Gesteinskörnungen (Mineralstoffen) und Bitumen (Bindemittel). Je nach Zusammensetzung unterscheidet man Gussasphalt und Walzasphalt. Beim Gussasphalt ist der Bindemittelanteil so groß, dass alle Hohlräume der Gesteinskörnung mit Bitumen ausgefüllt sind. Beim Walzasphalt verbleiben nach der Mischung der Gesteinskörnungen und dem Bitumen Hohlräume im Mischgut. Dieses Mischgut muss während der Verarbeitung verdichtet werden (Walzen). Durch die neuen europäischen Normen für Asphalt DIN EN 13 108 werden die bisherigen deutschen Mischgutsorten für Asphaltbeton, Asphaltbinder, Asphalttragschicht und Asphalttragdeckschicht zusammengefasst unter dem Begriff „Asphaltbeton" (engl. Asphalt-Concrete AC), der alle Walzasphalte mit kontinuierlicher Sieblinie sowie mit einem geringen Hohlraumgehalt umfasst. Nach wie vor sind jedoch für die verschiedenen Schichten einer Straßenkonstruktion unterschiedliche Mischgutsorten erforderlich. Je nach Einbaudicke haben die einzelnen Sorten angepasste Größtkörner.

| Sorte und Anwendung | Abk. | Größtkorn[1] | Anwendung | Abk. | Beanspruchungsart | Abk. |
|---|---|---|---|---|---|---|
| Asphaltbeton | AC | 5, 8, 11, 16 | Deckschichten | D | | |
| Asphaltbeton | AC | 11, 16, 22 | Binderschichten | B | | |
| Asphaltbeton | AC | 16, 22, 32 | Tragschichten | T | Besondere | S |
| Splittmastixasphalt | SMA | 5, 8, 11 | Deckschichten | | Normale | N |
| Gussasphalt, Mastix A. | MA | 5, 8, 11 | Deckschichten | | Leichte | L |
| Asphaltbeton | AC | 16 | Tragdeckschichten | TD | | |
| Poriger Asphalt | PA | 8, 11, 16 | Deckschichten | | | |

[1] Das Größtkorn wird gerundet angegeben. Es sind die Quadratlochsiebe 5,6; 8; 11,2; 22,4 und 31,5 (in mm) zu verwenden.

### Verdichtungsgrad zur Überprüfung des Einbaus von Walzasphalt

$$k = \frac{\varrho_{BK}}{\varrho_{MPK}} \cdot 100$$

$k$ Verdichtungsgrad in %
$\varrho_{BK}$ Raumdichte Bohrkern
$\varrho_{MPK}$ Raumdichte Marshall-Probekörper (Labor)

**Beispiel**

AC 32 T S: Asphaltbeton mit dem Größtkorn von 32 mm für Asphalttragschichten von Straßen mit besonderer Belastung

6

### Zusammensetzung von Asphalt (Auswahl nach TL Asphalt 07)

**Splittmastixasphalt SMA 8 S**

| | |
|---|---|
| Gesteinskörnung | $C_{100/0}$; $C_{95/1}$; $C_{90/1}$ $SZ_{18}/LA_{20}$ |
| Bindemittelgehalt: | > 7,2 Masse-% |
| Bindemittelsorte: | PmB 25/55-55<br>Bitumen 50/70 |
| Bindemittelträger: | 0,3 bis 1,5 M.-% |
| Hohlraumgehalt MPK: | 2,5 bis 3,0 Vol.-% |
| Einbaudicke nach ZTV: | 3,0 bis 4,0 cm |
| Einbaugewicht nach ZTV: | 75 bis 100 kg/m² |
| Verdichtungsgrad: | > 97,0 % |
| Hohlraumgehalt eingebaut: | < 5,0 Vol.-% |
| Anwendung: | Deckschichten von stark belasteten Straßen |

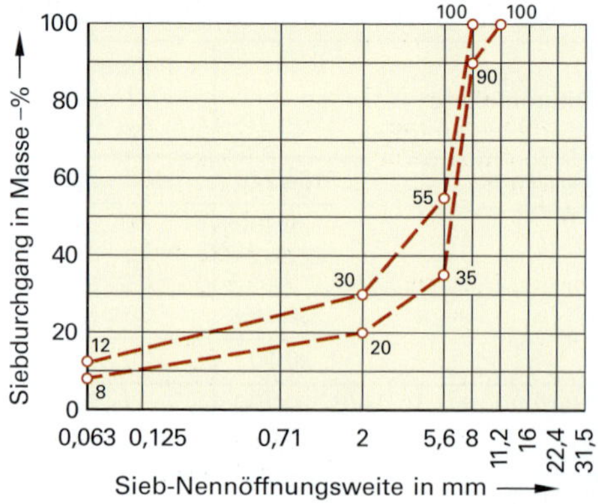

## Zusammensetzung von Asphalt (Auswahl, Fortsetzung)

**Asphaltbeton für Deckschichten AC 11 D N**

| | |
|---|---|
| Gesteinskörnung: | $C_{90/1}$; $SZ_{22}/LA_{25}$ |
| Bindemittelgehalt: | > 6,2 Masse-% |
| Bindemittelsorte: | Bitumen 70/100<br>Bitumen 50/70 |
| Hohlraumgehalt MPK: | 1,5 bis 3,5 Vol.-% |
| Einbaudicke nach ZTV: | 3,5 bis 4,5 cm |
| Einbaugewicht nach ZTV: | 85 bis 115 kg/m² |
| Verdichtungsgrad: | > 97,0 % |
| Hohlraumgehalt eingebaut: | < 5,5 Vol.- % |
| Anwendung: | Deckschichten von normal belasteten Straßen |

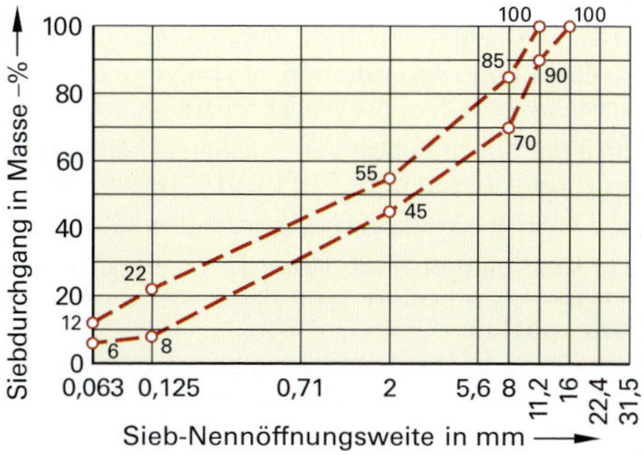


**Asphaltbeton für Binderschichten AC 16 B N**

| | |
|---|---|
| Gesteinskörnung: | $C_{90/1}$; $SZ_{22}/LA_{25}$ |
| Bindemittelgehalt: | > 4,4 Masse-% |
| Bindemittelsorte: | Bitumen 50/70<br>Bitumen 30/45 |
| Hohlraumgehalt MPK: | 2,5 bis 5,5 Vol.-% |
| Einbaudicke nach ZTV: | 5,0 bis 6,0 cm |
| Einbaugewicht nach ZTV: | 125 bis 150 kg/m² |
| Verdichtungsgrad: | > 97,0 % |
| Anwendung: | Binderschichten von normal belasteten Straßen |

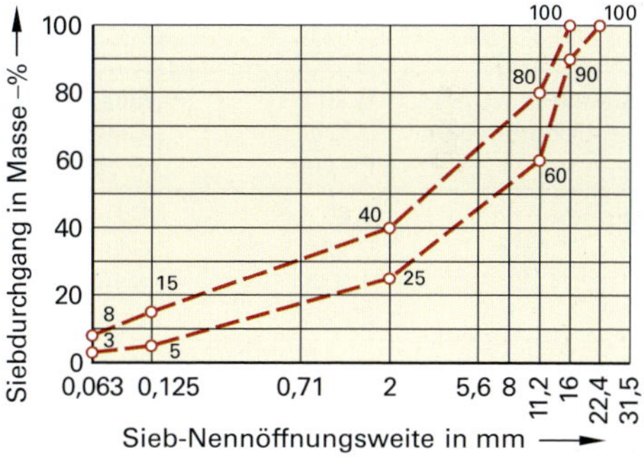


**Asphaltbeton für Tragschichten AC 32 T N**

| | |
|---|---|
| Gesteinskörnung: | keine Bruchflächigkeitsanforderungen |
| Bindemittelgehalt: | > 4,0 Masse-% |
| Bindemittelsorte: | Bitumen 50/70<br>Bitumen 70/100 |
| Hohlraumgehalt MPK: | 4,0 bis 10,0 Vol.-% |
| Einbaudicke nach ZTV: | > 8,0 cm |
| Einbaugewicht nach ZTV: | > 185 kg/m² |
| Verdichtungsgrad: | > 97,0 % |
| Anwendung: | Asphalttragschichten von normal belasteten Straßen |

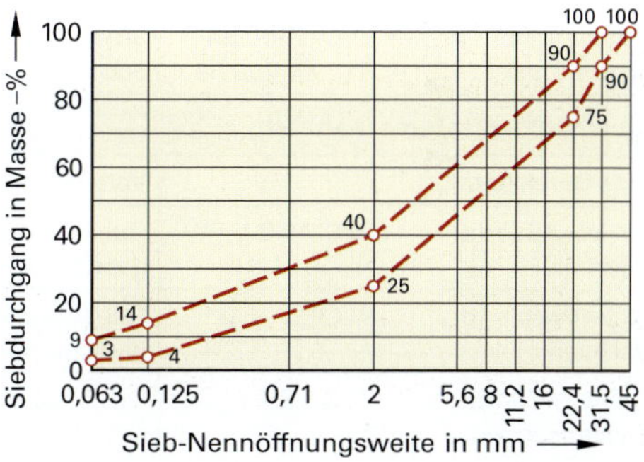


**Gussasphalt MA 11 S**

| | |
|---|---|
| Gesteinskörnung: | $C_{90/1}$; $SZ_{18}/LA_{20}$ |
| Bindemittelgehalt: | > 6,8 Masse-% |
| Bindemittelsorte: | Bitumen 20/30; 30/45<br>PmB 10/40-65<br>PmB 25/55-55 |
| Einbaudicke nach ZTV: | 3,5 bis 4,0 cm |
| Einbaugewicht nach ZTV: | 85 bis 100 kg/m² |
| Anwendung: | Deckschichten von stark belasteten Straßen, Deckschichten auf Brücken |

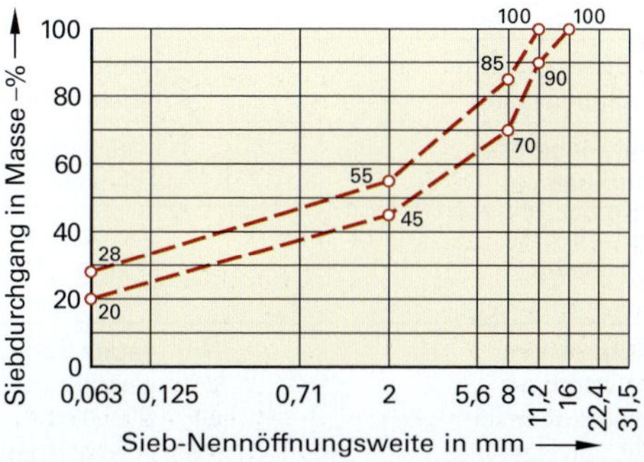


6

## 6.14.4 Dachpappen, Dachbahnen und Dichtungsbahnen

Nach der europäischen Norm, der DIN EN 13 707, können die Hersteller von Bitumendachdichtungsbahnen verschiedene Eigenschaften ihres Produktes angeben. Dieses sind u.a. das Brandverhalten, das Zug-Dehnungsverhalten, die maximale Dehnung, der Widerstand gegen statische Belastung, das Kaltbiegeverhalten, die Wasserdichtheit sowie der Widerstand gegen Durchwurzelung.

Durch die Kombination von mechanischen und thermischen Beanspruchungsstufen werden 4 Beanspruchungklassen gebildet: IA, IIA, IB und IIB.

IA hohe thermische Beanspruchung, Stufe A + hohe mechanische Beanspruchung, Stufe I

IIB mäßige thermische Beanspruchung, Stufe B + mäßige mechanische Beanspruchung, Stufe II

**Bitumenbahnen**

| Arten / Bezeichnung | | Verarbeitung | Art der Einlage | | DIN-Norm |
|---|---|---|---|---|---|
| Bitumendachbahn | R 333<br>R 500 | Gießverfahren<br>Gießverfahren | Rohfilzeinlage<br>Rohfilzeinlage | 333 g/m²<br>500 g/m² | 52 128 |
| Nackte Bitumenbahn | R 333 N<br>R 500 N | Gießverfahren<br>Gießverfahren | Rohfilzeinlage<br>Rohfilzeinlage | 333 g/m²<br>500 g/m² | 52 129 |
| Bitumen-Dachdichtungsbahn | G 200<br>J 300<br>PV 200 | Gießverfahren<br>Gießverfahren<br>Gießverfahren | Glasgewebe<br>Jutegewebe<br>Polyestervlies | 200 g/m²<br>300 g/m²<br>200 g/m² | 52 130 |
| Bitumen-Schweißbahn | V 60 S<br>G 200<br>J 300<br>PV 200 | Schweißverfahren<br>Schweißverfahren<br>Schweißverfahren<br>Schweißverfahren | Glasvlies<br>Glasgewebe<br>Jutegewebe<br>Polyestervlies | 60 g/m²<br>200 g/m²<br>300 g/m²<br>200 g/m² | 52 131 |
| Bitumen-Dachbahn | V 13 | Gießverfahren | Glasvlies<br>Bitumenmenge | <br>1300 g/m² | 52 143 |
| Polymerbitumen-Dachdichtungsbahn | PYE-G 200<br>PYE-PV 200 | Gießverfahren<br>Gießverfahren | Glasgewebe<br>Polyestervlies | 200 g/m²<br>200 g/m² | 52 132 |
| Polymerbitumen-Schweißbahn | PYE-G 200 S4<br>PYE-PV 200 S4 | Schweißverfahren<br>Schweißverfahren | GW 200 g/m²,<br>PV 200 g/m², | $d = 4$ mm<br>$d = 4$ mm | 52 133 |

**Kunststoff-/Elastomerbahnen**

| Art / Bezeichnung | | Verbindung | Dicke, Aufbau | DIN-Norm |
|---|---|---|---|---|
| Polyvinylchlorid-Dachbahn | PVC-P-NB-V-PW | Quell-, Warmgasschweißen | verstärkt mit PW; Dicken 1,2 mm; 1,5 mm; 2,0 mm | 16 734 |
| Polyvinylchlorid-Dachbahn | PVC-P | Quell-, Warmgasschweißen | nicht verstärkt; Dicken 1,2 mm; 1,5 mm; 2,0 mm | 16 730 |
| Polyvinylchlorid-Dichtungsbahn | PVC-P-BV | Quell-, Warmgasschweißen | Dicken 1,2 mm; 1,5 mm; 2,0 mm | 16 937 |
| Polyvinylchlorid-Dichtungsbahn | PVC-P-NB | Quell-, Warmgasschweißen | | 16 938 |
| Polyisobutylen-Dichtungsbahn | PIB | Quellschweißen, Kleben | Dicke > 1,5 mm | 16 935 |
| Polyisobutylen-Dachbahn | PIB | Quellschweißen, Kleben | Dicke > 1,5 mm | 16 731 |
| Polyethylen-Dachbahn | PE-C-E-PW | Schweißen, Kleben | Dicken 1,2 mm; 1,5 mm; 2,0 mm kaschiert, mit Gewebeeinlage | 16 736 |

Kurzzeichen:
K kaschiert,
BV bitumenverträglich,
PV Polyestervlies
N nackte Bahn, d.h. keine Abstreuung mit Sand oder ähnlichen Stoffen
V verstärkt,
GV Glasvlies
PW Polyestergewebe
NB nicht bitumenverträglich
GW Glasgewebe
J Jutegewebe

6

## 6.15 Anstrichstoffe

**Anstrich- und Beschichtungsstoffe** sind flüssige Stoffe, die gleichmäßig durch Streichen, Spritzen oder Tauchen auf Bauteile aufgetragen werden. Nach der Lichtdurchlässigkeit unterscheidet man zwischen deckenden, durchscheinenden (lasierenden) und durchsichtigen Anstrichen. Die Farben sind nach **RAL 840 HR** bzw. nach der **DIN-Farbkarte 6164** genormt.

| **Arten, Eigenschaften, Anwendungsgebiete** | | |
|---|---|---|
| **Öle** | Transparente, schwach pigmentierte Beschichtungsstoffe für Holz. Sie dringen ca. 1...3 mm in das Holz ein und intensivieren die Holzfarbe und die Textur. | |
| | Verwendung: | Innen und Außen<br>Geringer Schutz bei farbloser Beschichtung |
| | Verbrauch: | 0,03 ... 0,10 l/m² |
| | Sorten: | Normale Öle, Hartöle, Teaköl, Leinölfirnis |
| **Wachse** | Beschichtungsstoffe für Holz im Innenbereich. | |
| | Sorten: | Bienenwachs, Karnaubawachs auf Pflanzenbasis, synthetische Wachse |
| **Lasuren** | Transparente, schwach pigmentierte Beschichtungsstoffe für Holz. Sie dringen ca. 1 mm ... 3 mm in das Holz ein. | |
| | Verwendung: | Innen und Außen |
| | Sorten: | lösemittelhaltige Lasuren<br>Basis: Naturharze, Alkydharze,<br>lösemittelarme, wasserverdünnbare Lasuren<br>Basis: Acrylate, Alkydharze |
| | Unterschiede: | Dünnschicht-Lasur: ~ 0,005 mm je Auftrag<br>Dickschicht-Lasur: ~ 0,020 mm je Auftrag |
| **Lacke** | Transparente, schwach oder stark pigmentierte oder farbstoffhaltige Beschichtungsstoffe. Sie bestehen aus den schichtbildenden Harzen sowie den Löse- und / oder Verdünnungsmitteln. | |
| | Verwendung: | Innen und Außen |
| | Untergrund: | Holz, Metall, fast alle Untergrunde |
| | Verbrauch: | 0,08 l/m² bis 0,25 l/m² pro Arbeitsgang |
| | Schichtdicke: | 0,08 mm bis 0,20 mm |
| | Sorten: | ■ Alkydlack ■ Acryllack ■ Polyurethanlack<br>■ Celluloselack |
| **Reaktionslack 2-Komponenten Lack** | besteht aus Stammlack und Härter | |
| | Mischungsverhältnis: | 10 ... 20 : 1. |
| | Verbrauch: | 0,06 l/m² bis 0,12 l/m² |
| | Erhärtungszeit: | 2 h ... 3 h |
| | Anwendung: | normale und hochbeanspruchte Flächen. |
| **Kunststoff-dispersionsfarbe KD-Farbe Binderfarben** | Diese Anstrichstoffe enthalten in Wasser dispergierte Polymerisationsharze, Weichmacher, Füllstoffe oder Pigmente | |
| | Eigenschaft: | Wasserverdünnbar |
| | Anwendung: | Fast alle Untergrunde |
| | Verdünnungsmittel: | Wasser |
| | Untergrund: | Mauerwerk, Putz, Beton,<br>Stahl nach Rostschutzanstrich |
| **Kalkfarbe** | Weißkalkhydrat mit Wasser | |
| | Untergrund: | Putz, Beton, Mauerwerk |
| | Anwendung: | Innen und Außen |
| **Kaltbitumen** | Bitumen und Lösemittel (Testbenzin, Terpentin) | |
| | Untergrund: | Beton, Mauerwerk, Putz |
| | Anwendung: | Sperranstriche, Voranstriche, Korrosionsschutz |
| **Bitumenemulsion** | Bitumen und Wasser und Emulgator | |
| | Untergrund: | Beton, Mauerwerk, Putz |
| | Anwendung: | Sperranstriche, Voranstriche, Korrosionsschutz |

## Arbeitsschutz

VOC-Richtlinie hat den Zweck bei Farben und Lacken die Lösemittelemission zu reduzieren.
VOC: volatile organic compounds, flüchtige organische Verbindungen

| Produktkategorie | Typ | max VOC g/l |
|---|---|---|
| Beschichtungsstoffe für Holz-, Metall- oder Kunststoffe, innen und außen | Wb<br>Lb | 130<br>300 |
| Klarlacke und Lasuren einschließlich sogenannter deckender Lasuren, innen und außen | Wb<br>Lb | 130<br>400 |
| Minimal filmbildende Lasuren (Lasuren mit einer Trockenschichtdicke < 5 µm) | Wb<br>Lb | 130<br>700 |
| absperrende Grundbeschichtungsstoffe (Stoffe mit Versiegelungs- oder absperrenden Eigenschaften) | Wb<br>Lb | 30<br>350 |
| verfestigende Grundbeschichtungsstoffe (z.B. zum Schutz des Holzes vor Bläuepilzbefall) | Wb<br>Lb | 30<br>750 |
| Einkomponenten-Speziallack (Filmbildender Beschichtungsstoff) | Wb<br>Lb | 140<br>500 |
| Zweikomponenten-Speziallack für bestimmte Verwendungszwecke, z.B. Bodenbehandlung | Wb<br>Lb | 140<br>500 |

Wb: Wasserbasis (Viskosität mit Wasser eingestellt)
Lb: Lösemittelbasis (Viskosität mit Lösemittel eingestellt)

Die Lackmischungen geben flüchtige Lösemittel ab, diese werden in g/l gemessen.

Die Grenzwerte in g VOC pro Liter Beschichtungsstoff gelten für die gebrauchsfertige Mischung.

Der gesamte VOC-Gehalt eines Produktes darf den festgesetzten Grenzwert nicht überschreiten.

Lacke mit einem höheren Gehalt an organischen Lösemitteln dürfen für fest eingebaute Bauteile (Fenster, Türen, Zargen, Treppen, Fußböden und fest eingebaute Vertäfelungen) in oder an Gebäuden nicht mehr verwendet werden.

**Imprägnierungen** dringen tief in einen porösen Untergrund. Sie schützen Holz vor Fäulnis oder wirken wasserabweisend auf Putz- und Mauerwerksflächen.

**Versiegelungen** dringen in die Poren des Untergrundes ein und verschließen sie, z. B. Parkettfußböden.

### Lagerung von Lacken und Lösemitteln

Die flüssigen Beschichtungsstoffe werden nach ihren Flammpunkten in unterschiedliche Gruppen eingeteilt:
- hochentzündlich (Flammpunkt unter 0 °C, Siedepunkt bis 35 °C)
- leichtentzündlich (Flammpunkt 0 °C … < 21 °C)
- entzündlich (Flammpunkt > 21 °C … < 55 °C)

Diese müssen in besonderen Räumen gelagert werrden. Die Räume müssen gegen Auslaufen und Brand mit Baustoffen der Baustoffklasse DIN 4102-A gesichert sein.

Eine Lagerung in Arbeitsräumen, Durchgängen, Durchfahrten, Treppenräumen, Fluren, Dächern oder Dachräumen ist nicht zulässig.
Lager mit mehr als 10000 l Beschichtungsstoffen sind erlaubnisbedürftig.
In Lackierräumen und gesonderten Bereichen (Vorraum) darf höchsten der Bedarf einer Arbeitsschicht gelagert werden.
Die Lager- und Arbeitsräume müssen den Brand- und Explosionsschutz-Bestimmungen entsprechen.
Die Lagerräume müssen ausreichend be- und entlüftet werden.

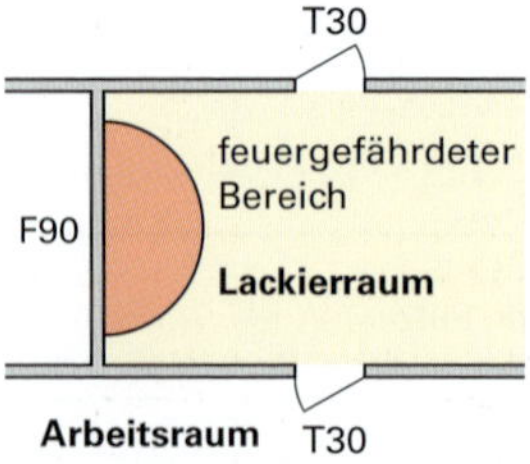


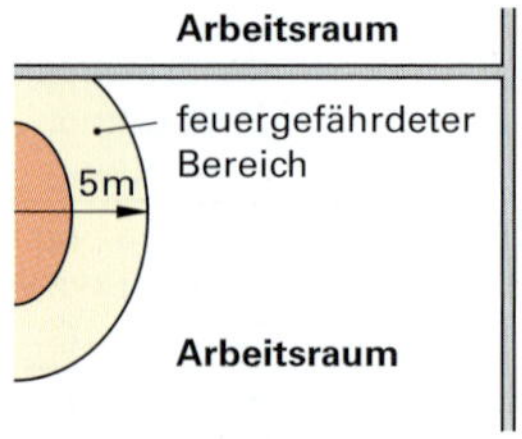


explosionsgefährdeter Bereich — feuergefährdeter Bereich

6

## 6.16 Gefahrstoffe im Bauwesen

Der Umgang mit Gefahrstoffen ist auf der Grundlage des Chemikaliengesetzes durch die Gefahrstoffverordnung (GefStoffV), der Liste über die maximal am Arbeitsplatz zulässige Konzentration (MAK-Liste) sowie in einer Reihe von Unfallverhütungsvorschriften der Berufsgenossenschaften geregelt. Die folgende Tabelle ist nicht vollständig. Weitere Informationen über die Gefährdung und den sachgerechten Umgang erteilen die Berufsgenossenschaften sowie die Gewerbeaufsichtsämter. Für die hier dargestellten Symbole gilt eine Übergangszeit bis 2015.

| Gefahrensymbol | Bedeutung, Untergruppen | Stoffe | Anwendung im Bauwesen |
|---|---|---|---|
|  | Explosionsgefährlich E<br>E: engl. explosive<br>R 2, R 3 ► S. 280 | Sprengstoffe<br>Stoffe, in festem oder flüssigem Zustand, die durch Erwärmung oder eine nicht außergewöhnliche Beanspruchung durch Schlag zur Explosion gebracht werden. | Sprengarbeiten |
|  | Hochentzündlich F+<br>Leichtentzündlich F<br>F: engl. flammable<br>R 12 | Propan, Nitro-Verdünnung<br>Kaltbitumen, Klebstoffe<br>Stoffe, die sich bei gewöhnlicher Temperatur erhitzen und entzünden können oder in festem Zustand durch Einwirkung einer Zündquelle entzündet werden. | Heizgas<br>Anstricharbeiten<br>Dichtungsanstrich<br>Fußbodenverlegung<br>Bauwerksabdichtungen |
|  | Brandfördernd 0<br>0: engl. oxidizing<br>R 7, R 8, R 9 | Stoffe, die bei Berühren mit anderen, insbesondere entzündlichen Stoffen, so reagieren, dass Wärme in großer Menge frei wird. | |
|  | Ätzende Chemikalie C<br>C: engl. corrosive<br>R 34, R 35 | Natronlauge<br>Stoffe, die durch Berühren die Haut oder Material zerstören können. | Baustoffprüfungen |
|  | Sehr giftig T+<br>Giftig T<br>T: engl. toxic<br>R 23, R 24, R 25, R 39, R 40 | Unkraut-bekämpfungsmittel<br>Stoffe, die durch Einatmen, Verschlucken oder Aufnahme durch die Haut erhebliche Gesundheitsschäden oder den Tod verursachen können. | Unkrautbekämpfung |
|  | Mindergiftig Xn / Reizend Xi<br>Die Maurerkrätze wird begünstigt durch die Alkalität des Frischmörtels und wird vor allem durch den Chromatgehalt des Zementes ausgelöst. Das Chromat entsteht naturbedingt bei der Zementherstellung, ebenso wie die Alkalität des Frischmörtels. | Nitro-Verdünnung,<br>Abbeizer<br>CKB-Holzschutzmittel (Chrom-, Kupfer-, Borverbindungen)<br>Zement (außer chromatarme Zemente) | Anstricharbeiten<br>Holzschutz<br>Stoffe, die durch Einatmen, oder Aufnahme durch die Haut Gesundheitsschäden geringeren Ausmaßes verursachen können. |
| Stoffe in der MAK-Liste (Maximale Arbeitsplatzkonzentration) | III, A1: Stoffe, die erfahrungsgemäß bösartige Geschwülste verursachen können<br>III, A2: Stoffe die sich bisher im Tierversuch als krebserzeugend erwiesen haben<br>VI: Holzstaub (Ei) (Bu) | Quecksilberverbindungen,<br>Asbest<br>(< 0,05 mg/m³ Luft)<br>seit ~ 1990 verboten<br>Teerpech (seit 1989 keine Anwendungen)<br>Dichlormethan $CH_2Cl_2$ | Rohre, Verkleidungen aus Faserbeton (veraltet),<br>feuerbeständige Auskleidungen<br>Alte Straßen<br>Abbeizarbeiten |

6

## Sicherheitskennzeichnung am Arbeitsplatz

vgl. BGV AB (2002) und DIN 4844 (2001) (2005)

### Verbotszeichen

Rauchen verboten

Feuer, offenes Licht und Rauchen verboten

Für Fußgänger verboten

Mit Wasser löschen verboten

Kein Trinkwasser

Für Flurförderfahrzeuge verboten

Nichts abstellen oder lagern

Zutritt für Unbefugte verboten

### Warnzeichen

Warnung vor feuergefährlichen Stoffen

Warnung vor explosionsgefährlichen Stoffen

Warnung vor giftigen Stoffen

Warnung vor ätzenden Stoffen

Warnung vor radioaktiven Stoffen

Warnung vor Flurförderfahrzeugen

Warnung vor schwebender Last

Warnung vor gefährlicher elektrischer Spannung

Warnung vor einer Gefahrenstelle

Warnung vor Laserstrahl

### Gebotszeichen

Augenschutz tragen

Schutzhelm tragen

Gehörschutz tragen

Atemschutz tragen

Schutzschuhe tragen

Schutzhandschuhe tragen

6

### Rettungszeichen

Rettungsweg nach links

Richtungsangabe für Rettung[1]

Erste Hilfe

Notdusche

Augenspüleinrichtung

Krankentrage

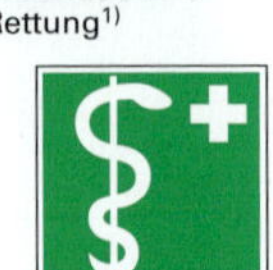
Arzt ↑

Notausgang[2] →

[1] Nur in Verbindung mit weiteren Rettungszeichen anzuwenden.
[2] Über dem Notausgang anzubringen.

## Sicherheitsfarben

vgl. DIN 4844 T1 (2005)

| | | | | |
|---|---|---|---|---|
| **Farbe** | rot | gelb | grün | blau |
| **Bedeutung** | Halt, Verbot | Vorsicht! Mögliche Gefahr | Gefahrlosigkeit erste Hilfe | Gebotszeichen Hinweise |
| **Kontrastfarbe** | weiß | schwarz | weiß | weiß |
| **Farbe des Bildzeichens** | schwarz | schwarz | weiß | weiß |
| **Anwendungsbeispiele** (vgl. auch Sicherheitskennzeichnung) | Haltezeichen, Not-Aus, Verbotszeichen, Material zur Feuerbekämpfung | Hinweis auf Gefahren (z. B: Feuer, Explosion, Strahlen); Hinweis auf Hindernisse (z. B. Schwellen, Gruben) | Kennzeichnung von Rettungswegen und Notausgängen; Erste-Hilfe- und Rettungsstationen | Verpflichtung zum Tragen einer persönlichen Schutzausrüstung. Standort eines Telefons |

## MAK- und TRK-Werte ausgewählter Stoffe/krebserzeugende, erbgutverändernde oder fortpflanzungsgefährdende Stoffe (TRGS 905)

**Grenzwerte in der Luft am Arbeitsplatz lt. GefStoffV (TRGS 900):**

- Maximale Arbeitsplatzkonzentration (MAK) ist die Konzentration eines Stoffes in der Luft, bei der i.A. die Gesundheit des Beschäftigten nicht beeinträchtigt wird.
- Technische Richtkonzentration (TRK) ist die Konzentration eines Stoffes in der Luft am Arbeitsplatz, die nach dem Stand der Technik erreicht werden kann.

| Stoff | Grenzwert MAK ($ml/m^3$) | Grenzwert TRK ($mg/m^3$) | TRGS 900 Kategorie | TRGS 900 Bemerkung | TRGS 905 Einstufung/Kategorie | TRGS 905 Kennbuchstabe |
|---|---|---|---|---|---|---|
| Aceton | 500 | 1200 | II, 2 | | | F |
| Acrylnitril | 3 | 7 | VI | H, TRK | K / 2 | F, T |
| Ammoniak | 50 | 35 | I | Y | | T |
| Arsenverbindungen | | 0,1 G | VI | TRK | K / 1 | T |
| Benzol | 1 | 3,2 | | | K / 1, M / 2 | F, T |
| 2-Butanol | 100 | 300 | II, 1 | | | Xn |
| Chlorwasserstoff | 5 | 7 | I | Y | | C |
| Chrom-Verbindungen | | 0,1 G | VI | TRK | K / 1, 2 | |
| Dichlormethan | 100 | 360 | II, 2 | | K / 3 | Xn |
| Ethanol | 1000 | 1900 | IV | | | F |
| Ethylacetat | 400 | 1400 | I | | | F |
| Fluoride | | 2,5 G | I | | | |
| Formaldehyd | 0,5 | 0,6 | I | Y, H | K / 3 | T |
| Holzstaub (Ei, Bu) | | 2 G | VI | TRK | K / 1 | |
| Kohlenmonoxid | 30 | 33 | II | | | F; T |
| Methanol | 200 | 260 | II, 1 | H | | F; T |
| Nicotin | 0,07 | 0,5 | II, 1 | H | | T |
| Oxalsäure | | 1 G | | H | | |
| Ozon | 0,1 | 0,2 | I | | | |
| Phenol | 5 | 19 | I | H | | T |
| Quecksilberverbindungen | | 0,01 G | III | H | | |
| Styrol | 20 | 85 | II, 1 | Y | | Xi |
| Vinylacetat | 10 | 35 | I | | K / 3 | F |
| Vinylchlorid | 2 | 5 | VI | TRK | K / 1 | F; T |
| Wasserstoffperoxid | 1 | 1,4 | I | | | |

| | |
|---|---|
| Spalte Grenzwerte | G gemessen als Gesamtstaub |
| Spalte Kategorie | I ... VI Kategorie für Kurzzeitwerte |
| Spalte Bemerkung | H hautresorptiv; TRK Technische Richtkonzentration;<br>Y kein Risiko der Fruchtschädigung bei Einhaltung der MAK und BAT |
| Spalte Einstufung/Kategorie | K krebserzeugend; M erbgutverändernd; $R_E$ fruchtschädigend;<br>1 – 3 Kategorien nach GefStoffV |

## Sicherheitsdatenblätter, R-Sätze und S-Sätze

Hersteller, Einführer oder Inverkehrbringer gefährlicher Stoffe oder Zubereitungen müssen den Abnehmern ein EG-Sicherheitsdatenblatt in deutscher Sprache zur Verfügung stellen (§ 14 GefStoffV).

**Muster eines Sicherheitsdatenblattes** (Auszugsweise, da Original 5 Seiten umfasst)

### Sicherheitsdatenblatt

Seite: 1/5

gemäß 91/155/EWG

Druckdatum: **29.08.05**
überarbeitet am: **02.04.06**

**1 Stoff-/Zubereitungs- und Firmenbezeichnung**

Angaben zum Produkt

Handelsname: **DD-Härter**

Artikelnummer: **21127001**

Hersteller/Lieferant:
Tel: Fax:

Auskunftgebender Bereich: **Abteilung Labor**

**2 Zusammensetzung/Angaben zu den Bestandteilen**

Chemische Charakterisierung

Beschreibung:
**Gemisch aus nachfolgend angeführten Stoffen mit ungefährlichen Beimengungen.**

Gefährliche Inhaltsstoffe:

| CAS-Nr. | Bezeichnung | % | Kennb. | R-Sätze |
|---|---|---|---|---|
| 108-10-1 | Methylisobutylketon | 50–100 | F | 11 |
| 123-86-4 | n-Butylacetat | 10–25 | | 10 |
| 108-65-6 | 2-Methoxy-1-methylethylacetat | 2,5–10 | XL | 10-36 |
| 26471-62-5 | 2.4-/2.6-Diisocyanat-Toluol | < 0,5 | T | 23-36/37/38-42 |

zusätzl. Hinweise: **siehe Pkt. 8**

**3 Mögliche Gefahren**

Die Gerfahrenhinweise (R-Sätze) und Sicherheitshinweise (S-Sätze) sind in der EU schrittweise bis 2015 durch ein GHS (Global Harmonisiertes System) mit H-Sätzen (Hazard Statements) und P-Sätzen (Precantionary Statements) zu ersetzen.

| Gefahrenhinweise (R-Sätze) | |
|---|---|
| R 1 | Im trockenen Zustand explosionsgefährlich |
| R 2 | Durch Schäge explosionsgefährlich |
| R 5 | Bei Erwärmen explosionsfähig |
| R 6 | Mit und ohne Luft explosionsfähig |
| R 10 | Entzündlich |
| R 14 | Reagiert heftig mit Wasser |
| R 17 | Selbstentzündlich an der Luft |
| R 19 | Kann explosionsfähige Peroxide bilden |
| R 20 | Gesundheitsschädlich beim Einatmen |
| R 23 | Giftig beim Einatmen |
| R 24 | Giftig bei Berührung |
| R 27 | Sehr giftig bei Berührung mit der Haut |
| R 28 | Sehr giftig beim Verschlucken |
| R 35 | Verursacht Verätzungen |
| R 36 | Reizt die Augen |
| R 37 | Reizt die Atmungsorgane |
| R 38 | Reizt die Haut |
| R 40 | Irreversibler Schaden möglich |
| R 41 | Gefahr ernster Augenschäden |
| R 45 | Kann Krebs erzeugen |
| R 46 | Kann vererbbare Schäden verursachen |
| R 47 | Kann Missbildungen hervorrufen |

| Sicherheitsratschläge (S-Sätze) | |
|---|---|
| S 1 | Unter Verschluss aufbewahren |
| S 7 | Behälter dicht geschlossen halten |
| S 8 | Behälter trocken halten |
| S 13 | Von Nahrungsmitteln, Getränken und Futtermitteln fernhalten |
| S 15 | Vor Hitze schützen |
| S 17 | Von brennbaren Stoffen fernhalten |
| S 20 | Bei der Arbeit nicht essen und trinken |
| S 22 | Staub nicht einatmen |
| S 24 | Berührung mit der Haut vermeiden |
| S 30 | Niemals Wasser zugießen |
| S 35 | Abfälle und Behälter müssen in gesicherter Weise beseitigt werden |
| S 36 | Bei der Arbeit geeignete Schutzkleidung tragen |
| S 39 | Schutzbrille/Gesichtsschutz tragen |
| S 46 | Bei Verschlucken sofort ärztlichen Rat einholen und Verpackung oder Etikett vorzeigen |
| S 49 | Nur im Originalbehälter aufbewahren |

| Beseitungsratschläge | |
|---|---|
| E 1 | Verdünnen |
| E 2 | Neutralisieren |
| E 3 | Sondermüll |

6

# 7 BAUTECHNIK UND BAUKONSTRUKTION

| Literatur |
|---|
| Ziegel-Dokumentation; Ziegel-Bauberatung; Bonn, vgl. Anschriften |
| Kalksandstein, Planung, Konstruktion, Ausführung; Hannover, vgl. Anschriften |
| KS-Mauerfibel, Wessig; Kalksandstein-Information, Hannover |
| Hbl-Handbuch, Brand u.a.; Beton-Verlag GmbH, Düsseldorf |
| Fachstufe für Hochbauberufe, Nestle u.a.; Verlag Europa-Lehrmittel, Haan-Gruiten |
| Styropor-Information, Information BASF; Ludwigshafen, vgl. Anschriften |
| Fachregeln des Dachdeckerhandwerks; Zentralverband, vgl. Anschriften |
| Frick, Knöll, Neumann, Baukonstruktionslehre, Teil 1 und 2; Teubner, Stuttgart |
| Stahl im Hochbau, Band I und II; Stahleisen-Verlag, Düsseldorf |
| Kohlmeyer, Stahlbau nach DIN 18800 Werner-Verlag, Köln |
| Stahlbetonbau, Lohmeyer; Teubner-Verlag, Stuttgart |
| Beispiele zur Bemessung nach DIN 1045; Deutscher Betonverein, Wiesbaden |
| Bemessungstafeln für Biegung; Betonstahlinstitut, Düsseldorf |
| Simmer, Grundbau; Teubner-Verlag, Stuttgart |
| Velske/Mentlein/Eymann, Straßenbautechnik; Werner-Verlag, Köln |
| Mentlein; Pflasteratlas; Verlagsgesellschaft R. Müller |
| Mentlein; Tiefbau-Normen, Werner Verlag/Beuth |
| Richtlinien für die Standardisierung des Straßenoberbaus RStO |
| Stahlbetonbau, Teil 1, Wagner u.a.; Werner-Verlag, Neuwied |
| Fachkunde für Bauzeichner, Galla u.a.;Teubner-Verlag, Stuttgart (neu im Verlag Europa-Lehrmittel VEL) |
| BMF-Holzverbinder-Stahlblech-Holz-Nagelverbindungen; Eigenverlag, vgl. Anschriften |
| Holzbauhandbuch, Lohmann; Bruderverlag, Karlsruhe |
| Richter, D. / Heindel M., Baufachkunde Straßen- und Tiefbau; B.G. Teubner, Stuttgart (neu im VEL) |
| Tabellenbuch für Metallbautechnik Verlag Europa-Lehrmittel, Haan-Gruiten |

| DIN | Teile | Titel |
|---|---|---|
| 1053 EC 6 | 1 … 3 | Mauerwerk, Berechnung, Ausführung |
| | 4 | Fertigbauteile |
| 1053 | 100 | Mauerwerk (neues Sicherheitskonzept) |
| 1056 | | Freistehende Schornsteine in Massivbauart |
| 1057 | | Mauersteine für freistehende Schornsteine |
| EN 490 | | Dach- und Formsteine aus Beton |
| 4158 | | Zwischenteile aus Beton für Stahlbeton- und Spannbetondecken |
| 4159 | | Ziegel für Decken und Vergusstafeln, statisch mitwirkend |
| 4160 | | Deckenziegel, nicht mitwirkend |
| 4172 | | Maßordnung im Hochbau |
| 18148 | | Hohlwandplatten aus Leichtbeton |
| 18000 | | Modulordnung im Bauwesen |
| 18160 | 1 +2 | Abgasanlagen |
| 18530 | | Massive Deckenkonstruktionen für Dächer |

| DIN | Teile | Titel |
|---|---|---|
| 488 | 1 … 6 | Betonstahl |
| 1045 EC 2 | 1 + 2 | Tragwerke aus Beton, Stahlbeton und Spannbeton |
| EN 206 | 1 | Beton: Festlegungen, Eigenschaften |
| 1045 | 3 | –; Bauausführungen |
| 1045 | 4 | –; Herstellung von Fertigteilen |
| 1075 | | Betonbrücken |
| 1052 EC 5 | | Holzbauwerke Berechnung und Ausführung |
| | | **ERDBAU UND GRUNDBAU** |
| 1054 EC 7 | | Baugrund; Sicherheitsnachweis im Erd- und Grundbau |
| 4014 | 1 + 2 | Bohrpfähle herkömmlicher Bauart |
| 4018 | | Baugrund; Berechnung der Sohldruckverteilung unter Flächengründungen |
| 4019 V | 100 | Baugrund; Setzungsberechnungen |
| 4021 | 1 | Baugrund; Aufschluss durch Schürfe und Bohrungen sowie von Proben |
| 4023 | | Geotechnische Erkundung und Untersuchung – Zeichnerische Darstellung der Ergebnisse von Bohrungen |
| 4107 | | Baugrund; Setzungsbeobachtungen an entstehenden und fertigen Bauwerken |
| 4123 | | Gebäudesicherung im Bereich von Ausschachtungen, Gründungen und Unterfangungen |
| 4124 | | Baugruben und Gräben; Böschungen, Arbeitsraumbreiten, Verbau, UVV |
| 4420 | 1 + 2 | Arbeits- und Schutzgerüste, Leitergerüste |
| 18196 | | Bodenklassifikation |
| EN ISO 14688 | | Benennung, Beschreibung und Klassifizierung von Boden |
| | | **STAHLBAU** |
| EC 3, EN 1993 | 1 | Bemessung und Konstruktion von Stahlbauten |
| 18800 | 1 … 4 | Stahlbauten |
| 4113 | | Aluminium im Hochbau |
| | | **ROHRLEITUNGSBAU** |
| EN 12056 | 1 … 4 | Schwerkraftentwässerungsanlagen innerhalb von Gebäuden |
| 1986 | 100 | Zusätzliche Bestimmungen zu DIN EN 752 und DIN EN 12056 |
| 1988 | 1 … 8 | Trinkwasser-Leitungsanlagen in Grundstücken |
| EN 295 | 1 | Steinzeugrohre und Formstücke sowie Rohrverbindungen für Abwasserleitungen und -kanäle |
| EN 752 | 1 … 7 | Entwässerungssysteme |
| EN 805 | | Wasserversorgungssysteme |
| EN 1610 | | Abwasserleitungen |
| EN 12007 | | Gasversorungssysteme |
| | | **STRASSENBAU** |
| EN 1342 | | Pflastersteine aus Naturstein |
| EN 1338 | | Pflastersteine aus Beton |
| EN 1344 | | Pflasterziegel |
| RAS-L | | Richtlinien für die Anlage von Straßen, Linienführung |
| RAS-Q | | Richtlinien für die Anlage von Straßen, Querschnittsgestaltung |
| RStO | | Richtlinien für die Standardisierung des Oberbaus von Verkehrsflächen |

# 7.1 Mauerwerksbau

Mauerwerk besteht aus natürlichen Steinen ► S. 197 oder künstlichen Steinen ► S. 200, die mit Mauermörtel ► S. 226 zusammengefügt sind. Mörtelarten werden nach ihren Eigenschaften und / oder Verwendungszweck unterschieden in Dünnbettmörtel (DM) und Normalmörtel (NM). Es dürfen nur Baustoffe verwendet werden, die den Normen entsprechen; ansonsten ist ein Nachweis der Brauchbarkeit (eine bauaufsichtliche Zulassung) erforderlich.

Mauerwerk kann nach dem vereinfachten Verfahren auf der Basis zulässiger Spannungen nach DIN 1053-1 **oder** nach dem Teilsicherheitskonzept nach DIN 1053-100 berechnet werden. Die Ausführung erfolgt nach DIN 1053 – Teil 1 bis 4. Berechnung und Ausführung nach DIN 1053-100 setzt eine Lastannahme nach DIN 1055-100 voraus (vgl. auch EC 6).

## 7.1.1 Maßordnung im Hochbau

**Rohbaurichtmaße** sind in der **DIN 4172** festgelegt, wobei **1 am** (Achtelmeter) 12,5 cm entspricht. **Rohbaurichtmaße** sind Maße aus den Steinmaßen plus den Fugenmaßen.

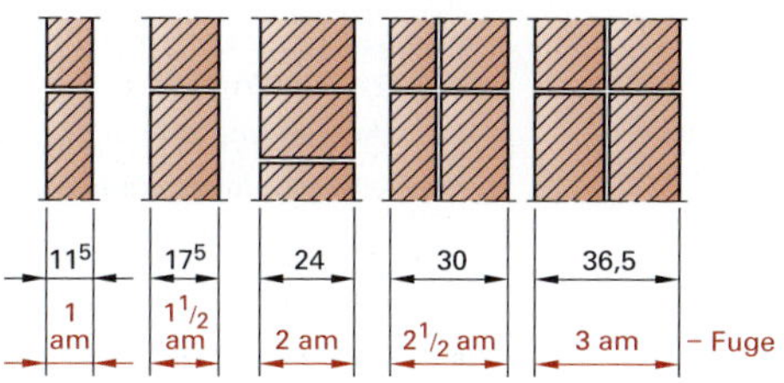


Wanddicken in cm und als **am**-Maß

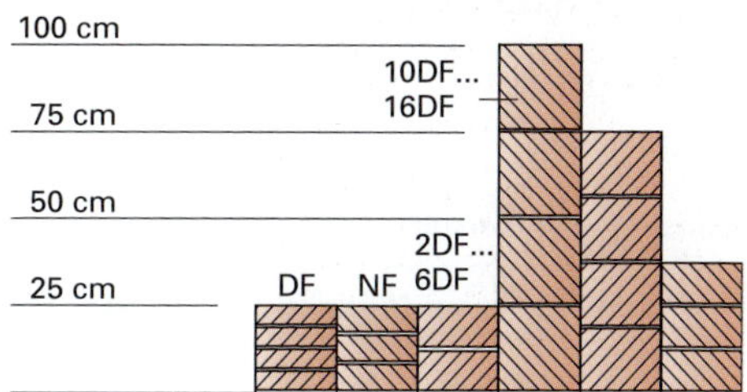


| | | | | | | |
|---|---|---|---|---|---|---|
| Steinhöhe cm | 5,2 | 7,1 | 11,3 | 23,8 | 17,5 | 11,3 |
| Schichthöhe cm | 6,25 | 8,33 | 12,5 | 25,0 | 18,75 | 12,5 |
| Schichten pro m | 16 | 12 | 8 | 4 | – | 8 |

Gegenseitige Abhängigkeit der Steinhöhen

**Rohbaunennmaße** sind reale Maße der Bauteile. Diese Maße werden aus den Rohbaurichtmaßen durch Zuzählen von 1 cm bei **Innenwänden** (lichten Maßen) oder durch Abziehen von 1 cm bei Außenwänden (Pfeilermaßen) errechnet. **Anbaumaße** (anstoßendes Mauerwerk) entsprechen genau den Rohbaurichtmaßen.

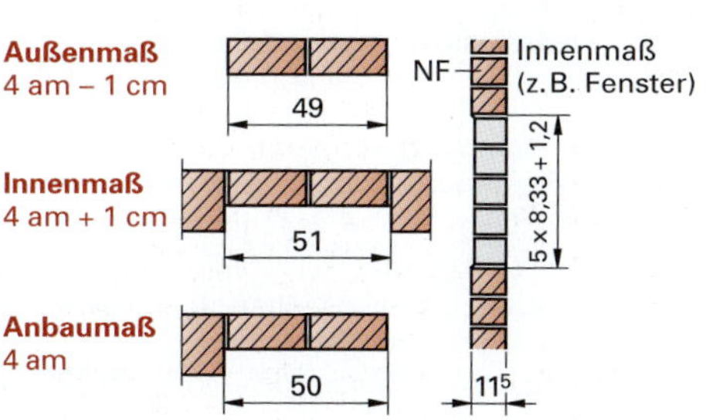


Errechnung der Nennmaße aus den Rohbaurichtmaßen.

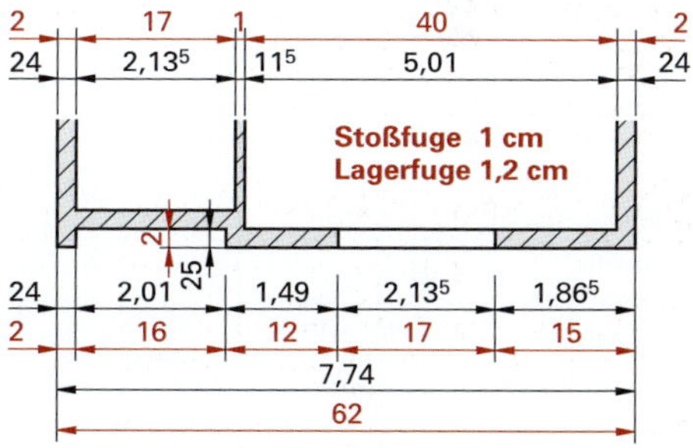


Abhängigkeit der Mauermaße (Rohbaumaße) vom am und Rohbaurichtmaß.

| **Rohbaurichtmaße** | | | | | | | | | | | | | | | | |
|---|---|---|---|---|---|---|---|---|---|---|---|---|---|---|---|---|
| **100/16** | 6,25 | 12,5 | 18,75 | **25** | 31,25 | 37,5 | 43,75 | **50** | 56,25 | 62,5 | 68,75 | **75** | 81,25 | 87,5 | 93,75 | **100 cm** |
| **100/12** | 8,33 | | 16,67 | **25** | 33,33 | | 41,67 | **50** | 58,33 | | 66,67 | **75** | 83,33 | | 91,67 | **100** |
| **100/8** | | 12,5 | | **25** | | 37,5 | | **50** | | 62,5 | | **75** | | 87,5 | | **100** |
| **100/4** | | | | **25** | | | | **50** | | | | **75** | | | | **100** |



7

## 7.1.2 Gemauerte Wände

### Wandarten und Wanddicken

Wänden kommen neben der raumabschließenden Funktion und den bauphysikalischen Funktionen ▶ S. 158 insbesondere statisch-konstruktive Funktionen zu. Maßgebend sind die DIN 1055 Lastannahmen für Bauten und **DIN 1053** Mauerwerk, Berechnung und Ausführung. Bei leichten Trennwänden ist die DIN 4103 zu beachten. Bei Außenwänden aus nicht frostbeständigen Steinen ist ein Außenputz nach DIN 18550, eine Fassadenverkleidung nach DIN 18515 oder DIN 18516 oder ein anderer Wetterschutz ▶ S. 290 vorzusehen. Bei Wänden unterscheidet man nach

- Lage (z. B. Außenwände, Innenwände, freistehende Wände)
- Geschosszugehörigkeit (z. B. Kellerwände, Dachgeschosswände, Erdgeschosswände)
- raum- und wohnungsbezogenen Funktionen (z. B. Treppenhauswände, Wohnungstrennwände)
- Schutzfunktionen (z. B. Brandschutzwand, Schallschutzwand)
- statischen Funktionen

| tragende Wände | aussteifende Wände | nicht tragende Wände |
|---|---|---|
| • tragende Innenwände $d \geq 11{,}5$ cm<br>• tragende Außenwände $d \geq 17{,}5$ cm<br>sind überwiegend auf Druck beanspruchte scheibenartige Bauteile zur Aufnahme lotrechter und horizontaler Lasten. | • Mindestlänge $\frac{1}{5}$ der Wandhöhe<br>• sind auch tragende Wände<br>• Mindestdicke $\geq \frac{1}{3}\, d \geq 11{,}5$ cm<br>sind scheibenartige Bauteile zur Knickaussteifung tragender Wände. | • werden überwiegend nur durch ihre Eigenlast belastet<br>• dürfen nicht zur Knicksicherung herangezogen werden<br>• vergl. Ausfachungen ▶ S. 288<br>sind nichtaussteifende Wände. |

**Voraussetzungen**

| Wandarten | $d$ mm | $h_s$ | $p_k$ kN/m² |
|---|---|---|---|
| Innenwände | ≥ 115<br>< 240 | ≤ 2,75 m | ≤ 5 |
| | ≥ 240 | – | |
| einschalige Außenwände | ≥ 175[1)]<br>< 240 | ≤ 2,75 m | |
| | ≥ 240 | ≥ 12 · $d$ | |
| Tragschale zweischaliger Außenwände und zweischalige Haustrennwände | ≥ 115<br>< 175 | ≤ 2,75 m | ≤ 3 |
| | ≥ 175<br>< 240 | | ≤ 5 |
| | ≥ 240 | ≥ 12 · $d$ | |

1) bei eingeschossigen Garagen ist auch $d$ = 115 mm zulässig

Die DIN 1053 unterscheidet **Rezeptmauerwerk** (Teil 1) ▶ S. 285 und **Mauerwerk nach Eignungsprüfung** (Teil 2). Rezeptmauerwerk entspricht dem bisher üblichen Mauerwerk; geändert haben sich die Bemessungsverfahren. Beim Übergang auf die DIN 1055-100 wurde das Sicherheitsniveau auf Druckbeanspruchung beibehalten. Die **Teilsicherheitsbeiwerte** sind wie folgt festgelegt:

| | |
|---|---|
| **Bauteil-Widerstand (Material)** | $\gamma_M$ = **1,7** |
| **Einwirkungen ständige** | $\gamma_G$ = **1,5** |
| **veränderliche** | $\gamma_Q$ = **1,35** |
| **günstig wirkende** | $\gamma_G$ = **1,0 und** $\gamma_Q$ = **0,0** |

Hier wird nur das einfachere Verfahren dargestellt. Folgende Voraussetzungen müssen erfüllt sein:

- Gebäudehöhe ≤ 20,00 m
- mittiger Lastangriff
- Deckenstützweiten $l \leq 6{,}00$ m
- Wanddicken $d$, lichte Geschosshöhen $h_s$, Geschossanzahl, Verkehrslasten $p_k$ nach Tabelle
- Zusammensetzung und Konsistenz des Mörtels müssen vollfugiges Vermauern ermöglichen

7

### Aussteifung tragender Wände

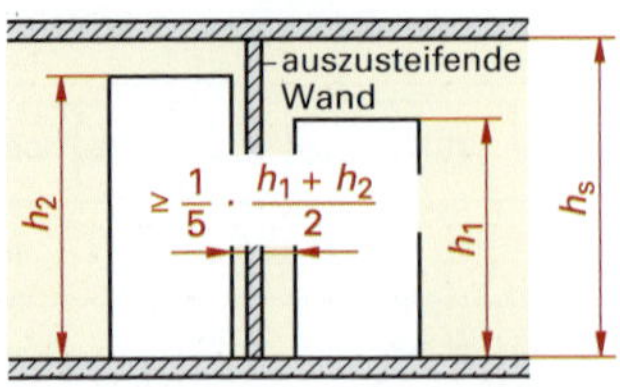


Mindestbreite der aussteifenden Wand im Bereich einer oder mehrerer Öffnungen

**Tragende Wände** sind ausgesteift, wenn sie rechtwinklig zur Wandfläche durch aussteifende Wände und Decken unverschiebbar gehalten werden. Dabei sollen **aussteifende Wände** mit auszusteifenden Wänden gleichzeitig im Verband hochgemauert werden.

**Anschlüsse** von Wänden an Massivdecken sind durch Haftung und Reibung sichergestellt, wenn Hauptbewehrung und Querbewehrung bis zur halben Wanddicke durchgeführt sind und das aufgehende Mauerwerk über die Massivdecke weitergeführt wird.

## Bemessung auf Druck (nach DIN 1053-1, vereinfachtes Verfahren)

Zulässige Druckspannungen sind in Abhängigkeit von der Steinfestigkeitsklasse und der Mörtelgruppe getrennt nach Normalmörtel, Dünnbettmörtel und Leichtmörtel zusammengestellt. Als unterschiedliche Halterung von auf Druck belasteten Wänden dürfen Deckenscheiben und aussteifende Querwände angesetzt werden. Der vereinfachte Spannungsnachweis ist unter Ausschluss klaffender Fugen zu führen.

## Zweiseitig gehaltene Wände

**Rechengang:** Die unter mittig angreifender Last *N* ermittelte Spannung vorh $\sigma$ wird der zulässigen Spannung zul $\sigma$ gegenübergestellt. Die Schlankheit wird durch einen Abminderungsfaktor *k* berücksichtigt.

$$\text{vorh}\,\sigma = \frac{N}{A} \leq \text{zul}\,\sigma = k \cdot \sigma_0$$

$$k = \begin{cases} k_1 \cdot k_2 & \text{oder} \\ k_1 \cdot k_3 & \text{der kleinere Wert gilt} \end{cases}$$

Der für die Bemessung maßgebende Wert ***k*** berücksichtigt die Schlankheit und den Deckendrehwinkel unter Berücksichtigung der Wanddicke ***d*** und der Deckenspannweite *l*.

$k_1 = 1{,}0$ **für Wände**
$k_1 = 0{,}8$ **für Pfeiler und kurze Wände**

$k_2 = 1{,}0$ **für** $h_k/d \leq 10$
$k_2 = \frac{25 - h_k/d}{15}$ **für** $10 < h_k/d < 25$

$k_3 = 1{,}0$ **für** $l \leq 4{,}20$ m
$k_3 = 1{,}7 - l/6$ **für** $4{,}20 \text{ m} \leq l \leq 6{,}0$ m

**Knicklänge von Wänden**

Die Knicklänge $h_k$ von Wänden ist abhängig von der lichten Geschosshöhe $h_s$ und von der Aussteifung der Wand. Vereinfacht gilt:

- zweiseitig gehaltene Wände $h_k = h_s$
- bei flächig aufgelagerten Massivdecken darf die Einspannung der Wand durch Abminderung berücksichtigt werden $h_k = \beta \cdot h_s$
- Mindestauflager ist zu beachten
- **Mindestauflagertiefe *a*** der Decke auf Wänden der Dicke *d*
  $d < 240$ mm $\Rightarrow$ $a = d$
  $d \geq 240$ mm $\Rightarrow$ $a \geq 175$ mm
- **Abminderung der Knicklänge**
  $d \leq 175$ mm $\Rightarrow$ $\beta = 0{,}75$
  $175 \text{ mm} < d \leq 250$ mm $\Rightarrow$ $\beta = 0{,}90$
  $d > 250$ mm $\Rightarrow$ $\beta = 1{,}00$
- **Deckenspannweite *l***
  Bei Stützweiten $l > 6$ m ist die Deckenauflagerkraft mittig einzuleiten.
- **Auflagerpressung**
  Unter Einzellasten darf eine gleichmäßig verteilte Auflagerpressung von zul $\sigma_D = 1{,}3 \cdot \sigma_0$ angenommen werden.

| Steinfestigkeitsklasse | Grundwerte $\sigma_0$ für Normalmörtel ( ) Charakteristische Druckfestigkeit $f_k$ (DIN 1053-100) Mörtelgruppe I MN/m² | II MN/m² | II a MN/m² | III MN/m² | III a MN/m² | Grundwerte $\sigma_0$ ( ) Festigkeit $f_k$ (DIN 1053-100) Dünnbettmörtel MN/m² | Leichtmörtel LM 21 MN/m² | LM 36 MN/m² |
|---|---|---|---|---|---|---|---|---|
| 2 | 0,3 (0,9) | 0,5 (1,5) | 0,5[1] (1,5) | – | – | 0,6 (1,8) | 0,5 (1,2) | 0,5[1] (1,2) |
| 4 | 0,4 (1,2) | 0,7 (2,2) | 0,8 (2,5) | 0,9 (2,8) | – | 1,1 (3,4) | 0,7 (1,5) | 0,8 (2,2) |
| 6 | 0,5 (1,5) | 0,9 (2,8) | 1,0 (3,1) | 1,2 (3,7) | – | 1,5 (4,7) | 0,7 (2,2) | 0,9 (2,8) |
| 8 | 0,6 (1,8) | 1,0 (3,1) | 1,2 (3,7) | 1,4 (4,4) | – | 2,0 (6,2) | 0,8 (2,5) | 1,0 (3,1) |
| 12 | 0,8 (2,5) | 1,2 (3,7) | 1,6 (5,0) | 1,8 (5,6) | 1,9 (6,0) | 2,2 (6,9) | 0,9 (2,8) | 1,1 (3,4) |
| 20 | 1,0 (3,1) | 1,6 (5,0) | 1,9 (6,0) | 2,4 (7,5) | 3,0 (9,4) | 3,2 (10,0) | 0,9 (2,8) | 1,1 (3,4) |
| 28 | – | 1,8 (5,6) | 2,3 (7,2) | 3,0 (9,4) | 3,5 (11,0) | 3,7 (11,6) | 0,9 (2,8) | 1,1 (3,4) |
| 36 | – | – | – | 3,5 (11,0) | 4,0 (12,5) | | | |
| 48 | – | – | – | 4,0 (12,5) | 4,5 (14,0) | | | |
| 60 | – | – | – | 4,5 (14,0) | 5,0 (15,5) | | | |

[1] $\sigma_0 = 0{,}6$ MN/m² bei Außenwänden mit Dicken ≥ 300 mm. Diese Erhöhung gilt jedoch nicht bei Auflagerpressung.
( ) nur DIN 1053-100

7

## Drei- und vierseitig gehaltene Wände

| dreiseitig gehaltene Wand: Wanddicke (mm) | $b'$ (m) | $\beta$ | $b$ (m) | vierseitig gehaltene Wand: Wanddicke (mm) |
|---|---|---|---|---|
| | 0,65 | 0,35 | 2,00 | |
| | 0,75 | 0,40 | 2,25 | |
| | 0,85 | 0,45 | 2,50 | |
| | 0,95 | 0,50 | 2,80 | |
| | 1,05 | 0,55 | 3,10 | |
| | 1,15 | 0,60 | 3,40 | |
| | 1,25 | 0,65 | 3,80 | |
| | 1,40 | 0,70 | 4,30 | |
| | 1,60 | 0,75 | 4,80 | |
| | 1,85 | 0 80 | 5,60 | |
| | 2,20 | 0,85 | 6,60 | |
| | 2,80 | 0,90 | 8,40 | |

dreiseitig gehaltene Wand: 240 mm: $b' \geq 3{,}60$ m; 175 mm: $b' \geq 2{,}60$ m; 115 mm: $b' \geq 1{,}75$ m

vierseitig gehaltene Wand: 115 mm: $b \leq 3{,}45$ m; 176 mm: $b \leq 5{,}25$ m; 240 mm: $b \leq 7{,}20$ m; 300 mm: $b \leq 9{,}00$ m

$b'$ Randabstände von der aussteifenden Wand
$b$ Abstand der aussteifenden Wände

- Für die Knicklänge ▶ S. 285 gilt $h_k = \beta \cdot h_s$
- Für das einfachere Verfahren darf bei drei- und vierseitig gehaltenen Wänden mit einer lichten Geschosshöhe $h_s \leq 3{,}50$ m der Abminderungsfaktor $\beta$ nach nebenstehender Tabelle angenommen werden.
- Ungünstigere $\beta$-Werte als bei einer zweiseitig gehaltenen Wand, ▶ S. 285 brauchen nicht angenommen zu werden.
- Die Wanddicke der aussteifenden Wand soll $^1/_3$ der Dicke der auszusteifenden Wand, mindestens aber 115 mm betragen.
- Wandteile zwischen den Wandöffnungen und der aussteifenden Wand gelten als dreiseitig gehalten, wenn die Öffnung
  in der lichten Höhe > $^1/_4$ der Geschosshöhe
  in der lichten Breite > $^1/_4$ der Wandbreite
  misst.

## Auflager für Balken und Platten

Die Auflagertiefe *a* ist so zu wählen, dass

- die zulässigen Pressungen in der Auflagerfläche nicht überschritten werden
- die Verankerungslänge der Bewehrung untergebracht werden kann
- die Mindestauflagertiefe (Anhaltswerte)
  bei Stahlträgern **$a \geq$ 12 cm**
  bei Balken **$a \geq$ 10 cm**
  bei Platten ab ≥ C25 **$a \geq$ 5 cm**
  bei Platten aus ≤ C20 **$a \geq$ 7 cm**
  bei Mauerwerk beträgt **$a \geq$ 7 cm**

Die rechnerische Auflagerlinie ▶ S. 317 wird mit $a/3$ von der Innenseite angenommen (der vordere Drittelspunkt der dreieckförmig angenommenen Auflagerpressung).

7

## Stützlänge

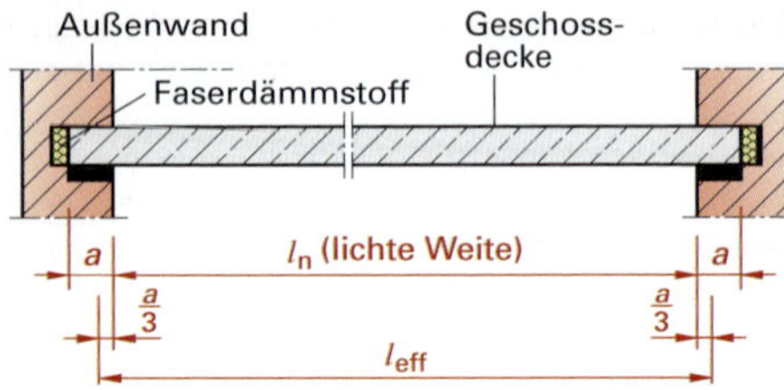


$$l \text{ bzw. } l_{eff} \geq l_n + \frac{2}{3}a$$ { alternative Begriffe: statische Länge oder Spannweite

## Kelleraußenwände

Außenwände des Kellergeschosses und Sockel bis mindestens 50 cm über OK Gelände sollen nur aus Mauerwerk mit Steinfestigkeitsklasse ≥ 5 MN/m² und Mauermörtel der Gruppe III, II a oder II erstellt werden. Kelleraußenwände werden durch die lotrechten Lasten auf Druck und durch den Erddruck auf Biegung belastet. Der Erddruck wirkt sich besonders ungünstig aus, wenn die Belastung durch die Obergeschosse gering ist und wenn in unmittelbarer Nähe des Gebäudes eine Straße verläuft. Ein Nachweis kann entfallen, wenn gilt

- lichte Höhe des Kellergeschosses $h_s \leq 2{,}60$ m
- Anschütthöhe $h_e \leq h_s$
- Kellerdecke wirkt als Scheibe
- Verkehrslast $p \leq 5$ kN/m²
- Mindestwanddicke $d \geq 240$ mm

| Wanddicke $d$ | min $N_0$ in kN/m bei einer Höhe der Anschüttung $h_e$ von 1,0 m | 1,5 m | 2,0 m | 2,5 m |
|---|---|---|---|---|
| 240 mm | 6 | 20 | 45 | 75 |
| 300 mm | 3 | 15 | 30 | 50 |
| 365 mm | 0 | 10 | 25 | 40 |
| 490 mm | 0 | 5 | 15 | 30 |

Die Auflast *N* der Kelleraußenwand unterhalb der Kellerdecke liegt innerhalb folgender Grenzen:

**Auflast $N \geq$ min $N_o$ und max $N \leq 0{,}45 \cdot d \cdot \sigma_o$**

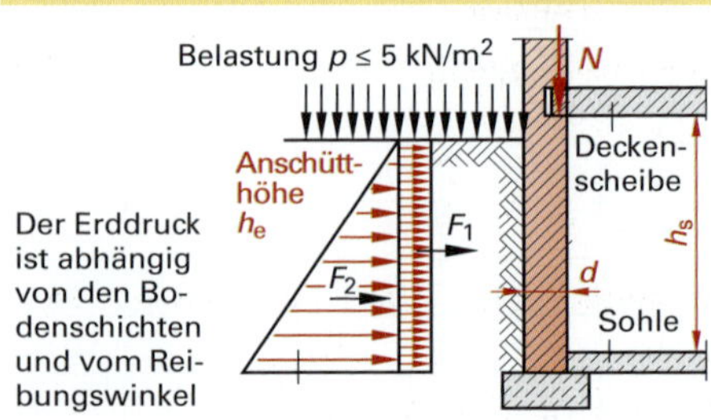

## Nachweis nach DIN 1053-100 (vereinfachtes Verfahren)

Das vereinfachte Berechnungsverfahren hat sich im Mauerwerksbau als Standardverfahren herauskristallisiert. Am häufigsten nachzuweisende Bauteile sind Wände unter vertikaler Belastung und Kellerwände.

Die DIN 1053-1 und DIN 1053-100 unterscheiden sich im Sicherheitskonzept und in den Nachweisformaten. Mit der Einführung der DIN 1053-100 erfolgt auch im Mauerwerksbau die Umstellung auf das Teilsicherheitskonzept. Für die Anwendung des vereinfachten Verfahrens gelten die gleichen Bedingungen wie nach DIN 1053-1.

### Wandnachweis

Gebäudehöhe ≤ 20,00 m; Stützweite der aufliegenden Decken $l \leq 6{,}00$ m; Höhe und Belastung gemäß Tabelle ► S. 284;

$N_{Ed} = 1{,}35 \cdot N_{Gk} + 1{,}5 \cdot N_{Qk}$ | Lastkombination 2
$\min N_{Ed} = 1{,}0\, N_{Gk}$

$N_{Rd} = \Phi \cdot A \cdot f_d$ mit $f_d = \eta \cdot \frac{f_k}{\gamma_M}$ und $\eta = 0{,}85$

mit $\gamma_M \geq 1{,}5$ und $\gamma_M \leq 1{,}8$ für normale Einwirkungen

**bei Biegung**

$\Phi = \Phi_1 = 1 - \frac{2 \cdot e}{d}$ mit $d = b =$ Wanddicke

$e = M_{Ed} / N_{Ed}$ Außermittigkeit

nur gültig mit $e \leq b/6$ bzw. $d/6$
ansonsten rechnerisch klaffende Fuge

**bei Knickgefahr**

$\Phi = \Phi_2 = 0{,}85 - 0{,}0011 \cdot \left(\frac{h_k}{d}\right)^2$

mit $d = b =$ Wanddicke

**Wände als einseitiges Endauflager**

$$\Phi = \Phi_3 = \begin{cases} 0{,}5 \text{ bei Dachdecken} \\ 0{,}9 \text{ wenn } l \leq 4{,}20 \text{ m} \\ 1{,}6 - l/6 \leq 0{,}9 \text{ wenn } f_k \geq 1{,}8 \text{ N/mm}^2 \\ 1{,}6 - l/5 \leq 0{,}9 \text{ wenn } f_k < 1{,}8 \text{ N/mm}^2 \end{cases}$$

**Nachweis** $\boldsymbol{N_{Ed} \leq N_{Rd}}$

### Kellerwand

**Wandkopf**

$N_{o,Rd} \leq 0{,}33 \cdot d \cdot \frac{f_k}{\gamma_M}$ { Bemessungswerte der Wandnormalkraft

$N_{o,lim,d}$ = nach Tabelle ► S. 286
minimale Auflast

**halbe Anschütthöhe**

$N_{1,Rd} \leq 0{,}33 \cdot d \cdot \frac{f_k}{\gamma_M}$

$N_{1,lim,d} = \frac{\gamma_e \cdot h_s \cdot h_e^2}{20 \cdot d}$

**Nachweis** $\boldsymbol{N_{o,Ed,sup} \leq N_{o,Rd}}$ bzw. $\boldsymbol{N_{1,Ed,sup} \leq N_{1,Rd}}$

$b \leq h_S$: $N_{o,Ed,inf} \geq \frac{1}{2} \cdot N_{o,lim,d}$

$b \geq 2 \cdot h_S$: $N_{o,Ed,inf} \geq N_{o,lim,d}$

### Beispiel

**Bemessungsschnittgrößen für die Nachweisführung**

| | Wandfuß $N_F$ (kN/m) |
|---|---|
| Aus ständiger Last $N_{Gk}$ | 57 |
| Aus veränderlicher Last $N_{Qk}$ | 25 |
| Bemessungswert $N_{Ed}$ | 115 |

Die Gebäudehöhe beträgt ca. 10 m. Die einachsig gespannten Geschossdecken aus C20/25 mit $h = 19$ cm haben eine Spannweite von $l = 4{,}50$ m.

**Knicklänge**

$h_S = 2{,}51$ m $\beta = 0{,}75$ $h_k = 1{,}96$ m

Die Ermittlung der Knicklänge entspricht dem genaueren Verfahren nach DIN 1053-1

**Abminderungsfaktoren**

$\Phi_2 = 0{,}85 - 0{,}0011 \cdot \left(\frac{h_k}{d}\right)^2$

$= 0{,}85 - 0{,}0011 \cdot \left(\frac{1{,}86}{0{,}30}\right)^2 = \mathbf{0{,}81}$ (Knicken)

$\Phi_3 = 1{,}6 - \frac{l_1}{6} = 1{,}6 - \frac{4{,}50}{6} = \mathbf{0{,}85} < 90$

am Wandkopf und -fuß, da $l_1 > 4{,}20$m und $f_k = 2{,}5$ N/mm² > 1,8 N/mm² (Deckenverdrehung)

$\Phi = \min \begin{cases} \Phi_2 = 0{,}81 \\ \Phi_3 = 0{,}85 \end{cases}$ Der kleinere $\Phi$-Wert ist maßgebend.

**Nachweise**

Charakteristischer Wert der Druckfestigkeit für HLz 8 – 0,9/LM21 $f_k = 2{,}5$ MN/m²

Teilsicherheitsbeiwert

$k_0 = 1{,}00$ für Wände

$\gamma_M = 1{,}5 \cdot k_0 = 1{,}5 \cdot 1{,}00 = 1{,}5$

$\eta = 0{,}85$ Berücksichtigung der Langzeitwirkung

Bemessungswert der aufnehmenbaren Normalkraft

$N_{Rd} = \Phi \cdot A \cdot \eta \cdot \frac{f_k}{\gamma_M}$ mit $a = 0{,}135$ mm Auflagertiefe

$= 0{,}81 \cdot 1{,}00 \cdot 0{,}135 \cdot 0{,}85 \cdot \frac{2{,}5}{1{,}5}$

$= 0{,}155$ MN/m = **155 kN/m**

$\boldsymbol{N_{Ed,F} = 115 \text{ kN/m} < 155 \text{ kN/m} = N_{Rd}}$

7

## Statische und konstruktive Maßnahmen

### Ringanker

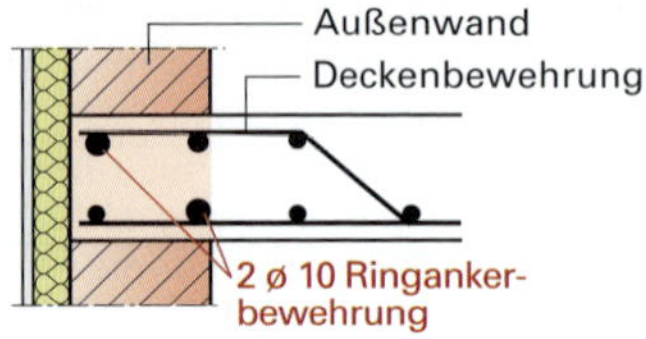


sind in allen Außenwänden und Querwänden mit statischer Aufgabe (Aufnahme von Zugkräften) zu verlegen:

- bei Bauten, die insgesamt länger als 18 m sind oder mehr als zwei Vollgeschosse haben
- bei Wänden mit vielen oder besonders großen Öffnungen
- wenn die Baugrundverhältnisse es erfordern.

Die Ringanker sind mit zwei durchlaufenden Rundstäben zu bewehren (mind. 2 ∅ 10 mm) und können im Bereich der Massivdecke, der Tür- oder Fensterstürze mit diesen vereinigt werden. Ringanker können in vorgefertigten U-Schalen (Sonderbauteile der Ziegel- und Mauersteinindustrie ▶ S. 200) hergestellt werden, Zugkraftaufnahme mindestens $F_k = 30$ kN. Die Ausführung eines Ringankers aus bewehrtem Mauerwerk setzt in zwei Lagerfugen MG III und je 2 ∅ 6 mm BSt IV S voraus.

### Ringbalken

sind in einer Wandebene liegende horizontale Balken, die Biegemomente aufnehmen können (z. B. Wind). Ringbalken können auch Ringankerfunktionen übernehmen. Voraussetzung ist ein geschlossener Ring um das Gebäude.

### Bewehrtes Mauerwerk

kann bei besonders beanspruchten Mauerwerkskörpern ausgeführt werden, z. B. bei kleinen Silos, Kellerwänden oder durch Winddruck beanspruchten Außenwänden. Die Bewehrung aus Stahl nach DIN 488 wird angeordnet, um die Biegefestigkeit des Baukörpers zu steigern. Bei genormten Mauersteinen kann die Lagerfuge bewehrt werden.

Formsteine ▶ S. 200, 202 wie z. B. **U-Schalen,** sind für die horizontale Bewehrungsführung gut einsetzbar. Die Konstruktion und Ausführung eines **Ringankers** aus bewehrtem Mauerwerk erfordert in zwei Lagerfugen insgesamt 4 ∅ 6 BSt IV S. Folgende Anforderungen müssen eingehalten werden:

- die Wanddicke darf 11,5 cm nicht unterschreiten
- die Steinfestigkeit darf 15 MN/m² nicht unterschreiten
- die Fugen dürfen mit Bewehrung nicht dicker als 2 cm sein
- der Durchmesser der Stäbe darf 8 mm nicht überschreiten
- der Mauerverband darf nicht zerstört werden
- die Stahleinlagen sind satt in Mörtel MG III, III a zu verlegen

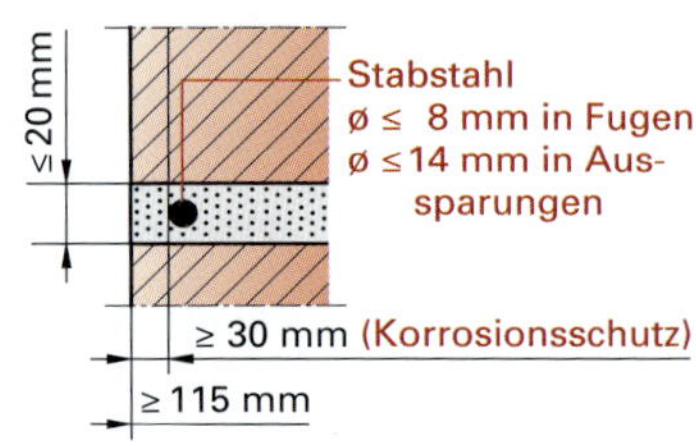


Füllziegel/Hohlkammersteine eignen sich für senkrecht bewehrtes Mauerwerk. Hier ist ein Beton ≥ C12/15 notwenig. Das Größtkorn darf 8 mm nicht überschreiten.

### Ausfachungen

bzw. Ausfachungswände von Fachwerk, Skelett- und Schottensystemen sind nichttragende Außenwände, bei denen auf einen Nachweis verzichtet werden kann, wenn

- die Wände vierseitig gehalten sind (z. B. durch Verzahnung, Versatz, Anker)
- die zulässigen Größtwerte der Ausfachungsfläche nicht überschritten werden
- Mörtel der Mörtelgruppe II a, III oder III a verwendet werden
- seitliche Anschlussfugen im Allgemeinen gleitend und elastisch (nachgiebig) konstruiert sind.

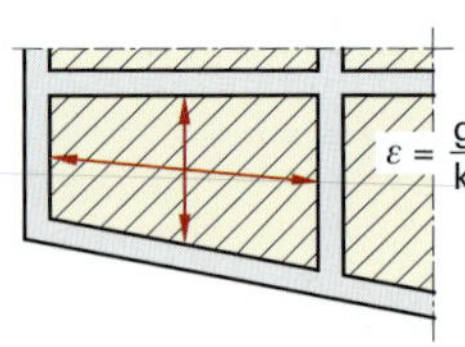

$$\varepsilon = \frac{\text{größere Seite}}{\text{kleinere Seite}}$$

7

**Zulässige Größtwerte** der Ausfachungsfläche von nichttragenden Außenwänden in m²

| Wanddicke | Zulässiger Größtwert der Ausfachungsfläche bei einer Höhe über Gelände von | | | | | |
|---|---|---|---|---|---|---|
| | 0 m bis 8 m | | 8 m bis 20 m | | 20 m bis 100 m | |
| | $\varepsilon = 1{,}0$ | $\varepsilon \geq 2{,}0$ | $\varepsilon = 1{,}0$ | $\varepsilon \geq 2{,}0$ | $\varepsilon = 1{,}0$ | $\varepsilon \geq 2{,}0$ |
| 11,5 cm* | 12 m² | 8 m² | 8 m² | 6 m² | 6 m² | 4 m² |
| 17,5 cm* | 20 m² | 14 m² | 13 m² | 9 m² | 9 m² | 6 m² |
| ≥ 24 cm* | 36 m² | 26 m² | 23 m² | 16 m² | 16 m² | 12 m² |

* Bei Verwendung von Steinen der Festigkeitsklasse 12 MN/m² und höher dürfen die Werte dieser Zeile um 1/3 vergrößert werden.

## Statische und konstruktive Maßnahmen

### Fugen

Fugen sind geplante Risse, die sonst wegen der behinderten Verformung unkontrolliert entstehen würden. Gebäudetrenn- und Dehnfugen sollen Ausdehnungen der Baukörper infolge Setzungen, Schwinden, Spannungen und Temperaturbelastungen ermöglichen. Trennfugen sind durchgehend anzuordnen. Wegen der vielfältigen Einflüsse zeigt die nachfolgende Tabelle nur grobe Anhaltspunkte für den maximalen Fugenabstand.

| Gebäude aus Mauerwerk mit | Abstand | Gebäude aus Mauerwerk mit | Abstand |
|---|---|---|---|
| gebrannten Voll- und Hochlochziegeln | 72 m | Porenbeton, Stahlbeton-Scheiben | 48 m |
| Kalksandsteinen, Stahlbeton-Stützen | 36 m | Natürlichen Steinen | 24 m |
| Leichtbeton-Hohlblock-Steinen | 36 m | bei Auflagerung von Decken | 24 m |

Für **Außenwände aus zweischaligem Mauerwerk** werden maximale Dehnfugenabstände von 12 m bei Ziegelmauerwerk und ca. 7 m bei Kalksandsteinmauerwerk empfohlen.
Werden bei **Flachdächern** zwischen tragenden Wänden und der Decke Trennfugen angeordnet, so kann die Stahlbetondecke nicht gleichzeitig Ringanker sein.

Fugen müssen schlagregendicht und winddicht ausgeführt werden sowie den Anforderungen aus dem Wärme-, Schall- und Brandschutz genügen. Die **DIN 18540** gibt Vorschläge für die Fugenbreite *b* in Abhängigkeit vom Fugenabstand. Elastoplastische Dichtungen werden nach DIN 18540, mit imprägniertem Dichtungsband aus Schaumstoff nach DIN 18542, ausgeführt.

| Arten der Dichtstoffe Form | Bezeichnung | Werkstoff | Fugenarten | Bauteil/ Bauwerk |
|---|---|---|---|---|
| Elementdichtstoffe | Folie | Metall |  | Brücken Terrassen |
| Elementdichtstoffe | Profile | Kautschuk oder Kunststoff |  | Fertigteile Verblendungen |
| Elementdichtstoffe | Bänder | Kunststoff |  | Brücken Behälter |
| Massendichtstoffe | gussförmige Stoffe | Heißvergussmassen Bitumen + Füller |  | Betonfahrbahn |
| Massendichtstoffe | elastische Fugenvergussmasse | Silikon-Kautschuk Polyurethan Polysulfid-Kautschuk | 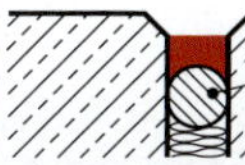 | Fertigteile |

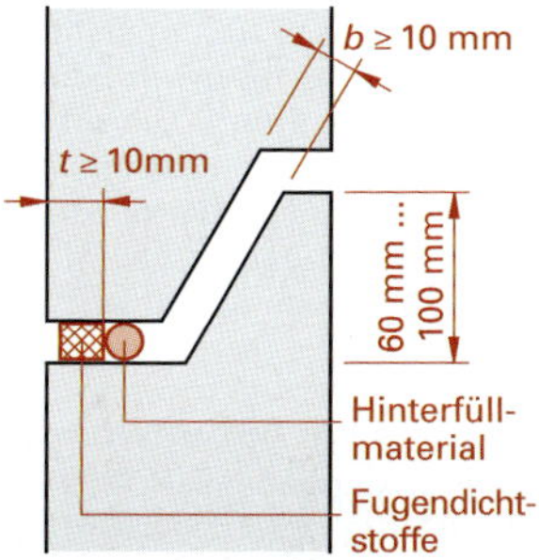


| Fugenabstand | ≤ 3,5 m | < 8,0 m |
|---|---|---|
| Fugenbreite *b* | ~ 15 mm | 30 mm |
| Fugentiefe *t* | ~ 10 mm | 15 mm |

## Nischen, Aussparungen und Schlitze

**Nischen** sind Schwächungen in der Dicke des Mauerwerks; Vorlagen sind Verstärkungen. Der Abstand von Regelfuge und Nische beträgt **0,5 am** (6,25 cm) und bei 3 DF auch **1 am.**
**Aussparungen und Schlitze** sind nur zulässig, wenn die Standfestigkeit der Wand nicht beeinträchtigt wird. Aussparungen und Schlitze sind im Mauerwerk herzustellen oder nachträglich zu fräsen.

| Wanddicke | Horizontale und schräge Schlitze nachträglich hergestellt | | Vertikale Schlitze und Aussparungen nachträglich hergestellt | | | Vertikale Schlitze und Aussparungen in gemauerten Verbänden | |
|---|---|---|---|---|---|---|---|
| | Schlitzlänge unbeschränkt Tiefe mm | Schlitzlänge ≤ 1,25 m lang Tiefe mm | Tiefe mm | Einzelschlitzbreite mm | Abstand der Schlitze und Aussparungen vor Öffnungen | Breite mm | Restwanddicke mm |
| mm | | | | | | | |
| ≥ 115 | – | – | ≤ 10 | ≤ 100 | gefräste Schlitze ≤ 115 mm | – | – |
| ≥ 175 | 0 | ≤ 25 | ≤ 30 | ≤ 100 | | ≤ 260 | ≥ 115 |
| ≥ 240 | ≤ 15 | ≤ 25 | ≤ 30 | ≤ 150 | gemauerte Schlitze ≥ Schlitzbreite | ≤ 385 | ≥ 115 |
| ≥ 300 | ≤ 20 | ≤ 30 | ≤ 30 | ≤ 200 | | ≤ 385 | ≥ 175 |
| ≥ 365 | ≤ 20 | ≤ 30 | ≤ 30 | ≤ 200 | | ≤ 385 | ≥ 175 |

7

## 7.1.3 Außenmauerwerk

### Einschaliges Verblendmauerwerk,

das mit der Hintermauerung im Verband ausgeführt wird, wird als Sichtmauerwerk bezeichnet. Werden Vormauersteine oder Klinker einer Steinsorte und einer Steinhöhe verwendet, bildet das Mauerwerk eine homogene Konstruktion. Diese kann als ein- oder beidseitiges Sichtmauerwerk ausgeführt werden. Nach DIN 1053 muss es aus Gründen der **Schlagregensicherheit** für Wohngebäude je Mauerschicht mindestens zwei Steinreihen aufweisen, zwischen denen eine durchgehende – schichtenweise versetzte – hohlraumfreie, vermörtelte **2 cm dicke Längsfuge** verläuft. Die gesamte Wandkonstruktion bildet den statisch wirksamen Querschnitt. Für die zulässige Beanspruchung ist die im Querschnitt verwendete niedrigste Steinfestigkeitsklasse maßgebend zu berücksichtigen. **Mindestwanddicke 31 cm** für geringe Schlagregenbeanspruchung; für mittlere Schlagregenbeanspruchung 37,5 cm.

**$37^5$-er Verblendmauerwerk mit 2 cm Längsfuge**

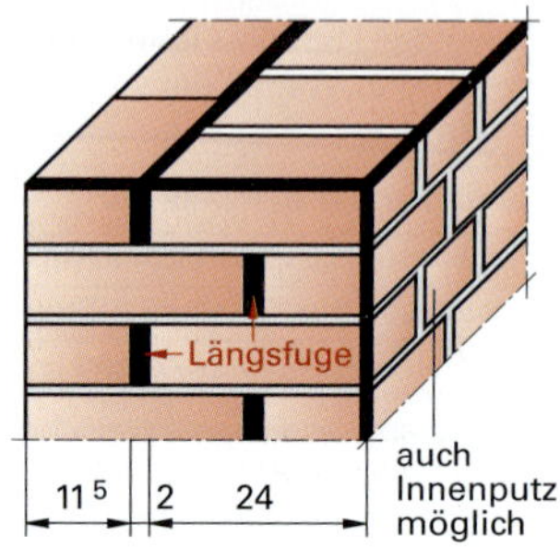


### Einschalige verputzte Außenwände

sind aus konstruktiven Gründen mit einer Mindestdicke von 24 cm auszuführen. Der nicht frostbeständige Hintermauerstein wird durch einen zweilagigen Wasser hemmenden oder Wasser abweisenden Außenputz nach DIN 18550 oder einem Kunstharzputz vor Witterungseinflüssen geschützt. Die Regenschutzwirkung von Putzen wird durch deren Wasseraufnahmekoeffizienten *w* bestimmt. Die erhöhten Anforderungen des Wärmeschutzes werden nicht erfüllt; ein Wärmedämmaußenputz oder eine Thermohaut (verputzte Dämmschicht) bietet ein einwandfreies Außendämmsystem. Zusätzlich ist durch eine differenzierte Farbgebung eine architektonische Gestaltung möglich.

**Außenwand mit Thermohaut**

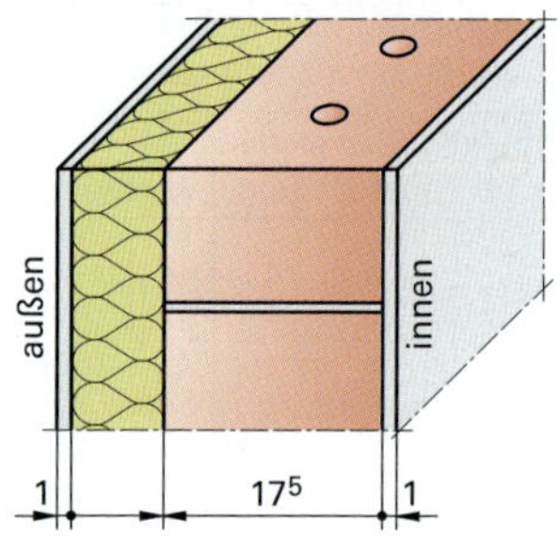


### Einschalige Außenwände mit wetterbeständiger Fassadenbekleidung

müssen entweder **DIN 18515** „Fassadenbekleidung aus Naturstein, Betonwerkstein und keramischen Baustoffen" oder **DIN 18516** „Außenverkleidungen, hinterlüftet" entsprechen. Bei der Planung und Ausführung ist eine Mindestporigkeit zum Atmen der Außenwand, die Regenschutzwirkung und eine sichere Verbindung mit dem Hintermauerwerk zu beachten. Wandkonstruktionen für starke Schlagregenbeanspruchung sind nach DIN 4108-3 auszuführen.

Hinterlüftete Fassadenbekleidung:

Naturwerkstein, Betonwerkstein, Spaltplatten, kleinformatiger Dachschiefer, kleinformatige Dachplatten, großformatige Fassadenplatten.

Luftschicht ≥ 2 cm; die Ausführung muss wegen des notwendigen Ableitens des Niederschlagswassers sorgfältig überwacht werden.

Plattengröße ≤ 0,1 $m^2$ und ≤ 3 cm dick

Angemauerte, angemörtelte oder verankerte Fassadenbekleidung: Keramische Platten, Sparverblender, Spaltklinker.

Die Platten werden in vorgefertigte Rahmen gesetzt und mit einer verdeckten Befestigung anmontiert oder auf einer Polymerbetonplatte aufgeklebt. Fugen sollten möglichst mit Hinterschneidung und 5 mm Schwellenhöhe ausgeführt werden.

7

### Brandwände, Komplexwände

sind bei aneinander gereihten Wohngebäuden (z. B. Reihenhäusern, Kettenhäusern) als zwei- oder einschalige Trennwände auszuführen. Die Trennung der Wandschalen lässt sich durch den Einbau **weicher** Faserdämmplatten bewerkstelligen. Die Fuge sollte eine **Dicke von 2 cm** aufweisen. Offene Längsfugen können auch ausgeführt werden, starre Verbindungen zwischen den Wandscheiben durch Steinbrocken oder Mörtelansammlungen sind unzulässig. Tragende und aussteifende **Brandwände** sind einschalig mindestens 17,5 cm und zweischalig mindestens 2 × 15,0 cm dick und müssen F-90-A entsprechen. Tragende und aussteifende **Komplexwände** sind einschalig mindestens 36,5 cm und zweischalig 2 × 24,0 cm dick und müssen F 180-A entsprechen.

## Zweischaliges Mauerwerk für Außenwände

- kann mit oder ohne Luftschicht und mit oder ohne Dämmschicht ausgeführt werden
- kann schlagregensicher; mit erhöhter Wärmedämmung und Schalldämmung hergestellt werden

Statisch wirksam und für den Spannungsnachweis ist nur die Dicke der Innenschale anzunehmen. Die Außenschalen müssen mindestens 90 mm dick sein.

Die Mauerschalen sind je m² durch mindestens 5 Drahtanker aus nichtrostendem Stahl ∅ 3 mm zu verbinden. An allen freien Rändern (z.B. Gebäudeecken, Fensteröffnungen, Türöffnungen, Dehnungsfugen, Gebäudeabschluss) sind zusätzlich mindestens 3 Drahtanker je m freier Rand einzubauen.

Der lotrechte Abstand der Drahtanker soll 50 cm, der waagerechte Abstand 75 cm nicht überschreiten.

Ist der Wandbereich höher als 12 m oder der Abstand der Mauerschalen zwischen 70 mm und 120 mm, sind 5 Drahtanker ∅ 4 mm anzuordnen. Ist der Abstand der Mauerschalen größer als 120 mm, sind 7 Drahtanker ∅ 4 mm oder 5 Drahtanker ∅ 5 mm je m² Wandfläche anzuordnen.

**Zweischaliges Mauerwerk**

**Ⓐ mit Putzschicht ohne Luftschicht**

**Ⓑ mit Luftschicht und Wärmedämmung**

**Ⓒ mit Luftschicht**

**Ⓓ mit Wärmedämmung ohne Luftschicht**

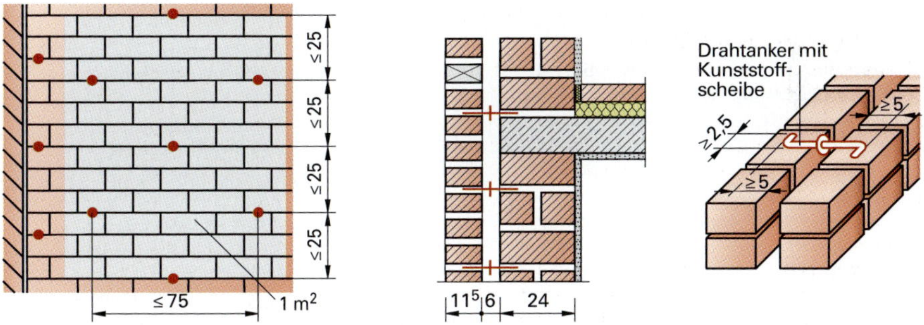


**Verankerung der Außenschale mit der Innenschale**

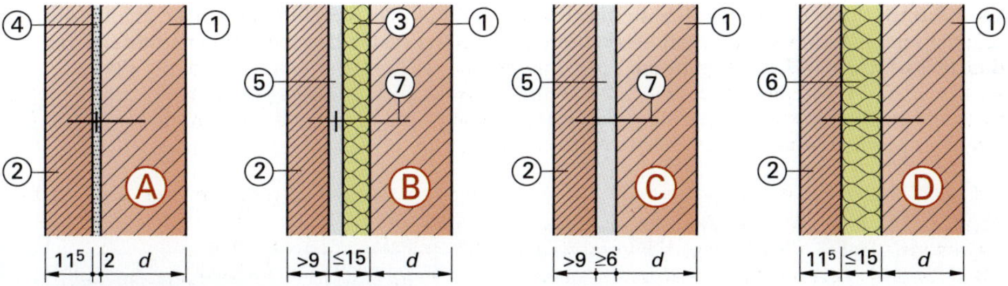


**Zweischaliges Mauerwerk für Außenwände**

① Innenschale $d$
Zusätzliche Bedingung, wenn $d$ = 11,5 cm:
a) maximal 2 Vollgeschosse zuzüglich ausgebautem Dachgeschoss
b) Verkehrslast einschließlich Zuschlag für unbelastete Trennwände $q \leq 3$ kN/m²
c) Abstand der aussteifenden Querwände $e \leq 4{,}50$ m bzw. Randabstand ≤ 2,0 m

② Außenschale aus Vormauersteinen bzw. Hintermauersteinen mit Außenputz

③ Dämmplatten, Luftschicht ≥ 4 cm für Ⓑ

④ 2 cm Putzschicht in Mörtelgruppe II oder II a

⑤ Luftschicht 6 cm ≤ $d_L$ ≤ 15 cm

⑥ Kerndämmung nach bauaufsichtlicher Zulassung, Außenschale ≥ 115 mm

⑦ Drahtanker mit und ohne Klemm- und Abtropfscheibe, Drahtanker für Ⓐ ∅ 3 mm ausreichend; Verankerung in Leichtmörtel mit LM 36

Die Luftschicht darf 10 cm über dem Gelände beginnen und muss von dort bis zum Dach ohne Unterbrechung hochgeführt werden. Die Außenschalen sind jeweils unten und oben mit Lüftungsöffnungen zu versehen: für 20 m² Wandfläche jeweils unten und oben mindestens 7500 mm² (bei Kerndämmung unten 5000 mm²) Öffnungsfläche als offene Stoßfugen oder Lüftungssteine.

## 7.1.4 Sonderbauteile aus Mauerwerk

### Waagerechte Überdeckungen

Waagerechte Überdeckungen wie Stahlträger, Stahlbetonbalken oder vorgefertigte Flachstürze aus Ziegel oder Kalksandstein sind statisch nachzuweisen. Bei Überschreitung der zulässigen Mauerwerksspannungen im Auflager kann eine Verstärkung des Auflagers aus

- Mauerwerk mit einer höheren Steinfestigkeit ▶ S. 203
- Beton und Stahlbeton ▶ S. 235

vorgenommen werden, um durch den Lastausbreitungswinkel von 60° die Auflagerlasten auf einen größeren Mauerquerschnitt zu verteilen. Unter Einzellasten darf eine geichmäßig verteilte Auflagerpressung angenommen werden.

Zulässige Teilflächenpressung

$$\sigma = \frac{F_d}{A} \quad \text{oder} \quad f_d = \alpha \cdot \eta \cdot f_k / \gamma_M$$

$\alpha$ = 1,0 (bei Konstruktion nach DIN 1053 $\alpha$ = 1,3)
$\eta$ = 0,85 (Berücksichtigung der Langzeitwirkung)

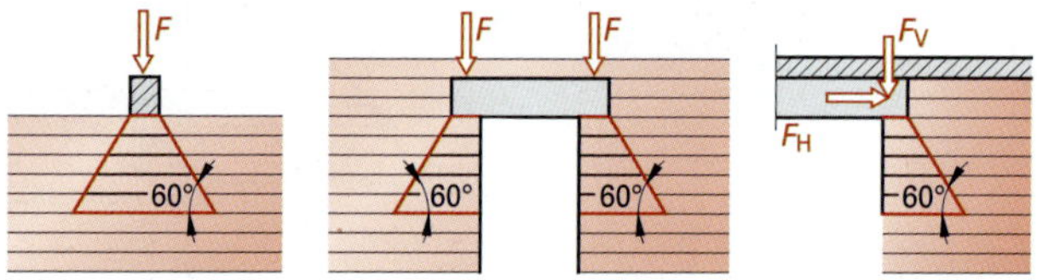


Last unter 60° | symmetrische Last | einseitige Last

### Flachstürze

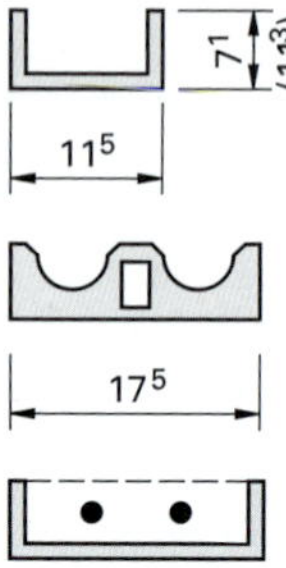


Bewehrte Flachstürze in üblicher Mauerdicke in den Längen um 25 cm abgestuft 1,00 m bis 3,00 m. Mindestens C20/25, IV S ∅ 6 ... ∅ 12

Ziegel-Flachsturz DIA
lichte Weite bis 2,76 m

KS-Flachsturz SM oder HM
für Sicht- oder Hintermauerwerk
lichte Weite bis 2,76 m

Beton-Flachsturz
lichte Weite 0,885 m

Porenbeton-Stürze
lichte Weite bis 1,76 m
z. B. P4,4 – 0,6

Stahlbeton-Flachsturz
lichte Weite bis 2,76 m
Ober- bzw. Unterseite sind gekennzeichnet.

### Mauerbögen

Mauerbögen beziehungsweise Bogenkonstruktionen haben die Aufgabe, Öffnungen zu überdecken und die vorhandenen Einzellasten, Deckenlasten und Wandlasten des Einzugsbereiches auf das angrenzende Mauerwerk zu übertragen.

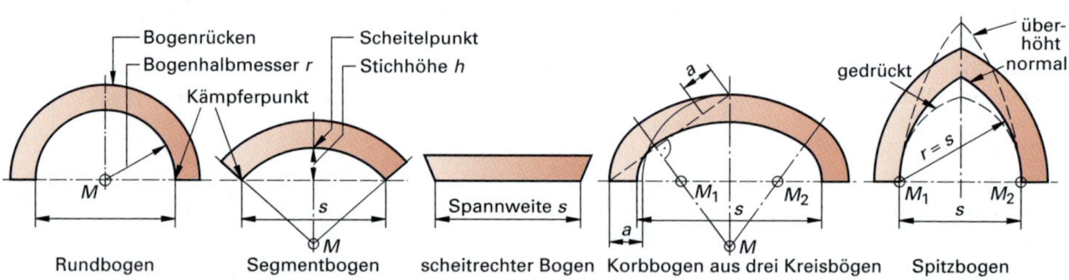


Bogen- und Gewölbeformen

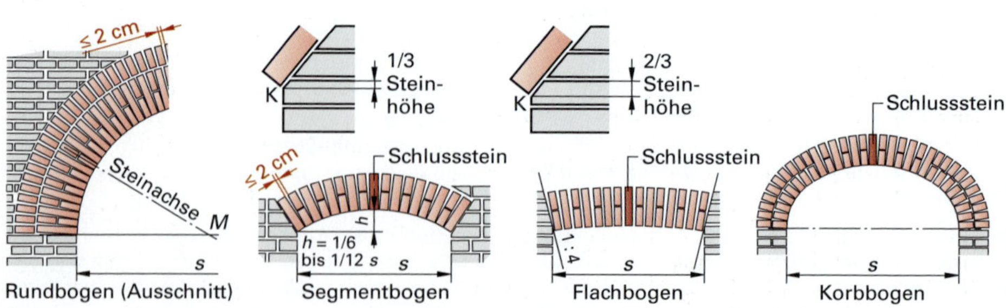


Gemauerte Bögen

7

## Mauerbögen

Der **Rundbogen** ist die optimale Lösung für die Überdeckung, da die Druckkräfte lotrecht zum Auflagermauerwerk übertragen werden. Andere Bogenformen bewirken am Auflager aus der Stützlinie abzuleitende Schubkräfte, die rechnerisch in Vertikalkräfte und Horizontalkräfte zerlegt werden.

Der **Segmentbogen** ist ein flacher Bogen, der am Widerlager Horizontalkräfte bewirkt, bei gleicher Stützweite wie der Rundbogen wesentlich niedriger ist und eine optisch gelungene Schichteinteilung zulässt.

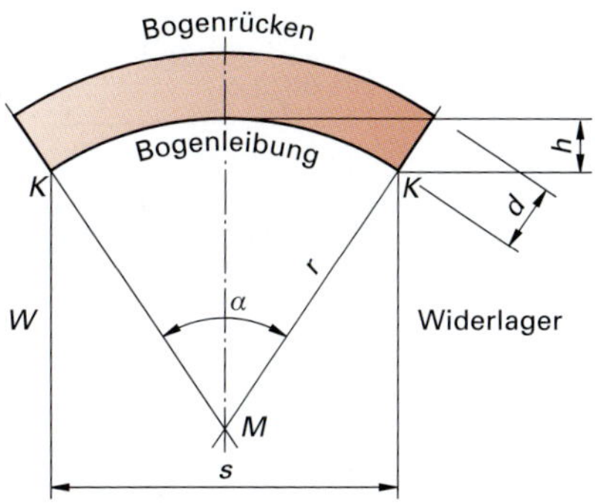


*W* Widerlager, Wandbereich
*s* Spannweite, lichte Weite
*r* Bogenradius ► S. 12
$b_a$ Bogenrückenlänge (außen)
$b_i$ Bogenleibungslänge (innen)
*K* Kämpferpunkt, Bogenanfang
*h* Stichhöhe, Bogenhöhe ► S. 12
*d* Bogendicke

**Anfängerstein,** der erste Stein an den Widerlagern

**Schlussstein,** der zuletzt gesetzte Stein im Scheitel.

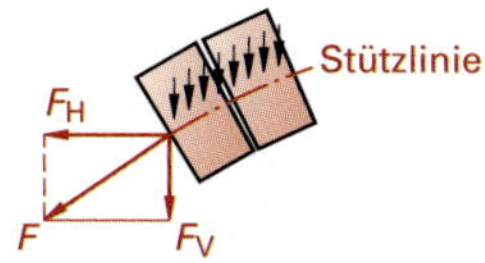


**Stoßfugen** am Bogenrücken ≤ 2 cm.

**Stoßfugen** an der Bogenleibung ≥ 0,5 cm, aber ≤ 2 cm.

$$r = \frac{h}{2} + \frac{s^2}{8\,h}$$

$$b_i = \frac{2 \cdot r \cdot \pi \cdot \alpha}{360°}$$

$$\sin\frac{\alpha}{2} = \frac{s}{2 \cdot r}$$

| s | 1,01 | 1,51 | 1,76 | 2,01 | 2,51 | 3,01 |
|---|---|---|---|---|---|---|
| h | 15 cm | 15 cm | $\frac{1}{8}$ s | $\frac{1}{10}$ s | $\frac{1}{12}$ s | 1,505 m |
| r | 0,926 m | 1,975 m | 1,87 m | 2,62 m | 3,855 m | 1,505 m |
| α | ~ 66° | ~ 45° | ~ 56° | ~ 45° | ~ 38° | 180° |

## Freistehende Mauern

Freistehende Mauern werden als Abgrenzungen für Gärten, Parkplätze, Freiplätze und als Lärmschutzwände erstellt. Diese Wände werden durch Querwände oder Stützen gehalten. Sie werden vorwiegend durch Windkräfte belastet. Ihre Kippsicherheit muss durch die Bemessung der Fundamente, Mauerdicke und Mauerhöhe gewährleistet werden. Es sind frostbeständige Steine und Mörtel mindestens der Mörtelgruppe II zu verwenden.

Zu beachten sind

- Frostfreie Gründung, mindestens 80 cm tief, besser 1,00 m bis 1,20 m
- Betonsockel mindestens bis 30 cm über Gelände, evtl. Sperrmörtel
- Sperrschicht zwischen Betonsockel und Mauerwerk
- Mauerabdeckung, z. B. Betonwerkstein oder Ziegelrollschicht
- Längen der Mauerabschnitte 6 m bis maximal 8 m

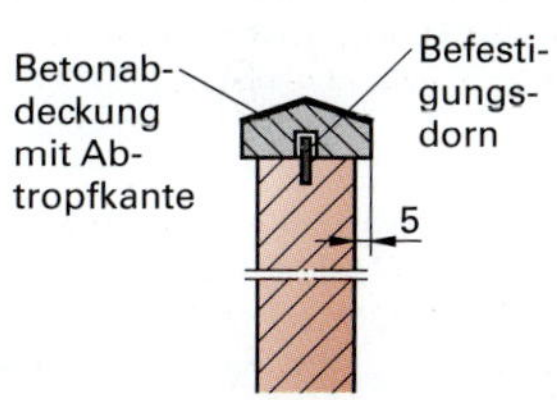


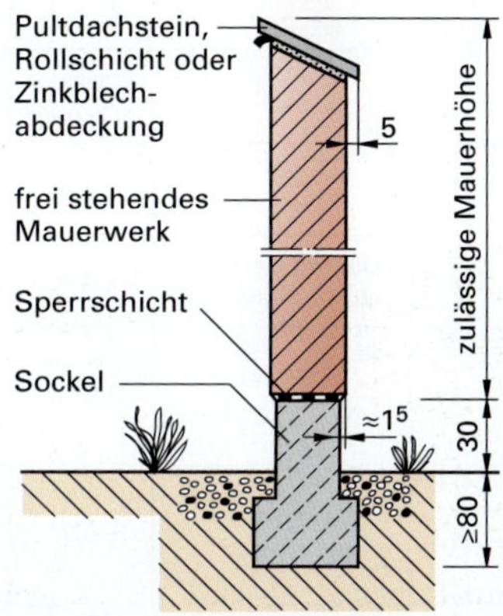


| Eigenlast γ in kN/m³ | Zulässige Mauerhöhe *h* in m bei Wanddicken *d* in m | | | |
|---|---|---|---|---|
| | 0,365 | 0,30 | 0,24 | 0,175 |
| 20 | 2,73 | 1,85 | 1,18 | 0,63 |
| 18 | 2,45 | 1,66 | 1,03 | 0,57 |
| 15 | 2,05 | 1,57 | 0,86 | |
| 12 | 1,64 | 1,11 | 0,69 | |
| 10 | 1,36 | 0,92 | 0,59 | |

**Faustformel** für die Berechnung der Mauerhöhe in m bis 8 m Höhe über Gelände:

$$h = 1{,}05 \cdot \gamma \cdot d^2$$

## 7.1.5 Mauerwerk aus Naturstein

Bruchsteinmauerwerk

Quadermauerwerk

Natursteinmauerwerk gehört zu den ältesten Bauweisen für massive Bauwerke. Der heutige Anwendungsbereich liegt vorwiegend in der architektonischen Gestaltung. Natursteine ► S. 198 für Mauerwerk dürfen nur aus fehlerfreiem Gestein gewonnen werden. Gemäß DIN 1053 muss Natursteinmauerwerk im gesamten Querschnitt handwerksgerecht ausgeführt werden:

- es dürfen nirgends mehr als drei Fugen zusammenstoßen
- es dürfen keine Stoßfugen durch mehr als zwei Schichten verlaufen
- Läuferschichten und Binderschichten müssen abwechseln oder auf zwei Läufer muss mindestens ein Binder kommen
- die Dicke der Binder muss mindestens 30 cm betragen und möglichst das 1,5fache der Schichthöhe betragen
- die Dicke der Läufer soll etwa gleich der Schichthöhe sein
- an den Ecken sind die größeren Steine einzubauen
- die Überdeckung der Stoßfugen muss mindestens 10 cm beim Schichtenmauerwerk und 15 cm beim Quadermauerwerk betragen
- Zwischenräume oder weite Fugen sind zu vermeiden, ansonsten mit allseits ummörtelten Steinstücken auszufüllen
- Sichtflächen sind nachträglich zu verfugen

Man unterscheidet Natursteinmauerwerk nach Art der Ausführung und Behandlung der Steine.

| | | | |
|---|---|---|---|
| Feldsteinmauerwerk | unbearbeitete Steine, steifer Mörtel | Unregelmäßiges Schichtenmauerwerk N3 | mindestens 15 cm Tiefe der Steine der Sichtfläche bearbeitet, Lager- und Stoßfugen ungefähr rechtwinklig zueinander, Fugendicke maximal 3 cm, die Steinhöhe darf innerhalb einer Schicht mäßig wechseln |
| Trockenmauerwerk | geringe Bearbeitung der Steine, ohne Mörtel, im Verband | | |
| Zyklopenmauerwerk und Bruchsteinmauerwerk N1 | geringe Beabeitung der Steine, satt im Mörtel, im Verband, verschiedene Höhen, Ausgleich alle 1,50 m | Quadermauerwerk N4 | Steine sind nach angegebenen Maßen bearbeitet, nummeriert und nach Setzplänen vermauert |
| Hammergerechtes Schichtenmauerwerk N2 | Mindesttiefe der Steine 12 cm, verschiedene Steinhöhen, Ausgleich alle 1,50 m | Mischmauerwerk oder Verblendmauerwerk | mittragendes Verblendmauerwerk, Hintermauerung aus künstlichen Steinen oder hinterer Wandteil aus Beton oder Leichtbeton, Verzahnung durch Einbindung von mindestens 30 % der Bindersteine |

Die Güteklassen **N1** bis **N4** unterteilen das Natursteinmauerwerk nach Ausführungsart, Lagerfugenneigung $\alpha$, dem Verhältnis „Fugenhöhe zu Steinlänge" und einem Verhältniswert „Natursteinfläche zu Wandquerschnitt im Grundriss". Die Grundwerte $\sigma_0$ der zulässigen Druckspannungen ergeben sich in Abhängigkeit von der Güteklasse, der Steinfestigkeit und der Mörtelgruppe.

| Güteklasse | Grundeinstufung | Fugenhöhe/ Steinlänge | Neigung der Lagerfuge $\tan \alpha$ | Steinfestigkeit $\beta_{St}$ MN/m² | Grundwerte $\sigma_0$[1] / (Druckfestigkeit $f_k$) Mörtelgruppe I MN/m² | II MN/m² | II a MN/m² | III MN/m² |
|---|---|---|---|---|---|---|---|---|
| N1 | Bruchsteinmauerwerk | ≤ 0,25 | ≤ 0,30 | ≥ 20 | 0,2 (0,6) | 0,5 (1,5) | 0,8 (2,4) | 1,2 (3,6) |
| | | | | ≥ 50 | 0,3 (0,9) | 0,6 (1,8) | 0,9 (2,7) | 1,4 (4,2) |
| N2 | Hammerrechtes Schichtmauerwerk | ≤ 0,20 | ≤ 0,15 | ≥ 20 | 0,4 (1,2) | 0,9 (2,7) | 1,4 (4,2) | 1,8 (5,4) |
| | | | | ≥ 50 | 0,6 (1,8) | 1,1 (3,3) | 1,6 (4,8) | 2,0 (6,0) |
| N3 | Schichtenmauerwerk | ≤ 0,13 | ≤ 0,10 | ≥ 20 | 0,5 (1,5) | 1,5 (4,5) | 2,0 (6,0) | 2,5 (7,5) |
| | | | | ≥ 50 | 0,7 (2,1) | 2,0 (6,0) | 2,5 (7,5) | 3,5 (10,5) |
| | | | | ≥ 100 | 1,0 (3,0) | 2,5 (7,5) | 3,0 (9,0) | 4,0 (12,0) |
| N4 | Quadermauerwerk | ≥ 0,07 | ≥ 0,05 | ≥ 20 | 1,2 (3,6) | 2,0 (6,0) | 2,5 (7,5) | 3,0 (9,0) |
| | | | | ≥ 50 | 2,0 (6,0) | 3,5 (10,5) | 4,0 (12,0) | 5,0 (15,0) |
| | | | | ≥ 100 | 3,0 (9,0) | 4,5 (13,5) | 5,5 (16,5) | 7,0 (21,0) |

[1] Bei Fugendicken über 40 mm sind die Grundwerte $\sigma_0$ um 20 % zu vermindern. ( ) nur DIN 1053-100

## 7.1.6 Mauerwerksverbände

Nach DIN 1053 muss im Verband gemauert werden, d.h. die Stoßfugen und die Längsfugen übereinander liegender Schichten müssen versetzt sein. Für das **Überbindemaß *ü*** gilt

| Steinformate | Überbindemaße |
|---|---|
| DF NF 2 DF 3 DF 5 DF | ≥ 4,5 cm |
| 7,5 DF 9 DF | ≥ 7,0 cm |
| 10 DF 12 DF 16 DF | ≥ 9,5 cm |
| z. B. Steinhöhe 23,8 cm → | ü = 9,52 cm |

Die Überbindung sollte möglichst nach der Baumaßordnung mit **0,5 am** (6,25 cm) oder **1 am** (12,5 cm) erfolgen, um so ein entsprechend gutes Fugenbild zu erhalten.

**$ü \geq 0{,}4\ h \geq 4{,}5$ cm** mit $h$ ≙ Steinhöhe

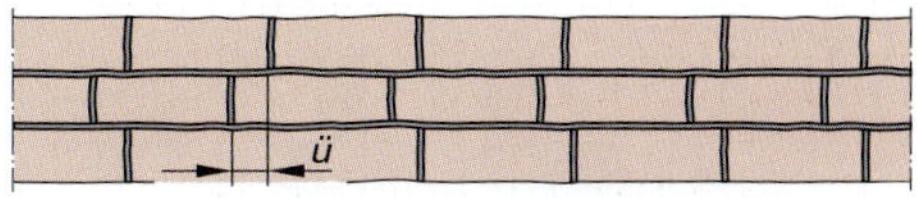


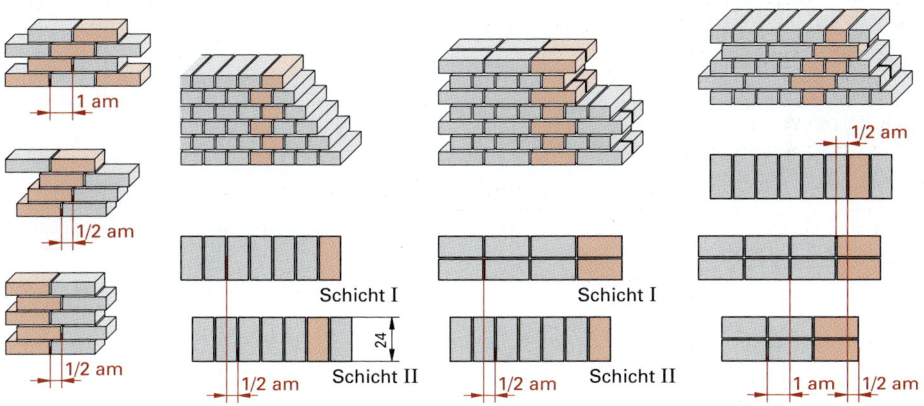


Läuferverbände | Binderverband | Blockverband | Kreuzverband

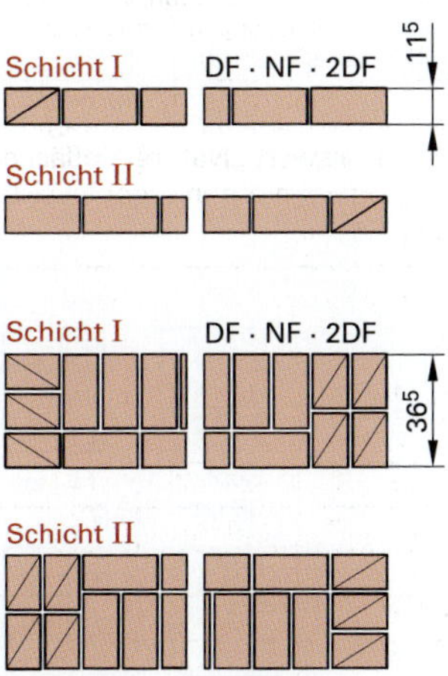


Köpfe durch 1/2 teilbar

Dreiviertelsteinverbände

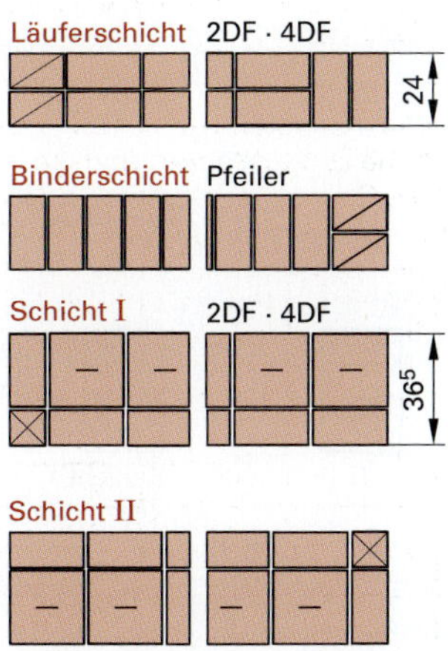


Läuferverband mit ungerader Kopfanzahl

Umgeworfene Verbände

**Mauerenden und Mauerpfeiler** sind meist sehr hoch, daher sind unnötige Teilsteine zu vermeiden!

**Maueranschlüsse und Mauerkreuzungen** sind gleichzeitig oder mit Abtreppungen hochzumauern. Man unterscheidet:

- liegende Verzahnung
- stehende Verzahnung
- Verzahnung mit Vorlage

Die liegende Verzahnung (Abtreppung) ist der beste vorläufige Mauerabschluss, da später die Anschlussfugen regelgerecht vermörtelt werden können.

Stehende Verzahnung (Lochverzahnung) und Verzahnung mit Vorlage sind für tragende und aussteifende Wände nicht zugelassen.

Anschläge (auch Tür- und Fensterleibungen) werden als gerade oder abgesetzte Mauerenden ausgeführt. Die häufigsten Anschlagtiefen betragen **0,5 am** und **1 am.**

7

## Mauerwerksverbände

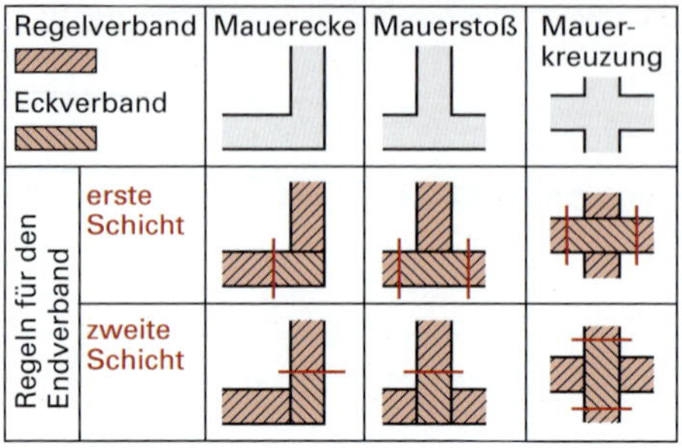


Regelfugen durchbindender Schichten

(Durch Verschieben der Schichten noch veränderbar)

Zierverbände

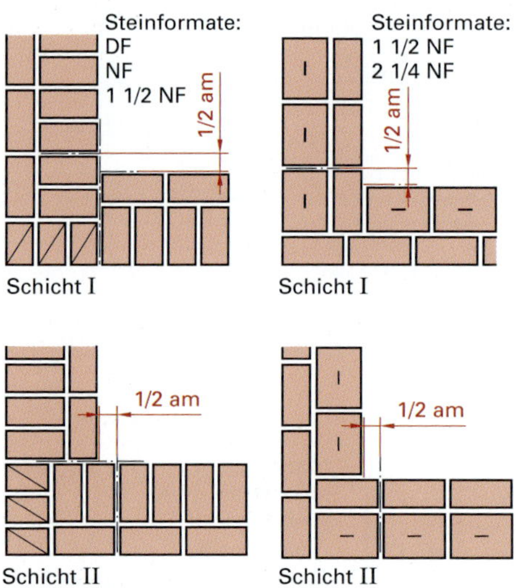


Mauerecken

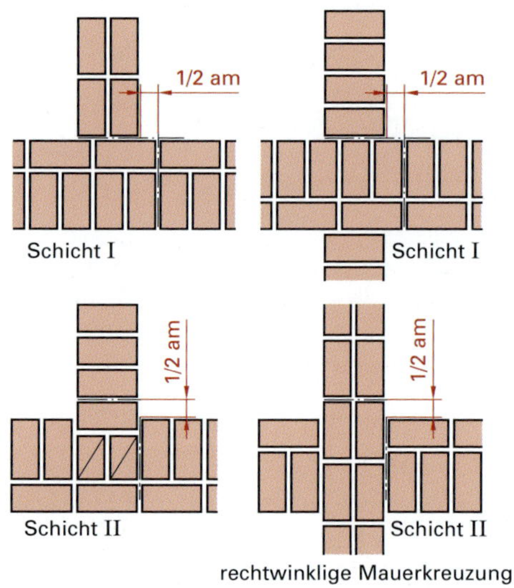


Mauerstoß und Mauerkreuzung

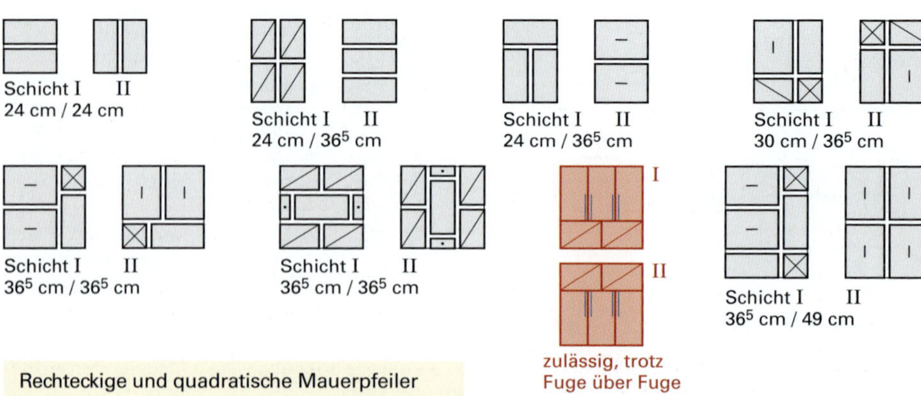


Rechteckige und quadratische Mauerpfeiler

7

## Mauerwerksverbände

Bei **schiefwinkligen Maueranschlüssen** unterscheidet man:

- schiefwinklige Mauerstöße
- schiefwinklige Mauerkreuzungen
- spitz- und stumpfwinklige Mauerecken

Fugenüberdeckungen werden vermieden, wenn die jeweilige Regelfuge der durchgehenden Schicht um mindestens **0,5 am** von der Innenecke versetzt angeordnet wird.

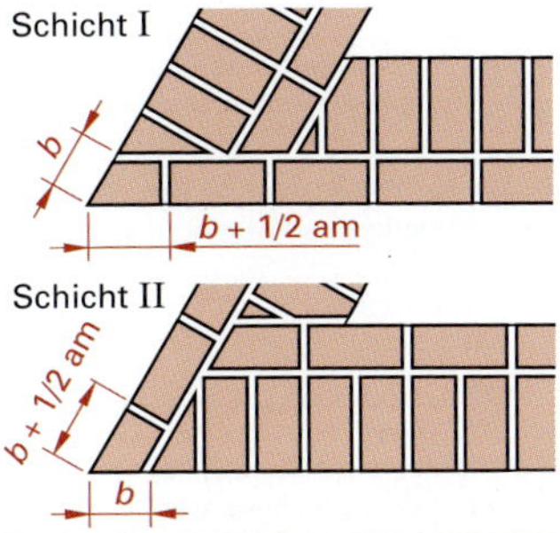


Schiefwinklige Mauerstöße/Mauerecken

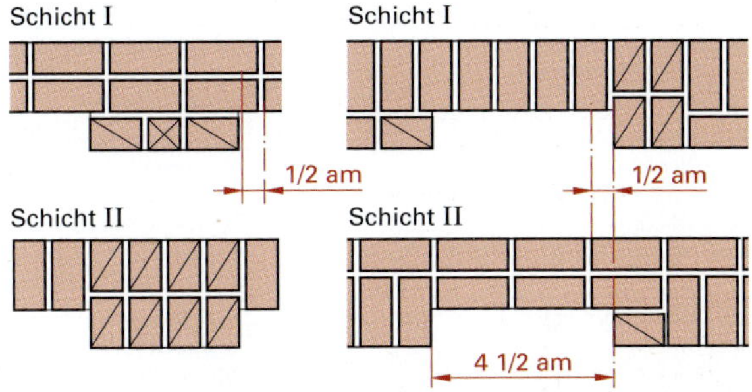


Vorlagen und Nischen

## 7.1.7 Ziegeldecken – Deckensysteme

Ziegeldecken sparen Beton, mindern das Deckengewicht und verbessern die Wärmedämmeigenschaften der Geschossdecke. Im Bauwerk werden sie verwendet als:

- **Stahlbetonrippendecke** mit nichttragenden Deckenziegeln (nach **DIN 4160)**
- **Stahlsteindecken** mit mittragenden Deckenziegeln (nach **DIN 4159)**
- **vorgefertigte Deckenplatten** aus Ziegeln

Folgende Voraussetzungen sind zwingend:

- lichter Abstand der Rippen $e \leq$ **70 cm**
- Maximale Verkehrslast von $p$ **= 5 kN/m²**
- Auflagertiefe $a \geq$ **10 cm**
  Die Bewehrung der Deckenplatte ist mindestens bis zur Mitte des Auflagers zu führen und im Ringanker zu verankern.

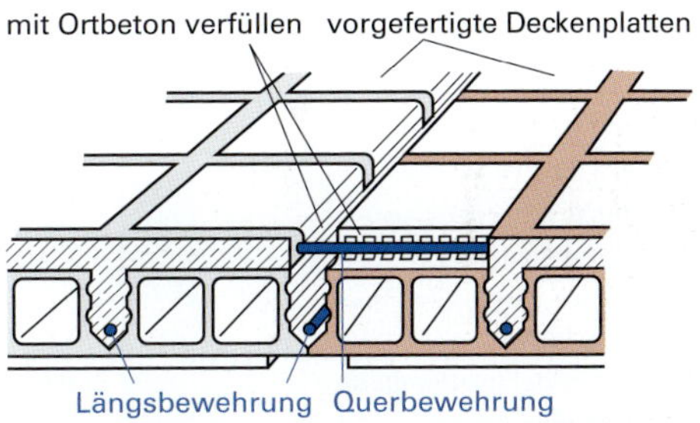


Verbindung zweier **Deckenplatten aus Ziegeln**

### Ziegelrippendecke

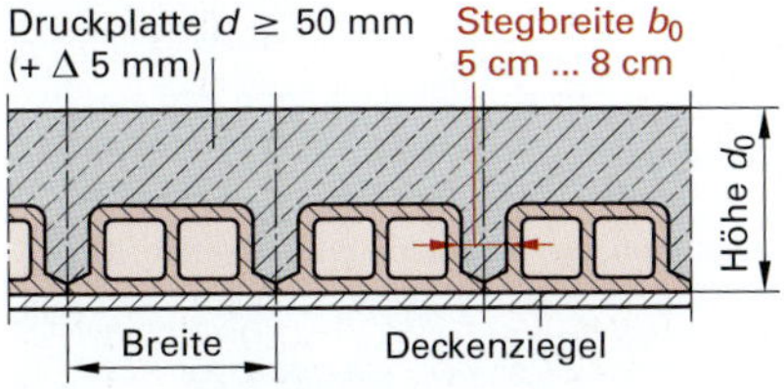


Ziegel als Zwischenbauteil nach DIN 4160, ohne Querstege, statisch nicht mitwirkend
Rohdichte der Ziegel 0,8 kg/dm³ bis 1,2 kg/dm³

| | |
|---|---|
| Breite 333/500 mm | Tiefe 250/333 mm |
| Höhe 165/190/215/240/265/290/315/340 mm | |

### Stahlsteindecke

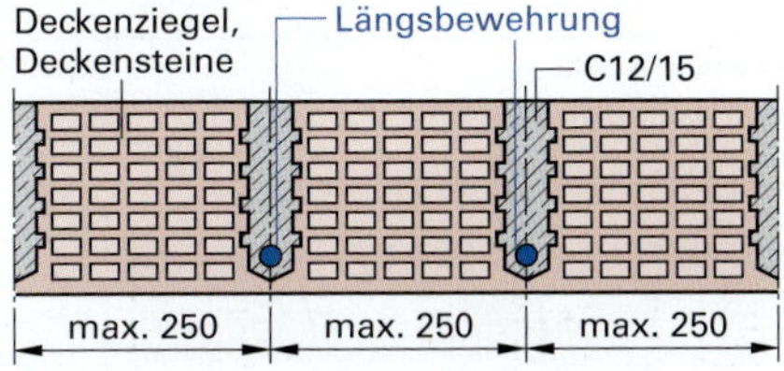


Ziegel für vollvermörtelte Stoßfugen nach DIN 4159, Fugenbeton mindestens C12/15
Rohdichte der Ziegel 0,6 kg/dm³ bis 1,0 kg/dm³

| | |
|---|---|
| Breite 250 mm | Tiefe 166/250/333/500 mm |
| Höhe 115/165/190/215/240/265/290 mm | |

## Ziegeldecken – Deckensysteme (Auswahl)

### Massivdecken

*ohne Hohlkörper*

**Vollplatte** aus Stahlbeton
nach DIN 1045
Auflagertiefe $a$ = 10 cm
Plattendicke $h \geq 7$ cm; i.d.R. 14 … 18 cm;
Faustformel $d \approx 2{,}6 \cdot l + 2$ cm
$l$ in m, $d$ in cm
ein- oder zweichachsig gespannt

**Vollplatte** aus Leichtbeton
nach DIN 4219 oder DIN 1045
$h \geq 7$ cm

**Vollplatte** aus Porenbeton
nach DIN 4223
Stützlänge $l < 5{,}90$ m gilt DIN 4223
Plattendicke $h$ = 15 cm bis 30 cm
Schlankheit $l/h < 30$ beachten

*mit Hohlkörper*

**Stahlbeton-Hohlplatte**
nach DIN 1045
(als *Röhbau-Decke* bekannt)
Plattendicke $h$ in cm

| | | | | | | |
|---|---|---|---|---|---|---|
| 23 | 28 | 33 | 38 | 43 | 48 | 53 |

Plattenbreite $b$ in cm

| | | | | | | |
|---|---|---|---|---|---|---|
| 18 | 23 | 28 | 33 | 38 | 45 | 50 |

mit Vergussbeton bzw. Ortbeton

**Stahlbeton-Hohldielenplatte**
nach DIN 1045
(auch als Balkendecke bekannt)
(als *Hourdis-Platte, Raab-Hohlbalkenplatte* bekannt)
Plattendicke $h$ in cm

| | | | |
|---|---|---|---|
| 6 | 18 | 20 | 22 |

Plattenbreite $b$ in cm

| | | |
|---|---|---|
| 25 | 33,3 | 50 |

Auflagertiefe $a$ = 5 cm (Stahl), $a$ = 7 cm
mit Vergussbeton

**Spannbeton-Hohlplattendecke**
nach DIN 4227
(teilweise auch als Balkendecke bekannt)
Stützlänge $l$ = 12,00 m
Plattendicke $h$ in cm

| | | | |
|---|---|---|---|
| 12 | 15 | 18 | 25 |

mit Vergussbeton

**Stahlsteindecken**
nach DIN 1045 mit Zwischenbauteilen nach DIN 4159
(teilweise auch als Rippendecke bekannt)

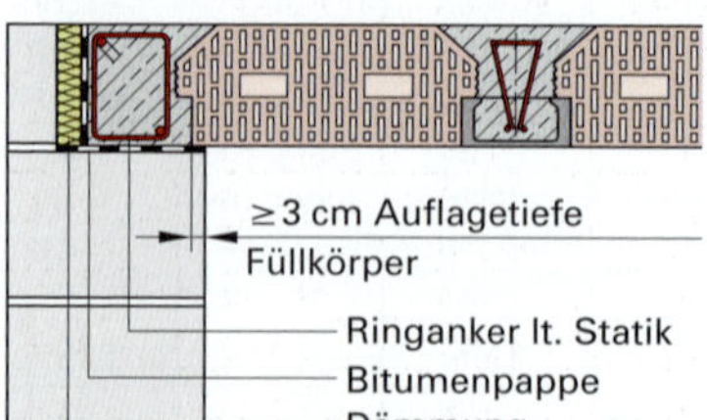


7

### Rippendecken und Balkendecken

**Stahlbetonrippendecke** nach DIN 1045
mit Zwischenbauteilen nach DIN 4160
lichter Rippenabstand $e$ = 70 cm
Aufbeton $d$ = 5 cm bzw. 1/10 $e$; Rippenbreite $b$ = 5 cm
als Kassettendecke längs und quer gespannt
Füllkörper aus Ziegel, Leichtbeton, Profil- bzw. Schalblech oder Trapezprofil nach DIN 18 807

**Gitterträgerdecke** als vorgefertigte Gitterträgerplatten aus dünnen Fertigteilplatten mit Ortbetonschicht (teilweise auch als Massivdecke bekannt)

**Gitterträgerdecke** als Balkendecke aus Gitterträgerbalken mit Zwischenbauteilen als statisch nicht wirksame Füllkörper
(als *Filigran-D-Träger* bekannt)
teilweise mit Tonhohlkörper als Zwischenbauteil
Deckendicke $h$ = 6 cm bis 20 cm (variabel)
Stützlänge $l$ nach Herstellerangaben (variabel)

**Stahlbeton-Balkendecken** nach DIN 1045
aus aneinandergereihten Fertigteilbalken (als *Raab-Balkendecke* bekannt oder komplett als *Filigran-Unterplatte* bekannt)
Plattendicke $h$ in cm

| | | | |
|---|---|---|---|
| 18 | 20 | 22 | vereinzelt bis 30 |

Plattenbreite $b$ in cm

| | | | | |
|---|---|---|---|---|
| 25 | 33,3 | 50 | 62,5 | 75 |

Stützlänge $l$ = 6,00 m; als Unterplatte großflächig 6,00 m × 2,50 m

**Fertigteildecken** nach DIN 1045 ► S. 317
Trogplattenbreite 2,40 m bis 2,50 m, Gesamthöhe 0,40 m … 0,80 m
Aufbeton $d$ = 4 cm
Stützlänge $l$ = 10,00 m
(als T T-Platte oder π-Platte bekannt)

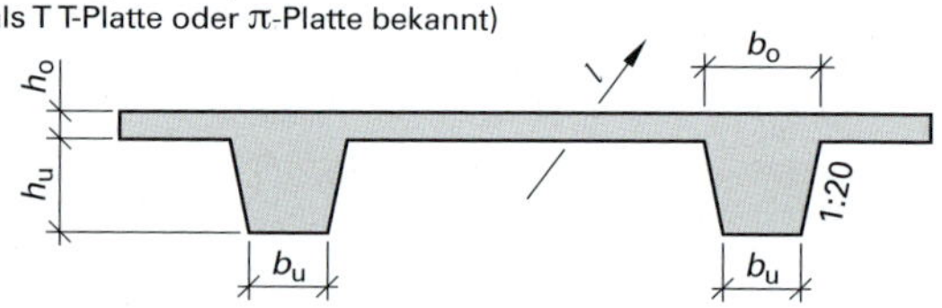


**Stahlbeton-Plattenbalkendecken** nach DIN 1045 ► S. 317
Plattendicke $h$ = 7 cm
lichter Balkenabstand $e$ = 70 cm : i.d.R. 2,50 m bis 3,00 m
als Fertigteil mit einer Plattenbreite von 2,50 m

**Stahlbeton-Pilzdecke** nach DIN 1045
Deckendicke $h$ = 15 cm
Achsabstand der Stützen bzw. Rundsäulen 6,00 m (Erfahrungswert)

**Dach- und Deckenplatten** aus Bimsbeton oder Porenbeton
Stützlänge Dachplatten $l < 4{,}90$ m es gilt DIN 4223,
sonst der Zulassungsbescheid
Stützlänge Deckenplatten $l < 5{,}90$ m es gilt DIN 4223,
sonst der Zulassungsbescheid
Plattendicke $h$ = 10 cm bis 30 cm ; Schlankheit $l/h < 30$ beachten

**Holzbalkendecke** nach DIN 1052 ► S. 339 ff
oder klassifiziert nach DIN 4102
Holzbalken 18 cm / 26 cm (Erfahrungswert)
Balkenachsabstand (häufig) 80 cm;
Durchbiegung $f < l/300$ beachten; Faustformel $d_f \approx l/200$

## 7.1.8 Hausschornsteine

Hausschornsteine sind Schächte in oder an Gebäuden, die Abgase von Feuerstätten für feste, flüssige oder gasförmige Brennstoffe über das Dach ins Freie ableiten (nach **DIN 18 160).** Es gibt:

- Rauchschornsteine für Kohle-, Koks- und Ölfeuerung
- Abgasschornsteine für Gasfeuerstätten
- offene Kamine

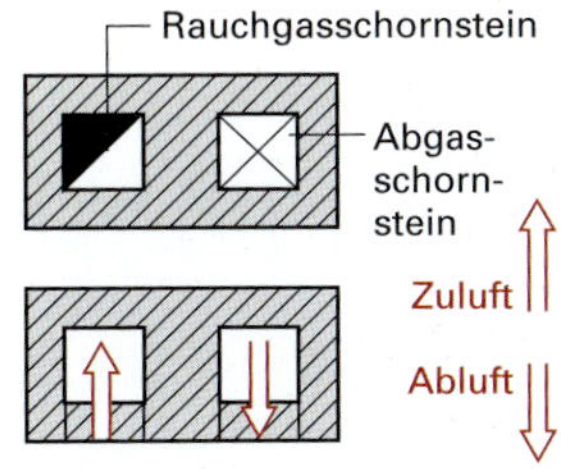


**Einflüsse hemmen bzw. fördern den Schornsteinzug**

- Querschnittsform
- Querschnittsgröße
- Schornsteinhöhe
- Höhe des Schornsteinkopfes
- Lage des Schornsteins im Gebäude, Dachdurchführung möglichst in Firstnähe, Schornsteine dürfen nur einmal schräg bis zu 60° Neigung gezogen werden
- Windeinwirkung auf den Schornsteinkopf
- Art und Anzahl der angeschlossenen Feuerstätten
- Ausführungsqualität (undichte Fugen, raue Innenfläche)
- Richtungsänderung (gezogener Schornstein)

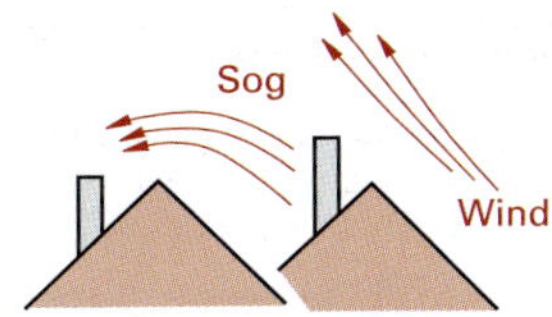

Windeinwirkung auf den Schornsteinzug

Ein Schornstein zieht, weil die heißen Verbrennungsgase im Schornstein leichter sind als die Außenluft. Die warme Luft steigt nach oben, während der Unterdruck im Schornstein die schwerere Frischluft zur Brennstelle nachströmen lässt.

### Lichter Querschnitt

- Mindestquerschnitt 100 $cm^2$
- kreisförmig oder rechteckig
- kleinste Seitenlänge 10 cm
- bei gemauerten Schornsteinen kleinste Seitenlänge 13,5 cm
- Seitenverhältnis ≥ 1 : 1,5
- die richtige Querschnittsgröße richtet sich nach der planmäßigen Wärmeleistung der angeschlossenen Feuerstätten

### Höhe des Schornsteins

- Mindesthöhe 4 m
- Maximalhöhe richtet sich nach dem lichten Querschnitt
- Schornsteinmündungen dürfen nicht in unmittelbarer Nähe von Fenstern und Balkonen liegen
- mindestens 40 cm über den höchsten Kanten des Daches von mehr als 20° Dachneigung

### Zusätzliche Anforderungen

- Abstand zu Bauteilen aus brennbaren Stoffen ≥ 5 cm, im Ausnahmefall ≥ 2 cm
- Reinigungsöffnungen mindestens 20 cm tiefer als der unterste Feuerstättenanschluss, 10 cm/18 cm
- Standsicher auf tragfähigen Fundamenten errichten
- Schornsteinkopf dämmen

### Mindesthöhen von Schornsteinen am Dach

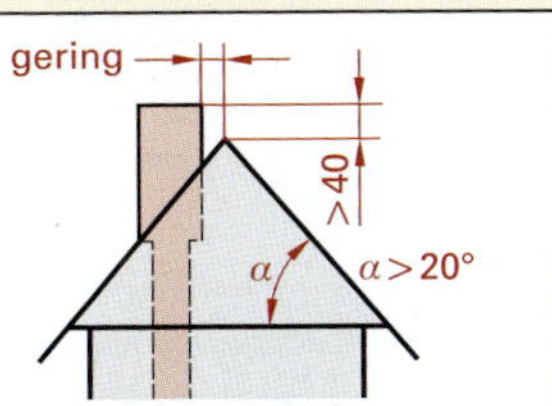


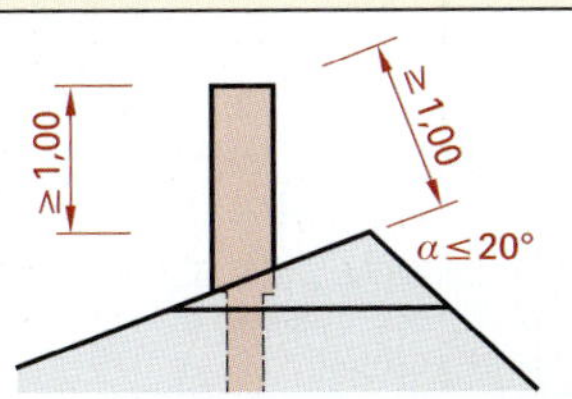


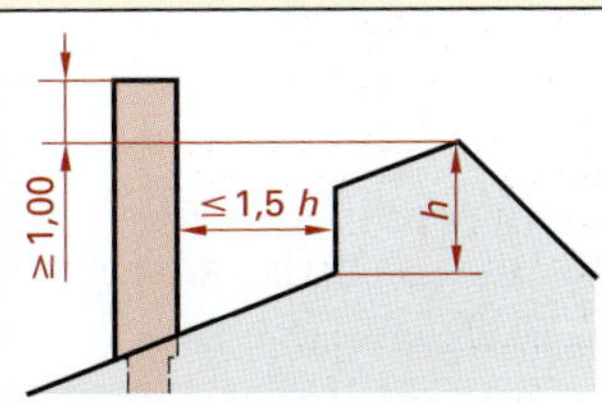


**Schornsteine aus Formsteinen**

Mehrschalige Montageschornsteine mit Dämmstoffschicht und beweglicher Innenschale sind komplett gleichzeitig hochzuziehen.

Die Schornsteine bestehen aus einer Innenschale (Innenrohr aus Schamotte 2 cm ... 3 cm dick; glasierte Schamotte oder Edelstahl nach DIN 18147), einer nicht brennbaren Dämmstoffschicht und einer Außenschale (aus künstlichen Steinen, Leichtbeton oder Edelstahl).

Schamottesteine sind feuerfeste Steine, hergestellt aus Ton und Quarzsand. Höhen 24 cm, 33 cm oder 49 cm.

Die Außenschale muss einen niedrigeren Wasserdämpfdiffusionswiderstand haben als das Innenrohr, um Kondensatausfall zwischen den Schichten zu verhindern.

**Ein- und zweizügige Schornsteine**

|  | |  | |
|---|---|---|---|
| lichter ∅ [cm] | Außenmaß [cm] | lichter ∅ [cm] | Außenmaß [cm] |
| 12 | 34/34 | 12 + 12 | 36/68 |
| 14 | 34/34 | 14 + 14 | 38/68 |
| 16 | 36/36 | 16 + 16 | 40/72 |
| 18 | 40/40 | 18 + 12 | 43/73 |
| 20 | 40/40 | 18 + 14 | 43/73 |
| 22 | 43/43 | 20 + 12 | 43/73 |
| 25 | 50/50 | 20 + 14 | 43/73 |
| 12 L | 38/52 (einzügig mit Lüftung) | | |

7

# 7.2 Betonbau, Stahlbetonbau und Spannbetonbau

## 7.2.1 Übersicht und Zuordnung

Baustoff Beton ▶ Kap. 6.7

**Betonbau**

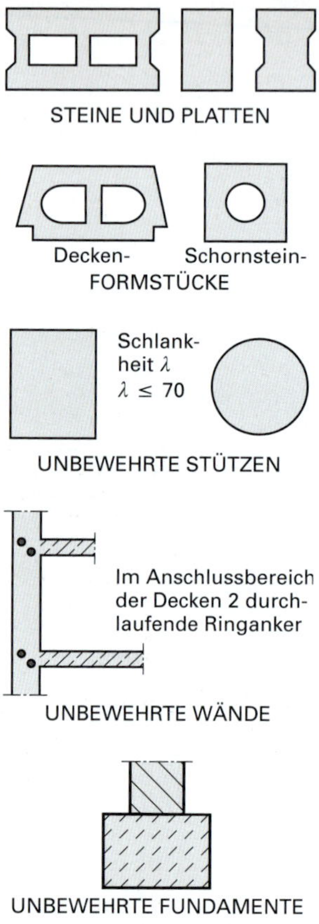


**Stahlbetonbau**

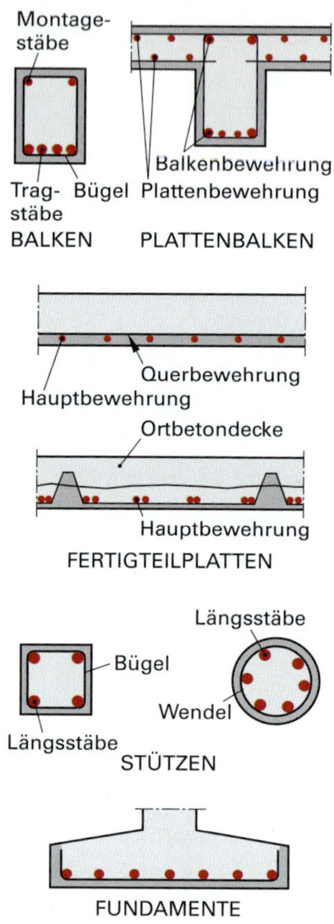


**Spannbetonbau**

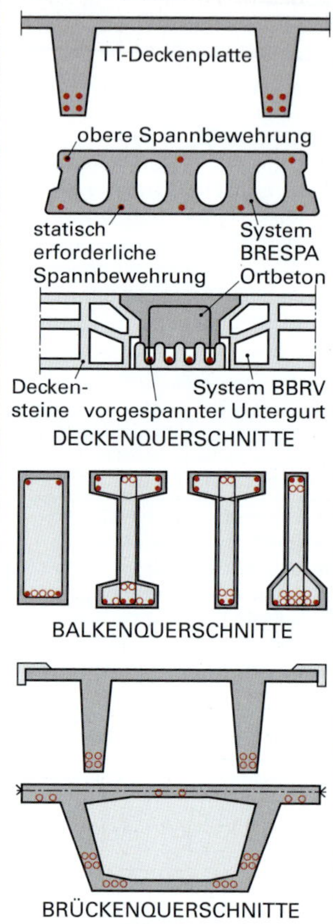


| Betonbau | Stahlbetonbau | Spannbetonbau |
|---|---|---|
| hohe Druckbeanspruchung | hohe Druck- und Zugbeanspruchung | sehr hohe Zugbeanspruchung |
| Beton nimmt die Druckspannung $\sigma_D$ auf | Beton nimmt die Druckspannungen $\sigma_D$, Stahl nimmt die Zugspannungen $\sigma_Z$ auf (möglich sind auch Stahleinlagen als Druckbewehrung → $k_d$*) | Spannstahl „überdrückt" die Zugspannungen im Beton, sehr hohe Druckspannungen im Beton (Kriechverformung) |

7

Beton und Stahl verbinden sich auf physikalische Weise zu Stahlbeton:

- Zement und Wasser hydratisieren zu Calciumhydroxid, das den Stahl dauerhaft vor Korrosion schützt, wenn der Beton ausreichend dicht und die Betondeckung genügend dick ist.
- Die Haftung zwischen Beton und Stahl ist ausreichend groß (gerippte Oberfläche).
- Die Wärmeausdehnungszahlen beider Baustoffe sind annähernd gleich groß:

  Dehnung $\varepsilon$ des Stahls bei Erwärmung um 1° Celsius: 0,010 mm/m
  Dehnung $\varepsilon$ des Betons bei Erwärmung um 1° Celsius: 0,010 mm/m
  } nach DIN 1045-1

Vor diesen stoffimmanenten Eigenschaften ist der Beton „zuständig" für die Aufnahme der Druckkräfte, der Stahl „zuständig" für die Aufnahme der Zugkräfte.

## 7.2.2 Bemessung auf Druck – unbewehrter Beton

### Festigkeitswerte des Betons in N/mm² nach DIN 1045

| Kenngröße | Festigkeitsklasse C | | | | | | | | | Erläuterungen |
|---|---|---|---|---|---|---|---|---|---|---|
| | 12/15 | 16/20 | 20/25 | 25/30 | 30/37 | 35/45 | 40/50 | 45/55 | 50/60 | |
| Druckfestigkeit[1] $f_{ck,cyl}$ | 12 | 16 | 20 | 25 | 30 | 35 | 40 | 45 | 50 | Charakteristischer Wert (Zylinderdruckfestigkeit) |
| $f_{cm}$ | 20 | 24 | 28 | 33 | 38 | 43 | 48 | 53 | 58 | Mittlere Druckfestigkeit $f_{cm} = f_{ck} + 8$ (in N/mm²) |
| Bemessungswert $f_{cd}$ (zul $\sigma_D$) | 5,7 | 7,6 | 9,4 | 11,8 | 14,2 | 16,5 | 18,9 | 21,3 | 23,6 | unbewehrter Beton $f_{cd} = \alpha \cdot f_{ck}/\gamma_c$ mit $\alpha = 0{,}85$, $\gamma_c = 1{,}8$ |
| Bemessungswert $f_{cd}$ (zul $\sigma_D$) | 6,8 | 9,1 | 11,3 | 14,2 | 17,0 | 19,8 | 22,7 | 25,5 | 28,3 | bewehrter Beton $f_{cd} = \alpha \cdot f_{ck}/\gamma_c$ mit $\alpha = 0{,}85$, $\gamma_c = 1{,}5$ |
| Zugfestigkeit $f_{ctm}$ | 1,6 | 1,9 | 2,2 | 2,6 | 2,9 | 3,2 | 3,5 | 3,8 | 4,1 | $f_{ctm} = 0{,}30 \cdot f_{ck}^{2/3}$ |
| Bemessungswert $f_{ctd}$ | 0,6 | 0,7 | 0,9 | 1,0 | 1,1 | 1,2 | 1,4 | 1,5 | 1,6 | $f_{ctd} = 0{,}7 \cdot f_{ctm}/1{,}8$ |
| E-Modul $E_{cm}$ | 25800 | 27400 | 28800 | 30500 | 31900 | 33300 | 34500 | 35700 | 36800 | $E_{cm} = 9500 \cdot (f_{ck} + 8)^{1/3}$ |

[1] Der maßgebende Festigkeitswert für die rechnerischen Nachweise nach DIN 1045 ist allein die Zylinderdruckfestigkeit $f_{ck,cyl}$, da diese der vorhandenen einachsigen Druckfestigkeit im Bauwerk besser entspricht.

**Beispiel**

Welche Last $F_{Rd}$ darf eine Stütze (30 cm/30 cm) auf ein Fundament aus C12/15 ableiten?

C12/15 ⇒ zul $\sigma_D = f_{cd} = 5{,}7\ \frac{N}{mm^2}$

Fläche (30/30) ⇒ $A = 90\,000\ mm^2$

Maßgebend für den Spannungsnachweis: Fuge I – I

$$\text{zul}\ \sigma_D = \frac{F_{Rd}}{A} \Rightarrow F_{Rd} = \text{zul}\ \sigma_D \cdot A$$

$$\mathbf{F_{Rd}} = 5{,}7\ \frac{N}{mm^2} \cdot 90\,000\ mm^2 = 513\,000\ N = \mathbf{513\ kN}$$

Lastausbreitung $\alpha \leq 26{,}5°$ DIN 1045 Fundamente

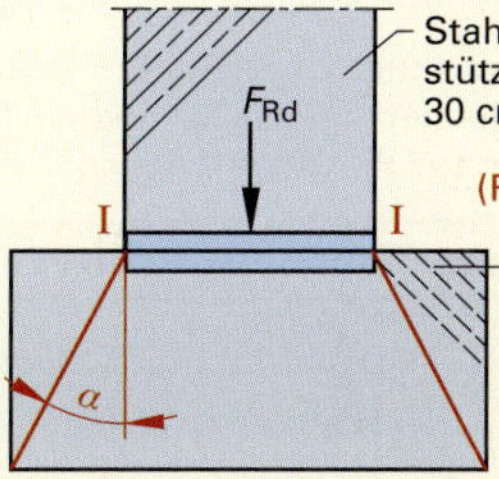


### Bauteile aus unbewehrtem Beton

- Eine klaffende Fuge darf höchstens bis zum Schwerpunkt des Querschnittes entstehen ▶ S. 384
- Die Lastverteilung kann bis zu einem Winkel von 26,5° in Rechnung gestellt werden
- Die Lastverteilung entspricht einer Neigung von 1 : 2 zur Lastrichtung
- Die Lastverteilung bei unbewehrten Fundamenten darf mit 1 : $n$ in Rechnung gestellt werden, die $n$-Werte sind von der Betonfestigkeit und der Bodenpressung abhängig ▶ S. 385

### Teilflächenbelastung bei Fundamenten ▶ S. 384

Wird nur eine Teilfläche eines Querschnittes belastet, darf mit einer größeren zulässigen Teilfächenbelastung $F_{Rd}$ gerechnet werden, wenn im Beton unterhalb der Belastungsfläche $A_1$ die Spaltzugkräfte z. B. durch Bewehrung aufgenommen werden. Die Maße der rechnerischen Lastverteilungsfläche $A$ dürfen maximal das Dreifache der Belastungsfläche sein.

Bei einer örtlichen Krafteinleitung darf die aufnehmbare Teilflächenbelastung $F_{Rd}$ für Normalbeton ermittelt werden aus

$$\mathbf{F_{Rd} = A_1 \cdot f_{cd} \sqrt{\frac{A_2}{A_1}} \leq 3{,}0 \cdot f_{cd} \cdot A_1}$$

$f_{cd}$ siehe Tabelle oben

$h \geq b_2 - b_1$
$h \geq d_2 - d_1$

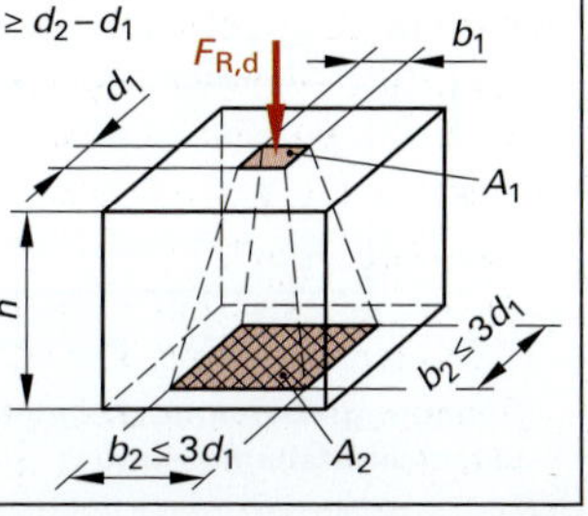


7

## 7.2.3 Bemessung für Biegung ($M$) mit / ohne Längskraft ($N$)

$$E_d \leq R_d$$

$$(M_{Ed} \leq M_{Rd} \quad \text{und} \quad N_{Ed} \leq N_{Rd})$$

Beanspruchung $E_d \leq$ Widerstand $R_d$

Es ist nachzuweisen, dass der Bemessungswert der äußeren Beanspruchung $E_d$ (hier $M_{Ed}$, $N_{Ed}$) den Bemessungswert des Bauteilwiderstands (aufnehmbare Momente $M_{Rd}$ und Längskräfte $N_{Rd}$) nicht überschreitet.

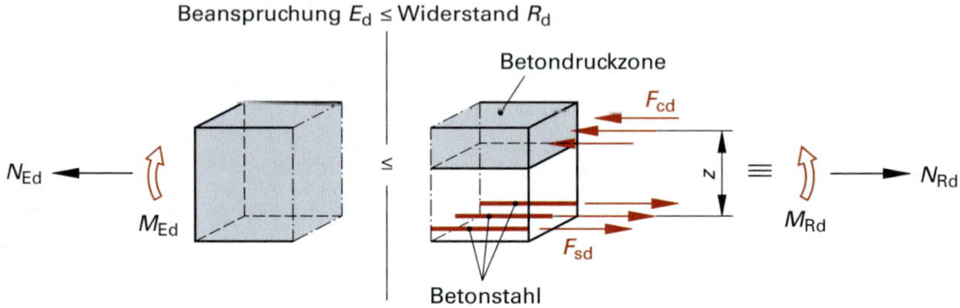


Die Beanspruchung $E_d$

erhält man durch Multiplikation der Lasten (z.B. ständige Einwirkung $G_k$, $g_k$, ▶ S. 89 Eigenlasten und veränderliche Einwirkung $Q_k$, $q_k$ ▶ S. 93 Verkehrslasten) mit **lastabhängigen Teilsicherheitsbeiwerten** $\gamma_F$ (▶ S. 99 Sicherheitskonzept)

⇒ Verkehrslast von Decken: $\boldsymbol{q_d = q_k \cdot \gamma_k = 5{,}0 \cdot 1{,}5 = 7{,}5}$ **kN/m²**.

Die Tragfähigkeit des Bauteils oder der Bauteilwiderstand $R_d$

ergibt sich durch Division der Baustofffestigkeit (z.B. Streckgrenze des Betonstahls $f_{yk} = 500$ N/mm²) mit **materialabhängigen Teilsicherheitsbeiwerten** $\gamma_M$ (z.B. $\gamma_s = 1{,}15$ ▶ S. 246 Betonstähle

⇒ $\boldsymbol{f_{yd} = f_{yk} / \gamma_s = 500 / 1{,}15 = 435}$ **N/mm²)**

### Werkstoffgesetz für Betone der Festigkeitsklassen C12/15 bis C50/60

**Parabel-Rechteck-Diagramm**

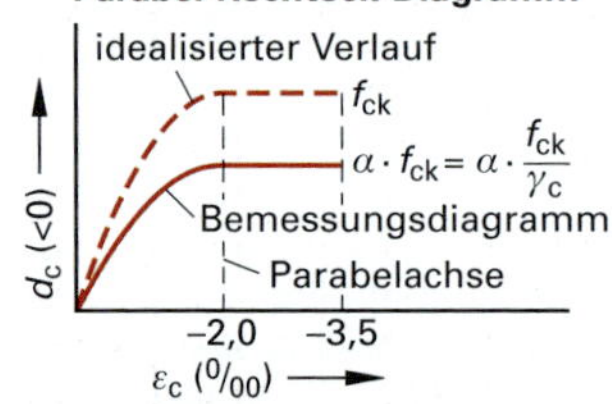


**Spannungs-Dehnungs-Kennlinie für die Querschnittsbemessung**

Idealisierte Darstellung des Verformungsverhaltens von Beton. Min. Stauchung $\varepsilon_{cu} = -3{,}5$ ‰

$\alpha$ = 0,85 (Abminderungsfaktor für Dauerbelastung)

$f_{ck}$ charakteristische Betonfestigkeit

$\gamma_c$ = 1,5 (Teilsicherheitsbeiwert)

$f_{cd}$ zul. Druckspannung für die Bemessung ($\sigma_c$)

$\varepsilon_{cu}$ Betondehnung bzw. -stauchung

### Werkstoffgesetz für Betonstahl BSt 500 S/M

7

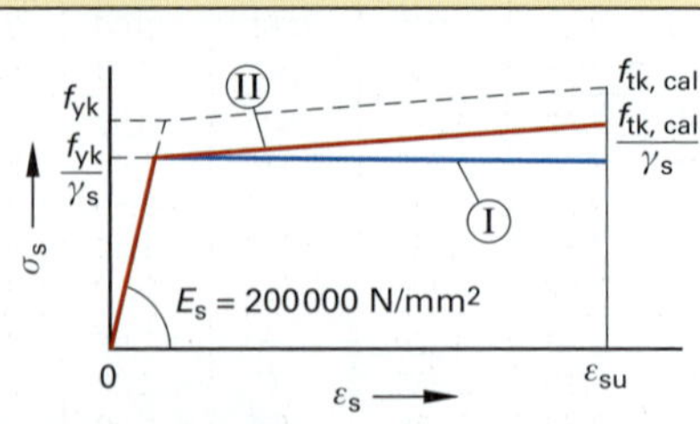


**Spannungs-Dehnungskennlinie für die Querschnittsbemessung**

Idealisierte Darstellung des Verformungsverhaltens von Betonstahl. Max. Dehnung $\varepsilon_{su} = 25$ ‰

$f_{yk}$ = 500 N/mm² (Streckgrenze)

$f_{tk}$ = 550 N/mm² (max. Zugfestigkeit)

$f_{tk,cal}$ = 525 N/mm²

$\gamma_s$ = 1,15 (Teilsicherheitsbeiwert)

(I) ⇒ Begrenzung auf 435 N/mm² ($f_{yk}/\gamma_s$)

(II) ⇒ Max. Anstieg auf 456 N/mm² bei $\varepsilon_{su} = 25$ ‰

## Bemessungstafel

### Dimensionsgebundene Bemessungstafel ($k_d$-Verfahren) für Rechteckquerschnitte ohne Druckbewehrung; C12/15 bis C50/60 und BSt 500 mit $\gamma_s = 1{,}15$

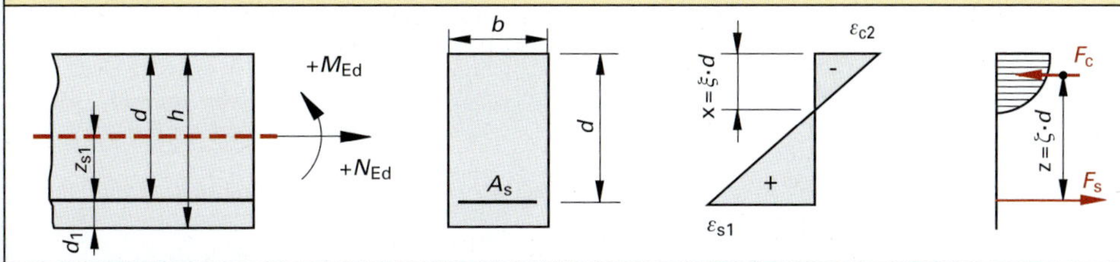


| Balken im Längsschnitt | Balken im Querschnitt | Stauchung / Dehnung | Spannungen |
|---|---|---|---|
| $h$ Höhe des Balkens<br>$d$ statische Höhe von OK Balken bis Achse Stahl<br>$z_{s1}$ Hebelarm; Achse Stahl bis zur 0-Linie<br>$M_{Ed}$ Bemessungsmoment<br>$N_{Ed}$ Bemessungsnormalkraft | $b$ Breite des Balkens (1,00 m bei Decken)<br>$d$ statische Höhe von OK Balken bis Achse Stahl<br>$A_s$ Stahlquerschnitt (cm²) | $\varepsilon_{c2}$ Betonstauchung am oberen Rand<br>$\varepsilon_{s1}$ Stahldehnung in der Schwerachse des Stahls<br>$x$ Höhe der Betondruckzone | $F_c$ resultierende Betondruckkraft<br>$F_s$ resultierende Stahlzugkraft<br>$z$ Hebelarm der inneren Kräfte |

$$k_d = \frac{d}{\sqrt{\dfrac{M_{Eds}}{b}}}$$

$b$ in m
$d$ in cm
$A$ in cm²
mit $z_{S1} = d - h/2$
$N_{Ed}$ ist als Druckkraft negativ einzusetzen

$M$ in kNm
$N$ in kN

$$A_s = k_s \cdot \frac{M_{Eds}}{d} + \frac{N_{Ed}}{43{,}5}$$

$$M_{Eds} = M_{Ed} - N_{Ed} \cdot z_{S1}$$

### Dimensionsgebundene Bemessungstafel ($k_d$-Verfahren) Biegung mit/ohne Längskraft

| $k_d$ für Betonfestigkeitsklasse Normalbeton C | | | | | | | | | | | | $\varepsilon_{c2}$ | $\varepsilon_{s1}$ |
|---|---|---|---|---|---|---|---|---|---|---|---|---|---|
| 12/15 | 16/20 | 20/25 | 25/30 | 30/37 | 35/45 | 40/50 | 45/55 | 50/60 | $k_s$ | $\xi$ | $\zeta$ | ‰ | ‰ |
| 14,37 | 12,44 | 11,13 | 9,95 | 9,09 | 8,41 | 7,87 | 7,42 | 7,04 | 2,32 | 0,025 | 0,991 | – 0,64 | 25,00 |
| 7,90 | 6,84 | 6,12 | 5,47 | 5,00 | 4,63 | 4,33 | 4,08 | 3,87 | 2,34 | 0,048 | 0,983 | – 1,26 | 25,00 |
| 5,87 | 5,08 | 4,55 | 4,07 | 3,71 | 3,44 | 3,22 | 3,03 | 2,88 | 2,36 | 0,069 | 0,975 | – 1,84 | 25,00 |
| 4,94 | 4,27 | 3,82 | 3,42 | 3,12 | 2,89 | 2,70 | 2,55 | 2,42 | 2,38 | 0,087 | 0,966 | – 2,38 | 25,00 |
| 4,38 | 3,80 | 3,40 | 3,04 | 2,77 | 2,57 | 2,40 | 2,26 | 2,15 | 2,40 | 0,104 | 0,958 | – 2,89 | 25,00 |
| 4,00 | 3,47 | 3,10 | 2,78 | 2,53 | 2,35 | 2,20 | 2,07 | 1,96 | 2,42 | 0,120 | 0,950 | – 3,40 | 25,00 |
| 3,63 | 3,14 | 2,81 | 2,51 | 2,29 | 2,12 | 1,99 | 1,87 | 1,78 | 2,45 | 0,147 | 0,939 | – 3,50 | 20,29 |
| 3,35 | 2,90 | 2,60 | 2,32 | 2,12 | 1,96 | 1,84 | 1,73 | 1,64 | 2,48 | 0,174 | 0,927 | – 3,50 | 16,56 |
| 3,14 | 2,72 | 2,43 | 2,18 | 1,99 | 1,84 | 1,72 | 1,62 | 1,54 | 2,51 | 0,201 | 0,916 | – 3,50 | 13,90 |
| 2,97 | 2,57 | 2,30 | 2,06 | 1,88 | 1,74 | 1,63 | 1,53 | 1,46 | 2,54 | 0,227 | 0,906 | - 3,50 | 11,91 |
| 2,85 | 2,47 | 2,21 | 1,97 | 1,80 | 1,67 | 1,56 | 1,47 | 1,40 | 2,57 | 0,250 | 0,896 | – 3,50 | 10,52 |
| 2,72 | 2,36 | 2,11 | 1,89 | 1,72 | 1,59 | 1,49 | 1,41 | 1,33 | 2,60 | 0,277 | 0,885 | – 3,50 | 9,12 |
| 2,62 | 2,27 | 2,03 | 1,82 | 1,66 | 1,54 | 1,44 | 1,36 | 1,29 | 2,63 | 0,302 | 0,875 | – 3,50 | 8,10 |
| 2,54 | 2,20 | 1,97 | 1,76 | 1,61 | 1,49 | 1,39 | 1,31 | 1,24 | 2,66 | 0,325 | 0,865 | – 3,50 | 7,26 |
| 2,47 | 2,14 | 1,91 | 1,71 | 1,56 | 1,44 | 1,35 | 1,27 | 1,21 | 2,69 | 0,350 | 0,854 | – 3,50 | 6,50 |
| 2,41 | 2,08 | 1,86 | 1,67 | 1,52 | 1,41 | 1,32 | 1,24 | 1,18 | 2,72 | 0,371 | 0,846 | – 3,50 | 5,93 |
| 2,35 | 2,03 | 1,82 | 1,63 | 1,49 | 1,38 | 1,29 | 1,21 | 1,15 | 2,75 | 0,393 | 0,836 | – 3,50 | 5,40 |
| 2,28 | 1,98 | 1,77 | 1,58 | 1,44 | 1,34 | 1,25 | 1,18 | 1,12 | 2,79 | 0,422 | 0,824 | – 3,50 | 4,79 |
| 2,23 | 1,93 | 1,73 | 1,54 | 1,41 | 1,30 | 1,22 | 1,15 | 1,09 | 2,83 | 0,450 | 0,813 | – 3,50 | 4,27 |
| 2,18 | 1,89 | 1,69 | 1,51 | 1,38 | 1,28 | 1,19 | 1,13 | 1,07 | 2,87 | 0,477 | 0,801 | – 3,50 | 3,83 |
| 2,14 | 1,85 | 1,65 | 1,48 | 1,35 | 1,25 | 1,17 | 1,10 | 1,05 | 2,91 | 0,504 | 0,790 | – 3,50 | 3,44 |
| 2,10 | 1,82 | 1,62 | 1,45 | 1,33 | 1,23 | 1,15 | 1,08 | 1,03 | 2,95 | 0,530 | 0,780 | – 3,50 | 3,11 |
| 2,06 | 1,79 | 1,60 | 1,43 | 1,30 | 1,21 | 1,13 | 1,07 | 1,01 | 2,99 | 0,555 | 0,759 | – 3,50 | 2,81 |
| 2,03 | 1,75 | 1,57 | 1,40 | 1,28 | 1,19 | 1,11 | 1,05 | 0,99 | 3,04 | 0,585 | 0,757 | – 3,50 | 2,48 |
| 1,99 | 1,72 | 1,54 | 1,38 | 1,26 | 1,17 | 1,09 | 1,03 | 0,98 | 3,09 | 0,617 | 0,743 | – 3,50 | 2,17 |

## 7.2.4 Bemessung für Querkraft

**Beanspruchung $V_{Ed} \leq$ Widerstand $V_{Rd}$**

Es ist nachzuweisen, dass der **Bemessungswert** der einwirkenden **Querkraft $V_{Ed}$** den **Bemessungswert** der aufnehmbaren **Querkraft $V_{Rd}$** (Bauteilwiderstand) nicht überschreitet.

**Vereinfachtes Stabwerkmodell zur Erklärung des Kräfteverlaufs**

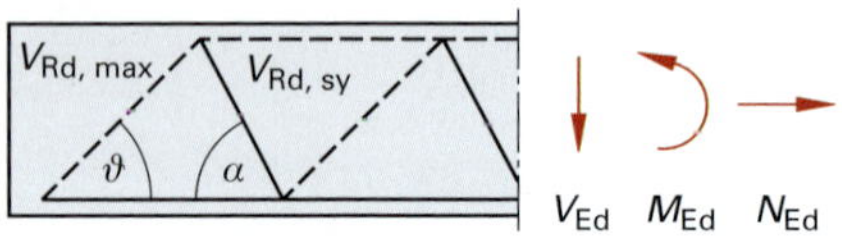


- - - - - - Druckstreben, ——— Zugstreben

$\vartheta$ Winkel der Betondruckstrebe

$\alpha$ Winkel der Querkraftbewehrung ($\alpha$ = 90° bei Bügeln, $\alpha$ = 45° bei aufgebogenen Längsstäben)

$V_{Rd,\,max}$ ⇒ idealisierte Betondruckstrebe unter dem Winkel $\vartheta$ (höchster Bauteilwiderstand)

$V_{Rd,\,sy}$ ⇒ idealisierte Zugstrebe; Kraft, die durch die Bewehrung aufgenommen werden muss (45° $\leq \alpha \leq$ 90°)

$V_{Ed}$ ⇒ die am aktuellen statischen System auftretende Querkraft

$M_{Ed}$ ⇒ das am aktuellen statischen System auftretende Biegemoment

$N_{Ed}$ ⇒ die am aktuellen statischen System auftretende Normalkraft (hier Längszugkraft)

### Maßgebender Schnitt für die Bemessungsquerkraft $V_{Ed}$

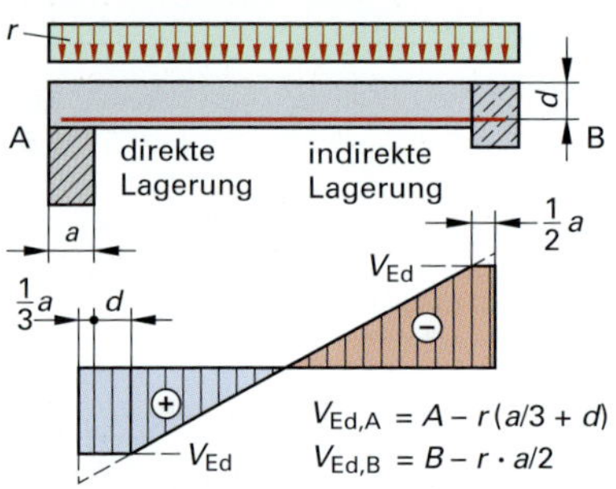


Die von der Querkraft $V$ verursachte Schubspannung $\tau$ im Querschnitt hat ihr Maximum in Bereich der Nulllinie. Diese Spannung wird durch Querkraftbewehrung aufgenommen.

**Grundwert $\tau_0$ der Schubspannung**

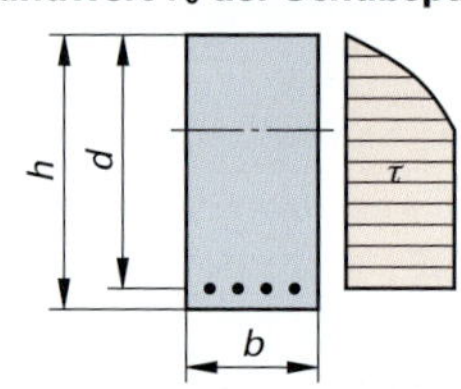


$$\tau_0 = \frac{V}{b \cdot z}$$

V Querkraft ohne Vorzeichen
*b* Breite des Bauteils
*z* Hebelarm der inneren Kräfte

**Direkte Lagerung** (▶ S. 309): $V_{Ed}$ wird im Abstand *d* vom Auflagerrand ermittelt.
**Indirekte Lagerung** (▶ S. 309): $V_{Ed}$ wird am Auflagerrand ermittelt.

### Erforderliche Querkraftbewehrung $a_{sw,\,erf}$

$$a_{sw,erf} = 0{,}019\,\frac{V_{Ed}}{z} \geq a_{sw,\,min}$$ ▶ S. 305

⇒ gilt für reine Biegung $\vartheta$ = 40°
⇒ gilt für Biegung mit Längsdruck $\vartheta$ = 40°

$$a_{sw,erf} = 0{,}023\,\frac{V_{Ed}}{z} \geq a_{sw,\,min}$$ ▶ S. 305

⇒ gilt für Biegung mit Längszug $\vartheta$ = 45°
⇒ *V* in kN, *z* in m, $a_s$ in cm²/m

7

Im Allgemeinen darf näherungsweise der Wert $z = 0{,}9 \cdot d$ angenommen werden. Eine exakte Berechnung ergibt sich aus $z = \zeta \cdot d$, darin ist $\zeta$ ein Bemessungsbeiwert laut Tabelle ▶ S. 304 und *d* die statische Höhe des Querschnittes von OK Balken bis Achse Stahl.

**Beispiel**

Bei direkter Lagerung eines Balkens ($b/h$ = 20 cm/40 cm) sei die Bemessungsquerkraft $V_{Ed}$ = 100 kN groß. Wie groß (cm²/m) ist die erforderliche Querkraftbewehrung?

Lösung: $a_{sw,\,erf} = 0{,}019 \cdot 100 / \sim 0{,}33 =$ **5,76 cm²/m**

**Beispiel**

Derselbe Balken wie im linken Beispiel sei indirekt gelagert. Dadurch ist die Reduzierung der Auflagerkraft $V_B$ nicht so groß: $V_{Ed}$ = 110 kN

Lösung: $a_{sw,\,erf} = 0{,}019 \cdot 110 / \sim 0{,}33 =$ **6,33 cm²/m**

## Mindestquerkraftbewehrung bei Balken

Die errechnete Querkraftbewehrung $a_{sw,\,erf}$ ▶ S. 304 muss mit der nach DIN 1045-1 vorgesehenen Mindestquerkraftbewehrung $a_{sw,\,min}$ verglichen und ggf. erhöht werden.
In **Balken ist immer eine Mindestquerkraftbewehrung $a_{sw,\,min}$ anzuordnen**! Die erforderliche Größe dieser Bewehrung steigt mit wachsender Betonfestigkeit an.

### Mindestbewehrung $a_{sw,\,min}$ in cm² für lotrechte Bügel ($\alpha = 90°$)

| Beton | C 12/15 | C 16/20 | C 20/25 | C 25/30 | C 30/37 | C 35/45 | C 40/50 | C 45/55 | C 50/60 |
|---|---|---|---|---|---|---|---|---|---|
| $\frac{a_{sw,\,min}}{b}$ | 0,051 cm/m | 0,061 cm/m | 0,070 cm/m | 0,083 cm/m | 0,093 cm/m | 0,102 cm/m | 0,112 cm/m | 0,121 cm/m | 0,131 cm/m |

### Mindestbewehrung $a_{sw,\,min}$ in cm² für aufgebogene Längsstäbe ($\alpha = 45°$)

| Beton | C 12/15 | C 16/20 | C 20/25 | C 25/30 | C 30/37 | C 35/45 | C 40/50 | C 45/55 | C 50/60 |
|---|---|---|---|---|---|---|---|---|---|
| $\frac{a_{sw,\,min}}{b}$ | 0,036 cm/m | 0,043 cm/m | 0,049 cm/m | 0,059 cm/m | 0,066 cm/m | 0,072 cm/m | 0,079 cm/m | 0,086 cm/m | 0,093 cm/m |

50 % der erforderlichen Querkraftbewehrung müssen aus Bügeln bestehen. $b$ in cm.

**Beispiel**

Bestimme den Mindeststahlquerschnitt $a_{sw,\,min}$ für einen Stahlbetonbalken $b/h$ = 20 cm/40 cm aus C 20/25.

$a_{sw,\,min} = 0{,}070 \cdot b = 0{,}070 \cdot 20 \quad \mathbf{= 1{,}40\ cm^2/m}$

**gewählt: Bügel ∅ 6, 2-schnittig,**
**$s_l$ = 30 cm** mit $a_{sw,\,vorh}$ **= 1,89 cm²/m**

**Beispiel**

Bestimme den Mindeststahlquerschnitt $a_{sw,\,min}$ aufgebogener Längsstäbe für einen Stahlbetonbalken $b/h$ = 40 cm/80 cm aus C 50/60.

$a_{sw,\,min} = 0{,}093 \cdot b = 0{,}093 \cdot 40 \quad \mathbf{= 3{,}72\ cm^2/m}$

**gewählt: 2 ∅ 16 mm** mit $a_{sw,\,vorh}$ **= 4,02 cm²/m**

**Bewehrungsbereiche** für Mindest- ($a_{sw,\,min}$) und erforderliche Querkraftbewehrung ($a_{sw,\,erf}$)

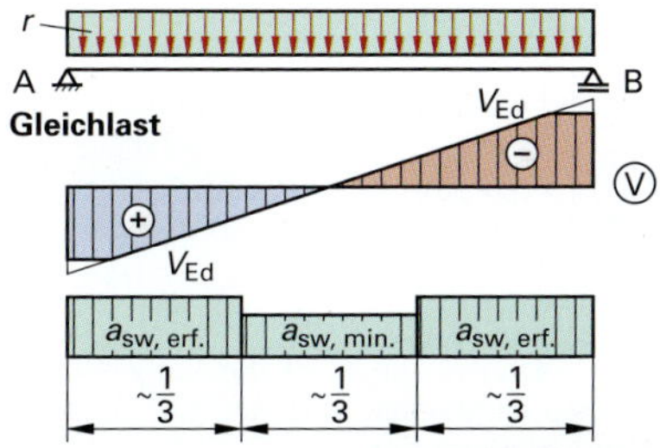


**Bewehrungsbereiche** für Mindest- ($a_{sw,\,min}$) und erforderliche Querkraftbewehrung ($a_{sw,\,erf}$)

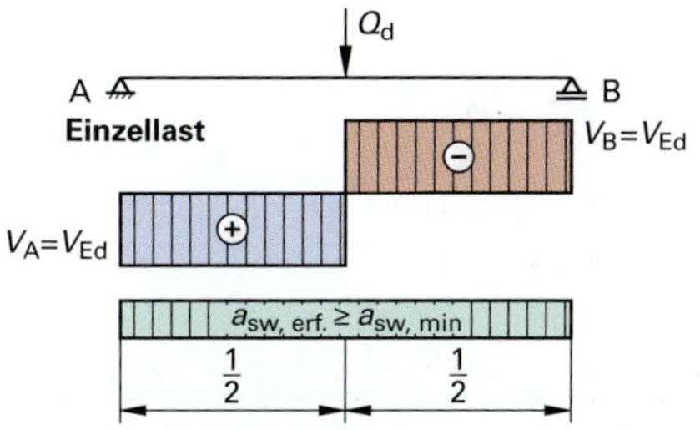


**Beispiel**

Das nebenstehende System ($F_1$ = 341 kN, $F_2$ = 341 kN) soll für die Querkraft (Bügel) bemessen werden. Das Eigengewicht wird vernachlässigt.

$\mathbf{V_A = V_{Ed} = 341\ kN}$

**Erforderliche Querkraftbewehrung**

$a_{sw,\,erf} = 0{,}019\ V_{Ed}/z = 0{,}019 \cdot 341/(0{,}9 \cdot 0{,}70)$
$\quad = \mathbf{10{,}3\ cm^2/m}$

**gewählt: Bügel ∅ 10, $s$ = 15 cm ≤ 0,5 $h$**
$\quad a_{sw,\,vorh}$ **= 10,5 cm²/m**

**Mindestbewehrung**

**C 30/37:** $a_{sw,\,min} = 0{,}093 \cdot b = 0{,}093 \cdot 40$
$\quad \mathbf{= 3{,}72\ cm^2/m < 10{,}5\ cm^2/m}$

**gewählt: Bügel ∅ 8, $s$ = 25,0 cm ≤ 30 cm**

Baustoffe: C30/37; BSt 500
Stützweite: $l_{eff} = 7{,}80 + 2 \cdot 0{,}30/3 = 8{,}00$ m
Bauteilhöhe: $h$ = 76 cm
Statische Höhe: $d$ = 70 cm (OK Bauteil ... Schwerachse Stahl)

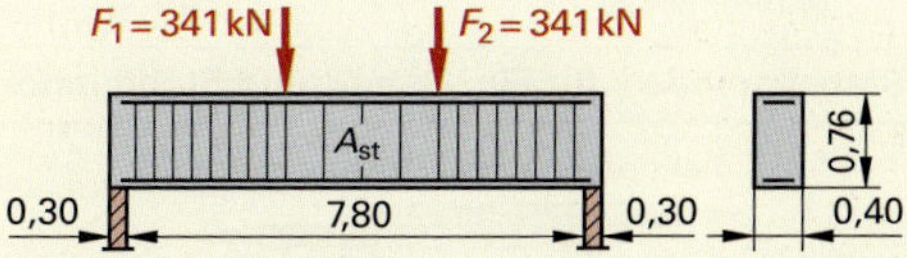


**Bewehrungsführung**

Die Mindestbewehrung $a_{sw,\,min}$ in der Mitte zwischen den Kräften $F_1$ und $F_2$ ($V$ = 0) anordnen, die erf. Querkraftbewehrung $a_{sw,\,erf}$ links und rechts der Kräfte bis zum Auflager ($V$ = 341 kN).

7

## 7.2.5 Allgemeine Bewehrungsregeln

### Betondeckung *c* und Expositionsklassen

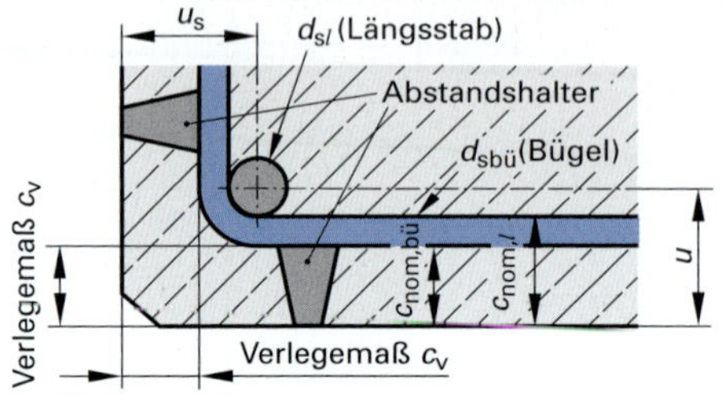


Verlegemaß $c_V \ge c_{nom,bü}$ \
$\ge c_{nom,l} - d_{sbü}$ } DIN 1045-1

$\ge u - \frac{d_{sl}}{2} - d_{sbü}$ \
$\ge u_s - \frac{d_{sl}}{2} - d_{sbü}$ } DIN 4102-4

Das Verlegemaß $c_V$ ergibt sich als größtes Maß aus den Nennmaßen der Betondeckung für die Längsstäbe und die Querbewehrungen (Bügel) bzw. aus den erforderlichen Betondeckungen für den Brandschutz.

| Expositionsklasse | Stabdurchmesser $d_s$ [mm] | Mindestmaße $c_{min}$ [cm] | Nennmaße Verlegemaß $c_{nom}$ [cm] |
|---|---|---|---|
| XC1 | bis 10<br>12, 14<br>16,20<br>25<br>28 | 1,0<br>1,5<br>2,0<br>2,5<br>3,0 | 2,0<br>2,5<br>3,0<br>3,5<br>4,0 |
| XC2, XC3 | bis 20<br>25<br>28 | 2,0<br>2,5<br>3,0 | 3,5<br>4,0<br>4,5 |
| XC4 | bis 25<br>28 | 2,5<br>3,0 | 4,0<br>4,5 |
| XD1, XD2, XD3 | bis 28 | 4,0 | 5,5 |
| XS1, XS2, XS3 | bis 28 | 4,0 | 5,5 |

1) Bei mehreren zutreffenden Expositionsklassen für ein Bauteil ist jeweils die Expositionsklasse mit der höchsten Anforderung maßgebend.

### Stababstände *s* für Einzelstäbe und Stabbündel

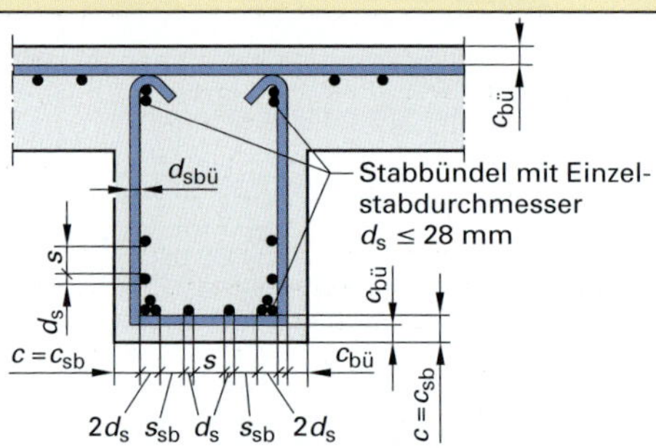


Betondeckung *c* und gegenseitiger Abstand *s* der Bewehrung.

**Stabbündel** (sb)

Nach DIN 1045 bestehen Stabbündel aus zwei bis drei Einzelstäben, die auf der Baustelle zusammengerödelt werden können.

Einzelstabdurchmesser $d_s \le 28$ mm

Vergleichsdurchmesser $d_{sv} = d_s \cdot \sqrt{n}$

*n* Anzahl der Einzelstäbe

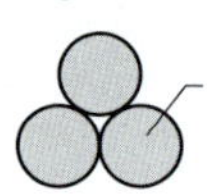


$d_{sv} = 20 \text{ mm} \sqrt{3}$
$= 34{,}6$ mm

Bei allen Nachweisen wird der Vergleichsdurchmesser $d_{sv}$ eingesetzt, auch bei der Begrenzung des Mindestabstandes.

$s \ge 2 \text{ cm} \ge d_s$ $s \ge d_g + 5$ mm

$s_{sb} \ge 2 \text{ cm} \ge d_{sv}$

$d_{sbü}$ Bügeldurchmesser
$d_s$ Durchmesser des Tragstabs
$s$ Abstand der Stäbe untereinander
$c_{bü}$ Betondeckung Bügel
$c$ Betondeckung Tragstab

7

$s_{sb}$ Abstand der Stabbündel untereinander
$c_{sb}$ Betondeckung des Stabbündels wie bei Einzelstäben (s. Bild links)
$d_g$ Größtkorndurchmesser > 16 mm

### Stababstände *s* für Einzelstäbe und Stabbündel

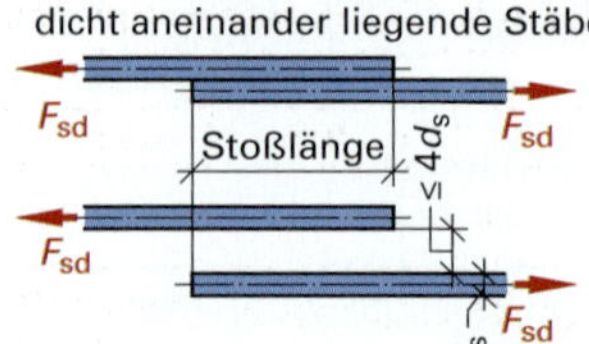


Direkte Stöße werden durch Schweißen oder durch mechanische Verbindungen hergestellt.

Indirekte Stöße werden durch Übergreifstoß gemäß nebenstehender Zeichnung hergestellt. Stäbe sollen im Stoßbereich möglichst dicht aneinander liegen. Der Größtabstand darf $4 \cdot d_s$ nicht überschreiten.

## Biegen von Betonstählen

Haken, Winkelhaken und Schlaufen haben wegen der gekrümmten Stabenden den Vorteil, dass bei Zugstäben die Verankerungslänge gegenüber geraden Stabenden verkürzt werden darf. Damit die Stäbe beim Biegen nicht reißen, müssen nebenstehende Mindestwerte eingehalten werden.

Wenn $a \geq d_s \Rightarrow$ Tabellenwert unten
wenn $a < d_s \Rightarrow d_{br} \geq 20\ d_s$

Biegungen an geschweißten Bewehrungen

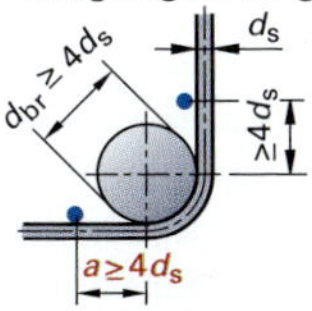


Schweißstoss bei Betonstabstahl

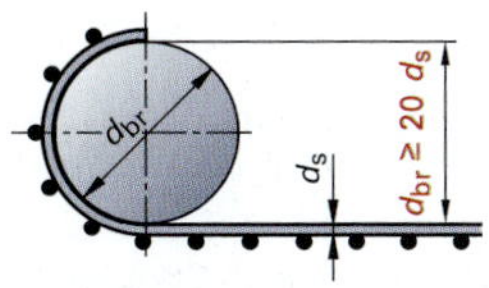


Schweißung innerhalb des Biegebereiches

### Mindestwerte der Biegerollendurchmesser $d_{br}$

| Bei Leichtbeton LC sind die Werte um 30 % zu erhöhen! | Haken, Winkelhaken, Schlaufen | | Schrägstäbe oder andere gebogene Stäbe | | |
|---|---|---|---|---|---|
| | Stabdurchmesser | | Mindestwerte der Betondecke rechtwinklig zur Biegeebene | | |
| | $d_s < 20$ mm | $d_s \geq 20$ mm | > 100 mm<br>> 7 $d_s$ | > 50 mm<br>> 3 $d_s$ | ≤ 50 mm<br>≤ 3 $d_s$ |
| Mindestwerte der Biegerollendurchmesser $d_{br}$ | 4 $d_s$ | 7 $d_s$ | 10 $d_s$ | 15 $d_s$ | 20 $d_s$ |

Hin- und Rückbiegen von Betonstählen bedeutet zusätzliche Gefügeschädigung für den Betonstahl. Beim Kaltbiegen sind folgende Bedingungen zu beachten:

- Stabdurchmesser $d_s < 14$ mm
- mehrfaches Hin- und Herbiegen unzulässig
- Rollendurchmesser $d_{br} \geq 6\ d_s$ bei vorwiegend ruhender Einwirkung

**Beispiel**

Beton C und LC. Ein BSt 500 S mit $d_s = 20$ mm soll mit einem Winkelhaken ausgebildet werden.
Normalbeton C: $d_{br} \geq 7 \cdot d_s = 7\text{ mm} \cdot 2{,}0 = 14$ mm
Leichtbeton LC: $d_{br} \geq 7 \cdot d_s = 7\text{ mm} \cdot 2{,}0 = 14$ mm; Erhöhung um 30 %: $d_{br} = 1{,}3 \cdot 14\text{ mm} = 18{,}2$ mm

### Verbundbedingungen und Verbundspannungen $f_{bd}$

Die Qualität des Verbundes hängt von der Oberfläche des Betonstahls, den Abmessungen des Bauteils und der Lage und dem Neigungswinkel der Bewehrung während des Betonierens ab.

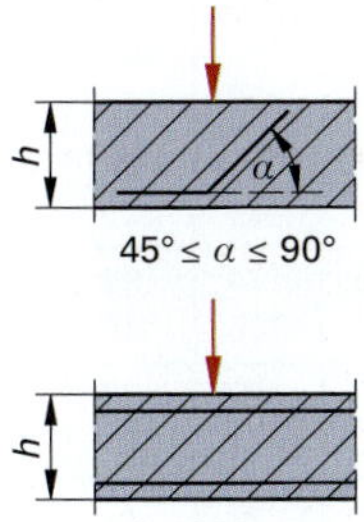


**gute Verbundbedingungen I**

alle Stäbe im schraffierten Bereich

- mit Neigung zwischen 45 ° und 90°
- mit Neigung zwischen 0° und 45°, wenn
  $h \leq 30$ cm
  $h > 30$ cm (s. rechte Abbildung)

**mäßige Verbundbedingungen II**

alle Stäbe im nicht schraffierten Bereich

- für alle Stäbe von Bauteilen, die im Gleitverfahren hergestellt werden

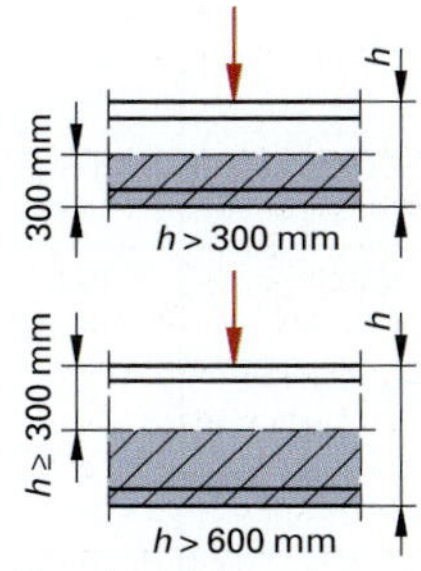


### Bemessungswerte der Verbundspannung $f_{bd}$ für Betonstahl bei guten Verbundbedingungen

| | charakteristische Betondruckfestigkeit $f_{ck}$ in N/mm² | | | | | | | $d_s \leq 32$ mm | |
|---|---|---|---|---|---|---|---|---|---|
| Beton C | 12/15 | 16/20 | 20/25 | 25/30 | 30/37 | 35/45 | 40/50 | 45/55 | 50/60 |
| $f_{bd}$ N/mm² | 1,6 | 2,0 | 2,3 | 2,7 | 3,0 | 3,4 | 3,7 | 4,0 | 4,3 |
| | Für mäßige Verbundbedingungen sind die Werte mit dem Faktor 0,7 zu multiplizieren. | | | | | | | | |
| | 1,1 | 1,4 | 1,6 | 1,9 | 2,1 | 2,4 | 2,6 | 2,8 | 3,0 |

7

## Verankerung von Längsbewehrung

Das Grundmaß der Verankerungslänge ist die gerade Verankerungslänge, die für die Verankerung der Stabkraft $F_{sd} = A_s \cdot f_{yd}$ (mit $f_{yd} = f_{yk}/\gamma_s$) bei Annahme einer über die Verankerung und den Stabumfang konstanten Verbundspannung $f_{bd}$ erforderlich ist.

Im Verankerungsbereich von Bewehrungsstäben treten quer zur Stabrichtung Zugspannungen auf, die durch eine Querbewehrung aufzunehmen sind.

Werden die üblichen konstruktiven Maßnahmen ergriffen (Bügel bei der Balkenbewehrung, Querbewehrung bei Platten und Wänden) braucht keine zusätzliche Querbewehrung angeordnet zu werden.

Für Matten gilt: Bei geraden Stabenden muss mindestens ein angeschweißter Stab innerhalb $l_{b,\,net}$ liegen, d.h. in der Regel hinter der theoretischen Auflagerlinie.

| Grundmaß der Verankerungslänge | erforderliche Verankerungslänge |
|---|---|
| $l_b = \frac{d_s}{4} \cdot \frac{f_{yd}}{f_{bd}}$ | $l_{b,\,net} = \alpha_a \cdot l_b \cdot \frac{A_{s,\,erf}}{A_{s,\,vorh}} \geq l_{b,\,min}$ |

$l_{b,\,min} = 0{,}3\ \alpha_a \cdot l_b \geq 10\ d_s$
für Verankerungen von Zugstäben

$l_{b,\,min} = 0{,}6\ l_b \geq 10\ d_s$
für Verankerungen von Druckstäben

$f_{yd} = 435\ \text{N/mm}^2$

$f_{bd}$ Verbundspannung ▶ S. 307

| | |
|---|---|
| $\alpha_a$ | Beiwert zur Berücksichtigung der Wirksamkeit der Verankerungsarten ▶ S. 309 |
| $l_b$ | Grundmaß der Verankerungslänge |
| $A_{s,\,erf}$ <br> $A_{s,\,vorh}$ | erforderliche und vorhandene Querschnittsfläche der zu verankernden Bewehrung |
| $l_{b,\,min}$ | Mindestwert der Verankerungslänge |

### Grundmaß der Verankerungslänge $l_b$ in cm

| Betonfestigkeitsklasse | Verbundbedingung | | Stabdurchmesser $d_s$ in mm | | | | | | | | | |
|---|---|---|---|---|---|---|---|---|---|---|---|---|
| | | | 6 | 8 | 10 | 12 | 14 | 16 | 20 | 25 | 28 | 32 |
| C12/15 | gut | I | 40 | 53 | 66 | 79 | 92 | 105 | 132 | 165 | 184 | 217 |
| | mäßig | II | 56 | 75 | 94 | 113 | 132 | 150 | 188 | 235 | 263 | 311 |
| C16/20 | gut | I | 33 | 43 | 54 | 65 | 76 | 87 | 109 | 136 | 152 | 174 |
| | mäßig | II | 47 | 62 | 78 | 93 | 109 | 124 | 155 | 194 | 217 | 248 |
| C20/25 | gut | I | 28 | 37 | 47 | 56 | 66 | 75 | 94 | 117 | 131 | 151 |
| | mäßig | II | 40 | 54 | 67 | 80 | 94 | 107 | 134 | 167 | 187 | 216 |
| C25/30 | gut | I | 24 | 32 | 40 | 48 | 57 | 65 | 81 | 101 | 113 | 129 |
| | mäßig | II | 35 | 46 | 58 | 69 | 81 | 92 | 115 | 144 | 161 | 184 |
| C30/37 | gut | I | 21 | 29 | 36 | 43 | 50 | 57 | 71 | 89 | 100 | 116 |
| | mäßig | II | 31 | 41 | 51 | 61 | 71 | 82 | 102 | 128 | 143 | 184 |
| C35/45 | gut | I | 19 | 26 | 32 | 39 | 45 | 52 | 64 | 81 | 90 | 102 |
| | mäßig | II | 28 | 37 | 46 | 55 | 64 | 74 | 92 | 115 | 129 | 146 |
| C40/50 | gut | I | 18 | 24 | 30 | 35 | 41 | 47 | 59 | 74 | 83 | 92 |
| | mäßig | II | 25 | 34 | 42 | 51 | 59 | 67 | 84 | 105 | 118 | 134 |
| C45/55 | gut | I | 16 | 22 | 27 | 33 | 38 | 44 | 55 | 68 | 76 | 87 |
| | mäßig | II | 23 | 31 | 39 | 47 | 55 | 62 | 78 | 97 | 109 | 124 |
| C50/60 | gut | I | 15 | 20 | 25 | 31 | 36 | 41 | 51 | 64 | 71 | 81 |
| | mäßig | II | 22 | 29 | 36 | 44 | 51 | 58 | 73 | 91 | 102 | 116 |

**Beispiel**

Zu bestimmen ist die Verankerungslänge $l_{b,\,net}$ für einen geraden Zugstab aus BSt IV, $d_s = 16$ mm im Verbundbereich I (gut).

$A_{s,\,erf} = 1{,}77\ \text{cm}^2$, $A_{s,\,vorh} = 2{,}01\ \text{cm}^2$, Beton C30/37 $\Rightarrow$ $l_b = 57$ cm

$$l_{b,\,net} = \alpha_a \cdot l_b \cdot \frac{A_{s,\,erf}}{A_{s,\,vorh}} = 1{,}0 \cdot 57 \cdot \frac{1{,}77}{2{,}01} = \mathbf{50{,}2\ cm} \geq 0{,}3 \cdot \alpha_a \cdot l_b$$

mit $0{,}3\ \alpha_a \cdot l_b = 0{,}3 \cdot 1{,}0 \cdot 57 = 17{,}1\ \text{cm} \geq 10 \cdot d_s = 10 \cdot 1{,}6 = 16\ \text{cm}$

## Zulässige Verankerungsarten von Betonstahl

**Beiwerte $\alpha_a$ zur Berechnung der Verankerungslänge $l_{b,net}$ bei Zugstäben[1]**

| Art und Ausbildung der Verankerung | Beiwerte $\alpha_a$ ohne Querstab | mit Querstab |
|---|---|---|
| Gerade Stabenden 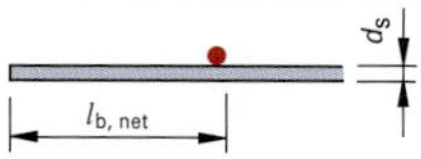 | 1,0 | 0,7 |
| Haken 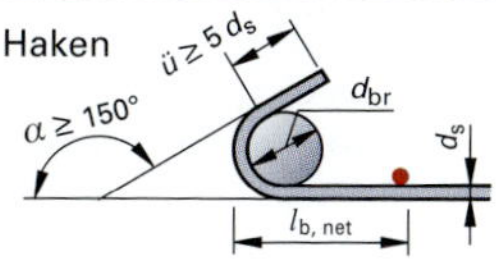 Winkelhaken 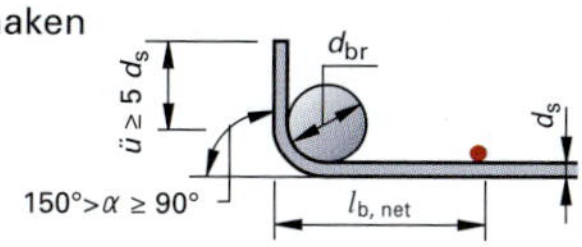 | 0,7 | 0,5 |
| Schlaufen (Draufsicht) 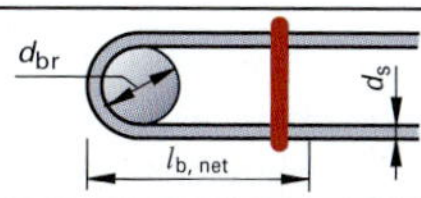 | 0,7 | 0,5 |



[1] Bei Druckstäben: $\alpha_a = 1{,}0$
Ausnahmen: gerades Stabende mit einem ($\alpha_a = 0{,}7$), mit zwei angeschweißten Querstäben ($\alpha_a = 0{,}5$)

## Verankerungsbereiche und Verankerungslängen

| Verankerungsbereiche | Verankerungslängen $l_b$, $l_{b,min}$ |
|---|---|
| **außerhalb von Auflagern** 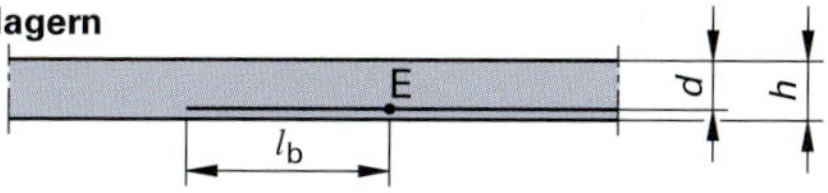 | $l_b \geq l_{b,net}$ vom rechnerischen Endpunkt $E$ |
| **direktes Auflager** 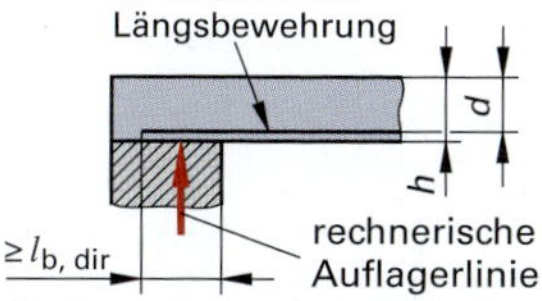 **indirektes Auflager** 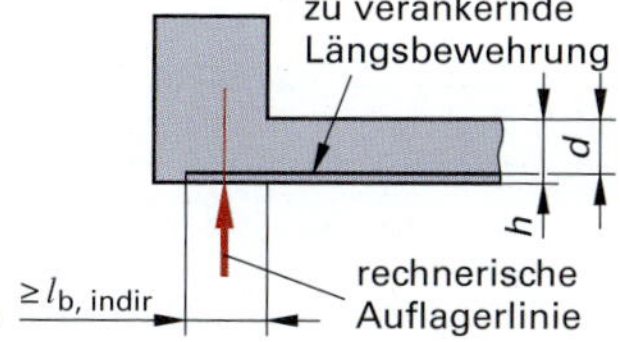 Ein Bauteil gilt als indirekt gelagert, wenn es seitlich in das Last abtragende Bauteil einbindet. | bei **dir**ekter/**indir**ekter Auflagerung $l_{b,dir} \geq \frac{2}{3} l_{b,net} \geq 6 \cdot d_s$ $l_{b,min} = 0{,}3\,\alpha_a \cdot l_b \geq 10\,d_s$ $l_{b,indir} \geq l_{b,net} \geq 6 \cdot d_s$ |
| **Zwischenauflager** 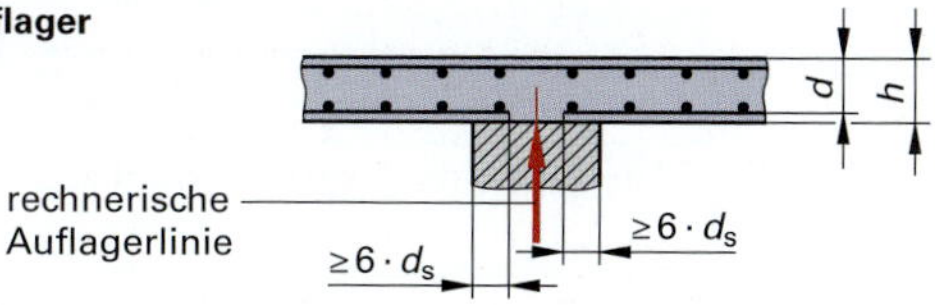 | $l_b \geq 6 \cdot d_s$ die untenliegende Bewehrung sollte durchgehen, um evtl. Setzungen aufzunehmen (lt. DIN 1045-1) |



**Beispiel**

Die Mattenbewehrung (R 335A mit $d_s$ = 8,0 mm) einer Zweifeldplatte soll auf dem Zwischenlager gestoßen werden. Gesucht ist die Auflagerlänge $l_b$.

$l_b = 6 \cdot d_s = 6 \cdot 8 =$ **48 mm** (gerundet 50 mm)

**Anmerkung:** Die DIN 1045-1 empfiehlt, die Bewehrung durchlaufend einzulegen, um positive Momente infolge außergewöhnlicher Beanspruchungen (z.B. Auflagersetzungen) aufnehmen zu können. Damit würde die Lücke in der Abbildung Zwischenlager geschlossen. Die Bewehrungsmatten werden i.d.R. stumpf gestoßen. Nach DIN 1045-1 kann die Bewehrung auch durchgehend angeordnet oder kraftschlüssig gestoßen werden ▶ S. 324.

7

## Übergreifungsstöße von Stäben

- Übergreifungsstöße sollen **versetzt** angeordnet werden!
- **Mattenquerschnitt** in Trag-/Längsrichtung $A_s$ oder $A_{s,l}$ **(cm²)**, in Querrichtung $A_{s,q}$ **(cm²)**
- **Randabstand** $s_0$ ist einzuhalten, damit der Beton nicht abplatzt!

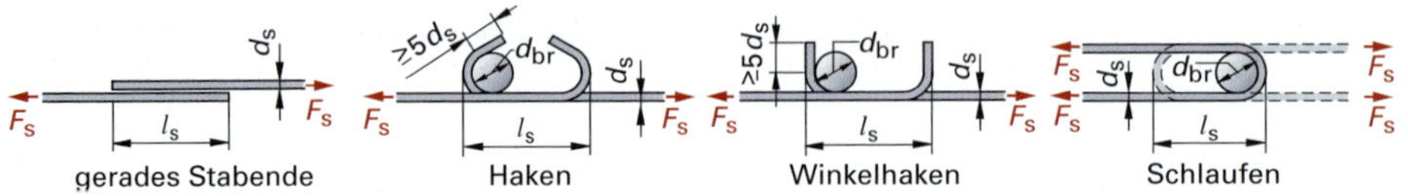


Die Übergreifungslänge $l_s$ darf folgenden Wert nicht unterschreiten

$$l_s = l_{b,net} \cdot \alpha_1 \geq l_{s,min}$$

$l_b$ das Grundmaß der Verankerungslänge ► S. 308
$\alpha_1$ der Beiwert für die Übergreifungslänge
$l_{b,net}$ die Verankerungslänge ► S. 308
$\alpha_a$ der Beiwert ► S. 309

$l_{s,min}$ **der Mindestwert der Übergreifungslänge mit**

$$l_{s,min} = 0{,}3\ \alpha_a \cdot \alpha_1 \cdot l_b \geq 15\ d_s \geq 200\ \text{mm}$$

### Beiwerte $\alpha_1$ für die Übergreifungslänge

| Längsversatz ⇒ wenn der Stoßmittenabstand ≥ 1,3 $l_s$ | | Anteil der ohne Längsversatz gestoßenen Stäbe am Querschnitt einer Bewehrungslage | |
|---|---|---|---|
| | | ≤ 30 % | > 30 % |
| Zugstoß | $d_s$ < 16 mm | 1,2[a] | 1,4[a] |
| | $d_s$ ≥ 16 mm | 1,4[a] | 2,0[b] |
| Druckstoß | | 1,0 | 1,0 |

[a] Falls $s \geq 10\ d_s$ und $s_0 \geq 5 \cdot d_s$ gilt $\alpha_1 = 1{,}0$
[b] Falls $s \geq 10\ d_s$ und $s_0 \geq 5 \cdot d_s$ gilt $\alpha_1 = 1{,}4$

Erläuterung der Abstände $s$ und $s_0$

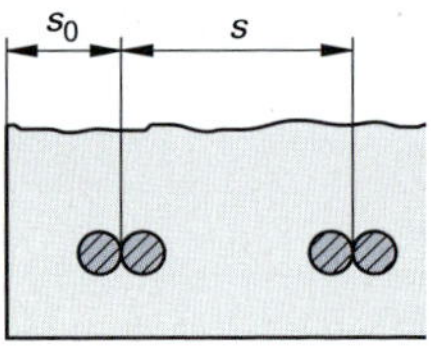


### Querbewehrung im Übergreifungsbereich

Auf Querbewehrung ($A_{s,q}$) kann verzichtet werden, wenn

- der Anteil der gestoßenen Stäbe > 20 % ist
- die Stabdurchmesser $d_s$ < 12 mm sind
- der Beton C ≤ 55/67 und die Stäbe $d_s$ < 16 mm sind

⇒ in allen anderen Fällen ist die Querbewehrung vorzusehen (DIN 1045-1)

Zugstoß

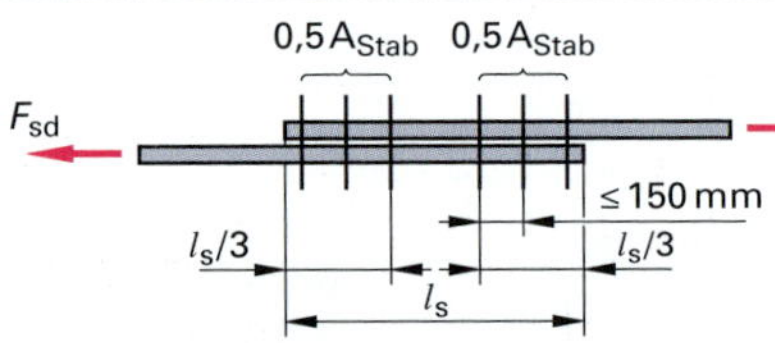


die Querschnittsfläche $A_{s,q}$ der Querbewehrung muss mindestens so groß sein wie die Querschnittsfläche eines gestoßenen Stabes.

**Beispiel**

Die Tragbewehrung eines Balkens (erf $A_s$ = 8,0 cm², vorh $A_s$ = 9,4 cm² (3 ∅ 20 mm)) wird durch Übergreifung gestoßen.
Gesucht ist die Übergreifungslänge $l_s$.

$l_s = \alpha_1 \cdot l_{b,net} = \alpha_1 \cdot \alpha_a \cdot (\text{erf}\ A_s / \text{vorh}\ A_s) \cdot l_b \geq l_{s,min}$
$d_s \geq 16$ mm, $s < 10 \cdot d_s$, Stoßanteil $l$ > 30 % ⇒ $\alpha_1 = 2{,}0$
⇒ $\alpha_a = 1{,}0$ ⇒ $l_b = 71$ cm ► S. 308

C30/37
BSt 500 S
guter Verbundbereich

$l_s = 2{,}0 \cdot 1{,}0 \cdot (8{,}0 / 9{,}4) \cdot 71$ = **121 cm**

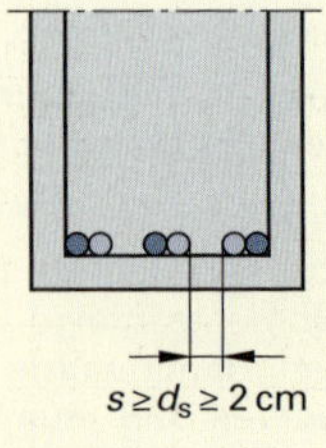


7

## Übergreifungsstöße von Matten

Der Regelstoß ist der **Zwei-Ebenen-Stoß:**

- Stöße sollten **nicht** in hoch beanspruchten Bereichen (z. B. dem max. Biegemoment) liegen
- **Q-Matten** haben Tragstöße in Längs- und Querrichtung, **R-Matten** nur in Längsrichtung
- **Mattenquerschnitt** in Trag-/Längsrichtung $a_{s,l}$ und Querrichtung $a_{s,q}$ in **cm²/m**
- Matten mit Bewehrungsquerschnitten $a_s \leq 12$ cm²/m dürfen ohne Längsversatz gestoßen werden
- Bei mehrlagiger Bewehrung sind die Stöße der einzelnen Lagen mindestens um die 1,3-fache Übergreifungslänge in Längsrichtung versetzt anzuordnen.

### Tragstoß (Übergreifungsstoß in Längsrichtung)

$l_b$ das Grundmaß der Verankerungslänge

$\alpha_2$ der Beiwert zur Berücksichtigung des Mattenquerschnitts mit
$\alpha_2 = 0{,}4 + a_{s,\,vorh}/8$ mit $1{,}0 \leq \alpha_2 \leq 2{,}0$

$a_{s,\,erf}$ die erforderliche Querschnittsfläche der Bewehrung in cm²/m

$a_{s,\,vorh}$ die vorhandene Querschnittsfläche der Bewehrung in cm²/m

$l_{s,\,min}$ der Mindestwert der Übergreifungslänge mit $l_{s,\,min} = 0{,}3\ \alpha_2 \cdot l_b \geq s_q \geq 200$ mm

$s_q$ der Abstand der geschweißten Querstäbe

Die Übergreifungslänge $l_s$ darf folgenden Wert nicht unterschreiten

$$l_s = l_b \cdot \alpha_2 \cdot \frac{a_{s,\,erf}}{a_{s,\,vorh}} \geq l_{s,\,min}$$

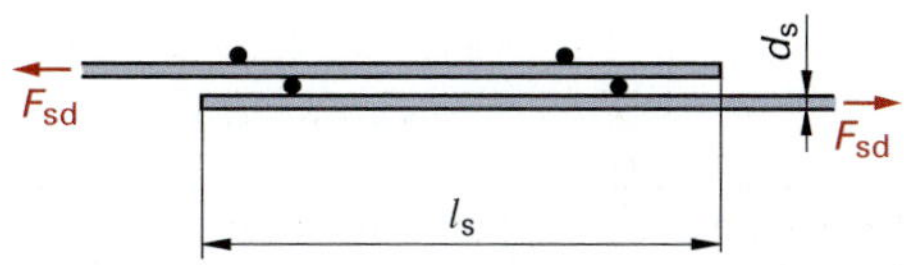


Übergreifungsstoß in Längsrichtung

### Verteilerstoß (Übergreifungsstoß in Querrichtung)

| Stab-∅ $d_{s,\,q}$ | ≤ 6 mm | > 6 mm ≤ 8,5 mm | > 8,5 mm ≤ 12 mm | > 12 mm |
|---|---|---|---|---|
| Übergreifungslänge $l_{s,\,q}$ | ≥ $s_l$ ≥ 150 mm | ≥ $s_l$ ≥ 250 mm | ≥ $s_l$ ≥ 350 mm | ≥ $s_l$ ≥ 500 mm |

$s_l$ Stababstand der Längsstäbe

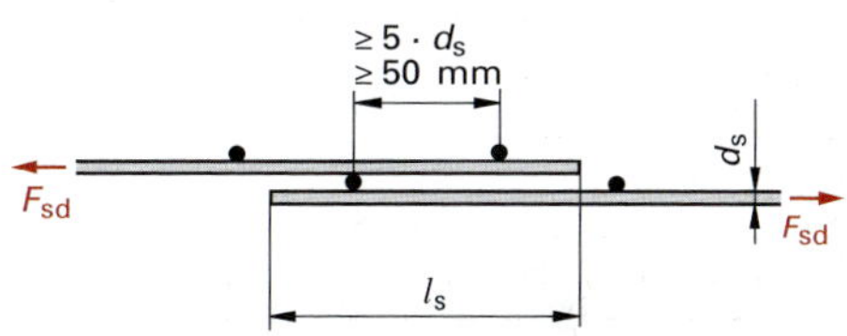


Übergreifungsstoß in Querrichtung

### Maschenregel für den Zwei-Ebenen-Stoß

Die Übergreifungslänge $l_s$ in cm sind rot gesetzt.

| Q-Matten | Maschenanzahl im **guten** Verbundbereich I | | | | | | Maschenanzahl im **mäßigen** Verbundbereich II | | | | | |
|---|---|---|---|---|---|---|---|---|---|---|---|---|
| | Tragstoß Längsrichtung | | | Tragstoß Querrichtung | | | Tragstoß Längsrichtung | | | Tragstoß Querrichtung | | |
| | 20/25 | 25/30 | 30/37 | 20/25 | 25/30 | 30/37 | 20/25 | 25/30 | 30/37 | 20/25 | 25/30 | 30/37 |
| Q 188 A | 1 – 29 | 1 – 25 | 1 – 22 | 2 – 29 | 2 – 25 | 2 – 22 | 2 – 41 | 2 – 35 | 2 – 32 | 3 – 41 | 2 – 35 | 2 – 32 |
| Q 257 A | 2 – 34 | 1 – 29 | 1 – 26 | 2 – 34 | 2 – 29 | 2 – 26 | 3 – 48 | 2 – 41 | 2 – 37 | 3 – 48 | 3 – 41 | 3 – 37 |
| Q 335 A | 2 – 38 | 2 – 33 | 1 – 29 | 3 – 38 | 2 – 33 | 2 – 29 | 3 – 55 | 3 – 47 | 2 – 42 | 4 – 55 | 3 – 47 | 3 – 42 |
| Q 424 A | 2 – 43 | 2 – 37 | 2 – 33 | 3 – 50 | 3 – 50 | 3 – 50 | 4 – 61 | 3 – 52 | 3 – 47 | 4 – 61 | 4 – 52 | 3 – 50 |
| Q 524 A | 3 – 50 | 2 – 43 | 2 – 39 | 3 – 50 | 3 – 50 | 3 – 50 | 4 – 72 | 4 – 61 | 3 – 55 | 5 – 72 | 4 – 61 | 4 – 55 |
| Q 636 A | 4 – 51 | 3 – 44 | 3 – 39 | 6 – 57 | 5 – 48 | 4 – 43 | 5 – 73 | 4 – 62 | 4 – 56 | 8 – 81 | 7 – 69 | 6 – 62 |

| R-Matten | Maschenanzahl im **guten** Verbundbereich I | | | | | | Maschenanzahl im **mäßigen** Verbundbereich II | | | | | |
|---|---|---|---|---|---|---|---|---|---|---|---|---|
| | Tragstoß Längsrichtung | | | Tragstoß Querrichtung | | | Tragstoß Längsrichtung | | | Tragstoß Querrichtung | | |
| | 20/25 | 25/30 | 30/37 | 20/25 | 25/30 | 30/37 | 20/25 | 25/30 | 30/37 | 20/25 | 25/30 | 30/37 |
| R 188 A | 1 – 29 | 1 – 25 | 1 – 25 | 1 – 15 | 1 – 15 | 1 – 15 | 1 – 41 | 1 – 35 | 1 – 32 | 1 – 15 | 1 – 15 | 1 – 15 |
| R 257 A | 1 – 34 | 1 – 29 | 1 – 26 | 1 – 15 | 1 – 15 | 1 – 15 | 1 – 48 | 1 – 41 | 1 – 37 | 1 – 15 | 1 – 15 | 1 – 15 |
| R 335 A | 1 – 38 | 1 – 33 | 1 – 29 | 1 – 15 | 1 – 15 | 1 – 15 | 2 – 55 | 1 – 47 | 1 – 42 | 1 – 15 | 1 – 15 | 1 – 15 |
| R 424 A | 1 – 43 | 1 – 37 | 1 – 33 | 2 – 25 | 2 – 25 | 2 – 25 | 2 – 61 | 2 – 52 | 1 – 47 | 2 – 25 | 2 – 25 | 2 – 25 |
| R 524 A | 1 – 50 | 1 – 43 | 1 – 39 | 2 – 25 | 2 – 25 | 2 – 25 | 2 – 72 | 2 – 61 | 2 – 55 | 2 – 25 | 2 – 25 | 2 – 25 |

## Querkraftbewehrung

- Die Querkraftbewehrung sollte mit der Bauteilachse einen Winkel von $45° \le \alpha \le 90°$ bilden.
- Sie kann aus **Bügeln** (mind. 50 %), **Schrägstäben** und **angeschweißten Querstäben** bestehen.
- Die Verankerung muss in der **Druckzone** erfolgen.
- Bügel müssen die **Zugbewehrung** umfassen.

Das freie Hakenende muss mind. **5** $d_s$ lang sein; der Winkelhaken beim Bügel sogar **10** $d_s$. Damit der Stahlbetonbauer an der Biegemaschine nicht jede Hakenlänge berechnen muss, wird dem Außenmaß des Bewehrungsstabes $l$ die Hakenlänge $l_H$ zugegeben.

| **Haken,** allgemein und für Bügel | **Winkelhaken,** allgemein | **Winkelhaken,** für Bügel |
|---|---|---|
| 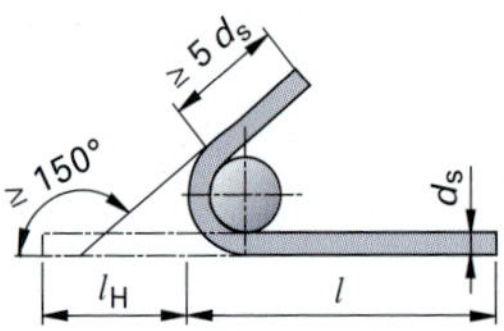 | 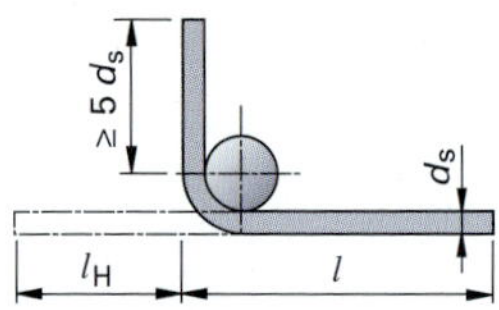 | 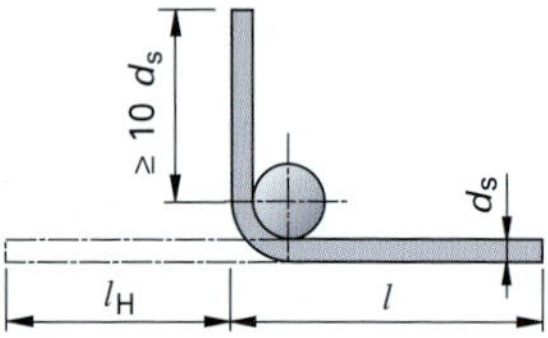 |







**Längenzugaben $l_H$ für Betonstahl BSt III und BSt IV**

| **9** $d_s$ | **11** $d_s$ | **6** $d_s$ | **7** $d_s$ | **11** $d_s$ | **12** $d_s$ |
|---|---|---|---|---|---|
| $\varnothing < 20$ | $20 \le \varnothing \le 32$ | $\varnothing < 20$ | $20 \le \varnothing \le 32$ | $\varnothing < 20$ | $20 \le \varnothing \le 32$ |

### **Schnittlängen** bei Aufbiegungen

Biegemaße sind Außenmaße
Ausnahme: schräge Aufbiegungen sind Achsmaße

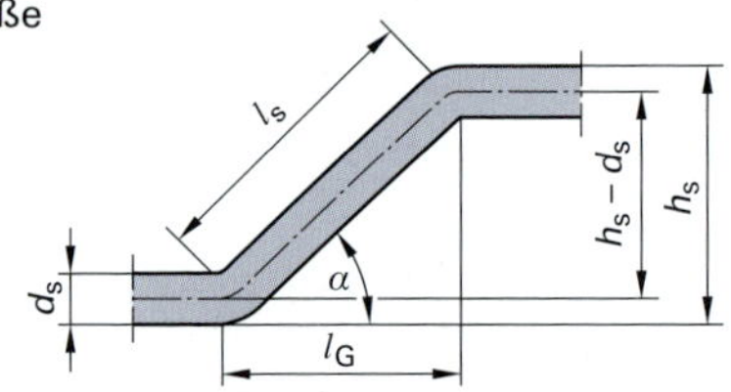


Geometrie der schrägen Aufbiegung
Berechnung der schrägen Aufbiegung $l_S$ (Schmiege) und des Grundmaßes $l_G$

| $\alpha$ | $l_s$ | $l_G$ |
|---|---|---|
| 45 ° | $1{,}414 \cdot (h_s - d_s)$ | $1{,}000 \cdot (h_s - d_s)$ |
| 60 ° | $1{,}154 \cdot (h_s - d_s)$ | $0{,}577 \cdot (h_s - d_s)$ |

**Beispiel**

Berechne: • Endhaken $ü$ • Schmiege $l_s$ • Grundmaß $l_G$ • Länge $l$ bis zum Schnitt

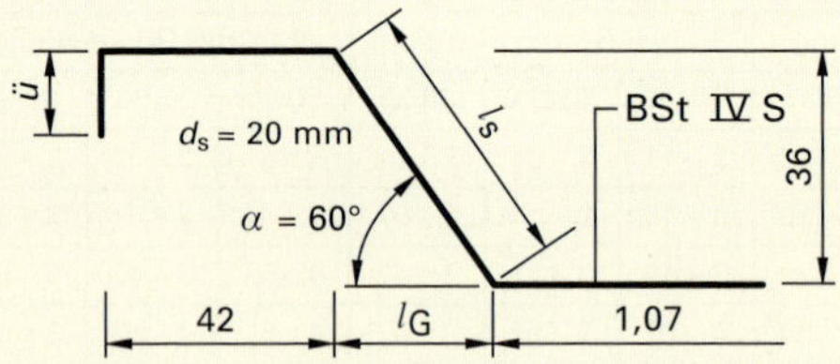


Hakenlänge $ü = 7 \cdot d_s = 7 \cdot 2{,}0\ \text{cm} = \mathbf{14\ cm}$

Schmiege $l_s = 1{,}154\ (h_s - d_s)$
$l_s = 1{,}154\ (36{,}0 - 2{,}0) = \mathbf{39{,}2\ cm}$

Grundmaß $l_G = 0{,}577\ (h_s - d_s)$
$l_G = 0{,}577\ (36{,}0 - 2{,}0) = \mathbf{19{,}6\ cm}$

Länge $l = 0{,}14\ \text{m} + 0{,}42\ \text{m} + 0{,}392\ \text{m} + 1{,}07\ \text{m} = \mathbf{2{,}02\ m}$

7

**Beispiel**

Ein Stahlbetonbalken 25 cm / 60 cm erhält für die Aufnahme der Querkräfte eine Bügelbewehrung $d_{sbü} = 8$ mm. Auf welche Länge muss der Stabstahl geschnitten werden, damit bei einer Verankerung durch Winkelhaken eine Betondeckung von $c_V = 3$ cm eingehalten wird?

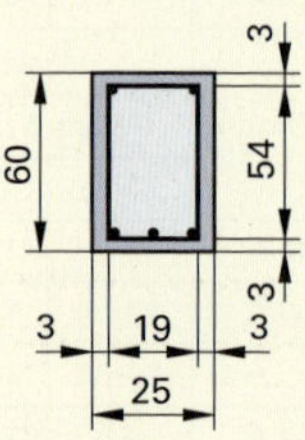


Winkelhaken: $l_H = 11 \cdot d_s$,
da $d_{sbü} < 20$ mm $\Rightarrow$ $l_H = 11 \cdot 8\ \text{mm} = 88\ \text{mm} = 8{,}8\ \text{cm}$

Breite des Bügels: $b_{bü} = 25 - 2 \cdot 3 = 19$ cm

Höhe des Bügels: $h_{bü} = 60 - 2 \cdot 3 = 54$ cm

Länge des Stahls: $l_{bü} = 2 \cdot 54 + 2 \cdot 19 + 2 \cdot 8{,}0 = 163{,}3 \Rightarrow$
$= 163$ cm (gerundet) $=$ **1,63 m**

## Querkraftbewehrung / Bügel

### Querschnittswerte $a_{sbü}$ für zweischnittige Bügel je Längeneinheit in cm²/m

| Bügelabstand $s_{bü}$ | ∅ 6 | ∅ 8 | ∅ 10 | ∅ 12 | ∅ 14 | ∅ 16 | Bügel pro Meter ≙ 1,0 m/$s_{bü}$ |
|---|---|---|---|---|---|---|---|
| 10 cm | 5,65 | 10,05 | 15,71 | 22,62 | 30,79 | 40,21 | 10,0 |
| 15 cm | 3,77 | 6,70 | 10,47 | 15,08 | 20,53 | 26,81 | 6,7 |
| 20 cm | 2,83 | 5,03 | 7,85 | 11,31 | 15,39 | 20,11 | 5,0 |
| 25 cm | 2,26 | 4,02 | 6,28 | 9,05 | 12,32 | 16,08 | 4,0 |
| 30 cm | 1,88 | 3,35 | 5,24 | 7,54 | 10,26 | 13,40 | 3,3 |

### Größte Längs- und Querabstände $s_{max}$ von Bügelschenkeln und Querkraftzulagen

| | Querkraftausnutzung / Festigkeitsklasse des Betons | ≤ C50/60 ≤ LC50/55 | > C50/60 > LC50/55 | ≤ C50/60 ≤ LC50/55 | > C50/60 > LC50/55 |
|---|---|---|---|---|---|
| | | Längsabstand | | Querabstand | |
| 1 | $V_{Ed} \le 0{,}30\ V_{Rd,\,max}$ | 0,7 *h* bzw. 300 mm | 0,7 *h* bzw. 200 mm | *h* bzw. 800 mm | *h* bzw. 600 mm |
| 2 | $0{,}30\ V_{Rd,\,max} < V_{Ed} \le 0{,}60\ V_{Rd,\,max}$ | 0,5 *h* bzw. 300 mm | 0,5 *h* bzw. 200 mm | *h* bzw. 600 mm | *h* bzw. 400 mm |
| 3 | $V_{Ed} > 0{,}60\ V_{Rd,\,max}$ | 0,25 *h* bzw. 200 mm | | | |

Der Längsabstand von Schrägstäben darf folgenden Wert nicht überschreiten: $s_{max} = 0{,}5\ h \cdot (1 + \cot \alpha)$
Mit guter Näherung kann die Zeile 2 für $s_{max}$ verwendet werden ⇒ Berechnung von $V_{Rd,\,max}$ dann entbehrlich.

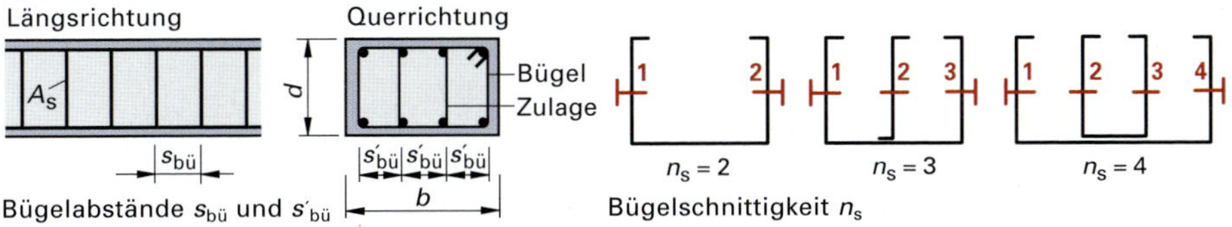


| **Bewehrungsbereiche $a_{sw,\,min}$ und $a_{sw,\,erf}$** unter Gleichlast (genäherte Angaben) | **Bewehrungsbereiche $a_{sw,\,min}$ und $a_{sw,\,erf}$** unter mittiger Einzellast |
|---|---|
| 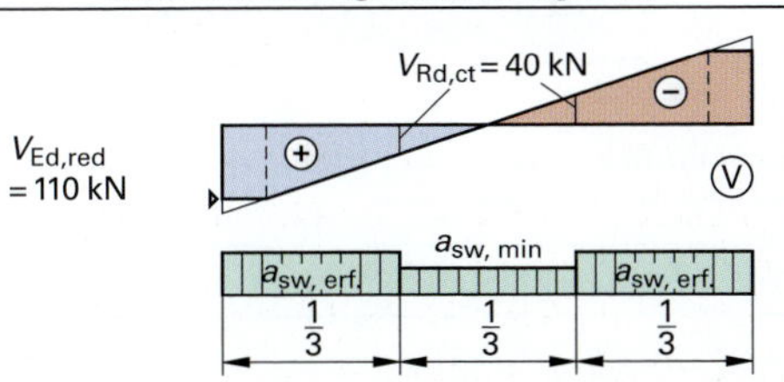 | 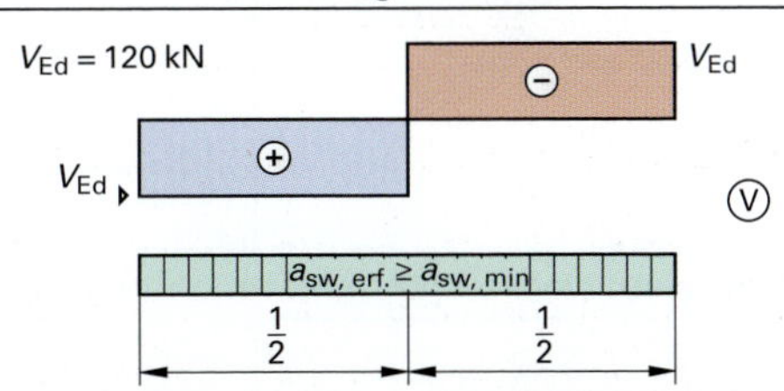 |





**Beispiel**

Bei einem Einfeldträger unter Gleichlast ist der Bemessungswert der einwirkenden Querkraft, die Auflagerkraft $V_{Ed}$ = 120 kN, die reduzierte Querkraft $V_{Ed,\,red}$ = 110 kN. Der Balken ist für die Querkraft zu bewehren.

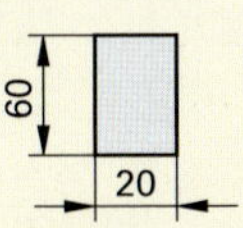


Balken $b/h$ = 20 cm/60 cm
$d$ = 53 cm
C35/45 $z$ = 53 cm · 0,9 = 48 cm

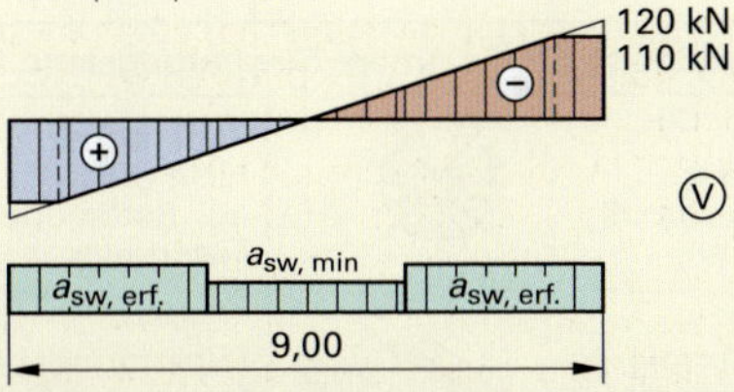


1. Bereich für die Mindestquerkraftbewehrung
   $a_{sw,\,min} = 0{,}102 \cdot 20 = 2{,}04$ cm²/m
   **gewählt: Bügel ∅ 6, 2-schnittig,**
   **$s_l$ = 25 cm** (< 30 cm)
   **$a_{sw,\,vorh}$ = 2,26 cm²/m** > 2,04 cm²/m ► S. 305
2. Bereich der erforderlichen Bewehrung
   $a_{sw,\,erf} = 0{,}019 \cdot V_{Ed}/z$
   $= 0{,}019 \cdot 110/0{,}48 = 4{,}35$ cm²/m ► S. 304

**gewählt: Bügel ∅ 8, 2-schnittig, $s_l$ = 22,5 cm** (< 0,5 · 60 = 30 cm); **$a_{sw,\,vorh}$ = 4,47 cm²/m** > 4,35 cm²/m

7

## Sonstige Bewehrungsregeln und Konstruktionsregeln

### **Mindestbewehrung** in der Biegezugzone

- als Feldbewehrung von Auflager zu Auflager
- bei Kragarmen über die gesamte Kragarmlänge
- als Stützbewehrung über Innenauflagern in die benachbarten Felder zu je $^1/_4\, l_{eff}$

$$\min A_s = \frac{f_{ctm} \cdot W}{z \cdot f_{yk}}$$

| | |
|---|---|
| $f_{ctm}$ | Mittelwert der Betonzugfestigkeit n. Tabelle ▶ S. 301 |
| $W$ | Widerstandsmoment (▶ S. 82) des Betonquerschnitts |
| z | Hebelarm der inneren Kräfte ▶ S. 303 |
| $f_{yk}$ | Streckgrenze des Betonstahls BSt IV $f_{yk}$ = 500 N/mm² ▶ S. 302 |

### **Höchstbewehrung: max $A_s$ = 0,08 · $A_c$** mit $A_c$ Betonquerschnitt

### **Stabababstand $s_l$ der Hauptbewehrung**/Längsbewehrung/Biegezugbewehrung in **Plattentragrichtung**

**15 cm ≤ $s_l$ = $h$ ≤ 25 cm**

$h$ Plattendicke

### **Querbewehrung** ist eine rechtwinklig zur Tragrichtung angeordnete konstruktive Bewehrung

**min $a_{s,q}$ = 0,20 · $a_{s,l}$**

| | |
|---|---|
| $d_{s,q}$ | Mindestdurchmesser der Querstäbe $d_{s,q}$ = 5 mm |
| $s_q$ | Abstand der Querstäbe $s_q$ ≤ 25 cm |

### **Randbewehrung** (Rechnerisch nicht berücksichtige Einspannungen am Auflager)

$a_{s,Rand}$ **≥ 0,25 … 0,30 · erf** $a_{s,Feld}$

$l_{e,Feld}$ **≥ 0,25 ·** $l$

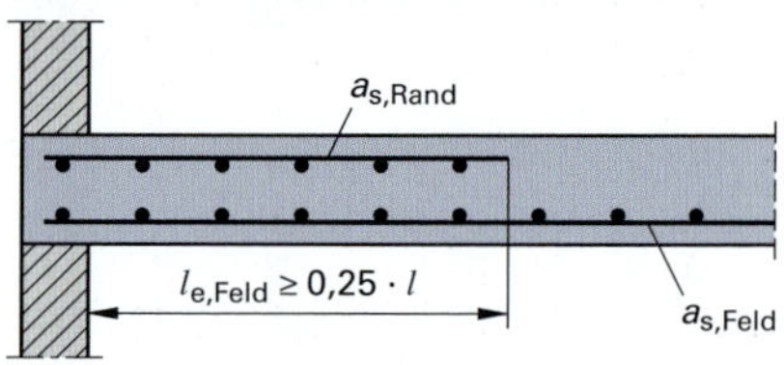


### **Abreißbewehrung** bei nichtberücksichtigter Plattenstützung **parallel** zur Spannrichtung

$a_s$ **= 0,60 · erf** $a_{s,Feld}$

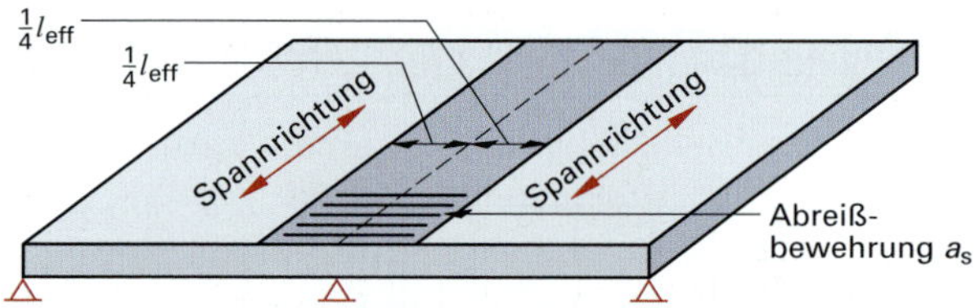


### **Randbewehrung an freien Rändern**

$a_{Steckbügel}$
gewählt
z.B. $d_s$ **= 6 … 8 mm,**
**$s$ = 20 cm**

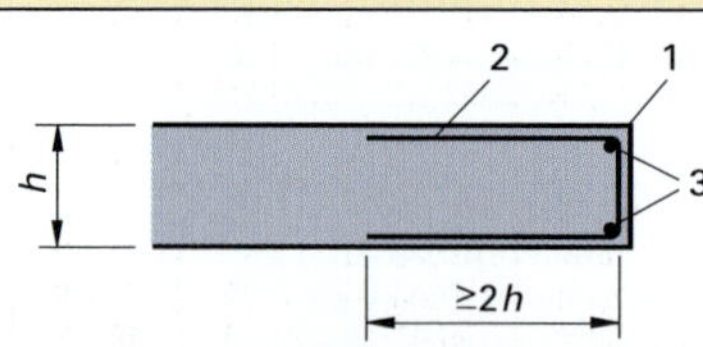


1 freier Rand
2 Steckbügel
3 Längsbewehrung



### **Unterstützung für die untere Bewehrungslage, Abstandshalter**

| | | |
|---|---|---|
| Radform, aus Kunststoff  | Punktförmig, nicht befestigt, aus Beton oder Faserbeton  | Flächenförmig, nicht befestigt, aus Stahl mit Kunststofffüßen  |
| Linienförmig, nicht befestigt, aus Kunststoff 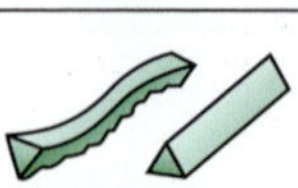 | Punktförmig befestigt, aus Beton oder Faserbeton 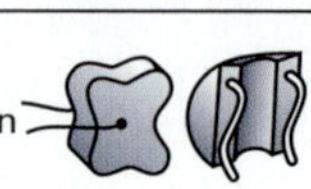 | Flächenförmig, nicht befestigt, aus Stahl mit Kunststofffüßen  |

## 7.2.6 Querschnittstafeln für Balken und Plattenbewehrung

### Querschnitte von Balkenbewehrungen $A_s$ in cm²

| Durchmesser $d_s$ (mm) | Stabanzahl *n* | | | | | | | | | |
|---|---|---|---|---|---|---|---|---|---|---|
| | 1 | 2 | 3 | 4 | 5 | 6 | 7 | 8 | 9 | 10 |
| 6 | 0,28 | 0,57 | 0,85 | 1,13 | 1,41 | 1,70 | 1,98 | 2,26 | 2,54 | 2,83 |
| 8 | 0,50 | 1,01 | 1,51 | 2,01 | 2,51 | 3,02 | 3,52 | 4,02 | 4,52 | 5,03 |
| 10 | 0,79 | 1,57 | 2,36 | 3,14 | 3,93 | 4,71 | 5,50 | 6,28 | 7,07 | 7,85 |
| 12 | 1,13 | 2,26 | 3,39 | 4,52 | 5,65 | 6,79 | 7,92 | 9,05 | 10,2 | 11,3 |
| 14 | 1,54 | 3,08 | 4,62 | 6,16 | 7,7 | 9,24 | 10,8 | 12,3 | 13,9 | 15,4 |
| 16 | 2,01 | 4,02 | 6,03 | 8,04 | 10,1 | 12,1 | 14,1 | 16,1 | 18,1 | 20,1 |
| 20 | 3,14 | 6,28 | 9,42 | 12,6 | 15,7 | 18,8 | 22,0 | 25,1 | 28,3 | 31,4 |
| 25 | 4,91 | 9,82 | 14,7 | 19,6 | 24,50 | 29,5 | 34,4 | 39,3 | 44,2 | 49,1 |
| 28 | 6,16 | 12,3 | 18,5 | 24,6 | 30,8 | 36,9 | 43,1 | 49,3 | 55,4 | 61,6 |

### Größte Anzahl der Stahleinlagen in einer Lage

| Balkenbreite $b_0$ in cm | Durchmesser der Stahleinlagen $d_s$ in mm | | | | | | |
|---|---|---|---|---|---|---|---|
| | 10 | 12 | 14 | 16 | 20 | 25 | 28 |
| 10 | 2 | 2 | 1 | 1 | 1 | 1 | 1 |
| 15 | 3 | 3 | 3 | 3 | 2 | 2 | 2 |
| 20 | 5 | 5 | (5) | 4 | 4 | 3 | 3 |
| 25 | 7 | 6 | 6 | (6) | 5 | 4 | 3 |
| 30 | (9) | 8 | 7 | 7 | 6 | 5 | 4 |
| 35 | 10 | (10) | 9 | 8 | (8) | 6 | 5 |
| 40 | 12 | 11 | 10 | 10 | 9 | 7 | 6 |
| 45 | (14) | (13) | 12 | 11 | 10 | 8 | 7 |
| 50 | 15 | 14 | 13 | (13) | 11 | 9 | 8 |
| 60 | (19) | 17 | 16 | 15 | 14 | 11 | 10 |
| Bügel-∅ $d_{sbü}$ | $d_{sbü}$ = 8 mm | | | | | $d_{sbü}$ = 10 mm | |

Betondeckung der Bügel: $c_{bü}$ = 2,0 cm. Bei den Werten in ( ) werden die geforderten Abstände geringfügig unterschritten.

### Kennwerte von Betonstahl

| Durchmesser $d_s$ mm | Querschnitt $A_s$ cm² | Gewicht *m* kg/m |
|---|---|---|
| 6 | 0,283 | 0,222 |
| 8 | 0,503 | 0,395 |
| 10 | 0,785 | 0,617 |
| 12 | 1,13 | 0,888 |
| 14 | 1,54 | 1,21 |
| 16 | 2,01 | 1,58 |
| 20 | 3,14 | 2,47 |
| 25 | 4,91 | 3,85 |
| 28 | 6,16 | 4,83 |
| 32 | 8,04 | 6,31 |
| 40 | 12,57 | 9,86 |

### Querschnitte von Plattenbewehrungen $a_s$ in cm²/m

| Stababstand s cm | Stabdurchmesser in mm | | | | | | | | | Stäbe *n* pro m |
|---|---|---|---|---|---|---|---|---|---|---|
| | 6 | 8 | 10 | 12 | 14 | 16 | 20 | 25 | 28 | |
| 6,0 | 4,71 | 8,38 | 13,09 | 18,85 | 25,66 | 33,52 | 53,36 | 81,83 | 102,67 | 16,7 |
| 6,5 | 4,35 | 7,73 | 12,08 | 17,40 | 23,68 | 30,95 | 48,33 | 75,54 | 94,77 | 15,4 |
| 7,0 | 4,04 | 7,18 | 11,22 | 16,16 | 21,99 | 28,73 | 44,87 | 70,14 | 88,00 | 14,3 |
| 7,5 | 3,77 | 6,70 | 10,47 | 15,08 | 20,52 | 26,81 | 41,88 | 65,47 | 82,13 | 13,4 |
| 8,0 | 3,53 | 6,28 | 9,82 | 14,14 | 19,24 | 25,14 | 39,26 | 61,38 | 77,00 | 12,5 |
| 8,5 | 3,33 | 5,91 | 9,24 | 13,31 | 18,11 | 23,66 | 36,95 | 57,76 | 72,47 | 11,8 |
| 9,0 | 3,14 | 5,59 | 8,73 | 12,57 | 17,10 | 22,34 | 34,90 | 54,56 | 68,44 | 11,1 |
| 9,5 | 2,98 | 5,29 | 8,27 | 11,90 | 16,20 | 21,17 | 33,06 | 51,68 | 64,84 | 10,5 |
| 10,0 | 2,83 | 5,00 | 7,85 | 11,31 | 15,39 | 20,11 | 31,41 | 49,10 | 61,60 | 10,0 |
| 10,5 | 2,69 | 4,79 | 7,48 | 10,77 | 14,66 | 19,15 | 29,91 | 46,76 | 58,67 | 9,5 |
| 11,0 | 2,57 | 4,57 | 7,14 | 10,28 | 13,99 | 18,28 | 28,55 | 44,64 | 56,00 | 9,1 |
| 11,5 | 2,46 | 4,37 | 6,83 | 9,84 | 13,39 | 17,49 | 27,31 | 42,70 | 53,57 | 8,7 |
| 12,0 | 2,36 | 4,19 | 6,54 | 9,42 | 12,83 | 16,76 | 26,17 | 40,92 | 51,33 | 8,3 |
| 12,5 | 2,26 | 4,02 | 6,28 | 9,05 | 12,32 | 16,09 | 25,13 | 39,28 | 49,28 | 8,0 |
| 15,0 | 1,89 | 3,35 | 5,24 | 7,54 | 10,26 | 13,41 | 20,94 | 32,73 | 41,07 | 6,7 |
| 17,5 | 1,62 | 2,87 | 4,49 | 6,46 | 8,79 | 11,49 | 17,95 | 28,06 | 35,20 | 5,7 |
| 20,0 | 1,41 | 2,51 | 3,93 | 5,65 | 7,69 | 10,05 | 15,71 | 24,55 | 30,80 | 5,0 |

**Abstand $s_l$ der Längsbewehrung:**

max $s_l \leq$ 150 mm bei Plattendicke $h \leq$ 15 cm
150 mm $\leq s_l \leq$ 250 bei Plattendicke 15 cm $\leq h \leq$ 25 cm
max $s_l \leq$ 250 mm bei Plattendicke $h \geq$ 25 cm

**Querbewehrung:**

$a_{sq} \geq 0{,}20 \cdot a_s$ (≥ 20 % der Längsbewehrung)
max $s_q \leq$ 250 mm
$d_{sq} \geq$ 5 mm

7

## Lagermattenprogramm

Betonstahlmatten ► S. 248

Im Zuge der Anpassung der Lagermatten an die DIN 1045-1 wurde das Mattenprogramm von 18 auf 11 Mattentypen reduziert. Zur Unterscheidung der neuen Lagermatten auf Bewehrungsplänen, bei Bestellung und auf der Baustelle wird zur gewohnten Bezeichnung der Lagermatten (Q und R) der Zusatz A (normalduktil) eingeführt. Die Liste gilt ab 01.01.2008.

| Mattentyp | Querschnitt längs<br>quer<br>$cm^2/m$ | Länge<br>Breite<br>m | Gewicht je Matte<br>je $m^2$<br>kg | Mattenaufbau in Längs- und Querrichtung: Stababstände<br>mm | Stabdurchmesser Innen-/Randbereich<br>mm | Anzahl der Längsrandstäbe links / rechts | Überstände Anfang/Ende<br>links/rechts<br>mm |
|---|---|---|---|---|---|---|---|
| Q188A | 1,88<br>1,88 | | 41,7<br>3,02 | 150<br>150 | 6,0<br>6,0 | | 75<br>25 |
| Q257A | 2,57<br>2,57 | | 56,8<br>4,12 | 150<br>150 | 7,0<br>7,0 | | 75<br>25 |
| Q335A | 3,35<br>3,35 | 6,00<br>2,30 | 74,3<br>5,38 | 150<br>150 | 8,0<br>8,0 | | 75<br>25 |
| Q424A | 4,24<br>4,24 | | 84,4<br>6,12 | 150<br>150 | 9,0 / 7,0<br>9,0 | 4 / 4 | 75<br>25 |
| Q524A | 5,24<br>5,24 | | 100,9<br>7,31 | 150<br>150 | 10,0 / 7,0<br>10,0 | 4 / 4 | 75<br>25 |
| Q636A | 6,36<br>6,28 | 6,00<br>2,35 | 132,0<br>9,36 | 100<br>125 | 9,0 / 7,0<br>10,0 | 4 / 4 | 62,5<br>25 |
| R188A | 1,88<br>1,13 | | 33,6<br>2,43 | 150<br>250 | 6,0<br>6,0 | | 125<br>25 |
| R257A | 2,57<br>1,13 | | 41,2<br>2,99 | 150<br>250 | 7,0<br>6,0 | | 125<br>25 |
| R335A | 3,35<br>1,13 | 6,00<br>2,30 | 50,2<br>3,64 | 150<br>250 | 8,0<br>6,0 | | 125<br>25 |
| R424A | 4,24<br>2,01 | | 67,2<br>4,87 | 150<br>250 | 9,0 / 8,0<br>8,0 | 2 / 2 | 125<br>25 |
| R524A | 5,24<br>2,01 | | 75,7<br>5,49 | 150<br>250 | 10,0 / 8,0<br>80 | 2 / 2 | 125<br>25 |

## Unterstützung für die obere Bewehrung

| SCHLANGE [2] auf der unteren Bewehrung stehend | Typ U [1] auf der Schalung (mit Kunststofffüßen) | Typ SBA [1] auf der unteren Bewehrung stehend |
|---|---|---|
| 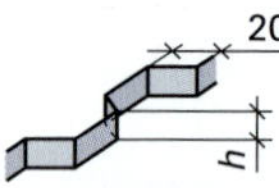  | 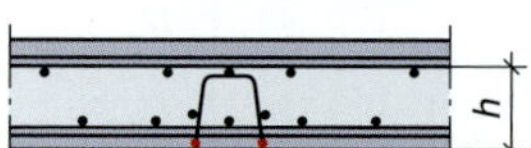  |   |
| Stützlänge 2,00 m<br>*h* = Unterstützungsabstand (cm) | Korblänge 2,00 m<br>*h* = Unterstützungshöhe (cm) | Korblänge 2,00 m<br>*h* = Unterstützungsabstand (cm) |

| Typenbezeichnung S | | | | Typenbezeichnung U | | | | Typenbezeichnung SBA | | | |
|---|---|---|---|---|---|---|---|---|---|---|---|
| Typ | Gewicht je Korb | Typ | Gewicht je Korb | Typ | Gewicht je Korb | Typ | Gewicht je Korb | Typ | Gewicht je Korb | Typ | Gewicht je Korb |
| S 2 | 0,421 | S 11 | 0,613 | U 8 | 0,658 | U 17 | 1,017 | SBA 5 | 0,650 | SBA 14 | 0,882 |
| S 3 | 0,436 | S 12 | 0,670 | U 9 | 0,762 | U 18 | 1,046 | SBA 6 | 0,676 | SBA 15 | 0,953 |
| S 4 | 0,452 | S 13 | 0,687 | U 10 | 0,788 | U 19 | 1,074 | SBA 7 | 0,702 | SBA 16 | 1,034 |
| S 5 | 0,468 | S 14 | 0,705 | U 11 | 0,845 | U 20 | 1,103 | SBA 8 | 0,728 | SBA 17 | 1,063 |
| S 6 | 0,484 | S 15 | 0,723 | U 12 | 0,874 | U 21 | 1,259 | SBA 9 | 0,753 | SBA 18 | 1,091 |
| S 7 | 0,567 | S 16 | 0,862 | U 13 | 0,903 | U 22 | 1,292 | SBA 10 | 0,779 | SBA 19 | 1,120 |
| S 8 | 0,583 | S 18 | 0,898 | U 14 | 0,931 | U 23 | 1,325 | SBA 11 | 0,804 | SBA 20 | 1,148 |
| S 9 | 0,599 | S 20 | 1,212 | U 15 | 0,960 | U 24 | 1,359 | SBA 12 | 0,831 | SBA 21 | 1,284 |
| S 10 | 0,615 | S 22 | 1,248 | U 16 | 0,988 | U 25 | 1,392 | SBA 13 | 0,857 | SBA 22 | 1,317 |

[1] Typ U auch als BK, Typ SBA auch als BT bekannt. [2] Auch als BS bekannt

7

## 7.2.7 Konstruktionshinweise für Balken und Platten

**Auflagerungsarten und Stützweiten $l_{eff}$** bei Balken und Platten

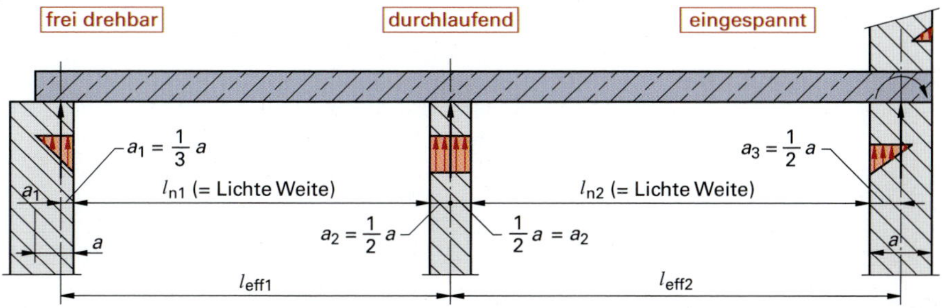


### Balken $b/h \leq 4$ und $l_{eff}/h \geq 2$

- Auflagertiefe $a \geq$ **10 cm**
- $A_{s,\,Auflager} \geq \frac{1}{4} A_{S,\,Feld}$ als konstruktive Randbewehrung bei ungewollter Einspannung
- Eine Querkraftbemessung ist durchzuführen
- Versatzmaß $a_1 = 0{,}54\, d$ (für reine Biegung mit/ohne Längsdruckkraft)
  $a_2 = 0{,}45\, d$ (für Biegung mit Längszugkraft)
- Verankerungskraft $F_{sd} = V_{Ed} \cdot \frac{a_1}{z} + N_{Ed} \geq V_{Ed}/2$ mit $z = 0{,}9\, d$

**Stützweiten**

**Einfeldträger** $l_{eff} = l_n + \frac{2}{3} a$

**Mehrfeldträger Endfeld** $l_{eff} = l_n + a_1 + a_2$

**Mittelfeld** $l_{eff} = l_n + a$

### Platten $b/h \geq 4$

- Auflagertiefe
  - $a \geq$ **7 cm** auf Mauerwerk oder Beton C8/10
  - $a \geq$ **5 cm** auf Beton C12/15 … C50/60 oder Stahl
  - $a \geq$ **3 cm** auf Stahlbeton oder Stahlträgern
  
  } **Empfehlung $a = h$**
- Mindestdicke $h \geq$ **7 cm** Deckenhöhe; im Wohnungsbau i.d.R. $h \geq$ **16 cm** (Schallschutz)
- Lastabtragung: Hauptbewehrung $a_{sl}$ in Längsrichtung
  Querbewehrung $a_{sq} = 1/5\, a_{sl}$ mit $d_s \geq$ **6 mm** (BSt S) und $d_s \geq$ **5 mm** (BSt M)
  Abstand der Querstäbe $s_q \leq$ **250 mm.** Im Allgemeinen gilt: $l_{max,\,eff} / l_{min,\,eff} > 2$

- Biegeschlankheit

$l_i = \alpha \cdot l_{eff}$ allgemein **erf** $d = \frac{l_i}{35}$

erforderliche Plattendicke $d$

| Statisches System | erf $d$ | |
|---|---|---|
| bei Mehrfeldplatten min $l_{eff} \geq 0{,}8 \cdot$ max $l_{eff}$ | allgemein | trennwand-tragend |
| 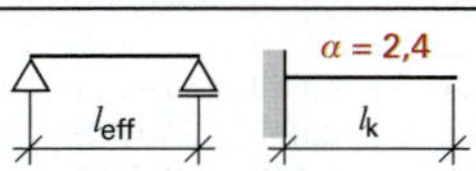 $\alpha = 2{,}4$ | $\geq l_{eff}/35$<br>$\geq l_k/15$ | $\geq l_{eff}^2/150$<br>$\geq l_k^2/26$ |
| 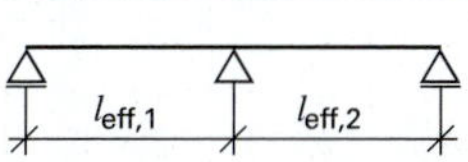 | $\geq l_{eff,1}/44$<br>$\geq l_{eff,2}/44$ | $\geq l_{eff,1}^2/234$<br>$\geq l_{eff,2}^2/234$ |
| $\alpha = 0{,}8$ $\alpha = 0{,}6$ $\alpha = 0{,}8$ 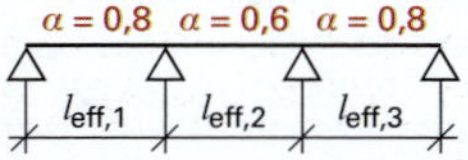 | $\geq l_{eff,1,3}/44$<br>$\geq l_{eff,2}/58$ | $\geq l_{eff,1,3}^2/234$<br>$\geq l_{eff,2}^2/417$ |

- Versatzmaß $v$
- $a_{s,\,Auflager} \geq \frac{1}{2} a_{s,\,Feld}$
- Eine Querkraftbemessung ist i.d.R. nicht erforderlich
- Versatzmaß $a_1 = d$
- Verankerungskraft $F_{sd}$

$$F_{sd} = V_{Ed} \cdot \frac{a_1}{z} + N_{Ed}$$

$F_{Ed}$, $N_{Ed}$ in kN/m; $F_{sd}$ in kN/m
$a$, $z$ in cm; $f_{yd}$ in N/mm²

$$\text{erf } a_s = F_{sd} \cdot \frac{10}{f_{yd}}$$

7

**Beispiel Stahlbetondecke**

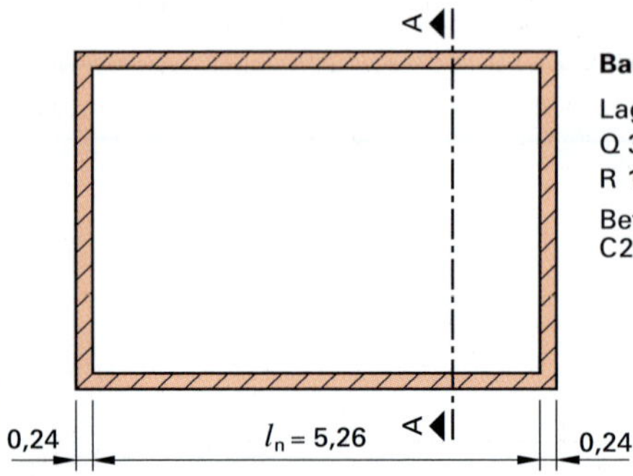


**Baustoffe**

Lagermatten

Q 335 A, $d_{s,l} = 8{,}0$; $d_{s,q} = 8{,}0$

R 188 A, $d_{s,l} = 6{,}0$; $d_{s,q} = 6{,}0$

Beton C20/25

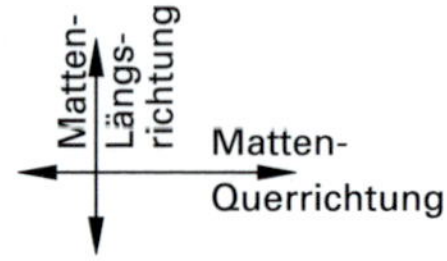


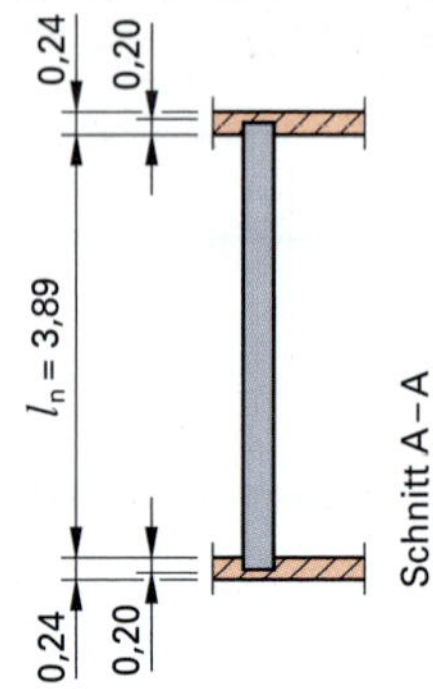


### Einbindetiefe in die Wand

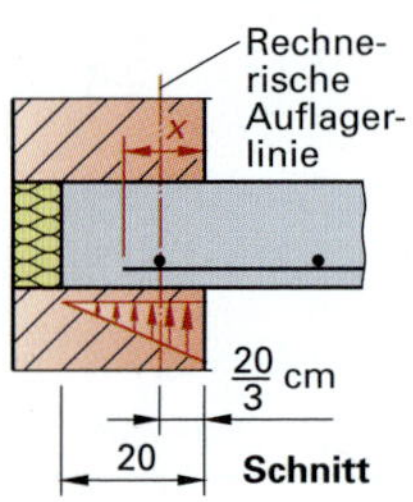


gewählte Einbindetiefe der Mattenbewehrung

$x = 12$ cm.

Gesamtbreite für Mattenbewehrung

$b_M = l_m + 2 \cdot x$

$b_M = 5{,}26 \text{ m} + 2 \cdot 0{,}12 \text{ m} = 5{,}50 \text{ m}$

### Übergreifungslänge $l_{s,q}$ in Querrichtung

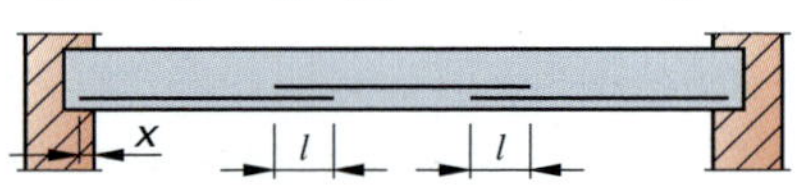


gewählt: $n = 3$ Matten

vorh $l_{s,q} = \dfrac{n \cdot B - b_M}{n-1} = \dfrac{3 \cdot 2{,}30 \text{ m} - 5{,}50 \text{ m}}{3-1}$

$= 0{,}70 \text{ m} > 0{,}38$ m oder 3 Maschen ► S. 311

### Verankerung am Auflager

$l_{b,dir} \geq \frac{2}{3} \cdot l_{b,net} \geq 6 \cdot d_s$ ► S. 309

$l_{b,net} \geq \alpha_a \cdot l_b \cdot \dfrac{\text{erf } a_s}{\text{vorh } a_s} \geq l_{b,min}$

$\alpha_a = 0{,}7$ (Querstab im Auflagerbereich)

$l_b = 37$ cm ► S. 308

### Fortsetzung Verankerung

erf $a_s = 1{,}67$ cm²/m; vorh $a_s = 3{,}35$ cm²/m

$l_{b,net} \geq l_{b,min} \geq 10\ d_s = 8{,}0$ cm

$l_{b,min} = 0{,}3 \cdot 0{,}7 \cdot 37 = 7{,}8 \text{ cm} < 8{,}0$ cm

$l_{b,net} \geq 0{,}7 \cdot 37 \cdot \dfrac{1{,}67}{3{,}35} = 12{,}9$ cm

$l_{b,dir} \geq \frac{2}{3} \cdot 12{,}9 = 8{,}6 \text{ cm} > 6 \cdot d_s$ gew.: $l_{b,dir} = 12$ cm

### Konstruktive Randbewehrung

Rechnerisch nicht erfasste Einspannwirkungen müssen berücksichtigt werden:

25 % der Feldbewehrung ($0{,}25\ a_{s,\,Feld}$) ► S. 314

über $\frac{1}{4}$ der Länge des Endfeldes ($0{,}25\ l_{eff}$).

$a_{sR} = 0{,}25 \cdot a_{s,\,Feld} = 0{,}25 \cdot 3{,}35 \text{ cm}^2 = 0{,}84 \text{ cm}^2/\text{m}$

gew.: R 188 A

$l_E = 0{,}25 \cdot (3{,}89 + 2 \cdot 0{,}20/3) = 1{,}01$ m

Aus 2 Matten R 188 A wird die Randbewehrung geschnitten und positioniert.

erf $l_{s,q} \geq 15$ cm

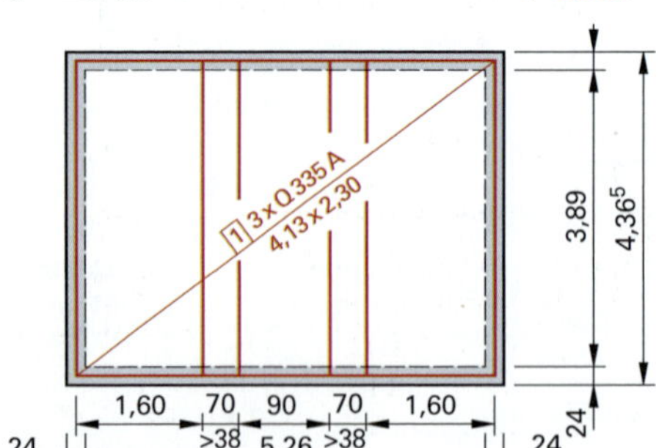


Untere Bewehrung

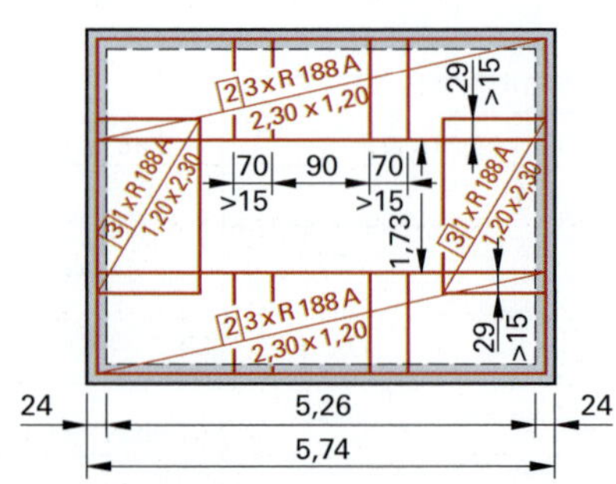


Obere Bewehrung

7

## 7.2.8 Bemessen und Bewehren

### Balken

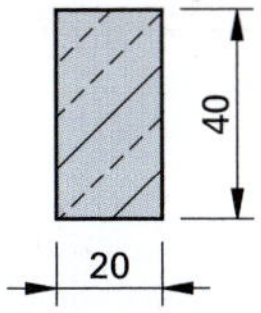


**Schnittgrößen:**

$M_{Ed}$ = + 147,2 KNm
$N_{Ed}$ = − 11,3 kN
$V_A$ = 104,0 kN

**Baustoffe:**

C 30/37
BSt IV S

**Expositionsklasse XC1**

Bauteil in geschlossenen Räumen
gewählt: $c_{bü}$ = 2,0 cm

Stabdurchmesser $d_s$
gewählt: $d_{sl}$ = 20 mm
$d_{sbü}$ = 10 mm

**Konstruktives und statisches System**

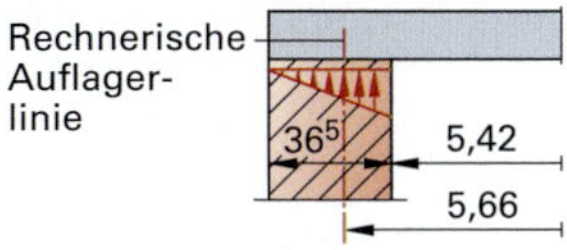


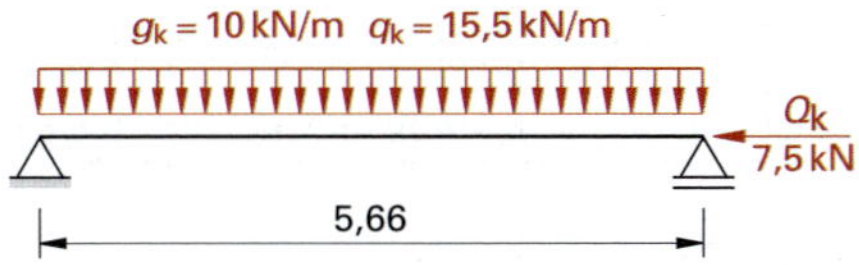


**Biegebemessung**

**Statische Höhe *d***

$$d = h - c_{bü} - d_{sbü} - \frac{d_s}{2}$$

$$d = 40\text{ cm} - 2{,}0\text{ cm} - 1{,}0\text{ cm} - \frac{2{,}0\text{ cm}}{2} = 36{,}0\text{ cm}$$

**Bemessungsmoment**

$$M_s = M - N \cdot z_s \qquad z_s = d - \frac{h}{2}$$

$$z_s = 36{,}0\text{ cm} - \frac{40\text{ cm}}{2} = 16{,}0\text{ cm}$$

$$M_{Eds} = 147{,}2 - (-\,11{,}3 \cdot 0{,}16) = 149\text{ kNm}$$

**$k_d$-Wert** ▶ S. 303

$$k_d = \frac{d}{\sqrt{\dfrac{M_{Eds}}{b}}} \qquad k_d = \frac{36{,}20}{\sqrt{\dfrac{149}{0{,}20}}} = 1{,}32 \qquad k_s = 2{,}99$$

**Erf. Stahlquerschnitt $A_s$**

$$\text{erf } A_s = k_s \cdot \frac{M_{Eds}}{d} + \frac{N_{Ed}}{43{,}5}$$

$$\text{erf } A_s = 2{,}99 \cdot \frac{149}{36{,}0} + -\frac{11{,}3}{43{,}5} = 12{,}1\text{ cm}^2$$

**vorh. Stahlquerschnitt $A_{s,\,vorh}$**

**gewählt:** 4 ∅ 20 mm IV S
vorh $A_s$ = 12,6 cm² > erf $A_s$ = 12,1 cm²

**Querkraftbemessung:**

**Maßgebende Querkraft**

$$V_{Ed} = V_A - (g_k \cdot \gamma_G + q_k \cdot \gamma_Q) \cdot r \qquad \text{mit} \quad r = \frac{a}{3} + d$$

$$V_{Ed} = 104 - (10{,}0 \cdot 1{,}35 + 15{,}5 \cdot 1{,}5) \cdot 0{,}48 = 86{,}4\text{ kN}$$

**Erforderliche Querkraftbewehrung $a_{sw,\,erf}$** ▶ S. 304

$$a_{sw,\,erf} = 0{,}019 \cdot \frac{V_{ED}}{z} = 0{,}019 \cdot \frac{86{,}4}{0{,}9 \cdot 0{,}36} = 5{,}1\text{ cm}^2$$

gew.: Bügel ∅ 8, 2-schnittig, $s$ = 17,5 cm
mit $a_{sw,\,vorh}$ = 5,7 cm²/m

**Mindestquerkraftbewehrung $a_{sw,\,min}$** ▶ S. 305

$$a_{sw,\,min} = 0{,}093 \cdot \text{bw} = 0{,}093 \cdot 20 = 1{,}86\text{ cm}^2/\text{m}$$

gew.: Bügel ∅ 6, 2-schnittig, $s$ = 25 cm (≤ 0,7 · $h$)
mit $a_{sw,\,vorh}$ = 2,26 cm²/m

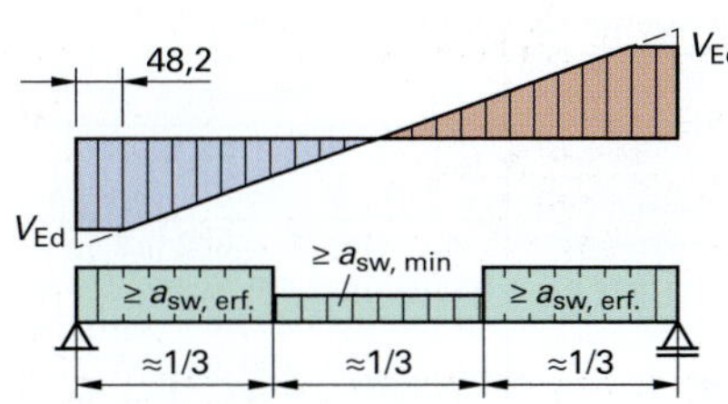


**Bewehrungsführung**

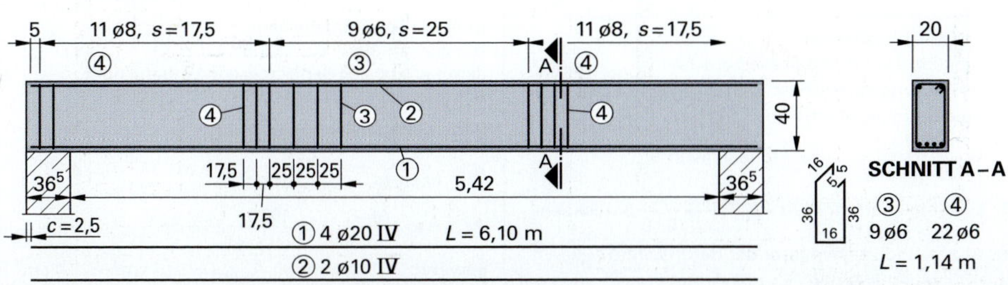


7

## Plattenbalken

Plattenbalken bilden aus Balkensteg und Deckenflansch den (idealen) T-förmigen Querschnitt.

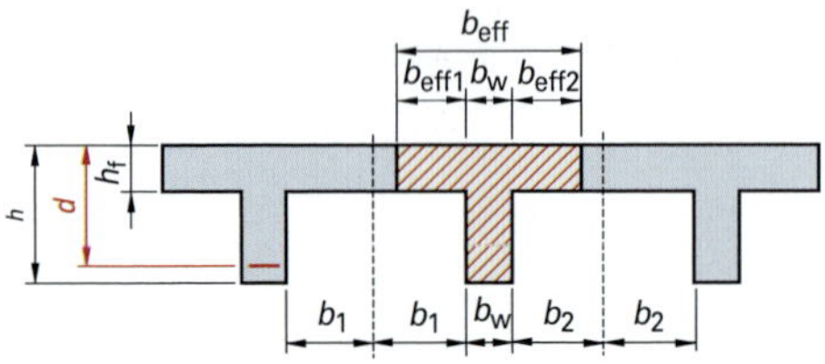


**Mitwirkende Plattenbreite**

$b_{eff} \;=\; b_{eff1} + b_w + b_{eff2}$

$b_{eff,i} \;=\; 0{,}2 \cdot b_i + 0{,}1 \cdot l_o \leq 0{,}2 \cdot l_o \leq b_i$

$b_i$ = Abstand von Vorderkante Steg bis zur Mittelachse

**statische Länge $l_0$**

$l_{0\text{-Einfeldträger}}$ = statische Länge $l_i$ (effektive Stützweite)

$l_{0\text{-Mehrfeldträger}}$ = 0,85 · statische Länge $l_i$ im Endfeld

$l_{0\text{-Mehrfeldträger}}$ = 0,70 · statische Länge $l_i$ im Mittelfeld

$l_{0\text{-Mehrfeldträger}}$ = 1,5 · statische Länge im Kragfeld

$l_{0\text{-Mehrfeldträger}}$ = 0,15 · statische Länge am Auflager $l_{li,\,re}$

### Statische Länge $l_0$ in Abhängigkeit vom statischen System

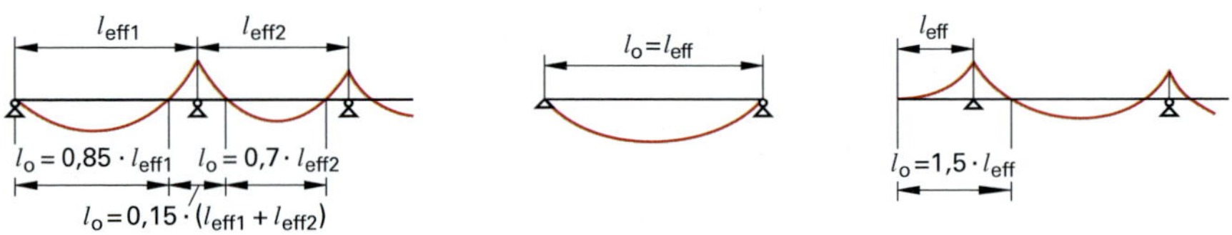


### Bemessungsfall *A* ⇒ **schlanker Querschnitt:** Nulllinie in der Platte

vereinfachte Bemessung

$$\frac{b_{eff}}{b_w} > 5 \qquad A_s = \frac{1}{43{,}5}\left[\frac{M_{Eds}}{d - h_f/2} + N_{Ed}\right]$$

$M$ in kNm; $N$ in kN, $d$ und $h_f$ in m

Die Nulllinie in der Platte ermöglicht die Vernachlässigung des Steges. Die resultierende $F_C$ der Betondruckspannung wird im Abstand $h/2$ vom OK Rand angenommen. Die Bemessung erfolgt nach der allgemeinen Spannungsformel

$\sigma = F/A$ bzw. $f_{yd} = M/(z \cdot A)$

**Beispiel**

Der dargestellte Plattenbalken ist zu bemessen.

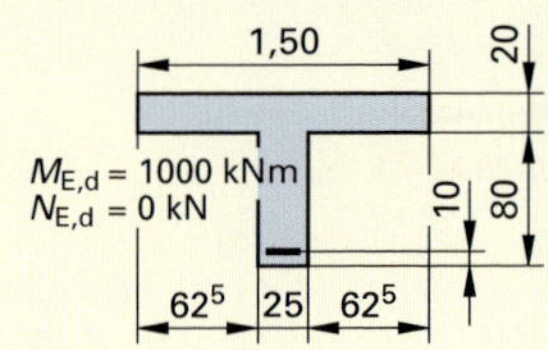


$$\frac{b_{eff}}{b_w} = \frac{1{,}50}{0{,}25} = 6 > 5$$

$$A_{s,\,erf} = \frac{1}{43{,}5}\left[\frac{1000}{0{,}90 - 0{,}20/2} + 0\right] = 28{,}8\ \text{cm}^2$$

**gewählt:** 10 ∅ 20 mm mit $A_{s,\,vorh} = 31{,}4\ \text{cm}^2$.

2-lagig eingebaut ► S. 315

### Bemessungsfall *B* ⇒ **gedrungener Querschnitt:** Nulllinie im Steg

$$\frac{b_{eff}}{b_w} \leq 5$$

Ersatzbalken mit der Breite $b$ und der Höhe $x$ berechnen

$b_i = b_{eff} \cdot k$

| Beiwerte $k$ | | | | | | | |
|---|---|---|---|---|---|---|---|
| $h_f/d$ | $b_{eff}/b_w$ 1,5 | 2 | 2,5 | 3 | 3,5 | 4 | 5 |
| 0,05 | 0,71 | 0,56 | 0,47 | 0,42 | 0,37 | 0,34 | 0,30 |
| 0,1 | 0,75 | 0,62 | 0,55 | 0,50 | 0,46 | 0,44 | 0,40 |
| 0,2 | 0,83 | 0,76 | 0,70 | 0,66 | 0,64 | 0,62 | 0,60 |
| 0,3 | 0,91 | 0,87 | 0,84 | 0,82 | 0,81 | 0,80 | 0,79 |
| 0,4 | 0,97 | 0,96 | 0,95 | 0,95 | 0,95 | 0,94 | 0,94 |
| 0,5 | 1,00 | 1,00 | 1,00 | 1,00 | 1,00 | 1,00 | 1,00 |

① Beiwert $k$ bestimmen

② Breite $b_i$ des Ersatzbalkens berechnen

③ Bemessungsquerschnitt $b_i / h / d$ festlegen

④ Bemessungsbeiwerte $k_d$ und $k_s$ bestimmen

$$k_d = \frac{d}{\sqrt{M_{Ed}/b}} = \ldots \quad \Rightarrow \quad \text{Tabellenwert } k_s$$

⑤ Erf. Stahlquerschnitt $A_s = k_s \dfrac{M_{Ed}}{d} + \dfrac{N}{43{,}5}$ berechnen.

⑥ Anzahl und Durchmesser der Betonstähle wählen. Bedingung: $A_{s,\,vorh} \geq A_{s,\,erf}$

**Beispiel**

Der dargestellte Plattenbalken aus C 35/45 ist zu bemessen.

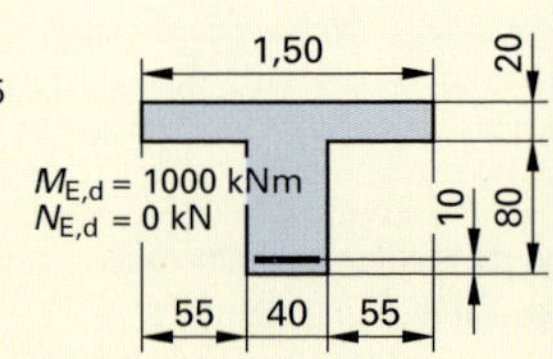


$$\frac{b_{eff}}{b_w} = \frac{1{,}50}{0{,}40} = 3{,}75 < 5$$

**Beiwert $k$**

$$\frac{h_f}{d} = \frac{0{,}20}{0{,}90} = 0{,}22$$

$$\frac{b_{eff}}{b_w} = \frac{1{,}50}{0{,}40} = 3{,}75 \qquad k \text{ (nach Interpolation)} = 0{,}67$$

**Breite $b_i$ des Ersatzbalkens**

$b_i = b_{eff} \cdot k = 1{,}50 \cdot 0{,}67 = 1{,}00$ m

damit ergibt sich der Bemessungsquerschnitt

$b_i/h/d$ = 1,00 m/1,00 m/0,90 m

**Bemessungsbeiwerte $k_d$ und $k_s$** ► S. 303

$$k_d = \frac{d}{\sqrt{M_{Ed}/b}} = \frac{90}{\sqrt{1000/1{,}00}} = 2{,}85 \quad \Rightarrow \quad k_s = 2{,}38$$

$$A_{s,\,erf} = k_s \cdot \frac{M_{Ed}}{d} = 2{,}38\,\frac{1000}{90} = 26{,}4\ \text{cm}^2$$

**gewählt:** 9 ∅ 20 mm mit $A_{s,\,vorh} = 28{,}3\ \text{cm}^2 > 26{,}4\ \text{cm}^2$

7

## Einfeldplatte

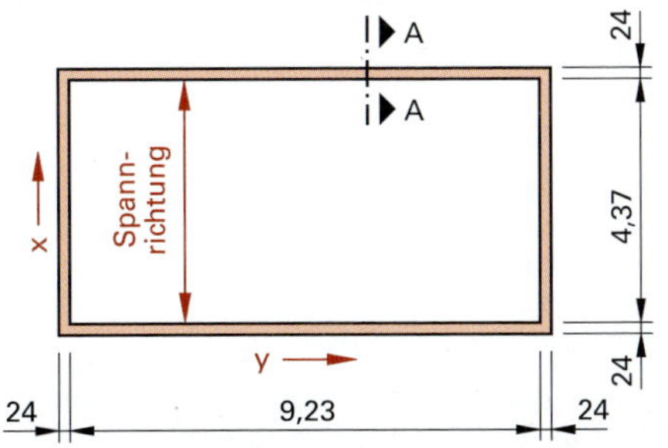


Baustoffe: C20/25
BSt 500 S
Expositionsklasse XC 1

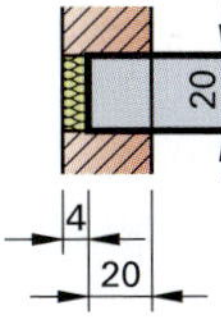


**Schnittgrößen**

max $M_{Ed}$ = 32,29 kNm/m
max $V_{Ed}$ = 28,64 kN/m

**Bewehrung**

$A_{s,\,erf}$ aus Biegebemessung = 4,47 cm²/m

gewählt: $d_s$ = 8 mm; $s$ = 10 cm mit $A_{s,\,vorh}$ = 5,03 cm²/m

$d = h - c_{nom} - d_s/2 = 20 - 2{,}0 - 0{,}8/2 \approx 17{,}5$ cm

## Deckung der Zugkraftlinie

### Versatzmaß $a_1$ bei Platte ohne Schubbewehrung

$a_1 = 1{,}0 \cdot d = 17{,}5$ cm

$F_{sd,\,vorh} = \dfrac{M_{Eds}}{z} + N_{Ed} = \dfrac{32{,}29}{0{,}95 \cdot 0{,}175} + 0 =$ **194 kN/m** mit $z = \zeta \cdot d$

$F_{sd,\,aufn} = A_s \cdot f_{yd} = 5{,}03 \cdot 435 \cdot 10^{-1} =$ **219 kN/m** mit $f_{yd} = 435$ N/mm²

### Zugkraftdeckung

Verankerung am Endauflager

Randzugkraft $F_{sd,\,R}$

$F_{sd,\,R} = V_{Ed} \cdot \dfrac{a_1}{z} + N_{Ed} = 28{,}6 \cdot \dfrac{1{,}0 \cdot d}{0{,}95 \cdot d} + 0 = 30{,}1$ kN/m

$A_{s,\,erf} = \dfrac{F_{sd,\,R}}{f_{yd}} \cdot 10 = \dfrac{3{,}01 \cdot 10}{435} = 0{,}69$ cm²/m

Auflagerbewehrung

$A_{s,\,min} = 0{,}5 \cdot A_{s,\,Feld} = 0{,}5 \cdot 4{,}47 = 2{,}24$ cm²/m

$A_{s,\,vorh} = 0{,}5 \cdot 5{,}03 = 2{,}51$ cm²/m ($> A_{s,\,min}$ und $> A_{s,\,erf}$)

Verankerungslänge

$l_{b,\,dir} = \dfrac{2}{3} \cdot l_{b,\,net} = \dfrac{2}{3} \cdot \alpha_a \cdot \dfrac{A_{s,\,erf}}{A_{s,\,vorh}} \cdot l_b \geq l_{b,\,min}$

$l_b = \dfrac{d_s}{4} \cdot \dfrac{f_{yd}}{f_{bd}} = \dfrac{0{,}8}{4} \cdot \dfrac{435}{2{,}3} = 38$ cm

$l_{b,\,dir} = \dfrac{2}{3} \cdot 1{,}0 \cdot \dfrac{0{,}69}{2{,}51} \cdot 38 \approx 7$ cm

$l_{b,\,min} = 0{,}3 \cdot \alpha_a \cdot l_b = 0{,}3 \cdot 1{,}0 \cdot 38 = 11{,}4 \text{ cm} > 6 \cdot d_s$

Im Auflagerbereich $6 \cdot d_s = 6 \cdot 0{,}8 = 4{,}8$ cm **gewählt: 15 cm**

Außerhalb von Auflagern **gewählt:** $l_{b,\,net}$ = 20 cm

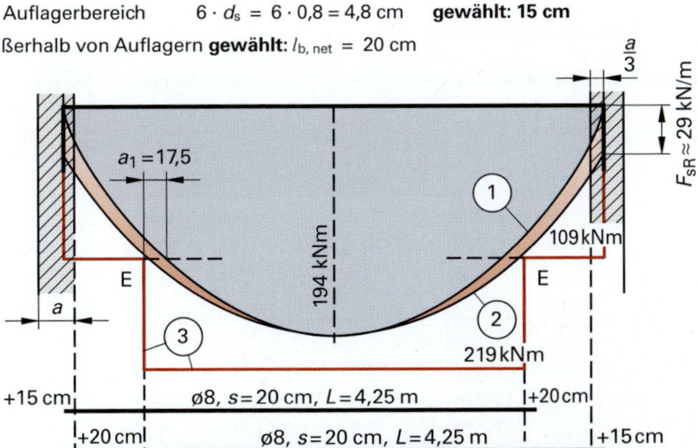


(verschränkte Bewehrungsanordnung)

① $\left[\dfrac{M_{Eds}}{z} + N_{Ed}\right]$ – Linie ② Zugkraftlinie ③ Zugkraftdeckungslinie

An jeder Stelle des Balkens oder der Platte ist so viel Bewehrung anzuordnen, dass die Zugkraftdeckungs-Line ③ nicht in die Zugkraftlinie ② einschneidet.

Bewehrungsstäbe, die zur Zugkraftdeckung nicht mehr benötigt werden, dürfen aufgebogen werden. Durch die Aufbiegung verkürzt sich die Verankerungslänge. Sie dürfen auch gerade enden.

Der rechnerische Endpunkt E der Bewehrung gibt den Punkt an, von dem aus die Bewehrung nicht mehr erforderlich ist.

Von E aus muss die Bewehrung noch die erforderliche Verankerungslänge $l_{b,net}$ aufweisen.

Die Zugkraft $F_{sd}$ berechnet sich aus der Normalkraft, dem Bemessungsmoment und einem Zugkraftanteil aus der Querkraftabtragung. Dieser Zugkraftanteil wird durch das Versatzmaß ausgedrückt. Vereinfacht ergibt sich das Versatzmaß $a_1$ zu:

ohne Querbewehrung
$a_1 = \alpha$ (Regelfall)

mit Querbewehrung
$a_1 = 0{,}5 \cdot 0{,}9\, d \cdot 1{,}2$
$= 0{,}54\, d$

7

## Beispiel Einachsig gespannte Durchlaufplatte

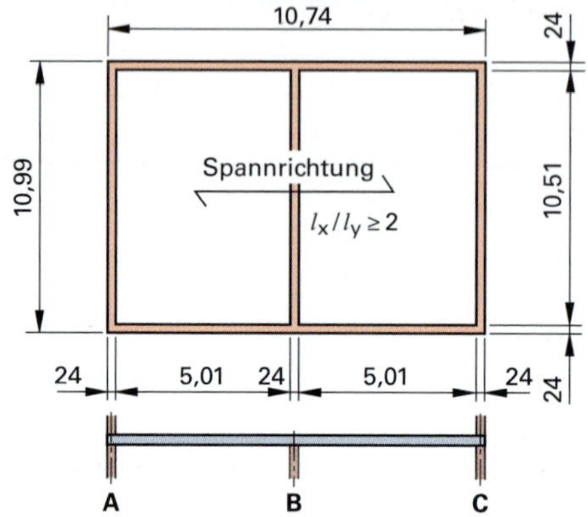


- **Innenbauteil: Expositionsklasse XC 1**
- **XC1** ⇒ C16/20 (Mindestbetonfestigkeitsklasse)
  gewählt: **C20/25**
- **Betondeckung $c = c_{min} + \Delta c$**
  $d_s \leq$ **1,0 cm** (angenommen)
  $c_{min}$ **= 1,0 cm**
  $\Delta c$ **= 1,0 cm**
  **nom $c$ = 1,0 + 1,0 = 2,0 cm**
- **Betonstahl B St 500 M mit normaler Duktilität**
  $\delta \geq$ **0,85** für Momentenumlagerung

### ① Effektive Stützweite $l_{eff}$

$$l_1 = l_{eff} = \frac{0{,}24\ \text{m}}{3} + 5{,}01\ \text{m} + \frac{0{,}24\ \text{m}}{2} = 5{,}21\ \text{m}$$

### ② Begrenzung der Durchbiegung (Biegeschlankheit)

erf. statische Nutzhöhe $d = \frac{l_{eff}}{44}$ ► S. 275

erf. $d = \frac{521\ \text{cm}}{44} = 11{,}8$ cm

erf. Plattendicke $\boldsymbol{h = d + c + \frac{d_s}{2}}$

erf. $h = 11{,}8\ \text{cm} + 2{,}0\ \text{cm} + \frac{10}{2}\ \text{cm} = 14{,}3$ cm

**gewählt: $h$ = 17 cm**

### ③ Einwirkungen (Lasten)

► **unabhängige ständige Einwirkungen $g$ (Eigenlasten)**
Platte: 0,17 · 25 ► Kap. 3.7.1 = 4,25 kN/m²
schwimmender Estrich und Belag ≅ 1,25 kN/m²

**$g_k$ = 5,50 kN/m²**

Teilsicherheitsbeiwert $\gamma_g = 1{,}35$ **$g_d$ = 7,43 kN/m²** ► Kap. 3.9

► **unabhängige veränderliche Einwirkungen $q$** ► Kap. 3.7.3
**Verkehrslast** **$q_k$ = 5,00 kN/m²**
Teilsicherheitsbeiwert $\gamma_q = 1{,}5$ **$q_d$ = 7,50 kN/m²** ► Kap. 3.9

Die in der unten abgebildeten Tabelle rot unterlegten Tabellenwerte gelten allgemein in der Statik, wenn min $l \geq 0{,}8$ max $l$ ist. Die Ergebnisse beziehen sich auf das oben ausgeführte Beispiel.

### ④ Schnittgrößenermittlung und Bemessungsmomente

► **Schnittgrößen unter Gebrauchslast** (Elastizitätstheorie nach DIN 1045-1) ($g$ Eigenlast, $q$ Verkehrslast)

| Lastfälle LF und statisches System (mit ca. gleichen Stützlängen) | LF | Kraftgrößen | Tafelwert $k$ | Schnittgrößen $\boldsymbol{m} = g\,(q) \cdot k \cdot l^2$ (kNm/m) $\boldsymbol{v} = g\,(q) \cdot k \cdot l$ (kN/m) | | Einwirkungen $g$ bzw. $q$ |
|---|---|---|---|---|---|---|
| 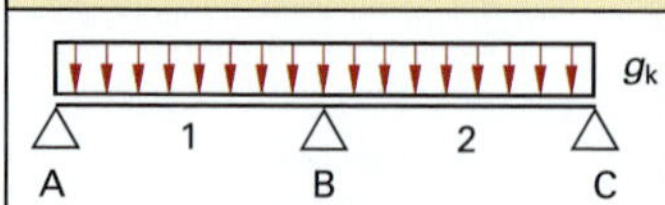 | LF1 | $m_1$ | 0,070 | $m_1 =$ | $m_1 =$ 10,450 | $g_k =$ |
| | | $m_B$ | – 0,125 | $5{,}50 \cdot 0{,}070 \cdot 5{,}21^2$ | $m_B =$– 18,662 | 5,50 kN/m² |
| | | $v_A$ | 0,375 | | $v_A =$ 10,746 | LF1 ist der |
| | | $v_{Bli}$ | – 0,625 | | $v_{Bli} =$ – 17,909 | Grundfall |
| 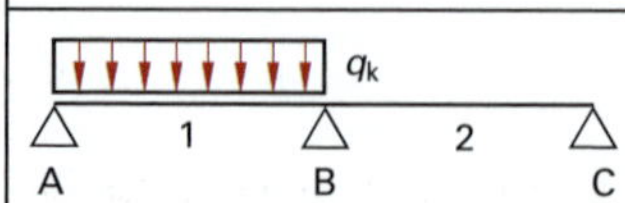 | LF2 | $m_1$ | 0,096 | $m_1 =$ | $m_1 =$ 13,029 | plus |
| | | $m_B$ | – 0,063 | $5{,}00 \cdot 0{,}096 \cdot 5{,}21^2$ | $m_B =$ – 8,5502 | $q_k =$ |
| | | $v_A$ | 0,438 | $v_A =$ | $v_A =$ 11,410 | 5,00 kN/m² |
| | | $v_{Bli}$ | – 0,563 | $5{,}00 \cdot (0{,}438) \cdot 5{,}21$ | $v_{Bli} =$ – 14,666 | |
| 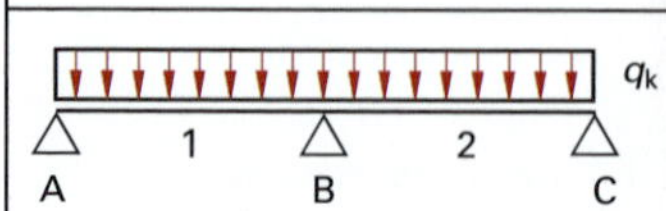 | LF3 | $m_1$ | 0,070 | | $m_1 =$ 9,500 | plus |
| | | $m_B$ | – 0,125 | $m_b =$ | $m_B =$ – 16,965 | $q_k =$ |
| | | $v_A$ | 0,375 | $5{,}00 \cdot (-0{,}125) \cdot 5{,}21^2$ | $v_A =$ 9,769 | 5,00 kN/m² |
| | | $v_{Bli}$ | – 0,625 | | $v_{Bli} =$ – 16,281 | |

7

**Fortsetzung Beispiel**

▶ **Schnittgrößen im Grenzzustand der Tragfähigkeit und Momentenumlagerung**
**Stützmoment $m_{Ed,B}$ (LF 1 + LF 3)**
$m_{Eb,B} = -18{,}662 \cdot 1{,}35 - 16{,}965 \cdot 1{,}50 = -50{,}641$ kNm/m
**Momentenumlagerungen um 15 % ($\delta = 0{,}85$, siehe Aufgabenstellung)**
$m'_{Eb,B} = m_{Ed,B} \cdot \delta = -50{,}641 \cdot 0{,}85 = -43{,}045$ kNm/m $\Rightarrow$ nach Ausrundung $m_{Ed,B} = 40{,}2$ kN/m
(Gegenüber dem max. Feldmoment vor der Umlagerung (28,358 kNm/m) vergrößert sich das Feldmoment **nach** der Umlagerung um 3,049 kNm/m auf 31,406 kNm/m. Dieses Moment wird verglichen mit **max $m_{Ed,Feld}$ aus der LF-Kombination LF 1 + LF 2**).

**max $m_{Ed,F1}$** $= 10{,}450 \cdot 1{,}35 + 13{,}029 \cdot 1{,}50 = \mathbf{+33{,}651}$ **kNm/m** $>$ **+31,406 kNm/m**

## ⑤ Bemessung in den Grenzzuständen der Tragfähigkeit

▶ **Bemessung im Stützbereich nach dem $k_d$-Verfahren**
**Vorhandene statische Nutzhöhe $d$**

$$d = h - c - \frac{d_s}{2} = 17\text{ cm} - 2\text{ cm} - \frac{1{,}0\text{ cm}}{2} = 14{,}5\text{ cm}$$

$k_d$-Rechenwert $\Rightarrow$ $k_s$ – Tabellenwert, $\zeta$–Tabellenwert

$$k_d = \frac{d}{\sqrt{\frac{M}{b}}} = \frac{14{,}5}{\sqrt{\frac{40{,}216}{1{,}000}}} \text{ (mit } b = 1{,}000 \text{ m Plattenbreite)} = \mathbf{2{,}29} \Rightarrow k_s = 2{,}57 \Rightarrow \zeta = 0{,}896$$

Erforderlicher Stahlquerschnitt erf $a_s$

$$\text{erf } a_s = \frac{m_{Ed,B}}{d} \cdot k_s = \frac{40{,}216}{14{,}5} \cdot 2{,}57 = \mathbf{7{,}13\ cm^2/m}$$

**gewählt:** **K770** alt, mit vorh $a_s = 7{,}70$ cm²/m > erf $a_s = 7{,}13$ cm²/m

**gewählt:** **R 424 A** + **R 335 A** Zulage $\Rightarrow$ neu, mit vorh $a_s = 7{,}59$ cm²/m

▶ **Bemessung im Feldbereich nach den $k_d$-Verfahren**

$$k_d = \frac{d}{\sqrt{\frac{M}{b}}} = \frac{14{,}5}{\sqrt{\frac{33{,}651}{1{,}000}}} \text{ (mit } b = 1{,}000 \text{ m Plattenbreite)} = \mathbf{2{,}50} \Rightarrow k_s = 2{,}51 \Rightarrow \zeta = 0{,}916$$

Erforderlicher Stahlquerschnitt

$$\text{erf } a_s = \frac{m_{Ed,Feld}}{d \cdot k_s} = \frac{33{,}651}{14{,}5} \cdot 2{,}51 = \mathbf{5{,}83\ cm^2/m}$$

**gewählt:** **R 589** alt, mit vorh $a_s = 5{,}89$ cm²/m > erf $a_s = 5{,}83$ cm²/m

**gewählt:** **R 424 A** + **R 257 A** Zulage $\Rightarrow$ neu, mit vorh $a_s = 6{,}91$ cm²/m

## ⑥ Nachweise in den Grenzen der Gebrauchstauglichkeit

▶ **Begrenzung der Betondruckspannungen**
$\sigma_c \leq 0{,}6 \cdot f_{ck}$ $\Rightarrow$ Nachweis nicht erforderlich, da **XC1**

▶ **Begrenzung der Betonstahlspannungen**
$\sigma_s \leq 0{,}8 \cdot f_{yk} = 0{,}8 \cdot 500 = 400$ N/mm² $> 380$ N/mm²

▶ **Begrenzung der Rissbreite infolge von Zwangsspannungen**

$$\min a_s = k_c \cdot k \cdot f_{ct,eff} \cdot \frac{A_{ct}}{\sigma_s} \qquad \min a_s = 0{,}4 \cdot 0{,}8 \cdot 3{,}0 \cdot \left(\frac{100 \cdot 17/2}{380}\right) = 2{,}15\text{ cm}^2/\text{m} < \textbf{vorh } a_s$$

▶ **Begrenzung der Durchbiegung**

$$\text{vorh } \frac{l_i}{d} = \frac{0{,}8 \cdot 5{,}210\text{ m}}{0{,}145\text{ m}} = \mathbf{28{,}2 < 35}$$

## ⑦ Allgemeine Bewehrungs- und Konstruktionsregeln

▶ **Grundmaß $l_b$ der Verankerungslänge** $l_b = \frac{d_s}{4} \cdot \frac{f_{yd}}{f_{bd}}$
Bei Doppelstäben wird das Grundmaß auf den Vergleichsdurchmesser $d_{sv} = d_s \sqrt{n}$ ▶ S. 306 bezogen, der Bemessungswert der Streckgrenze des Stahls $f_{yd}$ errechnet sich

$$f_{yd} = \frac{f_{yk}}{\gamma_s} = \frac{500}{1{,}15} = 435\text{ N/mm}^2$$

**R 424 A** $l_b = \frac{d_s}{4} \cdot \frac{f_{yd}}{f_{bd}} = \frac{0{,}6 \cdot \sqrt{2}}{4} \cdot \frac{435}{2{,}3} = \mathbf{40{,}1\ cm}$

7

**Fortsetzung Beispiel**

### ⑧ Bewehrungsführung

- Für die Bewehrungsführung gelten folgende Einzelheiten:
  a) Die Mindestbewehrung ist gleichmäßig über die Breite sowie anteilmäßig über die Höhe der Zugzone zu verteilen.
  b) Die im Feld erforderliche Mindestbewehrung ist zwischen den Endauflagern durchzuführen, sie ist an Endauflagern und über Innenauflagern mit den Mindestverankerungslängen zu verankern.
  c) Über Innenauflagern ist die Mindestbewehrung in die anschließenden Felder über eine Länge von mindestens einem Viertel der Stützweite, bei Kragarmen über die volle Kragarmlänge einzulegen.
- **Feldbewehrung / untere Bewehrung**
  Einbindetiefe $t$ / Verankerunglänge der Matte am Auflager $l_{b,\,dir}$ ⇒ $t = l_{b,\,dir}$ = 16,0 cm

**Querrichtung:** $b_M = 10{,}99 - 2 \cdot 0{,}24 + 2 \cdot 0{,}16$ = 10,83 m ▶ S. 318
vorh $l$ = 10,83 – 5 · 2,15 (Mattenbreite) + 5 · 0,15 (Überdeckung) = 0,83 m

### ⑨ Untere Bewehrung

Bei konstanten Querschnittsabmessungen und nahezu gleichmäßig verteilten Einwirkungen darf für $l_i = 0{,}8\ l_{eff}$ angenommen werden, wenn $0{,}8 < l_{eff1} / l_{eff2} < 1{,}25$ gilt.

Bei der Biegeabmessung ist zu beachten, dass die Biegezugbeanspruchung bei den positiven Momenten im unteren Plattenbereich und bei den negativen Momenten im oberen Plattenbereich liegt.

**Momentennullpunkt**
im Feld 2 von C nach links

$$x = \frac{2 \cdot C}{g_d + q_d} = \frac{2 \cdot 31{,}6}{14{,}93}$$

$x \approx 4{,}23$ (Rest ~ 1,00 m)

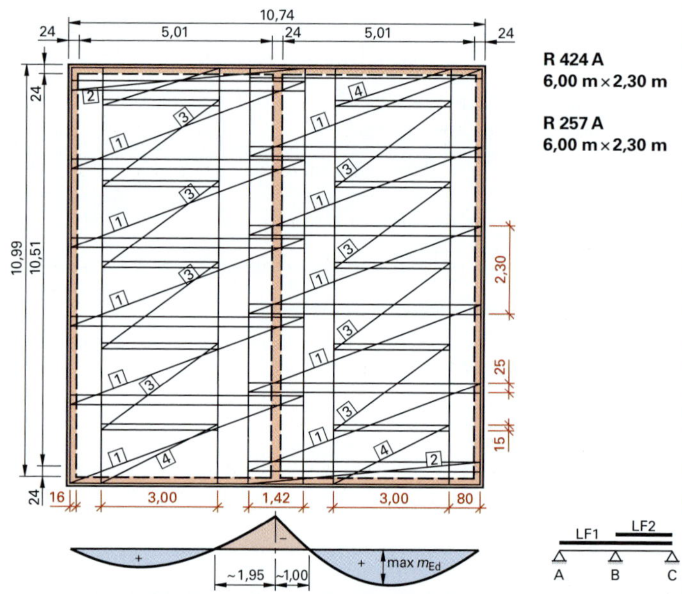


Der statisch erforderliche Stahlquerschnitt wird abgedeckt durch die **Grundbewehrung R 424 A (Pos. 1 und 2)** und im Bereich des max. Feldmomentes mit der **Zulage R 257 A (Pos. 3 und 4)** $a_{s,\,vorh} = 6{,}34\ cm^2/m \geq a_{s,\,erf} = 5{,}83\ cm^2/m$ (Länge der Zulage $l_{zul} = 3{,}00$ m ⇒ halbe Matte).

**Verankerungslängen $l_b$** ▶ S. 308/309 an den Auflagern A und B
50% der Feldbewehrung ist bis zu den Auflagern zu führen

$l_{b,\,dir} = \frac{2}{3} \cdot l_{b,\,net}$  $l_{b,\,net} = \alpha_a \cdot l_b \cdot \frac{a_{s,\,erf}}{a_{s,\,vorh}}$  $\alpha_a = 0{,}7$; $l_b = 40{,}1$ cm; $a_{s,\,erf} = \frac{6{,}34}{2}\ cm^2/m$; $a_{s,\,vorh} = 3{,}77\ cm^2/m$

$l_{b,\,net} = 0{,}7 \cdot 40{,}1\ \frac{3{,}17}{3{,}77} = 23{,}6 \geq l_{b,\,min} = 0{,}3 \cdot \alpha_a \cdot l$  $l_{b\ dir} = \frac{2}{3}\ 23{,}6 =$ **15,7 cm** (maßg.) $\geq 6\ d_s$ **gewählt:** $l_{b\ dir}$ = 16 cm

7

**Übergreifungslängen $l_s$** ▶ S. 309 in Längsrichtung am Mittelauflager B (Tragstoß)
Die Feldbewehrung kann am Mittelauflager verankert werden ($l_b \geq 6\ d_s$) sollte aber der Empfehlung der DIN 1045-1 folgend kraftschlüssig gestoßen bzw. durchgehend angeordnet werden.

$l_s = l_b \cdot \alpha_a \cdot l_b \cdot \frac{a_{s,\,erf}}{a_{s,\,vorh}} \geq l_{s,\,min}$  $l_{s,\,min} = 0{,}3 \cdot l_b \geq s_q$  $s_q \geq 20$ cm (Abstand d. Querstäbe)

$l_s = 40{,}1 \geq 1{,}0\ \frac{3{,}17}{3{,}77} =$ **33,7 cm** (maßg.) $\geq$ $l_{s,\,min} = 0{,}3 \cdot 40{,}1 = 12$ cm  **gewählt:** $l_s$ = 1,42 m
$s_q$ = 25 cm (Abstand der Querstäbe der R 424 A)

**Übergreifungslängen $l_{s,\,q}$** ▶ S. 311 in Querrichtung (Verteilerstoß):  $l_{s,\,q} \geq s_i \geq$ **15 cm** bei $d_s$ = 6 mm
Innerhalb der Übergreifungslänge müssen 2 Längsstäbe vorhanden sein!  **gewählt:** $l_{s,\,q}$ = 15 cm

**Fortsetzung Beispiel**

### ⑩ Obere Bewehrung

Wegen der unbeabsichtigten Einspannung am Endauflager der Durchlaufplatte, ist die Randbewehrung oben mit mindestens 25 % des Feldmomentes des angrenzenden Feldes konstruktiv zu bemessen und zu bewehren.
▶ S. 314

Die Randbewehrung ist mindestens auf 1/4 der effektiven Stützweite des angrenzenden Feldes anzuordnen.

**Momentennullpunkt**
für den symmetrischen LF3 im Feld 1 von A nach rechts für max B, damit A und C nicht maximal, mit A = 29,2 kN

$$x = \frac{2 \cdot A}{g_d + q_d} = \frac{2 \cdot 29{,}2}{14{,}92}$$

$x = 3{,}91$ m (Rest ~ 1,30 m)

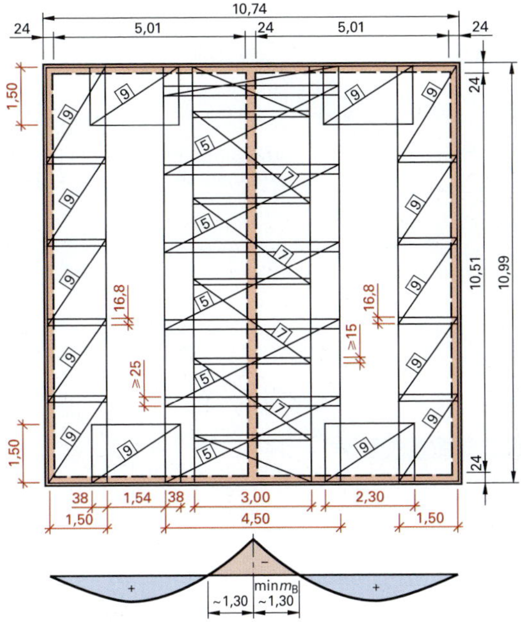


**R 424 A**
**6,00 m × 2,30 m**

**R 335 A**
**6,00 m × 2,30 m**

**R 188 A**
**6,00 m × 2,30 m**

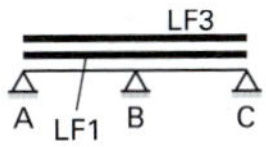


### Verankerung der Stützbewehrung außerhalb von Auflagern

Die Länge der Stützbewehrung wird ermittelt, indem der Abstand der Momentennullpunkte bestimmt und die Versatzmaße $a$ und die Verankerungslängen $l_{b,\,net}$ hinzuaddiert werden.

Bei der Lastfallkombination LF1 und LF2 (max. Feldmoment) verschiebt sich der Momentennullpunkt im „unbelasteten" Feld, gemessen vom Auflager B, auf ~ 1,95 m. Dieser Bereich wird für beide Felder mit **Grundbewehrung R 424 A** abgedeckt (Pos. 5).

$L_{erf} = 2\,(1{,}95 + 0{,}145 + 0{,}12) = 4{,}43$ m **gewählt: 3/4 Matte mit $L_{vorh} = 4{,}50$ m**

Für die Lastfallkombination LF1 und LF3 (min. Stützmoment) liegt der Momentennullpunkt bei ca. 1,30 m vom Auflager B entfernt (Statikprogramm „stab2D" als Freeware der TU Hannover, Statiklehrstuhl); dieser Bereich wird mit einer Matte **R 335 A** als **Zulage**bewehrung abgedeckt (Pos. 7).

| | | | |
|---|---|---|---|
| Versatzmaß $a$ | ▶ S. 317 | $a = d$ | = 14,5 cm |
| Verankerungslänge $l_{b,\,net}$ | ▶ S. 308 | $l_{b,\,net} = l_{b,\,net} = \alpha_a \cdot l_b \cdot \frac{a_{s,\,erf}}{a_{s,\,vorh}}$ mit $a_{s,\,erf}$ | $= 0$ cm²/m |
| damit wird die Verankerungslänge $l_{b,\,min}$ maßgebend | | $l_{b,\,min} = 0{,}3 \cdot \alpha_a \cdot l = 0{,}3 \cdot 1{,}0 \cdot 40{,}1$ | = 12 cm |

$L_{erf} = 2\,(1{,}25 + 0{,}145 + 0{,}12) \cong 3{,}00$ m **gewählt: halbe Matte mit $L_{vorh}$ = 3,00 m**

**Randbewehrung** ▶ S. 314

| | | |
|---|---|---|
| erf $a_{s,\,Rand}$ | $= 0{,}25 \cdot \text{erf } a_{s,\,Feld} = 0{,}25 \cdot 5{,}83 = 1{,}46$ cm²/m | **gewählt: R 188 A** (Pos. 9 und 10) |
| erf $l_E$ | $= 0{,}25 \cdot l_{eff} = 0{,}25 \cdot 5{,}21 = 1{,}30$ m vom Auflagerrand | **gewählt: $l_E$ = 1,50 m** (1/4-Matte) |
| Einbindetiefe $t$ | = 16 cm | |
| erf $l_{s,q}$ | ≥ 15 cm ▶ S. 315 | **gewählt: $l_{s,q}$ = 15 cm** |

7

**Beispiel** **Bewehrungsplan einer Treppe**

**Längsschnitt/M 1 : 20 – cm** (verkleinert)

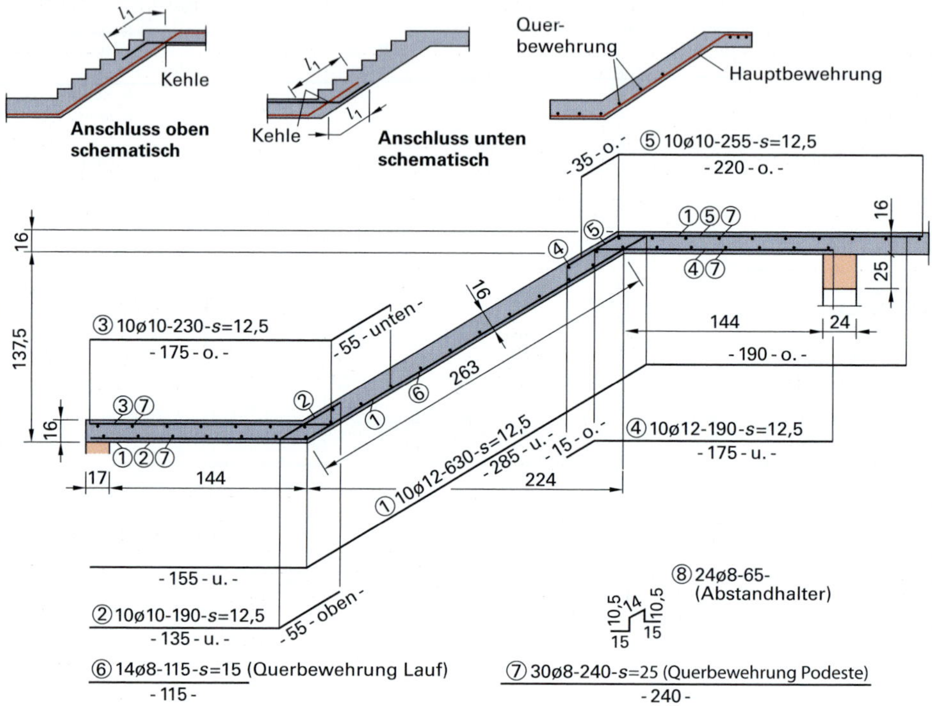


In der Regel werden bemaßt:
- die Bauteillängen in m, cm
- die Stablängen als Gesamtlänge in m
- die Stablängen als Teillängen in mm (neu), in der Praxis in cm
- die Stabdurchmesser in mm
- die Stababstände in mm (neu), in der Praxis in cm

**Legende**
C20/25
BSt IV S
CEM I 32,5
Betondeckung 2,5 cm

**Stahlliste**

| Pos. | Anzahl | ∅ mm | Einzel-länge m | Gesamtlänge in m ∅ 8 | ∅ 10 | ∅ 12 |
|---|---|---|---|---|---|---|
| 1 | 10 | 12 | 6,30 | | | 63,00 |
| 2 | 10 | 10 | 1,90 | | 19,00 | |
| 3 | 10 | 10 | 2,30 | | 23,00 | |
| 4 | 10 | 12 | 1,90 | | | 19,00 |
| 5 | 10 | 10 | 2,55 | | 25,50 | |
| 6 | 14 | 8 | 1,15 | 16,10 | | |
| 7 | 30 | 8 | 2,40 | 72,00 | | |
| 8 | 24 | 8 | 0,65 | 15,60 | | |
| | | | | | | |
| Gesamtlänge in m je ∅ | | | | 103,70 | 67,50 | 82,00 |
| Gewicht je ∅ in kg/m | | | | 0,395 | 0,617 | 0,888 |
| Gesamtgewicht in kg je ∅ | | | | 40,96 | 41,65 | 72,82 |
| **Gesamtgewicht in kg** | | | | **155,43** | | |

**Statische und konstruktive Grundlagen**

**Längsgespannte Platte:** Die Treppe bildet eine geknickte Einfeldplatte, die am Podestrand aufgelagert wird. Große Spannweiten *l* erfordern große Plattendicken (Höhe) *h*.

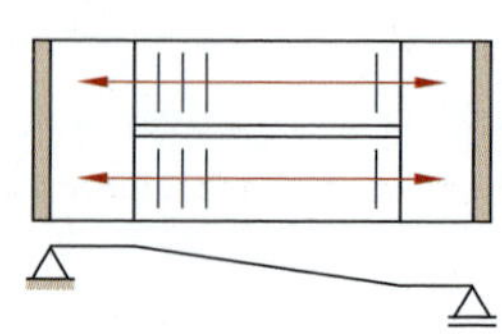

7

## Stützen

Die Längsstäbe eines „stabförmigen Druckgliedes" (= Stütze mit $b/h \leq 4$) müssen gehalten werden, damit sie infolge einer Druckkraft nicht ausknicken. Bei rechteckförmigen Querschnitten geschieht das durch Bügel, bei runden Querschnitten durch Wendel.

| Druckglieder nach DIN 1045<br>1) stehend hergestellte Stützen aus Ortbeton<br>2) liegend hergestellte Stützen und Fertigteile | Bügelbewehrte Stützen<br>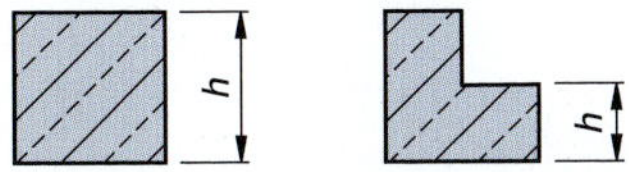<br>Vollquerschnitt / Aufgelöster Querschnitt | Umschnürte Stützen<br><br>Vollquerschnitt / Hohlquerschnitt |
|---|---|---|
| Mindestdicken | $h \geq 20$ cm[1)]<br>$h \geq 12$ cm[2)] | $d_k \geq 20$ cm[1)]<br>$d_k \geq 12$ cm[2)] |
| Anzahl und Abstände der Längsstäbe<br>Jeder Längsstab ist durch einen Bügel zu sichern. | 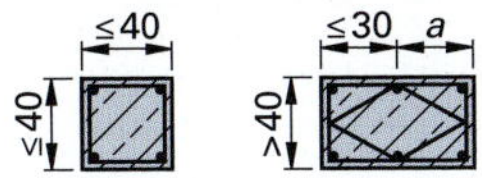<br>mind. 4 Stäbe a ≤ 30 cm | 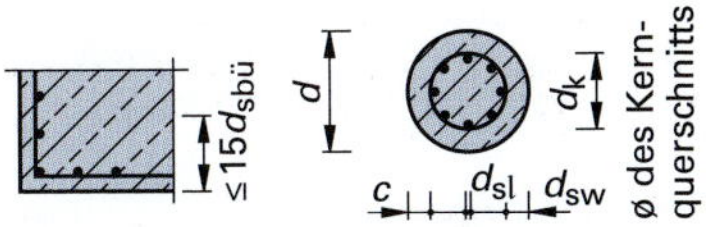<br>max. 5 Stäbe / mind. 6 Stäbe |
| Mindestdurchmesser der Längsstäbe | $d_{sl} \geq 12$ mm mit max. Abstand $a \leq 30$ cm | |
| Bügel-∅ $d_{sbü}$<br>Wendel-∅ $d_{sw}$ | $d_{sq} = d_{sbü} \geq 5$ mm für Matten<br>$d_{sq} = d_{sbü} \geq 6$ mm für Stäbe | $d_{sq} \geq 1/4 \cdot \max d_e$<br>$d_{sq} \geq 12$ mm, wenn $d_{sv} \geq 28$ mm |
| Bügelabstände $s_{bü}$<br>Wendelabstände $s_w$ | 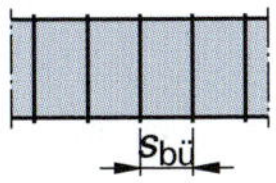<br>$s_{bü}$ { ≤ 12 $d_{sl}$; ≤ mind. $h$; ≤ 30 cm | 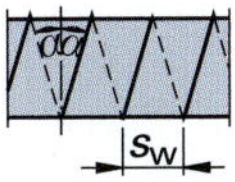<br>Ganghöhe $s_w$<br>$s_w$ { ≥ 12 $d_{se}$; ≤ min $h$; ≤ 30 cm |

### Beispiel

Eine quadratische Stütze (20 cm/20 cm) ist zu bewehren; die Länge der Anschlussbewehrung $l_ü$ soll berechnet werden (erf. $A_s = 7{,}61$ cm²).

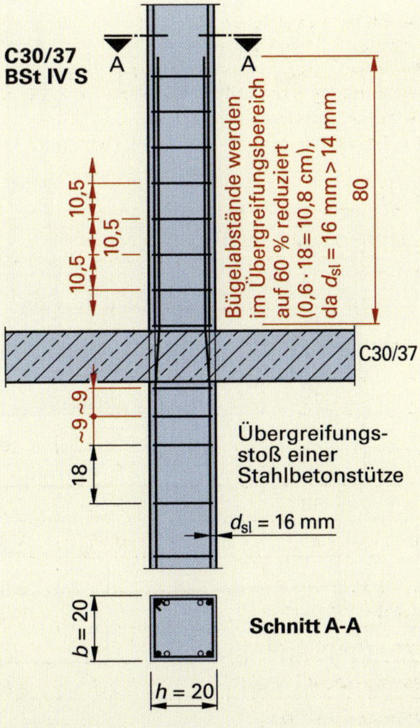


**Anzahl *n* der Längsstäbe**

Mind. 4 Stäbe gewählt 4 ∅ 16 IV (> ∅ 12 mm)

vorh $A_s = 8{,}04$ cm² > erf $A_s = 7{,}61$ cm²

**Bügel**

Bügeldurchmesser gewählt $d_{sbü} = 8$ mm > 6 mm

Bügelabstand $s_{bü}$ gewählt $s_{bü} = 18$ cm
$\leq 12\, d_{sl} = 12 \cdot 1{,}6$
$= 19{,}2$ cm
$\leq h = 20$ cm

**Übergreifungslänge $l_s$ Anschlussbewehrung**

Verbundbereich I, weil die Stäbe beim Betonieren 90° gegenüber der Waagerechten geneigt sind.

$$l_s = l_{b,net} \cdot \alpha_1 \qquad l_{b,net} = \alpha_a \cdot l_b \cdot \frac{A_{s,erf}}{A_{s,vorh}}$$ ► S. 308

$\alpha_1 = 1{,}4$ ► S. 310 $\alpha_a = 1{,}0$; $l_b = 57$ cm; $\frac{A_{s,erf}}{A_{s,vorh}} = 0{,}95$

$l_s = 1{,}0 \cdot 57 \cdot 0{,}95 \cdot 1{,}4 = 76$ cm **gewählt $l_s = 80$ cm**

**Bügelabstand im Stoßbereich**

(60 % ≙ 0,6 · Bügelabstand)

$s_{bü,Stoß} = 0{,}6 \cdot s_{bü}$

$s_{bü,Stoß} = 0{,}6 \cdot 18 = \mathbf{10{,}8}$ **cm** **gewählt $s_{bü} = 10{,}5$ cm**

7

## Wände

### Lotrechte und waagerechte Bewehrung

- Der Bewehrungsgehalt sollte an beiden Seiten im Allgemeinen gleich groß sein
- $d_{sq} \geq 0{,}25\ d_{sl}$
- $a_{sq} \geq a_{sl}$
- Abstand der waagerechten Stäbe ≤ 35 cm

Steckbügel sind im Innern der Wand mit 0,5 $l_b$ zu verankern

### Stababstände der Wandbewehrung

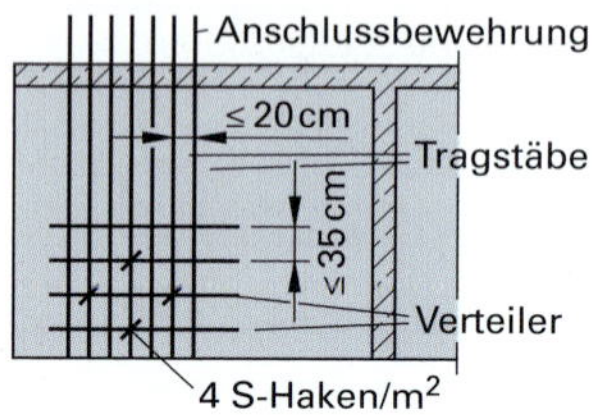


### Längsschnitt

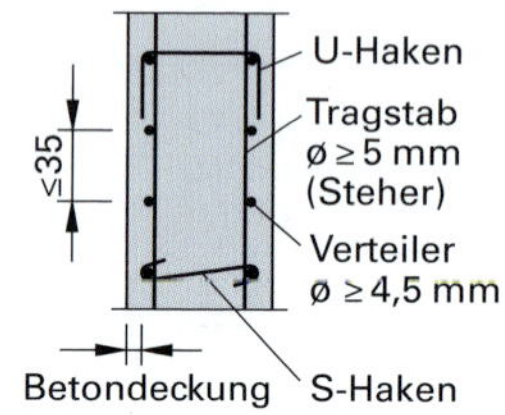


### Mindestwanddicken für tragende Wände (in cm)

| Mindestwanddicken in cm | | unbewehrte Wände | | Stahlbetonwände | |
|---|---|---|---|---|---|
| | | Decken nicht durchlaufend | Decken durchlaufend | Decken nicht durchlaufend | Decken durchlaufend |
| C12/15 oder LC12/13 | Ortbeton | 20 | 14 | – | – |
| ab C16/20 oder LC16/18 | Ortbeton | 14 | 12 | 12 | 10 |
| | Fertigteil | 12 | 10 | 10 | 8 |

**Beispiel** **Stützwand**

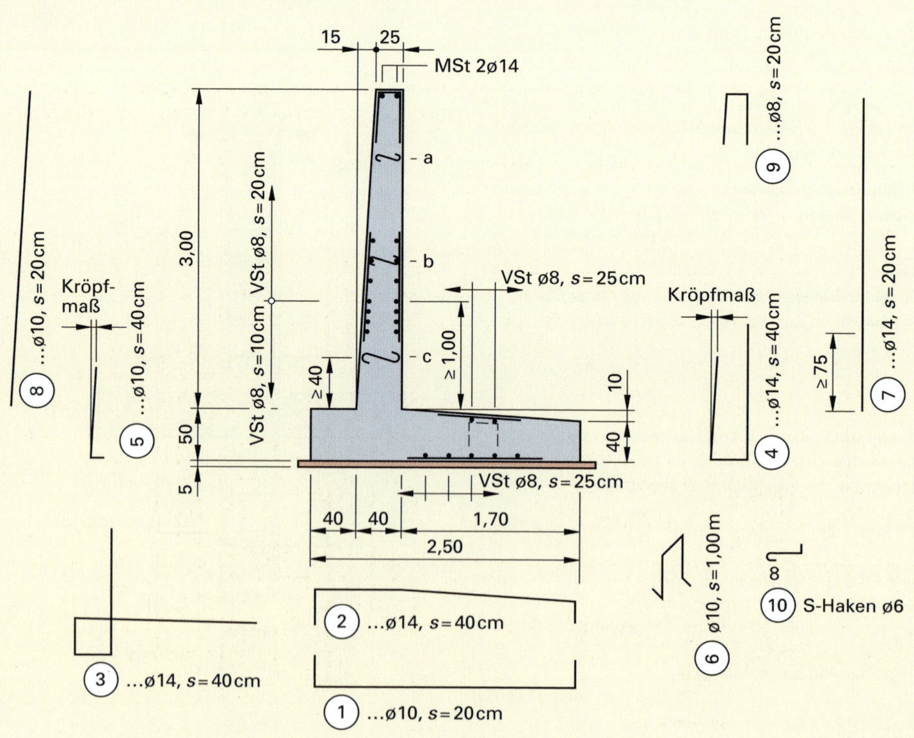


7

## Bewehrte Einzel- und Streifenfundamente

unbewehrte Fundamente, Flachgründungen ▶ Kap. 7.8

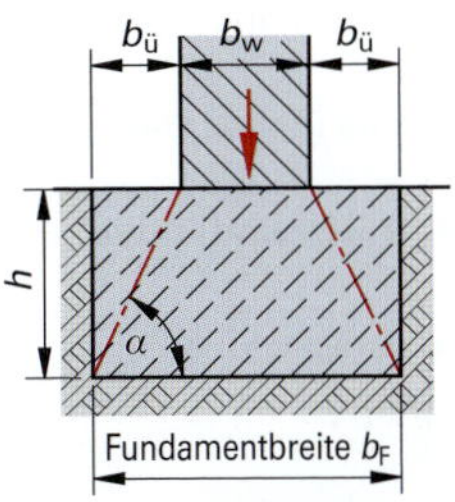


Für Seitenverhältnisse $h < n \cdot b_ü$ müssen Fundamente bewehrt werden. Sie sind auf Biegung zu bemessen; die Biegemomente werden näherungsweise ermittelt mit Hilfe untenstehender Spannungsverteilung (grobe Intervallschachtelung)

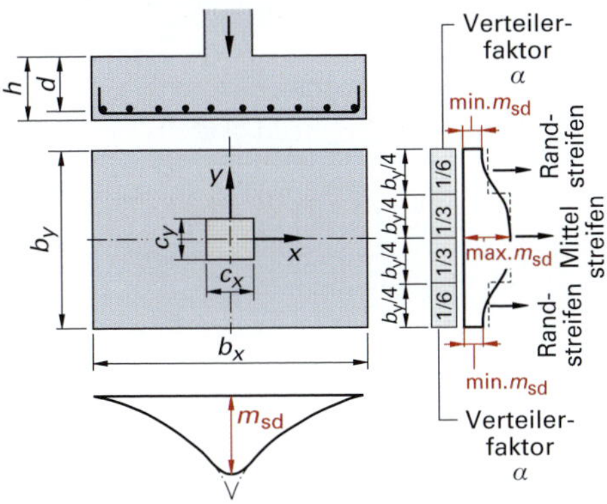


Momente $M_{Sd}$ aus Stützenlast $N_{Sd}$

$$M_{Sd,x} = N_{Sd}\,(b_x - c_x)/8 \qquad M_{Sd,y} = N_{Sd}\,(b_y - c_y)/8$$

Bemessungsmomente $m_{Sd}$

$$m_{Sd,x} = \frac{1}{3}\,M_{Sd,x} \qquad m_{Sd,y} = \frac{1}{3}\,M_{Sd,y}$$

Bemessung

$$k_d = \frac{d}{\sqrt{\dfrac{m_{Sd}}{b/8}}} \qquad A_s = k_s\,\frac{m_{Sd}}{d}$$

**Beispiel**

Gegeben: $b_x = 2{,}25$ m, $b_y = 1{,}50$ m, $c_x = 0{,}45$ m, $c_y = 0{,}30$ m, $d = 0{,}50$ m, $h \approx 0{,}45$ m; $N = -1100$ kN, C20/25, BSt 500, erf $A_{sx} = 13{,}5$ cm², erf $A_{sy} = 11{,}9$ cm²

Gesucht: Bewehrungsanordnung

gewählt: 12 ∅ 12 mm mit vorh $A_s = 13{,}56$ cm² > erf $A_s = 13{,}48$ cm² je Bewehrungsrichtung

Bewehrung 2-fach gestaffelt!

Mittelstreifen: 2/3 · 12 = 8 Stäbe ∅ 12 mm

Randstreifen: 2 · 1/6 · 12 = 4 Stäbe → je 2 ∅ 12 mm

### Bewehrungsgrundsätze

- Ein Einzelfundament trägt zweiachsig ab.
- Tragbewehrung ist rechtwinklig zueinander anzuordnen und mit Haken/Winkelhaken zu verankern.
- Die Bewehrung wird gestaffelt angeordnet ⇒ halber Abstand (doppelter Stahlquerschnitt) im mittleren Bereich.
- Bei großen Lasten ist eine Ringbewehrung (s.u.) vorzunehmen.
- Die Anschlussbewehrung ist im Fundament zu verankern.
- Im Übergreifungsbereich ist der Bügelabstand auf 60 % zu reduzieren.

### Quadratisches Einzelfundament (Schnitt und Draufsicht)

Die Bewehrung wird zur Feldmitte konzentriert. Die Bemessung erfolgt zunächst näherungsweise für eine über die Fundamentbreite gleichmäßige Beanspruchung. Die Verteilung der Längsbewehrung wird konstruktiv berücksichtigt.

$$M_{Sd,x} = M_{Sd,y} = N \cdot b/8$$

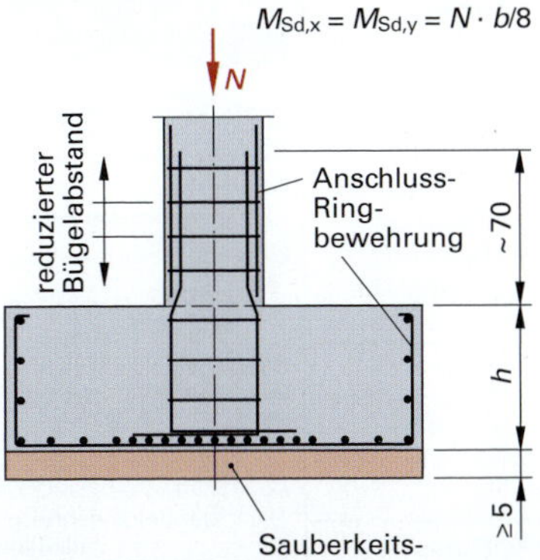


**Schnitt**

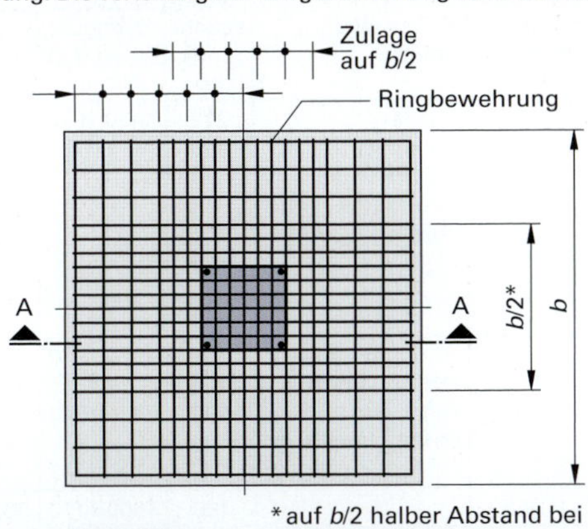


**Draufsicht**

* auf b/2 halber Abstand bei gleichem Durchmesser

7

## 7.2.9 Spannbeton

Spannbeton nach **DIN 1045-1** ist Beton, der über hochfeste Stähle vorgespannt und unter Druck gesetzt wird.

- Das Spannbetonbauteil wird vollständig von den Zugspannungen befreit **(volle Vorspannung)**
- Geringe Zugspannungen werden zugelassen **(beschränkte Vorspannung)**

Je nach Verfahren werden die Stähle vor dem Erhärten des Betons **(sofortiger Verbund)** oder nach dem Erhärten des Betons gespannt **(nachträglicher Verbund)**.

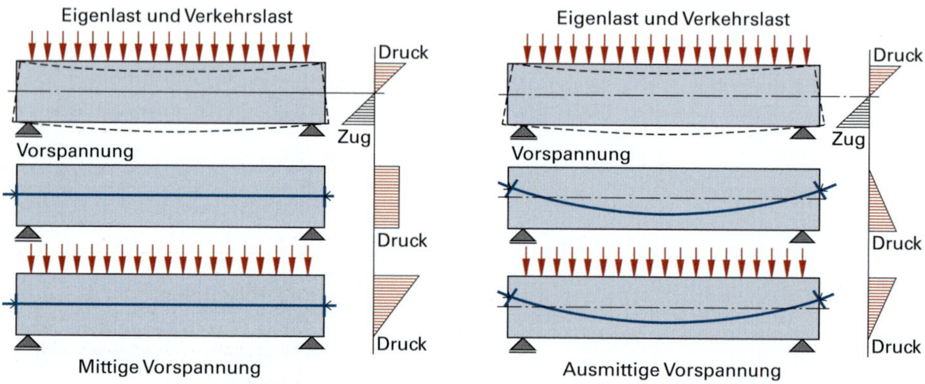


### Beton

**C25/30 … C100/115**
**LC25/38 … LC60/66**

### Arten der Vorspannung

- Vorspannung mit sofortigem Verbund
- Vorspannung mit nachträglichem Verbund
- Vorspannung ohne Verbund

### Spannstahl (Auszug)

Stabstähle:
St 1050 … 1350 N/mm²
∅ 18 … 36 mm rund

Drähte:
St 1500 … 1800 N/mm²
∅ 5 … 13 mm
rund; oval; rechteckig

Litzen:
St 1600 … 1800 N/mm²
∅ 3 … 5 mm
max. 7 Drähte verlitzt

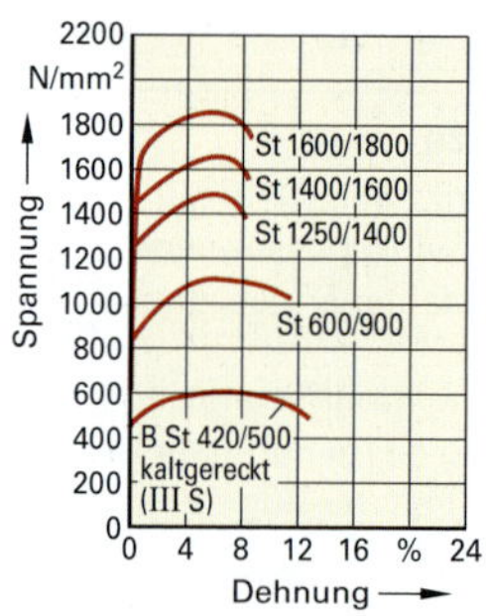


### Hüllrohre

geriffelt oder gewellt; ausreichend steif und biegsam aus Blech oder Kunststoff

### Einpressmörtel

- w/z = 0,35 … 0,40;
- Druckfestigkeit $\sigma_D$ = 30 N/mm²;
- geringe Volumenverminderung; ausreichendes Fließvermögen.
- Zusatzmittel müssen für Spannbeton zugelassen sein.

| Spannverfahren (Bezeichnung) | Zulassungsinhaber | Vorspannkraft kN | Spanndrähte Stahlgüte $f_{p,0,1k}/f_{p,k}$ N/mm² | Spanndrähte ∅ mm | Spanndrähte Anzahl – | Verankerungsarten |
|---|---|---|---|---|---|---|
| BBRV-SUSPA | Suspa-Spannbeton GmbH Max-Planck-Ring 1 40764 Langenfeld | 212<br>248<br>283<br>318<br>566<br>849<br>1132<br>1485 | 1470/1670 | 7 | 6<br>7<br>8<br>9<br>16<br>24<br>32<br>42 | Spannanker u. Festanker mit aufgestauchten Köpfchen. Feste und bewegliche Kopplung |
| Bilfinger + Berger | B + B Vorspanntechnik GmbH Diffenéstr. 12 68169 Mannheim | 101<br>202<br>303<br>606<br>1212 | 1375/1570 oder 1420/1570 | 12,2 | 1<br>2<br>3<br>6<br>12 | Keilverankerung |
| HOCHTIEF | | 180 | 1500/1770 | 15,3 | 1…19 | Litzenspannglied |
| HOLZMANN | | 360 | 1500/1770 | 15,3 | 2…19 | |

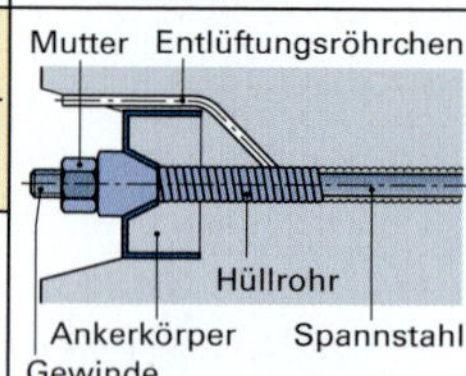

**Gewindeverankerung**

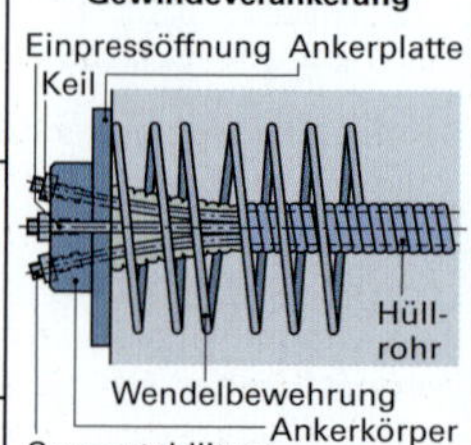

**Keilverankerung**

# 7.3 Holzbau

## 7.3.1 Einstufungen im Holzbau

**Allgemeine Hinweise:**

- Mit Eurocode 5 (EC 5) gilt das Sicherheitskonzept nach EC 1.
- Einwirkungen werden nach ihrer zeitlichen Veränderung eingeteilt.
- Die Einbaufeuchte des Holzes darf in den Nutzungsklassen 1 und 2 höchstens 20 %, in der Nutzungsklasse (NKL) 3 höchstens 25 % betragen.

**Nutzungsklassen NKL von Holzbaustoffen**

| Nutzungsklasse | NKL 1 | NKL 2 | NKL 3 |
|---|---|---|---|
| Ausgleichsholzfeuchte | 5 % … 15 % | 10 % … 20 % | 12 % … 25 % |
| Nutzungsart | beheizte Innenräume | überdachte Tragwerke | frei der Witterung ausgesetzte Bauwerke |

**Klassen der Lasteinwirkungdauer KLED**

| Klasse | Dauer der Einwirkung | Beispiele für Einwirkung |
|---|---|---|
| ständig | länger als 10 Jahre | Eigenlasten |
| lang | 6 Monate bis 10 Jahre | Verkehrslasten in Lagerräumen |
| mittel | 1 Woche bis 6 Monate | Verkehrslasten, Spitzböden, Wohn-, Aufenthalts-, Büroräume und Flure |
| | | Regelschneelast $s_0 > 2{,}0$ kN/m² |
| kurz | kürzer als 1 Woche | Regelschneelast $s_0 \leq 2{,}0$ kN/m²<br>Windlast |
| sehr kurz | kürzer als 1 Minute | Anpralllasten |

**Faktoren zum Nachweis der Tragfähigkeit $k_{mod}$ und der Gebrauchstauglichkeit $k_{def}$ für Vollholz und Brettschichtholz**

| Klasse der Lasteinwirkungsdauer | $k_{mod}$ für die Nutzungsklassen | | | $k_{def}$ für die Nutzungsklassen | | |
|---|---|---|---|---|---|---|
| | NKL 1 | NKL 2 | NKL 3 | NKL 1 | NKL 2 | NKL 3 |
| ständig | 0,60 | 0,60 | 0,50 | 0,60 | 0,80 | 2,00 |
| lang | 0,70 | 0,70 | 0,55 | 0,50 | 0,50 | 1,50 |
| mittel | 0,80 | 0,80 | 0,65 | 0,25 | 0,25 | 0,75 |
| kurz | 0,90 | 0,90 | 0,70 | 0,00 | 0,00 | 0,00 |
| sehr kurz | 1,10 | 1,10 | 0,90 | – | – | – |

**Bei Kombination mehrerer Einwirkungen wird für $k_{mod}$ die Einwirkungszeit mit der kürzesten Lasteinwirkungsdauer für die gesamte Kombination angesetzt.**

**Teilsicherheitsbeiwerte $\gamma_M$ für Baustoffe**

| Bemessungssituation | $\gamma_M$ |
|---|---|
| Holzbauteile allgemein im Tragfähigkeitsnachweis | 1,3 |
| Stahl in Verbindungen auf Biegung | 1,1 |
| Auf Zug oder Scheren beanspruchte Stahlteile | 1,25 |
| Außergwöhnliche Beanspruchung | 1,0 |
| Alle Baustoffe im Gebrauchstauglichkeitsnachweis | 1,0 |

**Nutzungsklasse 1**
Regeltemperatur 20 °C
Luftfeuchtigkeit i.d.R. 65 %

**Nutzungsklasse 2**
Regeltemperatur 20 °C
Luftfeuchtigkeit i.d.R. 85 %

**Nutzungsklasse 3**
Konstruktionen sind der Witterung ausgesetzt.

Im **Tragfähigkeitsnachweis** werden die Bauteile und Verbindungsmittel auf Versagen infolge Spannungsüberschreitung oder mangelnde Stabilität untersucht.

Im **Gebrauchstauglichkeitsnachweis** wird untersucht, ob die Bauteile sich in den Grenzen zulässiger Werte verformen.

Wegen der aufwändigen Rechenverfahren wird nachfolgend im **Tragfähigkeitsnachweis** nur der **Regelfall** behandelt. Dabei wird die Nutzungsklasse 1 oder 2 (NKL = 1 oder 2) und die Klasse der Lasteinwirkungsdauer mit mittel (KLED = mittel) angesetzt. Damit sind $\gamma_M = 1{,}3$ und $k_{mod} = 0{,}8$ berücksichtigt.

## 7.3.2 Festigkeitswerte (nach EC 5)

### Bemessungswerte im Regelfall[1] für Vollholz VH in N/mm²

| Art der Beanspruchung | | Festigkeitsklasse für Nadelholz NH | | | | Festigkeitsklasse für Laubholz LH | | | |
|---|---|---|---|---|---|---|---|---|---|
| | | **C24** | **C30** | **C35** | **C40** | **D30** | **D35** | **D40** | **D60** |
| Biegung | $f_{m,d}$ | 14,8 | 18,5 | 21,5 | 24,6 | 18,5 | 21,5 | 24,6 | 36,9 |
| Zug ∥ | $f_{t,0,d}$ | 8,62 | 11,1 | 12,9 | 14,8 | 11,1 | 12,9 | 14,8 | 22,2 |
| Zug ⊥ | $f_{t,90,d}$ | 0,246 | | | | 0,308 | | | |
| Druck ∥ | $f_{c,0,d}$ | 12,9 | 14,2 | 15,4 | 16,0 | 14,2 | 15,4 | 16,0 | 19,7 |
| Druck ⊥ | $f_{c,90,d}$ | 1,54 | 1,66 | 1,72 | 1,78 | 4,92 | 5,17 | 5,42 | 6,46 |
| Schub und Torsion | $f_{v,d}$ | 1,23 | | | | 1,85 | 2,09 | 2,34 | 3,26 |
| Rollschub | $f_{R,d}$ | 0,615 | | | | | | | |
| Rohdichte in kg/m³ | $\varrho_k$ | 350 | 380 | 400 | 420 | 530 | 560 | 590 | 700 |

### Bemessungswerte im Regelfall[1] für homogenes Brettschichtholz BSH, NH in N/mm²

| Art der Beanspruchung | | Festigkeitsklasse | | | |
|---|---|---|---|---|---|
| | | GL 24 h | GL 28 h | GL 32 h | GL 36 h |
| Biegung | $f_{m,d}$ | 14,8 | 17,2 | 19,7 | 22,2 |
| Zug ∥ | $f_{t,0,d}$ | 10,2 | 12,0 | 13,8 | 16,0 |
| Zug ⊥ | $f_{t,90,d}$ | 0,308 | | | |
| Druck ∥ | $f_{c,0,d}$ | 14,8 | 16,3 | 17,8 | 19,1 |
| Druck ⊥ | $f_{c,90,d}$ | 1,66 | 1,85 | 2,03 | 2,22 |
| Schub und Torsion | $f_{v,d}$ | 1,54 | | | |
| Rollschub | $f_{R,d}$ | 0,615 | | | |
| Rohdichte in kg/m³ | $\varrho_k$ | 380 | 410 | 430 | 450 |

[1] Sollte der Regelfall ▶ S. 331 nicht vorliegen, so kann auf charakteristische Werte $f_k$ für Vollholz VH und Brettschichtholz BSH zurückgerechnet werden, wenn die Tabellenwerte mit 1,625 multipliziert werden.

Es gilt dann

$$f_d = \frac{k_{mod} \cdot f_k}{\gamma_M}$$

### Bemessungswerte im Regelfall[1] für Druckfestigkeiten bei schrägem Kraftangriff in N/mm² — Material VH NH C 24

| Kraft-Faser-Winkel $\alpha$ | | 0° | 30° | 45° | 60° | 90° |
|---|---|---|---|---|---|---|
| | | – Zwischenwerte interpolierbar – | | | | |
| Druck | $f_{c,\alpha,d}$ | 12,9 | 4,08 | 2,60 | 1,93 | 1,54 |

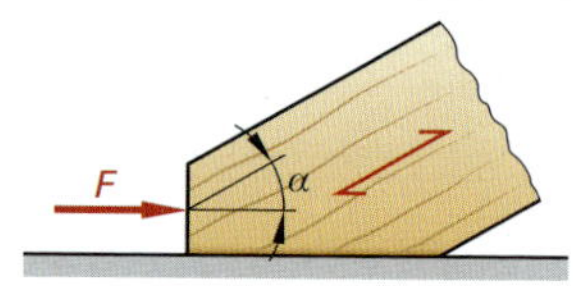


### Elastizitäts- und Schubmodule in N/mm²

| Vollholz | $E_{0,mean}$ | $E_{90,mean}$ | $G_{mean}$ | Brettschichtholz | $E_{0,mean}$ | $E_{90,mean}$ | $G_{mean}$ |
|---|---|---|---|---|---|---|---|
| NH C24 | 11 000 | 370 | 690 | BSH GL24h/GL24c | 11 600 | 390/320 | 720/590 |
| NH C30 | 12 000 | 400 | 750 | BSH GL28h/GL28c | 12 600 | 420/390 | 780/720 |
| NH C35 | 13 000 | 430 | 810 | BSH GL32h/GL32c | 13 700 | 460/420 | 850/780 |
| NH C40 | 14 000 | 470 | 880 | BSH GL36h/GL36c | 14 700 | 490/460 | 910/850 |
| LH D30 | 10 000 | 640 | 600 | | | | |
| LH D35 | 10 000 | 690 | 650 | | | | |
| LH D40 | 11 000 | 750 | 700 | | | | |
| LH D60 | 17 000 | 1130 | 1060 | | | | |

GK II ≙ S10 ≙ C24; GK I ≙ S13 ≙ C30;
LS 10 ≙ D30 (Eiche); LS 10 ≙ D35 (Buche);
LS 13 ≙ D40 (Buche); BS 11 ≙ GL24;
BS 14 ≙ GL28; BS 16 ≙ GL32; BS 18 ≙ GL36

7

**Bemessungssituation**

- **Grenzzustand der Tragfähigkeit**

Teilsicherheitsbeiwerte $\gamma_G = 1{,}35$ und $\gamma_Q = 1{,}5$
Folgende Nachweise sind zu führen (vgl. ▶ Kap. 7.3.4) Zug in Faserrichtung; Zug unter einem Winkel $\alpha$; Druck in Faserrichtung; Druck rechtwinklig zur Faserrichtung; Druck unter einem Winkel $\alpha$; Biegung; Biegung und Zug; Biegung und Druck; mittiger Druck (Knicken mit Ersatzstabverfahren).

- **Grenzzustand der Gebrauchstauglichkeit**

für den Nachweis (vgl. ▶ Kap. 7.3.4) sind die charakteristischen Werte der Einwirkung zu verwenden ($\gamma = 1{,}0$)

**Erläuterung der Bezeichnungen**

| | |
|---|---|
| **C** | **coniferous tree, Nadelholz** |
| **D** | **decidous tree, Laubholz** |
| **GL** | **Glued Laminated, Brettschichtholz** |
| **h** | **homogenes BSH** |
| **(c** | **combinated BSH)** |

Bei homogenem BSH sind alle Bretter von gleicher Qualität.
Bei kombiniertem BSH sind die äußeren drei Bretter (mind. $h/5$) von benannter Qualität, die inneren eine Qualitätsstufe niedriger.

## 7.3.3 Querschnittswerte

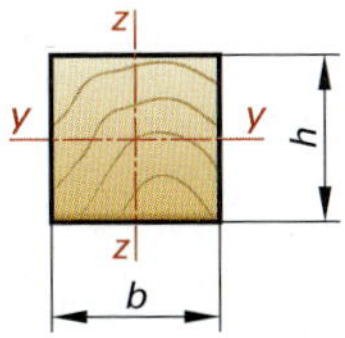


**Widerstandsmomente (cm³)**

$$W_y = \frac{b \cdot h^2}{6}$$

$$W_z = \frac{h \cdot b^2}{6}$$

**Flächenmomente 2. Grades (cm⁴)**

$$I_y = \frac{b \cdot h^3}{12}$$

$$I_z = \frac{h \cdot b^3}{12}$$

**Trägheitsradien (cm)**

$$i_y = \sqrt{\frac{I_y}{A}}$$

$$i_z = \sqrt{\frac{I_z}{A}}$$

**Kanthölzer und Balken** (Auszug nach **DIN 4074)**

| Querschnitt | Fläche | Gewicht | Widerstandsmoment | | Flächenmoment | | Trägheitsradius | |
|---|---|---|---|---|---|---|---|---|
| $b/h$ cm/cm | $A$ $cm^2$ | pro Meter[1] kg/m | $W_y$ $cm^3$ | $W_z$ $cm^3$ | $I_y$ $cm^4$ | $I_z$ $cm^4$ | $i_y$ cm | $i_z$ cm |
| **6/6 *** | 36 | 2,16 | 36 | 36 | 108 | 108 | 1,73 | 1,73 |
| **6/8 *** | 48 | 2,88 | 64 | 48 | 256 | 144 | 2,31 | 1,73 |
| **6/10*** | 60 | 3,60 | 100 | 60 | 500 | 180 | 2,89 | 1,73 |
| **6/12*** | 72 | 4,32 | 144 | 72 | 864 | 216 | 3,46 | 1,73 |
| **6/14** | 84 | 5,04 | 196 | 84 | 1372 | 252 | 4,04 | 1,73 |
| **6/16** | 96 | 5,76 | 256 | 96 | 1044 | 288 | 4,62 | 1,73 |
| **6/18** | 108 | 6,48 | 324 | 108 | 2916 | 324 | 5,20 | 1,73 |
| 7/7 | 49 | 2,94 | 57 | 57 | 200 | 200 | 2,02 | 2,02 |
| 7/10 | 70 | 4,20 | 117 | 82 | 583 | 286 | 2,89 | 2,02 |
| 7/12 | 84 | 5,04 | 168 | 98 | 1008 | 343 | 3,46 | 2,02 |
| 7/14 | 98 | 5,88 | 229 | 114 | 1601 | 400 | 4,04 | 2,02 |
| 7/16 | 112 | 6,72 | 299 | 131 | 2385 | 457 | 4,62 | 2,02 |
| 7/18 | 126 | 7,56 | 378 | 147 | 3402 | 514 | 5,20 | 2,02 |
| **8/8 *** | 64 | 3,84 | 85 | 85 | 341 | 341 | 2,31 | 2,31 |
| **8/10*** | 80 | 4,80 | 133 | 107 | 667 | 427 | 2,89 | 2,31 |
| **8/12*** | 96 | 5,76 | 192 | 128 | 1152 | 512 | 3,46 | 2,31 |
| **8/14** | 112 | 6,72 | 261 | 149 | 1829 | 597 | 4,04 | 2,31 |
| **8/16*** | 128 | 7,68 | 341 | 171 | 2731 | 683 | 4,62 | 2,31 |
| **8/18** | 144 | 8,64 | 432 | 192 | 3888 | 768 | 5,20 | 2,31 |
| **8/20** | 160 | 9,60 | 533 | 213 | 5333 | 853 | 5,77 | 2,31 |
| **8/24** | 192 | 11,5 | 768 | 256 | 9216 | 1024 | 6,93 | 2,31 |
| **10/10*** | 100 | 6,0 | 167 | 167 | 833 | 833 | 2,89 | 2,89 |
| **10/12*** | 120 | 7,2 | 240 | 200 | 1440 | 1000 | 3,46 | 2,89 |
| **10/18** | 180 | 10,8 | 540 | 300 | 4860 | 1500 | 5,20 | 2,89 |
| **10/20*** | 200 | 12,0 | 667 | 333 | 6667 | 1667 | 5,77 | 2,89 |
| **10/22*** | 220 | 13,2 | 807 | 367 | 8873 | 1833 | 6,35 | 2,89 |
| **10/24** | 240 | 14,4 | 960 | 400 | 11520 | 2000 | 6,93 | 2,89 |
| 10/26 | 260 | 15,6 | 1127 | 433 | 14647 | 2167 | 7,51 | 2,89 |
| **12/12*** | 144 | 8,64 | 288 | 288 | 1728 | 1728 | 3,46 | 3,46 |
| 12/14* | 168 | 10,1 | 392 | 336 | 2744 | 2016 | 4,04 | 3,46 |
| **12/16*** | 192 | 11,5 | 512 | 384 | 4096 | 2304 | 4,62 | 3,46 |
| **12/20*** | 240 | 14,4 | 800 | 480 | 8000 | 2880 | 5,77 | 3,46 |
| **12/24*** | 288 | 17,3 | 1152 | 576 | 13824 | 3456 | 6,93 | 3,46 |
| 14/14* | 196 | 11,8 | 457 | 457 | 3201 | 3201 | 4,04 | 4,04 |
| 14/16* | 224 | 13,4 | 597 | 523 | 4779 | 3659 | 4,62 | 4,04 |
| 14/20* | 280 | 16,8 | 933 | 652 | 9333 | 4573 | 5,77 | 4,04 |
| 14/22 | 308 | 18,5 | 1129 | 719 | 12422 | 5031 | 6,35 | 4,04 |
| 16/16* | 256 | 15,4 | 683 | 683 | 5461 | 5461 | 4,62 | 4,62 |
| 16/18* | 288 | 17,3 | 864 | 768 | 7776 | 6144 | 5,20 | 4,62 |
| 16/20* | 320 | 19,2 | 1067 | 853 | 10667 | 6827 | 5,77 | 4,62 |
| 16/22 | 352 | 21,1 | 1291 | 939 | 14197 | 7509 | 6,35 | 4,62 |
| 18/18 | 324 | 19,4 | 972 | 972 | 8748 | 8748 | 5 20 | 5,20 |
| 18/20 | 360 | 21,6 | 1200 | 1080 | 12000 | 9720 | 5,78 | 5,20 |
| 18/22* | 396 | 23,8 | 1452 | 1188 | 15972 | 10692 | 6,35 | 5,20 |
| 20/20* | 400 | 24,0 | 1333 | 1333 | 13333 | 13333 | 5,77 | 5,77 |
| 20/22 | 440 | 26,4 | 1613 | 1467 | 17747 | 14667 | 6,35 | 5,77 |
| 20/24* | 480 | 28,8 | 1920 | 1600 | 23040 | 16000 | 6,93 | 5,77 |
| 22/22 | 484 | 29,0 | 1775 | 1775 | 19520 | 19520 | 6,35 | 6,35 |
| 22/26 | 572 | 34,3 | 2480 | 2097 | 32223 | 23071 | 7,51 | 6,35 |
| 22/30 | 660 | 39,6 | 3300 | 2420 | 49500 | 26620 | 8,66 | 6,35 |

[1] bei $\varrho = 600$ kg/m³; * Vorratshölzer; alle fettgedruckten Querschnitte sind als KVH erhältlich.

7

## 7.3.4 Bemessungsregeln

### Tragfähigkeitsnachweise

| Zug ‖ zur Faser | Druck ohne Knicken ‖ zur Faser | Abscheren Rechteck-querschnitt | Biegung ohne Kippen | Zug und Biegung ohne Kippen | Druck und Biegung (ohne Knicken und Kippen) |
|---|---|---|---|---|---|
| $\frac{N_d/A_n}{f_{t,0,d}} \leq 1$ | $\frac{N_d/A}{f_{c,0,d}} \leq 1$ | $\frac{1{,}5 \cdot V_{d,z}/A}{f_{v,d}} \leq 1$ | $\frac{M_y/W_y}{f_{m,d}} \leq 1$ | $\frac{M_y/W_y}{f_{m,d}} + \frac{N_d/A_n}{f_{t,0,d}} \leq 1$ | $\frac{M_y/W_y}{f_{m,d}} + \left(\frac{N_d/A_n}{f_{c,0,d}}\right)^2$ |

$N_d$ Normalkraft; $V_{z,d}$ Querkraft; $M_d$ Biegemoment (jeweils als Bemessungsgröße, $A_n$ Nettoquerschnitt)

### Durchbiegung und Gebrauchstauglichkeitsnachweis für Träger im Feld (am Kragarmende)

| Art der Einwirkung | ohne Kriechen | mit Kriechen |
|---|---|---|
| ständige Einwirkung $G$ | $w_{G,\,inst}$ | $w_{G,\,fin} = (1 + k_{def}) \cdot w_{G,\,inst}$ |
| eine veränderliche Einwirkung $Q_1$ charakteristische Bemessungssituation | $\boldsymbol{w_{Q,\,inst} \leq l/300}$ $(l_k/150)$ | $w_{Q1,\,fin} = (1 + \Psi_2 \cdot k_{def}) \cdot w_{Q,\,inst}$ |
| Gesamteinwirkung $G$ und $Q_1$ | $w_{inst}$ | $w_{fin} = w_{G,\,fin} + w_{Q1,\,fin}$ |
| quasi ständige Bemessungssituation | | $\boldsymbol{w_{fin} - w_0 \leq l/200}$ $(l_k/100)$ |
| charakteristische Bemessungssituation | | $\boldsymbol{w_{fin} - w_{G,\,inst} \leq l/200}$ $(l_k/100)$ |
| Vermeidung von Schwingungen | $\boldsymbol{w_{G,\,inst} - \Psi_2 \cdot w_{Q,\,inst} \leq 6\ \text{mm}}$ | |

$w_{inst}$ ist die elastische Durchbiegung. Sie stellt sich sofort nach der Belastung ein. $w_{fin}$ ist die Durchbiegung unter Berücksichtigung des Kriechens. $\Psi_2$ ist der Beiwert ► S. 100. $l$ ist die Spannweite, $l_k$ die Länge des Kragarms. $w_0$ ist die Überhöhung des Trägers.

Je nach Nutzung des Tragwerks und Durchbiegung im Bestand können auch andere Anforderungen vereinbart werden.

**Biegeknicken** ist der plötzliche Übergang der ursprünglich geraden Achse eines schlanken stabförmigen Körpers in eine gekrümmte Form unter dem Einfluss einer Druckkraft. Um einen knickgefährdeten Druckstab zu bemessen, ist die Schlankheit $\lambda$ des Stabes für beide Richtungen (y und z) zu bestimmen. Mit der größeren Schlankheit kann der nachfolgenden Tabelle der Knickbeiwert $k_c$ als Abminderungsfaktor für $f_{c,0,d}$ entnommen werden.

### Knickbeiwerte $k_c$ (Zwischenwerte dürfen linear interpoliert werden)

| Schlankheit | **Vollholz NH** | **Vollholz LH** | | **Brettschichtholz** |
|---|---|---|---|---|
| $\lambda$ | C24 … C40 | D30 … D40 | D60 | GL24h … GL36h |
| 10 | 1,000 | 1,000 | 1,000 | 1,000 |
| 30 | 0,946 | 0,943 | 0,963 | 0,977 |
| 50 | 0,792 | 0,781 | 0,849 | 0,894 |
| 70 | 0,547 | 0,532 | 0,645 | 0,664 |
| 90 | 0,363 | 0,351 | 0,447 | 0,437 |
| 110 | 0,252 | 0,244 | 0,316 | 0,301 |
| 130 | 0,185 | 0,178 | 0,232 | 0,219 |
| 150 | 0,141 | 0,136 | 0,178 | 0,166 |
| 170 | 0,111 | 0,107 | 0,140 | 0,130 |
| 190 | 0,089 | 0,086 | 0,113 | 0,104 |
| 210 | 0,073 | 0,071 | 0,093 | 0,086 |
| 230 | 0,062 | 0,059 | 0,078 | 0,072 |
| 250 | 0,052 | 0,050 | 0,066 | 0,061 |

**Schlankeit**

$l_{ef}$ ► S. 76

$$\lambda_y = \frac{l_{ef,\,y}}{i_y}$$

$$\lambda_z = \frac{l_{ef,\,z}}{i_z}$$

$$\lambda = \max\{\lambda_y; \lambda_z\}$$

**Nachweis**

$$\frac{N_d/A}{k_c \cdot f_{c,0,d}} \leq 1$$

$k_c$ nach Tabelle

7

**Kippen** ist das seitliche Ausweichen der Druckzone eines Biegebalken. Auf einen Kippnachweis kann verzichtet werden, wenn die Bedingung $l_{ef} \leq 140 \cdot b^2/h$ erfüllt ist. $l_{ef}$ ist dabei der Abstand der Kipphalterungen (z.B. der Auflager).

## **Beispiel** Einfeld-Holzbalken

Ein Einfeld-Holzbalken mit einer Stützweite von $l = 3{,}60$ m ist durch eine Gleichstreckenlast auf Biegung beansprucht. Die Last setzt sich aus einer ständigen Einwirkung $g_k$ = 1,70 kN/m und einer veränderlichen Einwirkung $q_k$ = 2,00 kN/m (Verkehrslast, Wohnraum) zusammen. Der Regelfall liegt vor. Keine Überhöhung ($w_0 = 0$).

### Tragfähigkeitsnachweis ► S. 334

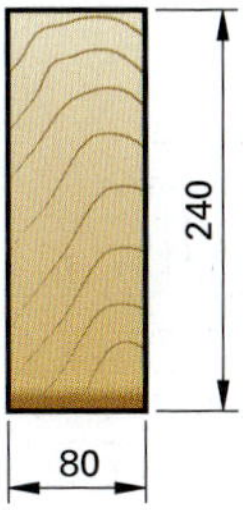


$E_d = 1{,}35 \cdot 1{,}70 + 1{,}50 \cdot 2{,}00 = 5{,}30$ kN/m (Bemessungseinwirkung)

$M_d = 5{,}30 \cdot 3{,}60^2/8 = 8{,}59$ kNm $= 8{,}59 \cdot 10^6$ Nmm

### Bemessung

**Gewählt: 80 × 240 KVH NH C24** mit $W_y = 768 \cdot 10^3$ mm³ und $I_y = 9216 \cdot 10^4$ mm⁴

$\sigma_{m,d} = M_d/W_y = 8{,}59 \cdot 10^6/(768 \cdot 10^3) = 11{,}2$ N/mm² (Beanspruchung)

(NKL = 1; KLED = mittel) ► S. 331

$f_{m,d} = 14{,}8$ N/mm² (Beanspruchbarkeit)

**Nachweis: $\sigma_{m,d}/f_{m,d} = 11{,}2/14{,}8 = 0{,}757 \leq 1$ (erfüllt)**

Kippnachweis: $l_{ef} = 3600$ mm $\leq 140 \cdot 80^2/240 = 3733$ mm (kein Kippnachweis erforderlich)

### Gebrauchstauglichkeitsnachweise (Schubverformung vernachlässigt): ► S. 334

$\gamma_M = 1$; $E_d = 1{,}70 + 2{,}00 = 3{,}70$ kN/m

$M_{g,d} = 1{,}70 \cdot 3{,}60^2/8 = 2{,}75$ kNm $= 2{,}75 \cdot 10^6$ Nmm (infolge ständiger Einwirkung)

$M_{q,d} = 2{,}00 \cdot 3{,}60^2/8 = 3{,}24$ kNm $= 3{,}24 \cdot 10^6$ Nmm (infolge veränderlicher Einwirkung)

$$w_{g,inst} = \frac{M \cdot l^2}{9{,}6 \cdot E_{0,mean} \cdot I} = \frac{2{,}75 \cdot 10^6 \cdot (3{,}60 \cdot 10^3)^2}{9{,}6 \cdot 11\,000 \cdot 9216 \cdot 10^4} = 3{,}7 \text{ mm}$$ ► S. 334

**1) $w_{q,inst} = w_{g,inst} \cdot q/g = 3{,}7 \cdot 2{,}00/1{,}70 = 4{,}4$ mm $\leq l/300 = 3600/300 = 12{,}0$ mm**

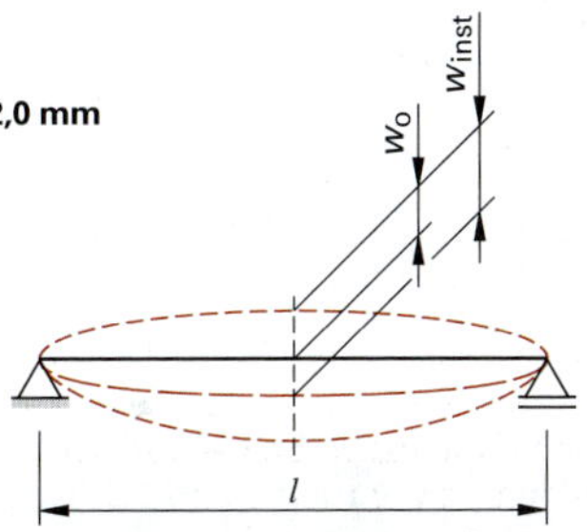


Durchbiegung mit Einfluss des Kriechens:
Ständige Einwirkung NKL 1; KLED = ständig → $k_{def} = 0{,}60$
veränderliche Einwirkung NKL1; KLED = mittel → $k_{def} = 0{,}25$

Beiwert $\Psi_2 = 0{,}3$ Kategorie A

$w_{g,fin} = (1 + k_{def}) \cdot w_{g,inst} = (1 + 0{,}60) \cdot 3{,}7 = 6{,}0$ mm

$w_{q,fin} = (1 + \Psi_2 \cdot k_{def}) \cdot w_{q,inst} = (1 + 0{,}3 \cdot 0{,}25) \cdot 5{,}3 = 5{,}7$ mm

$w_{fin} = 6{,}0 + 4{,}8 = 10{,}8$ mm

**2) $w_{fin} - w_0 = 10{,}8 - 0{,}0 = 10{,}8$ mm $\leq l/200 = 3600/200 = 18$ mm**

**3) $w_{fin} = w_{g,inst} = 10{,}8 - 3{,}7 = 7{,}1$ mm $\leq l/200 = 3600/200 = 18$ mm**

**4) $w_{g,inst} + \Psi_2 \cdot w_{q,inst} = 3{,}7 + 0{,}3 \cdot 4{,}4 = 5{,}0$ mm**
**< 6 mm (ausreichend)** ► S. 334 Schwingungen

$w_0$ Überhöhung im lastfreien Zustand
$w_{inst}$ Durchbiegung infolge ständiger Einwirkung
untere Punktlinie bei zusätzlicher veränderlicher Einwirkung

## **Beispiel** Druckstütze

Eine Druckstütze aus Brettschichtholz GL 24h mit $b/h$ = 160 mm/160 mm wird mit einer ständigen Einzellast $G_k$ = 160 kN und einer veränderlichen Einzellast $Q_k$ = 60 kN belastet. Die Ersatzstablänge beträgt $l_{ef}$ = 2,60 m. Es liegt der Regelfall vor.

### Tragfähigkeitsnachweis ► S. 334

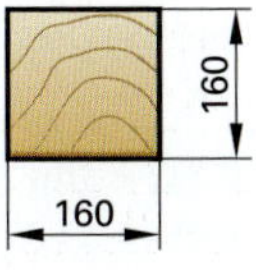


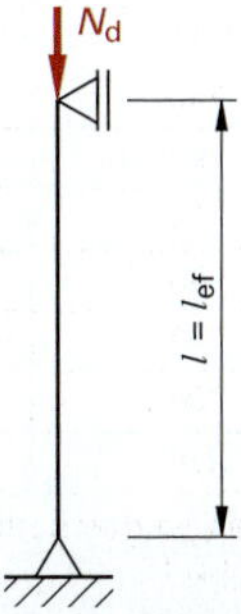


$E_d = N_d = 1{,}35 \cdot 160 + 1{,}50 \cdot 60 = 306$ kN (Bemessungseinwirkung)

$\sigma_{c,0,d} = \frac{N_d}{A} = \frac{306 \cdot 10^3}{160^2} = 12{,}0$ N/mm² (Beanspruchung)

Regelfall $f_{c,0,d} = 14{,}8$ N/mm²

Schlankheit $\lambda = \frac{l_{ef}}{i} = \frac{2600}{46{,}2} = 56{,}3$ ► S. 334

Knickbeiwert interpoliert: $k_c = 0{,}894 + (0{,}664 - 0{,}894) \cdot \frac{(56{,}3 - 50)}{(70 - 50)} = 0{,}822$

$k_c \cdot f_{c,0,d} = 0{,}822 \cdot 14{,}8 = 12{,}2$ N/mm² (Beanspruchbarkeit)

**Nachweis** $\frac{\sigma_{c,0,d}}{k_c \cdot f_{c,0,d}} = \frac{12{,}0}{12{,}2} = 0{,}984 \leq 1$

7

## 7.3.5 Versatze

Für die Ausbildung von Versatzen gilt der EC 5

- Verbindungen sind möglichst symmetrisch zur Stabachse anzuordnen.
- Die erforderliche seitliche Lagesicherung erfolgt durch Zapfen oder durch seitlich aufgenagelte Laschen oder durch Bolzen oder durch Sondernägel.

| Stirnversatz | Fersen- oder Rückversatz | doppelter Versatz |
|---|---|---|
| 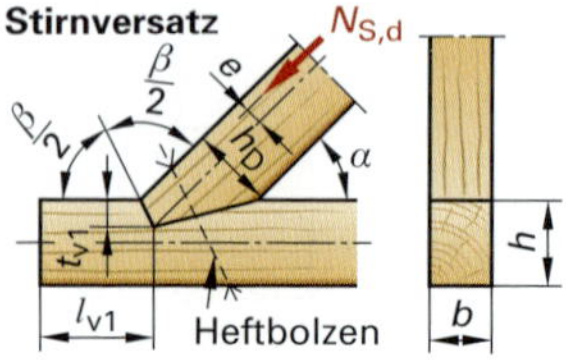  Ausmitte $e = 0{,}5\,(h_D - t_{v1})$ | 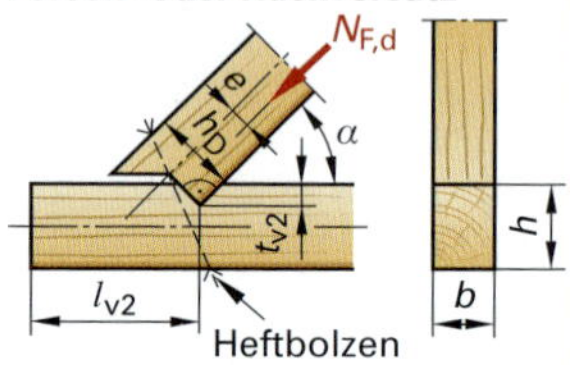  | 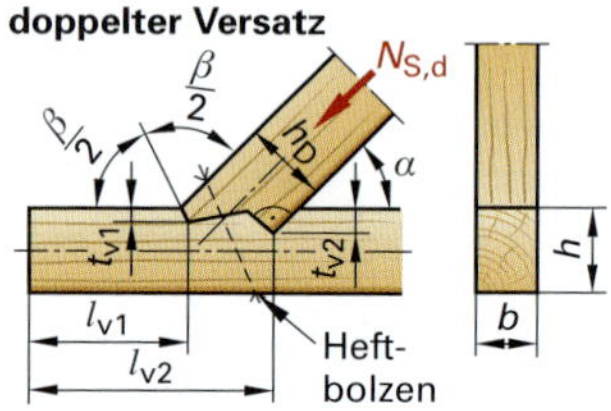  |
| $R_{s,d} = b \cdot t_{v1} \cdot f_{c,0,d} \cdot k_S$ | $R_{F,d} = b \cdot t_{v2} \cdot f_{c,0,d} \cdot k_F$ | $R_{D,d} = R_{S,d} + R_{F,d}$<br>$R_{D,d} = b \cdot t_{v1} \cdot f_{c,0,d} \cdot k_S +$<br>$+ b \cdot t_{v2} \cdot f_{c,0,d} \cdot k_F$ |
| $N_{s,d}/R_{S,d} \le 1$ | $N_{F,d}/R_{F,d} \le 1$ | $N_{S,d}/R_{S,d} \le 1$; $N_{D,d}/R_{D,d} \le 1$; |
| $l_{v1} \ge N_{s,d} \cdot \cos \alpha/(b \cdot f_{V,d})$ | $l_{v2} \ge N_{F,d} \cdot \cos \alpha/(b \cdot f_{V,d})$ | $l_{v1} \ge N_{S,d} \cdot \cos \alpha/(b \cdot f_{V,d})$<br>$l_{v2} \ge N_{D,d} \cdot \cos \alpha/(b \cdot f_{V,d})$ |

Versatztiefe $t_v = t_{v2} \le h/6$ bis $h/4$ nach Tabelle; $t_{v1} = 0{,}8 \cdot t_{v2} \le t_{v2} - 10$ mm
Versatztiefe bei zweiseitigem Einschnitt je Seite $t_v \le h/6$
Vorholzlänge $l_v = l_{v1} \ge 200$ mm; höchst anrechenbare Vorholzlänge $l_v = 8 \cdot t_v$; $l_{v1} = 8 \cdot t_{v1}$

**Zulässige Versatztiefen $t_v$ bzw. $t_{v2}$ (Strebenneigung $\alpha$)**

| $\alpha$ | ≤ 50° | 51° | 52° | 53° | 54° | 55° | 56° | 57° | 58° | 59° | ≥ 60° |
|---|---|---|---|---|---|---|---|---|---|---|---|
| $t_v/h$ | 0,250 | 0,242 | 0,233 | 0,225 | 0,217 | 0,209 | 0,200 | 0,192 | 0,184 | 0,175 | 0,167 |

**Versatzbeiwerte $k_S$ und $k_F$ für C24**

| $\alpha$ | 15° | 20° | 25° | 30° | 35° | 40° | 45° | 50° | 55° | 60° | 65° |
|---|---|---|---|---|---|---|---|---|---|---|---|
| $k_S$ | 0,850 | 0,777 | 0,711 | 0,656 | 0,611 | 0,576 | 0,549 | 0,530 | 0,517 | 0,510 | 0,504 |
| $k_F$ | 0,633 | 0,541 | 0,480 | 0,442 | 0,420 | 0,412 | 0,416 | 0,433 | 0,464 | 0,514 | 0,592 |

**Beispiel**

Der Sparren eines Sparrendaches mit der Abmessung $b \times h_D = 60$ mm × 200 mm hat eine Neigung von 55°. Die Sparrendruckkraft $N_d = 30$ kN ist durch doppelten Versatz aufzunehmen.
Dabei sollten Stirn- und Fersenversatz jeweils die Hälte der Sparrendruckkraft aufnehmen.
Der zugehörige Deckenbalken hat die Abmessung $b \times h = 60$ mm × 240 m. Die Hölzer sind aus KVH NH C24. Zu bestimmen sind die Einschnitttiefen (Versatztiefen) sowie die Vorholzlängen. Der Anschlussnachweis ist durchzuführen. Es liegt der Regelfall vor.

Größte Versatztiefen bei 55° Dachneigung $t_{v2} = 0{,}209 \cdot 240 =$ **50 mm**
$t_{v1} = 0{,}8 \cdot t_{v2} = 0{,}8 \cdot 50 = 38$ mm $\le t_{v2} - 10 =$ **40 mm**

7

$R_{S,d} = 60 \cdot 40 \cdot 12{,}9 \cdot 0{,}517 = 16006$ N ≙ 16,0 kN $\ge N_{D,d}/2 = 30/2 = 15$ kN $= N_{S,d}$
$R_{F,d} = 60 \cdot 50 \cdot 12{,}9 \cdot 0{,}464 = 17957$ N ≙ 18,0 kN $\ge N_{D,d}/2 = 30/2 = 15$ kN
$R_{D,d} = 16{,}7 + 17{,}96 = 34{,}66$ kN (Beanspruchbarkeit); $N_{D,d} = 30$ kN (Beanspruchung)
Anschlussnachweise: $N_{S,d}/R_{S,d} = 15/16{,}7 = 0{,}9 \le 1$; $N_{D,d}/R_{D,d} = 30/34{,}6 = 0{,}87 \le 1$

Vorholzlänge: erf $l_{v1} = N_{S,d} \cdot \cos \alpha/(b \cdot f_{V,d}) = 15000 \cdot \cos 55°/(60 \cdot 1{,}23) = 116{,}6$ mm
erf $l_{v2} = N_{D,d} \cdot \cos \alpha/(b \cdot f_{V,d}) = 30000 \cdot \cos 55°/(60 \cdot 1{,}23) = 233{,}2$ mm
auszuführen **$l_{v1}$ = 200 mm** ≥ 200 mm (Mindestforderung)
rechnerisch berücksichtigt $l_{v1} = 116{,}6$ mm $\le 8 \cdot t_{v1} = 8 \cdot 40 =$ **320 mm**

## 7.3.6 Zimmermannsmäßige Holzverbindungen

### Stoß

Stöße sind nur dort anzuordnen, wo die Hölzer unter der Stoßstelle unterstützt werden können. Sie sollten durch Klammern oder Laschen gesichert werden.

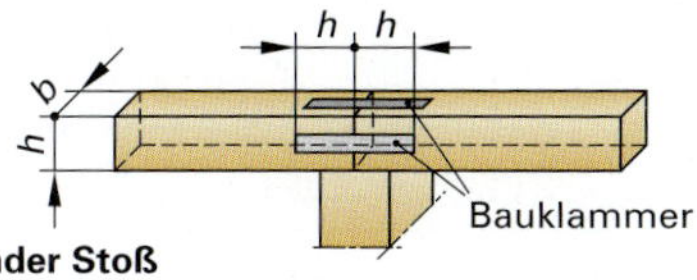


**Gerader Stoß**

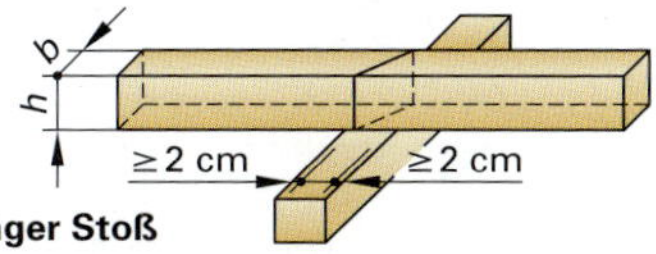


**Schräger Stoß**

### Blatt

Das Blatt greift beiderseits durch die halbe Holzhöhe, Ober- und Unterseite der verblatterten Hölzer liegen bündig.

#### Längsverblattungen

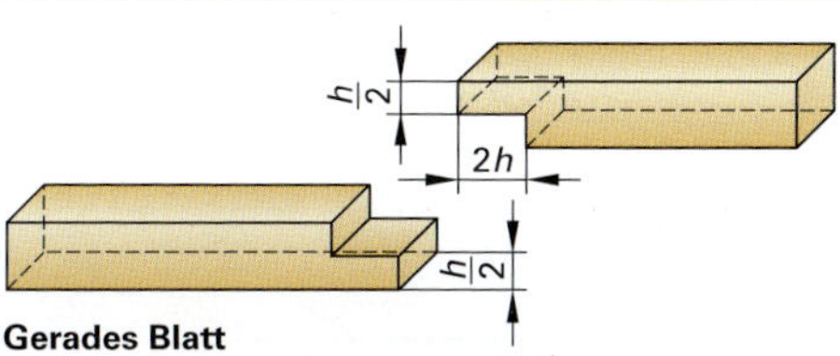


**Gerades Blatt**

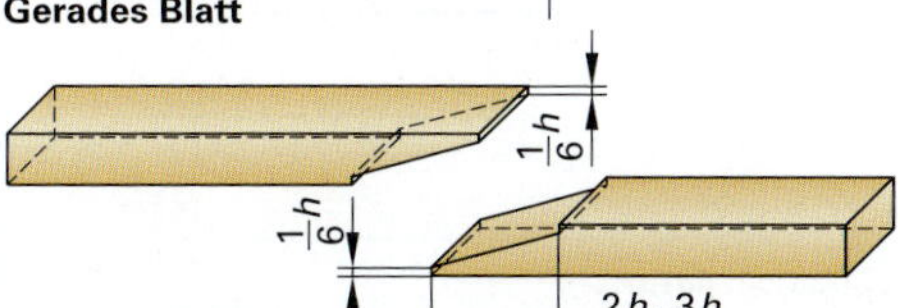


**Schräges Blatt**

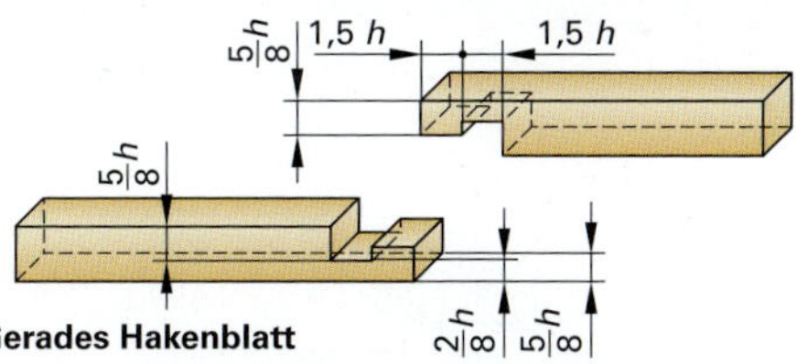


**Gerades Hakenblatt**

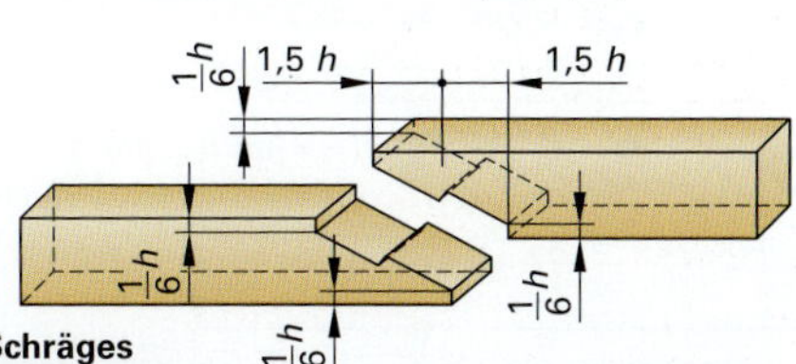


**Schräges Hakenblatt**

#### Querverblattungen

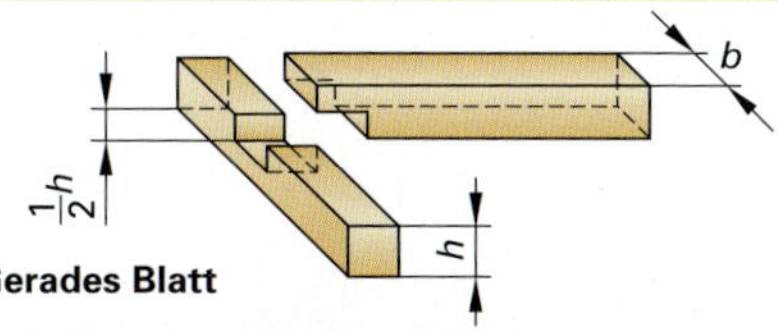


**Gerades Blatt**

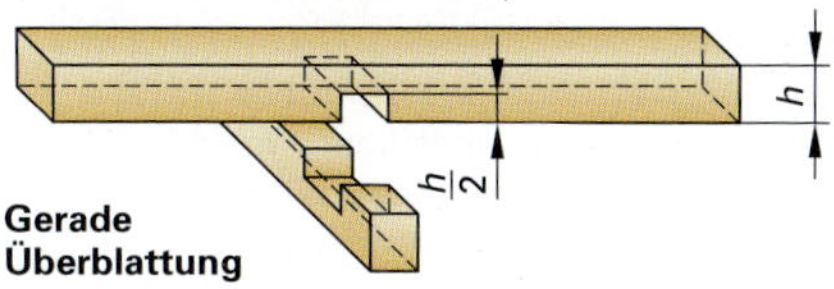


**Gerade Überblattung**

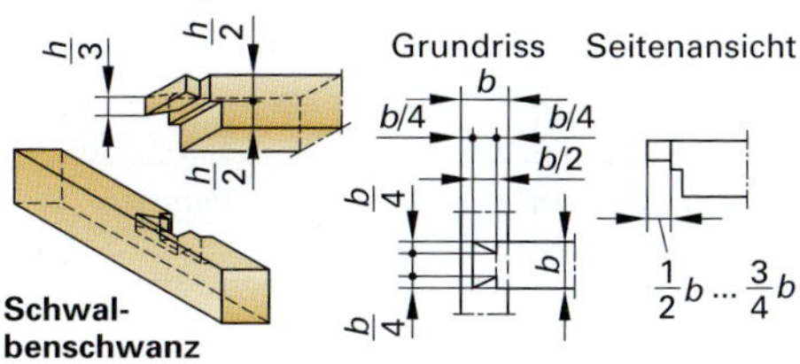


**Schwalbenschwanz**

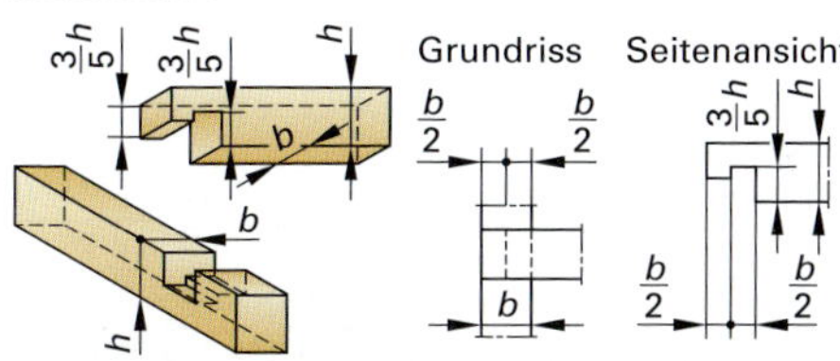


**Hakenblatt**

#### Eckverblattungen

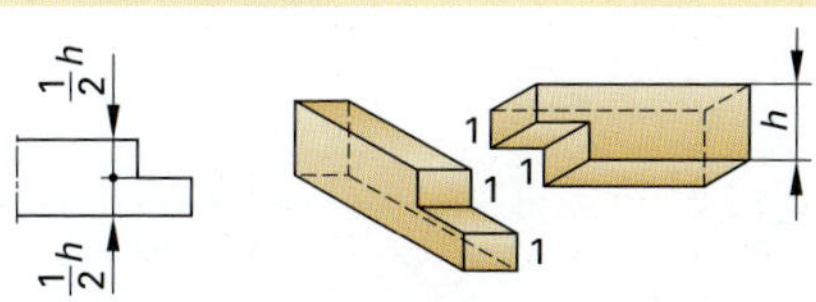


**Gerades Eckblatt**

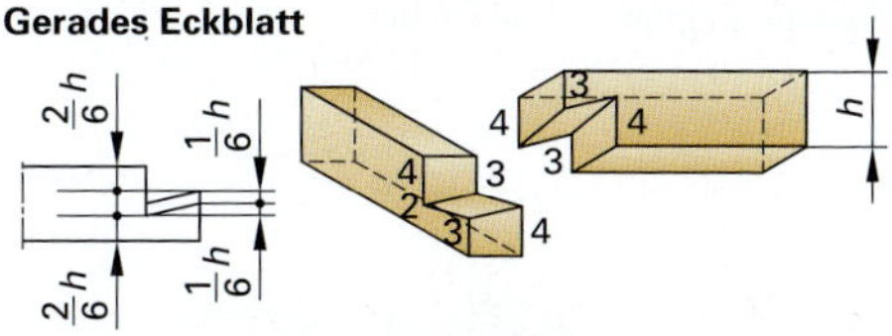


**Schräges Eckblatt (Druckblatt)**

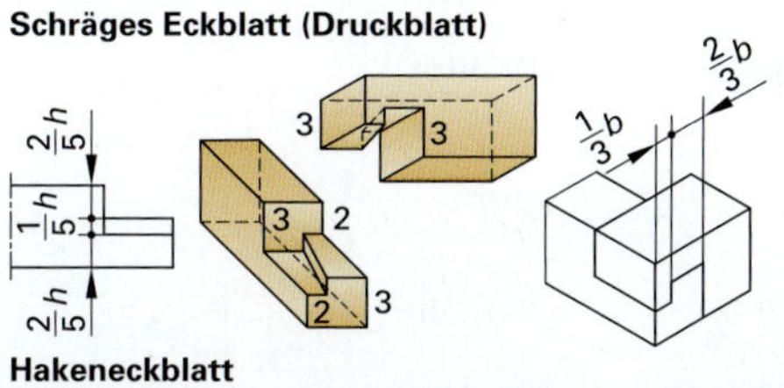


**Hakeneckblatt**

7

## Zimmermannsmäßige Holzverbindungen

### Kamm

Der Kamm sichert Hölzer, deren Achsen sich rechtwinklig kreuzen, in horizontaler Ebene gegen Verschieben.

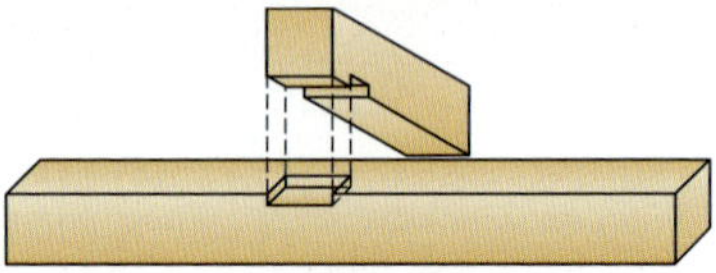

**Gerader Kamm** mit einseitigem Versatz (Stufenkamm oder einfache Verkämmung)

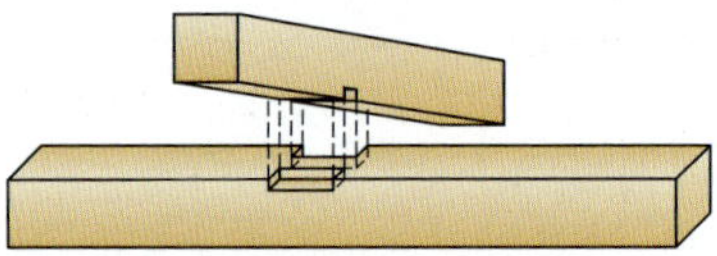

**Gerader Kamm** mit zweiseitigem Versatz (doppelte Verkämmung)

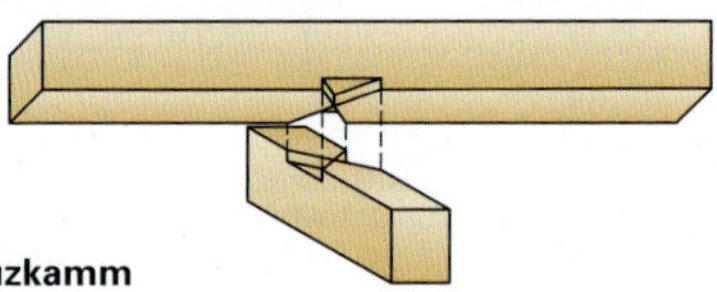

**Kreuzkamm**

### Zapfen

Wenn Hölzer im Kreuzungspunkt enden (Pfosten-Rähm/Schwelle), werden sie mit einem Zapfen in ihrer Lage gesichert.

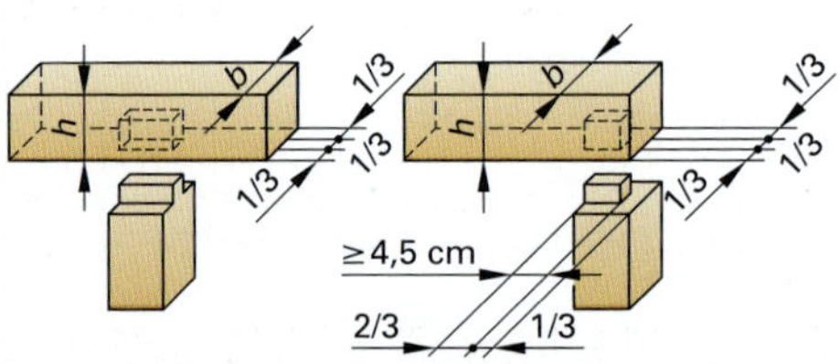


**Gerader Zapfen** Geächselter Zapfen (abgesteckter Zapfen)

7

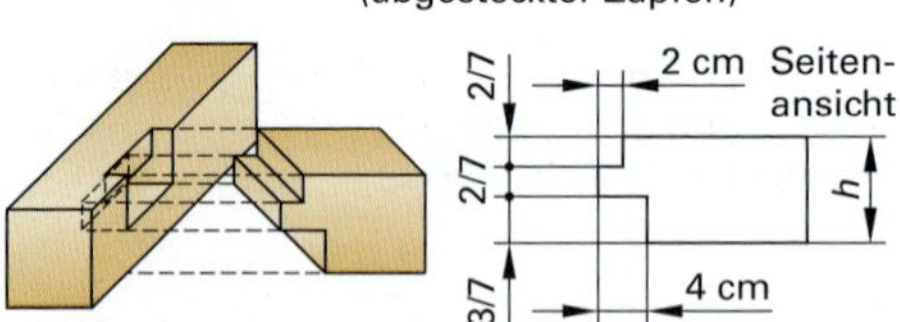


**Zapfen mit gerader Brust**

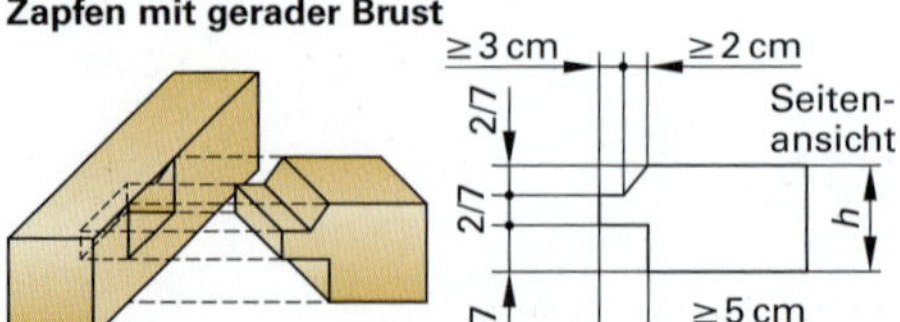


**Zapfen mit schräger Brust**

### Versatz

Wenn zwei Hölzer in schräger Richtung aufeinander treffen, dann erfolgt ihre Verbindung durch Versatze.

$t_V \approx \frac{h}{6} \dots \frac{h}{4}$

$l_V \geq 20$ cm

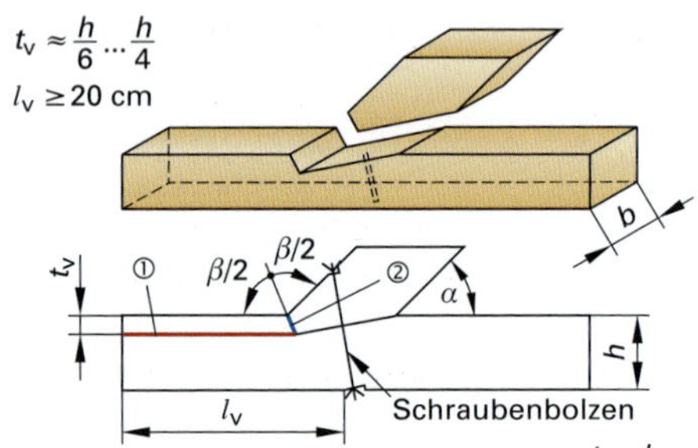


① Scherfläche $A_S = l_V \cdot b$

② Druckfläche $A_D = \frac{t_V \cdot b}{\cos \alpha/2}$

**Stirnversatz**

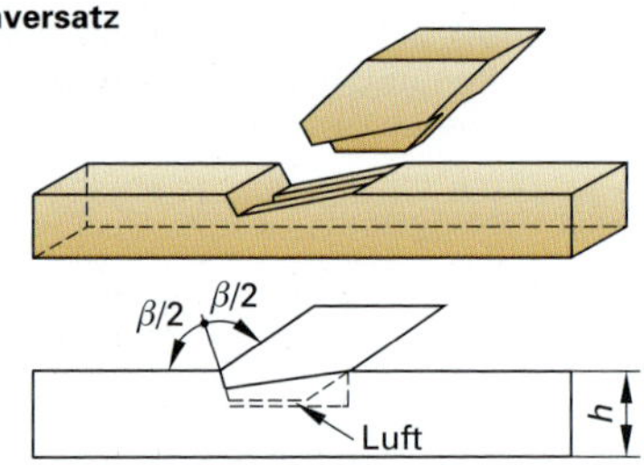


**Strebenzapfen mit Versatz**

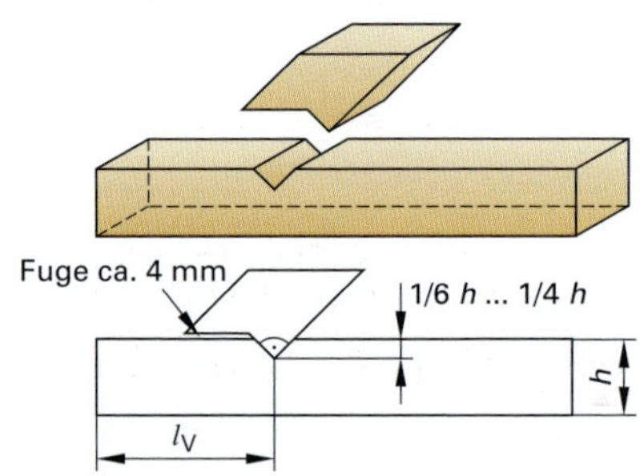


**Fersenversatz**

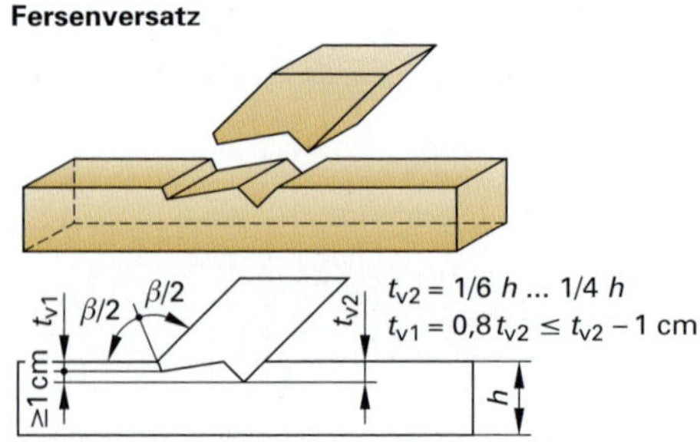


**Doppelter Versatz**

## 7.3.7 Holzkonstruktionen

### Holzbalkendecke

Die Balken einer Holzdecke werden vorwiegend auf Biegung beansprucht und nach ihrer Anordnung und Auflagerung benannt. Sind die Zwischenwände des Geschosses < 20 cm, werden die Balken seitlich gestoßen. Benennung der Balken nach

- Anordnung: Ort- oder Giebelbalken, Wandbalken, Streichbalken (streicht an der Wand entlang), Zwischen- oder leere Balken.
- Auflagerung: Ganzbalken, Stoßbalken, Wechsel, Stichbalken

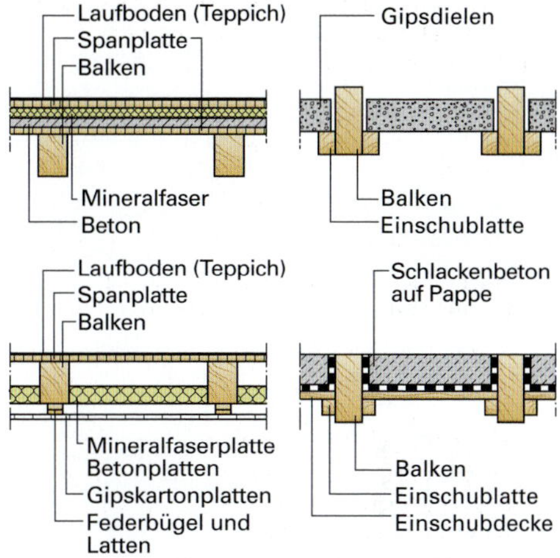


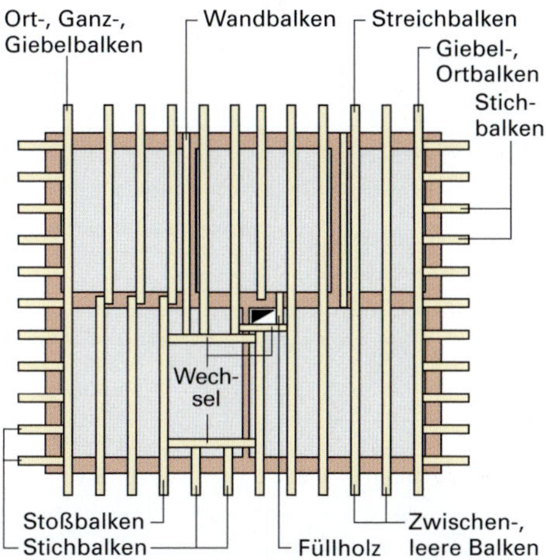

Holzbalkenlage, Balkenabstände 60 cm ... 80 cm

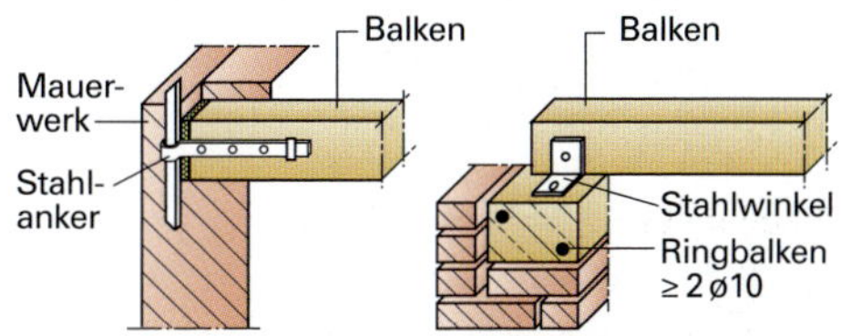


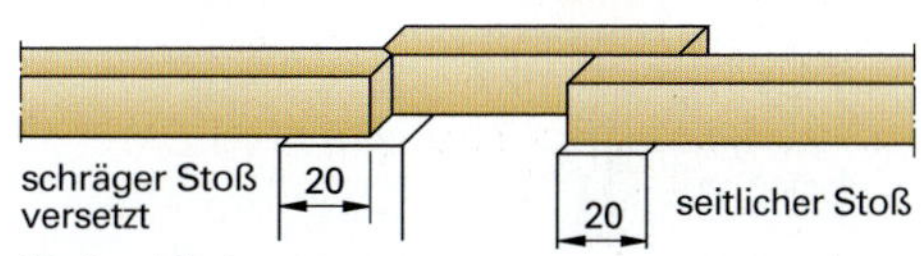

Stoßverbindungen

Bei Ein- und Zweifamilienhäusern sollte die Holzbalkendecke in einen Ringbalken eingebunden werden, der das Gebäude horizontal aussteift. Anschlüsse von Wänden an Holzbalkendecken sind durch Zuganker zu sichern. Die Zuganker sollen i.A. einen Abstand von 2,00 m haben und mindestens 1,00 m ins Feld hineinreichen bzw. drei Balken erfassen.

### Dachkonstruktionen

#### Sparrendach

**Statisches Prinzip:** Die Sparren werden paarig angeordnet und stützen sich im First gegenseitg ab. Hohe Druckkräfte beanspruchen den Sparren auf Knicken, geringere Querkräfte auf Biegung. Je flacher die Dachneigung, desto größer die Horizontalkomponente am Fußpunkt.

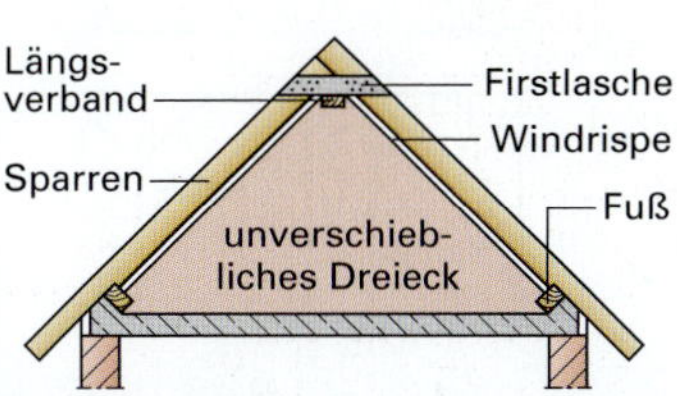


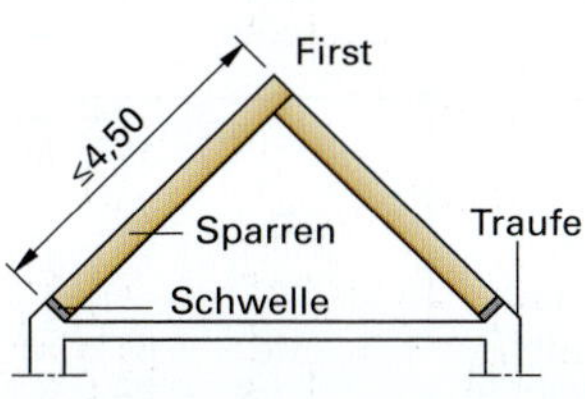


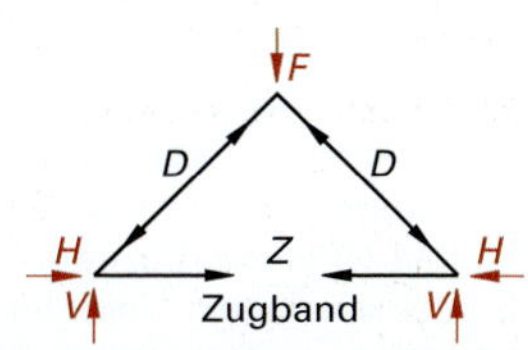


**Queraussteifung:** Unverschiebliches Dreieck aus Sparren - Decke – Sparren.
**Längsaussteifung:** Windrispen diagonal über die Dachfläche angeordnet.

7

## Dachkonstruktionen

### Sparrendach

**Konstruktive Durchbildung**

Sparrenfuß
- Stirn- oder Fersenversatz bei Holzbalkendecke
- Schwelle (durch Anker gesichert), bei Stahlbetondecke (Widerlager)

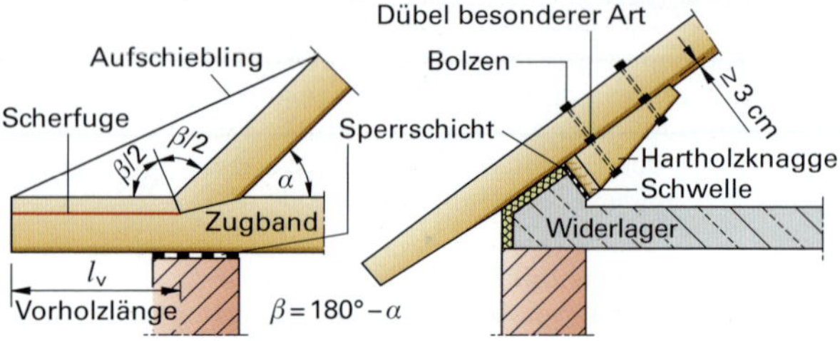


Firstpunkt
- Scherzapfen/Überblattung
- stumpfer Stoß

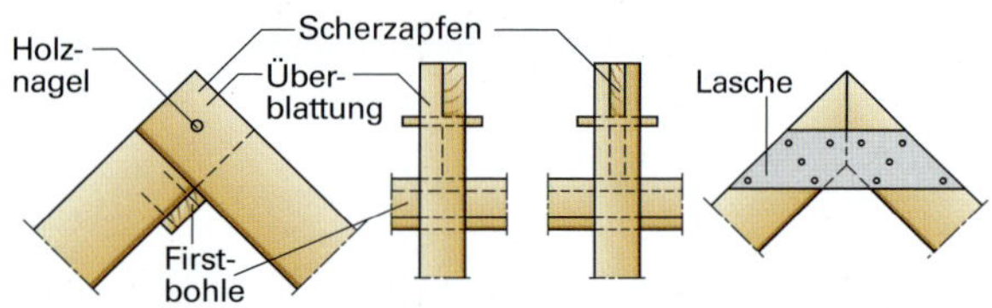


**Statisches System**

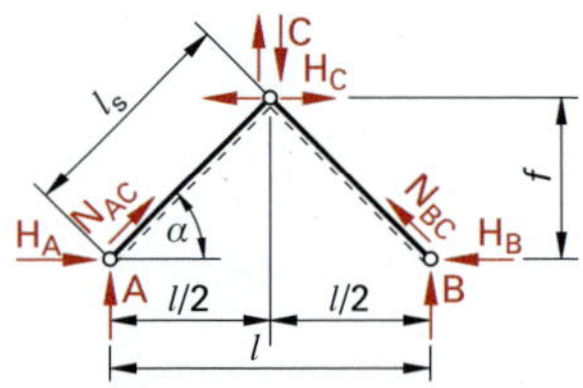


### Kehlbalkendach

Wie Sparrendach, jedoch mit zusätzlicher Aussteifung (Kehlbalken, -riegel) ≈ im Drittelspunkt.

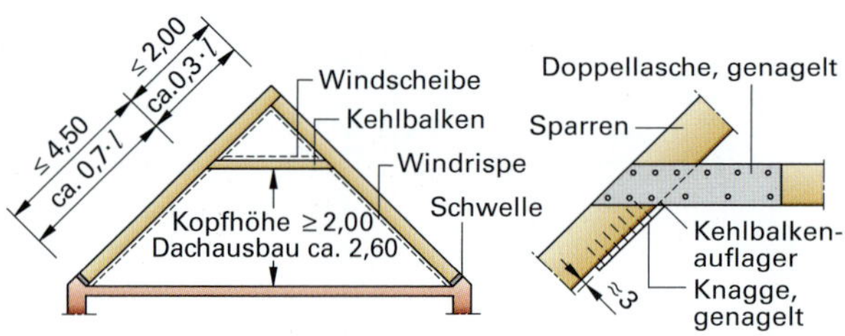


**Statisches System**

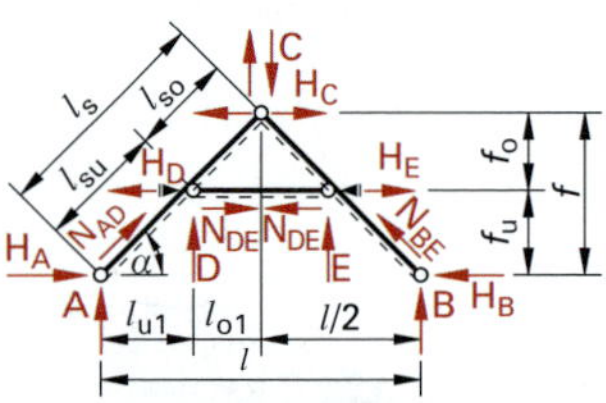


### Pfettendach

**Statisches Prinzip**
- mit 1fach stehendem Stuhl
- mit 2fach stehendem Stuhl
- mit 3fach stehendem Stuhl

Biegebeanspruchung durch Querkräfte; geringe Längskräfte.

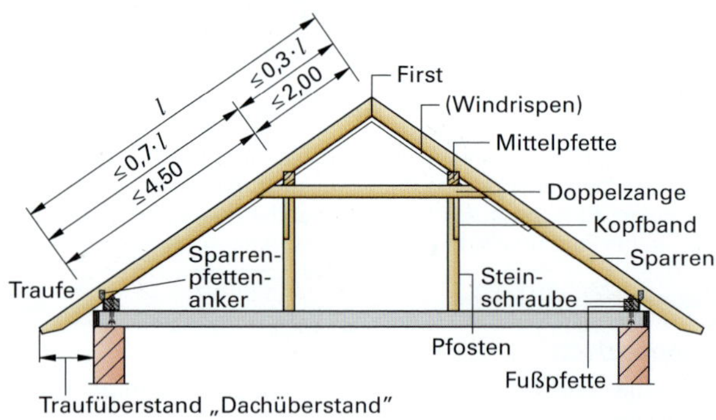


**Queraussteifung**

7

Unverschiebliches Dreieck aus Sparren – Stiel – Decke.

Pfetten unterstützt durch Kopfbänder.

**Konstruktive Durchbildung**

Übertragung der Kräfte über Klauen (Kerven). Sicherung des Sparrens durch Sparrennagel und/oder Sparren-Pfetten-Anker; die Schwelle wird durch Anker gehalten.

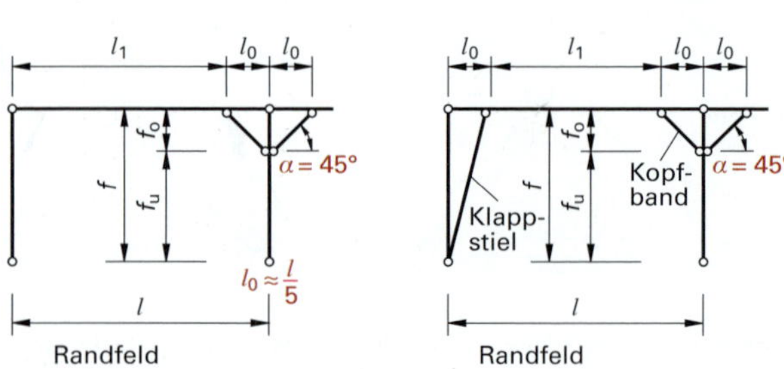

## Fachwerkwand

- **Schwellen** z. B. 16 cm/12 cm übertragen die Lasten auf das Fundament/den Sockel und liegen außen bündig. Übliche Verbindungen sind: gerades/schräges Blatt.
- **Pfosten** / Stiele werden eingezapft (Zapfenloch > Zapfen). Im Wandeck abgesteckte (geächselte) Zapfen.
- **Streben** steifen das Gebäude aus (Wind) und werden paarweise in den Endgefachen der Wand angeordnet. Strebenstellung: Im Rähm außen – in der Schwelle innen, über Eck die Streben gegeneinander stellen.
- **Rähme** (Rahmenhölzer) bilden die obere Begrenzung der Wand, sie werden hochkant aufgelegt.
- **Riegel** Waagerechte Hölzer zwischen den Stielen, die das Ausknicken verhindern sollen.

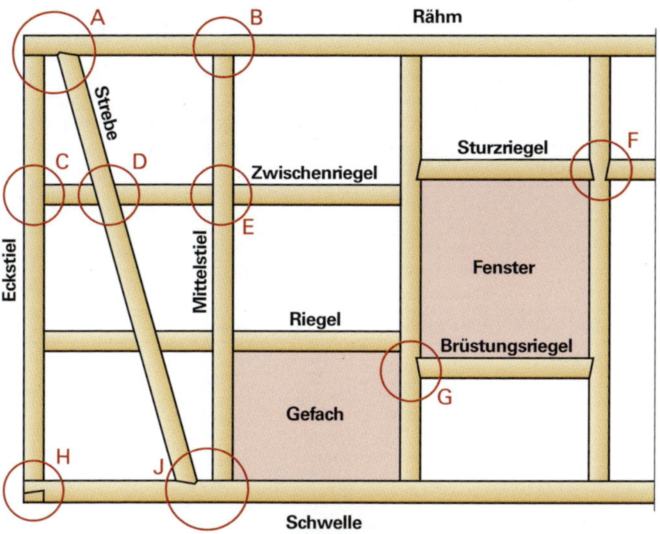


Detailpunkt (B) Geometriebedingungen für den Zapfen

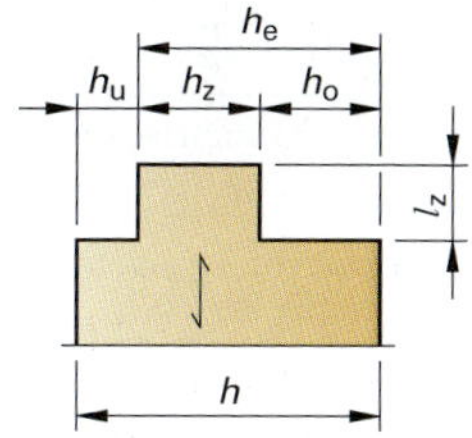


15 mm < $l_z$ < 60 mm
1,5 < $h/b$ < 2,5
$h_o \geq h_u$
$h_u/h \leq 1/3$
$h_z \geq h/6$

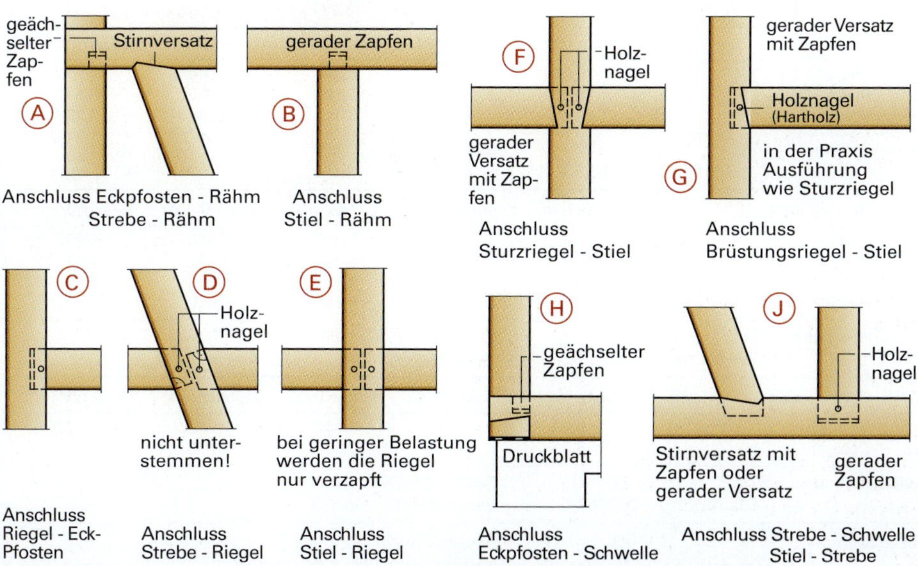


Anschluss Eckpfosten - Rähm, Strebe - Rähm (A)

Anschluss Stiel - Rähm (B)

Anschluss Sturzriegel - Stiel (F)

Anschluss Brüstungsriegel - Stiel (G)

Anschluss Riegel - Eck-Pfosten (C)

Anschluss Strebe - Riegel (D)

Anschluss Stiel - Riegel (E)

Anschluss Eckpfosten - Schwelle (H)

Anschluss Strebe - Schwelle, Stiel - Strebe (J)

7

## Holzliste

Eine Holzliste beschreibt bei Zimmerern eine tabellarische Zusammenstellung der zu erstellenden Holzbauteile inkl. Angabe über Anzahl, Einzellängen, lfd. Gesamt, Breits, Höhe und Volumen (m³), Oberfläche (m²) und Schnittklasse (SKL).

Zimmerei Mustermann GmbH — Bauherr: Felix Müller — Bauteil: Fachwerkwand

**Holzliste** — Bauvorhaben: Wochenendhaus — Sortierklasse: S10

| Nr. | Bezeichnung | Stück | Querschnitt | Länge [m] einzel | Länge [m] zus. | Länge nach Querschnitten [cm] 12/12 | 12/14 | 14/14 | 12/16 | | |
|---|---|---|---|---|---|---|---|---|---|---|---|
| 1 | Schwelle | 1 | 12/14 | 5,03 | 5,03 | | 5,03 | | | | |
| 2 | Rähm | 2 | 12/16 | 6,03 | 12,06 | | | | 12,06 | | |
| 3 | | | | | | | | | | | |

Setzt ein Zimmereibetrieb ein CAD-System ein, werden Holzlisten durch das CAD-Programm erstellt, mit welchem das Dach konstruiert wurde. Ist kein CAD-System vorhanden, wird das Bauteil manuell konstruiert. Die manuell ermittelten Maße der benötigten Bauteile werden in die Holzliste eingetragen, welche zum einen Grundlage für die Holzbestellung und Fertigung der einzelnen Bauteile ist, und zum anderen ergibt das Gesamtvolumen aller Bauteile die Kalkulationsgrundlage für das z.B. zu liefernde Konstruktionsvollholz (KVH) oder Bauholz.

Zimmerei Mustermann GmbH — Datum: 18.02.2011

**Holzliste**

Bauvorhaben: Wohnhaus mit Garage — Ort: 73760 Ostfildern

Bauvorhaben Nr: 57 — Kundenname: Felix Müller

| STK | Bezeichnung | SKL | Breite (cm) | Höhe (cm) | Länge (m) | GesamtL (m) | GesamtV (m³) |
|---|---|---|---|---|---|---|---|
| 2 | Kehlschifter links | A | 8,0 | 18,0 | 0,860 | 1,720 | 0,025 |
| 2 | Kehlschifter links | A | 8,0 | 18,0 | 1,693 | 3,386 | 0,049 |
| 10 | Sparren | A | 8,0 | 18,0 | 5,533 | 55,330 | 0,797 |
| 1 | Kehlschifter links | A | 8,0 | 18,0 | 5,588 | 5,588 | 0,080 |
| 1 | Kehlschifter rechts | A | 8,0 | 18,0 | 5,832 | 5,832 | 0,084 |
| 1 | Kehlschifter rechts | A | 8,0 | 18,0 | 6,677 | 6,677 | 0,096 |
| 1 | Kehlschifter links | A | 8,0 | 18,0 | 7,278 | 7,278 | 0,105 |

**Zwischensumme:** STK: 35 — GesamtV (m³): 2,177
GesamtL (m): 151,212 — GesamtF (m²): 78,630

| STK | Bezeichnung | SKL | Breite (cm) | Höhe (cm) | Länge (m) | GesamtL (m) | GesamtV (m³) |
|---|---|---|---|---|---|---|---|
| 1 | Pfette | BSH | 16,0 | 20,0 | 7,540 | 7,540 | 0,241 |
| 1 | Pfette | BSH | 16,0 | 20,0 | 16,040 | 16,040 | 0,513 |
| 2 | Pfette | BSH | 16,0 | 22,0 | 16,040 | 32,080 | 1,129 |

**Zwischensumme:** STK: 4 — GesamtV (m³): 1,884
GesamtL (m): 55,660 — GesamtF (m²): 41,358

| STK | Bezeichnung | SKL | Breite (cm) | Höhe (cm) | Länge (m) | GesamtL (m) | GesamtV (m³) |
|---|---|---|---|---|---|---|---|
| 2 | Pfette | KVH | 16,0 | 16,0 | 4,040 | 8,080 | 0,207 |
| 1 | Pfette | KVH | 16,0 | 16,0 | 4,713 | 4,713 | 0,121 |
| 1 | Pfette | KVH | 16,0 | 16,0 | 4,913 | 4,913 | 0,126 |
| 1 | Pfette | KVH | 16,0 | 16,0 | 16,040 | 16,040 | 0,411 |

**Zwischensumme:** STK: 5 — GesamtV (m³): 0,864
GesamtL (m): 33,746 — GesamtF (m²):

| STK | Bezeichnung | SKL | Breite (cm) | Höhe (cm) | Länge (m) | GesamtL (m) | GesamtV (m³) |
|---|---|---|---|---|---|---|---|
| 2 | Sparren | S | 8,0 | 18,0 | 6,144 | 12,288 | 0,177 |
| 35 | Sparren | S | 8,0 | 18,0 | 7,365 | 157,775 | 3,712 |

**Zwischensumme:** STK: 37 — GesamtV (m³): 3,889
GesamtL (m): 207,063 — GesamtF (m²): 140,433

**Gesamtsumme:** STK: 83 — GesamtV (m³): 9,277
GesamtL (m): 525,143 — GesamtF (m²): 292,431

7

## Holzrahmenbau

Holzrahmen werden nach EC 5 bemessen und sind von Fachwerkwänden ▶ S. 341, Holzskelettbauten und Holztafelbauweisen zu unterscheiden.

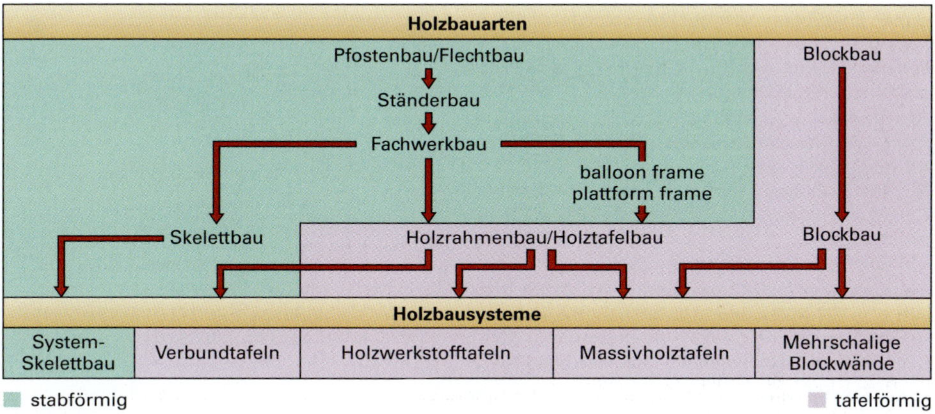


**Holzrahmenbau**
- auch als Gerippe- oder Rippenkonstruktion benannt, Rippenabstand 62,5 cm
  □ 6 cm / 12 cm … 6 cm / 16 cm
- in Nordamerika seit ca. 150 Jahren bekannt
- Weiterentwickelt u.a. von Walter Gropius ab 1941 (General Panel System)
- Beplankungswerkstoffe statisch notwendig, i.d.R. 1,25 m breit (2 · 62,5 cm)

**Einschalige Holzrahmenwand**
- Außenbekleidung (Holz)
- Lattung
- Holzwerkstoffplatte 13 mm
- Holzständer 6 cm / 12 cm Abstand 62,5 cm
- Wärmedämmung WL G035 über Ständertiefe 12 cm
- Dampfsperre
- Gipskartonplatte 12,5 mm

**$U$ = 0,29 W/m² K ; F30B;**
**$R'_w$ = 35 dB**
**Achsabstand 62,5 cm**

**Holzskelettbau**
- mit Stützen (Ständern, Stiele) und Trägern
- Stiele gehen u.a. über zwei Geschosse
- tragende Bauteile aus Vollholz, Konstruktionsvollholz und Brettschichtholz (BSH)
- Verbindungsmittel wie Stabdübel, Metalldübel, Schrauben, Winkelstäbe, Nagelsysteme, Stahlblechformteile, Hakenplatten, Befestigungssysteme

**Kräfteverlauf Holzrahmenbau**

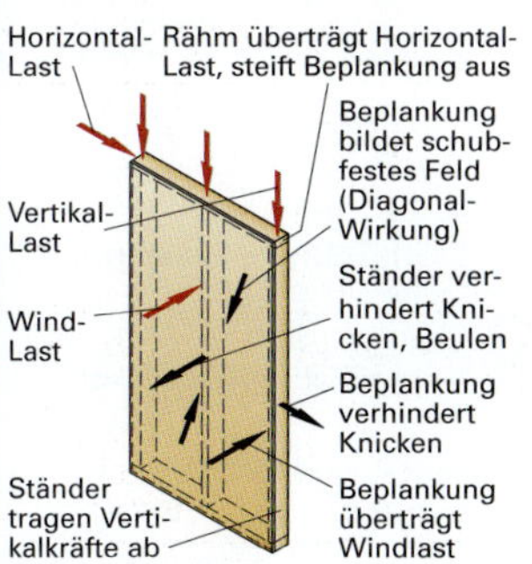


**Zweischalige Holzrahmenwand**
- Außenbekleidung (Holz, Putz)
- Lattung
- Windsperre
- Holzwerkstoffplatte 13 mm
- Holzständer 6 cm / 12 cm
- Wärmedämmung WL G035 über Ständertiefe 12 cm
- Dampfsperre
- Holzwerkstoffplatte 13 mm
- Lattung (Installationsebene) 60 mm
- Gipskartonplatte 12,5 mm

**$U$ = 0,28 W/m² K ; F30B;**
**$R'_w$ = 38 … 40 dB**

**Installationswand (innen)**
- Gipskartonplatte
- Holzständer 6 cm / 6 cm
- Wärmedämmung 40 mm
- ruhender Luftraum 60 mm
- Holzständer 6 cm / 12 cm
- Wärmedämmung 40 mm
- Gipskartonplatte 2 · 12,5 cm

**$U$ = 0,45 W/m² K ; F30B;**
**$R'_w$ = 53 dB**

**Holzbalkendecke**
- Bodenbelag
- Holzwerkstoffplatte 22 mm
- Trittschalldämmung 25 mm
- Betonsteine 45 mm
- Trennlage
- Holzwerkstoffplatte 25 mm
- Holzbalken 8 cm / 22 cm

**$U$ = 0,79 W/m² K ; F30B;**
**$R'_w$ = 54 dB**

**Holz-Beton-Verbunddecke**
- Bodenbelag
- Estrich 50 mm
- Trennlage
- Trittschalldämmung 15 mm
- Wärmedämmung 25 mm
- Stahlbetonplatte 12 cm
- Trennlage
- Holzwerkstoffplatte 25 mm
- BSH 8 cm / 14 cm

**Holztafelbau**
- raumhohe, großformatige Platten
- Holzrahmen mit Wärmedämmung
- werksmäßig verbunden
- Verbindungsmittel wie Sondernägel, Sechskantschrauben
- Fugenbildung problematisch

7

## 7.3.8 Verbindungsmittel

### Nägel nach DIN EN 10 230

Nägel mit rundem Querschnitt und mit glatter, gerauter, angerollter oder gerillter Schaftform, Flachkopf oder flachem Senkkopf mit oder ohne Einsenkung. Nägel werden rechtwinklig zum Schaft auf Abscheren beansprucht.

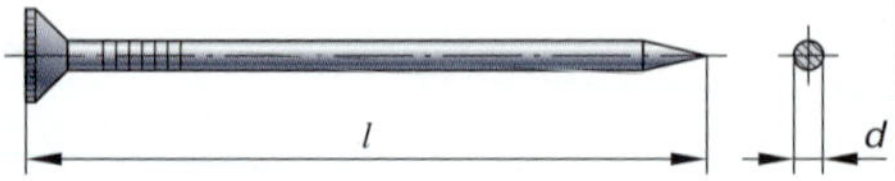


Hierfür sind mindestens 2 Nägel je Anschluss erforderlich. Der Durchmesser vorgebohrter Löcher für Nägel soll etwa 0,9 · $d$ sein. Bei Stahlblech-Holz-Verbindungen darf der Lochdurchmesser im Stahlblech bis zu 1 mm größer sein als der Nageldurchmesser.

$n$ Anzahl der Nägel
$R_d$ zul. Nagelbelastung
$m$ Schnittigkeit
$N_d$ Beanspruchung

$$\text{erf } n = \frac{N_d}{m \cdot R_d}$$

Bei Holzwerkstoff-Verbindungen dürfen die Nägel nicht mehr als 2 mm versenkt werden.

Bei Rundholzverbindungen ohne passende Bearbeitung der Berührungsflächen sind die Tabellenwerte zu 2/3 in Rechnung zu stellen. Bei Holzwerkstoff-Holz-Verbindungen und Gipswerkstoff-Holz-Verbindungen sind geeignete Maßnahmen zur Vermeidung von Abplatzungen zu treffen; u.a. muss der Mindestabstand $a_1 = 20 \cdot d$ gemäß Tabelle ► S. 345 betragen.

In der Tabelle ist der Normalfall **Holz-Holz-Verbindung C24**, $k_{mod} = 0{,}8$, $\gamma_m = 1{,}1$ beschrieben.

### Bemessungswerte für Nägel im Regelfall

| Nagelabmessung | Nagelbelastung $R_d$ je Scherfläche für NH C24 | | Mindestholzdicke $b$ | | Mindesteinbindetiefe $t_{req}$ |
|---|---|---|---|---|---|
| $d \times l$ | $R_d$ (nv) | $R_d$ (vb) | NH außer (KI) | | NH |
| mm × mm | N | N | mm | | mm |
| 2,2 × 45<br>2,2 × 50 | 272 | 302 | 31 | (24) | 20 |
| 2,4 × 40<br>2,4 × 50 | 313 | 353 | 34 | (24) | 22 |
| 2,7 × 50<br>2,7 × 60 | 381 | 436 | 38 | (24) | 24 |
| 3,0 × 60<br>3,0 × 70<br>3,0 × 80 | 453 | 526 | 42 | (24) | 27 |
| 3,4 × 80<br>3,4 × 90 | 557 | 657 | 48 | (24) | 31 |
| 3,8 × 100 | 669 | 801 | 53 | (27) | 34 |
| 4,2 × 110 | 789 | 958 | 59 | (29) | 38 |
| 46 × 120 | 917 | 1130 | 64 | (32) | 42 |
| 5,0 × 140 | 1050 | 1310 | 70 | (35) | 45 |
| 5,5 × 140 | 1230 | 1550 | 77 | (39) | 50 |
| 6,0 × 160 | 1420 | 1800 | 84 | (42) | 54 |
| 7,0 × 200 | 1830 | 2370 | 107 | (53) | 63 |
| 8,0 × 280 | 2280 | 2990 | 130 | (65) | 72 |

$l$ Nagellänge
$d$ Nagel-∅

$nv$ (nicht vorgebohrt):
$R_d = 73{,}9 \cdot d^{1{,}65}$

$vb$ vorgebohrt:
$R_d = 73{,}9 \cdot d^{1{,}80} \cdot \sqrt{(1 - 0{,}01\, d)}$

NH Nadelholz
KI Kiefer
$R_d$ in N
$l$ und $d$ in mm

**Kopfform**

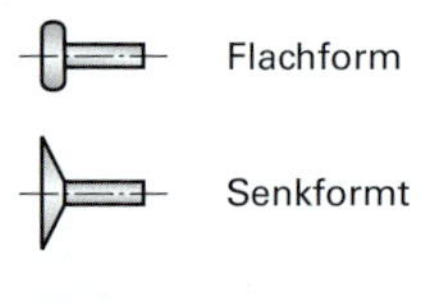


Mindesteinbindetiefe 4 · $d$.
bei $4 \cdot d \leq t \leq t_{req}$
gilt $R_{d,red} = R_d \cdot t/t_{req}$.

**Normenverweise**

Übergreifende Nägel (ohne Abstand) sind zulässig, wenn die Bindung $b_2 - t > 4d$ eingehalten wird (linkes Bild). ► S. 345, Beispiel

Minderung der Beanspruchbarkeit um 1/3 für Zugstöße mit außen liegenden Laschen.
► S. 345, Beispiel, $R$ gemindert = 2/3 $R_d$

Bei Stahlblech-Holz-Verbindungen darf die Nagelbelastung $R_d$ um 25 % erhöht werden.

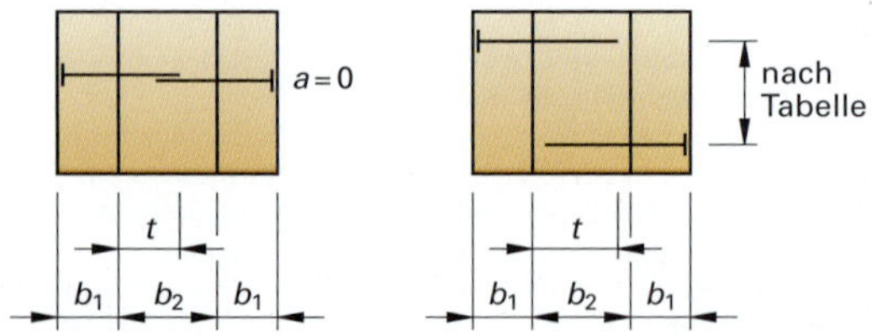


7

## Kleinste Nagelabstände

für Hölzer $\varrho \leq 420$ kg/m³

| Beschreibung | Abstand | nicht vorgebohrt (nv) | vorgebohrt |
|---|---|---|---|
| **untereinander** II der Kraftrichtung | $a_1$ II | $10^{1)} \cdot d$<br>*$12^{1)} \cdot d$* | $5 \cdot d$ |
| | $a_2$ ⊥ | $5 \cdot d$ | $3 \cdot d$ |
| **vom beanspruchten Rand** II der Kraftrichtung | $a_{1,t}$ II | $12^{1)} \cdot d$<br>*$15^{1)} \cdot d$* | $5 \cdot d$ |
| | $a_{2,t}$ ⊥ | $5^{1)} \cdot d$<br>*$5^{1)} \cdot d$* | $3^{1)} \cdot d$ |
| **vom unbeanspruchten Rand** II der Kraftrichtung | $a_{1,c}$ II | $7 \cdot d$<br>*$15^{1)} \cdot d$* | $7 \cdot d$ |
| | $a_{2,c}$ ⊥ | $5^{1)} \cdot d$ | $3^{1)} \cdot d$ |

II parallel in Faserrichtung
⊥ rechtwinklig zur Faserrichtung

1) bei $\alpha = 0$

## Verbindungsmittelabstände

(Nägel, Schrauben)

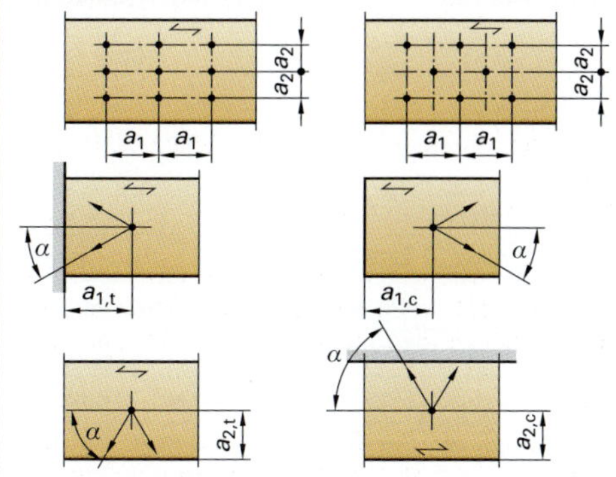


$\alpha$ ist der Winkel zwischen Kraft- und Faserrichtung
$d$ ist der Durchmesser des Nagels

Tabellenwerte
Gerade: Die Werte gelten für Nägel mit $d < 5$ mm.
Kursiv: Die Werte gelten für Nägel mit $d \geq 5$ mm

II parallel in Faserrichtung
⊥ rechtwinklig zur Faserrichtung
$\alpha$ ist der Winkel zwischen Kraft- und Faserrichtung
$d$ ist der Durchmesser des Nagels

$a_1$ parallel zur Faserrichtung
$a_2$ rechtwinklig zur Faserrichtung
$a_{1,t}$ beanspruchtes Hirnholzende
$a_{1,c}$ unbeanspruchtes Hirnholzende
$a_{2,t}$ beanspruchter Rand
$a_{2,c}$ unbeanspruchter Rand

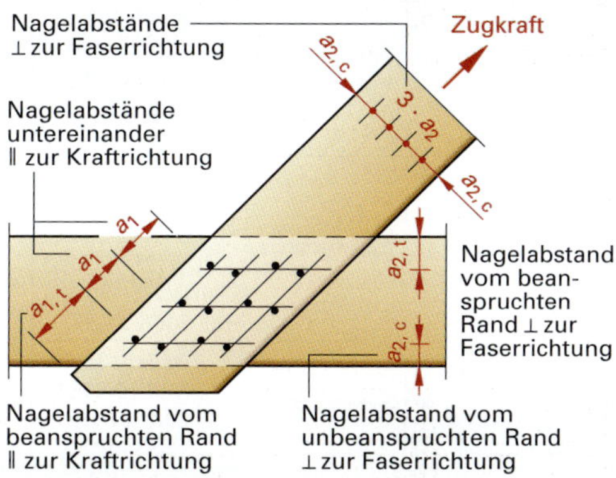


### Beispiel

Der dargestellte Zugstoß ist zu bemessen.

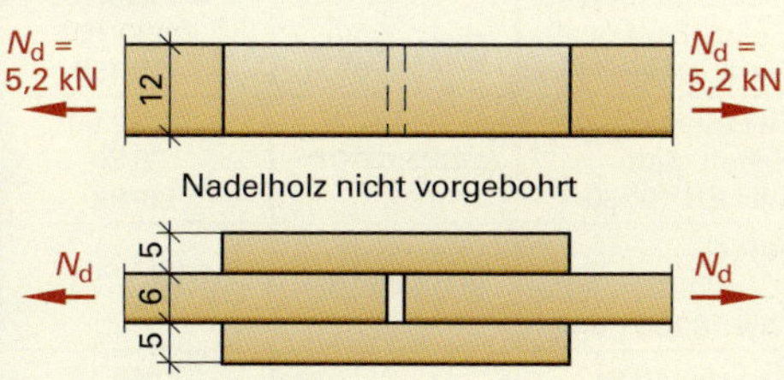


einschnittige Verbindung $m = 1$

**Größe der Nägel**

Gewählt: 3,4 mm · 90 mm mit $N_1 = 557$ N (nv)

**Erforderliche Anzahl *n* der Nägel**

$$\text{erf } n = \frac{1{,}5 \cdot 5200 \text{ N}}{557 \text{ N}} = 14 \qquad \text{gewählt: } n = 14 \text{ Nägel}$$

Wert 1,5 ► S. 334 bei Minderung um 1/3

**Einschlagtiefe *t*:** $s = 40$ mm > 31 mm

$b_2 - t = 60 - 40 = 20 \geq 4d = 4 \cdot 3{,}4 = 13{,}6$ (mm)

Es ist eine Übergreifung ohne Abstand zulässig!

**Mindestholzdicke *a***

$b = 50$ mm > 48 mm ► Tabelle S. 344

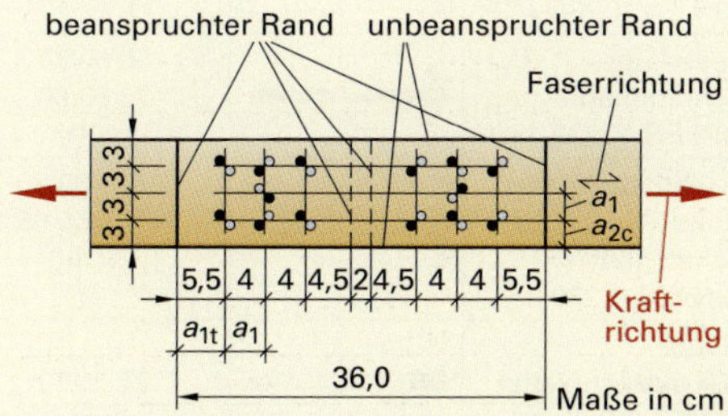


**Nagelabstände** nicht vorgebohrt

vom unbelasteten Rand ⊥ ($a_{2,c}$):
$5 \cdot d_n = 5 \cdot 3{,}4$ mm $= 17{,}0$ mm — gewählt: 30 mm

vom belasteten Rand II ($a_{1,t}$):
$12 \cdot d_n = 12 \cdot 3{,}4$ mm $= 40{,}8$ mm — gewählt: 55 mm

untereinander II ($a_1$):
$10 \cdot d_n = 10 \cdot 3{,}4$ mm $= 34{,}0$ mm — gewählt: 40 mm

untereinander ⊥ ($a_2$):
$5 \cdot d_n = 5 \cdot 3{,}4$ mm $= 17{,}0$ mm — gewählt: 30 mm

7

## Nägel, Drahtstifte und Klammern

| DIN EN 10 230-1 | Nagel | 3,8 · 100 | | Senkkopf | glatter Schaft | Diamantspitze | unbeschichtet |
|---|---|---|---|---|---|---|---|
| DIN EN 10 230-1 | Art | Nennmaß (charakteristisch) in mm | Länge in mm | Kopf Art / Oberfläche | Schaft Form | Spitze Art/Form | Oberflächen-überzug |

| Kopfform (Auswahl) | | Spitzen | | Bezeichnung am Nagel |
|---|---|---|---|---|
| Flachkopf rund | 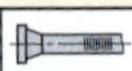 | Diamant |  | 1. Kopf |
| Senkkopf | 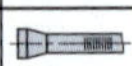 | Diamant versetzt |  | 2. Schaft |
| Senkkopf flach | 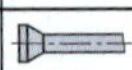 | Rundspitze |  | 3. Länge |
| Stauchkopf rund |  | Meisselspitze | 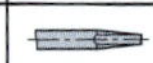 | 4. Durchmesser |
| Stauchkopf oval |  | Glatter Abschnitt | 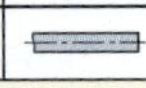 | Nennmaß (charakteristisch) |

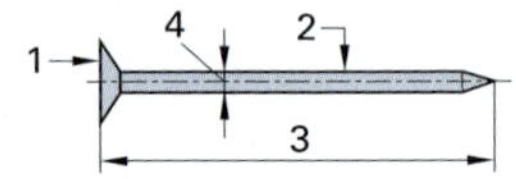


| Ausführung | Darstellung | Länge in mm |
|---|---|---|
| Nagel<br>Schaft glatt<br>Flachkopf rund<br>Senkkopf rund<br>Senkkopf mit<br>Einsenkung<br>DIN EN 10 230-1 |  | 10/15/20/25<br>30/40/45/50<br>60/70/80/90<br>100/110/120<br>140/150/160<br>180/200/280 |
| Nagel<br>Vierkantschaft<br>Flachkopf rund<br>Senkkopf rund<br>DIN EN 10 230-1 |  | 15/20/25/30/35<br>40/45/50/55/60<br>65/75/80/90/95<br>100/125/130/150<br>160/175/180/190<br>200/210/260 |
| Nagel<br>Schaft gerillt<br>Stauchkopf rund<br>DIN EN 10 230-1 |  | 20/25/30/35/40<br>50/60/70/80/90<br>100/110/120<br>130/140/150 |
| Nagel<br>Flachkopf<br>extra groß<br>DIN EN 10 230-1 | 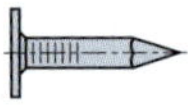 | 20/25/30<br>35/40/50<br>60 |
| Federkopf-<br>Schraubnagel<br>DIN EN 10 230-1 |  | 50/60/70<br>75/80/80<br>100 |
| Leichtbauplatten-<br>Stifte<br>Schaft glatt<br>DIN EN 10 230-1 | 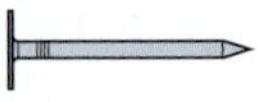 | 20/25/30/35<br>40/45/50/65<br>75/100 |
| Nagel<br>(Gipskartonplatte)<br>DIN 18 182 glatt |  | 37 … 70 |
| Maschinenstift<br>DIN 1143 |  | 35/40/45/50<br>55/60/65/70<br>80/90 |
| Konvexringnagel<br>DIN 68 163<br>Form Kt |  | 38/70<br>90 |
| Schlaufe<br>(Krampe)<br>DIN 1159 | 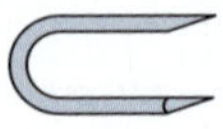 | 16/20/25<br>31/34/38<br>42/46 |

| Ausführung | Darstellung | Länge in mm |
|---|---|---|
| Nagel<br>Schaft gerillt<br>Flachkopf rund<br>Senkkopf rund<br>DIN EN 10 230-1 |  | 20/25/30/40/50<br>60/70/80/90/100<br>110/120/130/140<br>150/160/170<br>180/200/220<br>250/280/200 |
| Nagel<br>Schaft glatt<br>Stauchkopf rund<br>DIN EN 10 230-1 |  | 10/15/20/25<br>30/40/45/50<br>60/70/80/90<br>100/110/120<br>140 |
| Nagel<br>Vierkantschaft<br>Stauchkopf rund<br>DIN EN 10 230-1 |  | 15/20/25/30/35<br>40/45/50/55/60<br>65/75/80/90<br>95/100/125 |
| Nagel<br>Schaft glatt<br>Senkkopf 32°<br>DIN EN 10 230-1 |  | 15/20/25<br>30/40 |
| Nagel<br>Schaft glatt, oval<br>Stauchkopf oval<br>Flach, angeschrägt | 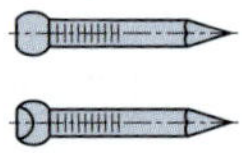 | 20/25/30/40<br>45/50/60/65<br>75/90/100<br>125/150 |
| Gipsplattennagel<br>Schaft glatt<br>DIN EN 10 230-1 |  | 40/50/60<br>70/80<br>90/100 |
| Nagel<br>(Gipskartonplatte)<br>DIN 18 182 gerillt | 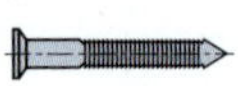 | 28 … 70 |
| Tapezierstifte<br>DIN 1157 |  | 10/13/16<br>20/25 |
| Antispalt-<br>Schraubnagel<br>DIN 68 163 |  | 38/70<br>90<br>Form A |
| Hakenstift<br>DIN 1158 |  | 30/35/50<br>65/80 |
| Klammer<br>(nicht genormt) | 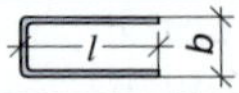 | $b$ = 1,8 … 25<br>$l$ = 3 … 100 |

Nägel in den Ausführungen nach DIN EN 10 230-1 werden in verschiedenen Durchmessern bei gleicher Länge hergestellt.

7

## Holzschrauben

**Holzschraube DIN 7996 – 4 × 40 – St – H**

| Benennung | DIN-Nummer | Gewinde-∅ *d* in mm | Nennlänge *l* in mm | Material Oberfläche | Kreuzschlitz-form |
|---|---|---|---|---|---|

St Stahl; CuZn Kupfer-Zink-Legierung; Al-Leg Aluminium-Legierung; A Edelstahl-Rostfrei

**Antriebsfläche**

Schlitz | Kreuzschlitz Form H | Form Z | Sechskant | Innensechskant | Innenstern

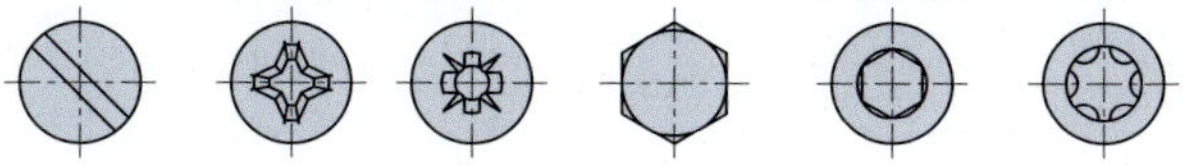

**Oberfläche:** blank, verzinkt, vernickelt, brüniert, galvanisiert

**Gewinde, Schraubenspitze**

**Bezeichnung an der Schraube**

1. Kopf-∅
2. Länge
3. Kern-∅
4. Gewinde-∅ Schaft-∅

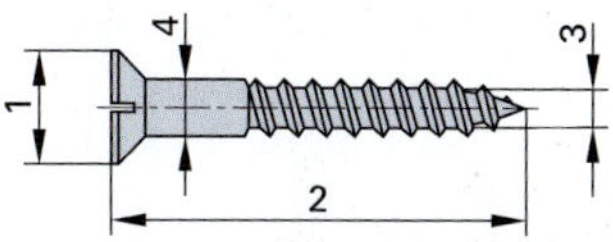


### Arten und Durchmesser (Auszug)

| Ausführung | Länge in mm | 2,5 | 3,0 | 3,5 | 4,0 | 4,5 | 5,0 | 6,0 |
|---|---|---|---|---|---|---|---|---|
| mit Schlitz  DIN 95 | 10 | • | | | | | | |
|  DIN 96 | 12 | • | • | • | • | | | |
|  DIN 97 | 16 | • | • | • | • | • | | |
| mit Kreuzschlitz | 20 | • | • | • | • | • | • | •[1)] |
|  DIN 7995 | 25 | • | • | • | • | • | • | •[1)] |
|  DIN 7996 | 30 | • | • | • | • | • | • | •[1)] |
|  DIN 7997 | 35 | | • | • | • | • | • | |
| | 40 | | • | • | • | • | • | • |
| | 45 | | | • | • | • | • | • |
| | 50 | | | • | • | • | • | • |
| | 60 | | | • | • | • | • | • |
| | 70 | | | | | | • | • |
| | 80 | | | | | | • | • |

(Gewinde-∅ *d* in mm)

1) nur Senkkopf

| Kopfform | mit Schlitz | mit Kreuzschlitz |
|---|---|---|
| Linsensenkkopf | DIN 95 | DIN 7995 |
| Halbrundkopf | DIN 96 | DIN 7996 |
| Senkkopf | DIN 97 | DIN 7997 |

Kopfdurchmesser ≈ $2 \cdot d$

Gewindekerndurchmesser ≈ $0{,}7 \cdot d$

| Ausführung | Länge in mm | 4,0 | 5,0 | 6,0 | 8,0 | 10 | 12 | 16 | 20 |
|---|---|---|---|---|---|---|---|---|---|
| Sechskant-Holzschraube DIN 571 | 016 | • | • | | | | | | |
|  | 020 | • | • | • | | | | | |
| (Schlüsselschrauben) | 025 | • | • | • | • | | | | |
| | 030 | • | • | • | • | • | | | |
| | 035 | • | • | • | • | • | • | | |
| | 040 | • | • | • | • | • | • | | |
| | 045 | | • | • | • | • | • | | |
| | 050 | | • | • | • | • | • | • | |
| | 055 | | | • | • | • | • | • | |
| | 060 | | | • | • | • | • | • | • |
| | 065 | | | | • | • | • | • | • |
| | 070 | | | | • | • | • | • | • |
| | 075 | | | | • | • | • | • | • |
| | 080 | | | | • | • | • | • | • |
| | 090 | | | | • | • | • | • | • |
| | 100 | | | | • | • | • | • | • |
| | 110 | | | | | | • | • | • |
| | 120 | | | | | | • | • | • |
| | 130 | | | | | | | • | • |
| | 140 | | | | | | | • | • |
| | 150 | | | | | | | • | • |
| | 160 | | | | | | | • | • |
| | 170 | | | | | | | | • |
| | 180 | | | | | | | | • |
| | 190 | | | | | | | | • |
| | 200 | | | | | | | | • |

(Gewinde-∅ *d* in mm)

7

## Holzschrauben

Wenn Holzverbindungen (oder Holzwerkstoffe/Stahlbleche auf Holz) später wieder abgelöst werden müssen, kommen vorzugsweise Holzschrauben nach **DIN 96, DIN 97 und DIN 571** zur Anwendung. Sie werden einschnittig auf Abscheren (Druckkräfte rechtwinklig zum Schaft) beansprucht und setzen dem Zug in Schaftrichtung (Ausziehkraft) großen Widerstand entgegen (► S. 347).

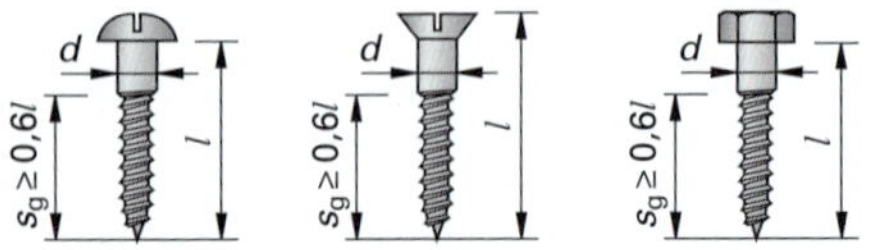

Halbrundholzschraube DIN 96 · Senkholzschraube DIN 97 · Sechskantholzschraube DIN 571

Als stiftfömige metallische Verbindungsmittel werden unterschieden: Passbolzen, Stabdübel, Gewindestangen, Gewindebolzen, Bolzen, Nägel, Klammern und Holzschrauben.
Alle Verbindungen werden rechtwinklig zu ihrer (Stift-)Achse auf Abscheren, einige auch in Richtung der Längsachse auf Herausziehen beansprucht.

**Zulässige Belastung rechtwinklig zur Schraubenachse**

- wie Nägel für $d \leq 8$ mm
- wie Stabdübel für $d > 8$ mm

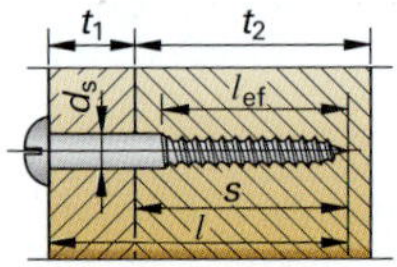


Wenn die Einschraubtiefe $s \geq 8 \cdot d_s$, dann ist die Schraubenbelastung **zul *N*** einzusetzen.

**Zulässige Belastung in Achsrichtung (Zug)**
im Regelfall

$Z_d \leq 4{,}52 \cdot d_z \cdot l_{ef}$ (Gewinde)

$Z_d \leq 4{,}52 \cdot d_K$ (Kopf)

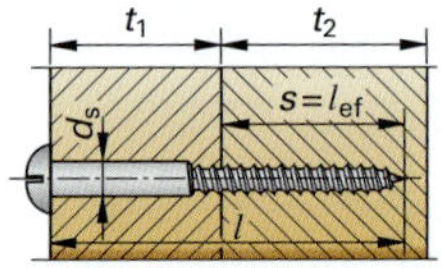


| Abmessungen von Holzschrauben | | | |
|---|---|---|---|
| Schaftdurchmesser $d_s$ in mm | Herstellungslänge Halbrundkopf | Senkkopf | Sechskantkopf |
| 4 | 10 bis 80 | 10 bis 70 | – |
| 5 | 13 bis 100 | 13 bis 100 | – |
| 6 | 20 bis 130 | 20 bis 130 | 20 bis 60 |
| 8 | 30 bis 130 | 30 bis 150 | 25 bis 100 |
| 10 | – | 40 bis 150 | 30 bis 140 |
| 12 | – | – | 40 bis 200 |
| 16 | – | – | 60 bis 200 |
| 20 | – | – | 80 bis 200 |

**Abmessungen von Holzschraubenverbindungen**

- Schraubendurchmesser $d_s \geq 4$ mm
- bei $d < 10$ mm, Vorbohrung zulässig
  Je Verbindung mindestens 4 Schrauben.
- bei $d \geq 10$ mm, Vorbohrung erforderlich
  Je Verbindung mindestens 2 Schrauben.
- Bohrlochdurchmesser
  glatter Schaft: *d*; Gewindeteil: 0,7 *d*
- Schraubenabstand bei $d \leq 8$ mm wie bei Nagelverbindungen, bei $d > 8$ mm wie bei Stabdübeln
- Einschraubtiefe ≥ 4 *d*

## Holzverbinder, Blechformteile

Für die mechanischen Verbindungsmittel ist eine bauaufsichtliche (baurechtliche) Zulassung (BAZ) erforderlich. Holzverbinder aus feuerverzinktem Stahlblech/Edelstahl sind an folgende Materialgüten gebunden:

- Vollholz ab C24/D30, Brettschichtholz oder Sperrholz (Brettfurnierholz, BFU)
- Kammnägel (Rillennägel) mit ringförmig angeordneten parallelen Widerhaken
- Holzverbinder mit einer Plattenstärke 2 mm ≤ *t* ≤ 4 mm nach BAZ
  Plattenstärke *t* > 4 mm aus Stahl St37 (S235JR)

Universalbeschlag

Sparrenpfettenanker

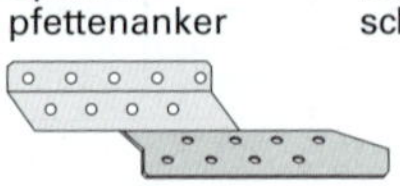

Balkenschuh

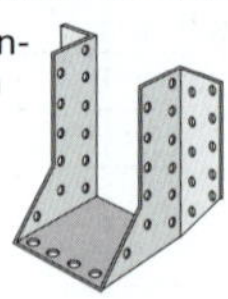

Balkenschuh mit eingebogenen Schenkeln

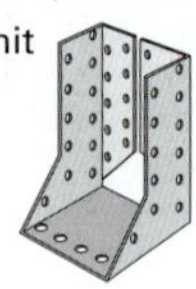

Winkelbeschlag

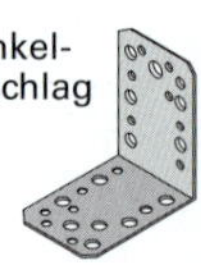

Spezialbeschläge

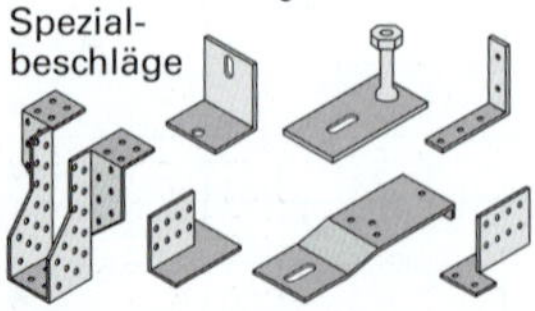

Nagelplatten

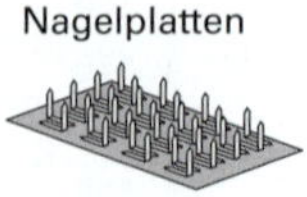

**Darstellung auf Ingenieurplänen**
Anzahl,
Kurzbezeichnung NaPl,
Abmessungen $b \times l$ in mm,
(Plattentyp, Fabrikat)

2 NaPl 114x200 (HN 200)

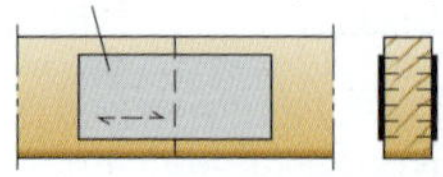

## Dübel besonderer Bauart

Die heute gebräuchlichen Dübel besonderer Bauart unterscheiden sich nach **Einlassdübeln,** die in vorbereitete Vertiefungen eingelegt werden, und **Einpressdübeln,** die aus runden oder eckigen Scheiben mit aufgebogenen oder gegossenen zacken- oder stiftförmigen Krallen bestehen und in das Holz eingepresst werden. Eine Mischung aus beiden Arten sind **Einlass-/Einpressdübel,** bei denen die Grundplatte eingelassen und die Krallen eingepresst werden.

| Einlassdübel EL | Einpressdübel EP | EL/EP-Dübel |
|---|---|---|
| Typ A1<br>Zweiseitiger Ringkeildübel: System Appel | Typ C1<br>Runder Verbinder: System Bulldog | Typ C10 (D)<br>Zweiseitiger Verbinder: System Geka |
| 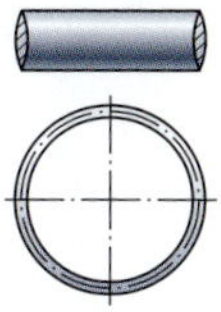 | 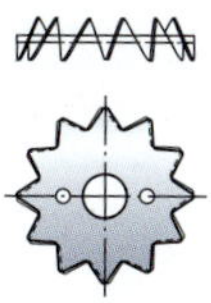 | 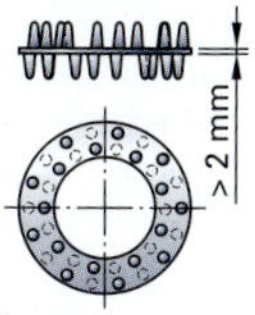<br> |
| Leichtmetallguss | Temperguss | Temperguss |

**Ausführung von Dübelverbindungen**

- Dübel dürfen nur für Nadelhölzer der Festigkeitsklassen ab C24 und GL24; Einlassdübel auch für Laubhölzer verwendet werden.
- Alle Dübel müssen durch Bolzen und Unterlegscheiben zusammengehalten werden.
- Rechteckige Hartholzdübel (z.B. fehlerfreies Eichenholz als EL-Dübel) müssen so eingelegt werden, dass ihre Fasern und die der zu verbindenden Hölzer gleichgerichtet sind.
- Verbindungen mit Dübeln, deren ∅ ≥ 13 cm sind, müssen an den Enden der Außenhölzer bzw. Außenlaschen Schrauben als Klemmbolzen erhalten.

### Tragfähigkeit der Dübel besonderer Bauart (Auswahl)

| Dübeltyp (Dübelart) | Außen-Durchmesser | Dicke (Ring bzw. Platte | Einlass-/Einpresstiefe | Dübel-fehlfläche | Bolzen-durchmesser | Tragfähigkeit im Regelfall $R_{c,\alpha,d}$ für $\alpha$ | | |
|---|---|---|---|---|---|---|---|---|
| | $d_c$ | $t$ | $h_c$ | $\Delta A$ | $d_b$ | 0° | 45° | 90° |
| | mm | mm | mm | mm² | mm | kN | kN | kN |
| A1 (Appel) | 65 | 5 | 15 | 980 | 12 … 24 | 11,3 | 9,55 | 8,27 |
| | 80 | 6 | 15 | 1200 | | 15,4 | 13,0 | 11,2 |
| | 95 | 6 | 15 | 1430 | | 19,9 | 16,7 | 14,3 |
| | 126 | 6 | 15 | 1890 | | 30,5 | 25,1 | 21,4 |
| | 128 | 8 | 15 | 2880 | | 31,2 | 25,7 | 21,8 |
| C1 (Bulldog) | 50 | 1,00 | 6,0 | 170 | 10 … 16 | 3,92 | | |
| | 62 | 1,20 | 7,4 | 300 | 10 … 20 | 5,41 | | |
| | 75 | 1,25 | 9,1 | 420 | 10 … 24 | 7,19 | | |
| | 95 | 1,35 | 11,3 | 670 | 10 … 30 | 10,3 | | |
| | 117 | 1,50 | 14,3 | 1000 | | 14,0 | | |
| | 140 | 1,65 | 14,7 | 1240 | | 18,3 | | |
| C10 (Geka) | 50 | 3 | 12 | 460 | 10 … 30 | 5,44 | | |
| | 65 | 3 | | 590 | | 8,06 | | |
| | 80 | 3 | | 750 | | 11,0 | | |
| | 95 | 3 | | 900 | | 14,2 | | |
| | 115 | 3 | | 1040 | | 19,0 | | |

Dübelfehlfläche je Scherfuge und Anschlussseite, $\alpha$ Kraft-Faser-Winkel

### Rechnerische Anzahl $n_{ef}$ in Kraftrichtung hintereinander liegender Dübel besonderer Bauart

| Dübelanzahl $n$ | 2 | 3 | 4 | 5 | 6 | 7 | 8 | 9 | ≤ 10 |
|---|---|---|---|---|---|---|---|---|---|
| $\alpha$ = 0° | 2,00 | 2,85 | 3,60 | 4,25 | 4,80 | 5,25 | 5,60 | 5,86 | 6,00 |
| $\alpha$ = 45° | 2,00 | 2,93 | 3,80 | 4,63 | 5,40 | 6,13 | 6,80 | 7,43 | 8,00 |
| $\alpha$ = 90° | 2,00 | 3,00 | 4,00 | 5,00 | 6,00 | 7,00 | 8,00 | 9,00 | 10,00 |

### Mindestabstände der Dübel besonderer Bauart für $\alpha$ = 0°

| Dübel-typ | Untereinander ∥ Faser | Belasteter Rand ∥ Faser | Unbelasteter Rand ∥ Faser | Untereinander ⊥ Faser | Ränder ⊥ Faser |
|---|---|---|---|---|---|
| A1 | $2 \cdot d_c$ | $2 \cdot d_c$ | $1{,}2 \cdot d_c$ | $1{,}2 \cdot d_c$ | $0{,}6 \cdot d_c$ |
| C1 | $1{,}5 \cdot d_c$ | $1{,}5 \cdot d_c$ | $1{,}2 \cdot d_c$ | $1{,}2 \cdot d_c$ | $0{,}6 \cdot d_c$ |
| C10 | $2 \cdot d_c$ | $2 \cdot d_c$ | $1{,}2 \cdot d_c$ | $1{,}2 \cdot d_c$ | $0{,}6 \cdot d_c$ |

7

## Bolzen, Passbolzen und Stabdübel

**Bolzen** (hier ohne Tabellenwerte) sind wie Metallschrauben mit Gewinde, Kopf und Mutter versehen. Bolzenverbindungen lassen relativ große Verschiebungen (Schlupf) zu, deshalb werden sie nur in untergeordneten Bauten (fliegende Bauten, Zirkus, Jahrmarkt) und als Heftbolzen zur Lagesicherung von Bauteilen verwendet. Bolzenlöcher dürfen bis zu 1 mm größer sein als der Bolzennenndurchmesser M12, M16, M20, M24 (Lochspiel ≤ 1 mm).

**Passbolzen** sind wie Bolzen ausgebildet. Sie werden wie Stabdübel gerechnet. Der Lochdurchmesser im Holz ist – wie auch bei Stabdübeln – gleich dem Nenndurchmesser (Lochspiel = 0 mm).

**Stabdübel** sind runde Stahlstifte mit $d$ = 10, 12, 16, 20 und 24 mm Durchmesser. Tragende Verbindungen mit Stabdübeln und/oder Passbolzen sollten mindestens 4 Scherflächen aufweisen.

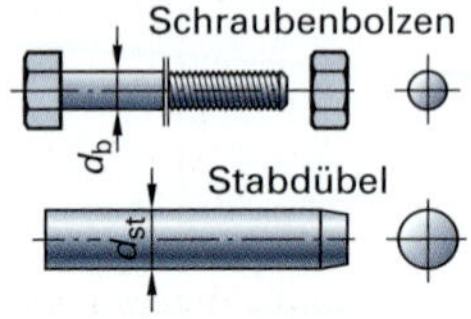


### Mindesttragfähigkeit, erforderliche Holzdicken und Mindestabstände von Stabdübeln S 235 und Passbolzen 4.6 für den Regelfall NH VH C24 (Holz-Holz-Verbindung)

| Durchmesser | Tragfähigkeit | | Mindestholzdicken | | Stabdübel-/Passbolzenabstände | | | |
|---|---|---|---|---|---|---|---|---|
| $d$ | $R_{d\parallel}$ | $R_{d\perp}$ | $t_{1,req}$ | $t_{2,req}$ | $a_1$ | $a_{1,t}$ | $a_{1,c}$ | $a_2$ |
| mm | kN | kN | mm | mm | mm | mm | mm | mm |
| 10 | 3,43 | 3,07 | 51 | 42 | 50 | 80 | 30 | 30 |
| 12 | 4,71 | 4,18 | 60 | 50 | 60 | 84 | 36 | 36 |
| 16 | 7,72 | 6,78 | 77 | 64 | 80 | 112 | 48 | 48 |
| 20 | 11,3 | 9,78 | 94 | 78 | 100 | 140 | 60 | 60 |
| 24 | 15,2 | 13,1 | 111 | 92 | 120 | 168 | 72 | 72 |

Werden Passbolzen verwendet, so darf die Tragfähigkeit um 20 % erhöht werden.
(Fußzeiger req = required, erforderlich; t = tension, Zug; c = compression, Druck)

Erläuterung der Mindestabstände

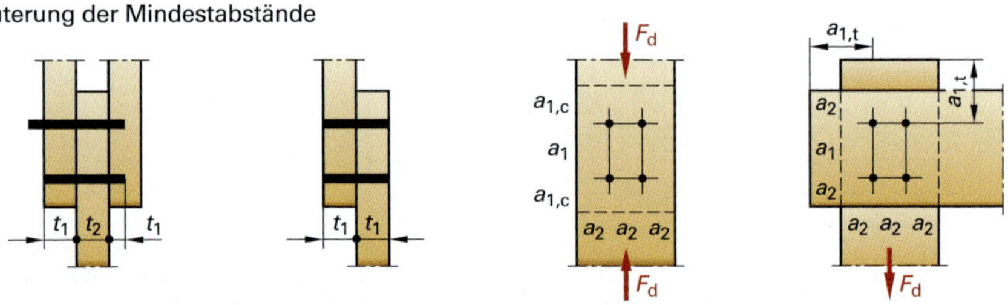


Liegen mehrere Stabdübel (Passbolzen) in einer Reihe in Kraft- und Faserrichtung hintereinander, so ist mit einer verminderten Anzahl $n_{ef}$ je Reihe zu rechnen.

| Anzahl $n$ | 2 | 3 | 4 | 5 | 6 | 7 | 8 | 9 | 10 | 11 | 12 |
|---|---|---|---|---|---|---|---|---|---|---|---|
| $n_{ef}$ | 1,57 | 2,26 | 2,93 | 3,58 | 4,22 | 4,85 | 5,46 | 6,08 | 6,68 | 7,28 | 7,87 |

**Beispiel**
Der dargestellte Anschluss mit Stabdübeln ist in den Abmessungen für die Tragfähigkeit nachzuweisen. Konstruktionsvollholz NH C24, horizontal 2 Seitenhölzer 2 × 80 mm / 180 mm, vertikal 1 Mittelholz
7 (Zugstab) 80 mm/120 mm. Stabdübel Stahl S235 12 mm, 240 mm lang. Vertikale Zugkraft $F_d$ = 28 kN. Standardfall. Maße in mm.

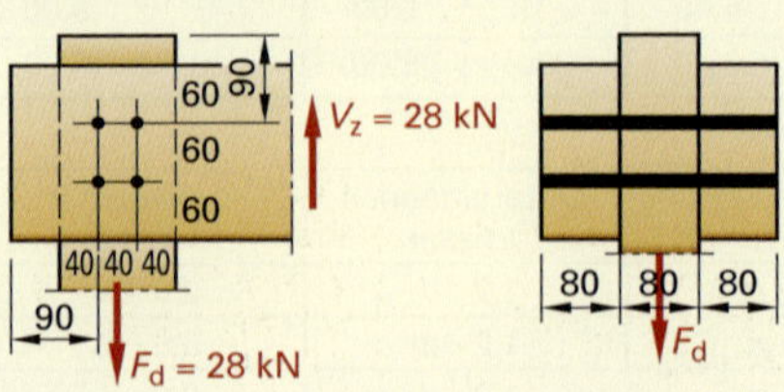


**Abstände**
$a_1$ = 60 mm ≥ 60 mm
$a_{1,t}$ = 90 mm ≥ 84 mm
$a_2$ = 40 mm ≥ 36 mm
$t_1$ = 80 mm ≥ 60 mm
$t_2$ = 80 mm ≥ 50 mm

**Nachweise**
- Anschlussnachweis
  Vertikalstab
  Horizontalstab
- Bauteilnachweis
  Vertikalstab auf Zug
  Horizontalstab
  auf Zug

# 7.4 Flachdächer

Flachdächer und flach geneigte Dächer sind wesentlich stärkeren Belastungen durch Regen, Hagel, Schnee, Hitze und Kälte ausgesetzt als mäßige Steildächer und Steildächer. Die Missachtung bauphysikalischer Erkenntnisse führt oft zu Bauschäden am Flachdach. Deshalb wird das Flachdach, auch unter dem Eindruck des äußeren Erscheinungsbildes, oft negativ beurteilt.

### Begriffliche Unterteilung

**Dachdeckungen** werden bei Dächern mit einer Neigung von mehr als 5° bzw. ~ 9% durchgeführt.

**Dachabdichtungen** werden bei Dächern mit einer Neigung von 0° bis 5° bzw. ~ 9% durchgeführt.

**Flachdächer**

- belüftetes / zweischaliges Flachdach
  **Kaltdach**
  - geringe Gebäudetiefe
  - ungehinderte Belüftung an den Dachseiten
  - geschlossene Deckenverkleidung
  - schwere Ausführung (z. B. Massivdecke)
  - leichte Ausführung (z. B. Holzkonstruktion)
- unbelüftetes / einschaliges Flachdach
  **Warmdach**
  - große Gebäudetiefe
  - eingeschränkte Belüftungsmöglichkeit
  - Betonung des sichtbar bleibenden Tragwerks
  - schwere Ausführung (z. B. Massivdecke)
  - Umkehrdach oder IRMA-Dach (Insulated roof membrane assembly)
- Flachdachsonderformen
  - Terrassendach – als Sonderform des schweren einschaligen Flachdaches
  - begrünte Flachdächer (mit notwendiger Schichthöhe des Mutterbodens zwischen 2 cm für pflegearme Dachbegrünung und 25 cm für Stauden und Bodendecker) – Sonderform des Umkehrdaches

### Dachneigung

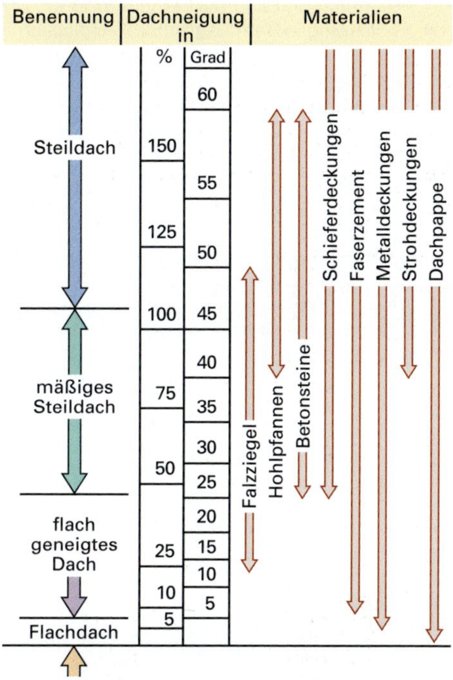


Die **Sicherung** von Dachabdichtungen und den dazugehörigen Schichten **gegen Abheben** durch Windlasten erfolgt durch

- Auflast (mindestens 5 cm Kiesschüttung/ Kies 16/32)
- Verklebung (evtl. Voranstrich notwendig)
- mechanische Befestigung (hohe Reißfestigkeit der Dachabdichtung notwendig)

| | | | |
|---|---|---|---|
| Stand- und Lagesicherheit, Absturzsicherheit DIN 1055, DIN 4426 | Brandschutz, Blitzschutz, Rauchabzug DIN 18232, DIN 4102, VDE 0185 | Wärmeschutz, Feuchteschutz DIN 4108, EnEV | Lärmschutz DIN 4109 |

**Gestaltungs- und Planungshinweise**
Begleitnormen für Dächer mit Abdichtungen

| | | | |
|---|---|---|---|
| Belichtung, Belüftung DIN 5034 | Raumabschluss, Gestaltung LBO, DIN 18530, DIN 4223 | Ableitung der Niederschläge, Regelwerk ZVDH, DIN 1986 | Begrünung, solarthermische photovoltaische Nutung DIN EN 61646, DIN 18024 |

## Dächer mit Abdichtungen

Seit Oktober 2008 ist die Flachdachrichtlinie verbindlich neben der DIN 18531 eingeführt worden. Gleich geblieben zum alten Regelwerk sind die Grundregeln. Hierunter fallen die Begriffsbestimmungen wie An- und Abschlüsse, Abdichtungen, Dachneigung, Unterkonstruktion und Einbauteile.

**Dachabdichtungen DIN 18531**
- Planung und Ausführung nicht genutzter Dächer
- bahnenförmige Stoffe für Neubauten, Instandhaltung und Dacherneuerung
- Abdichtung extrem begrünter Dachflächen

**Bauwerksabdichtungen DIN 18195**
Abdichtung von nicht wasserdichten Bauwerken und Bauteilen
- Bodenfeuchte
- von außen drückendes Wasser

**Dächer mit Abdichtungen**
Flachdachrichtlinien für Planung und Ausführung von Abdichtungen auf
- flachen und geneigten Dachflächen
- genutzten Flächen, wie Balkone, Dachterrassen
- nicht genutzten und/oder extensiv begrünten Dachflächen

**Beanspruchungen**
**Stufe I: Hohe mechanische Beanspruchung**
- Untergrund aus Betonfertigteilen, Betondielen, harten Dämmstoffen, Stahltrapezprofilen, Schalung aus Holz oder Holzwerkstoffen
- Art der Lagesicherung, lose verlegt oder mechanisch befestigt
- weiche Unterlage
- Arbeiten auf der Dachhaut Begehen, Extensivbegrünung
- Einwirkungen: Extremniederschlag, Hagel

Dachabdichtungen müssen so geplant und ausgeführt sein, dass sie bei Oberflächentemperaturen **von – 20 °C bis + 80 °C** funktionsfähig bleiben.
Für die Verarbeitung muss das Bauteil eine Temperatur von + 5 °C aufweisen.

**Stufe II: Mäßige mechanische Beanspruchung**
Die erhöhten Beanspruchungen liegen nicht vor oder können durch geeignete Maßnahmen ausgeschlossen werden.

**Dachdetails**
Die Höhe der **Abdichtung D** soll
- bei Dachneigung bis 5° (≈ 9 %) mindestens 15 cm betragen
- bei Dachneigungen über 5° mindestens 10 cm betragen

Die Höhe der **Abdichtung C** soll
- bei Dachneigung bis 5° (≈ 9 %) mindestens 10 cm betragen
- bei Dachneigungen über 5° mindestens 5 cm betragen

Die **Abkantung B** soll bei Gebäudehöhen
- bis 8 m mindestens 5 cm betragen
- von 8 m bis 20 m mindestens 8 cm
- über 20 m mindestens 10 cm betragen

Der **Mindestabstand A** soll 2 cm betragen
- von 8 m bis 20 m Gebäudehöhe 3 cm
- über 20 m Gebäudehöhe mindestens 4 cm.

Die hochgezogenen Abdichtungen werden mit aufgedübelten Klemmschienen befestigt und zusätzlich durch Fugendichtungsmassen oder Dichtstofffasern abgedichtet.

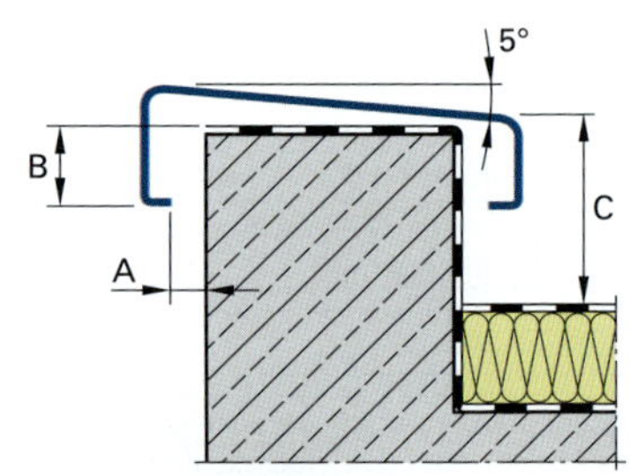


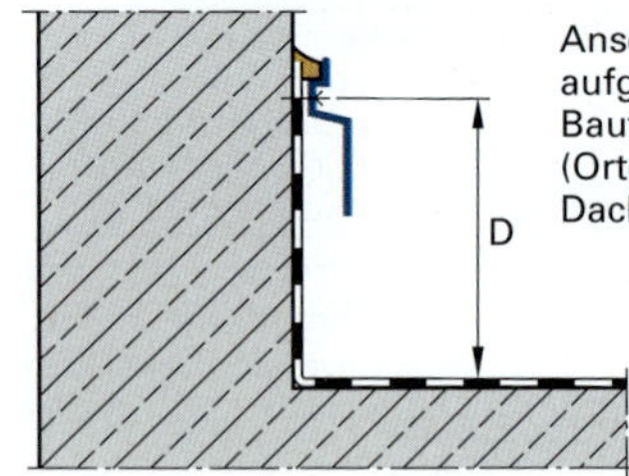


Anschlüsse an aufgehenden Bauteilen (Ortgang, Dachabschluss)

7

**Beanspruchungen**
**Stufe A: Hohe thermische Beanspruchung**
- ohne oder mit geringem Oberflächenschutz

**Stufe B: Mäßige thermische Beanspruchung**
- mit Kiesschüttung, Umkehrdach, begrünte Dächer

**Eigenschaften der Abdichtungsbahnen**

| | |
|---|---|
| A + I = E1 | A + II = E3 |
| B + I = E2 | B + II = E4 |

## Flachdachkonstuktionen

### Begriffsbestimmungen

**Tragkonstruktion**
- sie liegt im warmen Bereich des Gebäudes
- sie muss so bemessen sein, dass die Durchbiegung nicht zu unverträglichen Beanspruchungen des Daches führt
- ist sie als Massivdecke über 12,00 m Länge ausgeführt, müssen Dehnungsfugen vorgesehen werden

**Gefälleschicht**
- sie sollte möglichst bereits in der Tragkonstruktion berücksichtigt werden
- sie sollte stets materialgleich mit der Tragkonstruktion sein

**Ausgleichsschicht** ▶ S. 274
- verwendet werden z. B. bituminöse unterseitig grob bestreute Dachbahnen
- sie ist trockene Unterlage für den Dachaufbau
- sie wirkt als Verschiebeschicht und überbrückt geringfügige Schwind- und Spannungsrisse
- sie ist keine Dampfsperre
- sie sollte auf einer sauberen Tragkonstruktion oder Gefälleschicht ausgeführt werden, wobei ein Voranstrich den Staub bindet und die Haftfähigkeit der Klebemittel verbessert

**Dampfsperre** ▶ S. 274
- sie verhindert, dass Wasserdampf in die Wärmedämmschicht eindringt
- sie kann lose aufgelegt werden
- sie kann punktweise, streifenweise oder vollflächig aufgeklebt werden
- verwendet werden z. B. Bitumendachdichtungsbahnen oder Bitumenschweißbahnen oder Glasvlies-Bitumendichtungsbahnen oder Bitumenschweißbahnen mit Einlagen

**Wärmedämmschicht** ▶ S. 156
- sie soll temperaturbedingte Bewegungen der Tragkonstruktion verhindern
- sie soll den Wärmestrom durch den Dachaufbau nach außen vermindern
- sie muss temperaturbeständig, unverrottbar, trittfest, formbeständig und maßhaltig sein
- verwendet werden z. B. Wärmedämmstoffe mit erhöhter Druckbelastbarkeit sowie druckbeanspruchbare Wärmedämmstoffe

**Dampfdruckausgleichsschicht** ▶ S. 274
- sie soll die Eigenfeuchte oder den noch vorhandenen Wasserdampf druckmäßig ausgleichen
- sie sollte nach außen hin entlüftet werden
- verwendet werden z. B. gelochte Glasvlies-Bitumendachbahnen oder punktförmig aufgeklebte unterseitig grob bestreute Dachbahnen

**Dachhaut** ▶ S. 174
- sie soll die Dachkonstruktion vor der von außen einwirkenden Feuchtigkeit schützen
- sie ist mehrlagig auszuführen, wobei die Bahnen untereinander vollflächig zu verkleben sind
- verwendet werden z. B. Bitumendachdichtungsbahnen, Bitumenschweißbahnen, Dachdichtungen aus hochpolymeren Dachbahnen oder einlagige Dachdichtungen

**Oberflächenschutzschicht (Kiesschicht)**
- sie vermindert das Einwirken von UV-Strahlen und das Aufheizen der Dachhaut
- sie verbessert die Beständigkeit gegen Witterungseinflüsse
- sie vermindert die Gefahr der Entzündung durch Funkenflug und durch Gewichtserhöhung die Gefahr des Abhebens des Daches

### Unbelüftetes Flachdach

Bei einem unbelüfteten Flachdach sind dichtende, wärmedämmende und tragende Funktion des Daches in einer Schale vereint. Bei relativ geringer Konstruktionshöhe kann das unbelüftete Flachdach für beliebige Abmessungen und Grundrissformen konstruiert werden. Der prinzipielle Aufbau:

unbelüftetes Flachdach ohne Gefälle
- Oberflächenschutz
- Dachhaut
- Dampfdruckausgleichsschicht
- Wärmedämmschicht
- Dampfsperrschicht
- Ausgleichsschicht
- Tragkonstruktion

oben ↕ unten

unbelüftetes Flachdach mit Gefälle
- Oberflächenschutz
- Dachhaut
- Dampfdruckausgleichsschicht
- Wärmedämmschicht
- Dampfsperrschicht
- Gefälleschicht / Ausgleichsschicht
- Tragkonstruktion

außen ↕ innen

7

### Umkehrdach

Das Umkehrdach ist bauphysikalisch mit dem unbelüfteten Flachdach zu vergleichen. Die Wärmedämmung liegt auf der Dachhaut. Dampfsperrschicht und Dampfdruckausgleichsschicht entfallen.

### Belüftetes Flachdach

Für die Funktionsfähigkeit eines Kaltdaches ist die Belüftung zwischen der Wärmedämmschicht und der oberen Schale des Daches ausschlaggebend. Der Belüftungsraum wird durch Leichtbetonsteine, Holzbalken oder Verbundträger mit Gitterstegen konstruiert, die Dacheindeckung erfolgt mittels Dachschalung, Gleitschicht, Dachhaut und Kiesschicht.

# 7.5 Stahlbau

- **Stahl** ist alles ohne Nachbehandlung schmiedbare **Eisen** mit höchstens 2% Kohlenstoffgehalt.
- **Stahlbau** umfasst die Konstruktion von Bauwerken sowie die Berechnung von Bauteilen und Verbindungsmitteln aus Stahl nach EC 3, DIN EN 1993-1-1.
- **Stahlbauteile** sind Walzerzeugnisse oder aus Walzerzeugnissen gefertigte Teile.
- **Verbindungsmittel** aus Stahl sind Niete, Schrauben, Muttern, Unterlegscheiben, Bolzen und Schweißnähte.

## 7.5.1 Walzerzeugnisse

| Erzeugnisart | Formstahl | | | Stabstahl | | |
|---|---|---|---|---|---|---|
| Querschnitt | I | I | [ | [ | Z L T | ● ◗ ■ ▬ ⬢ ⯃ |
| Bezeichnung | I-Stahl<br>IPE-Stahl | HEB, HEM-,<br>HEA-Stahl | U-Stahl<br>$h \geq 80$ mm | U-Stahl<br>$h < 80$ mm | Z, L-,<br>T-Stahl | Rund-, Halbrund-, Vierkant-, Flach-,<br>Sechskant- und Achtkantstahl |
| Bedeutung: P parallelflanschig, E Europaprofil, H breitflanschig, A leicht, B normal, M verstärkt (Profiltabellen) | | | | | | |

Zu den **Walzerzeugnissen** gehören **Form-, Stab-** und **Breitflachstähle** sowie Bleche, Hohl- und Kaltprofile.

Zu den **Blechen** gehören **Feinbleche** (bis 2,75 mm Dicke), **Mittelbleche** (3 mm bis 4,75 mm Dicke), **Grobbleche** (ab 4,75 mm Dicke), Bleche mit Oberflächenprofilierung (Riffel-, Warzen- und Raupenbleche) und Bleche mit Querschnittsprofilierung (Trapez-, Well- und Pfannenbleche).

Zu den **Hohlprofilen** gehören **Rundrohre, Quadrat-** und **Rechteckrohre** ▶ S. 245

**Kaltprofile** sind aus 1,5 mm bis 8 mm dickem Bandstahl kalt geformt. Die Kanten sind ausgerundet.

| Gängige Kaltprofile | Querschnitt | [ | L | Z | C | ⊓ |
|---|---|---|---|---|---|---|
| | Bezeichnung | U-Profil | Winkel-(L-)Profil | Z-Profil | C-Pofil | Hut-Profil |

**Herstell-Längen:** Formstähle, U- und Z-Stähle bis 15 m, L- und T-Stähle bis 12 m, sonstige Stabstähle je nach Form und Durchmesser 6 m bis 15 m, Rundrohre 4 m bis 7,5 m, Quadrat- und Rechteckrohre bis 16 m und Kaltprofile bis 6 m.

## 7.5.2 Rechenverfahren

- **Beanspruchungen** (Oberbegriff $S_d$) sind Schnittgrößen und Spannungen, die sich infolge der Bemessungseinwirkungen am statischen System oder im Querschnitt ergeben.
- Für ebene Stabwerke, die in ihrer Ebene beansprucht sind, treten als Schnittgrößen die **Normalkraft** $N_d$, die **Querkraft** $V_{z,d}$ und das **Biegemoment** $M_{y,d}$ auf.
- Aus den **Schnittgrößen** ergeben sich am Querschnitt bei elastischer Rechnung die **Normalspannung** $\sigma_d$, die **Schubspannung** $\tau_d$ und die **Vergleichsspannung** $\sigma_{v,d}$.
- **Beanspruchbarkeiten** (Oberbegriff $R_d$) sind die vom Querschnitt aufnehmbaren Schnittgrößen oder Spannungen.
- Nenngröße für die Spannungen ist der **charakteristische Wert der Streckgrenze** $f_{y,k}$.
- Die Bemessungsstreckgrenze $\sigma_{R,d}$ ergibt sich durch Division des charakteristischen Wertes durch den **Teilsicherheitsbeiwert** $\gamma_M$ der Widerstandsgrößen (Material $\gamma_s$ für Stahl im Stahlbeton).
- Der Nachweis der Gebrauchstauglichkeit ist i.d.R. ein Nachweis der Größe der Verformung. Die maximale Durchbiegung wird berechnet mit

  $\delta_{max} = \delta_G + \delta_Q - \delta_o$ — $\delta_Q$ Durchbiegung unter veränderlicher Einwirkung

  $\delta_o$ Überhöhung — $\delta_G$ Durchbiegung unter ständiger Einwirkung



**Bemessungswerte der Beanspruchbarkeiten**

| Normalspannung | Schubspannung | Elastizitätsmodul | Schubmodul |
|---|---|---|---|
| $\sigma_{R,d} = f_{y,k} / \gamma_M$ | $\tau_{R,d} = f_{y,k} / (\sqrt{3} \cdot \gamma_M)$ | $E_d = E_k / \gamma_M$ | $G_d = G_k / \gamma_M$ |

## Beanspruchungen

| Teilsicherheitsbeiwerte der Widerstandsgrößen | |
|---|---|
| **Anwendung** | $\gamma_M$ |
| Festigkeiten und Steifigkeiten im Tragsicherheitsnachweis | **1,1** |
| Festigkeiten und Steifigkeiten im Tragsicherheitsnachweis bei Zwängungen, wenn $\gamma_M = 1{,}1$ die Wirkung vermindern würde | **1,0** |
| Festigkeiten und Steifigkeiten im Gebrauchstauglichkeitsnachweis, wenn keine Gefahr für Leib und Leben besteht | **1,0** |
| Festigkeiten und Steifigkeiten im Gebrauchstauglichkeitsnachweis, wenn Gefahr für Leib und Leben besteht | **1,1** |

| Charakteristische Werte der Baustähle | | | | |
|---|---|---|---|---|
| **Stahlsorte** | **S235** | **S355** | **S235** | **S355** |
| Erzeugnisdicke $t$ in mm | ≤ 40 | | > 40 und ≤ 80 | |
| Streckgrenze $f_{y,k}$ in N/mm² | 240 | 360 | 215 | 325 |
| Zugfestigkeit $f_{u,k}$ in N/mm² | 360 | 510 | 360 | 510 |
| Elastizitätsmodul $E_k$ | 210 000 N/mm² | | | |
| Schubmodul $G_k$ | 81 000 N/mm² | | | |
| Temperaturdehnzahl $\alpha_T$ | $12 \cdot 10^{-6}\,K^{-1}$ | | | |

St 37 entspricht S235 JR bzw. Fe 360 B
St 52 entspricht S355 J0 bzw. Fe 510 C

- Es werden hier ausschließlich ebene Stabtragwerke mit Einwirkungen in der Ebene betrachtet.
- Nachfolgende Betrachtungen beschränken sich auf das **Rechenverfahren elastisch - elastisch.**
- Die alternativen Rechenverfahren **elastisch – plastisch** und **plastisch – plastisch** werden hier nicht behandelt.
- Mit den **Bemessungseinwirkungen** werden am statischen System im gewählten Rechenverfahren die **Bemessungsschnittgrößen Normalkraft $N_d$, Querkraft $V_{z,d}$** und **Biegemoment $M_{y,d}$** errechnet.
- Die **Bemessungsschnittgrößen** ergeben mit den gewählten Stahlquerschnitten die **Bemessungsspannungen $\sigma_d$, $\sigma_{V,d}$** und **$\tau_d$** als Beanspruchungen.

### Ermittlung der Beanspruchungen (Spannungen)

| Schnittgröße | Spannungsart | Spannungsformel | Spannungsart | Spannungsformel |
|---|---|---|---|---|
| Längskraft | Druck | $\sigma_{d,N} = N_d/A$ | Zug | $\sigma_{d,N} = N_d/A_N$ |
| Biegemoment | Biegedruck | $\sigma_{d,M} = M_{y,d} \cdot z/I_y$ | Biegezug | $\sigma_{d,M} = M_{y,d} \cdot z/I_{y,N}$ |
| Querkraft $V_{z,d}$ | Schub | $\tau_d = V_{z,d} \cdot S_y/(I_y \cdot t)$ | Schub (I-Träger) | $\tau_{md} = V_{z,d}/A_{Steg}$ |
| Kombination | Vergleichswert | $\sigma_{v,d} = \sqrt{(\sigma_d^2 + 3\,\tau_d^2)}$ | mit | $\sigma = \sigma_{d,N} + \sigma_{d,M}$ |
| $A_N = A - \Delta A$ | $I_{y,N} = I_y - \Delta I_y$ | $W_y = I_y/z_R$ | $W_{y,N} = I_{y,N}/z_R$ | $A_{Steg} = s \cdot (h - t)$ |

$\Delta A$ Lochabzug im Zugbereich
$\Delta I_y$ Abzugsflächenmoment 2. Grades für Löcher im Zugbereich des Querschnitts bezogen auf die Schwerpunktsachsen des ungeschwächten Querschnitts.
$A_{Steg}$ Querschnittsfläche des Steges von Mitte Flansch bis Mitte Flansch.
$z_R$ Abstand der Randfaser vom Schwerpunkt des Querschnitts.
$h, t, s$ Maße aus Profiltabellen ► S. 356

### Nachweis der Tragfähigkeit

| Nachweisform | Allgemein | Normalspannungen | Schubspannungen | Vergleichsspannungen |
|---|---|---|---|---|
| Nachweis | $S_d/R_d \le 1$ | $\sigma_d/\sigma_{R,d} \le 1$ | $\tau_d/\tau_{R,d} \le 1$ | $\sigma_{V,d}/\sigma_{R,d} \le 1$ |

Vergleichsspannungen werden nur aus Normal- und Schubspannungen ermittelt, die an derselben Querschnittstelle wirken. In Sonderfällen sind günstigere Nachweise möglich.

## 7.5.3 Profiltabellen

Schmale I-Träger
nach DIN 1025
und Euronorm 19-57

$r_1 = s$

$h_1 \approx h - 2{,}4\,t - 2\,s$ (Steghöhe)

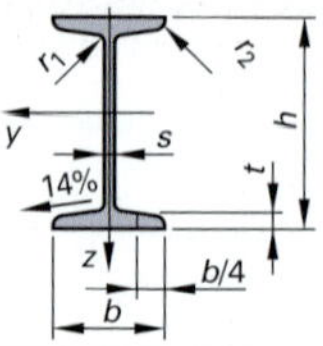


| I | Abmessungen | | | | Statische Werte | | | | | |
|---|---|---|---|---|---|---|---|---|---|---|
| | $h$ | $b$ | $s$ | $t$ | $A$ | $I_y$ | $W_y$ | $I_z$ | $W_z$ | $g$ |
| | mm | mm | mm | mm | cm² | cm⁴ | cm³ | cm⁴ | cm³ | kN/m |
| **80** | 80 | 42 | 3,9 | 5,9 | 7,57 | 77,8 | 19,5 | 6,29 | 3,00 | 0,059 |
| **100** | 100 | 50 | 4,5 | 6,8 | 10,6 | 171 | 34,2 | 12,2 | 4,88 | 0,083 |
| **120** | 120 | 58 | 5,1 | 7,7 | 14,2 | 328 | 54,7 | 21,5 | 7,41 | 0,111 |
| **140** | 140 | 66 | 5,7 | 8,6 | 18,2 | 573 | 81,9 | 35,2 | 10,7 | 0,143 |
| **160** | 160 | 74 | 6,3 | 9,5 | 22,8 | 935 | 117 | 54,7 | 14,8 | 0,179 |
| **180** | 180 | 82 | 6,9 | 10,4 | 27,9 | 1450 | 161 | 81,3 | 19,8 | 0,219 |
| **200** | 200 | 90 | 7,5 | 11,3 | 33,4 | 2140 | 214 | 117 | 26,0 | 0,262 |
| **220** | 220 | 98 | 8,1 | 12,2 | 39,5 | 3060 | 278 | 162 | 33,1 | 0,311 |
| **240** | 240 | 106 | 8,7 | 13,1 | 46,1 | 4250 | 354 | 221 | 41,7 | 0,362 |
| **260** | 260 | 113 | 9,4 | 14,1 | 53,3 | 5740 | 442 | 288 | 51,0 | 0,419 |
| **280** | 280 | 119 | 10,1 | 15,2 | 61,0 | 7590 | 542 | 364 | 61,2 | 0,479 |
| **300** | 300 | 125 | 10,8 | 16,2 | 69,0 | 9800 | 653 | 451 | 72,2 | 0,542 |
| **320** | 320 | 131 | 11,5 | 17,3 | 77,7 | 12510 | 782 | 555 | 84,7 | 0,610 |
| **340** | 340 | 137 | 12,2 | 18,3 | 86,7 | 15700 | 923 | 674 | 98,4 | 0,680 |
| **360** | 360 | 143 | 13,0 | 19,5 | 97,0 | 19610 | 1090 | 818 | 114 | 0,761 |
| **400** | 400 | 155 | 14,4 | 21,6 | 118 | 29210 | 1460 | 1160 | 149 | 0,924 |
| **450** | 450 | 170 | 16,2 | 24,3 | 147 | 45850 | 2040 | 1730 | 203 | 1,15 |
| **500** | 500 | 185 | 18,0 | 27,0 | 179 | 68740 | 2750 | 2480 | 268 | 1,41 |

Mittelbreite I-Träger
IPE-Reihe
nach DIN 1025
und Euronorm 19-57

$r \approx 1{,}5\,t$

$h_1 \approx h - 5\,t$

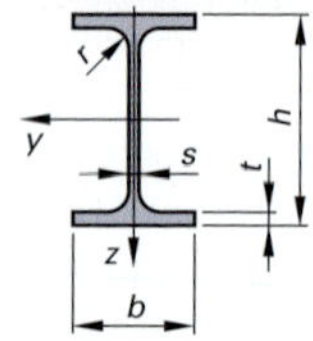


| IPE | Abmessungen | | | | Statische Werte | | | | | |
|---|---|---|---|---|---|---|---|---|---|---|
| | $h$ | $b$ | $s$ | $t$ | $A$ | $I_y$ | $W_y$ | $I_z$ | $W_z$ | $g$ |
| | mm | mm | mm | mm | cm² | cm⁴ | cm³ | cm⁴ | cm³ | kN/m |
| **80** | 80 | 46 | 3,8 | 5,2 | 7,64 | 80,1 | 20,0 | 8,49 | 3,69 | 0,600 |
| **100** | 100 | 55 | 4,1 | 5,7 | 10,3 | 171 | 34,2 | 15,9 | 5,79 | 0,081 |
| **120** | 120 | 64 | 4,4 | 6,3 | 13,2 | 318 | 53,0 | 27,7 | 8,65 | 0,104 |
| **140** | 140 | 73 | 4,7 | 6,9 | 16,4 | 541 | 77,3 | 44,9 | 12,3 | 0,129 |
| **160** | 160 | 82 | 5,0 | 7,4 | 20,1 | 869 | 109 | 68,3 | 16,7 | 0,158 |
| **180** | 180 | 91 | 5,3 | 8,0 | 23,9 | 1320 | 146 | 101 | 22,2 | 0,188 |
| **200** | 200 | 100 | 5,6 | 8,5 | 128,5 | 1940 | 194 | 142 | 28,5 | 0,224 |
| **220** | 220 | 110 | 5,9 | 9,2 | 33,4 | 2770 | 252 | 205 | 37,3 | 0,262 |
| **240** | 240 | 120 | 6,2 | 9,8 | 39,1 | 3890 | 324 | 284 | 47,3 | 0,307 |
| **270** | 270 | 135 | 6,6 | 10,2 | 45,9 | 5790 | 429 | 420 | 62,2 | 0,361 |
| **300** | 300 | 150 | 7,1 | 10,7 | 53,8 | 8360 | 557 | 604 | 80,5 | 0,422 |
| **330** | 330 | 160 | 7,5 | 11,5 | 62,6 | 11770 | 713 | 788 | 98,5 | 0,491 |
| **360** | 360 | 170 | 8,0 | 12,7 | 72,7 | 16270 | 904 | 1040 | 123 | 0,571 |
| **400** | 400 | 180 | 8,6 | 13,5 | 84,5 | 23130 | 1160 | 1320 | 146 | 0,663 |
| **450** | 450 | 190 | 9,4 | 14,6 | 98,8 | 33740 | 1500 | 1680 | 176 | 0,776 |
| **500** | 500 | 200 | 10,2 | 16,0 | 116 | 48200 | 1930 | 2140 | 214 | 0,907 |
| **550** | 550 | 210 | 17,2 | 134 | 106 | 67120 | 2440 | 2670 | 254 | 1,06 |
| **600** | 600 | 220 | 12,0 | 19,0 | 156 | 92080 | 3070 | 3390 | 308 | 1,22 |

Breite I-Träger
IPB-Reihe nach DIN 1025
und Euronorm 19-57

$r \approx 2\,s$ bis IPB240

$r = 24$ mm bis IPB280

$r = 27$ mm bis IPB700

$r = 30$ mm bis IPB800

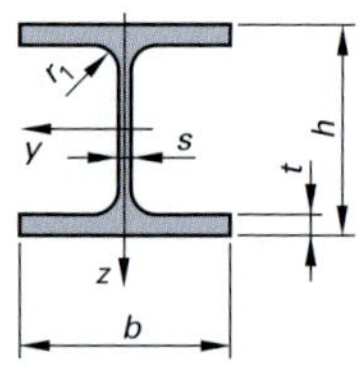


| IPB HE-B | Abmessungen | | | | Statische Werte | | | | | |
|---|---|---|---|---|---|---|---|---|---|---|
| | $h$ | $b$ | $s$ | $t$ | $A$ | $I_y$ | $W_y$ | $I_z$ | $W_z$ | $g$ |
| | mm | mm | mm | mm | cm² | cm⁴ | cm³ | cm⁴ | cm³ | kN/m |
| **100** | 100 | 100 | 6 | 10 | 26,0 | 450 | 89,9 | 167 | 33,5 | 0,204 |
| **120** | 120 | 120 | 6,5 | 11 | 34,0 | 864 | 144 | 318 | 52,9 | 0,267 |
| **140** | 140 | 140 | 7 | 12 | 43,0 | 1510 | 216 | 550 | 78,5 | 0,337 |
| **160** | 160 | 160 | 8 | 13 | 54,3 | 2490 | 311 | 889 | 111 | 0,426 |
| **180** | 180 | 180 | 8,5 | 14 | 65,3 | 3830 | 426 | 1360 | 151 | 0,512 |
| **200** | 200 | 200 | 9 | 15 | 78,1 | 5700 | 570 | 2000 | 200 | 0,613 |
| **220** | 220 | 220 | 9,5 | 16 | 91,0 | 8090 | 736 | 2840 | 258 | 0,715 |
| **240** | 240 | 240 | 10 | 17 | 106 | 11260 | 938 | 3290 | 327 | 0,832 |
| **260** | 260 | 260 | 10 | 17,5 | 118 | 14920 | 1150 | 5130 | 395 | 0,930 |
| **280** | 280 | 280 | 10,5 | 18 | 131 | 19720 | 1380 | 6590 | 471 | 1,03 |
| **300** | 300 | 300 | 11 | 19 | 149 | 25170 | 1680 | 8560 | 571 | 1,17 |
| **320** | 320 | 300 | 11,5 | 20,5 | 161 | 30820 | 1930 | 9240 | 616 | 1,27 |
| **340** | 340 | 300 | 12 | 21,5 | 171 | 36660 | 2160 | 9690 | 646 | 1,34 |
| **360** | 360 | 300 | 12,5 | 22,5 | 181 | 43190 | 2400 | 10140 | 676 | 1,42 |
| **400** | 400 | 300 | 13,5 | 24 | 198 | 57680 | 2880 | 10820 | 721 | 1,55 |
| **450** | 450 | 300 | 14 | 26 | 218 | 79890 | 3550 | 11720 | 781 | 1,71 |
| **500** | 500 | 300 | 14,5 | 28 | 239 | 107200 | 4290 | 12620 | 842 | 1,87 |
| **600** | 600 | 300 | 15,5 | 30 | 270 | 171000 | 5700 | 13530 | 902 | 2,12 |

U-Stahl
nach DIN 1026
(gekürzte Reihe)

$r_1 = t$

$r_2 \approx 0{,}5\,t$

$h_1 \approx h - 4{,}4\,t$

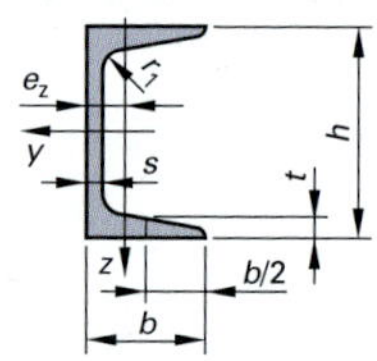


| U | Abmessungen | | | | Statische Werte | | | | | | |
|---|---|---|---|---|---|---|---|---|---|---|---|
| | $h$ | $b$ | $s$ | $t$ | $A$ | $I_y$ | $W_y$ | $I_z$ | $W_z$ | $g$ | $e_z$ |
| | mm | mm | mm | mm | cm² | cm⁴ | cm³ | cm⁴ | cm³ | kN/m | cm |
| **80** | 80 | 45 | 6 | 8 | 11,0 | 106 | 26,5 | 19,4 | 6,36 | 0,086 | 1,45 |
| **100** | 100 | 50 | 6 | 8,5 | 13,5 | 206 | 41,2 | 29,3 | 8,49 | 0,106 | 1,55 |
| **120** | 120 | 55 | 7 | 9 | 17,0 | 364 | 60,7 | 43,2 | 11,1 | 0,134 | 1,60 |
| **140** | 140 | 60 | 7 | 10 | 20,4 | 605 | 86,4 | 62,7 | 14,8 | 0,160 | 1,75 |
| **160** | 160 | 65 | 7,5 | 10,5 | 24,0 | 925 | 116 | 85,3 | 18,3 | 0,188 | 1,84 |
| **180** | 180 | 70 | 8 | 11 | 28,0 | 1350 | 150 | 114 | 22,4 | 0,220 | 1,92 |
| **200** | 200 | 75 | 8,5 | 11,5 | 32,2 | 1910 | 191 | 148 | 27,0 | 0,253 | 2,01 |
| **220** | 220 | 80 | 9 | 12,5 | 137,4 | 2690 | 245 | 197 | 33,6 | 0,294 | 2,14 |
| **240** | 240 | 85 | 9,5 | 13 | 42,3 | 3600 | 300 | 248 | 39,6 | 0,332 | 2,23 |
| **260** | 260 | 90 | 10 | 14 | 48,3 | 4820 | 371 | 317 | 47,7 | 0,379 | 2,36 |
| **280** | 280 | 95 | 10 | 15 | 53,3 | 6280 | 448 | 399 | 57,2 | 0,418 | 2,53 |
| **300** | 300 | 100 | 10 | 16 | 58,8 | 8030 | 535 | 495 | 67,8 | 0,462 | 2,70 |
| **320** | 320 | 100 | 14 | 17,5 | 75,8 | 10870 | 697 | 597 | 80,6 | 0,595 | 2,60 |
| **350** | 350 | 100 | 14 | 16 | 77,3 | 12840 | 734 | 570 | 75,0 | 0,606 | 2,40 |
| **380** | 380 | 102 | 13,5 | 16 | 80,4 | 15760 | 829 | 615 | 78,7 | 0,631 | 2,38 |
| **400** | 400 | 110 | 14 | 18 | 91,5 | 20350 | 1020 | 846 | 102 | 0,718 | 2,65 |

## Profiltabellen

### Gleichschenkliger Winkelstahl

nach DIN EN 10 056
gekürzte Reihe
$w_1$, $w_2$ Wurzelmaße
$d_1$ Lochdurchmesser
min $i$ kleinster Trägheitsradius
$r_2 \approx 0{,}5\ r_1$

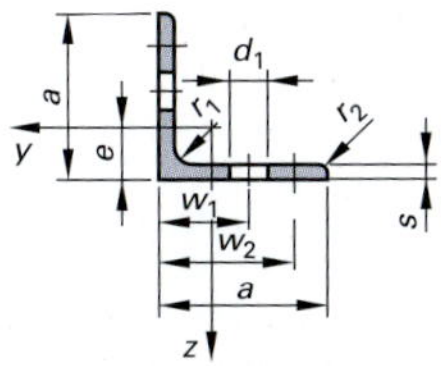


| $a \times s$ | Abmessungen | | | | Statische Werte | | |
|---|---|---|---|---|---|---|---|
| | $r_1$ | $e$ | $d_1$ | $w_1/w_2$ | $A$ | $I_y = I_z$ | min $i$ |
| mm | mm | cm | mm | mm | cm² | cm⁴ | cm |
| **30× 3** | 5 | 0,84 | – | – | 1,74 | 1,41 | 0,57 |
| **40× 4** | 6 | 1,12 | – | – | 3,08 | 4,48 | 0,78 |
| **50× 5** | 7 | 1,40 | 13 | 30/– | 4,8 | 11,0 | 0,98 |
| **60× 6** | 8 | 1,69 | 17 | 35/– | 6,91 | 22,8 | 1,17 |
| **70× 7** | 9 | 1,97 | 21 | 40/– | 9,4 | 42,4 | 1,37 |
| **75× 8** | 10 | 2,13 | 23 | 40/– | 11,5 | 58,9 | 1,46 |
| **80× 8** | 10 | 2,26 | 23 | 45/– | 12,3 | 72,3 | 1,55 |
| **90× 9** | 11 | 2,54 | 25 | 50/– | 15,5 | 116 | 1,76 |
| **100×10** | 12 | 2,82 | 25 | 55/– | 19,2 | 177 | 1,95 |
| **110×10** | 12 | 3,07 | 25 | 45/70 | 21,2 | 239 | 2,16 |
| **120×12** | 13 | 3,40 | 25 | 50/80 | 27,5 | 368 | 2,35 |
| **130×12** | 14 | 3,64 | 25 | 50/90 | 30 | 472 | 2,54 |
| **140×13** | 15 | 3,92 | 28 | 55/95 | 35 | 638 | 2,74 |

### Ungleichschenkliger Winkelstahl

nach DIN EN 10 056
gekürzte Reihe
$w_1$, $w_2$ Wurzelmaße im langen Schenkel
$w_3$ Wurzelmaß im kurzen Schenkel
$d_1$ ($d_2$) Lochdurchmesser im langen (kurzen) Schenkel
$r_2 \approx 0{,}5\ r_1$

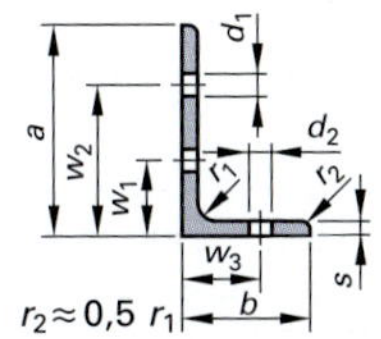


| $a \times b \times s$ | Abmessungen | | | | | Statische Werte | |
|---|---|---|---|---|---|---|---|
| | $r_1$ | $e$ | $d_1$ | $w_1/w_2$ | $w_3$ | $A$ | min $i$ |
| mm | mm | mm | mm | mm | mm | cm² | cm |
| 50×30× 5 | 4,5 | 13 | 30/– | – | – | 3,78 | 0,64 |
| 50×40× 5 | 4 | 13 | 30/– | – | – | 4,27 | 0,84 |
| 60×30× 5 | 6 | 17 | 35/– | – | – | 4,29 | 0,63 |
| 60×40× 6 | 6 | 17 | 35/– | – | – | 5,68 | 0,85 |
| 70×50× 6 | 6 | 23 | 40/– | 13 | 30 | 6,88 | 1,07 |
| 75×50× 7 | 6,5 | 23 | 40/– | 13 | 30 | 8,30 | 1,07 |
| 80×40× 8 | 7 | 23 | 45/– | – | – | 9,01 | 0,84 |
| 80×65× 8 | 8 | 23 | 45/– | 21 | 35 | 11,0 | 1,36 |
| 90×60× 8 | 7 | 25 | 50/– | 17 | 35 | 11,4 | 1,29 |
| 100×50× 8 | 9 | 25 | 55/– | 13 | 30 | 11,5 | 1,05 |
| 100×65× 9 | 10 | 25 | 55/– | 17 | 35 | 14,2 | 1,39 |
| 120×80×10 | 11 | 25 | 50/80 | 23 | 45 | 19,1 | 1,71 |
| 130×65×10 | 11 | 25 | 50/90 | 17 | 35 | 18,6 | 1,37 |
| 150×75× 11 | 10,5 | 28 | 60/105 | 21 | 40 | 23,6 | 1,59 |

## 7.5.4 Schraubenverbindungen

Symbole ▶ S. 118

**Schraubenabmessungen in mm**

| Nenndurchmesser, Kennzeichnung | | M12 | M16 | M20 | M22 | M24 | M27 | M30 | M36 |
|---|---|---|---|---|---|---|---|---|---|
| Regel-Lochdurchmesser | $d_L$ | 13 | 17 | 21 | 23 | 25 | 28 | 31 | 37 |
| Schaftdurchmesser R, HR | $d$ | 12 | 16 | 20 | 22 | 24 | 27 | 30 | 36 |
| Schaftdurchmesser P, HP | $d$ | 13 | 17 | 21 | 23 | 25 | 28 | 31 | 37 |

R rohe Schraube (Schwarzschraube), P Passschraube, H hochfeste Schrauben

**Nennwerte**

| Festigkeitsklasse | 4.6 | 5.6 | 8.8 | 10.9 |
|---|---|---|---|---|
| Zugfestigkeit $f_{u,b,k}$ in N/mm² | 400 | 500 | 800 | 1000 |
| Streckgrenze $f_{y,b,k}$ in N/mm² | 240 | 300 | 640 | 900 |
| Bruchdehnung | 22% | 20% | 12% | 9% |

- Schrauben können durch die zu verbindenden Bauteile in Richtung der Schraubenachse (Zug), senkrecht zur Schraubenachse (Schub) und kombiniert beansprucht werden.
- Bei Zugbeanspruchung der Schrauben darf die Bemessungszugkraft $N_d$ die Grenzzugkraft $N_{R,d}$ nicht überschreiten.
- Bei Schubbeanspruchung mit einer Bemessungsschubkraft $V_d$ ist ein Nachweis auf Abscheren und Lochleibung zu führen. SL bedeutet Scher-/Lochleibungsverbindung.
- Der Nachweis auf Abscheren ist geführt, wenn die Abscherkraft $V_{a,d}$ je Schraube und Scherfläche die Grenzabscherkraft $V_{a,R,d}$ nicht überschreitet.
- Der Nachweis auf Lochleibung ist geführt, wenn die Lochleibungskraft $V_{1,d}$ je Schraube und je 10 mm maßgebende Blechdicke die Grenzlochleibungskraft $V_{1,R,d}$ nicht überschreitet.

7

**Nachweise für Schraubenverbindungen**

| Zug | Abscheren | Lochleibung | Zug und Abscheren |
|---|---|---|---|
| $N_d/N_{R,d} \leq 1$ | $V_{a,d}/V_{a,R,d} \leq 1$ | $V_{1,d}/V_{1,R,d} \leq 1$ | $(N_d/N_{R,d})^2 + (V_{a,d}/V_{a,R,d})^2 \leq 1$ |

$N_d$ Zugkraft je Schraube, $V_{a,d}$ Schubkraft je Schraube und Scherfläche, $V_{1,d}$ Schubkraft je Schraube und je 10 mm maßgebender Blechdicke, $N_{R,d}$ Grenzzugkraft, $V_{a,d}/V_{a,R,d}$ Grenzabscherkraft/Grenzlochleibungskraft.

# Schraubenverbindungen

## Grenzzugkräfte $N_{R,d}$ in kN je Schraube

| Festigkeitsklasse | Schraubennenngröße (M metrische Gewinde, Rechtsgewinde) | | | | | | | | Formeln und Hinweise |
|---|---|---|---|---|---|---|---|---|---|
| | M12 | M16 | M20 | M22 | M24 | M27 | M30 | M36 | |
| SL 4.6 | 22,4 | 39,9 | 62,3 | 75,4 | 89,7 | 114 | 140 | 205 | $N_{R,d} = \min \begin{cases} A_{Sch} \cdot \sigma_{1,R,d} \\ A_{Sp} \cdot \sigma_{2,R,d} \end{cases}$ |
| SL 5.6 | 28,0 | 49,8 | 77,9 | 94,2 | 112 | 142 | 175 | 252 | |
| SL/SLV 8.8 | 49,0 | 91,3 | 143 | 176 | 205 | 267 | 326 | 475 | $\sigma_{1,R,d} = f_{y,b,k}/(1{,}1 \cdot \gamma_M)$ |
| SL/SLV 10.9 | 61,3 | 114 | 178 | 220 | 257 | 334 | 408 | 594 | $\sigma_{2,R,d} = f_{u,b,k}/(1{,}25 \cdot \gamma_M)$ |
| SLP 4.6 | 24,5 | 45,0 | 68,6 | 82,3 | 97,4 | 122 | 150 | 213 | $f_{y,b,k}$ und $f_{u,b,k}$ sind Nennwerte für |
| SLP 5.6 | 30,7 | 56,3 | 85,8 | 103 | 122 | 153 | 187 | 267 | Schraubenwerkstoffe. |
| SLP/SLVP 8.8 | 49,0 | 91,3 | 143 | 176 | 205 | 267 | 326 | 475 | $A_{Sch}/A_p$ Schaft-/ Spannungsquerschnitt |
| SLP/SLVP 10.9 | 61,3 | 114 | 178 | 220 | 257 | 334 | 408 | 594 | $\gamma_M = 1{,}1$ |

## Grenzabscherkräfte $V_{a,R,d}$ in kN je Schraube und Scherfuge

| Festigkeitsklasse | Schraubennenngröße | | | | | | | | Formeln und Hinweise |
|---|---|---|---|---|---|---|---|---|---|
| | M12 | M16 | M20 | M22 | M24 | M27 | M30 | M38 | |
| SL 4.6 | 24,7 | 43,9 | 68,5 | 82,9 | 98,6 | 125 | 154 | 222 | $V_{a,R,d} = A_{Sch} \cdot \tau_{a,R,d}$ |
| SL 5.6 | 30,8 | 54,8 | 85,6 | 104 | 123 | 156 | 193 | 278 | $= \alpha_a \cdot f_{u,b,k}/\gamma_M$ |
| SL/SLV 8.8 | 49,3 | 87,7 | 137 | 166 | 197 | 250 | 309 | 444 | $\alpha_a = 0{,}6$ für die Festigkeitsklassen 4.6, 5.6 und 8.8 |
| SL/SLV 10.9 | 56,5 | 101 | 157 | 190 | 226 | 287 | 354 | 509 | $\alpha_a = 0{,}55$ |
| SLP 4.6 | 29,0 | 49,5 | 75,5 | 90,5 | 107 | 134 | 165 | 235 | für die Festigkeitsklasse 10.9 |
| SLP 5.6 | 36,3 | 61,9 | 94,9 | 113 | 134 | 168 | 206 | 293 | $\gamma_M = 1{,}1$ |
| SLP/SLVP 8.8 | 58,0 | 99,1 | 151 | 181 | 214 | 269 | 329 | 469 | (ungestützte Verbindung |
| SLP/SLVP 10.9 | 66,5 | 114 | 173 | 208 | 246 1 | 308 | 378 | 538 | $\gamma_M = 1{,}25$ vergl. Fußnote) |

Tabellenwerte gelten nur, wenn der glatte Schaftquerschnitt in der Scherfuge liegt. Bei einschnittigen ungestützten Verbindungen (nur eine Schraube in Kraftrichtung) sind die Tabellenwerte mit dem Faktor 0,88 abzumindern.

## Schraubenabstände (Achsmaße) für gebohrte Schraubenlöcher ($d_L$ = Lochdurchmesser)

| Abstand | $e$ | $e_1$ | $e_2$ | $e_3$ |
|---|---|---|---|---|
| Mindestwert | 2,2 $d_L$ | 1,2 $d_L$ | 1,2 $d_L$ | 2,4 $d_L$ |
| empfohlener Mindestwert | 3,5 $d_L$ | 3,0 $d_L$ | 1,5 $d_L$ | 3,0 $d_L$ |
| Höchstwerte bei Beulgefahr | 6 $d_L$ oder 12 $t$ | 3 $d_L$ 6 $t$ (8 $t$) | 3 $d_L$ 6 $t$ (8 $t$) | 3 $d_L$ 12 $t$ |
| Höchstwerte ohne Beulgefahr | 10 $d_L$ oder 20 $t$ | 3 $d_L$ 6 $t$ (8 $t$) | 3 $d_L$ 6 $t$ (8 $t$) | 10 $d_L$ 20 $t$ |

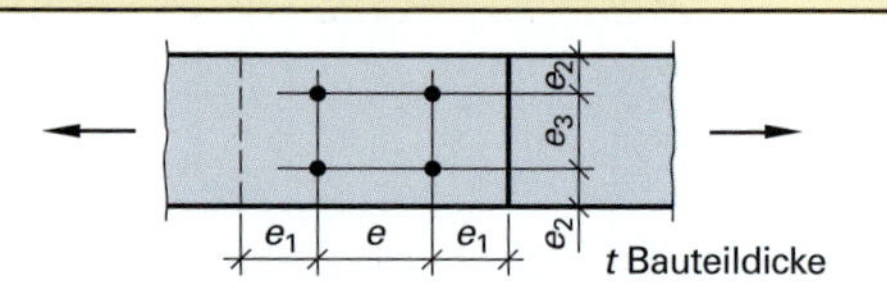


Eine lokale Beulgefahr besteht in geschraubten Stößen mit Druckkraftübertragung.

Die Klammerwerte gelten, wenn der freie Rand durch die Querschnittsform versteift wird.

## Grenzlochleibungskräfte $V_{L,R,d}$ in kN für 10 mm Bauteildicke und S235 (St 37)

7

| Verbindungsart | $e/d_L$ | $e_1/d_L$ | $\alpha_2$ | M12 | M16 | M20 | M22 | M24 | M27 | M30 | M36 |
|---|---|---|---|---|---|---|---|---|---|---|---|
| SL oder SLV | 2,2 | | 1,606 | 42,0 | 56,1 | 104 | 114 | 124 | 94,6 | 105 | 126 |
| | | 1,2 | 1,020 | 26,7 | 35,6 | 44,5 | 49,0 | 53,4 | 60,1 | 66,8 | 80,1 |
| | ≥ 3,5 | ≥ 3,0 | 3,000 | 78,5 | 105 | 131 | 144 | 158 | 177 | 197 | 236 |
| SLP oder SLVP | 2,2 | | 1,606 | 45,6 | 59,6 | 73,6 | 80,6 | 87,6 | 98,1 | 109 | 130 |
| | | 1,2 | 1,020 | 28,9 | 37,8 | 46,7 | 51,2 | 55,6 | 62,3 | 69,0 | 82,3 |
| | ≥ 3,5 | ≥ 3,0 | 3,000 | 85,4 | 112 | 138 | 1 151 | 164 | 184 | 204 | 243 |

Die Werte gelten, wenn $e_2 \geq 1{,}5\, d_L$ und $e_3 \geq 3\, d_L$ eingehalten werden. Bauteildicken 3 mm < $t \leq$ 40 mm.

Für Baustahl S355 gelten die 1,5fachen Werte. Zwischenwerte von $e/d_L$ bzw. $e_1/d_L$ können jeweils interpoliert werden.

Der kleinere Wert ist maßgebend. $V_{L,R,d} = \alpha_2 \cdot t \cdot d_{sch} \cdot f_{y,k}/\gamma_M$

## 7.5.5 Schweißverbindungen

### Rechnerische Schweißnahtdicken *a*

| Nahtart | Stumpfnaht | D(oppel)-HV-Naht | D(oppel)-HY-Naht | Doppelkehlnaht | Dreiblechnaht |
|---|---|---|---|---|---|
| Bild | 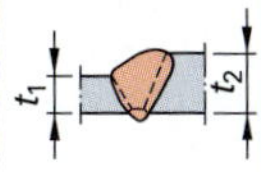  | 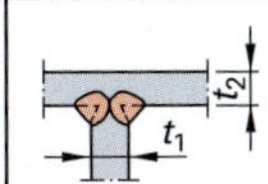  | 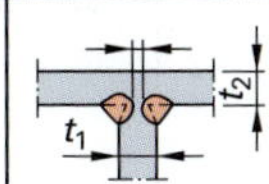  | 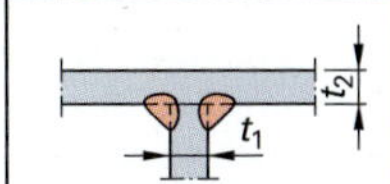  | 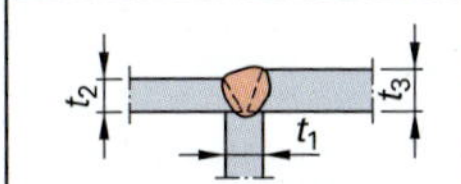  |
| rechnerische Nahtdicke | $a = t_1$, wenn $t_1 \leq t_2$ | $a = t_1$ | $a = t_1$<br>$c \leq 1/5 \cdot t_1$,<br>jedoch<br>$c \leq 3$ mm | min $a = 2$ mm<br>min $a = \sqrt{\max t} - 0{,}5$<br>max $a = 0{,}7$ min $t$<br>($a$ und $t$ in mm) | Kraftübertragung von $t_2$ nach $t_3$: $a = t_2 \leq t_3$.<br>Kraftübertragung von $t_1$ nach $t_2$: $a = t_1$. |

Mit $a$ wird die rechnerische Schweißnahtdicke und mit $l$ die rechnerische Länge einer Naht bezeichnet. $A_w = \Sigma\,(a \cdot l)$ ist die rechnerische Schweißnahtfläche, die sich aus mehreren Nähten verschiedener Länge und Dicke zusammensetzen kann. Bei konstanter Schweißnahtdicke $a$ ist $\Sigma\, l$ die rechnerische Länge aller in einem Anschluss wirksamen Schweißnähte.

### Symbole für Schweißnähte in der zeichnerischen Darstellung (Auswahl nach DIN 1912)

| Bild / Symbol | Bild / Symbol | Bild / Symbol | Bild / Symbol |
|---|---|---|---|
| 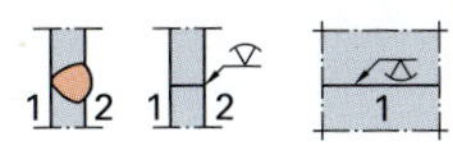  | 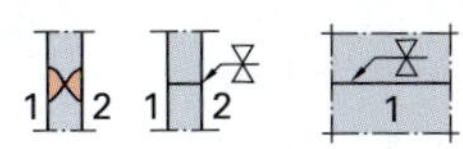  | 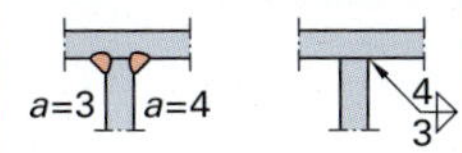  | 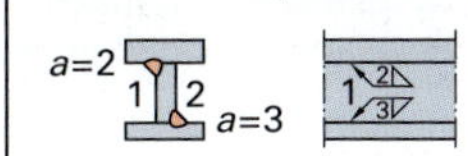  |

| Beanspruchungen | Beanspruchbarkeiten | Nachweise |
|---|---|---|
| 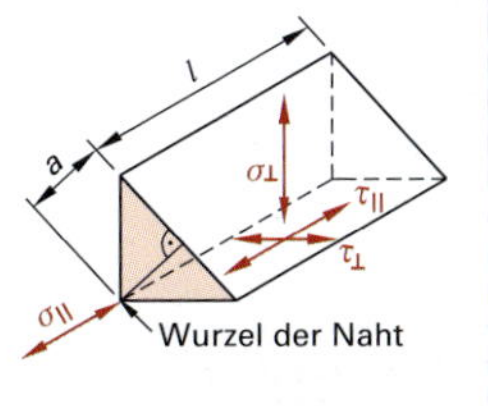  $\sigma_{w,v} = \sqrt{\sigma_\perp^2 + \tau_\perp^2 + \tau_\parallel^2}$ | $\sigma_{w,R,d} = \alpha_w \cdot f_{y,k}/\gamma_M$ mit<br>$\gamma_M = 1{,}1$<br>$f_{y,k} = 240$ N/mm² (S235)<br>$f_{y,k} = 360$ N/mm² (S355)<br>$\alpha_w = 0{,}55$ bei zugbeanspruchten Stößen von Formstählen mit $t > 16$ mm<br>$\alpha_w = 0{,}95$ für Werkstoff-Gruppe 1<br>$\alpha_w = 0{,}80$ für Werkstoff-Gruppe 2 | $S_d = \sigma_{w,v}$<br>$R_d = \sigma_{w,R,d}$<br>$S_d/R_d < 1$<br>Gruppe 1: S235<br>Gruppe 2: S355<br>Bei durch- oder gegengeschweißten Nähten auf Zug mit nachgewiesener Nahtgüte bzw. auf Druck darf $\boldsymbol{\alpha_w = 1}$ gesetzt werden. |

### Winkelanschlüsse

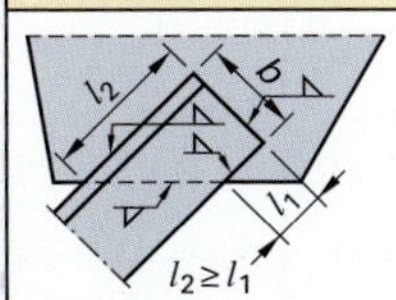


Nur Flankenkehlnähte:
$\Sigma\, l = l_1 + l_2$

Stirn- und Flankenkehlnähte:
$\Sigma\, l = l_1 + l_2 + b$

Umlaufende Naht:
$\Sigma\, l = l_1 + l_2 + 2\,b$

### Trägeranschluss ohne Nachweis

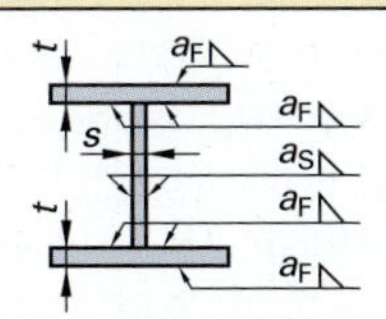


| Werkstoff | Nahtdicken |
|---|---|
| S235 | $\alpha_F \geq 0{,}5\ t$<br>$\alpha_S \geq 0{,}5\ s$ |
| S355 | $\alpha_F \geq 0{,}7\ t$<br>$\alpha_S \geq 0{,}7\ s$ |

**Beispiel**

Ein Winkel L 90 × 60 × 6 aus S235 wird gemäß Skizze an ein Blech mit $t = 8$ mm angeschweißt. Wählen Sie die Schweißnaht und führen Sie den Anschlussnachweis für eine Zugkraft $F_d = 80$ kN.

min $a = 2$ mm; min $a = \sqrt{8 - 0{,}5} = 2{,}7$ mm
max $a = 0{,}7 \cdot 6 = 4{,}2$ mm; **gew. $a = 3$ mm**
min $l = 30$ mm; min $l = 6 \cdot a = 18$ mm; max $l = 150$ mm

**gew.: $l_1 = 40 - 2 \cdot 3 = 34$ mm (Endkrater abgezogen)**
**$l_2 = 100 - 2 \cdot 3 = 96$ mm (Endkrater abgezogen)**

$\Sigma\, l = 96 + 34 = 130$ mm; $a_w = a \cdot \Sigma\, l = 3 \cdot 130 = 390$ mm²
$\tau = 80000/390 = 205$ N/mm² (einzige Spannungsart)
$S_d = \sigma_{w,v} = \tau = 205$ N/mm²
$R_d = \sigma_{w,R,d} = 0{,}95 \cdot 240/1{,}1 = 207$ N/mm²
Nachweis: $S_d/R_d = 205/207 = 0{,}99 < 1$

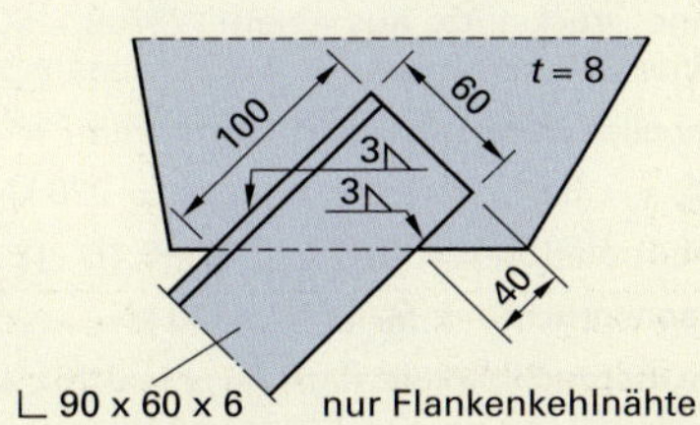


7

## 7.5.6 Knicken

Die Nachweise beschränken sich auf das Biegeknicken von Walzträgern (Druckstützen) mit **I**- und **H**-Querschnitten. Knicklängen ► S. 87.

In Abhängigkeit vom Profil und von der Knickrichtung wird nach der Tabelle die **Knickspannungslinie** KSL *a*, *b* oder *c* bestimmt. Mit der Schlankheit und der von der Stahlgüte (S235 bzw. S355) abhängigen Bezugsschlankheit $\lambda_a$ wird die bezogene Schlankheit $\bar{\lambda}_K = \lambda_K/\lambda_a$ berechnet. Die Knickspannungslinien sind hier nicht als Diagramm sondern mit den Funktionswerten ($\varkappa$-Werten) in einer Tabelle zusammengefasst. Die $\varkappa$-Werte der Tabelle können linear interpoliert werden. Sie heißen Abminderungsfaktoren.

**Biegeknicken**

$$i_y = \sqrt{(I_y/A)} \qquad i_z = \sqrt{(I_z/A)}$$
$$\bar{\lambda}_{K,y} = s_{K,y}/(i_y \cdot \lambda_a)$$
$$\bar{\lambda}_{K,z} = s_{K,z}/(i_z \cdot \lambda_a)$$

mit $\lambda_a$ = 92,9 für St 37 und $\lambda_a$ = 75,9 für St 52. Maßgebende Knickspannungslinie KSL *a* bis *c* und Abminderungsfaktoren $\varkappa$ nach nebenstehenden Tabellen (mit Interpolation).

**Nachweis:** $$N_{pl,d} = \frac{A \cdot f_{y,k}}{\gamma_M}$$

$$S_d/R_d = \frac{N_d}{\varkappa \cdot N_{pl,d}} < 1$$

**Profil mit Knicken um Achse**

| Profil | Knicken um | KSL |
|---|---|---|
| I und IPE | *y*-Achse<br>*z*-Achse | a<br>b |
| HE-B ab 360 | *y*-Achse<br>*z*-Achse | a<br>b |
| HE-B bis 340 | *y*-Achse<br>*z*-Achse | b<br>c |
| Winkel | allgemein | c |

| $\bar{\lambda}_K$ | $\varkappa$-Werte für KSL *a* | *b* | *c* |
|---|---|---|---|
| 0,2 | 1,00 | 1,00 | 1,00 |
| 0,7 | 0,85 | 0,78 | 0,72 |
| 1,2 | 0,53 | 0,49 | 0,43 |
| 1,7 | 0,30 | 0,28 | 0,26 |
| 2,2 | 0,19 | 0,18 | 0,17 |
| 2,7 | 0,12 | 0,12 | 0,11 |

| Profil | | Achse | KSL |
|---|---|---|---|
| Hohlprofile 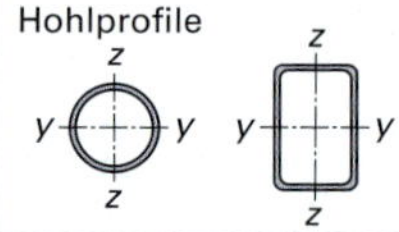 | warm | y-y<br>z-z | *a* |
| | kalt | y-y<br>z-z | *b* |
| gewalzte I-Profile 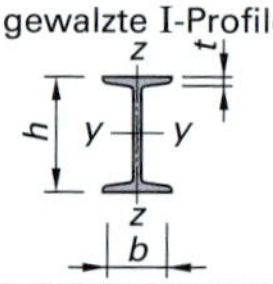 | *h/b*>1,2<br>*t*≤40 mm | y-y<br>z-z | *a*<br>*b* |
| | *h/b*>1,2<br>*t*<80 mm | y-y<br>z-z | *b*<br>*c* |
| U-, L-, T- und Vollschnitte 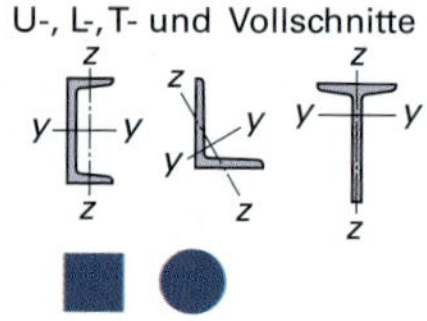 | | | *c* |

**Beispiel**

Eine Druckstütze HE-300B aus S235 mit einer Knicklänge von $s_{Ky}$ = $s_{Kz}$ = 400 cm wird mit einer Druckkraft von $N_d$ = $F_d$ = 2500 kN beansprucht. Der Nachweis auf Biegeknicken ist zu führen.

**Tabellenwerte:** $A$ = 149 cm², $i_y$ = 13,0 cm, $i_z$ = 7,58 cm; $f_{y,k}$ = 240 N/mm², $\gamma_M$ = 1,1, $\lambda_a$ = 92,9

$N_{pl,d} = A \cdot f_{y,k}/\gamma_M$ = 149 · 24/1,1 = 3250 kN, HE-B bis 340.

Knicken um *y*-Achse (in *z*-Richtung), $\bar{\lambda}_{K,y}$ = 400/(13,0 · 92,9) = 0,33, KSL b

Interpolation $\varkappa$ = 1,00 – (1,00 – 0,78) · (0,33 – 0,2)/(0,7 – 0,2) = 0,94

**Beanspruchung:** $S_d = F_d$ = 2500 kN, Beanspruchbarkeit: $R_d = \varkappa \cdot N_{pl,d}$ = 0,94 · 3250 = 3055 kN

Nachweis: $S_d/R_d$ = 2500/3055 = 0,818 < 1

Knicken um *z*-Achse (in *y*-Richtung), $\bar{\lambda}_{K,z}$ = 400/(7,58 · 92,9) = 0,57, KSL c

Interpolation $\varkappa$ = 1,00 – (1,00 – 0,72) · (0,57 – 0,2)/(0,7 – 0,2) = 0,79

**Beanspruchung:** $S_d = F_d$ = 2500 kN, Beanspruchbarkeit: $R_d = \varkappa \cdot N_{pl,d}$ = 0,79 · 3250 = 2567 kN

**Nachweis:** $S_d/R_d$ = 2500/2567 = 0,974 < 1

7

**Beispiel**

Eine Druckstütze aus einem Winkel L 60 × 6, S355 mit einer Knicklänge von $s_K$ = 200 cm wird mit einer Druckkraft von $N_d$ = 35 kN beansprucht. Der Nachweis auf Biegeknicken ist zu führen.

**Tabellenwerte:** $A$ = 6,91 cm²; min $i$ = 1,17 cm, $f_{y,k}$ = 360 N/mm², $\gamma$ = 1,1, $\lambda_a$ = 75,9 KSL c

$N_{pl,d}$ = 6,91 · 36/1,1 ⇒ $N_{pl,d}$ = 226 kN, $\lambda_{Ky}$ = 200/(1,17 · 75,9) = 2,25

Interpolation $\varkappa$ = 0,17 – (0,17 – 0,11) · (2,25 – 2,2)/(2,7 – 2,2) = 0,16

**Beanspruchung:** $S_d = N_d$ = 35 kN

**Beanspruchbarkeit:** $R_d = N_{pl,d}$ = 0,16 · 226 = 36,2 kN

**Nachweis:** $S_d/R_d$ = 35/36,2 = 0,97 < 1

## 7.6 Fertigteilbau

Im Baubereich werden immer häufiger vorgefertigte Bauelemente wie Stützen, Balken, Decken, Wände und Treppen aus Stahlbeton, Stahl und Holz hergestellt. Die Richtlinien für Stahlbetonfertigteile enthält die DIN 1045, für Holzbauteile die DIN 1052 und für Stahlfertigteile die DIN 18800. Im Fertigteilbau wird zunehmend die Maßvorgabe nach der Modulordnung gemäß **DIN 18000** angestrebt; das **Grundmodul M = 10 cm** ist der größte gemeinsame Teiler modularer Bauweise. Man unterscheidet zwischen geschlossenen und offenen Bausystemen. Als Konstruktionssysteme unterscheidet man die Großtafelbauweise und den Skelett-(Gerippe-)Bau.

### Modulordnung

Die Modulordnung nach DIN 18000 wurde mit dem Ziel entwickelt, vorgefertigte Bauteile des Rohbaus (des industriellen Bauens) miteinander kombinieren zu können.

Dies ist auch im Mauerwerksbau durch die Einführung der 17,5 cm und 30,0 cm dicken Wände möglich. Entscheidend für das Kombinieren vorgefertigter Bauteile ist das Einhalten der Grenzmaße, Winkel- und Ebenheitstoleranzen.

Die in der DIN 18001 definierten Toleranz-Begriffe werden in DIN 18002 auf den gesamten Hochbau übertragen.

Die Grundriss-Koordinationsraster werden in verschiedenen Bezugsarten nach DIN 18000 vorgegeben. Das **Grundmaßmodul M = 100 mm** ist das kleinste modulare Baumaß. Multimodula sind ganzzahlige Vielfache des Grundmoduls.

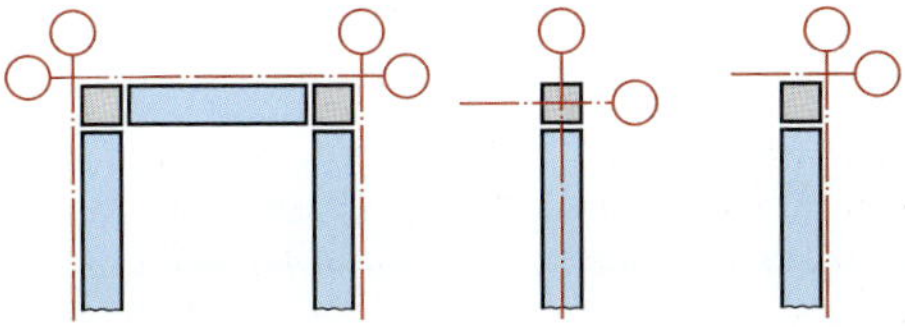


### Grenzmaße in mm (nach DIN 18202)

| Bezug zum Bauwerk | Nennmaße in m ≤ 3 ≤ 6 | > 3 ≤ 15 | > 6 ≤ 30 | > 15 | > 30 |
|---|---|---|---|---|---|
| Maße im Grundriss, z.B. Längen, Breiten, Achs- und Rastermaß | ± 12 | ± 16 | ± 20 | ± 24 | ± 30 |
| Maße im Aufriss, z.B. Geschosshöhen | ± 16 | ± 16 | ± 20 | ± 30 | ± 30 |
| Lichte Maße im Grundriss z.B. zwischen Stützen | ± 16 | ± 20 | ± 24 | ± 30 | – |
| Lichte Maße im Aufriss z.B. unter Decken | ± 20 | ± 20 | ± 20 | – | – |
| Öffnungen mit nicht oberflächenfertigen Leibungen | ± 12 | ± 16 | – | – | – |
| Öffnungen mit oberflächenfertigen Leibungen | ± 10 | ± 12 | – | – | – |

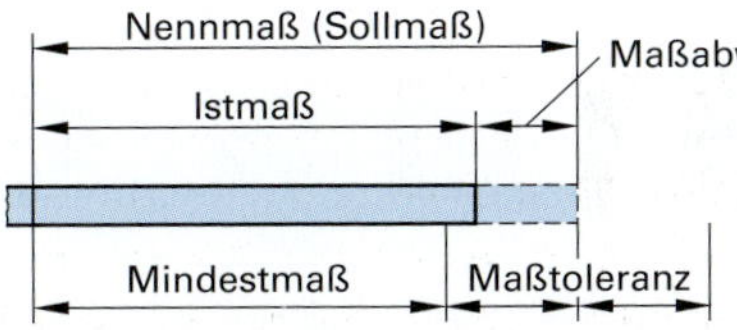


### Großtafelbauweise

Bei der Großtafelbauweise werden Wandtafeln und Deckenplatten zu Räumen zusammengesetzt. Die Bauelemente haben neben der tragenden und aussteifenden Funktion zugleich eine raumabgrenzende Aufgabe. Die Elemente werden an den Stößen durch Anker, Dübel, Schrauben oder Nutfedern, Bolzenschlösser, mit und ohne Fugenverguss verbunden. Die Raumzelle ist ein Sondersystem, bei dem Wand- und Deckenplatten eine Zelle mit tragender und raumabschließender Funktion bilden.

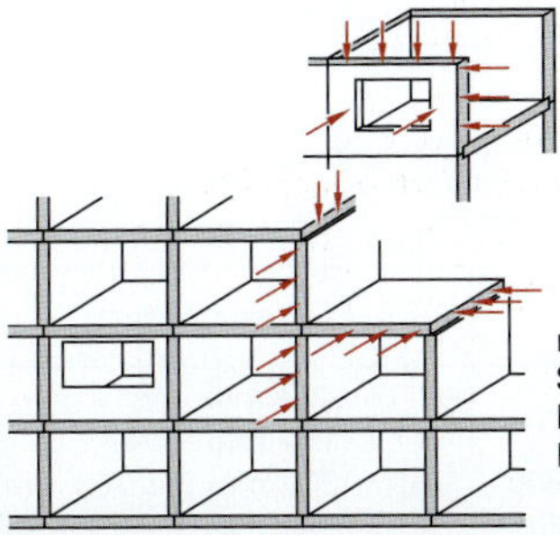


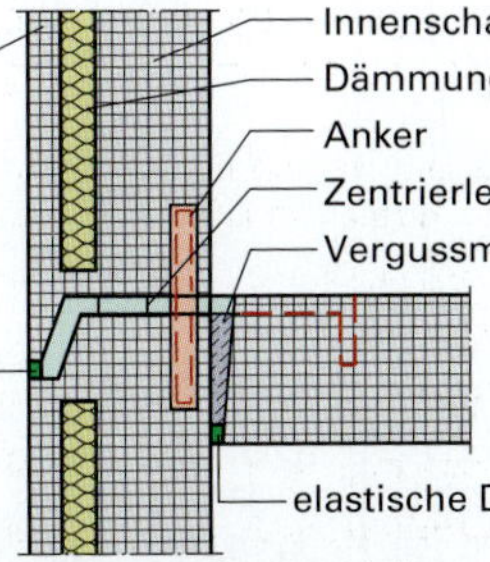


Dreischichtige Außenwandplatte

7

## Stahlbetonskelettbau

Im Skelettbau übernehmen stabförmige Bauteile die tragende Funktion. Das vertikale Tragsystem kann aus durchgehenden Stützen, Pendelstützen, zweistieligen Rahmen, T-Rahmenteilen oder aus Pilzkopfelementen bestehen, die übereinander gestapelt werden. Stützen stellt man in vorgefertigte Köcherfundamente; sie werden zentriert, fixiert und mit Vergussbeton ummantelt. Stützenkonsolen oder Aussparungen im Stützenkopf schaffen die nötigen Auflager für Balken und Plattenbalken (TT-Platte, Trogplatte, Doppelstegplatte). Ein System von Ankerbolzen (Dollen) und Ankerlöchern sichern die Skelettelemente schon beim Aufbau gegen ein Kippen oder Abrutschen. Nach dem Vergießen der Löcher und Fugen mit Beton entstehen unverschiebliche Verbindungen zwischen Stützen und Balken.

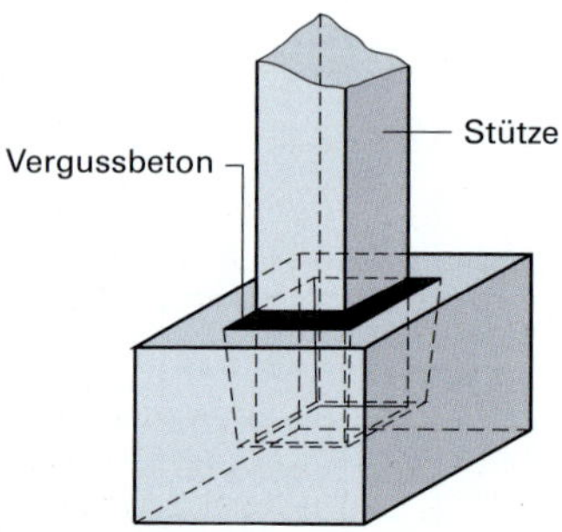


**Blockfundament**
mit ausgespartem Köcher

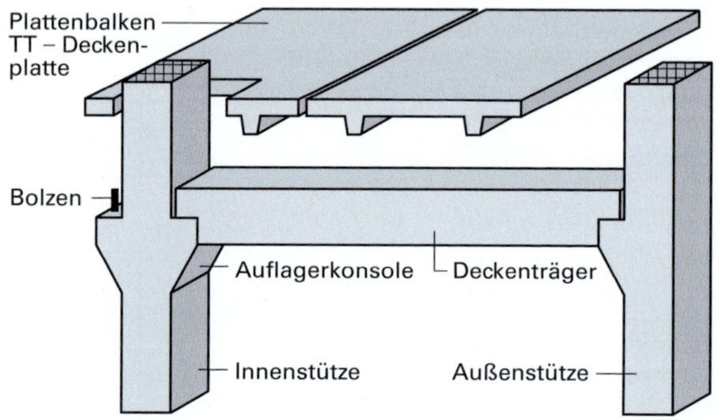


**Skelettbausystem**

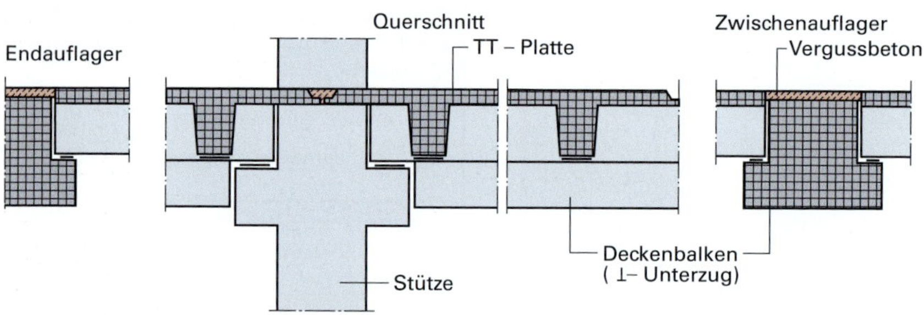


**Fertigteilquerschnitte** (Typenprogramm Skelettbau)

Auflagertiefe bei Platten $a \geq 5$ cm
Auflagertiefe bei Balken $a \geq 10$ cm

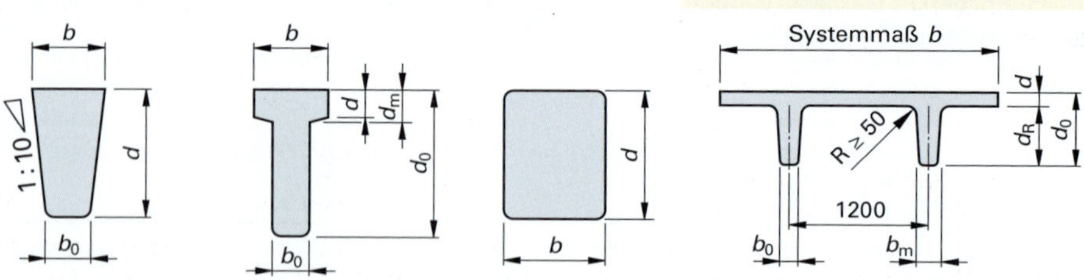


| | V-Pfetten (Maße in mm) | | T-Binder | | Stützen Riegel | | TT-Deckenplatten |
|---|---|---|---|---|---|---|---|
| $d$ | 350 | 500 | 150 | 150 | 300 | 400 | $b$ = 2400 mm |
| $b$ | 150/190 | 180/260 | 370 | 400 | 400 | 400 | $d$ ≥ 60 mm (F 30) |
| $b_0$ | 80/150 | 80/160 | 120 | 150 | $d$ 300 … (+ 100) … 600 | | $d_R$ = 300 mm (bis 700 mm) |
| $d_0$ | – | – | 600 … (+ 200) … 1800 | | $b$ 300 … (+ 100) … 800 | | $b_0$ = 190 mm (bis 230 mm) |

7

# 7.7 Rohrleitungsbau

**Definition:** Der erdverlegte Rohrleitungsbau umfasst alle Tätigkeiten zur Herstellung und Instandhaltung einer dauerhaft funktionstüchtigen im Erdboden verlegten Rohrleitung zum Transport von Flüssigkeiten, Gasen und Feststoffen für die Ver- und Entsorgung der Abnehmer und Verbraucher.
Anordnungen des Rohrleitungsbaus werden in zahlreichen Normen ausgeführt. Die wichtigsten übergeordneten Normen für die Versorgung sind die DIN EN 805 (Anforderungen an Wasserversorgungssysteme und deren Bauteile außerhalb von Gebäuden), die DIN EN 12007 (Gasversorgungssysteme - Rohrleitungen mit einem maximal zulässigen Betriebsdruck bis einschl. 16 bar) sowie für die Entsorgung die DIN EN 1610 (Verlegung und Prüfung von Abwasserleitungen und -kanälen). Ergänzt wird das Regelwerk von zahlreichen Arbeitsblättern des DVGW (Deutsche Vereinigung des Gas- und Wasserfaches) und der ATV (Abwassertechnische Vereinigung). Außerdem gilt es immer die Unfallverhütungsvorschrift zu beachten.

## 7.7.1 Versorgung

### Wasserversorgung

Die Wasserversorgung umfasst die Wassergewinnung, die Wasserförderung, die Wasseraufbereitung, die Wasserspeicherung und die Wasserverteilung. Sie muss hygienisch einwandfrei und langfristig wirtschaftlich sein, so dass das Wasser mit ausreichendem Druck und mit ausreichenden Reserven zu Löschzwecken in die Versorgungsgebiete eingespeist wird.

Trinkwasser muss gesund, keimfrei, geruchlos, farblos, klar, wohlschmeckend und kühl sein. Das Trinkwasser nach DIN 1988 sollte in genügender Menge und ausreichendem Druck bereitgestellt werden. Die Temperatur des Trinkwassers sollte zwischen 5 °C und 15 °C, der Kalkgehalt zwischen 15 °dH und 25 °dH (°dH = deutscher Härtegrad) liegen. Das Wasser sollte im Leitungsmaterial keine Korrosionsschäden hervorrufen.

### Wasserhärtebereiche

| °dH | mval/Liter | Bezeichnung | Beurteilung | Geschmack | Bemerkung | |
|---|---|---|---|---|---|---|
| 0 bis 4 | 0 bis 1,4 | sehr weich | geeignet | fade | WM 1 | ungefähre Angaben |
| 4 bis 8 | 1,4 bis 2,9 | weich | gut geeignet | gut | WM 2 | |
| 8 bis 12 | 2,9 bis 4,2 | mittelhart | gut geeignet | gut | WM 3 | |
| 12 bis 18 | 4,3 bis 6,4 | ziemlich hart | tragbar | gut | WM 4 | |
| 19 bis 30 | 6,4 bis 10,7 | hart | tragbar | gut | WM = Waschmittelgesetz | |
| über 30 | über 10,7 | sehr hart | ungeeignet | bleiig | | |

Für die Dimensionierung von Wasserversorgungseinrichtungen für Trinkwasser in Wohngebäuden, Verwaltungsgebäuden, Schulen, Hotels, Krankenhäusern und landwirtschaftlichen Anlagen ist das Arbeitsblatt W410 vom DVGW heranzuziehen. Die Anforderungen an den Bau einer Trinkwasserversorgung sind in DIN 2000 und DIN 2001 ausgeführt. Die Herstellung oder Änderung einer Trinkwasserversorgungsanlage ist durch das Wasserversorgungsunternehmen (WVU) zu genehmigen. Im Einzelfall wird für eine Wohnung mit Bad und WC ein Verbrauch von 100 Liter (durchschnittlich) bis 220 Liter (Höchstwert) angesetzt.

### Täglicher Wasserverbrauch pro Einwohner (ungefähre Angaben)

| | | | | | |
|---|---|---|---|---|---|
| Essen/Trinken | **5 l** | Industrieverbrauch umgerechnet pro Kopf | **40 l** | Summe persönlicher Bedarf | **125 l** |
| Wäsche | **20 l** | | | Industrieverbrauch | **40 l** |
| Toilette und Körperpflege | **30 l und 40 l** | | | | |
| Sonstiges (Spülen, Garten ...) | **30 l** | | | **Gesamtsumme** | **165 l** |

Um tägliche Schwankungen und Verbrauchsspitzen auszugleichen, muss das Wasser in Sammelbehältern (Wassertürme) zwischengespeichert werden; die Größe der Speicher entspricht 30 % bis 50 % des höchsten Tagesbedarfs. Zur Bestimmung der Nennweite von Wasserleitungen sind der Förderstrom, die Abnehmer, die durchschnittliche Verbrauchsmenge, der tägliche Betrieb sowie die Fließgeschwindigkeit entscheidend:

$$d = \sqrt{\frac{Q \cdot 4}{v \cdot \pi}} \quad \text{mit } Q = \frac{EW \cdot VB/d}{BD/d}$$

*Q* Förderstrom l/s
*VB* Verbrauch l/EW
*EW* Einwohnerzahl
*BD* Betriebsdauer s/d
*v* Fließgeschwindigkeit m/s
d Tag

7

## Gasversorgung

Die Gasversorgung umfasst das Aufkommen, die Verwendung und Abgabe von leitungsgebundenem Erdgas an den Endabnehmer durch das Gasversorgungsunternehmen. Gase, die sich brenntechnisch ähnlich verhalten, werden in Gasfamilien zusammengefasst.
Nachdem das Erdgas mit hohem Druck aus den unterirdischen Lagerstätten gefördert worden ist, wird es getrocknet und gereinigt. Im Fernleitungsnetz wird das Erdgas unter Hochdruck (in Deutschland bis 84 bar) zu den Übernahme- und Netzstationen transportiert, wobei der Druckabfall durch Reibung in Verdichterstationen aufgefangen wird, die alle 100 km – 200 km angeordnet sind. Dort wird der Druck reduziert, das Erdgas gefiltert und vorgewärmt, die Gasmenge gemessen, die wichtigsten Parameter registriert sowie die Odorierung (Riechbarmachung) realisiert, ehe es über ein Mitteldrucknetz zu den Endverbrauchern verteilt wird.

| | |
|---|---|
| 1. Gasfamilie | wasserstoffreiche Gase |
| 2. Gasfamilie | Naturgase (Erdgas) |
| 3. Gasfamilie | Flüssiggase |
| 4. Gasfamilie | Gas-Luft-Gemische |

### Eigenschaften von Erdgas H

| Erdgas ist ungiftig, farb- und geruchlos | |
|---|---|
| Dichte | 0,7 kg/m³ |
| Siedepunkt | – 161 °C |
| Zündbereich | 4 Vol.-% bis 17 Vol.-% |
| Brennwert | ca. 11 kWh/m³ |
| Methananteil | 87 Vol.-% bis 99 Vol.-% |

### Druckbereiche in der Gasversorgung

| | |
|---|---|
| Niederdruckbereich | < 100 mbar |
| Mitteldruckbereich | 100 mbar bis 1000 mbar |
| Hochdruckbereich | > 1 bar |

## Rohrwerkstoffe in der Wasser- und Gasversorgung

Im Rohrleitungsbau werden sowohl die Kunststoffe Polyethylen (PE), Polyvinylchlorid (PVC) und glasfaserverstärkter Kunststoff (GFK), als auch die metallischen Werkstoffe Duktilguss (GJS) und Stahl (St) als Rohrwerkstoff verwendet. Jeder dieser Werkstoffe hat dabei spezielle Vorzüge, aber auch Nachteile, so dass es den optimalen Rohrwerkstoff für alle Situationen nicht gibt. Vielmehr müssen immer wieder neu situationsbezogen die speziellen Anforderungen analysiert werden, ehe in Abhängigkeit von den äußeren Gegebenheiten, dem Medium, den Drücken, den Nennweiten, den Verlegtiefen, ... der jeweils beste Rohrwerkstoff ausgewählt werden kann.

### Werkstoffkennwerte der gängigen Werkstoffe im Rohrleitungsbau (Durchschnittswerte)

| Eigenschaften | Einheit | PE | PVC | GGG | St |
|---|---|---|---|---|---|
| Dichte | g/cm³ | 0,96 | 1,4 | 7,25 | 7,85 |
| Zugfestigkeit | N/mm² | 20 | 55 | 440 | 400 |
| Druckfestigkeit | N/mm² | 10 | 80 | 900 | 400 |
| Arbeitsvermögen | Nm | 10 | 1000 | 10 000 | 7500 |
| Wärmeleitzahl | W/mK | 0,12 | 0,42 | 35 | 55 |
| Wärmedehnzahl | mm/m · °C | 0,2 | 0,08 | 0,012 | 0,012 |
| Elastizitätsmodul | N/mm² | 1750 | 4000 | 180 000 | 210 000 |
| Bruchdehnung | % | 300 | 25 | 16 | 35 |

Das **Arbeitsvermögen** ist ein Kennwert für die Arbeit, die aufgewendet werden muss, um ein Rohr unbrauchbar zu machen.

### Polyethylen (PE)

PE-Rohre werden vorrangig in kleinen Nennweiten (bis ca. DN 300) in der Gas- und Wasserversorgung eingesetzt, da sie aufgrund des geringen Gewichts einfach zu verlegen sind. Zudem werden sie neben der klassischen Stangenware bis ca. $d_A$ 180 auch in Ringbunden geliefert, was eine schnelle Verlegung mit wenigen Verbindungsstellen ermöglicht. Bei den Standardrohren sind Drücke bei Gas bis 10 bar und bei Wasser bis 20 bar zugelassen.
Für die grabenlose Verlegung sowie für spezielle Anforderungen stehen neben den Standardvarianten zahlreiche spezielle Alternativen wie z.B. Mantelrohre oder PE-X-Rohre zur Verfügung.

SDR Wanddickenverhältnis, MDP Druckstufe, $d_a$ Außendurchmesser, $s$ Wandstärke

**Typische PE-Rohre** (mittlerer Sicherheitsfaktor SF)

| SDR | 17 | 11 | 7,4 |
|---|---|---|---|
| PE 80 SF = 1,6 | MDP 6,2 | MDP 10,0 | MDP 15,3 |
| PE 100 SF = 1,6 | MDP 7,8 | MDP 12,5 | MDP 19,2 |
| $d_A$ [mm] | $s$ [mm] | $s$ [mm] | $s$ [mm] |
| 25 | 1,8 | 2,3 | 3,5 |
| 32 | 1,9 | 2,9 | 4,4 |
| 40 | 2,4 | 3,7 | 5,5 |
| 50 | 3,0 | 4,6 | 6,9 |
| 110 | 6,6 | 10,0 | 15,1 |
| 160 | 9,5 | 14,6 | 21,9 |
| 225 | 13,4 | 20,5 | 30,8 |
| 315 | 18,7 | 28,6 | 43,1 |

## Polyvinylchlorid (PVC)

PVC-Rohre kommen in der Gas- und Wasserversorgung vorrangig in kleineren Nennweiten bis ca. DN 400 zum Einsatz.
In der Rohrleitungsbau-Praxis werden PVC-Rohre neben der Verwendung als Produktrohr aufgrund des geringen Gewichts, der sehr einfachen Verlegung und des geringen Preises vielfach auch als Schutzrohre eingesetzt. Darüber hinaus finden sie im Garten- und Landschaftsbau verstärkt Verwendung.

DN Nennweite, $d_a$ Außendurchmesser, *s* Wandstärke, SDR Wanddickenverhältnis, MDP Druckstufe

**Typische PVC-Rohre**

| SDR | | 21 | 13,6 |
|---|---|---|---|
| PVC | | MDP 10 | MDP 16 |
| DN | $d_A$ [mm] | *s* [mm] | *s* [mm] |
| 25 | 32 | | 2,4 |
| 40 | 50 | | 3,7 |
| 100 | 110 | 5,3 | 8,2 |
| 150 | 160 | 7,7 | 11,9 |
| 200 | 225 | 10,8 | 16,7 |
| 300 | 315 | 15,0 | 23,4 |

## Duktilgussrohre (GJS)

Die guten mechanischen Eigenschaften erlauben den Einsatz von duktilen Gussrohren (GJS) unter schwierigen Verlegebedingungen, z.B. in Bergsenkungsgebieten, bei großen Überdeckungshöhen und felsigem Boden; ebenso überall dort, wo große Sicherheitsreserven erforderlich sind. Generell werden Duktilgussrohre vorrangig bei größeren Nennweiten (ab ca. DN 300 bis DN 1400) und bei hohen Drücken (bis 64 bar) eingesetzt.

DN Nennweite, $d_a$ Außendurchmesser, *s* Wandstärke, PMA Druckstufe, ZmA Zementmörtelauskleidung, ZmU Zm-Umhüllung

**Typische Duktilgussrohre** (Wanddickenklasse K9)

| DN | $d_A$ | PMA | *s* | ZmA | ZmU |
|---|---|---|---|---|---|
| 100 | 118 | 64 | 6 | 4 | 5 |
| 150 | 170 | 64 | 6 | 4 | 5 |
| 200 | 222 | 62 | 6,3 | 4 | 5 |
| 300 | 326 | 49 | 7,2 | 4 | 5 |
| 400 | 429 | 42 | 8,1 | 5 | 5 |
| 500 | 532 | 38 | 9 | 5 | 5 |
| 600 | 635 | 36 | 9,9 | 5 | 5 |
| 700 | 738 | 34 | 10,8 | 6 | 5 |
| 800 | 842 | 32 | 11,7 | 6 | – |
| 900 | 945 | 31 | 12,6 | 6 | – |

## Stahl (St)

Stahlrohre werden eingesetzt, wo große Drücke herrschen, d.h im Anlagenbau und bei großen Transport- und Zubringerleitungen. In der Gasversorgung sind sie unersetzlich, da bei Überlandleitungen und Pipelines Drücke über 100 bar gefahren werden. Durch geringere Wanddicken haben sie im Verhältnis zum Duktilgussrohr ein geringeres Gewicht. Außerdem werden sie vielfach bei schwierigen Bodenverhältnissen und der grabenlosen Verlegung eingesetzt.

DN Nennweite, $d_a$ Außendurchmesser, *s* Wandstärke, Inch ≙ Zoll, PMA Druckstufe, ZmU Zm-Umhüllung

**Typische Stahlrohre** (für Stumpfschweißungen)

| DN | $d_A$ | Inch | PMA | *s* | ZmU |
|---|---|---|---|---|---|
| 100 | 114,3 | 41/2 | 95 | 3,6 | 5 |
| 150 | 168,3 | 65/8 | 73 | 4,0 | 5 |
| 200 | 219,1 | 45/8 | 64 | 4,5 | 6 |
| 250 | 273,0 | 103/4 | 57 | 5,0 | 6 |
| 300 | 323,9 | 123/4 | 54 | 5,6 | 6 |
| 350 | 355,6 | 14 | 50 | 5,6 | 7 |
| 400 | 406,4 | 16 | 49 | 6,3 | 7 |
| 450 | 457,2 | 18 | 44 | 6,3 | 7 |
| 500 | 508,0 | 20 | 39 | 6,3 | 7 |
| 600 | 610,0 | 24 | 30 | 6,3 | 7 |

## Fernwärme

Die Fernwärmeversorgung umfasst die Versorgung ausgehend von einer zentralen Heizanlage für die Heizung und die Warmwasserversorgung. Die Erzeugung der Wärme ist umweltfreundlich und flexibel, da jede Art von Brennstoff (z.B. auch Müll oder Biogas) sowie die Vorteile der Kraft-Wärme-Kopplung (gleichzeitige Produktion von Strom und Wärme) genutzt werden. Der Transport der thermischen Energie erfolgt in wärmegedämmten Rohrsystemen, bei denen in einem Kreislauf das heiße Medium vom Heizwerk zum Verbraucher hin und das ausgekühlte Wasser parallel dazu wieder zurück transportiert wird. Zum Transport von Fernwärme bedarf es komplexer Rohrsysteme, da durch die Temperaturunterschiede extreme Spannungen (Kompensation durch Dehnungsausgleicher) auftreten und aus wirtschaftlicher Sicht der Wärmeverlust (durch Einbau einer Wärmedämmung) minimiert werden muss. Um Undichtigkeiten schnell erkennen zu können, sind Fernwärmerohre vielfach mit einem integrierten elektrisch leitendem Überwachungs- und Ortungssystem ausgerüstet.

## Rohre für die Fernwärmeversorgung

### Kunststoffmantelrohre (KMR)

Heutzutage werden zum größten Teil Kunststoffmantelrohre (KMR) mit Stahlmedienrohren in Verbundbauweise verwendet. Sie haben durch die weitgehende Standardisierung, die große Robustheit und den relativ günstigen Preis einen Verlegeanteil von ca. 75 %. Darüber hinaus kommen insbesondere bei schwierigen Verlegebedingungen sowie hohen Drücken und hohen Medientemperaturen Stahlmantelrohre (Medienrohr Stahl, Wärmedämmung aus PUR, Mantelrohr aus Stahl) zum Einsatz.

| | Stahlmedienrohr | | PE-Mantelrohr | |
|---|---|---|---|---|
| DN | $d_a$ | $s$ | $d_a$ | $s$ |
| 25 | 33,7 | 2,6 | 110 | 3,0 |
| 40 | 48,3 | 2,6 | 125 | 3,0 |
| 50 | 60,3 | 2,9 | 140 | 3,0 |
| 65 | 76,1 | 2,9 | 160 | 3,0 |
| 100 | 114,3 | 3,6 | 225 | 3,4 |
| 150 | 168,3 | 4,0 | 280 | 3,9 |
| 200 | 219,1 | 4,5 | 355 | 4,5 |
| 250 | 273 | 5,0 | 450 | 5,2 |

## Leitungsteile für den Rohrleitungsbau

### Formstücke

Formstücke (oder Formteile) sind Leitungsteile, die im Rohrleitungsbau dazu dienen den Leitungsverlauf entsprechend der vorgegebenen Richtung anzupassen, Armaturen zu integrieren, die Nennweite zu verändern oder Einbindungen (Abzweige) herzustellen.

#### Flanschformstücke

| Abk. | Verwendung | Symbol |
|---|---|---|
| ALK | Sicherung von Entleerungsleitungen (Anschluss Flansch (o. Muffe)) | 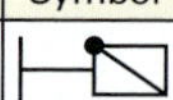 |
| EN | Anschluss eines Hydranten mit Flansch an ein Muffenrohr |  |
| EU | Übergang von Flanschverbindung auf Muffenverbindung | 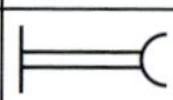 |
| F | Einstecken des Spitzendes in eine Muffe zum Anschluss eines Flansches | 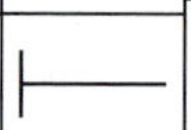 |
| FF | Verbindung zweier Flansche | 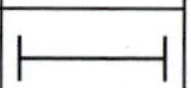 |
| FFK | Richtungsänderung 11 1/4 bis 45° zwischen zwei Flanschen |  |
| FFQ | Richtungsänderung 90° zwischen zwei Flanschen | 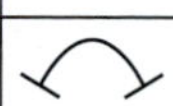 |
| FFR | Reduzierung der Nennweite zwischen zwei Flanschen | 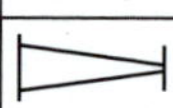 |
| N | Anschluss eines Hydranten mit Flansch an ein Flanschrohr |  |
| T | Einbindung eines Flanschrohres oder -formstücks an Flanschrohre | 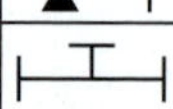 |
| TT | Doppelte Einbindung von Flanschrohren- oder Formstücken an Flanschrohre | 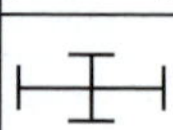 |
| X | Abschluss der Leitung durch Flansch | 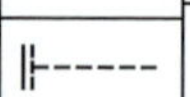 |

#### Muffenformstücke

| Abk. | Verwendung | Symbol |
|---|---|---|
| MMA | Einbindung eines Flanschrohres oder -formstücks an Muffenrohre (90°) | 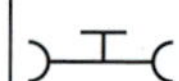 |
| MMB | Einbindung eines Muffenrohres oder -formstücks an Muffenrohre (90°) |  |
| MMC | Einbindung eines Muffenrohres oder -formstücks an Muffenrohre (45°) |  |
| MMK | Richtungsänderung 11 1/4 – 45 ° zwischen zwei Muffen |  |
| MMQ | Richtungsänderung 90 ° zwischen zwei Muffen |  |
| MMR | Reduzierung der Nennweite zwischen zwei Muffen |  |
| MUPA | Längenanpassung bei Muffenrohren (Muffenpassstück) |  |
| O | Abschluss der Leitung durch eine Kappe auf dem Spitzende | 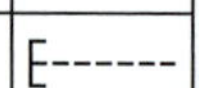 |
| P | Abschluss der Leitung durch einen Stopfen auf dem Muffenende | 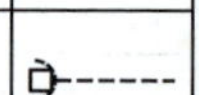 |
| RRK | Rohrreinigungskästen (Anschluss Muffe (oder Flansch)) | 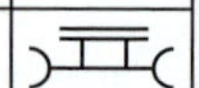 |
| U | Muffe zum Überschieben | 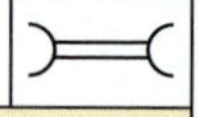 |

### Absperrarmaturen

| Armatur | Eigenschaften des Abschlusskörpers | Einsatz |
|---|---|---|
| Schieber | – geradlinige Bewegung<br>– nicht im Medienstrom, molchbar | – Gas- und Wasserversorgung<br>– kleine DN (bis ca. DN 300) |
| Klappe | – dreht um Achse<br>– im Medienstrom, nicht molchbar | – Wasserversorgung<br>– große DN (ab ca. DN 300) |
| Kugelhahn | – dreht um Achse<br>– nicht im Medienstrom, molchbar | – vorrangig in der Gasversorgung |

7

## Hydranten

Hydranten werden zur Wasserentnahme in Wasserleitungen eingebaut. Dabei kommen Unter- und Überflurhydranten zum Einsatz. Die jeweiligen Vorteile beider Hydrantenarten sind in der Tabelle zusammengefasst (gleichzeitig Nachteile bei der anderen Bauart).

| Unterflurhydranten | Überflurhydranten |
|---|---|
| geringere Anschaffungskosten | höherer Durchfluss |
| geringere Einbaukosten | jederzeit schneller Zugriff |
| geringere Wartungs- und Instandsetzungskosten | kann nicht zugeparkt werden |
| keine Behinderung des Verkehrs | leichtes Auffinden auch bei Schnee oder Dunkelheit |
| keine Gefahr der Beschädigung durch den Straßenverkehr oder durch Vandalismus | weniger Verschmutzungsgefahr durch Straßenschmutz |
| können auf in der Fahrbahn liegenden Leitungen direkt eingesetzt werden | ohne Montage von Zusatzteilen verfügbar (kein Standrohr erforderlich) |
| stören nicht das Landschaftsbild | historischer Anblick (Nostalgiehydranten) |

## Sonstige Armaturen und deren Verwendung/Anforderungen im Rohrleitungsbau

| Name | Verwendung/Anforderungen |
|---|---|
| Regelventile | – meist Ringkolbenventile<br>– zur Druck- und Durchflussregelung<br>– zur Steuerung und Regelung von Behältereinläufen<br>– als Messringkolbenschieber auch zur Messung des Durchflusses |
| Rückflussverhindernde Armaturen | – meist Rückschlagklappen<br>– zum Verhindern des Rückflusses nach Ausfall der sie öffnenden Kraft |
| Be- und Entlüftungsventile | – meist Ventile mit Schwimmkörper als Einkammer-, Zwei- oder Doppelkammerventile<br>– Einbau an Hochpunkten<br>– Ablassen kleinerer Luftmengen infolge ungelöster Luft, die durch Temperatur- und Druckänderungen laufend ausgeschieden werden<br>– Ablassen größerer Luftmengen nach betrieblichen Störungen oder Entleerungen |
| Spülauslässe und Entleerungen | – Einbau an Tiefpunkten<br>– Ablassen des Spülwassers, welches der drei- bis fünffachen normalen Wassermenge entspricht<br>– Entleeren der Rohrleitung zur Reparatur oder zum Auswechseln |
| Behältereinlaufarmaturen | – sichere und zuverlässige Einleitung des Wassers aus der Zubringerleitung<br>– schadfreie Ableitung der Überschussenergie aus der Leitung<br>– möglichst geringe Druckstöße beim Öffnen und Schließen |
| Siebe | – gegen das Eindringen von groben Verunreinigungen<br>– an Saugleitungen und am Beginn von Behälterentnahmeeinrichtungen |

## Kompensatoren

Kompensatoren dienen dem Ausgleich von Bewegungen, die infolge von Wärmedehnungen (Fernwärme), Druckverformungen, Montageversätzen, Fundamentverschiebungen und Massenkräften in Rohrleitungen auftreten können. Als natürlicher Dehnungsausgleich muss die Trassenwahl so ausgelegt sein, dass z.B. durch L-Schenkel betriebssichere und wartungsfreie Möglichkeiten zur Veränderung bestehen. Falls dies nicht ausreicht muss auf industriell gefertigte Kompensatoren oder Gelenkstücke zurückgegriffen werden. Sämtliche Alternativen dürfen weder die Betriebsparameter (Druck, Temperatur) noch die Betriebssicherheit (Korrosion, Riss-, Bruchgefahr) negativ beeinflussen.

| Grundsätzliche Kompensationsarten | |
|---|---|
| Ausnutzung der Rohrelastizität | – Einbau von Werkstoffen mit hoher Elastizität<br>– Natürliche Bögen<br>– Abgewinkelte Systeme (L-Schenkel, Z-Bögen) |
| Industriell gefertigte, unverankerte Kompensatoren (axial angeordnet) | – Balgkompensator<br>– Gleitkompensator |
| Gelenkstücke, verankerte Kompensatoren (zwei- oder dreigelenkig im Winkel angeordnet) | – Konstruktionen aus zwei Balgkompensatoren Rohrzwischenstücken und gelenkigen Zugankern, Kardangelenke |

7

## 7.7.2 Entsorgung

Alle bebauten Grundstücke müssen entsprechend den behördlichen Bestimmungen entwässert werden, d.h. Abwasser in das öffentliche Kanalnetz eingeleitet werden. Das Schmutz- und Regenwasser bezeichnet man ebenso wie alles andere duch den Gebrauch veränderte Wasser als Abwasser. Alle Abwässer werden durch die Kanalisation gesammelt und abgeleitet, in Kläranlagen aufbereitet und in Vorfluter (offene Gewässer) eingeleitet. Als Entwässerungssysteme kommen Trenn- und Mischsysteme zum Einsatz, wobei Mischsysteme fast nur noch bei der Erweiterung bestehender Anlagen eingesetzt werden, während bei Neuanlagen das Trennsystem verwendet wird.

### Vor und Nachteile von Trenn- und Mischsystemen

| Trennsystem | | Mischsystem | |
|---|---|---|---|
| Vorteile | Nachteile | Vorteile | Nachteile |
| Regenwasser gelangt direkt zum Vorfluter | höhere Herstellungskosten (zwei Rohrleitungen) | nur ein übersichtliches Netz | Kanalentlastungsbauwerke sind notwendig |
| Kanalentlastungsbauwerke nicht erforderlich | Anschlüsse können falsch zugeordnet werden | geringe Bau- und Betriebskosten | große Belastung der Kläranlagen |
| gleichmäßige Belastung der Kläranlagen | höherer Platzbedarf im Straßenquerschnitt | weniger Platzbedarf im Straßenquerschnitt | Rückstaugefahr bei großem Regen |

### Trockenwetterabfluss (Schmutzwasser) $Q_T$

häuslicher Schmutzwasserabfluss $Q_H$

$$Q_H = q_H \cdot ED \cdot A_{E,k} \quad [l/s]$$

$q_H$ einwohnerspezifischer, häuslicher Spitzen-Schmutzwasserabfluss mit $q_H = 0{,}004$ [l/s E]
ED Einwohnerdichte [E/ha]; E Einwohneranzahl
$A_{E,k}$ Fläche des kanalisierten Einzugsgebietes [ha]

betrieblicher Schmutzwasserabfluss $Q_G$

$$Q_G = q_G \cdot A_{E,k} \quad [l/s]$$

$q_G$ betrieblicher Schmutzwasserabfluss mit $q_G$ zwischen 0,2 [l/s ha] (Betriebe mit geringem Wasserverbrauch) und 1,0 [l/s ha] (Betriebe mit großem Wasserverbrauch)
$A_{E,k}$ Fläche des kanalisierten Einzugsgebietes [ha]

Fremdwasserabfluss bei Trockenwetter $Q_F$

$$Q_F = q_F \cdot A_{E,k} \quad [l/s]$$

$q_F$ Fremdwasserspende [l/s ha]
$A_{E,k}$ Fläche des kanalisierten Einzugsgebietes [ha]

**Trockenwetterabfluss $Q_T$**

$$Q_T = Q_H + Q_G + Q_F$$

### Regenwasserabfluss $Q_R$

Regenwasserabfluss $Q_R$

$$Q_R = r_{(D,T)} \cdot A \cdot C \cdot 1/10000 \quad [l/s]$$

$r_{(D,T)}$ Berechnungsregenspende [l/s · ha]
D Regendauer; $C$ Abflussbeiwert
T Jährlichkeit
$A$ wirksame Niederschlagsfläche [m²]

Näherungswerte für die Berechnungsregenspende $r$

| Region | $D$ in min | $D = 5$ | $D = 10$ | $D = 15$ |
|---|---|---|---|---|
| Norddeutschland | $r$ in l/s · ha | 140 | 110 | 100 |
| Westdeutschland | | 150 | 125 | 100 |
| Ostdeutschland | | 160 | 125 | 100 |
| Süddeutschland | | 195 | 145 | 120 |

Anhaltswerte für Abflussbeiwerte $C$

| | |
|---|---|
| wasserundurchlässige Flächen | 1,0 |
| Betonsteinpflaster | 0,7 |
| wassergebundene Wegedecken | 0,5 |
| Kiesschüttungen | 0,5 |
| Rasenflächen | 0,3 |

### Planung der Entwässerung

Da Entsorgungsleitungen i.d.R. drucklos als Freispiegelleitungen ► S. 402 verlegt werden, ist das Gefälle von entscheidender Bedeutung, um einen einwandfreien Abfluss des Abwassers zu gewährleisten. Ist das Gefälle zu groß, ist auch der Abrieb sehr groß und ablaufendes Wasser fließt schneller als die Rückstände im Rohr, so dass diese im Rohr verbleiben. Ebenso bleiben aber auch Abfallstoffe bei zu kleinem Gefälle im Rohr liegen, da dann die Schleppkraft des Wassers nicht ausreicht.

7

### Mindestgefälle von Leitungen nach DIN 1986

| DN | innerhalb von Gebäuden | | | außerhalb von Gebäuden | |
|---|---|---|---|---|---|
| | Schmutzwasserleitungen | Regenwasserleitungen | Mischwasserleitungen | Schmutz-, Regen- und Mischwasserleitungen | |
| bis 100 | 1 : 50 | 1 : 100 | 1 : 50 | 1 : DN | DN [mm] Nennweite der Einzelanschlussleitung |
| 125 | 1 : 66,7 | 1 : 100 | 1 : 66,7 | 1 : DN | |
| 150 | 1 : 66,7 | 1 : 100 | 1 : 66,7 | 1 : DN | |
| ab 200 | 1 : 0,5 DN | 1 : 0,5 DN | 1 : 0,5 DN | 1 : DN | |

## Dimensionierung von Entwässerungsleitungen

In Abhängigkeit der abzuführenden Wassermengen (beim Trennsystem jeweils $Q_T$ für den Trockenwetterabfluss und $Q_R$ für den Regenwetterabfluss, beim Mischsystem $Q_{Ges.} = Q_T + Q_R$) und des Gefälles kann die Nennweite aus Tabellen abgelesen werden. Dabei muss beachtet werden, dass bei einer zu großen gewählten Nennweite kein zügiger Abfluss möglich ist und somit Ablagerungen im Rohr verbleiben. Ist die Nennweite zu klein, kann die Leitung schnell volllaufen und unter Druck stehen, so dass sich das Abwasser auf Straßen und in Kellern zurückstaut. Ebenso hat die Fließgeschwindigkeit einen entscheidenden Einfluss auf die Funktionstüchtigkeit; sie sollte immer zwischen 0,7 m/s (sonst zu wenig Schleppkraft) und 2,5 m/s (sonst zu viel Abrieb) liegen ► S. 402.

## **Kanalbemessung** vgl. Prandtl-Colebrook (einheitliche Wandrauigkeit für genormte Rohre $k_b$ = 1,0 mm)

| Steigung 1 : *n* | mm Höhendifferenz pro lfd. m | DN 200 | | DN 300 | | DN 400 | | DN 500 | | DN 600 | |
|---|---|---|---|---|---|---|---|---|---|---|---|
| | | *v* [m/s] | *Q* [l/s] | *v* [m/s] | *Q* [l/s] | *v* [m/s] | *Q* [l/s] | *v* [m/s] | *Q* [l/s] | *v* [m/s] | *Q* [l/s] |
| 200 | 5,00 | 0,79 | 24,9 | 1,04 | 73,2 | 1,25 | 157 | 1,44 | 282 | 1,61 | 456 |
| 300 | 3,33 | 0,65 | 20,3 | 0,84 | 59,6 | 1,02 | 127 | 1,17 | 230 | 1,32 | 372 |
| 400 | 2,50 | 0,56 | 17,5 | 0,73 | 51,5 | 0,88 | 110 | 1,01 | 199 | 1,14 | 322 |
| 500 | 2,00 | 0,50 | 15,7 | 0,65 | 46,0 | 0,78 | 98,6 | 0,91 | 178 | 1,02 | 288 |
| 600 | 1,67 | 0,45 | 14,3 | 0,59 | 42,0 | 0,72 | 89,9 | 0,83 | 162 | 0,93 | 262 |

## **Entwässerungspläne** müssen folgende Angaben enthalten ► S. 115

| | |
|---|---|
| **Lagepläne** | – die Kennzeichnung von Trenn- oder Mischsystem durch entsprechende Linien<br>– Leitungen und Kanäle mit Gefälleangaben außerhalb des Gebäudes<br>– die Lage der vorhandenen und geplanten Brunnern und Sammelgruben<br>– die Sohlenhöhe für die Anschlussstelle an die Sammelkanalisation und deren Abmessungen<br>– alle erforderlichen Höhenkoten (-angaben) bezogen auf NN oder HN |
| **Grundrisse und Schnitte** | – die Lage, die Querschnitte und das Gefälle der Grund-, Fall- und Anschlussleitungen<br>– die Höhen der Grundleitungen im Profil bis zur Kanalisation<br>– die Lüftungen der Fallleitungen, die Reinigungsöffnungen, Schächte, etc.<br>– Sinnbilder und Zeichen für Entwässerungsanlagen (nach DIN 1986-100)<br>– die vorgesehenen Baustoffe mit farblicher Kennzeichnung |

## Rohrwerkstoffe für Entsorgungsleitungen

Bei Entsorgungsleitungen werden die Werkstoffe Steinzeug (Stzg), Beton (B), Faserzement (FZ), Polyvinylchlorid (PVC), Polyethylen (PE), glasfaserverstärkter Kunststoff (GFK), Duktilguss (GJS) und Stahl (St) eingesetzt. Alle Werkstoffe müssen die allgemeinen Anforderungen an Abwasserleitungen (vgl. DIN EN 476) erfüllen.

| Werkstoff | Haupteinsatzgebiet |
|---|---|
| **Stzg** | Hauptwerkstoff bei der Schmutzwasserkanalisation durch hohe Korrosionsbeständigkeit mit Steckmuffe L (System F) ≤ DN 200 und Steckmuffe K( System C) ≤ DN 200 |
| **B** | für Mischwasser- und Oberflächenwasserleitungen bei chemisch schwach angreifender Umgebung (Typ 1) oder bei erhöhten Anforderungen gegen chemische Angriffe und Abrieb (Typ 2) |
| **FZ** | für das nachträgliche Herstellen von Anschlüssen durch gute Bearbeitbarkeit und geringe Masse |
| **PVC** | in Erschließungsgebieten für Kanal-Grundleitungen (KG-Rohre) mit einfach zu verlegender Steckmuffenverbindung und sehr geringem Gewicht |
| **PE** | in Erschließungsgebieten vor allem bei der Sanierung durch verschweißte Spitzenden |
| **GFK** | für Freispiegel- und Druckleitungen im offenen Leitungsgraben sowie für geschlossene Bauweisen durch geringe Masse bei hoher Festigkeit |
| **GJS** | für Abwasserdruckleitungen vor allem in schwierigem Gelände (z.B Steilhänge, Schutzgebiete) |
| **St** | für Abwasserdruckleitungen bei besonderen Anforderungen (z.B. Düker, Rohrbrücken) |

## Allgemeine Anforderungen an Abwasserleitungen

- chemische Beständigkeit gegen Angriffe von Innen und Außen
- Dichtheit von Rohren, Verbindungen und Formstücken bis zu einem Druck von 0,5 bar (5 N/cm²)
- mechanische Festigkeit (Mindestscheiteldruckfestigkeit)
- Abriebfestigkeit und Temperaturbeständigkeit
- Unempfindlichkeit gegen Beanspruchung bei Transport und Einbau

## Maße von Rohren für Entsorgungsleitungen

### Steinzeug

| Gruppe | DN | Steckmuffe | Rohrdurchmesser Innen [mm] | Rohrdurchmesser Außen [mm] | Muffenmaße Innen [mm] | Muffenmaße Außen [mm] | Masse [kg/m] | Regelbaulänge |
|---|---|---|---|---|---|---|---|---|
| gebrannte Rohrwerkstoffe | 100 | L | 100 ± 4 | 131 ± 3 | – | max. 200 | 15 | 1,00 m |
| | 150 | L | 151 ± 5 | 184 ± 4 | – | max. 260 | 24 | 1,00 m |
| | 200 | K | 200 ± 5 | 242 ± 5 | 260 ± 0,5 | max 340 | 37 | 1,00 m |
| | 300 | K | 300 ± 7 | 351 ± 7 | 371,5 ± 0,5 | max. 460 | 72 | 2,00 m |
| | 400 | K | 404 ± 8 | 484 ± 8 | 507,5 ± 0,5 | max. 620 | 136 | 2,50 m |
| | 500 | K | 496 ± 9 | 581 ± 9 | 605,0 ± 0,5 | max. 730 | 174 | 2,50 m |

DN Nennweite, Steckmuffe L nach Verbindungssystem F, Steckmuffe K nach Verbindungssystem C

### Beton

| Gruppe | DN | Kreisförmige Betonrohre | | | Eiförmige Betonrohre | | |
|---|---|---|---|---|---|---|---|
| | | Fußbreite [mm] | *s* [mm] | $D_I$ und Grenzabmaße [mm] | Fußbreite [mm] | *s* [mm] | *b* x *h* Innen [mm] |
| bindemittelgebundene Rohrwerkstoffe | 100 | 80 | ≥ 22 | 100 ± 2 | 320 | ≥ 64 | 500 x 750 |
| | 150 | 120 | ≥ 24 | 150 ± 2 | 375 | ≥ 74 | 600 x 900 |
| | 200 | 160 | ≥ 26 | 200 ± 3 | 430 | ≥ 84 | 700 x 1050 |
| | 300 | 240 | ≥ 40 | 300 ± 3 | 540 | ≥ 102 | 900 x 1350 |
| | 400 | 320 | ≥ 45 | 400 ± 4 | 600 | ≥ 110 | 1000 x 1500 |
| | 500 | 400 | ≥ 50 | 500 ± 4 | 720 | ≥ 122 | 1200 x 1800 |

*s* Wanddicke, $D_I$ Innendurchmesser; übliche Baulängen 1,00 m; 1,50 m; 2,00 m; 2,50 m; 3,00 m

### Faserzement

| Gruppe | DN | Rohrdurchmesser [mm] | | Muffenmaße [mm] | | *s* [mm] |
|---|---|---|---|---|---|---|
| | | Innen | Außen | Außen | Länge | Wanddicke |
| binde mittelgebundene Rohrwerkstoffe | 50 | 50 | 64 | 92 | 46 | 7 |
| | 100 | 100 | 116 | 150 | 61 | 8 |
| | 125 | 125 | 141 | 177 | 61 | 8 |
| | 150 | 150 | 168 | 206 | 66 | 9 |
| | 200 | 200 | 220 | 266 | 71 | 10 |

### Polyvinylchlorid

| Gruppe | DN | $D_A$ [mm] | $D_A$ Muffe [mm] | *s* [mm] | $t_{Muffe}$ [mm] | Gewicht [kg] | Baulänge [mm] |
|---|---|---|---|---|---|---|---|
| Kunststoffrohre | 100 | 110 | 128,4 | 3,4 | 72 | 0,9 | 500 |
| | 150 | 160 | 186,6 | 4,9 | 95 | 2,0 | 500 |
| | 200 | 200 | 236,0 | 6,2 | 123 | 3,3 | 500 |
| | 300 | 315 | 358,8 | 9,7 | 155 | 14,3 | 1000 |
| $t_{Muffe}$ Muffentiefe | 400 | 400 | 449,9 | 12,3 | 180 | 26,4 | 1000 |

### Polyethylen

| Gruppe | Werkstoff | | SDR 33 | SDR 26 | SDR 17,6 |
|---|---|---|---|---|---|
| Kunststoffrohre | **PE 80** | SF 1,6 | 3,1 | 4,0 | 6,0 |
| | | SF 1,25 | 4,0 | 5,0 | 7,5 |
| SDR Wanddickenverhältnis | **PE 100** | SF 1,6 | 3,9 | 5,0 | 7,5 |
| | | SF 1,25 | 5,0 | 6,3 | 9,6 |

| | $D_A$ [mm] | SDR 33 *s* [mm] | SDR 33 Lieferform | SDR 26 *s* [mm] | SDR 26 Lieferform | SDR 17,6 *s* [mm] | SDR 17,6 Lieferform |
|---|---|---|---|---|---|---|---|
| SF Sicherheitsfaktor | 160 | | S | 6,2 | S | 9,1 | S/R |
| $D_A$ Außendurchmesser | 225 | | S | 8,6 | S | 12,8 | S |
| S Stangen | 315 | 9,7 | S | 12,1 | S | 17,9 | S |
| R Ringbunde | 400 | 12,3 | S | 15,3 | S | 22,7 | S |

| Glasfaser verstärkter Kunststoff | | | | | | |
|---|---|---|---|---|---|---|
| **Gruppe** | **DN** | **$D_A$** | **SN 5000** | | **SN 10000** | |
| | | **[mm]** | ***s* [mm]** | **Gew [kg/m]** | ***s* [mm]** | **Gew. [kg/m]** |
| Kunststoff-rohre | 300 | 325,0 | 5,5 | 11,0 | 6,9 | 13,0 |
| | 500 | 530,6 | 8,7 | 27,0 | 11,0 | 34,0 |
| | 700 | 719,5 | 11,8 | 50,0 | 14,5 | 61,0 |
| | 900 | 923,5 | 14,9 | 81,0 | 18,7 | 102,0 |

DN Nennweite, $D_A$ Außendurchmesser, SN Steifigkeitsklasse, *s* mind. Mindestwanddicke, Gew. Gewicht

| Duktilguss | | | | | | | |
|---|---|---|---|---|---|---|---|
| **Gruppe** | **DN** | **PFA** | **Maße [mm]** | | | **Masse [kg]** | |
| | | | **$D_A$** | **$s_{Duktilguss}$** | **ZmA** | **1 m Rohr** | **ein Rohr (6 m)** |
| metallische Rohre | 200 | 40 | 222 | 4,9 | 4 | 35,5 | 212 |
| | 300 | 35 | 326 | 5,6 | 4 | 56 | 334 |
| | 400 | 30 | 429 | 6,3 | 5 | 86,5 | 517 |
| | 500 | 28 | 532 | 7,0 | 5 | 118 | 705 |

PFA Bauteilbetriebsdruck, $s_{Duktilguss}$ Wanddicke, ZmA Zementmörtelauskleidung

| Stahl | | | | | | | |
|---|---|---|---|---|---|---|---|
| **Gruppe** | **DN** | **Rohrdurchmesser [mm]** | | **Muffenmaße [mm]** | | **Länge** | **Wanddicke** |
| | | **Innen** | **Außen** | **Innen** | **Außen** | | ***s* [mm]** |
| metallische Rohre | 50 | 50 | 53 | 56 | – | Rohrlängen bis 3,0 m | 1,4 |
| | 100 | 100 | 102 | 106 | – | | 1,75 |
| | 150 | 154 | 159 | 164 | – | | 2,5 |
| | 200 | 213,2 | 219 | 224 | – | | 2,9 |

## Leitungsteile für den Rohrleitungsbau

### Formstücke

| Formstück | Symbol | Funktion |
|---|---|---|
| Übergangsstück | 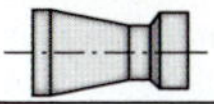 | für die Veränderung der Nennweite von Leitungen |
| Abzweig | 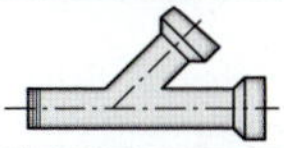 | für die Zusammenführung zweier Leitungen mit gleicher oder unterschiedlicher Nennweite im Winkel von 45° und 87,5°/90° |
| Bögen | 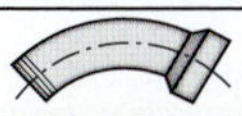 | für die Richtungsänderung von Leitungen im Winkel von 15°, 30°, 45°, 87,5°/90° |

### Schächte

Schächte ermöglichen den Zugang zur Überwachung und Reinigung; ab etwa DN 600 gelten sie als besteigbar. Sie müssen standsicher und wasserdicht sein. Bei geraden Rohrstrecken sind sie in einem Abstand von 50 m bis 100 m einzubauen. Darüber hinaus sind sie an allen Richtungs-, Gefälle- und Querschnittsänderungen sowie an Straßenkreuzungen und Zusammenführungen anzuordnen. Sonderformen von Einsteigschächten sind Absturzschächte, Ortbetonschächte sowie Regenstaubecken.

| Schachtteil | Informationen |
|---|---|
| Abdeckung | mit Schmutzfänger, ∅ 62,5 cm oder 80 cm |
| Ausgleichsring | zur Anpassung an die Straßenhöhe |
| Schachtkonus | verjüngt sich konusförmig, ∅ unten 1 m |
| Schachtunterteil (Ortbeton) | Anschluss der Leitungen und Abläufe, Standfläche, zur Aufnahme der Fertigteilschachtringe |
| Schachtring | Höhe zwischen 25 cm und 100 cm, Anzahl richtet sich nach Straßeneinbautiefe |

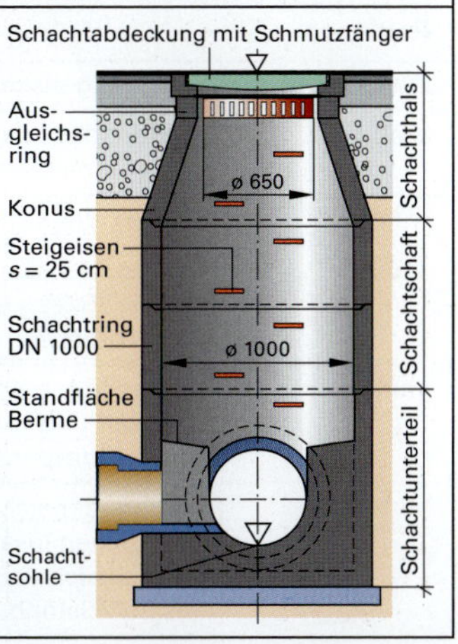

# 7.8 Geotechnik, Bodenmechanik und Grundbau

## 7.8.1 Baugrunderkundung/ Feldmethoden

Während der Baugrunderkundung werden die Bodenproben sofort mithilfe visueller und manueller Techniken beschrieben. Mit den unten aufgelisteten Abkürzungen sind diese zu benennen und in das Schichtenverzeichnis aufzunehmen.

### Korngrößenfraktionen

| Korngrößen mm | Benennung | Kurzzeichen alt DIN 4022-1 | Kurzzeichen neu DIN EN 14688-1 |
|---|---|---|---|
| > 200<br>> 63 bis 200 | Blöcke<br>Steine | Y<br>X | Bo<br>Co |
| > 2 bis 63<br>> 20 bis 63<br>> 6,3 bis 20<br>> 2,0 bis 6,3 | Kieskorn<br>Grobkies<br>Mittelkies<br>Feinkies | G<br>gG<br>mG<br>fG | Gr<br>CGr<br>MGr<br>FGr |
| > 0,06 bis 2,0<br>> 0,63 bis 2,0<br>> 0,2 bis 0,63<br>> 0,063 bis 0,2 | Sandkorn<br>Grobsand<br>Mittelsand<br>Feinsand | S<br>gS<br>mS<br>fS | Sa<br>Csa<br>MSa<br>FSa |
| > 0,002 bis 0,063<br>> 0,02 bis 0,063<br>> 0,0063 bis 0,02<br>> 0,002 bis 0,0063 | Schluffkorn<br>Grobschluff<br>Mittelschluff<br>Feinschluff | U<br>gU<br>mU<br>fU | Si<br>CSi<br>MSi<br>FSi |
| < 0,002 | Tonkorn | T | Cl |

### Zeichenerklärung

| Deutsch | Englisch | alt | neu |
|---|---|---|---|
| Kies | Gravel | G | Gr |
| Sand | Sand | S | Sa |
| Schluff | Silt | U | Si |
| Ton | Clay | T | Cl |
| grob | coarse | g | C |
| mittel | medium | m | M |
| fein | fine | f | F |

**Beispiele**

Bezeichnung von Bodenarten mit Hauptbestandteilen (große Buchstaben) und Nebenbestandteilen (kleine Buchstaben)

**sa Gr**
Hauptbestandteil: Gr Kies
Nebenbestandteil: sa Sand

**fgr csa Si**
Hauptbestandteil: Si Schluff
Nebenbestandteile:
fgr Feinkies
csa Grobsand

### Schichtenverzeichnis

**Schichtenfolge**

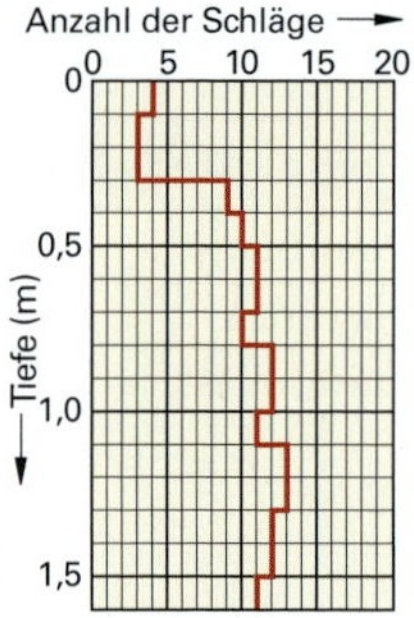

**Sondierdiagramm**

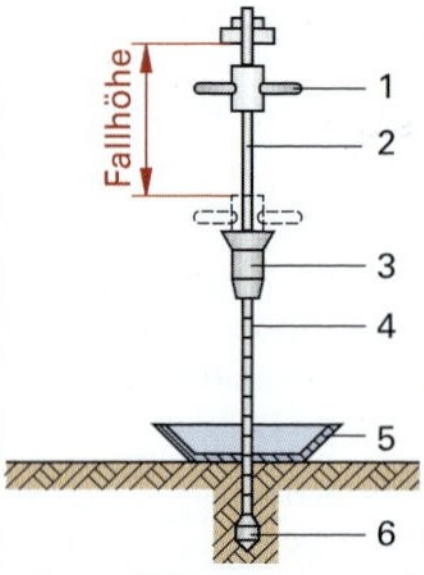

1 Rammbär
2 Führungsstange
3 Anschlagstück
4 Gestänge, verlängerbar
5 Grundplatte
6 Spitze
**Rammsonde**

### **Feldversuche** zur Abschätzung der Zustandsform bindiger Böden

| Zustandsform | Bodeneigenschaft |
|---|---|
| breiig | Boden, der beim Pressen in der Faust zwischen den Fingern hindurchquillt |
| weich | Boden, der sich leicht kneten lässt |
| steif | Boden, der sich schwer kneten lässt, aber zu 3 mm dicken Walzen ausrollen lässt, ohne zu reißen oder zu zerbröckeln. |
| halbfest | Boden, der beim Ausrollen zu 3 mm dicken Walzen bröckelt und reißt, aber noch feucht genug zur Formung eines Klumpens ist |
| hart/fest | Boden, der sich nicht mehr kneten, sondern nur noch zerbrechen lässt. Ein nachträgliches Zusammenballen der Teile ist nicht mehr möglich. Meist heller als im halbfesten Zustand. |

## 7.8.2 Bodenklassifikation

Die Einteilung der Bodenarten (Lockergesteine) erfolgt nach folgenden Merkmalen (DIN 18196):

- Korngrößenbereich
- Korngrößenverteilung
- plastische Eigenschaften
- organische Bestandteile

### Korngrößenbereiche

| | |
|---|---|
| • Feinstkorn oder Ton | ≤ 0,002 mm |
| • Schluff | > 0,002 mm bis 0,06 mm |
| • Sand | > 0,06 mm bis 2 mm |
| • Kies (Grant) | > 2 mm bis 63 mm |
| • Steine | > 63 mm |

### Korngrößenverteilung

Die Korngrößenverteilung wird grafisch dargestellt, indem man die Masseanteile über die Korngröße aufträgt, wobei für die Korngröße ein logarithmischer Maßstab gewählt wird.

Charakteristische Werte der Korngrößenverteilung werden mit dem Korndurchmesser *d* bei 10 %, 30 % bzw. 60 % des Masseanteiles der Gesamtmenge bestimmt.

**Ungleichförmigkeitszahl** $C_U = \frac{d_{60}}{d_{10}}$

**Krümmungszahl** $C_C = \frac{(d_{30})^2}{d_{10} \cdot d_{60}}$

Weitgestufte Korngrößenverteilung:
$C_U \geq 6$ $C_C = 1 \ldots 3$

Enggestufte Korngrößenverteilung:
$C_U < 6$

Intermittierende Korngrößenverteilung: treppenartiger Verlauf der Sieblinie.
$C_U \geq 6$ $1 < C_C > 3$

### Plastische Eigenschaften

Die plastischen Eigenschaften von feinkörnigen Böden werden durch den Wassergehalt an der Fließgrenze $w_L$ (≙ Übergang vom flüssigen Zustand in den plastischen Zustand) und an der Ausrollgrenze $w_P$ (Übergang vom plastischen Zustand zum halbfesten Zustand) definiert:

| | |
|---|---|
| leicht plastisch | $w_L \leq 35$ Masse-% |
| mittelplastisch | $35 < w_L \leq 50$ Masse-% |
| ausgeprägt plastisch | $w_L > 50$ Masse-% |

**Plastizitätszahl** $I_P = w_L - w_P$

Definitionen der Fließgrenze und der Ausrollgrenze ► S. 382

### Organische Bestandteile

Organische Bestandteile sind Beimengungen von Pflanzen, die dem Boden meist eine dunkle Farbe geben.

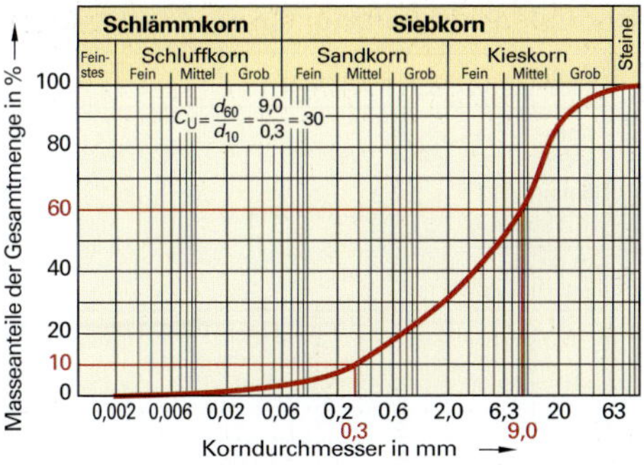


**Weitgestufte Korngrößenverteilung**

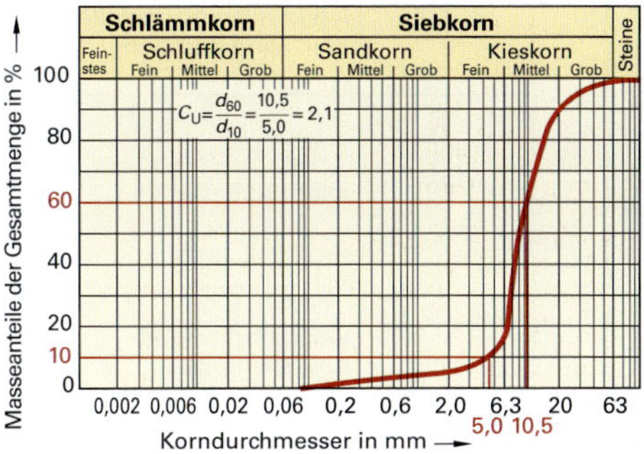


**Enggestufte Korngrößenverteilung**

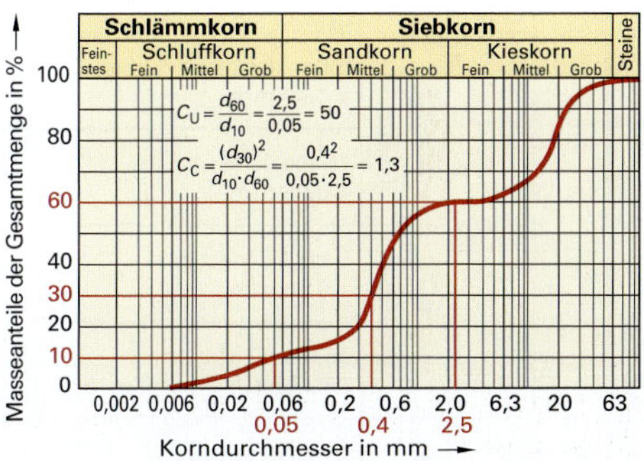


**Intermittierend gestufte Korngrößenverteilung**

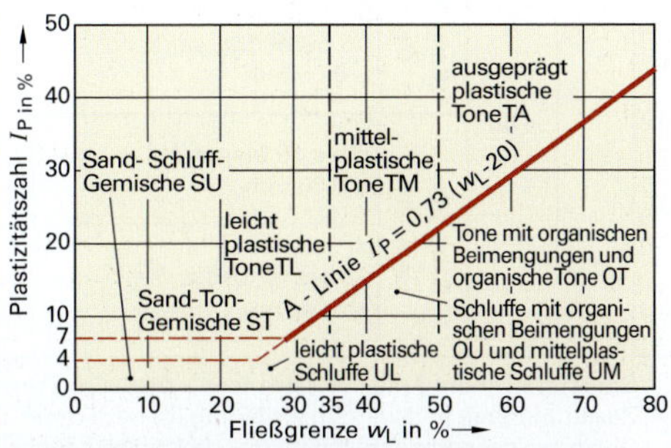


**Plastizitätsdiagramm für feinkörnige Böden**

## Bodenklassifizierung; Gruppeneinteilung der Böden für bautechnische Zwecke

| Hauptgruppen | Definition und Bezeichnung: Korngrößenanteile in Masse-% ≤ 0,06 mm | > 2 mm | Bodengruppen | | Kurzzeichen Gruppensymbol | bindig nicht bindig[1] | Erkennungsmerkmale | Beispiele |
|---|---|---|---|---|---|---|---|---|
| Grobkörnige Böden | ≤ 5 | > 40 | Kies/Grant | **e**nggestufte Kiese | GE | nb | steile Körnungslinie infolge Vorherrschens eines Korngrößenbereichs | Fluss- und Strandkies Terrassenschotter Moränenkies vulkanische Schlacke |
| | | | | **w**eitgestufte Kies-Sand-Gemische | GW | nb | über mehrere Korngrößenbereiche kontinuierlich verlaufende Körnungslinie | |
| | | | | **i**ntermittierend gestufte Kies-Sand-Gemische | GI | nb | treppenartig verlaufende Körnungslinie infolge Fehlens eines oder mehrerer Korngrößenbereiche | |
| | | ≤ 40 | Sand | **e**nggestufte Sande | SE | nb | steile Körnungslinie infolge Vorherrschens eines Korngrößenbereiches | Dünen- und Flugsand Talsand, Berliner Sand Beckensand Tertiärsand |
| | | | | **w**eitgestufte Sand-Kies-Gemische | SW | nb | über mehrere Korngrößenbereiche kontinuierlich verlaufende Körnungslinie | Moränensand Terrassensand Granitgrus |
| | | | | **i**ntermittierend gestufte Sand-Kies-Gemische | SI | nb | treppenartig verlaufende Körnungslinie infolge Fehlens eines oder mehrerer Korngrößenbereiche | |
| Gemischtkörnige Böden | 5 bis 40 | > 40 | Kies-Schluff-Gemische | 5 bis 15 Masse-% ≤ 0,06 mm | GU | nb(b) | weit oder intermittierend gestufte Körnungslinie Feinkornanteil ist schluffig | Moränenkies Verwitterungskies Hangschutt lehmiger Kies Lehm Geschiebelehm |
| | | | | 15 bis 40 Masse-% ≤ 0,06 mm | $G\overline{U}$ | b | | |
| | | | Kies-Ton-Gemische | 5 bis 15 Masse-% ≤ 0,06 mm | GT | nb(b) | weit oder intermittierend gestufte Körnungslinie Feinkornanteil ist tonig | |
| | | | | 15 bis 40 Masse-% ≤ 0,06 mm | $G\overline{T}$ | b | | |
| | | ≤ 40 | Sand-Schluff-Gemische | 5 bis 15 Masse-% ≤ 0,06 mm | SU | nb(b) | weit oder intermittierend gestufte Körnungslinie Feinkornanteil ist schluffig | Flottsand Schwimmsand |
| | | | | 15 bis 40 Masse-% ≤ 0,06 mm | $S\overline{U}$ | b | | Auelehm Sandlöss |
| | | | Sand-Ton-Gemische | 5 bis 15 Masse-% ≤ 0,06 mm | ST | nb(b) | weit oder intermittierend gestufte Körnungslinie Feinkornanteil ist tonig | lehmiger Sand Schleichsand |
| | | | | 15 bis 40 Masse-% ≤ 0,06 mm | $S\overline{T}$ | b | | Geschiebelehm, Geschiebemergel |

[1] Böden mit einem Anteil von Körnern < 0,06 mm Durchmesser von > 15 Masse-% haben einen gewissen inneren Zusammenhalt und werden als **bindig** (b) bezeichnet. Böden, die weniger als 15 Masse-% von Körnern < 0,06 mm Durchmesser enthalten, haben diesen Zusammenhalt in der Regel nicht und werden als **nichtbindig** (nb) oder rollig bezeichnet.

7

## Bodenklassifizierung; Gruppeneinteilung der Böden für bautechnische Zwecke

| Hauptgruppen | Feinkornanteile in Masse-% ≤ 0,06 mm | Definition und Bezeichnung: Lage zur A-Linie ▶ S. 373 | Bodengruppen | | $w_L$ in Masse-% | Kurzzeichen Gruppensymbol | bindig[1] | Erkennungsmerkmale: Trockenfestigkeit | Erkennungsmerkmale: Reaktion beim Schüttelversuch | Erkennungsmerkmale: Plastizität beim Knetversuch | Beispiele |
|---|---|---|---|---|---|---|---|---|---|---|---|
| Feinkörnige Böden | > 40 | $I_P \le 4$ Masse-% oder unterhalb der A-Linie | Schluff | **l**eicht plastische Schl**u**ffe | ≤ 35 | UL | b | niedrige | schnelle | keine bis leichte | Löss, Hochflutlehm |
| | | | Schluff | **m**ittelplastische Schl**u**ffe | 35 bis 50 | UM | b | niedrige bis mittlere | langsame | leichte bis mittlere | Seeton, Beckenschluff, Letten |
| | | $I_P \ge 7$ Masse-% und oberhalb der A-Linie | Ton | **l**eicht plastische **T**one | ≤ 35 | TL | b | mittlere bis hohe | keine bis langsame | leichte | Geschiebemergel, Bänderton |
| | | | Ton | **m**ittelplastische **T**one | 35 bis 50 | TM | b | hohe | keine | mittlere | Lösslehm, Beckenton, Keuperton |
| | | | Ton | **a**usgeprägt plastische **T**one | > 50 | TA | b | sehr hohe | keine | ausgeprägte | Tarras Lauenburger Ton |
| organogene[2] u. Böden mit organischen Beimengungen | > 40 | $I_P \ge 7$ Masse-% und unterhalb der A-Linie | nicht brenn- oder nicht schwelbar | Schl**u**ffe mit **o**rganischen Beimengungen und organogene[2] Schluffe | 35 bis 50 | OU | b | mittlere | langsame bis sehr schnelle | mittlere | Seekreide Kieselgur Mutterboden |
| | | | nicht brenn- oder nicht schwelbar | **T**one mit **o**rganischen Beimengungen und organogene[2] Tone | > 50 | OT | b | hohe | keine | ausgeprägte | Schlick Klei |
| | ≤ 40 | | nicht brenn- oder nicht schwelbar | grob- bis gemischtkörnige Böden mit Beimengungen humoser Art | | OH | | Beimengungen pflanzlicher Art, meist helle Färbung, leichtes Gewicht, großes Porosität | | | Mutterboden Oberboden |
| | | | nicht brenn- oder nicht schwelbar | grob- bis gemischtkörnige Böden mit kalkigen, kieseligen Bildungen | | OK | | Beimengungen nicht pflanzlicher Art, meist helle Färbung, leichtes Gewicht, großes Porosität | | | Kalksand Tuffsand Wiesenkalk |
| organische Böden | | | brenn- oder schwelbar | **n**icht bis mäßig zersetzte Torfe | | HN | | an Ort und Stelle aufgewachsene (sedimentäre) Humusbildungen | faserig, holzreich, hellbraun bis braun | | Niedermoortorf Hochmoortorf Bruchwaldtorf |
| | | | brenn- oder schwelbar | **z**ersetzte Torfe | | HZ | | an Ort und Stelle aufgewachsene (sedimentäre) Humusbildungen | schwarzbraun bis schwarz | | Niedermoortorf Hochmoortorf Bruchwaldtorf |
| | | | brenn- oder schwelbar | Schlamme als Sammelbegriff für **F**aulschlamm, Mudde, Gyttja, Dy, Sapropel | | F | | unter Wasser abgesetzte (sedimentäre) Schlamme aus Pflanzenresten, Kot und Mikroorganismen, oft von Sand, Ton und Kalk durchsetzt, blauschwarz oder grünlich bis gelbbraun, gelegentlich dunkelgraubraun bis blauschwarz, federnd, weichschwammig | | | Mudde Faulschlamm |
| Auffüllungen | | | Auffüllung aus natürlichen Böden; jeweiliges Gruppensymbol in eckigen Klammern | | | [ ] | | | | | |
| | | | **A**uffüllung aus Fremdstoffen | | | A | | | | | Müll, Schlacke, Bauschutt |

1) vgl. Seite 374; 2) unter Mitwirkung von Organismen gebildete Böden

7

## Boden- und Felsklassen nach DIN 18300

Die Bodenklassifizierung nach DIN 18300 ≙ VOB Teil C teilt die Böden und Felsgesteine nach ihrer Lösbarkeit in 7 Klassen ein.

| Klasse | **Bezeichnung**<br>Definition nach der DIN 18300 | **Beispiele**<br>(Kurzzeichen ▶ S. 374, 375) |
|---|---|---|
| 1 | **Oberboden (Mutterboden)**<br>Oberboden ist die oberste Schicht des Bodens, die neben anorganischen Stoffen, z. B. Kies-, Sand-, Schluff- und Tongemischen, auch Humus und Bodenlebewesen enthält. | Oberboden |
| 2 | **Fließende Bodenarten**<br>Bodenarten, die von flüssiger bis breiiger Beschaffenheit sind und die das Wasser schwer abgeben. | Feinkörnige Böden der Gruppen UL, UM, UA, TL, TM, TA mit breiiger oder flüssiger Konsistenz ($I_C < 0{,}5$).<br>Gemischtkörnige Böden der Gruppen $S\bar{U}$, $S\bar{T}$, $G\bar{U}$, $G\bar{T}$ mit breiiger und flüssiger Konsistenz ($I_C < 0{,}5$).<br>Organische Böden der Gruppen HN, HZ und F mit hohem Wassergehalt.<br>Böden mit organischen Beimengungen der Gruppen OU, OT, OH, OK mit breiiger oder flüssiger Konsistenz. |
| 3 | **Leicht lösbare Bodenarten**<br>Nichtbindige bis schwachbindige Sande, Kiese und Sand-Kies-Gemische mit bis zu 15 Masse-% Beimengungen an Schluff und Ton (Korngröße < 0,06 mm) und mit höchstens 30 Masse-% Steinen von über 63 mm Korngröße und bis zu 0,01 m³ Rauminhalt[1].<br>Organische Böden mit geringem Wassergehalt. | Grobkörnige Böden der Gruppen SW, SI, SE, GW, GI, GE.<br>Gemischtkörnige Böden der Gruppen SU, ST, GU, GT.<br>Feste Torfe. |
| 4 | **Mittelschwer lösbare Bodenarten**<br>Gemische von Sand, Kies, Schluff und Ton mit einem Anteil von mehr als 15 Masse-% Korngröße kleiner als 0,06 mm.<br>Bindige Bodenarten von leichter bis mittlerer Plastizität, die je nach Wassergehalt weich bis fest sind und die höchstens 30 Masse-% Steine von über 63 mm Korngröße bis zu 0,01 m³ Rauminhalt[1] enthalten. | Feinkörnige Böden der Gruppen UL, UM, UA, TL, TM mit harter, halbfester, steifer und weicher Konsistenz ($I_C > 0{,}5$).<br>Gemischtkörnige Böden der Gruppen $S\bar{U}$, $S\bar{T}$, $G\bar{U}$, $G\bar{T}$ mit harter, halbfester, steifer und weicher Konsistenz ($I_C > 0{,}5$). |
| 5 | **Schwer lösbare Bodenarten**<br>Bodenarten nach den Klassen 3 und 4, jedoch mit mehr als 30 Masse-% Steinen von über 63 mm Korngröße bis zu 0,01 m³ Rauminhalt.<br>Nichtbindige und bindige Bodenarten mit höchstens 30 Masse-% Steinen von über 0,01 m³ bis 0,1 m³ Rauminhalt[1][2]<br>Ausgeprägt plastische Tone, die je nach Wassergehalt weich bis fest sind. | Böden mit entsprechenden Anteilen von Steinen.<br>Ausgeprägt plastischer Ton TA und Tone mit organischen Beimengungen OT von weicher bis halbfester Konsistenz. |
| 6 | **Leicht lösbarer Fels und vergleichbare Bodenarten**<br>Felsarten, die einen inneren, mineralisch gebundenen Zusammenhalt haben, jedoch stark klüftig, brüchig, bröckelig, schiefrig, weich oder verwittert sind, sowie vergleichbare verfestigte bindige oder nichtbindige Bodenarten, z. B. durch Austrocknung, Gefrieren, chemische Bindungen.<br>Nichtbindige und bindige Bodenarten mit mehr als 30 Masse-% Steinen von über 0,01 m³ bis 0,1 m³ Rauminhalt.[1][2] | Fels der links beschriebenen Art.<br>Verfestigte Böden.<br>Böden mit entsprechenden Anteilen von Steinen. |
| 7 | **Schwer lösbarer Fels**<br>Felsarten, die einen inneren, mineralisch gebundenen Zusammenhalt und hohe Gefügefestigkeit haben und die nur wenig klüftig oder verwittert sind.<br>Festgelagerter, unverwitterter Tonschiefer, Nagelfluhschichten, Schlackenhalden der Hüttenwerke und dergleichen.<br>Steine von über 0,1 m³ Rauminhalt[2]. | Fels der links beschriebenen Art.<br>Verfestigte Schlackenhalden. |

[1] 0,01 m³ Rauminhalt entspricht einer Kugel mit einem Durchmesser von etwa 0,30 m.

[2] 0,1 m³ Rauminhalt entspricht einer Kugel mit einem Durchmesser von etwa 0,60 m.

## Kornverteilungskurven typischer Bodenarten

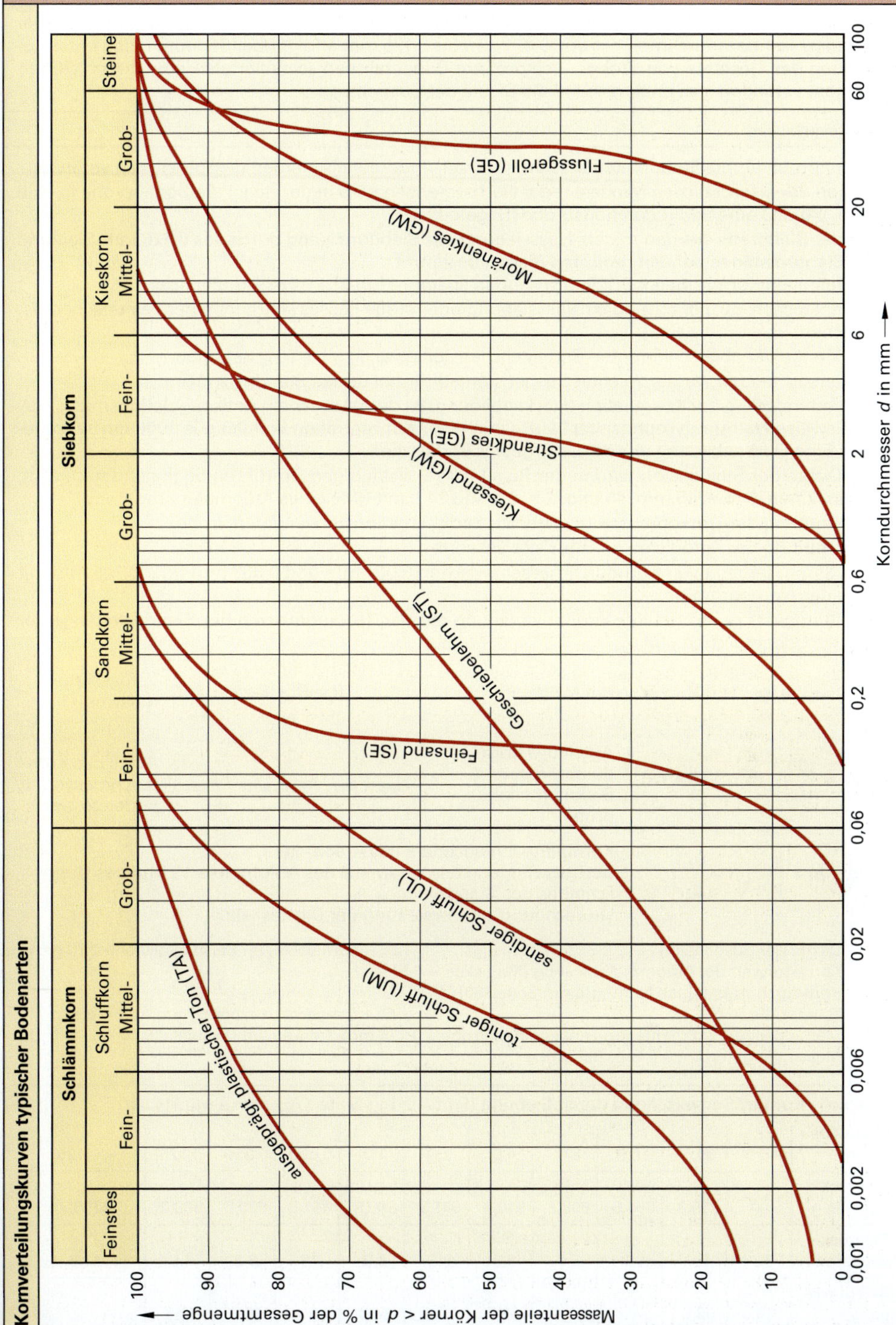


7

## 7.8.3 Korngrößenverteilung durch Siebung und Sedimentation

Die Grenze für die Bestimmung der Korngrößenverteilung durch Siebung liegt bei 0,063 mm. Die Bestimmung von Korndurchmessern von 0,001 mm bis 0,125 mm erfolgt über Sedimentation unter Anwendung des Gesetzes von Stokes. Weil größere Bodenteilchen schneller als kleine Bodenteilchen absinken, verändert sich entsprechend die Dichte der Suspension.

### Arbeitsverfahren

- Bodenprobe für die Sedimentation nicht trocknen, anderenfalls werden die Tonteilchen verändert.
- Wegen der erforderlichen Mindest- oder Höchstmengen wird in der Regel die Bodenprobe in eine Sieb- (A) und eine Sedimentationsprobe (B) geteilt.
- Mit der Siebprobe werden mittels Nasssiebung der Siebdurchgang durch das 0,125 mm-Sieb und die Siebrückstände auf den größeren Sieben bestimmt.
  Die relativen Korngrößen < 0,125 mm werden später mit $m_{dA < 0,125}/m_{dA}$ multipliziert.
- Bodenteilchen < 0,125 mm durch Nasssiebung oder durch nasses Abtrennen der Feinteile herauswaschen.
- Die Menge der abgeschlämmten Bodenteilchen soll etwa 30 g bis 50 g betragen.
- Bodenteilchen mit Wasser zu einer Suspension aufrühren und in Standglas füllen.
- Zur Verhinderung der Koagulation (Flockenbildung) ist dem Wasser ein Antikoagulationsmittel, beispielsweise Natriumpyrophosphat $Na_4P_2O_7$ in einer Konzentration von 0,5 g je 1000 $cm^3$, zuzugeben. Eine Flockenbildung würde das Ergebnis verfälschen.
- Die Dichte der Suspension wird in der Regel vom vollständigen Umrühren beginnend nach 30 s, 1 min, 2 min, 5 min, 15 min, 45 min, 2 h, 6 h und 24 h mit Hilfe eines Aräometers bestimmt.
- Bestimmung der Trockenmasse $m_{dB}$, der zur Sedimentation verwendeten Probe.
- Bestimmung der Korndichte $\varrho_s$, falls nicht bekannt.
- Ermittlung der relativen Korndurchmesser zwischen 0,001 mm und 0,063 mm oder 0,125 mm mit Hilfe des Nomogramms.
- Ermittlung der gesamten Korngrößenverteilung mit den Trockenmassen der Siebdurchgänge der groben Bodenteilchen = $m_{dA}$.

$$R' = (\varrho - 1) \cdot 10^3$$

Hilfswert

$$R = R' + C_m$$

Verbesserter Hilfswert

$$a_{rel} = \frac{100}{m_{dB}} \cdot \frac{\varrho_s}{\varrho_s - 1} \cdot (R + C_T)$$

Anteil des Korndurchmessers $d$, Sedimentationsprobe

$$a_{ges} = a_{rel} \cdot m_{dA < 0,125} / m_{dA}$$

Anteil des Korndurchmessers $d$, Bodenprobe

$$h_\varrho = h_1 + \frac{1}{2} \cdot \left(h - \frac{V_A}{A_z}\right)$$

Korrigierte Eintauchtiefe des Aräometers
Berücksichtigung des Volumens des Aräometers $V_A$ und des Querschnittes des Standzylindes $A_z$.
Umrechnung zur Herstellung der Dichteskala $\varrho$.

$\varrho$ Dichte der Suspension
$\varrho_s$ Korndichte, im Beispiel gewählt 2,70 g/$cm^3$
$C_m$ Korrekturwert der Aräometerablesung (Meniskus ≈ 1,5)
$d$ Korndurchmesser [aus Nomogramm Seite 380]
$T$ Temperatur in °C
$C_T$ Temperaturverbesserung Aräometer
$m_{dB}$ Masse der zur Sedimentation verwendeten Probe < 0,125 mm, trocken, im Beispiel: 48,7 g
$m_{dA}$ Masse der getrockneten Sieb-Teilprobe

7

**Beispiel** **Korngrößenverteilung durch Siebung** (Fortsetzung Seite 379) $m_{dA}$ = 10 914,5 g

| **Siebweite** in mm | 45,0 | 31,5 | 16,0 | 8,0 | 4,0 | 2,0 | 1,0 | 0,500 | 0,250 | 0,125 | < 0,125 |
|---|---|---|---|---|---|---|---|---|---|---|---|
| **Siebrückstand** in g | 0,0 | 215,3 | 364,5 | 608,3 | 910,4 | 911,3 | 890,8 | 861,5 | 890,5 | 503,2 | 4758,7 |
| **Siebrückstand** in % | 0,0 | 2,0 | 3,3 | 5,6 | 8,3 | 8,3 | 8,2 | 7,9 | 8,2 | 4,6 | 43,6 |
| **Siebdurchgang** in % | 100,0 | 98,0 | 94,7 | 89,1 | 80,8 | 72,5 | 64,3 | 56,4 | 48,2 | 43,6 | |

**Beispiel** **Korngrößenverteilung durch Sedimentation** (Nomogramm siehe Seite 380)

| Datum | Uhrzeit | Zeit ab Versuchsbeginn | Dichte $\varrho$ g/cm³ | $R' = (\varrho - 1) \cdot 10^3$ | $R = R' + C_m$ | $d$ mm | $T$ °C | $C_T$ | $R' + C_T$ | $a_{rel}$ % | $a_{ges}$ % |
|---|---|---|---|---|---|---|---|---|---|---|---|
| 24.6. | 8.40 | 30 s | 1,0290 | 29,0 | 30,5 | 0,056 | 20 | 0 | 30,5 | 99,4 | 43,4 |
| | 8.41 | 1 min | 1,0250 | 25,0 | 26,5 | 0,042 | | | 26,5 | 86,4 | 37,7 |
| | 8.42 | 2 min | 1,0225 | 22,5 | 24,0 | 0,030 | | | 24,0 | 78,3 | 34,1 |
| | 8.45 | 5 min | 1,0185 | 18,5 | 20,0 | 0,021 | | | 20,0 | 65,2 | 28,4 |
| | 8.55 | 15 min | 1,0145 | 14,5 | 16,0 | 0,013 | | | 16,0 | 52,2 | 22,8 |
| | 9.25 | 45 min | 1,0090 | 9,0 | 10,5 | 0,008 | | | 10,5 | 34,2 | 14,9 |
| | 10.40 | 2 h | 1,0025 | 2,5 | 4,0 | 0,005 | | | 4,0 | 1,0 | 5,7 |
| | 16.40 | 6 h | 0,9990 | – 1,0 | 0,5 | 0,003 | | | 0,5 | 1,6 | 0,7 |
| 25.6. | 8.40 | 24 h | 0,9985 | – 1,5 | 0,0 | 0,001 | 20 | 0 | 0,0 | 0,0 | 0,0 |

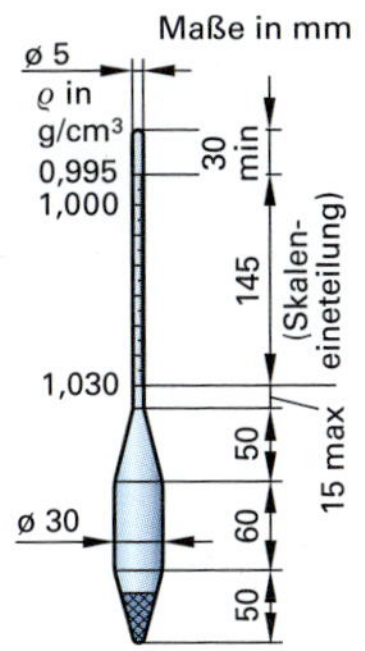


**Aräometer**

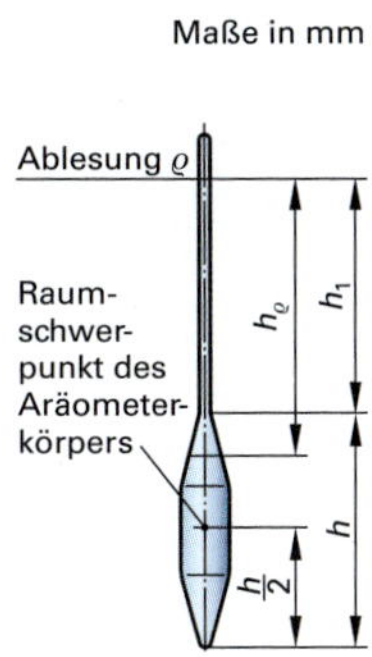


**Kennwertermittlung**

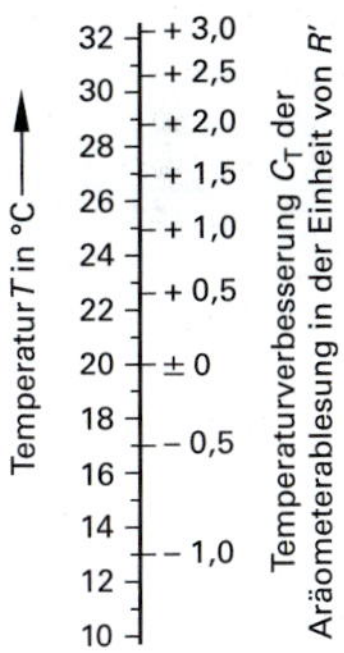


**Temperaturverbesserung $C_T$**
für bei 20 °C geeichte Aräometer

**Beispiel** **Korngrößenverteilung**
Sieblinie mit den Zahlenwerten Siebung S. 378 und Sedimentation S. 379 oben

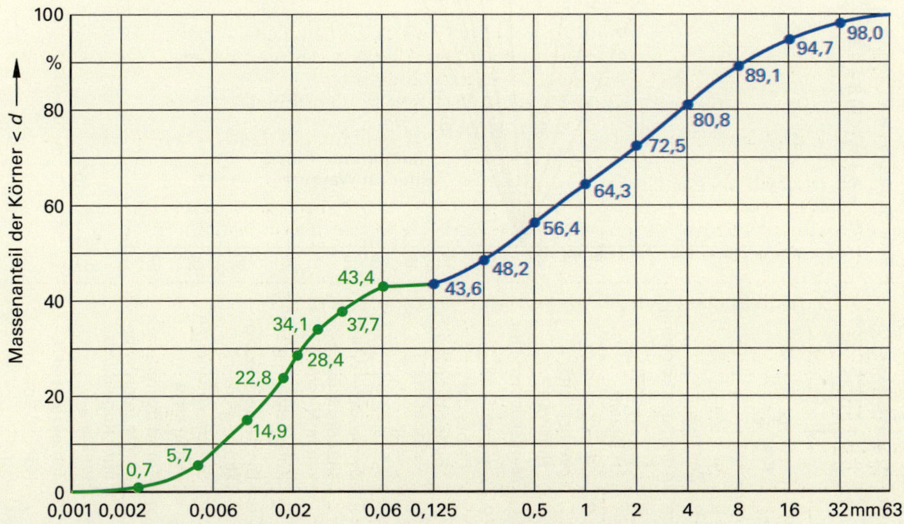

## **Nomogramm zur Auswertung der Sedimentation** nach dem Stokesschen Gesetz, DIN 18123

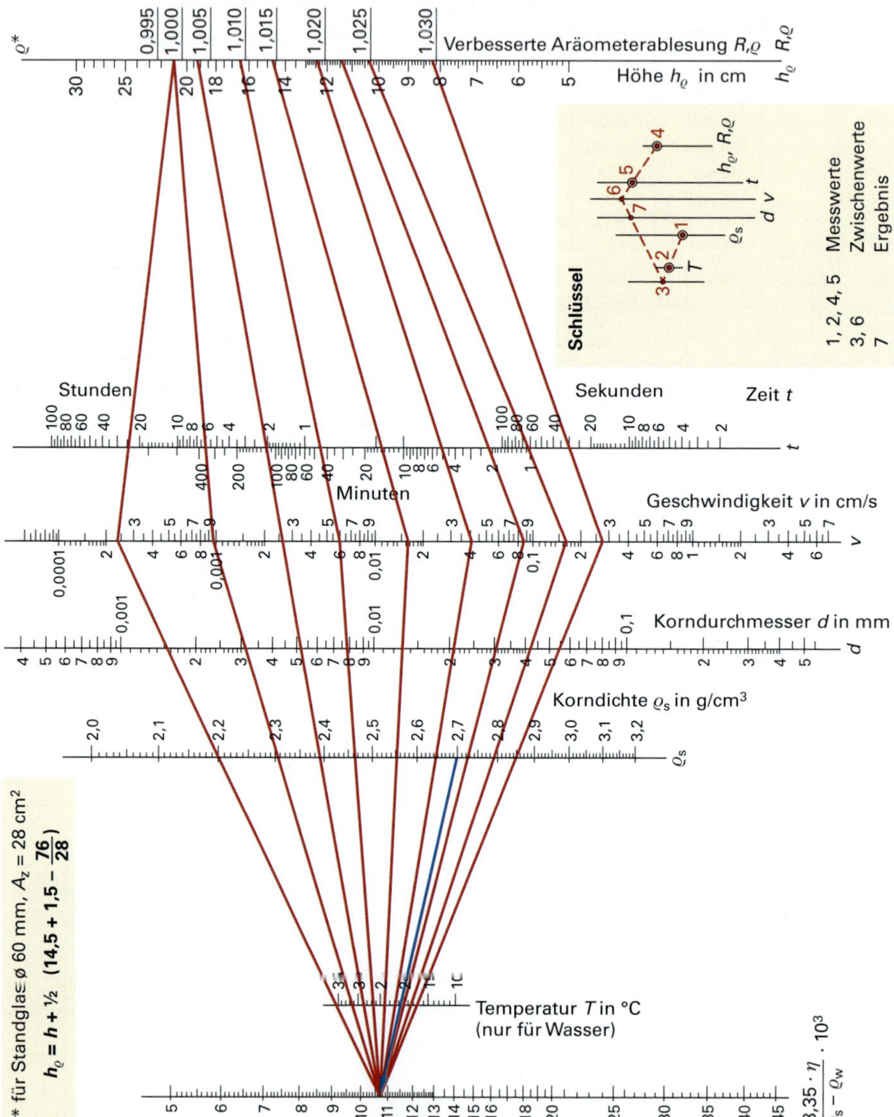


* für Standglas ø 60 mm, $A_z = 28$ cm²

$$h_\varrho = h + ½\ (14{,}5 + 1{,}5 - \frac{76}{28})$$

$$\frac{18{,}35 \cdot \eta}{\varrho_s - \varrho_w} \cdot 10^3$$

**Gesetz von Stokes**

$$d = \sqrt{\frac{18{,}35 \cdot \eta}{\varrho_s - \varrho_w} \cdot v}$$

$$v = \frac{h_\varrho}{t}$$

- $t$ Zeit in s
- $\varrho'$ Aräometerablesung
- $R'$ $= (\varrho' - 1) \cdot 10^3$ Hilfswert
- $R$ $= R' + C_m$ verbesserter Hilfswert
- $C_m$ Meniskuskorrektur
- $\varrho$ $= 1 + 10^{-3} \cdot R$ Dichte der Supsension bei Temperatur $T$

- $\eta$ dynamische Viskosität der Flüssigkeit in N · s/m²
- $\varrho_s$ Korndichte in g/cm³
- $\varrho_w$ Dichte der Flüssigkeit in g/cm³
- $v$ Sinkgeschwindigkeit in cm/s
- $d$ Korndurchmesser in mm (gleichwertiger Kugeldurchmesser)
- $T$ Temperatur in °C
- $h_\varrho$ Höhe in cm

## 7.8.4 Verdichtungsprüfungen

$$D_{Pr} = \frac{\varrho_d}{\varrho_{Pr}} \cdot 100 \quad [\%]$$

$D_{Pr}$ Verdichtungsgrad
$\varrho_{Pr}$ Proctordichte
$\varrho_d$ Trockendichte des Bodens

Der Verdichtungsgrad $D_{Pr}$ gibt für einen Boden das Maß der Verdichtung an. Der Bezugswert im Nenner ist die durch den Proctor-Versuch nach DIN EN 13286 im Labor ermittelte Trockendichte $\varrho_{Pr}$. Da die Trockendichte bei vorgegebener Verdichtungsarbeit vom Wassergehalt abhängt, wird diese während des Versuches systematisch verändert, um das Maximum der Trockendichte zu erhalten.

| Abmessungen Proctortopf | | | Abmessungen Proctorhammer | | | |
|---|---|---|---|---|---|---|
| Art | Durchmesser | Höhe $h_1$ | Art | Masse | Fallhöhe | Durchmesser Grundfläche |
| A | 100 mm | 120 mm | A | 2,50 kg | 305 mm | 50 mm |
| B | 150 mm | 120 mm | B | 4,50 kg | 457 mm | 50 mm |
| C | 250 mm | 200 mm | C | 15,00 kg | 600 mm | 125 mm |

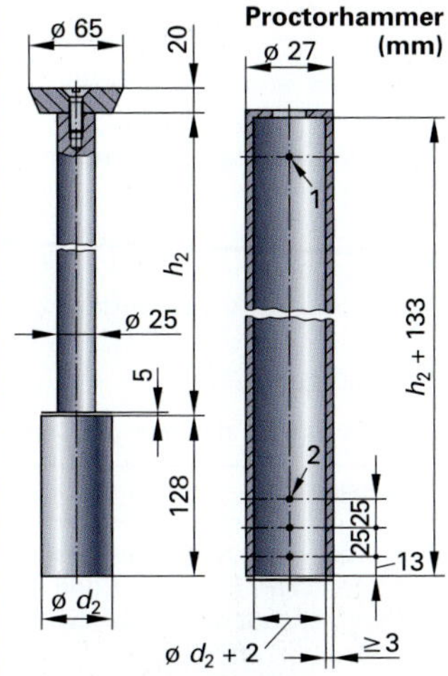


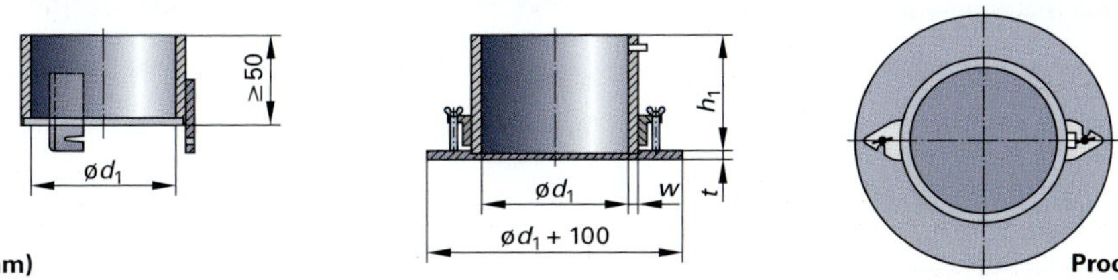


(mm)

Proctortopf

### Proctordichten und optimale Wassergehalte einzelner Bodenarten

| Bodenart<br>Korndichte $\varrho_s$ = 2,65 g/cm³ | Kurzzeichen | Proctordichte<br>$\varrho_{Pr}$ in g/cm³ | Wassergehalt<br>$W_{Pr}$ in % |
|---|---|---|---|
| Kies-Sand-Gemisch (weitgestuft) | GW | 2,00 ... 2,25 | 4,0 ... 7,0 |
| Kies-Sand-Gemisch (enggestuft) | GE | 1,90 ... 2,10 | 6,0 ... 11 |
| Sand (weitgestuft) | SW | 1,70 ... 1,90 | 8,0 ... 12 |
| Sand (enggestuft) | SE | 1,65 ... 1,85 | 6,5 ... 13 |
| Kies-Sand-Schluff-Ton-Gemisch | GU, ST | 1,75 ... 1,95 | 10 ... 16 |
| Kies-Sand-Schluff-Ton-Gemisch, Lehm | GU̅, ST̅ | 1,65 ... 1,85 | 15 ... 20 |
| Ton (leicht, mittel plastisch) | TL, TM | 1,45 ... 1,70 | 18 ... 30 |
| Ton (ausgeprägt plastisch) | TA | 1,40 ... 1,55 | 25 ... 35 |

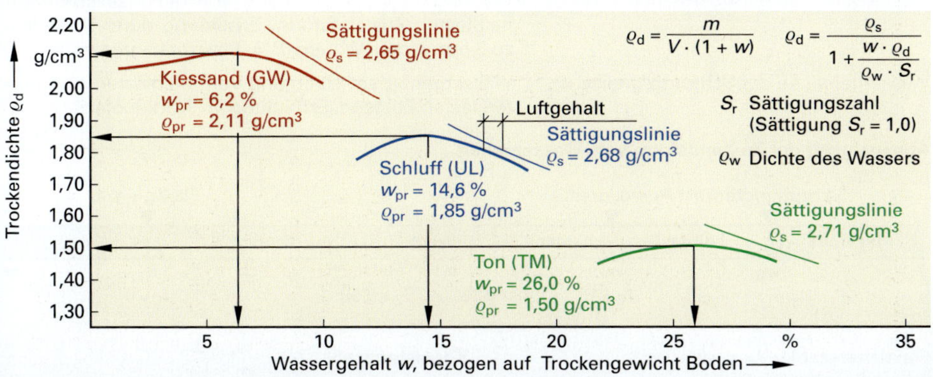


$$\varrho_d = \frac{m}{V \cdot (1 + w)} \qquad \varrho_d = \frac{\varrho_s}{1 + \frac{w \cdot \varrho_d}{\varrho_w \cdot S_r}}$$

$S_r$ Sättigungszahl (Sättigung $S_r$ = 1,0)

$\varrho_w$ Dichte des Wassers

7

## 7.8.5 Bodenkennwerte

### Wichte $\gamma$, Dichte $\varrho$

| | | |
|---|---|---|
| Dichte des feuchten Bodens | $\varrho$ | $= \frac{m}{V}$ |
| Dichte des trockenen Bodens | $\varrho_d$ | $= \frac{m_d}{V}$ |
| Wichte des feuchten Bodens | $\gamma$ | $= \frac{F_G}{V}$ |
| Wichte des trockenen Bodens | $\gamma_d$ | $= \frac{F_{Gd}}{V}$ |
| Wichte unter Auftrieb | $\gamma'$ | $= \frac{F_G'}{V}$ |

$F_G$ Gewichtskraft, d trocken (englisch: dry)

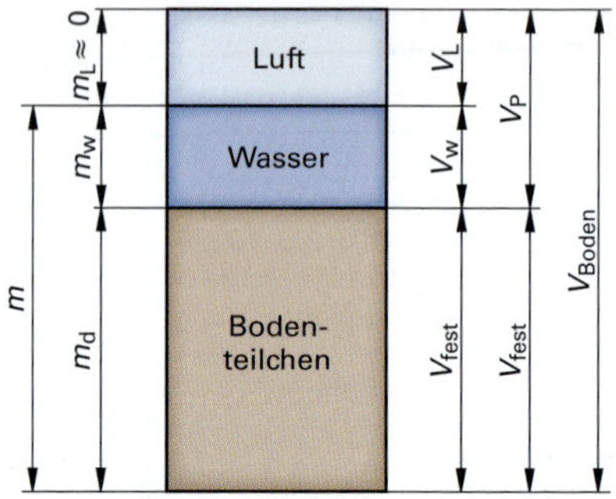


### Korndichte

Dichte der Körner, d.h. der festen Bodenteilchen. Entspricht der mittleren Dichte der Minerale ▶ S. 197

$$\varrho_s = \frac{m_d}{V_{fest}}$$

### Porenanteil $n$ ≙ Hohlraumgehalt $H$

Der Porenanteil $n$ ist das Volumen der Poren $V_P$ eines Bodens bezogen auf das Volumen der gesamten Probe $V$.

$$n = H = \frac{V_P}{V} = \frac{V - V_{fest}}{V} = \frac{\varrho_s - \varrho_d}{\varrho_s} = 1 - \frac{\varrho_d}{\varrho_s}$$

### Lagerungsdichte $D$

Die Lagerungsdichte $D$ ist ein Kriterium, das die Tragfähigkeit nichtbindiger Böden beeinflusst.

$$D = \frac{\max n - n}{\max n - \min n}$$

max $n$ Porenanteil bei lockerster Lagerung
min $n$ Porenanteil bei dichtester Lagerung
$n$ Porenanteil bei natürlicher Lagerung, vgl. DIN 18 126

### Verdichtungsgrad $D_{pr}$

$$D_{pr} = \frac{\varrho_d}{\varrho_{pr}} \cdot 100\,[\%]$$

### Porenzahl $e$

$$e = \frac{\varrho_s}{\varrho_d} - 1$$

### Wassergehalt $w$

Der Wassergehalt $w$ wird auf die Masse des trockenen Bodens bezogen.

$$w = \frac{m - m_d}{m_d} = \frac{m_w}{m_d}$$

### Zustandsform/Konsistenz

Das Verhalten und die Tragfähigkeit bindiger (feinkörniger oder gemischtkörniger) Böden wird entscheidend vom Wassergehalt bestimmt. Als Maßstab dient der Vergleich des natürlichen Wassergehaltes $w$ mit dem Wassergehalt an bestimmten Zustandsgrenzen.

| | |
|---|---|
| Wassergehalt an der **Fließgrenze** $w_L$: | Wassergehalt am Übergang von der flüssigen zur plastischen Zustandsform. Ermittlung mit dem Casagrandegerät nach DIN 18122 (englisch: liquid). |
| Wassergehalt an der **Ausrollgrenze** $w_P$: | Wassergehalt am Übergang von der plastischen zur halbfesten Zustandsform. Ermittlung durch Ausrollen zu 3 mm dicken Walzen (P = Plastizitätsgrenze). |
| Wassergehalt an der **Schrumpfgrenze** $w_S$: | Wassergehalt am Übergang vom halbfesten zum harten/festen Zustand. Ermittlung im Trockenofen. |

7

**Abhängigkeit der Zustandsform vom Wassergehalt**

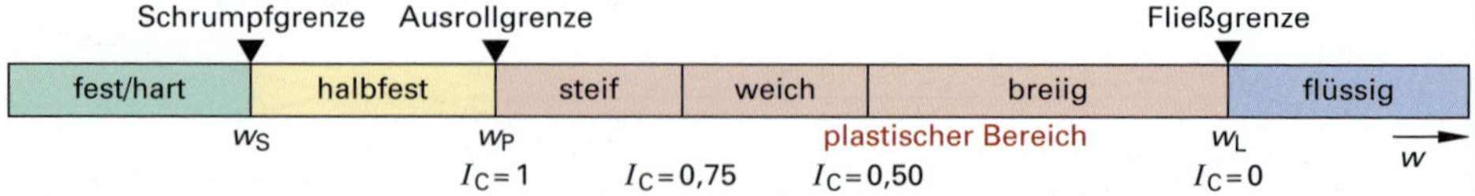


**Plastizitätszahl:** $I_P = w_L - w_P$

**Konsistenzzahl** $I_C = \frac{w_L - w}{w_L - w_P}$

## Erfahrungswerte für Bodenkenngrößen (nach DIN 1055-2, Entwurf)

### Nicht bindige Bodenarten

| Bodenart | Kurzzeichen ▶ S. 374 | Lagerungsdichte[1] | erdfeucht $\gamma$ [kN/m³] | Wichte gesättigt $\gamma_r$ [kN/m³] | unter Auftrieb $\gamma'$ [kN/m³] | Reibungswinkel $\varphi'$ [°] |
|---|---|---|---|---|---|---|
| Kies, Sand, eng gestuft | GE, SE mit $C_U < 6$ | locker<br>mitteldicht<br>dicht | 16,0<br>17,0<br>18,0 | 18,5<br>19,5<br>20,5 | 8,5<br>9,5<br>10,5 | 30,0<br>32,5<br>35,0 |
| Kies, Sand weit oder intermittierend gestuft | GW, GI<br>SW, SI<br>$6 \le C_U \le 15$ | locker<br>mitteldicht<br>dicht | 16,5<br>18,0<br>19,5 | 19,0<br>20,5<br>22,0 | 9,0<br>10,5<br>12,0 | 30,0<br>32,5<br>35,0 |
| Kies, Sand, weit- oder intermittierend gestuft | GW, GI<br>SW, SI<br>$C_U > 15$ | locker<br>mitteldicht<br>dicht | 17,0<br>19,0<br>21,0 | 19,5<br>21,0<br>22,5 | 9,5<br>11,0<br>12,5 | 30,0<br>32,5<br>35,0 |

[1] Lagerungsdichte $D = \dfrac{\max n - n}{\max n - \min n}$ Ungleichförmigkeitszahl $C_U = \dfrac{d_{60}}{d_{10}}$

locker: $0{,}15 < D \le 0{,}30$; mitteldicht: $0{,}30 < D \le 0{,}50$; dicht: $0{,}50 < D < 0{,}75$

### Bindige und organische Bodenarten (Auswahl)

| Bodenart | Kurzzeichen ▶ S. 375 | Zustandsform[2] | Wichte erdfeucht $\gamma$ [kN/m³] | Wichte unter Auftrieb $\gamma_r$ [kN/m³] | Reibungswinkel $\varphi'$ [°] | Kohäsion $c'$ kN/m² | Kohäsion $c_u$ kN/m² |
|---|---|---|---|---|---|---|---|
| Leicht plastische Schluffe | UL | weich<br>steif<br>halbfest | 17,5<br>18,5<br>19,5 | 9,0<br>10,0<br>11,0 | 27,5 | 0<br>2<br>5 | 0<br>15<br>40 |
| Mittelplastische Schluffe | UM | weich<br>steif<br>halbfest | 16,5<br>18,0<br>19,5 | 8,5<br>9,5<br>10,5 | 22,5 | 0<br>5<br>10 | 5<br>25<br>60 |
| Leicht plastische Tone | TL | weich<br>steif<br>halbfest | 19,0<br>20,0<br>21,0 | 9,0<br>10,0<br>11,0 | 22,5 | 0<br>5<br>10 | 0<br>15<br>40 |
| Mittelplastische Tone | TM | weich<br>steif<br>halbfest | 18,5<br>19,5<br>20,5 | 8,5<br>9,5<br>10,5 | 17,5 | 5<br>10<br>15 | 5<br>25<br>60 |
| Ausgeprägt plastische Tone | TA | weich<br>steif<br>halbfest | 17,5<br>18,5<br>19,5 | 7,5<br>8,5<br>9,5 | 15,0 | 5<br>10<br>15 | 15<br>35<br>75 |
| Organischer Schluff, organischer Ton | OU<br>OT | breiig<br>weich<br>steif | 14,0<br>15,5<br>17,0 | 4,0<br>5,5<br>7,0 | 17,5 | 0<br>2<br>5 | 0<br>10<br>20 |

[2] Konsistenzzahl $I_C = (w_L - w)/(w_L - w_P)$;
breiig: $0{,}00 < I_C \le 0{,}50$; weich: $0{,}50 < I_C \le 0{,}75$; steif: $0{,}75 < I_C \le 1{,}00$; halbfest: $I_C > 1{,}00$

### Scherfestigkeit

Die Scherfestigkeit eines Bodens kann man in der Scherbüchse bestimmen. Die Auswertung mehrerer Versuche ergibt einen annähernd linearen Zusammenhang zwischen der Druckspannung $\sigma$ und der Schubspannung $\tau$.

**Coulomb'sches Gesetz** $\tau = \sigma \cdot \tan\varphi' + c'$

$\varphi'$ Reibungswinkel
$c'$ Kohäsion (wirksame)
Bei nichtbindigen Böden ist $c' \cong 0$
Bei nicht entwässerten bindigen Böden gilt:
$\varphi \cong 0, \quad c' = c_u$

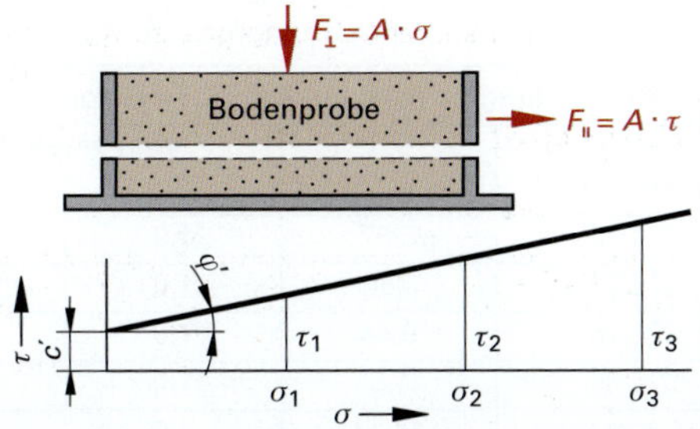


Bestimmung der Scherfestigkeit

7

## 7.8.6 Flächengründungen

Bei Flächengründungen werden die Bauwerkslasten unmittelbar über Streifen- oder Einzelfundamente in den Baugrund geleitet. Die vorhandenen Spannungen vorh $\sigma$ dürfen die zulässigen Spannungen zul $\sigma$ nicht überschreiten. In einfachen Fällen wird von einer geradlinigen Spannungsverteilung ausgegangen.
Die Sohle muss in frostfreier Tiefe mindestens 0,80 m unter Gelände liegen.

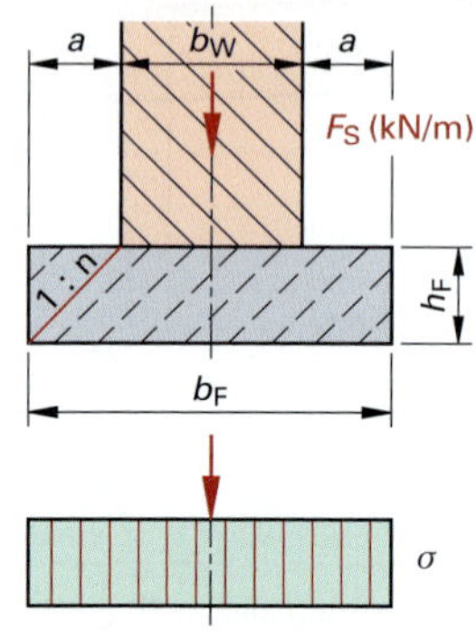


$$\text{erf } h_F = \frac{b_F - b_W}{2} \cdot n$$

$$\sigma_{vorh} \le \sigma_{zul}$$

### Streifenfundamente

**Fundamenthöhe**

Näherungsformel für die Fundamenthöhe
$h_F \ge 0{,}85 \cdot (b_F - b_W)$ und $h_F \ge 0{,}30$ m
oder
erf $h_F \ge 0{,}5 \cdot (b_F - b_W) \cdot n$ — $n$ siehe Tabelle unten
genauer Nachweis siehe Seite 385

**Bodenpressung bei mittiger Belastung**

$$\sigma = \frac{F_S}{b_F}$$

$F_S$ Last je m Fundament in kN/m
$b_F$ Fundamentbreite in m
$\sigma$ Bodenpressung in kN/m²

**Bodenpressung bei außermittiger Belastung**

Da zwischen Fundament und Boden keine Zugspannungen übertragen werden können, muss zwischen Lastangriff im Kern (d.h. überall Druckspannungen, $e \le b_F/6$) und Lastangriff außerhalb des Kernes (d.h. klaffende Sohlfuge, $e > b_F/6$) unterschieden werden.

$$\sigma_R = \frac{F_S}{b_F}\left(1 + \frac{6 \cdot e}{b_F}\right) \quad \text{für } e \le \frac{b_F}{6} \qquad \text{für } e = \frac{b_F}{6} \Rightarrow \sigma_R = \frac{2 \cdot F_S}{b_F \cdot d_F}$$

$$\sigma_R = \frac{4 \cdot F_S}{3 \cdot (b_F - 2\,e)} \quad \text{für } \frac{b_F}{6} < e < \frac{b_F}{2}$$

Nach DIN 1054 muss die aus ständigen Lasten resultierende Kraft die Sohlfläche im Kern schneiden, d. h. $e < b_F/6$. Die aus der Gesamtlast resultierende Kraft darf ein Klaffen der Sohlfuge höchstens bis zum Schwerpunkt der Sohlfläche verursachen, d.h. mit Sicherheitsbeiwert 1,5 folgt $e \le b_F/3$.

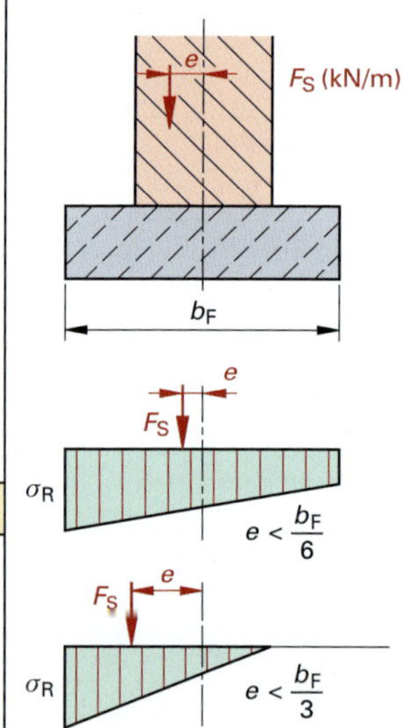

klaffende Sohlfuge

### Einzelfundamente

Die vorhandene Bodenpressung $\sigma$ ist mit dem Sohlendruck $\sigma_{zul}$ (Charakteristische Größe) zu vergleichen: $\sigma_{vorh} \le \sigma_{zul}$. Der Bemessungswert der Betonfestigkeit $f_{cd}$ ist i.d.R. wesentlich höher.

**Bodenpressung bei mittiger Belastung**

$$\sigma = \frac{F}{A} = \frac{F}{a_F \cdot b_F}$$

$\sigma$ Bodenpressung in kN/m²
$F$ Mittige Last in kN
$a_F, b_F$ Abmessungen des rechteckigen Fundamentes in m

7

### Lastverteilung 1 : *n* bei unbewehrten Betonfundamenten

| Betonfestigkeit | $f_{cd}$ in MN/m² | Wert $n$ bei einem aufnehmbaren Sohldruck von $\sigma_{zul}$ in kN/m² 100 | 200 | 300 | 400 | 500 |
|---|---|---|---|---|---|---|
| C12/15 | 5,67 | 1,0 | 1,0 | 1,2 | 1,4 | 1,6 |
| C16/20 | 7,56 | 1,0 | 1,0 | 1,1 | 1,3 | 1,4 |
| C20/25 | 9,44 | 1,0 | 1,0 | 1,0 | 1,2 | 1,3 |
| C25/30 | 11,81 | 1,0 | 1,0 | 1,0 | 1,1 | 1,2 |
| C30/37 | 14,17 | 1,0 | 1,0 | 1,0 | 1,1 | 1,2 |
| C35/45 | 16,53 | 1,0 | 1,0 | 1,0 | 1,0 | 1,1 |

## Aufnehmbarer Sohldruck in kN/m² nach DIN 1054

**Nichtbindiger Baugrund** (Bodengruppen GE, GW, GI, SE, SW, SI, GU, GT, SU ► S. 374)

| kleinste Einbindetiefe des Fundaments $t$ | Fundamentbreite $b_F$ in m: Bereich 1 und Bereich 2 | | | Bereich 1 | | | | Bereich 2 | | |
|---|---|---|---|---|---|---|---|---|---|---|
| | 0,30 | 0,50 | 1,00 | 1,50 | 2,00 | 2,50 | 3,00 | 1,50 | 2,00 | 3,00 |
| 0,30 m | 150 | | | | | | | | | |
| 0,50 m | | 200 | 300 | 330 | 280 | 250 | 220 | 400 | 500 | 500 |
| 1,00 m | | 270 | 370 | 360 | 310 | 270 | 240 | 470 | 570 | 570 |
| 1,50 m | | 340 | 440 | 390 | 340 | 290 | 260 | 540 | 640 | 640 |
| 2,00 m | | 400 | 500 | 420 | 360 | 310 | 280 | 600 | 700 | 700 |

**Bindiger Baugrund, Streifenfundamente $b_F$ = 0,50 m ... 2,00 m** (Bodengruppen ► S. 375)

| kleinste Einbindetiefe des Fundaments $t$ | Schluff UL steif/halbfest | Gemischtkörnige Böden SU, ST, GT, GU | | | Schluff-Ton Böden UM, TL, TM | | | Ton TA | | |
|---|---|---|---|---|---|---|---|---|---|---|
| | | steif | halbfest | fest | steif | halbfest | fest | steif | halbfest | fest |
| 0,50 m | 130 | 150 | 220 | 330 | 120 | 170 | 280 | 90 | 140 | 220 |
| 1,00 m | 180 | 180 | 280 | 380 | 140 | 210 | 320 | 110 | 180 | 240 |
| 1,50 m | 220 | 220 | 330 | 440 | 160 | 250 | 360 | 130 | 210 | 270 |
| 2,00 m | 250 | 250 | 370 | 500 | 180 | 280 | 400 | 150 | 230 | 300 |

### Anwendungsvoraussetzungen für die aufnehmbaren Sohldrücke

1. Die Werte gelten nur für starre Gründungskörper, bei denen die Annahme der geradlinigen Sohldruckverteilung annähernd zutrifft.
2. Bereich 1 (setzungsempfindlich): Bei Fundamentbreiten bis 1,50 m betragen die Setzungen etwa 2 cm, bei breiteren Fundamenten sind diese proportional größer.
   Bereich 2 (setzungsunempfindlich): Bei Fundamentbreiten bis 1,50 m betragen die Setzungen ungefähr 1 cm, bei breiteren Fundamenten weniger als 2 cm.
3. Die Gründungssohle muss frostfrei liegen und gegen Auswaschen gesichert sein.
4. Die Baugrundverhältnisse müssen bis in eine Tiefe $t \geq 2\,b_F$ mindestens $t > 2$ m unter Gründungssohle annähernd gleichmäßig sein.
5. Die Lagerungsdichte enggestufter ($C_U < 3$) Bodengruppen SE, GE, GU, GT, SU muss $D \geq 0{,}3$ bzw. die Proctordichte ≥ 95 % sein. Die Lagerungsdichte aller übrigen nichtbindigen Böden muss $D \geq 0{,}45$ bzw. die Proctordichte > 98 % sein.
6. Die Werte des Bereichs 2 sind bei einem Abstand des Grundwasserspiegels $d$ kleiner als $b_F$ um bis zu 40 % zu verringern.
7. Die Werte für nicht bindige Böden dürfen interpoliert werden.
8. Die Werte dürfen nicht oder nur bedingt bei dynamisch belasteten oder durch Horizontalkräfte belasteten Fundamenten angesetzt werden.

## Ausbildung und Berechnung unbewehrter Fundamente

Annähernd zentrisch belastete Streifenfundamente können unter einer der nebenstehenden Bedingungen ohne Bewehrung ausgeführt werden.

a) $\frac{h_F}{a} \geq 2$

b) $\frac{h_F}{a} \geq \sqrt{\frac{3 \cdot \sigma_{Boden}}{f_{ctd}}} \geq 1$

$h_F$ Fundamenthöhe

$a$ Fundamentüberstand

$\sigma_{Boden}$ vorhandene Bodenpressung

$f_{ctd}$ Bemessungswert für Betonzugfestigkeit

**Beispiel**

Berechnung der Fundamentabmessungen eines unbewehrten Streifenfundamentes aus Beton C 12/15: Streckenlast $F_S$ = 200 kN/m, Wanddicke $b_W$ = 0,49 m, Einbindetiefe $t$ = 1,00 m, Bodenart: Ton (TA) fest, zul $\sigma$ = 240 kN/m² aus Tabelle oben.

erf $b_F = \frac{200}{240} = 0{,}83$ m → gewählt $b_F$ = 0,85 m

Fundamentüberstand $a$

$a = \frac{1}{2}(b_F - b_W) = \frac{1}{2} \cdot (0{,}85 - 0{,}49) = 0{,}18$ m

vorh $\sigma = \frac{F_S}{b_F} = \frac{200}{0{,}85} = 235$ kN/m²

$\frac{h_F}{a} = 1{,}08$ (vergl. Diagramm rechts)

$h_F = a \cdot \frac{h_F}{a} = 0{,}18 \cdot 1{,}08 = 0{,}19$ m gewählt = 0,20 m

aus Faustformel folgt

$h_F = 0{,}85\,(0{,}85\text{ m} - 0{,}49\text{ m}) \geq 0{,}30$ m

$h_F = 0{,}306$ m gewählt $h_F = 0{,}30$ m

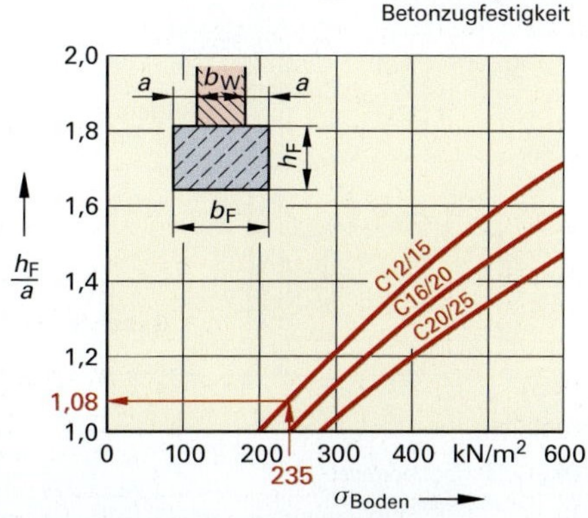


**Zulässige Fundamentschlankheit $h_F/a$**

## 7.8.7 Gebäudesicherung, Bodenaushubgrenzen, Unterfangung

Gründungsarbeiten neben bestehenden Gebäuden sowie Unterfangungen von Gebäuden erfordern eine sorgfältige Vorbereitung und dürfen nur nach bauaufsichtlich genehmigten Plänen ausgeführt werden.

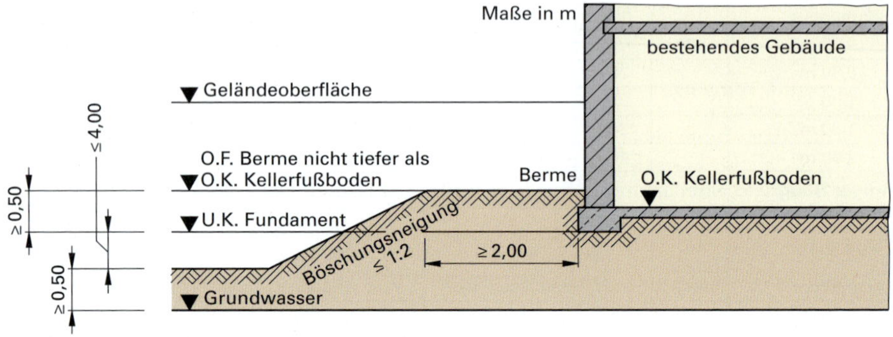


**Bodenaushubgrenzen**

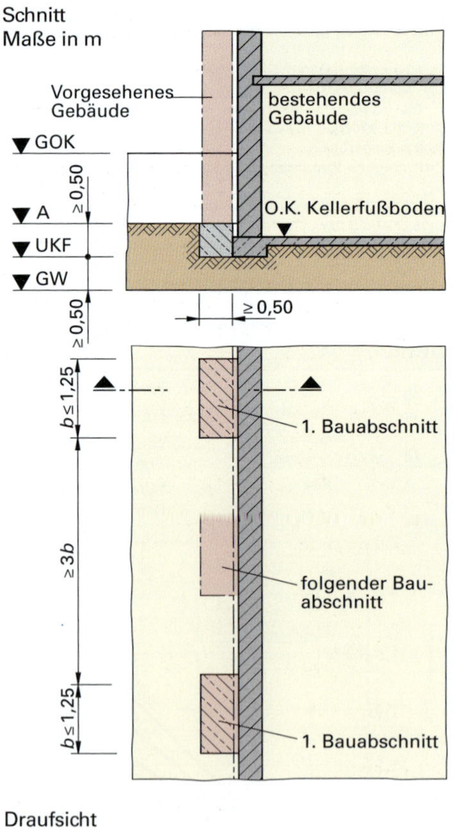


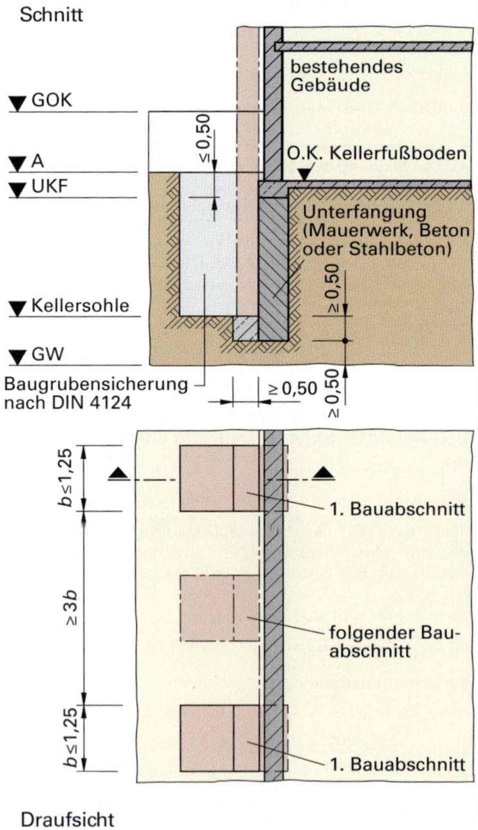


GOK Geländeoberkante
GW Grundwasser

UKF Unterkante Fundament
A Bodenaushubgrenze

**Gründung nebeneinander liegender Gebäude**

**Unterfangung**

## 7.8.8 Erddruck

Bei der Berechnung des Erddrucks auf senkrecht oder schwach geneigte Stützwände geht man davon aus, dass sich die Wand geringfügig bewegt und sich hinter der Wand ebene Gleitflächen ausbilden (Coulomb'sche Erddrucktheorie).

### Aktiver Erddruck auf senkrechte Stützwände bei waagerechtem Gelände

$E_a$ Resultierende des aktiven Erddrucks kN/m
$E_{ah}$ Horizontalkomponente des aktiven Erddrucks kN/m
$e_{ah}$ horizontale Komponente der Flächenbelastung des aktiven Erddruckes kN/m²
$K_a$ Erddruckbeiwert
$K_{ah}$ horizontale Komponente
$K_{ac}$ Erddruckbeiwert infolge Kohäsion bindiger Böden
$K_{ach}$ horizontale Komponente von $K_{ac}$
$\gamma$ Wichte, $\varphi$ Reibungswinkel
$c$ Kohäsion

$$e_{ah} = (\gamma \cdot h + p) \cdot K_{ah} - c \cdot K_{ach}$$

$$E_{ah} = \frac{1}{2} \cdot \gamma \cdot h^2 \cdot K_{ah} + p \cdot h \cdot K_{ah} - c \cdot h \cdot K_{ach}$$

$$E_a = E_{ah} \cdot \sin \delta$$

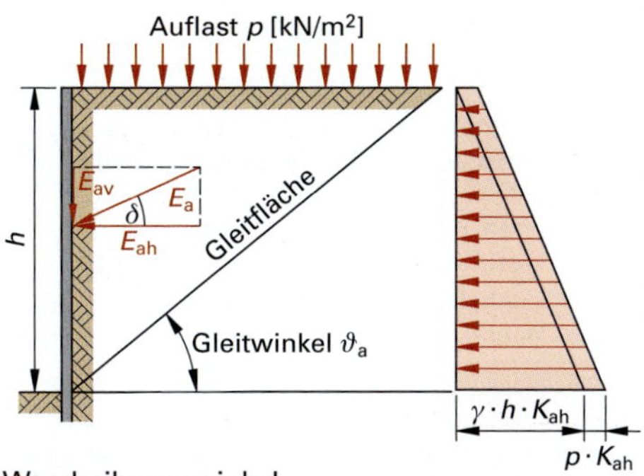


Wandreibungswinkel
Glatte Wände $\delta = 0$
Raue Wände $\delta = \frac{2}{3}$

Erddruckverteilung horizontale Komponente (ohne Kohäsion)

### Erdruhedruck

Der Erdruhedruck wirkt auf Stützwände, bei denen keine Bewegungen möglich sind (z. B. bei Aussteifungen), oder auf steife, alle Bewegungen ausschließende Wände.
Der Erdruhedruckbeiwert bei waagerechtem Gelände beträgt:

$K_a \approx 1 - \sin \varphi$

### Erddruckbeiwerte

(Gelände horizontal, Stützwand senkrecht)

| | $\varphi =$ | 15° | 22,5° | 30° | 37,5° |
|---|---|---|---|---|---|
| $K_{ah}$ | $\delta = 0°$ | 0,60 | 0,45 | 0,33 | 0,24 |
| | $\delta = \frac{2}{3}\varphi$ | 0,53 | 0,38 | 0,28 | 0,20 |
| $K_{ach}$ | $\delta = 0°$ | 1,52 | 1,34 | 1,15 | 0,99 |
| | $\delta = \frac{2}{3}\varphi$ | 1,33 | 1,11 | 0,91 | 0,75 |

**Beispiel** **Schwergewichtsmauer**

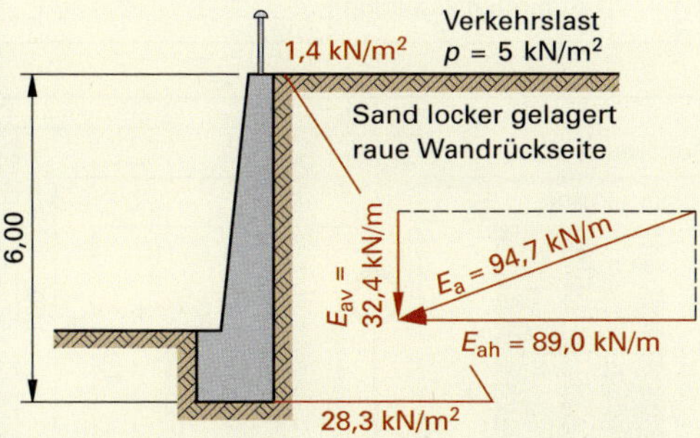


Erddruck auf die abgebildete Schwergewichtsmauer

Bestimmung der Bodenkennwerte:

Sand, locker gelagert:

$\gamma = 16$ kN/m³

$\varphi = 30°$ ► S. 383

$c = 0$

$\delta = \frac{2}{3} \cdot \varphi = \frac{2}{3} \cdot 30° = 20°$

$K_{ah} = 0{,}28$

$$e_{ah_o} = (\gamma \cdot h + p) \cdot K_{ah} - c \cdot K_{ah} = (16 \cdot 0 + 5) \cdot 0{,}28 - 0 = 1{,}4 \text{ kN/m}^2$$

$$e_{ah_u} = (\gamma \cdot h + p) \cdot K_{ah} - c \cdot K_{ah} = (16 \cdot 6{,}00 + 5) \cdot 0{,}28 - 0 = 28{,}28 \text{ kN/m}^2 \approx 28{,}3 \text{ kN/m}^2$$

$$E_{ah} = \frac{1}{2} \cdot \gamma \cdot h^2 \cdot K_{ah} + p \cdot h \cdot K_{ah} - 0 = \frac{1}{2} \cdot 16 \cdot 6{,}00^2 \cdot 0{,}28 + 5 \cdot 6{,}00 \cdot 0{,}28 = 89{,}04 \text{ kN/m} \approx 89{,}0 \text{ kN/m}$$

$$E_{av} = E_{ah} \cdot \tan \delta = 89{,}0 \cdot \tan 20° = 32{,}4 \text{ kN/m} \qquad \mathbf{E_a} = \sqrt{E_{ah}^2 + E_{av}^2} = \sqrt{89{,}0^2 + 32{,}4^2} = \mathbf{94{,}7\ kN/m}$$

7

# 7.9 Straßenbau

## 7.9.1 Einteilung der Straßen

Unsere Straßen werden nach mehreren Gesichtspunkten untergliedert. Die wichtigsten Unterteilungen sind die nach den Baulastträgern (Zuständigkeit für den Bau und die Unterhaltung) sowie die nach der Funktion.

**Einteilung nach Baulastträgern**

| Straßenart | Baulastträger |
|---|---|
| Bundesautobahnen | Bundesrepublik |
| Bundesfernstraßen | Bundesrep., Städte[1] |
| Landes-/Staatsstraßen | Länder, Städte[2] |
| Kreisstraßen | Kreise, Städte[2] |
| Gemeindestraßen | Städte, Gemeinden |

[1] Bei > 80000 Einwohnern für die Ortsdurchfahrten
[2] Bei > 20000 Einwohnern für die Ortsdurchfahrten

**Einteilung nach der Funktion**

| Kategoriengruppe | | Straßenkategorie | |
|---|---|---|---|
| A | anbaufreie Straßen außerhalb bebauter Gebiete mit maßgebender Verbindungsfunktion | A I<br>A II<br>A III<br>A IV<br>A V<br>A VI | Fernstraße<br>überregionale/regionale Straße<br>zwischengemeindliche Straße<br>flächenerschließende Straße<br>untergeordnete Straße<br>Wirtschaftsweg |
| B | anbaufreie Straßen innerhalb bebauter Gebiete mit maßgebender Verbindungsfunktion | B I<br>B II<br>B III<br>B IV | Stadtautobahn<br>Schnellverkehrsstraße<br>Hauptverkehrsstr.<br>Hauptsammelstr. |
| C | angebaute Straßen innerhalb bebauter Gebiete mit maßgebender Verbindungsfunktion | C III<br>C IV | Hauptverkehrsstr.<br>Hauptsammelstr. |
| D | innerhalb bebauter Gebiete mit maßgebender Erschließungsfunktion | D IV<br>D V | Sammelstraße<br>Anliegerstraße |
| E | innerhalb bebauter Gebiete mit maßgebender Aufenthaltsfunktion | E V<br>E VI | Anliegerstraße<br>befahrbarer Wohnweg |

## 7.9.2 Querschnittsgestaltung

Ausgangsgrößen für die Festlegung der Querschnittsabmessungen von Straßen sind die höchstzulässigen Fahrzeugabmessungen nach der Straßenverkehrszulassungsordnung (StVZO). Danach beträgt für Kraftfahrzeuge die maximale Breite 2,55 m (landwirtschaftliche Fahrzeuge 3,00 m) und die maximale Höhe 4,00 m.

Der Verkehrsraum und der lichte Straßenquerschnitt setzen sich zusammen aus

- Fahrzeugabmessungen
- seitlichen Bewegungsräumen (je nach Entwurfsgeschwindigkeit 0,00 m bis 1,25 m)
- oberem Bewegungsraum 0,25 m,
- seitlichen Sicherheitsräumen neben der Fahrbahn (je nach Entwurfsgeschwindigkeit 0,75 m bis 1,25 m)
- oberem Sicherheitsraum von 0,25 m.

Regelquerschnitte ► S. 390

**Bestandteile des Straßenquerschnittes**

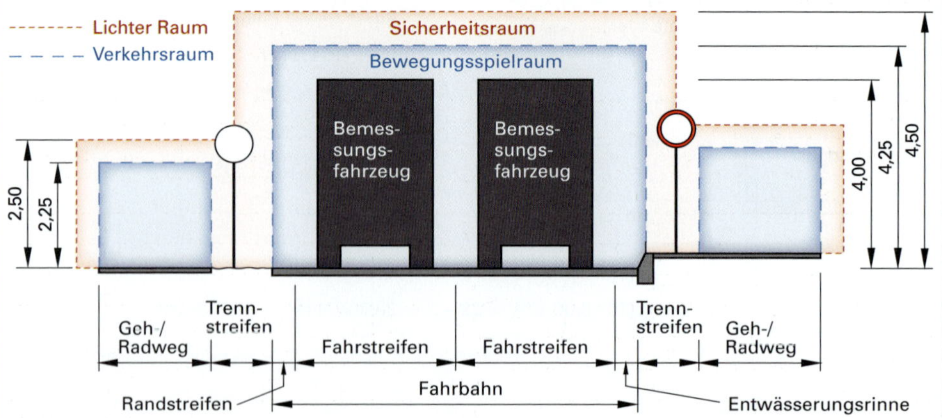

## 7.9.3 Linienführung

Der Lageplan von Straßen soll sich aus folgenden Trassierungselementen zusammensetzen:

- Gerade
- Kreisbogen
- Übergangsbogen

Die Grundlage für die Linienführung bildet die Entwurfsgeschwindigkeit $V_e$, die sich aus der Straßenkategorie und der angestrebten Qualität des Verkehrsablaufes ergibt. Anhaltswerte für $V_e$ können den Tabellen auf ▶ S. 390 und S. 391 entnommen werden.

### Gerade

Geraden haben wesentliche Nachteile. Zum einen lassen sich die Entfernungen und Geschwindigkeiten anderer Fahrzeuge nur schwer abschätzen und zum anderen erhöht sich die Blendgefahr. Geraden haben Vorteile im Bereich von Knotenpunkten, auf Brücken und für die Anpassung an andere Verkehrswege oder bei städtebaulichen Vorgaben.

Höchstlänge: $\max L = 20 \cdot V_e$ mit $L$ in m und $V_e$ in km/h

Mindestlänge zwischen gleichgerichteten Kreisbögen: $\min L = 6 \cdot V_e$

### Kreisbogen

Für die Kreisbögen von Straßen sind möglichst große Radien zu verwenden. Einerseits müssen für die Radien Mindestwerte eingehalten, andererseits sollen die Radien auf die Länge benachbarter Geraden oder die Radien benachbarter Kreisbögen abgestimmt werden.

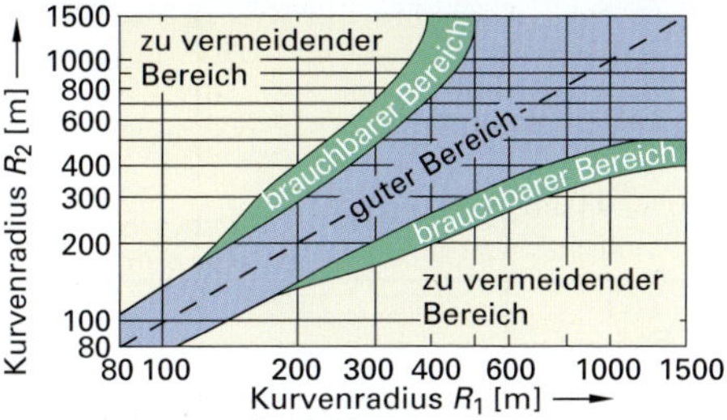


**Abstimmung der Radienfolge bei Straßen der Kategoriengruppe A**

Grenzwerte bei der Aufeinanderfolge von Geraden und Kreisbögen

| Länge der Geraden $L$ [m] | Kreisbogen min $R$ [m] |
|---|---|
| $L \geq 300$ m | min $R > 400$ m |
| $L < 300$ m | min $R > L$ |

### Übergangsbogen (Klothoide)

Übergangsbögen sollen eine allmähliche Änderung der Zentrifugalbeschleunigung ermöglichen, die Fahrbahnverwindung aufnehmen und zur besseren optischen Linienführung beitragen. Im Straßenbau wird als Übergangsbogen die Klothoide angewandt, bei der die Krümmung linear mit der Bogenlänge wächst.

Das Bildungsgesetz der Klothoide lautet:

$$A^2 = R \cdot L$$

$A$ Parameter der Klothoide [m]
$R$ Radius am Klothoidenende = Kreisbogenradius [m]
$L$ Länge der Klothoide [m]

| **Kurvenmindestradien** | | | **Klothoidenmindestparameter** | |
|---|---|---|---|---|
| Entwurfsgeschwindigkeit $V_e$ (km/h) | Kreisbogenmindestradius $R$ (m) | Mindestlänge des Kreisbogens $L$ (m) | $V_e$ in km/ h | min $A$ in m |
| | | | 50 | 30 |
| 50 | 80 | 30 | 60 | 40 |
| 60 | 120 | 35 | 70 | 60 |
| 70 | 180 | 40 | 80 | 80 |
| 80 | 250 | 45 | 90 | 110 |
| 90 | 340 | 50 | 100 | 150 (120) |
| 100 | 450 | 55 | 120 | 240 (120) |
| 120 | 720 | 65 | | ( ) Ausnahmewert |

7

## Regelquerschnitte

### Richtlinien für die Anlage von Autobahnen (RAA) und Straßen (RAS - Q 96)

| Querschnitt | Straßen-kategorie Entwurfsklassen | Verkehrsstärke DTV (Kfz/24 h) | Entwurfs-geschwindig-keit $V_e$ (km/h) |
|---|---|---|---|
| RQ 36 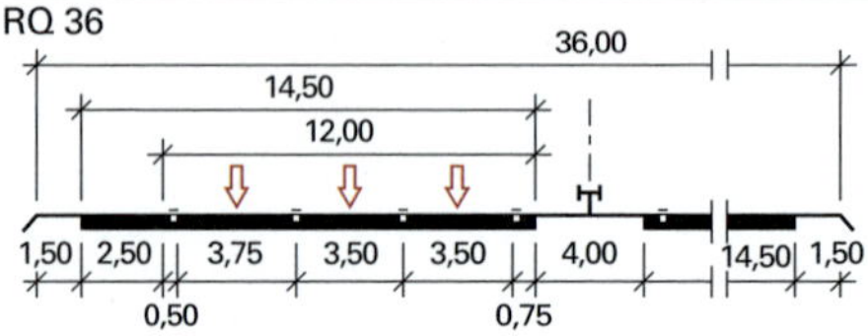  | AS 0<br>EKA 1 | 62 000 ... 105 000 | 130 |
| RQ 31 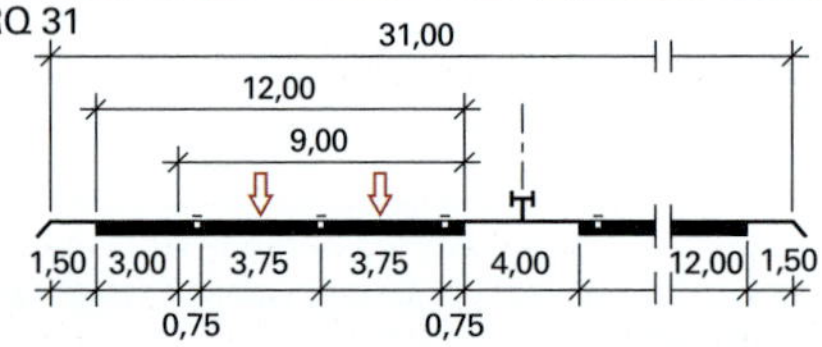  | AS 0<br>EKA 1 | 18 000 ... 67 000 | 130 |
| RQ 31,5 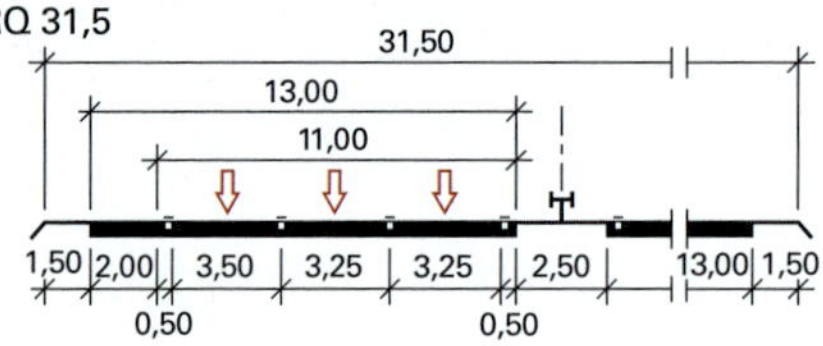  | AS II<br>EKA 3 | 50 000 ... 105 000 | 100 |
| RQ 25 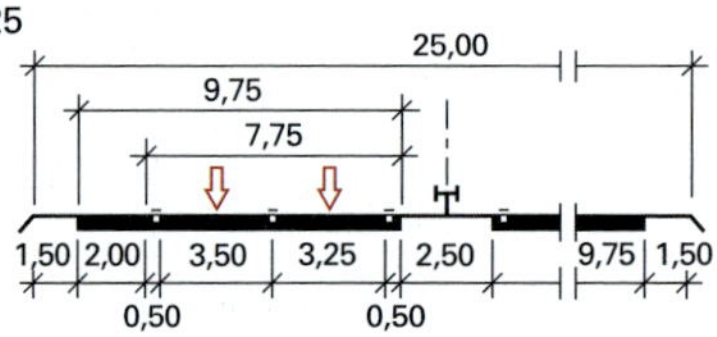  | AS II<br>EKA 3 | 20 000 ... 73 000 | 100 |
| RQ 21 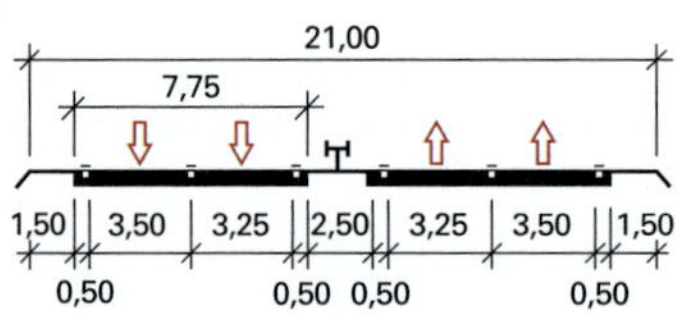  | A II<br>A III<br>B I<br>B II | 13 000 ... 30 000 | 100<br>90<br>80<br>70<br>60 |
| RQ 15,5 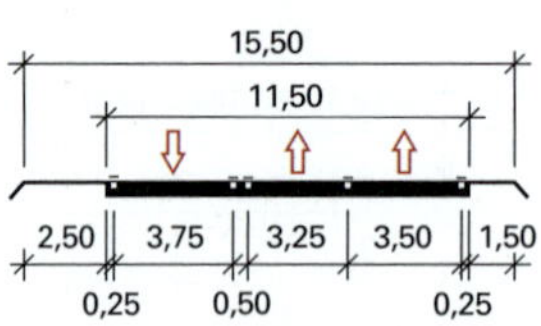  | A I<br>A II<br>A III | 6 000 ... 23 000 | 100<br>90<br>80 |
| RQ 10,5 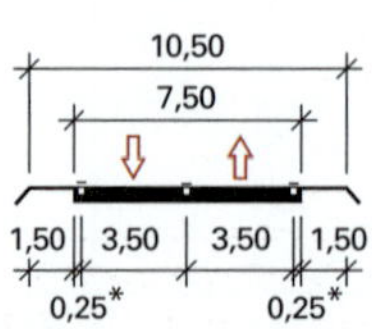  | A I<br>B II<br>A III | < 18 000<br><br>* Bei > 900 Lkw/24 h Randstreifen auf 0,50 m verbreitern | 90<br>80<br>70<br>60<br>50 |

7

## **Regelquerschnitte** nach den RAS - Q 96 (Fortsetzung)

| Querschnitt | Straßen kategorie | Verkehrsstärke DTV (Kfz/24 h) | Entwurfs-geschwindig-keit $V_e$ (km/h) |
|---|---|---|---|
| RQ 9,5 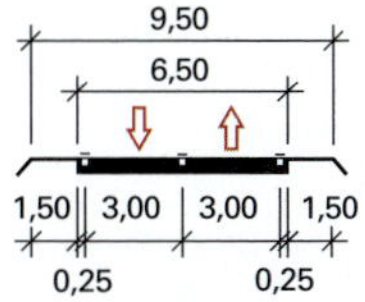  | B II<br>A III<br>A IV | < 14000<br><br>Schwerverkehr<br>< 300 Fz/24 h | 80<br>70<br>60<br>50 |
| RQ 7,5 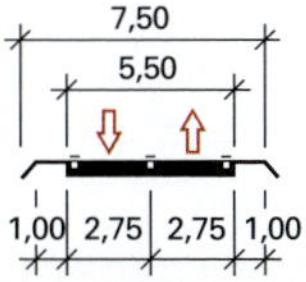  | A IV<br>A V | (< ~ 3000 Kfz/24 h)<br><br>Schwerverkehr<br>< 60 Fz/24 h | 60<br>50 |

## **Regelquerschnitte für Erschließungsstraßen**

| Querschnitt | Begegnungs-fall | Verkehrsstärke Kfz/h | Geschwindig-keit km/h |
|---|---|---|---|
| Hauptverkehrsstraße HSS 3 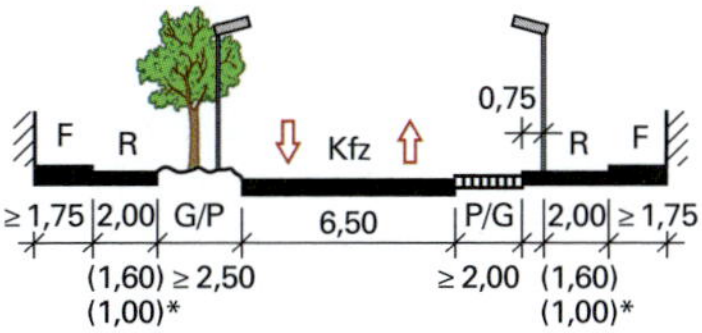  | Bus/Bus | < 1000 | 40 ... 50 |
| Sammelstraße SS 2 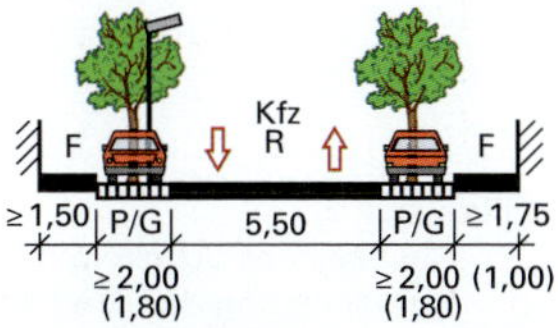  | Lkw/Lkw | < 800<br>(Sammelstraße)<br>< 400<br>(Anliegerstraße) | 30 ... 40<br><br>≤ 30<br>Anlieger-straße |
| Anliegerstraße AS 2 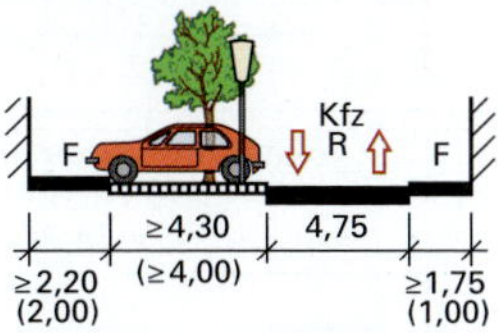  | Lkw/Pkw<br>Lkw/R | < 200 | ≤ 20 |
| Anliegerstraße AS 3 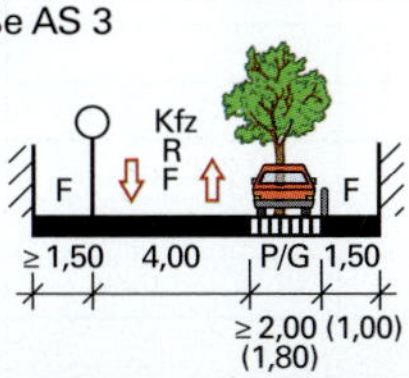  | Pkw/Pkw<br>Lkw/R | < 150 | ≤ 20 |

Kfz = Kraftfahrzeuge, R = Radfahrer, F = Fußgänger, P/G = Parkstreifen/Grünstreifen
(Klammerwerte = Ausnahmewerte bei beengten Verhältnissen) * Breite für einspurigen Radweg

7

## 7.9.4 Höhenplan

Die Achse der Straße im Höhenplan (Gradiente) wird zur Verdeutlichung der Höhenunterschiede meist in einer 10-fach überhöhten Darstellung gezeichnet. Die Gradiente besteht aus konstanten Längsneigungen sowie Ausrundungen in der Form von Kuppen und Wannen. Letztere erhalten die Form eines flachen Kreisbogens, der sich wegen der geringen Längsneigungen als quadratische Parabel berechnen lässt.

### Konstante Längsneigung

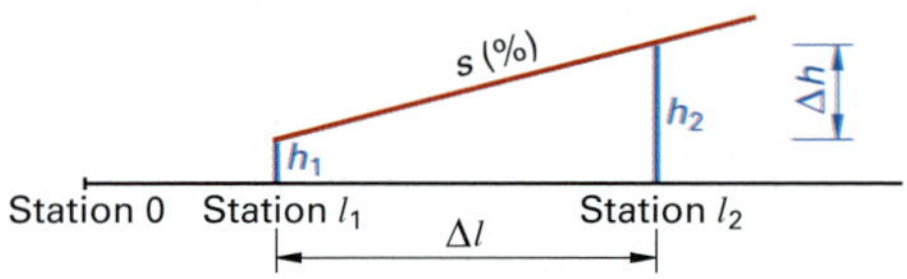


$$s = \frac{h_2 - h_1}{l_2 - l_1} \cdot 100\,\% = \frac{\Delta h}{\Delta l} \cdot 100\,\%$$

$$h_2 = h_1 + \Delta h = h_1 + \frac{s}{100} \cdot (l_2 - l_1)$$

### Höchstlängsneigungen

| $V_e$ in km/h | max $s$% bei Straßen der Kategoriengruppe A | B I/B II |
|---|---|---|
| 50 | 9,0 | 12,0 |
| 60 | 8,0 | 10,0 |
| 70 | 7,0 | 8,0 |
| 80 | 6,0 | 7,0 |
| 90 | 5,0 | 6,0 |
| 100 | 4,5 | 5,0 |
| 120 | 4,0 | – |

### Kuppen- und Wannenausrundung

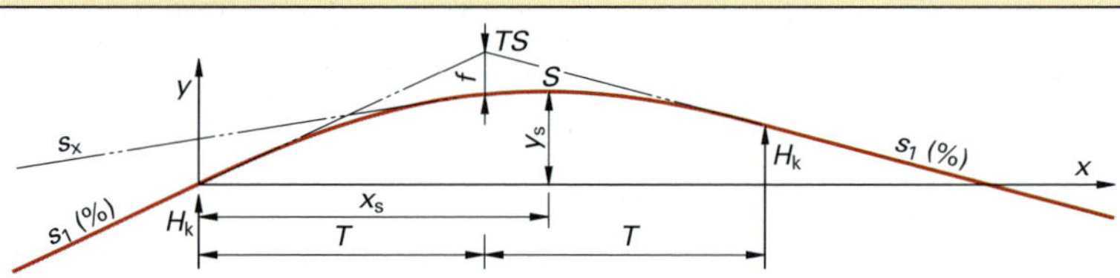


$$T = \frac{H}{2} \cdot \frac{s_2 - s_1}{100}$$

$$f = \frac{T^2}{2 \cdot H} = \frac{T}{4} \cdot \frac{s_2 - s_1}{100} = \frac{H}{8} \cdot \left(\frac{s_2 - s_1}{100}\right)^2$$

$$x_s = -\frac{s_1 \cdot H}{100}$$

$$y(x) = \frac{s_1}{100} \cdot x + \frac{x^2}{2\,H}$$

$$s(x) = s_1 + \frac{x}{H} \cdot 100\,\%$$

$H_k$, $H_w$ Ausrundungshalbmesser in m, Wanne + $H_w$, Kuppe – $H_k$

$s_1$, $s_2$ Längsneigung der Gradiente in %, Steigung + $s_1$, + $s_2$, Gefälle – $s_1$, – $s_2$

$y(x)$ Ordinate eines beliebigen Punktes in m

$TS$ Tangentenschnittpunkt

$T$ Tangentenlänge in m

$f$ Bogenstich in m

$x_s$ Abszisse des Scheitelpunktes in m

$s(x)$ Längsneigung der Gradiente in einem beliebigen Punkt

$S$ Scheitelpunkt

### Kuppen- und Wannenmindesthalbmesser

| Entwurfsgeschwindigkeit $V_e$ in km/h | Kuppenmindesthalbmesser für Haltesicht min $H_k$ in m | für Überholsicht min $H_k$ in m | Wannenmindesthalbmesser Richtwerte min $H_w$ in m |
|---|---|---|---|
| 50 | 1400 | 28200 | 500 |
| 60 | 2400 | 30000 | 750 |
| 70 | 3150 | 35000 | 1000 |
| 80 | 4400 | 40000 | 1300 |
| 90 | 5700 | 48000 | 2400 |
| 100 | 8300 | 52000 | 3800 |
| 120 | 16000 | – | 8800 |

### Mindestlänge der Tangente

| Straßen der Kategoriengruppe | A | B |
|---|---|---|
| Mindesttangentenlänge $T$ in m | $1{,}0 \cdot V_e$ in km/h | $0{,}75 \cdot V_e$ in km/h |

7

## 7.9.5 Querneigung

Zur Entwässerung werden die Straßen geneigt gebaut. Die Mindest- oder Regelquerneigung min $q$ in Geraden oder in Bögen mit sehr großem Radius beträgt

**min $q$ = 2,5 %**

In Kurven ist die Querneigung zur Kurveninnenseite anzulegen, damit ein Teil der Zentrifugalkraft von der Querneigung aufgenommen werden kann. Als maßgebende Geschwindigkeit wird die Geschwindigkeit $v_{85}$ gewählt, die von 85 % aller unbehindert fahrenden Pkw nicht überschritten wird. $v_{85}$ liegt näherungsweise, je nach dem Querschnitt, zwischen $v_e$ und $v_e$ + 20 km/h.

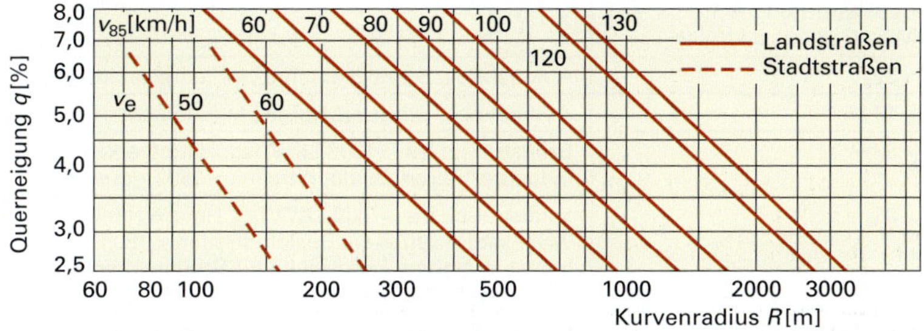


**Querneigung in Abhängigkeit von der Geschwindigkeit $v_{85}$ ($v_e$) und den Kurvenradien**

### Berechnung von Höhenunterschieden bei geneigten Fahrbahnflächen

$$\Delta h = \frac{q(\%)}{100} \cdot \Delta l$$

mit $\Delta h$ Höhenunterschied
$\Delta l$ Längenunterschied
$q$ Querneigung in %

**Beispiel** **Berechnung eines Querprofiles**

Für eine Stadtstraße mit der Gradientenhöhe von 10,000 m ü. NN und den angegebenen Breiten sowie Querneigungen ist das Querprofil zu berechnen und darzustellen.

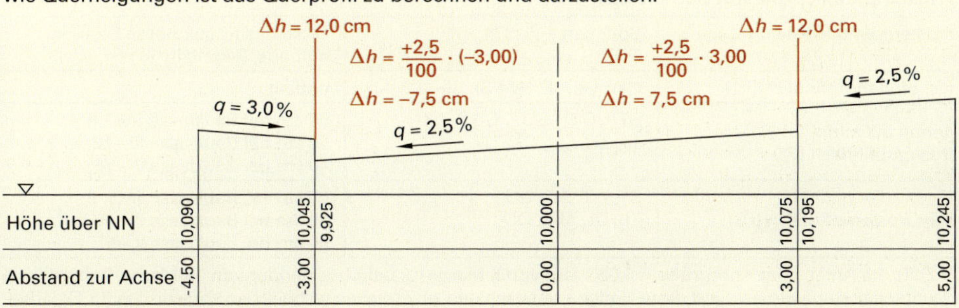


### Anrampung und Verwindung

Im Verwindungsbereich ändert sich die Querneigung der Fahrbahnfläche, und zwar entweder zu größeren/kleineren Werten vor/nach Kurven oder für den Wechsel von Links- zu Rechtsneigung.

$$\Delta s = \frac{q_e - q_a}{L_v} \cdot a$$

**Anrampungsneigung**

mit $q_a$, $q_e$ Querneigungen am Anfang und Ende der Verwindungsstrecke
$L_v$ Länge der Verwindungsstrecke
$a$ Abstand Fahrbahnrand – Drehachse

In den Verwindungsbereichen infolge wechselnder Querneigungen zwischen Bögen mit entgegengesetzter Krümmung muss die Entwässerung über eine ausreichende Längsneigung $s$ sichergestellt werden.

| | | |
|---|---|---|
| Mindestlängsneigung | $s \geq \Delta s + 0{,}2\,\%$ | besser: $s \geq \Delta s + 0{,}5\,\%$ |
| in Verwindungsbereichen: | $s \geq 0{,}7\,\%$ | besser: $s \geq 1{,}0\,\%$ |

7

## 7.9.6 Straßenoberbau und Fahrbahnaufbau

### Bauklasse, bemessungsrelevante Beanspruchung

Grundlage für die Bestimmung der Dicken der einzelnen Schichten des Fahrbahnaufbaus ist die Verkehrsbelastung mit schweren Lastkraftwagen (> 3,5 t zul. Gesamtgewicht) und Bussen. Weil die Schädigung einer Straße mit der 4. Potenz der Achslast ansteigt, werden die Achslasten der schweren Lastkraftwagen in äquivalente 10 t Achslasten umgerechnet.

### Erfahrungswerte für Bauklassen

| Bauklasse | Bemessungsrelevante Beanspruchung *B* Mio. äquiv. 10 t-Achsen | Straßentypen, Busverkehrsflächen, Parkflächen |
|---|---|---|
| SV | > 32 | Autobahnen, Schnellverkehrs-, Industriesammelstraßen |
| I | > 10 bis 32 | Autobahnen, Schnellverkehrs-, Industriesammelstraßen |
| II | > 3 bis 10 | Landstraßen bis ≈ 1800 LKW/Tag, Hauptverkehrsstraßen, Industriestraßen, Busfahrstreifen > 150 Busse/Tag |
| III | > 0,8 bis 3 | Landstraßen bis ≈ 500 LKW/Tag, Hauptverkehrsstraßen, Wohnsammelstraßen, Busfahrstreifen < 150 Busse/Tag Industriestraßen, Parkflächen für Schwerverkehr, Anschlussstellen von Autobahnen (auch höher) |
| IV | > 0,3 bis 0,8 | Landstraßen bis ≈ 150 LKW/Tag, Wohnsammelstraßen, Fußgängerzonen mit Ladeverkehr (auch III), Parkflächen für Schwerverkehr |
| V | > 0,1 bis 0,3 | Anliegerstraßen, befahrbare Wohnwege PKW Parkflächen mit geringem Schwerverkehr |
| IV | bis 0,1 | befahrbare Wohnwege, PKW Parkflächen |

### Gesamtdicke des Straßenoberbaus

Die Gesamtdicke des Straßenoberbaus richtet sich nach der Frostempfindlichkeit des Untergrundes und der Bauklasse der Straße.

### Frostempfindlichkeit von Bodenarten

| Frostempfindlichkeit | Bodenart ▶ S. 374, 375 | Dicke des frostsicheren Straßenaufbaus, Regelfall |
|---|---|---|
| nicht frostempfindlich (F1) | GW, GI, GE, SW, SI, SE | entfällt |
| gering bis mittel frostempfindlich (F2) | ST[1], GT[1], SU[1], GU[1] TA, OT, OH, OK, TM | 55 cm bei Bauklasse SV, I, II<br>50 cm bei Bauklasse III – IV<br>40 cm bei Bauklasse V – VI |
| sehr frostempfindlich (F3) | $S\overline{T}$, $G\overline{T}$, $S\overline{U}$, $G\overline{U}$, TL, UL, UM, OU | 65 cm bei Bauklasse SV, I, II<br>60 cm bei Bauklasse III – IV<br>50 cm bei Bauklasse V – VI |

[1] Falls die Anteile der Korngröße < 0,063 mm von 5 Masse-% bei $C_U \geq 15$ oder von 15 Masse-% bei $C_U < 6$ unterschritten werden, sind diese Bodenarten nach den zusätzlichen technischen Vorschriften für Erdarbeiten nicht frostempfindlich. Zwischenwerte können linear interpoliert werden.

Die Gesamtdicke des frostsicheren **Straßenoberbaus (Abstand Planum bis OK Straßendecke)** ergibt sich aus der Dicke des Regelfalles, indem die örtlichen Verhältnisse durch Zu- oder Abschläge berücksichtigt werden.

7

Oberbau:
- Deckschicht
- Binderschicht
- 3. Tragschicht
- 2. Tragschicht (z. B. Verfestigung der Frostschutzschicht)
- 1. Tragschicht (z. B. Frostschutzschicht)

gegebenenfalls Bodenverfestigung des Untergrundes

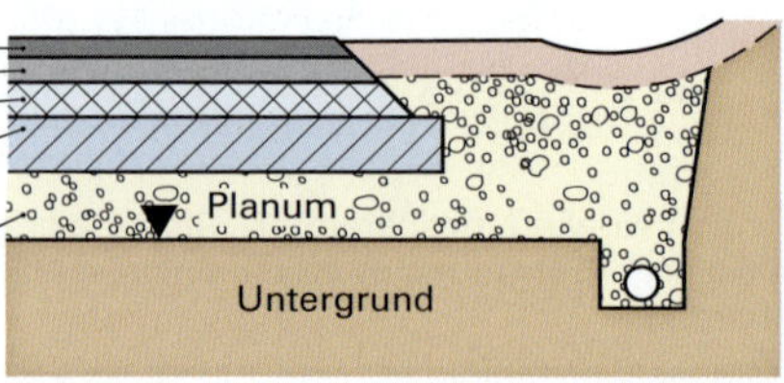


**Prinzipieller Straßenaufbau Einschnitt**

## Fahrbahnaufbau nach den Richtlinien für die Standardisierung des Straßenoberbaus RStO (Auszug)

**Bauweisen mit Asphaltdecke für Fahrbahnen**
(Dickenangaben in cm, erforderlicher Verformungsmodul $E_{V2}$ in MN/m$^2$ ▼___)

| Bauklasse | SV | | | | I | | | | II | | | | III | | | | IV | | | | V | | | | VI[7] | | | |
|---|---|---|---|---|---|---|---|---|---|---|---|---|---|---|---|---|---|---|---|---|---|---|---|---|---|---|---|---|
| Äquivalente 10-t-Achsübergänge in Mio *B* | > 32 | | | | > 10 – 32 | | | | > 3 – 10 | | | | > 0,8 – 3 | | | | > 0,3 – 0,8 | | | | > 0,1 – 0,3 | | | | ≤ 0,1 | | | |
| Dicke des frostsicheren Oberbaues | 55 | 65 | 75 | 85 | 55 | 65 | 75 | 85 | 55 | 65 | 75 | 85 | 45 | 55 | 65 | 75 | 45 | 55 | 65 | 75 | 35 | 45 | 55 | 65 | 35 | 45 | 55 | 65 |
| Deckschicht<br>Binderschicht<br>**Asphalttragschicht**<br>**Frostschutzschicht** | 4 / 8 / 22/34; ▼120, ▼45 | | | | 4 / 8 / 18/30; ▼120, ▼45 | | | | 4 / 8 / 14/26; ▼120, ▼45 | | | | 4 / 4 / 14/22; ▼120, ▼45 | | | | 4 / 14/18; ▼120, ▼45 | | | | 4 / 10/14; ▼100, ▼45 | | | | 10/10; ▼100, ▼45 | | | |
| Dicke der Frostschutzschicht | – | 31[1] | 41 | 51 | 25[2] | 35 | 45 | 55 | 29[2] | 39 | 49 | 59 | – | 33[1] | 43 | 53 | 27[2] | 37 | 47 | 57 | 21[1] | 31 | 41 | 51 | 25 | 35 | 45 | 55 |
| Deckschicht<br>Binderschicht<br>**Asphalttragschicht**<br>**Hydraulisch gebundene Tragschicht**<br>**Frostschutzschicht** | 4 / 8 / 14 / 15/41; ▼120, ▼45 | | | | 4 / 8 / 10 / 15/37; ▼120, ▼45 | | | | 4 / 8 / 8 / 15/35; ▼120, ▼45 | | | | 4 / 4 / 8 / 15/31; ▼120, ▼45 | | | | 4 / 10 / 15/27; ▼120, ▼45 | | | | 4 / 10 / 15/27; ▼100, ▼45 | | | | 4 / 10 / 15/23; ▼100, ▼45 | | | |
| Dicke der Frostschutzschicht | – | – | 34[1] | 44 | – | 28[1] | 38 | 48 | – | 30[2] | 40 | 50 | – | – | 34 | 44 | – | 26[2] | 36 | 46 | – | 16[2] | 26 | 36 | – | 16[2] | 26 | 36 |
| Deckschicht<br>Binderschicht<br>**Asphalttragschicht**<br>**Verfestigung**<br>**frostunempfindliches Material** | 4 / 8 / 18 / 20/45; ▼45 | | | | 4 / 8 / 14 / 20/41; ▼45 | | | | 4 / 8 / 10 / 20/37; ▼45 | | | | 4 / 4 / 10 / 20/33; ▼45 | | | | 4 / 10 / 15[4]/29; ▼45 | | | | 4 / 10 / 15[4]/29; ▼45 | | | | 4 / 10 / 15[4]/29; ▼45 | | | |
| Dicke des frostunempf. Materials | 5[3] | 15[3] | 25 | 35 | 9[3] | 19 | 29 | 39 | 13[3] | 23 | 33 | 43 | 7[3] | 17[3] | 27 | 37 | 16[3] | 26 | 36 | 46 | 6[3] | 16[3] | 26 | 36 | 6[3] | 16[3] | 26 | 36 |
| Deckschicht<br>Binderschicht<br>**Asphalttragschicht**<br>**Schottertragschicht**<br>**Frostschutzschicht** | 4 / 8 / 18 / 15/45; ▼150, ▼120, ▼45 | | | | 4 / 8 / 14 / 15/41; ▼150, ▼120, ▼45 | | | | 4 / 8 / 10 / 15/37; ▼150, ▼120, ▼45 | | | | 4 / 4 / 10 / 15/33; ▼150, ▼120, ▼45 | | | | 4 / 10 / 15/29; ▼150, ▼120, ▼45 | | | | 4 / 8 / 15/27; ▼120, ▼100, ▼45 | | | | 10[5] / 15/25; ▼120, ▼100, ▼45 | | | |
| Dicke der Frostschutzschicht | – | – | 30[1] | 40 | – | – | 34[1] | 44 | – | 28[2] | 38 | 48 | – | – | 32[1] | 42 | – | 26[2] | 36 | 46 | – | 18[2] | 28 | 38 | – | 20[1] | 30 | 40 |
| Deckschicht<br>Binderschicht<br>**Asphalttragschicht**<br>**Kiestragschicht**<br>**Frostschutzschicht** | 4 / 8 / 18 / 20/50; ▼150, ▼120, ▼45 | | | | 4 / 8 / 14 / 20/46; ▼150, ▼120, ▼45 | | | | 4 / 8 / 10 / 20/42; ▼150, ▼120, ▼45 | | | | 4 / 4 / 10 / 20/38; ▼150, ▼120, ▼45 | | | | 4 / 10 / 20/34; ▼150, ▼120, ▼45 | | | | 4 / 8 / 20/32; ▼120, ▼100, ▼45 | | | | 10[5] / 20/30; ▼120, ▼100, ▼45 | | | |
| Dicke der Frostschutzschicht | – | – | 25[1] | 35 | – | – | 29[1] | 39 | – | – | 33[1] | 43 | – | – | 27[1] | 37 | – | – | 31[1] | 41 | – | – | 23[1] | 33 | – | 15[1] | 25 | 35 |
| Vollgebundener Oberbau[6]<br>Deckschicht<br>Binderschicht<br>**Asphalttragschicht** | 4 / 8 / 34/46; ▼45 | | | | 4 / 8 / 30/42; ▼45 | | | | 4 / 8 / 26/38; ▼45 | | | | 4 / 4 / 26/34; ▼45 | | | | 4 / 4 / 22/30; ▼45 | | | | 4 / 22/26; ▼45 | | | | 4 / 18/22; ▼45 | | | |

Die Dicke der Deckschicht und die Ausbildung der Binderschicht sind in den jeweiligen Bauklassen gleich. Die verschiedenen Bauklassen unterschieden sich durch die Wahl der Tragschichten und sind nach wirtschaftlichen Gesichtspunkten auszuwählen.

1 Mit rundkörnigen Mineralstoffen nur bei örtlicher Bewährung anwendbar.

2 Nur mit gebrochenen Mineralstoffen und bei örtlicher Bewährung anwendbar.

3 Nur bei Bodenverfestigung im Baumischverfahren ausführbar.

4 Mit zusätzlichen Maßnahmen zur gezielten Rissbildung.

5 Die Deckschichten der Bauklasse VI sind als Tragdeckschichten auszubilden.

6 Der vollgebundene Oberbau sollte nicht bei Böden der Frostempfindlichkeitsklasse F3 (▶ S. 394) und nicht bei ungünstigen Wasserverhältnissen angewandt werden.

7 Für Rad- und Gehwege genügt eine Mindestschichtdicke des frostsicheren Oberbaus von 30 cm und in Ortslagen von 20 cm. Mit Ausnahme des Aufbaus in den Zeilen 1, 2 und 3 kann die Tragschicht um 2 cm verringert werden.

7

## Fahrbahnaufbau nach den Richtlinien für die Standardisierung des Straßenoberbaus RStO (Auszug)

### Bauweisen mit Betondecke für Fahrbahnen

(Dickenangaben in cm, erforderlicher Verformungsmodul $E_{v2}$ in MN/m² ▼___)

| Bauklasse | | SV | I | II | III | IV | V | VI[7] |
|---|---|---|---|---|---|---|---|---|
| Äquivalente 10-t-Achsübergänge in Mio | *B* | > 32 | > 10 – 32 | > 3 – 10 | > 0,8 – 3 | > 0,3 – 0,8 | > 0,1 – 0,3 | ≤ 0,1 |
| Dicke des frostsicheren Oberbaues[1)] | | 55 65 75 85 | 55 65 75 85 | 55 65 75 85 | 45 55 65 75 | 45 55 65 75 | 35 45 55 65 | 35 45 55 65 |
| Betondecke<br>Vliesstoff<br>Hydraulisch gebundene Tragschicht (HGT)<br>Frostschutzschicht | | 27<br>▼120 15/42<br>▼45 | 25<br>▼120 15/40<br>▼45 | 24<br>▼120 15/39<br>▼45 | 23<br>▼120 15/38<br>▼45 | ▼120 22/22<br>▼45 | ▼100 20/20<br>▼45 | ▼100 18/18<br>▼45 |
| Dicke der Frostschutzschicht | | – – 33[1] 43 | – 25[2] 35 45 | – 26[2] 36 46 | – – 27[2] 37 | – 33[1] 43 53 | – 25[2] 35 45 | – 27[2] 37 47 |
| Betondecke<br>Schottertragschicht<br>Schicht aus frostunempfindlichem Material | | ▼150 30<br>30/60<br>▼45 | ▼150 28<br>30/58<br>▼45 | ▼150 27<br>30/57<br>▼45 | ▼150 26<br>30/56<br>▼45 | | | |
| Dicke der Schicht aus frostunempfindlichem Material | | Ab 12 cm aus frostunempfindlichem Material, geringere Restdicke ist mit dem darüber liegenden Material auszugleichen. | | | | | | |

### Bauweisen mit Pflasterdecke für Fahrbahnen sowie Rad- und Gehwege

(Dickenangaben in cm, erforderlicher Verformungsmodul $E_{v2}$ in MN/m² ▼___)

| Bauklasse | | | III | IV | V | VI | Rad- und Gehwege[5] |
|---|---|---|---|---|---|---|---|
| Dicke des frostsicheren Oberbaues[1)] | | | 45 55 65 75 | 45 55 65 75 | 45 55 65 75 | 35 45 55 65 | 20 30 40 50 |
| Pflasterdecke<br>Pflasterbett<br>**Asphalttragschicht** (Dränasphalt)<br>**Frostschutzschicht** | keine Abbildung | keine Abbildung | 10/3<br>▼120 14/27<br>▼45 | 8/3<br>▼120 12/23<br>▼45 | 8/3<br>▼100 10/21<br>▼45 | 8/3<br>▼100 10/21<br>▼45 | ▼80 8/3/11<br>▼45 |
| Dicke der Frostschutzschicht | | | – 28[2] 38 48 | – 32[1] 42 52 | – 24[1] 34 44 | – 24[1] 34 44 | – 19 29 39 |
| Pflasterdecke<br>Pflasterbett<br>**Schottertragschicht**<br>**Frostschutzschicht** | keine Abbildung | keine Abbildung | ▼150 10/3<br>▼120 25/38<br>▼45 | ▼150 8/3<br>▼150 20/31<br>▼45 | ▼120 8/3<br>▼100 15/26<br>▼45 | ▼120 8/3<br>▼100 15/26<br>▼45 | ▼80 8/3<br>15/26<br>▼45 |
| Dicke der Frostschutzschicht | | | – – 27[2] 37 | – – 34[1] 44 | – 19[1] 29 39 | – 19[2] 29 39 | – – 14 24 |
| Pflasterdecke<br>Pflasterbett<br>**Dränbetontragschicht**<br>**Frostschutzschicht** | keine Abbildung | keine Abbildung | 10/3<br>▼120 20/33<br>▼45 | 8/3<br>▼120 15/26<br>▼45 | 8/3<br>▼100 15/26<br>▼45 | 8/3<br>▼100 15/26<br>▼45 | 8/3<br>12/23<br>▼45 |
| Dicke der Frostschutzschicht | | | – – 32[2] 42 | – 29[2] 39 49 | – 19[2] 29 39 | – 19[2] 29 39 | – – 17 27 |

[1] Mit rundkörnigen Mineralstoffen nur bei örtlicher Bewährung anwendbar.
[2] Nur mit gebrochenen Mineralstoffen und bei örtlicher Bewährung anwendbar.
[3] Nur bei Bodenverfestigung im Baumischverfahren ausführbar.
[4] Bei Radwegen aus Beton kann die Betondecke auf 12 cm Dicke reduziert werden.
[5] Bei Gehwegen können statt der 8 cm dicken Pflastersteine auch 6 cm dicke Betonplatten gewählt werden.

## 7.9.7 Mengenberechnung im Erdbau

Straßendämme und Einschnitte, aber auch Erddämme oder Kanalquerschnitte sind wegen des natürlichen Geländes unregelmäßige Körper, für die keine genauen Berechnungsformeln existieren. Nach der VOB Teil C ≙ DIN 18300 dürfen übliche Näherungsverfahren angewendet werden, wenn darüber sonst nichts vorgeschrieben ist.

Für die Berechnung der Volumina werden in regelmäßigen Abständen $l$ (20 m, 25 m, 50 m, 100 m) Querprofile gezeichnet, die als Grundlage für den Bau und die Mengenberechnung dienen, Die Flächen der einzelnen Querprofile werden nach der Formel von Gauß ▶ S. 22 berechnet.

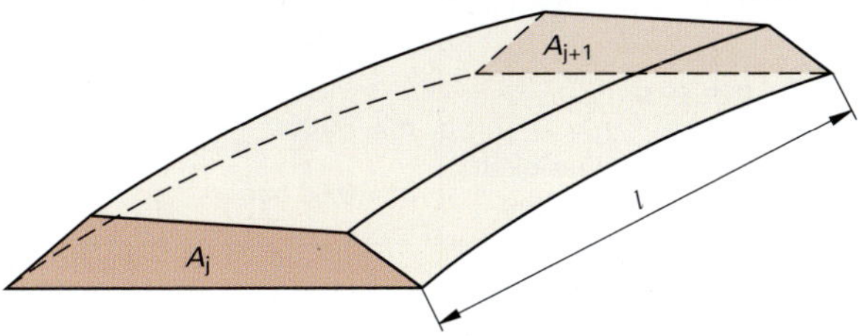


$$V = \frac{A_j + A_{j+1}}{2} \cdot l$$

$$A_j = \frac{1}{2} \cdot \Sigma\, y_i \cdot (x_{i-1} - x_{i+1})$$

**Beispiel**

Querprofil Station 0 + 100

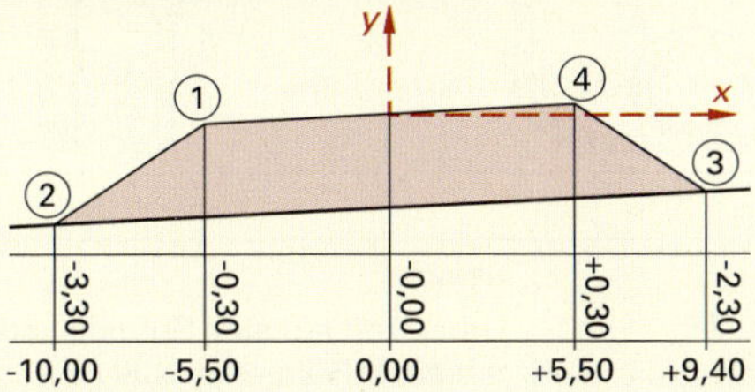


Querprofil 0 + 120

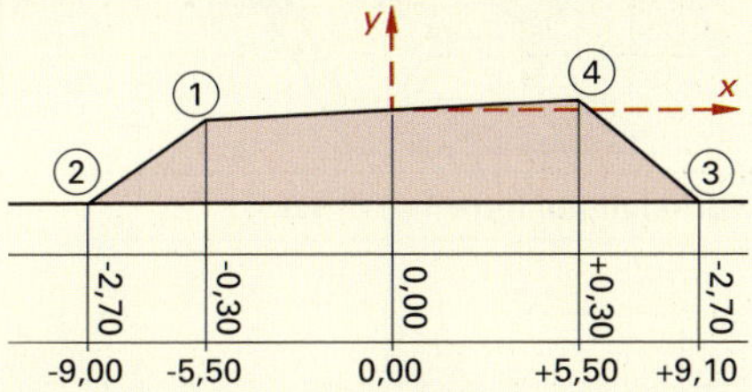


Falls keine elektronischen Rechenprogramme benutzt werden, wird die Berechnung in einer Tabelle durchgeführt. Nach der ersten Spalte mit der gewählten Punktnummer werden in den folgenden 2 Spalten die aus dem Querprofil berechneten Koordinaten eingetragen. Die eigentliche Berechnung erfolgt dann zweckmäßigerweise in einer Tabelle oder mit Computer.

| Querprofil Station 0 + 100 | Punkt Nr. | Koordinaten | | $x_{i-1} - x_{i+1}$ in m | $y_i \cdot (x_{i-1} - x_{i+1})$ in m |
|---|---|---|---|---|---|
| | | $x_i$ in m | $y_i$ in m | | |
| | 1 | – 5,50 | – 0,30 | + 5,50 – (– 10,00) = + 15,50 | – 4,65 |
| | 2 | – 10,00 | – 3,30 | – 5,50 – 9,40 = – 14,90 | + 49,17 |
| | 3 | + 9,40 | – 2,30 | – 10,00 – 5,50 = – 15,50 | + 35,65 |
| | 4 | + 5,50 | + 0,30 | 9,40 – (– 5,50) = + 14,90 | + 4,47 |
| Σ | | | | 0,00 | + 84,64 |

$A_j = \frac{1}{2} \cdot \Sigma\, y_i \cdot (x_{i-1} - x_{i+1})$  $A_j = \frac{1}{2} \cdot 84{,}64 = 42{,}32\ m^2$

| Querprofil Station 0 + 120 | Punkt Nr. | Koordinaten | | $x_{i-1} - x_{i+1}$ in m | $y_i \cdot (x_{i-1} - x_{i+1})$ in m |
|---|---|---|---|---|---|
| | | $x_i$ in m | $y_i$ in m | | |
| | 1 | – 5,50 | – 0,30 | + 5,50 – (– 9,00) = + 14,50 | – 4,35 |
| | 2 | – 9,00 | – 2,70 | – 5,50 – 9,10 = – 14,60 | + 39,42 |
| | 3 | + 9,10 | – 2,70 | – 9,00 – 5,50 = – 14,50 | + 39,15 |
| | 4 | + 5,50 | + 0,30 | + 9,10 – (– 5,50) = + 14,60 | + 4,38 |
| Σ | | | | 0,00 | + 78,60 |

$A_{j+1} = \frac{1}{2} \cdot \Sigma\, y_i \cdot (x_{i-1} - x_{i+1})$  $A_{j+1} = \frac{1}{2} \cdot 78{,}60 = 39{,}30\ m^2$

Volumen zwischen Stationen 0 + 100 und Station 0 + 120

$V = \frac{A_j + A_{j+1}}{2} \cdot l$  $V = \frac{42{,}32 + 39{,}30}{2} \cdot 20{,}00 = 816{,}2\ m^3 \approx 816\ m^3$

7

# 7.10 Wasserbau und Hydraulik

## 7.10.1 Hydrostatik

### Flüssigkeitsdruck (Wasserdruck) infolge des Gewichtes der Flüssigkeit

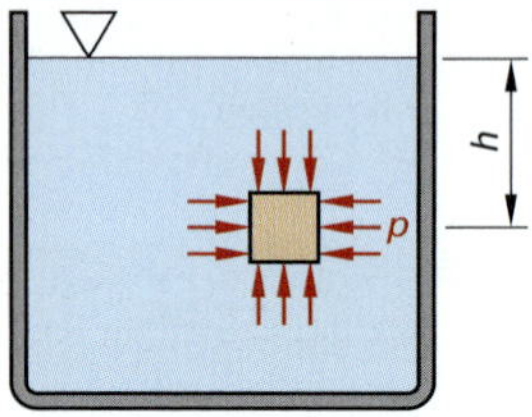


Die Hydrostatik ist die Lehre von ruhenden Flüssigkeiten.

Der Flüssigkeitsdruck ist unabhängig von der Richtung

$$p = \varrho \cdot g \cdot h$$

mit $\varrho$ Dichte der Flüssigkeit
$g$ Erdbeschleunigung

**Beispiel**

Druck in einem Wassergefäß in 6,00 m Tiefe, $\varrho$ = 1000 kg/m³

$$p = 1000\,\frac{\text{kg}}{\text{m}^3} \cdot 10\,\frac{\text{m}}{\text{s}^2} \cdot 6{,}00\ \text{m}$$

$$p = 60\,000\,\frac{\text{kg}}{\text{m} \cdot \text{s}^2} = 60000\,\frac{\text{N}}{\text{m}^2}$$

$$p = 0{,}60\ \text{bar}$$

### Verbundene Gefäße (kommunizierende Röhren)

In verbundenen Gefäßen steht der Flüssigkeitsspiegel überall auf gleicher Höhe.

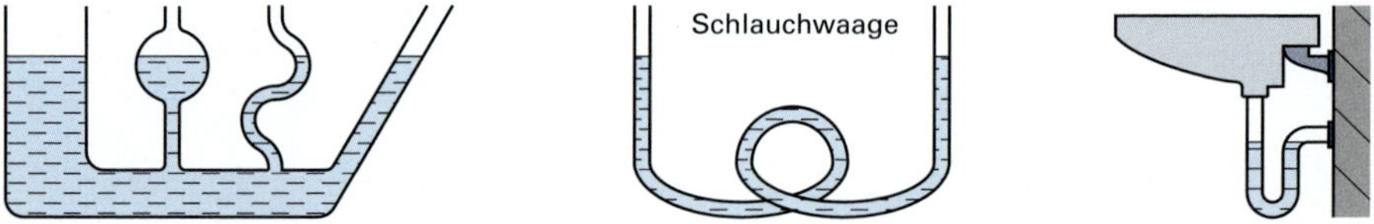


### Druckkraft auf lotrechte Wand

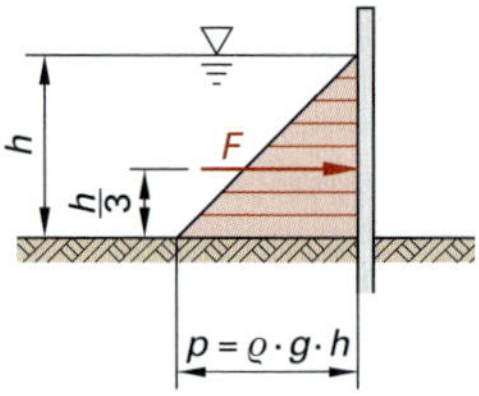


$$F = \frac{1}{2} \cdot \varrho \cdot g \cdot h^2$$

vereinfacht wird

$$g = \frac{9{,}81\ \text{m}}{\text{s}^2} \approx 10\,\frac{\text{m}}{\text{s}^2}$$

**Beispiel**

Druckkraft auf eine Spundwand mit einer Höhe $h$ = 5,00 m

$$F = \frac{1}{2} \cdot 1000\,\frac{\text{kg}}{\text{m}^3} \cdot 10\,\frac{\text{m}}{\text{s}^2} \cdot (5{,}00\ \text{m})^2$$

$$= 125 \cdot 10^3\,\frac{\text{kgm}}{\text{s}^2 \cdot \text{m}}$$

$$F = 125\ \text{kN/m}$$

### Druckkraft auf geneigte Wand

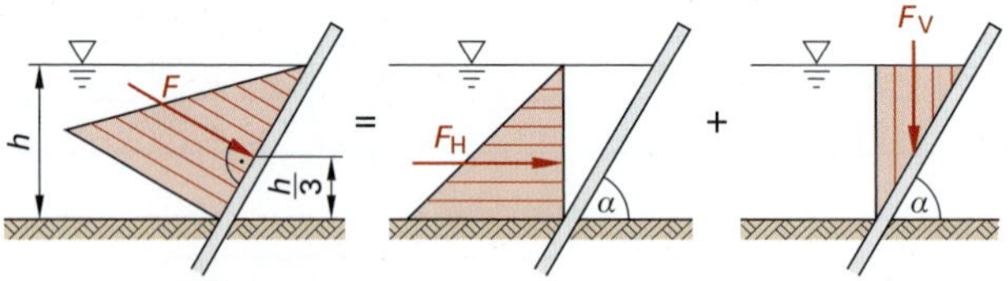


$$F_H = \frac{1}{2} \cdot \varrho \cdot g \cdot h^2$$

$$F_V = \frac{1}{2} \cdot \varrho \cdot g \cdot \frac{h^2}{\tan \alpha}$$

$$F = \sqrt{F_H^2 + F_V^2}$$

$$F = \frac{1}{2} \cdot \varrho \cdot g \cdot h^2 \cdot \frac{1}{\sin \alpha}$$

7

### Druckfortpflanzung in Flüssigkeiten/Hydraulische Pressen

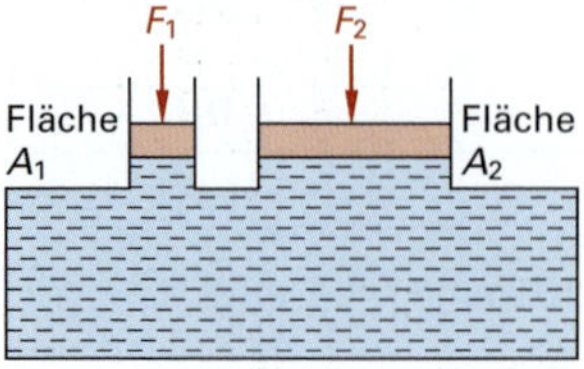


Der Flüssigkeitsdruck infolge Eigengewicht wird vernachlässigt.

$$p = \frac{F_1}{A_1} = \frac{F_2}{A_2}$$

$F_1$, $F_2$ Kolbenkräfte
$A_1$, $A_2$ Kolbenflächen

**Beispiel**

$F_1$ = 120 N; $A_1$ = 8 cm²;
$A_2$ = 400 cm²

$$F_2 = \frac{F_1 \cdot A_2}{A_1} = \frac{120\ \text{N} \cdot 400\ \text{cm}^2}{8\ \text{cm}^2}$$

$$F_2 = 6000\ \text{N} = 0{,}006\ \text{MN}$$

## Auftrieb und Schwimmen

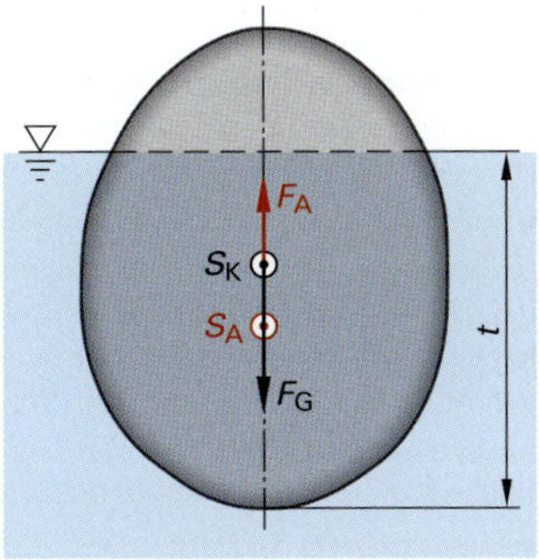


### Archimedisches Prinzip

Der Auftrieb $F_A$ entspricht dem Gewicht der verdrängten Flüssigkeit und wirkt senkrecht nach oben.

$$F_A = V_F \cdot \varrho_F \cdot g$$

### Schwimmbedingung

Bei schwimmenden Körpern stimmt der Auftrieb mit dem Gewicht des Körpers überein.

$$F_G = F_A$$

- $F_A$ Auftrieb, Auftriebskraft
- $F_G$ Gewicht, Gewichtskraft
- $V_K$ Volumen des Körpers
- $V_F$ verdrängtes Volumen
- $S_K$ Schwerpunkt des Körpers = Angriffspunkt der Gewichtskraft $F_G$
- $S_A$ Schwerpunkt der verdrängten Flüssigkeit Angriffspunkt des Auftriebes $F_A$
- $g$ Erdbeschleunigung $g = 9{,}81\ \text{m/s}^2 \approx 10\ \text{m/s}^2$
- $t$ Eintauchtiefe
- $\varrho_F$ Dichte der Flüssigkeit
- $\varrho_K$ Dichte des Körpers

### Schwimmstabilität

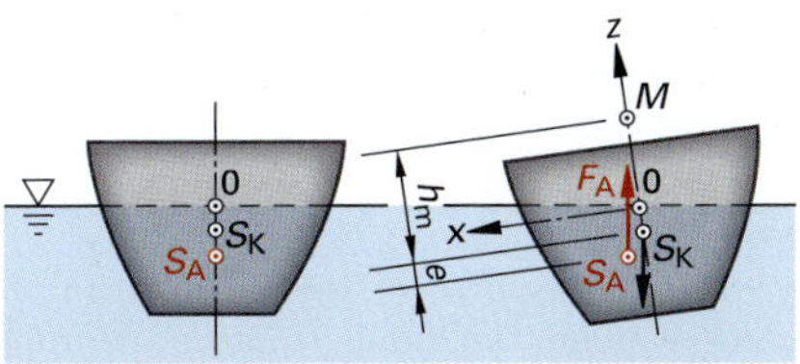


- 0 Drehachse in der Schwimmfläche
- $I_y$ Flächenmoment 2. Grades der Schwimmfläche bezogen auf die *y*-Achse (= Längsachse) ▶ S. 83, 84
- $M$ Metazentrum
- $e$ Abstand $S_K$ - $S_A$
- $h_m$ metazentrische Höhe

**Stabile Schwimmlage**

$$h_m = \frac{I_y}{V_F} - e > 0$$

**Beispiel** **Berechnung der Eintauchtiefe, Nachweis der Schwimmstabilität**

Holzquader $a = 2{,}00$ m, $b = 2{,}00$ m, $l = 4{,}00$ m

$\varrho_K = 0{,}800\ \text{kg/dm}^3 = 800\ \text{kg/m}^3$, $\varrho_F = 1{,}000\ \text{kg/dm}^3 = 1000\ \text{kg/m}^3$

$$F_G = 2{,}00\ \text{m} \cdot 2{,}00\ \text{m} \cdot 4{,}00\ \text{m} \cdot 800\ \text{kg/m}^3 \cdot 10\ \text{m/s}^2 = 128 \cdot 10^3\ \frac{\text{kgm}}{\text{s}^2} = 128\ \text{kN}$$

**Schwimmlage 1**

$V_F = a \cdot l \cdot t_1$ $\quad F_A = V_F \cdot \varrho_F \cdot g = a \cdot l \cdot t_1 \cdot \varrho_F \cdot g$

$F_A = F_G \Rightarrow$

$$t_1 = \frac{a \cdot b \cdot l \cdot \varrho_K \cdot g}{a \cdot l \cdot \varrho_F \cdot g} = b \cdot \frac{\varrho_K}{\varrho_F} = 2{,}00\ \text{m} \cdot \frac{0{,}800\ \text{kg/dm}^3}{1{,}000\ \text{kg/dm}^3} = 1{,}60\ \text{m}$$

$V_F = a \cdot l \cdot t_1$ $\quad V_F = 2{,}00\ \text{m} \cdot 4{,}00\ \text{m} \cdot 1{,}60\ \text{m} = 12{,}8\ \text{m}^3$

$$e_1 = \frac{1}{2}(a - t_1) \qquad e_1 = \frac{1}{2} \cdot (2{,}00\ \text{m} - 1{,}60\ \text{m}) = 0{,}20\ \text{m}$$

$$I_y = \frac{l \cdot a^3}{12} \qquad I_y = \frac{4{,}00\ \text{m} \cdot (2{,}00\ \text{m})^3}{12} = 2{,}67\ \text{m}^4$$

$$h_m = \frac{I_y}{V_F} - e_1 \qquad h_m = \frac{2{,}67\ \text{m}^4}{12{,}8\ \text{m}^3} - 0{,}20\ \text{m} = 0{,}01\ \text{m} > 0 \Rightarrow \text{stabile Schwimmlage}$$

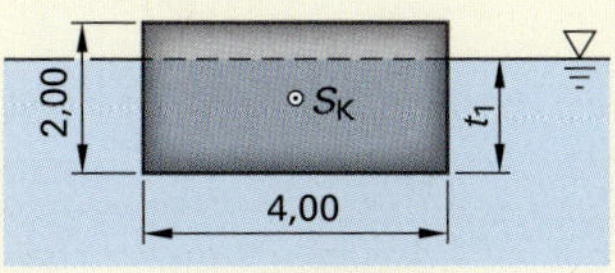


**Schwimmlage 2**

$V_F = a \cdot b \cdot t_2$ $\quad F_A = V_F \cdot \varrho_F \cdot g = a \cdot b \cdot t_2 \cdot \varrho_F \cdot g$

$$F_A = F_G \Rightarrow t_2 = l \cdot \frac{\varrho_K}{\varrho_F} \qquad t_2 = 4{,}00\ \text{m} \cdot \frac{0{,}800\ \text{kg/dm}^3}{1{,}000\ \text{kg/dm}^3} = 3{,}20\ \text{m}$$

$$e_2 = \frac{1}{2}(l - t_2) \qquad e_2 = \frac{1}{2} \cdot (4{,}00\ \text{m} - 3{,}20\ \text{m}) = 0{,}40\ \text{m}$$

$$I_y = \frac{a \cdot b^3}{12} \qquad I_y = \frac{2{,}00\ \text{m} \cdot (2{,}00\ \text{m})^3}{12} = 1{,}33\ \text{m}^4$$

$$h_m = \frac{I_y}{V_F} - e_2 \qquad h_m = \frac{1{,}33\ \text{m}^4}{12{,}8\ \text{m}^3} - 0{,}40\ \text{m} = -0{,}30\ \text{m} \Rightarrow \text{labile Schwimmlage}$$

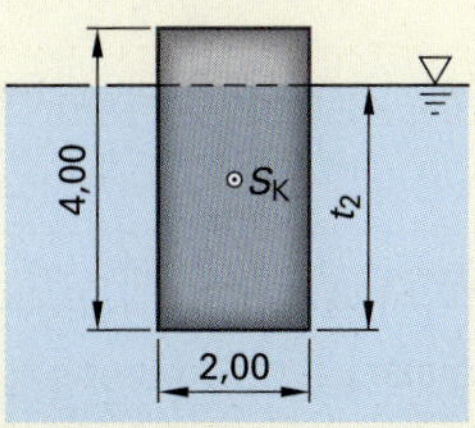


Der Holzquader dreht sich also aus der labilen Schwimmlage in die stabile Schwimmlage.

## 7.10.2 Hydrodynamik

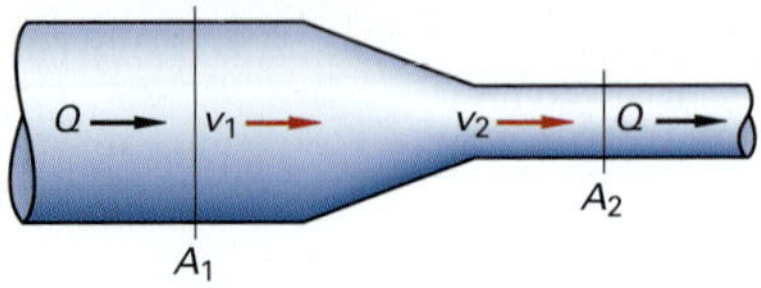


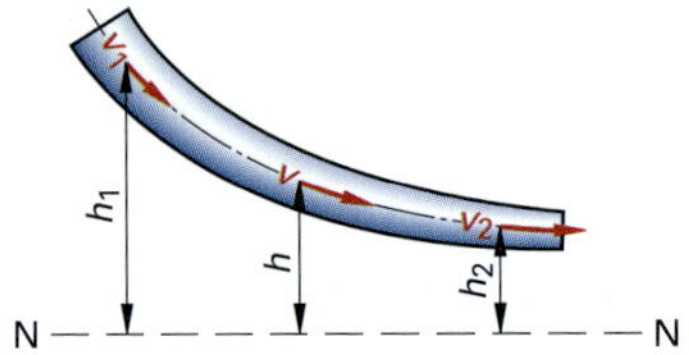


Die Hydrodynamik ist die Lehre von strömenden Flüssigkeiten.

**Durchflussgleichung/Kontinuitätsbedingung**
für stationäre Rohrströmung

$$Q = A_1 \cdot v_1 = A_2 \cdot v_2 = \text{const}$$

mit $A$ Durchflussquerschnitt in $m^2$
$v$ mittlere Durchflussgeschwindigkeit in m/s
$Q$ Durchfluss in $m^3/s$

**Bernoulli'sche Gleichung**
für reibungsfreie Flüssigkeit

$$\frac{v^2}{2 \cdot g} + \frac{p}{\varrho \cdot g} + h = \text{const}$$

mit $p$ Flüssigkeitsdruck
$h$ geodätische Höhe

**Bewegungsarten**

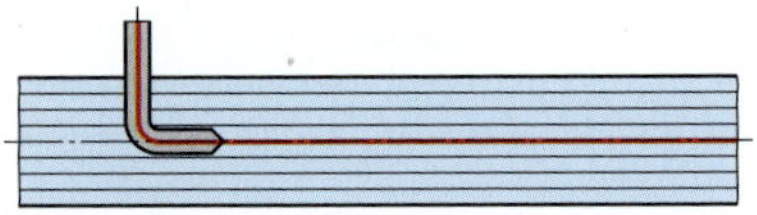

**Laminare Flüssigkeitsströmung**

**Turbulente Flüssigkeitsströmung**

Bei der Bewegung von Flüssigkeiten unterscheidet man die laminare Strömung und die turbulente Strömung. Bei beiden Strömungsformen entstehen Reibungsverluste, die unterschiedlich berechnet werden. Die laminare Strömung tritt nur bei sehr geringen Geschwindigkeiten, z. B. Grundwasserströmung, auf. In Wasserleitungen, Abwasserrohren, Flüssen usw. ist die Strömung meist turbulent.

### Flüssigkeitsreibung bei laminarer Strömung

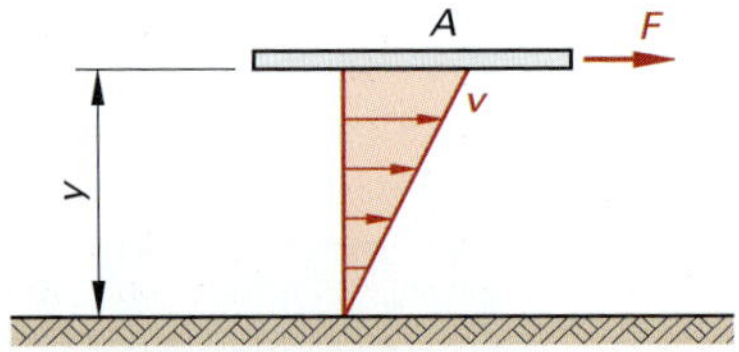


**Newton'sches Gesetz**

$$F = \nu \cdot \varrho \cdot A \cdot \frac{v}{y}$$

$\nu$ kinematische Viskosität (Zähigkeit) z. B.
Wasser $\vartheta = 0\ °C$ $\nu = 1{,}078 \cdot 10^{-6}\ m^2/s$
$\vartheta = 20\ °C$ $\nu = 1{,}01 \cdot 10^{-6}\ m^2/s$

## 7.10.3 Flüssigkeitsbewegung in vollen Rohren

### Reibungsverlusthöhe $h_r$

$$h_r = \lambda \cdot \frac{l}{d} \cdot \frac{v^2}{2 \cdot g} \quad \text{für gerade Rohre}$$

mit $\lambda$ Widerstandsbeiwert, $l$ Rohrlänge
$d$ Rohrdurchmesser, $v$ Geschwindigkeit
$g$ Erdbeschleunigung

### Widerstandsbeiwerte $\lambda$

für laminare Strömung $\lambda = \frac{64}{R_e}$

Eine laminare Strömung liegt vor, wenn die **Reynolds-Zahl** $R_e = \frac{v \cdot d}{\nu} < 2300$ beträgt.

### Rauigkeit für Rohre und Gerinne

| Rohr- bzw. Gerinnematerial | absolute Rauigkeit *k* mm |
|---|---|
| Stahl neue Rohre | 0,01 … 0,1 |
| Stahl gering verrostet | 0,1 … 0,4 |
| Stahl stark verkrustet | 1 … 4 |
| Kunststoff neu | 0,001 … 0,1 |
| Drainrohre gewellt | 2,0 |
| Steinzeug Abwasserkanäle | 0,3 … 1,5 |
| Beton neu, glatte Oberfläche | 0,3 … 1,5 |
| Beton alt | 10 … 20 |

**Widerstandsbeiwerte $\lambda$ für turbulente Strömung ($R_e$ > 2300)**

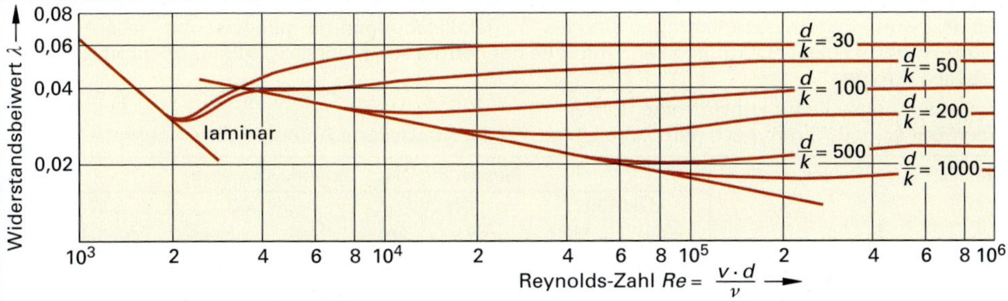


**Beispiel**

Berechnung des Reibungsverlustes in einer 200 m langen, geraden Wasserrohrleitung aus Stahl von 100 mm Durchmesser für einen Durchfluss $Q$ von 6,0 l/s.

Rohrquerschnitt $A = \frac{\pi \cdot d^2}{4}$ $\quad A = \frac{\pi \cdot (0{,}100\ \text{m})^2}{4} = 0{,}00785\ \text{m}^2$

Fließgeschwindigkeit $v = \frac{Q}{A}$ $\quad v = \frac{0{,}0060\ \text{m}^3/\text{s}}{0{,}00785\ \text{m}^2} = 0{,}76\ \frac{\text{m}}{\text{s}}$

Reynolds-Zahl $R_e = \frac{v \cdot d}{\nu}$ $\quad R_e = \frac{0{,}76\ \frac{\text{m}}{\text{s}} \cdot 0{,}100\ \text{m}}{1{,}01 \cdot 10^{-6}\ \frac{\text{m}^2}{\text{s}}} = 75000 > 2300 \Rightarrow$ turbulente Strömung

Wandrauigkeit aus Tabelle ► S. 400 $\quad k \approx 0{,}1\ \text{mm}$ $\quad \frac{d}{k} = \frac{100\ \text{mm}}{0{,}1\ \text{mm}} = 1000$

Widerstandsbeiwert aus Diagramm $\quad \lambda = 0{,}019$

Reibungsverlusthöhe $h_r = \lambda \cdot \frac{l}{d} \cdot \frac{v^2}{2 \cdot g}$ $\quad h_r = 0{,}019 \cdot \frac{200\ \text{m}}{0{,}100\ \text{m}} \cdot \frac{\left(0{,}76\ \frac{\text{m}}{\text{s}}\right)^2}{2 \cdot 9{,}81\ \frac{\text{m}}{\text{s}^2}} = 1{,}12\ \text{m}$

## 7.10.4 Gerinnehydraulik

Für Gerinneströmungen liefert die Berechnung der Geschwindigkeit nach der empirischen Formel von **Manning-Strickler** eine gute Näherung. Die Formel ist einheitengebunden.

$$v \approx k_{St} \cdot r_{hy}^{\frac{2}{3}} \cdot J^{\frac{1}{2}}$$

$$r_{hy} = \frac{A}{l_u}$$

$$Q = v \cdot A$$

$v$ Fließgeschwindigkeit in m/s
$k_{St}$ Beiwert
$r_{hy}$ hydraulischer Radius in m
$l_u$ benetzter Umfang in m
$A$ Gerinnequerschnitt in m²
$J$ Gefälle (absolut)
$Q$ Abflussleistung in m³/s

| Werkstoff | $k_{St}$ |
|---|---|
| Stahl | 60 ... 100 |
| Beton | 65 ... 100 |
| Felsausbruch | 20 ... 60 |
| Erde | 35 ... 50 |
| Flussbett | 30 ... 40 |

**Beispiel**

Berechnung der Abflussleistung eines Grabens mit einem Gefälle von $J$ = 1‰ = 0,001.

Fließquerschnitt

$A = \frac{1}{2} \cdot (b_w + b_s) \cdot t = \frac{1}{2} \cdot (1{,}00\ \text{m} + 0{,}40\ \text{m}) \cdot 0{,}20\ \text{m} = 0{,}14\ \text{m}^2$

Böschungslänge

$l_b = \sqrt{t^2 + a^2}$ $\quad l_b = \sqrt{(0{,}20\ \text{m})^2 + (0{,}30\ \text{m})^2} = 0{,}36\ \text{m}$

hydraulischer Radius

$r_{hy} = \frac{A}{l_u}$ $\quad r_{hy} = \frac{0{,}14\ \text{m}^2}{0{,}36\ \text{m} + 0{,}40\ \text{m} + 0{,}36\ \text{m}} = 0{,}12\ \text{m}$

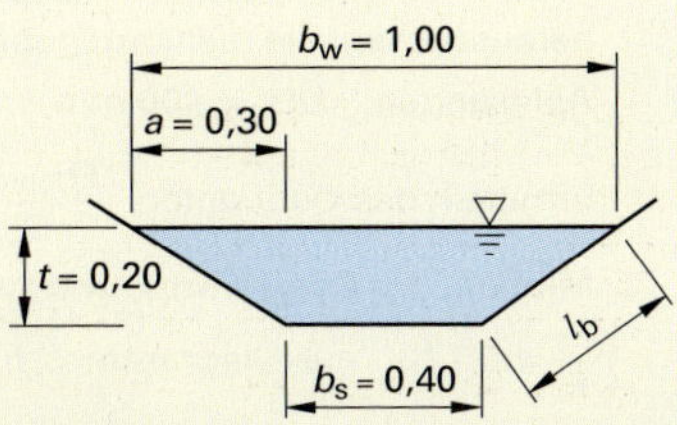


Beiwert aus Tabelle Flussbett $k_{St}$ = 30...40, gewählt $k_{St}$ = 35

Fließgeschwindigkeit $v \approx k_{St} \cdot r_{hy}^{\frac{2}{3}} \cdot J^{\frac{1}{2}} \Rightarrow v \approx 35 \cdot 0{,}12^{\frac{2}{3}} \cdot 0{,}001^{\frac{1}{2}} = 0{,}27\ \text{m/s}$

Abflussleistung $Q = v \cdot A$ $\quad Q = 0{,}27\ \text{m/s} \cdot 0{,}14\ \text{m}^2 = 0{,}038\ \text{m}^3/\text{s}$

7

## 7.10.5 Bemessung von Rohren für Freigefälleleitungen

Schmutz- und Regenwasserleitungen sind als Freigefälleleitungen nur teilweise mit Wasser gefüllt. Die Berechnung dieser Leitungen kann mit Hilfe der Formel von Manning-Strickler oder mit Hilfe von Tabellen erfolgen.

Bemessungstabelle für kreisförmige Rohre,
Rauigkeit $k_B$ = 0,75 mm nach dem Arbeitsblatt 110 der Abwassertechnischen Vereinigung (ATV)

| Gefälle | | | Nennweite DN = Innendurchmesser | | | | | | | |
|---|---|---|---|---|---|---|---|---|---|---|
| | | | DN 150 | | DN 250 | | DN 300 | | DN 400 | |
| $J$ [%] | $J$ [‰] | 1 : n | $Q_{voll}$ l/s | $v_{voll}$ m/s | $Q_{voll}$ l/s | $v_{voll}$ m/s | $Q_{voll}$ l/s | $v_{voll}$ m/s | $Q_{voll}$ l/s | $v_{voll}$ m/s |
| 10,00 | 100,0 | 1 : 10 | 54,8 | 3,09 | 212 | 4,31 | 343 | 4,84 | 732 | 5,82 |
| 5,00 | 50,0 | 1 : 20 | 38,7 | 2,17 | 150 | 3,05 | 241 | 3,42 | 515 | 4,10 |
| 2,00 | 20,0 | 1 : 50 | 24,2 | 1,38 | 94,4 | 1,92 | 153 | 2,16 | 326 | 2,60 |
| 1,00 | 10,0 | 1 : 100 | 17,2 | 0,97 | 66,5 | 1,35 | 108 | 1,52 | 230 | 1,83 |
| 0,75 | 7,5 | 1 : 133 | 14,9 | 0,83 | 52,7 | 1,16 | 94,2 | 1,31 | 199 | 1,58 |
| 0,50 | 5,0 | 1 : 200 | 12,1 | 0,68 | 46,8 | 0,95 | 75,8 | 1,07 | 162 | 1,28 |
| 0,40 | 4,0 | 1 : 250 | 10,8 | 0,61 | 41,9 | 0,85 | 67,8 | 0,96 | 144 | 1,14 |
| 0,30 | 3,0 | 1 : 333 | 9,2 | 0,52 | 36,1 | 0,73 | 58,7 | 0,82 | 125 | 0,99 |
| 0,20 | 2,0 | 1 : 500 | 7,6 | 0,43[1)] | 29,4 | 0,60 | 47,7 | 0,67 | 102 | 0,81 |
| 0,10 | 1,0 | 1 : 1000 | 5,3 | 0,30[1)] | 20,6 | 0,42[1)] | 33,5 | 0,47[1)] | 71,8 | 0,57 |

[1)] Die Fließgeschwindigkeit ist sehr gering, sodass die Gefahr von Ablagerungen und Verstopfungen besteht.

$Q_{voll}$ = Abflussleistung bei Vollfüllung  $v_{voll}$ = Fließgeschwindigkeit bei Vollfüllung

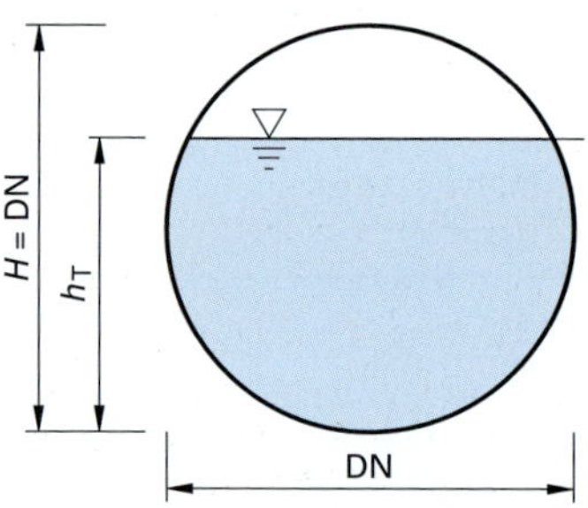


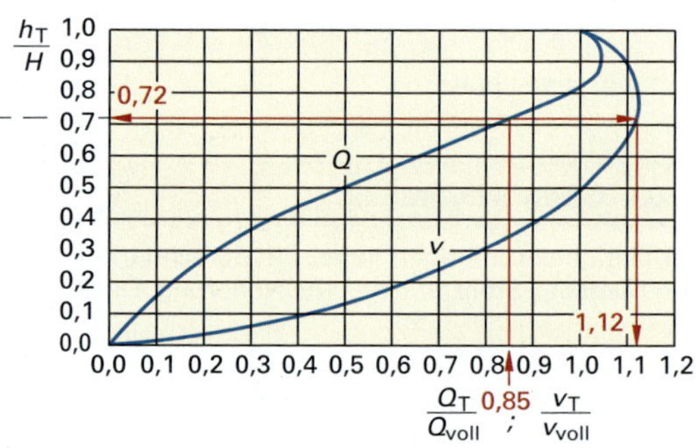


**Beispiel**

Welche Rohrleitung ist erforderlich, um eine Regenwassermenge von $Q$ = 170 l/s mit einem Rohrgefälle von 0,75 % = 7,5‰ abzuleiten?

Wie groß ist die Füllhöhe und die Fließgeschwindigkeit?

① aus der obigen Tabelle in der Zeile für das angegebene Gefälle von 0,75 % eine Abflussleistung heraussuchen, die die vorgegebene Regenwassermenge übersteigt.
Ablesungen: DN = 400 mm, $Q_{voll}$ = 199 l/s, $v_{voll}$ = 1,58 m/s

7

② Ermitteln des Quotienten $\frac{Q_{Teilfüllung}}{Q_{voll}} = \frac{170}{199} = 0,85$

③ Mit Hilfe des Diagramms, und zwar der $Q$-Linie, die Füllhöhe bestimmen
$\frac{h_T}{H} = 0,72$ aus Diagramm $h_T = 0,72 \cdot H = 0,72 \cdot 400 = 288$ mm

④ Mit Hilfe des Diagramms, und zwar der $v$-Linie, die Fließgeschwindigkeit ermitteln
$\frac{v_T}{v_{voll}} = 1,12$  $v_T = 1,12 \cdot v_{voll} = 1,12 \cdot 1,58 = 1,77$ m/s

# 8 BAUBETRIEB



| **Literatur** | **DIN** | **Teile** | **Titel** |
|---|---|---|---|
| Volquardts/Matthews, Vermessungskunde, Teil I u. II; B. G. Teubner, Stuttgart | 276 | | Kosten im Hochbau |
| | 277 | 1...3 | Grundflächen und Rauminhalte von Hochbauten; |
| Hoffmann, Kremer, Zahlentafeln für den Baubetrieb; Teubner, Stuttgart | 1960 | | VOB, Teil A |
| | 1961 | | VOB, Teil B |
| Technische Mathematik für Bauberufe, Bläsi; Holland + Josenhans-Verlag, Stuttgart | 18299 … 18451 | | VOB, Teil C ≙ ATV Allgemeine technische Vertragsbedingungen |
| Beck-Texte Baugesetze; Deutscher Taschenbuch-Verlag, München | 4420 | 1 … 3 | Schutz- und Arbeitsgerüste (vgl. auch DIN EN 12811-1) |
| Baurecht in Niedersachsen, Blumenbach/Groschupf; R. Boorberg-Verlag, Stuttgart | 4124 | | Baugruben und Gräben |
| | 18702 | | Zeichen für Vermessungsrisse |
| Der Altbau, Rau/Braune; Verlagsanstalt A. Koch, Tübingen | 2. BV | | Berechnungsverordnung |
| | Bausteine | | Sicherheitshinweise der Bau-Berufsgenossenschaft |
| Die Bauzeitplanung, Fritz; Das Baugewerbe, Ausgabe A 6/67 | Gefahrstoffe | | 4. Verordnung zur Novellierung der Gefahrstoffverordnung |
| Arbeitstechnische Merkblätter für den Bauvertrieb; REFA e.V. | RSA | | Richtlinien für die Sicherung von Arbeitsstellen an Straßen |
| | PlanzV | | Planzeichenverordnung |
| Organisationslehre und Datenverarbeitung für Berufsschulen, Hambusch-Schmalohr; Winklers-Verlag, Gebrüder Grimm, Wiesbaden | 69900 | 1 + 2 | Netzplantechnik |
| | EN ISO 9000 | | Qualitätsmanagementsysteme |

# 8.1 Vermessung und Bauabsteckung

## 8.1.1 Vermessungsgeräte

**Fluchtstäbe**

Fluchtstäbe bestehen aus kreisrunden Holzstäben mit einem Durchmesser von 2,8 cm und einer Stahlspitze. Sie sind 2,00 m lang und in 0,50 m lange, rote und weiße Felder geteilt. Fluchtstangen dienen zur vorübergehenden Markierung von Punkten im Felde.

**Lot**

Lote sind Metallstücke, die spitz geformt sind und an einem Faden aufgehängt werden. Sie dienen der Bestimmung der Lotrechten.

**Rollbandmaß (Bandmaß)**

Rollbandmaße sind 20 m, 25 m oder 50 m lange Bänder aus Stahl oder Kunststoff mit einer eingeätzten cm-Teilung.

**Winkelprismen**

Winkelprismen sind Glasprismen, bei denen durch Brechung und Spiegelung Lichtstrahlen rechtwinklig abgelenkt werden. Doppelpentagonprismen bestehen aus übereinander angeordneten Winkelprismen. Beide Winkelprismen dienen der Absteckung von rechten Winkeln.

**Nivellierinstrumente, Laser**

Nivellierinstrumente bestehen aus einem Fernrohr mit Fadenkreuz, dem Fernrohrträger und dem Nivellierunterbau und werden mithilfe einer Anzugschraube fest auf ein Stativ geschraubt. Zur Scharfeinstellung von Fadenkreuz und Ziel dienen das Okular und die Entfernungsschraube. Je nach Bauart wird das Nivellierinstrument entweder durch 3 Fußschrauben (Norddeutsches Nivellier), durch die Kippschraube (Süddeutsches Nivellier) oder automatisch nach vorheriger Grobeinstellung (automatisch horizontierendes Nivellier) horizontiert. Laser-Nivelliere senden einen Lichtstrahl im sichtbaren oder unsichtbaren Bereich aus, und zwar entweder längs einer Linie (Richtlaser) oder drehend (Rotationslaser).

**Nivellierlatten**

Nivellierlatten sind 3 m ... 4 m lang, haben eine rot-weiße/schwarz-weiße Zentimeterteilung und werden mithilfe eines Lattenrichters lotrecht über die einzumessenden Punkte gestellt.

**Theodolite**

Theodolite dienen der Messung von Horizontal- und von Vertikalwinkeln bzw. den Zenitwinkeln.

**GPS-Messgeräte**

Die DGPS (Differential Global Positioning System)-Messgeräte umfassen eine ortsfeste Basisstation, die vorher koordinatenmäßig eingemessen wird, und ein bewegliches Messgerät (Rover). Mit Hilfe der Funksignale von Satelliten bestimmen die Messgeräte Lage und Höhe von Punkten auf cm-Genauigkeit.

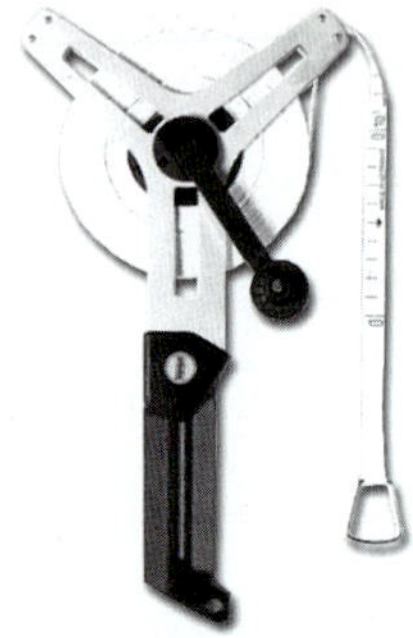

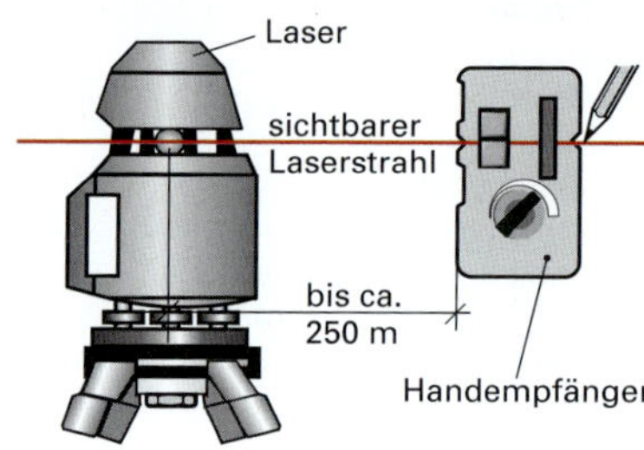


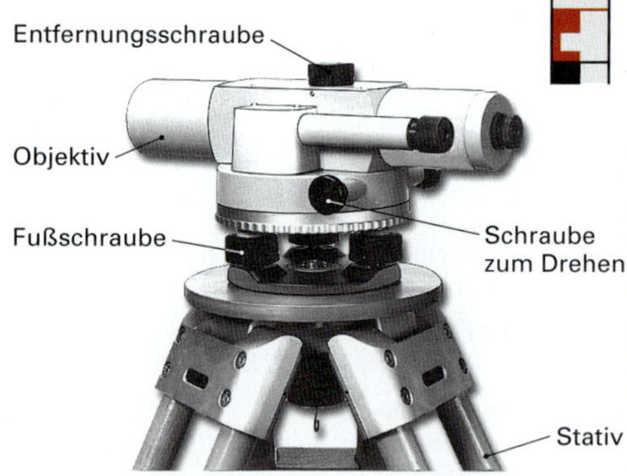


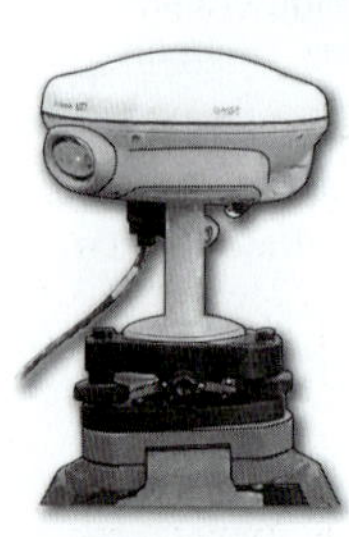

GPS Basis

GPS Rover

8

## 8.1.2 Grundlagen

### Koordinatensysteme

Abweichend von den Definitionen der Mathematik wird im Vermessungswesen ein rechtsdrehendes Koordinatensystem mit der x-Achse nach Norden verwendet.

Maßeinheiten und weitere mathematische Grundlagen siehe ► S. 7 ff

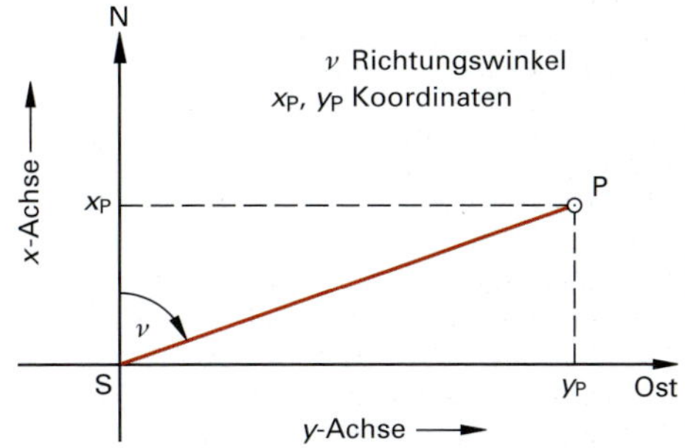


### Längenmessungen

Als Entfernung $s$ zwischen 2 Punkten wird ihr horizontaler Abstand verstanden. Aus diesem Grunde muss je nach Messart das in den Zeichnungen Dargestellte beachtet werden.

### Messungen mit Rollbandmaßen

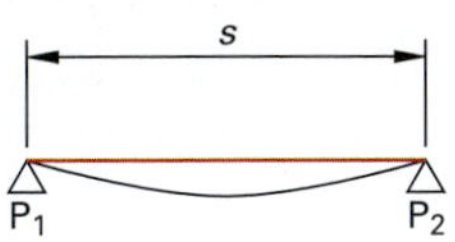


Messband straff halten

**Längsschnitt**

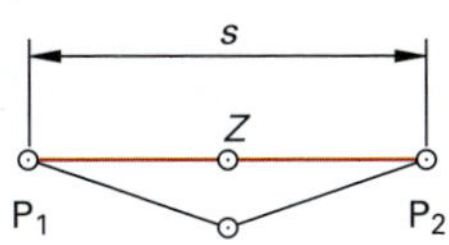


Einfluchten von Zwischenpunkten bei langen Strecken

**Draufsicht**

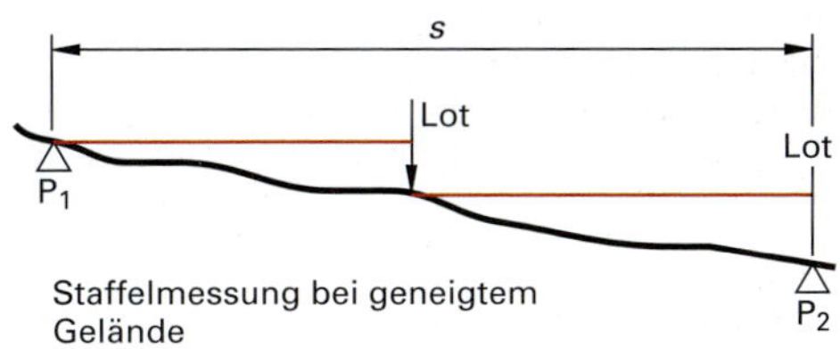


Staffelmessung bei geneigtem Gelände

**Längsschnitt**

### Messungen mit elektrooptischen Distanzmessern

Mit elektrooptischen Distanzmessern wird stets der schräge Abstand zwischen Gerät und Reflektor gemessen. Die Umrechnung auf den horizontalen Abstand $s$ erfolgt elektronisch durch das Gerät oder nach der zusätzlichen Messung des Vertikalwinkels $\alpha$ bzw. der Zenitwinkel $\zeta$.

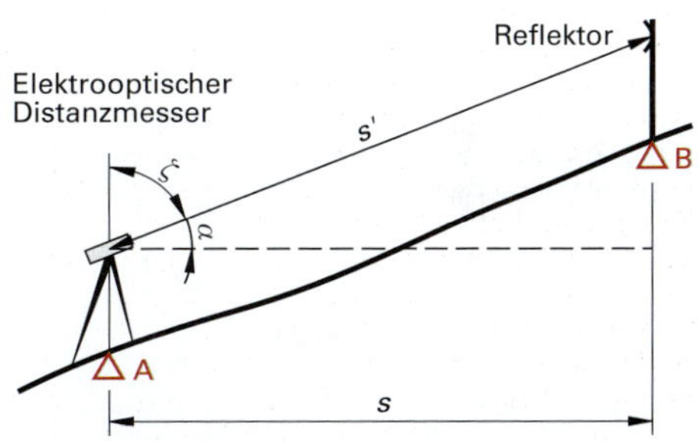


### Winkelmessungen

Als Horizontalwinkel $\beta$ zwischen dem Standpunkt S und zwei beliebig hohen Geländepunkten $P_1$ und $P_2$ wird der Winkel in der horizontalen Projektionsebene durch S verstanden. Die Messung erfolgt mithilfe eines Theodoliten, dessen Teilkreis horizontal gestellt ist.

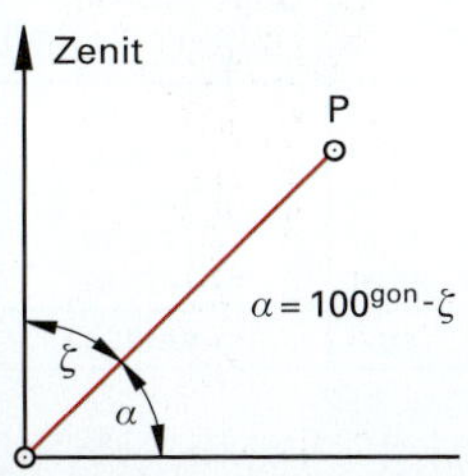


Der Vertikalwinkel $\alpha$ liegt zwischen der Verbindung vom Standpunkt S zum Geländepunkt P und der Horizontalen. Mit dem Theodoliten wird in der Regel der Zenitwinkel $\zeta$ gemessen.

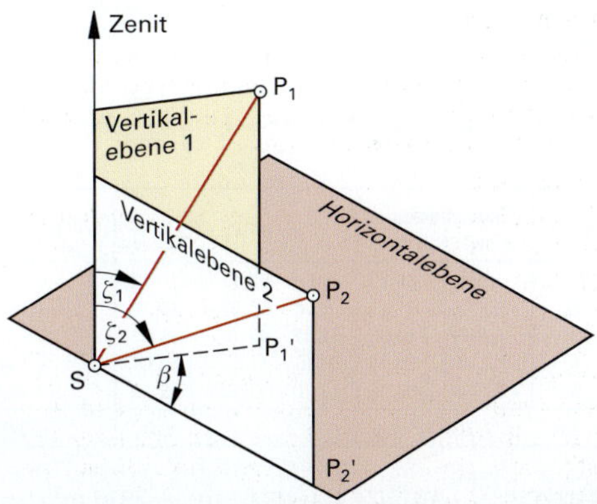


8

## Absteckung von rechten Winkeln

Die Absteckung (= Übertragung in das Gelände) von rechten Winkeln im vorgegebenen Punkt A kann mit verschiedenen Methoden erfolgen.

Lehrsatz des Pythagoras

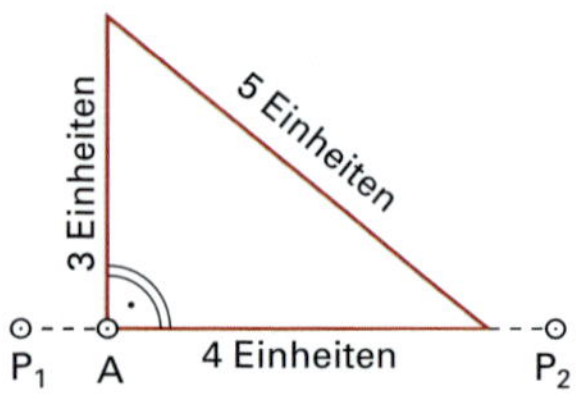


Schnurdreieck

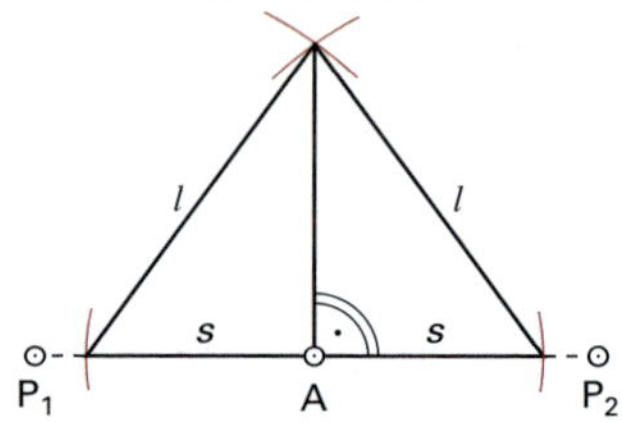


Winkelprisma/
Doppelpentagonprisma

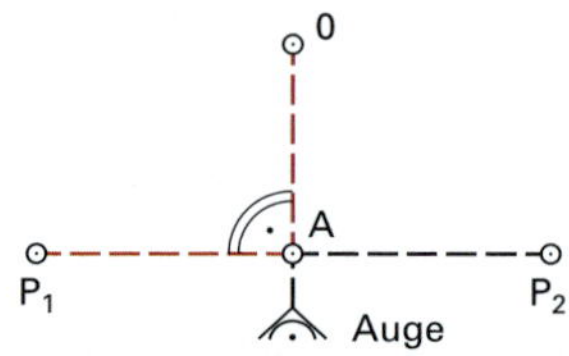


## 8.1.3 Lagemessungen

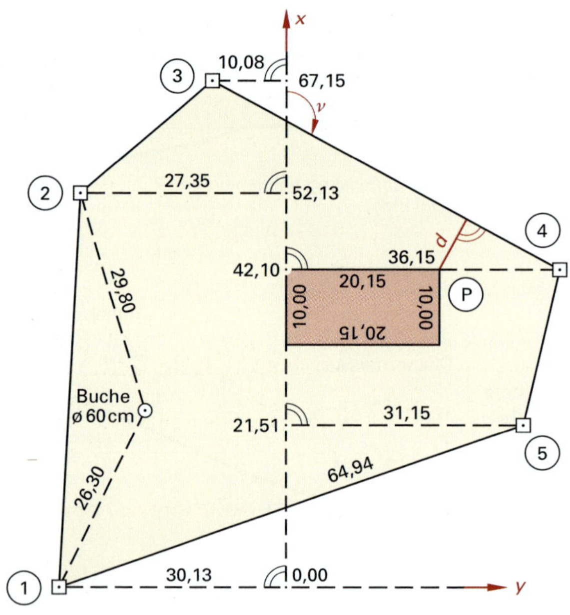


Das Ausmessen unregelmäßig begrenzter Flächen erfolgt vorzugsweise im Orthogonal- oder Koordinatenverfahren. Diese Art der Aufnahme vereinfacht die Kartierung maßstäblicher Zeichnungen sowie die Berechnung der Flächen. Die Basislinie kann frei oder längs gerader Grenzen oder Linien verlaufen; sie sollte möglichst in der Mitte der Aufnahmefläche liegen. Einzelne Punkte, z.B. Bäume, Masten, Hausecken usw. können auch mit dem Dreiecksverfahren, das heißt durch Abstandsmessung zu 2 bekannten Punkten, aufgenommen werden.

**Anmerkung:**
Im Vermessungswesen wird ein rechtsdrehendes Koordinatensystem mit der x-Achse nach Norden, der y-Achse nach Osten und dem Richtungswinkel $\nu$ rechtsdrehend von Norden verwendet. Die Punktnummerierung der Fläche erfolgt rechtsdrehend oder im Uhrzeigersinn. Bei Verwendung des mathematischen Koordinatensystems (x-Achse nach rechts, y-Achse nach oben) ist die Nummerierung linksdrehend, Rechenweg und Ergebnisse sind identisch.

Berechnung der Fläche nach Gauß

$$A = \frac{1}{2} \cdot \sum_{i=1}^{i=n} y_i \cdot (x_{i-1} - x_{i+1}) = \frac{1}{2} \cdot \sum_{i=1}^{i=n} x_i \cdot (y_{i+1} - y_{i-1})$$

| Punkt | Koordinanten x [m] | Koordinanten y [m] | $x_{i-1} - x_{i+1}$ [m] | $y_1 \cdot (x_{i-1} - x_{i+1})$ [m²] | $y_{i+1} - y_{i-1}$ [m] | $x_1 \cdot (y_{i+1} - y_{i-1})$ [m²] |
|---|---|---|---|---|---|---|
| 1 | 0,00 | – 30,13 | 21,51 – 52,13 = – 30,62 | + 922,58 | – 27,35 – 31,15 = – 58,50 | 0,00 |
| 2 | + 52,13 | – 27,35 | 0,00 – 67,15 = – 67,15 | + 1 836,55 | – 10,08 – (– 30,13) = + 20,05 | + 1 045,21 |
| 3 | + 67,15 | – 10,08 | 52,13 – 42,10 = + 10,03 | – 101,10 | 36,15 – (– 27,35) = + 63,50 | + 4 264,03 |
| 4 | + 42,10 | + 36,15 | 67,15 – 21,51 = + 45,64 | + 1 649,89 | 31,15 – (– 10,08) = + 41,23 | + 1 735,78 |
| 5 | + 21,51 | + 31,15 | 42,10 – 0,00 = + 42,10 | + 1 311,42 | – 30,13 – 36,15 = – 66,28 | – 1 425,68 |
| Σ | | | 0,00 | + 5 619,34 | 0,00 | + 5 619,34 |

Fläche $A = \frac{1}{2} \cdot 5\,619{,}34 = 2\,809{,}67\ m^2 \approx 2810\ m^2$

8

**Kontrolle der Strecken**

Rechenprobe / Kontrolle der Strecke ① – ⑤ (Pythagorasprobe ► S. 411)

$$s = \sqrt{\Delta x^2 + \Delta y^2} = \sqrt{(x_5 - x_1)^2 + (y_5 - y_1)^2} = \sqrt{(21{,}51 - 0{,}00)^2 + (31{,}15 - (-30{,}13))^2}$$

$$= \sqrt{21{,}51^2 + 61{,}28^2} = 64{,}95\ \text{m} \qquad s\ \text{gemessen} = 64{,}94\ \text{m};$$

$s$ berechnet = 64,95 m; vorh $D = |\,64{,}95 - 64{,}95\,| = 0{,}01$ m (zulässiger Messfehler)

**Berechnung des kürzesten Abstandes eines Punktes von einer Grenze / Geraden**

$$d = (x_G - x_P) \cdot \sin \nu - (y_G - y_P) \cdot \cos \nu$$

Richtungswinkel der Geraden ③ – ④

$$\tan \nu = \frac{\Delta y}{\Delta x} = \frac{y_4 - y_3}{x_4 - x_3} = \frac{36{,}15 - (-10{,}08)}{42{,}10 - 67{,}15} = \frac{46{,}23}{-25{,}05} = -1{,}846 \qquad \nu = 118{,}45° = 131{,}61^{\text{gon}}$$

Koordinaten des Punktes P, hier Hausecke: $x_P = 42{,}10$ m, $y_P = 20{,}15$ m
Koordinaten eines Punktes auf der Geraden, z.B. Punkt 3: $x_G = 67{,}15$ m, $y_G = -10{,}08$ m

$$d = (67{,}15 - 42{,}10) \cdot \sin 131{,}61^{\text{gon}} - (-10{,}08 - 20{,}15) \cdot \cos 131{,}61^{\text{gon}}$$

$$= 22{,}02 - 14{,}40 = +7{,}62\ \text{m (rechts der Geraden)}$$

## 8.1.4 Zeichen im Vermessungswesen (Auswahl nach DIN 18702)

**Messpunkte**

Trigonometrischer Punkt[1] (mit Nummer 10)  10

Polygonpunkt[2] (mit Nummer 10)  10

Kleinpunkt (Vermarkung R = Rohr, N = Nagel) ∘ R ∘ N

Nivellementspunkt, Mauerbolzen 

Pegel 

Grenzstein 

**Messlinien**

Polygonseite 

Messlinie 

Senkrechte
durch Messgerät
durch Augenmaß 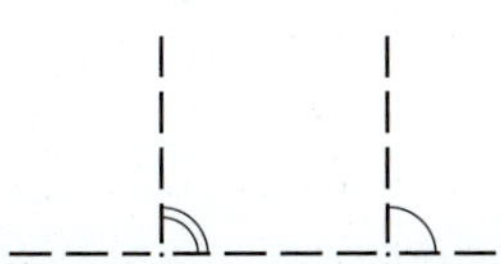

**Topografie**

Böschung 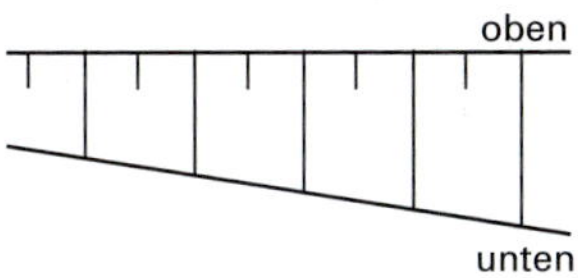


Damm (mit Höhen) 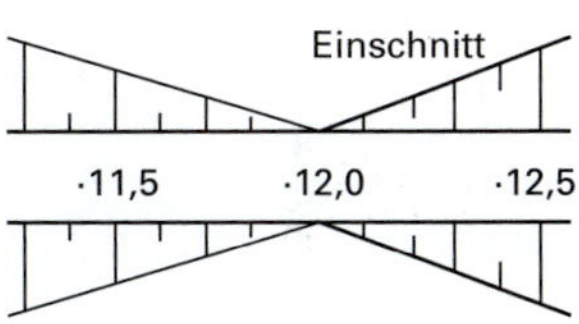


Baum  Eiche, ø 50 cm

Höhenlinien 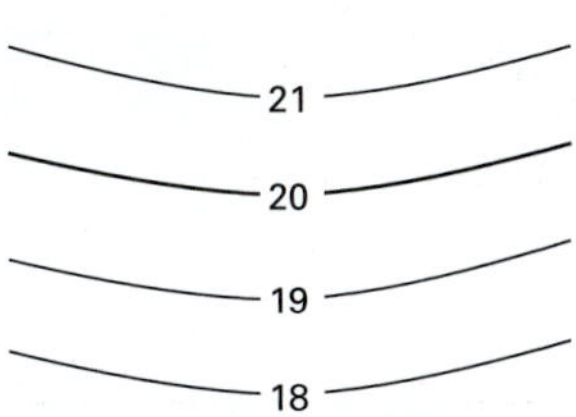


Teich 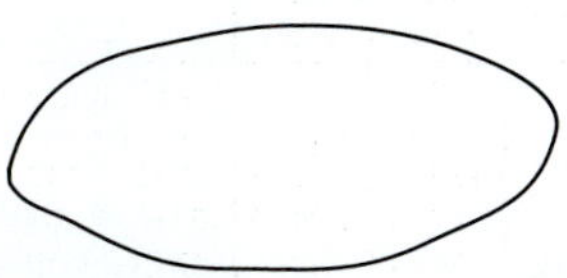

[1] vom Landesvermessungsamt koordinatenmäßig festgelegter Punkt großräumiger Dreiecke
[2] koordinatenmäßig festgelegter und vermarkter Punkt von Vieleckzügen (Polygonzügen)

8

## Zeichen im Vermessungswesen (Auswahl nach DIN 18702, Fortsetzung)

| Nutzungsart | |
|---|---|
| Ackerland | ... ... ... (in der Praxis) |
| Grünland | |
| Wiese (nass) | |
| Gartenland | |
| Obstanlagen | |
| Baumschule | |
| Weingarten | |
| Korbweiden | |
| Laubwald | |
| Nadelwald | |
| Mischwald | |
| Moor | |
| Heide | |
| Hof- und Gebäudefläche | HF |
| Friedhof | |
| Park | |
| Nutzungsgrenze | — — — — — — |

| Bebauung | |
|---|---|
| Öffentliche Gebäude | Rathaus |
| Wohnhäuser (mit Haus-Nr.) | 10 |
| Hecke | |
| Zaun | |
| Mauer | |
| Stützmauer | |

| Versorgungseinrichtungen | |
|---|---|
| Leitungen unterirdisch (hier Wasserleitung mit 80 mm Durchmesser) | W (0,18) ø 80 mm |
| Leitungen oberirdisch (hier Niederspannungsleitung) | E (0,18) |

(A = Abwasser; W = Wasser, G = Gas; Ö = Öl; H = Heizung, E = Niederspannung; ↯ = Hochspannung)

| | |
|---|---|
| Stahlgittermast | |
| Stahlbetonmast | |
| Brunnen | |
| Schieber | W |
| Pumpe | |
| Hydrant, oberirdisch | |
| Hydrant, unterirdisch | |
| Straßenbeleuchtung | |
| Briefkasten, freistehend | |

8

## 8.1.5 Höhenmessungen

Eine Höhenmessung (Nivellement) dient der Bestimmung des Höhenunterschiedes zweier Punkte oder der Bestimmung der Höhenlage (bezogen auf Normalnull NN) eines neuen Punktes.

Arbeitsablauf bei Höhenmessungen:

① Lotrechtes Aufstellen der Nivellierlatte über dem Ausgangspunkt (Höhenfestpunkt)
② Aufstellen des Nivellierinstrumentes im Punkt $S_1$ (Zielweite ≤ 50 m)
③ Horizontieren des Fernrohres
④ Ablesen des Rückblickes $R_1$ auf der Nivellierlatte
⑤ Lotrechtes Aufstellen der Nivellierlatte auf einem geeigneten Wechselpunkt (Nivellierlattenuntersatz)
⑥ Ablesen des Vorblickes $V_1$ auf der Nivellierlatte
⑦ Umsetzen des Nivellierinstrumentes zum Punkt $S_2$ usw.

**Beispiel** für ein Nivellement

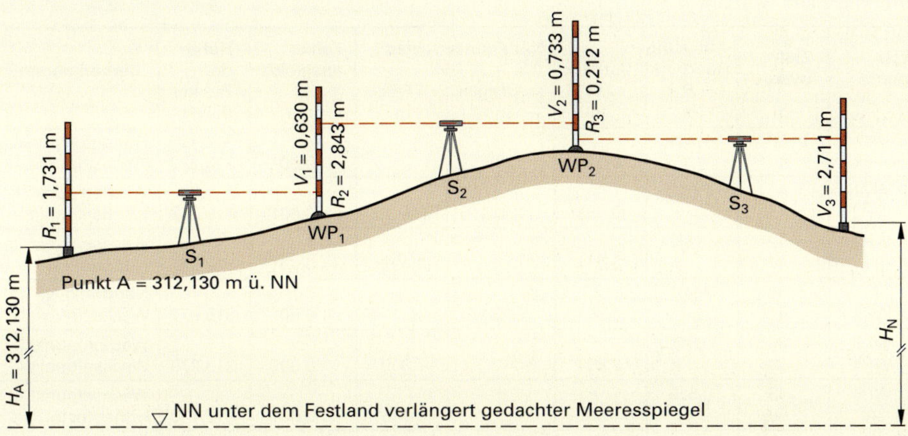


$$H_N = H_A + \underbrace{R_1 - V_1}_{\Delta h_1} + \underbrace{R_2 - V_2}_{\Delta h_2} + \ldots + \underbrace{R_n - V_n}_{\Delta h_n} = \sum_{i=1}^{n} R_i - \sum_{i=1}^{n} V_i = H_A + \sum_{i=1}^{n} \Delta h_i$$

**Höhenunterschied $\Delta h$ = Rückblick $R$ – Vorblick $V$**

**Feldbuch** (ohne Kontrolle und Fehlerausgleich)

| Zielpunkt | Zielweite $s$ m | Ablesungen Rückblick $R$ m | Ablesungen Vorblick $V$ m | Höhenunterschied $\Delta h_i = R_i - V_i$ + Steigen m | Höhenunterschied – Fallen m | Instrumentenhorizont m | Höhe der Punkte ü. NN | Bemerkungen |
|---|---|---|---|---|---|---|---|---|
| A | 50 | 1,731 | | | | 313,861 | 312,130 | Höhenfestpunkt |
| WP1 | 47 | | 0,630 | 1,101 | | | 313,231 | Wechselpunkt 1 |
| WP1 | 45 | 2,843 | | | | 316,074 | | Wechselpunkt 1 |
| WP2 | 43 | | 0,733 | 2,110 | | | 315,341 | Wechselpunkt 2 |
| WP2 | 42 | 0,212 | | | | 315,553 | | Wechselpunkt 2 |
| N | 47 | | 2,711 | | 2,499 | | 312,842 | Neupunkt N |
| Σ | 274 | 4,786 | 4,074 | 3,211 | 2,499 | | | |

$\Delta H = \Sigma R - \Sigma V$ $\Delta H = \Sigma \Delta h_i$ $\Delta H = H_N - H_A$

$\Delta H = 4{,}786 - 4{,}074 = 0{,}712$ m $\Sigma H = 3{,}211 - 2{,}499 = 0{,}712$ m $\Delta H = 312{,}842 - 312{,}130 = 0{,}712$ m

**Kontrolle und Fehlerausgleich bei Höhenmessungen**

Höhenmessungen sollten stets kontrolliert werden. Das geschieht, indem man entweder die Höhenmessung bei einem bekannten Höhenpunkt A beginnt und bei einem anderen bekannten Höhenpunkt B endet (Anschlussnivellement ${}_{soll}\,\Delta H = H_B - H_A$) oder zum Ausgangshöhenpunkt zurücknivelliert (Schleifennivellement ${}_{soll}\,\Delta H = 0$). Die auftretende Abweichung oder der Fehler ${}_{vorh}\,f$ muss kleiner sein als der zulässige Fehler ${}_{zul}\,f$ und wird proportional zu den Zielweiten $s_i$ ausgeglichen.

zulässiger Fehler $${}_{zul}f = 0{,}002 + 0{,}006 \cdot \sqrt{\frac{\Sigma s}{1000}} \text{ in m}$$

vorhandener Fehler $${}_{vorh}f = {}_{soll}\Delta H - {}_{gemessen}\Delta H = {}_{soll}\Delta H - (\Sigma R - \Sigma V)$$

Fehlerausgleich $$\Delta f_i = \frac{{}_{vorh}f}{\Sigma s} \cdot [s_i]$$ mit $[s_i]$ als Summe der Zielweiten des Standpunktes.

**Beispiel** für ein Feldbuch einschließlich Kontrolle und Fehlerausgleich

Das folgende Beispiel lehnt sich an das auf der vorherigen Seite dargestellte Nivellement an. Neben dem Nivellement vom Höhenfestpunkt A zum Neupunkt N ist zur Kontrolle auf einem anderen Weg zurücknivelliert worden.

| Zielpunkt | Zielweite $s$ m | Ablesungen Rückblick $R$ m | Vorblick $V$ m | Höhenunterschied $\Delta h_i = R_i - V_i$ + = Steigen m | – = Fallen m | Fehlerausgleich $\Delta f$ m | Höhe der Punkte ü. NN | Bemerkungen |
|---|---|---|---|---|---|---|---|---|
| A<br>WP1 | 50<br>47 | 1,731 | <br>0,630 | <br>1,101 | | <br>+ 0,001 | 312,130<br>313,232 | Höhenfestpunkt<br>Wechselpunkt 1 |
| WP1<br>WP2 | 45<br>43 | 2,843 | <br>0,733 | <br>2,110 | | <br>+ 0,001 | <br>315,343 | Wechselpunkt 1<br>Wechselpunkt 2 |
| WP2<br>N | 42<br>47 | 0,212 | <br>2,711 | | <br>2,499 | <br>+ 0,001 | <br>312,845 | Wechselpunkt 2<br>Neupunkt N |
| N<br>WP3 | 50<br>49 | 2,582 | <br>0,351 | <br>2,231 | | <br>+ 0,001 | <br>315,077 | Neupunkt N<br>Wechselpunkt 3 |
| WP3<br>WP4 | 38<br>39 | 0,849 | <br>2,651 | | <br>1,802 | <br>0,000 | <br>313,275 | Wechselpunkt 3<br>Wechselpunkt 4 |
| WP4<br>A | 49<br>50 | 0,519 | <br>1,665 | | <br>1,146 | <br>+ 0,001 | <br>312,130 | Wechselpunkt 4<br>Höhenfestpunkt |
| Σ | 549 | 8,736 | 8,741 | 5,442 | 5,447 | + 0,005 | | |

gemessen $\Delta H = \Sigma R - \Sigma V = 8{,}736 - 8{,}741 = -0{,}005$ m gemessen $\Delta H = \Sigma h_i = 5{,}442 - 5{,}447 = -0{,}005$ m
soll $\Delta H = H_A - H_A = 312{,}130 - 312{,}130 = 0{,}000$ m

$$\text{zul } f = 0{,}002 + 0{,}006 \cdot \sqrt{\frac{\Sigma s}{1000}} \text{ in m}$$
$$= 0{,}002 + 0{,}006 \cdot \sqrt{\frac{549}{1000}} \text{ in m}$$
$$= 0{,}006 \text{ m}$$

$$\text{vorh } f = \text{soll } \Delta H - \text{gemessen } \Delta H$$
$$= 0{,}000 - (-0{,}005 \text{ m})$$
$$= +0{,}005 \text{ m}$$

vorh $f \leq$ zul $f$ ⇒ Messung einwandfrei

Berechnung der Fehlerausgleichsbeträge $\Delta f$

$$\Delta f_1 = \frac{\text{vorh } f}{\Sigma s} \cdot [s_1] = \frac{+0{,}005}{549} \cdot [50 + 47] = +0{,}000\,88 \approx +0{,}001 \text{ m}$$

$$\Delta f_3 = \frac{\text{vorh } f}{\Sigma s} \cdot [s_3] = \frac{0{,}005}{549} \cdot [42 + 47] = 0{,}000\,81 \approx 0{,}001 \text{ m}$$

$$\Delta f_5 = \frac{\text{vorh } f}{\Sigma s} \cdot [s_5] = \frac{0{,}005}{549} \cdot [38 + 39] = 0{,}000\,70 \approx 0 \text{ m}$$

$\Delta f_5$ als kleinster Wert wird abgerundet, damit $\Sigma \Delta f_i$ = vorh $f$ wird.

$$\Delta f_2 = \frac{\text{vorh } f}{\Sigma s} \cdot [s_2] = \frac{+0{,}005}{549} \cdot [45 + 43] = +0{,}000\,80 \approx 0{,}001 \text{ m}$$

$$\Delta f_4 = \frac{\text{vorh } f}{\Sigma s} \cdot [s_4] = \frac{0{,}005}{549} \cdot [50 + 49] = 0{,}000\,90 \approx 0{,}001 \text{ m}$$

$$\Delta f_6 = \frac{\text{vorh } f}{\Sigma s} \cdot [s_6] = \frac{0{,}005}{549} \cdot [49 + 50] = 0{,}000\,90 \approx 0{,}001 \text{ m}$$

8

## 8.1.6 Koordinatenberechnungen

Berechnung der Entfernung $s_{A,E}$ zwischen zwei Punkten und des Richtungswinkels der Strecke aus ihren Koordinaten mithilfe des Lehrsatzes von Pythagoras ► S. 26 bzw. mit trigonometrischen Funktionen/Winkelfunktionen ► S. 27.

Strecke

$$s_{A,E} = \sqrt{(x_E - x_A)^2 + (y_E - y_A)^2} = \sqrt{\Delta x^2 + \Delta y^2}$$

Richtungswinkel

$$\tan \nu_{A,E} = \frac{y_E - y_A}{x_E - x_A} = \frac{\Delta y}{\Delta x}$$

Berechnung der Koordinaten des Punktes E aus den Koordinaten des Punktes A, dem Richtungswinkel $\nu_{A,E}$ und der Strecke $s_{A,E}$

$$x_E = x_A + s_{A,E} \cdot \cos \nu_{A,E}$$

$$y_E = y_A + s_{A,E} \cdot \sin \nu_{A,E}$$

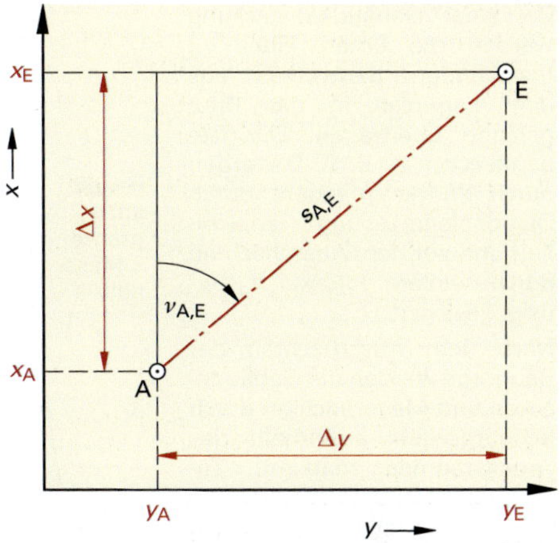


**Beispiel**

Gegeben: Koordinaten der Punkte A und E

$x_A$ = 70 148,39 m; $y_A$ = 11495,80 m

$x_E$ = 70 545,28 m; $y_E$ = 11426,10 m

Gesucht: Entfernung $s_{A,E}$ und Richtungswinkel $\nu_{A,E}$

$$s_{A,E} = \sqrt{(70\,545{,}28 - 70\,148{,}39)^2 + (11\,426{,}10 - 11\,495{,}80)^2}$$

$$s_{A,E} = \sqrt{(396{,}89)^2 + (-69{,}70)^2}$$

$$s_{A,E} = 402{,}96 \text{ m}$$

$$\tan \nu_{A,E} = \frac{11\,426{,}10 \text{ m} - 11\,495{,}80 \text{ m}}{70\,545{,}28 \text{ m} - 70\,148{,}39 \text{ m}} = \frac{-69{,}70 \text{ m}}{+396{,}89 \text{ m}} =$$

$$= -0{,}1756$$

$\tan \nu_{A,E}$ = 388,933$^{gon}$ IV. Quadrant

**Beispiel**

Gegeben: Koordinaten des Punktes A

$x_A$ = 70 148,39 m; $y_A$ = 11 495,80 m

Strecke $s_{A,E}$ = 402,96 m,

Richtungswinkel $\nu_{A,E}$ = 388,933$^{gon}$

Gesucht: Koordinaten des Punktes E

$$x_E = 70\,148{,}39 \text{ m} + 402{,}96 \text{ m} \cdot \cos 388{,}933^{gon} =$$
$$= 70\,545{,}28 \text{ m}$$

$$y_E = 11\,495{,}80 \text{ m} + 402{,}96 \text{ m} \cdot \sin 388{,}933^{gon} =$$
$$= 11\,426{,}10 \text{ m}$$

## 8.1.7 Polygonzugberechnung

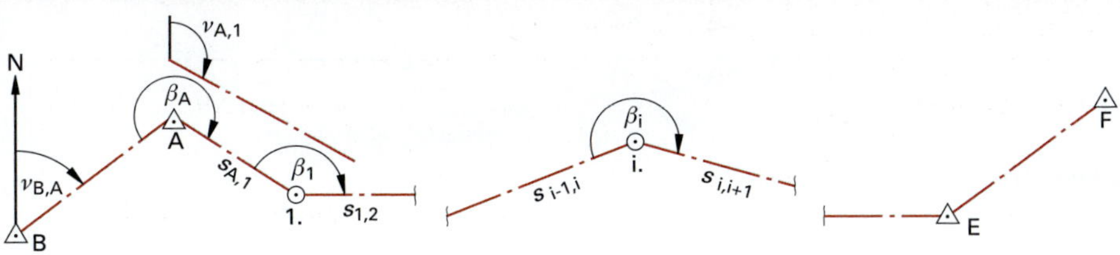


Bekannt: Koordinaten des Anfangspunktes A, Anfangsrichtung $\nu_{B,A}$ z. B. über Koordinaten.

Gemessen: Strecken $s_{A,1}$; $s_{1,2}$; ... Brechungswinkel $\beta_A$; $\beta_1$ ; $\beta_2$; ...

Gesucht: Richtungswinkel der Strecken, Koordinaten der Polygonpunkte

Formeln für den Polygonpunkt 1:

$$\{\nu_{A,1}\} = \nu_{B,A} + \beta_A - 200^{gon}$$

$$x_1 = x_A + s_{A,1} \cdot \cos \nu_{A,1}$$

$$y_1 = y_A + s_{A,1} \cdot \sin \nu_{A,1}$$

allgemeine Formeln:

$$\{\nu_{i,i+1}\} = \nu_{i-1,i} + \beta_i - 200^{gon} \quad \text{mit } \{\nu\} = \begin{cases} \nu - 400^{gon} \text{ für } \nu > 400^{gon} \\ \nu \text{ für } 0 < \nu < 400^{gon} \\ \nu + 400^{gon} \text{ für } \nu < 0^{gon} \end{cases}$$

$$x_{i+1} = x_i + s_{i,i+1} \cdot \cos \nu_{i,i+1}$$

$$y_{i+1} = y_i + s_{i,i+1} \cdot \sin \nu_{i,i+1}$$

Falls – wie bei wichtigen Messungen üblich – der Endpunkt E und die Anschlussrichtung nach F bekannt sind, ist vor der endgültigen Berechnung ein Fehlerausgleich erforderlich.

8

## 8.1.8 Gebäudeabsteckung

Bei einer Gebäudeabsteckung werden die Ecken eines zu erstellenden Bauwerkes aus dem Lageplan in das Baugelände übertragen. Die Gebäudeecken A, B, C, D werden durch Pflöcke markiert, durch Diagonalenmessung kontrolliert und vor dem Ausschachten durch weitere Pflöcke A′, A″ usw. gesichert.

Nach dem Ausschachten der Baugrube werden die Gebäudeecken und Mauerfluchten durch Schnurgerüste außerhalb des Arbeitsraumes markiert. Zusätzlich wird durch Nivellement ▶ S. 409 unmittelbar neben dem Arbeitsraum ein Höhenpunkt oder die Erdgeschossfußbodenhöhe eingemessen.

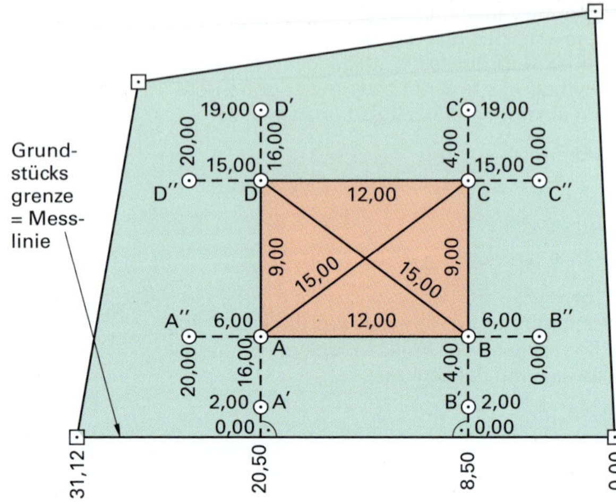


**Bauabsteckungsplan**

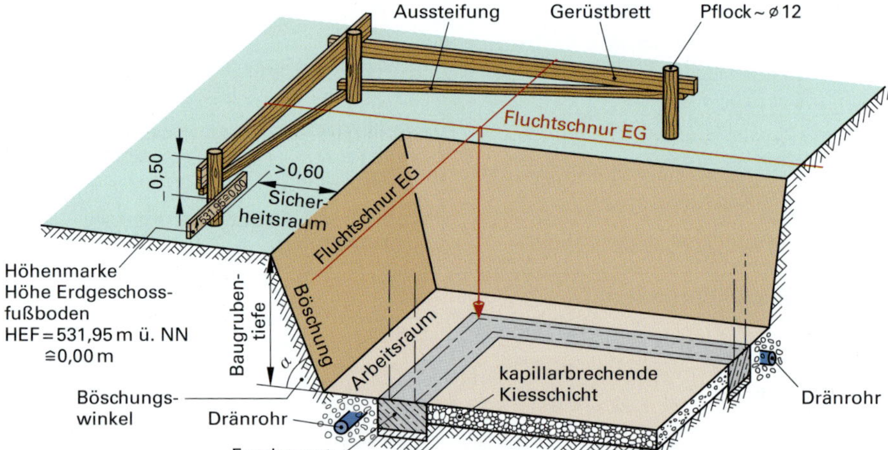


**Schnurgerüst**

Die Höhe $H$ der Baugrubensohle, der Fundamentsohle, der Bodenplatte usw. wird durch Nivellieren vom Höhenpunkt $HP$ (Ablesung Rückblick $R$) zu mehreren Standpunkten (Ablesungen Zwischenblicke $Z$) bestimmt

$H = HP + R - Z$

$H_{\text{Instr.}} = HP + R$

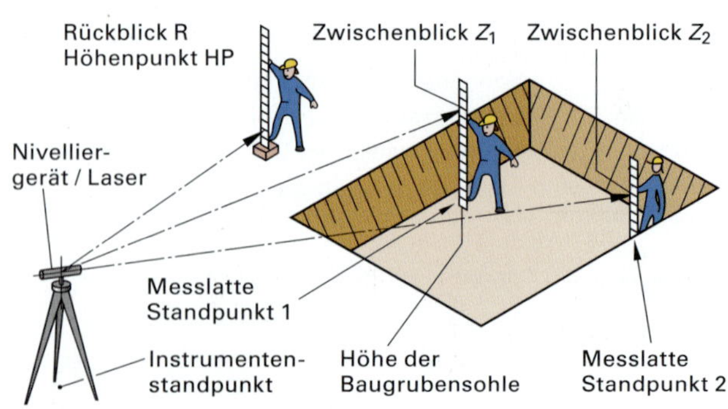


**Einmessung der Baugrubentiefe**

8

## 8.1.9 Bogenabsteckung

### Grundlagen der Kreisbogenabsteckung

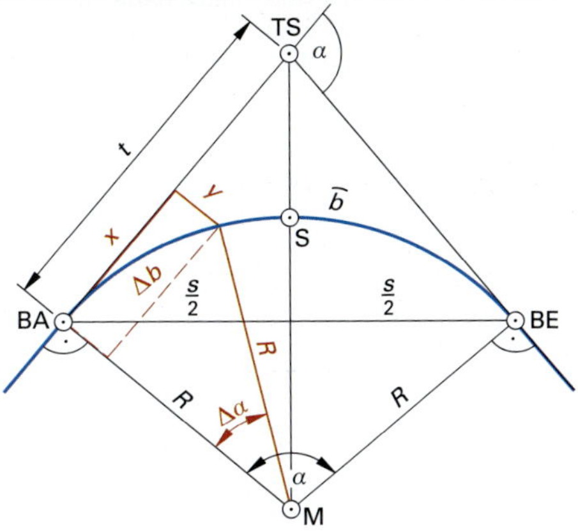


M Mittelpunkt
TS Tangentenschnittpunkt
BA Bogenanfang
BE Bogenende
S Bogenscheitel
$\alpha$ Mittelpunktswinkel
$R$ Radius
$t$ Tangentenlänge
$s$ Sehnenlänge
$\widehat{b}$ Bogenlänge von BA bis BE
$\Delta\alpha$ Winkeländerung
$\Delta\widehat{b}$ Bogenabschnitt
$x, y$ Koordinaten bezogen auf BA / Absteckwerte

$$t = R \cdot \tan\frac{\alpha}{2}$$

$$s = 2 \cdot R \cdot \sin\frac{\alpha}{2}$$

$$\widehat{b} = \frac{\pi \cdot R \cdot \alpha^{gon}}{200^{gon}} = \frac{\pi \cdot R \cdot \alpha^{\circ}}{180^{\circ}}$$

Absteckwerte für vorgegebene Abzissen

$$y = R - \sqrt{R^2 - x^2}$$

Absteckwerte für vorgegebene Bogenabschnitte

$$x = R \cdot \sin\Delta\alpha; \qquad y = R \cdot (1 - \cos\Delta\alpha)$$

$$\Delta\alpha^{gon} = \frac{\Delta\widehat{b}}{\pi \cdot R} \cdot 200^{gon}$$

### Absteckung von der Tangente mit vorgegebenen Abszissen (Koordinaten in x-Richtung)

**Beispiel**

Abstecken von Bogenkleinpunkten von der Tangente mit gleichen Abständen auf der Tangente.

$R$ = 12,00 m, $\alpha$ = 90$^{gon}$ = 81°

Tangentenlänge $t$

$t$ = 12,00 m · tan $\frac{90^{gon}}{2}$

$t$ = 12,00 m · tan $\frac{81^{\circ}}{2}$

$t$ = 10,25 m

Berechnung der Ordinaten $y$

$y = R - \sqrt{R^2 - x^2}$

$y = 12{,}00 - \sqrt{12{,}00^2 - x^2}$

| Punkt | Abzisse $x$ m | Ordinate $y$ m |
|---|---|---|
| 0 | 0,00 | 0,00 |
| 1 | 2,00 | 0,17 |
| 2 | 4,00 | 0,69 |
| 3 | 6,00 | 1,61 |
| 4 | 8,00 | 3,06 |

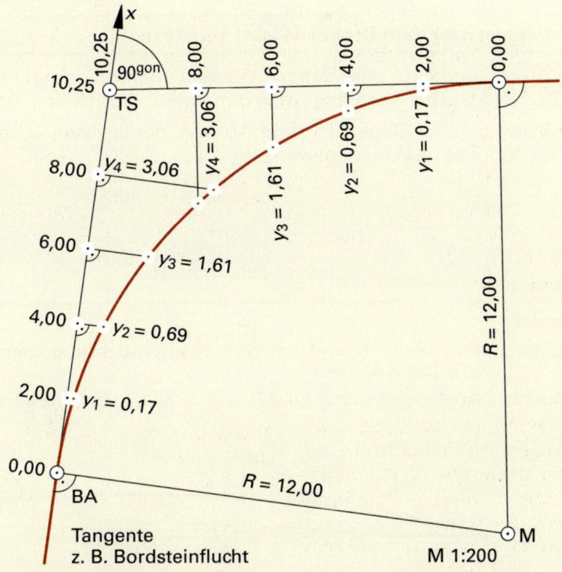


8

## Absteckung von der Tangente für gleiche Bogenabschnitte $\Delta\widehat{b}$

**Beispiel**

Gegeben: Kreisbogen $R$ = 450 m, Schnittwinkel der Tangenten bzw. der Anschlussgeraden $\alpha = 30^{gon} = 27°$

Gesucht: Bogenlänge, Tangentenlänge, Absteckwerte für Bogenabschnitte $\Delta\widehat{b}$ = 20 m

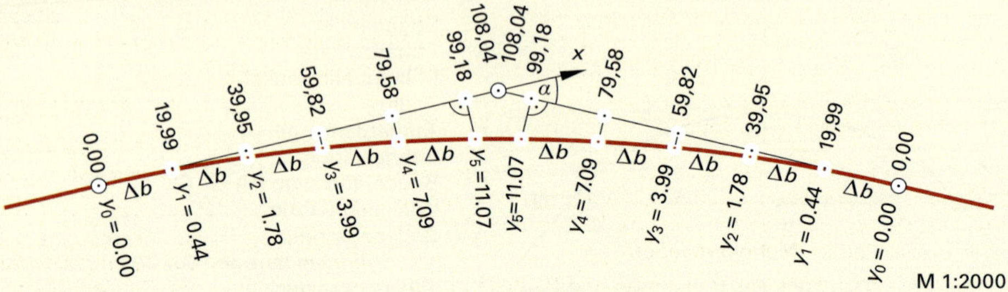


Bogenlänge

$$\widehat{b} = \frac{\pi \cdot R \cdot \alpha^{gon}}{200^{gon}} = \frac{\pi \cdot 450\text{ m} \cdot 30^{gon}}{200^{gon}} = 212{,}06\text{ m}$$

Tangentenlänge

$$t = R \cdot \tan\frac{\alpha}{2} = 450\text{ m} \cdot \tan\frac{30^{gon}}{2} = 108{,}04\text{ m}$$

Winkeländerung

$$\Delta\alpha = \frac{\Delta\widehat{b}}{\pi \cdot R} \cdot 200^{gon} = \frac{20\text{ m}}{\pi \cdot 450\text{ m}} \cdot 200^{gon} = 2{,}8294^{gon}$$

Absteckwerte

$x_1 = R \cdot \sin\Delta\alpha$ $\quad$ $y_1 = R \cdot (1 - \cos\Delta\alpha)$

$x_n = R \cdot \sin n \cdot \Delta\alpha$ $\quad$ $y_n = R \cdot (1 - \cos n \cdot \Delta\alpha)$

| Punkt $n$ | Bogenabschnitt $n \cdot 20{,}00$m | Winkel $n \cdot \Delta\alpha^{gon}$ | Absteckwerte $x$ in m | $y$ in m |
|---|---|---|---|---|
| 0 | 0,00 | 0,000 | 0,00 | 0,00 |
| 1 | 20,00 | 2,829 | 19,99 | 0,44 |
| 2 | 40,00 | 5,659 | 39,95 | 1,78 |
| 3 | 60,00 | 8,488 | 59,82 | 3,99 |
| 4 | 80,00 | 11,318 | 79,58 | 7,09 |
| 5 | 100,00 | 14,147 | 99,18 | 11,07 |

## Absteckung nach dem Sehnen-Winkel-Verfahren

Die Absteckung nach dem Sehnen-Winkel-Verfahren erfolgt mittels eines Theodoliten (Standpunkt BA), eines Messbandes (Länge $s$) und mehrerer Fluchtstäbe. Grundlage ist folgender Lehrsatz:

- Für den gleichen Bogenabschnitt $\Delta\widehat{b}$ bzw. der gleichen Sehne $s$ beträgt der Mittelpunktswinkel $\alpha$ das Doppelte des Umfangswinkels $\varphi$.

$$\widehat{b} = \frac{\pi \cdot R \cdot \alpha^{gon}}{200^{gon}} \qquad \varphi^{gon} = \frac{\Delta\widehat{b}}{\pi \cdot R} \cdot 100^{gon} \qquad s \cong \Delta\widehat{b} \text{ für } \Delta\widehat{b} \lesssim \frac{R}{10}$$

$$\widehat{b}_R = \widehat{b} - n \cdot \Delta\widehat{b} \qquad \varphi_R^{gon} = \frac{\widehat{b}_R}{\pi \cdot R} \cdot 100^{gon}$$

**Beispiel**

Gegeben: Kreisbogen $R$ = 450 m, Schnittwinkel der Tangenten bzw. Anschlussgeraden $\alpha = 30^{gon} = 27°$

Gesucht: Absteckzeichnung für $\Delta b \cong s$ = 20 m, Länge des Reststückes $b_R \cong s_R$

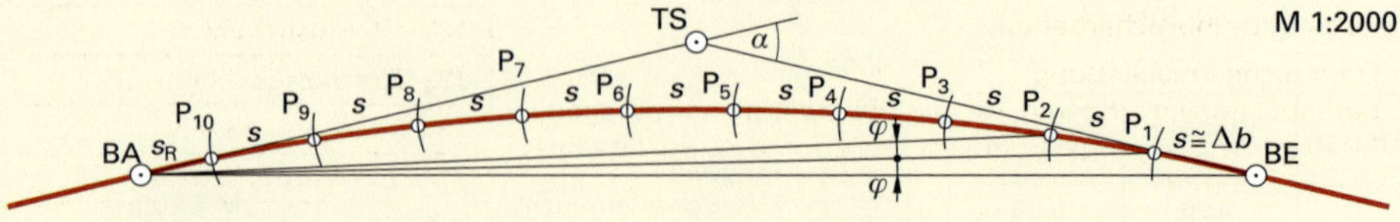


$$\widehat{b} = \frac{\pi \cdot 450\text{ m} \cdot 30^{gon}}{200^{gon}} = 212{,}06\text{ m} \qquad \varphi^{gon} = \frac{20\text{ m}}{\pi \cdot 450\text{ m}} \cdot 100^{gon} = 1{,}4147^{gon}$$

$$s_R \cong b_R = 212{,}06\text{ m} - 10 \cdot 20{,}00\text{ m} = 12{,}06\text{ m} \qquad \varphi_R = \frac{12{,}06\text{ m}}{\pi \cdot 450\text{ m}} \cdot 100^{gon} = 0{,}8531^{gon}$$

8

## 8.2 Kostengliederung, Grundflächen und Rauminhalte

Kostenermittlung und Kostenüberprüfung sind im Bauwesen von großer Bedeutung. Als eine allgemein gültige Grundlage dienen die Kostengliederung nach DIN 276 und die Berechnungsgrundlagen für die Grundflächen und Rauminhalte von Hochbauten nach DIN 277. Beide DIN-Normen sind grundsätzlich miteinander verknüpft und schaffen einheitliche Begriffe, die mit der Neufassung der Wohnflächenverordnung von 11/2003 vergleichbar sind. Die DIN 283 „Wohnungen" wurde ersatzlos gestrichen. Die Berechnung der Flächen für den öffentlich geförderten Wohnungsbau muss nach der WoFlV durchgeführt werden. Privatrechtlich kann DIN 283 zugrunde gelegt werden.

### 8.2.1 Kosten von Hochbauten

- Kosten sind die Aufwendungen für Güter (z.B. Materialien, Gegenstände, Einbauteile) und Leistungen (z.B. des Architekten, der Ingenieure, der Bauschaffenden und die Spesen) einschließlich Mehrwertsteuern.
- Hochbauten sind alle aus Baustoffen und Bauteilen hergestellten und fest mit dem Baugrund verbundenen Anlagen.
- Baugrundstücke sind Flächen nach öffentlich-rechtlichen Vorschriften bebauter oder bebaubarer Grundstücke.
- Erschließung ist die Gesamtheit aller Maßnahmen, die zur baulichen Nutzung führen (z.B. Anschluss für Gas-, Wasser- und Stromversorgung, Verkehrsanschlüsse, Ausbau von Park-, Abstell- und Grünflächen).

#### Kostengruppen

**Kosten des Baugrundstückes (Gruppe 100)**

- Wert des Grundstückes
  richtet sich nach dem Verkehrswert zum Zeitpunkt der Kostenermittlung; ist abhängig von der Lage, der Grundstücksgröße, der Bebaubarkeit, der Verkehrslage, der Wohnlage, der Nachbarschaft, von Gewerbefläche und Geschäftshäusern, den Umwelteinflüssen, der Erschließung.
- Erwerb (Kauf) des Grundstückes ⇒ ⇒ ⇒ ⇒ ⇒
  beinhaltet auch alle Nebenkosten wie Maklergebühr, Gutachtergebühren, Grunderwerbssteuer, Gebühren für notarielle Beurkundungen, Kosten für Vermessungs- und Katasterunterlagen. ⇓ ⇓ ⇓
- Freimachen des Grundstückes (rechtlicher, finanzieller Aspekt) bedingt Kosten für Miet- oder Pachtablösungen, Abfindungszahlungen, Beschränkung wie Wegerecht. ⇓ ⇓ ⇓

**Kosten der Erschließung (Gruppe 200)**

- Herrichtung des Grundstückes (sächlicher Aspekt, Dienstleistungen) bedingt Kosten für die Tätigkeiten wie Roden, Abtrennen von Versorgungsleitungen, genehmigte Abbrucharbeiten. ⇒
- Öffentliche Erschließung
  bedingt anteilige Kosten für die Herstellung von Wegen, Straßen, Versorgungsleitungen, Grünflächen und öffentliche Anlagen.
- Nicht öffentliche Erschließung
  bedingt Kosten, auch wenn ohne öffentlich-rechtliche Verpflichtung oder ohne Beauftragung Maßnahmen durchgeführt werden, um diese zu einem späteren Zeitpunkt in den Gebrauch der Allgemeinheit zu überführen.

**Straßen- und Tiefbauvorhaben** sind hier nicht erfasst.

Zuständig für die Aufgaben, die mit dem Bau, der Erneuerung oder der Unterhaltung der Straßen zusammenhängen, sind die Straßenbaulastträger – Bund, Länder, Landkreise, Städte, Gemeinden.

**Kostengruppen**

1 Grunderwerb
2 Untergrund, Unterbau, Entwässerung
3 Oberbau
4 Brücken
5 Stützwände
6 Tunnel
7 sonstige Bauwerke
8 Ausstattung
9 sonstige Anlagen und Kosten

**Ingenieurbauten**
sind hier nicht erfasst.

**Bauwerke**
Brücken, Schächte, Tunnel, Klärbecken, Kaimauern

**Bauteile**
Widerlager, Flügelmauern, Gründungen z.B. Pfähle

**Bauelemente – wie Hochbau**
Balken, Stützen, Pfeiler, Platten, Wandteile, Elemente

**Baustoffe – wie Hochbau nach Bauregelliste**

| 120 Grundstücksnebenkosten |
|---|
| 121 Vermessungsgebühren |
| 122 Gerichtsgebühren |
| 123 Notariatsgebühren |
| 124 Maklerprovisionen |
| 125 Grunderwerbssteuer |
| 126 Wertermittlungen |
| 127 Genehmigungsgebühren |
| 128 Bodenordnung |
| 129 Grundstücksnebenkosten |

## Kostengruppen

**Kosten des Bauwerks (Gruppe 300)**

- Baukonstruktionen bedingen Kosten für die Bauleistungen der gesamten Rohbau- und Ausbaumaßnahmen des Bauwerks einschließlich der Baustelleneinrichtung.
- Besondere Bauausführungen bedingen Kosten z. B. für Aufwendungen für besondere Gründungen, Gebäudeabdichtungen und Luftschutzanlagen.

**Bauwerk-Technische Anlagen (Gruppe 400)**

- für alle beweglichen oder festen technischen Anlagen, die zur Ingebrauchnahme des Bauwerks erforderlich sind.
- Installationen bedingen Kosten hinsichtlich lüftungstechnischer Anlagen, Heizungs- und Brauchwasseranlagen, Blitzschutzanlagen, elektrischer Kabel und Leitungsanlagen, Gas-, Wasser- und Abwasseranlagen, Fernmeldetechniken, sofern diese in das Objekt eingebaut werden.
- Zentrale Betriebstechnik bedingt Kosten für die Teile technischer Anlagen, die zum Betrieb der Installationen erforderlich sind, z. B. Behälter, Pumpen, Filter, Regeltechnik, Aufbereitungsanlagen, Rauchgasentstauber, Wärmetauscher, Raumlufttechnik, Abfallbeseitigungsanlagen.
- Betriebliche Einbauten bedingen Kosten für alle mit dem Bauwerk fest verbundenen Einbauten, z. B. feste Kücheneinrichtungen, Laboreinrichtungen und Einbauten im Zusammenhang mit den Installationen und der Betriebstechnik.

**Kosten der Außenanlagen (Gruppe 500)**

- z. B. Einfriedungen, Geländegestaltung, Geländeaufbereitung, Versorgungsanlagen auf dem Grundstück, Baukunst im Freien, Gartenzonen, Tiergehege, Verkehrsanlagen, Grünanlagen.

**Kosten für zusätzliche Maßnahmen (Gruppe 600)**

- die bei der Herstellung des Bauwerks verursacht werden, z. B. für besondere Sicherheitsmaßnahmen, Schutzmaßnahmen und Witterungseinflüsse. Gemäß DIN auch Kosten für besondere Ausstattung und Kunstwerke.

**Baunebenkosten (Gruppe 700)**

- für die Planung, Durchführung und Bauaufsicht gemäß Vergütungsgrundlage bzw. Baugebührenordnung.

## Kostenermittlung

Kostenschätzung – Kostenberechnung

Kostenplanung

Bedarfsangaben wie Flächengröße, Rauminhalte, Nutzungseinheiten, Planunterlagen, Erläuterungen

Kostenanschlag – Kostenfeststetzung

Kostenkontrolle

Finanzierung aus Eigenmitteln, Bauspardarlehen, Hypotheken, Steuervorteilen, Abschreibungen, Zuschüssen, Sonderdarlehen

**Objektüberwachung (Bauüberwachung) nach HOAI § 15**

(1) **Überwachen der Ausführung des Objektes** auf Übereinstimmung mit der Baugenehmigung
(2) **Überwachen der Ausführung von Tragwerken** auf Übereinstimmung mit dem Standsicherheitsnachweis
(3) **Koordinieren** der an der Objektüberwachung fachlich Beteiligten.
(4) Überwachen und Detailkorrektur von Fertigteilen
(5) Aufstellen und Überwachen eines Zeitplanes (**Balkendiagramm**)
(6) Führen eines **Bautagebuches**
(7) **Gemeinsames Aufmaß** mit den bauausführenden Unternehmern
(8) **Abnahme der Bauleistungen** ... unter Feststellung von Mängeln
(9) **Rechnungsprüfung**
(10) **Kostenfeststellung** nach DIN 276 oder nach Wohnungsrecht
(11) Antrag auf **behördliche Abnahme** und Teilnahme daran
(12) **Übergabe des Objektes** einschließlich Zusammenstellung und Übergabe der erforderlichen Unterlagen.
(13) Auflisten der **Gewährleistungsfristen**
(14) Überwachen der Beseitigung der **festgestellten Mängel**
(15) **Kostenkontrolle** durch Überprüfung der Leistungsabrechnung

**Vergütungsgrundlage**

Honorarordnung für Architekten und Ingenieure HOAI

Honorarzonen I ... V nach Planungsaufwand z.B. III Einfamilienhaus

Landeshonorarordnung LHO Ministerialerlass für die Gebührenrechnung bei öffentlichen Bauvorhaben

Gesonderte Gebührenordnungen

Gebühren der öffentlichen Hand

8

## Kostenschätzung (Formblattmuster nach DIN 276)

Baumaßnahme: Einfamilienwohnhaus

Bauherr:

Bauweise: 2-geschossig freistehend

Bauart:

Grundstücksfläche: 1 200 m²

Bebaute Fläche: 160 m²

| | | | |
|---|---|---|---|
| Nutzfläche | 280 m² | Brutto-Rauminhalt | 1000 m³ |
| Wohnfläche | m² | Umbauter Raum | m³ |
| Nutzfläche | m² | Umbauter Raum | m³ |

hierzu: __ __ Blatt Skizzen, Zeichnungen, Planunterlagen; __ __ Blatt Einzelberechnungen

| 1 | | | 2 | 3 |
|---|---|---|---|---|
| Kostengruppe | | Teilbetrag (€) | Gesamtbetrag(€) | €/ ___ [1] |
| **100** | **Kosten des Baugrunddstücks** | | 97.500,00 | |
| 110 | Wert (80 €/m²) × 1 200 m² | 96.000,00 | | |
| 120 | Erwerb | 1.500,00 | | |
| 130 | Freimachen | | | |
| **200** | **Kosten der Erschließung** | Summe | | |
| 210 | Herrichten | 3.500,00 | 16.500,00 | |
| 220 | Öffentliche Erschließung | 8.000,00 | | |
| 230 | Nichtöffentliche Erschließung | 5.000,00 | | |
| 240 | Andere einmalige Ausgaben | | | |
| | | Summe | | |
| nachrichtlich: Kosten pro m² Grundstück | | Summe | | |
| **300** | **Kosten des Bauwerkes** | | | |

| Bauleistungen für Baukörper[2] | Menge | Einheit[3] | Einzel-betrag | Betrag |
|---|---|---|---|---|
| A | 1000 | m³ | 150,00 | 150.000,00 |
| B | | | | |
| C | | | | |

Summe 150.000,00 — Gesamtbetrag: 150.000,00

| Davon entfallen auf | Baukörper A | B | C | |
|---|---|---|---|---|
| Baukonstruktionen | 105.000,00 | | | 105,00 €/m³ |
| Installationen | 15.000,00 | | | 19,00 |
| Zentr. Betriebstechn. | – | | | |
| Betriebl. Einbauten | 26.000,00 | | | 26,00 |

Besondere Bauausführungen

___ €

___ €

Summe

| | | | Gesamtbetrag(€) | |
|---|---|---|---|---|
| **400** | **Kosten des Geräte (vorhanden)** | Summe | – | |
| **500** | **Kosten der Außenanlagen** | Summe | 5.000,00 | |

Davon entfallen auf:

| | |
|---|---|
| Abwasser u. Versorgungsanlagen | 3.000,00 € |
| Verkehrsanlagen | – € |
| Grünflächen | 2.000,00 € |
| Übrige Außenanlagen | – € |

| | | | Gesamtbetrag(€) | |
|---|---|---|---|---|
| **600** | **Kosten für zusätzliche Maßnahmen** | Summe | 1.500,00 | |
| **700** | **Baunebenkosten** | Summe | 19.500,00 | |

Davon entfallen auf:

| | |
|---|---|
| Archtitekten- u. Ingenieurleistungen | 14.000,00 € |
| Verwaltungsleistungen | 1.500,00 € |
| Behördliche Prüfungen | 1.000,00 € |
| Geldbeschaffungskosten | 3.000,00 € |
| Bauzinsen | € |
| Übrige Baunebenkosten | € |

Gesamtkosten 290.000,00

[1] Zugrunde gelegte Werte nach Bedarf ausfüllen
[2] Bezugseinheiten einsetzen, z. B. m² Wohnfläche
[3] Berechnungsgrundlage, z. B. m², m³

Aufgestellt am ___

8

## 8.2.2 Grundflächen und Rauminhalte

### Grundflächen

- Die Größe der Flächen ist in m² anzugeben. Waagerechte Flächen werden in ihren tatsächlichen Abmessungen gemessen. Schräg liegende Flächen werden in ihrer lotrechten Projektion auf eine gedachte waagerechte Ebene gemessen.
- Die Fläche des Baugrundstückes kann in bebaute und unbebaute Fläche aufgegliedert werden.
- Als bebaute Fläche gilt die von Hochbauten bedeckte Grundstücksfläche, die sich aus der lotrechten Projektion der äußeren Abmessungen des Bauwerks auf die Grundstücksfläche ergibt (Ausführungsbeschreibung entfällt nach neuster DIN 277).
- Brutto-Grundfläche eines Bauwerks ist die Summe der Grundfläche aller Grundrissebenen. Dabei wird die Berechnung für jede Grundrissebene getrennt durchgeführt. Die getrennte Ermittlung von Grundflächen unter Schrägen bis/über 1,50 m ist ab 2004 aufgehoben. Für die Ermittlung der Brutto-Grundfläche jeder Grundrissebene sind die jeweiligen äußeren Abmessungen in Fußbodenhöhe maßgebend. Konstruktive und gestalterische Vor- und Rücksprünge bleiben unberücksichtigt.
- Grundflächen (sowohl Brutto-Grundflächen wie Netto- Grundflächen) werden nach Merkmalen der Umschließung und Oberdeckung getrennt ermittelt:

| | |
|---|---|
| a | Grundflächen, allseitig umschlossen und überdeckt |
| b | Grundflächen, nicht allseitig in voller Höhe umschlossen, jedoch überdeckt |
| c | Grundflächen, von Bauteilen wie Geländer, Brüstungen oder Attika umschlossen, jedoch nicht überdeckt |

- Netto-Grundfläche ist die nutzbare Grundfläche zwischen begrenzenden Bauteilen. Sie errechnet sich aus den lichten Fertigmaßen in Höhe des Fußbodens ohne Berücksichtigung von Fußleisten, Sockelleisten o.Ä. Die Grundflächen von Fensteröffnungen, Türöffnungen, Nischen und Aussparungen sind bei der Ermittlung der Grundrissfläche nicht einzubeziehen.
- Konstruktionsfläche ist die Grundfläche – auch Querschnittsfläche genannt – der begrenzenden Bauteile sowie Stützen, Pfeiler, Schornsteine, Lichtschächte o. Ä. Die Grundflächen von Fensteröffnungen, Türöffnungen, Nischen und Aussparungen gehören zur Konstruktionsfläche.
- Nutzflächen werden nach Zweckbestimmung und Nutzung unterteilt (z. B. als Kellerfläche, Wohnfläche, Bürofläche). Die Einteilung in Nutzneben- und Nutzhauptfläche ist ab 2004 aufgehoben.
- Technische Funktionsfläche ist die Netto-Grundfläche von Räumen der betrieblichen Anlagen wie Abwasseraufbereitungsanlagen, Abwasserbeseitigungsanlagen, Wasserversorgungsanlagen, Heizungsanlage, Anlagen für Lüftungen o.Ä.

8

- Verkehrsfläche ist die Netto-Grundfläche, die der Verkehrserschließung im Gebäude dient, z. B. Flächen von Treppenräumen, Fluren, Rampen, Dielen o.Ä.

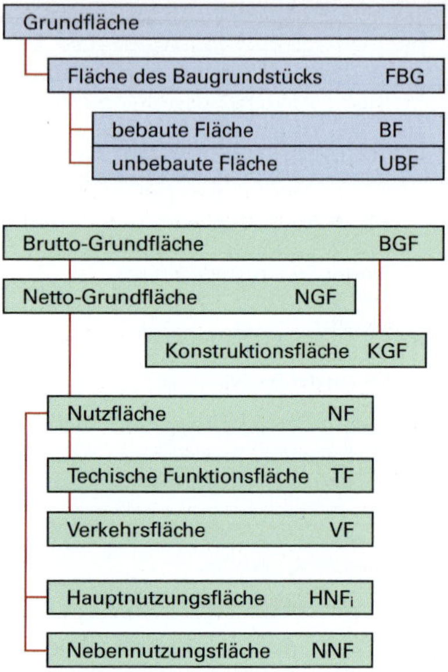


**Grundflächen nach DIN 277**

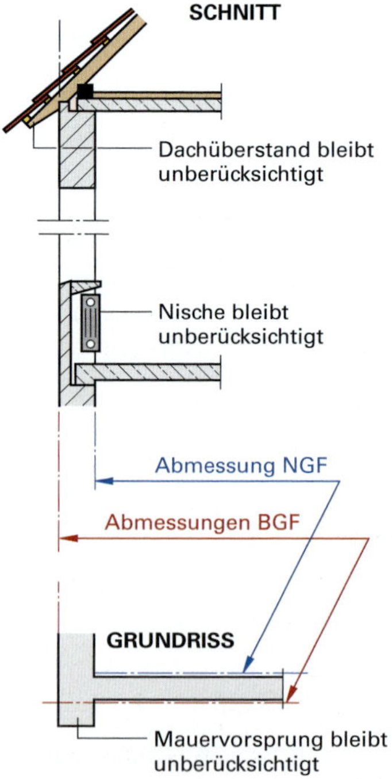


**Begrenzungsmaße**

## Rauminhalte

- Der Rauminhalt ist in m³ anzugeben. Grundlage für die Berechnung der Rauminhalte sind die ermittelten Grundflächen. Der Brutto-Rauminhalt (BRI) von Bauwerken ergibt sich durch deren äußere Bezugsflächen als das Produkt der Brutto-Grundflächen mit der maßgeblichen Höhe. Die Höhe ist aus der untenstehenden Tabelle zu entnehmen.
- Der Netto-Rauminhalt (NRI) ergibt sich aus den inneren Bezugsflächen. Für eine Beurteilung der Gebäudekosten reicht in der Regel die Angabe des Brutto-Rauminhaltes aus. Konstruktive und gestalterische Vorsprünge und Rücksprünge sowie untergeordnete Bauteile (z. B. Kellerlichtschächte, Außentreppen, Kriechkeller, Dachüberstände, Lichtkuppeln, Dachgauben) bleiben unberücksichtigt. Merkmale der Umschließung und Überdeckung gelten wie bei den Grundflächen.

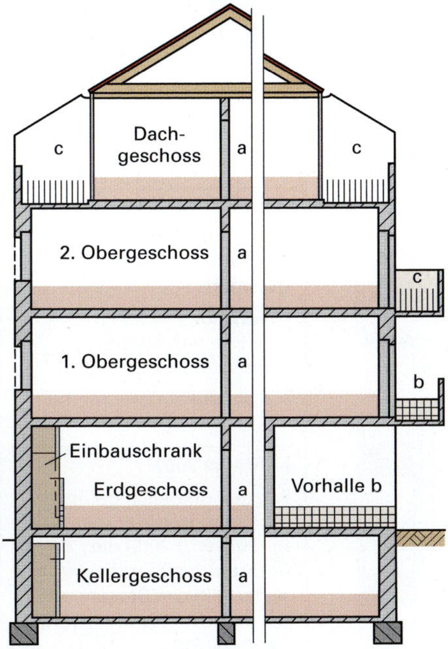


**Merkmale der Umschließung und Überdeckung**

Im Gegensatz zur BauNVO ▶ S. 423 werden nach DIN 277 alle vorhandenen Grundflächen erfasst, einschließlich der unterhalb der Geländeoberfläche. Im Bebauungsplan können Festsetzungen für das Maß der baulichen Nutzung für Teile baulicher Anlagen oberhalb und unterhalb der Geländeoberfläche getroffen werden.

| Merkmale der Umschließung | |
|---|---|
| a | Brutto-Rauminhalte von allseitig umschlossenen und überdeckten Bauwerken |
| b | Brutto-Rauminhalte von nicht allseitig in voller Höhe umschlossenen, jedoch überdeckten Bauwerken |
| c | Brutto-Rauminhalte von Bauwerken, die umschlossen, jedoch nicht überdeckt sind |

| Als Höhe wird angesetzt | | | |
|---|---|---|---|
| $a_1$ | im untersten Geschoss | **Höhe** = Raumhöhe + Dicke der begrenzenden unteren und oberen Bauteile | **a** |
| $a_2$ | im Normalgeschoss | **Höhe** = Raumhöhe + Dicke des begrenzenden oberen Bauteils | |
| $a_3$ | im Dachgeschoss | **Höhe** = Raumhöhe + Dicke der begrenzenden unteren und oberen Bauteile | |
| $a_4$ | in Geschossen, deren Unterfläche zugleich Außenfläche ist | **Höhe** = Raumhöhe + Dicke des begrenzenden unteren und oberen Bauteile | |
| $b_1$ | im untersten Geschoss | **Höhe** = Raumhöhe + Dicke des unteren Bauteils (Decke/Sohle) | **b** |
| $b_2$ | zwischen allseitig umschlossenen und überdeckten Geschossen | **Höhe** = Raumhöhe | |
| $b_3$ | in Geschossen, unter nicht allseitig umschlossenen Geschossen oder deren Decke zugleich Außenfläche ist | **Höhe** = Raumhöhe + Dicke des oberen Bauteils (Decke/Dach) | |
| $b_4$ | in Geschossen, unter nicht allseitig umschlossenen Geschossen oder deren Unterfläche zugleich Außenfläche ist | **Höhe** = Raumhöhe + Dicke der begrenzenden unteren und oberen Bauteile (Decken) | |
| $b_5$ | in eingeschossigen Bauwerken | **Höhe** = Raumhöhe + Dicke der begrenzenden unteren und oberen Bauteile | |
| $c_1$ | über einem Geschoss | **Höhe** = lichte Höhe des umschließenden Bauteils | **c** |
| $c_2$ | auskragende Teile | **Höhe** = Gesamthöhe des umschließenden Bauteils | |

## Grundflächen und Rauminhalte

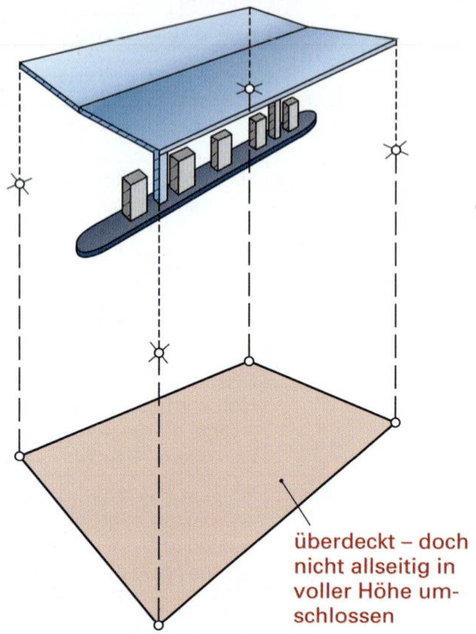


**Bebaute Fläche einer Tankstelle**

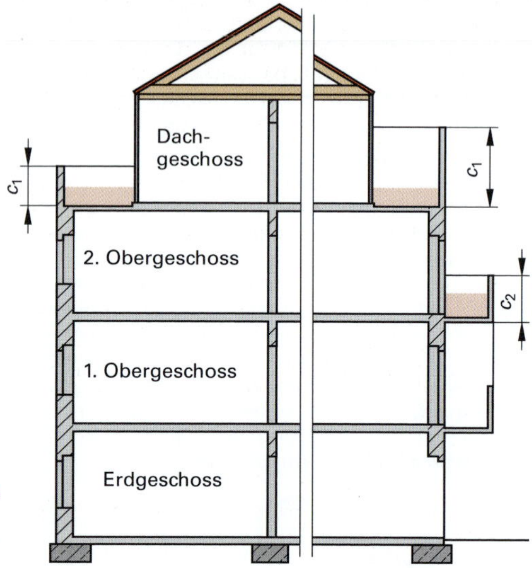


**Brutto-Rauminhalte nach Merkmal ©**

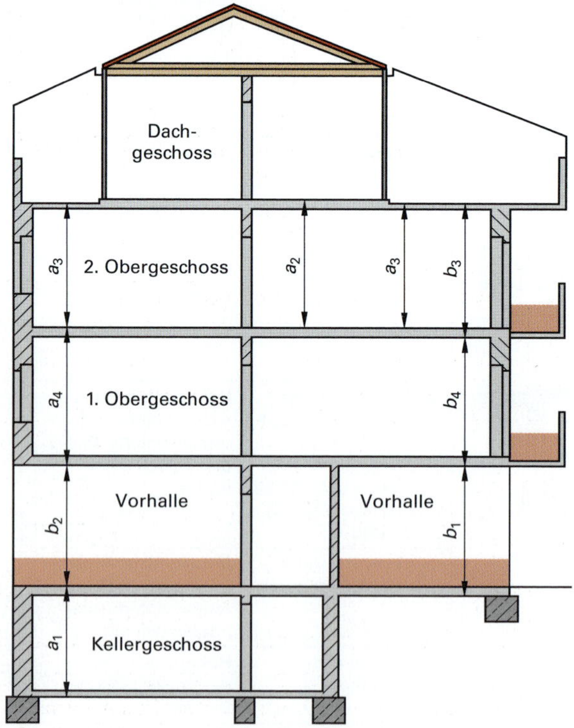


**Brutto-Rauminhalte nach Merkmal ⓐ und ⓑ**

**DIN 277 – 02.2005**

Gegenüber der DIN aus 06.1987 wurde zusätzlich geändert:

- Funktionsfläche FF wurde technische Funktionsfläche TF
- Konstruktionsrauminhalt KRI

**II BV – 09.2001**

Für den öffentlich geförderten Wohnungsbau regelt bis zum 31.1.2003 die Verordnung über die wohnwirtschaftliche Berechnung die Berechnung der Wohn-(Miet-)fläche.

**WOFIV – 11.2003**

Für Wohnbauten, die nach dem 01.01.2004 errichtet wurden und bei baulichen Änderungen älterer Wohnungen.

**DIN 283 – 03.1951**

Die DIN ist ganz zurückgezogen.

8

### 8.2.3 Wohnungen und Wohnflächen

Eine Wohnung ist die Summe der Räume, die zur Erfüllung eines Haushaltes gehören. Unterschieden werden:

- Wohn- und Schlafräume mit mindestens 10 m²
- Küchen oder Wohnküchen, Letztere mit mindestens 12 m²
- Diele, Windfang, Vorraum, Flur, beheizte Wintergärten mit höchstens 6 m²

**Berechnet werden:**

- die Grundflächen von Wohnräumen, Schlafräumen, Küchen und Nebenräumen für jeden einzelnen Raum oder
- die Grundflächen aus den Rohbaumaßen unter Berücksichtigung von 3 % Abzug

**Einzubeziehen sind:**

- Nischen, die bis zum Fußboden herunterreichen und mehr als 13 cm tief sind
- Erker und Wandschränke mit mehr als 0,5 m² Grundfläche
- Raumteile unter Treppen, soweit die lichte Höhe mindestens 2 m beträgt

**Nicht einzubeziehen sind:**

- Türnischen
- Schornstein- und Mauervorlagen mit mehr als 0,1 m² Grundfläche
- Stützen und Streben, Öfen und Heizkörper
- Fenster- und Türöffnungen, Umrahmungen, Scheuerleisten

| Die Grundflächen sind anzurechnen: | |
|---|---|
| VOLL | Grundflächen mit einer lichten Höhe von mehr als 2,00 m |
| ZUR HÄLFTE | Grundflächen mit einer lichten Höhe zwischen 1,00 m und 2,00 m sowie nicht beheizte Wintergärten |
| ZU EINEM VIERTEL | Grundflächen von Balkonen, Loggien und gedeckten Freisitzen |
| NICHT | Grundflächen mit einer lichten Höhe unter 1,00 m und nicht gedeckte Freisitze |

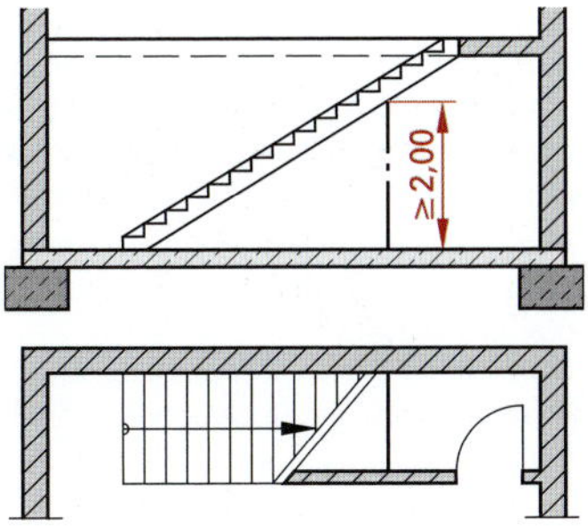


Treppenraum

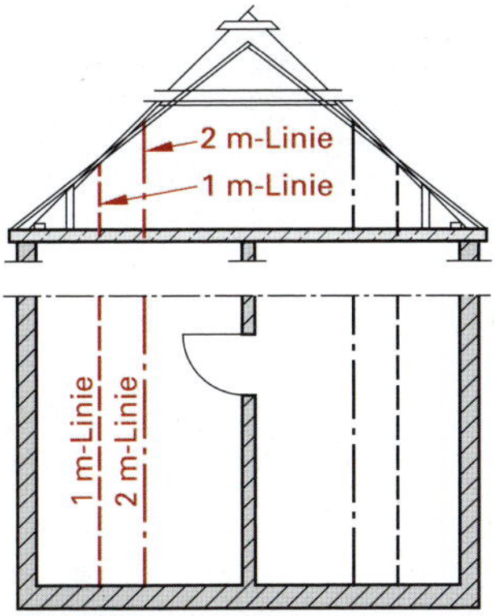


Dachraum

**Problempunkte Dach- und Treppenraum**

**Beispiel zur Wohnraumberechnung (Vergleichsrechnung nach zurückgezogener DIN 283)**

| | Rohbaumaße m | Rohbaufläche m² | | Fertigmaße Rohbaumaß – Putzdicke m | Grundfläche m² | |
|---|---|---|---|---|---|---|
| Wohnzimmer | 4,125 · 5,310 | 21,90 | | 4,095 · 5,280 | 21,62 | |
| Schlafzimmer | 4,125 · 4,400 | 18,15 | | 4,095 · 4,370 | 17,90 | |
| Kinderzimmer | 4,125 · 4,265 | 17,55 | | 4,095 · 4,225 | 17,30 | |
| Küche | 2,885 · 1,950 | 5,63 | | 2,825 · 1,920 | 5,42 | |
| Bad | 2,300 . 1,600 | 3,68 | | 2,270 · 1,570 | 3,56 | |
| Flur | 0,550 · 1,600 +<br>1,200 · 3,620 | 0,88<br>4,34 | | 0,525 · 1,570<br>1,170 · 3,590 | 0,82<br>4,20 | |
| Schornstein (Abzug) beim betr. Raum | 0,290 · 0,800<br>0,290 · 1,550 ⇒ | 72,13<br>– 0,68 | 71,45 | 0,290 · 0,800<br>0,290 · 1,550 | 70,82<br>– 0,68 | 70,14 |
| davon 97 % | 0,97 · 71,45 | 69,31 | | Alternativrechnung 100 % | 70,14 | |
| Unterschiedsbetrag | ►►► 0,83 m² | | | | | |

Die Gegenüberstellung der Rechnungen mit Rohbaumaßen abzüglich 3 % und der Rechnung mit Fertigmaßen (roter Teil des Beispiels) zeigt, dass sich eine kleinere Summe bei der Rechnung mit den Rohbaumaßen abzüglich 3 % ergeben hat. Dieses Rechnungsverfahren ergibt stets den kleineren Betrag für die Grundfläche.

8

## 8.2.4 Wohnflächenverordnung

Die Wohnflächenverordnung (WoFlV) lässt dem Bauherrn mehrere Möglichkeiten der Flächenberechnung. Das gewählte Verfahren ist für den Rechtsnachfolger verbindlich. Im öffentlich geförderten Wohnungsbau ist die wohnungswirtschaftliche Berechnung nach der WoFlV durchzuführen, in anderen Fällen ist wahlweise nach **DIN 277** oder **DIN 283** (obwohl ersatzlos zurückgezogen) oder nach der WoFlV zu verfahren. In Zweifelsfällen sollte von der Bewilligungsbehörde für den öffentlich geförderten Wohnungsbau Auskunft darüber eingeholt werden, welche Berechnungsgrundlage zu verwenden ist.

In einigen Kommunen wird bereits die neue Wohnflächenverordnung als Grundlage der Berechnung vorgegeben. Informationen sind i.d.R. unter http://www.Name der Kommune.de mit Link Hochbauamt o.ä. abzurufen.

### Auszug Wohnflächenverordnung 11/2003

**§ 1 Anwendungsbereich, Berechnung der Wohnfläche**

(1) Wird nach dem Wohnraumförderungsgesetz die Wohnfläche berechnet, sind die Vorschriften dieser Verordnung anzuwenden.

(2) Zur Berechnung der Wohnfläche sind die nach § 2 zur Wohnfläche gehörenden Grundflächen nach § 3 zu ermitteln und nach § 4 auf die Wohnfläche anzurechnen.

**§ 2 Zur Wohnfläche gehörende Grundflächen**

(1) Die Wohnfläche einer Wohnung umfasst die Grundflächen der Räume, die ausschließlich zu dieser Wohnung gehören. Die Wohnfläche eines Wohnheims umfasst die Grundfläche der Räume.

(2) Zur Wohnfläche gehören auch die Grundflächen von
1. Wintergärten, Schwimmbädern und ähnlichen nach allen Seiten geschlossenen Räumen sowie
2. Balkonen, Loggien, Dachgärten und Terrassen,

wenn sie aussschließlich zu der Wohnung oder dem Wohnheim gehören.

(3) Zur Wohnfläche gehören **nicht** die Grundflächen folgender Räume:
1. Zubehörräume, insbesondere:
   a) Kellerräume,
   b) Abstellräume und Kellerersatzräume außerhalb der Wohnung,
   c) Waschküchen,
   d) Bodenräume,
   e) Trockenräume
   f) Heizungsräume und
   g) Gargagen.
2. Räume, die nicht den an ihre Nutzung zu stellenden Anforderungen des Bauordnungsrechts der Länder genügen, sowie
3. Geschäftsräume.

**§ 3 Ermittlung der Grundfläche**

(1) Die Grundfläche ist nach den lichten Maßen zwischen den Bauteilen zu ermitteln; dabei ist von der Vorderkante der Bekleidung der Bauteile auszugehen. Bei fehlenden begrenzenden Bauteilen ist der bauliche Abschluss zu Grunde zu legen.

(2) Bei der Ermittlung der Grundfläche sind einzubeziehen die Grundflächen von
1. Tür- und Fensterbekleidungen sowie Tür- und Fensterumrahmungen,
2. Fuß-, Sockel- und Schrammleisten,
3. fest eingebauten Gegenständen, wie z.B. Öfen, Heiz- und Klimageräten, Herden, Bade- oder Duschwannen,
4. freiliegenden Installationen,
5. Einbaumöbeln und
6. nicht ortsgebundenen, versetzbaren Raumteilern.

(3) Bei der Ermittlung der Grundflächen bleiben **außer Betracht** die Grundflächen von
1. Schornsteinen, Vormauerungen, Bekleidungen, freistehenden Pfeilern und Säulen, wenn sie eine Höhe von mehr als 1,50 m aufweisen und ihre Grundfläche mehr als 0,1 $m^2$ beträgt,
2. Treppen mit über drei Steigungen und deren Treppenabsätze,
3. Türnischen und
4. Fenster- und offenen Wandnischen, die nicht bis zum Fußboden herunterreichen und 0,13 m oder weniger tief sind.

(4) Die Grundfläche ist durch Ausmessung im fertig gestellten Wohnraum oder auf Grund einer Bauzeichnung zu ermitteln. Wird die Grundfläche auf Grund einer Bauzeichnung ermittelt, muss diese die Ermittlung der lichten Maße zwischen den Bauteilen im Sinne des Absatzes 1 ermöglichen.

Ist die Grundfläche nach einer Bauzeichnung ermittelt worden und ist abweichend von dieser Bauzeichnung gebaut worden, ist die Grundfläche durch Ausmessung im fertig gestellten Wohnraum oder auf Grund einer berichtigten Bauzeichnung neu zu ermitteln.

**§ 4 Anrechnung der Grundflächen**

Die Grundflächen
1. von Raumen und Raumteilen mit einer lichten Höhe von mindestens zwei Metern **vollständig,**
2. von Räumen und Raumteilen mit einer lichten Höhe von mindesten einem Meter und weniger als zwei Metern sind **zur Hälfte,**
3. von unbeheizbaren Wintergärten, Schwimmbäder und ähnlichen nach allen Seiten geschlossenen Räumen sind zur Hälfte,
4. von Balkonen, Loggien, Dachgärten und Terrassen sind in der Regel **zu einem Viertel,** höchsten jedoch zur Hälfte

anzurechnen.

**Kommentar**

- Fertigmaße sind die lichten Maße zwischen den Wänden einschließlich der Bekleidung (zum Beispiel Putz) ohne Berücksichtigung von Wandgliederungen, Scheuerleisten, Öfen, Heizkörper, Herden und dergleichen.
- Die Berechnung nach der Zweiten Berechnungsverordnung nach Rohbaumaßen - 3 % für Putz und Fliesen gibt es nicht mehr.
- Raumteile unter Treppen sind bis zu 2 Meter lichte Höhe der Grundfläche zugerechnet (§ 3 (3) 2).
- Häufigste Anwendung unter Dachschrägen ist, die Grundfläche bis zur lichten Höhe von 1,50 m zu ermitteln. Das Ergebnis ist rechnerisch das Gleiche (zu § 4 (2)).

## 8.3 Bauplanungsrecht

Öffentlich-rechtliche Regelungen über die Zulässigkeit des Bauens bilden den Rechtsrahmen, um die Sicherheit und Ordnung bei der Nutzung von Grund und Boden und bei der Errichtung und Nutzung von Bauten zu gewährleisten.

Übersicht und Abkürzungsverzeichnis

| | | | |
|---|---|---|---|
| Baugesetzbuch einschl. Städtebauförderungsgesetz | BauGB | Landesbauordnungen | LBO |
| | | Bauvorlagenverordnung | BauVorlVO |
| Baunutzungsverordnung einschl. Planzeichenverordnung | BauNVO | Garagenverordnung | GarVO |
| Raumordnungsgesetz | ROG | Allgemeine Durchführungsverordnung zur Landesbauordnung | DVBauO |
| Bürgerliches Gesetzbuch | BGB | Denkmalschutzgesetz | DSchG |

### 8.3.1 Baugesetzbuch

**Bauleitplanung**

Die städtebauliche Entwicklung ist zentraler Inhalt des BauGB, die insbesondere durch die **Bauleitplanung** gesichert wird.

§ 1 Aufgabe, Begriff und Grundsätze der Bauleitplanung

(1) Aufgabe der Bauleitplanung ist es, die bauliche und sonstige Nutzung der Grundstücke in der Gemeinde nach Maßgabe dieses Gesetzes vorzubereiten und zu leiten.

(2) Bauleitpläne sind der Flächennutzungsplan (vorbereitender Bauleitplan) und der Bebauungsplan (verbindlicher Bauleitplan).

(3) Die Gemeinde hat die Bauleitpläne aufzustellen, soweit es ... erforderlich ist.

(6) Bei der Aufstellung der Bauleitpläne sind öffentliche und private Belange gegeneinander und untereinander gerecht abzuwägen.

§ 2 Aufstellung der Bauleitpläne, Verordnungsermächtigung

(1) Die Bauleitpläne sind von der Gemeinde in eigener Verantwortung aufzustellen. Die Gemeinde hat den Beschluss, einen Bauleitplan aufzustellen, ortsüblich bekannt zu machen.

**Flächennutzungsplan**

**ZWEITER ABSCHNITT, Vorbereitender Bauleitplan**

**§ 5 Inhalt des Flächennutzungsplans (Auszug aus BauGB)**

**(2) Im Flächennutzungsplan können insbesondere dargestellt werden:**

1. **die für die Bebauung vorgesehenen Flächen nach der allgemeinen Art ihrer baulichen Nutzung (Bauflächen), nach der besonderen Art ihrer baulichen Nutzung (Baugebiete) sowie nach dem allgemeinen Maß der baulichen Nutzung; Bauflächen, für die eine zentrale Abwasserbeseitigung nicht vorgesehen ist, sind zu kennzeichnen;**
2. **die Ausstattung des Gemeindegebiets mit Einrichtungen und Anlagen zur Versorgung mit Gütern und Dienstleistungen des öffentlichen und privaten Bereichs, insbesondere mit den der Allgemeinheit dienenden baulichen Anlagen und Einrichtungen des Gemeinbedarfs, wie mit Schulen und Kirchen sowie mit sonstigen kirchlichen und sozialen, gesundheitlichen und kulturellen Zwecken dienenden Gebäuden und Einrichtungen, sowie die Flächen für Sport- und Spielanlagen;**
3. **die Flächen für den überörtlichen Verkehr und für die örtlichen Hauptverkehrszüge;**
4. **die Flächen für Versorgungsanlagen, für die Abfallentsorgung und Abwasserbeseitigung, für Ablagerungen sowie für Hauptversorgungs- und Hauptwasserleitungen;**
5. **die Grünflächen, wie Parkanlagen, Kleingärten, Sport-, Spiel-, Zelt- und Badeplätze, Friedhöfe;**
6. **die Flächen für Nutzungsbeschränkungen oder für Vorkehrungen zum Schutz gegen schädliche Umwelteinwirkungen im Sinne des Bundes-Immissionsschutzgesetzes;**
7. **die Wasserflächen, Häfen und die für die Wasserwirtschaft vorgesehenen Flächen sowie die Flächen, die im Interesse des Hochwasserschutzes und der Regelung des Wasserabflusses freizuhalten sind;**
8. **die Flächen für Aufschüttungen, Abgrabungen oder für die Gewinnung von Steinen, Erden und anderen Bodenschätzen;**
9. **a) die Flächen für die Landwirtschaft und b) Wald;**
10. **die Flächen zum Schutz, zur Pflege und zur Entwicklung von Natur und Landschaft.**

**(3) Im Flächennutzungsplan sollen gekennzeichnet worden:**

1. **Flächen, bei deren Bebauung besondere bauliche Vorkehrungen gegen äußere Einwirkungen oder bei denen besondere bauliche Sicherungsmaßnahmen gegen Naturgewalten erforderlich sind;**
2. **Flächen, unter denen der Bergbau umgeht oder die für den Abbau von Mineralien bestimmt sind;**
3. **für bauliche Nutzungen vorgesehene Flächen, deren Böden erheblich mit umweltgefährdenden Stoffen belastet sind.**

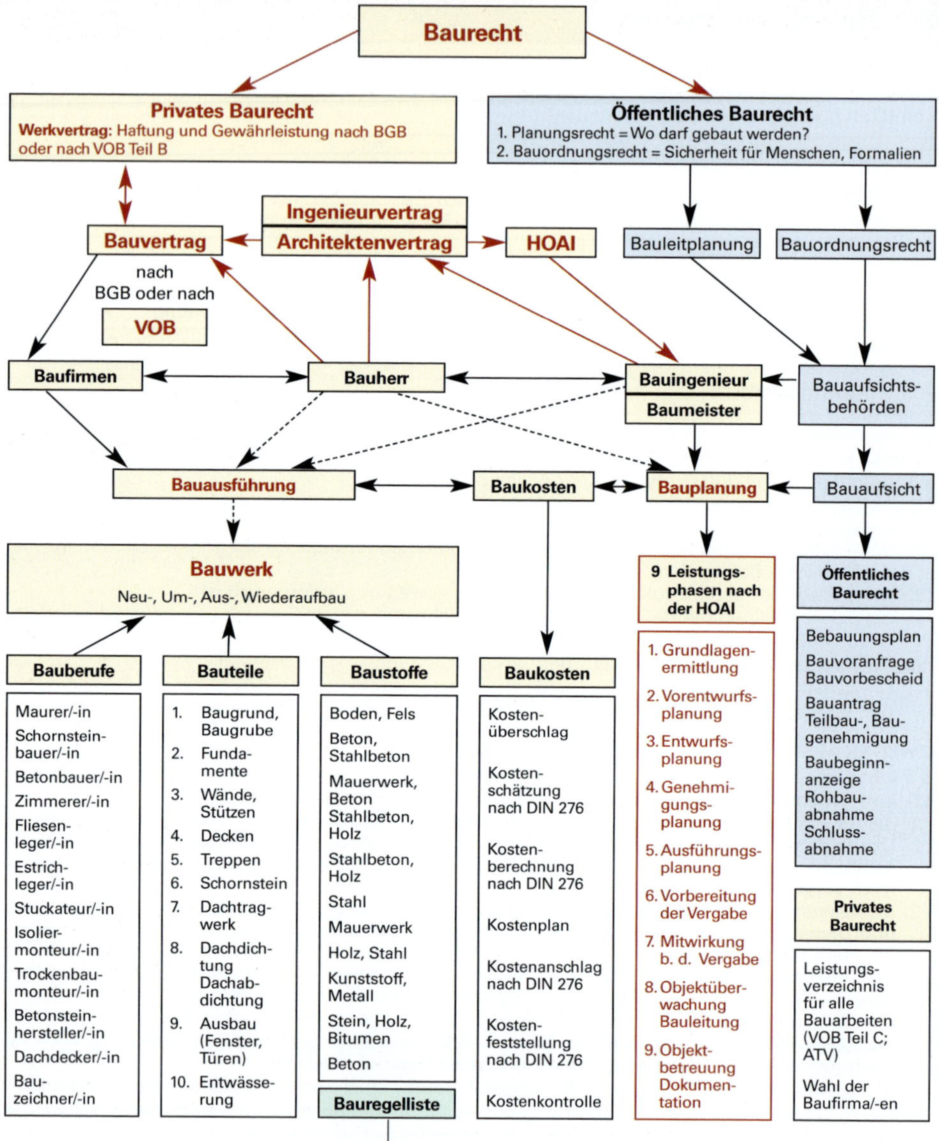


Die Bauregelliste enthält geregelte und bauaufsichtlich zugelassene Bauprodukte. Sie wird vom Deutschen Institut für Bautechnik (DIBt) erstellt und mit den obersten Bauaufsichtsbehörden herausgegeben. Grundlage sind die Landesbauordnungen. Die Verwendbarkeit von Produkten ergibt sich aus der Übereinstimmung mit den bekannt gemachten technischen Regeln, der bauaufsichtlichen Zulassung, den bauaufsichtlichen Prüfzeugnissen und der Prüfung im Einzelfall. Die Verwendbarkeit wird durch den Übereinstimmungsnachweis (Übereinstimmungszeichen – Ü-Zeichen) bestätigt. Die Bauregelliste besteht aus drei Teilen.

| Bauregelliste A | Bauregelliste B | Bauregelliste C |
|---|---|---|
| Bauprodukte / Bauarbeiten (Begriff im Sinne der Landesbauordnungen) | Bauprodukte | Bauprodukte |

8

## 8.3.2 Landesbauordnungen

Die Landesgesetzgebung regelt in der Landesbauordnung LBO das Bauordnungsrecht.

Die Vorschriften beziehen sich auf das Grundstück und die einschlägige Bebauung, auf die Sicherheit und Ordnung, auf die Grenzen des Baugrundstückes, auf einzelne Baustoffe, Bauteile und Bauarten, auf den Brandschutz, den Schallschutz, auf die am Bau Beteiligten und auf das bauaufsichtliche Genehmigungsverfahren.

►►► **Wichtig:** Die Erteilung der Baugenehmigung erfolgt ausschließlich in der Schriftform.

Die einzelnen Landesbauordnungen, z. B. die Niedersächsische Bauordnung, die Hessische Bauordnung, die Bauordnung für das Land Nordrhein-Westfalen, weisen Unterschiede auf, auch wenn sie im wesentlichen Aufbau der Musterbauordnung entsprechen. Die Musterbauordnung ist vom Bundesministerium für Wohnungsbau und den zuständigen Landesministerien erörtert worden.

**Beispiel**

**Niedersächsische Bauordnung (NBauO)**
**Allgemeine Durchführungsverordnung zur Niedersächsischen Bauordnung (DVNBauO)**

| **Bauteile** | N BauO §§ | DVN BauO §§ |
|---|---|---|
| Tragende und aussteifende Wände u. Unterstützungen (Pfeiler, Stützen und Unterzüge) | 30 | 5 + 9 |
| **Außenwände** nichttragend und nichtaussteifend | 30 | 6 |
| Trennwände | 30 | 7 |
| **Brandwände** | **30** | **8** |
| Decken | 31 | 10 |
| Dächer | 32 | 11 |
| Verkleidungen | 20<br>30<br>31<br>34 | 12 |
| Dämmschichten | 20<br>30<br>31 | 13 |

| **Bauteile** | N BauO §§ | DVN BauO §§ |
|---|---|---|
| **Treppen** | 34 | 15 |
| **Treppenräume**<br>generell: an der Außenwand oder innenliegend, im Brandfall mind. so sicher wie an der Außenwand. Unmittelbarer Ausgang ins Freie. Mittelbarer Ausgang zulässig, wenn § 17, Abs. 8, Ziffer 1- 5, DVNBauO erfüllt ist. Treppenräume nicht notwendiger Treppen sind wie die notwendigen zu behandeln. | 34 | 17<br>5 |
| Sicherheitstreppenräume | 34 | 18 |
| Ein- und Ausgänge Flure | 35 | 19 |
| Aufzugsanlagen | 36 | 20 |
| Lüftungsanlagen, Installationsschächte u. Kanäle | 39 | 22 |
| Heizräume, Brennstofflagerräume | 40<br>26 | 25 |

Erforderlich zur Trennung von Wohn- und Betriebsgebäuden, wenn der umbaute Raum des Betriebsgebäudes größer als 2000 m³ ist.
DVN: Brandabschnittsgröße von 3500 m³ nicht überschreiten. Ausnahmen bis 6500 m³ zulässig bei guten Rettungswegen für Tiere.

Außenwandverkleidungen bei 2 Vollgeschossen und nicht ausgebautem Dachgeschoss aus normalentflammbaren Baustoffen zulässig, wenn der Grenzabstand mind. 5 m beträgt. Bei einem Vollgeschoss keine Anforderung.

§ 16 Anforderung an Treppen
(7) Die lichte Durchgangshöhe von Treppen muss senkrecht gemessen mindestens 2 m betragen. Die Stufenhöhe von Treppen darf nicht mehr als 19 cm, die Auftrittsbreite in der Lauflinie nicht weniger als 26 cm betragen. Die Auftrittsbreite gewendelter Stufen darf an der schmalsten Stelle nicht kleiner als 10 cm sein.

## 8.3.3 Baunutzungsverordnung und Planzeichenverordnung

Die Baunutzungsverordnung (BauNVO) regelt Art und Umfang der **baulichen Nutzung**. Es werden im Flächennutzungsplan die für die Bebauung vorgesehenen Flächen wie unten ausgewiesen. Reine Wohngebiete dienen ausschließlich dem Wohnen. Ausnahmsweise können Läden und nicht störende Handwerksbetriebe, die zur Deckung des täglichen Bedarfs dienen, sowie kleine Betriebe des Beherbergungsgewerbes zugelassen werden.

| | | | | | |
|---|---|---|---|---|---|
| 1 Wohnbauflächen | W | 5 Kleinsiedlungsgebiete | WS | 10 Mischgebiete | MI |
| 2 gemischte Bauflächen | M | 6 reine Wohngebiete | WR | 11 Kerngebiete | MK |
| 3 gewerbliche Bauflächen | G | 7 allgemeine Wohngebiete | WA | 12 Gewerbegebiete | GE |
| 4 Sonderbauflächen | S | 8 besondere Wohngebiete | WB | 13 Industriegebiete | GI |
| | | 9 Dorfgebiete | MD | 14 Sondergebiete | SO |
| allgemeine Art der baulichen Nutzung (Bauflächen) | | besondere Art der baulichen Nutzung (Baugebiete) | | | |

8

## Maß der baulichen Nutzung (BauNVO)

Bei der Bestimmung des Maßes der baulichen Nutzung dürfen, auch wenn eine Geschossflächenzahl oder eine Baumassenzahl nicht dargestellt wird, folgende Obergrenzen nicht überschritten werden.

**Zulässiges Maß der baulichen Nutzung (Auszug)**

| Baugebiet | GRZ | GFZ | BMZ |
|---|---|---|---|
| in Kleinsiedlungsgebieten (WS) | 0,2 | 0,4 | – |
| in reinen Wohngebieten (WR)<br>allgemeinen Wohngebieten (WA)<br>Ferienhausgebieten | 0,4 | 1,2 | – |
| in besonderen Wohngebieten (WB) | 0,6 | 1,6 | – |
| in Dorfgebieten (MD)<br>Mischgebieten (MI) | 0,6 | 1,2 | – |
| in Kerngebieten (MK) | 1,0 | 3,0 | – |
| in Gewerbegebieten (GE)<br>Industriegebieten (GI)<br>sonstigen Sondergebieten | 0,8 | 2,4 | 10,0 |
| in Wochenendhausgebieten | 0,2 | 0,2 | – |

**Kleinsiedlungsgebiete**
§2 BauNVO (farbig: Rot)

**reine Wohngebiete**
§3 BauNVO (farbig: Rot)

**allgemeine Wohngebiete**
§4 BauNVO (farbig: Rot)

**besondere Wohngebiete**
§4a BauNVO (farbig: Rot)

**Dorfgebiete**
§5 BauNVO (farbig: Braun)

**Mischgebiete**
§6 BauNVO (farbig: Braun)

**Kerngebiete**
§7 BauNVO (farbig: Braun)

**Gewerbegebiete**
§8 BauNVO (farbig: Grau)

**Industriegebiete**
§9 BauNVO (farbig: Grau)

Soweit es erforderlich ist, wird das Maß der baulichen Nutzung durch folgende Angaben festgelegt:

⇒ Geschossflächenzahl (**GFZ**) oderGröße der Geschossfläche, der Baumassenzahl oder der Baumasse

⇒ Grundflächenzahl (**GRZ**) oder der Größe der Grundflächen der baulichen Anlagen

⇒ Zahl der Vollgeschosse (**Z**)

- **Vollgeschosse**
  Geschosse, die nach landesrechtlichen Vorschriften als Vollgeschosse angerechnet werden.

- **Grundflächenzahl**
  Eine dimensionslose Zahl, die angibt, wie viel $m^2$ Grundfläche je $m^2$ Grundstücksfläche zulässig sind.

$$\text{GRZ} = \frac{\text{Grundfläche}}{\text{Grundstücksfläche}}$$

- **Geschossflächenzahl**
  Eine dimensionslose Zahl, die angibt, wie viel $m^2$ Geschossfläche je $m^2$ Grundstücksfläche zulässig sind.

$$\text{GFZ} = \frac{\text{Geschossfläche}}{\text{Grundstücksfläche}}$$

- **Baumassenzahl**
  Eine dimensionslose Zahl, die angibt, wie viel $m^3$ Baumasse je $m^2$ Grundstücksfläche zulässig sind.

- **Bauweisen**
  Im Bebauungsplan wird, soweit es erforderlich ist, die Bauweise als offene oder geschlossene festgesetzt. In offener Bauweise werden die Gebäude mit Bauwich (seitlicher Abstand) als Einzelhäuser, Doppelhäuser oder Hausgruppen errichtet. In geschlossener Bauweise werden die Gebäude ohne seitlichen Grenzabstand errichtet. Auf die **Baulinie** muss, auf die **Baugrenze** darf gebaut werden.

## Planzeichen (BauNVO)

**Zahl der Vollgeschosse (Z)**

| | |
|---|---|
| als Höchstgrenze | römische Ziffer z. B. IV |
| zwingend | römische Ziffer im Kreis z. B. (IV) |

**Grundflächenzahl GRZ**

| | |
|---|---|
| als Dezimalzahl | z. B. 0,4 |
| als Dezimalzahl mit GRZ | z. B. GRZ 0,4 |

**Geschossflächenzahl GFZ**

| | |
|---|---|
| als Dezimalzahl im Kreis | z. B. (0,6) |
| als Dezimalzahl mit GFZ | z. B. GFZ 0,6 |

**Baumassenzahl BMZ**

| | |
|---|---|
| als Dezimalzahl im Rechteck | z. B. [2,5] |
| als Dezimalzahl mit BMZ | z. B. BMZ 2,5 |

**Baulinie** — · · — · · — zinnoberrot

**Baugrenze** — · — · — ultramarinblau

**Bauweisen**

| | |
|---|---|
| **o** | offen |
| **g** | geschlossen |
|  | in Reihe, d. h. nur Hausgruppen zugelassen |
|  | nur Einzel- oder Doppelhäuser zugelassen |

8

## 8.3.4 Kataster und Grundbuch

Nach Artikel 70, 72 und 74 des Grundgesetzes unterliegt das amtliche (öffentliche) Vermessungswesen der Gesetzgebung der Bundesländer. Die daraus erwachsenden Aufgaben werden von den Behörden der Vermessungsverwaltung und der Katasterverwaltung (Ämter) sowie den öffentlich bestellten Vermessungsingenieuren und anderen behördlichen Vermessungsstellen wie Flurbereinigungsbehörden, Stadtvermessungsämter, Straßenbauämter wahrgenommen.

Die **Landesvermessung** betreibt die Grundlagenvermessung, die topografische Landesaufnahme sowie die Landeskartenwerke. Bei den heutigen Anforderungen bezüglich der Genauigkeit und Aktualität werden topografische Karten über die Fotogrammetrie erfasst, d.h., ein ausgewähltes Landesgebiet wird vom Flugzeug aus mit der Luftbildkamera fotografiert.

Topografische Landeskarten zeigen die unterschiedlichsten Landschaftsformen mit ihrer Besiedlung, Verkehrserschließung, der Vegetation, der Bodennutzung sowie verwaltungsmäßiger Aufgliederung. Die Deutsche Grundkarte gehört mit dem Maßstab 1 : 5 000 zu großmaßstäbigen Karten. Topografische Karten haben den Maßstab 1 : 25 000, 1 : 50 000 oder 1 : 100 000. Die topografischen Übersichtskarten haben den Maßstab 1 : 200 000 oder 1 : 500 000 und sind kleinmaßstäbige Karten.

Im **Liegenschaftskataster** sind sämtliche Liegenschaften (Grundeigentum) in Karten und Büchern vollständig und aktuell dargestellt und beschrieben. Diese Daten sind schutzwürdig, sodass nur Eigentümer, Erbbauberechtigte und Personen und Stellen mit berechtigtem Interesse Auskunft und Auszüge erhalten. Das Kataster enthält folgende Nachweise:

- Eigentümer und Erbbauberechtigte
- Flurstückbezeichnungen (Gemeinde, Gemarkung, Flur, Flurstücksnummer)
- Straße, Hausnummer
- Gebäudebestand
- Größe der Fläche
- Bestandsangaben des Grundbuches
- rechtliche Besonderheiten wie Baulast oder Naturschutzgebiet

Auskunft

Auszüge

Einblick

Das **Grundbuch** wird vom Grundbuchamt beim **Amtsgericht** geführt. Für jedes Grundstück wird ein gesondertes Grundbuchblatt unter Eintragung aller verbundenen Rechte angefertigt. Das Grundbuchblatt besteht aus mehreren Teilen:

- Bestandsverzeichnis
- Abteilung I, Eintragungen des Eigentümers oder Erbbauberechtigten mit Einzelheiten über den Erwerb
- Abteilung II, Eintragungen über auf dem Grundstück ruhenden Lasten und Beschränkungen, z. B. Wegerecht für den Nachbarn, Grunddienstbarkeiten
- Abteilung III, Eintragungen über Hypotheken, Grund- und Rentenschulden

Der Besitzwechsel eines Grundstückes durch Kauf-, Tausch-, Erbschafts- oder Schenkungsvertrag bedarf immer einer notariellen oder gerichtlichen Beurkundung.

## 8.3.5 Auswahl wichtiger Rechtsbegriffe

| | | |
|---|---|---|
| **Amtshaftung**<br>§ 839 BGB und Art. 34 GG<br>Der Staat oder die zuständige öffentliche Körperschaft haftet für Amtspflichtverletzung der Bediensteten. | **Besitz – § 854 ff BGB**<br>Besitz ist die tatsächliche Gewalt über die Sache. | **Bewegliche Sachen**<br>sind alle körperlichen Sachen die nicht unbeweglich sind. Unbewegliche Sachen sind z.B. Grundstücke (Immobilien) und deren Bestandteile. |
| **Bürgschaft – § 765 BGB**<br>Der Bürge verpflichtet sich gegenüber dem Gläubiger eines Dritten, für die Erfüllung der Verbindlichkeiten dieses Dritten einzustehen. | **Duldung – § 1004**<br>Grundstückseigentümer müssen bestimmte Einwirkungen vom und Vertiefungen des Nachbargrundstücks sowie evtl. Überbauungen dulden. | **Eigentum – § 903**<br>Der Eigentümer kann grundsätzlich mit der Sache nach belieben verfahren. Einschränkungen sind insbesondere durch die Rechte Dritter zu beachten. |

**Formvorschiften für Rechtsgeschäfte § 125 BGB**

- formlos , also auch mündlich, z.B Kaufvertrag
- schriftlich, z.B. Mietvertrag
- öffentlicht beglaubigt, z.B. Vereinsregister
- notariell beurkundet, z.B. Grundstückskauf

| | | |
|---|---|---|
| **Höhere Gewalt**<br>Äußeres oder betriebsfremdes, unvorhersehbares Ereignis. VOB/B § 7 und § 644 BGB sind zu beachten. | **Minderung – §§ 634, 638**<br>bedeutet Herabsetzung der Vergütung wegen nicht beseitigter Mängel | **Wandlung**<br>wird die Rückgängigmachung eines Vertrages genannt, z.B. bei Mangelhaftigkeit der Ware. |

**Verjährungsfristen**
sind nach BGB § 195, 199 und VOB/B § 13 zu unterscheiden

8

## 8.4 Baustoffbedarf und Arbeitszeitbedarf

Die genannten Werte sind Mittelwerte unter Beachtung der aufgeführten Randbedingungen. Sie dienen als Grundlage der Arbeitsvorbereitung, Kalkulation und zur Baustoffbestellung.

### Mauerwerk

| Steinart | Formate | Maße cm | Wanddicke | je m³ Mauerwerk Steine[1] Stück | Mörtel[2] l | Arbeitszeit h | je m² Mauerwerk Steine[1] Stück | Mörtel[2] l | Arbeitszeit h |
|---|---|---|---|---|---|---|---|---|---|
| Vollsteine | DF | 24 × 11,5 × 5,2 | 11,5<br>24 | 573<br>549 | 241<br>284 | 8,3<br>7,9 | 66<br>132 | 28<br>68 | 1,0<br>1,9 |
| Vollsteine | NF | 24 × 11,5 × 7,1 | 11,5<br>24<br>36,5 | 428<br>411<br>407 | 224<br>263<br>274 | 7,2<br>6,8<br>6,5 | 49<br>99<br>148 | 26<br>63<br>100 | 0,8<br>1,6<br>2,4 |
| Porenziegel Hochlochziegel Lochsteine | 2 DF | 24 × 11,5 × 11,3 | 24<br>36,5 | 275<br>271 | 203<br>218 | 5,8<br>5,5 | 66<br>99 | 49<br>79 | 1,4<br>2,0 |
| | 3 DF | 24 × 17,5 × 11,3 | 17,5<br>24 | 188<br>185 | 160<br>174 | 5,6<br>5,4 | 33<br>45 | 28<br>42 | 1,0<br>1,3 |
| Porenziegel | 12 DF | 36,5 × 24 × 23,8 | 24 | 46 | 110 | 4,1 | 12 | 26 | 1,0 |
| Leichtbeton-Hohlblocksteine | 16 DF<br>20 DF | 49 × 24 × 23,8<br>49 × 30 × 23,8 | 24<br>30 | 33<br>26 | 85<br>87 | 3,9<br>3,9 | 8<br>8 | 22<br>26 | 0,9<br>1,1 |
| Kalksand-Planelemente | (48 DF)<br>(64 DF) | 100,0 × 17,5 × 49,9<br>100,0 × 24,0 × 49,9 | 17,5<br>24 | 11,4<br>8,3 | 13<br>13 | 2,3<br>1,9 | 2<br>2 | 2,2<br>3,0 | 0,40<br>0,45 |
| Verblendschale | DF | 24 × 11,5 × 5,2 | 11,5 | – | – | – | 66 | 28 | 2,6 |

[1] Einschließlich eines Bruchanteils von 3 %  [2] Einschließlich eines Verlustanteiles von 20 %
Bei unvermörtelten Stoßfugen bis 40 % geringerer, bei verfüllten Mörteltaschen bis 25 % höherer Mörtelbedarf.

### Putzarbeiten

| Putzart | Bauteil | Dicke cm | je m² Putz Mörtel l | Arbeitszeit h[1] |
|---|---|---|---|---|
| Spritzbewurf | Wand/Decke | – | 6 | 0,10 |
| geriebener Putz | Wand<br>Wand | 1,5<br>2,0 | 17<br>22 | 0,68<br>0,78 |
| geglätteter Putz | Wand<br>Decke | 1,5<br>1,5 | 17<br>22 | 0,85<br>0,97 |
| Rappputz | Wand<br>Decke | –<br>– | 11<br>11 | 0,27<br>0,30 |

[1] Werte einschließlich Mischen von angeliefertem Fertigmörtel

### Estricharbeiten

| Estrichart | Nutzboden gerieben | Nutzboden geglättet |
|---|---|---|
| Dicke (cm) | 2,5<br>3,5 | 3,5 |
| Mörtel (l/m²) | 27<br>37 | 37 |
| Arbeitszeit (h/m²) | 0,50<br>0,60 | 0,70 |

[1] Werte einschließlich Mischen von angeliefertem Fertigmörtel

### Betonarbeiten

| Bauteil | Arbeitszeit für Einbau (h/m³) mit Kran | mit Pumpe | Arbeitszeit (h/m²) Abziehen | Abreiben |
|---|---|---|---|---|
| Sauberkeitsschicht | 0,7 … 1,0 | 0,5 … 0,6 | 0,15 … 0,25 | |
| Fundamente | 0,7 … 0,9 | 0,5 … 0,6 | 0,05 … 0,15 | |
| Platten, Decken | 0,7 … 0,9 | 0,5 … 0,6 | 0,10 … 0,15 | 0,15 … 0,25 |
| Unterzüge, Stürze | 0,8 … 1,0 | 0,6 … 0,7 | | |
| Stützen | 2,0 … 2,5 | 1,7 … 2,1 | | |
| Wände $d$ = 15 … 25 cm<br>$d$ = 25 … 50 cm | 2,0 … 2,6<br>1,1 … 1,8 | 2,0 … 2,2<br>1,0 … 1,6 | | |

### Bewehrungsarbeiten

| Durchmesser | Abladen | Schneiden/Biegen | Verlegen Decke | Verlegen Balken |
|---|---|---|---|---|
| bis ∅ 10 | 0,8 h/1 t | 13,5 h/1 t | 35 h/1 t | 39 h/1 t |
| bis ∅ 16 | 0,7 h/1 t | 7,5 h/1 t | 22 h/1 t | 27 h/1 t |

**Anhaltswerte für konventionelle, systemlose Schalung**

| Schalung für | Holzbedarf in $m^3$ je $m^2$ geschalte Fläche | | | Holzverlust je Einsatz in % | **Arbeitszeit** $h/m^2$ |
|---|---|---|---|---|---|
| | Bretter | Kantholz | Rundholz | | |
| Fundamente | 0,03 | 0,025 | – | 20 ... 30 | 0,8 ... 1,2 |
| Wände bis 4 m Höhe | 0,03 | 0,025 | – | 20 ... 30 | 0,6 ... 0,9 |
| Wände bis 8 m Höhe | 0,03 | 0,040 | – | 20 ... 30 | 1,0 ... 1,3 |
| Volldecken in 3 m Höhe | 0,03 | 0,025 | 0,025 | 20 ... 25 | 0,5 ... 0,7 |
| Volldecken in 5 m Höhe | 0,03 | 0,025 | 0,050 | 20 ... 25 | 0,7 ... 0,9 |
| Treppenläufe, gerade | 0,03 | 0,035 | 0,050 | 30 ... 40 | 1,4 ... 2,4 |
| Treppenläufe, gewendelt | 0,04 | 0,050 | 0,070 | 50 ... 100 | 2,5 ... 1,5 |
| Balken in 3 m Höhe | 0,04 | 0,030 | 0,035 | 40 ... 60 | 1,2 ... 1,5 |
| Balken in 5 m Höhe | 0,04 | 0,030 | 0,060 | 40 ... 60 | 1,3 ... 1,6 |
| Stützen | 0,04 | 0,040 | – | 40 ... 60 | 1,1 ... 1,6 |

Der Nagelbedarf in $kg/m^2$ systemloser Schalung bei einmaligem Holzeinsatz liegt bei Fundamenten, Wänden und Decken bei ~ 0,10 $kg/m^2$; bei Treppen, Balken und Stützen bei 0,25 $kg/m^2$.

**Erdarbeiten**

| **Art der Arbeit** | Bodenart | Grabentiefe | **Arbeitszeit** |
|---|---|---|---|
| Graben mit Hand ausheben | leicht lösbare Bodenarten | < 1,50 m<br>1,50 m … 2,50 m | 0,8 $h/m^3$ … 1,2 $h/m^3$<br>1,6 $h/m^3$ … 2,0 $h/m^3$ |
| Boden lösen und bis 0,50 m vom Grabenrand werfen | mittelschwer lösbare Bodenarten | < 1,50m<br>1,50 m … 2,50 m | 1,6 $h/m^3$ … 1,9 $h/m^3$<br>2,5 $h/m^3$ … 2,8 $h/m^3$ |
| | schwer lösbare Bodenarten | < 1,50 m<br>1,50 m … 2,50 m | 3,2 $h/m^3$ … 3,5 $h/m^3$<br>4,3 $h/m^3$ … 4,6 $h/m^3$ |
| Ein- und Aussteifen von waagerechtem Normenverbau | leicht lösbare Bodenarten | < 2,00 m<br>2,00 m … 3,00 m | 0,4 $h/m^2$ … 0,6 $h/m^2$<br>0,5 $h/m^2$ … 0,8 $h/m^2$ |
| | schwer lösbare Bodenarten | < 2,00 m<br>2,00 m … 3,00 m | 0,5 $h/m^2$ … 0,7 $h/m^2$<br>0,6 $h/m^2$ … 1,0 $h/m^2$ |

**Rohrverlegungsarbeiten**

| **Rohrdurchmesser** mm | **Arbeitszeit** (h/m)[1] | | | |
|---|---|---|---|---|
| | Kunststoffrohre | Steinzeugrohre | Betonmuffenrohre | Stahlbetonrohre |
| 150 | 0,3 ... 0,5 | 0,7 ... 0,9 | 0,6 ... 0,8 | |
| 250 | 0,5 ... 0,7 | 0,9 ... 1,2 | 0,8 ... 1,1 | |
| 300 | 0,7 ... 0,9 | 1,2 ... 1,4 | 1,1 ... 1,3 | |
| 400 | | 1,5 ... 1,7 | 1,3 ... 1,6 | 5,0 ... 6,0 |
| 500 | | 1,9 ... 2,3 | 1,7 ... 2,2 | 6,0 ... 7,0 |
| 800 | | | | 10,0 ... 13,0 |

[1] Arbeitsvorgänge: Abladen, Transport im Baustellenbereich bis Grabensohle, Verlegen, Dichten der Rohre

**Beispiel**

Berechnung des Baustoffbedarfes und der Arbeitszeit für eine Gartenmauer:
Länge $l$ = 7,99 m, Breite $b$ = 0,24 m, Höhe $h$ = 1,25 m, Vollsteine NF

**Methode I**

Volumen $V$ = 7,99 m · 0,24 m · 1,25 m = 2,40 $m^3$

**Methode II**

Ansichtsfläche $A$ = 7,99 · 1,25 = 9,99 $m^2$

Baustoffbedarf und Arbeitszeit aus Tabelle Seite 428
Mauerwerk Zeile 4

| | | | | | |
|---|---|---|---|---|---|
| Steine | 411 Stück/$m^3$ · 2,40 $m^3$ = 986 Stück | Steine | 99 Stück/$m^2$ · 9,99 $m^2$ = 989 Stück |
| Mörtel | 263 l/$m^3$ · 2,40 $m^3$ = 631 l | Mörtel | 63 l/$m^2$ · 9,99 $m^2$ = 629 l |
| Arbeitszeit | 6,8 h/$m^3$ · 2,40 $m^3$ = 16,3 h | Arbeitszeit | 1,6 h/m · 9,99 $m^2$ = 16,0 h |

Die geringfügigen Differenzen erklären sich aus Rundungsabweichungen der Ausgangswerte.

## 8.5 Kalkulation

Eine Aufgabe der Kalkulation besteht darin, vor der Ausführung von Bauarbeiten die Kosten zu bestimmen, um auf dieser Grundlage ein Angebot abgeben zu können.

Die Kosten der Erstellung eines Bauwerkes gliedert man in:

Einzelkosten der Teilleistungen
\+ Gemeinkosten der Baustelle

= Herstellungskosten
\+ Allgemeine Geschäftskosten

= Selbstkosten des Unternehmens
\+ Wagnis und Gewinn

= Netto-Angebotssumme
\+ Mehrwertsteuer

**= Brutto-Angebotssumme**

**Mehrwertsteuer**
Die Mehrwertsteuer beträgt 19 % der Netto-Angebotssumme.

**Beispiel**
Zum Aushub einer Baugrube ist ein Hydraulikbagger vorgesehen. Das Gerät löst und lädt stündlich 25 $m^3$ Boden. Die Gerätekosten je Betriebsstunde betragen 75,00 €, die Zuschläge für die Gemeinkosten der Baustelle betragen 15 %, der allgemeinen Geschäftskosten 10 % und für Wagnis und Gewinn 3 %.

**Berechnung des Einheitspreises:**

| | | |
|---|---|---|
| Einzelkosten der Teilleistung lösen und laden von 1 $m^3$ Aushub | 75,00 €/h: 25 $m^3$/h = | **3,00 €/$m^3$** |
| Zuschlag für Gemeinkosten der Baustelle | 3,00 €/$m^3$ · 0,15 = | **0,45 €/$m^3$** |
| **Herstellungskosten** | = | **3,45 €/$m^3$** |
| Allgemeine Geschäftskosten | 3,45 €/$m^3$ · 0,10 = | **0,35 €/$m^3$** |
| **Selbstkosten** | = | **3,80 €/$m^3$** |
| Wagnis und Gewinn | 3,80 €/$m^3$ · 0,03 = | **0,11 €/$m^3$** |
| | **Einheitspreis (Netto)** = | **3,91 €/$m^3$** |

**Einzelkosten der Teilleistungen (EKT),**
sind alle einer Teilleistung direkt zuzuordnenden Kosten, und zwar:

| | | |
|---|---|---|
| **Lohnkosten** | Lohn, Soziallöhne, Sozialabgaben des Arbeitgebers, Fahrtkostenerstattung usw. | |
| | Zeitlohn | Zeitlohn (€) = Stunden (h) × Stundenlohn (€/h) |
| | Zeitakkord | Einzelvorgabezeit × Geldfaktor × Produktionsmenge |
| | Prämienlohn | Zeit- oder Akkordlohn + Prämie |
| **Gerätekosten** | Gerätevorhaltung | Abschreibung und Verzinsung, Reparaturkosten |
| | Gerätebetrieb | Kosten der Bedienung, Betriebskosten, Wartung |
| | Gerätebereitstellung | An- und Abtransport, Um- und Aufbau |
| **Materialkosten** | Baustoffe, Bauhilfsstoffe (Rüst- und Schalmaterial), Baubetriebsstoffe | |

**Gemeinkosten der Baustelle**
sind alle Kosten der Baustelle, die nicht einer Leistung allein zugeordnet werden können, sondern einer Vielzahl von Leistungen zugeordnet werden müssen, und zwar:

| | |
|---|---|
| **Baustelleneinrichtungs-Kosten** | Bauunterkunft, Strom- und Wasseranschluss usw. |
| **Gerätekosten** | Turmdrehkran, Kleingerät und Werkzeug (Bereitstellungsgeräte) |
| **Personenkosten** | Bauleiter, Polier, Planbearbeitung, Abrechnung |
| **Sonstige Kosten** | Baustellenversicherung, Bauzinsen |

**Allgemeine Geschäftskosten**
sind alle im Gesamtunternehmen anfallenden Kosten, die nicht einzelnen Baustellen zugeordnet werden können:

| | |
|---|---|
| **Verwaltung** | Gehälter, Unternehmereinkommen, Büromiete, Porto, Telefon, Pkw, Reisekosten |
| **Bauhof** | Löhne, Miete, Betrieb |
| **Abgaben** | Steuern, Beiträge zu Berufsverbänden, freiwillige soziale Aufwendungen |

Der allgemeine Gemeinkostensatz kann nach folgender Formel ermittelt werden:

$$\text{Gemeinkosten \%} = \frac{\text{Jahresgemeinkosten (€)} \times 100\ \%}{\text{Jahresfertigungslöhne (€)}}$$

**Wagnis und Gewinn**

Der kalkulatorische Ansatz für Wagnis und Gewinn soll nicht erkennbare Unwägbarkeiten abdecken und dem Unternehmen einen Gewinn ermöglichen. Die Ansätze betragen wenige Prozente und sind stark von der Konjunkturlage abhängig.

## Kostenkurve und Erlöskurve

Aufgrund der oben genannten Kostenarten lässt sich eine Abhängigkeit zwischen den Kosten des Unternehmens und der erbrachten Leistungsmenge darstellen. Der Erlös ist bei dem üblichen Einheitspreisvertrag im Baugewerbe proportional zur erbrachten Leistung.
(Gesamtpreis = ausgeführte Menge × Einheitspreis)

**Fixe Kosten** sind Kosten, die von der erbrachten Leistung unabhängig sind, wie z. B.:

- Gerätevorhaltungskosten
- Gerätebereitstellungskosten
- Gemeinkosten der Baustelle
- Allgemeine Geschäftskosten
- Fixe Kosten sind alle Kosten, die dem Betrieb durch die Installation der Maschinen und Geräte entstehen, gleich ob die Maschinen sehr häufig oder gar nicht benutzt werden.

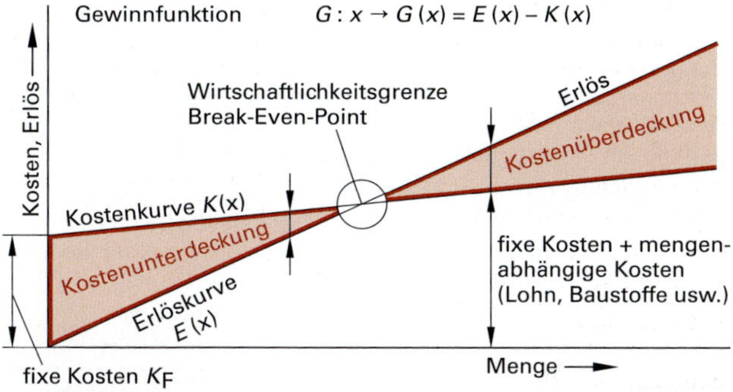


## **Gesamte Lohnkosten** im Bauunternehmen

| | | | | | | |
|---|---|---|---|---|---|---|
| **Grundlohn** | | Stundenlohn × geleistete Arbeitsstunden | | % des Grundlohnes | 100,0 % | Gesamtlohn 143,3 % |
| **Gesetzliche und tarifliche Soziallöhne** | Sozialkosten | Feiertage | | 4,5 | 43,3 % | |
| | | Ausfalltage | | 3,9 | | |
| | | Krankheitstage | | 6,6 | | |
| | | Weihnachtsgeld | | 7,2 | | |
| | | Urlaub, Urlaubsgeld | | 21,1 | | |
| **Sozialabgaben des Arbeitgebers** | | | % Gesamtlohn | | 43,3 % | |
| | | Krankenversicherung | 7,0 | 10,0 | | |
| | | Rentenversicherung | 9,9 | 14,2 | | |
| | | Arbeitslosenversicherung | 1,4 | 2,0 | | |
| | | Pflegeversicherung | 0,9 | 1,3 | | |
| | | Unfallversicherung | 6,1 | 8,7 | | |
| | | sonstige | 5,0 | 7,1 | | |
| **Lohngebundene Kosten** Haftpflicht usw. | | | 3,0 | 4,3 | 4,3 % | |
| **Lohnnebenkosten** Fahrgeld, Auslösung usw. | | | | 5 … 30 | ~ 16,0 % | |

## **Nettolohn** des Arbeitnehmers

| | | | |
|---|---|---|---|
| **Bruttolohn** | | | 100,0 % |
| **Arbeitnehmeranteil** zur Sozialversicherung | Krankenversicherung<br>Rentenversicherung<br>Arbeitslosenversicherung | 7,9 %<br>9,9 %<br>1,4 % | 19,2 % |
| **Steuern** | je nach Steuerklasse und Verdienst | 0 % bis max. 50 % | ~ 14,5 % |
| **Nettolohn** des Arbeitnehmers | | | ~ 65,0 % |

**Beispiel**

**Nettolohn eines Arbeiters**

Lohnsteuerklasse 1, Kinderfreibetrag 0, Zuschlag zur Pflegeversicherung, Brutto 2000,00 €/Monat

| | |
|---|---|
| Brutto | 2000,00 € |
| Krankenversicherung | 158,00 € |
| Pflegeversicherung | 24,50 € |
| Rentenversicherung | 198,00 € |
| Arbeitslosenversicherung | 28,00 € |
| Lohnsteuer | 245,41 € |
| Kirchensteuer | 19,63 € |
| Solidaritätszuschlag | 13,49 € |
| **Netto** | **1312,97 €** |

**Beispiel**

**Sozialversicherungsbeiträge von Arbeitnehmer und Arbeitgeber**

| | Arbeitnehmer | Arbeitgeber | Gesamt |
|---|---|---|---|
| Brutto 2000,00 € | | | |
| Krankenversicherung | 158,00 € | 140,00 € | 298,00 € |
| Pflegeversicherung | 24,50 € | 19,50 € | 44,00 € |
| Rentenversicherung | 198,00 € | 198,00 € | 396,00 € |
| Arbeitslosenversicherung | 28,00 € | 28,00 € | 56,00 € |
| Beiträge gesamt | 408,50 € | 385,50 € | 794,00 € |

8

## Lohntabellen für das Baugewerbe (auszugsweise für das Land Baden-Württemberg)

**Kontaktadressen**

Zentralverband des
Deutschen Baugewerbes e.V.
Kronenstraße 55-58
10171 Berlin

Hauptverband der
Deutschen Bauindustrie e.V.
Kurfürstenstraße 129
10785 Berlin

Industriegewerkschaft
Bauen – Agrar – Umwelt
Olof-Palme-Straße 19
60429 Frankfurt a.M.

Aufgrund des Tarifvertrages zur Regelung der Löhne, Gehälter und Ausbildungsvergütungen für das Baugewerbe gelten seit **April 2010** die nachstehenden Vergütungen. Die durchschnittliche regelmäßige Wochenarbeitszeit im Kalenderjahr beträgt 40 Stunden. Für die Abrechnung von Akkord-Lohnarbeiten ist als Zeitfaktor der Tarifstundenlohn zu Grunde zu legen. Für die tatsächlich geleisteten Stunden innerhalb der Akkordarbeit ist der Bauzuschlag zu gewähren.

**Lohnzuschläge für**
- Überstunden 25 %
- Nachtarbeit (in der Zeit von 20.00 Uhr bis 5.00 Uhr) 20 %
- Sonn- und Feiertage (die auf einen Sonntag fallen) 75 %
- Sonstige Feiertage 200 %

| Berufsbezeichnung | Lohngruppe | Tarifstundenlohn TL | Bauzuschlag BZ | Gesamtstundenlohn GTL |
|---|---|---|---|---|
| **Werkpolier** | 6 | 17,56 € | 0,99 € | 18,55 € |
| **Vorarbeiter** | 5 | 16,01 € | 0,91 € | 16,92 € |
| **Spezial-Baufacharbeiter** (gelernter Geselle) | 4 Ecklohn | 15,29 € | 0,86 € | 16,08 € |
| **Baufacharbeiter** (Geselle im 1 Auslernjahr) | 3 | 14,01 € | 0,79 € | 14,80 € |
| **Facharbeiter** Mindestlohn 2 | 2 | 12,69 € | 0,72 € | 13,41 € |
| Kriterien: – tatsächlich ausgeübte Tätigkeit, – Fertigkeiten und Kenntnisse, – Ausbildung (Gesellenbrief) | | | | |
| **Bauwerker** Mindestlohn 1 | 1 | 10,56 € | 0,60 € | 11,16 € |
| **Auszubildende** | 1. Ausbildungsjahr<br>2. Ausbildungsjahr<br>3. Ausbildungsjahr | 613,00 €<br>942,00 €<br>1190,00 € | Ecklohn = Tarifstundenlohn (TL) der Lohngruppe 4 | |

### Werkpoliere, Berufsgruppe 1

**Arbeitnehmer**, die die Werkpolierprüfung vor dem zuständigen Prüfungsausschuss gemäß den geltenden Prüfungsvorschriften abgelegt haben, vom Arbeitgeber als Werkpolior eingestellt und im Rahmen der aufgeführten Tätigkeitsmerkmale beschäftigt werden.

**Tätigkeitsmerkmale:** Führung, Anleitung und Mitarbeit in einer Gruppe von Arbeitnehmern und Auszubildenden in Teilbereichen der Bauausführung und Wartung; Verteilung und Überwachung der Arbeiten; Anfertigung von Notizen für Aufmaß und Abrechnung für die übertragenen Arbeiten; Unterstützung des Poliers bzw. Schachtmeisters in dessen Aufgabenbereich; zeitweilige Stellvertretung für den Polier bzw. Schachtmeister.

**Hinweise**

- **Erschwerniszulagen**

| | | | |
|---|---|---|---|
| Arbeiten mit Schutzkleidung | 0,40 €/h bzw. | 0,90 €/h bzw. | 4,10 €/h |
| Arbeiten mit Atemschutzgerät | 0,65 €/h bzw. bis zu | | 2,05 €/h |
| Schmutzarbeiten | 0,80 €/h bzw. bis zu | | 3,70 €/h |
| hohe Arbeiten über 20 m/30 m/50 m | 1,45 €/h bzw. | 1,70 €/h bzw. | 2,00 €/h |
| heiße Arbeiten | 1,10 €/h bzw. bis zu | | 1,70 €/h |
| Druckluftarbeiten 100 kPa/370 kPa | 1,70 €/h bis | | 12,05 €/h |

- **Fahrtkostenabgeltung**
  Ab 10 km 0,30 €/km max. 15,00 € für eine Entfernung oder die notwendigen Kosten bei der Benutzung öffentlicher Verkehrsmittel. Die eventuell bereitgestellte kostenlose Beförderung durch den Arbeitgeber ist in Anspruch zu nehmen.
- **Beginn und Ende der Arbeitszeit an der Arbeitsstelle**
  Die Arbeitszeit beginnt und endet an der Arbeitsstelle, sofern zwischen Arbeitgeber und Arbeitnehmer keine andere Vereinbarung getroffen wird. Bei Baustellen von größerer Ausdehnung beginnt und endet die Arbeitszeit an der vom Arbeitgeber im Einvernehmen mit dem Betriebsrat zu bestimmenden Sammelstelle.
- **Freistellung zur Ausführung von Ehrenämtern (nach der HW-Ordnung)**
  Der Arbeitnehmer ist für die notwendig ausfallende Arbeitszeit ohne Fortzahlung des Lohnes und ohne Anrechnung auf den Urlaub freizustellen.

## 8.6 Bauvertragsrecht

Der Bauvertrag zwischen einem Bauherrn und einem Bauunternehmer unterliegt gesetzlichen und vertraglichen Regelungen. Falls zwischen beiden keine weiter gehenden Abmachungen getroffen werden, gelten das Werkvertragsrecht des Bürgerlichen Gesetzbuches (§§ 631–651 BGB) und die allgemeinen Grundsätze des BGB. Das Werkvertragsrecht des BGB ist für die Abwicklung von Bauvorhaben nicht oder nur bedingt geeignet. Deshalb hat man für Bauverträge die Vergabe- und Vertragsordnung für Bauleistungen VOB entwickelt, deren Anwendung stets ausdrücklich vereinbart werden muss. Die Regelungen der VOB gehen dann vor denen des BGB.

### Gliederung der Vergabe- und Vertragsordnung für Bauleistungen VOB

| | | |
|---|---|---|
| **Allgemeine Bestimmungen für die Vergabe von Bauleistungen**<br>**VOB Teil A = DIN 1960** | **Allgemeine Vertragsbedingungen für die Ausführung von Bauleistungen**<br>**VOB Teil B = DIN 1961** | **Allgemeine Technische Vertragsbedingungen für Bauleistungen**<br>**VOB Teil C = ATV = DIN 18299 ... DIN 18451** |

### Arten der Ausschreibung und Vergabe

| Öffentliche Ausschreibung | Beschränkte Ausschreibung | Freihändige Vergabe |
|---|---|---|
| Öffentliche Ankündigung der Ausschreibung,<br>Anforderung der Unterlagen durch Unternehmer,<br>Übersendung der Ausschreibungsunterlagen,<br>Abgabe des Angebotes,<br>Öffnung der Angebote (Submissionstermin),<br>Prüfung und Wertung der Angebote,<br>ggf. Verhandlungen über Inhalt<br>Vergabeankündigung<br>Auftragserteilung innerhalb der Zuschlagsfrist | Aufforderung einer beschränkten Anzahl (3 ... 8) von Unternehmern durch Übersendung der Ausschreibungsunterlagen,<br>Abgabe des Angebotes,<br>Öffnung der Angebote (Submissionstermin),<br>Prüfung und Wertung der Angebote,<br>Auftragserteilung innerhalb der Zuschlagsfrist | Aufforderung eines oder mehrerer Unternehmer zur Abgabe eines Angebotes,<br>Prüfung und Wertung der Angebote, ggf. Verhandlung über deren Inhalt,<br>Erteilung des Auftrages |

### Vertragsarten nach der VOB

**Leistungsverträge**

- **Pauschalvertrag**
  Vertragsgrundlage:
  Baubeschreibung und Leistungsprogramm.
  Abrechnung:
  Pauschalsumme für die gesamte Bauleistung.
- **Einheitspreisvertrag**
  Vertragsgrundlage:
  Baubeschreibung und Leistungsverzeichnis.
  Abrechnung:
  Einheitspreis × ausgeführte Menge.

**Nachweisverträge**

- **Stundenlohnvertrag**
  Für Bauleistungen geringeren Umfanges mit vorwiegendem Lohnkostenanteil.
- **Selbstkostenerstattungsvertrag**
  Für Bauleistungen, die vor der Vergabe nicht eindeutig bestimmt werden können, sodass auch keine eindeutige Preisermittlung vorher möglich ist.

Der **Einheitspreisvertrag** ist die häufigste Vertragsart im Baugewerbe. Die VOB enthält eine Vielzahl genauer Regelungen für die Abrechnung und über die Gültigkeit des Einheitspreises bei großen Abweichungen zwischen der ausgeschriebenen und der ausgeführten Menge (± 10 %-Regelung).

## Leistungsverzeichnis (LV)

| Ordnungszahl | Menge Abrechnungseinheit | Teilleistung | Einheitspreis in € | Gesamtpreis der Ordnungszahl |
|---|---|---|---|---|
| | | Abschnitt 4: Mauerarbeiten | | |
| 4.1 | 68 m² | Mauerwerk für das Kellergeschoss der Dicke von 36,5 cm nach DIN 1053 herstellen, Kalksandlochsteine: KSL 12-1,4-2 DF Mörtelgruppe II | 75,00 | 5100,00 |
| 4.2 | 10 m² | Mauerwerk für das Kellergeschoss in der Dicke von 11,5 cm, sonst wie OZ 4.1 | 26,10 | 261,00 |

## Zeitlicher Ablauf der Bauarbeiten

Ausschreibung ⟶ Vergabe ⟶ Ausführung der Bauarbeiten ⟶ Abnahme ⟶ Mängelansprüche ⟶

**Ausführung:**

Der Auftragnehmer (Bauunternehmer) hat die Bauleistung nach den anerkannten Regeln der Technik sowie den gesetzlichen und behördlichen Bestimmungen in eigener Verantwortung durchzuführen.

Die Abnahme ist die Entgegennahme der fertigen Bauleistung durch den Bauherrn. Die Abnahme erfolgt förmlich während einer Abnahmeverhandlung oder 12 Werktage nach schriftlicher Mitteilung des Auftragnehmers oder 6 Werktage nach Benutzung durch den Auftraggeber.

Mit der Abnahme beginnt die Verjährungsfrist für Mängelansprüche. Sie beträgt für Bauwerke nach VOB 4 Jahre (BGB 5 Jahre), für Reparaturen u.ä. 2 Jahre. Während dieser Frist hat der Auftraggeber alle hervortretenden Mängel, die auf eine vertragswidrige Leistung zurückzuführen sind, auf seine Kosten zu beseitigen.

## Allgemeine Technische Vertragsbedingungen (ATV), VOB Teil C

Für jedes Gewerk (Zimmerer- und Holzbauarbeiten, Maurerarbeiten, Tischlerarbeiten, Putzarbeiten usw.) enthält die VOB allgemeine technische Vertragsbedingungen, die dem Bauherrn eine einwandfreie Ausführung nach dem neuesten Stand der Technik sichern soll.

Die ATV haben fast alle die gleiche Gliederung:

**ATV**

- 0. Hinweise für die Leistungsbeschreibung (kein Vertragsbestandteil)
- 1. Geltungsbereich
- 2. Stoffe, Bauteile / Boden, Fels
- 3. Ausführung
- 4. Nebenleistungen, besondere Leistungen
- 5. Abrechnung

| | |
|---|---|
| zu 1. Geltungsbereich | Hier wird die Gültigkeit der verschiedenen technischen Vorschriften gegeneinander genau abgegrenzt. |
| zu 2. Stoffe und Bauteile | In diesem Abschnitt werden die zu verwendenden Stoffe vorgeschrieben. Meist werden die entsprechenden DIN-Normen genannt. |
| zu 3. Ausführung | Der Abschnitt Ausführung beinhaltet die Grundsätze der Ausführung oft unter Bezug auf bestehende DIN-Normen. |
| zu 4. Nebenleistungen, besondere Leistungen | Hier werden für jedes Gewerk Leistungen genannt, die auch ohne Erwähnung im Leistungsverzeichnis zur vertragsgemäßen Leistung (= Nebenleistungen) gehören, z.B. Messungen für die Ausführung und Abrechnung, Schutz- und Sicherheitsmaßnahmen nach den Unfallverhütungsvorschriften. Besondere Leistungen müssen gesondert vergütet werden. |
| zu 5. Abrechnung | Der Abschnitt Abrechnung beinhaltet für jedes Gewerk Regelungen, die eine praktische Abrechnung ermöglichen sollen ► S. 435, 436. |

## Abrechnungsgrundsätze für alle Gewerke

| | |
|---|---|
| Aufmaß | Das Aufmaß soll auf der Grundlage der Zeichnungen erfolgen. Nur wenn keine Zeichnungen vorliegen (Renovierungsarbeiten) oder die Leistung in den Zeichnungen nicht dargestellt ist, wird die ausgeführte Arbeit örtlich aufgemessen. |
| Konstruktionsmaße | Konstruktionsmaße sind die in den Bauzeichnungen angegebenen Maße für den Rohbau. Die Abrechnung für die Ausbaugewerke (Putz-, Estrich-, Fußbodenbelags-, Malerarbeiten usw.) erfolgt nach diesen Maßen, obwohl die Längen und Flächen beispielsweise durch den Putz kleiner sind. |
| Abrechnungseinheiten | Im Leistungsverzeichnis sind die Abrechnungseinheiten für die jeweiligen Positionen gemäß Abschnitt 0.5 der jeweiligen ATV anzugeben. |
| VOB-Teil C | Verbindlich ist z. Zt. die Ausgabe VOB 2010 |

## Abrechnung von Beton- und Stahlbetonarbeiten nach VOB Teil C

| **Bauteil** | **Abrechnungseinheiten** | **Abrechnungsgrundsätze** (Auswahl nach DIN 18331) |
|---|---|---|
| Massige Bauteile, z. B. Fundamente, Stützwände | $m^3$ | Abrechnung getrennt nach Bauart und Maßen<br>Volumen aus tatsächlichen Abmessungen errechnen |
| Wände | $m^2$ | |
| Wanddurchdringungen | $m^2$ | Es wird nur eine Wand, und zwar die dickere, durchgehend abgerechnet. |
| Stützen | m<br><br>Stück | Längen von OF Decke bis UF Decke (bis UF Balken, falls Balken breiter als Stütze);<br>tatsächliche Abmessungen |
| Balken | m<br><br><br>Stück | Längen bis zu den Stützen (vgl. Zeichnung unten), falls die Balken breiter als die Stützen sind, wird über die Stützen durchgemessen;<br>tatsächliche Abmessungen |
| Deckenplatten | $m^2$ | Tatsächliche Abmessungen, äußere Begrenzungen |
| Durchdringungen von Stütze, Balken, Decke<br><br>Breite Stütze = Breite Balken | | Der Beton wird nur einmal abgerechnet, und zwar bei gleicher Betongüte gemäß der Zeichnung<br>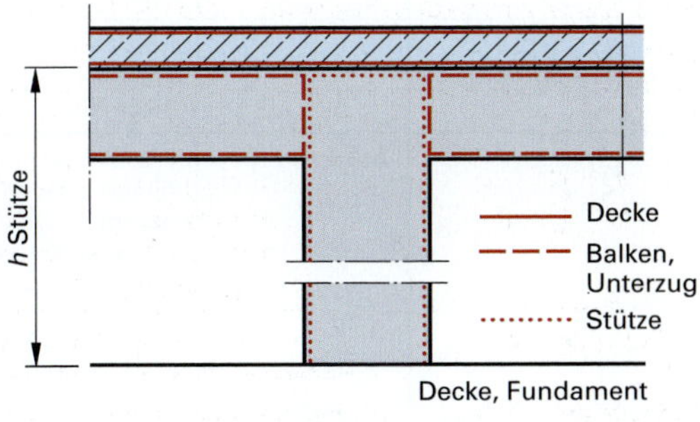 |
| Öffnungen<br>Einbindungen<br>Durchdringungen | $m^3$<br>$m^2$ | Abzug bei Einzelgröße über 0,5 $m^3$<br>Abzug bei Einzelgröße über 2,5 $m^2$<br><br>Die Herstellung von Öffnungen ist eine besondere Leistung. |
| Schalung<br>falls getrennt ausgeschrieben | $m^2$ | Abwicklung der geschalten Fläche einschließlich der Außenfläche von Öffnungen, Öffnungen in den geschalten Flächen > 2,5 $m^2$ werden abgezogen. |
| Betonstahl<br>stets getrennt ausschreiben | kg, t | Gewicht nach den Ausführungszeichnungen (Stahlliste), Bindedraht und Verschnitt werden nicht abgerechnet<br>Verschnitt > 10 % bei Betonstahlmatten |

8

## Abrechnung von Mauerarbeiten nach VOB Teil C

| Bauteil | Abrechnungs-einheiten | Abrechnungsgrundsätze (Auswahl nach DIN 18331) |
|---|---|---|
| Mauerwerk (Hintermauerwerk) | m² | Maße der Fläche<br>getrennt nach Bauarten und Dicken |
| Verblendmauerwerk (Dämmschicht) | m² | Maße der Außenseite der Außenschale |
| nachträgliche Verfugung | m² | Maße der Fläche |
| Höhe des Mauerwerks | m² | Durchgehendes Mauerwerk mit einbindender Decke — Stahlbetondecke unterbricht Mauerwerk<br>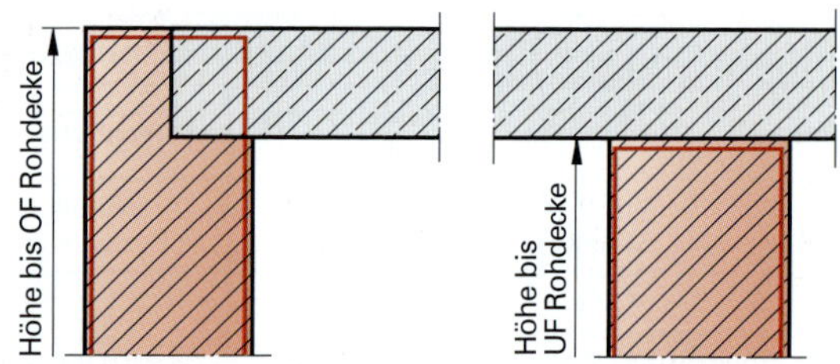 <br>—— Abzurechnendes Mauerwerk **Schnitt** |
| Durchdringungen | m² | Die dickere Wand geht durch<br>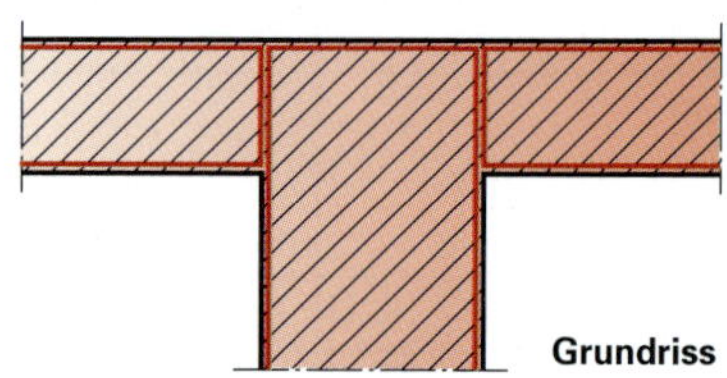<br>**Grundriss** |
| Öffnungen | | über 2,5 m² Einzelfläche werden abgezogen |
| Stützen, Vorlagen, Unterzüge, Fachwerkteile | | über 30 cm Einzelbeite werden angezogen, d.h. Wandmauerwerk wird bei Breiten dieser Bauteile bis einschließlich 30 cm durchgehend abgerechnet. |
| Pfeiler | Stück, m | Pfeiler < 50 cm Breite werden gesondert abgerechnet, wenn die beidseitig liegenden Öffnungen abgezogen werden. Anderenfalls gelten sie als Wandmauerwerk, wenn sie mit der Mauerwerksart übereinstimmen.<br>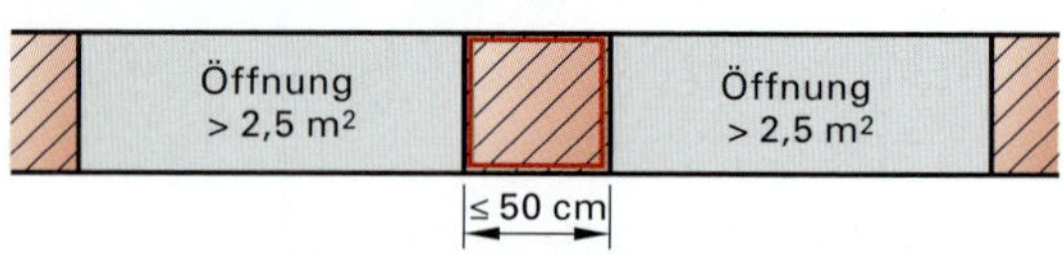  |
| Herstellung und Schließen von Öffnungen, Aussparungen, Schlitzen u.Ä. | Stück | Besondere Leistungen, d.h. gesondert abrechnen |
| Leibungen von Sicht- und Verblendmauerwerk | m | Abrechnung nach größter Länge |
| Sohlbänke, Stürze, Rollschichten, gemauerte Stufen | m | Abrechnung nach größter Länge |

## Abrechnung von Erdarbeiten nach VOB Teil C

Bei der Mengenberechnung von Baugruben und Gräben nach DIN 18300 = VOB Teil C sind zusätzlich zu den Abmessungen des Bauwerkes die notwendigen Arbeitsräume nach DIN 4124 ▶ Kapitel 8.9 sowie die Böschungen ▶ S. 448 zu beachten.

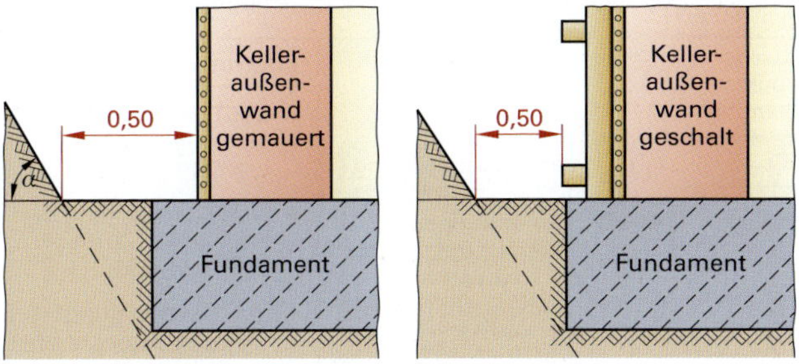


Fundamente gegen das Erdreich betoniert
Böschungslinie darf Fundament nicht schneiden

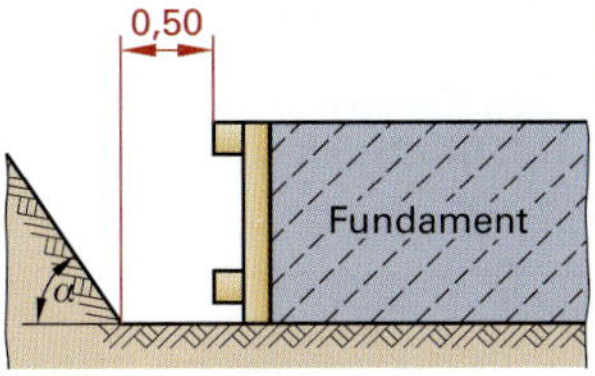


Fundament geschalt

### Waagerechte Sohle, waagerechtes Gelände

Die Baugrube eines rechteckigen Gebäudes hat die Form eines umgedrehten Obelisken ▶ S. 25.

Die Berechnung erfolgt üblicherweise näherungsweise. Das Berechnungsergebnis ist stets größer als das mit der genauen Formel.

$A_u$ Fläche der Baugrubensohle

$$V = \frac{A_u + A_o}{2} \cdot t$$

$A_o$ Fläche der Bodenöffnung, berechnet aus waagerecht gemessenen Längen

### Waagerechte oder geneigte Sohle, geneigtes oder kuppiertes Gelände

Das Volumen von Baugruben mit unregelmäßigen Formen lässt sich nur näherungsweise berechnen. Dieses erfolgt üblicherweise mit der nebenstehenden Formel.

$t_m$ $\Sigma$ Baugrubentiefe an den Baugrubenecken / Anzahl der Ecken

$$V \approx A_m \cdot t_m = \frac{A_u + A_o}{2} \cdot t_m$$

**Beispiel** **Abrechnungsmenge einer Baugrube in geneigtem Gelände**

Abmessungen Bauwerk: 10,00 m x 20,00 m
Abmessungen Baugrubensohle: $b_u$ = 10,00 m + 2 · 0,50 m = 11,00 m
$l_u$ = 20,00 m + 2 · 0,50 m = 21,00 m

Geländeneigung vgl. Abbildung

$$\tan \alpha = \frac{6{,}00 \text{ m} - 3{,}00 \text{ m}}{6{,}00 \text{ m} + 21{,}00 \text{ m} + 3{,}00 \text{ m}} = 0{,}100$$

$\alpha = 5{,}7°$

$t_1 = 6{,}00 - (6{,}00 \cdot \tan \alpha) = 5{,}40$ m

$t_2 = 3{,}00 + (3{,}00 \cdot \tan \alpha) = 3{,}30$ m

$t_m = 1/4 \cdot (5{,}40 + 5{,}40 + 3{,}30 + 3{,}30) = 4{,}35$ m

$A_u = 11{,}00 \cdot 21{,}00 = 231{,}00 \text{ m}^2$

$A_o = 1/2 \cdot (17{,}00 + 23{,}00) \cdot 30{,}00 = 600{,}00 \text{ m}^2$

$$V \approx \frac{A_u + A_o}{2} \cdot t_m = \frac{231{,}00 + 600{,}00}{2} \cdot 4{,}35 = 1807{,}425 \text{ m}^3$$

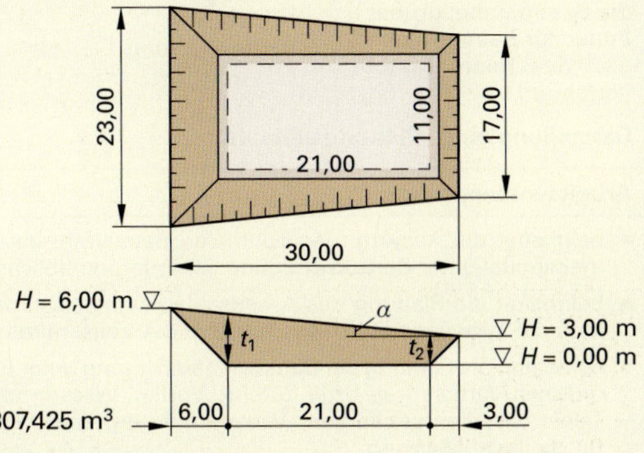


Zum Vergleich:
Die exakte Berechnung über Obelisk und schiefen Keil ergibt: 1786,500 m³.
Gelegentlich werden für die Tiefen der Baugrube auch die Differenzhöhen zwischen der Baugrubensohle und den oberen Ecken angesetzt. Dieses ergibt größere Volumina, lässt sich aber nicht rechtfertigen.

8

# 8.7 Bauplanung

Bauvorhaben müssen sorgfältig geplant werden. Die Planung wird von Architekten, Ingenieuren und Bautechnikern auf der Grundlage der behördlichen Vorschriften (Bundesverordnungen, Landesbauordnungen, örtliche Bauvorschriften) und der einschlägigen DIN-Normen unter Beteiligung des Bauherrn durchgeführt. Man unterscheidet: Planvorlagen, Arbeitsvorbereitung, Ausführung.

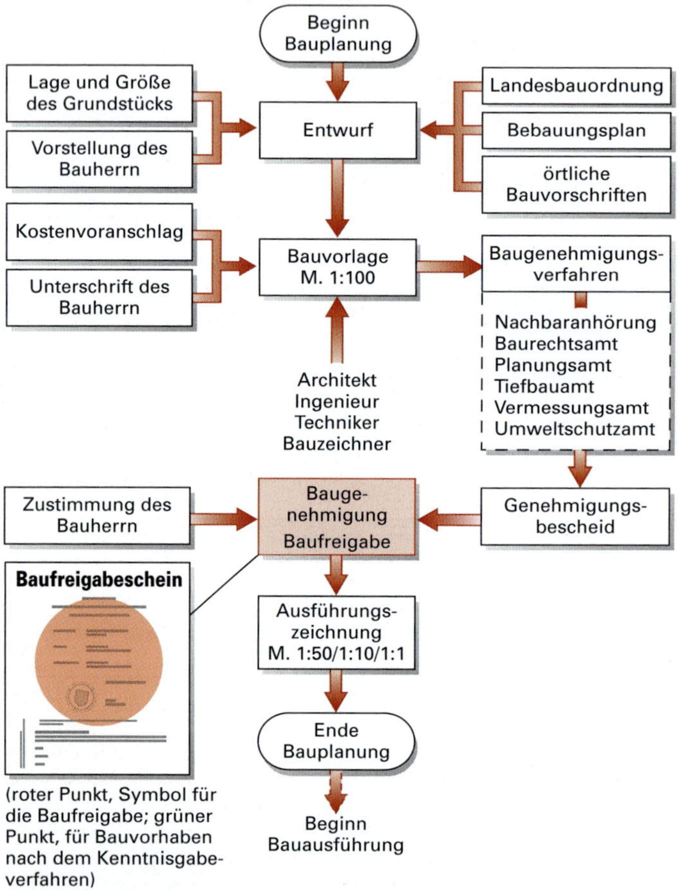


**Darstellung eines Planungsablaufs**

## Arbeitsvorbereitung

- beinhaltet die Auswahl des optimalen Bauverfahrens hinsichtlich der Betriebsmittel unter Berücksichtigung der innerbetrieblichen Bedingungen
- beinhaltet die Planung des Arbeitsablaufes hinsichtlich des Einsatzes von Material, Arbeitsgeräten, Maschinen und Arbeitskräften
- beinhaltet die Planung der Baustelleneinrichtung unter Berücksichtigung der örtlichen Verhältnisse bzgl. Zufahrt, Vorflut, Wasser- und Stromanschluss, Telefon, Verkehrssicherheit, Verkehrsführung und Verkehrsbedingungen, Baustellenabsperrung
- beinhaltet die Planung und Aufstellung einer Baustellenerstausstattung (Magazin)
- beinhaltet die Bereitstellung der Sicherheitsdatenblätter und Betriebsanweisungen nach GefStoffVO.

## Planvorlagen

- Das Planungsbüro erstellt einen Vorentwurf M. 1 : 200.
- Nach Zustimmung des Bauherrn stellt dieser den Bauantrag.
- Zur Genehmigung ist für jedes Bauwerk einzureichen:
  a) amtlich geprüfter Lageplan mit dem neuen Bauvorhaben
  b) Entwurf M. 1 : 100 mit Grundrissen, Schnitten, Ansichten
  c) Standsicherheitsnachweis (Statik)
  d) Grundstücksentwässerungsplan
  e) Wärmeschutzberechnung
  f) Wohn- und Nutzflächenberechnung DIN 277
  g) Berechnung des umbauten Raumes
  h) Kostenschätzung nach DIN 276
  i) Baubeschreibung (z. B. auf Formblatt)
  j) Erhebungsbogen zur Statistik
- Im Baugenehmigungsverfahren wird von der Bauaufsichtsbehörde geprüft, ob alle notwendigen Vorschriften eingehalten wurden.
- Nachdem ein schriftlicher Genehmigungsbescheid (Baugenehmigung) vorliegt, können vom Architektur- oder Ingenieurbüro die Ausführungszeichnungen M. 1 : 50 – m, cm, Teil- und Sonderzeichnungen erstellt werden.
- Erstellung des Leistungsverzeichnisses.

## Bauabaufsplanung

**Für die Darstellung der Bauabläufe können drei Methoden gewählt werden:**

- Balkendiagramm mit Angabe der Arbeitstage oder Arbeitswochen, IST- und SOLL-Spalte
- Liniendiagramm oder Geschwindigkeitsplan-Methode (auch Zeit-Weg-Diagramm genannt)
- Netzplantechnik unter Verwendung von Datenverarbeitungsanlagen

**Balkendiagramme** sind besonders anschaulich und eignen sich bei fast allen Einsatzplanungen von Arbeitskräften und Maschinen zur Grobplanung und zur Feinplanung.

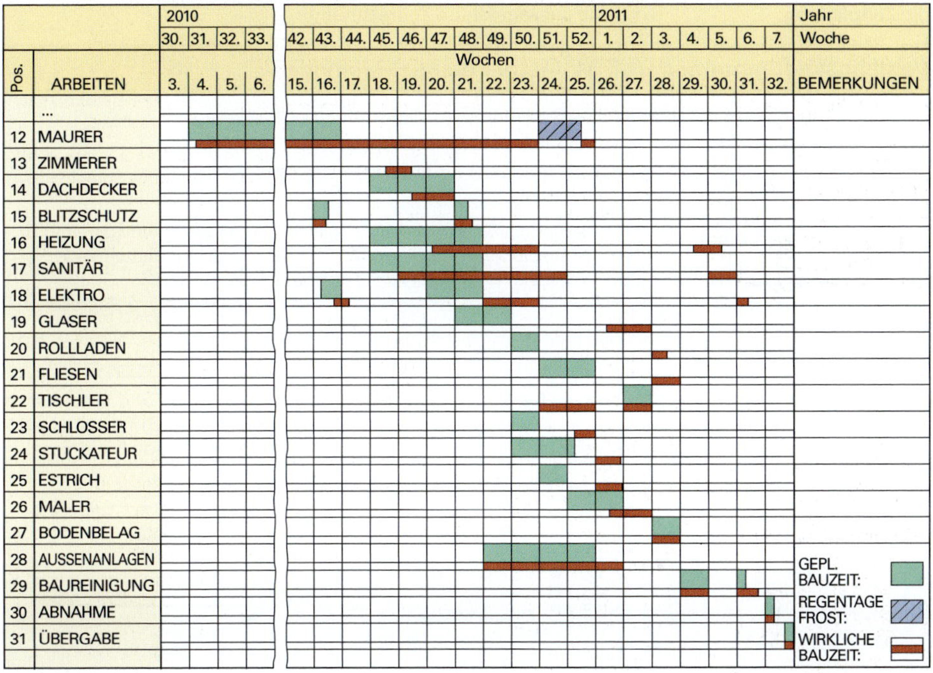


**Liniendiagramme** werden insbesondere bei Bauvorhaben mit eindeutiger Fertigungsrichtung verwendet, z. B. im Straßenbau, Stollenbau, Rohrleitungsbau und Gleisbau. Dabei ist die Neigung der Geraden ein Maß für die Baugeschwindigkeit.

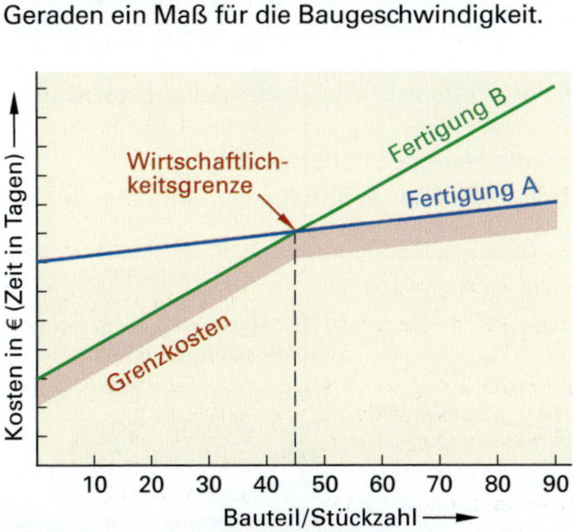


**Diagramm zur Auswahl des optimalen Bauverfahrens, z. B. im Fertigteilbau** ► S. 431

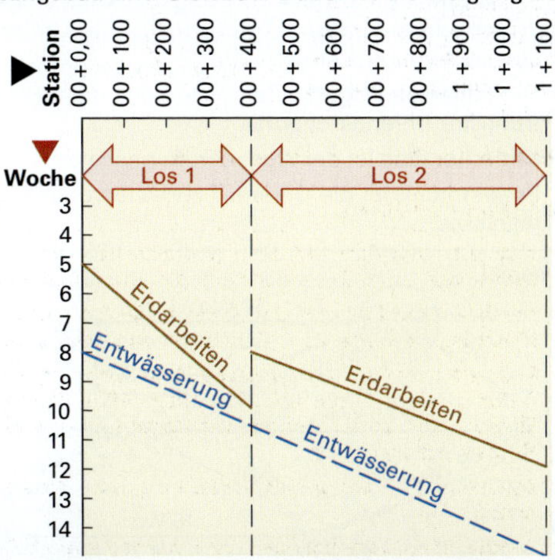


**Liniendiagramm für eine Straßenbaustelle**

8

## Netzplantechnik

Netzplantechnik (DIN 69900 T1 und T2) wird eingesetzt, um komplexe Projekte zu planen, zu steuern und zu analysieren (z. B. Bau einer städtischen Kläranlage, Bau eines Industriewerkes). Zwei Verfahren sind zu unterscheiden. Zulässig sind Mischformen aus grafischer NPT und ergänzender Tabellenform (z. B. mittels EDV). Die Arbeitsschritte der Netzplantechnik sind :

| | |
|---|---|
| ein **Projektstrukturplan**, | d. h. die Auflistung der Tätigkeiten bei einem Projekt |
| eine **Vorgangsliste**, | d. h. eine Kontrollliste, damit alle Tätigkeiten erfasst werden |
| eine **Netzplanzeichnung**, | d. h. die zeichnerische Verbindung der Vorgänge |
| die **Zeitplanung**, | d. h. eine aussagefähige Zeitrechnung. |

## Vorgangsknotenmethode/MPM (Metra-Potential-Method)

- Jeder **Vorgang** wird durch einen sogenannten Vorgangsknoten dargestellt.
- Die Verbindungspfeile bestimmen die Reihenfolge der Vorgänge.
- Die Darstellung durch Kreise oder Rechtecke ist äquivalent.

FAZ FEZ

| Nr. | Bezeichnung | |
|---|---|---|
| D | GP | FP |

SAZ SEZ

| | | | |
|---|---|---|---|
| D | Dauer des Vorgangs | SAZ | Spätester Anfangszeitpunkt |
| FAZ | Frühester Anfangszeitpunkt | SEZ | Spätester Endzeitpunkt |
| FEZ | Frühester Endzeitpunkt | GP | Gesamtpuffer |
| | | FP | Freier Puffer ≙ Zeitreserve |

## Vorgangspfeilmethode/CPM (Critical-Path-Method)

- Ein **Netzplan** besteht aus Vorgängen (Aufgaben, Tätigkeiten, Maschineneinsatz) und Ereignissen (Anfang bzw. Ende eines Vorganges). Der zeitliche Ablauf lässt sich von links nach rechts darstellen, dabei haben nachfolgende Ereignisse eine höhere Nummer als vorhergehende Ereignisse.

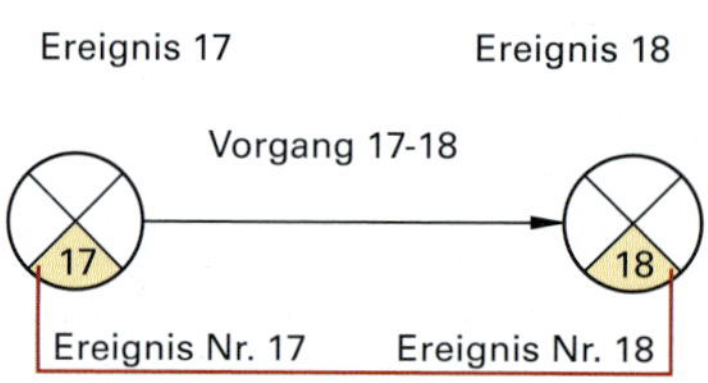


**Fehlerquellen**
**Schleife**:
Die Ereignisse hängen voneinander ab.

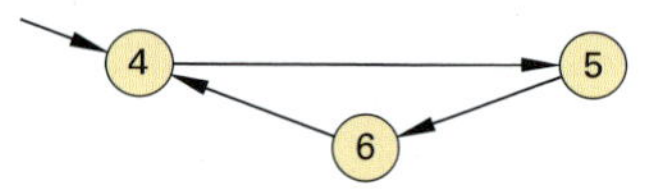


**Offene Maschen:**
Ein Vorgang bleibt ohne Ereignis.

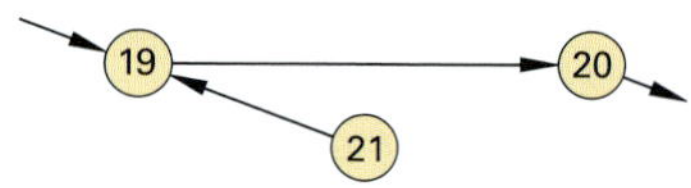


- Die **Dauer** eines Vorganges wird am Pfeil vermerkt. Dabei wird für jedes Ereignis der früheste Zeitpunkt in den linken Quadraten eingetragen. Führen verschiedene Vorgänge zu einem Ereignis, wird immer die Summe der längsten Kette eingetragen. Ausgehend vom spätesten Zeitpunkt des Projektendes wird zurückgerechnet, indem im rechten Quadranten das spätestzulässige Eintreffen eines Ereignisses notiert wird.
- Die **Pufferzeit** zeigt die Zeitreserve in einem Projekt an. Pufferzeit = spätester Anfangszeitpunkt – frühester Anfangszeitpunkt
- **Kritischer Weg** ist der Weg, der im gesamten Projekt die geringste Pufferzeit hat.
- **Projektdauer** ist die Differenz zwischen dem Startzeitpunkt und dem frühesten Eintreffen des Ereignisses.

**Beispiel**

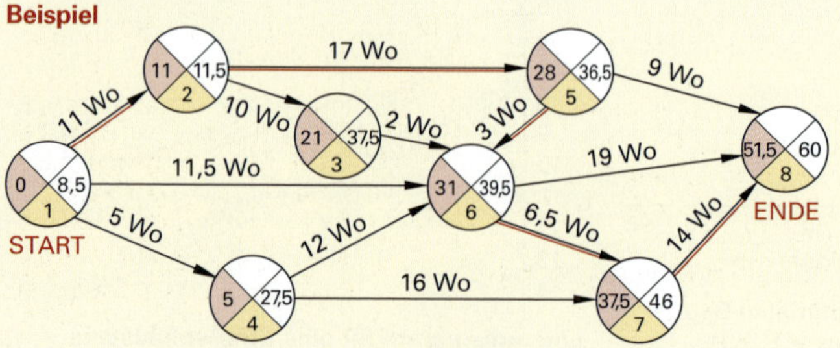


Kritischer Weg: 1-2-5-6-7-8
Gesamtzeit: 51,5 Wo

Im Ereignis 1 (START) wird mit 8,5 Wochen ein verspäteter Anfang gesetzt.

Das Ereignis 4 hat einen freien Puffer von 14 Wochen
31 – 12 – 5 = **14**

8

## Baustelleneinrichtung

**Der Baustelleneinrichtungsplanung kommt besondere Bedeutung zu:**

- Eine Veränderung der Einrichtung während der Bauzeit kann mit Mehrkosten verbunden sein.
- Einrichtungsfehler können sich auf die Herstellungskosten auswirken.

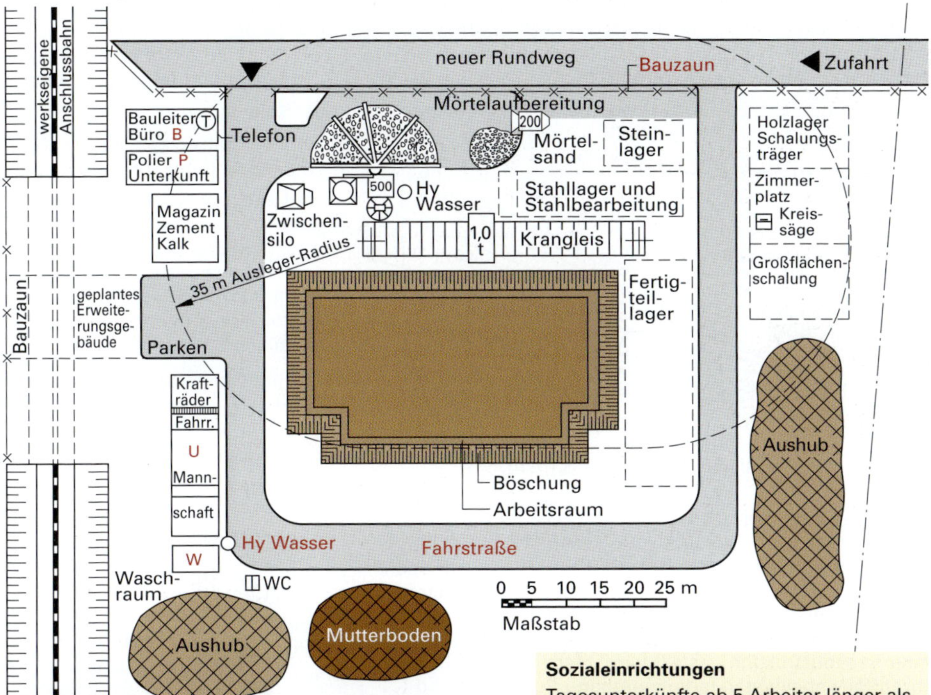


**Zeichen, Symbole, Abkürzungen**

| | | | |
|---|---|---|---|
| Hy | Wasser | T | Telefon |
| San | sanitäre Einrichtung | ϟ | Strom |
| Zi | Zimmerplatz | Bauf. | Bauführer |

**Sozialeinrichtungen**

Tagesunterkünfte ab 5 Arbeiter länger als 1 Woche, Waschgelegenheit je 5 Arbeiter, ab 2 Wochen eine Vorrichtung Toiletten mit Entleerungsservice für max. 2 Wochen und 15 Arbeiter

**Beispiel für einen Baustelleneinrichtungsplan**

Der Baustelleneinrichtungsplan wird in der Regel im Maßstab 1 : 200 gezeichnet. Die Bezeichnung erfolgt nach festgelegten Sinnbildern, Zeichen und Abkürzungen. Der Einrichtungsplan ist für die Baustelle verbindlich. Auf größeren Baustellen ist ein Sanitätsraum einzurichten. Die Einrichtung der Tagesunterkünfte für die Beschäftigten, Aborte und Waschanlagen, Bauwagen und Polierbude unterliegen besonderen Bestimmungen, insbesondere ist die Baustellenrichtlinie der EG zu beachten.

**Baustellenverordnung**

**Bauherrenpflicht:** Der Bauherr trägt als Veranlasser eines Bauvorhabens die Verantwortung für das Vorhaben. Er muss die in der Baustellenverordnung verankerten Schutzmaßnahmen vorsehen.

**Vorankündigung:** Die Vorankündigung muss der zuständigen Behörde (Gewerbeaufsichtsamt) übermittelt werden. Ort der Baustelle, Bauherr, Art des Bauvorhabens, Koordinator, Beginn und Dauer der Arbeiten, Höchstzahl der Beschäftigten, Zahl der Unternehmer sind anzugeben.

**UVV – BGV C 22:** Standsicherheit und Tragfähigkeit, Arbeitsplätze auf Gerüsten, Verkehrsflächen und Absturzsicherung, Schutz gegen herabfallende Gegenstände.

**Arbeitsstättenverordnung**

Arbeitsstättenrichtlinie ASR 39/1,3

**Mittel und Einrichtungen zur Ersten Hilfe**

(►► **www.bge.de**)

(1) Erste-Hilfe-Räume müssen an ihren Zugängen gekennzeichnet und mit Rettungstransportmitteln leicht zugänglich sein.

(2) Sie sind mit erforderlichen Einrichtungen und Materialien zur ersten Hilfe auszustatten.

8

# 8.8 Schalungsbau und Gerüstbau

## 8.8.1 Schalungsbau und Auschalungsfristen

Die Schalung ist ein Bauhilfsmittel, das dem Beton seine spätere, gewünschte Form und Oberflächenstruktur verleiht. Die Schalkonstruktion muss maßgenau, standfest, dicht und wiederverwendbar sein; sie muss beim Einfüllen und Verdichten des Frischbetons den auftretenden Druck (ca. 0,03 MN/m² bis 0,4 MN/m²) standhalten und muss sich nach dem Erhärten leicht und erschütterungsfrei entfernen lassen **(DIN 18218)**. Die Schalung besteht aus Schalhaut und Tragkonstruktion.

**Frischbetondruck $p_b$ auf lotrechte Schalung in Abhängigkeit von der Konsistenz**

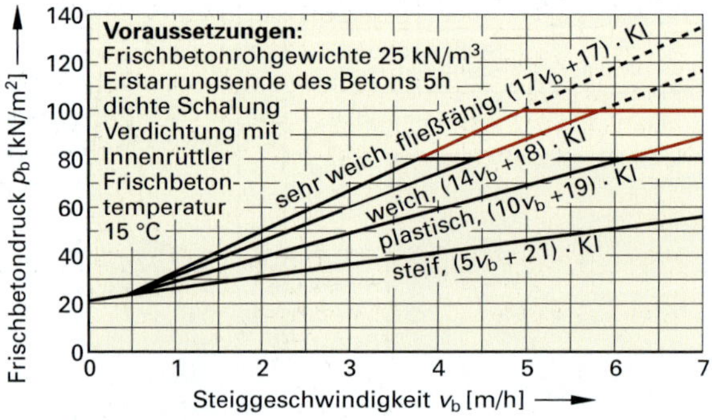


- andere Rohwichten als 25 kN/m³ → Umrechnung von $p_b$ mit $\gamma_b/25$
- andere Frischbetontemperaturen
  < 15 °C: → $p_b$ um 3 % erhöhen für 1 °C Temperatur-Unterschied
  > 15 °C: → $p_b$ um 3 % vermindern für 1 °C Temperatur-Unterschied, Verminderung von $p_b$ jedoch maximal um 30 %
- Steigungsgeschwindigkeit
  $v = 3$ m/h
  Konsistenzklasse F3, Faktor Kl = 1

Wand und Stützen ———
Stützen ——— (rot)

Die **Schalhaut (DIN 18217)** bestimmt die Sichtfläche des Betons (glatt, rau, profiliert). Als Material kommen Bretter, Schaltafeln aus kunstharzbeschichteten Voll- oder Sperrholz oder Metall (50 cm × 100 cm ... 200 cm) in Betracht. Kunststoffbeschichtete Hartfaser- und Furnierplatten ($d$ = 4 mm ... 10 mm) benutzt man als Vorsatzschalung, die vor eine Tragkonstruktion gestellt wird; hierzu zählen auch Matrizen (gewebeverstärkte Polyurethan-, Polysulfid- und Naturkautschukmatten). Wird die Schalhaut später nicht mehr entfernt (z. B. bei Kassettendecken), nennt man dies eine **verlorene Schalung**.

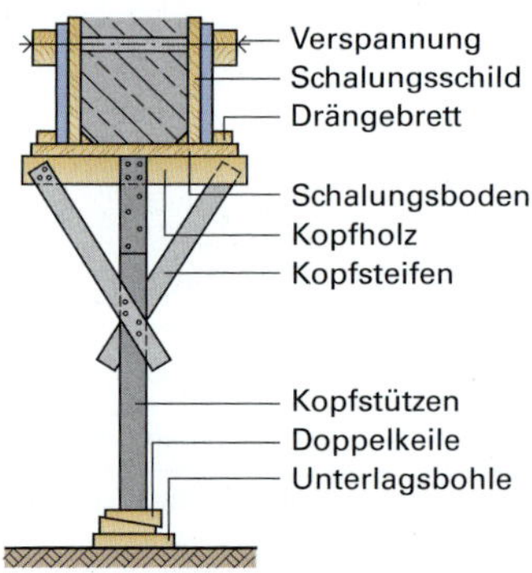


**Balkenschalung aus Holz**

Die **Tragkonstruktion** überträgt sämtliche Lasten bis zum Ausschalen des Betonteils auf den Untergrund. Man verwendet Träger, Stützen, Zwingen und Zargen aus Holz, Stahl oder Aluminium. Die Verspannung hält die Schalung in der geplanten Form und Lage. Art und Anzahl der Verspannungen richten sich nach dem Schalungsdruck und nach der Schalungskonstruktion. Als Verspannung eignen sich Drähte ∅ < 8 mm, Spanndrähte ∅ ≥ 8 mm mit Spannschlössern, spannbare Ketten und Spannanker mit Schraubenbolzen. Aufgeschobene Kunststoffhülsen dienen als Abstandhalter und ermöglichen beim Ausschalen das Herausziehen der Spannstäbe.

**Trennmittel** werden vor dem Einbau der Bewehrung auf die Schalhaut ganzflächig aufgetragen; sie vermindern die Haftung (Adhäsion) zwischen Frischbeton und Schalhaut. Außerdem sollen sie die Schalhaut vor Korrosion und Fäulnis schützen. Trennmittel sind Schalungsöle, Pasten, Wachse und Beschichtungen bei vorgefertigten Schalelementen. Öle werden meist als **Emulsionen** verwendet, deshalb dürfen sie nicht bei niedrigen Temperaturen und Frost verarbeitet werden. Die Bewehrung darf nicht mit dem Trennmittel in Berührung kommen (Verringerung der Haftung).

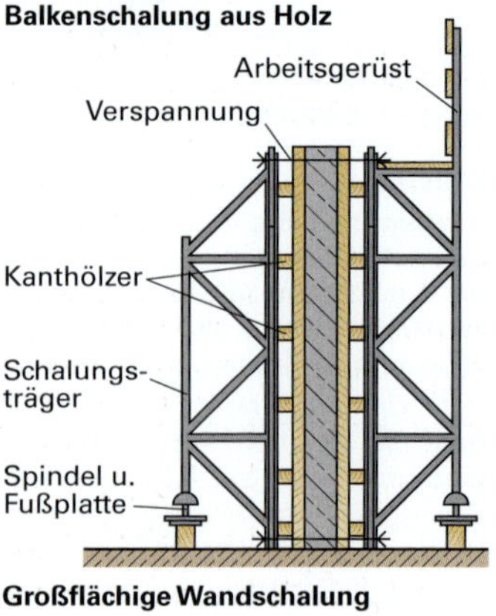


**Großflächige Wandschalung**

8

## Schalungsbau

**Schalungsträger** unterstützen die Schalhaut und tragen zur Stabilität und Aussteifung bei. Als Schalungsträger aus Holz werden Kanthölzer der Sortierklasse S 10 eingesetzt. Häufiger werden Vollwand- oder Fachwerkträger eingesetzt. Schalungsträger aus Metall gibt es als Stahl- oder Aluminiumträger. Stahlschalungsträger weisen eine besondere Profilierung aus und werden für Wandschalungen eingesetzt. Schalungsträger aus Aluminium sind leichte, profilierte Träger ausschließlich für Decken.

**Schalungsstützen** dienen der Unterstützung und sind in der Höhe verstellbar. Schalungsstützen aus Metall bestehen aus zwei ineinander steckenden Rohren mit Fuß- und Kopfplatte. Rüststützen bestehen aus mehreren Metallrohren, die in sich ausgesteift sind. Lasttürme werden aus verschiedenen Stahlelementen zu verschiedenen Bauhöhen aufeinander gesteckt.

**Schalungssysteme (Auswahl)**
Spannankersystem (Dywidag)
Wandschalungssystem (Hünnebeck)
Rahmenschalung (PERI-Domino)
Trägerschalung (DOKA-TOP50)
Trägerschalung (PERI Vario GT24)
Rundschalung (DOKA-H20)
Anschlussprofile (HALFEN)
Fahrschalung (System PERI)
Stützenschalung (DOKA)
Rundstützenschalung (PERI SRS)
Deckenschalung (PERI Skydeck)
Plattendecken (Kaiser-OMNIA)

## Einsatzbereiche von Schalungsarten

| Schalungsart | Schalungsmaterial | Einsatzbereich |
|---|---|---|
| Schwarten | Tanne bzw. Fichte | Sichtbeton mit unregelmäßiger Struktur |
| Brettschalung, rau | Tanne bzw. Fichte mit sägerauer Oberfläche | Beton ohne besondere Anforderung an seine Sichtfläche |
| Brettschalung, einseitig poliert | Tanne bzw. Fichte einseitig sandgestrahlter oder abgeflammter Oberfläche | Sichtbeton mit Holzstruktur |
| Plattenschalung (Schaltafeln) | Tanne bzw. Fichte imprägiert mit Standardmaß 150 cm × 50 cm | Beton ohne besondere Anforderung an seine Sichtfläche |
| Sperrholz, beharzt | Tischlerplatte beharzt aus Nadelholz | Beton ohne besondere Anforderung an seine Sichtfläche |
| Sperrholz, polyesterbeschichtet | Tischlerplatte aus Nadelholz mit Polyesterbeschichtung | Glatter Beton |

| Schalungsart | Schalungsmaterial | Einsatzbereich |
|---|---|---|
| Schichtstoffplatten | Melamin- bzw. Phenolbeschichtung auf Stab- bzw. Stäbchenmittellage | Glatter Beton |
| Polysulfid-Schalung | Polysulfid | Strukturierter Sichtbeton |
| Gummischalung | Polypropylen-Silikonkautschuk | Strukturierter Sichtbeton Rohrherstellung |
| Stahlschalung | Stahl | Beton ohne besondere Anforderung an seine Sichtfläche |
| Stahlblechwickelrohre | Bandstahl mit spiralförmig verlaufenden Falznähten | Sichtbeton |
| Polystyrol-Schalung | Polystyrol-Hartschaum | Strukturierter Sichtbeton, Verdrängungskörper für Aussparungen |

## Anhaltswerte für Ausschalfristen

Die DIN 1045 gibt keine Ausschalungsfristen mehr vor. Insbesondere sind Erhärtungs- oder Reifegradprüfungen vorzunehmen.
Der Bauleiter darf das Ausschalen nur anordnen, wenn er sich von der ausreichenden Festigkeitsentwicklung $r = f_{cm2}/f_{cm28}$ des Betons überzeugt hat.
Die Ausschalungsfristen sind gegenüber den Anhaltswerten zu verdoppeln, wenn die Betontemperatur in der Erhärtungszeit unter + 5 °C lag. Bei Verwendung von Gleitschalungen kann i.d.R. von kürzeren Fristen ausgegangen werden.

| Betontemperatur °C | Festigkeitsentwicklung $r$ | | |
|---|---|---|---|
| | $r \geq 0{,}50$ schnell | $r \geq 0{,}30$ normal | $r \geq 0{,}15$ langsam |
| ≥ 5 °C … < 15 °C | 6 Tage | 12 Tage | 14 Tage |
| ≥ 15 °C | 4 Tage | 8 Tage | 14 Tage |

| Zementfestigkeitsklassen MN/m² | Wände, Stützen, und die seitliche Schalung von Balken | Deckenplatten | Weitgespannte Deckenplatten und Bodenplatten von Balken und Rahmen |
|---|---|---|---|
| **32,5** | 3 Tage | 8 Tage | 20 Tage |
| **32,5 R** | 2 Tage | 5 Tage | 10 Tage |
| **42,5** | 2 Tage | 5 Tage | 10 Tage |
| **42,5 R + 52,5** | 1 Tage | 3 Tage | 6 Tage |

## 8.8.2 Gerüstbau

Die DIN 4420 Teil 1 ... 4 in der Fassung von Dezember 1990 ist in der bekannten Form nicht mehr gültig. Grundsätzlich müssen für Gerüste, wenn diese nicht nach den unten aufgeführten Normen ausgeführt werden, eine statische Berechnung aufgestellt bzw. ein Nachweis der Brauchbarkeit erbracht werden. Nach der Verwendung werden unterschieden:

- **Arbeitsgerüste** (Temporäre Konstruktionen für Bauteile), DIN EN 12811-1 (03.2004)
- **Schutzgerüste** (Ergänzung zur DIN EN 12811), DIN 4420-1 neu (03.2004)
- **Leitergerüste** (mit Gefährungsbeurteilung nach BetrSichV), DIN 4420-2 (12.1990)
- **Traggerüste,** DIN EN 12811 (09.2004)
- Kupplungen, Setzbolzen, Fußplatten, Entwurf DIN EN 74
- Fahrbare **Arbeitsgerüste,** DIN EN 1004 (hier nicht weiter ausgeführt)

## Arbeitsgerüste

Die DIN EN 12811-1 unterscheidet nach Breitenklassen, Klassen der lichten Höhe und Lastklassen. Die Kennzeichnungen der fertig gestellten Gerüste sind vorgeschrieben.

**Gerüst EN 12811 – 4D – SW09/250 – H1 – B – LS**

Arbeitsgerüst (AG) der Lastklasse 4; bemessen mit Fallversuch für den Belag (D), ohne (N); Systembreitenklasse SW09; Feldlange 250 cm; Durchgangshöhe H1; mit Bekleidung (B), ohne (A); mit Leiter (LA), mit Treppe (ST), mit Leiter- und Treppenzugang (LS);

### Breitenklassen W der Gerüstlagen

| Breitenklasse | $w$ in m |
|---|---|
| W06 | $0{,}6 \le w < 0{,}9$ |
| W09 | $0{,}9 \le w < 1{,}2$ |
| W12 | $1{,}2 \le w < 1{,}5$ |
| W15 | $1{,}5 \le w < 1{,}8$ |
| W18 | $1{,}8 \le w < 2{,}1$ |
| W21 | $2{,}1 \le w < 2{,}4$ |
| W24 | $2{,}4 \le w$ |

(Breite $w$ = Breite Gerüstlage einschl. Bordbrett)

### Klassen der lichten Höhe H

| Klasse | Zwischen Gerüstlagen $h_3$ | Zwischen Gerüstlagen und Querriegeln o. Gerüsthaltern $h_{1a}$ und $h_{1b}$ | Schulterhöhe $h_2$ |
|---|---|---|---|
| H1 | ≥ 1,90 m | $1{,}75\ \text{m} \le h_{1a} < 1{,}90\ \text{m}$<br>$1{,}75\ \text{m} \le h_{1b} < 1{,}90\ \text{m}$ | ≥ 1,60 m |
| H2 | ≥ 1,90 m | $h_{1a} < 1{,}90\ \text{m}$<br>$h_{1b} < 1{,}90\ \text{m}$ | ≥ 1,75 m |

### Lichte Höhen und Breiten

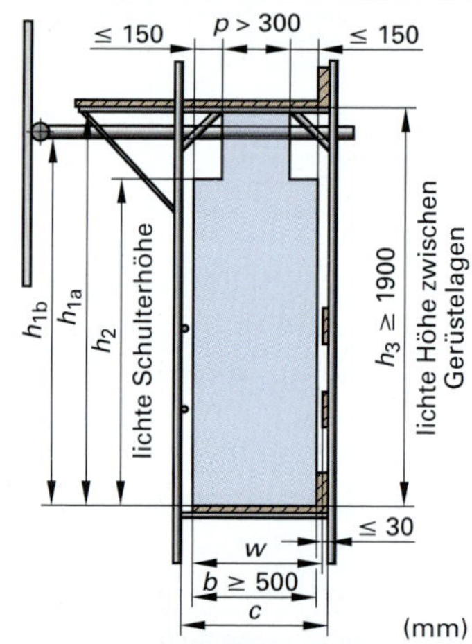


### Gerüstbock aus Holz

Bauweise Gerüstbock,
Tragfähigkeit 8 kN,
Belaghöhe ≤ 2,00 m

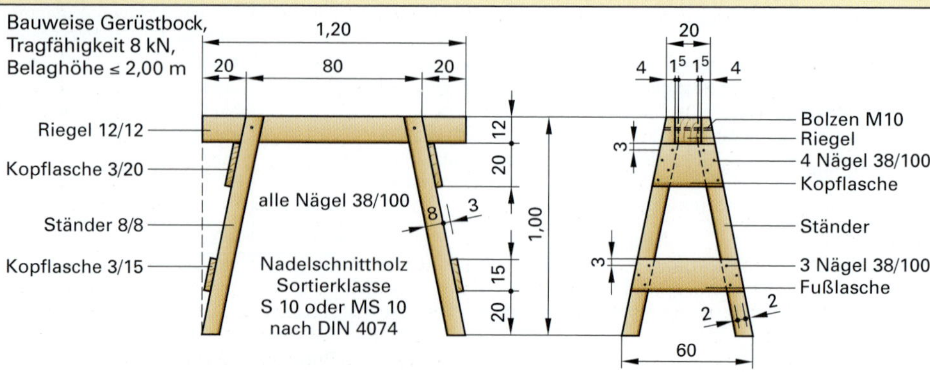


8

## Gerüstbauteile

**Tragende Gerüstbauteile** sind die konstruktiven Elemente des Gerüstes; miteinander fest verbunden steifen sie das Gerüst in alle Richtungen aus und geben dadurch dem Gerüst die geforderte Standsicherheit. Rundholzstangen und Holzleitern, die hierfür verwendet werden können, werden zunehmend durch korrosionsgeschützte Stahlrohre (Stahlrohrkupplungsgerüst), Rahmengerüste und Modulsysteme ersetzt.

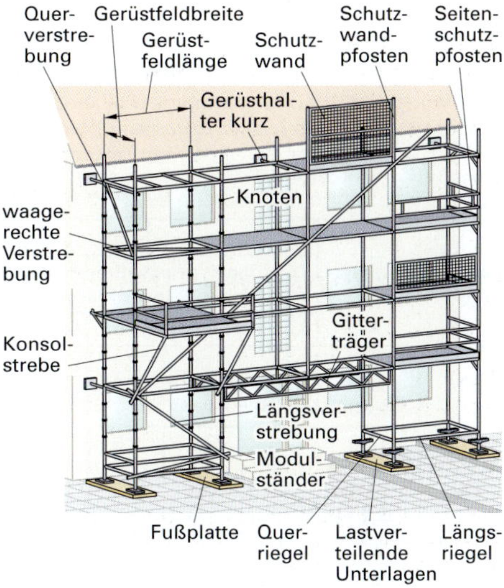


**Bauzeichnung von Bauteilen** eines Fassadengerüstes als Standardgerüst nach DIN 12811-1

**Verbindungsmittel** sind Bauteile, die Ständer, Riegel und Verstrebungen unverschieblich miteinander verbinden. Für Gerüstbauteile aus Holz sind dies Rüstdrähte, Gerüstketten und Gerüstklammern. Für die Stahlrohre verwendet man genormte Drehkupplungen und Zugkupplungen, Stahlbolzen und Konsolen.

**Verankerungen** sind Verbindungsteile zwischen dem Gerüst und dem Gebäude; sie verhindern das Kippen des Gerüstes. Alle nicht freistehenden Gerüste müssen verankert sein. Anzahl, Anordnung und Art der Verankerungen müssen nach den einschlägigen DIN-Vorschriften ausgeführt werden. Die Verankerung darf am Gebäude nur an ausreichend festen Bauteilen befestigt werden.

Der **Gerüstbelag**, z. B. Gerüstbretter und Bohlen, muss dicht verlegt werden und darf weder ausweichen noch wippen. Die Belagsabmessungen richten sich nach der Stützweite der Querriegel und nach der zu erwartenden Belastung.

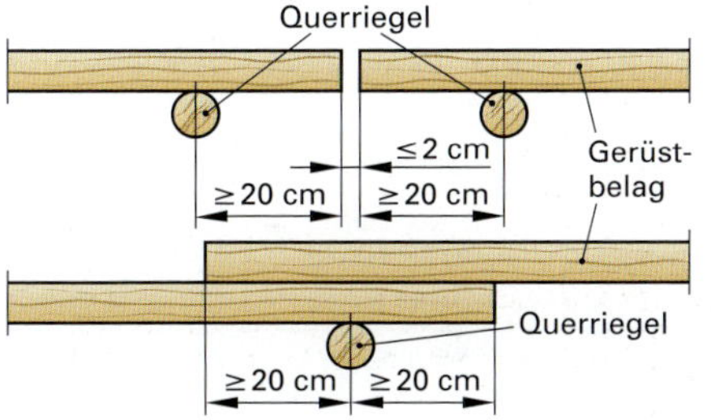


**Stoß des Gerüstbelages**

### Stützweiten für Gerüstbretter und -bohlen

| **Brett**- bzw. **Bohlenbreite** in cm | **Gerüstgruppe** | **Brett**- oder **Bohlendicke** in cm | | | | |
|---|---|---|---|---|---|---|
| | | 3 | 3,5 | 4 | 4,5 | 5 |
| | | Stützweite in m | | | | |
| 20 | 1, 2, 3 | 1,25 | 1,50 | 1,75 | 2,25 | 2,50 |
| 24, 28 | 1, 2, 3 | 1,25 | 1,75 | 2,25 | 2,50 | 2,75 |
| 20 | 4 | 1,25 | 1,50 | 1,75 | 2,25 | 2,50 |
| 24, 28 | 4 | 1,25 | 1,75 | 2,00 | 2,25 | 2,50 |
| 20, 24, 28 | 5 | 1,25 | 1,25 | 1,50 | 1,75 | 2,00 |
| 20, 24, 28 | 6 | 1,00 | 1,25 | 1,25 | 1,50 | 1,75 |

**Leitern** bestehen aus zwei Holmen und Sprossen. Das Material, Holz, Stahl oder Aluminium, muss unbedingt fehlerfrei sein; schadhafte Leitern sind nicht mehr begehbar, sie müssen ausgewechselt werden. Leitern sind standsicher aufzustellen und entsprechend zu sichern. Im Gerüst müssen Leitern ≥ 1 m über den Austritt hinausragen.

**Stahlrohr-Kupplungsgerüste** bestehen aus Stahl-Rohren

S235 ∅ 48,3 mm, Mindestwanddicke 3,2 mm für alle Gerüstklassen

S185 ∅ 48,3 mm, Mindestwanddicke 4,05 mm nur für die Gerüstklassen 1 bis 4, bis 20 m Höhe

Ständerabstände Lastklasse 1 und 2: $l$ = 2,50 m

Lastklasse 3 und 4: $l$ = 2,00 m

Lastklasse 5: $l$ = 1,50 m, Lastklasse 6: $l$ = 1,20 m

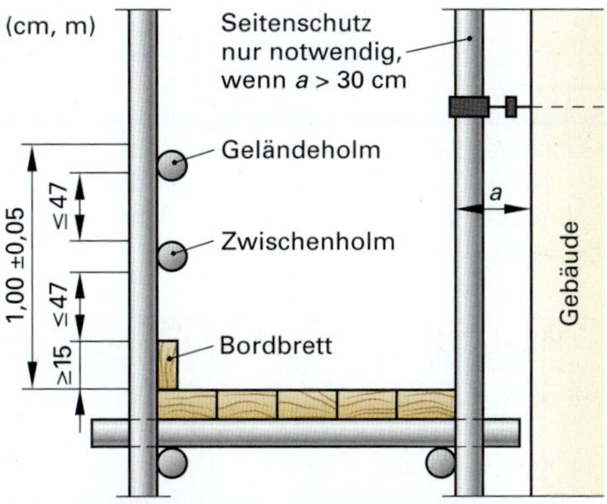


**Seitenschutz**

Der **Seitenschutz** ist erforderlich, wenn der Gerüstbelag mehr als 2 m über dem Boden liegt; er ist umlaufend an der Außenseite des Gerüstes, auch an den Stirnseiten, anzubringen.

8

## Schutz- und Fanggerüste (DIN EN 12811, DIN 4420-1)

Die DIN 4420-1 unterscheidet Arbeitsgerüste mit Bekleidung (AGB), Fanggerüste (FG) und Dachfanggerüste (DG). Die Kennzeichnungen der fertig gestellten Gerüste sind vorgeschrieben.

**Schutzgerüst DIN 4420-1 - DG - FL2 - SWD 1**

Dachfanggerüst (DG) mit Fanglage (FL2) bei einer Absturzhöhe kleiner gleich 3,00 m, (FL1 Absturzhöhe kleiner gleich 2,00 m ); mit Schutzwandhöhe (SWD1) bis 2,00 m Höhe, (SWD2 größer 2,00 m Höhe);

### Zulässige Stützweiten in m

von Gerüstbrettern und -bohlen aus Holz als Belagteile in Fanggerüsten

| Bohlen-breite | Absturz-höhe | Größte zulässige Stützweite in m | | | | | | | |
|---|---|---|---|---|---|---|---|---|---|
| | | Für doppelt gelegte Bretter oder Bohlen mit einer Dicke von | | | | Für einfach gelegte Bretter oder Bohlen mit einer Dicke von | | | |
| cm | m | 3,5 cm | 4,0 cm | 4,5 cm | 5,0 cm | 3,5 cm | 4,0 cm | 4,5 cm | 5,0 cm |
| 20 | 1,00 | 1,5 | 1,8 | 2,1 | 2,6 | – | 1,1 | 1,2 | 1,4 |
| | 1,50 | 1,3 | 1,6 | 1,9 | 2,2 | – | 1,0 | 1,1 | 1,3 |
| | 2,00 | 1,2 | 1,5 | 1,7 | 2,0 | – | – | 1,0 | 1,2 |
| 24 | 1,00 | 2,1 | 2,5 | 2,5 | 2,7 | 1,0 | 1,2 | 1,4 | 1,6 |
| | 1,50 | 1,5 | 1,8 | 2,2 | 2,5 | – | 1,1 | 1,2 | 1,4 |
| | 2,00 | 1,4 | 1,6 | 2,0 | 2,2 | – | 1,0 | 1,2 | 1,3 |
| | 2,50 | 1,3 | 1,5 | 1,9 | 2,1 | – | 1,0 | 1,1 | 1,2 |
| | 3,00 | 1,2 | 1,4 | 1,8 | 1,9 | – | – | 1,0 | 1,2 |
| 28 | 2,00 | 1,5 | 1,8 | 2,2 | 2,5 | 1,0 | 1,1 | 1,3 | 1,4 |
| | 2,50 | 1,4 | 1,7 | 2,0 | 2,3 | – | 1,0 | 1,2 | 1,4 |
| | 3,00 | 1,3 | 1,6 | 2,0 | 2,1 | – | 1,0 | 1,1 | 1,3 |

**Materialien**

Korrosionsgeschützter Stahl nach DIN 4427;

Aluminium;

Gerüstbohlen aus Holz: mindestens 3 cm dick, vollkantig, nicht aufgesplittert, max. Abstand 25 mm

Die Gerüstlage muss die Last $\boldsymbol{q_1}$ aufnehmen, bei geringerer Breite als 0,50 m die konzentrierte Last $\boldsymbol{F_1}$. Für die Lastklassen 4, 5 und 6 ist eine Berechnung mit höherer Teilflachenlast und Teilflächenfaktor (Klammerwert) durchzuführen. Die Belastungsarten ständige Lasten, veränderliche Lasten und außergewöhnliche Lasten sind zu berücksichtigen.

### Verkehrslasten auf Gerüstlagen

| Last-Klasse | Gleichmäßig verteilte Last | Last auf Fläche 500 mm x 500 mm | Last auf Fläche 200 mm x 200 mm | Teilflächenlast (Teilflächenfaktor) |
|---|---|---|---|---|
| | $q_1$ in kN/m² | $F_1$ in kN | $F_2$ in kN | kN/m² |
| 1 | 0,75 | 1,50 | 1,00 | – |
| 2 | 1,50 | 1,50 | 1,00 | – |
| 3 | 2,00 | 1,50 | 1,00 | – |
| 4 | 3,00 | 3,00 | 1,00 | 5,00 (0,4) |
| 5 | 4,50 | 3,00 | 1,00 | 7,50 (0,4) |
| 6 | 6,00 | 3,00 | 1,00 | 10,00 (0,5) |

**Schutzgerüste** dienen als Fanggerüste oder Schutzdächer gegen das Herabfallen von Personen und Gegenständen; sie dürfen nicht als Arbeitsplattform benutzt werden! Fanggerüste sind erforderlich, wenn die Arbeitshöhe (von OK Gelände bis OK zu fertigendes Bauteil) > 5 m beträgt. Fanggerüste können durch Fangnetze mit einer Maschenweite < 5 cm ersetzt werden.

**Fanggerüstbreiten**

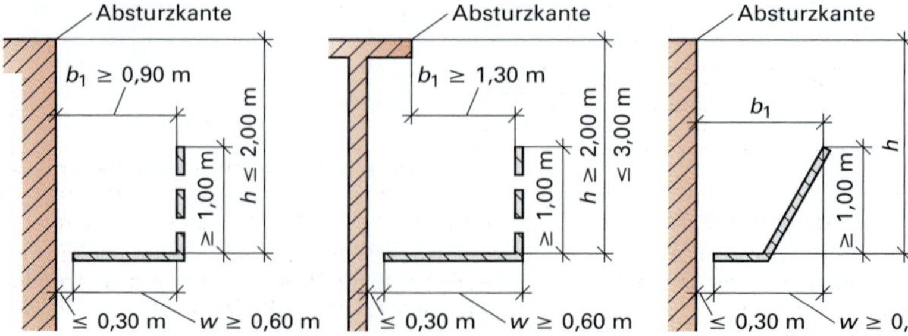


bei $h \leq 2,00$ m ist $b \geq 0,90$ m

bei $h \leq 3,00$ m ist $b \geq 1,30$ m

8

## Dachfanggerüste

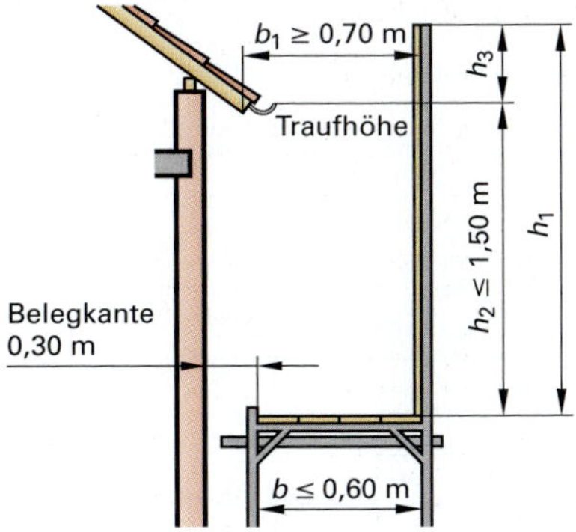


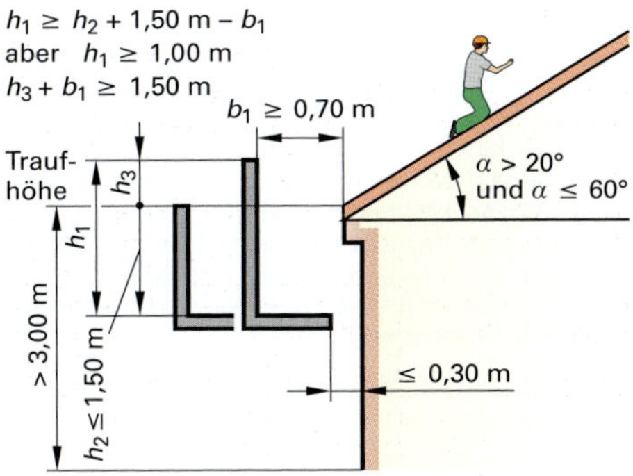


- Schutzwände müssen die zu sichernden Arbeitsplätze seitlich um mind. 1,00 m überragen.
- Schutzwände nur bei Dachneigungen bis 60° einsetzen.
- Bei Dachneigungen von mehr als 45° lotrechter Abstand zwischen Arbeitsplatz und Fußpunkt der Schutzwand nicht mehr als 5,00 m.

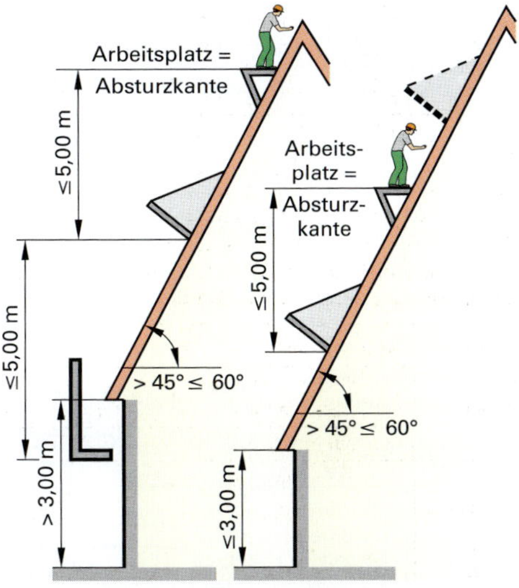


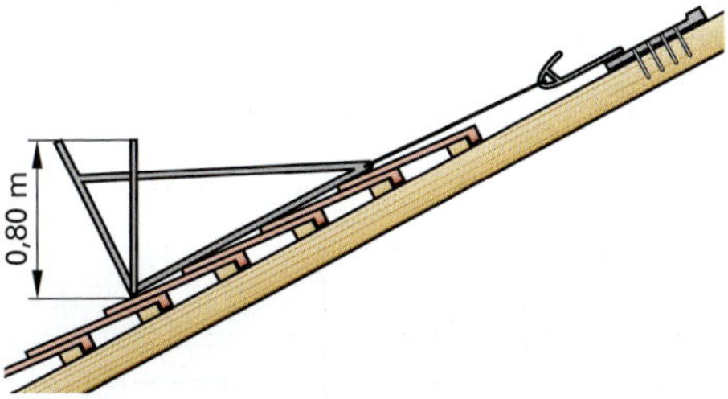


- Schutzwände mit einer Bauhöhe von mind. 1,00 m verwenden und so anbringen, dass sich die Oberkante der Schutzwand nicht weniger als 0,80 m über der Dachfläche befindet.

**Netzverformungen** $f_{max}$ in m

| Absturzhöhe $H$ | ≤ 1,00 m | ≤ 3,00 m | ≤ 6,00 m | bei ≤ 20° Neigung |
|---|---|---|---|---|
| Auffangbreite $b$ | ≥ 2,00 m | ≥ 2,50 m | ≥ 3,00 m | ≥ 3,00 m |

| Absturzhöhe $h$ | $f_{max}$ für Spannweite des Netzes $l$ in m 5,00 | 9,00 | 12,00 | 15,00 | 20,00 |
|---|---|---|---|---|---|
| 1,00 m | 2,60 | 3,30 | 4,20 | 5,40 | 6,40 |
| 2,00 m | 2,80 | 3,50 | 4,50 | 5,60 | 6,70 |
| 3,00 m | 2,90 | 3,70 | 4,70 | 5,80 | 6,80 |
| 4,00 m | 3,00 | 3,80 | 4,80 | 5,90 | 6,90 |
| 5,00 m | 3,10 | 3,90 | | | |

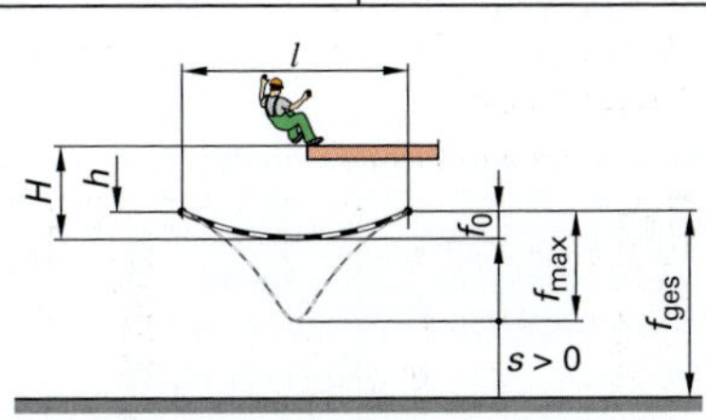


- Absturzhöhe im Randbereich ≤ 3,0 m
- geprüfte, dauerhaft gekennzeichnete und unbeschädigte Schutznetze vom System S (Netze mit Randseil) verwenden. Jährliche Prüfpflicht der Netze.
- Absturzhöhe im übrigen Bereich ≤ 6,0 m
- Schutznetze nur an tragfähigen Bauteilen befestigen. Jeder Punkt muss eine charakteristische Last von mind. 6 KN aufnehmen können.

8

## 8.9 Baugruben

Die in den folgenden Bildern dargestellten Baugrubensicherungen können nach **DIN 4124** (Baugruben und Gräben und den UVV „Bauarbeiten") unter den genannten Randbedingungen ausgeführt werden. Zusätzliche Nachweise und Maßnahmen erfordern:

- Störungen des Bodengefüges, wie Klüfte, Verwerfungen, einfallende Schichtung, Schieferung
- nicht oder nur wenig verdichtete Verfüllungen oder Aufschüttungen
- erhebliche Anteile weicher Böden (Seeton, Beckenschluff, organische Böden u.ä.)
- Grundwasserabsenkung durch offene Wasserhaltung
- Zufluss von Schichtenwasser, nicht entwässerte Fließsandböden
- Verlust der Kapillarkohäsion bei nichtbindigen Böden durch Austrocknen.

### Böschungsausbildung

| **Bodenart** ► S. 374, 375 | **Böschungswinkel $\beta$** | **Neigungsverhältnis** |
|---|---|---|
| nicht bindig (Sand, Kies) | 45° | 1 : 1 |
| bindig, weich | 45° | 1 : 1 |
| bindig, steif bis halbfest | 60° | 1 : 0,58 |
| leichter Fels | 80° | 1 : 0,18 |

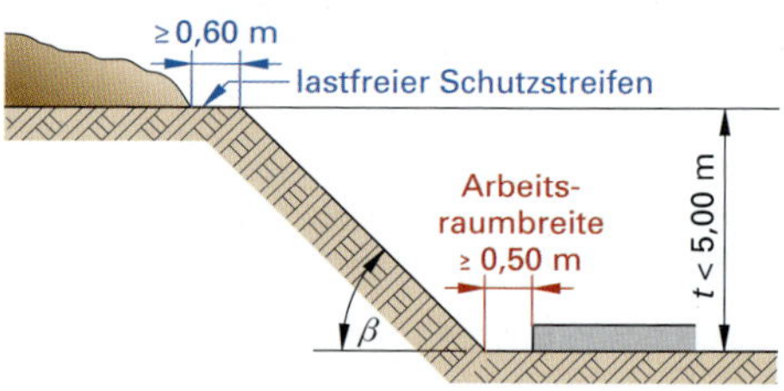


### Sicherung von Grabenwänden

| **Tiefe (m)** | **Boden** | **Ausbildung der Graben- und Baugrubenwände** |
|---|---|---|
| bis 1,25 | standfest<br>angrenzende Geländeneigung<br>< 1 : 10 bei nichtbindigen Böden<br>< 1 : 2 bei steifen bindigen Böden | siehe Bild und Tabelle unten |
| 1,25 m bis 1,75 m | steifer bindiger Boden ► S. 382 | siehe Bilder unten |
| über 1,75 m stets Grabenverbau | | |

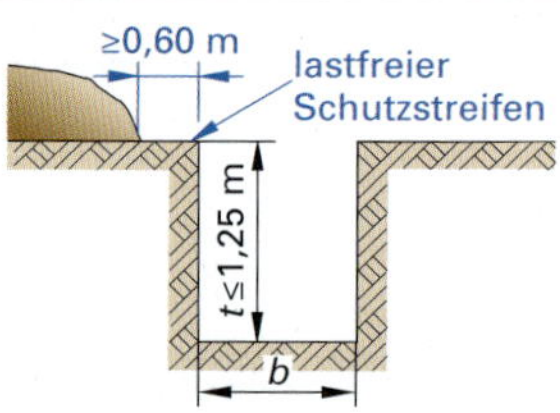


| **Lichte Mindestbreite *b*** | **Tiefe *t* des Grabens, i.d.R. verbaut** |
|---|---|
| 0,60 m | bis 1,75 m, geböscht |
| 0,70 m | bis 1,75 m |
| 0,80 m | 1,75 m ≥ $t$ ≤ 4,00 m |
| 1,00 m | über 4,00 m |

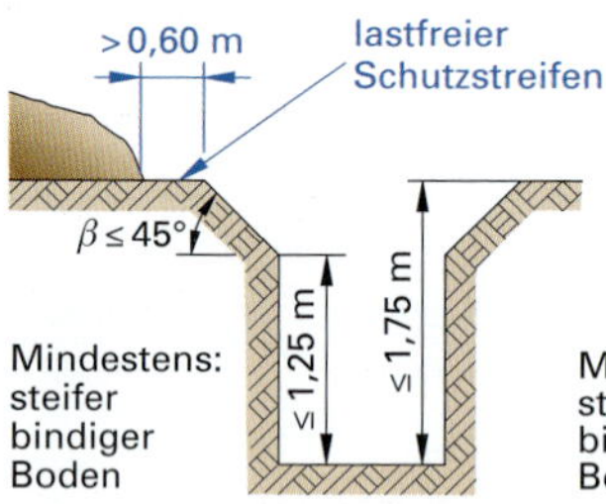


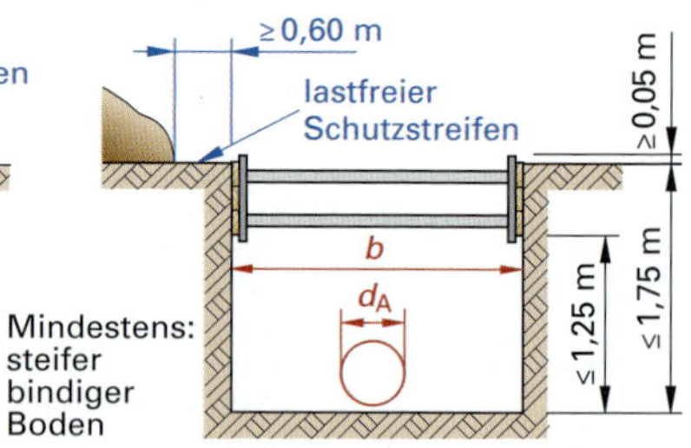


### Mindestgrabenbreiten nach DIN 4124, für Abwasserleitungen nach DIN EN 1610

| Äußerer Leitungs- bzw. Rohrschaftdurchmesser $d_A$ [m] DIN 4124 | Abwasserkanäle DN [mm] DIN EN 1610 | Lichte Mindestbreite $b$ [m] | | | | |
|---|---|---|---|---|---|---|
| | | Verbauter Graben | | Geböschter Graben | | |
| | | Regelfall | Umsteifung | $\beta \leq 60°$ | $\beta > 60°$ (DIN 4124) | $\beta > 60°$ (DIN EN 1610) |
| bis 0,40 m | < 225 | $b = d_A + 0{,}40$ | $b = d_A + 0{,}70$ | $b = d_A + 0{,}40$ | $b = d_A + 0{,}40$ | $b = d_A + 0{,}40$ |
| (nur DIN EN 1610) | 225 bis 350 | $b = d_A + 0{,}50$ | | $b = d_A + 0{,}40$ | | $b = d_A + 0{,}50$ |
| > 0,40 m bis 0,80 m | 350 bis 700 | $b = d_A + 0{,}70$ | | $b = d_A + 0{,}40$ | $b = d_A + 0{,}70$ | $b = d_A + 0{,}70$ |
| > 0,80 m bis 1,40 m | 700 bis 1200 | $b = d_A + 0{,}85$ | | $b = d_A + 0{,}40$ | $b = d_A + 0{,}70$ | $b = d_A + 0{,}85$ |
| > 1,40 m | > 1200 | $b = d_A + 1{,}00$ | | $b = d_A + 0{,}40$ | $b = d_A + 0{,}70$ | $b = d_A + 1{,}00$ |

8

## Waagerechter Grabenverbau

### Hinweise für die Anwendung

Bohlen müssen mit dem Aushub fortschreitend eingebaut werden. Boden muss wenigstens auf Bohlenbreite frei stehen.
Besondere Sicherungen sind bei gleichkörnigen nichtbindigen Böden (Feinsand, Schluffböden) durchzuführen, z. B. 2 m lange Brusthölzer.
Der dargestellte waagerechte Normverbau nach DIN 4124 bzw. den Unfallverhütungsvorschriften kann ohne statischen Nachweis verwendet werden, wenn alle folgenden Bedingungen eingehalten sind:

- Die Geländeoberfläche verläuft annähernd waagerecht.
- Es steht ein nichtbindiger Boden oder ein bindiger Boden ► S. 374, 375 an, der von Natur aus mindestens eine steife Konsistenz ► S. 382 aufweist oder durch eine geeignete Wasserhaltung, z. B. durch eine Vakuumanlage, in einen solchen Zustand versetzt wird.
- Bauwerkslasten üben keinen Einfluss auf Größe und Verteilung des Erddrucks aus.
- Fahrzeuge, Baumaschinen und Baugeräte halten einen ausreichend großen Abstand vom Verbau ein.

  Regelabstände von der Hinterkante der Bohlen bei festem Straßenoberbau von > 15 cm Dicke:

  | | |
  |---|---|
  | übliche Straßenfahrzeuge | 0,60 m |
  | Bagger, Hebezeuge bis 12 t Gesamtgewicht | 0,60 m |
  | Bagger, Hebezeuge bis 18 t Gesamtgewicht | 1,00 m |

### Checkliste

Sicherung von Baugruben und Gräben

- Lage des Grundstückes
- Zufahrtswege
- vorhandene Bebauung
- Vorhandene Versorgungs- und Entsorgungsleitungen
- Abmessungen des Bauwerks
- Kommunikationseinrichtungen
- Lagerplätze für Materialien
- Einrichtungen für das Personal
- Platz für Hebezeuge (z.B. Kran)
- Baugrubenverhältnisse, Bodenarten, Bodenkennwerte
- Grundwasserverhältnisse
- archäologische Ausgrabungen

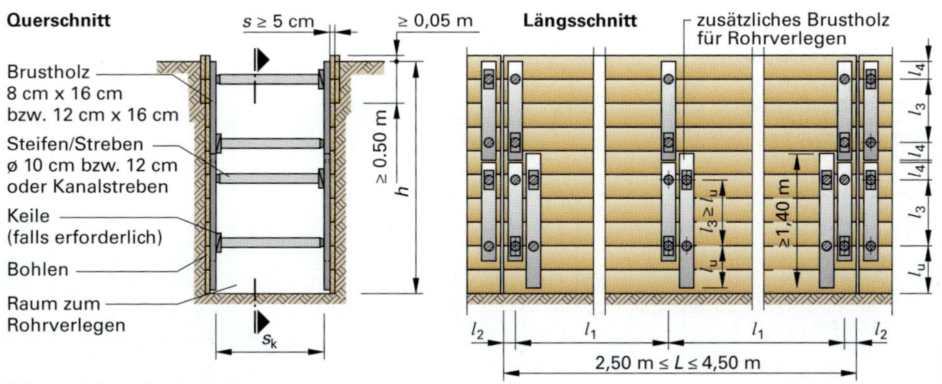


### Waagerechter Normverbau

| Abmessungen der Verbauteile<br>Holz S 10 oder MS 10 bzw. $f_{m,k} = 24\ N/mm^2$ | | Brusthölzer 8 cm × 16 cm<br>Bohlendicke *s* | | | | | Brusthölzer 12 cm × 16 cm<br>Bohlendicke *s* | | | | |
|---|---|---|---|---|---|---|---|---|---|---|---|
| **Bemessungsgröße** | | **5 cm** | **6 cm** | | | **7 cm** | **5 cm** | **6 cm** | | | **7 cm** |
| Größte Wandhöhe *h* | in m | 3,00 | 3,00 | 4,00 | 5,00 | 5,00 | 3,00 | 3,00 | 4,00 | 5,00 | 5,00 |
| Größte Stützweite $l_1$ der Bohlen | in m | 1,90 | 2,10 | 2,00 | 1,90 | 2,10 | 1,90 | 2,10 | 2,00 | 1,90 | 2,10 |
| Größte Kraglänge $l_2$ der Bohlen | in m | 0,50 | 0,50 | 0,50 | 0,50 | 0,50 | 0,50 | 0,50 | 0,50 | 0,50 | 0,50 |
| Größte Stützweite $l_3$ der Brusthölzer | in m | 0,70 | 0,70 | 0,65 | 0,60 | 0,60 | 1,10 | 1,10 | 1,00 | 0,90 | 0,90 |
| Größte Kraglänge $l_4$ der Brusthölzer | in m | 0,30 | 0,30 | 0,30 | 0,30 | 0,30 | 0,40 | 0,40 | 0,40 | 0,40 | 0,40 |
| Größte Kraglänge $l_u$ der Brusthölzer | in m | 0,60 | 0,60 | 0,55 | 0,50 | 0,50 | 0,80 | 0,80 | 0,75 | 0,70 | 0,70 |
| Größte Knicklänge $s_k$ der Steifen | in m | 1,65 | 1,55 | 1,50 | 1,45 | 1,35 | 1,95 | 1,85 | 1,80 | 1,75 | 1,65 |
| Größte Steifenkraft *F* | in kN | 31 | 34 | 37 | 40 | 43 | 49 | 54 | 57 | 59 | 64 |

## Senkrechter Grabenverbau

Bei sehr losen, rolligen, weichen und anderen schlecht stehenden Bodenarten, die nur auf wenige Zentimeter abgeschachtet werden können oder sofort abgefangen werden müssen, kommen nur senkrechte Verbauarten in Betracht. Man unterscheidet: Senkrechter Verbau mit Holzbohlen oder senkrechter Verbau mit Kanaldielen (Kölner Verbau)

**Senkrechter Normverbau mit Holzbohlen**

Beim senkrechten Verbau mit Holzbohlen muss der Boden vorübergehend so standfest sein, dass die Bohlen dem Aushub nachfolgen können. Außer bei steifen bindigen Böden darf der Aushub höchstens um 0,50 m auf einer Länge von höchstens 5 m vorauseilen. Bei vorübergehend standfesten nicht bindigen oder weichen bindigen Böden ist die Vorauseilung auf 0,25 m und höchstens drei Bohlen nebeneinander zu begrenzen. Wenn einerseits die genannten Bedingungen für den waagerechten Grabenverbau eingehalten werden und andererseits Straßenfahrzeuge sowie unbelastete Bagger und Hebezeuge einen Abstand von mindestens 60 cm von der Bohlenkante einhalten, darf der dargestellte Normverbau ohne statischen Nachweis verwendet werden. Nach der StVZO zugelassene Baufahrzeuge sowie Bagger bis 12 t Gesamtgewicht brauchen keinen Abstand einzuhalten.

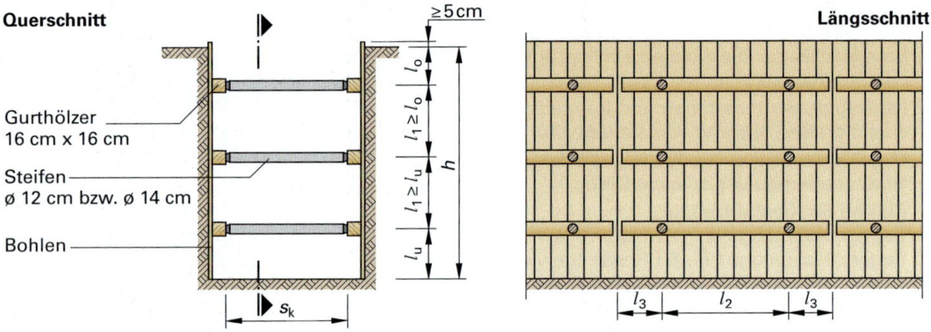


**Senkrechter Normverbau,** Verbauteile aus Holz ohne Darstellung der Befestigungsmittel

| Verbauteile aus Holz | Bohlendicke $s$ | | | | |
|---|---|---|---|---|---|
| Bemessungsgröße in m | 5 cm | 6 cm | | | 7 cm |
| Größte Wandhöhe $h$ | 3,00 | 3,00 | 4,00 | 5,00 | 5,00 |
| Größte Kraglänge $l_o$ der Bohlen | 0,50 | 0,60 | 0,60 | 0,60 | 0,70 |
| Größte Stützweite $l_1$ der Bohlen | 1,80 | 2,00 | 1,90 | 1,80 | 2,00 |
| Größte Kraglänge $l_u$ der Bohlen | 1,20 | 1,40 | 1,30 | 1,20 | 1,40 |
| Größte Stützweite $l_2$ der Gurthölzer | 1,60 | 1,50 | 1,40 | 1,30 | 1,20 |
| Größte Kraglänge $l_3$ der Gurthölzer | 0,80 | 0,75 | 0,70 | 0,65 | 0,60 |
| Größte Knicklänge $s_k$ von Rundholzsteifen ∅ 12 cm | 1,70 | 1,65 | 1,50 | 1,30 | 1,25 |

| Kanaldielen Hersteller/Profil | $b$ mm | $h$ mm | $d$ mm | Gewicht kg/m² | Widerstandsmoment cm³/m |
|---|---|---|---|---|---|
| Krupp/KD III S; Krings/KD 3, MGF/FKD 375/6,5; ABI/KD 300/6,5 | 375 | 40 | 6,5 | 62,0 | 80 |
| Hoesch/HKD VI/6; Krupp/KD VI6,0; MGF/FDK 600/6 | 600 | 80 | 6,0 | 62,0 | 182 |
| Hoesch/HKD VI/8; Krupp/KD VI/8,0; Krings/KD 6-8 MGF/FKD 600/8 | 600 | 80 | 8,0 | 83,0 | 242 |
| MGF/FKD 750/8; ABI/KD 750/8,0; Krings/KD 750/8,0; SBH/KD 750/8 | 750 | 92 | 8,0 | 74,5 | 260 |

ABI Anlagetechnik · Baumaschinen · Industriebedarf
Maschinenfabrik und Vertriebsgesellschaft
MGF Maschinen- und Geräte- Fabrik SBH Tiefbautechnik

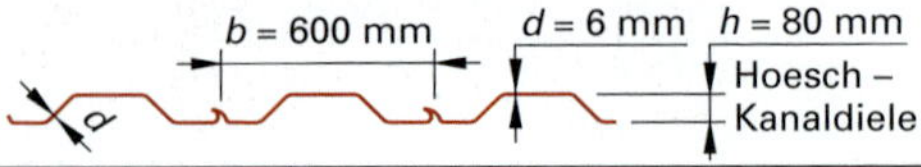


**Kanaldielenverbau**

Kanaldielen halten den Boden noch sicherer, weil sie vor dem Aushub eingerammt werden. Bei großen Tiefen kann der Holzbohlen- oder Kanaldielenverbau in Abschnitten eingebracht werden. Die Überdeckungen müssen im Bereich der Gurthölzer liegen und mindestens 20 cm betragen.

8

## 8.10 Baustellenabsicherung für Straßenbauarbeiten

**Regelplan 2-streifige Verkehrsführung gilt für Ortsstraßen**

**Regelplan 1-streifige Verkehrsführung**

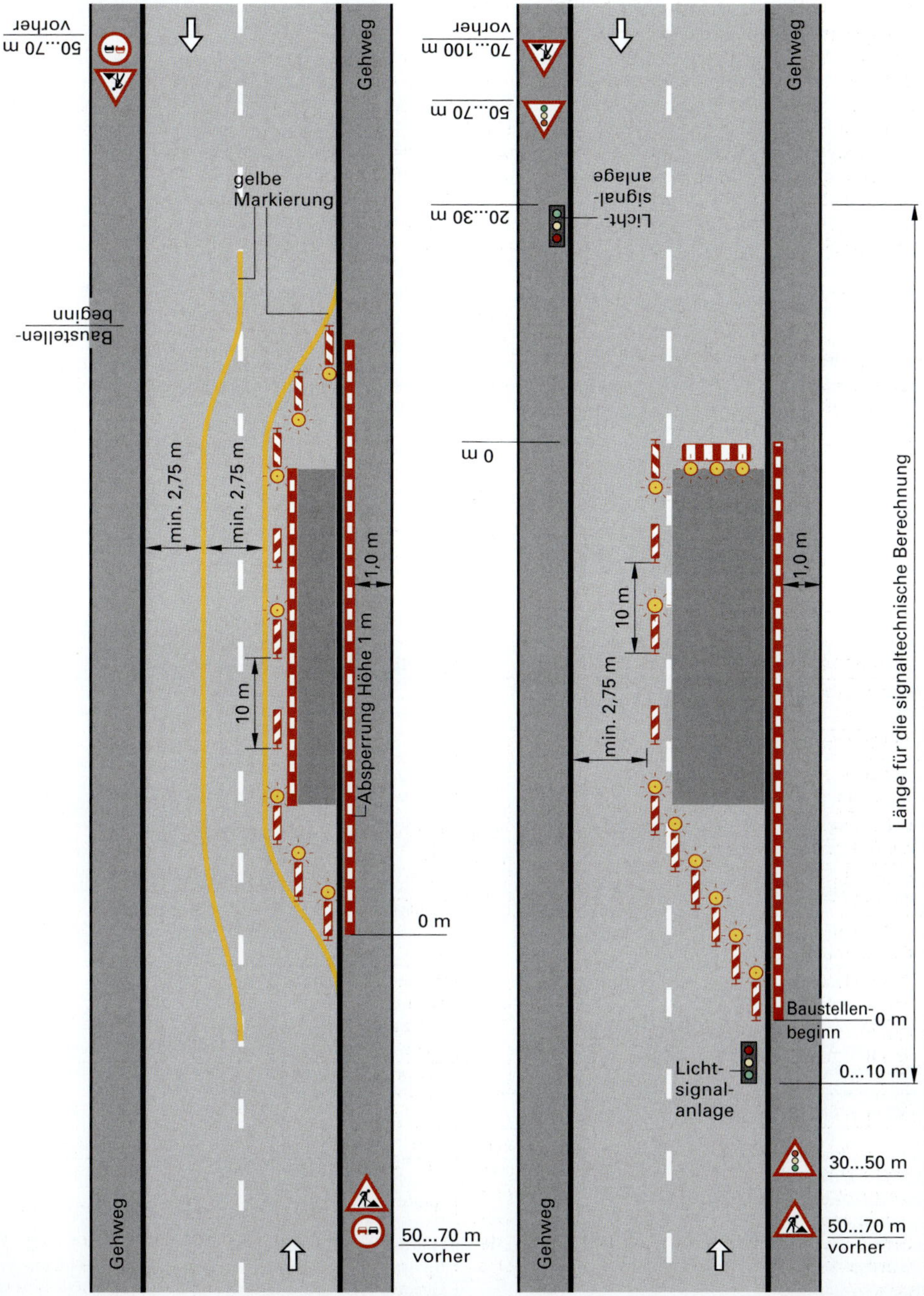


8

# Quellen – Anschriften – Internetadressen

Verlag und Autoren danken den einschlägigen Organisationen, Verbänden und Gesellschaften für die Unterstützung der aktuellen Gestaltung des Tabellenbuches.

## Quellen


Arbeitsgemeinschaft Ziegeldach e.V., Bonn

Baustahlgewebe GmbH, Düsseldorf

Betonkalender, Verlag Wilhelm Ernst und Sohn, Berlin

Beton (Zeitschrift), Betonverlag, Düsseldorf

Fa. Braas & Co. GmbH, Oberursel

Bundesinstitut für Berufsbildung, „Lehrgang Tiefbau“, Berlin

Carl Zeiss, Oberkochen

Forschungsgesellschaft für das Straßen- und Verkehrswesen, Köln, Berlin

Heidelberger Zement AG, Leimen

Hoesch AG, Dortmund

Lohmeyer, „Stahlbetonbau“, Verlag B. G. Teubner, Stuttgart

Kohl, „Baufachkunde/Grundlagen“, Verlag B. G. Teubner, Stuttgart

Nestle u.a., „Fachstufe für Hochbauberufe“, Verlag Europa-Lehrmittel, Haan-Gruiten

Nestle u.a., „Fachkunde Bau“, Verlag Europa-Lehrmittel, Haan-Gruiten

Walz, „Herstellung von Beton“, Betonverlag Düsseldorf

„Ziegel-Bauberatung“ Bd. 2, Bundesverband der Ziegelindustrie e.V., Bonn

Zimmermeister-Kalender, Bruderverlag, Karlsruhe


## Anschriften

DIN-Normen: Deutsches Institut für Normung e.V.
Burggrafenstr. 6, 10787 Berlin

Deutsche Gesellschaft für Mauerwerksbau e.V.
Kortumstr. 50, 45130 Essen

Beuth-Verlag,
Burggrafenstr. 6, 10787 Berlin

Bundesverband der Deutschen Ziegelindustrie e.V.
Schaumburg-Lippe-Str. 4, 53113 Bonn

Kalksandstein-Information GmbH & Co. KG
Entenfangweg 15, 30419 Hannover

Arbeitsgemeinschaft Holz e.V.
Füllenbachstr. 6, 40474 Düsseldorf

Zentralverband des Deutschen Dachdeckerhandwerks
Fritz-Reuter-Str. 8, 50968 Köln

Beratungsstelle für Stahlverwendung
Kasernenstr. 36, 40213 Düsseldorf

Aluminium-Zentrale e.V.
Postfach, Königsallee 30, 40212 Düsseldorf

Zinkberatung e.V.
Fr.-Ebert-Str. 37, 40210 Düsseldorf

Arbeitsgemeinschaft Bitumen Industrie (ARBIT)
Steindamm 71, 20099 Hamburg

Gesellschaft zur Förderung der Abwassertechnik (GFA)
Theodor-Heuss-Allee 17, 53773 Honnef

Fa. Braas & Co. GmbH
Postfach 1630, 61440 Oberursel

BASF-Informationen
Carl Bosch-Straße 38, 67063 Ludwigshafen

Arbeitsgemeinschaft Deutsche Kunststoffindustrie
(Aki), Karlstr. 21, 60329 Frankfurt

Fliesen-Beratungsstelle e.V.
Postfach 1254, 30938 Burgwedel

Verlag Beton und Technik; über Bauberatung Zement
Pferdmengestr. 7, 50968 Köln

Bau-Berufsgenossenschaft Hannover
Hildesheimer Str. 309, 30519 Hannover

Presse- und Informationsamt der Bundesregierung
Welckerstr. 11, 53113 Bonn

Forschungsgesellschaft für das Straßen-
und Verkehrswesen
An Lyskirchen 14, 50676 Köln

FGSV Verlag GmbH
Wesselinger Str. 17, 50999 Köln

## Internetadressen

| **Adresse** | **Erklärung – Infomaterial** |
| --- | --- |
| info@wzi.de · www.wienerberger.de | Verordnung über energiesparenden Wärmeschutz |
| http://www.poroton.org | Mauerwerksbau, Baustoffe |
| http://www.delta-draht.de | Betonstahlmatten |
| http://www.Betonstahlmatten.de | Neue ausführliche Bemessungshilfen |
| http://www.isb-ev.de | Institut für Stahlbetonbewehrung e.V. |
| http://www.isbcad.de | Software für Bemessung und Bewehrungspläne |
| http://www.betonverein.de | Planung und Ausführung von Betonbauwerken |
| http://www.beton.org | Betonguide auf CD-ROM, Transportbeton |
| http://www.beuth.de | DIN-Normen |
| http://www.vdz-online.de | Broschüren Beton |
| http://www.bdzement.de | Merkblätter der Zementberatung |
| http://www.dafstb.de | Deutscher Ausschuss für Stahlbeton |
| http://www.infoholz.de | Informationsdienst Holz |
| http://www.heidelbergercement.de | Betontechnische Daten |
| http://www.bosch.com | Holzbearbeitungsmaschinen |
| http://www.halfen-emeris.cz/pdf-katalog | Befestigungen im Beton |
| http://www.juris.de | Gesetze und Verordnungen |

# Sachwortverzeichnis

## A



## B

## C

## F



## G

## H



## I

## M



## N

## O



## P



## Q



## R

## S

## T

## U



## V



## W

## Y



## Z